사람은 누구나 **창의적**이랍니다.
창의력 과학의 **세계**로 **오심**을
환영합니다 !!

올림피아드 영재교육 연구소 **검토**
무한상상 과학교육 연구소 **개발**

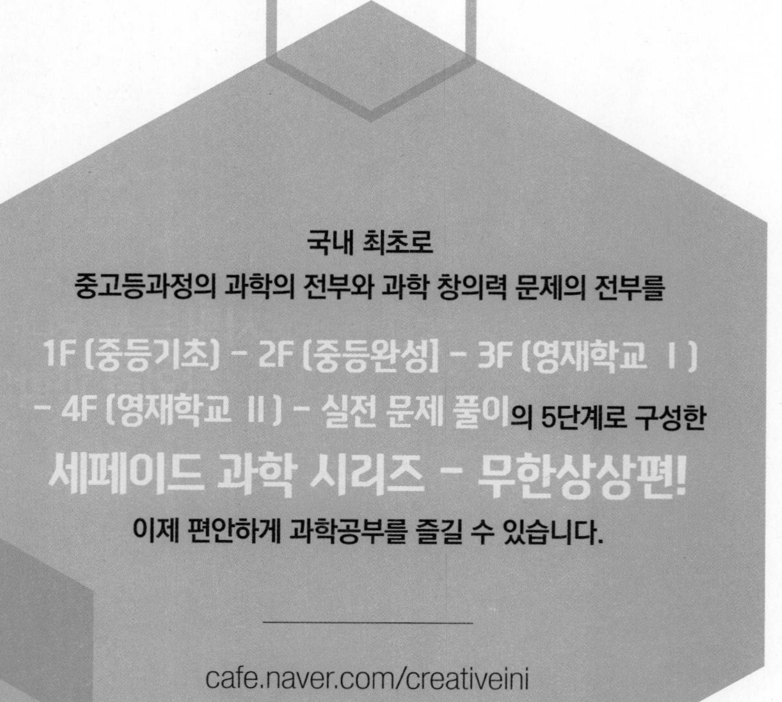

결국은 창의력입니다.

창의력은 유익하고 새로운 것을 생각해 내는 능력입니다.
창의력의 요소로는 자기만의 의견을 내는 독창성, 다른 주제와 연관성을 나타내는 융통성,
여러 의견을 내는 유창성, 조금 더 정확하고 치밀한 의견을 내는 정교성,
날카롭고 신속한 의견을 내는 민감성 등이 있습니다.
한편, 각종 입시와 대회에서는 창의적 문제해결력을 측정하고 평가합니다.
최근 교육계의 가장 큰 이슈가 되고 있는 STEAM 교육도 서로 별개로 보아 왔던 과학, 기술 분야와
예술 분야를 융합할 수 있는"창의적 융합인재 양성"을 목표로 하고 있습니다.

창의력과학 세페이드 시리즈는 과학적 창의력을 강화시킵니다.

창의력과학

1F 2F 3F 4F 5F

시리즈의 구성

교재	대상	단계	
물리(상,하) 화학(상,하)	과학을 처음 접하는 사람 과학을 차근차근 배우고 싶은 사람 창의력을 키우고 싶은 사람	중등 기초(상,하)	1F
물리(상,하) 지구과학(상,하) 화학(상,하) 생명과학(상,하)	중학교 과학을 완성하고 싶은 사람 중등 수준 창의력을 숙달하고 싶은 사람	중등 완성(상,하)	2F
물리(상,하), 중등 영재 화학(상,하) 지구과학(상,하) 생명과학(상,하)	고등학교 과학 I 을 심화하고 싶은 사람 영재 학교, 특목고를 대비하는 사람	영재학교 I	3F
물리(상,하) 화학(상,하) 지구과학(영재학교편) 생명과학(영재학교편, 심화편)	고등학교 과학 II 을 심화하고 싶은 사람 고급 문제, 심화 문제, 융합 문제를 통한 영재 학교, 특목고를 대비하는 사람	영재학교 II	4F
물리, 화학, 생물, 지구과학	고급 문제, 심화 문제, 융합 문제를 통한 각 시험과 대회를 대비하고자 하는 사람 (출간 예정)	실전 문제 풀이	5F

무한 상상하는 법

1. 고개를 숙인다.
2. 고개를 든다.
3. 뛰어간다.
4. 무한상상한다.

창/의/력/과/학

세페이드

4F. 물리(하)

윤 찬 섭 무한상상 영재교육 연구소

cafe.naver.com/creativeini 무한상상

단원별 내용 구성

이론 - 유형 - 창의력 - 과제 등의 단계별 학습으로
가장 효과적인 자기주도학습이 가능합니다.
새로운 문제에 도전해 보세요!

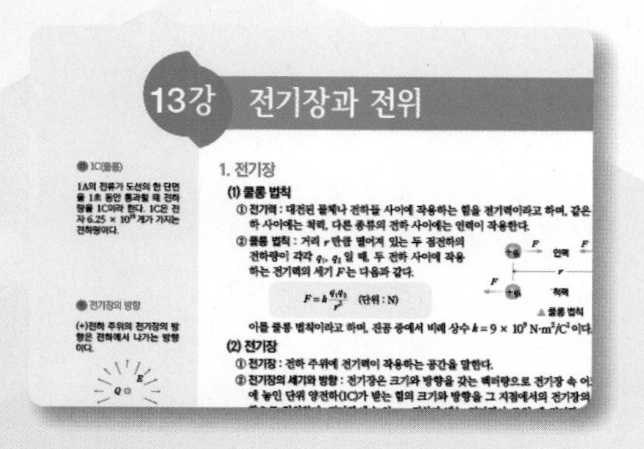

1. 강의

관련 소단원 내용을 4~6편으로
나누어 강의용/학습용으로 구성했습니다.
개념에 대한 이해를 돕기 위해 보조단에는 풍부한
자료와 심화 내용을 수록했습니다.

개념확인 1

전하들 사이에 작용하는 힘을 □□□(이)라고 하고, 이 힘이 작용하는 공간을 □□□(이)라고 한다.

확인 + 1

그림 (가)는 전하량이 $+Q$인 전하, 그림 (나)는 전하량이 $-Q$인 전하이다. 각 전하로 부터 일정한 거리만큼 떨어져 있는 곳 A, B점에서 전기장의 방향을 각각 고르시오.

2. 개념확인, 확인+,

강의 내용을 이용하여 쉽게 풀고 내용을
정리할 수 있는 문제로 구성하였습니다.

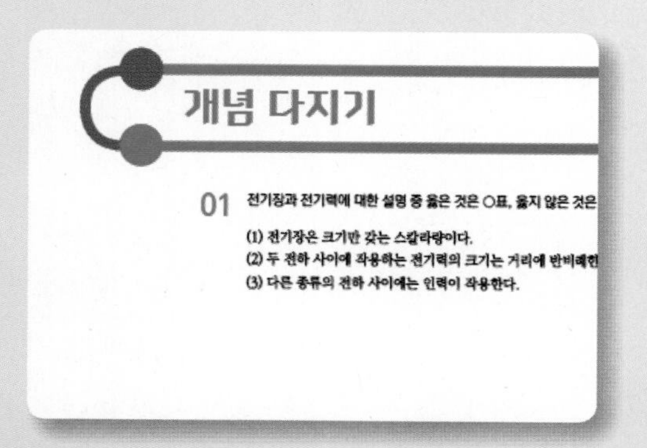

3. 개념다지기

관련 소단원 내용을 전반적으로 이해하고
있는지 테스트합니다.
내용에 국한하여 쉽게 해결할 수 있는
문제로 구성하였습니다.

유형13-1 전기장

4. 유형익히기 하브루타

관련 소단원 내용을 유형별로 나누어서
각 유형에 따른 대표 문제를 구성하였고,
연습문제를 제시하였습니다.

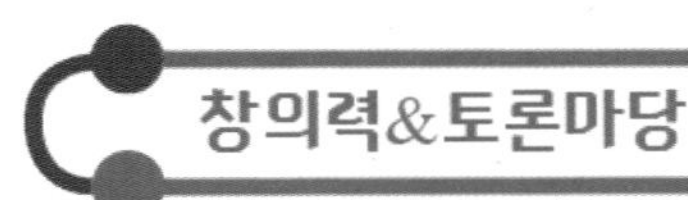

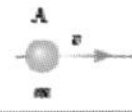

5. 창의력 & 토론 마당

주로 관련 소단원 내용에 대한 심화 문제로
구성하였고, 다른 단원과의 연계 문제도 제시됩니다.
논리 서술형 문제, 단계적 해결형 문제 등도
같이 구성하여 창의력과 동시에 논술, 구술 능력도
향상할 수 있습니다.

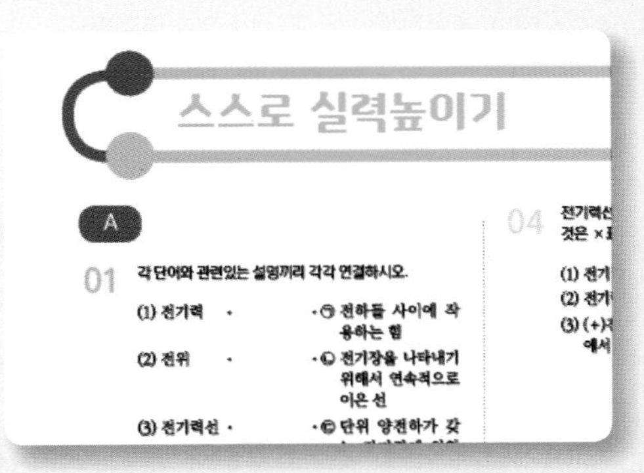

6. 스스로 실력 높이기

A단계(기초) – B단계(완성) – C단계(응용)
– D단계(심화)로 구성하여 단계적으로 자기주도
학습이 가능하도록 하였습니다.

20강 Project 논/구술

우리 몸도 에너지원이
될 수 있다?

생활 속 버려지는 에너지를 전기로 사용한다!

7. Project

대단원이 마무리될 때마다 읽기 자료,
실험 자료 등을 제시하여 서술형/논술형 답안을
작성하도록 하였고, 단원의 주요 실험을
자기주도 적으로 실시하여 실험보고서 작성을
할 수 있도록 하였습니다.

c o n t e n t s

4F 물리(상)

1. 운동과 에너지

2. 열역학

4F 물리(하)

1. 전기와 자기

2. 파동과 빛

CEPHEID

창/의/력/과/학

세페이드

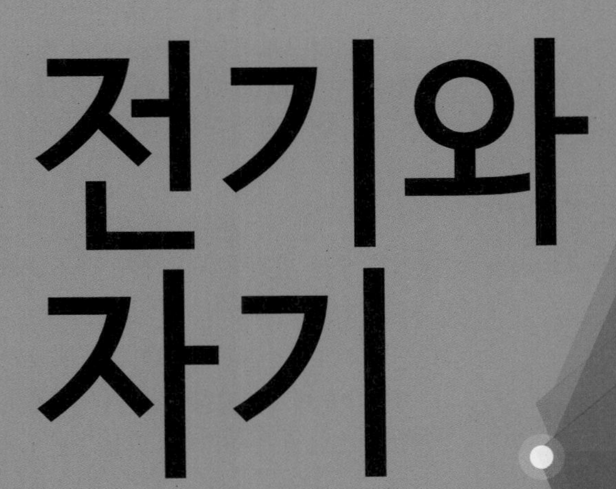

전기와 자기

I

다양한 전기 회로를
분석하는 방법에 대하여 알아보자.

13강 전기장과 전위

1. 전기장

(1) 쿨롱 법칙

① **전기력** : 대전된 물체나 전하들 사이에 작용하는 힘을 **전기력**이라고 하며, 같은 종류의 전하 사이에는 **척력**, 다른 종류의 전하 사이에는 **인력**이 작용한다.

② **쿨롱 법칙** : 거리 r 만큼 떨어져 있는 두 점전하의 전하량이 각각 q_1, q_2 일 때, 두 전하 사이에 작용하는 전기력의 세기 F 는 다음과 같다.

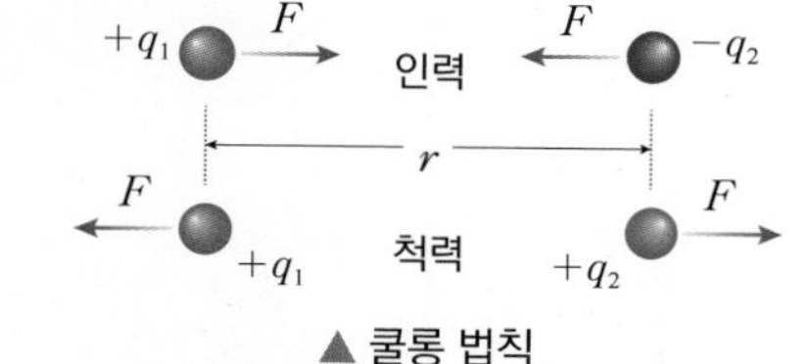

▲ 쿨롱 법칙

$$F = k\frac{q_1 q_2}{r^2} \quad (\text{단위 : N})$$

이를 **쿨롱 법칙**이라고 하며, 진공 중에서 비례 상수 $k = 9 \times 10^9\ \text{N}\cdot\text{m}^2/\text{C}^2$ 이다.

(2) 전기장

① **전기장** : 전하 주위에 전기력이 작용하는 공간을 말한다.

② **전기장의 세기와 방향** : 전기장은 크기와 방향을 갖는 벡터량으로 전기장 속 어느 한 지점에 놓인 단위 양전하(1 C)가 받는 힘의 크기와 방향을 그 지점에서의 전기장의 세기와 방향으로 정의한다. 전기장에 놓인 $+q$ 전하가 받는 전기력이 F 일 때 전기장 E 는 다음과 같다.

$$E = \frac{F}{q} \quad (\text{단위 : N/C})$$

· 전하량이 $+Q$ 인 전하로부터 거리 r 만큼 떨어진 곳에 놓인 전하량이 $+q$ 인 전하가 놓인 경우

㉠ $+q$ 인 전하가 받는 전기력의 세기 $F = k\frac{Qq}{r^2}$

㉡ $+q$ 인 전하가 놓인 지점에서 전기장의 세기

$$E = \frac{F}{q} = k\frac{Q}{r^2}$$

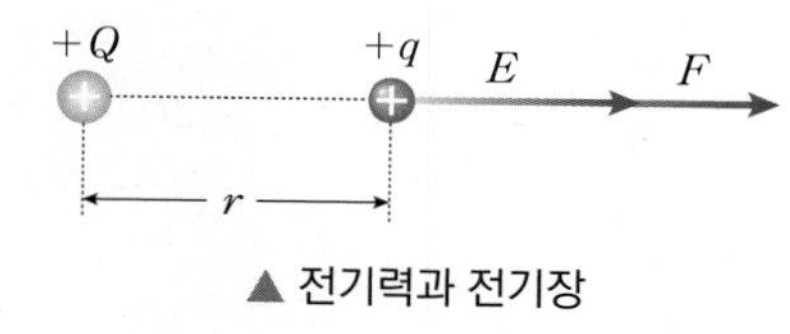

▲ 전기력과 전기장

③ **전기장의 합성** : 2 개 이상의 전하에 의한 알짜 전기장은 각 전하가 만드는 전기장의 벡터 합과 같다.

㉠ $+q$ 전하에 작용하는 $+Q$ 에 의한 전기장 $\vec{E}_{+Q}$

㉡ $+q$ 전하에 작용하는 $-Q$ 에 의한 전기장 $\vec{E}_{-Q}$

⇨ $+q$ 전하에 작용하는 알짜 전기장

$$\vec{E} = \vec{E}_{+Q} + \vec{E}_{-Q}$$

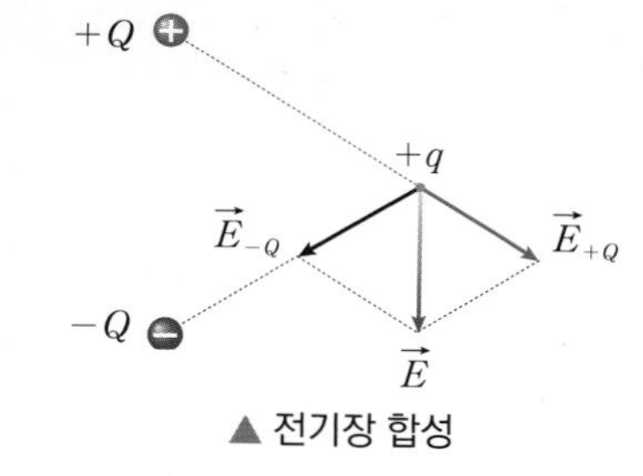

▲ 전기장 합성

● 1 C(쿨롱)

1 A 의 전류가 도선의 한 단면을 1 초 동안 흐를 때 통과하는 전하량이 1 C 이다. 1 C은 전자 6.25×10^{18} 개가 가지는 전하량이다.

● 전기장의 방향

(+) 전하 주위의 전기장의 방향은 전하로부터 나가는 방향이다.

▲ (+) 전하 주위의 전기장

(−) 전하 주위의 전기장의 방향은 전하를 향해 들어가는 방향이다.

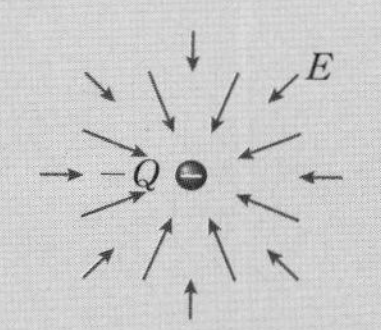

▲ (−) 전하 주위의 전기장

⇨ 전하로부터 멀어질수록 전기장을 나타내는 화살표(벡터)의 크기가 작아진다.

개념확인 1

전하들 사이에 작용하는 힘을 □□□(이)라고 하고, 이 힘이 작용하는 공간을 □□□(이)라고 한다.

확인 + 1

그림 (가)는 전하량이 $+Q$인 전하, 그림 (나)는 전하량이 $-Q$인 전하로부터 각각 일정한 거리만큼 떨어져 있는 곳의 두 지점 A, B를 나타낸 것이다. A, B 점에서 전기장의 방향을 순서대로 쓰시오.

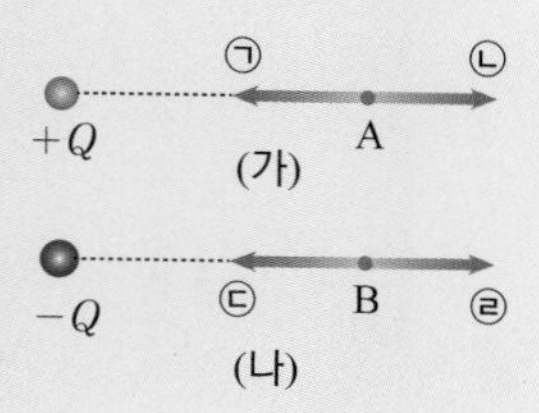

2. 전위 I

(1) 전위 : 전기장 내에 있는 전하는 전기력을 받아 퍼텐셜 에너지를 갖게 된다.

① **전위** : 단위 양전하(+1 C)가 갖는 전기력에 의한 퍼텐셜 에너지를 **전위**라고 한다. 이는 전기장 내의 기준점으로부터 어떤 한 지점까지 단위 양전하를 옮기는 데 필요한 일과 같다.

② **전위의 크기** : (+) 전하 근처로 갈수록 높고, (−) 전하 근처로 갈수록 낮다.

③ **전하와 전기력** : (+) 전하는 전위가 높은 곳에서 낮은 곳으로, (−) 전하는 전위가 낮은 곳에서 높은 곳으로 전기력을 받는다.

④ **균일한 전기장 E 에서의 퍼텐셜 에너지** : 전하량이 $+q$ 인 전하를 B 지점에서 A 지점으로 d만큼 이동시키는 데 한 일 $W = qEd$ 이다. 따라서 1 C당 갖는 퍼텐셜 에너지인 전위 V 는 다음과 같다.

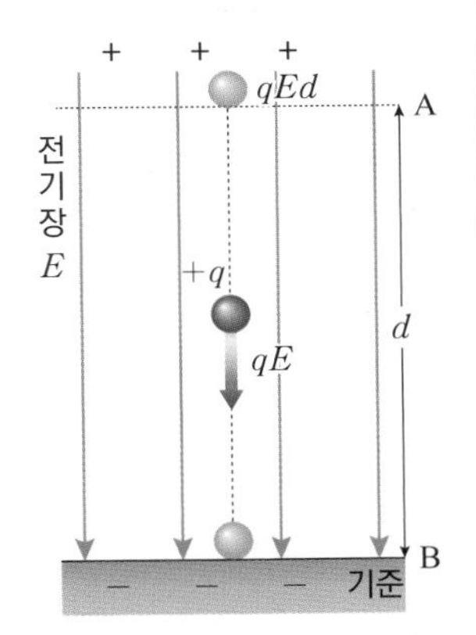

▲ 전기력에 의한 퍼텐셜 에너지

$$V = \frac{W}{q} = Ed \quad (\text{단위 : J/C = V[볼트]})$$

따라서 A 지점에서 전하 q 가 갖는 퍼텐셜 에너지 $E_p = qV$ 이다.

(2) 점전하 주위의 전위 : 점전하 $+q$ 로부터 r 만큼 떨어진 B 지점에서의 전위는 +1 C 인 전하를 무한대에서 B 지점까지 옮기는 데 전기력이 하는 일과 같다.

A 지점에 놓인 점전하 $+q$ 에서 r 만큼 떨어진 곳의 전위 V 는 다음과 같다.

$$V = k\frac{q}{r}$$

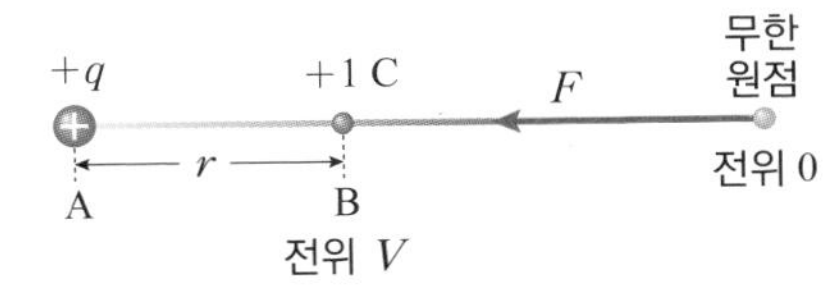

▲ 점전하에 의한 전위

(3) 전위차(전압) : 전기장 내의 두 지점 사이의 전위의 차를 말한다. 이는 전기장 내 두 지점 사이에서 단위 전하를 옮기는 데 필요한 일의 양으로 스칼라량이다.

(+) 전하 주위의 전위차	(−) 전하 주위의 전위차
$+q$ ←전위차→ A 높은 전위, B 낮은 전위	$-q$ ←전위차→ A 낮은 전위, B 높은 전위
$V = V_A - V_B$	$V = V_B - V_A$

⇨ 임의의 두 점에서 전위(전기력에 의한 퍼텐셜 에너지)는 기준점에 따라 달라지지만 두 점 사이의 전위차는 변하지 않는다.

개념확인 2

정답 및 해설 02쪽

전기장 안에서 전위가 0 인 기준점 O 로 부터 +3 C 의 전하를 P 지점까지 옮기는데 외부에서 24 J 의 일을 하였다. P 점의 전위는 얼마인가?

( ) V

확인 + 2

오른쪽 그림과 같이 전하량이 $+q$ 인 점전하로 부터 각각 $2d$, d 만큼 떨어진 A 점과 B 점 사이의 전위차를 구하시오. ( )

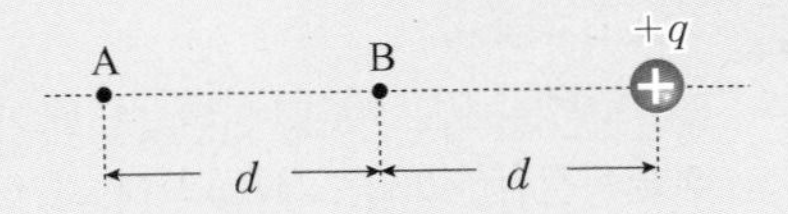

● 전위의 기준점

점전하로부터 무한히 멀리 떨어진 지점(무한 원점)의 전위를 0 으로 정해서 기준점으로 한다.

● 중력장에서 퍼텐셜 에너지

중력장에서 낮은 곳에 있는 물체를 높이 h 만큼 이동시키려면 중력에 대하여 일을 해 주어야 한다.

⇨ 질량이 m 인 물체를 B 지점에서 A 지점으로 운동 에너지 변화 없이 이동시키는 데 한 일 $W = mgh$ 이고, 해 준 일만큼 중력에 의한 퍼텐셜 에너지가 증가한다.

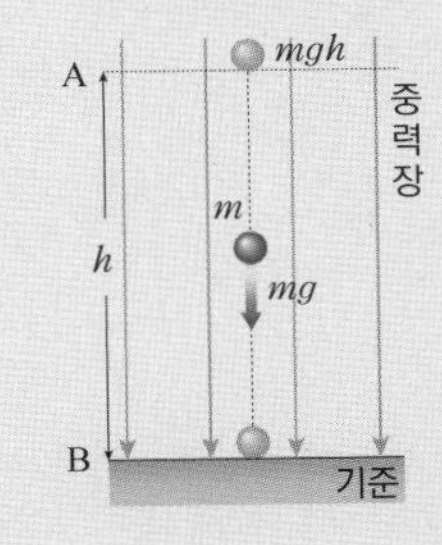

● 알짜 전위

여러 개의 점전하 q_1, q_2, ⋯, q_n에 의한 어느 한 점의 알짜 전위는 중첩 원리를 이용한 스칼라 합과 같다.

$$V = k\frac{q_1}{r_1} + k\frac{q_2}{r_2} + \cdots + k\frac{q_n}{r_n} = V_1 + V_2 + \cdots + V_n$$

● 전위차(전압)의 단위

+1 C 인 전하를 옮기는 데 1 J 의 일이 필요할 때 두 점 사이의 전위차를 1 V[볼트]라고 하며, 이를 전위차의 단위로 사용한다.

● 일의 단위

전자나 양성자와 같이 작은 전하를 옮기는 데 필요한 일의 단위로 J 을 사용하기에는 너무 크다. 따라서 전위차가 1 V 인 두 점 사이에서 하나의 기본 전하를 옮기는 데 필요한 일을 1 eV[전자 볼트]라고 하며, 이를 일 또는 에너지의 단위로 사용한다.

$$1\ \text{eV} = 1.6 \times 10^{-19}\ \text{C} \times 1\ \text{V} = 1.6 \times 10^{-19}\ \text{J}$$

● 전기장 내에서 단위 (+) 전하를 이동시키는 데 필요한 일

단위 (+) 전하를 B 에서 A 로 옮길 때 외력이 하는 일은 (+) 이다.

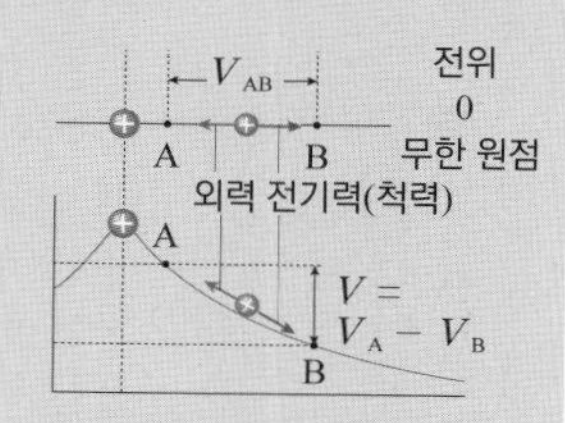

단위 (+)전하를 B′ 에서 A′ 로 옮길 때 외력이 하는 일은 (−) 이다.

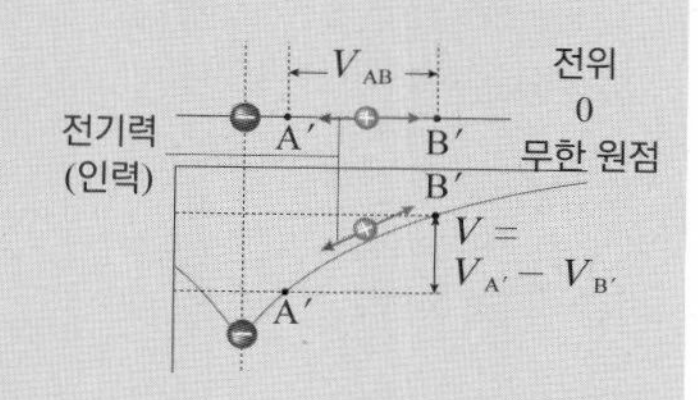

● 전기력선

전기장 내에 놓인 (+) 전하가 받은 힘의 방향을 연속적으로 이은 가상의 선으로, 전기장의 모양을 나타낸다.

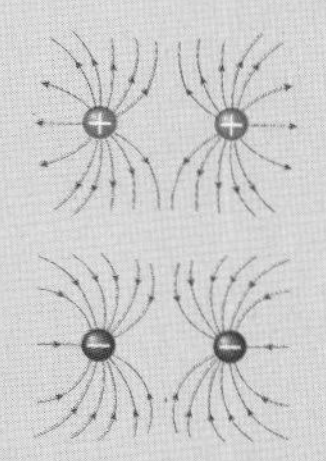

부호가 같은 두 전하

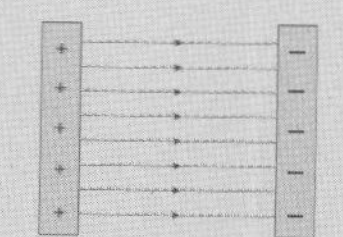

평행한 두 금속판 사이

① (+) 전하에서 나오고 (-) 전하로 들어간다.
② 전기력선의 개수는 전하량에 비례하며, 전하량이 같은 전하에서 나오거나 들어가는 전기력선 수는 같다.
③ 전기력선은 도중에 분리되거나 교차하지 않는다.
④ 전기력선 위의 한 점에서 그은 접선의 방향이 그 점에서의 전기장의 방향이다.
⑤ 전기장의 방향에 수직한 단위 면적을 지나는 전기력선의 수는 전기장의 세기에 비례한다

(4) 균일한 전기장에서의 전위차 : 오른쪽 그림과 같이 균일한 전기장 E 가 만들어진 평행한 도체판 사이에 있는 전하량이 $+q$ 인 전하는 일정한 크기의 전기력 $F = qE$ 를 받는다.

· $+q$ 의 전하를 전기장의 반대 방향으로 B 에서 A 까지 거리 d 만큼 옮기기 위해 필요한 일 W 는 다음과 같다.

$$W = F \cdot d = qE \cdot d$$

따라서 A 점과 B 점에서 전위를 각각 V_A, V_B 라고 할 때, 두 지점 사이의 전위차 V 는 다음과 같다.

$$V = V_A - V_B = \frac{W}{q} = \frac{qEd}{q} = Ed$$

⇨ 전기장 세기 E 의 단위는 V/m(= N/C) 이고, 균일한 전기장에서 전위차 V 는 거리 d 에 비례한다.

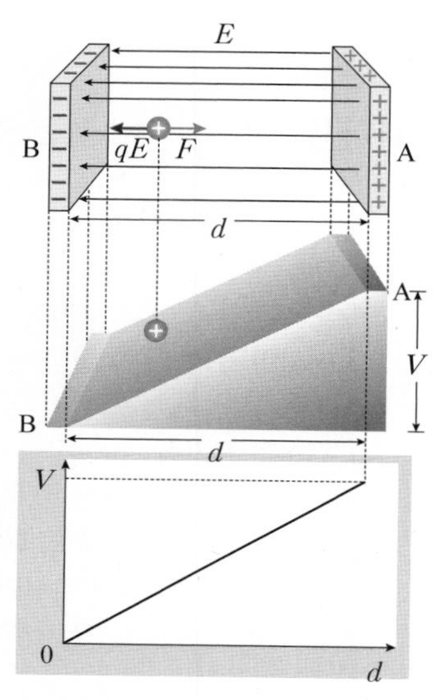

▲ 균일한 전기장에의 전위

(5) 등전위면(선) : 전기장 내의 전위가 같은 점을 연결한 선을 등전위선, 면을 등전위면이라고 한다.

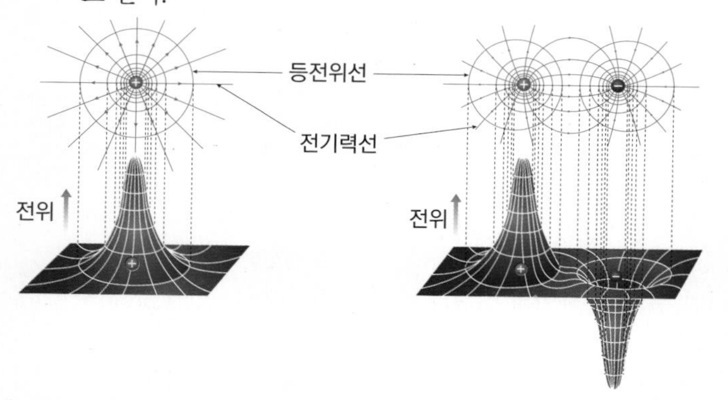

▲ (+) 점전하가 만드는 등전위선(면)

▲ 부호가 다른 두 전하가 만드는 등전위선

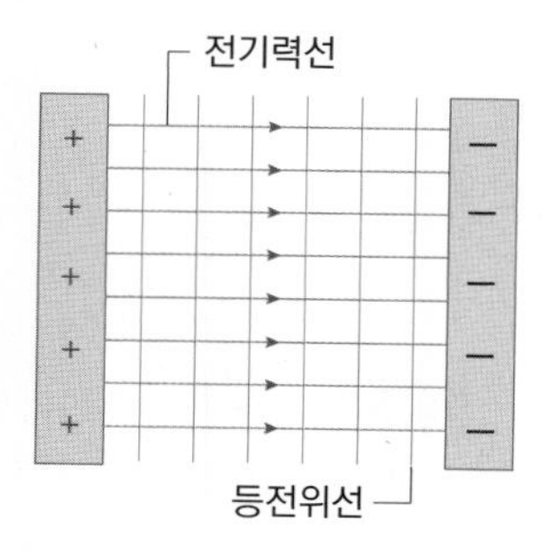

▲ 균일한 전기장에서의 등전위선

(6) 등전위면(선)의 특징

① 등전위면(선) 위의 모든 지점 사이에는 전위차가 0 이므로 등전위면(선)을 따라 전하를 이동시킬 때 필요한 일의 양도 0 이다.
② 등전위면(선)은 전기장이 균일하지 않더라도 항상 전기장 방향(전기력선)에 수직이다.
③ 등전위면(선)은 전기장이 센 곳에서는 촘촘하고, 약한 곳에서는 듬성듬성하다.
④ 전기력선의 방향은 전위가 높은 곳에서 낮은 곳으로 향한다.
⑤ 도체 표면과 내부는 전기장 속에서 등전위면을 이룬다.

개념확인 3

균일한 전기장 E 가 만들어진 평행한 도체 판 사이에 거리가 d 만큼 떨어져 있는 두 지점 A 와 B 사이의 전위차 V 는 (   ) 이다.

확인 + 3

등전위선을 따라 전하를 이동시킬 때 전기력에 대해 하는 일은 (   )이고, 전기장이 센 곳일수록 등전위선의 밀도가 (㉠ 작다, ㉡ 크다).

3. 전위 II

(1) 전기장 속의 도체 : 전기장 속에 도체를 넣으면 도체 표면의 자유 전자가 전기장으로부터 힘을 받아 전기장 방향과 반대쪽 표면으로 이동하게 된다. 이로 인하여 도체 내부에는 외부 전기장과 반대 방향의 전기장이 생기고, 이 두 전기장의 세기가 서로 상쇄되어 0 이 될 때까지 전자의 이동이 일어나게 된다. 이와 같이 정전기 상태에서는 도체 내부 전기장은 0 이 되고, 도체 표면 전체는 등전위면이 된다. ⇨ 전하는 도체 표면에만 존재한다.

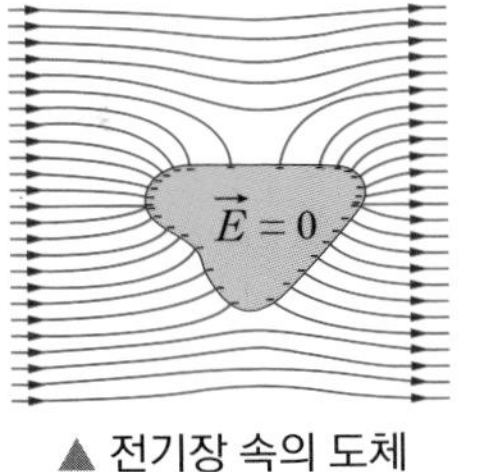

▲ 전기장 속의 도체

(2) 대전된 도체구 주위의 전기장과 전위 : $+Q$로 대전된 도체구(속이 꽉 차있거나 속이 빈 도체구 모두 포함)의 전하는 표면에만 고르게 분포한다.

① **전기장** : 도체구의 반지름 r일 때, 거리에 따른 전기장 E는 각각 다음과 같다.

㉠ $r < R$ 일 때 : $E = 0$

㉡ $r \geq R$ 일 때(표면 전하 Q가 구의 중심에 모여 있다고 가정) : $E = k\dfrac{Q}{r^2}$

② **전위** : 거리에 따른 전위 V는 각각 다음과 같다.

㉠ $r < R$ 일 때 : $V = k\dfrac{Q}{R}$

㉡ $r \geq R$ 일 때(표면 전하 Q가 구의 중심에 모여 있다고 가정) : $V = k\dfrac{Q}{r}$

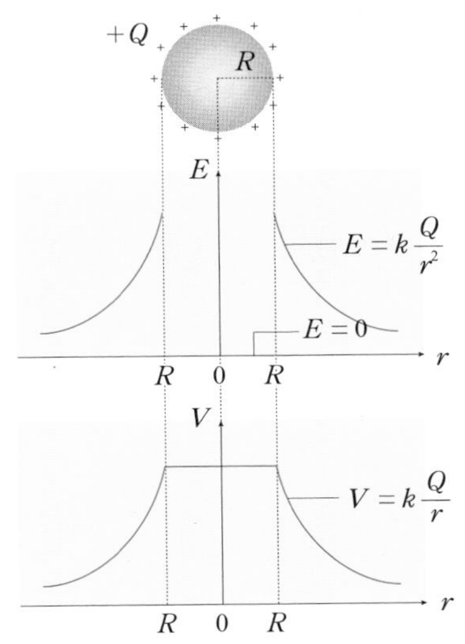

▲ 대전된 도체구 주위의 전기장과 전위

(3) 두 도체구에 분포한 전하 : 반지름이 각각 a, b인 두 도체구를 떼어 놓은 후 가는 도체 선으로 연결한 상태에서 전하 Q를 주면 두 도체구의 전위가 같아지도록 각각 전하 Q_1과 Q_2로 분포된다. 또한 두 도체구의 표면, 내부는 같은 전위를 이룬다.

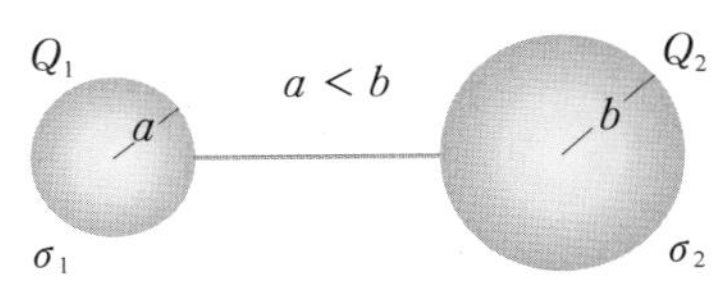

▲ 두 도체구에 분포한 전하

각 도체구의 전하 밀도를 각각 σ_1, σ_2 라고 하면

$$V = \frac{kQ_1}{a} = \frac{kQ_2}{b},\quad Q = Q_1 + Q_2 = \frac{aQ}{a+b} + \frac{bQ}{a+b},\quad Q_1 = 4\pi a^2\sigma_1,\quad Q_2 = 4\pi b^2\sigma_2$$

$$\therefore \sigma_1 = \frac{1}{4\pi a}\cdot\frac{Q}{a+b},\quad \sigma_2 = \frac{1}{4\pi b}\cdot\frac{Q}{a+b}$$

⇨ $b > a$ 이므로 $\sigma_1 > \sigma_2$, 즉 반지름이 작은 구(a)의 전하 밀도가 크다.

● 도체 표면의 전하 분포

도체 표면의 전하는 뾰족한 곳에 밀집된다.

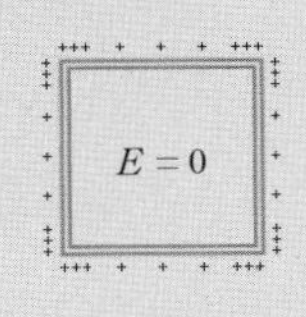

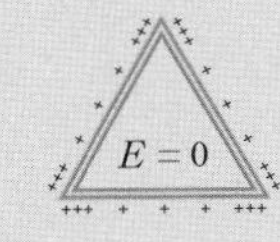

● 전하 밀도 σ

단위 면적당 전하량을 전하 밀도라고 한다.

$\sigma = \dfrac{q}{S}$ ⇨ $q = \sigma S$

● 두 도체구에 분포한 전하

주어진 본문에서

$a\sigma_1 = b\sigma_2 =$ 일정 ⇨ $\sigma \propto \dfrac{1}{r}$

즉 표면 전하 밀도 σ는 곡률 반지름 r에 반비례한다.

개념확인 4

정답 및 해설 02쪽

전기장 속에 도체를 넣었을 때, 정전기 상태에서는 도체 내부의 전기장은 (　　　　) 이 되고, 도체 전체는 등전위가 된다.

확인 + 4

도체 선으로 연결된 두 도체구에 전하를 주면 반지름이 큰 도체구일수록 표면 전하 밀도가 (㉠ 작다, ㉡ 크다).

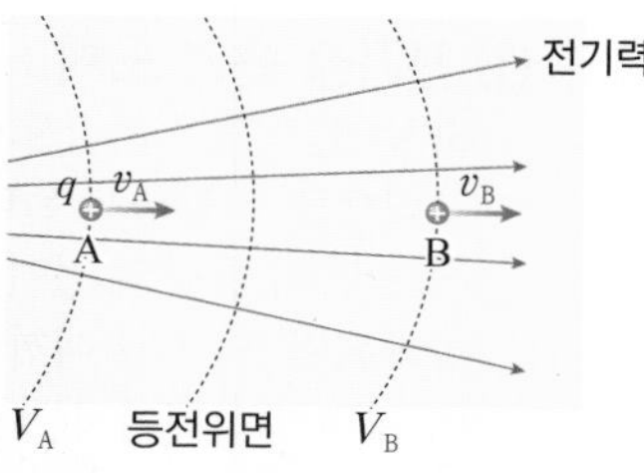

▲ 전기장에서 운동하는 전하

(4) 전기장에서 운동하는 전하 : 전기장 내의 두 점 A, B 에서의 전위가 각각 V_A, V_B 일 때, 전기력을 받아 운동하는 전하량 q 인 입자의 A 지점과 B 지점에서의 속도를 각각 v_A, v_B 라고 하자.

이때, 전기장에서 전하 $+q$ 는 A 에서 B 방향으로 전기력을 받으며, 역학적 에너지는 보존되므로 퍼텐셜 에너지의 감소량이 운동 에너지의 증가량이 된다.

> 전기력이 한 일 = 운동 에너지의 변화량
>
> $q(V_A - V_B) = \frac{1}{2}mv_B^2 - \frac{1}{2}mv_A^2$ ⇨ $\frac{1}{2}mv_A^2 + qV_A = \frac{1}{2}mv_B^2 + qV_B =$ 일정

● 등가속도 운동 공식

$$v = v_0 + at$$
$$s = v_0t + \frac{1}{2}at^2$$
$$2as = v^2 - v_0^2$$

(5) 균일한 전기장 속의 전하의 운동

① **대전 입자의 가속도 :** 전하량 q, 질량이 m 인 대전 입자가 균일한 전기장 E 에서 받는 힘 $F = qE = ma$ 이므로, 입자의 가속도의 크기 a 는 다음과 같다.

$$a = \frac{qE}{m} = \frac{qV}{md}$$

⇨ 전하가 받는 힘은 일정하므로 대전 입자는 등가속도 운동을 하게 된다.

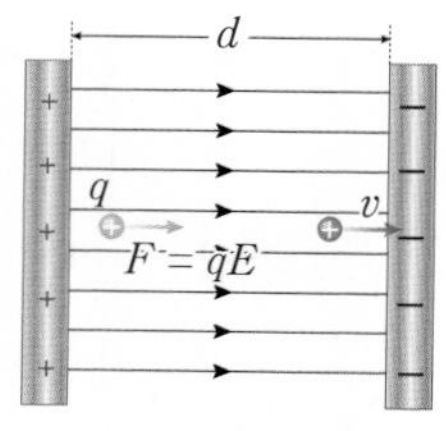

▲ 대전 입자의 운동

② **대전 입자의 속도 :** 정지해 있던 대전 입자를 전압 V 로 가속 운동시킨다면, 전하가 전기장으로부터 받는 일이 전하의 운동 에너지가 된다. 따라서 $0 + qV = \frac{1}{2}mv^2 + 0$ 이므로 입자의 속도의 크기 v 는 다음과 같다.

$$v = \sqrt{\frac{2qV}{m}}$$

개념확인 5

다음 빈칸에 알맞은 말을 각각 고르시오.

> 균일한 전기장 내에 있는 전하가 받는 힘은 (㉠ 일정 ㉡ 증가 ㉢ 감소) 하므로 (㉠ 등속도 ㉡ 등가속도) 운동을 하게 된다.

확인 + 5

오른쪽 그림과 같이 질량이 m, 전하량이 q 인 입자를 균일한 전기장 E 가 작용하고 있는 공간에 가만히 놓았다. t 초가 지난 후 이 입자의 ㉠ 속도와 ㉡ 이동 거리를 각각 구하시오. (단, 중력의 영향은 무시한다.)

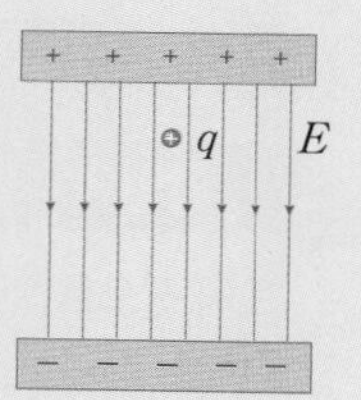

㉠ (　　　　　　), ㉡ (　　　　　　)

4. 전기 쌍극자

(1) 전기 쌍극자 : 부호는 반대이고 전하량의 크기가 같은 두 전하가 일정한 거리만큼 떨어져 있을 때 이 두 전하의 분포를 **전기 쌍극자**라고 한다.

① 전기 쌍극자의 전체 전하량은 0 이다(중성).

② 외부에 전기장을 형성하기 때문에 물질의 전기적인 성질을 결정하는 중요한 역할을 한다.

③ **물분자** : 물분자 안의 산소와 수소 사이의 전자들은 산소 쪽에 더 가깝게 분포한다. 따라서 산소 쪽이 (−) 전하, 수소 쪽이 (+) 전하를 띠게 되어 전기 쌍극자가 된다.

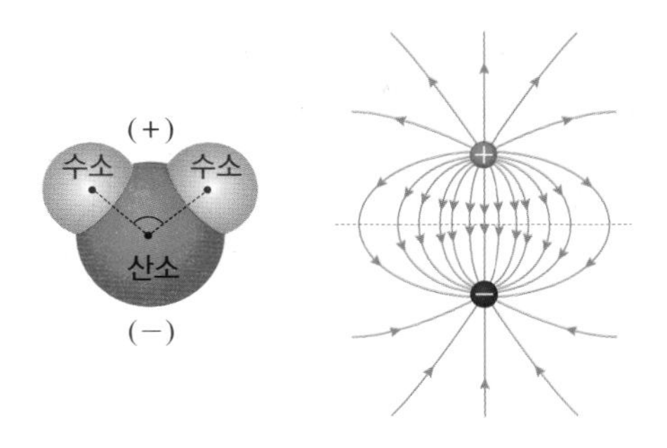

▲ 물분자의 전기 쌍극자(좌)와 전기 쌍극자에서 형성된 전기장(우)

(2) 균일한 전기장 내의 전기 쌍극자 : 균일한 전기장 내에 놓인 전기 쌍극자는 전기력(돌림힘)을 받아 전기장과 나란한 방향으로 배열하게 된다.

① **전기 쌍극자 모멘트** : 전기장의 세기가 E로 균일한 전기장 내에 $+q$, $-q$의 전하가 d만큼 떨어져 있을 때, 전기 쌍극자의 정도를 다음의 전기 쌍극자 모멘트 $\vec{p}$ 로 나타낸다.

$$\vec{p} = q\vec{d}$$

② **전기 쌍극자가 받는 돌림힘** : 전기 쌍극자가 받는 돌림힘의 크기는 다음과 같다.

$$\tau = F \cdot d\sin\theta = qEd\sin\theta = pE\sin\theta$$

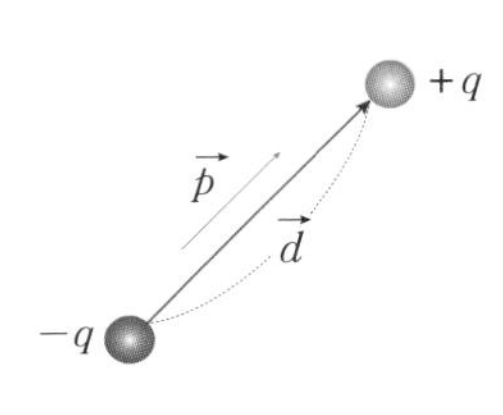

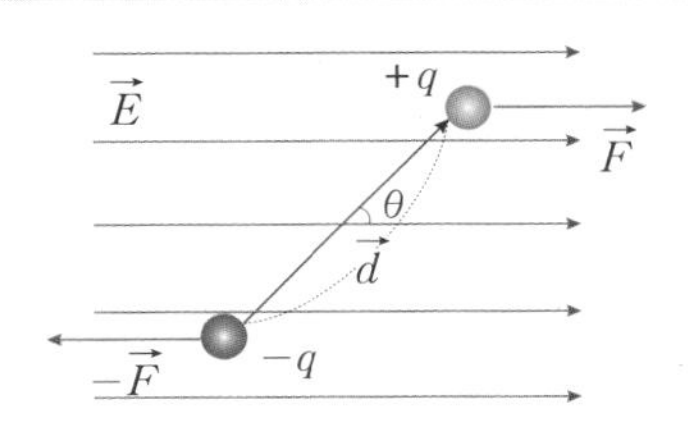

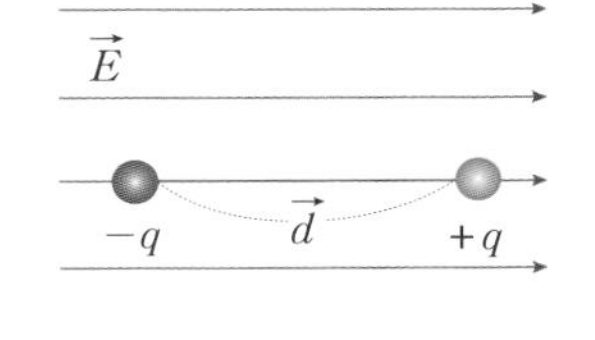

▲ 전기장 내에서 전기 쌍극자의 회전

● 물분자의 구조

수소-산소-수소 원자가 일직선상에 놓여 있지 않고, 수소 사이의 각도가 104.5° 가 되게 한 쪽으로 치우쳐 있다.

● 전자레인지의 원리

전자레인지를 작동하게 되면 전자레인지 내부에는 마이크로파(전자기파)가 발생하여 매우 빠르게 진동하는 전기장이 형성된다.

⇨ 빠르게 진동하는 전기장에 의해 전기장의 방향이 계속 변한다.

⇨ 음식물 속 물분자들이 계속해서 돌림힘을 받아 회전하면서 다른 분자와 충돌하게 된다.

⇨ 이 충돌 과정에서 열에너지가 발생하여 음식물을 가열하게 된다.

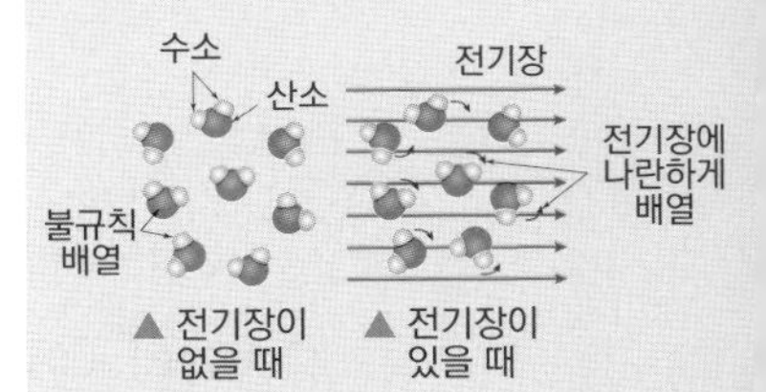

▲ 전기장이 없을 때 ▲ 전기장이 있을 때

개념확인 6

정답 및 해설 02쪽

전하량은 같지만 부호가 반대인 두 전하가 일정한 거리만큼 떨어져 있을 때 이 두 전하의 분포를 무엇이라고 하는가?

( )

확인 + 6

오른쪽 그림과 같이 전기장의 세기가 E로 균일한 전기장 내에 $+q$ 전하와 $-q$ 전하가 d만큼 떨어져 있다. 이 쌍극자가 거리 d를 유지한 채 전기장 방향으로부터 30° 기울어진다면 이 전기 쌍극자가 받는 돌림힘의 크기는 얼마가 되겠는가?

E

$-q$ d $+q$

( )

개념 다지기

01 전기장과 전기력에 대한 설명 중 옳은 것은 ○ 표, 옳지 않은 것은 × 표 하시오.

(1) 전기장은 크기만 갖는 스칼라량이다. ( )

(2) 두 전하 사이에 작용하는 전기력의 크기는 거리에 반비례한다. ( )

(3) 다른 종류의 전하 사이에는 인력이 작용한다. ( )

02 오른쪽 그림과 같이 전하량이 같은 두 점전하 A, B 가 x축 위에 놓여 있을 때 y 축 위의 P 점에서 전기장의 방향이 왼쪽 방향이었다. 점전하 A 와 B 의 부호를 각각 쓰시오. (단, 두 점전하 A, B 는 원점 O 에서 같은 거리만큼 떨어져 있다.)

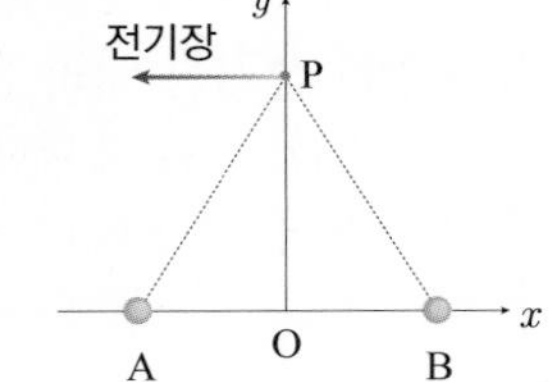

A ( ), B ( )

03 다음 중 전기장 세기의 단위를 모두 고르시오.

① V/m ② V/N ③ J/N ④ J/C ⑤ N/C

04 오른쪽 그림은 점전하 A, B 가 놓인 전기장의 일부를 전기력선으로 나타낸 것이다. 점전하 A 와 B 의 전하량이 각각 -1 C, $+1$ C 일 때, 이에 대한 설명으로 옳은 것만을 <보기> 에서 있는 대로 고른 것은?

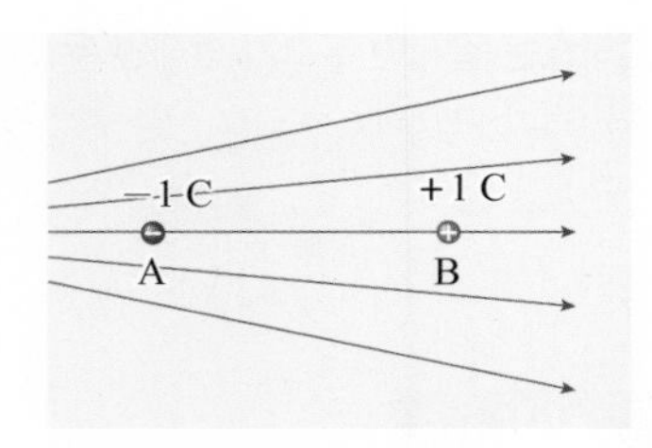

〈 보기 〉

ㄱ. 점전하 A 가 받는 전기력의 크기가 B 가 받는 전기력의 크기보다 크다.
ㄴ. 점전하 A 와 B 가 받는 전기력의 방향은 같다.
ㄷ. 점전하 A 가 놓인 곳의 전위가 B 가 놓인 곳의 전위보다 높다.

① ㄱ ② ㄴ ③ ㄷ ④ ㄱ, ㄷ ⑤ ㄱ, ㄴ, ㄷ

05 전위와 전위차에 대한 설명 중 옳은 것은 ○ 표, 옳지 않은 것은 × 표 하시오.

(1) 전위는 전기장 내의 기준점으로부터 어떤 점까지 단위 양전하(+1 C)를 옮기는 데 필요한 일과 같다. ( )

(2) 전위는 (+) 전하 근처로 갈수록 높고, (−) 전하 근처로 갈수록 낮다. ( )

(3) 기준점에 따라 두 점 사이의 전위차는 달라진다. ( )

06 균일한 전기장 안의 B 지점에서 정지해 있던 전자가 오른쪽 그림과 같이 전기력을 받아 전위차가 2 V 인 A 지점으로 가속 운동하였다. 이때 전자가 받은 일은 몇 J 인가? (단, 전자의 전하량은 1.6×10^{-19} C 이다.)

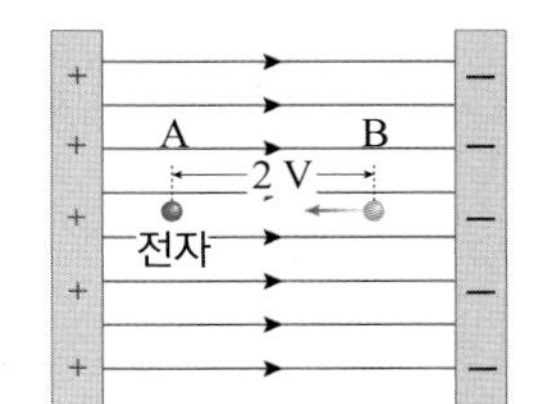

① 0.8×10^{-19} J ② 1.6×10^{-19} J ③ 2.4×10^{-19} J
④ 3.2×10^{-19} J ⑤ 4.0×10^{-19} J

07 오른쪽 그림은 두 점전하 주위의 등전위선을 나타낸 것이다. 점 P 와 Q 에서 전기장의 방향을 바르게 짝지은 것은?

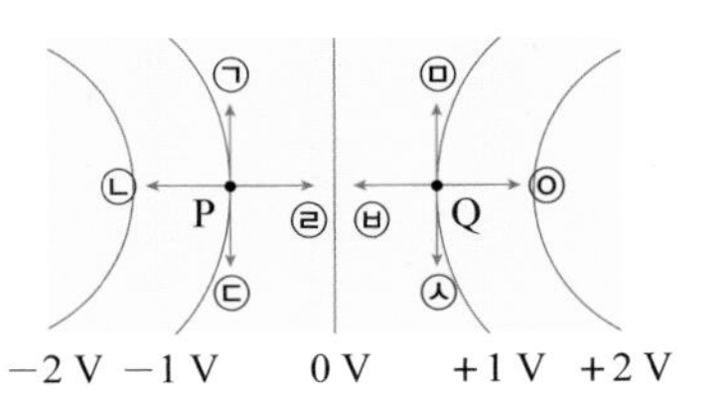

	P	Q
①	㉠	㉤
②	㉡	㉧
③	㉡	㉥
④	㉢	㉦
⑤	㉣	㉥

08 전기 쌍극자와 관련된 설명 중 옳은 것은 ○ 표, 옳지 않은 것은 × 표 하시오.

(1) 전기 쌍극자는 전체적으로 중성을 띠므로 전기장을 형성하지 않는다. ( )

(2) 전자레인지는 물분자가 전기 쌍극자인 것을 이용하여 음식물을 데운다. ( )

(3) 전기장에 비스듬히 놓인 전기 쌍극자는 전기장에서 돌림힘을 받아 회전하여 전기장과 수직인 방향으로 정렬하게 된다. ( )

유형익히기&하브루타

유형13-1 전기장

오른쪽 그림과 같이 xy축 원점에 전하량이 $+q$인 전하 A, (0, 3) 위치에 전하량이 $+q$인 전하 B, (3, 0) 위치에 전하량이 $-q$인 전하 C 가 각각 놓여 있다. 이에 대한 설명으로 옳은 것만을 <보기> 에서 있는 대로 고른 것은?

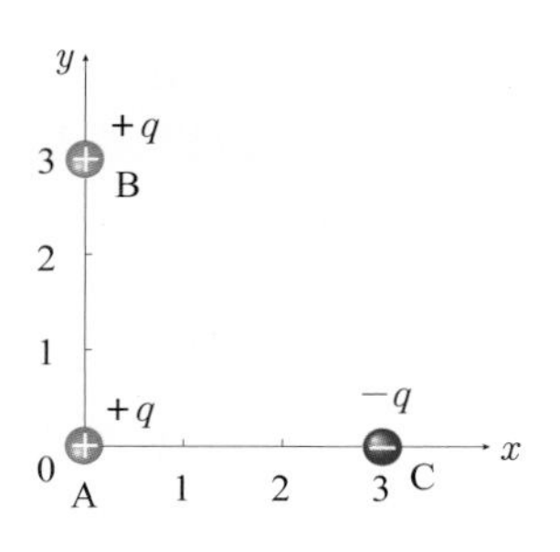

〈 보기 〉

ㄱ. A, B 전하 사이에 작용하는 전기력의 세기가 F 라면, 전하 A 에 작용하는 전기력의 세기는 $2F$ 이다.
ㄴ. 원점에서 전기장의 방향은 (1, −1) 방향이다.
ㄷ. 전하 B의 전하량을 $-q$로 바꾸면 전하 A 에 작용하는 힘의 방향은 정반대 방향이 된다.

① ㄱ ② ㄴ ③ ㄷ ④ ㄱ, ㄴ ⑤ ㄴ, ㄷ

01 다음 그림과 같이 각각 +6 C, −2 C 으로 대전된 두 도체 A 와 B 가 r만큼 떨어진 채 놓여 있다. 두 도체 사이에 작용하는 전기력의 세기가 F 이고, O점은 두 도체의 정중앙이다. 이에 대한 설명으로 옳은 것만을 <보기> 에서 있는 대로 고른 것은?

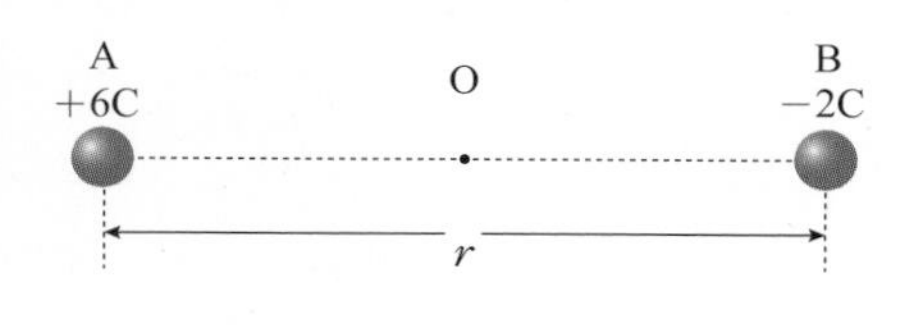

〈 보기 〉

ㄱ.두 도체 사이에는 인력이 작용한다.
ㄴ. O 점에서전기장의 방향은 오른쪽이다.
ㄷ. 두 도체를 접촉시켰다가 다시 r만큼 떼어놓은 후 두 도체 사이에 작용하는 전기력의 세기는 $\frac{1}{3}F$ 이다.

① ㄱ ② ㄴ ③ ㄷ
④ ㄱ, ㄴ ⑤ ㄱ, ㄴ, ㄷ

02 다음 그림과 같이 정삼각형의 꼭지점 A, B, C 위에 각각 −1 C, +1 C, +1 C의 전하가 놓여 있다. 정삼각형의 중심점 O에서 전기장의 방향은?

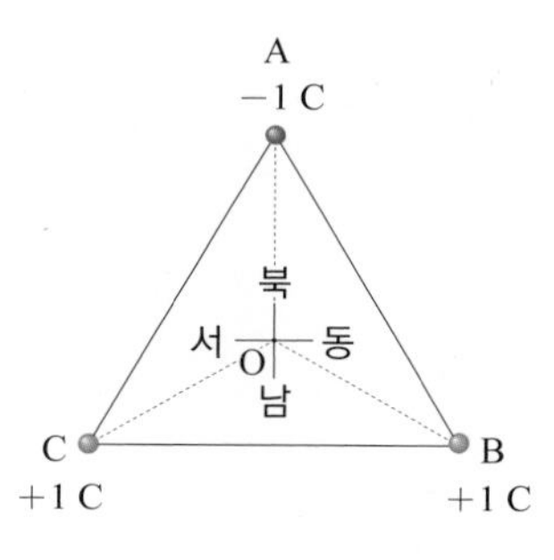

① 남쪽 ② 북쪽 ③ 북동쪽
④ 남서쪽 ⑤ 남동쪽

유형13-2 전위 I

다음 그림은 어떤 평면에서 등전위선과 전기력선의 일부를 나타낸 것이다. 평면 상의 A, B, C, D 점에 대한 설명으로 옳은 것만을 <보기> 에서 있는 대로 고른 것은?

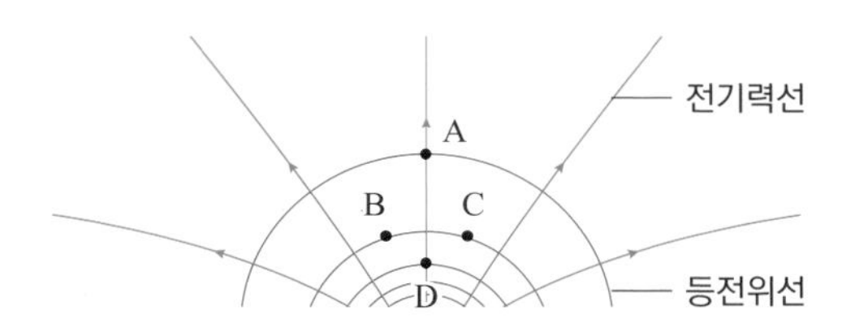

〈 보기 〉

ㄱ. 전위는 A 점이 가장 높고, 전기장의 세기는 D 점이 가장 세다.
ㄴ. D 점에 (+) 전하를 놓으면 A 방향으로 가속도의 크기가 감소하는 운동을 한다.
ㄷ. A 점과 B 점 사이의 전위차와 A 점과 C 점 사이의 전위차는 같다.

① ㄴ ② ㄷ ③ ㄱ, ㄴ ④ ㄴ, ㄷ ⑤ ㄱ, ㄴ, ㄷ

03 다음 그림과 같이 xy축 원점에 점전하 q_1이 놓여 있고, y축 위에 점전하 q_2가 놓여 있다. 두 전하 사이의 거리가 3 m 일 때, 점전하 q_1에서 오른쪽으로 4 m 지점인 P점에서 두 전하에 의한 전위는? (단, $q_1 = 2 \times 10^{-6}$ C, $q_2 = -5 \times 10^{-6}$ C 이고, 비례 상수 $k = 9 \times 10^9$ N·m²/C² 이다.)

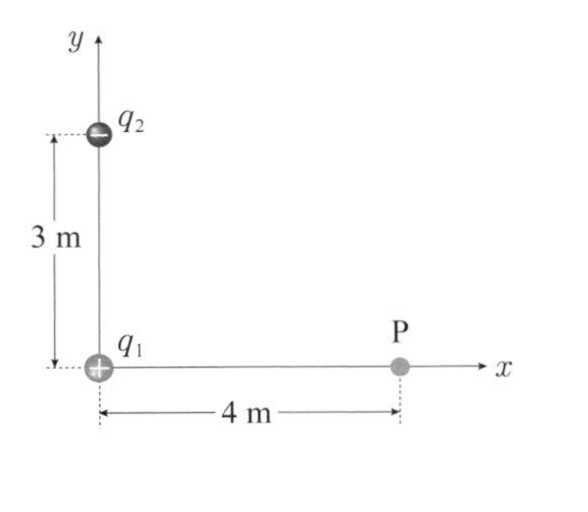

( ) V

04 다음 그림은 부호가 서로 다른 두 전하를 공간에 놓았을 때 만들어지는 전위와 전기장을 나타낸 것이다. 이에 대한 설명으로 옳은 것만을 <보기> 에서 있는 대로 고른 것은?

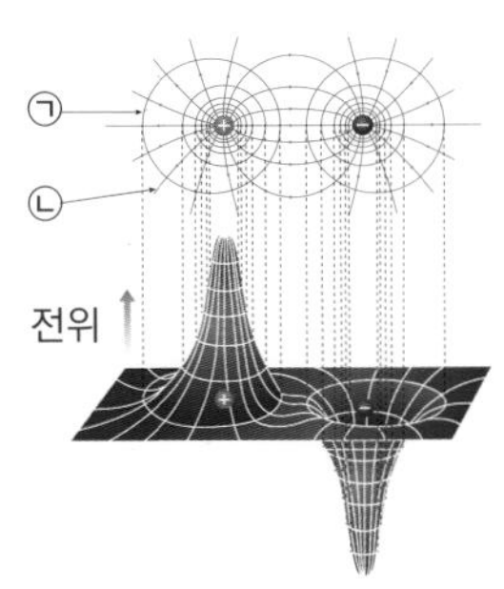

〈 보기 〉

ㄱ. (+) 전하의 전하량과 (−) 전하의 전하량은 같다.
ㄴ. ㉠ 을 따라 전하를 이동시키는 동안 전기력의 방향은 운동 방향에 항상 수직이다.
ㄷ. ㉠ 을 따라 (+) 전하가 한 바퀴 회전하는 동안 (+) 전하의 퍼텐셜 에너지는 증가한다.

① ㄱ ② ㄴ ③ ㄱ, ㄴ
④ ㄴ, ㄷ ⑤ ㄱ, ㄴ, ㄷ

유형익히기&하브루타

유형13-3 전위 II

그림과 같이 반지름이 각각 R, $2R$인 두 도체구 A와 B가 진공 중에 서로 수평인 상태로 놓여 있다. 도체구 A와 B를 길이가 L인 아주 가는 도선으로 연결한 후 얻은 결과에 대한 설명으로 옳은 것만을 <보기> 에서 있는 대로 고른 것은? (단, 도선으로 연결되기 전 도체구 A는 전하 Q로 대전되어 있고, 도체구 B는 대전되어 있지 않으며, $L \gg 2R$ 이다.)

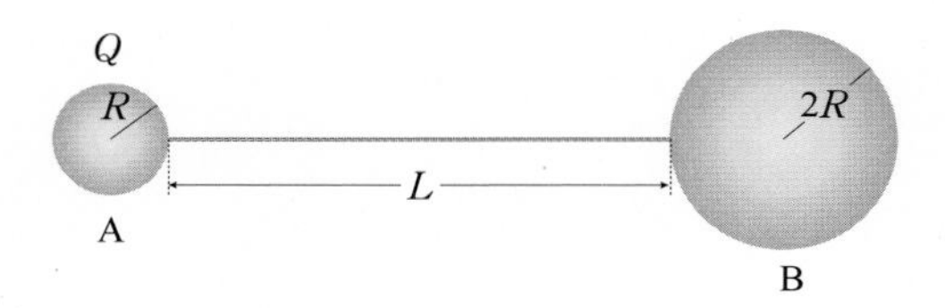

〈 보기 〉

ㄱ. 도체구 A 로부터 $\frac{2}{3}Q$의 전하량이 도체구 B로 이동한 후 평형 상태를 유지한다.
ㄴ. 도선의 중심점에서의 전위는 도선으로 연결한 후 더 증가하였다.
ㄷ. 두 도체구를 도선으로 연결하면 표면 전하 밀도는 도체구 A 가 B 보다 크다.

① ㄱ　② ㄷ　③ ㄱ, ㄴ　④ ㄱ, ㄷ　⑤ ㄱ, ㄴ, ㄷ

05 다음 그림과 같이 균일한 전기장 안의 B점에서 정지해 있던 전자가 1 cm 떨어진 A점에 도달하였다. 물음에 답하시오. (단, 전자의 전하량은 -1.6×10^{-19} C, 질량은 9.1×10^{-31} kg, 전기장의 세기 1.0×10^{4} N/C 이다.)

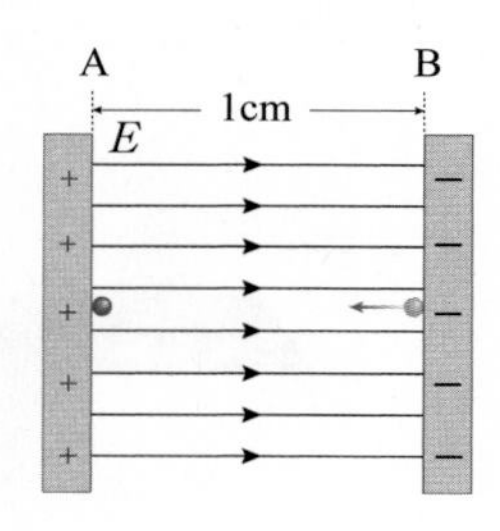

(1) A 점에 도달했을 때 전자의 속력을 구하시오.

(　　　　) m/s

(2) B 점에서 출발한 후 몇 초 후 A 점에 도달하겠는가?

(　　　　) s

06 반지름이 R인 도체구가 전하량 Q로 대전되었다. 이 도체구에 대한 설명으로 옳은 것만을 <보기> 에서 있는 대로 고른 것은?

〈 보기 〉

ㄱ. 대전된 도체구 표면의 전위와 내부의 전위는 $k\frac{Q}{R}$로 일정하다.
ㄴ. 대전된 도체구 내부의 전기장은 0이다.
ㄷ. 대전된 도체구 중심에서 $r\,(r > R)$만큼 떨어진 지점에서 전기장의 세기는 $k\frac{Q}{r}$ 이다.

① ㄱ　② ㄴ　③ ㄱ, ㄴ
④ ㄴ, ㄷ　⑤ ㄱ, ㄴ, ㄷ

유형13-4 전기 쌍극자

오른쪽 그림과 같이 세기가 E이고, 오른쪽 방향으로 형성되어 있는 균일한 전기장 내에 전기 쌍극자가 전기장의 방향과 $30°$ 기울어진 채 놓여 있다. 쌍극자의 전하량은 $+q$, $-q$이고, 두 전하 사이의 거리는 d이다. 이에 대한 설명으로 옳은 것만을 <보기> 에서 있는 대로 고른 것은?

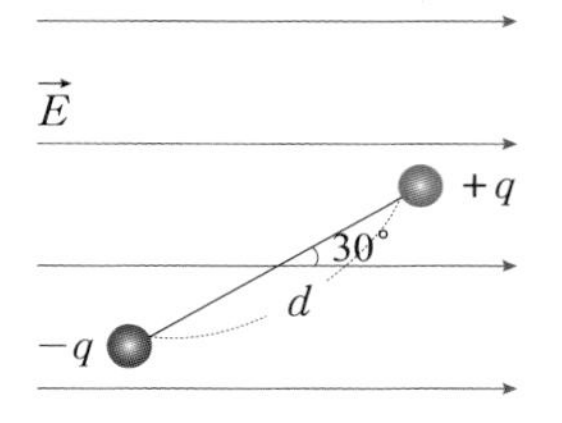

〈 보기 〉

ㄱ. 전기 쌍극자가 받는 돌림힘의 세기는 $qEd\sin30°$ 이다.
ㄴ. 전기 쌍극자가 전기장과 나란한 방향으로 정렬하게 된다.
ㄷ. 전기 쌍극자에 작용하는 전기력은 0 이다.

① ㄱ ② ㄴ ③ ㄱ, ㄴ ④ ㄴ, ㄷ ⑤ ㄱ, ㄴ, ㄷ

07 그림 (가) 는 물분자의 전기 쌍극자, 그림 (나) 는 전기 쌍극자에서 전기장을 전기력선으로 나타낸 것이다. 이에 대한 설명으로 옳은 것만을 <보기> 에서 있는 대로 고른 것은?

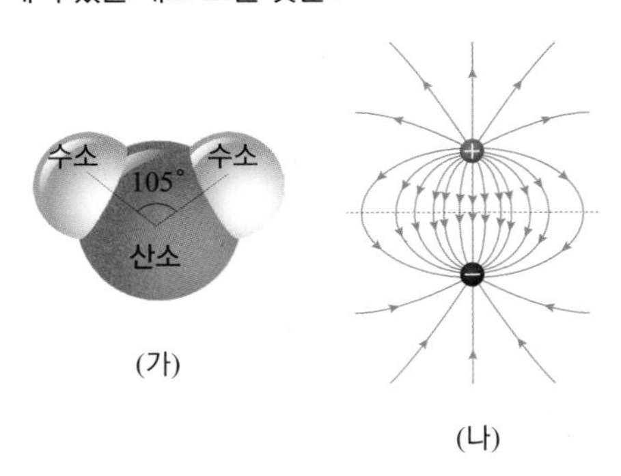

(가) (나)

〈 보기 〉

ㄱ. 산소와 수소 원자 사이의 전자들은 산소 쪽에 더 가깝게 분포한다.
ㄴ. 수소와 산소 원자 사이의 거리는 전기장의 세기에 따라 변하기 때문에 물분자는 전기 쌍극자가 된다.
ㄷ. 전기장에서 물분자는 돌림힘을 받는다.

① ㄱ ② ㄴ ③ ㄷ
④ ㄱ, ㄷ ⑤ ㄱ, ㄴ, ㄷ

08 다음 그림과 같이 거리가 l만큼 떨어져 있으며, 전하의 부호가 반대인 두 점전하가 놓여 있다. 이때 $+q$ 전하로부터 r만큼 떨어져 있는 P점에서 전위 V는 얼마인가? (단, $r \gg l$ 이고, θ는 두 전하를 잇는 방향과 P점 사이의 각도이며, $\Delta r = l\cos\theta$ 이다.)

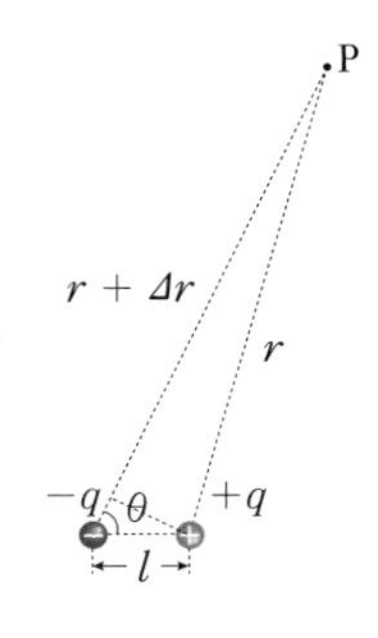

① $\dfrac{kql\cos\theta}{r}$ ② $\dfrac{kql}{r^2\cos\theta}$ ③ $\dfrac{kql\cos\theta}{r^2}$
④ $\dfrac{r^2\cos\theta}{kql}$ ⑤ $\dfrac{r^2}{kql\cos\theta}$

창의력&토론마당

01 다음 그림과 같이 질량이 m 으로 같은 전하 A 와 B 가 간격 d 만큼 떨어진 미끄러운 레일에 각각 끼워져 운동한다. 전하 B 는 처음에 정지해 있고, 전하 A 는 B 로부터 매우 먼 곳에서 속력 v 로 B 를 향하여 운동을 시작한다. 물음에 답하시오. (단, 두 전하의 반지름은 d 보다 매우 작으며, 중력의 영향은 무시한다.)

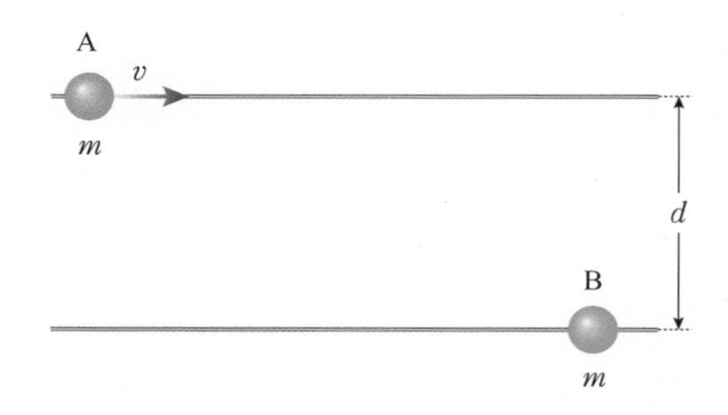

(1) 두 전하의 전하량이 각각 $+q$, $-q$ 일 때, 두 전하의 운동에 대하여 서술하시오.

(2) 두 전하의 전하량이 각각 $+q$, $+q$ 일 때, 두 전하가 같은 속력으로 운동하기 위한 A 의 처음 속도 v_1 을 m, q, d 로 나타내시오.

(3) $v > v_1$ 일 때, 두 입자의 운동을 서술하시오.

(4) $v_1 > v$ 일 때, 두 입자의 운동을 서술하시오.

02

다음은 일정한 표면 전하 밀도 σ 를 가지는 얇은 무한대의 판 주위의 전기장에 대한 설명이다.

일정한 표면 전하 밀도 $+\sigma$ 를 가지는 얇은 무한대의 판 주위의 전기장의 방향은 다음 그림과 같다.

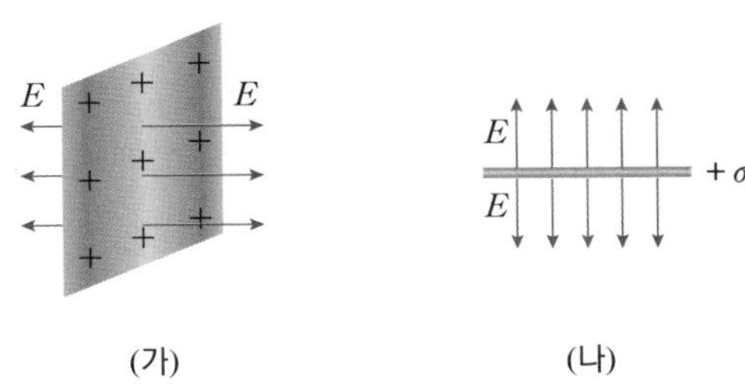

(가) (나)

이때 전기장의 세기는 판에서의 거리와는 상관없으며 $E = \dfrac{\sigma}{2\varepsilon_0}$ (ε_0 : 진공에서의 유전율)로 주어진다.

오른쪽 그림과 같이 표면 전하 밀도가 -2σ, $+3\sigma$ 인 두 개의 판이 거리 d 만큼 떨어진 채 놓여 있다. 각 공간 A, B, C 에서 전기장의 크기와 방향을 각각 구하시오.

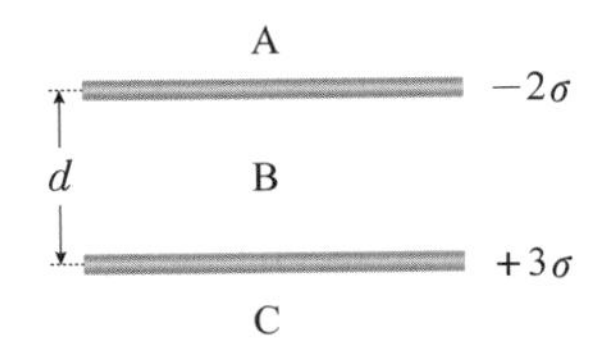

03

다음 그림과 같이 질량을 무시할 수 있는 길이 L 의 부도체 막대가 중심을 축으로 연직면 상에서 회전한다. 막대의 왼쪽 끝과 오른쪽 끝에는 각각 $+q$, $+2q$ 로 대전된 도체 구를 각각 붙이고, 이들 구와 각각 수직 방향으로 거리가 h 인 곳에 $+Q$ 로 대전된 도체구를 고정시켜 놓았다. 이때 왼쪽 끝에서 거리 x 인 곳에 무게가 W 인 물체를 매달아 평형을 이루게 하였다. 막대를 수평으로 유지하기 위한 거리 x 를 구하시오. (단, 막대의 질량과 전하의 질량은 무시할 수 있을 만큼 작다.)

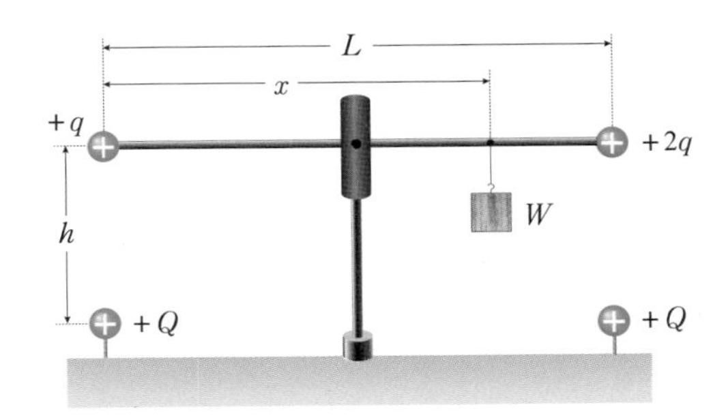

창의력&토론마당

04 균일한 전기장 E 속에 전하량이 $+q$ 이고, 질량이 m 인 대전 입자가 초속도 v_0 로 입사하였다. 물음에 답하시오. (단, 중력의 영향은 무시한다.)

(1) 오른쪽 그림과 같이 대전 입자가 전기장과 반대 방향으로 입사하는 경우 전기장을 거슬러 최대로 갈 수 있는 거리와 다시 제자리로 오는 데 걸리는 시간을 각각 구하시오.

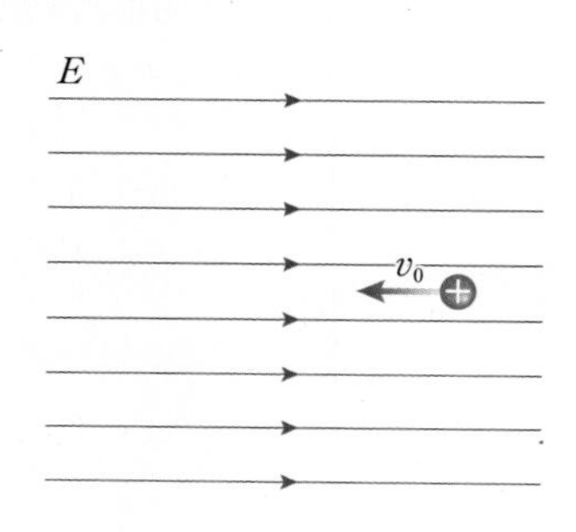

(2) 오른쪽 그림과 같이 전기장에 수직으로 입사하는 경우 t 초 후 대전 입자의 속력을 구하고, 그때의 위치를 (x, y) 좌표로 나타내시오.

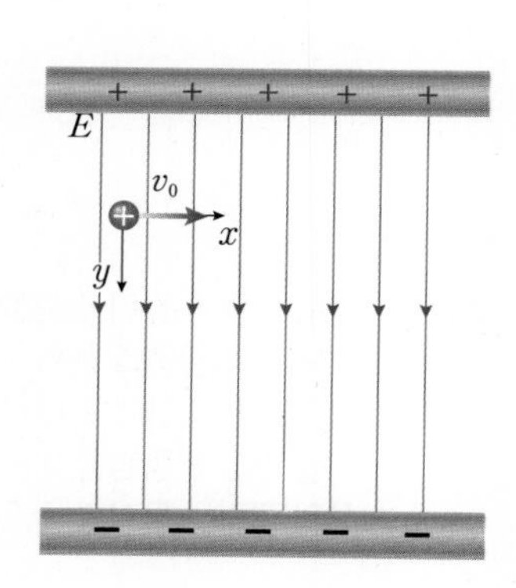

05 다음 그림과 같이 길이가 d 인 용수철의 양 끝에 각각 전하량 q 로 대전되어 있는 입자를 매달고 놓아주었더니 마찰이 없는 평면 위에서 진동을 하였다. 이때 용수철 내부 운동 마찰에 의해 진동이 감쇠되어 용수철 길이가 $3d$ 일 때 정지하였다면 용수철에서 발생한 총 열에너지를 구하시오. (단, 전체 계는 고립되었다고 가정하며, 처음 용수철은 주변과 열평형 상태에 있었으며, 주변은 열용량이 매우 큰 열원이다.)

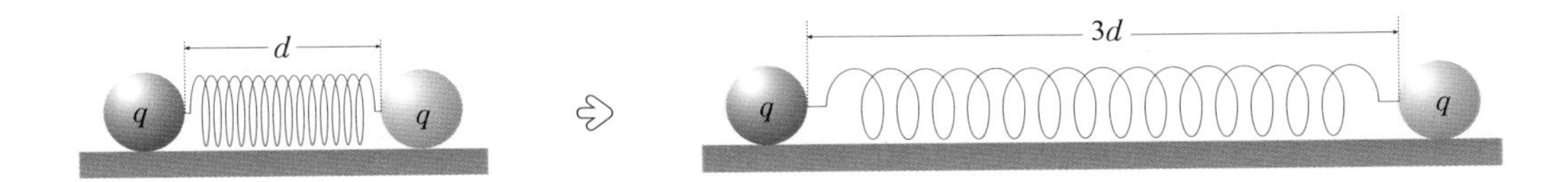

06 오른쪽 그림과 같이 4×10^{-8} C 으로 대전된 입자 q_1 이 한 점에 고정되어 있다. q_1 을 중심으로 -2×10^{-6} C 으로 대전된 입자 q_2 가 반지름 $R = 3$ cm 인 원궤도를 따라 등속 원운동하고 있다. 이 원운동의 반지름을 2배로 증가시키기 위해서는 어떻게 해야 하는가? (단, q_2 의 질량은 1×10^{-5} g 이고, 비례 상수 $k = 9 \times 10^9$ N$\cdot$m^2/C^2 이다.)

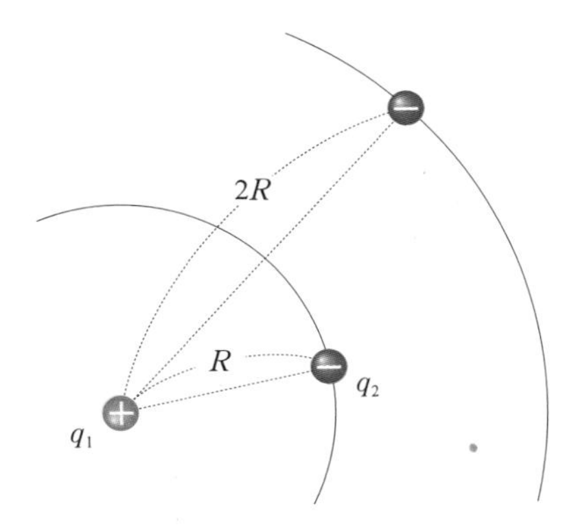

스스로 실력높이기

A

01 각 단어와 관련있는 설명끼리 각각 연결하시오.

(1) 전기력 •		• ㉠ 전하들 사이에 작용하는 힘
(2) 전위 •		• ㉡ 전기장을 나타내기 위해서 연속적으로 이은 선
(3) 전기력선 •		• ㉢ 단위 양전하가 갖는 전기력에 의한 퍼텐셜 에너지
(4) 등전위선 •		• ㉣ 전기장 내에서 전위가 같은 점을 연결한 선

02 전기장과 중력장에 대한 설명 중 옳은 것은 ○ 표, 옳지 않은 것은 × 표 하시오.

(1) 전기력은 두 물체의 전하량의 곱에 비례하고, 중력은 두 물체의 질량의 곱에 비례한다. ( )

(2) 무한 원점을 기준으로 할 때, 전위는 (+), (−) 값을 모두 갖지만, 만유 인력에 의한 퍼텐셜 에너지는 항상 (−) 값을 갖는다. ( )

03 다음 중 점전하로부터 거리 r인 임의의 점에서 전기장의 세기 E와 전위 V에 대한 그래프로 옳은 것을 모두 고르시오.

①
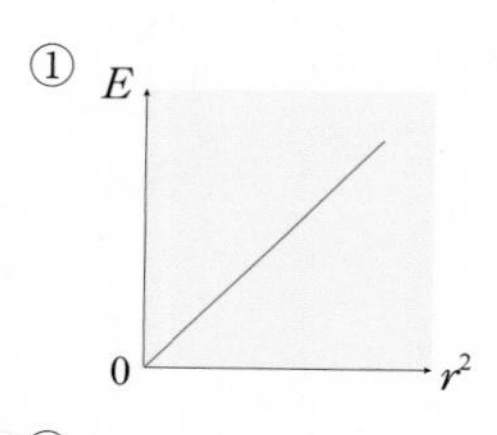

②
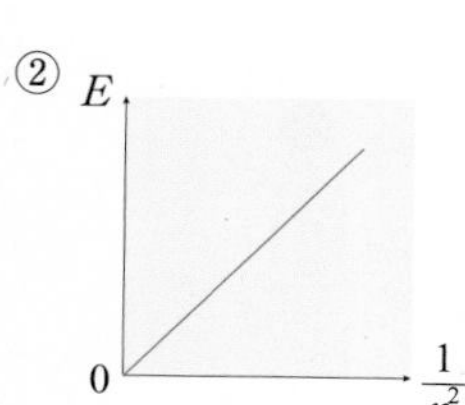

③
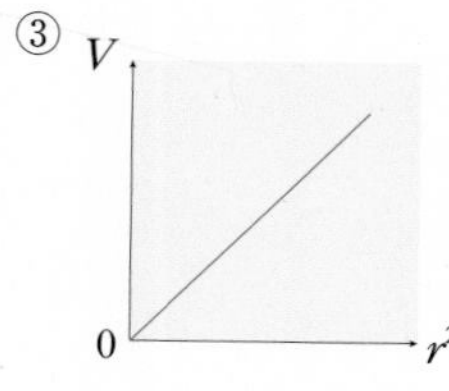

④
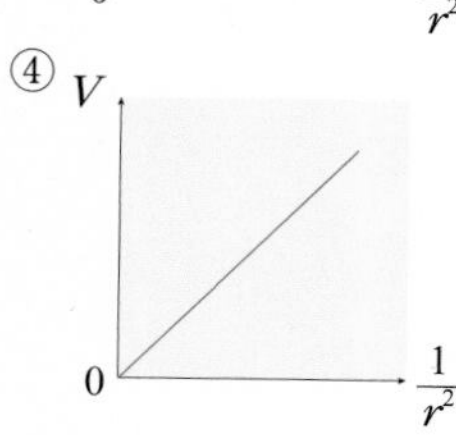

⑤
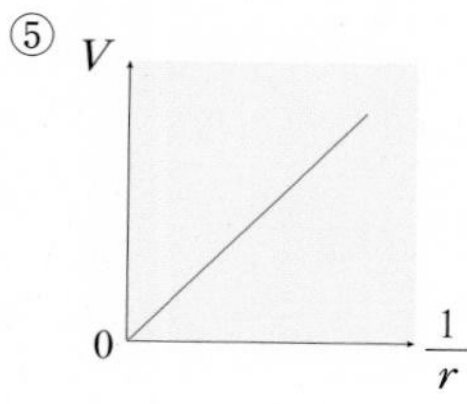

04 전기력선에 대한 설명 중 옳은 것은 ○ 표, 옳지 않은 것은 × 표 하시오.

(1) 전기력선은 실제로 존재한다. ( )

(2) 전기력선이 조밀할수록 전기장이 세다. ( )

(3) (+) 전하에서 시작하여 (−) 전하 또는 무한 원점에서 끝난다. ( )

05 다음 그림은 두 전하 A, B 사이에 형성된 전기장을 전기력선으로 나타낸 것이다. 이에 대한 설명으로 옳은 것은 ○ 표, 옳지 않은 것은 × 표 하시오.

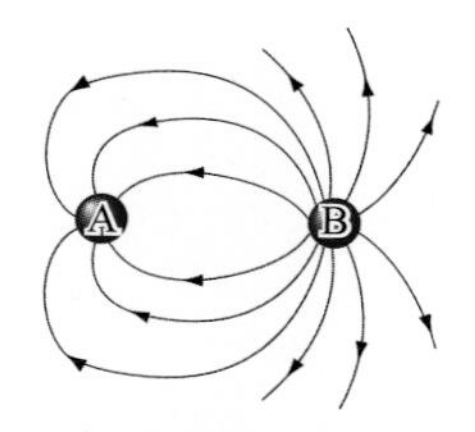

(1) A 와 B 는 모두 (+) 전하이다. ( )

(2) A 의 전하량이 −1 C 일 때 B 의 전하량은 +2 C 이다. ( )

06 등전위선(면)에 대한 설명 중 옳은 것은 ○ 표, 옳지 않은 것은 × 표 하시오.

(1) 한 등전위선(면) 위의 모든 점은 전위가 같다. ( )

(2) 전하가 전기장으로부터 받는 힘의 방향은 등전위면에 수직이다. ( )

(3) 등전위선이 조밀한 곳일수록 전기장이 약하다. ( )

07 다음 그림은 두 점전하 A와 B 주변의 전기력선을 나타낸 것이다. P 점, Q 점, R 점에서 전위를 각각 V_P, V_Q, V_R일 때 그 크기를 바르게 비교한 것은?

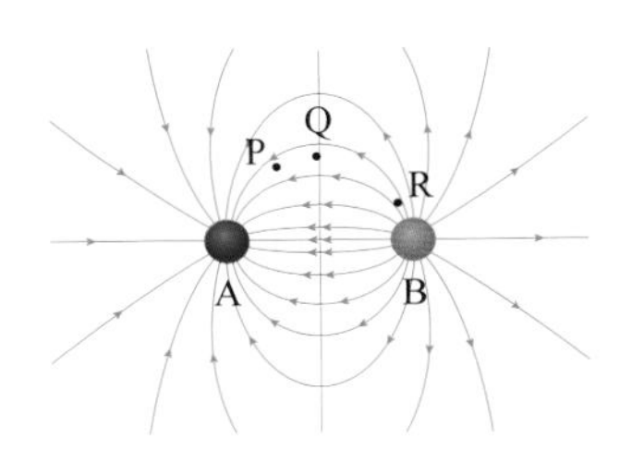

① $V_P > V_Q > V_R$ ② $V_Q > V_R > V_P$
③ $V_Q > V_P > V_R$ ④ $V_R > V_Q > V_P$
⑤ $V_R > V_P > V_Q$

08 그림과 같이 균일한 전기장 E 속에서 (+)전하가 A점에서 B점으로 운동하고 있다. ㉠ 전기장이 (+)전하에 한 일의 부호와 ㉡ 전기적 퍼텐셜 에너지의 변화에 대한 설명을 바르게 짝지은 것은?

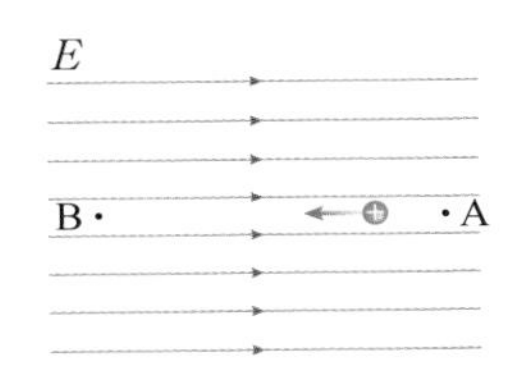

	P	Q		P	Q
①	(−)	증가한다	②	(+)	증가한다
③	(−)	감소한다	④	(+)	감소한다
⑤	(−)	변함없다			

09 다음 빈칸에 알맞은 말을 각각 고르시오.

전자레인지를 작동하면 내부에서 마이크로파가 발생한다. 이때 빠르게 진동하는 (㉠ 전기장 ㉡ 자기장)에 의해 물분자는 (㉠ 전기장 ㉡ 자기장)과 (㉠ 나란한 ㉡ 수직인) 방향으로 정렬하기 위해 회전하면서 다른 분자들과 충돌하게 된다. 이 과정에서 열에너지가 발생하여 음식물이 가열된다.

10 다음 그림과 같이 균일한 전기장 속에 전기 쌍극자가 놓여 있다. 전기 쌍극자에 작용하는 돌림힘의 크기가 최대가 되는 각도 θ는?

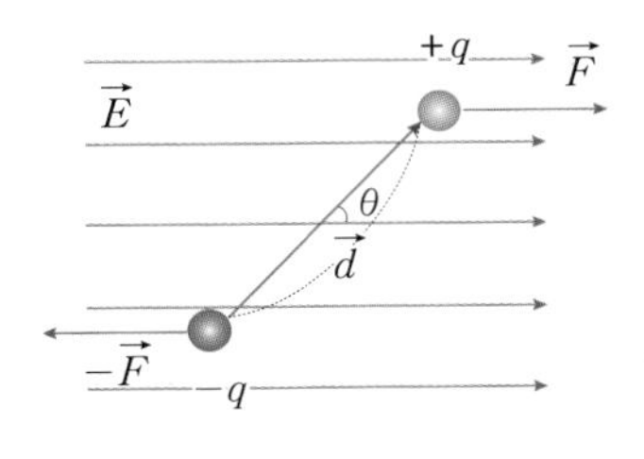

① 0° ② 30° ③ 45°
④ 90° ⑤ 180°

B

11 다음 그림은 전하량은 같지만, 전하의 종류가 다른 전하 A, B, C 가 서로 같은 거리만큼 떨어져 있는 경우를 각각 나타낸 것이다. (가) ~ (다) 중 전하 A 가 받는 힘의 크기가 큰 순서대로 바르게 나열한 것은?

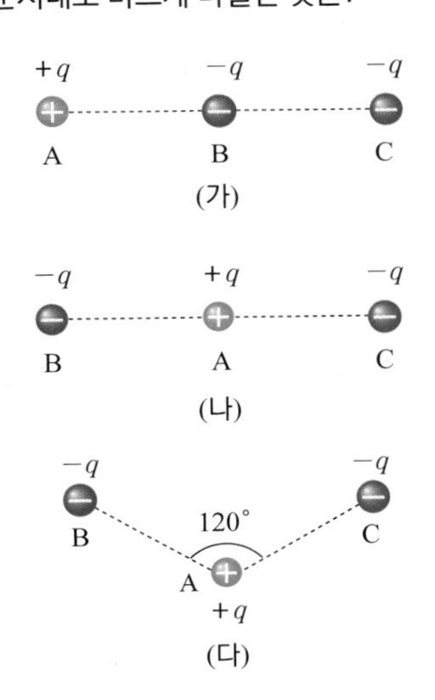

① (가) = (나) = (다) ② (가) > (나) > (다)
③ (가) > (다) > (나) ④ (나) > (다) > (가)
⑤ (다) > (나) > (가)

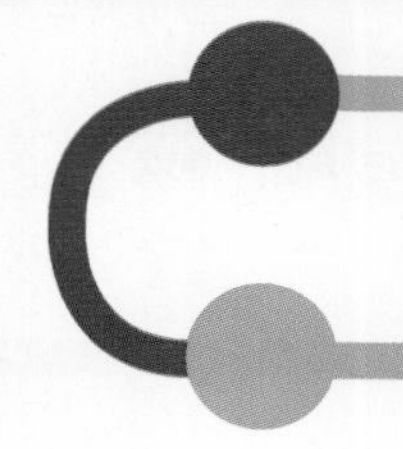

스스로 실력높이기

12 다음 그림과 같이 일직선 상에 전하 q_1, q_2, q_3 가 같은 간격으로 놓여 있다. 전하 q_1 에 작용하는 전기력의 크기와 방향을 바르게 짝지은 것은? (단, $q_1 = 5.0\times 10^{-9}$C, $q_2 = 1.0\times 10^{-9}$ C, $q_3 = -3.0\times 10^{-6}$ C 이고, 각 전하 사이의 간격은 2 cm, 비례 상수 $k = 9 \times 10^9$ N·m²/C² 이다.)

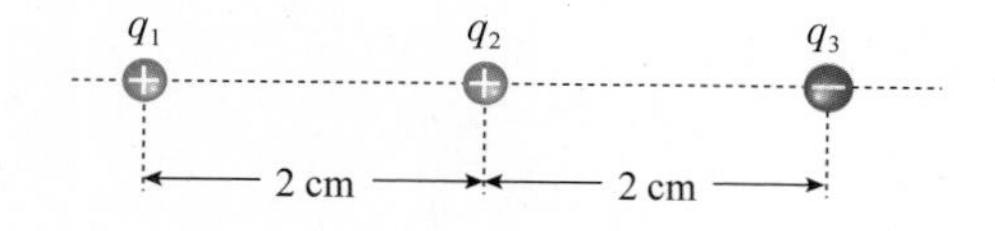

	크기	방향		크기	방향
①	28 μN	왼쪽	②	28 μN	오른쪽
③	112 μN	왼쪽	④	84 μN	오른쪽
⑤	196 μN	왼쪽			

13 다음 그림은 어떤 평면에서 등전위선과 전기력선의 일부를 나타낸 것이다. 이때 전자가 P 점에서 Q 점으로 이동하는 동안 전기장이 전자에 해준 일은 3.2×10^{-19} J 이다. 이에 대한 설명으로 옳은 것만을 <보기> 에서 있는 대로 고른 것은? (단, 전자의 전하량은 -1.6×10^{-19} C 이다.)

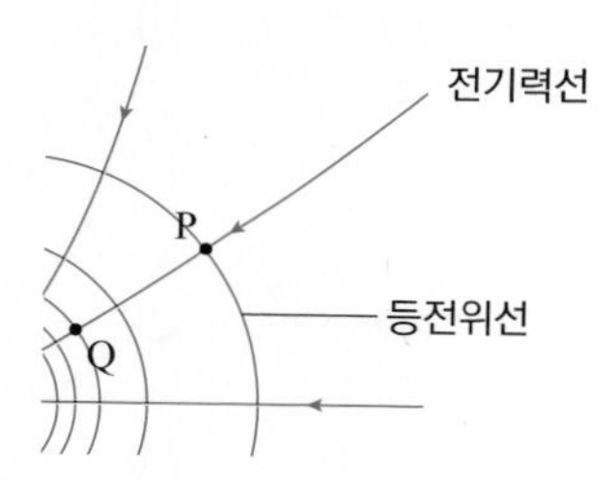

〈 보기 〉

ㄱ. P 점은 Q 점보다 전위가 2 V 높다.
ㄴ. 전기장의 세기는 Q 점보다 P 점에서 세다.
ㄷ. 전자가 등전위선을 따라 운동할 때 전기장이 한 일은 0 이다.

① ㄱ　② ㄱ, ㄴ　③ ㄱ, ㄷ
④ ㄴ, ㄷ　⑤ ㄱ, ㄴ, ㄷ

14 전하 $q_2 = 15\times 10^{-6}$ C 가 공간 상의 한 점에 정지해 있다. 이때 매우 멀리 있던 전하 $q_1 = 2.5\times 10^{-6}$ C 를 전하 q_2 로 부터 0.3 m 떨어진 지점까지 옮기는 데 필요한 최소한 일은 얼마인가? (단, 비례 상수 $k = 9 \times 10^9$ N·m²/C² 이다.)

(　　　　　　) J

15 다음 그림과 같이 전하량이 Q 인 점전하 A 로부터 각각 거리가 r , $2r$ 떨어져 있는 지점 B 와 C 사이의 전위차는? (단, k 는 비례 상수인 쿨롱 상수이다.)

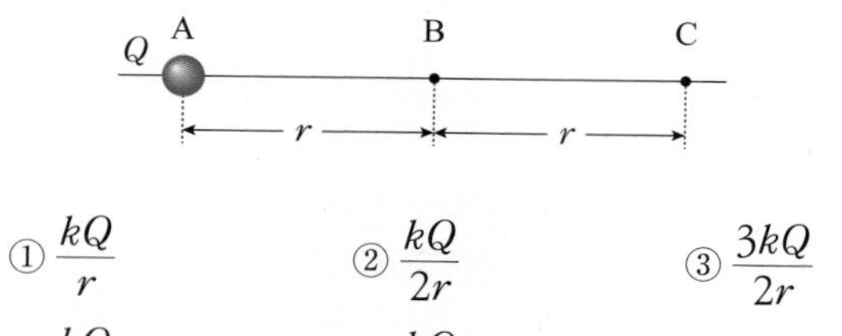

① $\frac{kQ}{r}$　② $\frac{kQ}{2r}$　③ $\frac{3kQ}{2r}$
④ $\frac{kQ}{r^2}$　⑤ $\frac{kQ}{4r^2}$

16 다음 그림과 같이 균일한 전기장 내의 A 지점에서 정지해 있던 단위 전하가 전기력을 받아 점 B 와 C 를 지나는 운동을 하였다. B 와 C 에서 전하의 속력을 각각 v_B, v_C 라고 할 때, $v_B : v_C$ 는?

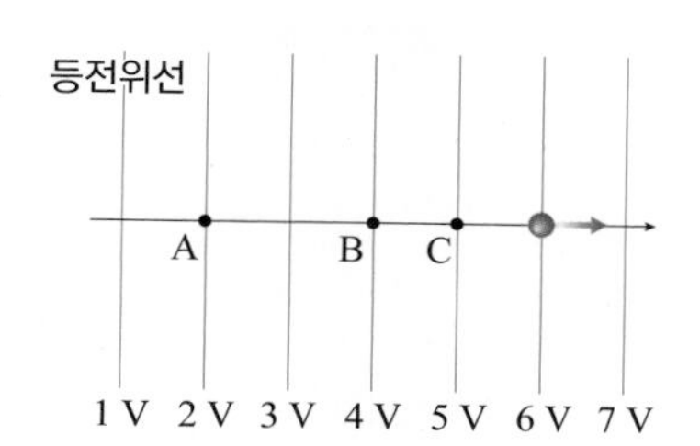

① 2 : 1　② $\sqrt{2}$: 1　③ 2 : 3
④ $\sqrt{2} : \sqrt{3}$　⑤ 2 : $\sqrt{5}$

17 다음 그림과 같이 균일한 전기장 내의 A 점에서 정지해 있던 양성자 q 가 B 지점까지 0.3 m 운동하였다. B 지점에서 양성자의 속력 v 를 구하시오. (단, 전기장의 세기 $E = 6.5 \times 10^4$ V/m, 양성자의 전하량 $q = 1.6 \times 10^{-19}$ C, 질량 $m = 1.67 \times 10^{-27}$ kg 이다.)

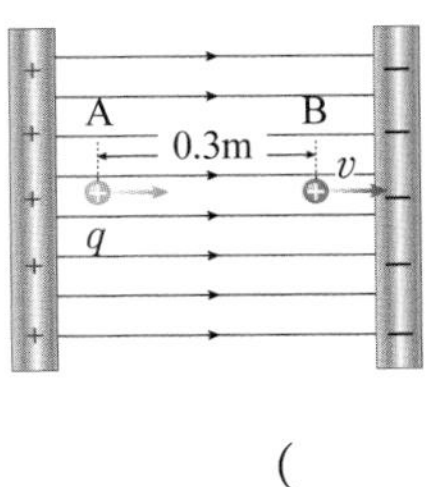

(　　　　　　)m/s

18 오른쪽 그림은 전하 A, B 에 의한 전기 쌍극자가 만드는 전기장을 전기력선으로 나타낸 것이다. 이에 대한 설명으로 옳은 것만을 <보기> 에서 있는 대로 고른 것은? (단, 전하 A 의 전하량의 크기는 q 이고, 두 전하 사이의 거리는 d 이다.)

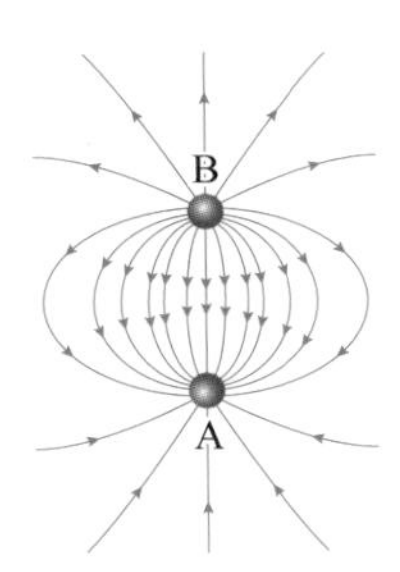

〈 보기 〉

ㄱ. 전하 A 와 B 의 전하량은 같다.
ㄴ. 전하 A 의 부호는 (+), B 의 부호는 (−) 이다.
ㄷ. 두 전하와 같은 거리 r 만큼 떨어져 있는 점에서 전기장의 세기는 $E = \frac{kqd}{r^2}$ 이다.

① ㄱ　② ㄴ　③ ㄷ
④ ㄱ, ㄷ　⑤ ㄱ, ㄴ, ㄷ

C

19 다음 그림과 같이 직각 삼각형의 꼭짓점 위에 점전하 $q_1 = -2 \times 10^{-8}$ C, $q_2 = 4 \times 10^{-8}$ C, $q_3 = 5 \times 10^{-8}$ C가 놓여 있다. 이에 대한 설명으로 옳은 것만을 <보기> 에서 있는 대로 고른 것은? (단, 비례 상수 $k = 9 \times 10^9$ N·m²/C² 이다.)

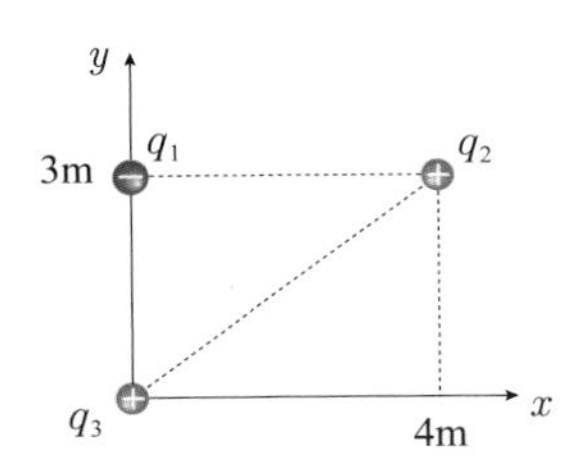

〈 보기 〉

ㄱ. q_1 이 q_2 에 작용하는 힘의 크기는 4.5×10^{-7} N 이다.
ㄴ. q_1 이 q_3 에 작용하는 힘의 크기는 7.2×10^{-7} N 이다.
ㄷ. q_2 에 작용하는 알짜힘의 크기는 4.5×10^{-7} N 이다

① ㄱ　② ㄴ　③ ㄷ
④ ㄱ, ㄷ　⑤ ㄱ, ㄴ, ㄷ

20 다음 그림과 같이 전하 $q_1 = 6 \times 10^{-6}$ C 은 원점에, $q_2 = -4 \times 10^{-6}$ C 은 원점으로부터 0.3 m 떨어진 x 축 위에 있다. ㉠ 점 P(0, 0.4) 에서 전기장의 세기와 ㉡ 점 P(0, 0.4) 에 3×10^{-8} C 의 점전하가 있을 때, 이 점전하에 작용하는 전기력의 세기를 각각 구하시오. (단, 비례 상수 $k = 9 \times 10^9$ N·m²/C² 이다.)

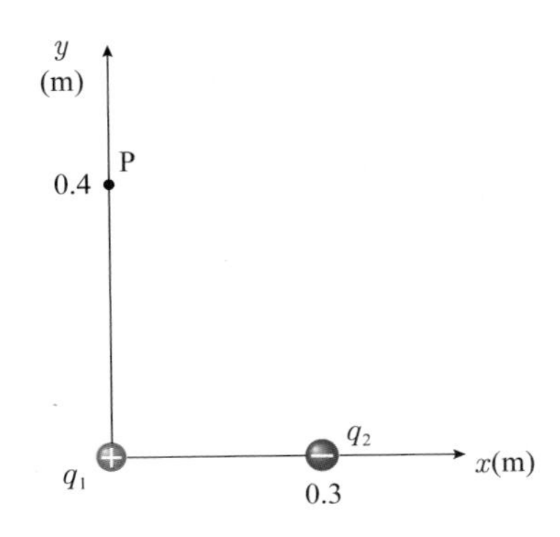

㉠ (　　　　　) N/C, ㉡ (　　　　　) N

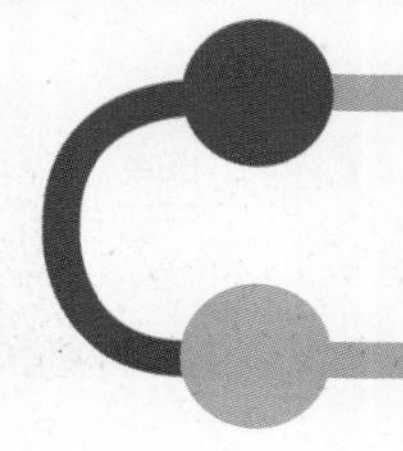

스스로 실력높이기

21 다음 그림과 같이 균일한 전기장 E 영역에서 (+) 으로 대전된 입자가 오른쪽 방향으로 직선 운동하면서 속력이 증가하였다. 점 A, B, C 는 경로 상의 위치를 나타내며, A, B 사이의 거리와 B와 C 사이의 거리는 d 로 같다. 이에 대한 설명으로 옳은 것만을 <보기> 에서 있는 대로 고른 것은?

[수능 기출 유형]

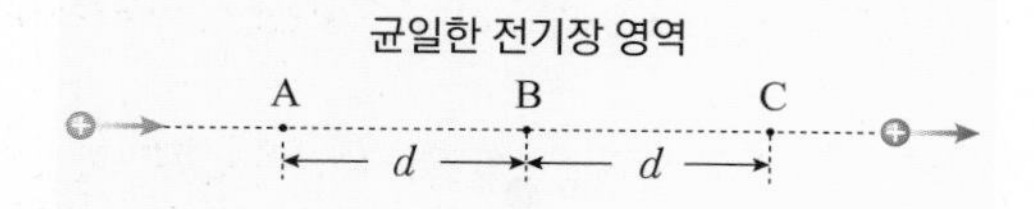

〈 보기 〉

ㄱ. 전기장의 방향과 입자의 운동 방향은 같다.
ㄴ. A 와 C 에서 입자가 받는 전기력의 크기는 같다.
ㄷ. 전기력이 입자에 한 일은 A 에서 B 까지 운동하는 동안과 B 에서 C 까지 운동하는 동안이 같다.

① ㄱ ② ㄱ, ㄴ ③ ㄱ, ㄷ
④ ㄴ, ㄷ ⑤ ㄱ, ㄴ, ㄷ

22 다음 그림과 같이 전하량이 $-4q$, q, $+2q$ 인 전하 A, B, C 가 한 변의 길이가 d 인 정삼각형의 각 꼭지점에 고정되어 있다. 세 전하가 갖는 전기력에 의한 퍼텐셜 에너지는 얼마인가? (단, 세 전하로부터 무한히 떨어진 점에서의 전위는 0이다.)

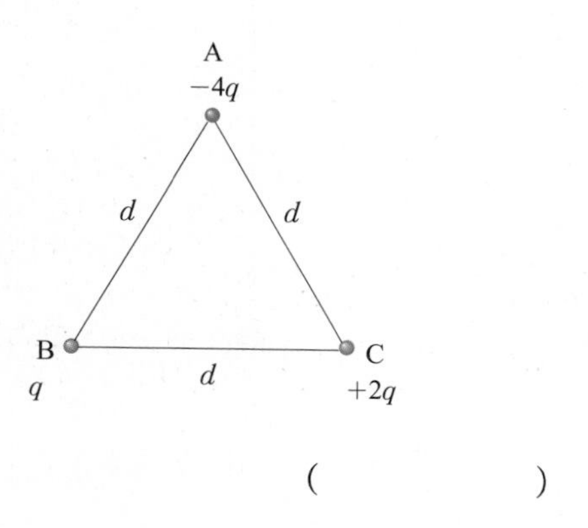

( )

23 다음 그림과 같이 수평면과 각 ϕ 를 이루는 균일한 전기장 E 속에 전하량 q 로 대전된 도체구가 줄에 매달려있다. 도체구가 각 θ 만큼 기울어진 채로 평형을 이루고 있을 때 $\tan\theta$ 는? (단, 도체구의 질량은 m, 중력 가속도는 g 이다.)

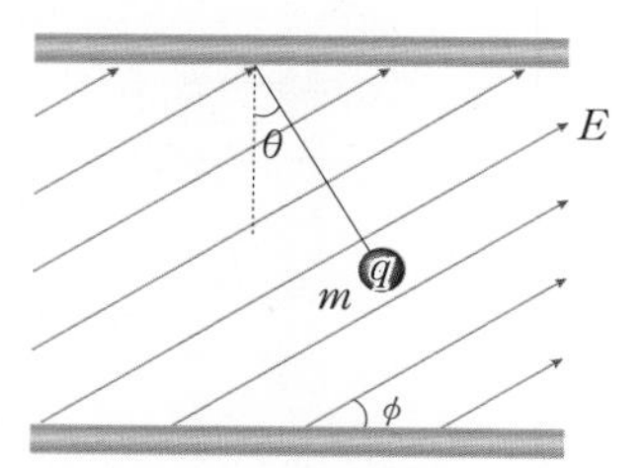

① $\dfrac{qE\cos\phi}{mg - qE\sin\phi}$ ② $\dfrac{mg - qE\sin\phi}{qE\cos\phi}$

③ $\dfrac{qE\sin\phi}{mg - qE\cos\phi}$ ④ $\dfrac{mg - qE\cos\phi}{qE\sin\phi}$

⑤ $\dfrac{qE\cos\phi}{mg - qE\cos\phi}$

24 다음 그림과 같이 질량은 같고, 전하량이 각각 q, $-q$ 인 물체 A 와 B 가 등속도 운동을 하다가 균일한 전기장 영역을 직선 운동하며 통과한 후 다시 등속도 운동을 하였다. A 가 전기장 영역으로 들어가기 전 속력과 B 가 전기장 영역을 통과한 후 속력은 v 로 같고, 점 P, Q 는 전기장 영역에 포함되지 않은 운동 경로 상의 점이다. 이에 대한 설명으로 옳은 것만을 <보기> 에서 있는 대로 고른 것은? (단, A, B 의 크기, 전자기파의 발생은 무시한다.)

[수능 기출 유형]

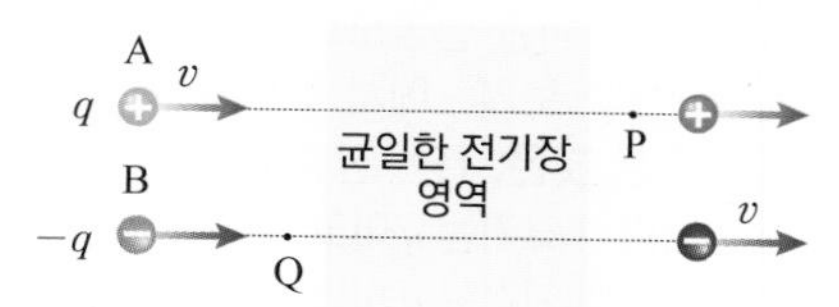

〈 보기 〉

ㄱ. P 점과 Q 점에서 물체 A와 B의 속력은 같다.
ㄴ. 물체 A 와 B 가 전기장 영역을 통과하는 데 걸리는 시간은 같다.
ㄷ. 균일한 전기장 영역에서 두 물체에 작용하는 전기력의 크기는 같다.

① ㄱ ② ㄴ ③ ㄷ
④ ㄴ, ㄷ ⑤ ㄱ, ㄴ, ㄷ

심화

25 다음 그림과 같이 전하 $q_1 = 2.0 \times 10^{-8}$ C, $q_2 = -3.0 \times 10^{-8}$ C, $q_3 = 3.0 \times 10^{-8}$ C, $q_4 = -2.0 \times 10^{-8}$ C 가 정사각형 네 모서리에 놓여 있다. 정사각형 한 변의 길이가 4 cm 일 때, 정사각형의 중심 O 점에서 전기장의 세기를 구하시오. (단, 비례 상수 $k = 9 \times 10^9$ N·m²/C², $\sqrt{2} = 1.4$ 로 계산한다.)

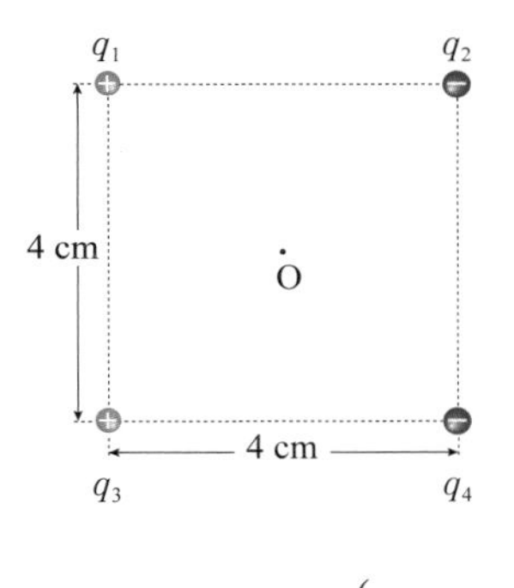

( ) N/C

26 다음 그림과 같이 길이 $L = 1$m 인 늘어나지 않는 부도체의 실에 질량과 전하량이 각각 10g, q 로 같은 두 도체 구가 매달려 정지해 있다. 이와 같은 평형 상태에서 두 도체 구 사이의 수평 거리가 2cm일 때, $|q|$는 얼마인가? (단, 중력 가속도 $g = 9.8$m/s², 비례 상수 $k = 9 \times 10^9$ N·m²/C² 이다.)

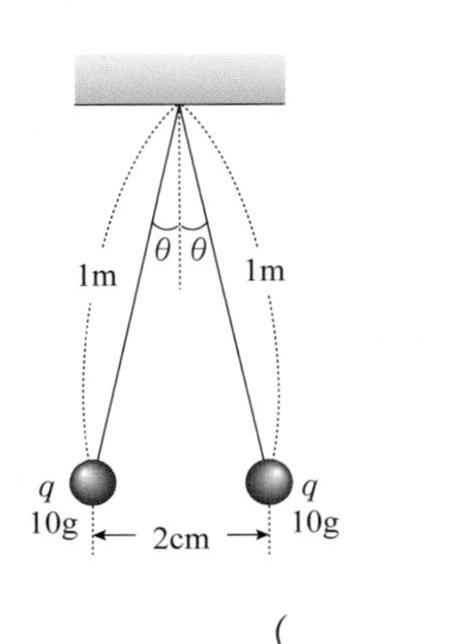

( )C

27 그림 (가) 는 x축 위에서 $2d$ 만큼 떨어진 지점에 고정되어 있는 두 점전하 A 와 B 를 나타낸 것이고, 그림 (나)는 점전하 A와 B에 의한 x축 상의 전기장의 세기를 나타낸 것이다. 이에 대한 설명으로 옳은 것만을 <보기> 에서 있는 대로 고른 것은? (단, 전기장의 방향은 $+x$ 방향을 (+) 로 한다.)

[수능 기출 유형]

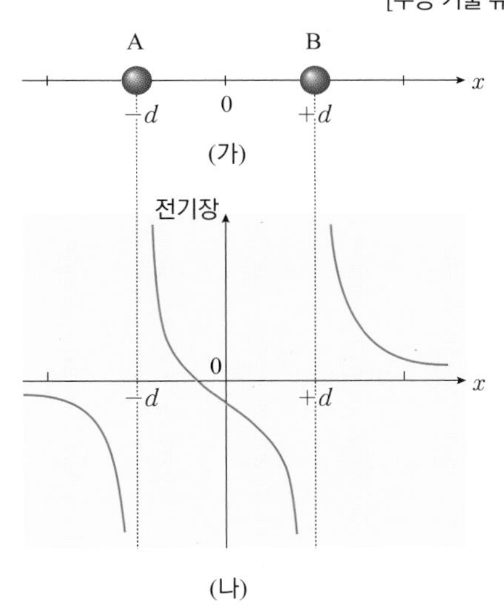

〈 보기 〉

ㄱ. A는 (+) 전하, B는 (−) 전하이다.
ㄴ. B 의 전하량이 A 의 전하량보다 크다.
ㄷ. $x = 0$ 에서의 전위가 $x = 0.5d$ 에서의 전위보다 낮다.

① ㄱ ② ㄴ ③ ㄷ
④ ㄴ, ㄷ ⑤ ㄱ, ㄴ, ㄷ

스스로 실력높이기

28 반지름이 R인 부도체로 이루어진 구에 $(+)$ 전하가 균일하게 분포하고 있을 때, 구의 중심으로부터 거리 r에 따른 전기장의 세기를 바르게 나타낸 것은?

① 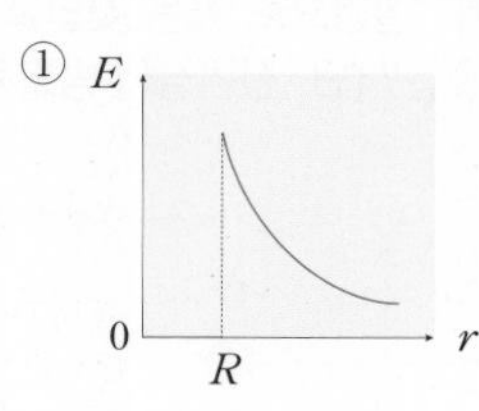

② 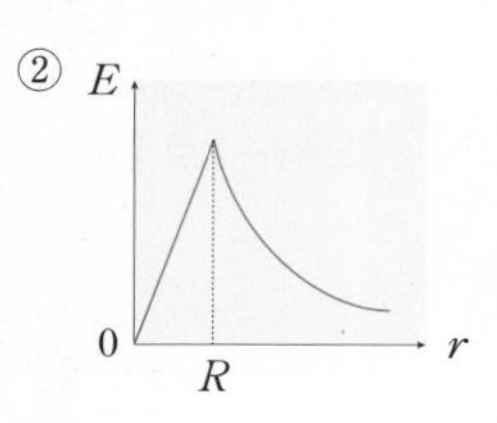

③ 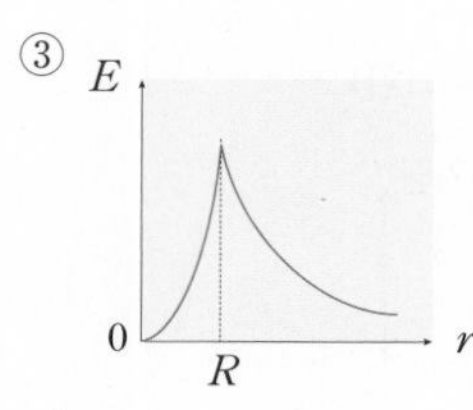

④ 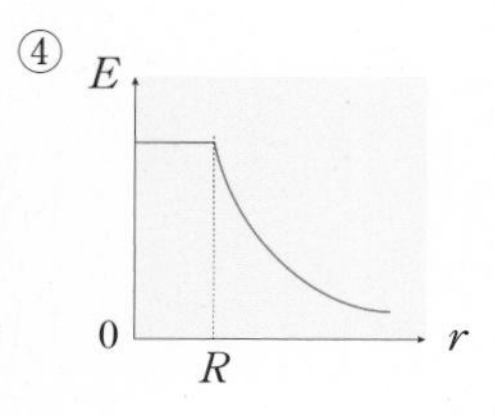

⑤ 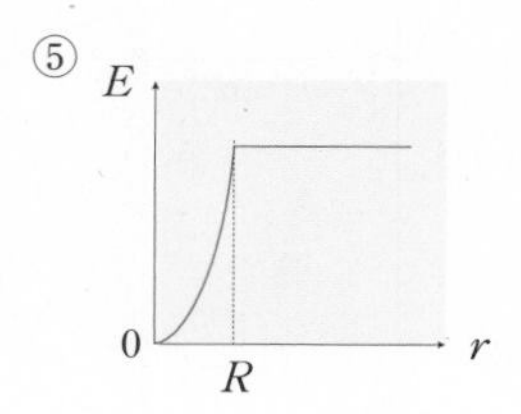

29 다음은 기본 전하 e를 측정하기 위한 밀리컨의 기름 방울 실험 장치에 대한 설명이다.

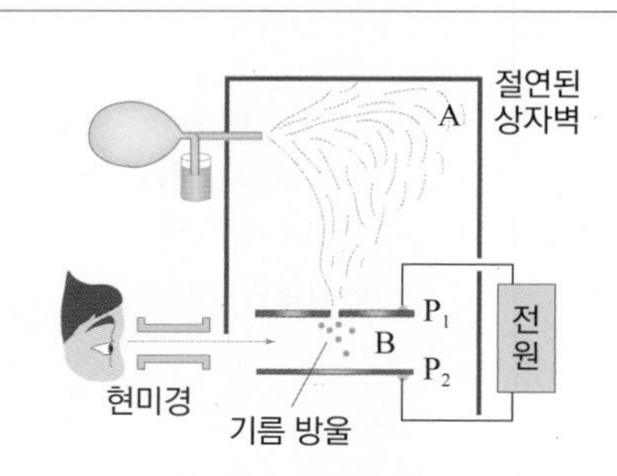

전하를 띤 기름 방울이 판 P_1의 구멍을 통해 상자 B로 이동할 때, 스위치를 열고, 닫게 되면 상자 B 내부의 전기장을 없애거나 만들어서 기름 방울의 운동을 조절할 수 있다. 이때 현미경을 이용하여 기름 방울의 운동을 관찰하는 것이다.

밀리컨 실험에서 반지름이 1.64×10^{-6} m, 밀도가 0.85 g/cm^{3}인 기름 방울이 아래쪽 방향의 크기 1.92×10^5 N/C의 전기장에 의해 상자 B에 떠 있다. 이때 기름 방울의 전하는 기본 전하의 몇 배인가? (단, 중력 가속도 $g = 9.8$ m/s^2, $\pi = 3.14$, 기본 전하량 $e = 1.6 \times 10^{-19}$ C으로 계산한다.)

(　　　　　)

30 다음 그림과 같이 전하 $q_1 = 2.0 \times 10^{-12}$ C, $q_2 = -2.0 \times 10^{-12}$ C, $q_3 = 2.0 \times 10^{-12}$ C, $q_4 = -2.0 \times 10^{-12}$ C가 정사각형 네 모서리에 놓여 있다. 정사각형 한 변의 길이가 50cm일 때, 그림과 같은 네 전하의 배열을 만들기 위하여 얼마나 많은 일을 해야 하는가? (단, 처음 각 전하들은 무한히 떨어져 있다고 가정하며, 비례 상수 $k = 9 \times 10^9$ N·m^2/C^2, $\sqrt{2} = 1.4$로 계산한다.)

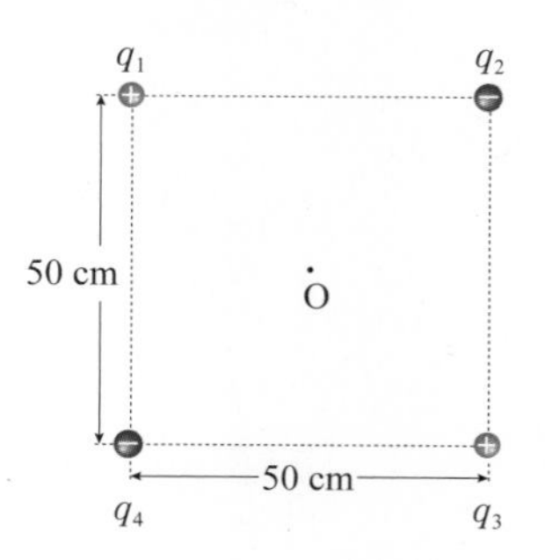

31 다음 그림과 같이 전하 $q_1 = -5.0 \times 10^{-6}$ C, $q_2 = 2.0 \times 10^{-6}$ C 인 두 점전하가 직사각형의 두 모서리에 놓여 있다. 직사각형의 가로 길이는 12 cm, 세로 길이는 4 cm 이고, 두 전하로부터 무한히 떨어진 점에서의 전위는 0이다. 물음에 답하시오. (단, 비례 상수 $k = 9 \times 10^9$ $N \cdot m^2/C^2$ 이다.)

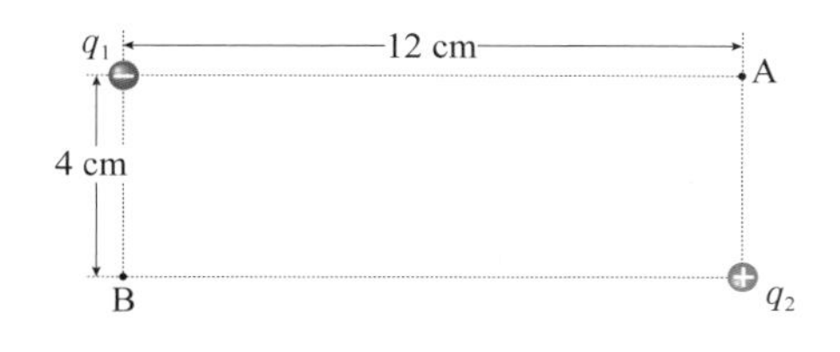

(1) 꼭지점 A 와 B 에서의 전위는 각각 얼마인가?

A (　　　　　　) V, B (　　　　　　) V

(2) 전하 $q_3 = 4 \times 10^{-6}$ C을 꼭지점 B에서 A 로 대각선을 따라 옮기는 데 필요한 일은 얼마인가?

(　　　　　　)J

32 다음 그림과 같이 균일한 전기장 E가 형성된 평행한 도체 판의 중간 지점으로 전하 q가 도체판과 나란한 방향으로 입사하였다. 이때 입자의 질량은 10^{-3} kg, 전하량은 -10×10^{-6} C 이며, 도체판 사이의 전기장의 세기는 E = 200 N/C, 도체판 사이의 수평 길이는 20cm, 도체판 사이의 직선 거리는 2cm 이다. 물음에 답하시오. (단, 중력 및 전하의 가속에 의한 에너지 손실은 무시한다.)

[특목고 기출 유형]

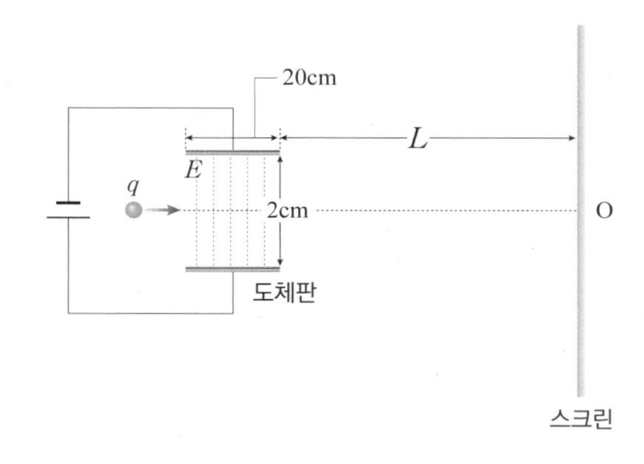

(1) 판과 스크린 사이의 거리 L = 1 m일 때, 전하가 도체판에 충돌하지 않고 스크린에 도달하기 위한 최소 속력은 얼마인가?

(　　　　　　) m/s

(2) (1) 의 속력으로 입사시켰을 때, 전기장을 빠져나온 직후 전하 q 의 속력은 얼마인가?

(　　　　　　) m/s

(3) (1)의 속력으로 입사시켰을 때, 스크린에 충돌하는 지점은 중심점 O에서 얼마나 떨어진 지점인가? (이때 중심점 O는 전기장이 없을 때 입자가 충돌하는 지점이다.)

(　　　　　　)cm

14강 직류 회로

1. 기전력과 내부 저항

(1) 기전력 장치(전원) : 전기 회로에 전류가 계속 흐르게 하려면 일정한 전위차를 계속 유지시켜 주어야 한다. 즉 물레방아를 돌리기 위해 물 펌프를 이용하여 일정한 수위차를 유지하듯이 회로에서도 펌프와 같은 장치가 필요하다. 이러한 장치를 기전력 장치라고 한다.

▲ 물의 흐름과 전기 회로 비교

(2) 기전력 : 회로에 전류가 계속 흐르도록 두 극 사이의 전위차를 유지시켜 주는 능력으로 단위 전하당 한 일을 **기전력**이라고 한다. 기전력은 힘이 아니고 volt(V) 로 표현되는 전위차이다. 임의의 시간 $\varDelta t$ 동안 전하 $\varDelta q$ 를 높은 전위로 이동시키기 위해서는 $\varDelta W$ 의 일을 해야 한다. 따라서 기전력 장치에서 기전력 E는 다음과 같다.

$$E = \frac{\varDelta W}{\varDelta q} \quad (\text{단위} : \text{J/C} = \text{V})$$

(3) 전지의 기전력과 내부 저항 : 이상적인 기전력 장치는 전하를 한 전극에서 다른 전극으로 움직이게 할 때 내부 저항을 갖지 않는 것이다. 하지만 실제 기전력 장치는 전하의 내부 움직임에 대한 내부 저항이 있다.

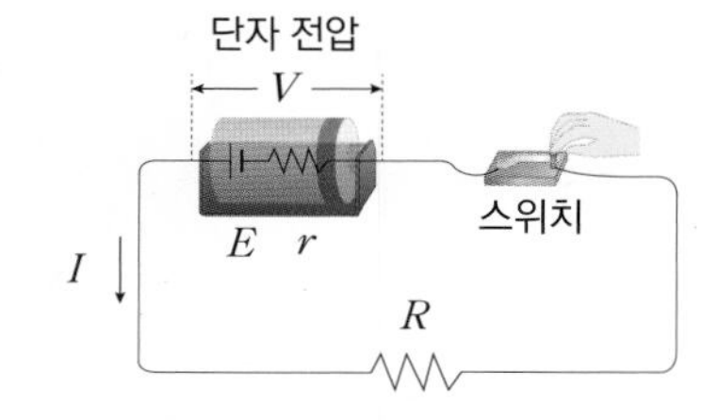

▲ 전지의 기전력과 내부 저항

① **단자 전압** : 전류가 흐르고 있을 때 전지의 (+) 극과 (−) 극 사이에 나타나는 전위차를 말한다.

② **내부 저항** : 전지 내부에서 전류가 흐르는 것을 방해하는 저항 r을 내부 저항이라고 한다. 기전력 E, 내부 저항 r인 전지에 저항 R을 직렬 연결하였을 때의 전류를 I라고 하면 다음 식을 만족한다.

> $E = I(R + r)$ ⇨ $IR = E - Ir$
> IR은 전지의 단자 전압 V와 같다.
> $\therefore V = E - Ir$
> 즉, 전지의 단자 전압 V는 기전력 E보다 내부 저항에 의한 전압 강하로 Ir만큼 작아진다.

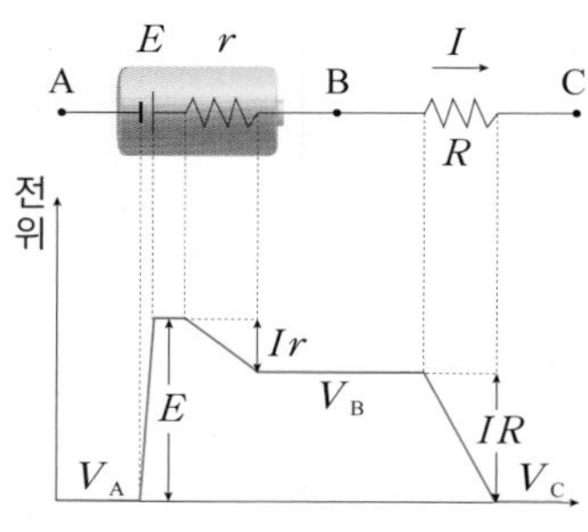

▲ 기전력과 단자 전압

③ **전지의 기전력** : 저항의 크기가 내부 저항의 크기를 무시할 수 있을 정도로 클 때 전지 양 극 사이의 전압은 전지의 기전력에 가까워진다.

● 기전력 장치와 전하 이동

전지나 발전기의 내부에서는 내부 (+) 전하를 낮은 전위에서 높은 전위 쪽으로 계속해서 옮겨 주는 일을 하게 된다. 이는 전하가 일을 받는 과정으로 이때 화학 에너지나 역학 에너지가 사용되는 것이다.
따라서 전원(전지나 발전기)의 기전력이란 단위 전하가 전원을 지날 때 얼마나 많은 에너지가 전기 에너지로 바뀌는가를 나타낸다.

● 건전지 1.5 V 의 의미

전류가 흐르지 않고, 내부 저항에 의한 전압 강하가 없을 때의 전압을 의미한다.

● 회로에서 소비되는 전력

기전력 E, 내부 저항 r인 전지에 저항 R을 직렬 연결하였을 때 흐르는 전류를 I라고 하면, 전체 회로에서 소비되는 전력 P는 다음과 같다.

$$P = IE = I^2R + I^2r$$

개념확인 1

전지나 발전기의 두 단자의 전위차를 일정하게 유지시키는 능력을 □□□(이)라고 한다.

확인 + 1

전지의 기전력이 1.5 V 인 건전지에 저항 R을 직렬 연결하였더니 회로에 0.2A 의 전류가 흐르고, 단자 전압이 1.1 V 였다. 전지의 내부 저항은 얼마인가? (　　　　) Ω

2. 전지의 연결

(1) 전지의 직렬 연결 : 높은 전압을 필요로 하는 경우에 전지를 직렬로 연결하여 사용한다.

기전력 E, 내부 저항 r인 전지 n개를 직렬 연결할 경우
총 기전력 : $E + E + \cdots + E = nE$
내부 저항의 합성값 : $r + r + \cdots + r = nr$
회로의 전체 저항 : $R + nr$
회로에 흐르는 전류 I는 다음과 같다.

$$nE = I(R + nr) \Rightarrow I = \frac{nE}{R + nr}$$

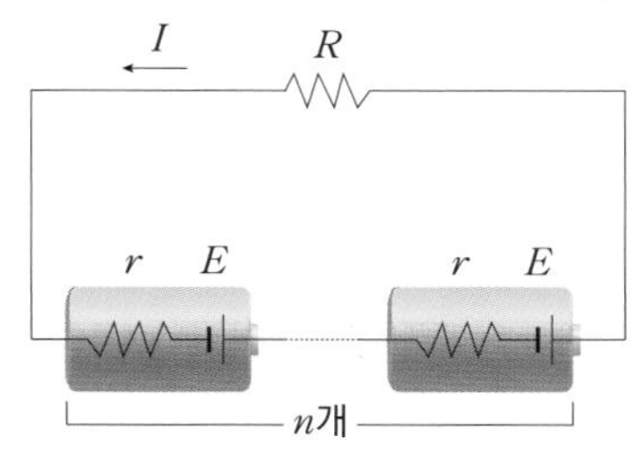

▲ 전지의 직렬 연결

(2) 전지의 병렬 연결 : 전류를 오랫동안 공급해야 하는 경우에 전지를 병렬로 연결하여 사용한다.

기전력 E, 내부 저항 r인 전지 n개를 병렬 연결할 경우
총 기전력 : 전지 한 개의 기전력 E와 같다.
내부 저항의 합성값 : $\frac{r}{n}$
회로의 전체 저항 : $R + \frac{r}{n}$
회로에 흐르는 전류 I는 다음과 같다.

$$E = I\left(R + \frac{r}{n}\right) \Rightarrow I = \frac{nE}{nR + r}$$

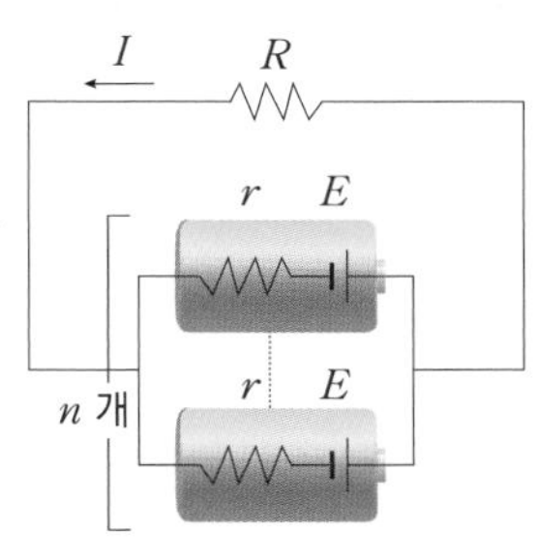

▲ 전지의 병렬 연결

(3) 전지의 혼합 연결 : 높은 전압으로 오래 사용할 수 있는 연결 방법이다.

기전력 E, 내부 저항 r인 전지 n개를 직렬 연결하고, 이러한 연결 m개를 다시 병렬로 연결할 경우
총 기전력 : nE
총 전지의 내부 저항의 합성값 : $\frac{nr}{m}$

총 기전력 = 총 저항에 의한 전압 강하

$$nE = I\left(R + \frac{nr}{m}\right) \Rightarrow I = \frac{mnE}{mR + nr}$$

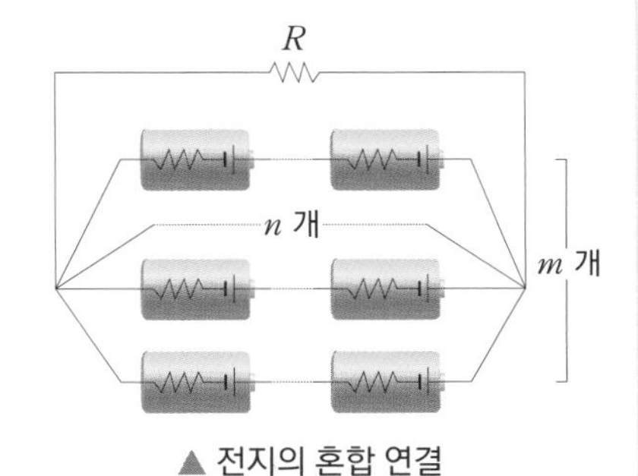

▲ 전지의 혼합 연결

● 저항의 직렬 연결

저항값이 R_1, R_2인 저항과 기전력 E인 전지(내부 저항은 0)를 직렬 연결할 경우, 회로에 흐르는 전류를 I, 저항값이 R_1, R_2인 저항에 걸리는 전압을 각각 V_1, V_2라고 하면,

$$E = V_1 + V_2 = IR_1 + IR_2 = I(R_1 + R_2) = IR_{eq}$$
$$\Rightarrow R_{eq} = R_1 + R_2$$

● 저항의 병렬 연결

저항값이 R_1, R_2인 저항과 기전력 E인 전지(내부 저항은 0)를 병렬 연결할 경우, 저항값이 R_1, R_2인 저항에 흐르는 전류를 각각 I_1, I_2라고 하면,

$$I = I_1 + I_2 = \frac{E}{R_1} + \frac{E}{R_2}$$
$$E = IR_{eq} = \left(\frac{E}{R_1} + \frac{E}{R_2}\right)R_{eq}$$
$$\Rightarrow \frac{1}{R_{eq}} = \frac{1}{R_1} + \frac{1}{R_2}$$

● 전지의 혼합 연결

외부 저항 R과 전체 내부 저항 $\left(\frac{nr}{m}\right)$이 같을 때 회로에 최대 전류가 흐른다.

개념확인 2 정답 및 해설 11쪽

높은 전압을 필요로 하는 경우 전지를 ☐☐로 연결하고, 전류를 오랫동안 공급해야 하는 경우 전지를 ☐☐로 연결하여 사용한다.

확인 + 2

어떤 전지 2 개를 직렬 연결한 후, 5 Ω 의 저항에 연결하면 0.6 A 의 전류가 흐르고, 6 Ω 의 저항에 연결하면 0.55 A 의 전류가 흘렀다. 이 전지의 기전력을 구하시오.

( ) V

● 전하량 보존 법칙과 키르히호프의 제1법칙

키르히호프의 제1법칙은 전하가 소멸하지도 생성되지도 않는다는 전하량 보존 법칙의 또 다른 표현이다.

● 전위차 V

각각의 그림에서 $V = V_b - V_a$ 이고, 왼쪽에서 오른쪽으로 전압 변화를 따질 때 다음과 같이 계산한다.

$V = -IR$(전압 강하)

$V = +IR$(전압 상승)

$V = +E$(전압 상승)

$V = -E$(전압 강하)

⇨ 기전력 :고리 방향이 기전력의 (−) 극에서 (+) 극 방향이면 $+E$
⇨ 저항 : 고리 방향이 전류 방향과 같으면 $-IR$

● 에너지 보존 법칙과 키르히호프의 제2법칙

$(\Sigma E_n = \Sigma I_n R_n) \times I_n$
⇨ $\Sigma I_n E_n = \Sigma I_n^2 R_n$
이는 전지에 공급한 에너지는 저항에서 모두 소모된다는 것을 의미한다.

3. 키르히호프의 법칙

(1) 키르히호프의 제1법칙(접합점 법칙)

(1) 키르히호프의 제1법칙(접합점 법칙) : 회로 상의 한 교차점으로 들어오는 전류의 합은 그곳에서 나가는 전류의 합과 같다. 접합점 P에 흘러들어오는 전류를 I_1, 접합점 P에서 흘러 나가는 전류를 I_2, I_3 라고 하면 $I_1 = I_2 + I_3$ 이다.

이때 접합점으로 들어오는 전류를 (+), 나가는 전류를 (−) 라고 하면, 총 전류의 대수적인 합은 다음과 같다.

$$\Sigma I_n = I_1 + I_2 + \cdots + I_n = 0$$

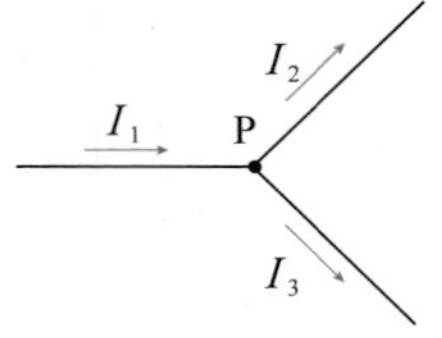

▲ 키르히호프 제1법칙

(2) 키르히호프의 제2법칙(폐회로 법칙) : 닫힌 회로에서 회로 내의 전위차의 합은 0이다. 즉, 폐곡선 회로 상에서의 기전력의 총합은 전압 강하의 총합과 같다.

⇨ $\Sigma E_n = \Sigma I_n R_n$

> ① **키르히호프 제1법칙** : 접합점 C에서 $I_1 + I_2 - I_3 = 0$
> ② **키르히호프 제2법칙** : 회로를 도는 방향을 정하고, 그 방향으로 돌아가면서 기전력 E와 전압 강하 IR를 합한다[전류의 방향과 회로를 도는 방향이 같을 때는 (+), 반대 방향일 때는 (−)].
> ㉠ ABCDA 폐회로 : $E_1 - I_1R_1 - I_3R_3 = 0$
> ㉡ BEFCB 폐회로 : $-I_2R_2 - E_2 + I_1R_1 - E_1 = 0$

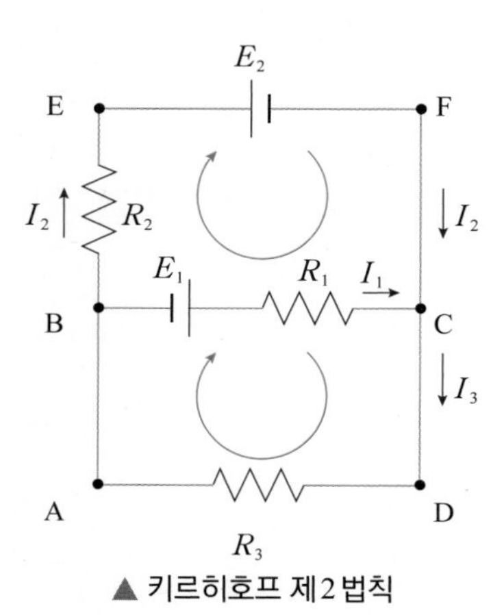

▲ 키르히호프 제2법칙

(3) 키르히호프의 법칙 적용

① 회로를 이루고 있는 각 저항에 임의의 전류의 크기와 방향을 정한다.
② 회로 내의 특정 분기점에 대하여 키르히호프의 제1법칙을 적용하여 방정식을 세운다.
③ 회로 내의 모든 폐회로에 대하여 회로를 도는 방향(고리)을 정하고, 키르히호프의 제2법칙을 적용하여 방정식을 세운다.
④ 만들어진 방정식을 이용하여 전류와 기전력을 구한다.
⑤ 전류의 값이 (−) 가 나온 경우 그 전류의 방향은 ①에서 정한 방향과 반대 방향이다.

개념확인 3

임의의 폐회로에서 기전력의 합과 저항에 의한 전압 강하의 합은 0이다. 이와 관련된 법칙은 무엇인가?

① 옴의 법칙 ② 쿨롱 법칙 ③ 전하량 보존 법칙
④ 에너지 보존 법칙 ⑤ 키르히호프의 제 1 법칙

확인 + 3

오른쪽 그림은 2 Ω, 4 Ω, 6 Ω의 저항과 내부 저항을 무시할 수 있는 14 V, 10 V 전지로 이루어진 회로가 있다. 각각의 전류값 I_1, I_2, I_3를 구하시오.

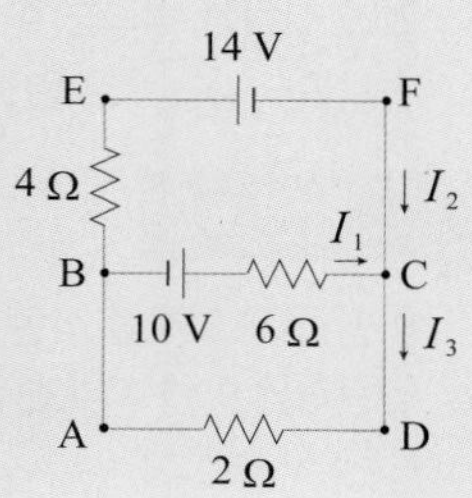

I_1 (　　　) A, I_2 (　　　) A
I_3 (　　　) A

4. 휘트스톤 브리지

(1) 휘트스톤 브리지 : 저항체의 저항값을 정밀하게 측정하기 위해 사용하는 회로이다. 값을 알고 있는 저항 3 개와 미지의 저항 1 개를 이용하여 휘트스톤 브리지 회로를 구성하고, 검류계에 흐르는 전류가 0 이 되도록 가변 저항을 조정하여 미지의 저항값을 구한다.

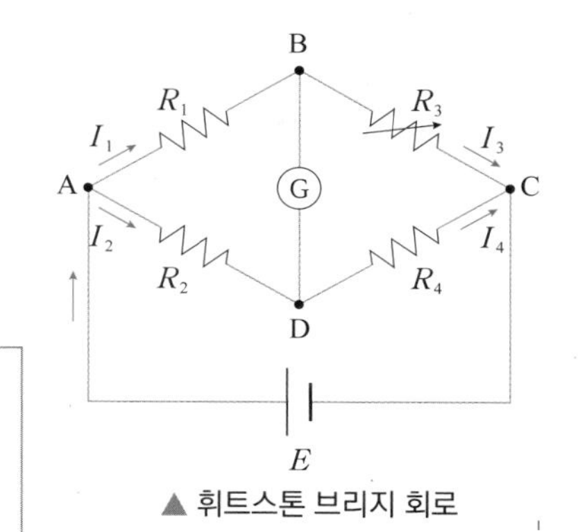

▲ 휘트스톤 브리지 회로

저항값을 알고 있는 저항 R_1, R_2 와 가변 저항 R_3, 저항값을 모르는 R_4 를 이용하여 휘트스톤 브리지 회로를 구성한 경우, 검류계에 전류가 흐르지 않도록 가변 저항 R_3 를 조절하면 B, D 점의 전위는 같게 된다. 따라서
AB 의 전위차 = AD 의 전위차, BC 의 전위차 = DC 의 전위차 ⇨ $I_1R_1 = I_2R_2$, $I_3R_3 = I_4R_4$
$I_1 = I_3$, $I_2 = I_4$ 이므로

$$\frac{I_2}{I_1} = \frac{R_1}{R_2} = \frac{R_3}{R_4} \quad ⇨ \quad R_4 = \frac{R_2R_3}{R_1}$$

⇨ BD 사이의 전위차 $V_B - V_D = \dfrac{(R_2R_3 - R_1R_4)}{(R_1 + R_3)(R_2 + R_4)}E$ 가 된다. 여기서 $R_1R_4 = R_2R_3$ 이면, 전위차는 0이 되므로, 검류계를 통과하는 전류가 0이다.

(2) 미터 브리지 : 실제 측정에 있어 굵기가 균일한 저항선을 이용하여 미지의 저항값을 구한다. 이와 같이 휘트스톤 브리지의 원리와 같고 사용하기 좋게 만든 것이 미터 브리지이다. 도선의 저항 R은 길이 l 에 비례하므로 접점 P 를 A 에서 B 위로 이동하면서 검류계 눈금이 0 이 되는 위치를 찾는다.

$$\frac{R_s}{R_x} = \frac{l_1}{l_2} = \frac{\text{AP 사이의 저항}}{\text{PB 사이의 저항}} \quad ⇨ \quad R_x = \frac{l_2}{l_1}R_s$$

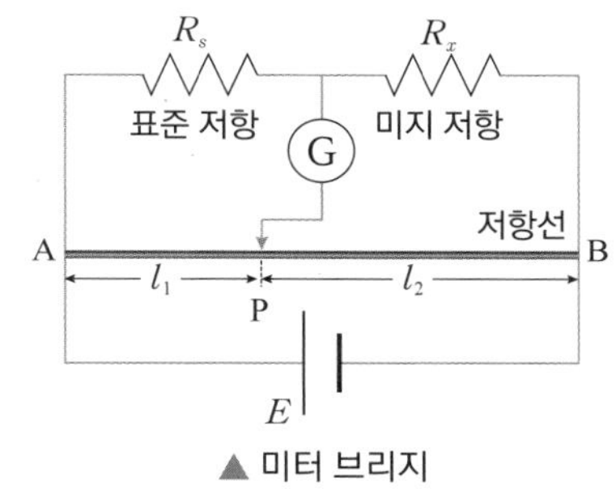

▲ 미터 브리지

⇨ 전압계와 전류계를 이용하여 저항을 측정할 경우 전압계와 전류계에 의해 회로의 전류나 전압에 변화가 일어난다. 이를 보완하는 저항의 측정법이 휘트스톤 브리지이다.

● 휘트스톤 브리지에서 브리지(B, D) 사이의 전위차

BD 가 연결되지 않았다고 가정하면,
ABC 를 흐르는 전류 I_1

$$I_1 = \frac{E}{R_1 + R_3} = I_3$$

ADC 를 흐르는 전류 I_2

$$I_2 = \frac{E}{R_2 + R_4} = I_4$$

가 되고, B 점과 D 점에서의 전위 V_B, V_D 는

$$V_B = I_1R_3 = \frac{R_3E}{R_1 + R_3}$$

$$V_D = I_2R_4 = \frac{R_4E}{R_2 + R_4} \text{ 이다.}$$

$$\therefore V_B - V_D = \frac{(R_2R_3 - R_1R_4)}{(R_1 + R_3)(R_2 + R_4)}E$$

⇨ 만약 $R_2R_3 > R_1R_4$ 라면 $V_B > V_D$ 가 되어 전류가 B 에서 D 방향으로 흐른다.

● 전기 저항 R

비저항이 ρ, 길이가 l, 단면적이 S 인 저항체의 저항 R 은 다음과 같다.

$$R = \rho\frac{l}{S}$$

개념확인 4

정답 및 해설 11쪽

저항체의 저항값을 정밀하게 측정하기 위해 사용하는 회로를 무엇이라고 하는가?

( )

확인 + 4

오른쪽 그림은 10 Ω, 20 Ω, 40 Ω 의 저항과 전원 장치로 이루어진 휘트스톤 브리지 회로이다. 이때 검류계 G 의 눈금이 0 이었다. 저항 R 값을 구하시오.

( ) Ω

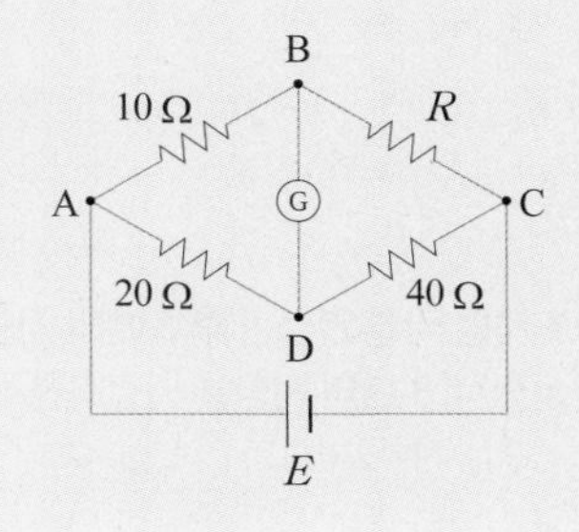

개념 다지기

01

저항 R을 연결한 직류 회로와 관련된 설명으로 옳은 것은 ○ 표, 옳지 않은 것은 × 표 하시오.

(1) 전지의 단자 전압이 V일 때 (−) 극은 (+) 극보다 V만큼 전위가 높다. ( )

(2) 저항에 전류 I가 흐를 때 전류 방향으로 IR만큼 전압 강하가 일어난다. ( )

(3) 건전지의 내부 저항이 0 이면 전지의 기전력과 단자 전압이 같다. ( )

02

오른쪽 그림과 같이 기전력이 8.1 V 이고 내부 저항이 0.05 Ω 인 전지와 4 Ω 의 저항으로 이루어진 회로가 있다. 이에 대한 설명으로 옳은 것만을 <보기> 에서 있는 대로 고른 것은?

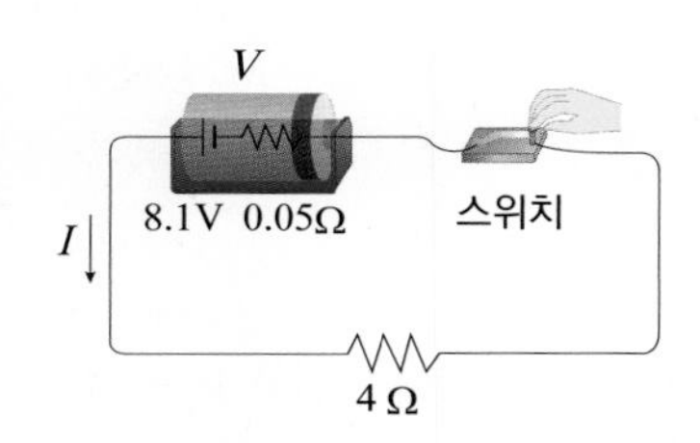

〈 보기 〉

ㄱ. 회로에 흐르는 전류는 2 A 이다.
ㄴ. 전지의 단자 전압은 8.1 V 이다.
ㄷ. 회로에서 소비되는 전력은 16.2 W 이다.

① ㄱ ② ㄴ ③ ㄷ ④ ㄱ, ㄷ ⑤ ㄱ, ㄴ, ㄷ

03

기전력 15 V, 내부 저항이 3 Ω 인 전지 2 개와 6 Ω 인 저항이 있다. ㉠ 전지를 직렬로 연결하여 회로를 구성하였을 때 흐르는 전류와 ㉡ 전지를 병렬로 연결하였을 때 흐르는 전류를 바르게 짝지은 것은?

	㉠	㉡
①	1 A	1.25 A
②	1.25 A	1 A
③	2 A	2.5 A
④	2.5 A	2 A
⑤	4 A	5 A

04

어떤 전지 2 개를 직렬 연결한 후 5 Ω의 저항에 연결하면 0.6 A 의 전류가 흐르고, 6 Ω의 저항에 연결하면 0.55 A 의 전류가 흘렀다. 9 Ω의 저항을 연결하면 몇 A 의 전류가 흐르는가?

( ) A

05 오른쪽 그림은 2 Ω, 6 Ω, 9 Ω의 저항과 내부 저항을 무시할 수 있는 6 V, 12 V 전지로 이루어진 회로가 있다. I_1, I_2, I_3 의 방향을 그림과 같은 방향으로 정할 때 각각의 전류값 I_1, I_2, I_3 를 구하시오.

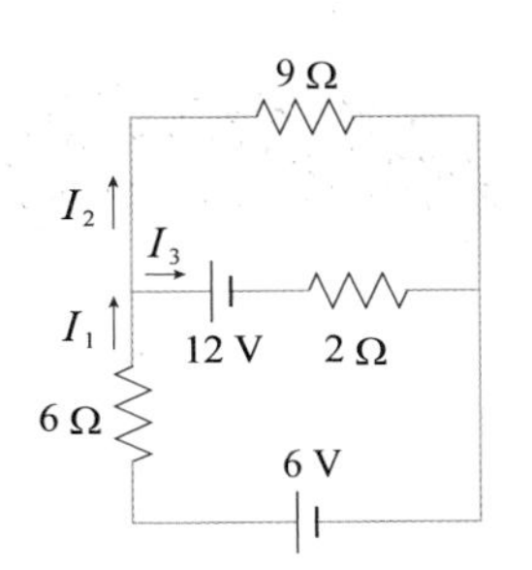

I_1 (　　　　　　)A
I_2 (　　　　　　)A
I_3 (　　　　　　)A

06 회로 상의 한 교차점으로 들어오는 전류의 합은 그곳에서 나가는 전류의 합과 같다. 이와 관련된 법칙은 무엇인가?

① 옴의 법칙　② 쿨롱 법칙　③ 전하량 보존 법칙
④ 에너지 보존 법칙　⑤ 키르히호프의 제 2 법칙

07~08 오른쪽 그림과 같이 저항 R_1, R_2, R_3, R_4 와 전지, 검류계를 이용하여 회로를 구성하였다. 물음에 답하시오.

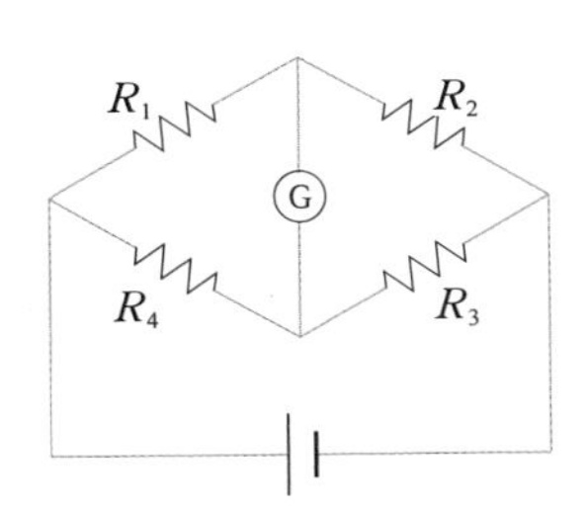

07 검류계에 흐르는 전류가 0 이라면, 저항 R_1 은 얼마인가?

① $\frac{R_2R_3}{R_4}$　② $\frac{R_4}{R_2R_3}$　③ $\frac{R_2R_4}{R_3}$　④ $\frac{R_3}{R_2R_4}$　⑤ $\frac{R_3R_4}{R_2}$

08 $R_1R_3 > R_2R_4$ 일 때 검류계에 흐르는 전류의 방향을 고르시오.

(㉠ 위 ⇨ 아래　㉡ 아래 ⇨ 위)

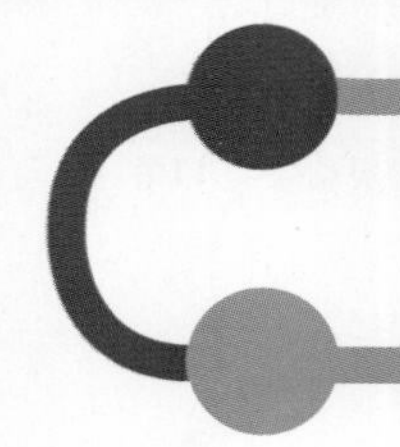

유형익히기&하브루타

유형14-1 기전력과 내부 저항

오른쪽 그림은 어떤 전지에 가변 저항을 연결하여 전류를 변화시키면서 단자 전압을 측정하여 나타낸 그래프이다. 이에 대한 설명으로 옳은 것만을 <보기> 에서 있는 대로 고른 것은?

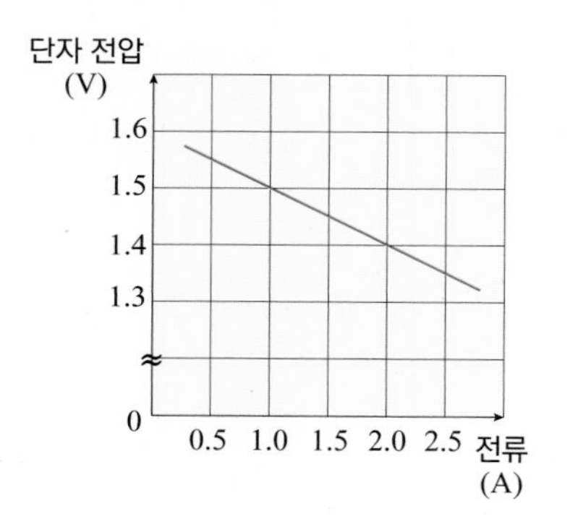

〈 보기 〉

ㄱ. 전지의 기전력은 1.6 V 이다.
ㄴ. 직선 기울기의 절대값은 전지의 내부 저항과 같다.
ㄷ. 저항이 R 인 외부 저항과 전지를 연결하면 전지의 단자 전압과 저항 R 에 의한 전압 강하가 같다.

① ㄱ ② ㄴ ③ ㄷ ④ ㄱ, ㄴ ⑤ ㄱ, ㄴ, ㄷ

01 다음 그림은 2 개의 저항 R 과 내부 저항이 r 인 건전지로 이루어진 전기 회로도이다. 스위치 S 가 열린 상태에서 닫았을 때 전압계와 전류계의 눈금 변화에 대한 설명으로 옳은 것은?

[KPhO 기출유형]

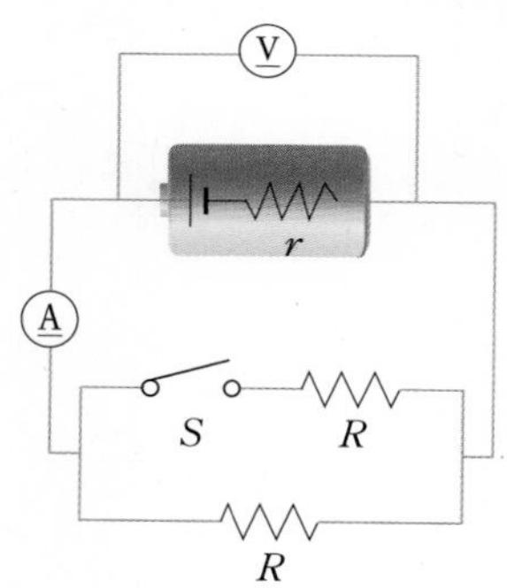

① 전압과 전류 모두 커진다.
② 전압과 전류 모두 작아진다.
③ 전압과 전류 모두 변함없다.
④ 전압은 커지고, 전류는 작아진다.
⑤ 전압은 작아지고, 전류는 커진다.

02 다음 그림과 같은 전기 회로의 D 점이 접지되어 있고, 8 Ω 의 저항에 2 A 의 전류가 흐르고 있다. 이에 대한 설명으로 옳은 것만을 <보기> 에서 있는 대로 고른 것은? (단, 전지의 내부 저항은 무시한다.)

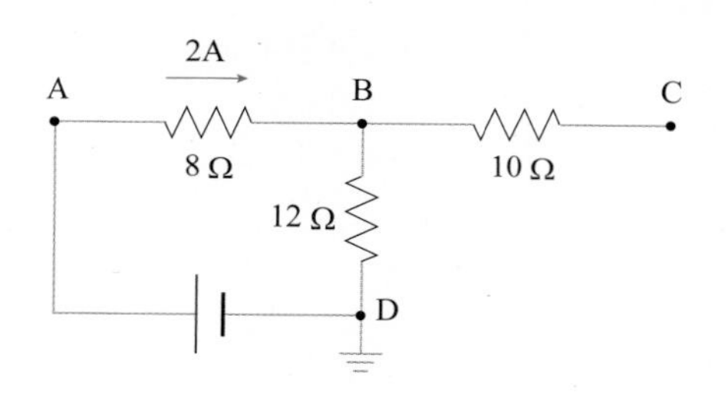

〈 보기 〉

ㄱ. 전지의 기전력은 40 V 이다.
ㄴ. 12 Ω 의 저항에 흐르는 전류는 2A 이다.
ㄷ. C 점의 전위는 16 V 이다.

① ㄱ ② ㄴ ③ ㄱ, ㄴ
④ ㄱ, ㄷ ⑤ ㄱ, ㄴ, ㄷ

유형14-2 전지의 연결

그림 (가) 는 기전력이 1.5 V, 내부 저항이 0.4 Ω 인 건전지 3 개와 저항 10 Ω 을 모두 직렬로 연결한 것을, 그림 (나) 는 건전지 3 개를 병렬로 연결한 후, 저항 10 Ω 은 직렬로 연결한 것을 나타낸 것이다. 물음에 답하시오.

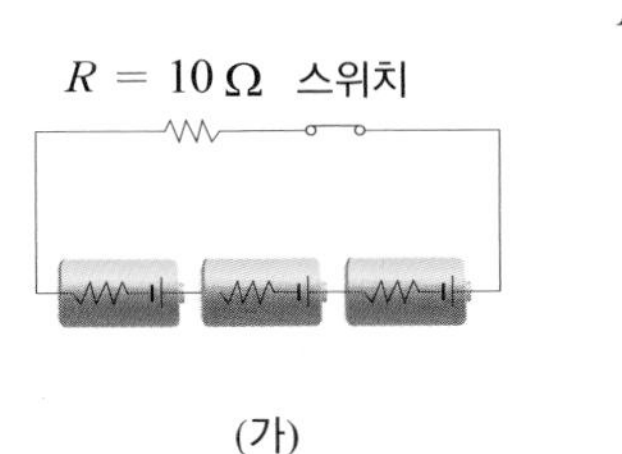

(가)

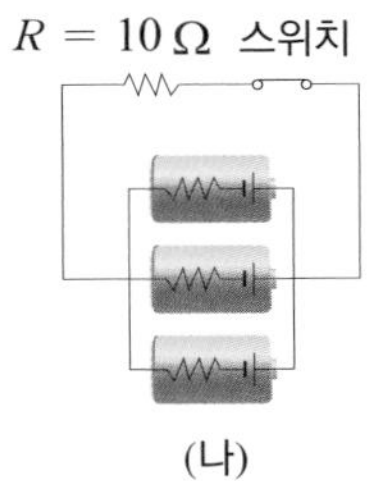

(나)

(1) (가) 에서 저항 R 에 흐르는 전류를 구하시오.

( ) A

(2) (나) 에서 저항 R 에 걸리는 전압을 구하시오.

( ) V

(3) (가) 와 (나) 에서 건전지 1 개의 소비 전력을 각각 구하시오.

(가) ( ) W, (나) ( ) W

03 내부 저항이 있는 동일한 전지 2 개를 직렬 연결한 후 11 Ω 의 저항에 연결하였더니 1.6 A 의 전류가 흐르고, 8 Ω 의 저항에 연결하였더니 2 A 의 전류가 흘렀다. 이 전지 2개를 병렬 연결한 후 11 Ω 의 저항에 연결하였을 때 흐르는 전류는 얼마인가?

( ) A

04 다음 그림은 기전력이 1.5 V, 내부 저항이 0.5 Ω 인 전지 2 개를 직렬 연결하고 이러한 연결 3 개를 다시 병렬로 연결한 후 외부 저항 10 Ω 에 연결한 것을 나타낸 것이다. 이에 대한 설명으로 옳은 것만을 <보기> 에서 있는 대로 고른 것은?

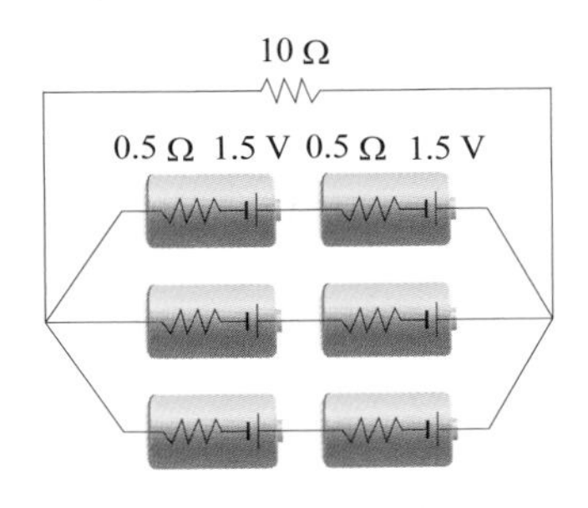

〈 보기 〉

ㄱ. 외부 저항에는 $\frac{9}{31}$ A 의 전류가 흐른다.

ㄴ. 회로의 총 저항값은 $\frac{1}{3}$ Ω 이다.

ㄷ. 회로의 총 기전력은 3 V 이다.

① ㄱ ② ㄷ ③ ㄱ, ㄷ
④ ㄴ, ㄷ ⑤ ㄱ, ㄴ, ㄷ

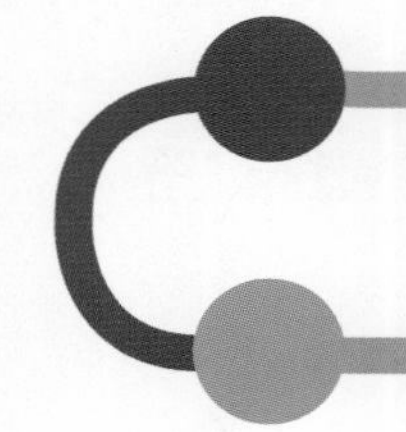

유형익히기&하브루타

유형14-3 키르히호프의 법칙

오른쪽 그림과 같이 내부 저항을 무시할 수 있는 전지와 저항을 이용하여 회로를 구성하였다. I_1, I_2, I_3 의 방향을 그림과 같은 방향으로 정하였다. 물음에 답하시오.

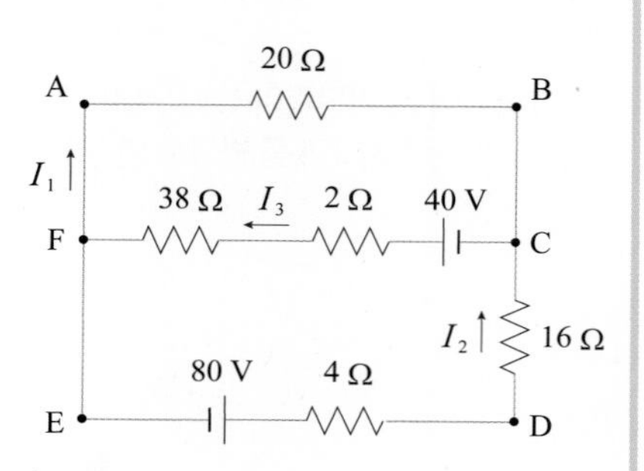

(1) 폐회로 ABCFA 에서 전압 강하를 나타내는 식을 쓰시오.

( )

(2) 폐회로 ABCDEFA 에서 전압 강하를 나타내는 식을 쓰시오.

( )

(3) 저항 38 Ω 을 통과하는 전류를 구하시오.

( ) A

05 다음 그림과 같이 저항 4 개와 전지를 이용하여 전기 회로를 구성하였다. 전지의 기전력이 6 V, 내부 저항이 2 Ω 이며, 전지의 음극은 접지되어 있다. 물음에 답하시오.

[민족사관고 기출 유형]

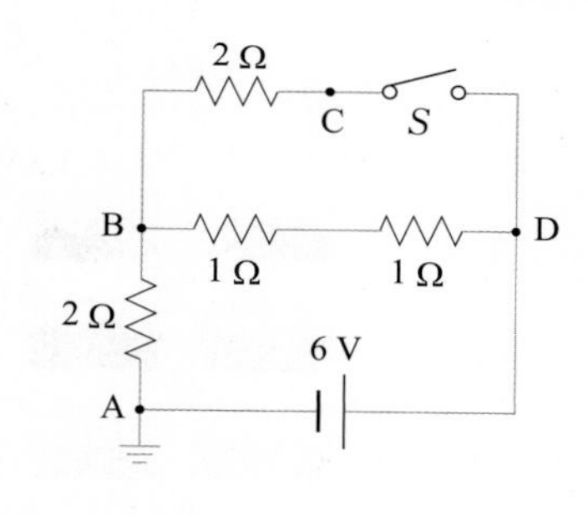

(1) 스위치 S를 열었을 때, A, B, C, D 점의 전위 V_A, V_B, V_C, V_D를 각각 구하시오.

V_A( ) V, V_B( ) V
V_C( ) V, V_D( ) V

(2) 스위치 S를 닫았을 때, A, B, C, D 점의 전위 V_A, V_B, V_C, V_D를 각각 구하시오.

V_A( ) V, V_B( ) V
V_C( ) V, V_D( ) V

06 다음 그림과 같이 내부 저항을 무시할 수 있는 전지와 저항이 연결되어 있다. I_1, I_2, I_3의 방향을 그림과 같은 방향으로 정할 때 각각의 전류값 I_1, I_2, I_3를 구하시오.

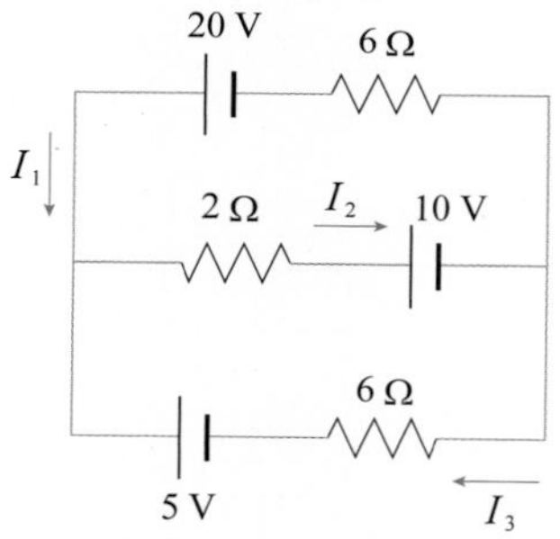

I_1( ) A
I_2( ) A
I_3( ) A

유형14-4 휘트스톤 브리지

오른쪽 그림은 20Ω, 30Ω, 60Ω의 저항과 기전력이 10V인 전지로 이루어진 휘트스톤 브리지 회로이다. 이때 검류계 G의 눈금이 0이었다. 물음에 답하시오. (단, 전지의 내부 저항은 무시한다.)

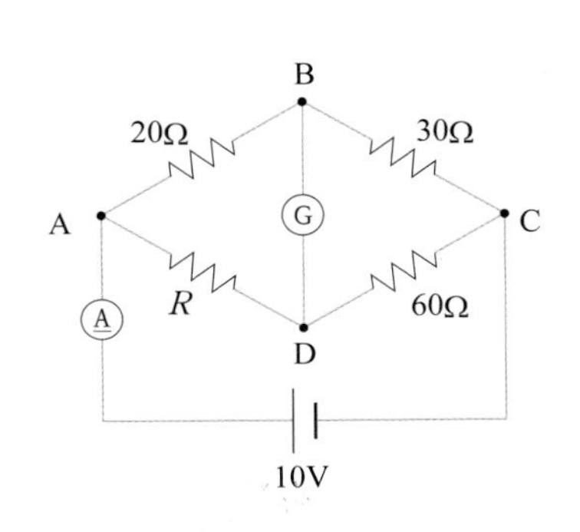

(1) 저항 R 을 구하시오.

( )Ω

(2) 전류계에 흐르는 전류의 세기를 구하시오.

( )A

(3) A점과 B점 사이의 전위차를 구하시오.

( )V

07 다음 그림과 같이 전기 회로를 구성한 후 스위치를 닫았더니 검류계에 전류가 흐르지 않았다. 물음에 답하시오.

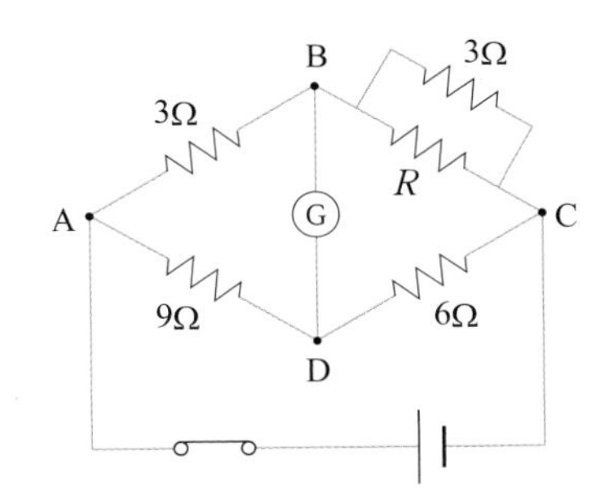

(1) 저항 R을 구하시오.

( ) Ω

(2) 회로 전체의 합성 저항을 구하시오.

( ) Ω

08 다음 그림은 저항 5 개를 연결한 후 양단에 12 V 의 전압을 걸어준 전기 회로도이다. 이에 대한 설명으로 옳은 것만을 <보기> 에서 있는 대로 고른 것은?

[특목고 기출 유형]

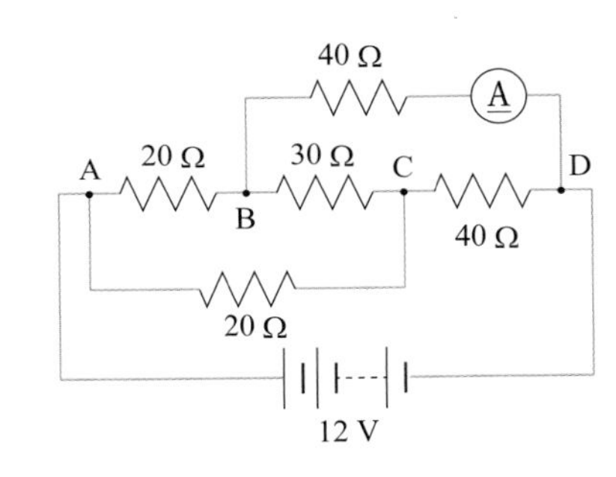

〈 보기 〉

ㄱ. 저항 30 Ω 에는 전류가 흐르지 않는다.
ㄴ. 회로 상의 점 A 와 D 사이의 합성 저항은 30 Ω 이다.
ㄷ. 전류계에는 0.4 A 의 전류가 흐른다.

① ㄱ ② ㄴ ③ ㄷ
④ ㄱ, ㄴ ⑤ ㄱ, ㄴ, ㄷ

01 자동차는 배터리가 방전되는 경우 시동이 걸리지 않는다. 이때 그림 (가) 와 같이 방전 차량과 정상 차량을 점프 케이블로 연결하면 시동을 걸 수 있다. 그림 (나) 는 정상 배터리의 기전력이 각각 같은 두 자동차를 점프 케이블로 연결하였을 때 전기 회로도를 나타낸 것이다. 정상 자동차 배터리는 기전력이 12.5 V, 내부 저항이 0.02 Ω 이고, 방전된 자동차의 배터리의 기전력은 10.1 V, 내부 저항은 0.1 Ω 일 때, 전류값 I_1, I_2, I_3 를 각각 구하시오. (단, 시동 모터의 저항 $R_S = 0.15\ \Omega$, 점프 케이블의 길이는 3 m, 반지름은 2.5 mm 이고, 비저항은 $1.68 \times 10^{-8}\ \Omega \cdot \text{m}$, $\pi = 3.14$ 이다.)

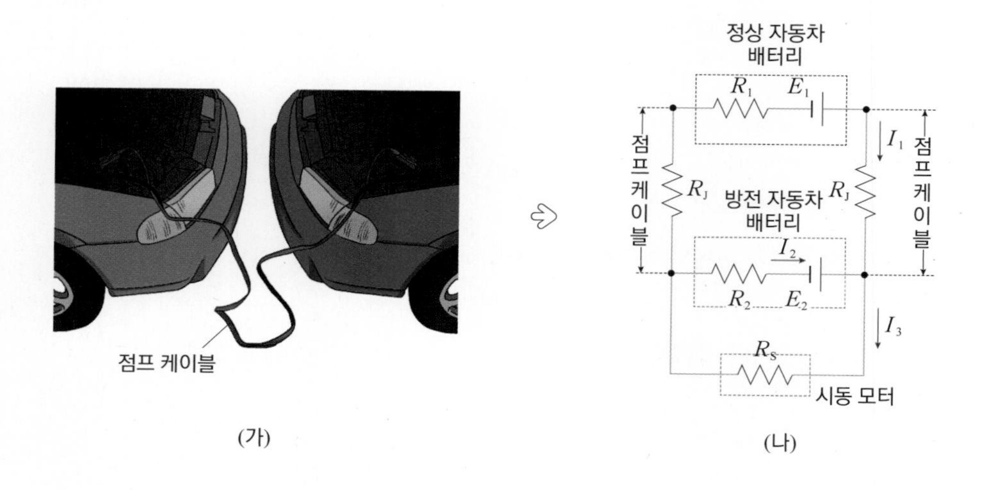

(가) (나)

02 다음 그림과 같이 저항의 크기가 2 Ω 인 저항선 6 개를 이용하여 전기 회로를 구성하였다. 전류가 A 에서 B 로 흐를 때 회로의 총 저항을 구하시오.

[KPhO 기출 유형]

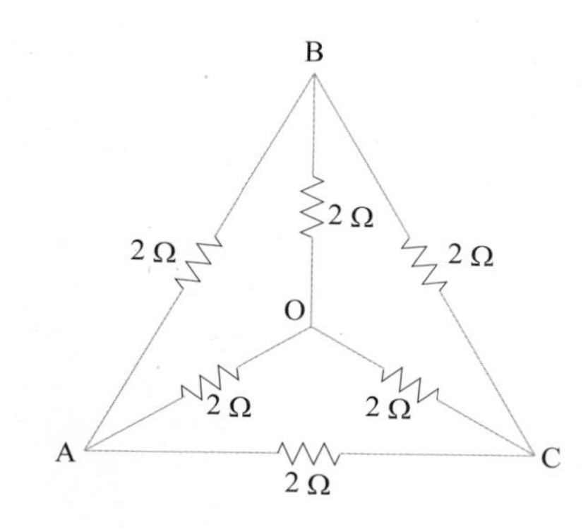

03 저항값이 모두 5 Ω 인 저항과 기전력이 모두 20 V 로 같은 전지를 이용하여 다음 그림과 같이 회로를 구성하였다. 전류 I 의 크기와 방향을 구하시오. (단, 전지의 내부 저항은 없다.)

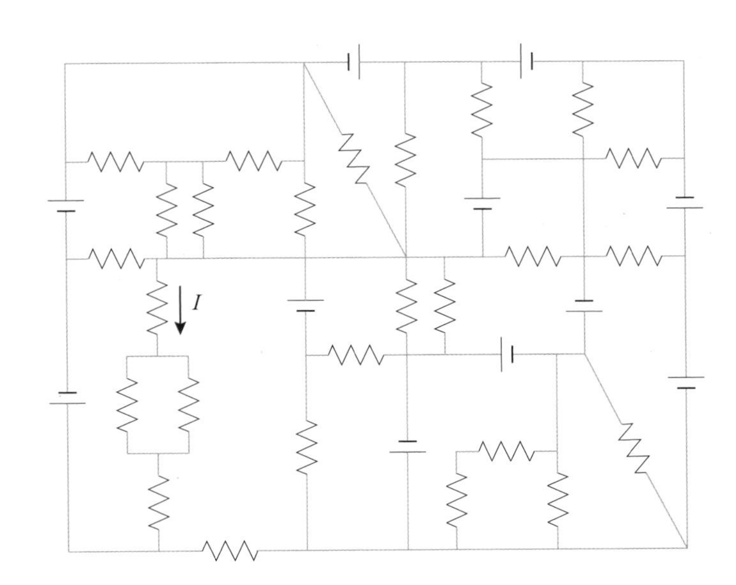

창의력&토론마당

04

굵기와 재질이 일정한 니크롬선을 이용하여 다음 그림과 같이 전기 회로를 완성하였다. 정사각형 ACEG 와 원 BDFH 는 접해 있으며, 정사각형 한 변의 저항의 크기는 4 Ω 이다. 물음에 답하시오. (단, 그림과 같은 전기 회로와 연결할 전지의 내부 저항은 무시한다.)

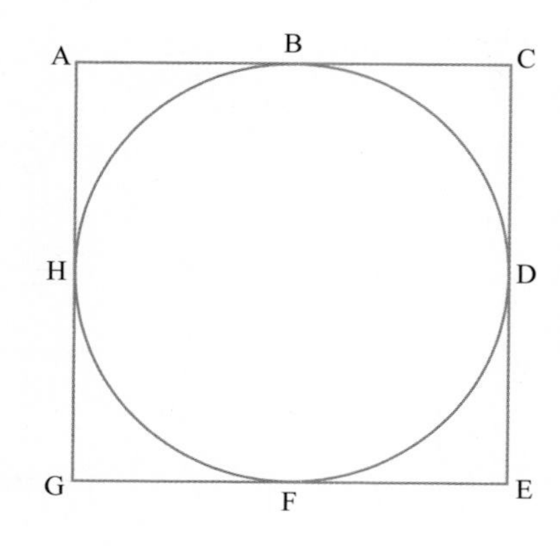

(1) 전류가 A 점에서 흘러 들어가 E점으로 나올 때 회로도를 그리고 전체 저항을 구하시오.

(2) 전류가 B 점에서 흘러 들어가 F점으로 나올 때 회로도를 그리고 전체 저항을 구하시오.

(3) 전류가 G 점에서 흘러 들어가 E점으로 나올 때 회로도를 그리고 전체 저항을 구하시오.

05 저항이 r 이고, 굵기와 재질이 일정한 니크롬선 12 개를 이용하여 다음 그림과 같이 전기 회로를 완성하였다. 물음에 답하시오.

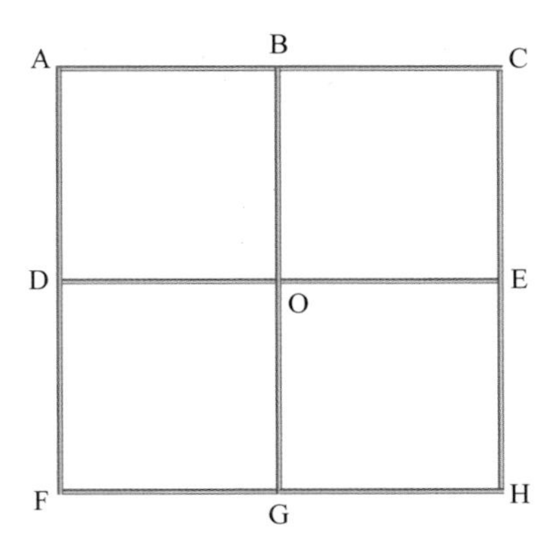

(1) 전류가 A 점에서 흘러 들어가 C 점으로 나올 때 전체 저항을 구하시오.

(2) 전류가 D 점에서 흘러 들어가 E 점으로 나올 때 전체 저항을 구하시오.

(3) 전류가 B점에서 흘러 들어가 O 점으로 나올 때 전체 저항을 구하시오.

스스로 실력높이기

A

01 기전력이 3 V 인 전지에 5 Ω 인 저항을 연결하였더니 0.5 A 의 전류가 흘렀다. 이 전지의 내부 저항은 얼마인가?

( ) Ω

02 전지의 기전력이 1.5 V, 내부 저항이 2 Ω 인 건전지에 저항 R을 연결하였더니 0.2 A 의 전류가 흘렀다. 전지의 단자 전압은 얼마인가?

( ) V

03 다음 그림은 어떤 전지에 가변 저항을 연결하여 전류를 변화시키면서 단자 전압을 측정하여 나타낸 그래프이다. 이 전지의 기전력과 내부 저항을 바르게 짝지은 것은?

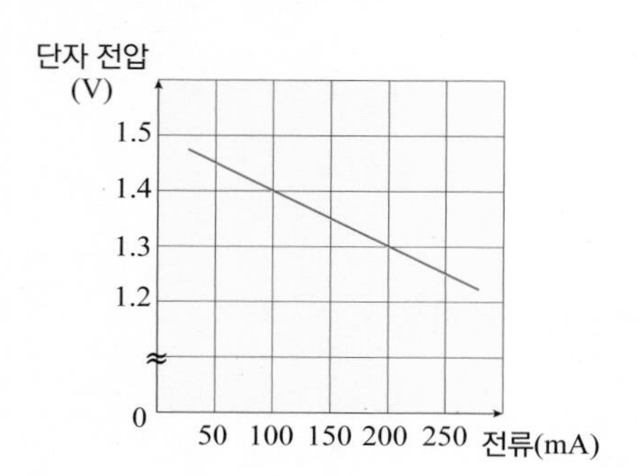

	기전력	내부 저항		기전력	내부 저항
①	1.4 V	0.1 Ω	②	1.4 V	1 Ω
③	1.5 V	0.1 Ω	④	1.5 V	0.2 Ω
⑤	1.5 V	1 Ω			

04 다음 그림은 전기 회로의 일부를 나타낸 것이다. 전지의 기전력은 2 V, 저항은 1 Ω 이고, 저항에는 왼쪽 방향으로 3 A 의 전류가 흐르고 있다. A 와 B 점의 전위에 대한 설명의 빈 칸에 알맞은 말을 각각 넣으시오. (단, 전지의 내부 저항은 무시한다.)

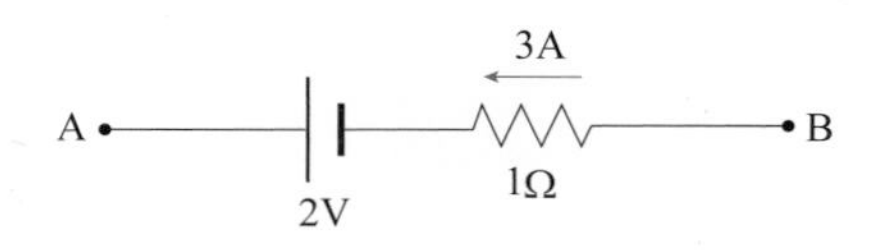

A점의 전위가 B점의 전위보다 ( )V 더 (㉠ 높다 ㉡ 낮다).

05 다음 그림은 기전력이 2.5 V, 내부 저항이 0.5 Ω 인 전지 4 개와 23 Ω 인 외부 저항, 스위치를 연결한 것이다. 스위치를 닫았을 때 회로에 흐르는 전류와 단자 전압을 바르게 짝지은 것은?

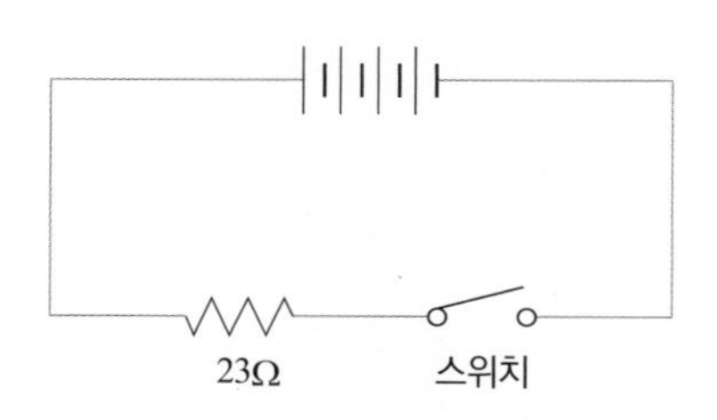

	전류	단자 전압		전류	단자 전압
①	0.1 A	9.2 V	②	0.1 A	10 V
③	0.4 A	2.5 V	④	0.4 A	9.2 V
⑤	0.4 A	10 V			

06 회로상의 전위에 대한 설명 중 옳은 것은 ○ 표, 옳지 않은 것은 × 표 하시오.

(1) 전지의 단자 전압이 V 일 때, (+) 극은 (−) 극보다 V 만큼 전위가 낮다. ( )

(2) 저항 R 에 전류 I 가 흐를 때, 전류 방향으로 IR 만큼 전압 강하가 일어난다. ( )

(3) 전지와 외부 저항 사이 도선의 어느 점에서나 전위가 같다. ( )

07 다음 그림과 같이 기전력과 내부 저항이 각각 E_1, r_1 인 전지와 E_2, r_2 인 전지를 연결하였다. 이때 A점과 B점 사이의 전위차 V_{AB} 는? (단, $E_1 > E_2$ 이다.)

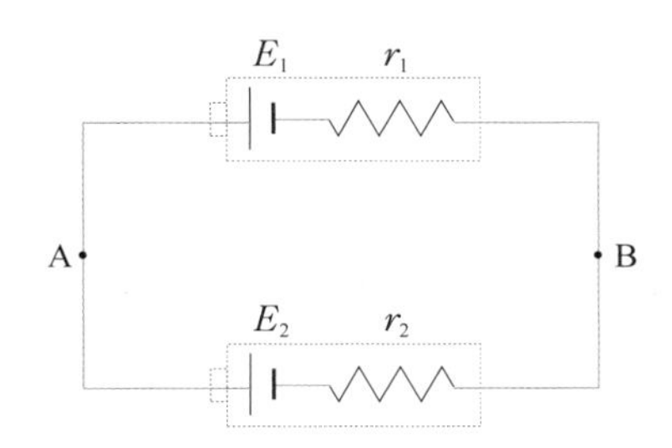

① $\dfrac{E_1r_1 + E_2r_2}{r_1 + r_2}$　② $\dfrac{E_2r_1 + E_1r_2}{r_1 + r_2}$

③ $\dfrac{E_1r_1 - E_2r_2}{r_1 + r_2}$　④ $\dfrac{E_2r_1 - E_1r_2}{r_1 + r_2}$

⑤ $\dfrac{E_2r_1 + E_1r_2}{r_1 - r_2}$

08 다음은 키르히호프의 법칙에 대한 설명이다. 빈칸에 알맞은 말을 각각 쓰시오.

닫힌 회로를 따라 모든 전위차의 합은 (　　　　)이다. 즉, 회로의 어떤 폐곡선 상의 기전력의 총 합은 (　　　　)의 총 합과 같다.

09 오른쪽 그림은 40 Ω, 50 Ω, 60 Ω 의 저항과 전원 장치로 이루어진 휘트스톤 브리지 회로이다. 이때 검류계 G 의 눈금이 0 이 되는 가변 저항값 R 은 얼마인가?

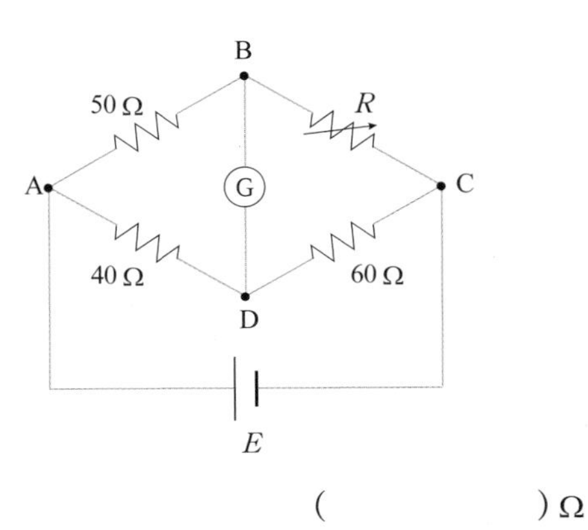

(　　　　　　) Ω

10 저항값 R_x 를 알기 위해 다음 그림과 같이 전기 회로를 구성하였다. 저항선과 검류계의 접점 P 를 A 에서 B 로 이동할 때, $l_1 : l_2 = 1 : 2$ 일 때 검류계의 눈금이 0 이 되었다. 저항값 R_x 는 저항 R 의 몇 배인가?

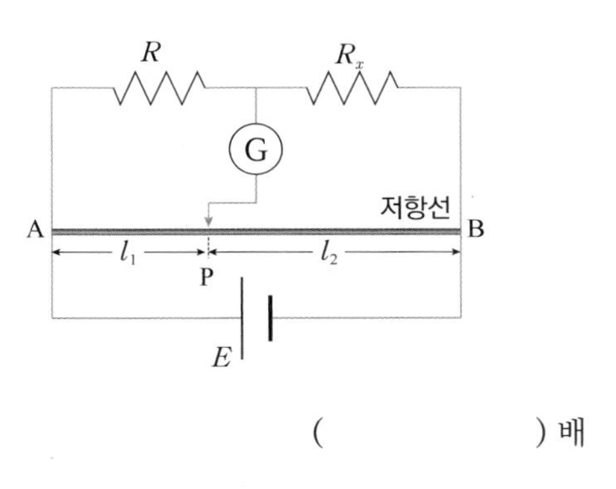

(　　　　　　) 배

B

11 기전력이 1.5 V 이고, 내부 저항이 0.5 Ω 인 전지 세 개를 다음 그림과 같이 연결하였다. 도선에 흐르는 전류의 세기는 얼마인가? (단, 도선의 저항은 무시한다.)

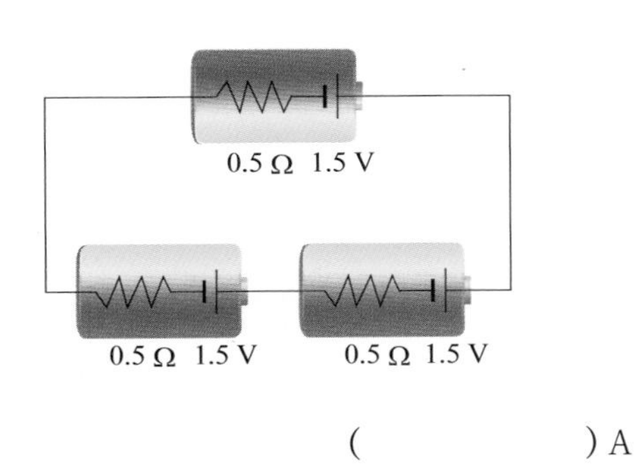

(　　　　　　) A

스스로 실력높이기

12 큰 저항을 갖는 전압계를 이용하여 열린 회로의 건전지의 전압을 측정하였더니 1.5 V 였다. 이 전지와 저항 R을 직렬 연결하였더니 0.5 A 의 전류가 흘렀으며, 이때 전압계의 눈금은 1.0 V 였다. 이에 대한 설명으로 옳은 것만을 <보기> 에서 있는 대로 고른 것은?

〈 보기 〉

ㄱ. 전지의 기전력은 1.5 V 이다.
ㄴ. 전지의 내부 저항은 2 Ω 이다.
ㄷ. $R = 1\ \Omega$ 이다.

① ㄱ ② ㄴ ③ ㄷ
④ ㄱ, ㄷ ⑤ ㄱ, ㄴ, ㄷ

13 다음 그림과 같이 기전력과 내부 저항이 각각 E, r인 전지에 가변 저항을 연결한 후 스위치를 닫았다. 이에 대한 설명으로 옳은 것만을 <보기> 에서 있는 대로 고른 것은?

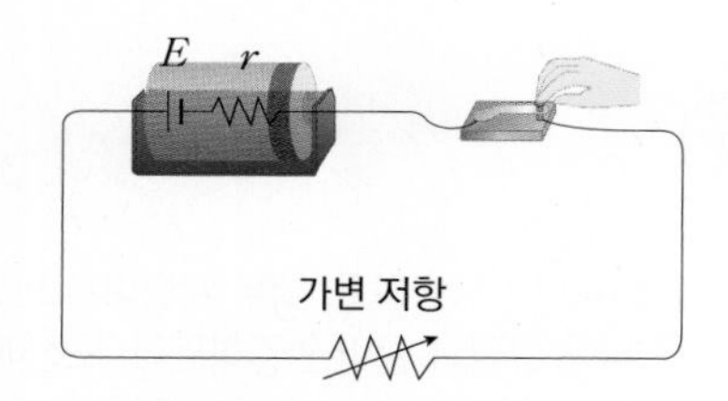

〈 보기 〉

ㄱ. 가변 저항값을 감소시키면 흐르는 전류가 증가한다.
ㄴ. 가변 저항값을 감소시키면 단자 전압은 감소한다.
ㄷ. 가변 저항값을 증가시키면 가변 저항에서 1초 동안 발생하는 열량이 감소한다.

① ㄱ ② ㄴ ③ ㄷ
④ ㄱ, ㄷ ⑤ ㄱ, ㄴ, ㄷ

14 그림 (가) 는 기전력 E 과 내부 저항 r 이 같은 전지 2 개를 직렬 연결한 후 외부 저항 R 에 연결한 것을, 그림 (나) 는 병렬 연결한 후 외부 저항 R 에 연결한 것을 나타낸 것이다. (가) 와 (나) 회로에 흐르는 전류가 각각 I_1, I_2 라면, $I_1 = \frac{4}{3} I_2$ 일 때, 내부 저항 r 은?

[KPhO 기출 유형]

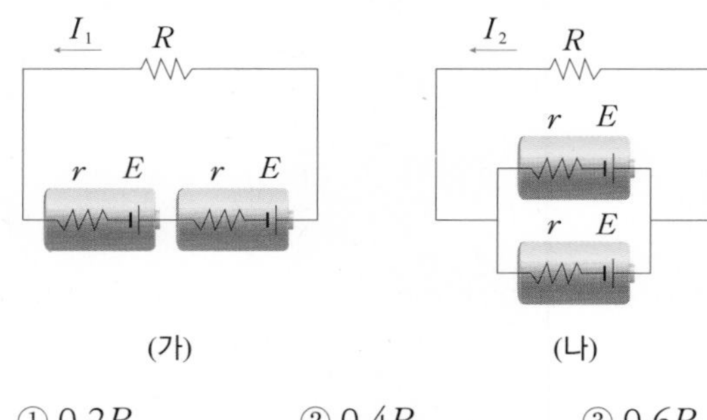

① $0.2R$ ② $0.4R$ ③ $0.6R$
④ $0.8R$ ⑤ R

15 오른쪽 그림과 같이 내부 저항을 무시할 수 있는 전지와 저항이 연결되어 있다. I_1, I_2, I_3 의 방향을 그림과 같은 방향으로 정할 때 각각의 전류값 I_1, I_2, I_3 을 바르게 짝지은 것은?

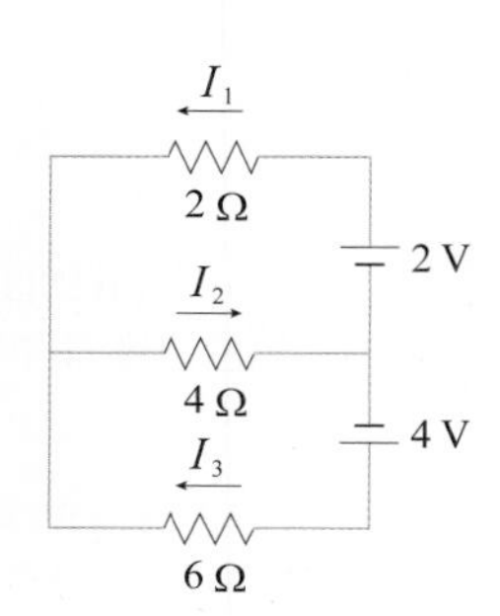

	I_1	I_2	I_3		I_1	I_2	I_3
①	0.2 A	0.2 A	0.4 A	②	0.2 A	0.4 A	0.2 A
③	0.4 A	0.2 A	0.2 A	④	0.4 A	0.4 A	0.2 A
⑤	0.4 A	0.8 A	0.4 A				

16 다음 그림과 같이 내부 저항을 무시할 수 있는 전지와 저항들을 이용하여 전기 회로를 구성하였다. 6 Ω 의 저항에 0.8A 의 전류가 흐른다면 전압 V 는 얼마인가?

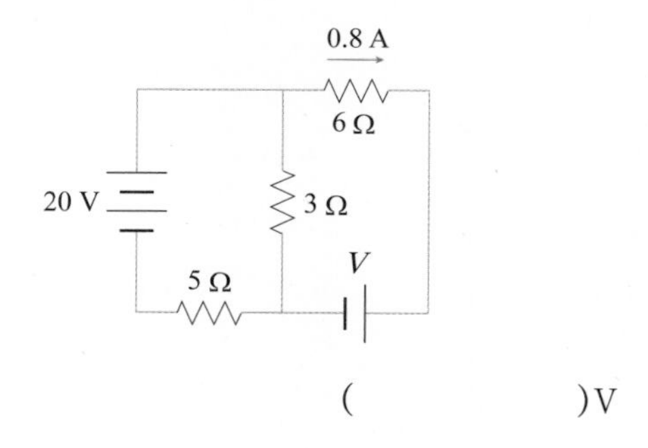

( ) V

17 다음 그림과 같이 저항과 내부 저항을 무시할 수 있는 전지를 이용하여 전기 회로를 구성하였다. 이에 대한 설명으로 옳은 것만을 <보기> 에서 있는 대로 고른 것은?

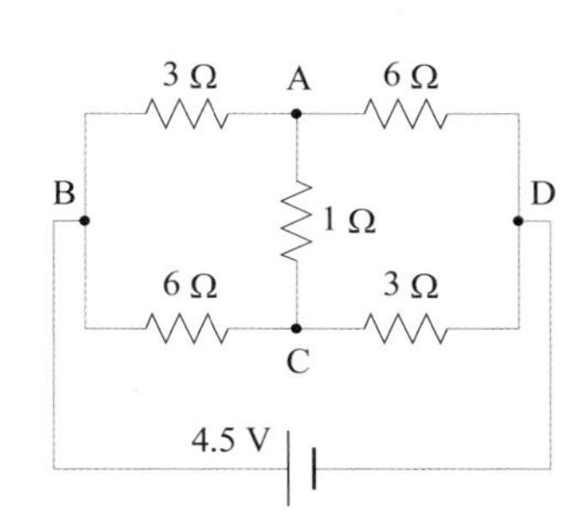

〈 보기 〉

ㄱ. AB 사이의 3 Ω 에 흐르는 전류는 0.7 A 이다.
ㄴ. 회로의 합성 저항은 약 3.2 Ω 이다.
ㄷ. A 점과 C 점 사이의 전압은 0.3 V 이다.

① ㄱ ② ㄴ ③ ㄷ
④ ㄱ, ㄷ ⑤ ㄱ, ㄴ, ㄷ

18 다음 그림과 같이 내부 저항을 무시할 수 있는 전지와 저항들을 이용하여 전기 회로를 구성하였다. 검류계에 전류가 흐르지 않는다면 저항 R 은 얼마인가?

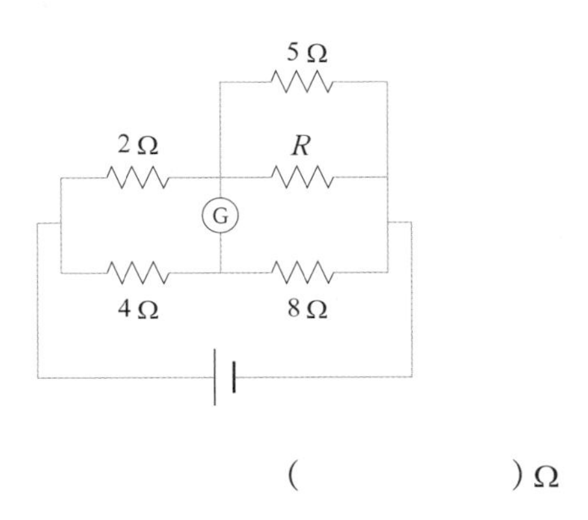

( ) Ω

C

19 기전력이 10 V, 내부 저항이 1 Ω 인 전지와 저항을 이용하여 그림과 같은 전기 회로를 구성하였다. 이에 대한 설명으로 옳은 것만을 <보기> 에서 있는 대로 고른 것은?

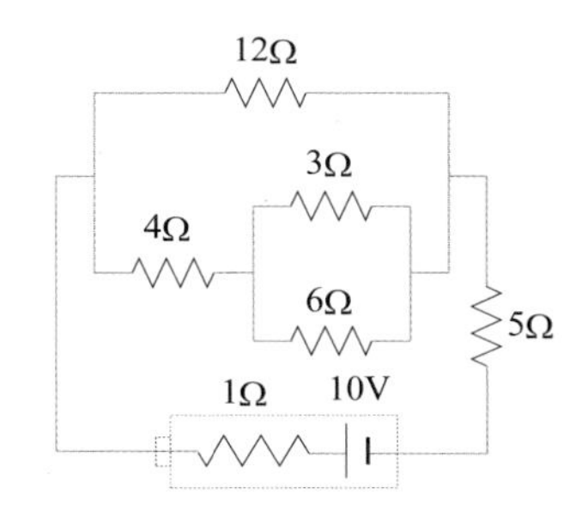

〈 보기 〉

ㄱ. 5 Ω 의 저항을 흐르는 전류는 1 A 이다.
ㄴ. 전지의 단자 전압은 9 V 이다.
ㄷ. 4 Ω 의 저항에는 $\frac{2}{3}$ A 의 전류가 흐른다.

① ㄱ ② ㄴ ③ ㄷ
④ ㄱ, ㄷ ⑤ ㄱ, ㄴ, ㄷ

20 다음 그림은 4 Ω 의 저항 12 개를 연결한 전기 회로이다. 전류가 A 에서 들어가 B 로 나올 때 전체 합성 저항을 구하시오.

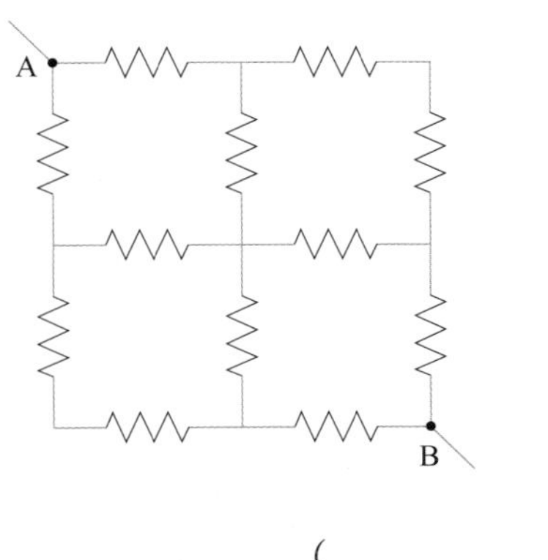

( ) Ω

스스로 실력높이기

21 전압이 16 V 로 일정하고 내부 저항을 무시할 수 있는 전지와 저항값이 20Ω, 30Ω, 60Ω인 저항과 가변 저항을 이용하여 그림과 같이 전기 회로를 구성하였다. 두 점 A와 B 의 전위차 V_{AB}를 가변 저항의 저항값 R에 따라 나타낸 그래프로 가장 적절한 것은?

[MEET/DEET 기출 유형]

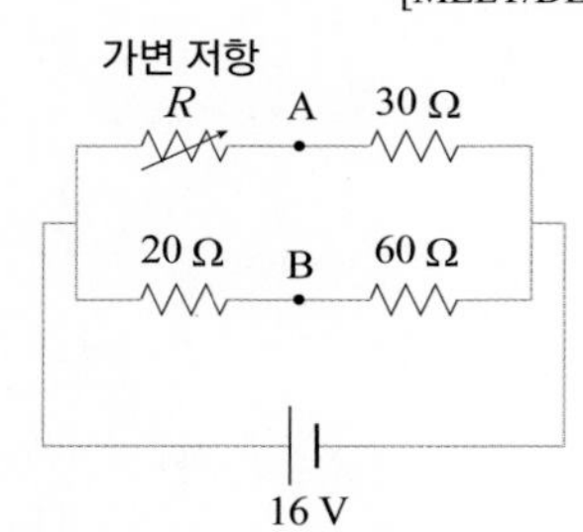

①

②

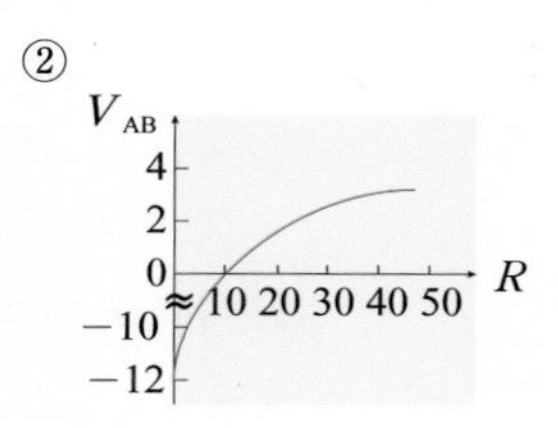

③

④

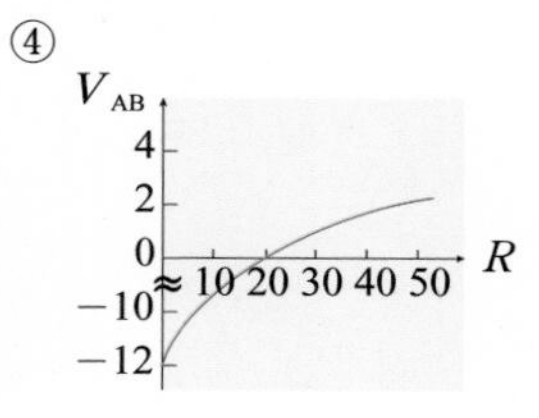

⑤

22 다음 그림과 같이 3 Ω 저항 5 개와 기전력이 15 V 로 같은 전지 2 개를 이용하여 회로를 구성하였다. 이에 대한 설명으로 옳은 것만을 <보기> 에서 있는 대로 고른 것은? (단, 전지의 내부 저항은 무시한다.)

[PEET 기출 유형]

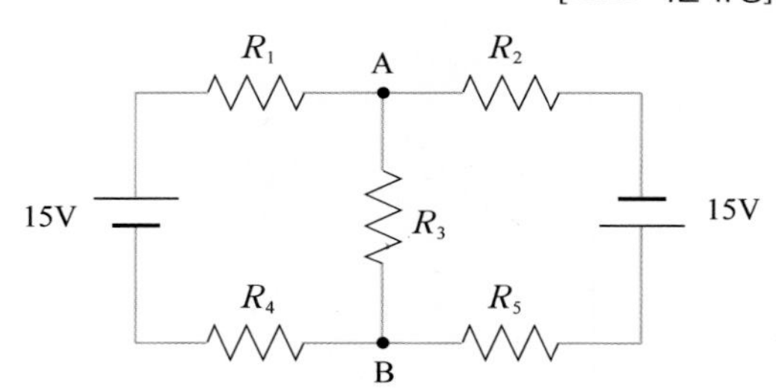

〈 보기 〉

ㄱ. A 점의 전위는 B점보다 7.5V 낮다.
ㄴ. 저항 R_3를 제외한 각 저항에 흐르는 전류의 세기는 모두 2.5 A 로 같다.
ㄷ. 저항 R_3에서 소비되는 전력은 약 19 W 이다.

① ㄴ　② ㄷ　③ ㄱ, ㄷ
④ ㄴ, ㄷ　⑤ ㄱ, ㄴ, ㄷ

23 다음 그림과 같이 한 변의 저항값의 크기가 1 Ω 인 저항이 무한히 연결되어 있다. A 점과 B 점 사이의 합성 저항은 얼마인가?

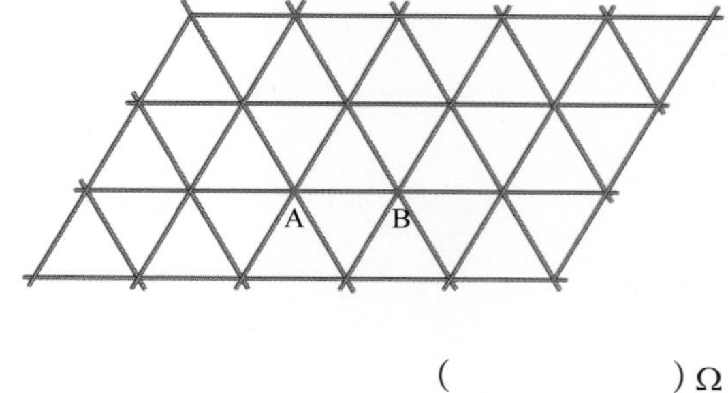

(　　　　　) Ω

24 다음 그림은 전압이 일정한 전원 장치와 저항값이 같은 저항 6 개, 스위치, 전류계로 구성한 회로를 나타낸 것이다. 물음에 답하시오.

[특목고 기출 유형]

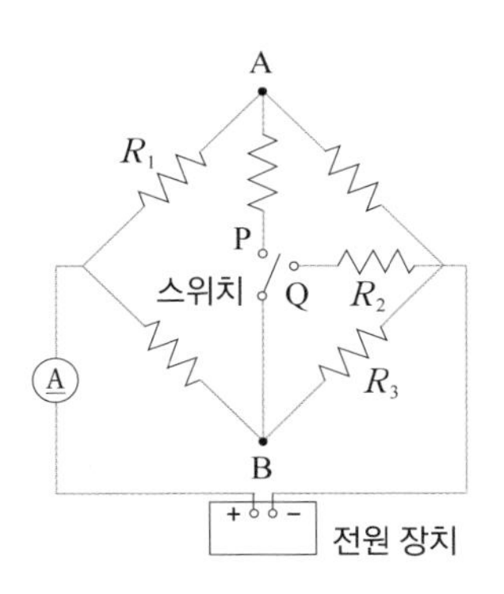

(1) 스위치를 P 점에 연결하였을 때 R_1 에 걸리는 전압을 $V_{(가)}$, Q 점에 연결하였을 때 R_1 에 걸리는 전압을 $V_{(나)}$ 라고 할 때, $V_{(가)}$와 $V_{(나)}$를 부등호를 이용하여 비교하시오.

$V_{(가)}$ (　　　) $V_{(나)}$

(2) 스위치를 Q 점에 연결하였을 때, R_1 에서 소비되는 전력을 P_1, R_2와 R_3 에서 소비되는 전력의 합을 P_2 라고 할 때, P_1 과 P_2 를 부등호를 이용하여 비교하시오.

P_1 (　　　) P_2

심화

25 다음 그림은 기전력이 각각 4 V, 5 V, 6 V 인 전지와 저항값이 각각 10 Ω, 5 Ω 인 외부 저항 R_1, R_2를 이용하여 구성한 회로를 나타낸 것이다. 이에 대한 설명으로 옳은 것만을 <보기> 에서 있는 대로 고른 것은? (단, 전지의 내부 저항은 무시한다.)

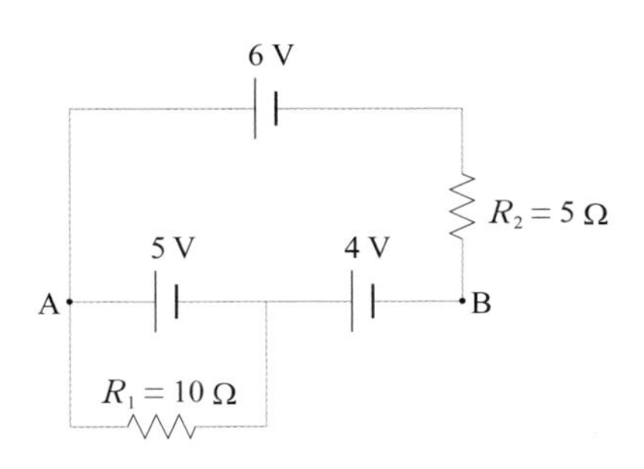

〈 보기 〉

ㄱ. 저항 R_1 에는 0.5 A 의 전류가 흐른다.
ㄴ. 저항 R_2 에 흐르는 전류는 위에서 아래 방향으로 흐른다
ㄷ. A 점과 B 점의 전위차는 9 V 이다.

① ㄱ　② ㄴ　③ ㄷ
④ ㄱ, ㄷ　⑤ ㄱ, ㄴ, ㄷ

26 다음 그림과 같이 저항값이 r 으로 동일한 저항이 무한히 연결되어 있다. AB 사이의 합성 저항은 얼마인가?

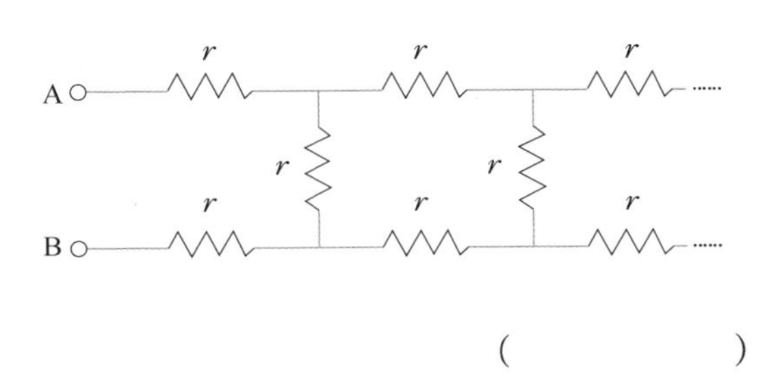

(　　　　　)

스스로 실력높이기

27 저항이 r 이고, 굵기와 재질이 일정한 니크롬선 20개를 이용하여 다음 그림과 같이 전기 회로를 완성하였다. A점과 B점 사이의 합성 저항은 얼마인가?

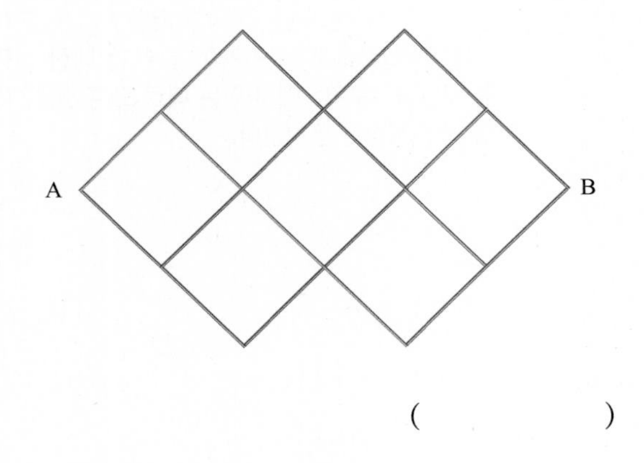

(　　　　　)

28 다음 그림과 같이 저항값이 r 으로 동일한 저항을 이용하여 회로를 완성하였다. 물음에 답하시오.

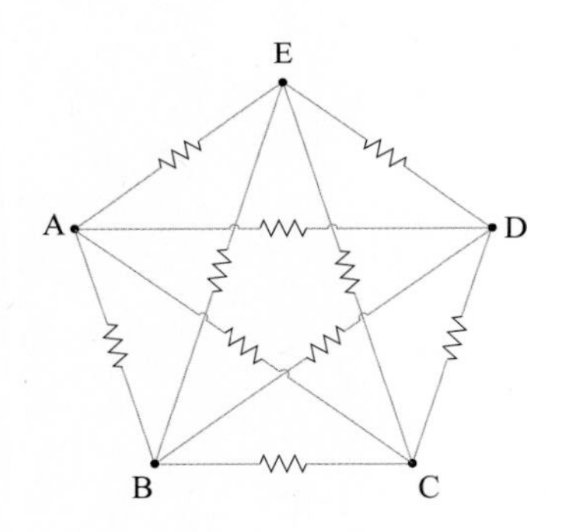

(1) 전류가 A로 흘러들어가 B로 나올 때 합성 저항은 얼마인가?

(　　　　　)

(2) 전류가 A로 흘러들어가 C로 나올 때 합성 저항은 얼마인가?

(　　　　　)

29 저항이 r 이고, 굵기와 재질이 일정한 도선 12개를 이용하여 다음 그림과 같은 정육면체의 전기 회로를 완성하였다. 물음에 답하시오.

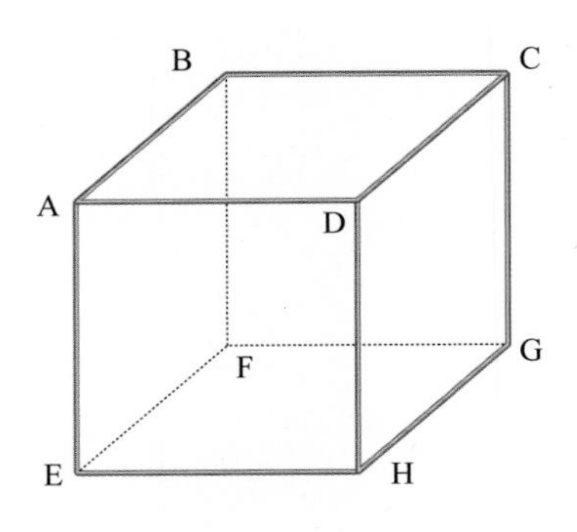

(1) 전류가 A로 흘러들어가 B로 나올 때 합성 저항은 얼마인가?

(　　　　　)

(2) 전류가 A로 흘러들어가 C로 나올 때 합성 저항은 얼마인가?

(　　　　　)

(3) 전류가 A로 흘러들어가 G로 나올 때 합성 저항은 얼마인가?

(　　　　　)

30 다음 그림은 기전력이 28 V 인 전지와 1 Ω 저항 1 개, 1.2 Ω 저항 1 개, 4 Ω 저항 3 개, 10 Ω 저항 2 개를 이용하여 전기 회로를 구성한 것이다. 각각의 전류값 I_1, I_2, I_3, I_4, I_5 를 구하시오. (단, 전지의 내부 저항은 무시한다.)

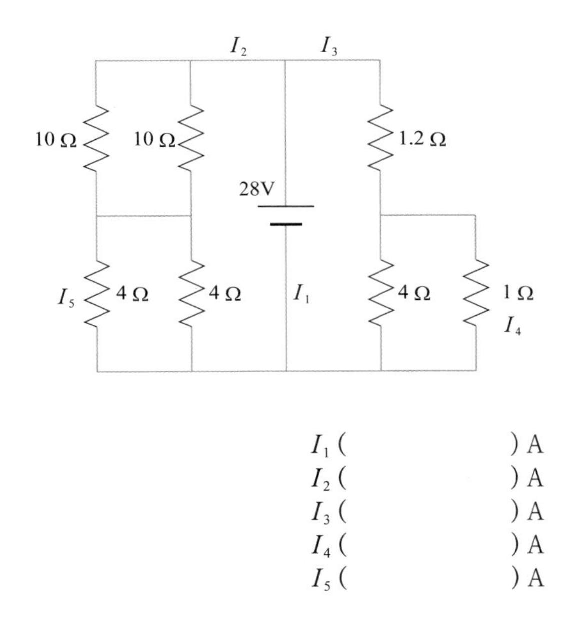

I_1 (　　　　) A
I_2 (　　　　) A
I_3 (　　　　) A
I_4 (　　　　) A
I_5 (　　　　) A

31 다음 그림과 같이 저항 $R_1 = 10$ Ω, $R_2 = 20$ Ω, $R_3 = 10$ Ω, $R_4 = 20$ Ω 과 미지의 저항 R_x, 전지 1 개, 전류계 1 개, 전압계 1 를 이용하여 전기 회로를 구성하였다. 전압계의 눈금이 35 V, 전류계의 눈금이 10 A 였다. 물음에 답하시오. (단, 전류계에서의 에너지 손실은 무시할 수 있고, 전압계의 저항은 매우 크다고 가정한다.)

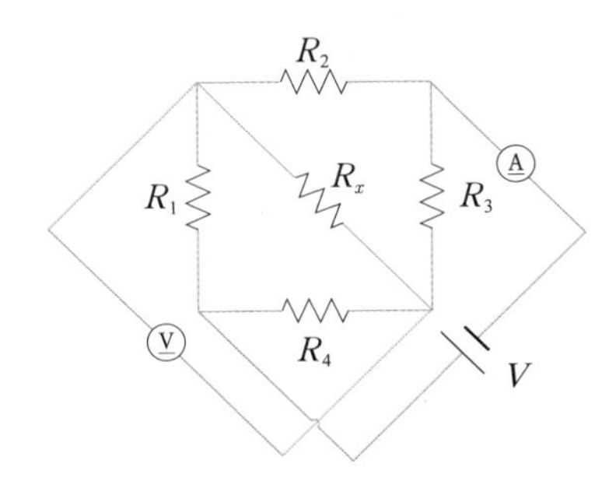

(1) 저항값 R_x는 얼마인가?
(　　　　) Ω

(2) 회로의 전체 저항은 얼마인가?
(　　　　) Ω

32 다음 그림과 같이 전구와 전지를 이용하여 회로를 구성하였다. 전구의 저항은 모두 1 Ω, 전지의 전압은 모두 1 V이며, 전류가 흐르는 전구만 불이 들어온다. 이때 ㉠ 불이 들어오지 않는 전구는 모두 몇 개인가? 또한 ㉡ 가장 밝은 전구의 소비 전력은 얼마인가? (단, 전지의 내부 저항은 무시한다.)

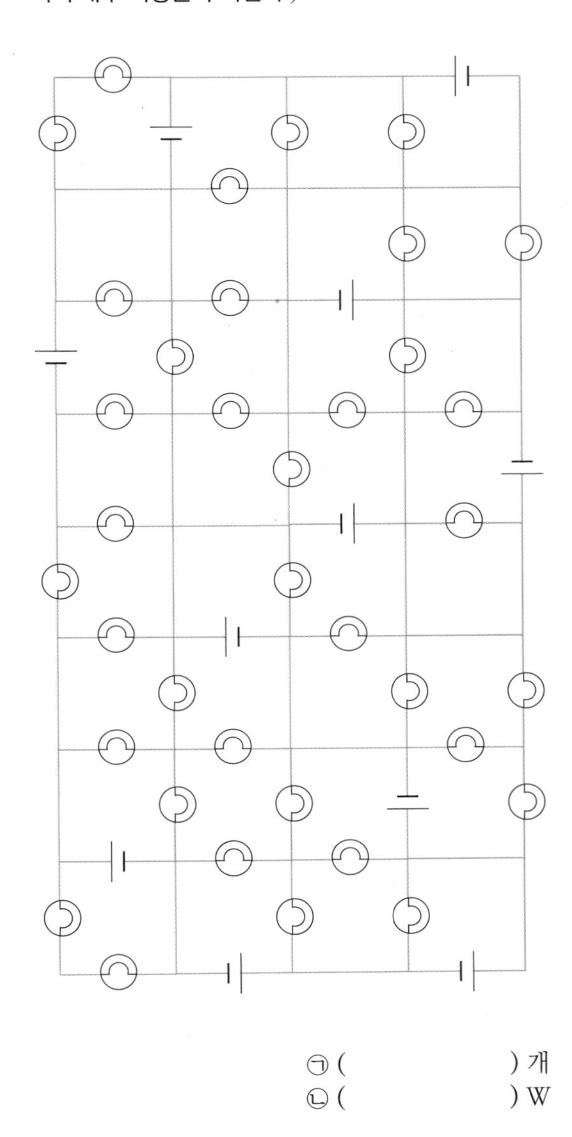

㉠ (　　　　) 개
㉡ (　　　　) W

15강 축전기 I

1. 축전기와 전기 용량

(1) 축전기 : 전기 에너지를 저장하는 장치를 축전기라고 한다. 일반적으로 외부와 절연된 두 개의 금속판을 마주 보게 하여 전하를 모아둔다. 대표적인 축전기는 동일한 금속판 두 장을 마주보게 놓은 평행판 축전기이며, 이 구조를 단순한 모양을 바꾼『 ⊣⊢ 』을 축전기 기호로 사용한다.

● 축전기 원리

두 금속판을 전지에 연결하면 정전기 유도에 의해 한 금속판에 $+Q$의 전하가 모이고 다른 금속판은 같은 양의 전하를 잃게 되어 $-Q$의 전하가 모이게 된다. 이때 이들 전하 사이에는 인력이 작용하므로 전지와의 연결을 끊어도 금속판의 전하들은 이동하지 못하고 저장된다.

(2) 축전기의 충전과 방전

① **충전** : 축전기에 전하가 저장되는 과정이다.

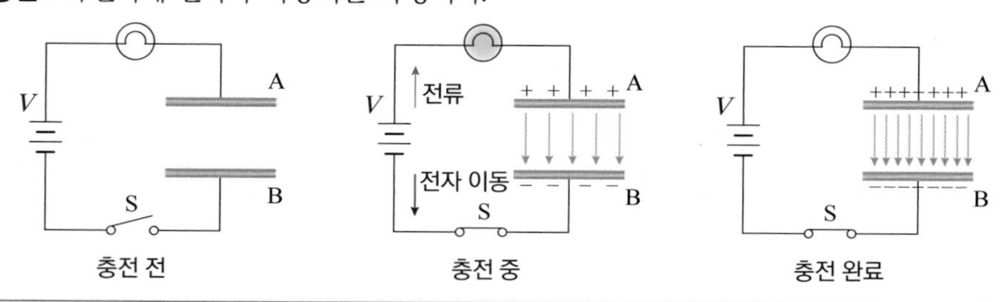

㉠ 축전기에 전지를 연결한 후 스위치를 닫으면 금속판 A 에는 (+) 전하가, 금속판 B 에는 (−) 전하가 대전된다.
㉡ 두 금속판 사이의 전위차가 전지의 전압과 같아질 때까지 전하가 이동하여 각 금속판에 같은 양의 전하가 분포한다.
㉢ 스위치를 열어도 두 금속판의 전하 사이의 전기적 인력에 의해 전하는 그대로 저장된다.

② **방전** : 축전기에 저장된 전하가 빠져나가는 과정이다. 충전된 축전기에 전구를 연결하면 축전기가 방전되면서 전류가 흐르고 전구에 불이 들어오며, 축전기가 완전히 방전되면 더 이상 전류가 흐르지 않으므로 전구의 불이 꺼진다.

● 축전기의 용량 단위 : F (패럿)

$$1\text{ F} = \frac{1\text{ C}}{1\text{ V}} = 1\text{ C}^2/\text{J} = 1\text{ C}^2/\text{N}\cdot\text{m}$$

1 F은 일상 생활에서 사용하기에는 매우 큰 값이다. 따라서 1 F의 10^{-6} 배인 μF (마이크로 패럿), 10^{-12} 배인 pF (피코 패럿)이 많이 사용된다.

(3) 전기 용량 : 도체에 전하를 저장하면 전하량 Q에 비례하여 전위 V도 높아진다. 이때 비례 상수를 C라고 하면, $Q = CV$가 되며, 이 비례 상수 C를 축전기의 **전기 용량**이라고 한다. 즉, 축전기가 전하를 저장할 수 있는 능력을 나타내는 물리량이다.

$$Q = CV \quad \Rightarrow \quad C = \frac{Q}{V} \quad (\text{단위 : F [패럿]})$$

① **크기** : 축전기를 이루는 극판의 크기, 모양, 극판 사이의 거리, 극판 사이에 있는 물질의 종류에 따라 그 값이 달라진다.

② **단위** : 두 극판에 1 V의 전압(전위차)를 걸었을 때 1 C의 전하량을 충전하는 축전기의 전기 용량을 1 F으로 정한다.

● 전하량-전압 그래프

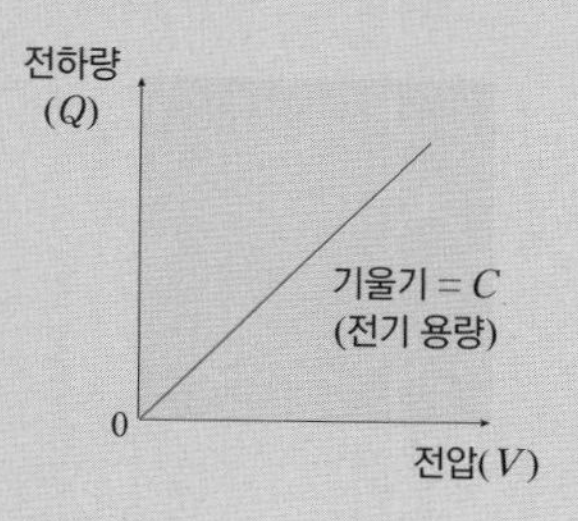

개념확인 1

축전기가 전하를 저장할 수 있는 능력을 나타내는 물리량을 □□□□ (이)라고 한다.

확인 + 1

전기 용량이 5 μF인 축전기가 있다. 이 축전기에 4 V 의 전압을 걸어주었을 때 이 축전기에 저장되는 전하량은 얼마인가?

( ) C

2. 평행판 축전기

(1) 평행판 축전기의 특징

① 축전기 내부의 전기장이 균일하므로 전기력선은 간격이 일정한 평행선으로 나타난다.
② 축전기 내부에서는 금속판에 나란한 등전위면이 형성된다.
③ (+)전하로 대전된 금속판이 (−) 로 대전된 금속판보다 전위가 높다.

(2) 평행판 축전기 내부 전기장의 세기 : 거리 d 만큼 떨어져 있는 두 금속판 사이에 걸린 전위차가 V 일 때, 내부 전기장의 세기 E 는 다음과 같다.

$$E = \frac{V}{d} \quad (\text{단위 : V/m})$$

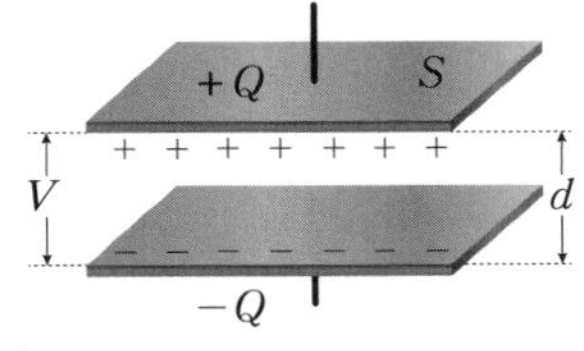

▲ 평행판 축전기의 전기 용량

(3) 평행판 축전기의 전기 용량 : 평행판 축전기의 전기 용량 C 는 금속판의 넓이 S 에 비례하고 두 금속판 사이의 거리 d 에 반비례하며, 두 극판 사이에 있는 유전체(절연체)의 유전율 ε 에 비례한다.

$$C = \varepsilon \frac{S}{d} \quad (\text{단위 : F})$$

① **유전율** : 두 금속판 사이에 채워 넣는 유전체(절연체)의 종류에 따라 결정되는 상수로 (+) 전하와 (−) 전하의 분극 현상이 일어나는 정도를 숫자로 나타낸 것이다. 유전율이 클수록 유전 분극이 잘 일어난다.

② **평행판 축전기의 전기 용량을 증가시키는 방법**

㉠ 금속판의 면적을 크게 하고, 금속판 사이의 거리를 작게 한다.

㉡ 금속판 사이에 유전율이 큰 물질을 넣는다.

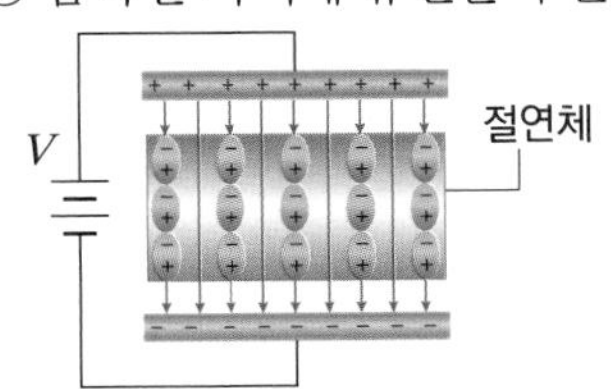

두 금속판 사이에 유전율이 큰 유전체를 넣으면 유전 분극이 일어나 유전체의 양 표면에 각 금속판과 반대 전하가 각각 유도되어 유전체 자체 전기장이 금속판 사이의 전기장의 세기를 감소시킨다. $V = Ed$ 이므로 금속판 사이의 전위차가 감소하고, 전기 용량은 증가한다. ⇨ 저장되는 전하량은 증가한다.

㉢ 금속판 사이에 금속판에 접촉되지 않도록 도체를 평행하게 넣는다.

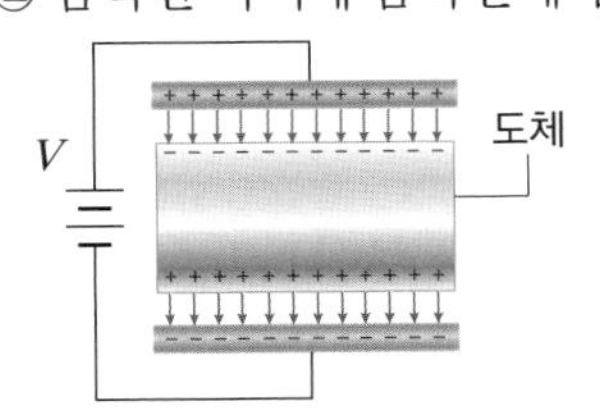

충전된 두 금속판 사이에 도체판을 넣으면 외부 전기장에 의해 도체 내부의 전기장이 0 이 될 때까지 자유 전자가 이동하여 도체의 아래와 위쪽에 정전기 유도에 의한 전하가 나타난다. 따라서 도체판의 두께만큼 거리가 짧아지게 되므로 전기 용량은 증가한다.

● 평행판 축전기 내부의 전기장

금속판의 크기가 두 금속판 사이의 간격보다 매우 크면, 축전기가 만드는 전기장은 (+) 전하와 (−) 전하로 대전된 두 개의 판이 만드는 전기장을 합한 것과 같다.
⇨ 축전기 바깥쪽은 두 판이 만드는 전기장이 서로 상쇄되어 0 이 되고, 내부에는 균일한 전기장이 형성된다.

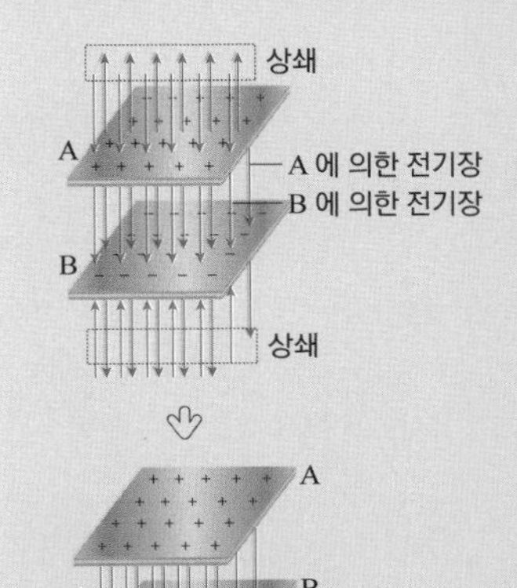

● 전기장의 세기와 전위차

+1 C 의 전하를 (+) 전하가 저장된 도체쪽으로 운반하기 위해서는 외부에서 일을 해 주어야 한다.

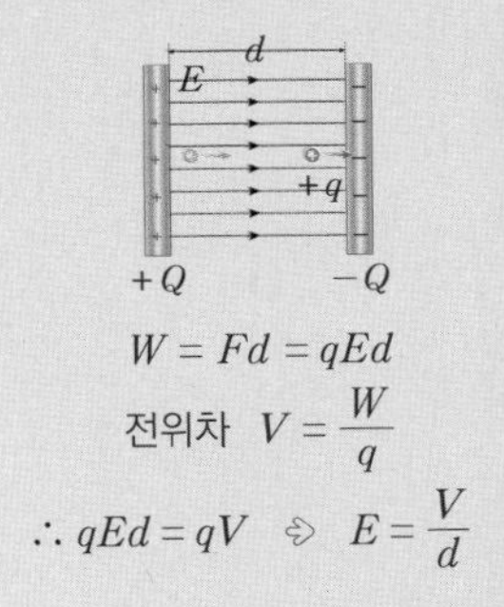

$W = Fd = qEd$

전위차 $V = \frac{W}{q}$

$\therefore qEd = qV$ ⇨ $E = \frac{V}{d}$

개념확인 2

정답 및 해설 22쪽

축전기 내부의 유전체에서 분극 현상이 일어나는 정도를 숫자로 나타낸 것을 □□□(이)라고 한다.

확인 + 2

전기 용량이 5 μF 인 축전기가 있다. 이 축전기 속 유전체를 유전율이 2 배인 물질로 바꾸고 극판 사이의 거리, 면적도 모두 2 배로 늘렸을 때 축전기의 전기 용량은 얼마인가?

( ) μF

미니사전

유전 분극[誘 꾀다 電 전기 分 나누다 極 극] 외부 전기장에 의해 유전체 내부 전하가 분극되는 현상

3. 축전기와 유전체

(1) 유전체 : 전기장을 가할 때 유전 분극 현상이 일어나는 물질로 절연체와 같은 의미이다. 대부분의 축전기에는 유전체가 들어 있다.

① **극성 유전체** : 물과 같이 영구적인 전기 쌍극자로 이루어진 유전체를 말한다.

다음 그림과 같이 충전된 전하량이 Q_0, 두 금속판 사이에 걸려 있는 전압이 V_0, 내부 전기장의 세기가 E_0 인 축전기에 유전체를 넣으면 유전 분극이 일어난다.

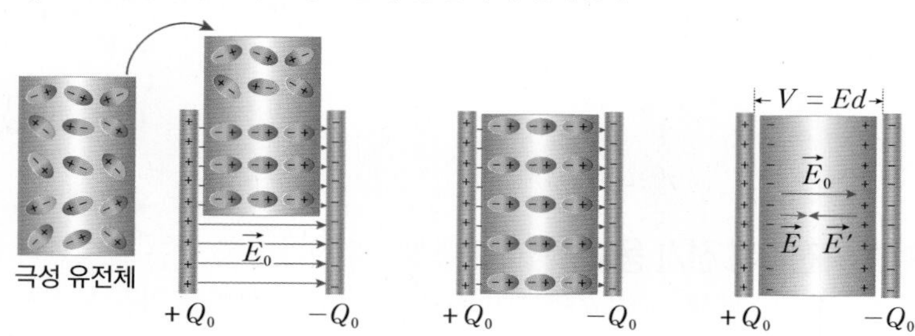

이러한 전기 쌍극자의 정렬에 의해 외부 자기장 $\vec{E}_0$ 와 반대 방향으로 전기장 $\vec{E'}$ 가 형성된다.
⇨ 축전기 내부 전기장의 세기는 유전체가 없을 때보다 작아진다($\vec{E} = \vec{E}_0 - \vec{E'}$).

② **비극성 유전체** : 전기장이 없을 때는 전기 쌍극자가 나타나지 않지만 전기장 속에서는 분자 내의 전하가 재배치되어 분극 현상이 일어나면서 일시적으로 전기 쌍극자와 같은 상태가 되는 유전체를 말한다.

(2) 유전체와 축전기의 전기 용량 : 충전된 전하량이 Q_0 인 축전기에 유전체를 넣으면 극성과 비극성 유전체 모두 축전기 내부 전기장의 세기를 감소시킨다. 따라서 두 극판 사이의 전위차($V = Ed$)가 감소하고, 축전기의 전기 용량이 커지는 효과가 나타난다.

(3) 유전율과 유전 상수 : 축전기의 전기 용량 $C = \varepsilon \frac{S}{d}$ 이고, 여기서 ε 는 유전체의 유전율로 진공의 유전율 ε_0 를 이용하여 다음과 같이 표현한다.

$$\varepsilon = \kappa \varepsilon_0$$

이때 κ 는 물질의 **유전 상수** 또는 **비유전율**이라고 하고, $\kappa = \frac{\varepsilon}{\varepsilon_0}$ 이다. 따라서 진공일 때 전기 용량을 C_0 라고 하면, 유전체를 넣었을 때 전기 용량은 $C = \kappa C_0$ 이다.

(4) 유전 강도와 내전압

① **유전 강도** : 축전기 내에서 유전체가 파괴되지 않고 견딜 수 있는 전기장의 최댓값으로 물질마다 다른 값을 갖는다(단위 : V/m).

② **내전압** : 축전기의 두 금속판 사이에서 방전되지 않고 견딜 수 있는 최대 전압으로 유전체의 종류에 따라 다르고 극판 사이의 거리(유전체의 두께)에 거의 비례한다.

● 유전율

쿨롱 법칙 $F = k\frac{q_1 q_2}{r^2}$ 에서 비례 상수 $k = \frac{1}{4\pi\varepsilon_0} = 9 \times 10^9$ $\mathrm{N \cdot m^2/C^2}$ 이다. 따라서 진공일 때의 유전율 ε_0 는 다음과 같다.

$$\varepsilon_0 = \frac{1}{4\pi \times 9 \times 10^9} = 8.85 \times 10^{-12}(\mathrm{F/m})$$

● 유전 상수

진공의 유전 상수는 1 이고, 다른 물질의 유전 상수는 1 보다 크므로 축전기에 유전체를 넣으면 전기 용량이 진공 상태일 때보다 유전 상수 κ 배만큼 증가한다.

물질	유전 상수(κ)
공기(1기압)	1.00059
파라핀	1.9 ~ 2.4
고무	2 ~ 3.5
종이	3.7
석영	3.5 ~ 4.0
유리	4 ~ 6
운모	3 ~ 6
다이아몬드	6
소금	6
물	80.4
얼음	100 ~ 190

: 상온(20℃)에서 측정

개념확인 3

진공의 유전율에 대한 유전체의 유전율의 비를 □□□□ (이)라고 한다.

확인 + 3

축전기 극판 사이에 유전체를 넣으면 축전기 내부의 전기장 세기가 (㉠ 감소 ㉡ 일정 ㉢ 증가)하고, 전기 용량은 (㉠ 감소 ㉡ 일정 ㉢ 증가)한다.

4. 축전기의 활용

(1) 축전기의 종류 : 축전기는 그 용량을 늘이기 위해 사용한 유전체의 종류에 따라 구분하기도 한다. 유전체를 사용하지 않고 진공 용기 속에 전극을 마주 놓은 진공 축전기, 공기 축전기, 세라믹 축전기, 탄탈럼 축전기 등이 있다.

(2) 축전기의 구조 및 활용

구분	평행판 축전기	원통형 축전기	구면 축전기	가변 축전기
구조	얇은 금속판 두 개를 일정한 간격만큼 떨어뜨려 서로 평행하게 배열시켜 만든 것	평행판 축전기 내에 유전체를 넣고 말아서 원통 모양으로 만든 것	반지름이 다른 두 개의 금속 구면을 서로 마주 보도록 만든 것	회전 반원형의 고정된 금속판과 회전할 수 있는 반원형 금속판이 겹쳐진 형태로 만든 것
활용	키보드, 터치 스크린, 콘덴서 마이크	카메라 플래시	스피커의 일부	라디오

(3) 평행판 축전기의 활용

구분	키보드	터치 스크린	콘덴서 마이크
구조	글자판 움직이는 금속판 고정된 금속판 유전체	유리 투명 전극 투명 전극 유리	진동판 케이스 소리 진동판 전극판 전지 고정 전극판 절연링
원리	글자판을 누름 ➪ 축전기의 두 금속판 사이 간격이 줄어듦 ➪ 전기 용량이 증가 ➪ 이 변화를 컴퓨터가 인식하여 글자가 입력됨	전도성 유리 사이에 전압을 걸어 유리 표면에 전하 충전 ➪ 상단 전도성 유리의 표면을 접촉 ➪ 스크린에 저장된 전자가 접촉 지점으로 끌려옴 ➪ 스크린 표면의 전하량 변화 ➪ 센서가 변화량 감지함	소리가 진동판을 진동 ➪ 두 금속판 사이의 간격이 변함 ➪ 전기 용량이 변함 ➪ 전압이 변함 ➪ 전기 신호로 바꿈

개념확인 4

정답 및 해설 22쪽

터치 스크린이나 콘덴서 마이크에 활용되는 축전기는 □□□ □□□ 이다.

확인 + 4

키보드의 자판을 누르면 두 극판 사이의 간격이 좁아지게 되고, 이에 따라 자판에 연결된 축전기의 전기 용량이 (㉠ 작아 ㉡ 커)지면서 전하들이 축전기 쪽으로 더 이동하여 전류가 흐르게 된다.

● 탄탈럼(Ta)

원자 번호 73 번인 원소로 공기 중에서 잘 산화되지 않고 산에 의해서도 잘 침식되지 않는 성질이 있다.

● 카메라의 플래시

축전기의 전하가 방전되면서 저장된 에너지가 한꺼번에 방출되는 것을 이용한다.

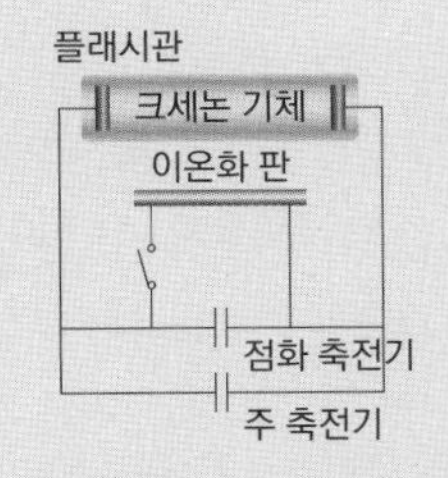

① 셔터를 누르면 점화 축전기의 전하가 방전된다.
② 방전된 전하는 플래시관 밖에 있는 이온화 금속판에 흐른다.
③ 대전된 판은 관 안의 크세논(Xenon) 기체를 이온화시킨다.
④ 이온화된 크세논 기체는 주 축전기를 방전시키는 도체 경로 역할을 한다.
⑤ 주 축전기의 전하가 방전할 때 크세논 기체는 밝은 섬광을 방출한다.

● 가변 축전기 원리

축전기 여러 개가 병렬로 연결된 구조이다. 회전할 수 있는 반원형 금속판이 회전하면 고정된 금속판과 겹치는 판의 넓이가 변하면서 전기 용량이 변한다.

라디오의 경우 전기 용량이 변하는 것을 이용하여 주파수를 변경한다.

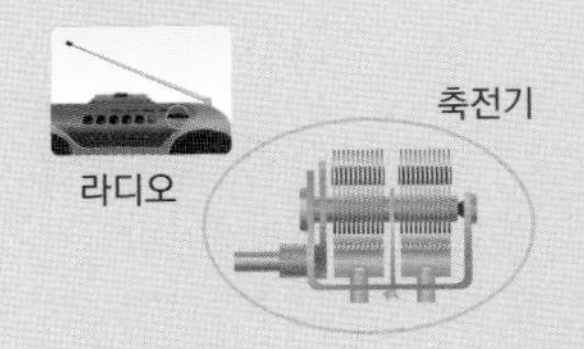

● 전도성 유리

절연체인 보통의 유리보다 전기 전도도가 약 10^{10} 배 정도로 큰 유리이다.

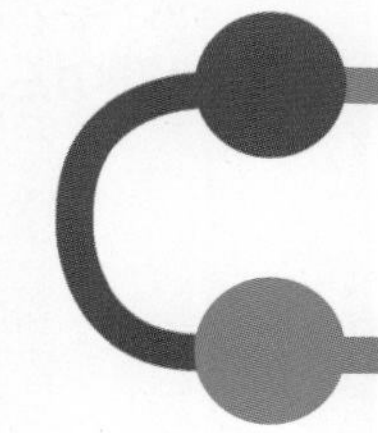

개념 다지기

01 축전기에 대한 설명 중 옳은 것은 ○ 표, 옳지 않은 것은 × 표 하시오.

(1) 축전기가 전기를 저장하는 원리는 정전기 유도에 의한 것이다. (　　)

(2) 축전기에 전지를 연결하면 두 금속판 사이의 전위차가 전지의 전압과 같아질 때까지 전하가 이동한다. (　　)

(3) 전기 용량이 큰 축전기일수록 같은 전하를 저장했을 때 전압이 더 높아진다. (　　)

02 오른쪽 그림은 평행판 축전기의 내부 전기장을 나타낸 것이다. 이에 대한 설명으로 옳은 것만을 <보기> 에서 있는 대로 고른 것은?

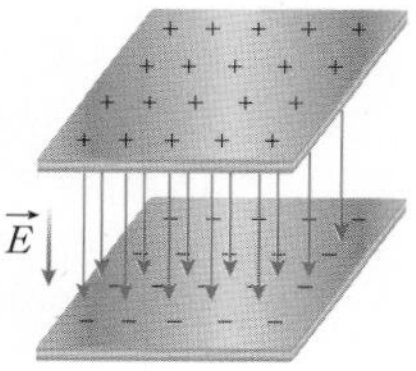

〈 보기 〉

ㄱ. 두 극판의 내부가 아닌 위, 아랫 부분에서는 두 판이 만드는 전기장이 서로 상쇄되어 0이 된다.

ㄴ. 두 극판 사이에는 두 판이 만드는 전기장이 중첩되어 균일한 전기장이 형성된다.

ㄷ. 두 극판 사이에는 금속판에 나란한 등전위면이 형성된다.

① ㄱ　② ㄴ　③ ㄷ　④ ㄱ, ㄷ　⑤ ㄱ, ㄴ, ㄷ

03 RAM(Random Access Memory) 기억 소자의 축전기는 전기 용량이 5.5×10^{-15} F 이다. 이 축전기가 6 V로 충전되었을 때 (−) 극판에 있는 전자의 수는? (단, 전자의 전하량 $e = 1.6 \times 10^{-19}$ C 이다.)

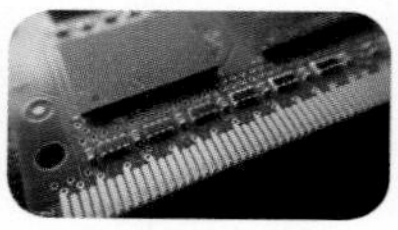

(　　　　　)개

04 다음 그림과 같이 금속판의 면적이 100 cm², 판 사이의 거리가 1 cm인 축전기가 있다. 물음에 답하시오. (단, 금속판 사이는 진공 상태이고, $\varepsilon_0 = 8.85 \times 10^{-12}$ F/m 이다.)

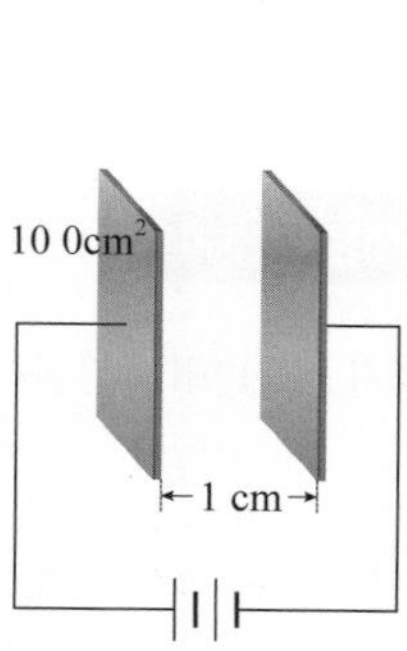

(1) 축전기의 전기 용량을 구하시오.

(　　　　　) F

(2) 축전기에 전압 10 V를 걸어주었을 때 충전되는 전하량을 구하시오.

(　　　　　) C

05 평행판 축전기를 전원에 연결하여 완전히 충전한 후 전원과의 연결을 끊었다. 축전기를 이루는 두 금속판을 잡아당겨 금속판 사이의 간격을 2배로 늘렸을 때, 이에 대한 설명으로 옳은 것만을 <보기> 에서 있는 대로 고른 것은?

〈 보기 〉

ㄱ. 축전기의 전기 용량은 절반으로 줄어든다.
ㄴ. 두 도체판 사이의 전기장의 세기는 2 배로 증가한다.
ㄷ. 축전기의 전하량이 증가한다.

① ㄱ ② ㄴ ③ ㄷ ④ ㄱ, ㄷ ⑤ ㄱ, ㄴ, ㄷ

06 유전체에 대한 설명 중 옳은 것은 ○ 표, 옳지 않은 것은 × 표 하시오.

(1) 전기장 속에서 유전 분극이 일어나는 물질이다. ( )
(2) 평행판 축전기의 두 금속판 사이에 유전체를 넣으면 축전기 내부 전기장의 세기가 증가한다. ( )
(3) 평행판 축전기의 두 금속판 사이에 유전체를 넣으면 축전기의 전기 용량은 증가한다. ( )

07 같은 크기의 두 금속판을 이용하여 평행판 축전기를 만드려고 한다. 이때 다음 표와 같은 유전체를 삽입할 경우 최대 용량을 갖는 경우는? (단, 유전체의 두께는 모두 동일하고, 유전체와 금속판은 밀착되어 있다.)

물질	종이	유리	고무	운모	파라핀
비유전율	3.7	4	3	5	2.3

① 종이 ② 유리 ③ 고무 ④ 운모 ⑤ 파라핀

08 다음 중 ㉠ 라디오 주파수 선택과 ㉡ 터치 스크린에 각각 이용되는 축전기를 바르게 짝지은 것은?

	㉠	㉡
①	평행판 축전기	원통형 축전기
②	구면 축전기	가변 축전기
③	가변 축전기	원통형 축전기
④	가변 축전기	평행판 축전기
⑤	원통형 축전기	구면 축전기

유형익히기&하브루타

유형15-1 축전기와 전기 용량

다음 그림은 축전기가 충전되는 과정을 나타낸 것이다. 이에 대한 설명으로 옳은 것만을 <보기> 에서 있는 대로 고른 것은?

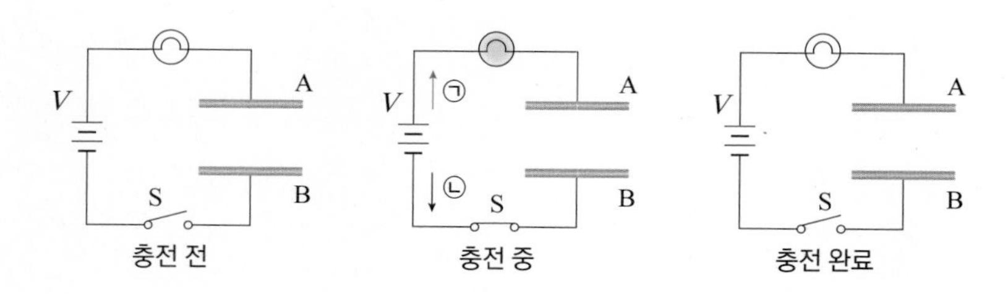

〈 보기 〉

ㄱ. A에는 (+) 전하, B는 (−) 전하로 대전된다.
ㄴ. 전자는 ㉡ 방향으로 이동한다.
ㄷ. 충전 중 A 와 B 사이의 전기장의 세기는 증가한다.
ㄹ. 충전이 완료된 후 스위치를 열면 A 와 B 사이의 전위차는 감소한다.

① ㄱ, ㄴ ② ㄴ, ㄷ ③ ㄷ, ㄹ ④ ㄱ, ㄴ, ㄷ ⑤ ㄱ, ㄴ, ㄹ

01 다음 그림과 같이 전지, 스위치, 축전기, 전구를 이용하여 전기 회로를 구성하였다. 스위치를 A점에 연결한 후 일정한 시간이 지난 후에 A점에서 떼어 B점에 연결하였다. 이에 대한 설명으로 옳은 것만을 <보기> 에서 있는 대로 고른 것은? (단, 축전기의 전기 용량은 7 μF 이고, 전지는 10 V 의 전압을 유지한다.)

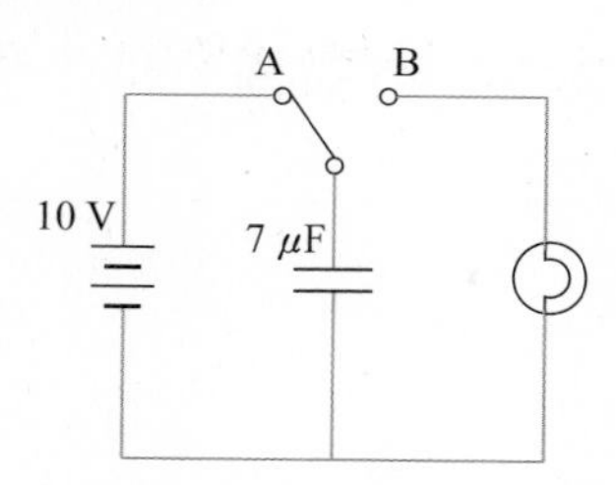

〈 보기 〉

ㄱ. 스위치를 A 점에 연결하였을 때 축전기에는 70 μC 의 전하가 충전된다.
ㄴ. 스위치를 B 점에 연결하였을 때 전구에 일시적으로 전류가 흐른다.
ㄷ. 스위치를 B 점에 연결하면 축전지에 걸린 전압은 10 V 로 일정하게 유지된다.

① ㄱ ② ㄱ, ㄴ ③ ㄱ, ㄷ
④ ㄴ, ㄷ ⑤ ㄱ, ㄴ, ㄷ

02 그림 (가) 는 전기 용량이 4 μF 인 평행판 축전기로 이루어진 전기 회로도를 나타낸 것이고, 그림 (나)는 스위치 S를 닫은 후 축전기에 걸리는 전압을 시간에 따라 나타낸 것이다. 이에 대한 설명으로 옳은 것만을 <보기> 에서 있는 대로 고른 것은? (단, 전지의 전압은 일정하게 유지된다.)

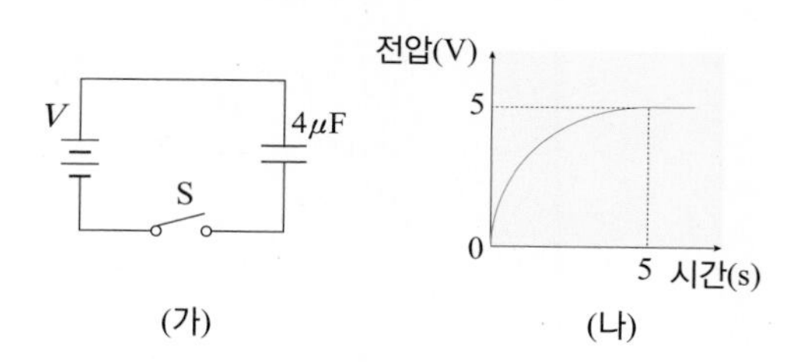

〈 보기 〉

ㄱ. 5 초일 때, 축전기의 두 금속판에는 부호가 다른, 같은 양의 전하가 분포한다.
ㄴ. 5 초 이후 전기 회로에는 일정한 전류가 흐른다.
ㄷ. 5 초일 때, 축전기에는 20 μC 의 전하가 충전되었다.

① ㄱ ② ㄷ ③ ㄱ, ㄷ
④ ㄴ, ㄷ ⑤ ㄱ, ㄴ, ㄷ

유형15-2 평행판 축전기

다음 그림은 평행판 축전기에 전위차 V 를 걸었을 때 저장되는 전하량 Q 을 나타낸 그래프이다. 극판 사이가 진공일 때, 이에 대한 설명으로 옳은 것만을 <보기> 에서 있는 대로 고른 것은?

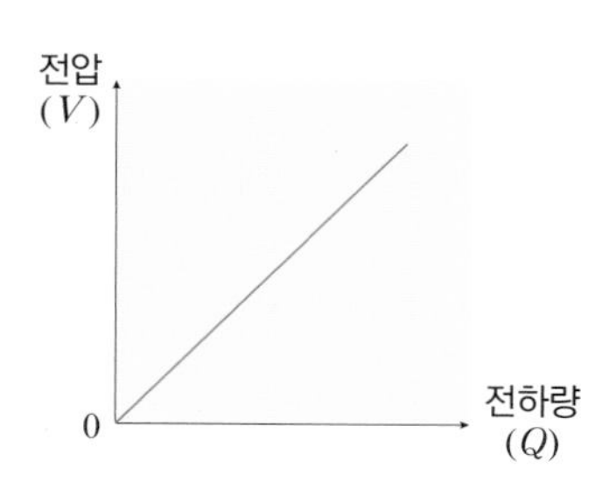

〈 보기 〉

ㄱ. 극판 사이에 유전율이 큰 물질을 넣으면 기울기가 증가한다.
ㄴ. 극판 사이에 극판에 접촉되지 않도록 도체를 평행하게 넣으면 기울기가 감소한다.
ㄷ. 극판 사이의 거리를 작게 하면 기울기가 감소한다.

① ㄴ ② ㄷ ③ ㄱ, ㄴ ④ ㄴ, ㄷ ⑤ ㄱ, ㄴ, ㄷ

03 다음 그림과 같이 금속판 사이의 거리가 1 cm, 전기 용량이 30 μF 인 평행판 축전기가 있다. 이 축전기에 5 V 의 전원을 연결한 후, 두 판 사이에 두께 0.5 cm 인 도체판을 두 금속판과 접촉하지 않도록 평행하게 넣었다. 이 축전기에 저장되는 전하량은 얼마인가?

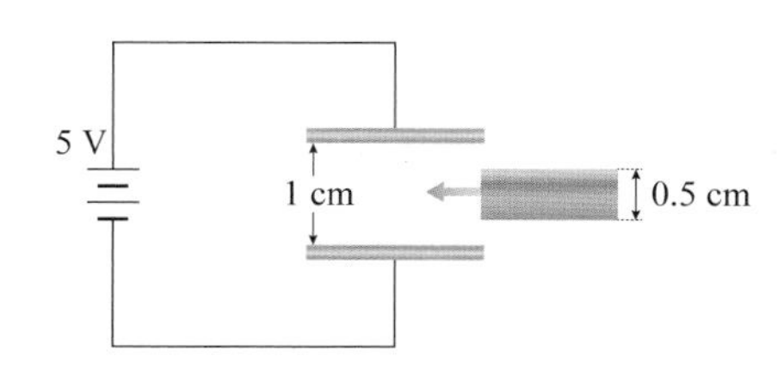

① 1.5×10^{-3} C
② 1.5×10^{-4} C
③ 1.5×10^{-6} C
④ 3.0×10^{-4} C
⑤ 3.0×10^{-6} C

04 다음 그림과 같이 평행판 축전기와 전압을 조절할 수 있는 전원 장치를 연결하였다. 이에 대한 설명으로 옳은 것만을 <보기> 에서 있는 대로 고른 것은?

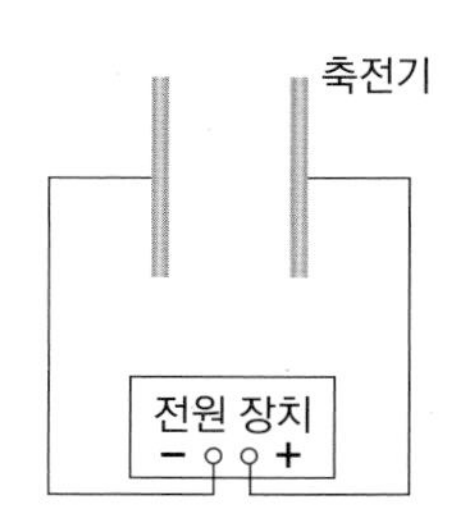

〈 보기 〉

ㄱ. 전원 장치로 전압을 증가시키면, 축전기의 전기 용량이 증가한다.
ㄴ. 전원 장치로 전압을 감소시키면, 축전기 사이의 전기장이 약해진다.
ㄷ. 전원 장치로 전압을 변화시켜도 축전기에 충전되는 전하량은 일정하다.

① ㄱ ② ㄴ ③ ㄷ
④ ㄴ, ㄷ ⑤ ㄱ, ㄴ, ㄷ

유형익히기&하브루타

유형15-3 축전기와 유전체

그림 (가) 는 평행판 축전기에 직렬 전원을 연결한 것을 나타낸 것이고, 그림 (나) 는 그림 (가) 의 상태에서 평행판 사이에 유전체를 넣는 것을 나타낸 것이다. 이에 대한 설명으로 옳은 것만을 <보기> 에서 있는 대로 고른 것은? (단, 전원의 전위차는 일정하게 유지된다.)

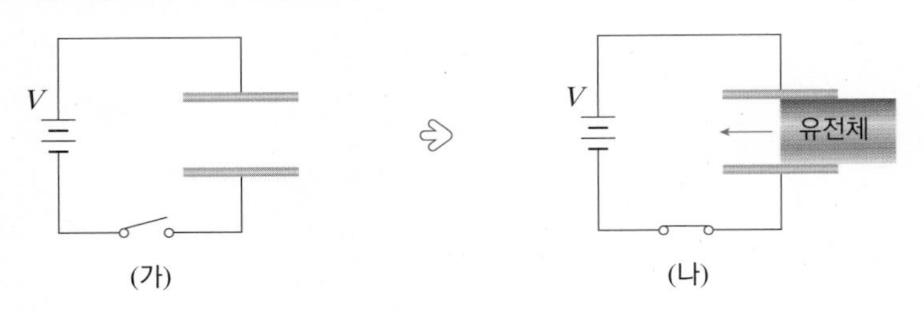

〈 보기 〉

ㄱ. 비극성 유전체일 경우 유전체를 넣은 후 축전기에 충전되는 전하량은 감소한다.
ㄴ. 축전기 내부에서 유전체를 구성하는 원자나 분자들이 전기 쌍극자를 형성하여 유전 분극이 일어난다.
ㄷ. 유전 상수가 κ 인 유전체를 넣었을 경우 전기 용량이 진공 상태일 때보다 κ 배만큼 증가한다.

① ㄱ ② ㄴ ③ ㄷ ④ ㄱ, ㄴ ⑤ ㄴ, ㄷ

05 다음 그림은 평행판 축전기의 극판 사이에 유전체를 넣은 모습을 나타낸 것이다. 이에 대한 설명으로 옳은 것만을 <보기> 에서 있는 대로 고른 것은?

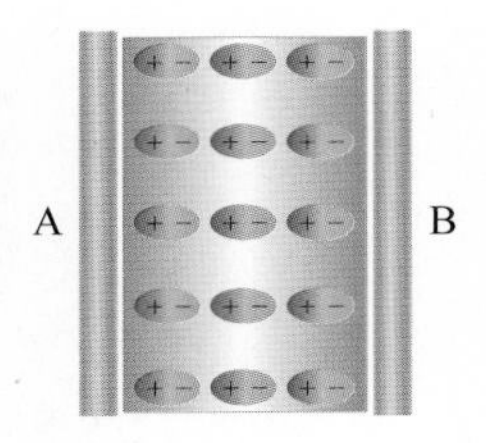

〈 보기 〉

ㄱ. 축전기 내부에서 전기장의 방향은 A ⇨ B 이다.
ㄴ. 전원을 제거한 후 유전체를 제거하면 극판 사이의 전위차는 증가한다.
ㄷ. 유전체는 B ⇨ A 방향으로 전기장을 형성한다.

① ㄱ ② ㄴ ③ ㄷ
④ ㄴ, ㄷ ⑤ ㄱ, ㄴ, ㄷ

06 다음 그림은 극판 사이의 거리가 각각 d, $2d$, $3d$ 이고, 면적은 같은 극판 사이에 유전 상수가 각각 2κ, 2κ, κ 인 유전체를 가득 채운 축전기 A, B, C 를 나타낸 것이다. 축전기 A, B, C 의 전기 용량을 각각 C_A, C_B, C_C 라고 할 때, $C_A : C_B : C_C$ 는?

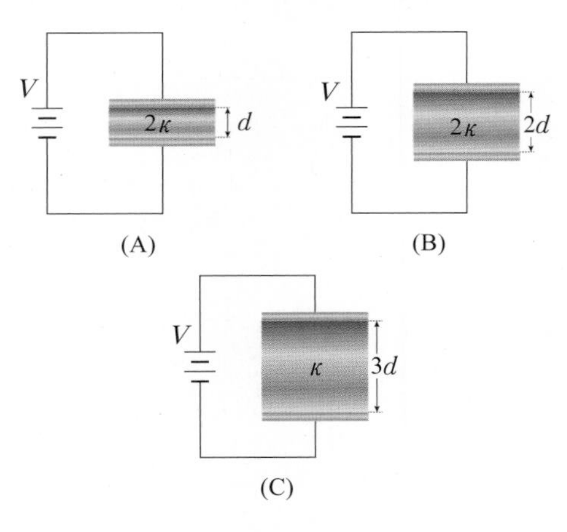

① 1 : 2 : 3 ② 1 : 3 : 6 ③ 1 : 4 : 3
④ 3 : 4 : 1 ⑤ 6 : 3 : 1

유형15-4 축전기의 활용

다음 <보기> 는 축전기가 활용되는 다양한 기기들이다. 물음에 기호로 각각 답하시오.

〈 보기 〉

ㄱ. 심장 전기 충격기	ㄴ. 컴퓨터의 키보드	ㄷ. 콘덴서 마이크
ㄹ. 카메라 플래시	ㅁ. 터치 스크린	ㅂ. 라디오 주파수 변경

(1) 축전기는 전하를 모아두는 성질이 있다. 이를 이용하여 저장된 에너지를 짧은 순간 흘러보내는 것을 이용하는 기기를 있는 대로 고르시오.

( )

(2) 금속판의 넓이가 변하여 전기 용량이 변하게 되는 가변 축전기를 이용한 기기는?

( )

(3) 금속판 사이의 간격 변화로 발생하는 전기 용량의 변화를 이용하여 작동하는 기기를 있는 대로 고르시오.

( )

07 다음 중 평행판 축전기에서 일어나는 전기 용량 변화를 이용하는 것만을 <보기> 에서 있는 대로 고른 것은?

〈 보기 〉

ㄱ. 콘덴서 마이크

ㄴ. 카메라 플래시

ㄷ. 컴퓨터 키보드

ㄹ. 터치 스크린

ㅁ. 라디오 주파수 변경

① ㄱ, ㄴ, ㄷ ② ㄴ, ㄷ, ㄹ
③ ㄱ, ㄴ, ㄷ, ㄹ ④ ㄱ, ㄷ, ㄹ, ㅁ
⑤ ㄴ, ㄷ, ㄹ, ㅁ

08 다음 그림은 가변 축전기를 나타낸 것이다. 회전 극판을 $0° \sim 180°$ 까지 회전시킬 때 축전기의 전기 용량은 100 pF ~ 1,000 pF 까지 변하며, 이때 전기 용량의 변화량은 각도에 비례한다. 이에 대한 설명으로 옳은 것만을 <보기> 에서 있는 데로 고른 것은?

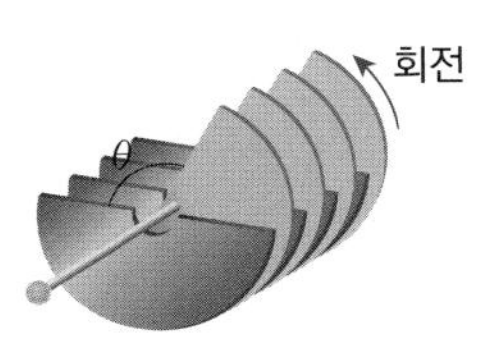

〈 보기 〉

ㄱ. 회전 극판이 90° 회전하였을 때, 가변 축전기의 전기 용량은 450 pF 이 된다.
ㄴ. 회전 극판이 0° 일 때, 500 V의 직류 전원에 연결하면 축전기에는 5×10^{-8} C 의 전하가 충전된다.
ㄷ. 회전 각도가 커지면 축전기의 전기 용량은 커진다.

① ㄱ ② ㄴ ③ ㄷ
④ ㄴ, ㄷ ⑤ ㄱ, ㄴ, ㄷ

창의력&토론마당

01 6V 의 전지를 이용하여 전기 용량 $C_A = 4\ \mu F$ 인 축전기 A 를 충전시켰다. 전지를 제거하고 축전기 A에 그림과 같이 전기 용량 $C_B = 8\ \mu F$ 인 축전기 B 를 연결하였다. 스위치를 닫은 후, 두 축전기에 걸리는 전압을 구하시오. (단, 축전기 B 는 축전기 A 를 연결하기 전에 충전되지 않은 상태이다.)

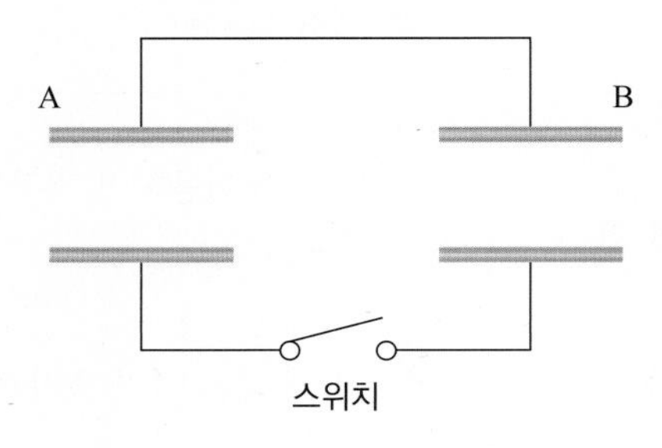

02 극판 사이의 간격이 d 인 평행판 축전기에 일정한 전압을 걸어준 후, 두께가 $\frac{d}{4}$ 인 도체판을 그림과 같이 두 극판에 끼웠다. 도체판을 끼우지 않았을 때 축전기에 저장된 전하량이 Q 라면, 도체판을 끼운 후 저장되는 전하량은 얼마인가?

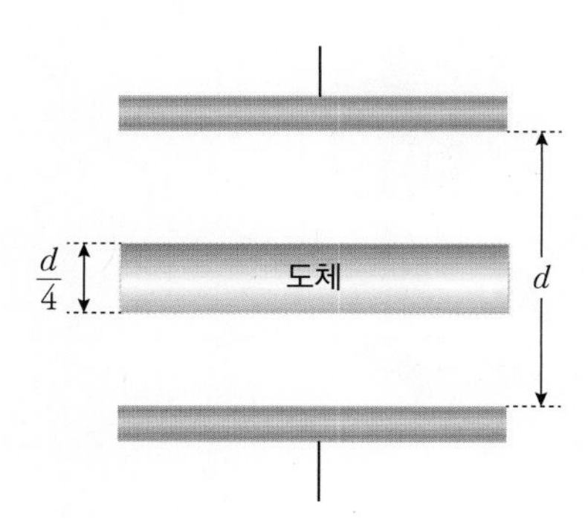

03 다음 그림과 같이 극판의 면적이 50 cm^2 인 평행판 축전기 사이에 유전 상수 $\kappa = 5.4$ 인 물질이 가득 채워져 있다. 이때 평행판 축전기의 전기 용량이 200 pF 이고, 이 축전기에 48.6 V 의 전압을 걸어주었다. 물음에 답하시오. (단, $\varepsilon_0 = 9 \times 10^{-12}$ F/m 이다.)

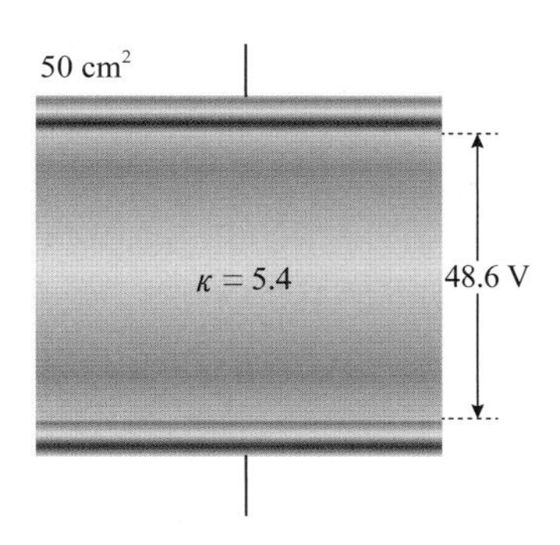

(1) 유전체 내부에서 전기장의 크기를 구하시오.

(2) 유전체에 형성된 유도 전하의 크기를 구하시오.

04 지면을 향하는 면적이 가로가 2 km, 세로가 4 km 의 번개 구름이 평평한 지면 위 고도 900 m 에서 맴돌고 있다. 벼락이 떨어지기 위해서는 약 2.5×10^6 V/m 의 전기장의 세기가 필요하다면 이 번개 구름에서 번개가 칠 수 있을까? (단, 번개 구름에는 $+150$ C 의 전하가, 지면에는 -150 C 의 전하가 대전되어 있고, $\varepsilon_0 = 9 \times 10^{-12}$ F/m 이다.)

창의력&토론마당

05 그림 (가) 와 (나) 는 금속판의 면적이 S, 금속판 사이의 간격이 d 인 평행판 축전기 사이에 유전 상수가 κ_1, κ_2 인 유전체를 각각 다른 방식으로 채워 넣은 것을 나타낸 것이다. 물음에 답하시오. (단, 축전기가 직렬 연결되어 있을 경우 각 축전기에 걸리는 전압의 합은 전체 전압과 같고, 축전기가 병렬 연결되어 있을 경우 각 축전기에 걸리는 전압은 같다.)

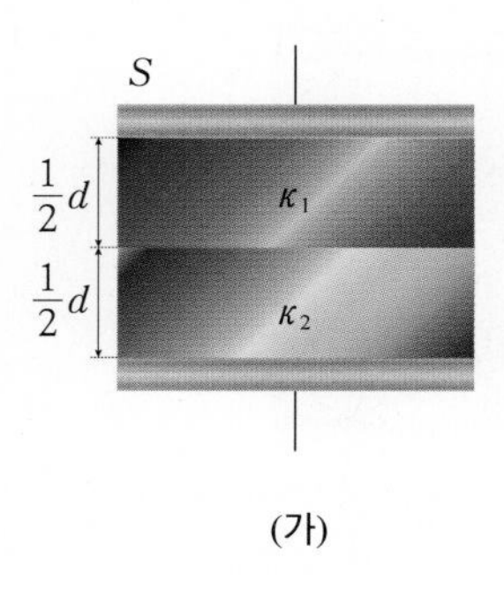

(가)

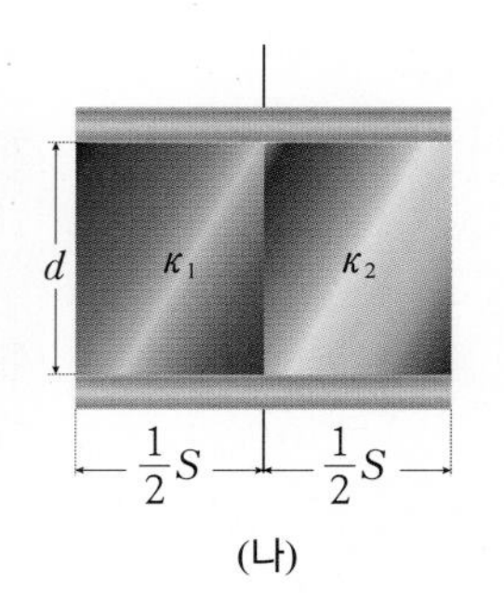

(나)

(1) (가) 축전기의 전기 용량을 구하시오.

(2) (나) 축전기의 전기 용량을 구하시오.

(3) 오른쪽 그림과 같이 극판의 면적 $S = 100\ \text{cm}^2$, 간격 $d = 8\ \text{mm}$ 인 평행판 축전기가 있다. 이 축전기 사이에 왼쪽 절반에는 유전 상수 $\kappa_1 = 20$ 인 물질이, 오른쪽 절반의 위쪽에는 $\kappa_2 = 40$ 인 물질이, 아래쪽에는 $\kappa_3 = 50$ 인 물질이 가득 채워져 있다. 이 평행판 축전기의 전기 용량을 구하시오. (단, $\varepsilon_0 = 9 \times 10^{-12}$ F/m 이다.)

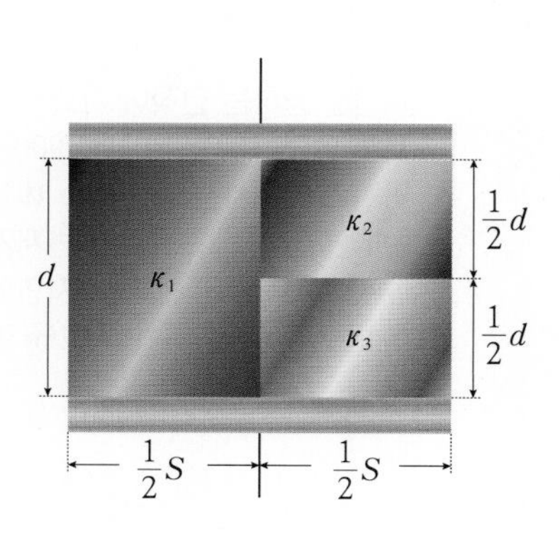

06 다음은 속이 진공인 구형 축전기의 전기 용량에 대한 설명이다. 물음에 답하시오.

(1) 가우스 법칙 : 가우스 법칙은 쿨롱 법칙의 새로운 형태로, 가우스면이라는 가상의 폐곡면을 이용하여 쿨롱 법칙을 단순화시킨다.
한 단면을 지나는 전기력선의 수를 전기장 선속 또는 전기 선속이라고 한다. 오른쪽 그림과 같이 점전하 q를 중심으로 하는 반지름 r인 구면을 지나는 전기 선속 ϕ은 다음과 같다. (이때 전기장 $\vec{E}$는 미소 면적 dA에 수직이고, 내부에서 외부로 향한다. $\oint$는 전 폐곡면 위에서 합산한 것을 의미한다.)

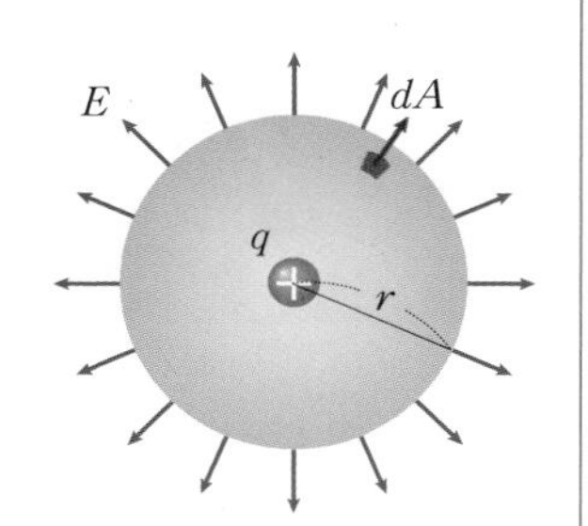

$\phi = \oint E \cdot dA = \frac{kq}{r^2} \cdot 4\pi r^2 = 4\pi kq$, $k = \frac{1}{4\pi\varepsilon_0}$ 이므로, $\phi = \frac{q}{\varepsilon_0}$ 이다.

$$\varepsilon_0 \oint E \cdot dA = q$$

(2) 전기장으로부터 전위차 계산 : 전기장 내의 두 점 A 와 B 사이의 전위차는 다음과 같다.

$$V = V_A - V_B = \frac{W}{q} \quad \cdots ①$$

이때 전기장 내의 점 A 와 B 로 이어지는 경로를 따라 움직이는 전하 q를 생각하면 경로 위의 임의의 구간에서 미소 구간 Δl을 이동하는 동안 힘 F가 입자에 한 일 $dW = F \cdot dl$ 이다. $F = qE$ 이므로 대전 입자에 한 일 dW는 다음과 같다.

$$dW = qE \cdot dl \quad \cdots ②$$

대전 입자가 A에서 B까지 움직이는 동안 전체 한 일 $W = q \int_A^B E \cdot dl$ 이다. 그러므로,

$$V = \int_A^B E \cdot dl$$

(3) 구형 축전기의 전기 용량 : 오른쪽 그림과 같이 반지름이 각각 a, b인 구각으로 구성된 축전기의 경우 가우스면으로 반지름이 r인 구를 선택한다($b > a$).

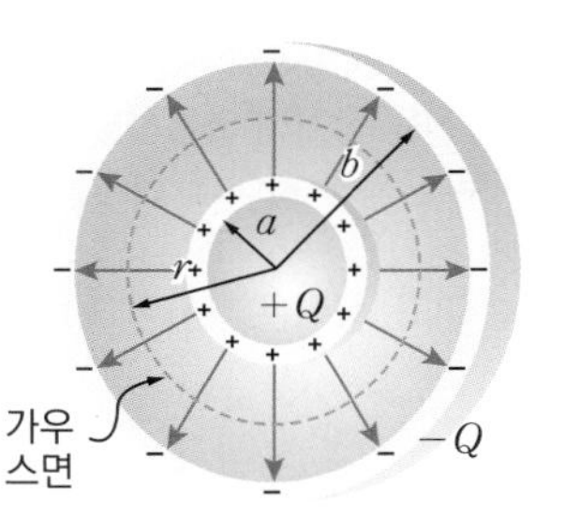

$$Q = \varepsilon_0 \oint E \cdot dA = \varepsilon_0 E(4\pi r^2)$$

$$V = \int_a^b E \cdot dr = \frac{Q}{4\pi\varepsilon_0} \int_a^b \frac{dr}{r^2} = -\frac{Q}{4\pi\varepsilon_0}\left(\frac{1}{b} - \frac{1}{a}\right) = \frac{Q}{4\pi\varepsilon_0}\left(\frac{b-a}{ab}\right)$$

$$Q = CV \Rightarrow C = \frac{4\pi\varepsilon_0 ab}{b-a}$$

(1) 반지름이 R인 고립된 구의 전기 용량을 구하시오.

(2) 지구의 반지름은 6,380 km 이다. 이러한 지구를 속이 빈 완전한 구형의 도체구로 가정한다면 지구의 전기 용량을 (1) 을 이용하여 구하시오. (단, $\varepsilon_0 = 8.85 \times 10^{-12}$ F/m, $\pi = 3.14$ 이다.)

스스로 실력높이기

A

01 다음 그림은 다양한 축전기이다. 이러한 축전기가 전기 에너지를 저장할 수 있는 기본 원리는 무엇인가?

(　　　　　　)

02 전기 용량이 20 μF 인 축전기에 10 V 의 전원을 연결하였다. 축전기에 저장되는 전하량은 몇 C 인가?

(　　　　　　)C

03 다음 그림과 같이 두 장의 금속판을 5 cm 간격을 두고 평행하게 놓은 후 전원 장치에 연결하였다. 100 V 의 전압을 걸어준 후 두 금속판 사이에 전자를 놓을 때 전자에 작용하는 힘의 세기를 구하시오. (단, 전자의 전하량은 1.6×10^{-19} C 이고, 중력은 무시한다.)

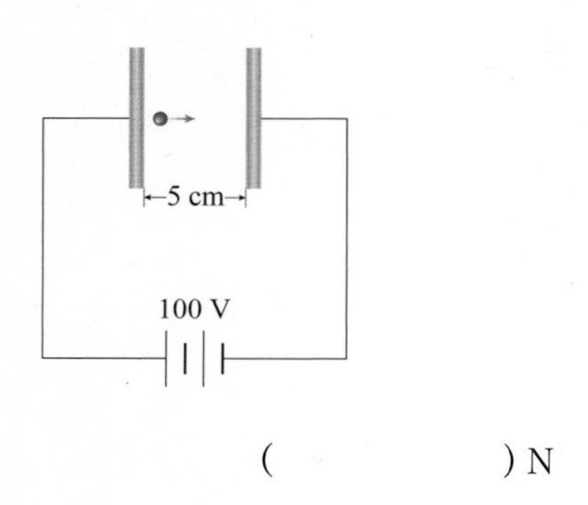

(　　　　　　) N

04 전기 용량이 15 μF, 두 금속판의 간격이 2 mm 인 평행판 축전기가 있다. 이 축전기를 전원에 연결하였더니 내부 전기장의 세기가 5×10^5 V/m 가 되었다. 이 축전기에 저장된 전하량을 구하시오.

(　　　　　　) C

05 극판의 면적이 600cm^2 이고, 극판 사이는 진공이며 1mm 떨어진 평행판 축전기의 전기 용량은 얼마인가? (단, $\varepsilon_0 = 8.85 \times 10^{-12}$ F/m 이다.)

(　　　　　　)F

06 반지름이 10 cm 인 원형의 두 판이 1.5 mm 간격으로 떨어져 있고 진공인 평행판 축전기가 있다. 이 ㉠ 축전기의 전기 용량 과 ㉡ 극판에 100 V 의 전압을 걸어주었을 때 축전기에 저장되는 전하량을 각각 구하시오. (단, $\varepsilon_0 = 9 \times 10^{-12}$ F/m , $\pi = 3$ 이다.)

㉠ (　　　　　　) pF, ㉡ (　　　　　　) μC

07 그림과 같이 유전체가 없고, 전기 용량이 2×10^{-6} F 인 평행판 축전기를 10 V 의 전지에 연결하였다. 이 상태에서 유전 상수가 4 인 유전체로 축전기의 판 사이의 공간을 완전히 채웠다. ㉠ 유전체를 채우기 전 축전기의 전하량과 ㉡ 유전체를 채운 후 축전기의 전하량 각각 구하시오.

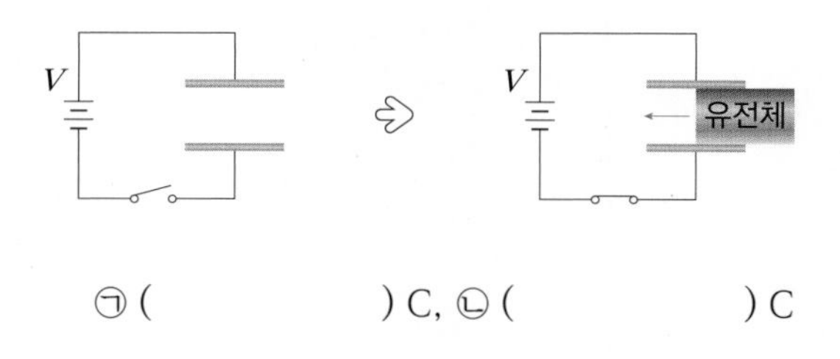

㉠ (　　　　　　) C, ㉡ (　　　　　　) C

08 다음은 유전체에 대한 설명이다. 빈칸에 알맞은 말을 각각 쓰시오.

> 전기장을 가할 때 (　　　　　　) 현상이 일어나는 물질로, 물과 같이 영구적인 전기 쌍극자로 이루어진 유전체를 (㉠ 극성 ㉡ 비극성) 유전체, 전기장 속에서만 일시적으로 전기 쌍극자와 같은 상태가 되는 유전체를 (㉠ 극성 ㉡ 비극성) 유전체라고 한다.

09 평행판 축전기 사이에 유전체를 넣고 전압을 증가시킬 때 방전되지 않고 유전체가 견딜 수 있는 최대 전기장 세기를 무엇이라고 하는가?

( )

10 다음 중 구조가 다른 축전기를 사용하는 것은?

① 터치 스크린
② 콘덴서 마이크
③ 컴퓨터 키보드
④ 카메라의 플래시

B

11 다음 그림과 같이 동일한 금속판 2 개를 이용하여 평행판 축전기를 만든 후 전원 장치에 연결하였다. 평행판 축전기를 고정한 상태에서 전원 장치의 전압을 서서히 증가시켰을 때 일어나는 현상에 대한 설명으로 옳은 것만을 <보기> 에서 있는 대로 고른 것은?

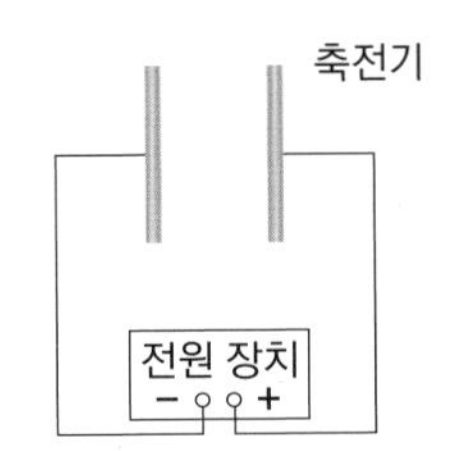

〈 보기 〉

ㄱ. 축전기 사이의 전기장의 세기가 증가한다.
ㄴ. 축전기의 전기 용량이 증가한다.
ㄷ. 축전기에 저장되는 전하량이 증가한다.

① ㄱ ② ㄴ ③ ㄷ
④ ㄱ, ㄷ ⑤ ㄱ, ㄴ, ㄷ

12 두 극판 사이의 거리가 d, 극판 사이에 꽉 차있는 유전체의 유전율이 ε 일 때 축전기의 전기 용량이 C 이다. 이 축전기의 두 극판 사이의 거리를 $2d$ 로 하고, 유전율이 0.5 ε인 유전체로 바꿨을 때, 축전기의 전기 용량은?

① $\frac{1}{4}C$ ② $\frac{1}{2}C$ ③ C
④ $2C$ ⑤ $4C$

13 평행판 축전기의 전기 용량을 증가시키는 방법에 설명으로 옳은 것만을 <보기> 에서 있는 대로 고른 것은?

〈 보기 〉

ㄱ. 평행판의 면적을 늘려준다.
ㄴ. 평행판 사이에 유전율이 큰 유전체를 넣어준다.
ㄷ. 평행판 사이의 전압을 증가시킨다.
ㄹ. 평행판 사이의 간격을 넓혀준다.

① ㄱ, ㄴ ② ㄷ, ㄹ ③ ㄱ, ㄴ, ㄷ
④ ㄱ, ㄴ, ㄹ ⑤ ㄱ, ㄴ, ㄷ, ㄹ

14 표 (가) 는 평행판 축전기 A, B, C 의 금속판 면적과 금속판 사이의 간격을 각각 나타낸 것이고, 그림 (나) 는 이들 축전기에 대하여 전압에 따른 전하량을 각각 나타낸 것이다. 각 그래프에 해당하는 축전기를 각각 쓰시오.

축전기	면적	간격
A	S	d
B	$2S$	d
C	S	$2d$

(가)

전하량 (Q)
㉠
㉡
㉢
전압(V)

(나)

㉠ ( ), ㉡ ( ), ㉢ ( )

스스로 실력높이기

15 오른쪽 그림과 같이 면적이 S인 두 금속판이 간격 d만큼 떨어진 평행판 축전기에 전압이 일정한 전지를 연결하여 전하량 Q를 충전하였다. 이 상태에서 두 금속판 사이의 간격만 줄였을 때 증가하는 물리량만을 <보기> 에서 있는 대로 고른 것은?

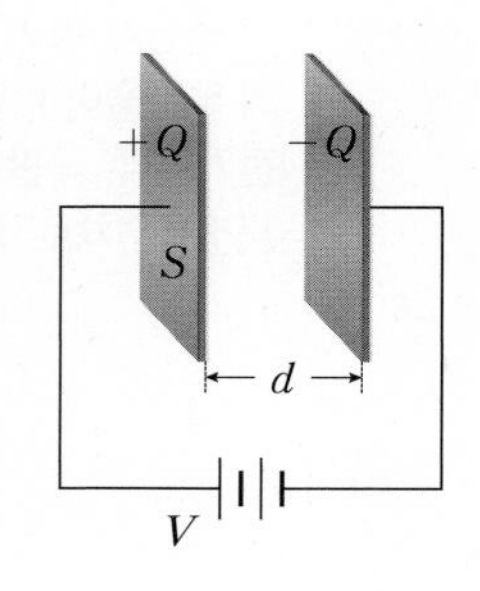

〈 보기 〉

ㄱ. 두 극판 사이의 전압
ㄴ. 평행판 축전기의 전기 용량
ㄷ. 두 금속판 사이의 전기장의 세기
ㄹ. 평행판 축전기에 저장되는 전하량

① ㄱ, ㄴ ② ㄴ, ㄷ ③ ㄷ, ㄹ
④ ㄴ, ㄷ, ㄹ ⑤ ㄱ, ㄴ, ㄷ, ㄹ

16 그림 (가) 는 평행판 축전기를 일정한 전압의 전지에 연결한 것을 나타낸 것이고, 그림 (나) 는 (가) 의 상태에서 금속판 간격을 유지하면서 오른쪽 금속판을 45° 회전한 것을 나타낸 것이다. 이에 대한 설명으로 옳은 것만을 <보기> 에서 있는 대로 고른 것은?

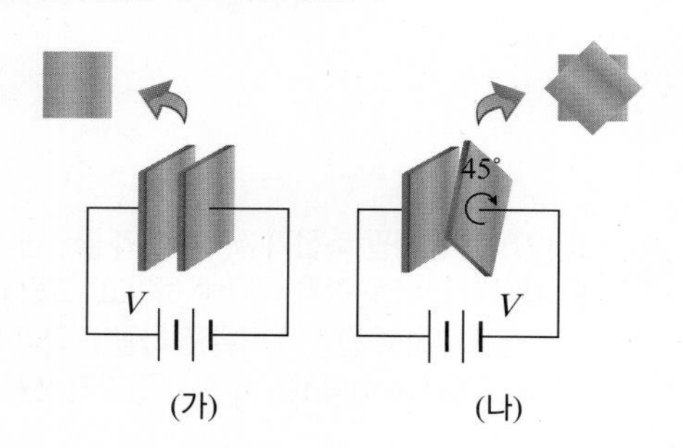

(가) (나)

〈 보기 〉

ㄱ. 축전기에 저장되는 전하량은 (가) 에서 더 크다.
ㄴ. 축전기 양단에 걸리는 전압은 (나) 에서 더 크다.
ㄷ. (나) 는 (가) 의 상태에서 축전기에 유전체를 넣는 것과 같은 전기 용량의 변화를 가져온다.

① ㄱ ② ㄷ ③ ㄱ, ㄷ
④ ㄴ, ㄷ ⑤ ㄱ, ㄴ, ㄷ

17 그림 (가) 는 두 극판 사이가 진공인 평행판 축전기와 전원 장치를 연결한 것을, 그림 (나) 는 그림 (가) 와 같은 상태에서 유전체를 극판 사이에 가득 채운 것을 나타낸 것이다. (가) 와 (나) 의 축전기에 저장되는 전하량이 같아지는 경우만을 <보기> 에서 있는 대로 고른 것은? (단, 처음 상태에서 (가) 와 (나) 에 걸어주는 전압은 같다.)

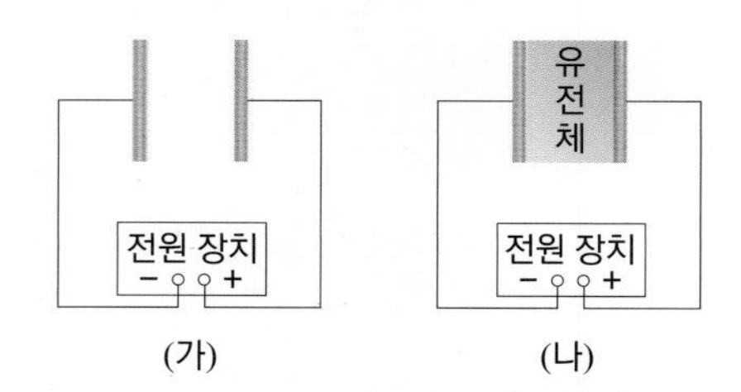

(가) (나)

〈 보기 〉

ㄱ. (가) 의 극판 사이의 간격을 넓혀준다.
ㄴ. (나) 에 더 높은 전압을 걸어준다.
ㄷ. (가) 의 극판 사이에 도체판을 넣어준다.

① ㄱ ② ㄴ ③ ㄷ
④ ㄴ, ㄷ ⑤ ㄱ, ㄴ, ㄷ

18 다음 그림은 컴퓨터 자판이 연결된 축전기와 전압이 일정한 전원 장치로 구성된 회로를 나타낸 것이다. 자판을 누르면 d가 변한다. 이때 일어나는 변화에 대한 설명으로 옳은 것만을 <보기> 에서 있는 대로 고른 것은?

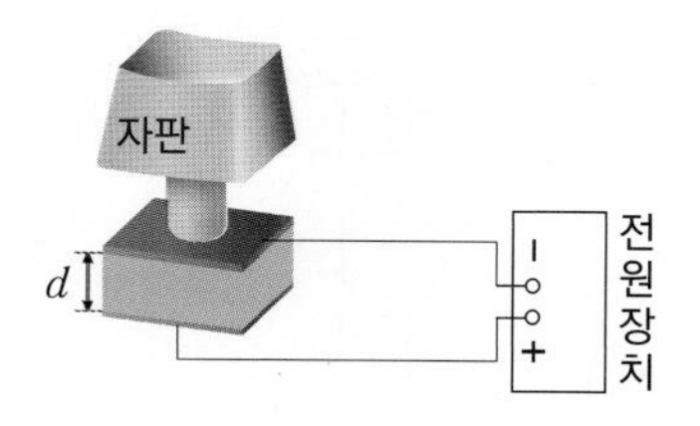

〈 보기 〉

ㄱ. 축전기에 저장되는 전하량이 증가한다.
ㄴ. 축전기에 걸리는 전압은 감소한다.
ㄷ. 축전기의 전기 용량이 커진다.

① ㄱ ② ㄴ ③ ㄷ
④ ㄱ, ㄷ ⑤ ㄱ, ㄴ, ㄷ

C

19 평행판 사이의 거리가 d 인 평행판 축전기에 전압 V_1 를 걸어서 전하량 Q 를 충전하였다. 이 충전된 축전기의 간격을 $2d$ 로 늘여준 후 전압 V_2 를 걸어서 추가로 충전하였을 때 추가로 충전되는 전하량 ΔQ 는 얼마인가? (단, $V_2 > V_1$ 이다.)

① $\dfrac{QV_2}{V_1}$　　② $\dfrac{QV_2}{2V_1}$

③ $Q(\dfrac{V_2}{V_1} - 1)$　　④ $Q(\dfrac{V_2}{2V_1} - 1)$

⑤ $2Q(\dfrac{V_2}{V_1} - 1)$

20 그림 (가) 는 극판 사이의 간격이 2 d 인 평행판 축전기를 완전히 충전시킨 후, 스위치를 열고 축전기의 두 극판 사이의 간격을 d 로 좁힌 것이고, 그림 (나) 는 스위치를 닫은 상태에서 축전기의 두 극판 사이의 간격을 d 로 좁힌 것이다. 이에 대한 설명으로 옳은 것만을 <보기> 에서 있는 대로 고른 것은?

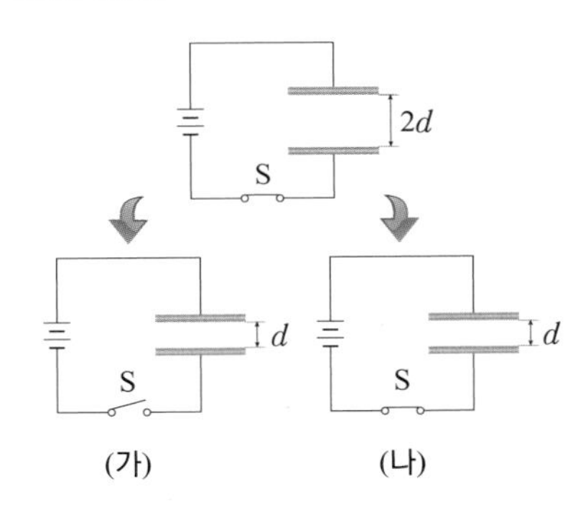

〈 보기 〉

ㄱ. (가) 에서 극판에 충전되는 전하량은 감소한다.
ㄴ. (나) 에서 극판 사이의 전기장의 세기는 증가한다.
ㄷ. 두 극판 사이의 전위차는 (나) 가 (가) 의 2 배이다.

① ㄴ　　② ㄷ　　③ ㄱ, ㄷ
④ ㄴ, ㄷ　　⑤ ㄱ, ㄴ, ㄷ

21 그림 (가) 는 축전기와 전구 A 를 직렬 연결한 후 전압이 V 인 직류 전원에 연결한 것을, 그림 (나) 는 축전기와 전구 B 를 병렬 연결한 후 전압이 V 인 직류 전원에 연결한 것을 나타낸 것이다. 스위치를 닫는 순간부터 전구 A 와 B 에 걸리는 전압 변화를 시간에 따라 나타낸 그래프를 바르게 짝지어진 것은?

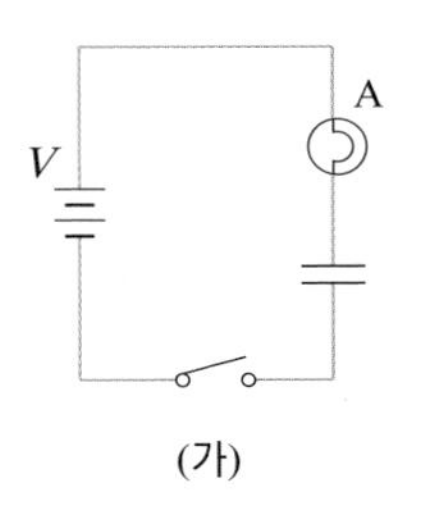

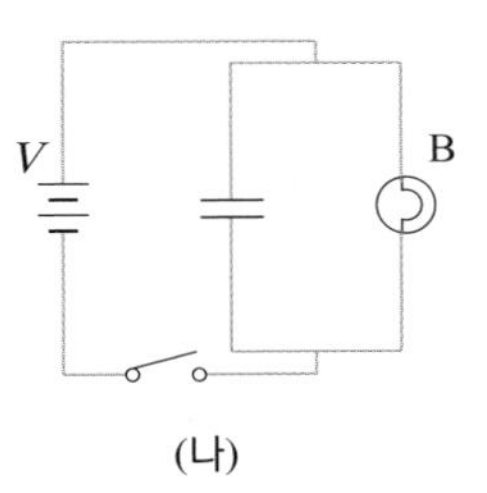

(가)　　(나)

A　　B

①
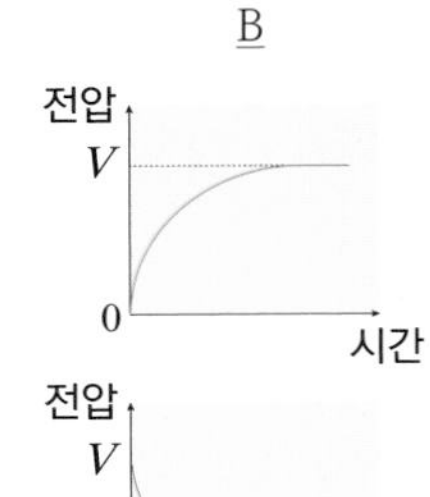

②

③
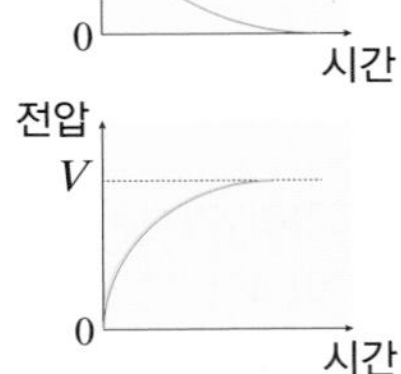

④
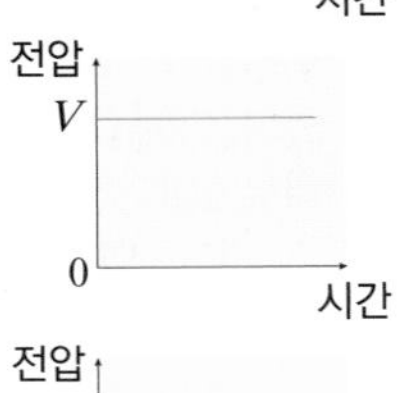

⑤
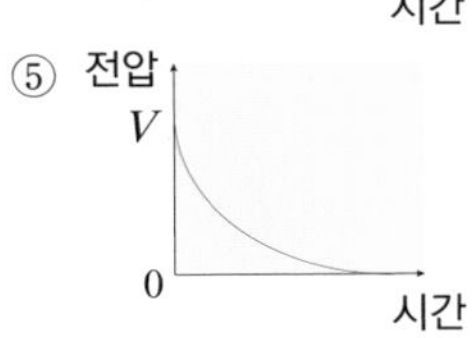
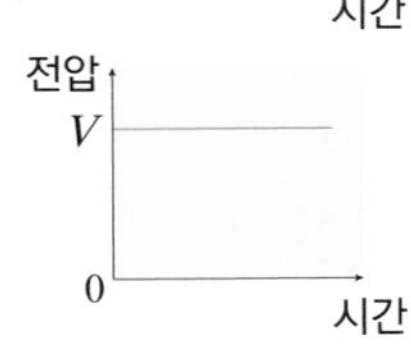

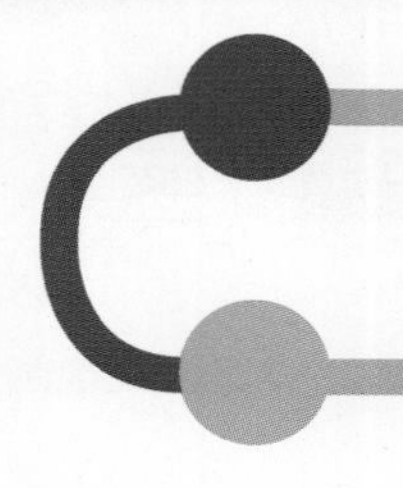

스스로 실력높이기

22 평행판 축전기의 두 극판 사이에 유전 상수 $\kappa = 5$ 인 물질이 끼워져 있다. 이 축전기의 전기 용량이 9 μF 이고, 내전압이 70 V 가 되게 하기 위한 극판의 최소 넓이는 얼마인가? (단, 유리의 유전 강도 1.4×10^6 V/m이고, $\varepsilon_0 = 9 \times 10^{-12}$ C^2/Nm^2 이다.)

① 0.01 m^2 ② 0.1 m^2 ③ 1 m^2
④ 10 m^2 ⑤ 100 m^2

23 그림 (가) 는 전기 용량이 C로 같은 축전기 A, B 와 전압이 V인 전원을 이용하여 회로를 완성한 후 스위치 S를 왼쪽에 연결한 것을 나타낸 것이다. 축전기 A 를 완전히 충전한 후 그림 (나) 와 같이 스위치 S를 오른쪽에 연결하였다. 이에 대한 설명으로 옳은 것만을 <보기> 에서 있는 대로 고른 것은? (단, 축전기는 모두 충전되지 않은 상태로 회로에 연결하였다.)

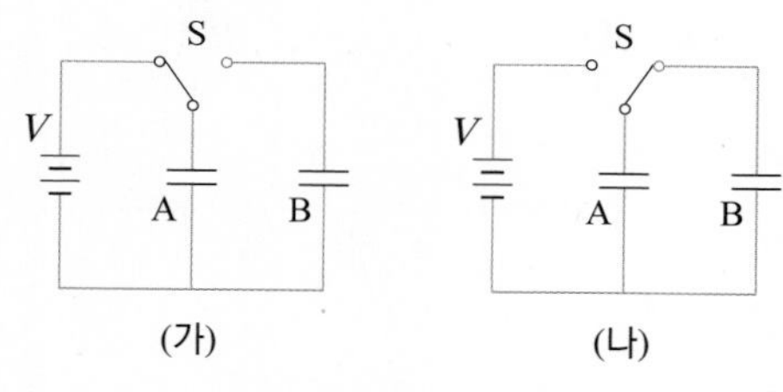

〈 보기 〉

ㄱ. (가) 에서 축전기 A의 양단에 걸린 전압이 V 가 되면 완전히 충전된다.
ㄴ. (나) 에서 축전기 A 와 B 에 충전된 전하량은 CV 로 같다.
ㄷ. (가) 와 (나) 에서 축전기 A 와 B 에 충전되는 전하량의 합은 각각 같다.

① ㄱ ② ㄴ ③ ㄷ
④ ㄱ, ㄷ ⑤ ㄱ, ㄴ, ㄷ

24 다음 표는 상온에서 여러 물질의 유전 상수와 유전 강도를 각각 나타낸 것이다. 이 물질을 이용하여 평행판 축전기를 각각 만들었을 경우에 대한 설명으로 옳은 것만을 <보기> 에서 있는 대로 고른 것은? (단, 평행판 축전기의 극판의 면적과 극판 사이의 간격은 모두 같다.)

물질	유전 상수 κ	유전 강도($\times 10^6$ V/m)
A	4.9	24
B	3.2	7
C	2.5	24
D	6	150

〈 보기 〉

ㄱ. B 를 이용한 축전기의 내전압이 가장 높다.
ㄴ. 같은 전압을 걸어줄 때, C 를 이용한 축전기에 가장 적은 전하가 모인다.
ㄷ. 각각의 내전압까지 전압을 올릴 경우 D 를 이용한 축전기가 가장 많은 전하를 모을 수 있다.

① ㄱ ② ㄴ ③ ㄷ
④ ㄴ, ㄷ ⑤ ㄱ, ㄴ, ㄷ

심화

25 다음 그림과 같이 3 Ω, 3 Ω, 6 Ω인 저항과 축전기를 5 V의 전원에 연결하였다. 축전기의 전기 용량이 10 μF이라면 축전기에 충전되는 전하량은 얼마인가? (1 μC = 10^{-6} C 이다.)

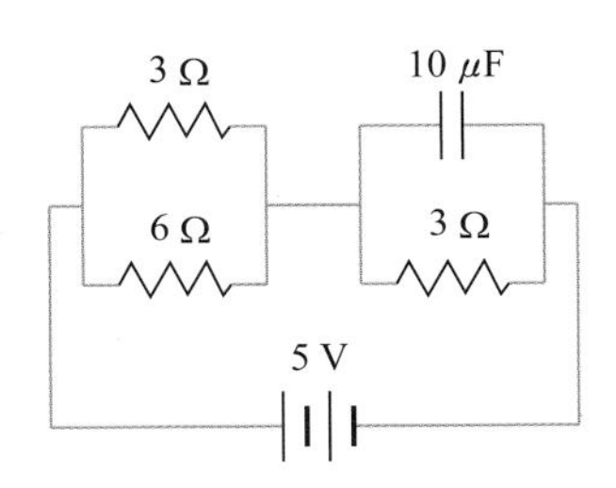

① 10 μC ② 20 μC ③ 30 μC
④ 40 μC ⑤ 50 μC

26 전기 용량이 C인 축전기 A 를 140 V의 일정한 전압의 전지에 연결하여 충전하였다. 이 충전된 축전기 A 를 대전되지 않은 축전기 B 에 연결하였다. 이때 축전기 B 에 걸린 전위차가 60 V 라면, 축전기 A 의 전기 용량 C는 얼마인가? (단, 축전기 B의 전기 용량은 30 μF이다.)

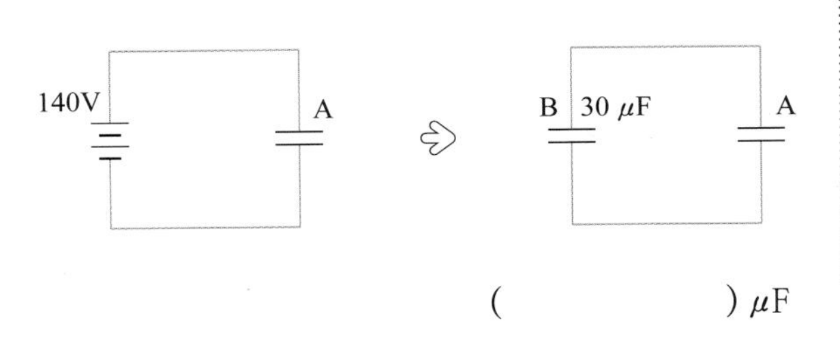

( ) μF

27 다음 그림은 전압이 10 V 로 일정한 전원 장치에 저항값이 각각 2 Ω 인 저항 2 개, 3 Ω 인 저항 2 개, 축전기를 연결한 것을 나타낸 것이다. 이에 대한 설명으로 옳은 것만을 <보기> 에서 있는 대로 고른 것은?

[PEET 기출 유형]

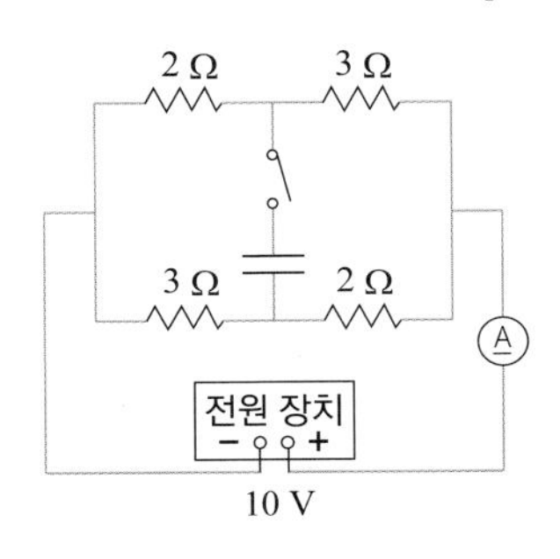

〈 보기 〉

ㄱ. 스위치가 열려 있을 때 전류계에 흐르는 전류의 세기는 4 A 이다.
ㄴ. 스위치를 닫아 축전기가 완전히 충전되었을 때 전류계에 흐르는 전류의 세기는 0 이다.
ㄷ. 축전기의 용량이 C일 때, 완전히 충전된 축전기의 전하량은 $5C$이다.

① ㄱ ② ㄴ ③ ㄷ
④ ㄱ, ㄷ ⑤ ㄱ, ㄴ, ㄷ

28 다음 그림과 같이 일정한 전압 V의 전지와 연결된 평행판 축전기 사이에 질량이 m인 (−) 전하를 띤 물체를 넣었더니 극판 사이에 떠서 정지한 상태가 되었다. 이에 대한 설명으로 옳은 것만을 <보기> 에서 있는 대로 고른 것은?

[KPhO 기출 유형]

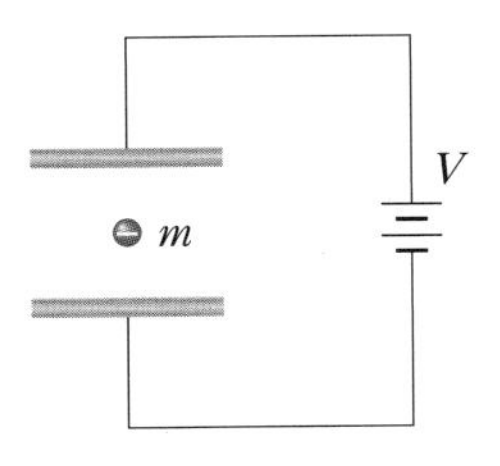

〈 보기 〉

ㄱ. 전압을 높여주면 물체는 위로 움직인다.
ㄴ. 물체의 전하량이 커지면 물체는 아래로 움직인다.
ㄷ. 축전기 극판 사이의 거리가 좁아지면 물체는 위로 움직인다.

① ㄱ ② ㄴ ③ ㄷ
④ ㄱ, ㄷ ⑤ ㄱ, ㄴ, ㄷ

29 다음 그림과 같이 저항값이 R 인 저항 2 개, 전기 용량이 C 인 축전기, 전압이 V 로 일정한 전원 장치를 이용하여 회로를 구성한 후 축전기를 완전히 충전하였다. 이에 대한 설명으로 옳은 것만을 <보기> 에서 있는 대로 고른 것은?

[수능 기출 유형]

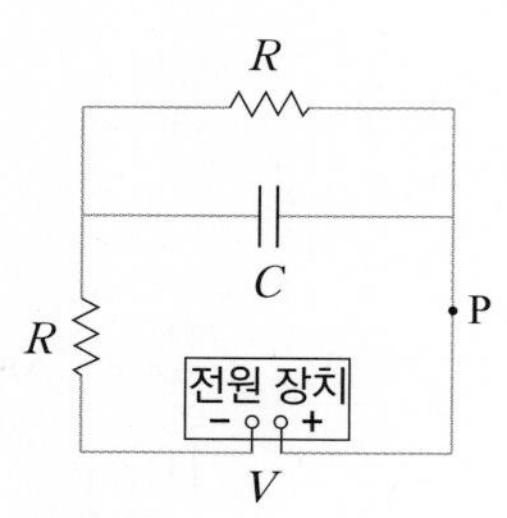

〈 보기 〉

ㄱ. 전기 회로의 합성 저항은 $\frac{R}{2}$ 이다.
ㄴ. P점에 흐르는 전류의 세기는 $\frac{V}{2R}$ 이다.
ㄷ. 축전기 양단에 걸리는 전압은 V 이다.

① ㄴ ② ㄷ ③ ㄱ, ㄴ
④ ㄴ, ㄷ ⑤ ㄱ, ㄴ, ㄷ

30 다음 그림과 같이 전지, 축전기, 스위치, 저항 A, B 를 이용하여 전기 회로를 완성하였다. 스위치를 닫아 축전기를 완전히 충전시킨 후, 다시 스위치를 열어 방전시켰다. 이 과정에 대한 설명으로 옳은 것만을 <보기> 에서 있는 대로 고른 것은?

[MEET/DEET 기출 유형]

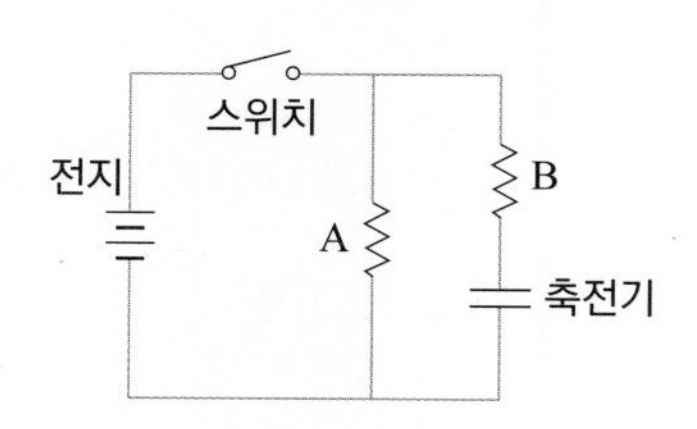

〈 보기 〉

ㄱ. 축전기가 충전되는 동안 저항 A 에 흐르는 전류는 일정하다.
ㄴ. 축전기가 완전히 충전되었을 때 저항 A, B 와 축전기에 걸리는 전압은 모두 같다.
ㄷ. 축전기가 방전되는 동안 저항 A, B 에 걸리는 전압은 모두 감소한다.

① ㄱ ② ㄴ ③ ㄷ
④ ㄱ, ㄷ ⑤ ㄱ, ㄴ, ㄷ

31 그림 (가) 는 평행판 축전기의 두 금속판 사이에 금속판과 접촉하지 않도록 일정한 두께의 도체를 넣은 것을 나타낸 것이고, 그림 (나) 는 도체 대신 유전 상수가 κ 인 유전체를 금속판 사이에 꽉 채워 넣은 것을 나타낸 것이다. 각각의 축전기는 완전히 충전시키고 전원을 차단한 후, 도체와 유전체를 각각 넣은 것이다. 물음에 답하시오.

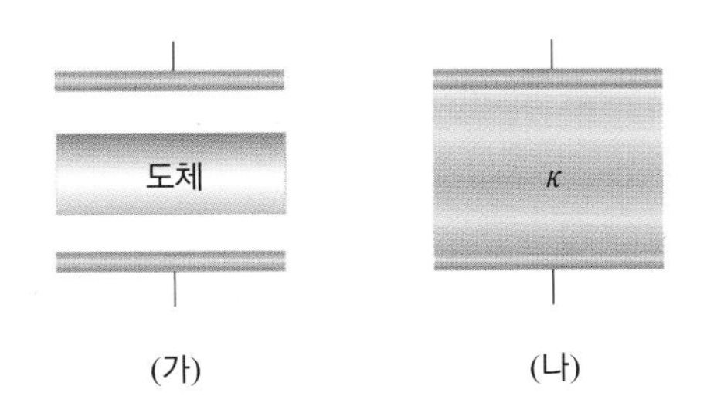

(가) (나)

(1) 도체와 유전체를 넣기 전과 후의 평행판 축전기의 내부 전기장의 세기의 변화에 대하여 그 이유와 함께 각각 서술하시오.

(2) 도체와 유전체를 넣기 전과 후의 금속판 사이의 전위차의 변화에 대하여 그 이유와 함께 각각 서술하시오.

(3) 도체와 유전체를 넣기 전과 후의 축전기의 전기 용량 변화에 대하여 그 이유와 함께 각각 서술하시오.

32 다음 그림은 전자 기기에 많이 사용되는 축전기와 그 내부 구조를 나타낸 것이다.

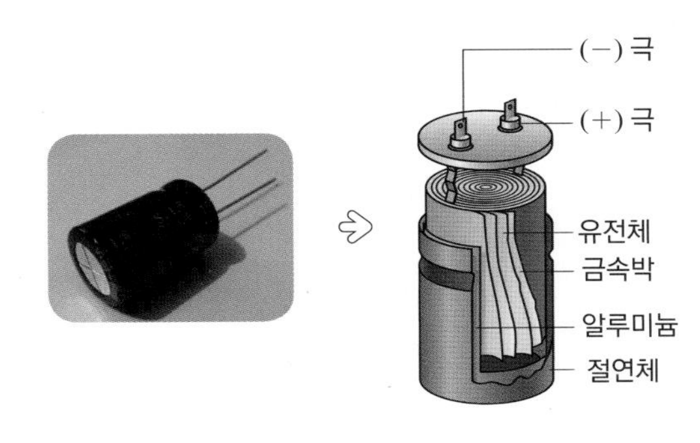

그림과 같이 유전체와 금속박을 원통형으로 말아서 사용하는 이유에 대하여 자신의 생각을 서술하시오.

16강 축전기 Ⅱ

1. 축전기의 직렬 연결

(1) 축전기의 직렬 연결 : 극판 사이의 간격이 d 로 같고, 전기 용량이 C_1, C_2 인 두 개의 축전기를 직렬 연결한 경우

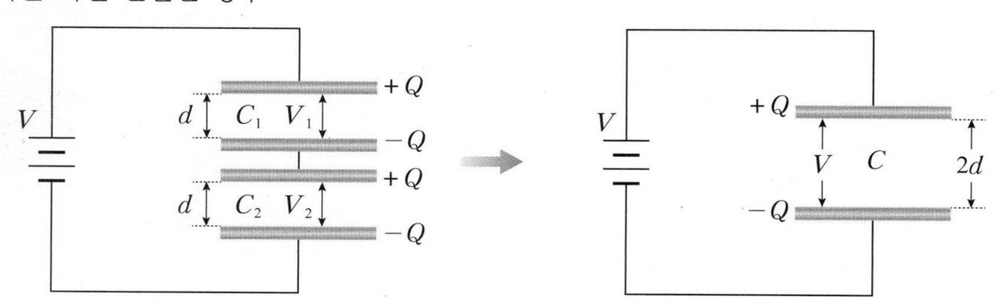

▲ 축전기의 직렬 연결

① **전하량** : 각 축전기에는 같은 양의 전하량($Q_1 = Q_2$)이 충전되고 전체 전하량(Q) 도 같다.
⇨ $Q_1 = Q_2 = Q$

② **전압** : 각 축전기에 걸리는 전압(V_1, V_2)의 합은 외부에서 걸어준 전체 전압(V)과 같다.
⇨ $V_1 + V_2 = V$

③ **전기 용량** : 각 축전기에 걸리는 전압(V_1, V_2)은 각 축전기에 저장된 전하량을 전기 용량으로 나눈 값과 같다. ⇨ $V_1 = \dfrac{Q_1}{C_1} = \dfrac{Q}{C_1}$, $V_2 = \dfrac{Q_2}{C_2} = \dfrac{Q}{C_2}$, $V = \dfrac{Q}{C} = \dfrac{Q}{C_1} + \dfrac{Q}{C_2}$

따라서 합성 전기 용량 C 는 다음과 같다.

$$\frac{1}{C} = \frac{1}{C_1} + \frac{1}{C_2}$$

⇨ 두 극판 사이의 거리가 멀어지는 효과가 있다.

(2) 축전기의 극판 사이에 유전체를 넣는 경우 :
면적이 S 인 두 극판 사이의 거리 $2d$ 를 d 로 나누어, 각각 유전율 ε_1, ε_2 인 유전체로 채운 축전기는 거리 d 인 두 극판 사이를 유전율 ε_1, ε_2 인 유전체로 각각 채워진 두 축전기의 직렬 연결로 생각할 수 있다. (C는 면적이 S, 극판 사이가 진공이고, 거리가 $2d$ 인 축전기의 전기 용량이다.)

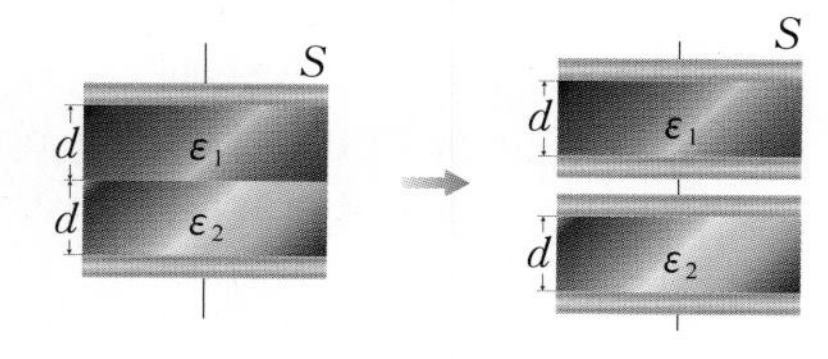

▲ 축전기의 직렬 연결 활용

$$C_1 = \varepsilon_1 \frac{S}{d} = \kappa_1 \varepsilon_0 \frac{S}{d} = \kappa_1 C, \quad C_2 = \varepsilon_2 \frac{S}{d} = \kappa_2 \varepsilon_0 \frac{S}{d} = \kappa_2 C$$

⇨ $C' = \dfrac{C_1 \times C_2}{C_1 + C_2} = \dfrac{\kappa_1 \kappa_2}{\kappa_1 + \kappa_2} C$

● 축전기의 전기 용량

극판의 면적이 S, 두 판 사이의 거리가 d, 진공의 유전율 ε_0 인 평행판 축전기의 전기 용량 C 는 다음과 같다.

$$C = \varepsilon_0 \frac{S}{d}$$

개념확인 1

축전기를 직렬로 연결하면 (㉠ 각 축전기에 저장되는 전하량 ㉡ 각 축전기에 걸리는 전압)이 같고, (㉠ 두 극판 사이의 간격 ㉡ 극판의 넓이) 이(가) 증가하는 효과가 있다.

확인 + 1

전기 용량이 2 μF, 3 μF 인 축전기를 직렬 연결하였을 때, 회로 전체의 합성 전기 용량은 얼마인가?

( ) μF

2. 축전기의 병렬 연결

(1) 축전기의 병렬 연결 : 극판 사이의 간격과 면적이 각각 d, S 로 같고, 전기 용량이 C_1, C_2 인 두 개의 축전기를 병렬 연결한 경우

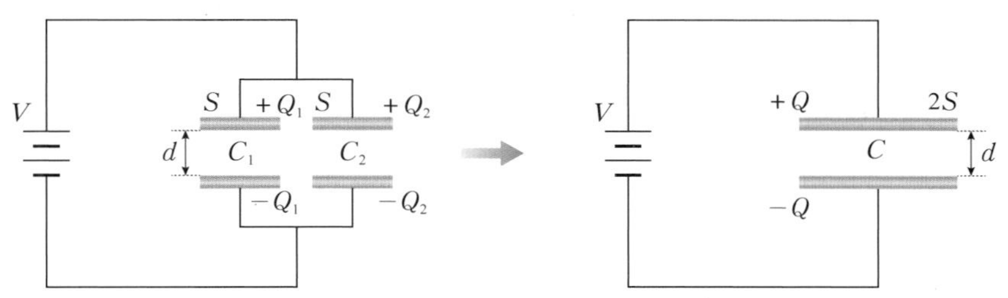

▲ 축전기의 병렬 연결

① **전압** : 각 축전기에는 걸리는 전압(V_1, V_2)은 외부에서 걸어준 전체 전압(V) 과 같다.
⇨ $V_1 = V_2 = V$

② **전하량** : 각 축전기에 저장되는 전하량(Q_1, Q_2)의 합은 외부에서 공급된 전체 전하량(Q)과 같다. ⇨ $Q_1 + Q_2 = Q$

③ **전기 용량** : 각 축전기에 저장되는 전하량(Q_1, Q_2)은 각 축전기의 전기 용량과 전압의 곱과 같다. ⇨ $Q_1 = C_1V_1 = C_1V$, $Q_2 = C_2V_2 = C_2V$
따라서 합성 전기 용량 C 는 다음과 같다.

$$C = C_1 + C_2$$

⇨ 극판의 넓이가 넓어지는 효과가 있다.

(2) 축전기의 극판 사이에 유전체를 넣는 경우 : 두 극판 사이의 거리는 d 로 같고, 두 극판 사이의 공간을 유전율 ε_1, ε_2 인 유전체로 절반씩 채운 축전기는 거리 d, 면적 S 가 같고, 유전율이 ε_1, ε_2 인 유전체로 각각 채워진 두 축전기의 병렬 연결로 생각할 수 있다. (C 는 면적이 S, 극판 사이가 진공이고, 거리가 d 인 축전기의 전기 용량이다.)

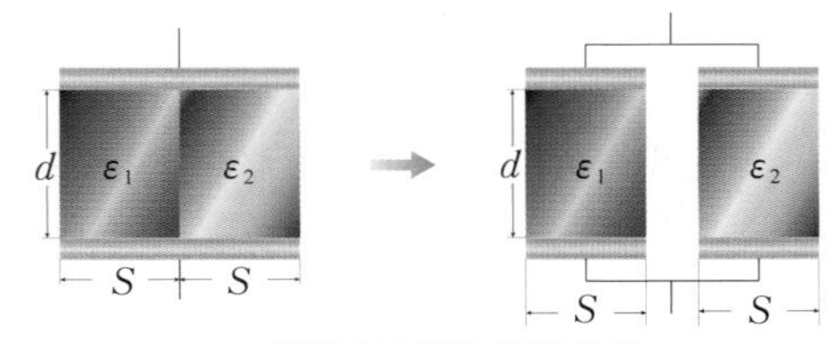

▲ 축전기의 병렬 연결 활용

$$C_1 = \varepsilon_1\frac{S}{d} = \kappa_1\varepsilon_0\frac{S}{d} = \kappa_1 C,\quad C_2 = \varepsilon_2\frac{S}{d} = \kappa_2\varepsilon_0\frac{S}{d} = \kappa_2 C$$

⇨ $C' = C_1 + C_2 = (\kappa_1 + \kappa_2)C$

(3) 축전기의 혼합 연결 : 직렬 연결과 병렬 연결이 혼합되어 있는 경우 전체 내전압과 합성 전기 용량을 크게 할 수 있다. 이때 합성 전기 용량은 병렬 연결된 부분의 합성 전기 용량을 먼저 구한 후, 직렬 연결된 부분과의 합성 전기 용량을 구한다.

● 축전기의 연결과 합성 전기 용량

축전기가 직렬 연결되어 있는 경우 합성 전기 용량은 사용된 축전기 중 전기 용량이 가장 작은 축전기보다 작아진다.
병렬 연결되어 있는 경우 합성 전기 용량은 사용된 축전기 중 전기 용량이 가장 큰 축전기보다 크다.

● 축전기의 연결과 내전압

축전기의 내전압이란 두 극판 사이에서 방전되지 않고 견딜 수 있는 최대 전압이다. 축전기는 내전압 이하의 전압에서 사용해야 한다.
축전기가 직렬 연결되어 있는 경우 합성 내전압은 커지지만 병렬 연결되어 있는 경우는 가장 작은 내전압이 전체 내전압이 된다.

개념확인 2

정답 및 해설 28쪽

축전기를 병렬로 연결하면 (㉠ 각 축전기에 저장되는 전하량 ㉡ 각 축전기에 걸리는 전압)이 같고, (㉠ 두 극판 사이의 간격 ㉡ 극판의 넓이) 이(가) 증가하는 효과가 있다.

확인 + 2

전기 용량이 2 μF, 3 μF 인 축전기를 병렬 연결하였을 때, 회로 전체의 합성 전기 용량은 얼마인가?

( ) μF

3. 축전기에 저장된 전기 에너지

(1) 축전기가 충전될 때 필요한 일 : 축전기를 대전시키기 위해서는 전하들을 전지에서 극판으로 이동시켜야 하므로 전지는 일을 한다. 즉, 전지는 전기력에 대해 일을 한다.

(2) 축전기에 저장된 전기 에너지 : 전지를 이용하여 전기 용량이 C 인 축전기를 충전하는 동안, 축전기에 충전된 전하량 Q 에 따라 전위차 V 는 오른쪽 그래프와 같이 변한다. 이때 축전기의 전압이

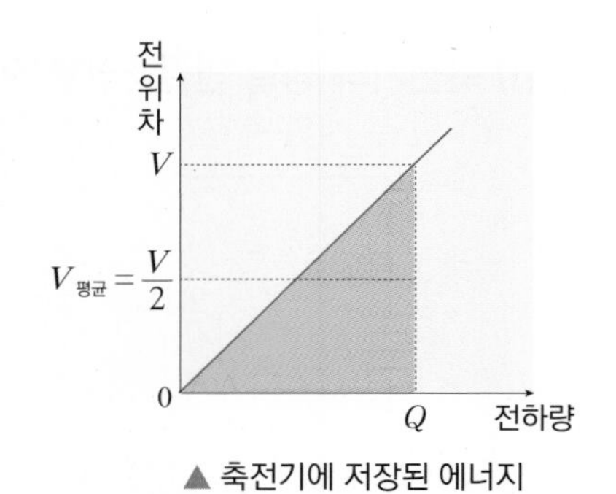

▲ 축전기에 저장된 에너지

0 에서 V 로 되었다면 평균 전압은 $\frac{V}{2}$ 가 된다. 따라서 축전기에 저장되는 에너지 W 는 다음과 같다.

$$W = QV_{평균} = \frac{1}{2}QV = \frac{1}{2}CV^2 = \frac{1}{2}\frac{Q^2}{C} \quad (단위 : J)$$

⇨ 전위차-전하량 그래프 아래의 넓이 $\frac{1}{2}QV$ 는 축전기에 0 에서 Q 까지 전하를 충전시키는 동안 한 일의 양과 같고, 이 일은 축전기 내의 전기장에 의한 퍼텐셜 에너지가 된다.
축전기 내부 전기장의 세기 E 를 이용하여 에너지를 표현하면 다음과 같다.

$$W = \frac{1}{2}CV^2 = \frac{1}{2}(\varepsilon_0\frac{S}{d})(Ed)^2 = \frac{1}{2}\varepsilon_0 E^2 Sd$$

(3) 축전기에 저장된 전기 에너지의 이용 : 축전기의 두 극판을 도선 등으로 연결하면 전하가 방전되면서 일을 한다.

① **사진기의 플래시** : 사진기의 셔터 단자를 누르면 점화 축전기의 방전에 의해 밝은 섬광을 방출한다.

② **심장 전기 충격기(제세동기)** : 심정지 상태일 때 제세동기의 양 단자를 환자의 가슴 위에 부착하면 축전기에 저장된 에너지 일부가 환자를 통하여 단자 사이로 보내진다. 이때 환자가 받는 전기 에너지에 의해 심장 박동이 정상으로 되돌아오게 된다.

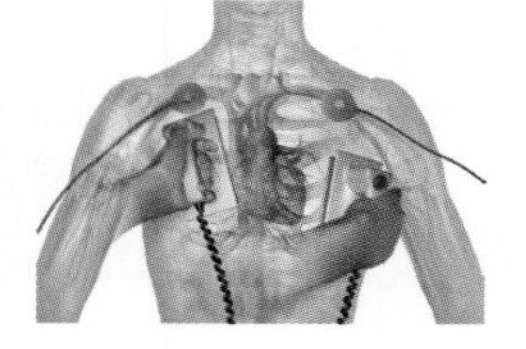
▲ 심장 전기 충격기

개념확인 3

전하량 Q 가 저장되어 두 극판 사이의 전위차가 V 가 되었을 때 축전기에 저장된 전기 에너지는 얼마인가?

( )

확인 + 3

전기 용량이 160 μF 인 축전기에 100 V 의 전압을 가하면, 축전기에 저장되는 전기 에너지는 몇 J 인가?

( ) J

4. 평행판 축전기의 전기 용량 변화

(1) 평행판 축전기의 두 극판 사이의 간격 d의 변화에 따른 물리량 변화

구분	스위치를 닫은 상태에서 극판 사이의 간격을 2 배로 늘린 경우	충전이 완료된 후 스위치를 연 상태에서 극판 사이의 간격을 2 배로 늘린 경우
전기 용량	$C = \varepsilon\frac{S}{d}$ ➩ 전기 용량은 $\frac{1}{2}$배가 된다.	$C = \varepsilon\frac{S}{d}$ ➩ 전기 용량은 $\frac{1}{2}$배가 된다.
전위차	축전기에 걸리는 전압이 외부 전압과 같으므로 전위차는 일정하다.	$V = \frac{Q}{C}$ ➩ 전하량은 일정하고, 전기 용량이 $\frac{1}{2}$배가 되므로 전위차는 2 배가 된다.
전하량	$Q = CV$ ➩ 전위차는 일정하고 전기 용량이 $\frac{1}{2}$배가 되므로 전하량은 $\frac{1}{2}$배가 된다.	회로가 열린 상태이므로 전하의 출입이 없기 때문에 저장된 전하량은 일정하다.
전기 에너지	$W = \frac{1}{2}QV$ ➩ 전하량은 $\frac{1}{2}$배가 되고, 전위차는 변화가 없으므로 전기 에너지는 $\frac{1}{2}$배가 된다.	$W = \frac{1}{2}QV$ ➩ 전하량은 일정하고 전위차는 2배가 되므로 전기 에너지는 2배가 된다.
전기장 세기	$E = \frac{V}{d}$ ➩ 전위차는 일정하고 간격이 2배이므로 전기장의 세기는 $\frac{1}{2}$배가 된다.	$E = \frac{V}{d}$ ➩ 전위차는 2배가 되고, 간격도 2배가 되므로 전기장의 세기는 변화 없다.

(2) 평행판 축전기의 두 극판 사이를 유전체($\varepsilon = \kappa\varepsilon_0$)로 채우는 경우

구분	스위치를 닫은 상태에서 유전체를 넣은 경우	충전이 완료된 후 스위치를 연 상태에서 유전체를 넣은 경우
전기 용량	$C = \frac{Q}{V_0} = \frac{\kappa Q_0}{V_0} = \kappa C_0$ ➩ 증가한다.	$C = \frac{Q_0}{V} = \frac{\kappa Q_0}{V_0} = \kappa C_0$ ➩ 증가한다.
전위차	V_0로 일정하다.	$V = Ed = \frac{1}{\kappa}E_0 d = \frac{1}{\kappa}V_0$ ➩ 감소한다.
전하량	$Q = CV_0 = \kappa C_0 V_0 = \kappa Q_0$ ➩ 증가한다.	Q_0로 일정하다.
전기 에너지	$W = \frac{1}{2}CV_0^2 = \frac{1}{2}\kappa C_0 V_0^2 = \kappa W_0$ ➩ 증가한다.	$W = \frac{1}{2}\frac{Q_0^2}{C} = \frac{1}{2}\frac{Q_0^2}{\kappa C_0} = \frac{1}{\kappa}W_0$ ➩ 감소한다.

● 평행판 축전기의 두 극판 사이의 간격 변화

① 스위치를 닫은 채 극판 사이의 거리를 크게 하는 경우 : 전위차(V)만 일정하다.

② 스위치를 열고 극판 사이의 거리를 크게 하는 경우 : 전하량(Q)과 두 극판 사이의 전기장의 세기(E)는 일정하다.

● 평행판 축전기의 두 극판 사이를 유전체로 채우는 경우

진공(ε_0)일 때 전기 용량을 C_0, 기전력 V_0, 전하량 Q_0, 내부 전기장 세기 E_0, 유전 상수 $\kappa = \frac{\varepsilon}{\varepsilon_0}$라고 하자.

① 스위치를 닫은 상태에서 유전체를 넣은 경우 : 전지가 공급한 에너지의 절반은 유전체를 끌어들이는 데 소비하고, 나머지 절반은 축전기에 저장된다.

② 충전 후 스위치를 열어 놓은 상태에서 유전체를 넣은 경우 : 줄어든 에너지는 유전체를 극판 사이로 끌어들이는 데 소모된다.

● 충전이 완료된 후 스위치를 연 상태에서 유전체를 넣은 경우

전기장의 세기는 감소한다.

$$E = \frac{1}{\varepsilon}\frac{Q_0}{S} = \frac{1}{\kappa\varepsilon_0}\frac{Q_0}{S} = \frac{E_0}{\kappa}$$

개념확인 4

정답 및 해설 28쪽

축전기와 전압이 V 인 전지를 연결한 상태에서 극판 사이의 간격을 2 배로 할 때, 변하지 않는 물리량은?

(　　　　　)

확인 + 4

전기 용량이 2 μF 인 평행판 축전기를 4 V 의 전원에 연결한 후 충전시켰다. 충전시킨 상태에서 전원과의 연결을 끊고 두 극판 사이의 간격을 절반으로 줄이면, 두 극판 사이의 전위차는 몇 V 로 되는가?

(　　　　　) V

개념 다지기

01 축전기의 연결과 관련된 설명 중 옳은 것은 ○ 표, 옳지 않은 것은 × 표 하시오.

(1) 축전기의 합성 용량을 증가시키기 위해서는 축전기를 직렬 연결해야 한다. (　　)

(2) 두 개의 축전기를 병렬 연결하면 축전기의 극판의 넓이가 넓어지는 효과가 있다. (　　)

(3) 축전기가 여러 개가 연결되었을 때 저장된 전체 전하량은 각 축전기에 저장된 전하량의 합이다. (　　)

02 오른쪽 그림은 전기 용량이 각각 1 μF, 2 μF 인 축전기 A, B 를 전지에 직렬로 연결한 것을 나타낸 것이다. 이에 대한 설명으로 옳은 것만을 <보기> 에서 있는 대로 고른 것은?

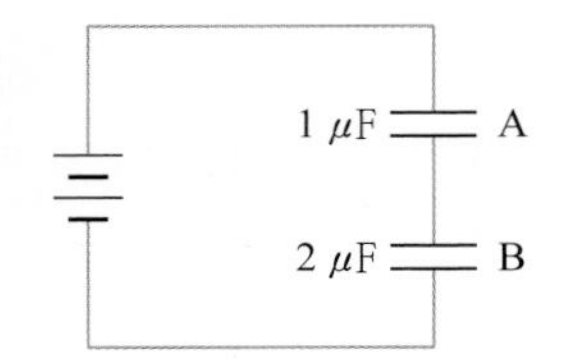

〈 보기 〉

ㄱ. 축전기 A 에 걸리는 전압은 축전기 B 에 걸리는 전압의 2 배이다.
ㄴ. 축전기 B 에 저장된 전하량은 축전기 A 의 2 배이다.
ㄷ. 두 축전기의 합성 전기 용량은 3 μF 이다.

① ㄱ　② ㄴ　③ ㄷ　④ ㄱ, ㄷ　⑤ ㄱ, ㄴ, ㄷ

03 오른쪽 그림은 전기 용량이 각각 1 μF, 2 μF 인 축전기 A, B 를 전지에 병렬로 연결한 것을 나타낸 것이다. 이에 대한 설명으로 옳은 것만을 <보기> 에서 있는 대로 고른 것은?

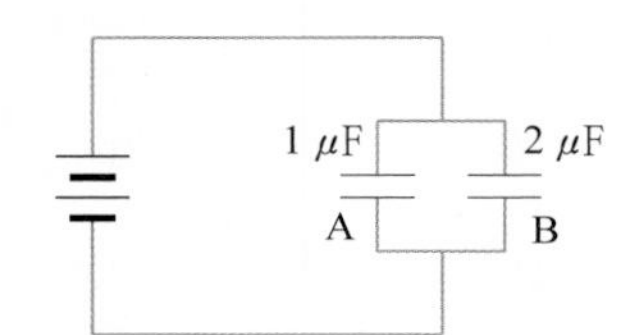

〈 보기 〉

ㄱ. 축전기 A 에 걸리는 전압은 축전기 B 에 걸리는 전압의 2 배이다.
ㄴ. 축전기 B 에 저장된 전하량은 축전기 A 의 2 배이다.
ㄷ. 두 축전기의 합성 전기 용량은 3 μF 이다.

① ㄱ　② ㄴ　③ ㄷ　④ ㄴ, ㄷ　⑤ ㄱ, ㄴ, ㄷ

04 오른쪽 그림은 전기 용량이 각각 1 μF, 2 μF, 3 μF 인 축전기 세 개를 전압이 10 V 인 전지에 연결한 것을 나타낸 것이다. 축전기에 저장되는 전체 전하량을 얼마인가?

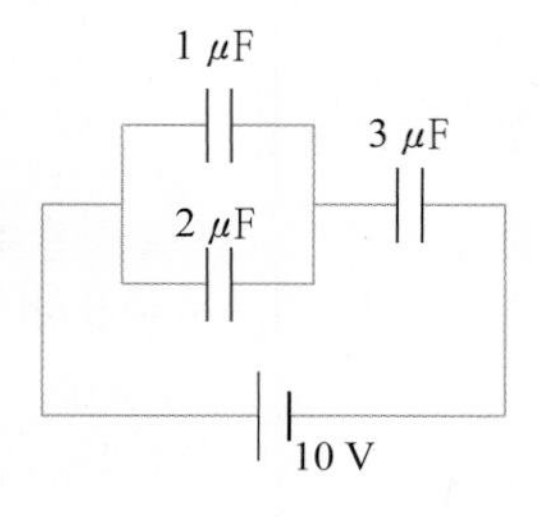

(　　　　　　) μC

05 전기 용량이 각각 1 μF, 2 μF, 3 μF 인 축전기 A, B, C 를 모두 이용하여 만들 수 있는 전기 용량의 값이 아닌 것은?

① $\frac{6}{11}$ μF　② $\frac{3}{4}$ μF　③ $\frac{5}{6}$ μF　④ $\frac{3}{2}$ μF　⑤ 6 μF

06 오른쪽 그림은 전기 용량이 각각 2 μF, 6 μF 인 축전기 A, B 를 전지에 직렬로 연결한 것을 나타낸 것이다. 두 축전기에 저장된 전기 에너지의 비 $W_A : W_B$ 는?

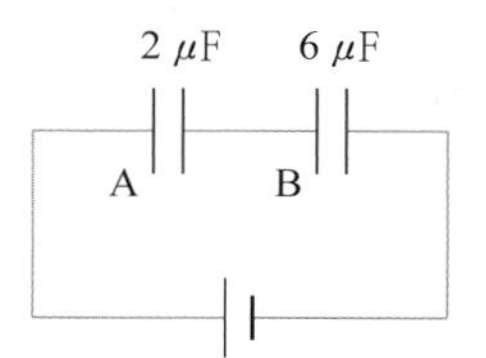

07 오른쪽 그림은 평행판 사이가 진공인 축전기의 두 극판에 전압 V 를 걸어주었을 때 저장된 전하량 Q 를 나타낸 그래프이다. 이에 대한 설명으로 옳은 것만을 <보기> 에서 있는 대로 고른 것은?

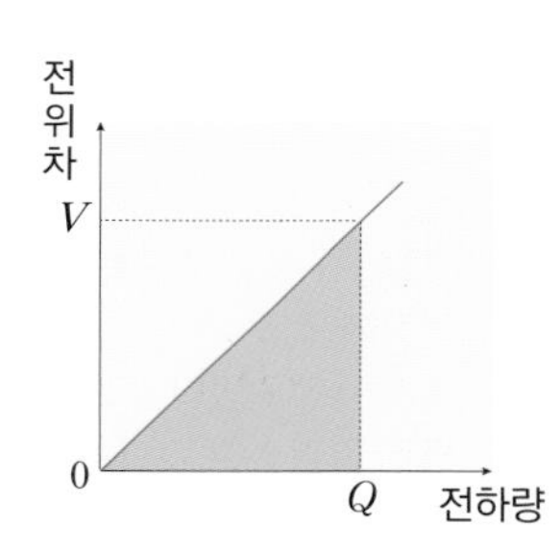

〈 보기 〉

ㄱ. 그래프의 기울기는 평행판 축전기의 전기 용량이다.
ㄴ. 그래프 아래의 넓이는 축전기에 저장되는 에너지이다.
ㄷ. 평행판 사이의 간격을 넓혀주면 기울기가 감소한다.

① ㄱ　② ㄴ　③ ㄷ　④ ㄴ, ㄷ　⑤ ㄱ, ㄴ, ㄷ

08 평행판 축전기에 일정한 전압의 전원 장치를 연결하여 충전을 하였다. 충전이 완료된 후 스위치를 연 상태에서 극판 사이의 간격을 2 배로 한 경우에 대한 설명으로 옳은 것은?

① 전기 용량은 2 배가 된다.
② 전기 에너지는 변화 없다.
③ 저장된 전하량은 변하지 않는다.
④ 극판 사이의 전기장의 세기는 2배가 된다.
⑤ 축전기에 걸리는 전압은 외부 전압과 같으므로 전위차는 일정하다.

유형익히기&하브루타

유형16-1 축전기의 직렬 연결

다음 그림은 전기 용량이 각각 C_1, C_2, C_3 인 축전기 A, B, C 를 일정한 전압의 전원 장치에 직렬로 연결한 것을 나타낸 것이다. 이에 대한 설명으로 옳은 것만을 <보기> 에서 있는 대로 고른 것은?

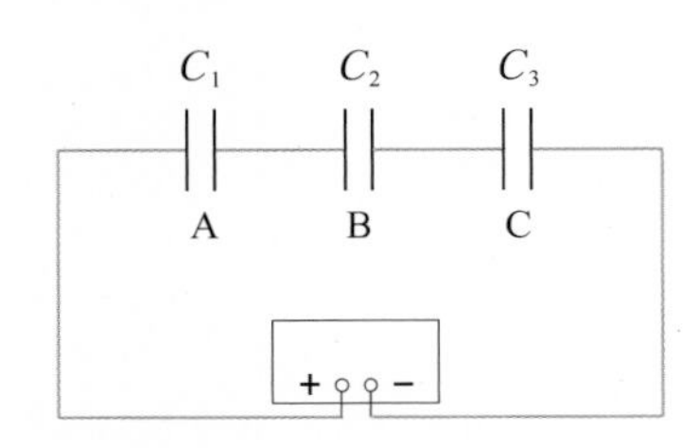

〈 보기 〉

ㄱ. 각 축전기의 양단에 걸리는 전압의 비 $V_1 : V_2 : V_3 = C_1 : C_2 : C_3$ 이다.

ㄴ. 합성 전기 용량은 $\dfrac{C_1C_2C_3}{C_1C_2 + C_2C_3 + C_1C_3}$ 이다.

ㄷ. C_2 가 커지면 C_1 과 C_3 에 저장되는 전하량이 더 많아진다.

① ㄱ ② ㄴ ③ ㄷ ④ ㄴ, ㄷ ⑤ ㄱ, ㄴ, ㄷ

01 그림 (가) 와 같이 축전기 A 와 B 를 전압이 같은 전지에 각각 연결하였더니 2 C, 6 C 의 전하량이 각각 충전되었다. 그림 (나) 는 축전기 A, B 를 직렬로 연결하여 그림 (가) 와 동일한 전지에 연결한 것을 나타낸 것이다. (나) 에서 축전기 A, B 에 저장되는 전하량을 바르게 짝지은 것은?

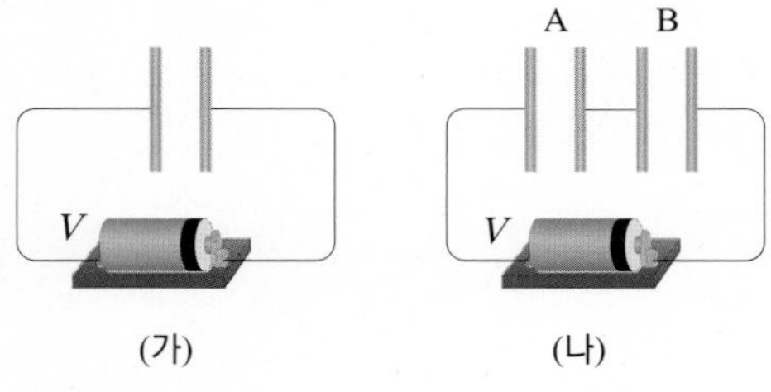

(가) (나)

	A	B		A	B
①	1.5	1.5	②	1.5	2
③	2	2	④	2	6
⑤	6	6			

02 저항 3 Ω, 6 Ω과 전기 용량이 5 μF 으로 같은 축전기 2 개가 9 V 의 전원에 그림과 같이 연결되어 있다. 점 A 와 B 사이의 전위차는 얼마인가?

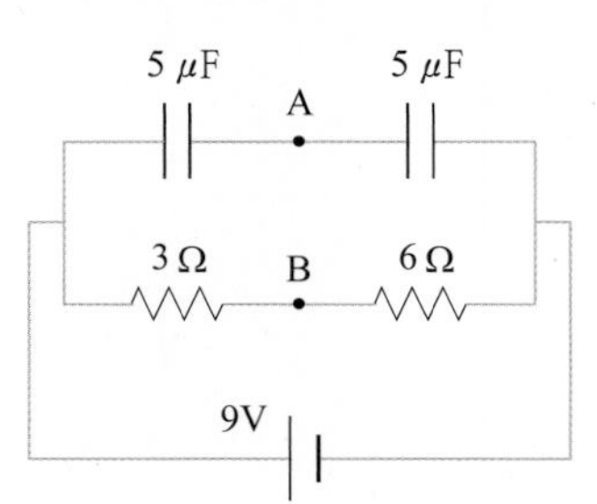

① 0 V ② 1 V ③ 1.5 V
④ 3 V ⑤ 4.5 V

유형16-2 축전기의 병렬 연결

다음 그림은 전기 용량이 각각 1 μF, 2 μF, 4 μF 이고, 각각의 내전압이 200 V, 100 V, 80 V인 축전기 세 개를 병렬 연결한 후, 5 V 의 전원에 연결한 것을 나타낸 것이다. 이에 대한 설명으로 옳은 것만을 <보기> 에서 있는 대로 고른 것은?

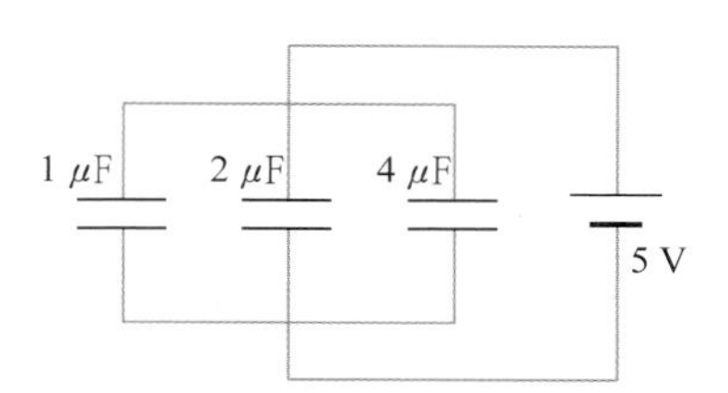

〈 보기 〉

ㄱ. 전체 내전압은 200 V 이다.
ㄴ. 전체 합성 전기 용량은 7×10^{-6} F 이다.
ㄷ. 축전기에 충전된 총 전하량은 35 μC 이다.

① ㄴ ② ㄷ ③ ㄱ, ㄴ ④ ㄴ, ㄷ ⑤ ㄱ, ㄴ, ㄷ

03 다음 그림과 같이 전기 용량이 2 μF 으로 같은 축전기 3 개를 전압이 3 V 인 전지에 연결하였다. 이에 대한 설명으로 옳은 것만을 <보기> 에서 있는 대로 고른 것은?

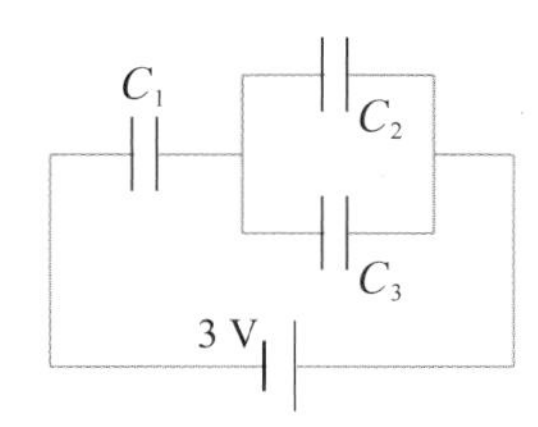

〈 보기 〉

ㄱ. 합성 전기 용량은 축전기 1 개의 전기 용량보다 크다.
ㄴ. 전체 전하량은 4 μC 이다.
ㄷ. 축전기 C_2 의 양단에 걸리는 전압은 1 V 이다.

① ㄴ ② ㄷ ③ ㄱ, ㄷ
④ ㄴ, ㄷ ⑤ ㄱ, ㄴ, ㄷ

04 전기 용량이 5 μF 으로 동일한 축전기 5 개를 전압이 12 V 인 전지에 그림과 같이 연결하였다. 물음에 답하시오.

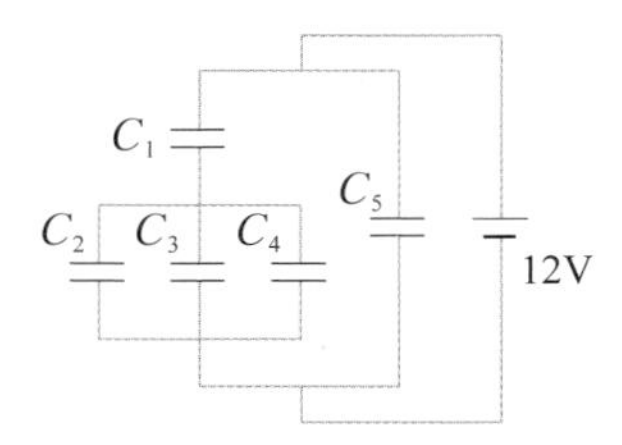

(1) 전체 축전기의 합성 전기 용량은 얼마인가?

( ) μF

(2) C_1 에 저장되는 전하량은 얼마인가?

( ) μC

유형익히기&하브루타

유형16-3 축전기에 저장된 전기 에너지

전기 용량이 C_1, C_2 인 축전기 A, B 를 각각 전위차 V_0 로 충전한 후 전지를 제거한 뒤 충전된 두 축전기를 오른쪽 그림과 같이 도선으로 서로 반대 전하로 대전된 판끼리 연결하였다. 물음에 답하시오. (단, $C_1 > C_2$ 이다.)

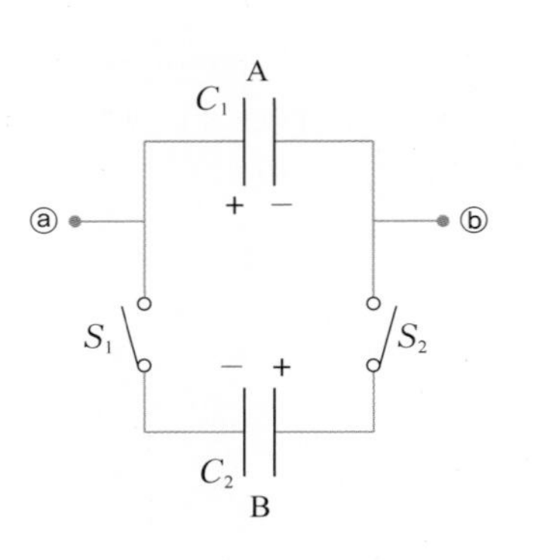

(1) 스위치 S_1, S_2 를 동시에 닫은 후 점 ⓐ와 ⓑ 사이의 전위차 V_f 를 구하시오.

( )

(2) 스위치를 닫기 전과 후의 저장된 전체 에너지 W_0, W_f 의 비 $\frac{W_f}{W_0}$ 를 구하시오.

( )

05 전기 용량이 $2C$, $3C$, $6C$ 인 축전기 A, B, C 와 전압이 일정한 전원 장치, 스위치를 이용하여 그림과 같은 전기 회로를 연결하였다. 스위치가 열려 있을 때 축전기 A 에 저장되는 전기 에너지를 W_1, 스위치를 닫았을 때 축전기 A 에 저장되는 전기 에너지를 W_2 라고 할 때, $W_1 : W_2$ 은?

스위치
A B C
2 C 3 C 6 C
전원 장치
+ −

( )

06 그림 (가) 와 같이 전기 용량이 50 μF 인 축전기 A 를 전압이 400 V 인 전원에 연결하여 충전하였다. 그림 (나) 는 (가) 에서 충전된 축전기 A 와 충전되지 않은 축전기 B 를 병렬 연결한 것을 나타낸 것이다. 축전기 B 의 전기 용량은 축전기 A 와 같을 때 이에 대한 설명으로 옳은 것만을 <보기> 에서 있는 대로 고른 것은?

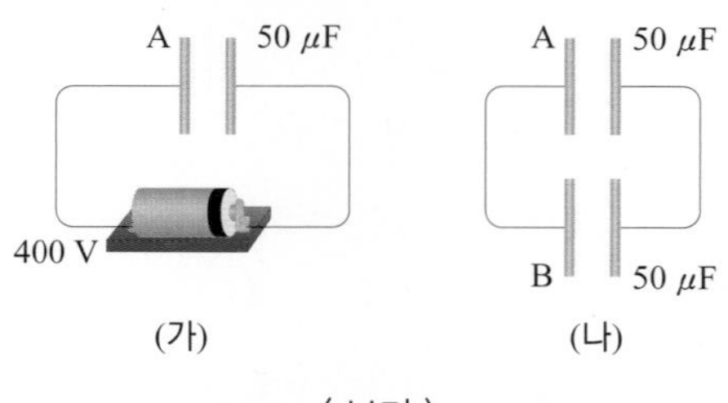

(가) (나)

〈 보기 〉

ㄱ. (나) 에서 축전기 B 에 저장되는 전하량은 0.01 C 이다.
ㄴ. 축전기 A 에 저장되는 에너지는 (가) 에서가 (나) 에서의 4 배이다.
ㄷ. (나) 에서 축전기 전체에서 감소한 에너지는 A 에서 B 로 전하가 이동할 때 줄열로 변하였다.

① ㄱ ② ㄴ ③ ㄷ
④ ㄱ, ㄷ ⑤ ㄱ, ㄴ, ㄷ

유형16-4 평행판 축전기의 전기 용량 변화

그림 (가) 는 스위치를 연 상태에서 평행판 축전기의 두 극판 사이에 유전체를 넣는 것을, 그림 (나) 는 스위치를 닫은 상태에서 두 극판 사이에 유전체를 넣는 것을 나타낸 것이다. (가) 와 (나) 의 축전기는 유전체를 넣기 전 완전히 충전되어 있었다. 축전기에 유전체를 넣은 후, (가) 와 (나) 의 축전기에서 물리량의 변화를 바르게 짝지은 것은?

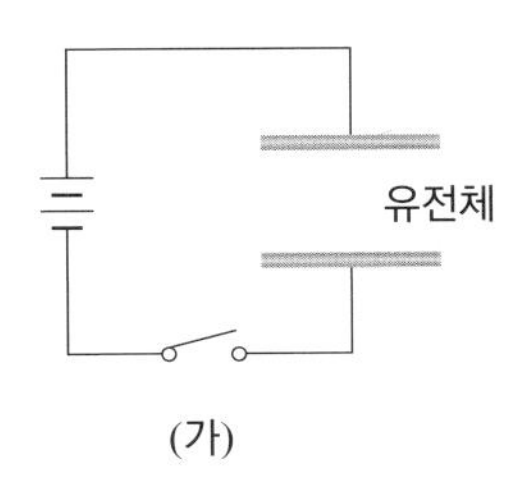

(가)

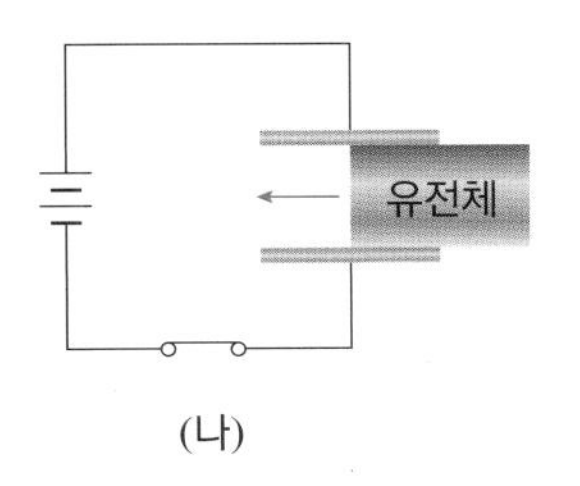

(나)

	물리량	(가)	(나)
①	전위차	감소한다	증가한다
②	전하량	일정하다	증가한다
③	전기 용량	일정하다	증가한다
④	전기장 세기	증가한다	감소한다
⑤	축전기에 저장된 에너지	증가한다	감소한다

07

다음 그림과 같이 축전기, 스위치, 전원 장치가 연결된 회로에서 축전기를 충전한 후 스위치를 닫은 상태에서 간격을 2 배로 넓혔다. 축전기에서 물리량의 변화에 대한 설명으로 옳은 것만을 <보기> 에서 있는 대로 고른 것은?

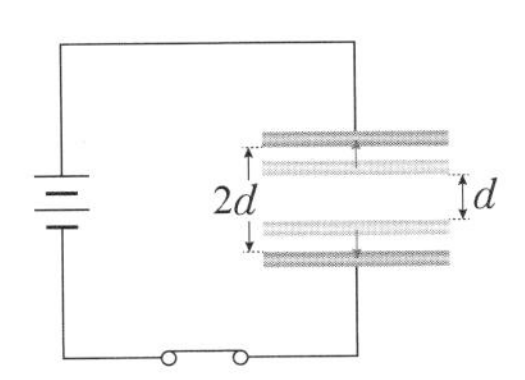

〈 보기 〉

ㄱ. 축전기에 걸리는 전압은 일정하다.
ㄴ. 극판 사이 전기장의 세기는 2 배가 된다.
ㄷ. 축전기에 저장되는 에너지는 $\frac{1}{2}$ 로 줄어든다.

① ㄱ ② ㄷ ③ ㄱ, ㄷ
④ ㄴ, ㄷ ⑤ ㄱ, ㄴ, ㄷ

08

그림 (가) 와 같이 전기 용량이 12 μF 인 축전기를 10 V 의 전원에 연결하여 충전하였다. 그런 다음 그림 (나) 와 같이 스위치를 연 상태에서 유전 상수가 6 인 유전체를 극판 사이에 넣었다. (가) 에서 축전기에 저장된 에너지 W_1 과 (나) 에서 축전기에 저장된 에너지 W_2 의 차이($W_1 - W_2$)는 얼마인가?

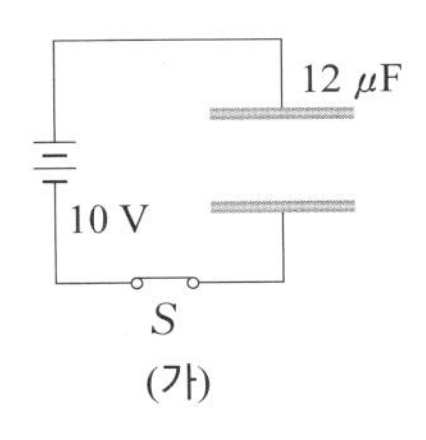

(가)

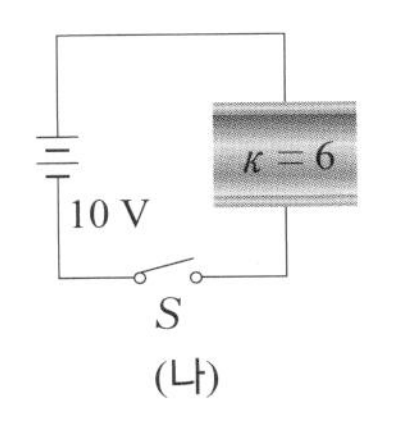

(나)

① 100 μJ ② 200 μJ ③ 500 μJ
④ 600 μJ ⑤ 700 μJ

창의력&토론마당

01 다음 그림과 같이 전기 용량이 1 μF 으로 같은 축전기를 정육면체 모양으로 연결된 도선에 각각 연결하였다. 물음에 답하시오.

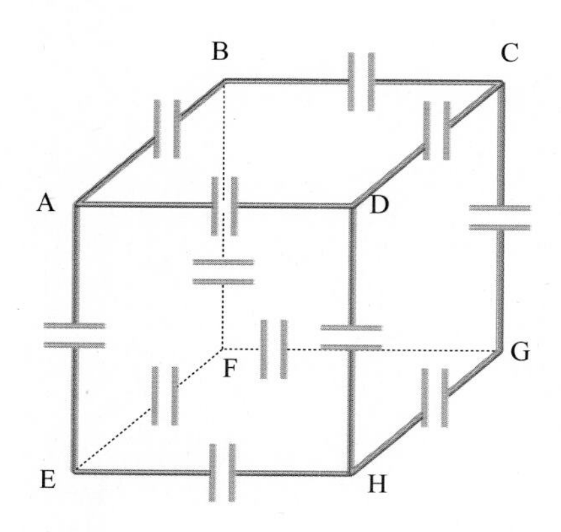

(1) A 점과 B 점을 전원 장치의 양 극에 연결하였을 때 AB 사이의 합성 전기 용량을 구하시오.

(2) A 점과 C 점을 전원 장치의 양 극에 연결하였을 때 AC 사이의 합성 전기 용량을 구하시오.

(3) A 점과 G 점을 전원 장치의 양 극에 연결하였을 때 AG 사이의 합성 전기 용량을 구하시오.

02 다음 그림과 같이 전기 용량이 7μF 으로 같은 축전기 C_1, C_2, C_4, C_5 와 전기 용량이 10 μF 인 축전기 C_3 를 이용하여 전기 회로를 구성하였다. A점과 B점 사이에 전위차 V 를 가했을 때, 각 축전기 극판의 전하량이 다음과 같다고 정한다. 물음에 답하시오.

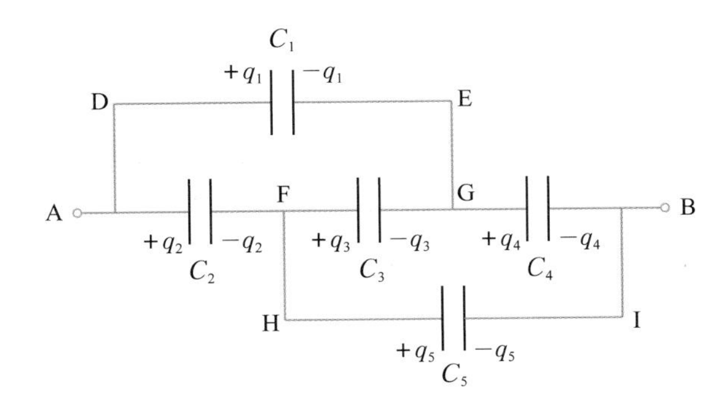

(1) E 점을 포함한 고립계에서 전하량은 보존된다. 이를 식으로 표현하시오.

(2) H 점을 포함한 고립계에서 전하량은 보존된다. 이를 식으로 표현하시오.

(3) 회로 ① ADEGB, ② AFGB, ③ AFHIB 에서 전압 강하에 대한 식을 각각 쓰시오.

(4) 회로 전체의 합성 전기 용량을 구하시오.

창의력&토론마당

03 진공 상태에서 극판의 가로, 세로가 각각 a, b 이고, 극판 사이의 거리가 d 인 평행판 축전기와 기전력이 V 인 전지를 그림과 같이 연결하였다. 이때 스위치를 닫은 상태에서 축전기와 같은 모양이고 유전 상수가 κ 인 유전체를 축전기의 극판 사이에 넣었다. 물음에 답하시오. (단, 유전체와 극판 사이에 마찰은 무시하며, 진공의 유전율은 ε_0 이다.)

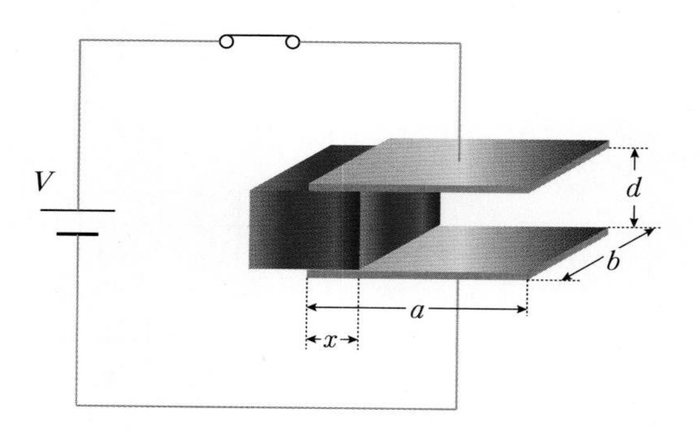

(1) 유전체를 축전기 길이 a 를 따라 극판 끝에서 x 까지 밀어 넣었을 때, 전지가 공급한 전기 에너지 W 는 얼마인가?

(2) (1)과 같은 상태에서 축전기에 저장된 에너지 U 는 얼마인가?

(3) 축전기에 절연체를 넣기 전 축전기에 저장된 에너지를 U_0 라고 하면, W 와 $U - U_0$ 의 차이에 대하여 서술하시오.

04 다음 그림과 같이 축전기와 전지가 연결되어 있다. 모든 축전기의 전기 용량은 5 μF 이며, 모든 전지의 전압은 10 V 로 일정하다. 축전기 C 의 전하량은 얼마인가? (단, 전지의 내부 저항은 무시한다.)

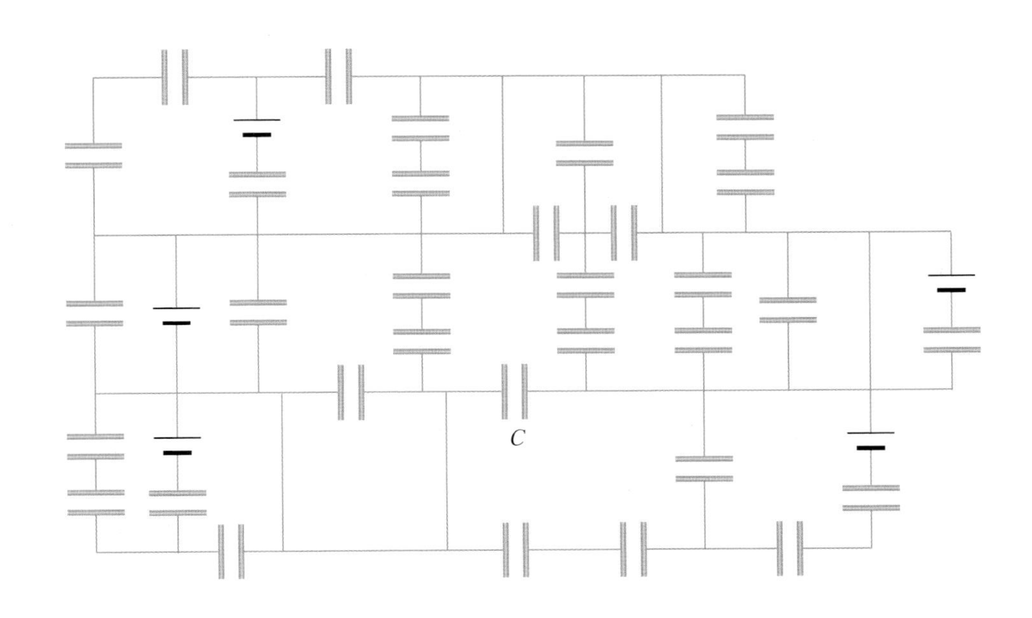

05 그림 (가), (나), (다), (라) 의 합성 전기 용량을 부등호를 이용하여 비교하시오.

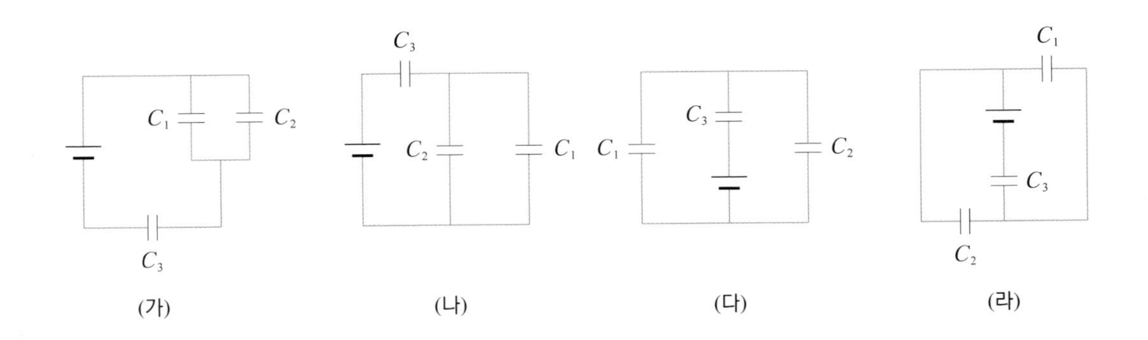

스스로 실력높이기

A

01~02 다음은 전기 용량이 각각 3 μF, 6 μF 인 두 축전기 A, B 가 직렬 연결되어 직류 전원에 연결되어 있는 것을 나타낸 것이다. 물음에 답하시오.

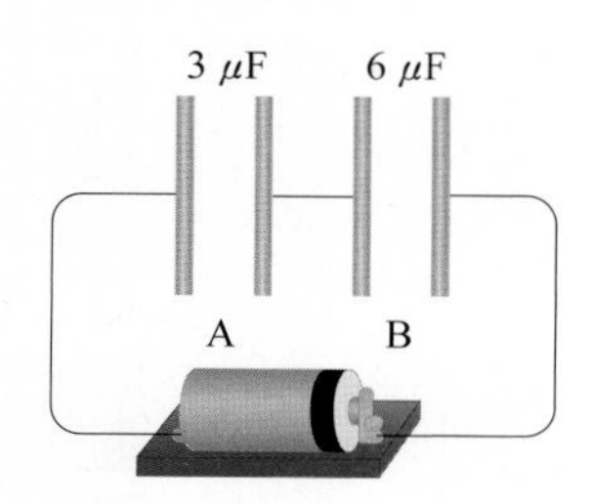

01 두 축전기의 합성 용량은 얼마인가?

( ) μF

02 축전기 A 와 B 에 저장되는 전기 에너지가 각각 W_A, W_B 일 때, $W_A : W_B$ 는?

( )

03 다음 그림은 전기 용량이 C_1, C_2 인 축전기가 병렬 연결되어 직류 전원에 연결된 것을 나타낸 것이다. 이에 대한 설명으로 옳은 것만을 <보기> 에서 있는 대로 고른 것은?

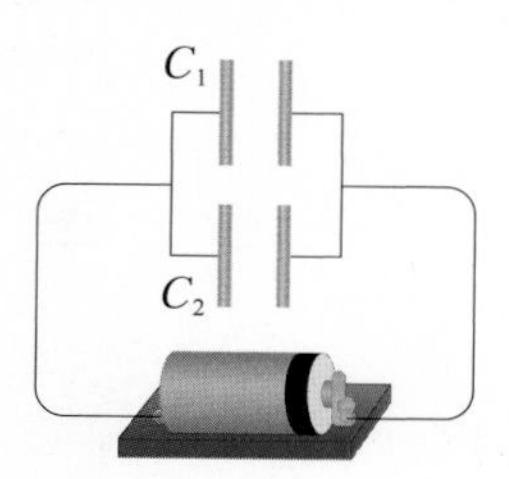

〈 보기 〉

ㄱ. 각 축전기에는 같은 양의 전하량이 저장된다.
ㄴ. 각 축전기의 양단에 걸리는 전압은 건전지의 전압과 같다.
ㄷ. 두 축전기의 합성 전기 용량은 $C_1 + C_2$ 이다.

① ㄱ ② ㄴ ③ ㄷ
④ ㄴ, ㄷ ⑤ ㄱ, ㄴ, ㄷ

04 다음 그림과 같이 전기 용량이 각각 2 μF, 4 μF 인 축전기 A, B 가 전압이 200 V 인 전원에 연결되어 있다. 축전기에 저장된 총 에너지는 얼마인가?

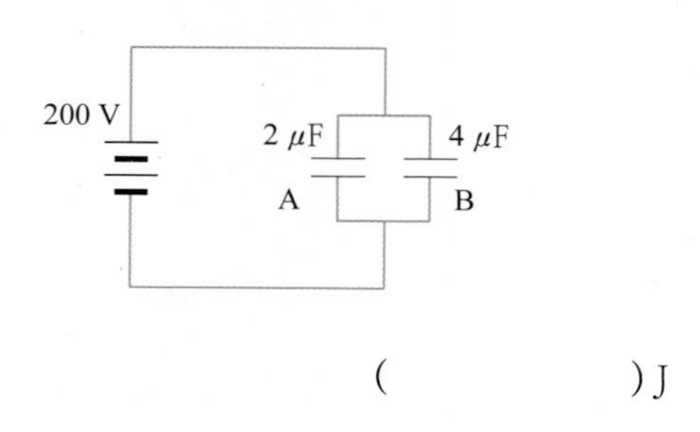

( ) J

05 다음 그림은 평행한 두 극판 사이가 진공인 축전기에 전압 V 를 걸어주었을 때 저장된 전하량 Q 를 나타낸 그래프이다. 그래프의 넓이가 의미하는 물리량으로 옳은 것만을 <보기> 에서 있는 대로 고르시오.

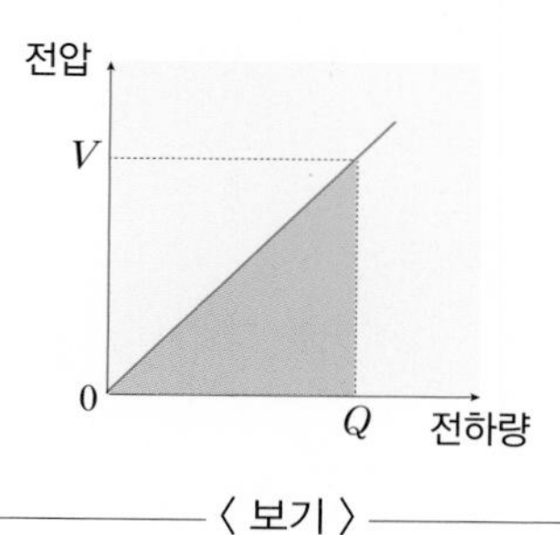

〈 보기 〉

ㄱ. 축전기의 전기 용량
ㄴ. 축전기에 저장되는 에너지
ㄷ. 축전기 내의 전기장에 의한 퍼텐셜 에너지
ㄹ. 축전기에 0 에서 Q 까지 전하를 충전시키는 동안 한 일의 양

( )

06 전기 용량이 일정한 축전기에 대전된 전하량을 처음보다 2 배로 증가시켰다. 전기 에너지는 처음의 몇 배가 되는가?

( ) 배

07 전기 용량이 5 μF 인 축전기의 양 극판 사이 전압이 800 V 인 상태에서 이 축전기가 완전히 방전되는 동안 손실되는 에너지는 얼마인가?

( )J

08~10 다음은 면적이 같은 두 극판 사이가 진공인 평행판 축전기 1 개가 연결된 회로에서 각각의 조건을 달리 하는 것을 나타낸 것이다. 물음에 답하시오.

> ㉠ 충전이 완료된 후 스위치를 닫은 상태에서 극판 사이의 간격을 2 배로 늘린 경우
> ㉡ 충전이 완료된 후 스위치를 닫은 상태에서 유전 상수 $\kappa = 2$ 인 유전체를 넣은 경우
> ㉢ 충전이 완료된 후 스위치를 연 상태에서 극판 사이의 간격을 2 배로 늘린 경우
> ㉣ 충전이 완료된 후 스위치를 연 상태에서 유전 상수 $\kappa = 2$ 인 유전체를 넣은 경우

08 전기 용량이 2 배가 되는 경우를 있는 대로 고르시오.

( )

09 축전기에 저장되는 전하량이 2 배가 되는 경우를 있는 대로 고르시오.

( )

10 축전기에 저장되는 전기 에너지가 2 배가 되는 경우를 있는 대로 고르시오.

( )

B

11 100 V 전원에 축전기를 병렬 연결하여 1 C 의 전하량을 저장하려고 한다. 전기 용량이 5 μF 인 축전기 몇 개를 병렬 연결해야 할까?

( ) 개

12 전기 용량이 각각 2 μF, 3 μF, 5 μF 인 축전기를 모두 이용하여 회로를 꾸민 후 일정한 전압 V 를 걸어 주었을 때, 나올 수 없는 합성 전기 용량은?

① $\frac{14}{15}$ μF ② $\frac{21}{10}$ μF ③ $\frac{8}{5}$ μF
④ $\frac{5}{2}$ μF ⑤ 10 μF

13 그림 (가) 와 (나) 는 전기 용량이 C 로 같은 축전기를 각각 같은 전원에 직렬과 병렬로 연결한 것을 나타낸 것이다. 축전기 전체에 저장되는 에너지의 비는?

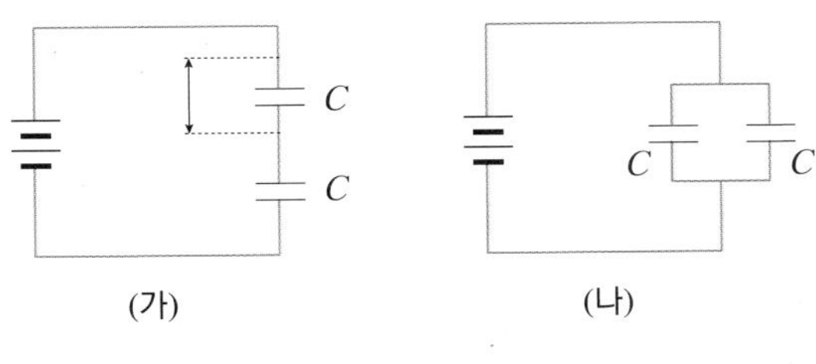

① 1 : 1 ② 1 : 2 ③ 1 : 4
④ 2 : 1 ⑤ 4 : 1

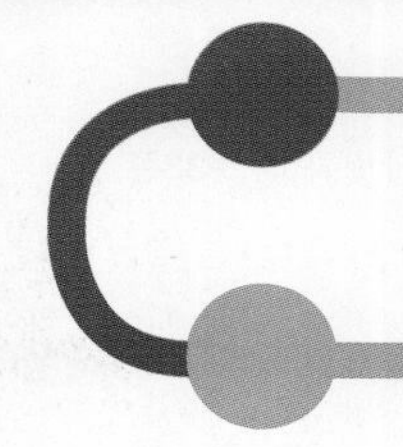

스스로 실력높이기

14 다음 그림과 같이 극판의 면적 S가 같고, 극판 사이의 간격이 다른 평행판 축전기 A와 B가 전지에 병렬로 연결되어 있다. 축전기 B의 간격이 A의 2배일 때, 이에 대한 설명으로 옳은 것만을 <보기>에서 있는 대로 고른 것은?

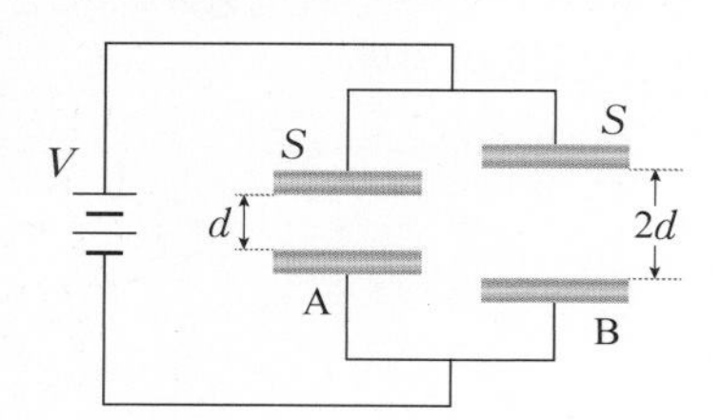

〈 보기 〉

ㄱ. 축전기에 저장되는 전하량은 A가 B보다 크다.
ㄴ. 축전기에 저장되는 전기 에너지는 B가 A보다 크다.
ㄷ. 축전기 A의 전기 용량이 C일 때, 합성 전기 용량은 $1.5\,C$이다.

① ㄱ ② ㄴ ③ ㄷ
④ ㄱ, ㄷ ⑤ ㄱ, ㄴ, ㄷ

15 그림 (가)는 전기 용량이 $2\,\mu F$인 축전기와 저항 $2\,\Omega$, 내부 저항을 무시할 수 있는 전류계와 $6\,V$의 전원으로 이루어진 전기 회로이다. 이 전기 회로의 스위치를 닫았더니 전류계에 그림 (나)와 같이 전류가 흘렀다. 이에 대한 설명으로 옳은 것만을 <보기>에서 있는 대로 고른 것은?

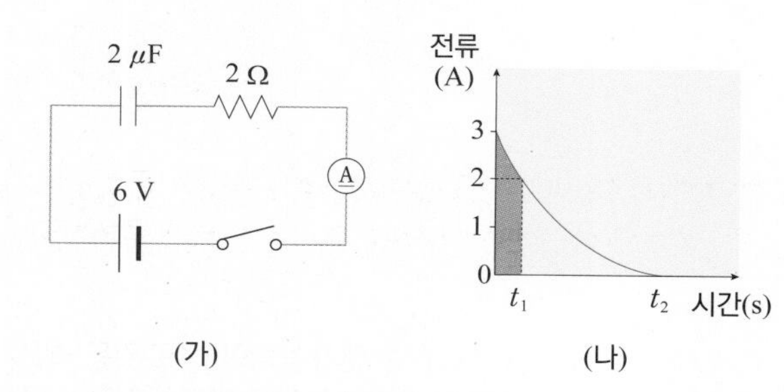

(가) (나)

〈 보기 〉

ㄱ. t_1인 순간 축전기에 저장된 전기 에너지는 4×10^{-6} J이다.
ㄴ. 그림 (나)에서 $0 \sim t_1$까지의 그래프 넓이와 $t_1 \sim t_2$까지의 넓이는 같다.
ㄷ. t_2인 순간 축전기 양단에 걸리는 전압은 $6\,V$이다.

① ㄱ ② ㄴ ③ ㄷ
④ ㄱ, ㄷ ⑤ ㄱ, ㄴ, ㄷ

16 그림 (가)는 전기 용량이 각각 C, $2C$인 축전기 A, B를 직렬 연결한 것을, 그림 (나)는 병렬 연결한 것을 나타낸 것이다. 각각의 회로는 동일한 전원에 연결되어 있을 때, (가)에서 A에 걸리는 전압은 V, 충전된 전하량은 Q이다. 이에 대한 설명으로 옳은 것만을 <보기>에서 있는 대로 고른 것은?

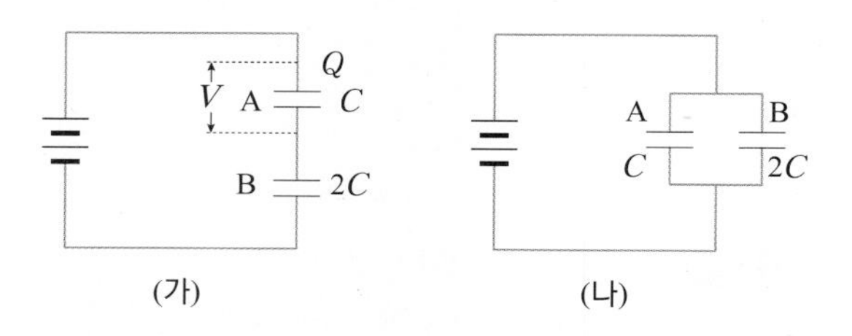

(가) (나)

〈 보기 〉

ㄱ. 축전기 B에 걸리는 전압은 (가)에는 $2V$, (나)에서는 $\frac{3}{2}V$이다.
ㄴ. (나)에서 축전기 A에 걸리는 전압은 $\frac{3}{2}V$이다.
ㄷ. (나)에서 축전기 A에 충전된 전하량은 $\frac{3}{2}Q$, B에 충전된 전하량은 $3Q$이다.

① ㄱ ② ㄴ ③ ㄷ
④ ㄱ, ㄷ ⑤ ㄴ, ㄷ

17 간격이 d인 판 사이가 진공인 평행판 축전기를 전위차 V인 전원에 연결하여 완전히 충전하였다. 이 상태의 축전기에 단면적이 축전기 극판의 단면적과 같고 두께가 d로 동일한 유전체를 그림과 같이 끼워 넣는 실험을 하려고 한다. 이 과정에 대한 설명으로 옳은 것만을 <보기>에서 있는 대로 고른 것은? (단, 유전체의 유전 상수 $\kappa > 1$이다.)

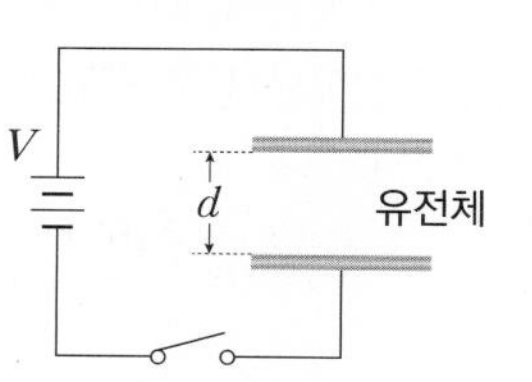

〈 보기 〉

ㄱ. 스위치가 닫힌 상태에서 유전체를 끼워 넣는 경우 축전기의 전기 용량은 증가한다.
ㄴ. 스위치를 연 상태에서 유전체를 끼워 넣는 경우 극판에 모이는 전하량이 증가한다.
ㄷ. 스위치가 닫힌 상태에서 유전체를 끼워 넣으면 축전기에 저장되는 전기 에너지는 증가한다.

① ㄱ ② ㄴ ③ ㄷ
④ ㄱ, ㄷ ⑤ ㄱ, ㄴ, ㄷ

18 다음 그림과 같이 극판 사이의 간격이 d 인 축전기가 전압이 일정한 전원에 연결되어 있다. 스위치를 닫아 축전기에 전하량 Q 를 충전시킨 뒤 스위치를 열고 극판 사이의 간격을 2배로 넓혔다. 이때 가해야 하는 힘은 얼마인가? (단, 극판 사이의 전기장의 세기는 E 이다.)

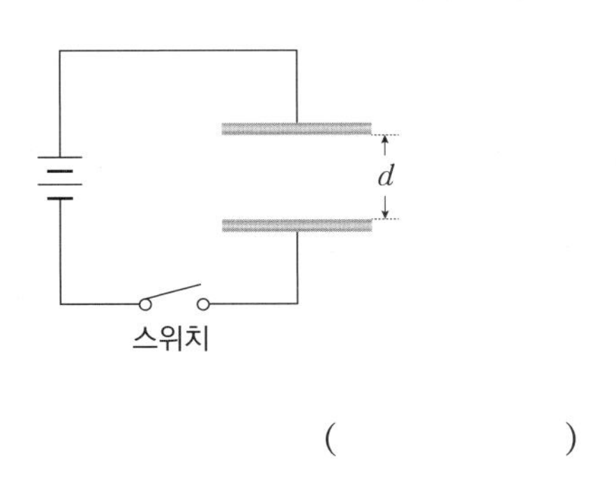

( )

20 다음 그림과 같이 전기 용량이 각각 1 μF, 2 μF, 3 μF, 4 μF 인 축전기가 일정한 전압 18 V 의 전지에 연결되어 있다. 이에 대한 설명으로 옳은 것만을 <보기> 에서 있는 대로 고른 것은?

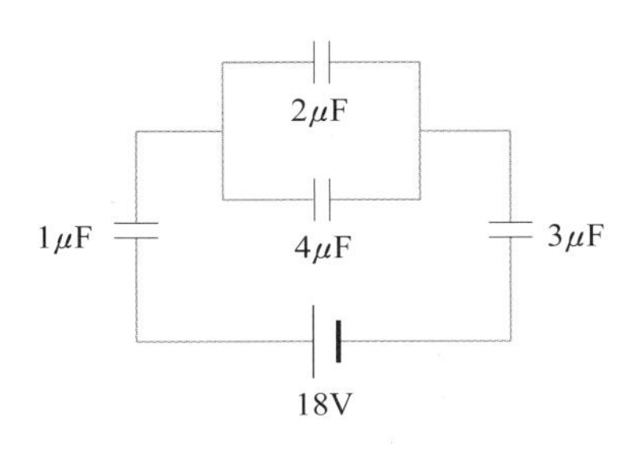

〈 보기 〉

ㄱ. 전체 합성 전기 용량은 $\frac{3}{8}$ μF 이다.
ㄴ. 전기 용량이 2 μF 인 축전기에 걸리는 전압은 2 V 이다.
ㄷ. 전기 용량이 2 μF 인 축전기에 저장되는 전기 에너지는 3 μF 인 축전기에 저장되는 전기 에너지의 6 배이다.

① ㄱ ② ㄴ ③ ㄷ
④ ㄱ, ㄷ ⑤ ㄴ, ㄷ

C

19 다음 그림과 같이 연결된 축전기의 점 A 와 B 사이의 합성 전기 용량을 구하시오.

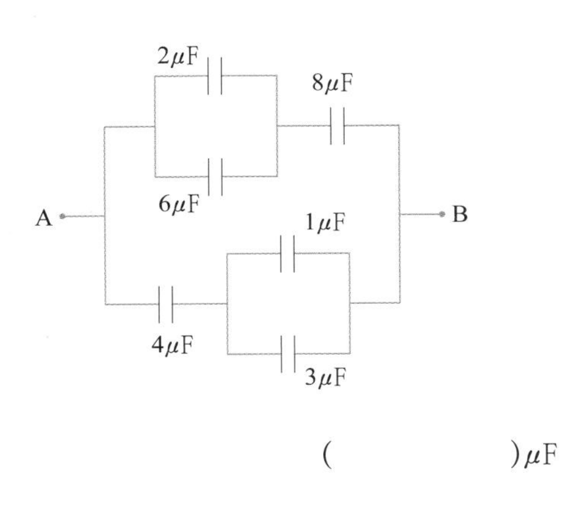

( )μF

21 다음 그림과 같이 저항값이 1 Ω, 2 Ω, 3 Ω, 5 Ω, 6 Ω 인 저항과 전기 용량이 4 μF 인 축전기가 일정한 전압 V 의 전지에 연결되어 있다. 전류계에 흐르는 전류가 6 A일 때, 축전기에 저장된 전기 에너지는 얼마인가?

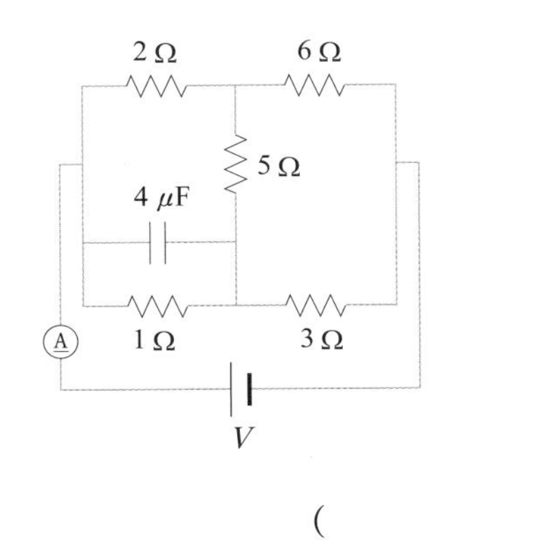

( ) J

스스로 실력높이기

22 다음 그림과 같이 전기 용량이 각각 C, $2C$ 인 축전기 Ⅰ, Ⅱ 와 저항값이 R 인 저항 2 개를 전압이 일정한 전원 장치에 연결한 후 충분한 시간이 흘렀다. 이에 대한 설명으로 옳은 것만을 <보기> 에서 있는 대로 고른 것은?

[수능 기출 유형]

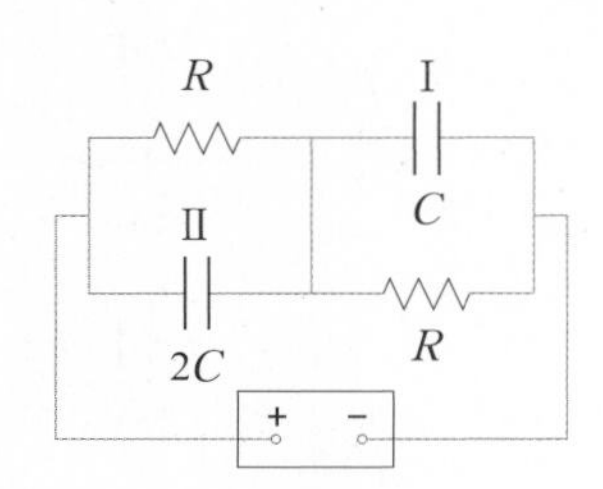

〈 보기 〉

ㄱ. 축전기 Ⅰ과 Ⅱ 에 걸리는 전압은 같다.
ㄴ. 축전기 Ⅱ 에 저장되는 전하량은 축전기 Ⅰ의 2 배이다.
ㄷ. 축전기 Ⅰ 에 저장되는 전기 에너지는 Ⅱ의 4 배이다.

① ㄱ ② ㄴ ③ ㄷ
④ ㄱ, ㄴ ⑤ ㄱ, ㄴ, ㄷ

23 전기 용량이 각각 $C_1 = 2\ \mu F$, $C_2 = 3\ \mu F$ 인 축전기 Ⅰ와 Ⅱ를 200 V 의 전원 장치에 연결하여 충전하였다. 완전히 충전된 두 축전기를 그림과 같이 극성을 반대로 하여 연결한 후, 스위치 1, 2 를 동시에 닫았다. 물음에 답하시오.

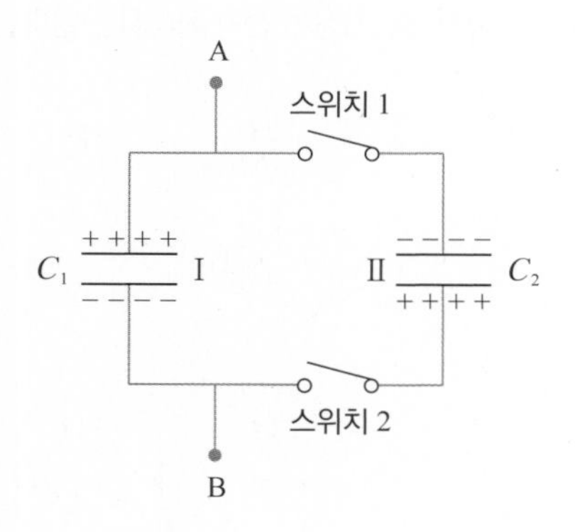

(1) A 점과 B 점 사이의 전위차는 얼마인가?

( ) V

(2) 축전기 Ⅰ에 저장되는 전하량은 얼마인가?

( ) C

(3) 축전기 Ⅱ 에 저장되는 전기 에너지는 얼마인가?

( ) J

24 극판 사이가 진공인 두 평행판 축전기 A 와 B 를 직렬 연결한 후 일정한 전압의 전지에 연결하였다. 스위치를 닫은 상태에서 축전기 A 의 두 극판 사이에 유전 상수가 κ 인 유전체를 그림과 같이 넣었다. 이에 대한 설명으로 옳은 것만을 <보기> 에서 있는 대로 고른 것은? (단, $\kappa > 1$ 이다.)

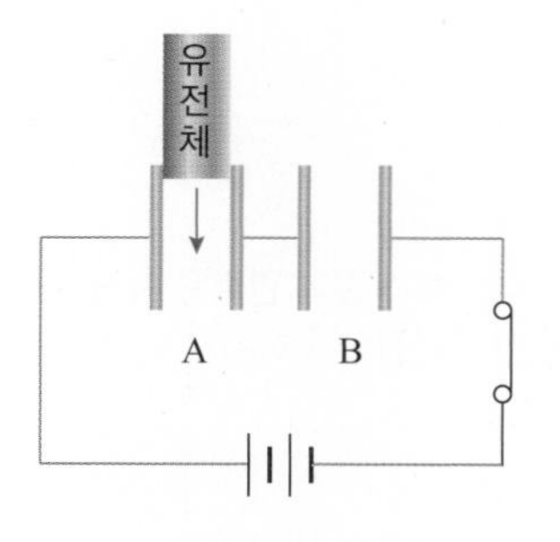

〈 보기 〉

ㄱ. 축전기 A 에 저장되는 전하량이 축전기 B에 저장되는 전하량보다 크다.
ㄴ. 축전기 B 에 걸리는 전압은 증가한다.
ㄷ. 축전기 A 에 저장되는 전기 에너지는 증가한다.

① ㄱ ② ㄴ ③ ㄷ
④ ㄴ, ㄷ ⑤ ㄱ, ㄴ, ㄷ

심화

25 전기 용량이 각각 $3\mu F$, $6\mu F$, $8\mu F$ 인 축전기 A, B, C 를 그림과 같이 전압이 20V 로 일정한 전지에 연결하였다. ㉠ 지점에 연결되어 있던 스위치를 축전기 C가 완전히 충전된 후 ㉡ 지점에 연결하였다. 충분한 시간이 지난 후 축전기 A, B, C 에 저장되는 전하량은 각각 얼마인가?

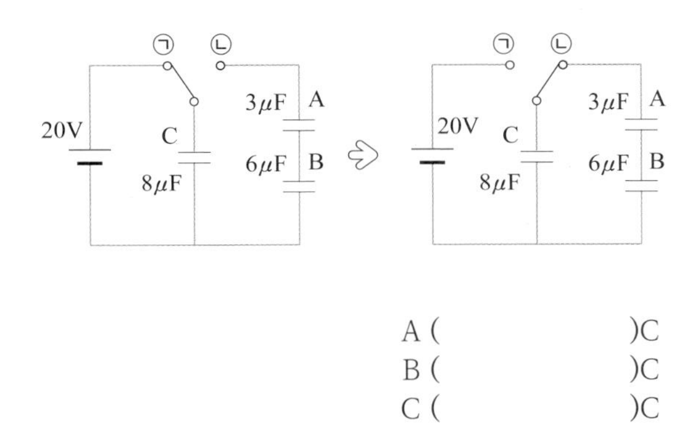

A (　　　　　　)C
B (　　　　　　)C
C (　　　　　　)C

26 그림 (가) 는 두 극판의 면적이 같고, 간격이 d 로 같은 평행판 축전기 A 와 B 를 직류 가변 전원에 연결한 것을 나타낸 것이다. 이때 축전기 A 와 B 에 채워진 유전체의 유전율은 각각 ε_A, ε_B 이다. 그림 (나) 는 축전기 A, B 에 가해준 전압에 따른 충전된 전하량을 나타낸 것이다. 이에 대한 설명으로 옳은 것만을 <보기> 에서 있는 대로 고른 것은?

[MEET/DEET 기출 유형]

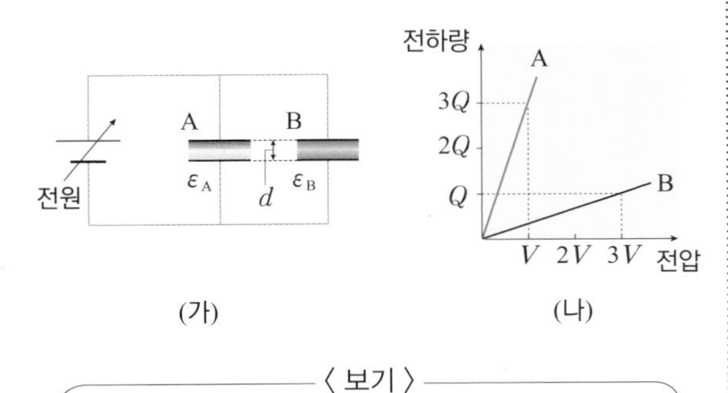

(가)　　　　(나)

〈 보기 〉

ㄱ. $\varepsilon_A > \varepsilon_B$ 이다.
ㄴ. 전압이 V 일 때, 축전기에 저장된 에너지는 B 가 A보다 크다.
ㄷ. 축전기 B 의 극판 사이의 거리를 $\frac{d}{3}$ 로 줄이면 전기 용량이 축전기 A와 같아진다.

① ㄱ　② ㄴ　③ ㄷ
④ ㄱ, ㄷ　⑤ ㄱ, ㄴ, ㄷ

27 다음 그림과 같이 축전기와 전지, 스위치로 이루어진 전기 회로가 있다. 스위치를 왼쪽에 연결하여 축전기 B 를 완전히 충전시킨 후, 스위치를 오른쪽에 연결하였다. 충분한 시간이 흐른 뒤 축전기 A 에 걸리는 전압은 얼마인가? (단, 축전기 A, B, C, D 의 전기 용량은 각각 $16\ \mu F$, $2\ \mu F$, $8\ \mu F$, $8\ \mu F$ 이고, 전원에 연결 전 각 축전기에 저장된 전하량은 0 이다.)

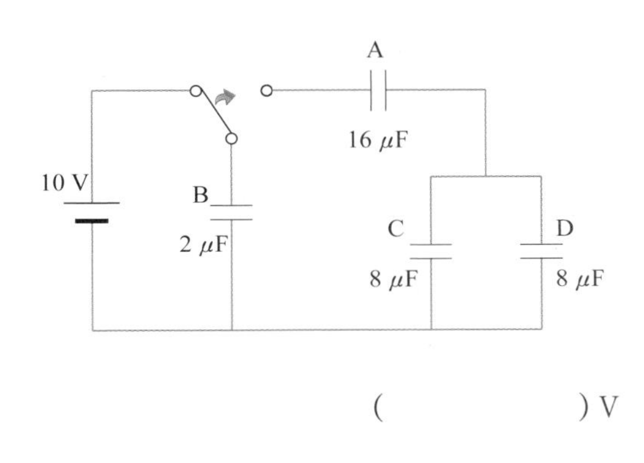

(　　　　　　) V

28 다음 그림과 같이 축전기와 저항, 내부 저항을 무시할 수 있는 전지를 이용하여 정삼각형 전기 회로를 구성하였다. 축전기의 전기 용량이 $50\ \mu F$ 일 때, 축전기에 저장되는 전하량은 얼마인가?

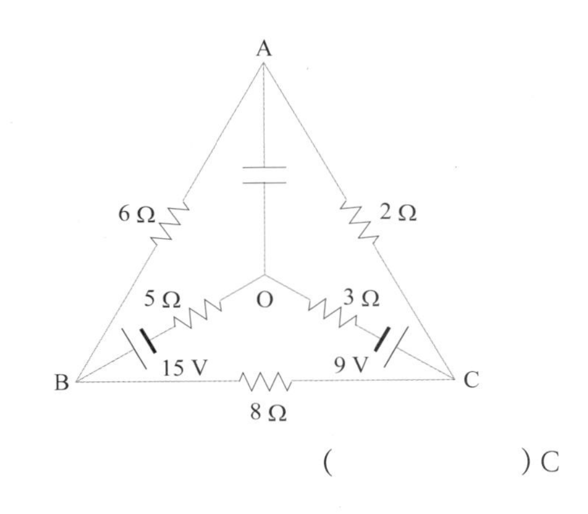

(　　　　　　) C

스스로 실력높이기

29 두 개의 극판 사이가 진공 상태인 축전기 A 와 B, 전압이 10 V 로 일정한 전지 1 개를 이용하여 회로를 구성하려고 한다. 처음에는 각 축전기에 전지를 각각 연결하였고, 두 번째에는 축전기를 직렬 연결한 후 전지를 연결하였고, 세 번째에는 축전기를 병렬 연결한 후 전지를 연결하였다. 이들 각각의 회로에서 축전기에 저장된 에너지를 가장 작은 값부터 나열하면 100 μJ, 150 μJ, 300 μJ, 400 μJ 이었다. 두 축전기의 전기 용량을 구하시오. (단, 축전기 A 와 B 의 전기 용량이 각각 C_A, C_B 일 때, $C_B > C_A$ 이다.)

C_A (　　　　　　) μF
C_B (　　　　　　) μF

30 다음 그림과 같이 전기 용량이 10 μF 인 축전기 A, B 와 전기 용량이 20 μF 인 축전기 C, D, 전압이 15 V 로 일정한 전지를 이용하여 전기 회로를 구성하였다. 축전기 A 에 저장된 전하량은 얼마인가?

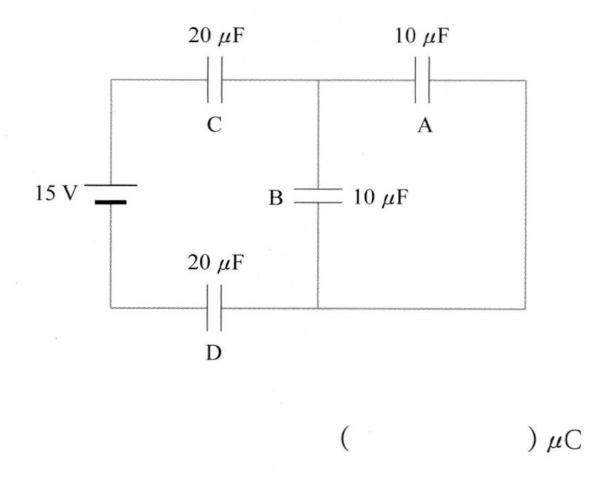

(　　　　　　) μC

31 다음 그림과 같이 전기 용량이 10 μF 으로 같은 7 개의 축전기와 전압이 10 V 로 일정한 전지를 이용하여 전기 회로를 구성하였다. 물음에 답하시오.

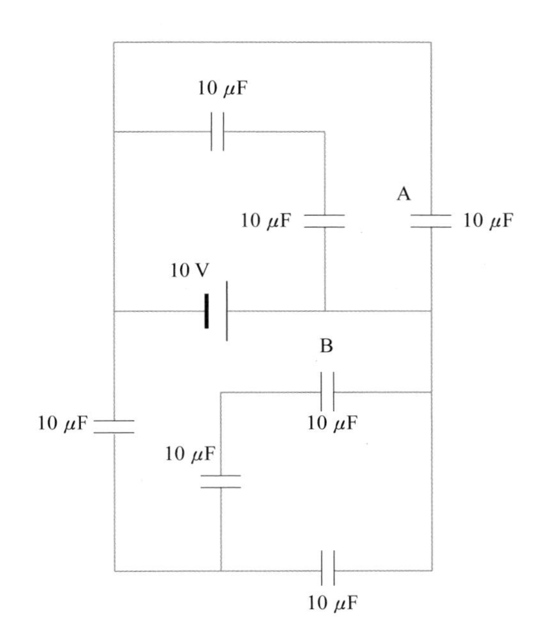

(1) 축전기 A 에 저장되는 전하량은 얼마인가?

( ) μC

(2) 축전기 B 에 저장되는 전하량은 얼마인가?

( ) μC

32 다음 그림과 같이 전기 용량이 2 μF, 3 μF, 5 μF 인 축전기 A, B, C 가 전압이 각각 10 V, 12 V 인 전지 E_1, E_2 에 연결되어 있다. 스위치를 닫고 충분한 시간이 흐른 뒤에 축전기 C 에 저장된 전하량은 얼마인가? (단, 처음에 각 축전기에 저장된 전하량은 0 이다.)

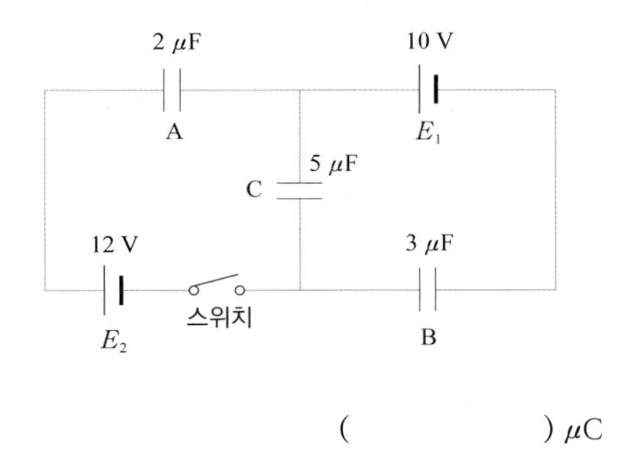

( ) μC

17강 자기장과 자기력

● 비례 상수 k

비례 상수 k 의 값은 도선 주위 물질의 종류에 따라 달라지며, 진공에서 2×10^{-7} T·m/A 이고, 공기 중에서는 진공에서와 거의 같다.

● 오른나사 법칙

오른나사의 진행 방향을 전류의 방향으로 할 때, 나사가 회전하는 방향이 자기장의 방향과 같기 때문에 앙페르 법칙을 오른나사 법칙이라고도 한다.

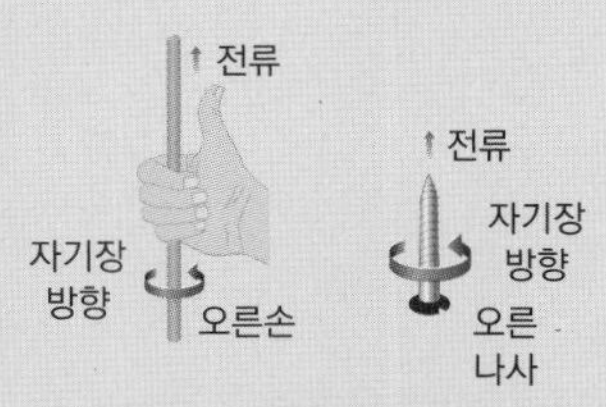

▲ 직선 전류 주위의 자기장 방향

● 원형 도선 주위의 자기장

전류가 흐르는 직선 도선을 원형으로 구부리면 원형 도선 내부의 자기력선은 직선 도선의 자기력선보다 촘촘하다. 즉, 같은 세기의 전류가 흐르더라도 원형으로 만든 도선 내부의 자기장의 세기는 직선 전류 주위의 자기장 세기보다 크다.

● 솔레노이드에 의한 자기장

솔레노이드 외부에는 막대 자석에 의한 자기장의 모양과 비슷한 모양의 자기장이 만들어진다.

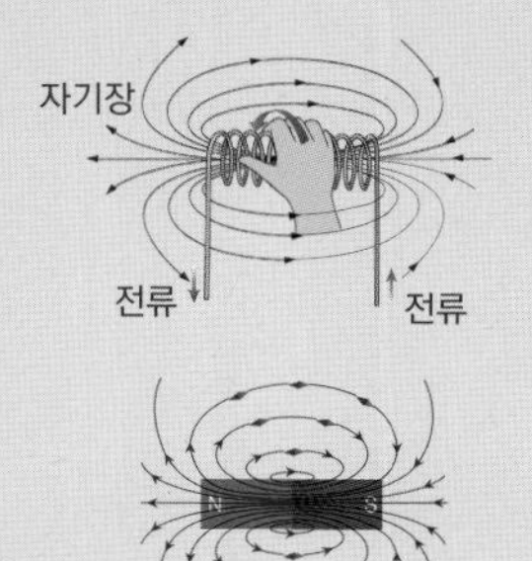

1. 전류에 의한 자기장

(1) 직선 전류에 의한 자기장

① **자기장의 방향과 모양(앙페르 법칙)** : 직선 도선에 전류가 흐르면 전류에 수직한 평면 내에서 도선을 중심으로 동심원 모양의 자기장이 생긴다. 이때 오른손 엄지 손가락이 전류의 방향을 향하면 감아쥐는 나머지 네 손가락의 방향이 자기장의 방향이다.

② **자기장의 세기** : 자기장의 세기 B는 전류의 세기 I에 비례하고, 도선으로부터의 거리 r에 반비례한다.

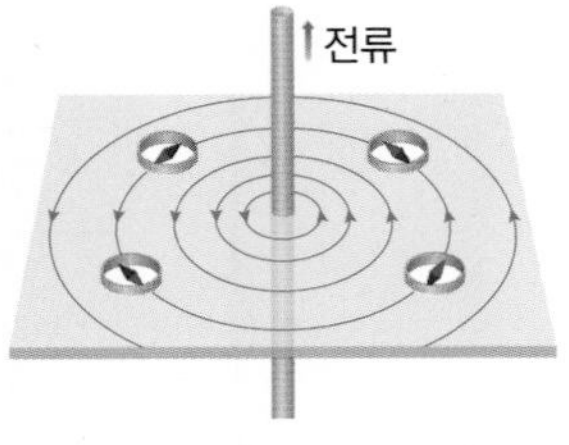

▲ 직선 전류 주위의 자기장

$$B = k\frac{I}{r} \quad (\text{단위 : T, } k = 2 \times 10^{-7}\ \text{T·m/A})$$

(2) 원형 전류에 의한 자기장

① **자기장의 방향** : 오른손 엄지 손가락이 전류의 방향을 향하였을 때 감아쥐는 나머지 네 손가락 방향이다.

② **자기장의 세기** : 원형 도선 중심에서 자기장의 세기 B는 전류의 세기 I에 비례하고, 원형 도선의 반지름 r에 반비례한다.

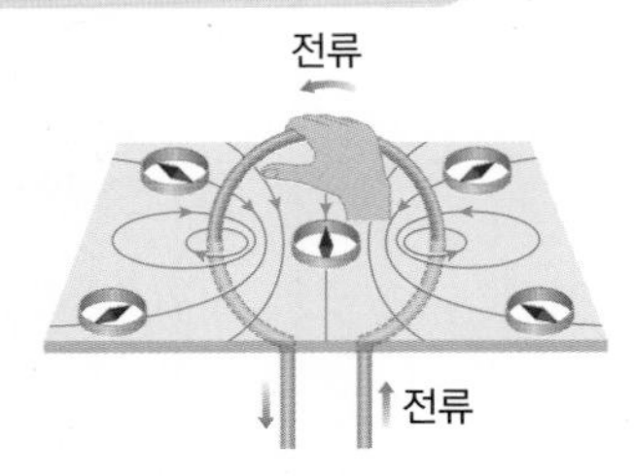

▲ 원형 전류 주위의 자기장

$$B = k'\frac{I}{r} \quad (\text{단위 : T, } k' = 2\pi \times 10^{-7}\ \text{T·m/A})$$

(3) 솔레노이드에 의한 자기장

① **자기장의 방향** : 솔레노이드 내부에는 오른손 네 손가락을 전류의 방향으로 감아쥐었을 때 엄지 손가락이 가리키는 방향으로 자기장이 만들어진다.

② **자기장의 세기** : 솔레노이드 내부에서 자기장의 세기 B는 전류의 세기 I에 비례하고, 단위 길이당 코일의 감은 수 n에 비례한다.

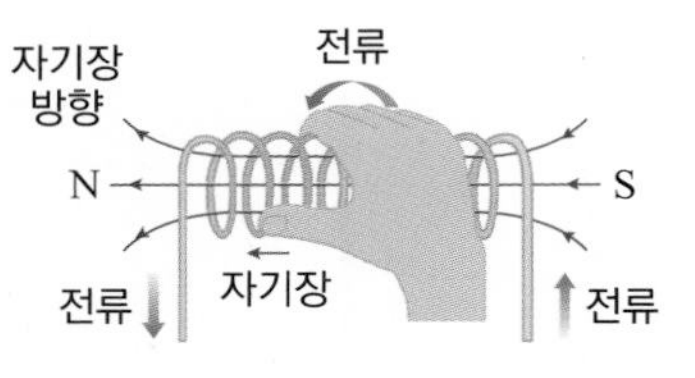

▲ 솔레노이드 주위의 자기장

$$B = k''nI \quad (\text{단위 : T, } k'' = 4\pi \times 10^{-7}\ \text{T·m/A})$$

개념확인 1

전류에 의한 자기장에 대한 설명 중 옳은 것은 ○ 표, 옳지 않은 것은 × 표 하시오.

(1) 직선 전류에 의한 자기장은 도선과의 거리와 상관없이 일정하다. ( )

(2) 솔레노이드 내부 자기장은 단위 길이당 코일이 많이 감겨 있을수록 세다. ( )

확인 + 1

반지름이 0.5 m 인 원형 도선에 1 A 의 전류가 흐른다. 이 원형 도선의 중심에서 자기장의 세기는 얼마인가? (단, 비례 상수 $k' = 2\pi \times 10^{-7}$ T·m/A 이다.)

( ) T

2. 자기장 속에서 도선이 받는 힘

(1) 자기력 : 자기장 속에서 전류가 흐르는 도선이 받는 힘을 **자기력**이라고 한다.

① **자기력의 방향** : 오른손의 엄지 손가락과 나머지 네 손가락을 직각이 되도록 폈을 때 엄지 손가락을 전류의 방향으로 하고, 나머지 네 손가락을 자기장의 방향으로 향하면, 손바닥이 향하는 방향이 자기력의 방향이다.

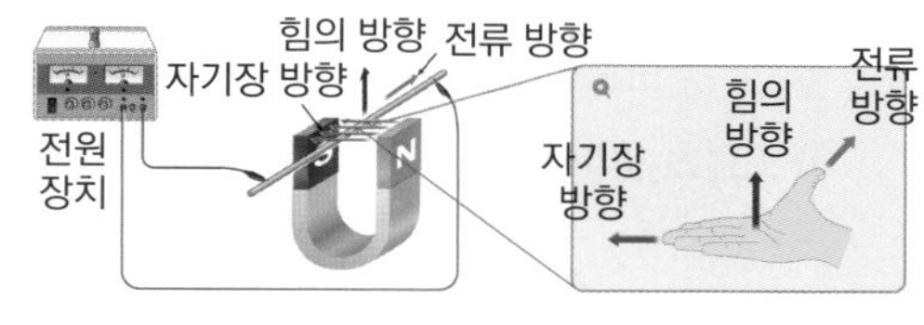

▲ 자기장 속에서 도선이 받는 힘의 방향

② **자기력의 크기** : 자기력의 크기는 전류의 세기 I, 자기장의 세기 B, 자기장 속에 들어 있는 도선의 길이 l에 비례한다. 오른쪽 그림과 같이 전류의 방향과 자기장이 이루는 각이 θ일 때 자기력의 크기는 다음과 같다.

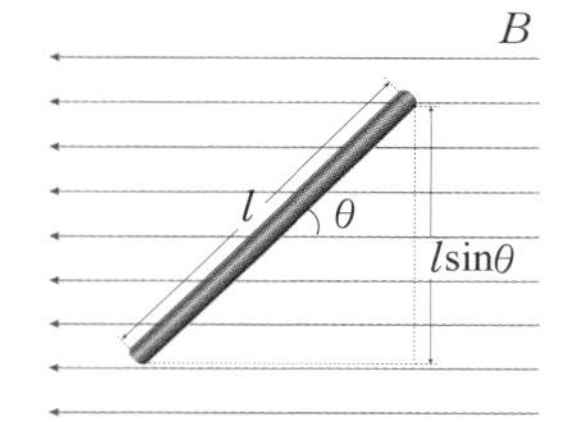

$$F = BIl\sin\theta \quad (\text{단위 : N})$$

(2) 평행한 두 직선 도선 사이에 작용하는 힘 : 전류가 흐르는 평행한 두 직선 도선이 서로 가까이 있는 경우 한쪽 도선에서 발생한 자기장에 의해 다른 쪽 도선이 힘을 받는다.

① **자기력의 방향** : 두 도선에 작용하는 힘의 방향은 서로 반대이며, 전류의 방향이 같을 때는 인력, 전류의 방향이 반대일 때는 척력이 작용한다.

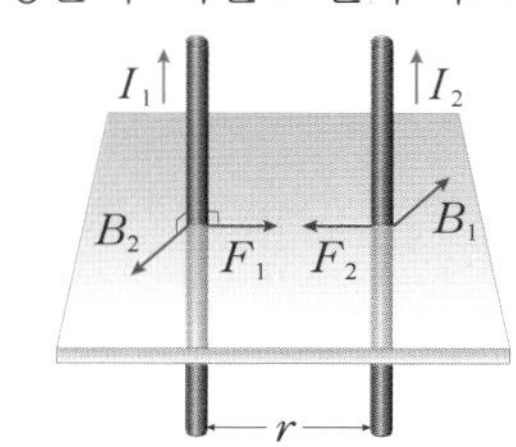

▲ 평행한 두 직선 도선

② **자기력의 크기**

· 전류 I_1이 흐르는 도선에서 거리 r만큼 떨어진 곳에 생긴 자기장 B_1 속에 전류 I_2가 흐르는 도선의 길이 l이 받는 힘 F_2는 다음과 같다.

$$F_2 = B_1I_2l = k\frac{I_1I_2}{r}l \quad (\text{N})$$

· 전류 I_2가 흐르는 도선에서 거리 r만큼 떨어진 곳에 생긴 자기장 B_2 속에 전류 I_1이 흐르는 도선의 길이 l이 받는 힘 F_1은 다음과 같다.

$$F_1 = B_2I_1l = k\frac{I_2I_1}{r}l \quad (\text{N})$$

F_1, F_2는 작용 반작용이므로, 자기력 F의 크기는 다음과 같다.

$$F = F_1 = F_2 = k\frac{I_1I_2}{r}l \quad (\text{단위 : N})$$

● IT

도선의 길이가 1 m, 도선에 흐르는 전류의 세기가 1 A 일 때, 도선이 받는 힘의 크기가 1 N 이면 자기장 B = 1 N/A·m = 1 T 이다.

● 플레밍의 왼손 법칙

자기력의 방향을 정하는 또 다른 방법으로 플레밍의 왼손 법칙이 있다.

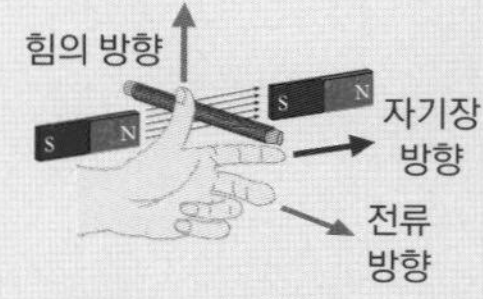

▲ 플레밍의 왼손 법칙

왼손의 엄지, 검지, 중지를 서로 수직으로 펴고, 중지를 전류의 방향, 검지를 자기장의 방향으로 하면 엄지가 가리키는 방향이 도선이 받는 힘인 자기력의 방향이다.

● 평행한 두 직선 도선 사이에 작용하는 힘의 방향

자기력은 자기력선 밀도가 큰 쪽에서 밀도가 작은 쪽으로 작용한다. 따라서 전류의 방향이 같을 때는 두 전류 사이의 밀도가 작으므로 인력이, 전류의 방향이 반대일 때는 두 전류 사이의 밀도가 크므로 척력이 작용한다.

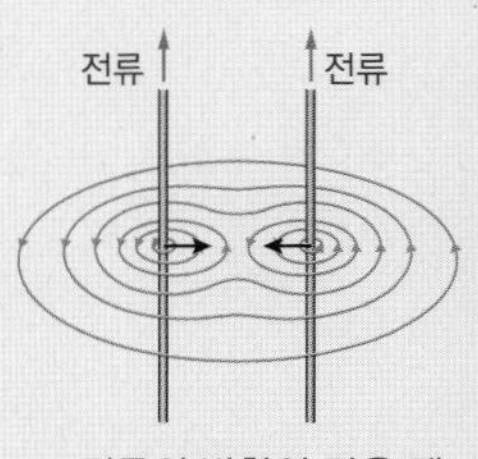

▲ 전류의 방향이 같을 때

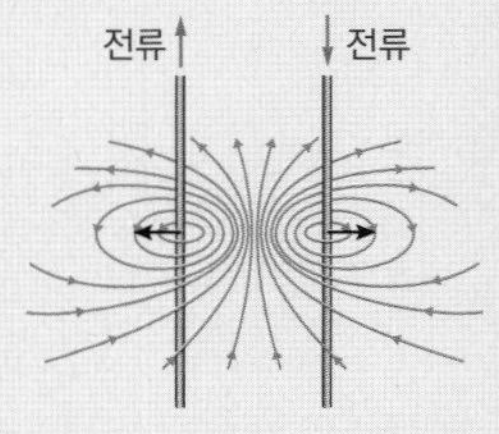

▲ 전류의 방향이 반대일 때

개념확인 2

정답 및 해설 38쪽

자기장 속에 놓인 도선에 전류가 흐를 때 도선이 받는 힘을 ☐☐☐ (이)라고 한다.

확인 + 2

길이가 10 m 로 같은 직선 도선 A 와 B 가 0.1 m 떨어진 거리에 평행하게 놓여 있다. 두 도선에 같은 방향으로 전류 1 A 가 각각 흐른다면, 두 도선 사이에 작용하는 ㉠ 힘의 종류와 ㉡ 힘의 크기를 구하시오. (단, 비례 상수 $k = 2 \times 10^{-7}$ T·m/A 이다.)

㉠ (　　　　　　), ㉡ (　　　　　　) N

3. 로런츠 힘 Ⅰ

● 로런츠(Lorentz, H. A. : 1853 ~ 1928)

네덜란드의 물리학자로 원자론을 전자기론에 도입한 '로런츠의 전자론'을 주장하였다. 1902 년 전자기 복사 이론으로 노벨 물리학상을 받았으며 1904 년 로런츠 변환식을 만들었다.

(1) 로런츠 힘 : 자기장 속에 있는 전류가 흐르는 도선은 자기장으로부터 힘을 받게 된다. 이는 도선 내부에서 전류의 방향과 반대 방향으로 운동하는 자유 전자가 힘을 받기 때문이다. 이와 같이 자기장 속에서 운동하는 대전 입자가 받는 힘을 **로런츠 힘(자기력)**이라고 한다.

① **로런츠 힘의 크기**

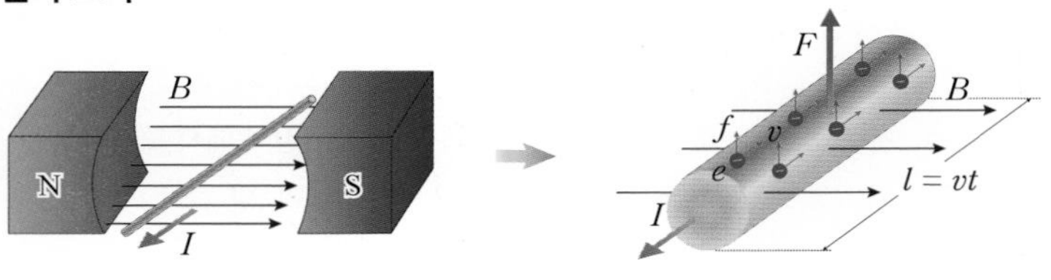

▲ 자기장 속에서 운동하는 전하가 받는 힘

자기장 B 에 수직으로 놓인 길이 l 인 도선에 전하량 e 인 자유 전자 N 개가 v 의 속도로 도선의 단면을 시간 t 동안 지나간다면, 전류의 세기 $I = \frac{Q}{t} = \frac{Ne}{t}$ 이고, 전자가 이동한 거리 $l = vt$ 이다. 따라서 자기력 F 는

$$F = BIl = B\left(\frac{Ne}{t}\right)vt = NevB$$

이다. 그러므로 도선 안을 지나는 자유 전자 한 개가 받는 힘 $f = \frac{F}{N} = evB$ 이고, 자기장 B 에 수직으로 v 의 속도로 운동하는 전하량이 q 인 입자가 받는 힘의 크기는 다음과 같다.

$$F = qvB$$

② **속력 v 로 운동하는 대전 입자의 운동 방향과 자기장의 방향에 따른 로런츠 힘의 크기**

대전 입자의 운동 방향과 자기장의 방향이 수직일 때	대전 입자의 운동 방향과 자기장의 방향이 각 θ 를 이룰 때	대전 입자의 운동 방향과 자기장의 방향이 나란할 때
F = 최대, q, v, B	F, B, q, θ, $v\sin\theta$, v	q, v, B, v, q
$F = qvB$	$F = qvB\sin\theta$	$F = 0$

개념확인 3

□□□ 속에서 운동하는 □□□□(이)가 받는 힘을 로런츠 힘이라고 한다.

확인 + 3

자기장의 방향과 수직으로 운동하는 대전 입자가 받는 힘의 크기에 영향을 주는 요인을 모두 고르시오.

① 자기장의 세기 ② 대전 입자의 속력 ③ 대전 입자의 질량
④ 대전 입자의 전하량 ⑤ 대전 입자의 운동 시간

③ **로런츠 힘의 방향** : 전류의 방향과 자기장의 방향 모두에 수직인 방향으로, 자기장 속에서 전류가 흐르는 도선이 받는 힘의 방향과 같다. 즉 오른손 엄지 손가락을 전류의 방향과 일치시키고, 나머지 네 손가락을 자기장의 방향으로 향하였을 때 손바닥이 향하는 방향이다.

● 전하의 운동 방향과 전류

(+) 전하가 운동하면 운동 방향으로 전류가 흐르는 것으로, (–) 전하가 운동하면 전하의 운동 방향과 반대 방향으로 전류가 흐르는 것으로 생각한다.

(2) 균일한 자기장 내에서 대전 입자의 운동

① **균일한 자기장에 수직으로 입사한 대전 입자의 운동** : 질량이 m, 전하량이 q 인 대전 입자가 속력 v 로 균일한 자기장 B 에 수직으로 입사하였을 때 이 대전 입자는 운동 방향에 수직인 방향으로 자기력 $F = qvB$ 를 받는다. 이때 자기력의 크기는 일정하고 방향은 운동 방향에 수직인 방향이 되므로 로런츠 힘이 구심력이 되어 등속 원운동을 한다.

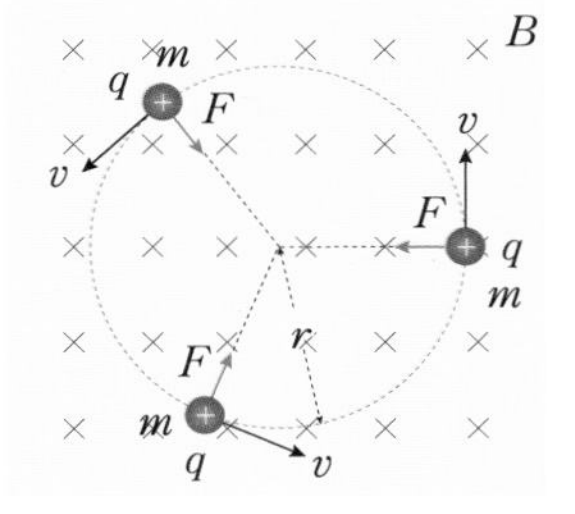

▲ 자기장에 수직으로 입사한 대전 입자의 운동

구심력 = 자기력 ⇨ $F = \dfrac{mv^2}{r} = qvB$

· 원운동 반지름 : $r = \dfrac{mv}{Bq}$, 원운동 주기 : $T = \dfrac{2\pi r}{v} = \dfrac{2\pi m}{Bq}$

⇨ 원운동의 반지름은 속력에 비례하고, 주기 T 는 반지름이나 속력과 관계 없다.

② **균일한 자기장에 비스듬히 입사한 대전 입자의 운동** : 전하량 q 인 대전 입자가 속력 v 로 균일한 자기장 B 에 각 θ 로 비스듬히 입사하였을 때 자기장과 나란한 방향의 속도 성분 $v_x = v\cos\theta$ 이고, 이 방향으로는 자기력이 작용하지 않으므로 등속도 운동을 하게 된다. 자기장과 수직인 속도 성분 $v_y = v\sin\theta$ 이고, 이 속도 성분에 의해 자기력이 나타난다. 자기력 $F = qBv_y = qBv\sin\theta$ 이 구심력이 되어 대전 입자는 등속 원운동을 하게 된다.

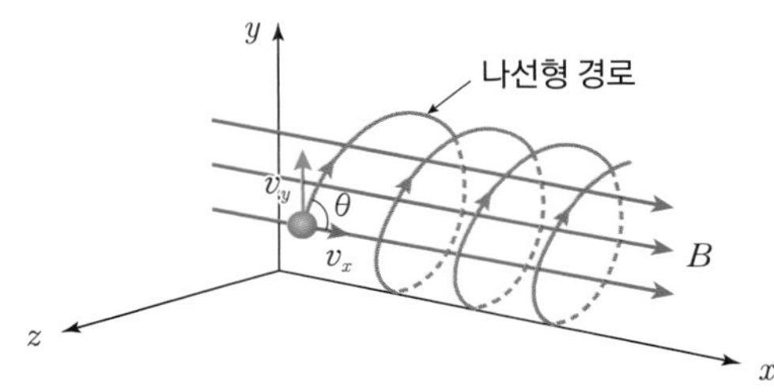

▲ 자기장에 비스듬히 입사한 대전 입자의 운동

⇨ 대전 입자는 두 방향의 운동이 동시에 일어나는 나선 운동을 한다.

· 원운동 반지름 $r = \dfrac{mv}{Bq}$ 은 자기장 B 에 반비례하므로, 자기장 B 가 점점 강해지는 경우 원운동의 반지름 r 이 작아지는 나선 운동을 한다.

개념확인 4

정답 및 해설 38쪽

균일한 자기장 내에 수직으로 입사한 대전 입자는 □□□□이 □□□이 되어 등속 원운동한다.

확인 + 4

균일한 자기장 B 에 수직인 방향으로 속력 v 로 입사된 (+)전하가 자기장으로부터 받는 힘의 방향이 반대 방향으로 바뀌는 경우로 옳은 것을 모두 고르시오.

① (–) 전하로 바꾼 경우
② 속력이 $2v$ 가 되는 경우
③ 자기장 세기가 $2B$ 가 되는 경우
④ 자기장의 방향을 반대로 바꾼 경우
⑤ 자기장의 방향을 반대로 바꾼 상태에서 (–) 전하로 바꾼 경우

4. 로런츠 힘 Ⅱ

(1) 균일하지 않은 자기장 내에서 대전 입자의 운동

① **자기병** : 대전 입자를 가둘 수 있는 자기장에 의한 공간을 말한다. 양 끝에 강한 자기장이 형성된 병 모양의 자기장 내에서 대전 입자는 궤도 반지름이 변하는 나선 운동을 하면서 진동하게 된다. 주로 플라스마를 가두어 두는 데 사용된다.

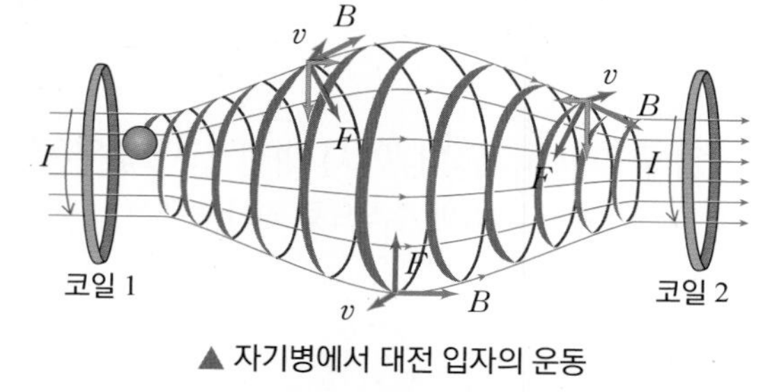

▲ 자기병에서 대전 입자의 운동

② **반 알렌 대** : 지구의 자기장에 의해 태양이나 우주 공간에서 오는 대전 입자들이 갇혀 있는 도넛 모양(둥근 고리 모양)의 공간을 말한다. 대전 입자들은 수 초 주기로 지구 자기장에 의한 자기병의 끝인 남극과 북극 사이를 나선형으로 진동한다.

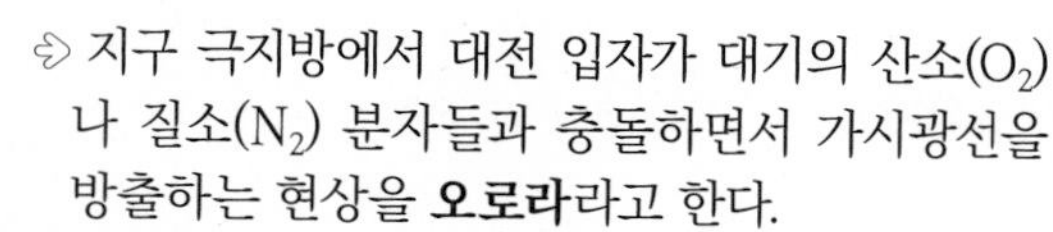

⇨ 지구 극지방에서 대전 입자가 대기의 산소(O_2)나 질소(N_2) 분자들과 충돌하면서 가시광선을 방출하는 현상을 **오로라**라고 한다.

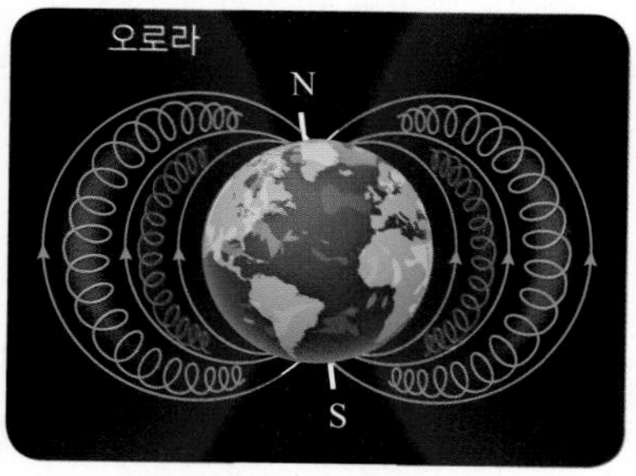

오로라
N
S

▲ 반 알렌 대(Van Allen Belt)

(2) 홀 효과 : 자기장 내에 놓여 있는 도선이나 도체에 전류가 흐르면, 도선이나 도체 내에서 이동하는 대전 입자가 로런츠 힘을 받아 한쪽으로 치우치는 현상을 말한다.

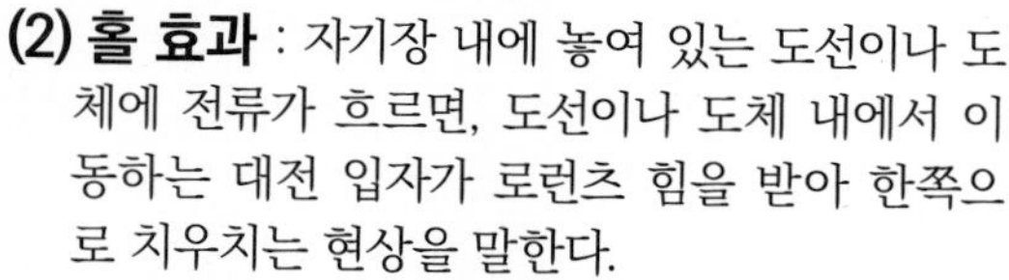

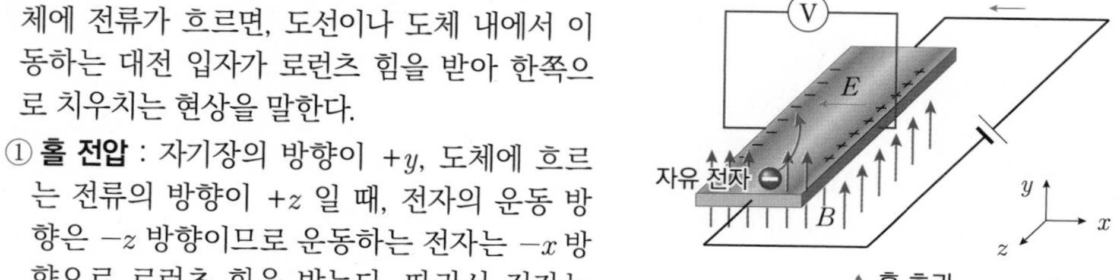

▲ 홀 효과

① **홀 전압** : 자기장의 방향이 $+y$, 도체에 흐르는 전류의 방향이 $+z$ 일 때, 전자의 운동 방향은 $-z$ 방향이므로 운동하는 전자는 $-x$ 방향으로 로런츠 힘을 받는다. 따라서 전자는 도체의 왼쪽에 쌓이게 되고 상대적으로 도체의 오른쪽은 (+) 전하를 띠게 된다.

⇨ $-x$ 방향으로 전기장이 형성되고, 도체의 오른쪽이 왼쪽보다 전위가 더 높다. 이 전위차를 **홀 전압**이라고 한다.

● 자기병 원리

오른쪽 그림과 같이 떨어져 있는 두 개의 원형 코일에 전류가 흐르는 경우 두 코일에 가까운 쪽은 자기장이 세고, 두 코일 사이의 부분은 자기장이 약하다.

자기병 양 끝 부근에서 자기장 B 의 방향은 비스듬히 기울어져 있고, 이 자기장 B 에 수직인 방향으로 힘을 받게 되므로 자기력 F 는 항상 자기병 중심을 향하는 성분을 갖게 된다. 따라서 대전 입자는 한 쪽 끝에서 다른 쪽 끝으로 나선 왕복 운동을 한다.

● 토카막

토카막이란 핵융합 반응을 일으키기 위한 초고온 플라스마를 자기장을 이용하여 가두는 장치이다.

▲ 토카막 내부

토카막 내부에는 전자와 이온을 가두는 코일이 도넛 모양으로 설치되어 있으며, 자기력선이 장치 내부를 따라 형성되므로 전자와 이온은 나선 운동을 계속 유지하며 장치 내부를 돌게 된다.

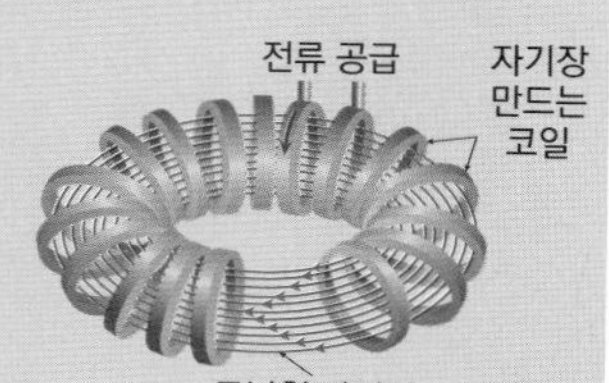

▲ 토카막의 구조

개념확인 5

자기장 내에 있는 도선이나 도체에서 운동하는 전하가 로런츠 힘을 받아 한쪽으로 치우치는 현상을 □□□(이)라고 한다.

확인 + 5

자기장에 비스듬히 입사된 대전 입자는 자기장 내에서 어떤 운동을 하게 되는가?

① 나선 운동　② 등속 원운동　③ 포물선 운동
④ 등속 직선 운동　⑤ 등가속도 운동

미니사전

플라스마[plasma] 기체처럼 구성 입자가 자유롭게 운동하지만 입자들이 모두 이온화된 상태로 전기장과 자기장에 대하여 매우 큰 반응성을 가짐

〈 홀 효과 〉

자기장 B 에 놓인 폭이 d 인 도체에 전기장 E 가 형성되면 이 전기장은 전하가 받는 전기력과 자기력이 같아질 때까지 증가한다. 전기력과 자기력이 같아졌을 때 전하의 유동 속력(평균 속력)을 v 라고 하면, $qvB = qE$ ⇨ $E = vB$ 이므로, 홀 전압 V_H는 다음과 같다.

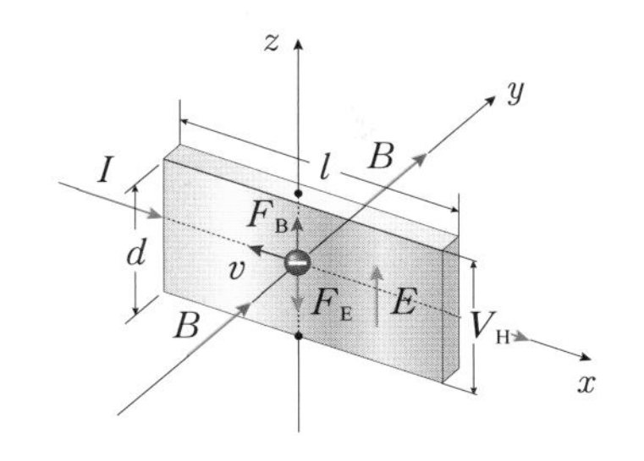

$$V_H = E \cdot d = vB \cdot d \Rightarrow vd = \frac{V_H}{B}$$

도체에 흐르는 전류를 I, 도선의 단면적을 $S(= dl)$, 자유 전자의 전하량을 e, 단위 부피당 전자의 개수를 n 이라고 하면,

$$I = Senv \Rightarrow v = \frac{I}{Sen} = \frac{I}{endl}, \quad V_H = vB \cdot d = \frac{IBd}{endl} = R_H\frac{IB}{l} \quad (R_H = \frac{1}{ne} : \text{홀 계수})$$

● 홀 효과의 의의

전하 운반체의 종류를 판별함으로써 전류가 전자의 흐름이라는 것을 증명하였다.

② **홀 효과의 이용** : 홀 전압을 측정하면 도선이나 도체에 작용하는 자기장의 세기와 방향을 알 수 있기 때문에 이를 이용한 자기장 센서가 스마트폰이나 GPS 등에 사용된다.

(3) 사이클로트론 : 로런츠 힘을 이용하여 대전 입자를 여러 번 가속시켜 큰 에너지를 갖도록 하는 가속기의 일종이다.

① **구조** : 자석의 N 극, S 극 사이에 속이 진공 상태인 D 자 모양의 금속통(Dee) 두 개가 서로 마주보고 있다.

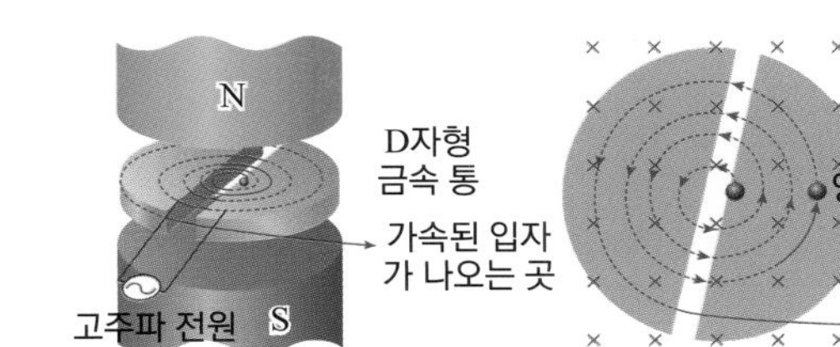

▲ 사이클로트론의 구조와 사이클로트론에서 양성자의 궤적

② **원리** : 금속통에 수직으로 자기장을 걸어주고 두 통에 고주파 교류 전원을 연결한 후, 금속통(전극) 속에 대전 입자를 넣어 주면 이 입자는 로런츠 힘을 받아 등속 원운동한다. 이때 한 쪽 금속통에서 다른 쪽 금속통으로 갈 때마다 전기장에 의해 가속되어 점차 빨라지게 되고 원운동의 반지름도 커진다.

· 원운동 반지름 : $r = \frac{mv}{Bq}$, 원운동 주기 : $T = \frac{2\pi r}{v} = \frac{2\pi m}{Bq}$

⇨ m, B, q 이 일정할 때, 주기 T 가 일정하며, 주기 T 가 일정할 때 $r \propto v$ 이므로 입자의 회전 반지름이 커지면 속력이 점점 증가한다.

● 사이클로트론

금속통에 $\frac{T}{2}$시간 간격으로 (+)극과 (−) 극이 바뀌는 교류 전압 V 를 걸어 주면 이온은 한 쪽 금속통에서 다른 쪽 금속통으로 건너갈 때마다 금속통과 이온 사이의 전기력에 의해 가속되어 조금씩 더 큰 원을 돌면서 빨라진다. ⇨ qV 만큼씩 에너지가 증가한다

● 사이클로트론의 이용

사이클로트론을 이용하여 높은 에너지를 갖게 된 이온은 원자핵의 인공 변환과 같은 원자핵 반응에 이용된다.
사이클로트론으로 생산하는 방사성 동위 원소는 암 진단 및 치료에 사용되며, 살균이나 해충 박멸, 식물의 품종 개량, 구조물에 난 균열이나 송유관의 누유 지점 등을 찾는 데 이용된다.

개념확인 6

정답 및 해설 38쪽

□□□□(을)를 이용하여 대전 입자를 가속시키는 장치를 사이클로트론이라고 한다.

확인 + 6

다음은 사이클로트론의 원리를 설명한 것이다. 빈칸에 알맞은 말을 각각 넣으시오.

사이클로트론은 대전 입자를 가속시켜 큰 에너지를 갖도록 하는 가속기이다. Dee라 부르는 금속통 속으로 입사된 대전 입자는 운동 방향과 수직인 방향으로 형성된 자기장으로 인해 ㉠ (　　　　)을 하게 된다. 이때 원운동의 주기가 ㉡ (　　　　) 하므로, 반지름이 커질수록 속력이 ㉢(　　　　) 한다.

개념 다지기

01 오른쪽 그림과 같이 직선 도선을 나침반 위 일정한 높이에 남북 방향으로 설치한 후 직선 전류에 의한 자기장의 방향을 알아보려고 한다. 스위치를 닫았을 때 나침반의 N 극은 어느 쪽으로 회전하는가?

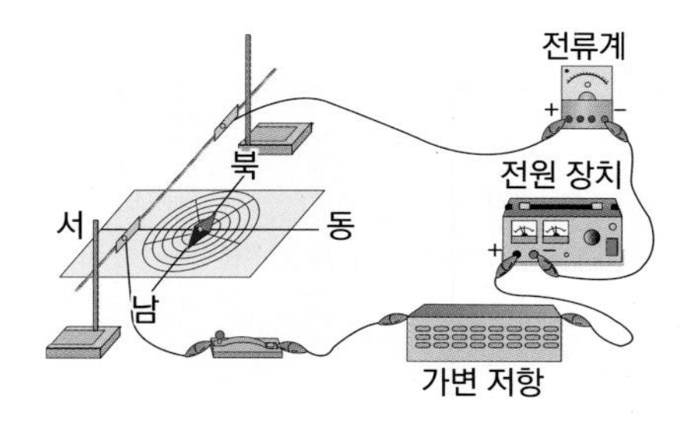

① 동쪽 ② 서쪽 ③ 남쪽
④ 북쪽 ⑤ 도선 방향

02 오른쪽 그림과 같이 길이가 20 cm, 반지름이 5 cm, 도선의 감은 수가 100 번인 솔레노이드에 1 A 의 전류가 흐르고 있다. 이에 대한 설명으로 옳은 것만을 <보기> 에서 있는 대로 고른 것은? (단, 비례 상수 $k'' = 4\pi \times 10^{-7}$ T·m/A 이다.)

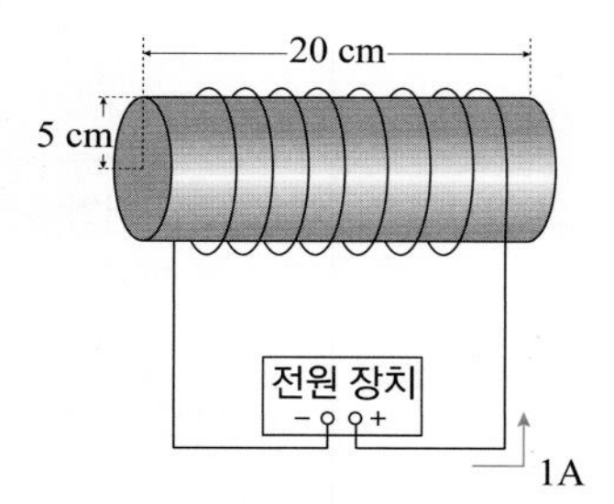

〈 보기 〉

ㄱ. 솔레노이드 내부 자기장의 세기는 $4\pi \times 10^{-5}$ T 이다.
ㄴ. 솔레노이드 내부 철심이 전자석이 되었을 때 철심의 왼쪽은 N 극, 오른쪽은 S 극이 된다.
ㄷ. 솔레노이드에 흐르는 전류의 세기를 2 배 증가시켜주면 솔레노이드 내부 자기장의 세기도 2 배가 된다.

① ㄱ ② ㄴ ③ ㄷ ④ ㄴ, ㄷ ⑤ ㄱ, ㄴ, ㄷ

03 오른쪽 그림과 같이 구리선과 나란한 방향으로 말굽 자석을 놓은 후 말굽 자석 사이에 구리선과 수직한 방향으로 금속 막대를 놓고 전원 장치, 스위치를 연결하였다. 스위치를 닫았을 때 금속 막대가 이동하는 방향을 고르시오.

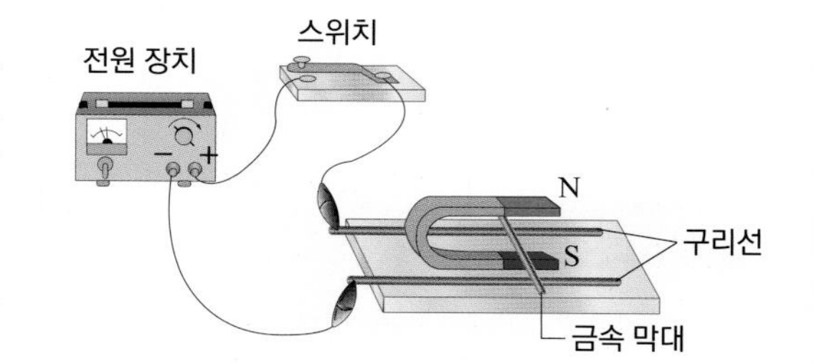

(㉠ 왼쪽 방향 ㉡ 오른쪽 방향)

04 오른쪽 그림과 같이 자기장의 세기가 B = 1 T 로 균일한 자기장과 30° 를 이룬 채 놓여 있는 0.5 m 직선 도선이 있다. 이 도선에 4 A 의 전류가 흐른다면 이 도선에 작용하는 자기력의 크기는 얼마인가?

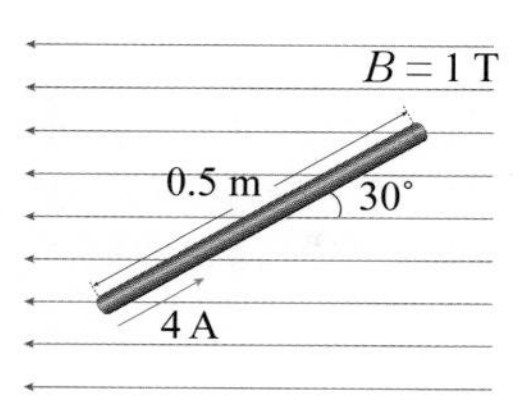

( ) N

05 오른쪽 그림과 같이 1 m 떨어진 무한히 긴 두 평행 도선 A, B 에 각각 1 A, 2 A의 전류가 서로 반대 방향으로 흐르고 있다. 이에 대한 설명으로 옳은 것만을 <보기> 에서 있는 대로 고른 것은? (단, 비례 상수 $k = 2 \times 10^{-7}$ T·m/A 이다.)

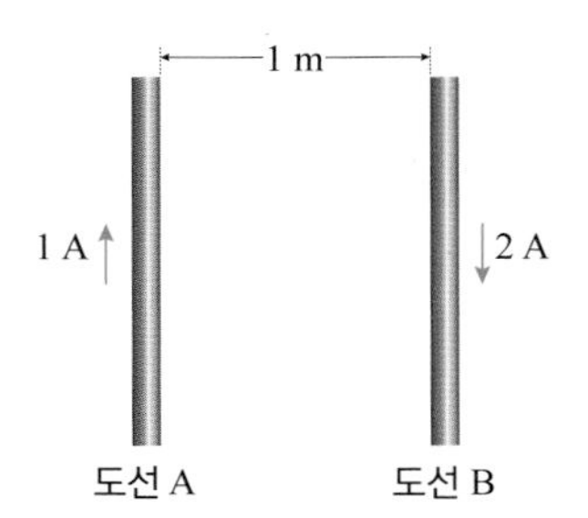

〈 보기 〉

ㄱ. 도선 A 에 작용하는 힘은 B 에 작용하는 힘의 2 배이다.
ㄴ. 두 도선의 중앙에서 자기장의 방향은 지면에 수직으로 들어가는 방향이다.
ㄷ. 도선 1 m 길이에 작용하는 자기력의 크기는 4×10^{-7} N 이다.

① ㄱ ② ㄴ ③ ㄷ ④ ㄴ, ㄷ ⑤ ㄱ, ㄴ, ㄷ

06 오른쪽 그림과 같이 균일한 자기장에서 운동하는 물체 A ~ E 의 어느 순간 운동 방향이 화살표와 같았다. 각 물체의 질량, 전하량, 속력이 모두 같다면, 이 순간에 물체가 받는 자기력 $F_A \sim F_E$ 의 크기를 부등호를 이용하여 비교하시오.

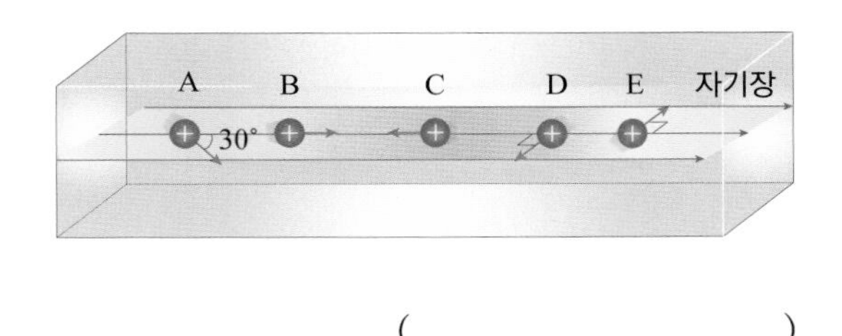

( )

07 홀 효과에 대한 설명 중 옳은 것은 ○ 표, 옳지 않은 것은 × 표 하시오.

(1) 홀 전압이 클수록 자기장의 세기가 큰 곳이다. ( )
(2) 홀 전압은 자기장의 방향과 나란한 방향으로 발생한다. ( )
(3) 홀 효과에 의해 전위차가 발생할 때 (+) 전하를 띠는 곳의 전위가 더 높다. ( )

08 오른쪽 그림은 사이클로트론의 기본 구조를 나타낸 것이다. D 자형 금속통 내부에서 입자는 원운동을 한다고 가정할 때, 이에 대한 설명으로 옳은 것만을 <보기> 에서 있는 대로 고른 것은?

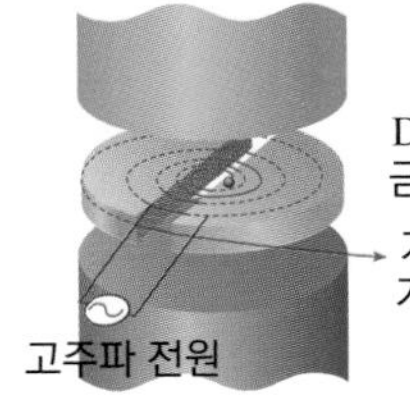

〈 보기 〉

ㄱ. 운동하는 입자가 받는 로런츠 힘이 구심력 역할을 한다.
ㄴ. 입자의 원운동 주기는 입자의 속력과 반지름의 크기에 관계없이 일정하다.
ㄷ. D 자형 금속통을 옮겨갈 때마다 입자의 속력은 증가한다.

① ㄱ ② ㄴ ③ ㄷ ④ ㄴ, ㄷ ⑤ ㄱ, ㄴ, ㄷ

유형익히기&하브루타

유형17-1 전류에 의한 자기장

그림 (가) 와 같이 $+y$ 방향으로 전류 I_1 이 흐르는 무한히 긴 직선 도선 A 로 부터 r 만큼 떨어진 P 점에서 자기장의 세기는 B_A 이다. 그림 (나) 는 그림 (가) 와 같은 직선 도선 A 로 부터 r 만큼 떨어진 곳에 전류 I_2 가 흐르는 반지름이 r 인 원형 도선 B 가 놓여 있는 것을 나타낸 것이다. 원형 도선의 중심 Q 점에서 자기장의 세기는 0 이다. 이에 대한 설명으로 옳은 것만을 <보기> 에서 있는 대로 고른 것은? (단, 도선 A 와 B 는 모두 xy 평면에 고정되어 있다.)

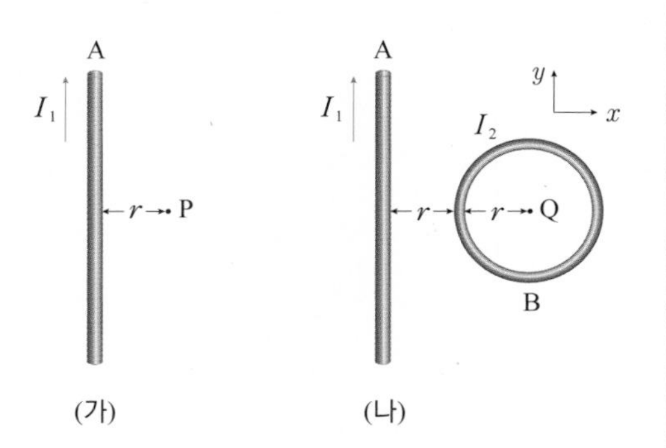

〈 보기 〉

ㄱ. $I_1 = 2\pi I_2$ 이다.
ㄴ. 전류 I_2 는 반시계 방향으로 흐른다.
ㄷ. Q 점에서 원형 도선에 흐르는 전류에 의한 자기장의 세기는 $\frac{B_A}{2}$ 이다.

① ㄱ ② ㄴ ③ ㄷ ④ ㄱ, ㄴ ⑤ ㄱ, ㄴ, ㄷ

01 다음 그림과 같이 전류 I 가 흐르는 무한히 긴 직선 도선 네 개를 직각으로 겹쳐 정사각형 모양이 되도록 하였다. 정사각형의 중심이 O일 때, R은 P와 O 의 중점, S 는 Q 와 O 의 중점일 때, O, R, S 에서 네 직선 도선에 의한 합성 자기장의 세기의 비 $B_O : B_R : B_S$ 는?

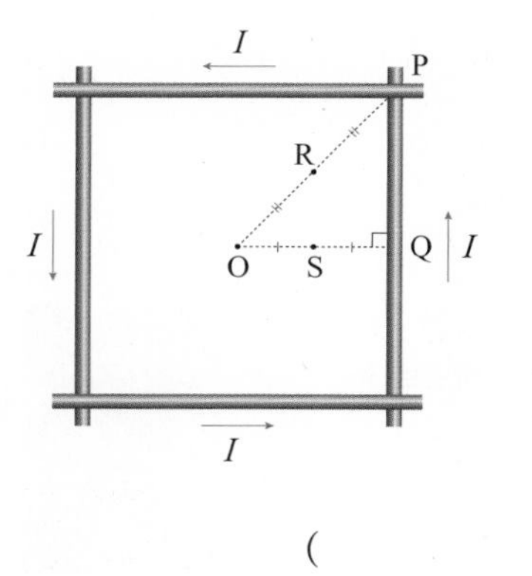

( )

02 그림 (가) 와 같이 중심이 O로 같은 반지름이 r, $2r$ 인 원형 도선에 각각 화살표 방향으로 I_1, I_2 의 전류가 흐를 때, O점에서 자기장의 세기가 B 였다. (가) 에서 반지름이 $2r$ 인 도선에 흐르는 전류의 방향이 반대로 바뀌었을 때 그림 (나) 와 같이 O 점에서 자기장은 (가) 와 반대 방향으로 $2B$ 가 되었다. $I_1 : I_2$ 는?

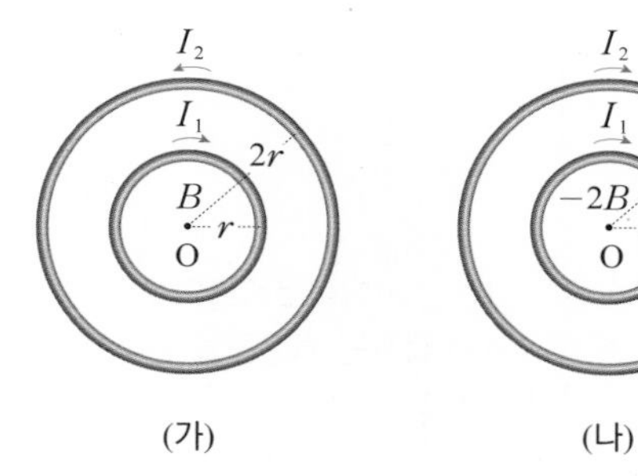

① 1 : 6 ② 1 : 2 ③ 1 : 1
④ 2 : 1 ⑤ 6 : 1

유형17-2 자기장 속에서 도선이 받는 힘

다음 그림은 균일한 자기장 B 영역에서 전원 장치에 연결된 평행 금속 레일 위에 단면이 둥근 금속 막대를 올려 놓은 모습이다. 자기장의 방향은 지면으로 수직하게 들어가는 방향이다. 이에 대한 설명으로 옳은 것만을 <보기> 에서 있는 대로 고른 것은?

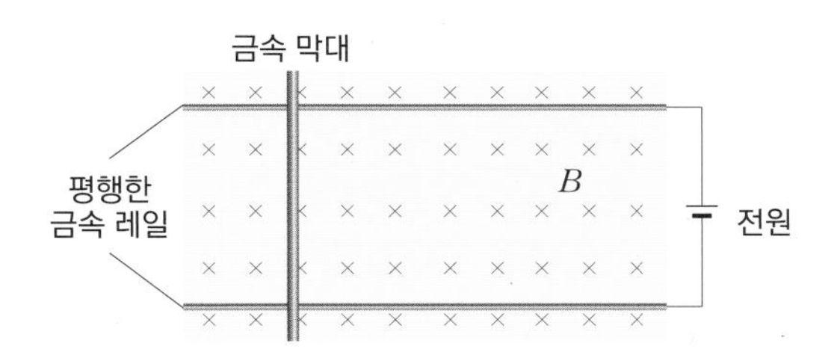

〈 보기 〉

ㄱ. 금속 막대에는 오른쪽 방향으로 자기력이 작용한다.
ㄴ. 평행한 금속 레일에 흐르는 전류의 세기가 2 배로 증가하면, 자기력의 세기도 2 배로 증가한다.
ㄷ. 평행한 금속 레일의 간격이 좁을수록 금속 막대에 작용하는 자기력의 크기가 크다.

① ㄱ　② ㄴ　③ ㄱ, ㄴ　④ ㄴ, ㄷ　⑤ ㄱ, ㄴ, ㄷ

03 다음 그림과 같이 무한히 긴 평행한 직선 도선 A와 B 에 I, $3I$ 인 전류가 각각 서로 반대 방향으로 흐르고 있다. P, O, Q점은 그림처럼 각각 도선으로부터 r 만큼 떨어진 지점이다. 이에 대한 설명으로 옳은 것만을 <보기> 에서 있는 대로 고른 것은?

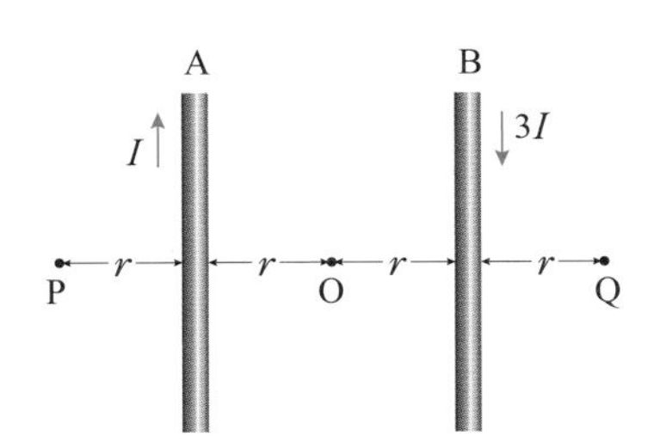

〈 보기 〉

ㄱ. 도선 A 에 작용하는 힘은 B에 작용하는 힘보다 크다.
ㄴ. O 점과 Q 점에 형성되는 자기장의 방향은 서로 반대이다.
ㄷ. 자기장의 세기는 O > Q > P 순이다.

① ㄱ　② ㄴ　③ ㄷ
④ ㄴ, ㄷ　⑤ ㄱ, ㄴ, ㄷ

04 다음 그림과 같이 시계 방향으로 전류 I가 흐르는 사각형 도선이 균일한 자기장 B가 형성된 공간에 놓여 있다. 사각형 도선의 각 부분 A, B, C, D 에 작용하는 자기력의 크기 F_A, F_B, F_C, F_D 를 바르게 비교한 것은?

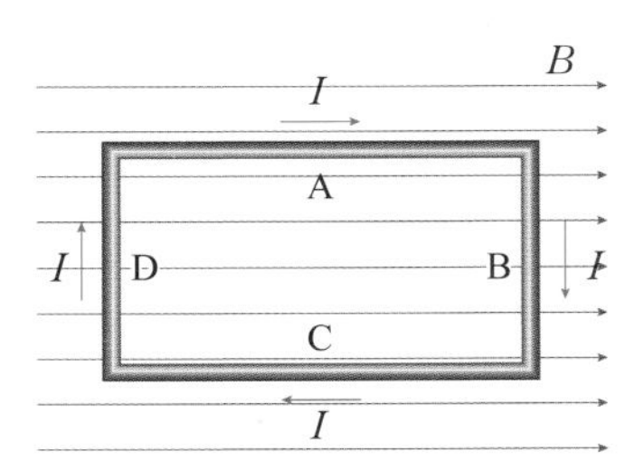

① $F_A = F_C < F_B = F_D$
② $F_A < F_B = F_D < F_C$
③ $F_B = F_D < F_A = F_C$
④ $F_B < F_A = F_C < F_D$
⑤ $F_D < F_A = F_C < F_B$

유형익히기&하브루타

유형17-3 로런츠 힘 I

균일한 자기장이 형성된 공간에 자기장과 수직인 방향으로 대전 입자 A 와 B 가 같은 속도 v 로 입사하였더니 그림과 같은 원궤도를 그리며 각각 운동하였다. 이에 대한 설명으로 옳은 것만을 <보기> 에서 있는 대로 고른 것은?

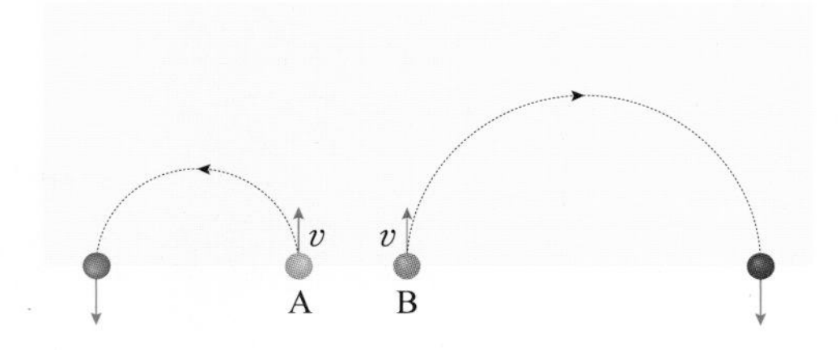

〈 보기 〉

ㄱ. 입자 A 의 가속도의 크기는 입자 B 보다 크다.
ㄴ. 입자 A 와 B 의 질량이 같다면, 전하량은 A 가 B 보다 크다.
ㄷ. 자기장이 지면에 수직으로 들어가는 방향이라면, 입자 A 는 (+) 전하이다.

① ㄱ ② ㄴ ③ ㄱ, ㄴ ④ ㄴ, ㄷ ⑤ ㄱ, ㄴ, ㄷ

05 다음 그림과 같이 균일한 자기장 영역에 전하량이 같은 입자 A 와 B 가 $+y$ 방향으로 같은 속력 v 로 동시에 입사하였다. 원궤도를 따라 운동한 후, A 는 $-y$ 방향으로, B 는 $+x$ 방향으로 동시에 자기장 영역에서 벗어났다. 이에 대한 설명으로 옳은 것만을 <보기> 에서 있는 대로 고른 것은?

[수능 기출 유형]

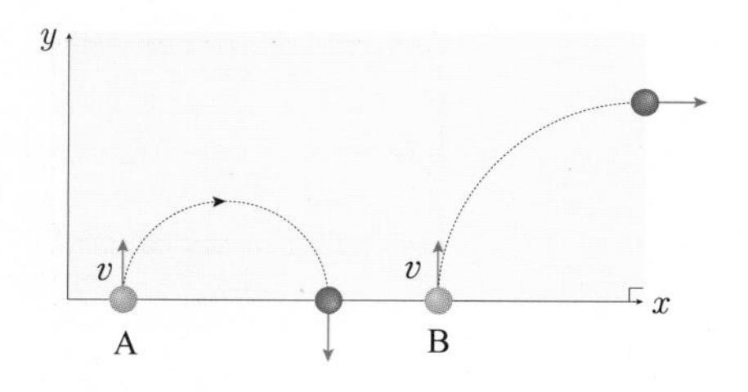

〈 보기 〉

ㄱ. A 와 B 가 (−) 전하를 띤 경우 자기장의 방향은 지면으로 들어가는 방향이다.
ㄴ. A 와 B 의 질량비 $m_A : m_B = 1 : 2$ 이다.
ㄷ. 자기장 영역에서 나갈 때 속력은 A 와 B 모두 v 로 같다.

① ㄱ ② ㄴ ③ ㄷ
④ ㄱ, ㄴ ⑤ ㄱ, ㄴ, ㄷ

06 다음 그림은 균일한 자기장 B 가 형성된 공간에 속력 v 로 입사한 대전 입자의 운동 경로를 나타낸 것이다. 대전 입자는 자기장과 60° 의 각을 이루며 입사하였다. 이에 대한 설명으로 옳은 것만을 <보기> 에서 있는 대로 고른 것은?

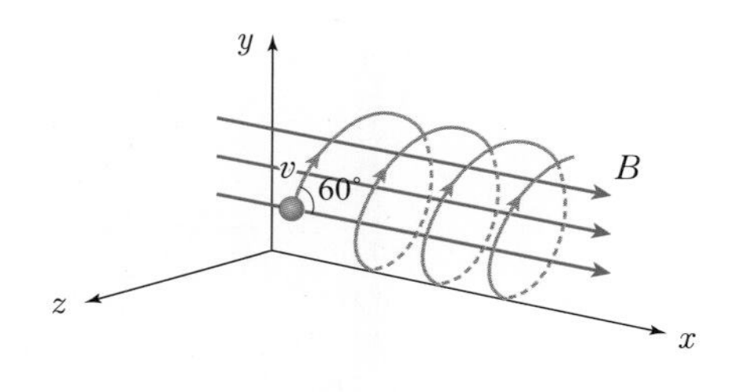

〈 보기 〉

ㄱ. 입자는 (+) 전하를 띠고 있다.
ㄴ. 자기장 세기가 커지면, 대전 입자가 그리는 나선 궤도 반지름도 커진다.
ㄷ. 시간 t 동안 대전 입자가 $+x$ 방향으로 이동한 거리는 vt 이다.

① ㄱ ② ㄴ ③ ㄷ
④ ㄱ, ㄷ ⑤ ㄱ, ㄴ, ㄷ

유형17-4 로런츠 힘 Ⅱ

그림과 같이 지면에 수직으로 들어가는 방향으로 세기가 B 인 균일한 자기장 영역에 놓인 폭이 d 인 도체에 $+x$ 방향으로 전류 I 가 흐르고 있다. P 점과 Q 점은 y 축 방향의 두 점이다. 이에 대한 설명으로 옳은 것만을 <보기> 에서 있는 대로 고른 것은?

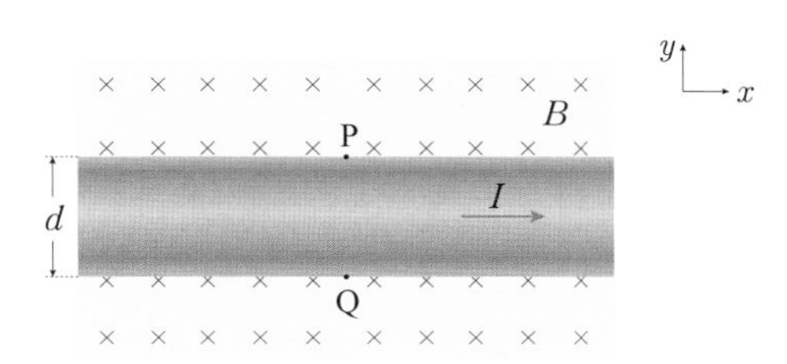

〈 보기 〉

ㄱ. P 점의 전위가 Q 점보다 높다.
ㄴ. 도체에서 운동하는 전자는 $+y$ 방향으로 로런츠 힘을 받는다.
ㄷ. 두 점 PQ 사이의 전위차가 V 일 때, 도체 내에서 운동하는 전자의 속력은 $\frac{2V}{dB}$ 이다.

① ㄱ ② ㄴ ③ ㄷ ④ ㄴ, ㄷ ⑤ ㄱ, ㄴ, ㄷ

07 다음 그림과 같이 일정한 세기의 자기장 B 속에 놓여 있는 2 mm 길이의 도체에 $+x$ 방향으로 1.7 A의 전류를 흘려주었더니 홀전압 $V_H = 0.25$ μV 가 측정되었다. 자기장의 크기 B 는 얼마인가? (단, 자기장은 $+y$ 방향이고, 도체는 $+x$ 방향으로 놓여있으며, 도체의 단위 부피당 전자의 개수 $n = 8.5 \times 10^{28}$ 개/m^3, 전하량 $e = 1.6 \times 10^{-19}$ C 이다.)

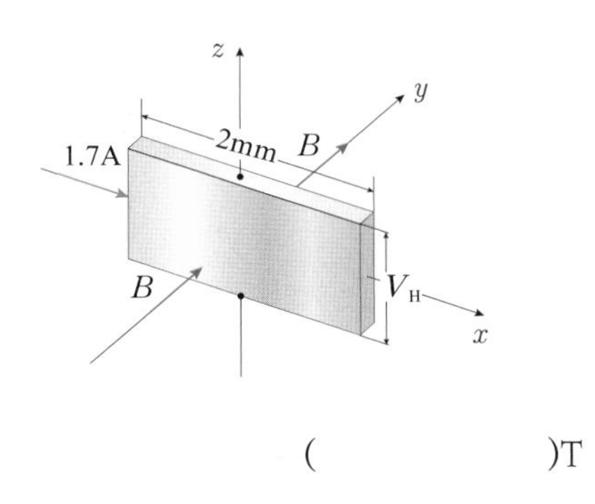

( )T

08 다음 그림은 사이클로트론 내부 O 점에 가만히 놓은 전하량이 q 인 입자가 가속되어 속력 v 로 방출되는 것을 나타낸 것이다. 위쪽 Dee P 와 아래쪽 Dee Q 는 균일한 자기장 B 내에 놓여 있다. 이에 대한 설명으로 옳은 것만을 <보기> 에서 있는 대로 고른 것은? (단, 전기장 영역의 두께는 무시한다.)

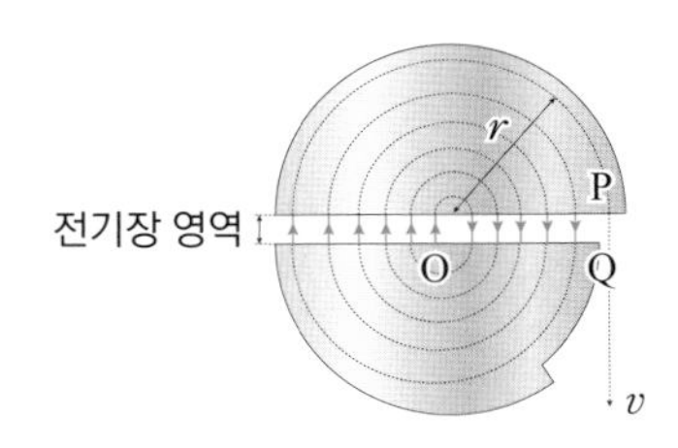

〈 보기 〉

ㄱ. 입자는 자기장의 영향을 받아서 속력이 점점 빨라진다.
ㄴ. 입자의 질량이 m 일 때, $v = \frac{qBr}{m}$ 이다.
ㄷ. 자기장 영역 내에서 입자는 일정한 주기로 회전한다.

① ㄴ ② ㄷ ③ ㄱ, ㄷ
④ ㄴ, ㄷ ⑤ ㄱ, ㄴ, ㄷ

창의력&토론마당

01 다음 그림은 반지름이 각각 r 과 $R(R > r)$ 인 두 개의 동심 원호로 만든 세 개의 도선 A, B, C 이다. 각 도선에는 같은 세기의 전류가 같은 방향으로 흐르며, 두 반지름의 사이각은 같다. 중심에서 알짜 자기장의 세기가 큰 순서대로 나열하시오.

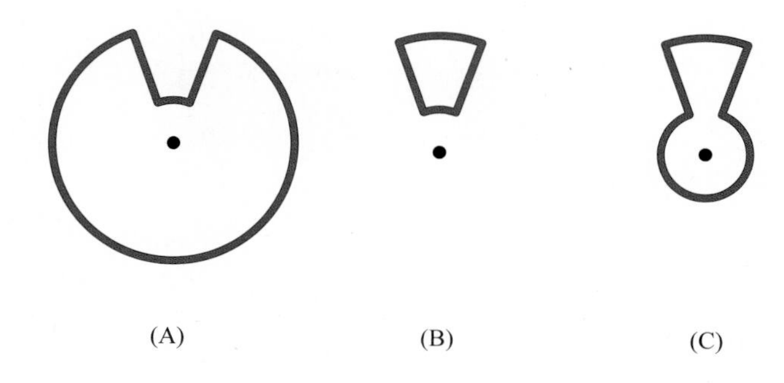

02 오른쪽 그림과 같이 전류 I 가 흐르는 직선 도선 P 로부터 거리 r 만큼 떨어진 지점에 둘레의 총 길이가 $12d$ 로 같은 도형 A, B, C, D 가 있다. A ~ D 에 반시계 방향으로 같은 세기의 전류가 흐르고 있을 때 작용하는 알짜힘이 큰 순서대로 쓰시오.

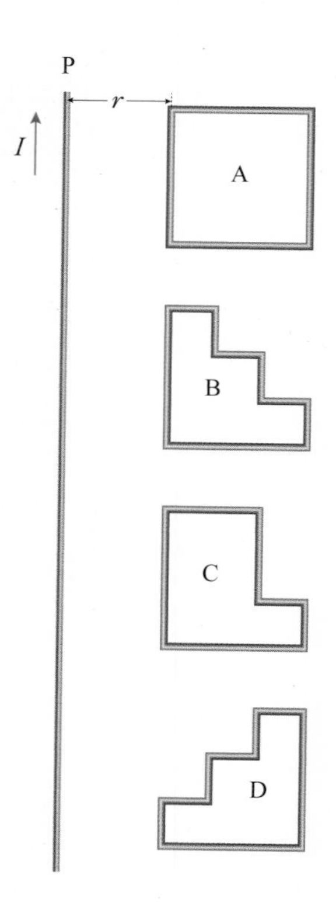

03 다음 그림은 이온의 질량을 측정하는 질량 분석기의 기본 구조이다.

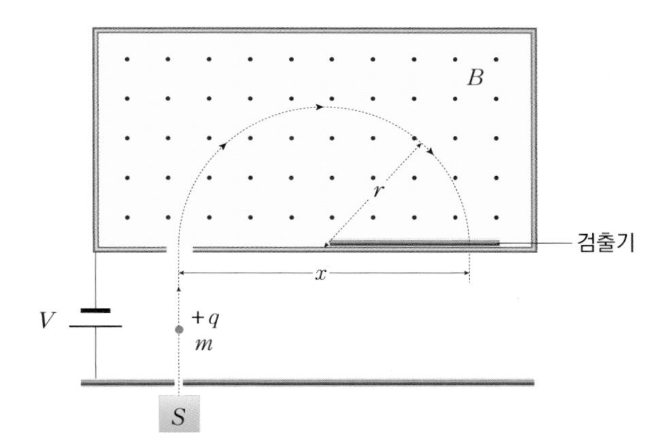

질량이 m, 전하량이 $+q$ 인 이온이 대전 입자 발생기 S 에서 발생되어 전압 V 를 걸어준 전기장에 의해 가속된다. 이 이온은 이온의 경로에 수직인 균일한 자기장 B 가 걸려 있는 상자 속으로 들어가고, 반지름이 r 인 원 궤도를 따라 운동한 후 수평 거리 x 만큼 떨어진 검출기에 부딪친다. 이온의 질량을 구하시오.

04 다음 그림과 같이 xy 평면에 수직으로 들어가는 방향의 균일한 자기장 영역에서 중력과 자기력을 받아 $+x$ 방향으로 등속 직선 운동하던 전하량 q 인 입자가 자기장 영역을 벗어난 후, 포물선 운동을 하여 수평면의 한 지점에 떨어졌다. 포물선 운동을 하는 동안 입자의 $+x$ 방향, $-y$ 방향 변위가 각각 L, H 만큼 변하였고, 중력 가속도의 방향은 $-y$ 방향이다. 이 입자의 질량은? (단, 자기장의 세기는 B, 중력 가속도는 g 이고, 입자의 크기, 공기 저항, 전자기파의 발생은 모두 무시한다.)

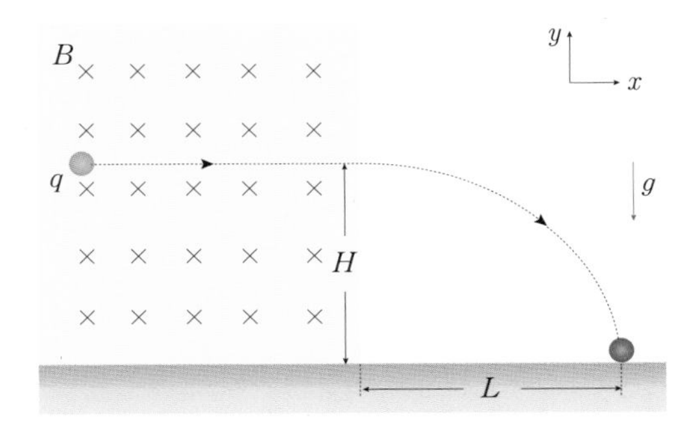

창의력&토론마당

05 그림 (가) 와 같이 질량이 m 인 물체를 45° 의 각도로 속력 v 로 던졌다. 이때 수평 도달 거리가 R, 지면에 도달할 때까지 걸린 시간은 t 였다. 물음에 답하시오. (단, 중력 가속도는 g 이고, 공기의 저항은 무시한다.)

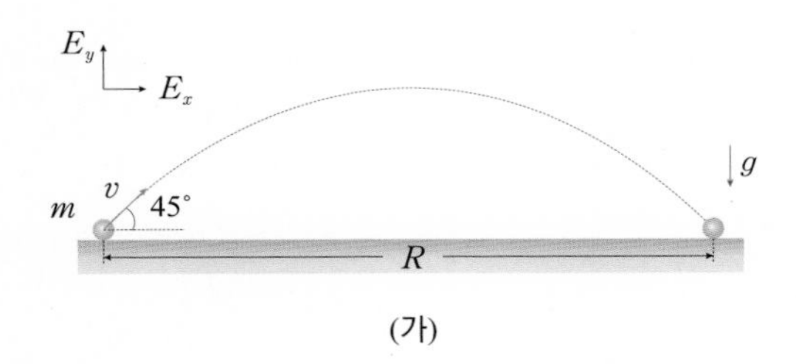

(가)

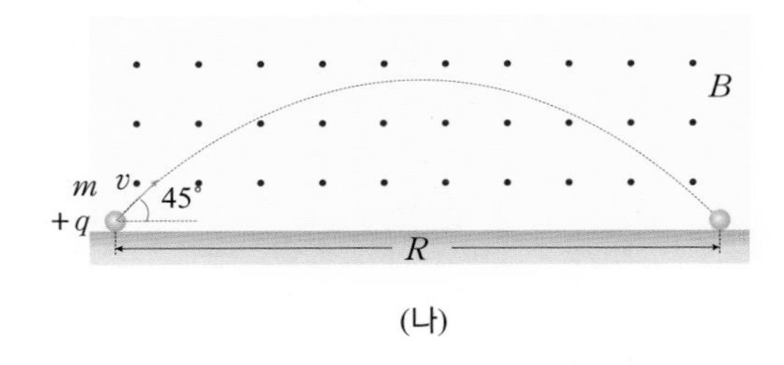

(나)

(1) (가) 에서 물체를 전하 $+q$ 로 대전시켜서 같은 각도로 속력 v 로 던졌더니, 수평 도달 거리는 $2R$, 지면에 도달할 때까지 걸린 시간은 $2t$ 가 되었다. 전기장 E 의 x 성분과 y 성분 E_x, E_y 를 각각 구하시오. (단, 그림과 같이 공중에서 균일한 전기장을 걸어주었다고 가정한다.)

(2) 전기장을 변화시켜 물체에 가해진 전기력이 물체의 중력을 완전히 상쇄시키고, 그림 (나) 와 같이 지면에서 나오는 방향으로 균일한 자기장 B 를 가해주었다. 이 공간에서 (1) 과 같은 물체를 45° 각도로 속력 v 로 던졌을 때 수평 도달 거리가 R 이 되었다. 자기장 B 는 얼마인가?

06 다음 그림과 같은 xy 평면이 있다. x 가 $-d < x < 0$ 인 구역에는 $-x$ 방향의 균일한 전기장 E 가 형성되어 있고, $x > 0$ 인 구역에는 균일한 자기장 B 가 형성되어 있다. 이때 질량 m, 전하량 q 인 입자가 $x = -d$ 인 지점에서 속력 v 로 입사하여 가속된 후 P 점을 속력 $2v$ 로 통과한 뒤, 등속 원운동하여 Q 점으로 나왔다. 물음에 답하시오.

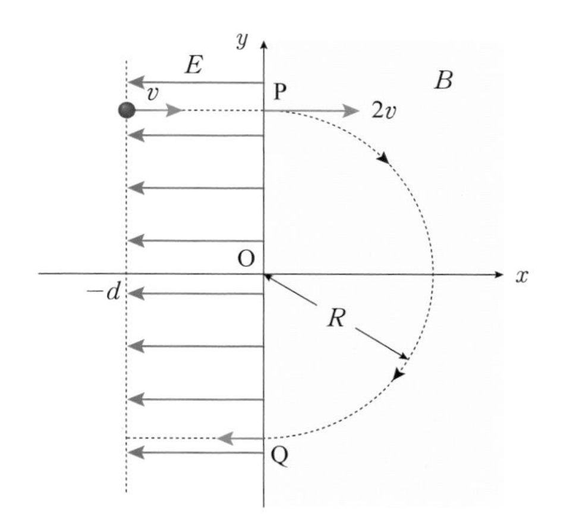

(1) 전기장 세기 E 를 m, v, q, d 를 이용하여 나타내시오.

(2) 원운동 반지름 R 을 m, v, q, B 를 이용하여 나타내시오.

(3) 입자가 P 점에서 Q 점까지 이동하는 데 걸리는 시간은?

스스로 실력높이기

A

01 다음 그림과 같이 위쪽 방향으로 전류가 흐르는 도선을 방향을 유지한 채 나침반 자침의 S 극에 가까이 가져갔다. 이때 나침반의 S 극이 움직이는 방향은?

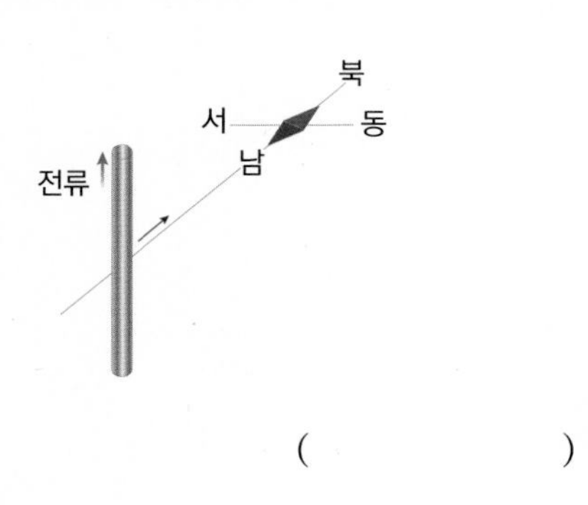

(　　　　　　　　)

02 오른쪽 그림과 같은 직선 도선에 전류 I가 흐를 때, 거리 r 인 지점에서 자기장의 세기가 B였다. 전류의 세기가 $2I$ 로 변하였을 때, 거리 $3r$ 인 지점에서 자기장의 세기는?

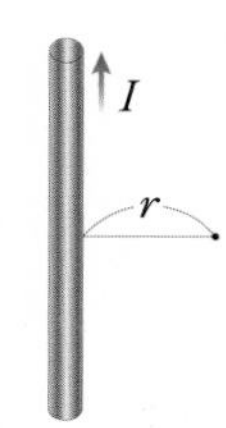

① $\frac{2}{3}B$　　② B　　③ $\frac{3}{2}B$
④ $2B$　　⑤ $3B$

03 오른쪽 그림과 같이 반지름이 0.2 m 인 원형 도선에 3 A의 전류가 반시계 방향으로 흐른다. 이 원형 도선의 중심 O 에서 ㉠ 자기장의 세기를 구하고, ㉡ 자기장의 방향을 고르시오 (단, 비례 상수 $k' = 2\pi \times 10^{-7}$ T·m/A 이다.)

㉠(　　　　　　　　) T
㉡ (ⓐ 지면에서 나오는 ⓑ 지면으로 들어가는) 방향

04 다음 그림은 전류가 흐르는 솔레노이드의 내부와 외부에 형성된 자기력선을 나타낸 것이다. 이에 대한 설명으로 옳은 것만을 <보기> 에서 있는 대로 고른 것은?

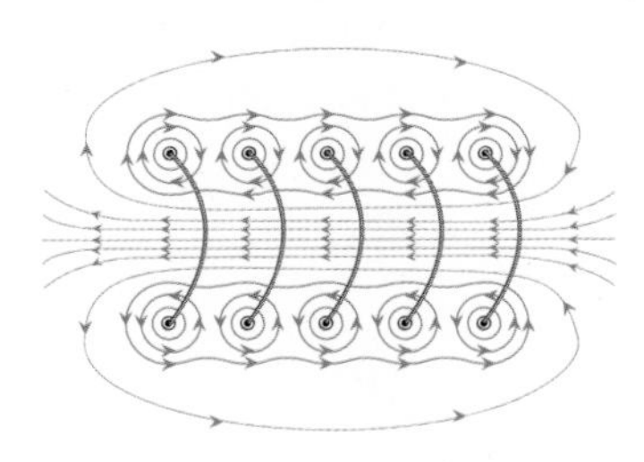

〈 보기 〉

ㄱ. 코일을 더 촘촘히 감으면 솔레노이드 내부 자기력선의 수가 증가한다.
ㄴ. 솔레노이드에 흐르는 전류의 세기를 증가시키면 솔레노이드 양 극부분에서 나오거나 들어가는 자기력선의 수가 증가한다.
ㄷ. 같은 모양의 솔레노이드를 직렬로 연결하면 내부를 통과하는 자기력선의 수가 2 배가 된다.

① ㄱ　　② ㄴ　　③ ㄷ
④ ㄱ, ㄴ　　⑤ ㄱ, ㄴ, ㄷ

05 다음 그림과 같이 자기장의 세기 $B = 1$ T 로 균일한 자기장과 30°를 이룬 채 놓여 있는 0.1 m 직선 도선에 2 A 의 전류가 흘렀다. 이 도선을 반시계 방향으로 회전시켜 자기장의 방향과 90°를 이루도록 하였다. 회전하는 동안 직선 도선에 작용하는 자기력의 크기 F 의 범위는?

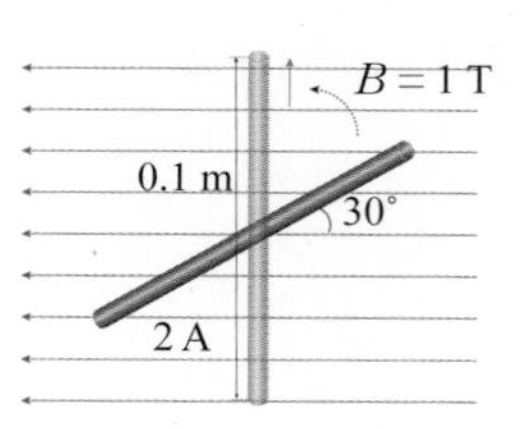

① $F \leq 0.2$ N　　② $F \leq 0.1$ N　　③ $F \geq 0.1$ N
④ $F \geq 0.2$ N　　⑤ $0.1\text{N} \leq F \leq 0.2$ N

06 다음 그림과 같이 0.5 m 만큼 떨어진 채 나란하게 놓여 있는 도선 P 와 Q 에 1 A 의 전류가 같은 방향으로 흐르고 있다. 도선 Q 가 받는 ⓐ 자기력의 방향을 ㄱ, ㄴ 중 고르고, ⓑ 도선 1 m 의 길이에 작용하는 자기력의 크기를 각각 쓰시오. (단, 비례 상수 $k = 2 \times 10^{-7}$ T·m/A 이다.)

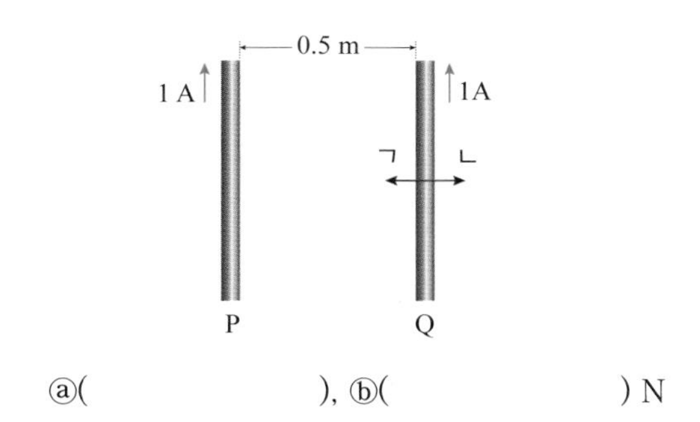

ⓐ(　　　　　　), ⓑ(　　　　　　) N

07 균일한 자기장 B 와 수직인 방향으로 속력 v 로 입사한 전하량 q 인 대전 입자가 받는 힘의 크기는?

① $\frac{q}{Bv}$　② $\frac{qB}{v}$　③ $\frac{B}{qv}$
④ $\frac{v}{qB}$　⑤ qvB

08 중력이나 마찰을 무시할 수 있는 공간에서 균일한 자기장에 수직한 방향으로 입사된 대전 입자는 어떤 운동을 하게 되는가?

① 나선 운동　② 등속 원운동
③ 포물선 운동　④ 등속 직선 운동
⑤ 등가속도 운동

09 전하량 q, 질량이 m 인 대전 입자가 균일한 자기장 B 의 방향과 θ 의 각을 이루면서 속도 v 로 입사되었다. 이 입자가 운동하여 처음 속도 v 와 방향이 처음으로 같아지는 데 걸리는 시간은 얼마인가? (단, $0 < \theta < 90°$ 이다.)

① $\frac{mqB}{2\pi}$　② $\frac{2\pi}{mqB}$　③ $\frac{qB}{2\pi m}$
④ $\frac{2\pi m}{qB}$　⑤ $\frac{mv^2}{qB}$

10 다음 그림과 같이 균일한 자기장이 형성된 공간에서 금속판에 전류를 흐르게 하였더니 도체의 양단에 전위차가 발생하였다. 금속판 주위에 형성된 자기장의 방향은?

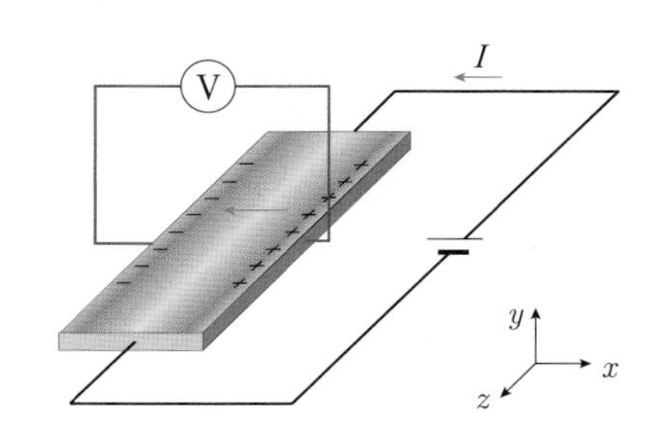

① $+x$ 방향　② $+y$ 방향　③ $+z$ 방향
④ $-y$ 방향　⑤ $-z$ 방향

B

11 다음 그림과 같이 $2L$ 만큼 떨어진 평행한 두 도선에 각각 I, $2I$ 의 전류가 흐르고 있다면 자기장이 0 이 되는 x 좌표는 어느 영역에 있는가? (단, 두 도선에 흐르는 전류의 방향은 지면에서 나오는 방향이다.)

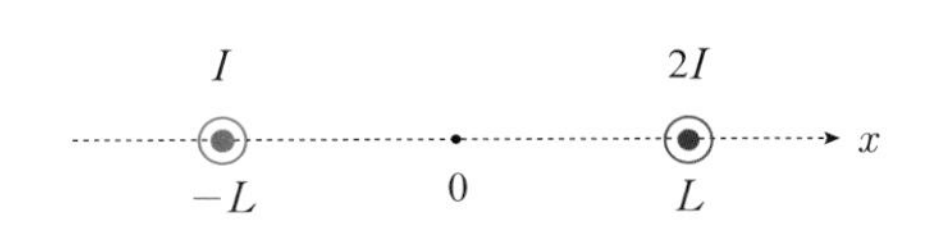

① $x < -L$　② $-L < x < 0$　③ $x = 0$
④ $0 < x < L$　⑤ $L < x$

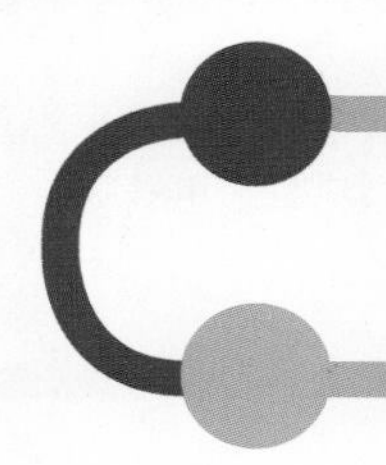

스스로 실력높이기

12 그림 (가) 는 반지름이 r 인 원형 도선에 전류 I 가 시계 방향으로 흐르고 있는 것을, 그림 (나) 는 중심이 Q 로 같고, 반지름이 각각 r, $2r$ 인 원형 도선에 전류 I 가 서로 반대 방향으로 흐르고 있는 것을 나타낸 것이다. (가) 에서 도선 중심 P점에서 자기장의 세기가 B 일 때, Q점에서 자기장의 세기와 방향이 바르게 짝지어진 것은?

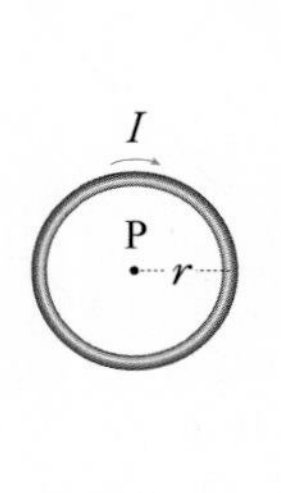

(가)

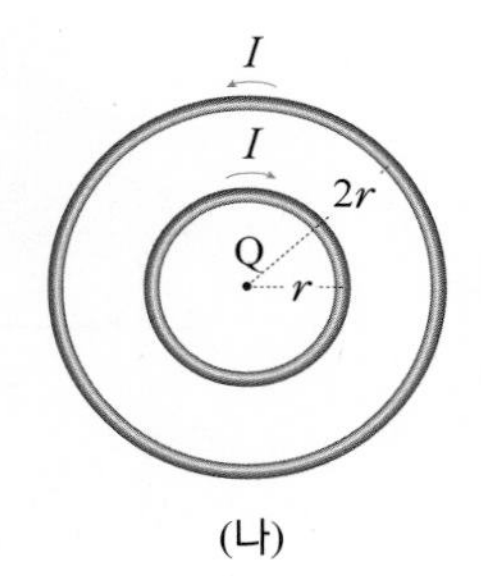

(나)

	세기	방향
①	$\frac{1}{2}B$	지면에서 나오는 방향
②	$\frac{1}{2}B$	지면으로 들어가는 방향
③	$\frac{3}{2}B$	지면에서 나오는 방향
④	$\frac{3}{2}B$	지면으로 들어가는 방향
⑤	B	지면에서 나오는 방향

13 그림 (가) 와 (나) 같이 크기가 같은 정삼각형의 두 꼭지점에 전류 I 가 흐르는 직선 도선을 지면과 수직인 방향으로 놓았다. P 점과 Q 점은 각각 정삼각형의 다른 꼭지점이며, ⊙ 는 지면에서 수직으로 나오는 방향, ⊗ 는 지면에서 수직으로 들어가는 방향을 나타낸다. P점에서 자기장의 세기를 B 라고 할 때, Q 점에서 자기장의 방향과 세기를 바르게 짝지은 것은?

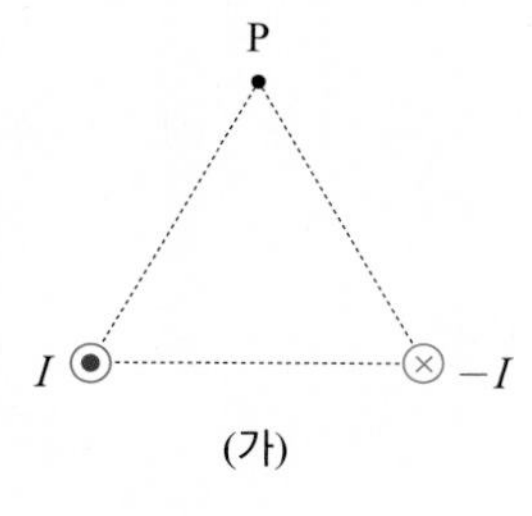

(가)

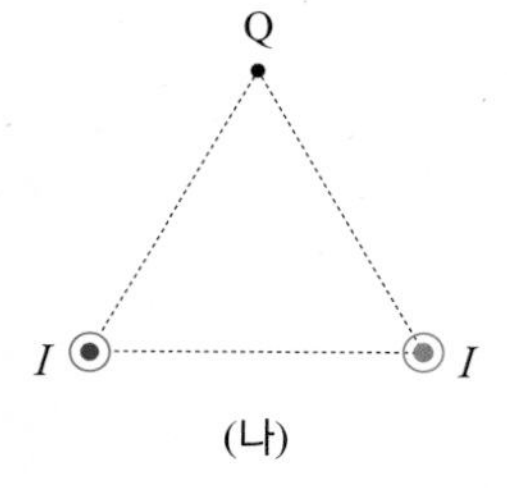

(나)

	방향	세기		방향	세기
①	0		②	$2B$	왼쪽
③	$2B$	오른쪽	④	$\sqrt{3}B$	왼쪽
⑤	$\sqrt{3}B$	오른쪽			

14 다음 그림과 같이 거리 L 만큼 떨어져 있는 무한히 긴 평행한 직선 도선 A 와 B 에 같은 세기의 전류가 서로 반대 방향으로 흐르고 있다. 도선 A 에서 떨어진 거리 x 와 그 위치에서 자기장의 세기 B 의 그래프로 가장 적절한 것은?

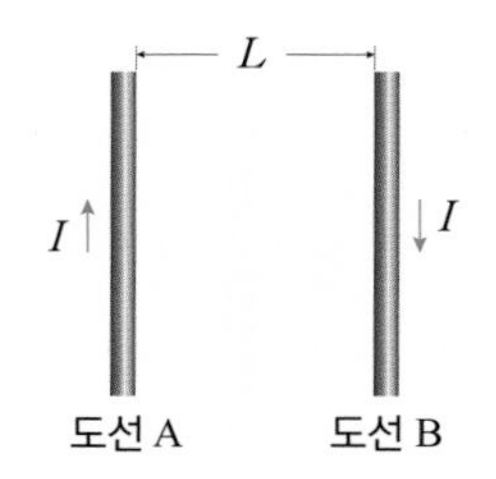

①

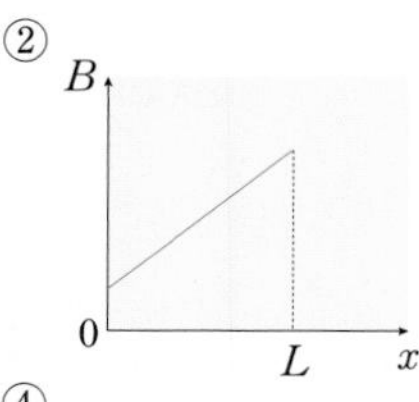

②

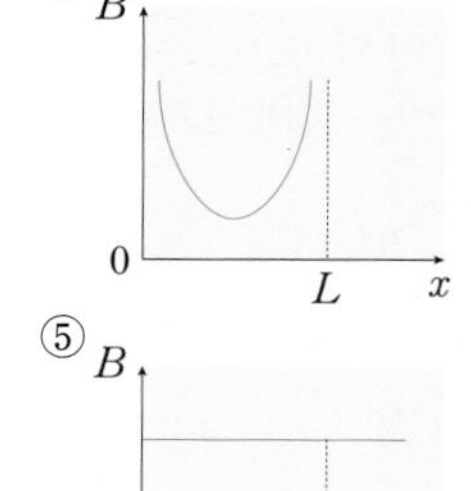

③

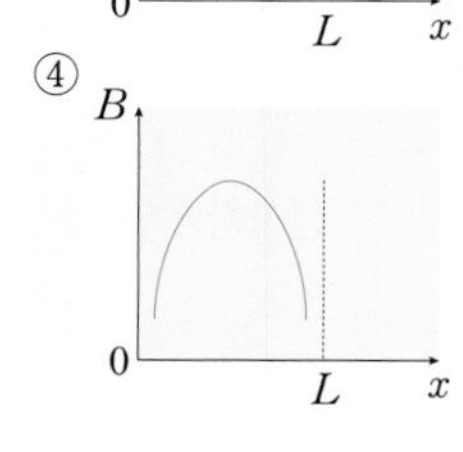

④

⑤

15 다음 그림과 같이 동일 평면에서 0.2 m 씩 떨어져 있는 평행하고 무한히 긴 세 개의 도선 A, B, C 에 각각 2 A, 1 A, 3 A의 전류가 화살표 방향으로 흐르고 있다. 도선 B 에 길이 1 m 당 작용하는 ㉠ 힘의 크기와 ㉡ 방향이 바르게 짝지어진 것은? (단, 비례 상수 $k = 2 \times 10^{-7}$ T·m/A 이다.)

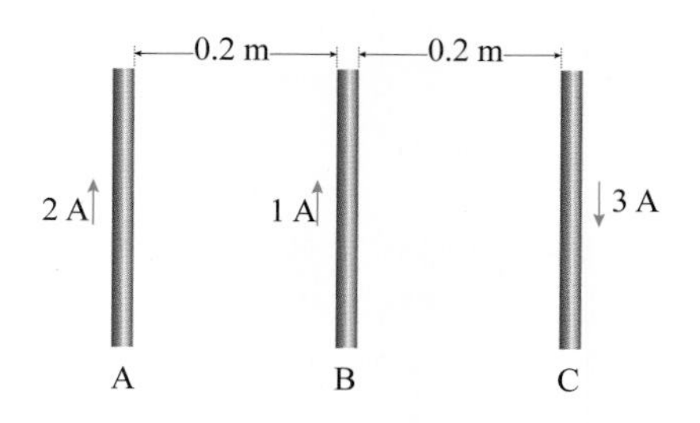

	㉠	㉡		㉠	㉡
①	1×10^{-6} N	왼쪽	②	1×10^{-6} N	오른쪽
③	5×10^{-6} N	왼쪽	④	5×10^{-6} N	오른쪽
⑤	0				

16 그림 (가) 는 균일한 전기장 영역으로, 그림 (나) 는 균일한 자기장 영역으로 각각 (+) 전하가 입사한 후 운동한 경로를 나타낸 것이다. 이에 대한 설명으로 옳은 것만을 <보기> 에서 있는 대로 고른 것은? (단, 중력의 영향은 무시한다.)

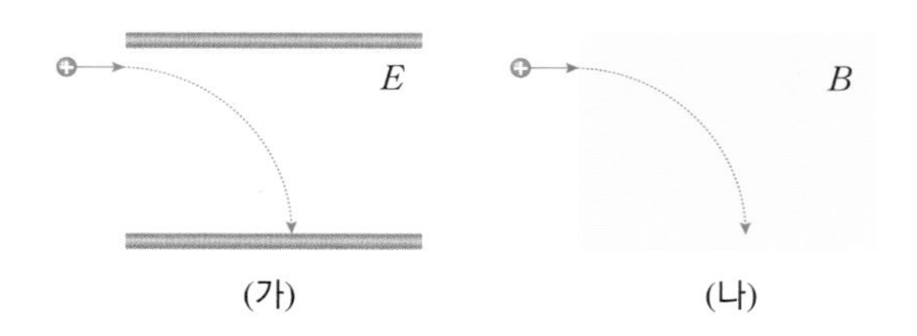

〈 보기 〉

ㄱ. 전기장의 방향은 위 ⇨ 아래, 자기장의 방향은 지면에서 수직으로 나오는 방향이다.
ㄴ. (가) 에서 (+) 전하는 가속도가 일정한 운동을 한다.
ㄷ. (나) 에서 (+) 전하는 속력이 일정한 운동을 한다.

① ㄱ ② ㄴ ③ ㄷ
④ ㄱ, ㄴ ⑤ ㄱ, ㄴ, ㄷ

17 다음 그림은 균일한 자기장 속으로 입사한 대전 입자의 운동 경로를 나타낸 것이다. 자기장의 방향은 종이면에 수직으로 들어가는 방향이다. 이에 대한 설명으로 옳은 것만을 <보기> 에서 있는 대로 고른 것은?

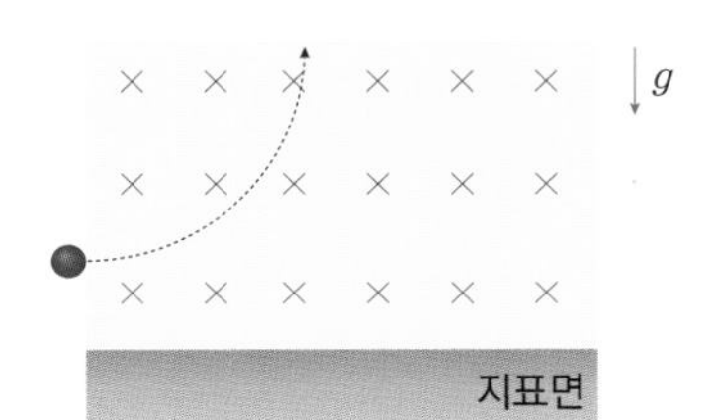

〈 보기 〉

ㄱ. 입자는 (+) 전하로 대전되어 있다.
ㄴ. 대전 입자에 작용하는 자기력과 중력이 평형을 이루면 입자는 등속 직선 운동을 한다.
ㄷ. 중력의 영향을 무시하면, 입자의 운동 경로가 더 많이 굽어진다.

① ㄱ ② ㄴ ③ ㄷ
④ ㄱ, ㄴ ⑤ ㄱ, ㄴ, ㄷ

18 다음 그림은 전류가 흐르는 코일 1 과 2 의 사이에서 운동하는 (+) 전하의 운동 경로를 나타낸 것이다. 이에 대한 설명으로 옳은 것만을 <보기> 에서 있는 대로 고른 것은? (단, P, Q, R 은 자기장 영역 안의 지점이다.)

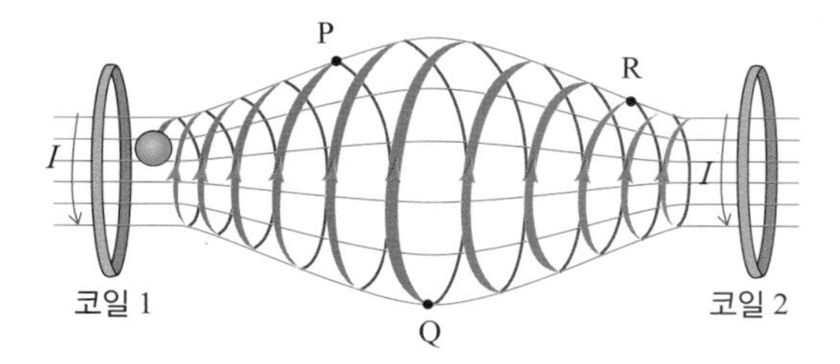

〈 보기 〉

ㄱ. 자기장의 방향은 왼쪽 ⇨ 오른쪽이다.
ㄴ. P 점에서 Q 점까지 운동하는 동안 (+) 전하에 작용하는 자기력의 세기는 증가한다.
ㄷ. Q 점에서 R 점까지 운동하는 동안 (+) 전하의 속력은 일정하다.

① ㄱ ② ㄴ ③ ㄷ
④ ㄱ, ㄷ ⑤ ㄴ, ㄷ

C

19 다음 그림은 평면상에 있는 'ㄱ'모양의 무한히 긴 도선에 일정한 전류 I 가 화살표 방향으로 흐르는 것을 나타낸 것이다. 점 P, Q, R, S 는 도선과 동일 평면상에 있는 정사각형 격자상의 지점을 나타낸다. 이에 대한 설명으로 옳은 것만을 <보기>에서 있는 대로 고른 것은?

[MEET/DEET 기출 유형]

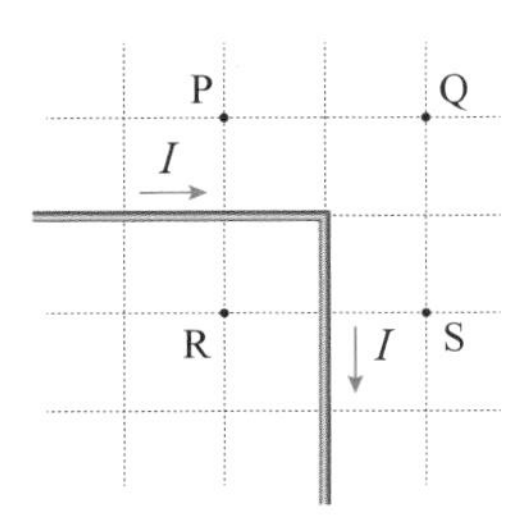

〈 보기 〉

ㄱ. P 점과 S 점에서 자기장의 방향은 서로 반대 방향이다.
ㄴ. P 점에서 자기장의 세기는 R 점에서보다 작다.
ㄷ. Q 점에서 자기장의 세기는 0 이다.

① ㄱ ② ㄴ ③ ㄷ
④ ㄱ, ㄴ ⑤ ㄴ, ㄷ

스스로 실력높이기

20 다음 그림과 같이 정사각형의 꼭지점 A, B, C, D 에 지면으로 수직하게 들어가는 방향으로 전류가 흐르는 도선이 있다. A, B, C, D 네 도선에 흐르는 전류의 세기의 비가 1 : 1 : 2 : 2 일 때, 정사각형의 중심 O 에서 자기장의 방향은?

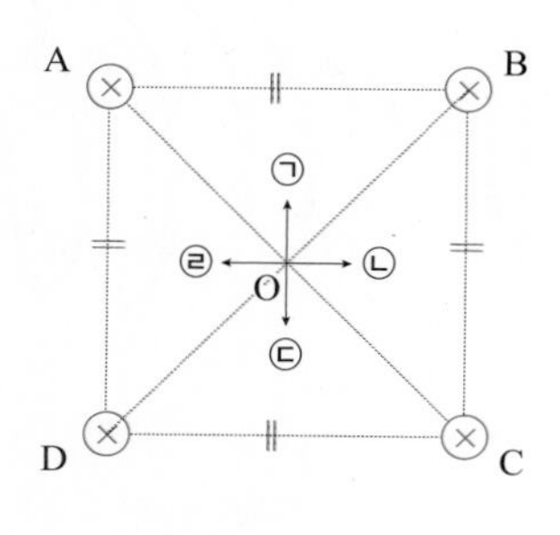

① 0　② ㉠　③ ㉡
④ ㉢　⑤ ㉣

21 그림 (가) 는 균일한 자기장 B 영역에 질량 m, 전하량 $+q$ 인 양성자가 정지해 있는 상태에서 작은 구멍 아래의 질량 m 인 중성자가 속력 v 로 입사되는 모습이며, 그림 (나) 는 균일한 자기장 B 영역에 질량 m 인 중성자가 정지해 있는 상태에서 작은 구멍 아래에서 질량 m, 전하량 $+q$ 인 양성자가 속력 $2v$ 로 입사되는 모습을 나타낸 것이다. 충돌 후 양성자와 중성자의 운동에 대한 설명으로 옳은 것만을 <보기> 에서 있는 대로 고른 것은? (단, 자기장은 지면에 수직으로 들어가는 방향이고, 충돌 전 자기장의 영향과 모든 저항, 중력은 무시하고, 양성자와 중성자는 탄성 충돌한다.)

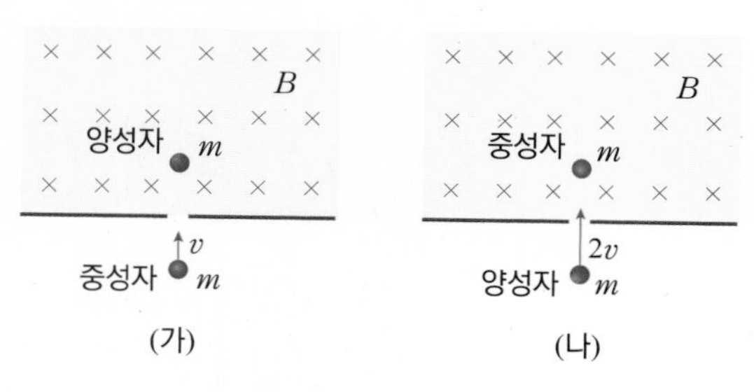

〈 보기 〉

ㄱ. (가) 에서 양성자의 질량이 2 배가 되면, 충돌 후 회전 반경은 2 배가 된다.
ㄴ. 충돌 후 (나) 의 중성자 속력이 (가) 의 양성자의 속력보다 빠르다.
ㄷ. (가) 와 (나) 양성자의 회전 방향은 반대이다.

① ㄱ　② ㄴ　③ ㄷ
④ ㄴ, ㄷ　⑤ ㄱ, ㄴ, ㄷ

22 입자 발생기에서 입자들은 상당히 큰 전위차 V 에 의해 가속되어 균일한 자기장 영역에 수직으로 입사한다. 자기장 영역에 입사한 입자들의 운동 궤도 반지름의 비가 각각 1 : 2 : 3 이라면, 이 입자들의 질량비는 얼마인가? (단, 입자들의 전하량의 비는 3 : 2 : 1 이다.)

① 1 : 2 : 3　② 1 : 4 : 9　③ 3 : 2 : 1
④ 3 : 8 : 9　⑤ 9 : 8 : 3

23 다음 그림과 같이 xy 평면에서 전하량이 q 인 대전 입자가 y 축과 45° 각으로 원점에서 균일한 자기장 B 영역으로 입사한 후 $-L$ 인 곳에서 자기장 영역을 벗어나 일정한 속력 v 로 운동하였다. 자기장은 $x \geq 0$ 인 영역에 형성되어 있고, 방향은 xy 평면에 수직으로 들어가는 방향이다. 입자의 질량을 바르게 나타낸 것은?

[특목고기출 유형]

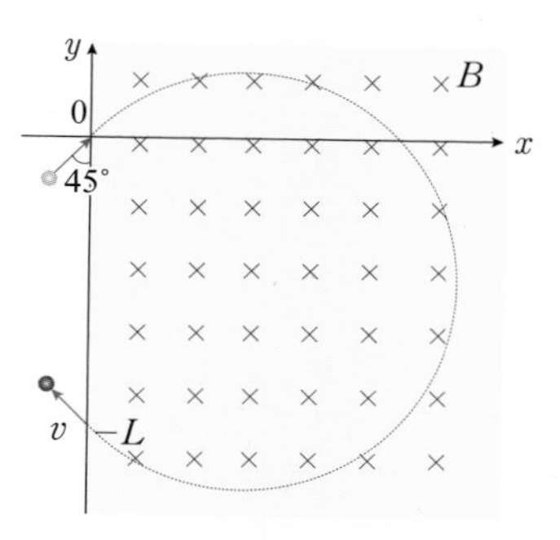

① $\dfrac{qLB}{v}$　② $\dfrac{qLB}{\sqrt{2}v}$　③ $\dfrac{qLB}{2v}$
④ $\dfrac{\sqrt{2}v}{qLB}$　⑤ $\dfrac{2v}{qLB}$

24

다음 그림과 같이 지면에 수직으로 들어가는 방향으로 형성되어 있는 균일한 자기장 내에 놓인 도체에 전류가 위에서 아래 방향으로 흐르고 있다. 이에 대한 설명으로 옳은 것만을 <보기> 에서 있는 대로 고른 것은?

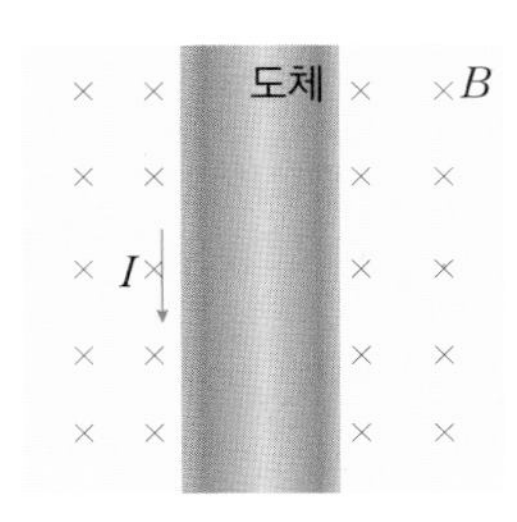

〈 보기 〉

ㄱ. 도체는 오른쪽 방향으로 힘을 받는다.
ㄴ. 도체 내부의 왼쪽이 오른쪽보다 전위가 더 높다.
ㄷ. 자기장의 세기가 세지면, 도체 양면의 전위차는 커진다.

① ㄱ ② ㄴ ③ ㄷ
④ ㄱ, ㄴ ⑤ ㄱ, ㄴ, ㄷ

심화

25

다음 그림과 같이 xy 평면에 놓인 두 개의 직선 도선과 연결된 yz 평면에 놓인 반지름이 R 인 반원형 도선에 화살표 방향으로 전류 I 가 흐르고 있다. 반원형 도선의 중심점 O 에서 자기장의 세기는? (단, 비례 상수는 $k = 2 \times 10^{-7}$ T·m/A 이다.)

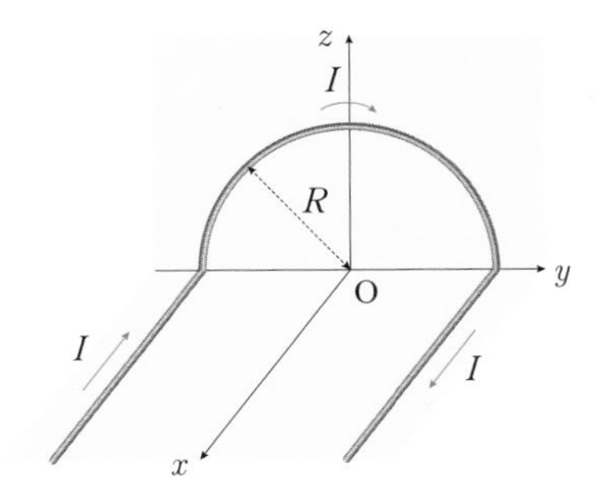

① $k\frac{I}{R}\sqrt{4+\pi^2}$ ② $k\frac{I}{2R}\sqrt{4+\pi^2}$
③ $k\frac{I}{R}\sqrt{16+\pi^2}$ ④ $k\frac{I}{2R}\sqrt{16+\pi^2}$
⑤ $k\frac{I}{R}\sqrt{4+2\pi^2}$

26

다음 그림과 같이 xy 평면에 놓인 반지름이 r 인 원형 도선과 z 축과 나란하게 놓인 무한 직선 도선에 각각 전류 I 가 흐르고 있다. 직선 도선은 원형 도선의 중심 O에서 $\frac{r}{\pi}$ 만큼 떨어져 있고, 중심 O에서 직선 도선에 의한 자기장의 세기가 B 였다. 중심 O에서 합성 자기장의 세기와 방향을 바르게 짝지은 것은?

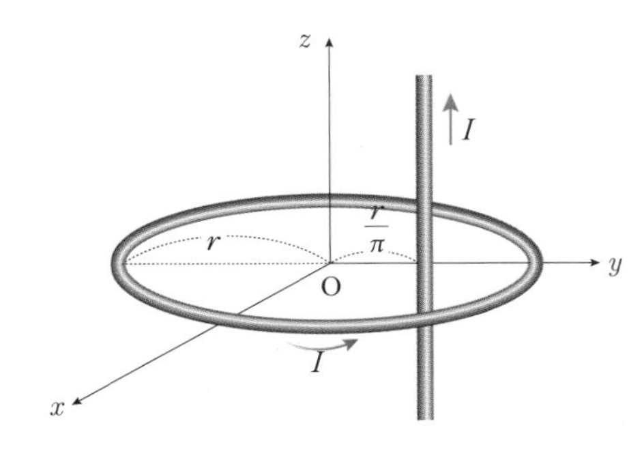

	세기	방향
①	0	0
②	$\frac{B}{\sqrt{2}}$	$+x$ 와 $+z$ 방향으로 45° 방향
③	$\frac{B}{\sqrt{2}}$	$-z$ 와 $+x$ 방향으로 45° 방향
④	$\sqrt{2}B$	$+x$ 와 $+z$ 방향으로 45° 방향
⑤	$\sqrt{2}B$	$-z$ 와 $+x$ 방향으로 45° 방향

27

다음 그림과 같이 전류 I 가 화살표 방향으로 각각 흐르는 직선 도선과 직사각형 도선이 거리 d 만큼 떨어져 있다. 직사각형의 가로, 세로의 길이가 각각 a, b 일 때, 직사각형 도선이 받는 알짜힘의 ㉠ 크기와 ㉡ 방향을 구하시오.

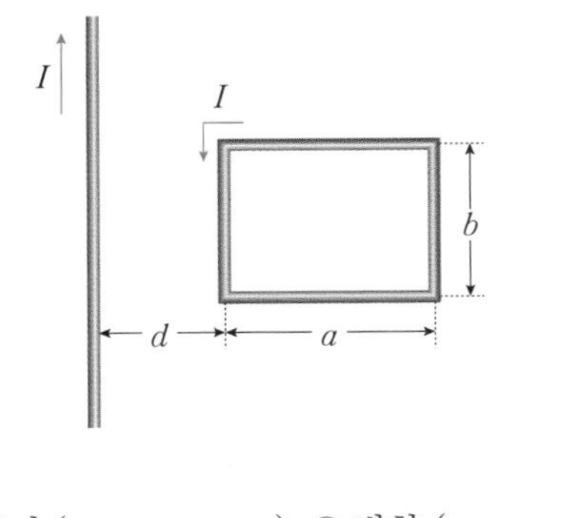

㉠ 크기 ( ), ㉡ 방향 ( )

28 다음 그림은 대전 입자가 여섯 개의 균일한 자기장 영역 A ~ F 를 통과하는 경로를 나타낸 것이다. 입자가 마지막 F 영역을 벗어나서 대전된 두 평행판을 지나는 동안 전위가 더 높은 판 쪽으로 휘었다. 여섯 개 영역에서 자기장의 방향을 각각 고르시오. (단, 경로는 반원 혹은 사분의 일인 원이다.)

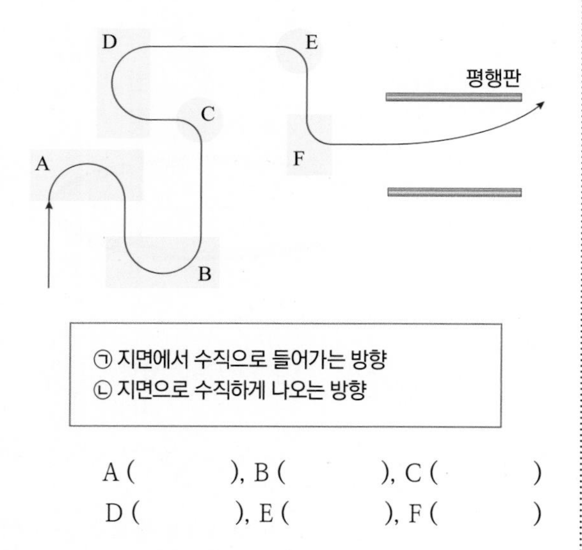

㉠ 지면에서 수직으로 들어가는 방향
㉡ 지면으로 수직하게 나오는 방향

A (　　　), B (　　　), C (　　　)
D (　　　), E (　　　), F (　　　)

29 다음 그림은 전하량이 q 로 같은 두 대전 입자 P, Q 가 각각 속력 $2v$, v 로 자기장 영역 Ⅰ 에 입사되어 원궤도를 따라 운동한 후 전기장 E 영역에 수직으로 입사하여 $+x$ 방향으로 등가속도 운동을 하고, 자기장 영역 Ⅱ 에 입사되어 반지름이 같은 원궤도를 따라 운동하는 경로를 나타낸 것이다. 입자 P, Q 의 질량은 각각 m, $3m$ 이고, 두 자기장 사이 전기장 영역의 거리는 d 이다. 전기장의 방향과 전기장의 세기를 각각 구하시오. (단, 중력의 영향은 무시한다.)

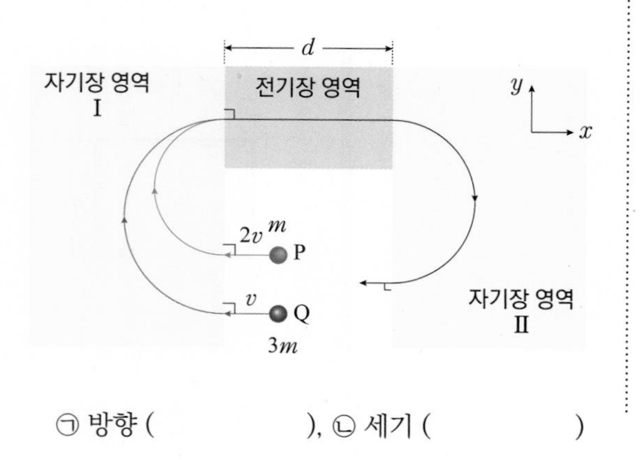

㉠ 방향 (　　　), ㉡ 세기 (　　　)

30 다음 그림과 같이 균일한 자기장 B 영역에서 $+x$ 방향으로 일정한 속력 v 로 운동하는 물체 A가 자기장 영역 내에 정지해 있던 대전 입자 B와 충돌하였다. 충돌 후 물체 A는 $-x$ 방향으로 일정한 속력 $\frac{v}{3}$ 로 운동하였다. 물체 A와 대전 입자 B의 질량은 각각 m, $3m$ 이고, 대전 입자 B의 전하량은 $+q$ 이며, 자기장의 방향은 xy 평면에 수직으로 들어가는 방향이다. 충돌 후 대전 입자 B 의 운동에 대한 설명으로 옳은 것만을 <보기> 에서 있는 대로 고른 것은? (단, 충돌 전후 대전 입자의 전하량은 변화가 없고, 물체의 크기와 전자기파 발생은 무시한다.)

[MEET/DEET 기출 유형]

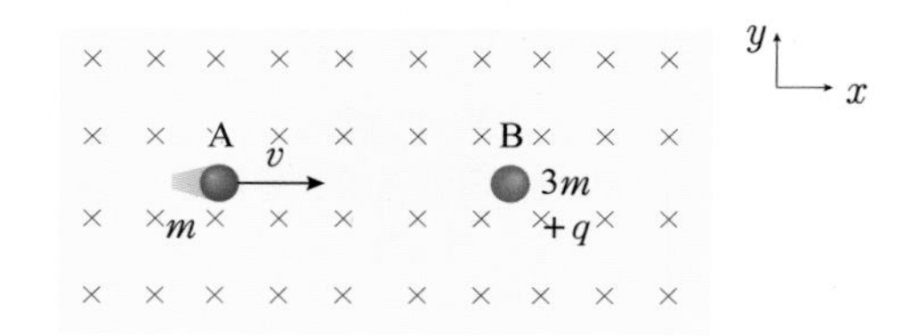

〈 보기 〉

ㄱ. $\frac{2}{3}v$ 의 일정한 속력으로 반시계 방향으로 운동한다.
ㄴ. 운동 궤도 반지름은 $\frac{4mv}{3Bq}$ 이다.
ㄷ. 운동 주기는 $\frac{3\pi m}{Bq}$ 이다.

① ㄱ　② ㄴ　③ ㄷ
④ ㄴ, ㄷ　⑤ ㄱ, ㄴ, ㄷ

31 다음 그림과 같이 전압 V_0 에 의해 가속 발사된 질량 m, 전하량 q 인 대전 입자가 슬릿을 통과한 후 극판 간격이 $2d$, 양단 간 전압이 V 인 평행판 축전기 사이로 입사하였다. 이 평행판 축전기는 지면에서 수직으로 들어가는 방향으로 균일한 자기장 B 가 형성되어 있는 곳에 있다. 물음에 답하시오. (단, 중력의 영향은 무시한다.)

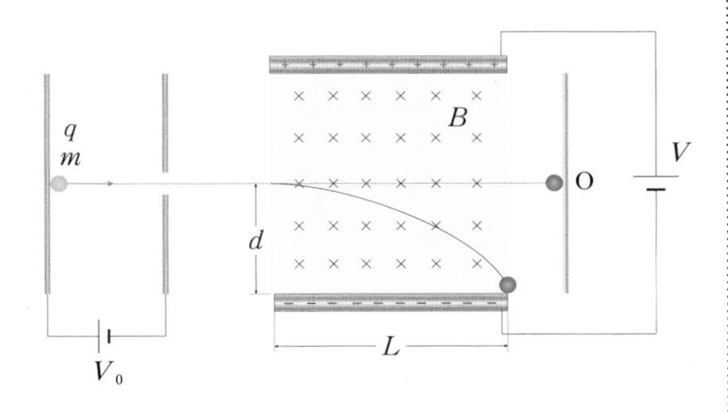

(1) 대전 입자가 평행판 사이의 자기장 영역에 수직으로 입사한 후 등속 직선 운동한 후 스크린 위 점 O 에 도달하였다. $\frac{q}{m}$ 는?

① $\frac{V}{B^2d^2V_0}$　② $\frac{V^2}{B^2d^2V_0}$　③ $\frac{V^2}{2B^2d^2V_0}$
④ $\frac{V^2}{4B^2d^2V_0}$　⑤ $\frac{V^2}{8B^2d^2V_0}$

(2) 조건을 달리하여 대전입자를 평행판 사이의 장기장 영역에 수직으로 입사시켰더니, 대전 입자는 길이 L 인 아래쪽 음극판 끝에 도달하였다. $\frac{q}{m}$ 는?

(　　　　　　)

32 다음 그림은 입자 가속기 사이클로트론 모형을 나타낸 것이다. 사이클로트론의 중심 부근에서 정지 상태에서 출발한 입자가 반지름 R 인 사이클로트론 안에서 가속되어 가속기 밖으로 나갈 때까지 몇 번 원운동한 후 나오게 되는가? (단, 입자의 질량은 m, 전하량은 q, 전기장의 세기는 E, 자기장의 세기는 B, 두 극판 사이의 간격은 d 이다.)

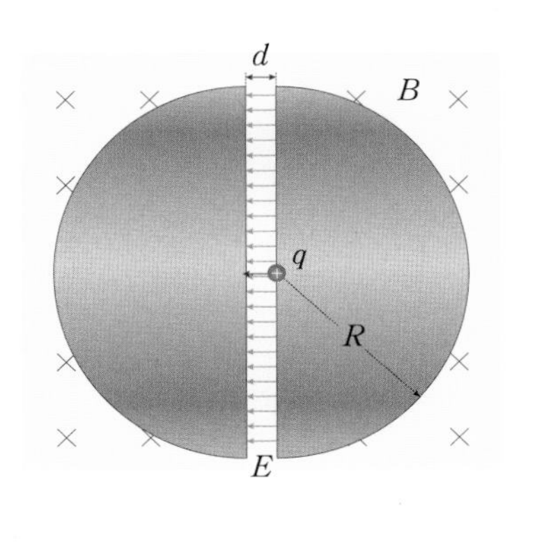

(　　　　　　)

18강 전자기 유도

1. 자기 쌍극자와 자성

● 자기 모멘트의 이용

전류가 자기장 속에서 받는 힘을 이용하여 전기 에너지를 기계적인 일로 바꾸는 장치를 전동기(모터)라고 한다.

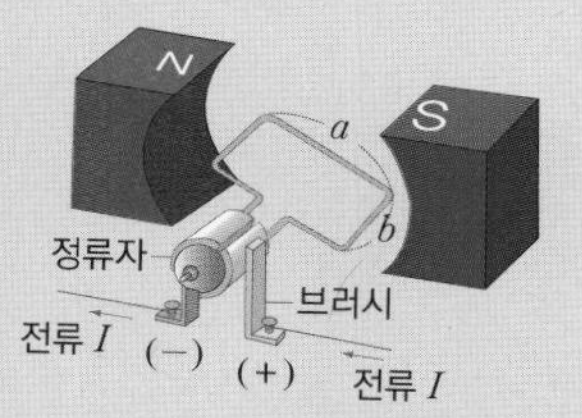

▲ 직류 전동기 구조

자기장 B 속에 놓인 직사각형의 코일의 각 변의 길이를 a, b 라고 하면, 길이가 b 인 두 변에 각각 힘 $F = BIb$ 이 작용한다. 따라서 코일의 회전축으로부터 각 도선까지의 거리가 $\frac{a}{2}$ 이므로, 코일에 작용하는 돌림힘 $\tau = 2 \times \frac{a}{2} F = aF$ 이다.
($aF = BIab = BIA = \mu B$)

⇨ 이 돌림힘에 의해 전동기는 항상 일정한 회전력을 얻게 된다. 이때 코일이 반 바퀴 돌 때마다 정류자에 의해 전류의 방향이 변하므로 코일은 계속 같은 방향으로 회전하게 된다.

(1) 자기 쌍극자 : N 극과 S 극을 가지는 작은 물체를 말한다.

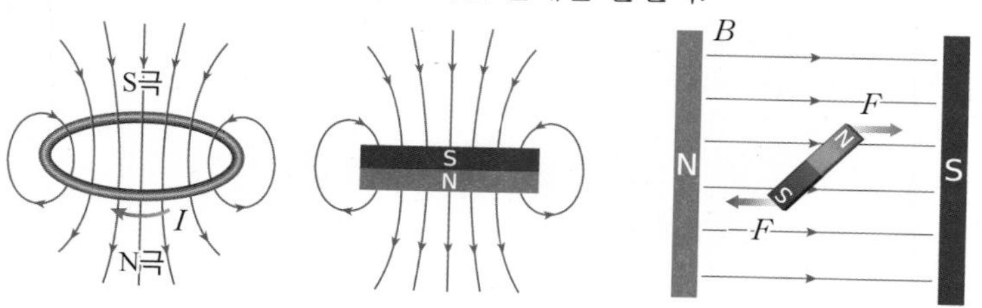

▲ 자기 쌍극자　　▲ 자기 쌍극자에 의한 돌림힘

① 원형 도선을 따라 흐르는 전류에 의해 만들어진 자기장의 모양은 N 극과 S 극으로 이루어진 자기 쌍극자와 같다. 따라서 원형 도선을 따라 전류가 흐르는 전류 고리도 자기 쌍극자이다.

② 자기장 내의 자기 쌍극자는 한 쌍의 힘을 받기 때문에 자기장과 나란한 방향으로 회전하려는 돌림힘을 받는다.

(2) 자기 모멘트 : 자기장 속에서 받는 돌림힘의 크기를 결정하는 자기 쌍극자의 물리량이다.

① **자기 모멘트의 방향** : 전류 고리가 만드는 자기장의 방향과 같다.

② **자기 모멘트의 세기(μ)** : 막대 자석의 자기 모멘트의 크기는 자석의 세기와 길이를 곱하여 정한다. 전류 고리의 자기 모멘트 크기는 전류의 세기 I 와 고리 면적 A 의 곱과 같다.

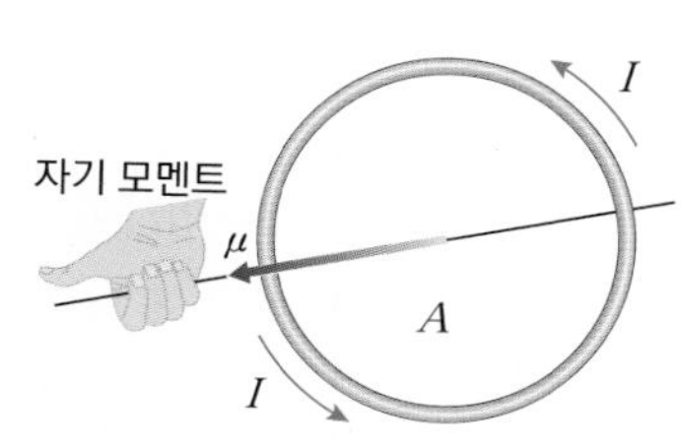

▲ 자기 모멘트의 방향

$$\mu = IA \quad (\text{단위 : N·T, A·m}^2)$$

(3) 자기 쌍극자에 작용하는 돌림힘의 크기 : 자기 모멘트가 μ 인 자기 쌍극자를 자기장 B 인 공간에 자기장과 θ 의 각을 이루게 놓으면, 자기 쌍극자에 작용하는 돌림힘 τ 는 다음과 같다.

$$\tau = \mu B \sin\theta \quad (\text{단위 : N·m})$$

⇨ 이 돌림힘에 의해 자기 모멘트 방향이 자기장의 방향과 같아지도록 회전하여 정렬한다.

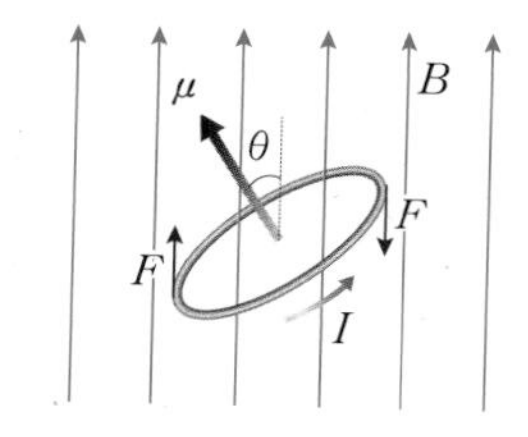

▲ 자기 쌍극자에 작용하는 돌림힘

개념확인 1

N 극과 S 극을 갖는 작은 물체를 □□ □□□ (이)라고 한다.

확인 + 1

자기 쌍극자에 작용하는 돌림힘의 크기는 자기 모멘트와 자기장의 방향이 서로 수직일 때 (㉠ 0 ㉡ 최대) 이고, 자기 모멘트의 방향이 자기장의 방향과 같을 때 (㉠ 0 ㉡ 최대) 이다.

(4) 자성 : 자기장 속에 물체가 놓여 있을 때 자기 모멘트가 나타나는 성질을 말한다.

① **자성의 원인** : 원자가 가지는 자기 모멘트는 주로 전자나 원자핵의 스핀, 전자가 원자핵 주위를 회전하는 공전에 의해 나타난다.

전자가 원자핵 주위를 공전하는 것은 전류가 흐르는 원형 고리로 생각할 수 있다. 전자가 반지름이 r 인 원궤도를 따라 일정한 속력 v 로 원운동하고 있다면, 전자의 운동 방향과 반대 방향으로 전류 I 가 흐르는 것과 같다.

전자의 전하량이 e, 회전 주기가 T 라면, $I = \dfrac{e}{T} = \dfrac{e}{\dfrac{2\pi r}{v}}$ 이고, 면적 $A = \pi r^2$ 이므로, 전자 1개당 궤도 운동에 의한 자기 모멘트 μ 는 다음과 같다.

$$\mu = IA = \frac{ev}{2\pi r}\pi r^2 = \frac{evr}{2}$$

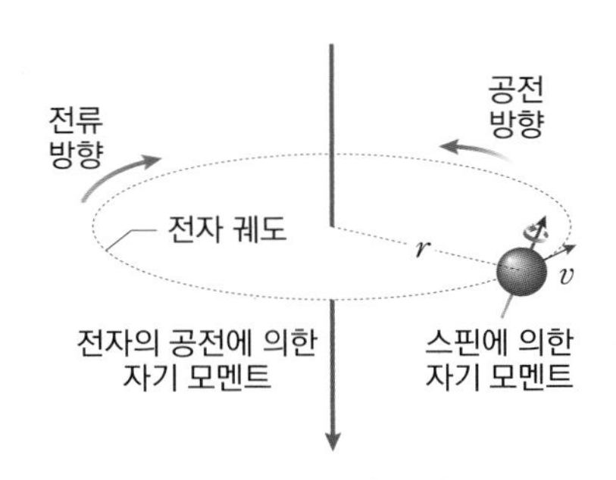

▲ 원자의 자기 모멘트

② **자기화** : 외부 자기장의 영향으로 원자 자석들이 일정한 방향으로 정렬되는 현상이다. 외부 자기장에 의하여 변하는 원자의 자기 모멘트는 주로 전자의 스핀과 공전에 의하여 결정된다.

③ **자성체** : 전자들의 자기 모멘트가 어떻게 배열되어 있느냐에 따라 물질의 자성이 달라지며, 물질이 가진 자성에 따라 강자성체, 상자성체, 반자성체로 나눈다.

강자성체	자기구역마다 특정한 방향의 자기 모멘트를 갖는 원자들로 이루어진 물질	외부 자기장에 대하여 자기화 반응이 강하게 나타난다.	외부 자기장이 제거되어도 자기 모멘트의 방향이 오랫동안 유지된다.	철, 니켈, 코발트 등
상자성체	전자의 스핀과 궤도 운동에 의한 자기 모멘트의 합이 완전히 0이 되지 않아 영구 자기 모멘트를 갖는 원자들로 이루어진 물질	외부 자기장에 대하여 자기화 반응이 약하게 나타난다.	외부 자기장이 제거되면 열진동에 의해 자기 모멘트가 무질서해진다.	알루미늄, 백금, 산소 등
반자성체	전자에 의한 자기 모멘트가 모두 상쇄되어 자기 모멘트가 0인 원자로 된 물질	외부 자기장의 반대 방향으로 자기 모멘트가 형성된다.	외부 자기장이 제거되면 자기 쌍극자가 없던 원래 상태로 돌아간다.	금, 은, 구리, 실리콘 등

개념확인 2 정답 및 해설 46쪽

자기장 속에 물체가 놓여 있을 때 자기 모멘트가 나타나는 성질을 ☐☐ (이)라고 한다.

확인 + 2

외부 자기장이 없을 때 자기 모멘트의 방향이 무질서하게 배열되어 자성이 나타나지 않지만, 외부 자기장을 가했을 때 자기화 반응이 약하게 나타나는 자성체는 무엇인가?

( )

● 자기화의 원인

원자를 구성하는 원자핵은 상대적으로 질량이 커서 외부 자기장에 반응하지 않고 무작위한 방향을 가리키기 때문에 물체가 자기화되는 데 영향을 주지 않는다.

● 물질의 자성

대부분의 물질은 바깥으로 나타나는 자기 모멘트가 매우 작다.
이는 원자를 구성하는 전자 두 개가 서로 반대 방향의 스핀을 가지고 반대 방향으로 회전함으로써 자기 모멘트가 상쇄되어 없어지거나 각 전자들의 자기 모멘트 방향이 제각각이어서 전체적으로 자기 모멘트의 합이 거의 0 이 되어 버리기 때문이다.

● 자기구역과 자벽

① 자기구역 : 동일한 방향의 자기 모멘트가 분포한 영역으로 강자성체에만 존재한다.
② 자벽 : 자기구역과 자기구역 사이의 경계이다.
⇨ 외부 자기장에 의해 자벽이 이동하여 같은 방향의 자기구역이 얼마나 많은 부피를 차지하느냐에 따라 강자성체 전체의 자기 모멘트의 방향과 세기가 달라진다.

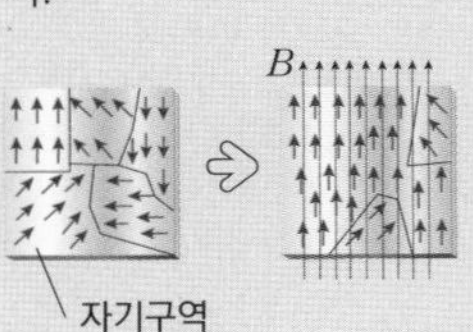

▲ 외부 자기장에 의한 강자성체의 자기구역 변화

미니사전

원자 자석 자기 모멘트를 갖는 원자로, 원자 하나하나가 자석의 역할을 함

2. 전자기 유도 I

(1) 전자기 유도 : 코일과 자석 사이의 상대적인 운동에 의해 코일을 통과하는 자기력선속이 변할 때 코일에 전류가 유도되는 현상이다. ⇨ 역학적 에너지가 전기 에너지로 변화되는 경우로 에너지 보존 법칙이 성립한다.

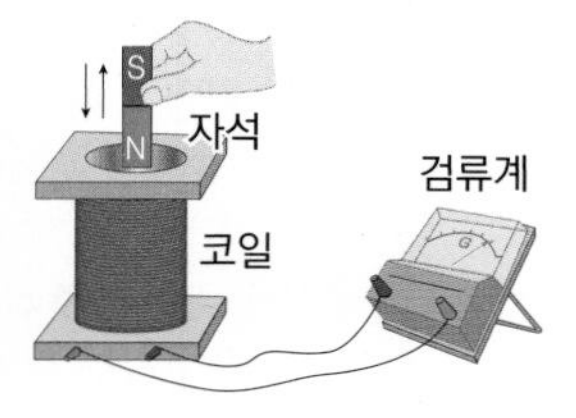

▲ 전자기 유도

(2) 유도 전류와 유도 기전력 : 전자기 유도에 의해 코일 양단에 발생된 기전력을 **유도 기전력(전압)**이라고 한다. 코일의 회로가 닫힌 경우에는 유도 기전력에 의해 전류가 흐르게 되며, 이를 **유도 전류**라고 한다.

(3) 유도 전류 방향(렌츠 법칙) : 유도 전류가 만드는 유도 자기장의 방향은 솔레노이드를 통과하는 자기력선속의 변화를 방해하는 방향이다. ⇨ 유도 자기장의 방향으로 오른손 엄지손가락을 향했을 때 네 손가락이 코일을 감아쥐는 방향으로 유도 전류가 흐른다.

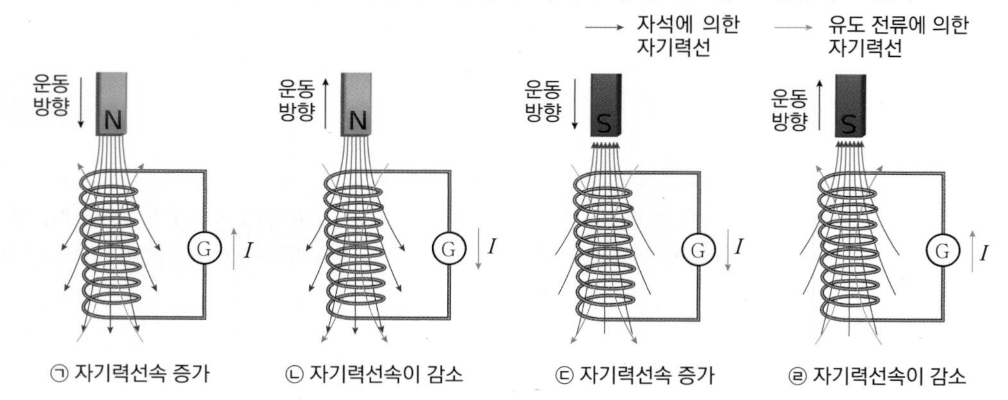

▲ 유도 전류의 방향

① **자석과 코일이 가까워질 때** : 외부 자기력선속의 증가를 방해하는 방향으로 유도 전류가 흐른다. ⇨ 자석과 가까운 쪽의 코일에는 자석과 같은 극이 유도되어 자석과 코일 사이에 척력이 작용한다.

② **자석과 코일이 멀어질 때** : 외부 자기력선속의 감소를 방해하는 방향으로 유도 전류가 흐른다. ⇨ 자석과 가까운 쪽의 코일에는 자석과 반대 극이 유도되어 자석과 코일 사이에 인력이 작용한다.

(4) 페러데이 전자기 유도 법칙 : 유도 기전력의 크기는 코일 속을 지나는 자기력선속의 시간적 변화율에 비례하고, 코일의 감은 수에 비례한다. 코일의 감은수를 N, 시간 변화 Δt 동안 코일을 통과하는 자기력선속의 변화를 $\Delta\Phi$ 라고 할 때, 유도 기전력 V 는 다음과 같다.

$$V = -N\frac{\Delta\Phi}{\Delta t}$$

개념확인 3

오른쪽 그림과 같이 막대 자석의 N 극이 코일에 접근할 때, 코일에 유도되는 전류의 방향은?

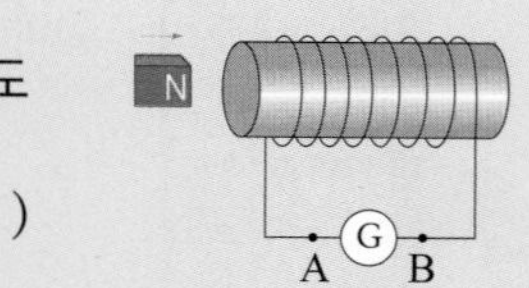

( ) ⇨ Ⓖ ⇨ ( )

확인 + 3

감은 수가 100 회인 코일을 통과하는 자기력선속이 10 초 동안 0.5 Wb 만큼 변하였다. 이때 코일에 유도되는 기전력의 크기는? ( ) V

● 유도 기전력과 유도 전류

유도 전류의 세기는 유도 기전력에 비례하며, 유도 전류의 방향은 유도 기전력의 방향과 같다.

● 자기력선속

자기장 내에 놓인 면을 수직으로 통과하는 자기력선의 총 수이다. 자기력선이 통과하는 면적 S 와 그 면에 수직인 성분의 자기장 세기 B 를 곱한 값이다.

$\Phi = BS$ (단위 : Wb[웨버])

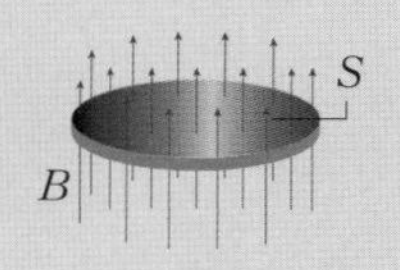

● 페러데이 전자기 유도 법칙

페러데이 전자기 유도 법칙에서 (−) 부호는 유도 기전력이 자기력선속의 변화($\Delta\Phi$)를 방해하는 방향으로 생긴다는 것으로 렌츠 법칙을 의미한다.

● 자기력선속과 유도 기전력의 관계

코일 앞에서 자석을 회전시키면 코일을 통과하는 자기력선속의 크기와 방향이 주기적으로 변한다. 이때 발생하는 기전력을 자기력선속(Φ)의 변화와 함께 그래프로 나타내면 다음 그림과 같다.

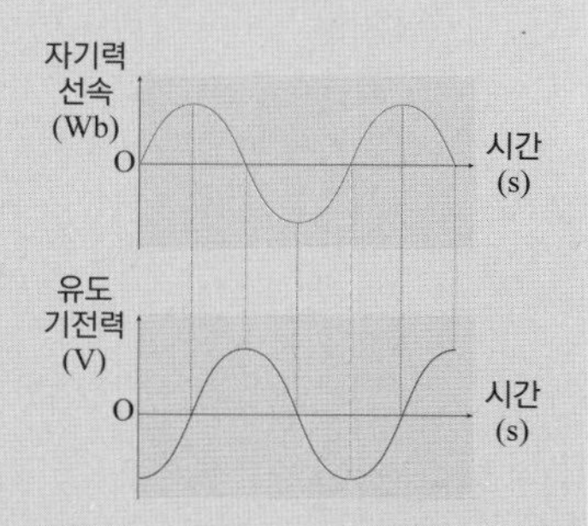

3. 전자기 유도 Ⅱ

(1) 자기장 속에서 운동하는 도선에 의한 유도 기전력 : 세기가 B 인 균일한 자기장 속에 수직으로 놓인 폭이 l 인 ㄷ 자형 도선 위에서 도체 막대 ab 를 v 의 속력으로 등속 운동시키는 경우 ㄷ 자형 도선에 유도 기전력이 발생한다.

① **유도 전류의 방향**

㉠ **렌츠 법칙 이용** : 도체 막대 ab 를 자기장 B 에 수직인 방향으로 끌면 ㄷ자 도형과 도체 막대 ab 가 이루는 사각형 내부에서 윗방향의 자기력선속이 증가하므로, 이를 방해하기 위해 아랫 방향으로 유도 자기장이 형성되기 위해 도체 막대에서 유도 전류는 b ⇨ a 방향으로 흐른다(위에서 볼 때 시계 방향).

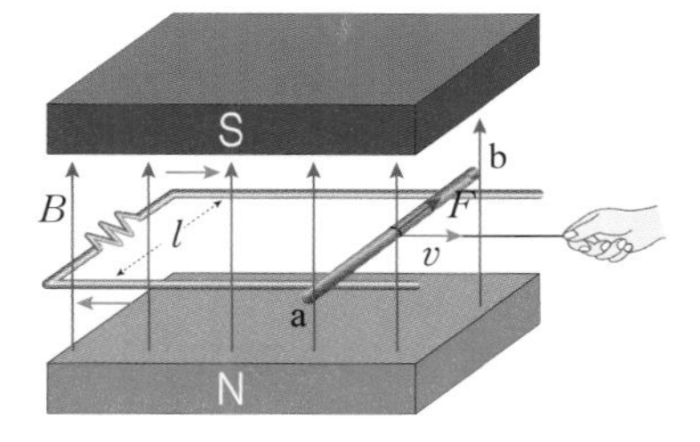

▲ 운동하는 도체 막대에 생기는 유도 전류

㉡ **플레밍 오른손 법칙 이용** : 오른손의 엄지, 둘째, 셋째 손가락을 서로 수직이 되게 펴고 엄지 손가락을 도체 막대의 운동 방향, 둘째 손가락을 자기장의 방향으로 하면, 셋째 손가락이 가리키는 방향이 유도 전류의 방향이다.

② **유도 기전력의 크기** : 도체 막대 ab 가 속도 v 로 오른쪽으로 움직여서 Δt 초 후 a′b′로 이동하였을 경우, aa′ 의 길이는 $v\Delta t$ 이므로, abcd 가 한 번 감은 코일($N = 1$)이라면, 코일을 통과한 자기력선속은 abb′a′ 의 넓이($v\Delta t \cdot l$)를 지난 것 만큼 증가한다($\Delta\Phi = \Delta BS = Bv\Delta tl$). 따라서 패러데이 전자기 유도 법칙에서 유도 기전력 V 는 다음과 같다.

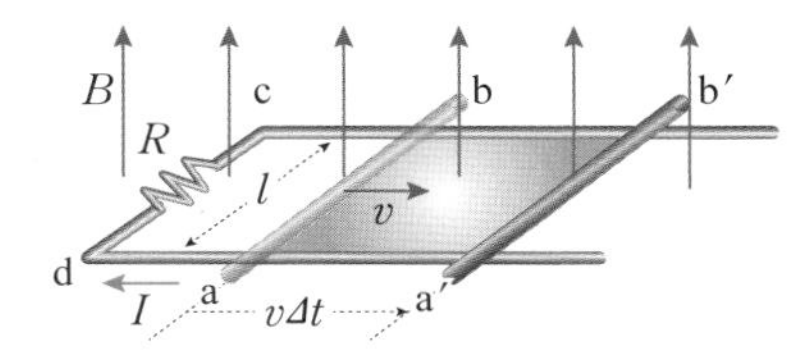

$$V = -\frac{\Delta\Phi}{\Delta t} = -\frac{Blv\Delta t}{\Delta t} = -Blv \quad (\text{단위 : V})$$

③ **유도 전류의 세기** : ㄷ 자 도선에 연결된 저항의 저항값을 R 이라고 하면, 옴의 법칙에 의해 유도 전류 I 는 오른쪽과 같다.

$$I = \frac{V}{R} = \frac{Blv}{R}$$

④ **도체 막대가 받는 힘** : 자기장 B 속에서 도체 막대 ab 에 b ⇨ a 방향으로 유도 전류 I 가 흐르므로 도체 막대 ab 는 속도 v 의 반대 방향, 즉 왼쪽으로 $F = BIl = \frac{B^2l^2v}{R}$ 의 자기력을 받는다.

⑤ **외력이 도체 막대에 하는 일** : 매초 외력이 도체 막대에 하는 일, 즉 일률 P 는 다음과 같다.

$$P = Fv = BIlv = \frac{(Blv)^2}{R} = \frac{V^2}{R}$$

● ㄷ 자형 도선 위에 놓인 운동하는 도체 막대 양끝의 전위

그림과 같이 균일한 자기장 B 속에서 길이 l 인 도체 막대 ab를 속력 v 로 잡아당길 때 도선 속의 전하량이 e 인 자유 전자도 자기장 B 속을 속력 v 로 같이 움직이게 된다. 따라서 도체 막대 속의 전자는 자기력 $F = evB$ 의 힘을 받아 a ⇨ b 방향으로 이동한다.
따라서 유도 전류는 b ⇨ a 방향으로 흐르므로 a 쪽의 전위가 b 쪽보다 유도 기전력 $V = Blv$ 만큼 높아 전지 역할을 하게 된다.

● 플레밍 오른손 법칙

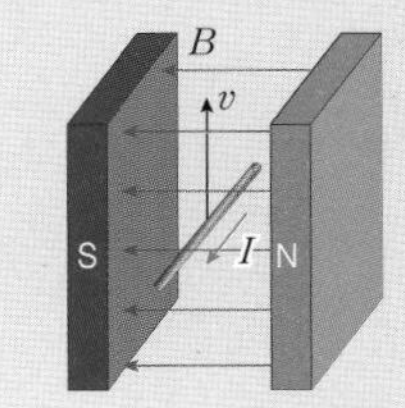

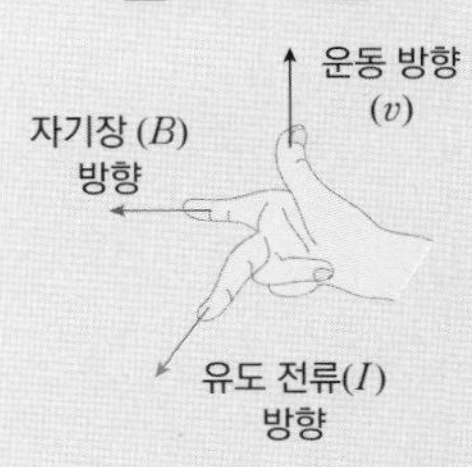

개념확인 4 정답 및 해설 46쪽

오른쪽 그림과 같이 균일한 자기장 B 안에 수직으로 놓인 ㄷ자형 도선 위에서 길이가 l 인 도체 막대 ab 를 일정한 속력 v 로 오른쪽으로 끌어당겼다. 도체 막대에 작용하는 자기력의 방향은?
( )

확인 + 4

위의 문제에서 저항의 크기가 R 일 때, 작용한 힘의 크기는? ( )

4. 자체 유도와 상호 유도

(1) 자체 유도 : 코일에 흐르는 전류가 변할 때, 자신이 생성한 자기장의 변화를 방해하는 방향으로 유도 기전력이 발생하는 현상을 **자체 유도**라고 하며, 이때 발생하는 기전력을 **자체 유도 기전력**이라고 한다.

① **자체 인덕턴스(자체 유도 계수, L)** : 자체 유도에 의해 기전력이 얼마나 크게 발생하는지를 나타내는 비례 상수 L 로 코일의 감은 수(N)와 자기력선속(Φ)에 비례하고, 전류의 세기(I)에 반비례한다.

$$L = \frac{N\Phi}{I} \quad (\text{단위 : H})$$

② **자체 유도 기전력** : 자체 유도 현상이 생길 때 유도 기전력은 전류의 시간적 변화율에 비례한다. 따라서 시간 Δt 동안 전류의 세기가 ΔI 만큼 변한다면 자체 유도 기전력 V 는 오른쪽과 같다.

$$V = -L\frac{\Delta I}{\Delta t}$$

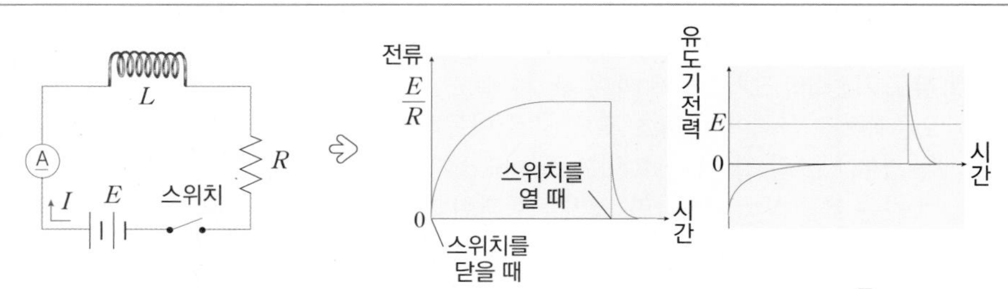

① 스위치를 닫을 때(전류가 증가할 때) : 스위치를 닫는 순간 전류의 세기는 바로 $\frac{E}{R}$(E : 전지의 기전력, R : 회로의 저항)가 되지 않고 충분한 시간이 지나면 $\frac{E}{R}$ 가 된다. 이는 스위치를 닫는 순간 전류와 반대 방향(전지의 기전력과 반대 방향)의 자체 유도 기전력이 생기기 때문이다.

② 스위치를 열 때(전류가 감소할 때) : 전류의 세기는 즉시 0이 되지 않고 짧은 시간 동안 감소하면서 0이 된다. 이는 스위치를 연 순간 전류의 방향으로 큰 자체 유도 기전력이 생겨서 같은 방향으로 유도 전류가 흐르기 때문이다.

③ **코일에 저장되는 에너지** : 일정한 전류 I 가 흐르는 자체 유도 계수 L 인 코일에는 자기장의 형태로 전기 에너지 U 가 저장되며, 그 크기는 다음과 같다.

$$U = \frac{1}{2}LI^2 \quad (\text{단위 : J})$$

⇨ 이 에너지는 전류를 0 에서 어떤 일정한 값 I 까지 증가시키는 데 자체 유도 기전력에 대항해서 해 주어야 하는 일과 같다.

● 자체 유도 계수 단위

코일을 흐르는 전류의 시간적 변화가 단위 시간 당 1 A 일 때 그 코일에 생기는 유도 기전력이 1 V 이면, 코일의 자체 유도 계수 L 을 1 H[헨리] 라고 한다.

$1\text{ H} = 1\text{ V}\cdot\text{s/A} = 1\text{ Wb/A} = 1\text{ T}\cdot\text{m}^2\text{/A}$

● 자체 유도 계수와 자체 유도 기전력

단면적 S, 길이 l, 감은 수 N 인 솔레노이드에 전류 I 가 흐르면 진공의 투자율 μ_0 인 솔레노이드 내부의 자기장 B 는 다음과 같다.

$$B = \mu_0 \frac{N}{l} I$$

따라서 자체 유도 계수 L 은

$$L = \frac{N(BS)}{I} = \frac{N(\mu_0 \frac{N}{l} IS)}{I} = \frac{\mu_0 N^2 S}{l} = \mu_0 n^2 lS$$

(n : 단위 길이당 감은 수 $= \frac{N}{l}$)

이고, 패러데이 전자기 유도 법칙으로부터 자체 유도 계수 L 인 코일에 유도되는 유도 기전력 V 는 다음과 같다.

$$V = -N\frac{\Delta\Phi}{\Delta t} = -\frac{NS\Delta B}{\Delta t} = -\frac{NS\mu_0 \frac{N}{l}\Delta I}{\Delta t} = -\frac{\mu_0 N^2 S}{l}\frac{\Delta I}{\Delta t} = -L\frac{\Delta I}{\Delta t}$$

● 유도 기전력과 방전

코일과 전원 장치가 연결된 회로에서 스위치를 닫을 때보다 열 때 유도 기전력이 더 크게 생기므로 접점 사이에서 불꽃 방전이 일어날 수 있다.

개념확인 5

코일에 흐르는 전류가 증가할 때 자체 유도 기전력의 방향은 전류를 (㉠ 감소 ㉡ 증가) 시키는 방향이다.

확인 + 5

자체 인덕턴스가 5 H 인 코일에 흐르는 전류가 1 초 동안 0.2 A 에서 0.6 A 로 증가하였다. 코일 양 끝에 생기는 유도 기전력의 크기는?

( ) V

(2) 상호 유도 : 한쪽 코일(1 차 코일)에 흐르는 전류의 세기가 변하여 근처에 있는 다른 코일(2 차 코일)에 유도 기전력을 발생시키는 현상을 말한다.

① **상호 유도 기전력** : 1 차 코일의 자기력선속 Φ 가 2 차 코일에도 동일하게 지나면서 변하므로 2 차 코일에 유도 기전력이 발생한다.

② **상호 인덕턴스(M)** : 상호 유도에 의한 기전력이 얼마나 크게 발생하는지를 나타내는 비례 상수 M 으로 자체 유도 계수와 같이 코일의 감은 수, 모양, 위치, 코일 주위의 물질 등에 따라 결정된다.

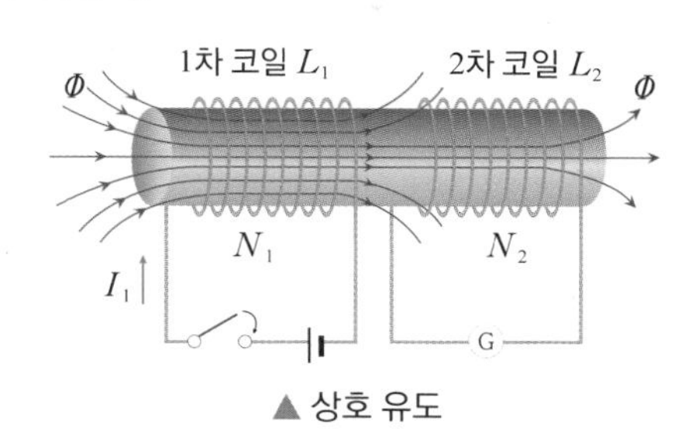

▲ 상호 유도

③ **상호 유도 기전력의 크기** : 1 차 코일에 의해 2 차 코일에 발생하는 상호 유도 기전력의 크기는 1차 코일에 흐르는 전류의 시간적 변화율에 비례한다.

$$V = -N_2\frac{\Delta\Phi}{\Delta t} = -M\frac{\Delta I_1}{\Delta t}$$

(3) 변압기 : 변압기는 상호 유도를 이용하여 교류 전압을 변화시키는 장치로 1 차 코일에 교류 전류를 흘려 주면 상호 유도에 의해 2 차 코일에 유도 기전력이 발생한다.

① **코일의 감은 수와 전압 사이의 관계** : N_1 번 감은 1 차 코일에 공급되는 기전력 V_1 과 발생하는 자기력선속 Φ_1 의 관계는 $V_1 = -N_1\frac{\Delta\Phi_1}{\Delta t}$

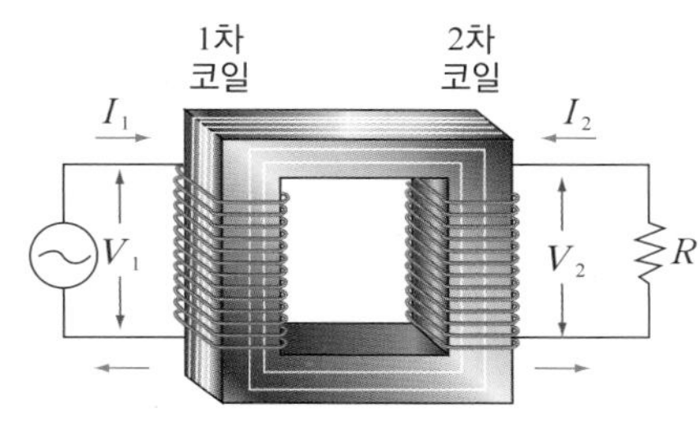

▲ 변압기 구조

이다. 2 차 코일의 도선이 감긴 횟수가 N_2 라면 2 차 코일에 유도되는 기전력 V_2 과 자기력선속 Φ_2 의 관계는 $V_2 = -N_2\frac{\Delta\Phi_2}{\Delta t}$ 이다. $\Phi_1 = \Phi_2$ 이므로 $\frac{V_1}{N_1} = \frac{V_2}{N_2}$ 의 관계가 성립한다.

② **전압과 전류 사이의 관계** : 이상적인 변압기의 경우 에너지 손실 없이 1 차 코일에 공급되는 전기 에너지가 2 차 코일에 전부 전달되므로 1 차 코일에 공급되는 전력과 2 차 코일에 유도되는 전력이 같다. 따라서 1 차 코일과 2 차 코일에 흐르는 전류가 각각 I_1, I_2 일 때, $I_1V_1 = I_2V_2$ 이므로 다음과 같은 관계가 성립한다.

$$\frac{I_1}{I_2} = \frac{V_2}{V_1} = \frac{N_2}{N_1}$$

● 상호 인덕턴스

1 차 코일의 감은수 N_1, 길이 l, 전류 I_1 이면, 1 차 코일의 자기장 B 는

$$B = \mu\frac{N_1}{l}I_1$$

이고, 그 단면적을 S 라고 하면, 1 차 코일 속을 지나는 자기력선속 Φ_1 은 다음과 같다.

$$\Phi_1 = BS = \frac{\mu SN_1I_1}{l}$$

시간 Δt 동안 전류 I_1 이 ΔI_1 만큼 변하면

$$\frac{\Delta\Phi_1}{\Delta t} = \frac{\mu SN_1\Delta I_1}{l\Delta t}$$

이 된다. 이 자기력선속의 변화 $\Delta\Phi_1$ 는 그대로 2 차 코일 속을 지나므로 2 차 코일의 감은수를 N_2 라고 하면 패러데이 법칙에서 2 차 코일에 생기는 유도 기전력은 다음과 같다.

$$V = -N_2\frac{\Delta\Phi_1}{\Delta t} = -N_2\frac{\mu SN_1\Delta I_1}{l\Delta t}$$

$$\therefore V = -M\frac{\Delta I_1}{\Delta t}$$

이 된다. 따라서 상호 유도 계수 M 은

$$M = \frac{\mu N_1N_2S}{l}$$

이다. 자체 유도 계수 L 은

$$L = \frac{\mu N^2S}{l} \Rightarrow N \propto \sqrt{L}$$

이므로, $M \propto \sqrt{L_1L_2}$ 가 된다.

● 2 차 코일의 유도 전류

1 차 코일에 의해 생기는 자기장의 변화(전류의 변화)를 방해하는 방향으로 2 차 코일에 유도 전류가 흐른다.

개념확인 6

정답 및 해설 46쪽

코일이 서로 같은 방향으로 감긴 경우, 1 차 코일에 흐르는 전류의 세기가 증가하면 2 차 코일에는 1 차 코일에 흐르는 전류의 방향과 (㉠ 같은 ㉡ 반대) 방향의 전류가 흐른다.

확인 + 6

감은 수가 1000 회인 1 차 코일에 200 V 의 교류 전원이 연결되어 있고, 감은 수가 50 회인 2 차 코일에는 4 Ω 의 저항이 연결되어 있는 이상적인 변압기가 있다. 2 차 코일에 유도되는 전류의 세기는?

( ) A

● 변압기 철심의 역할

변압기의 철심은 자기력선의 통로로써 코일을 통과하는 자기력선속을 증가시켜서, 1 차 코일을 지나는 모든 자기력선이 2 차 코일에도 지나가게 하는 역할을 한다.

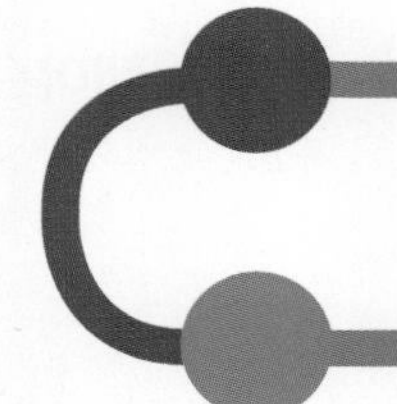

개념 다지기

01 자기 쌍극자에 대한 설명 중 옳은 것은 ○ 표, 옳지 않은 것은 × 표 하시오.

(1) 자기장 내의 자기 쌍극자는 자기장과 나란한 방향으로 회전하려는 돌림힘을 받는다. (   )

(2) 자기장 속에서 전류가 흐르는 원형 도선의 자기 모멘트 방향은 전류에 의한 자기장의 방향과 반대 방향이다. (   )

(3) 자기 쌍극자가 받는 돌림힘의 크기는 외부 자기장의 세기에 비례한다. (   )

02 자성과 관련된 설명으로 옳은 것만을 <보기> 에서 있는 대로 고른 것은?

〈 보기 〉

ㄱ. 자성은 원자 내 전자의 스핀이나 공전에 의해 나타난다.
ㄴ. 강자성체는 영구 자기 모멘트를 갖는 원자로 구성된다.
ㄷ. 반자성체에 외부 자기장을 가했을 때 외부 자기장과 반대 방향으로 자기 모멘트가 형성된다.

① ㄱ ② ㄴ ③ ㄷ ④ ㄴ, ㄷ ⑤ ㄱ, ㄴ, ㄷ

03 다음 중 각각의 도체에 유도 기전력이 발생하는 경우로 옳은 것만을 <보기> 에서 있는 대로 고르시오.

〈 보기 〉

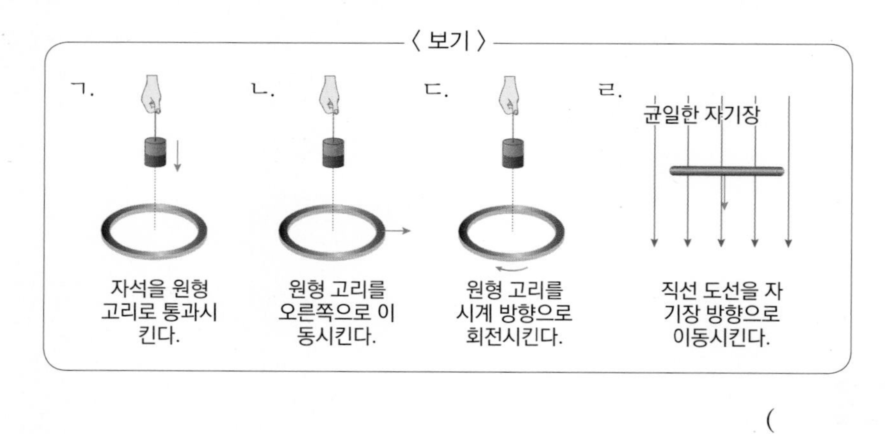

(   )

04 면적이 5 cm^2 인 원형 코일이 자기력선속 밀도가 6×10^{-2} T 인 자기장에 수직으로 놓여 있다. 이 자기장을 3 초 동안 0 으로 만든다면 원형 코일에 유도되는 기전력은 얼마인가?

(   ) V

05~06 오른쪽 그림과 같이 폭이 0.1 m 인 저항이 없는 ㄷ 자 도선이 2 T 의 균일한 자기장의 방향과 수직하게 놓여 있다. ㄷ자 도선 위에 직선 도선 AB를 놓은 후 오른쪽 방향으로 일정한 힘 F 로 끌었더니 도선은 오른쪽 방향으로 5 m/s 의 등속도로 미끄러졌다. 물음에 답하시오. (단, 도선에 연결된 저항은 2 Ω 이며 도선 사이의 마찰은 무시한다.)

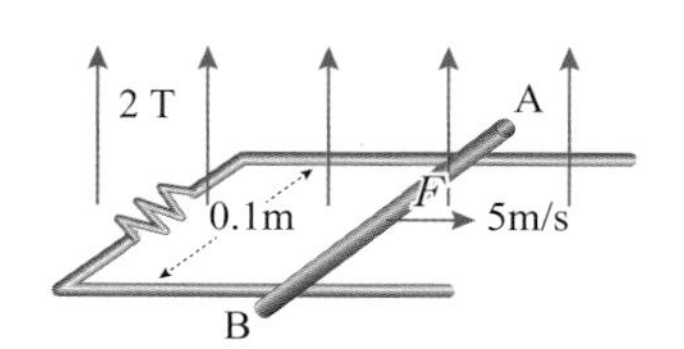

05

ㄷ 자 도선의 저항이 2 Ω 일 때 도선을 끄는 힘 F 는 얼마인가?

( ) N

06

회로에서 소비되는 전력은 얼마인가?

( ) W

07

오른쪽 그림과 같이 기전력이 V 인 전지, 자체 인덕턴스가 L 인 코일, 저항값이 R 인 저항과 스위치를 이용하여 회로를 완성하였다. 이에 대한 설명으로 옳은 것만을 <보기> 에서 있는 대로 고른 것은?

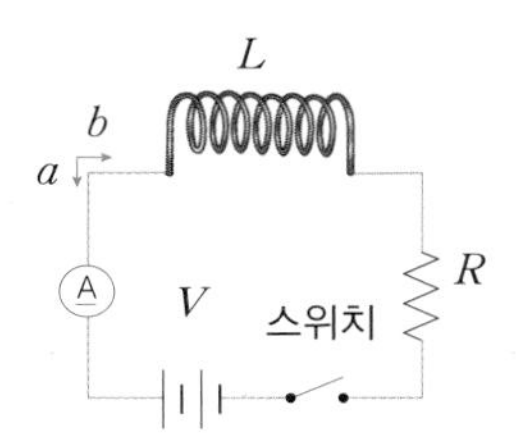

〈 보기 〉

ㄱ. 스위치를 닫은 직후 유도 기전력의 방향은 a 이다.
ㄴ. 스위치를 닫은 후 충분한 시간이 지나면 회로에 흐르는 전류의 세기는 $\frac{V}{R}$ 이다.
ㄷ. 일정한 전류가 회로에 흐르고 있을 때, 스위치를 열면 전류의 세기는 즉시 0 이 된다.

① ㄱ ② ㄴ ③ ㄷ ④ ㄱ, ㄴ ⑤ ㄱ, ㄴ, ㄷ

08

오른쪽 그림과 같이 코일을 감은 방향과 감은 수가 같은 코일 A 와 B 에 각각 스위치와 전지, 저항 R 이 연결되어 있다. 코일 A 와 연결되어 있는 스위치를 닫았을 때 저항 R 에 흐르는 전류에 대한 설명으로 옳은 것은?

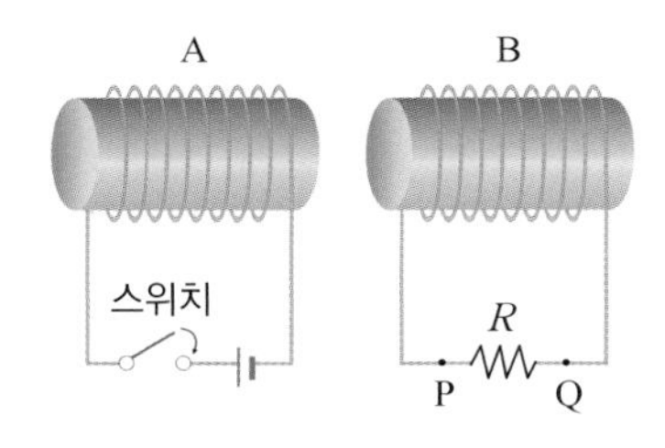

① P ⇨ R ⇨ Q 방향으로 잠시 흐른다.
② P ⇨ R ⇨ Q 방향으로 계속 흐른다.
③ Q ⇨ R ⇨ P 방향으로 잠시 흐른다.
④ Q ⇨ R ⇨ P 방향으로 계속 흐른다.
⑤ 전류가 흐르지 않는다.

유형익히기&하브루타

유형18-1 자기 쌍극자와 자성

오른쪽 그림과 같이 오른쪽 방향의 균일한 자기장 B 속에 직사각형 도선 PQRS 가 가는 실에 매달려 있으며, 이 도선에 시계 반대 방향으로 전류 I 가 일정하게 흐르고 있다. 물음에 답하시오. (단, 직사각형 도선의 가로, 세로 길이는 각각 a, b 이고, 전류와 자기장은 같은 평면 상에 있다.)

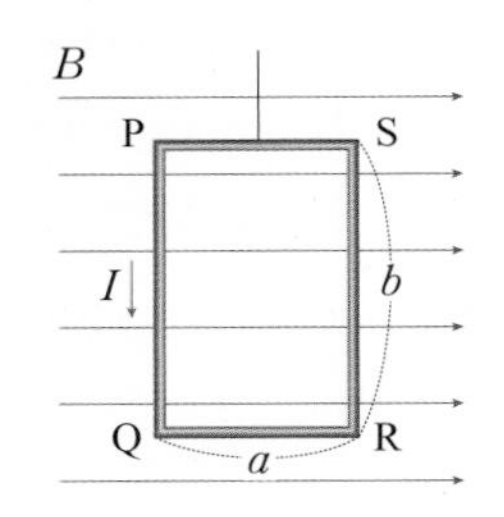

(1) 도선 PQ 가 받는 자기력의 방향은?

(㉠ 지면으로부터 나오는 방향 ㉡ 지면으로 들어가는 방향)

(2) 도선 PQRS 의 자기 모멘트 μ 의 크기와 방향을 구하시오.

( ), (㉠ 지면으로부터 나오는 방향 ㉡ 지면으로 들어가는 방향)

(3) 직사각형 도선 PQRS 가 받는 돌림힘의 크기는?

( )

01 다음 그림과 같이 세기가 B 인 균일한 자기장 영역에 작은 막대 자석이 자기장의 방향과 θ 의 각을 이루며 놓여 있다. 이에 대한 설명으로 옳은 것만을 <보기> 에서 있는 대로 고른 것은?

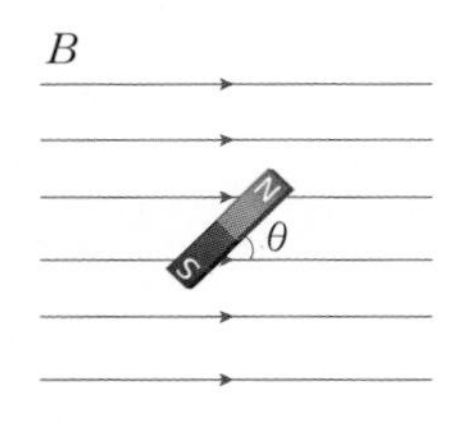

〈 보기 〉

ㄱ. 자석의 N 극에는 오른쪽 방향의 자기력이 작용한다.
ㄴ. 막대 자석이 자기장의 방향과 θ 의 각을 이루며 놓여 있을 때 자석의 자기 모멘트의 방향은 외부 자기장의 방향과 같다.
ㄷ. 자석은 일정한 각속도로 회전한다.

① ㄱ ② ㄴ ③ ㄷ
④ ㄱ, ㄴ ⑤ ㄱ, ㄴ, ㄷ

02 그림 (가) 는 어떤 물질에 자기장을 가하지 않았을 때 자기 모멘트가 배열된 모습을, 그림 (나) 는 (가) 에 균일한 자기장을 걸어주었을 때 자기 모멘트가 배열된 모습을 나타낸 것이다. 이에 대한 설명으로 옳은 것만을 <보기> 에서 있는 대로 고른 것은?

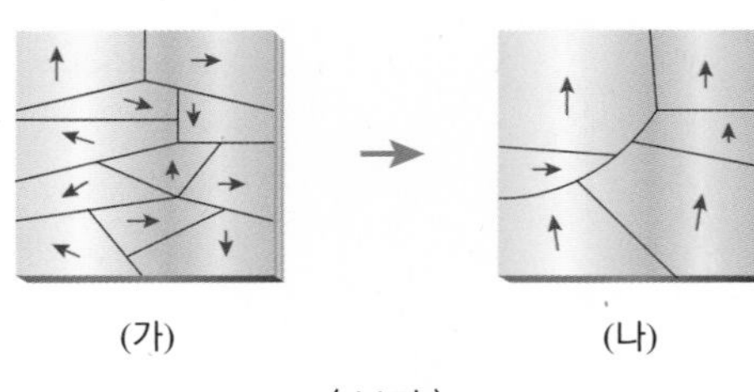

(가) (나)

〈 보기 〉

ㄱ. 이 물질은 자석에 잘 달라붙는다.
ㄴ. (나) 에서 외부 자기장의 방향은 위쪽 방향이다.
ㄷ. 외부 자기장을 제거하면 자기 구역이 사라진다.

① ㄱ ② ㄴ ③ ㄷ
④ ㄱ, ㄴ ⑤ ㄱ, ㄴ, ㄷ

유형18-2 전자기 유도 I

그림 (가) 는 막대 자석의 N 극이 코일에 접근하는 것을, 그림 (나) 는 막대 자석의 S 극이 코일에 접근하는 것을 나타낸 것이다. 이에 대한 설명으로 옳은 것만을 <보기> 에서 있는 대로 고른 것은? (단, (가) 와 (나) 의 코일은 동일한 코일이다.)

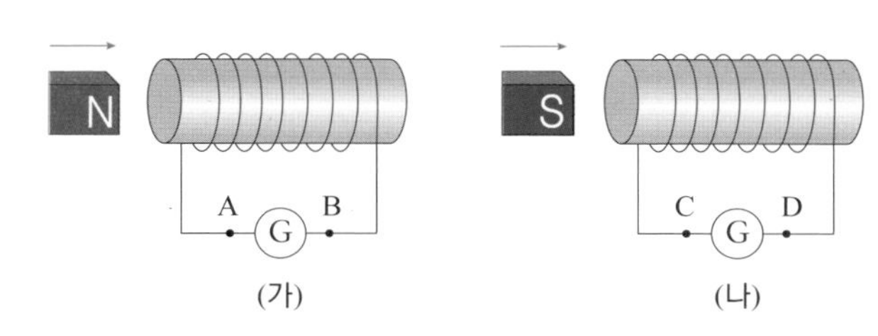

(가)　　(나)

〈 보기 〉

ㄱ. 코일을 통과하는 자기력선속은 (가) 에서는 증가하고, (나) 에서는 감소한다.
ㄴ. (가) 와 (나) 모두 자석과 코일 사이에는 척력이 작용한다.
ㄷ. (나) 에서 전류의 방향은 D ⇨ G ⇨ C 방향으로 흐른다.

① ㄴ　　② ㄷ　　③ ㄱ, ㄴ　　④ ㄴ, ㄷ　　⑤ ㄱ, ㄴ, ㄷ

03 그림 (가) 와 같이 코일을 균일한 자기장 내에 넣고 일정한 각속도로 회전시킬 때 코일 속을 지나는 자기력선속(Φ)을 시간에 따라 나타낸 그래프가 그림 (나) 이다. 이때 코일에 흐르는 전류의 그래프로 가장 적절한 것은?

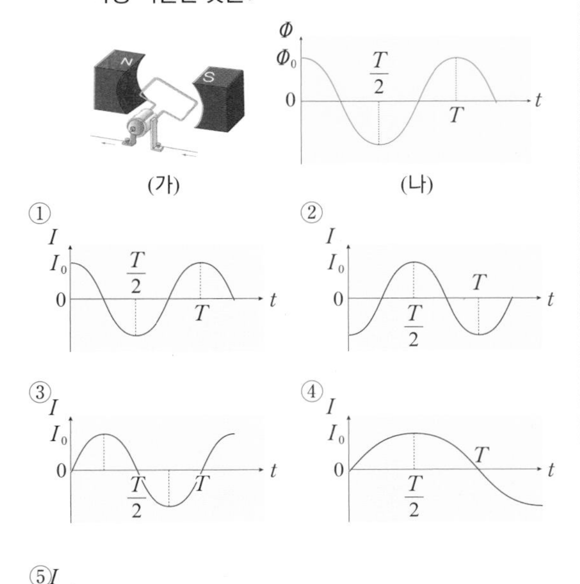

04 한 변의 길이가 2 cm 인 정사각형 도선이 세기가 0.15 T 인 균일한 자기장 내에 있다. 물음에 답하시오.

(1) 자기장의 방향이 정사각형 도선의 면의 법선과 같은 방향일 때 도선을 통과하는 자기력선속을 구하시오.

(　　　　　　) $T \cdot m^2$

(2) 자기장의 방향이 정사각형 도선의 면의 법선과 $60°$ 를 이룰 때 도선을 통과하는 자기력선속을 구하시오.

(　　　　　　) $T \cdot m^2$

(3) (2) 위치에서 (1) 위치로 0.25 초만에 회전한다면 정사각형 도선에 발생하는 유도 기전력의 크기를 구하시오.

(　　　　　　) V

유형익히기&하브루타

유형18-3 전자기 유도 II

오른쪽 그림과 같이 세기가 5 T 인 지면에 수직으로 들어가는 방향의 자기장이 형성되어 있는 영역에 폭이 20 cm 이고, 저항이 10 Ω 인 ㄷ자 도선이 놓여있다. ㄷ 자 도선 위에 도체 막대 PQ 가 힘 F 를 오른쪽으로 받아 3 m/s 의 일정한 속력으로 운동하고 있다. 물음에 답하시오. (단, 도선과 도체 막대 사이의 마찰은 무시한다.)

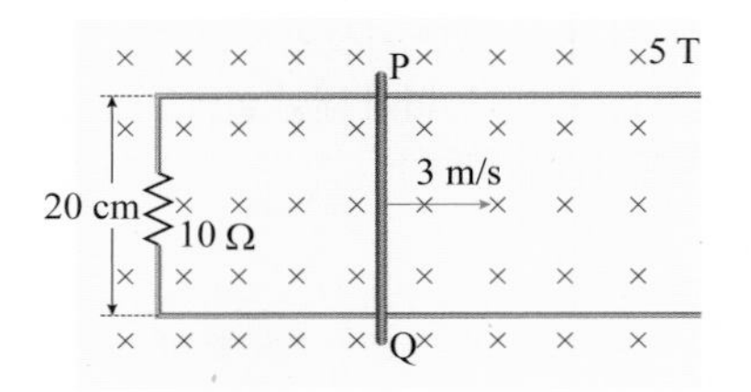

(1) ㄷ 자 도선에 흐르는 유도 전류의 방향은?

(㉠ 반시계 방향 ㉡ 시계 방향)

(2) 회로에 흐르는 전류의 세기는 얼마인가?

( ) A

(3) 도체 막대 PQ 를 운동시키는 데 필요한 힘 F 는 얼마인가?

( ) N

05 다음 그림은 지면으로 들어가는 방향의 균일한 자기장 B 가 형성되어 있는 영역이 있는 평면에서 동일한 정사각형 금속 고리 P, Q, R 이 각각 화살표 방향으로 운동하고 있는 모습을 나타낸 것이다. P는 $+x$, Q는 $-x$, R은 $-y$ 방향으로 각각 v 의 일정한 속도로 운동한다. 이에 대한 설명으로 옳은 것만을 <보기> 에서 있는 대로 고른 것은?

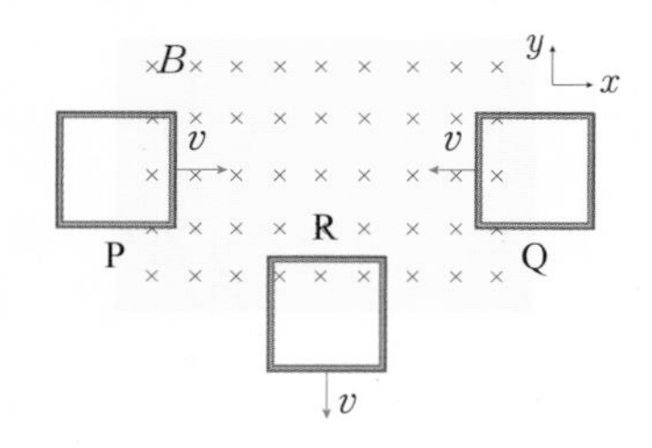

〈 보기 〉

ㄱ. 도선 P 와 Q 에 흐르는 유도 전류의 방향은 반시계 방향으로 같다.
ㄴ. 도선 R 에 발생한 유도 전류에 의한 자기력의 방향은 $+y$ 방향이다.
ㄷ. 도선 Q 와 R 에 발생하는 유도 기전력의 크기는 같다.

① ㄱ ② ㄴ ③ ㄷ
④ ㄱ, ㄴ ⑤ ㄱ, ㄴ, ㄷ

06 다음 그림은 균일한 자기장 내부에 있는 폭이 l 인 ㄷ자 도선 가운데 저항 R 을 연결하고, 원형 금속 막대를 올려놓은 뒤 일정한 속력 v 로 오른쪽 방향으로 당기는 것을 나타낸 것이다. 이에 대한 설명으로 옳은 것만을 <보기> 에서 있는 대로 고른 것은?

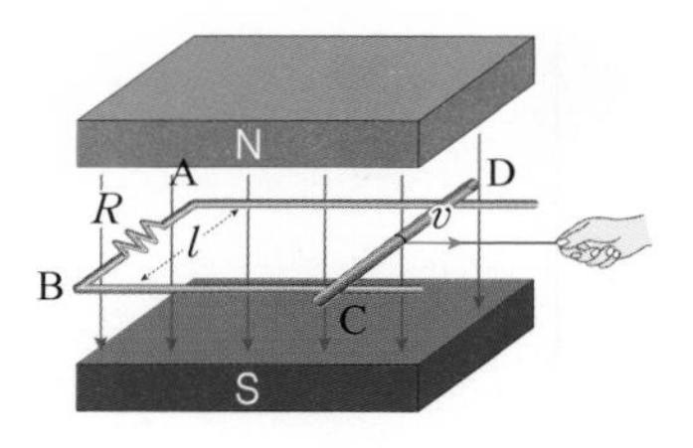

〈 보기 〉

ㄱ. 전류는 A ⇨ R ⇨ B 방향으로 흐른다.
ㄴ. 전위는 C 점이 D 점보다 높다.
ㄷ. ㄷ자 도선의 폭이 넓혀서 자기장 영역 밖에 놓이게 하고 같은 실험을 진행하면, 속력 v 로 운동하는 금속 막대에는 전류가 흐르지 않는다.

① ㄱ ② ㄴ ③ ㄷ
④ ㄱ, ㄷ ⑤ ㄱ, ㄴ, ㄷ

유형18-4 자체 유도와 상호 유도

다음은 변압기의 구조와 각각의 물리량을 나타낸 것이다. 이에 대한 설명으로 옳은 것만을 <보기> 에서 있는 대로 고른 것은? (단, 1 차 코일에 공급되는 전기 에너지는 2 차 코일에 모두 전달된다.)

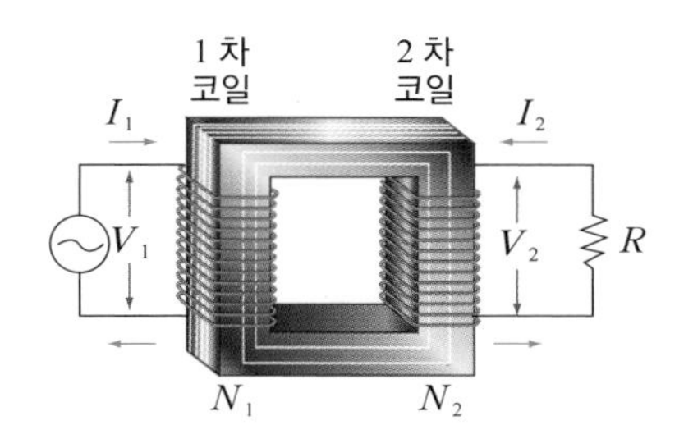

N_1 : 1 차 코일의 감은 수
N_2 : 2 차 코일의 감은 수
V_1 : 1 차 코일에 걸리는 전압
V_2 : 2 차 코일에 걸리는 전압
I_1 : 1 차 코일에 흐르는 전류의 세기
I_2 : 2 차 코일에 흐르는 전류의 세기

〈 보기 〉

ㄱ. $N_1 > N_2$ 이면, $V_1 < V_2$ 이다.
ㄴ. 감은 수는 일정한 상태에서 V_1 이 증가하면 저항 R 에 흐르는 전류가 증가한다.
ㄷ. $I_1 = \frac{V_1 N_2}{R N_1}$ 이다.

① ㄱ ② ㄴ ③ ㄷ ④ ㄴ, ㄷ ⑤ ㄱ, ㄴ, ㄷ

07 다음 그림과 같이 전지, 코일, 스위치가 연결된 회로에 전류가 흐르고 있다. 스위치를 여는 순간 코일에 발생하는 현상으로 옳은 것만을 <보기> 에서 있는 대로 고른 것은?

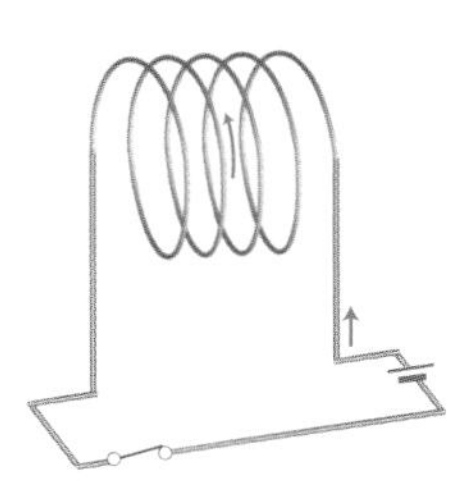

〈 보기 〉

ㄱ. 전류의 세기는 즉시 0 이 된다.
ㄴ. 코일에 의한 자기장의 세기가 감소한다.
ㄷ. 코일에 전지의 기전력과 반대 방향의 유도 기전력이 발생한다.

① ㄱ ② ㄴ ③ ㄷ
④ ㄴ, ㄷ ⑤ ㄱ, ㄴ, ㄷ

08 그림 (가) 는 전원 장치가 연결된 1 차 코일과 검류계가 연결된 2 차 코일이 하나의 철심에 감겨 있는 것을 나타낸 것이고, 그림 (나) 는 1 차 코일에 흐르는 전류의 세기를 시간에 따라 나타낸 것이다. 이에 대한 설명으로 옳은 것만을 <보기> 에서 있는 대로 고른 것은?

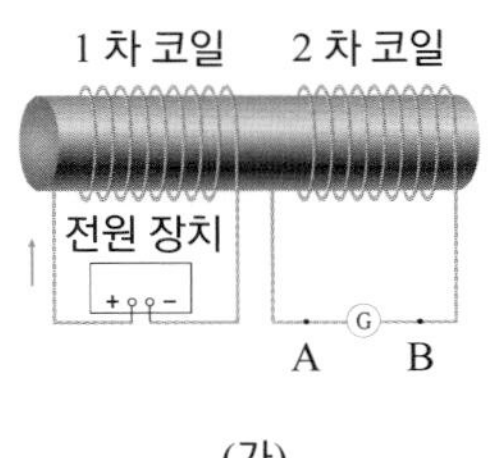

(가)

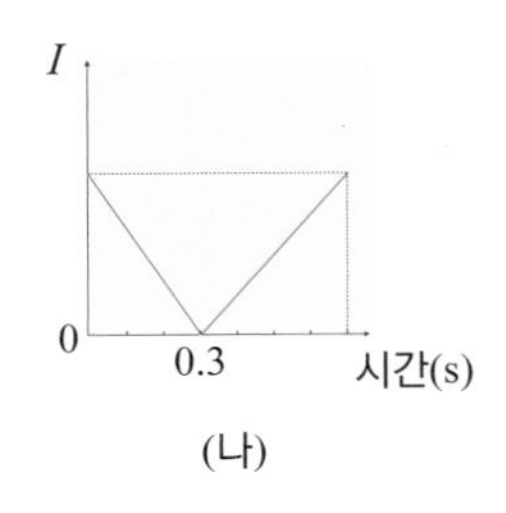

(나)

〈 보기 〉

ㄱ. 0.3 초 전에는 B ⇨ 검류계 ⇨ A 방향으로 전류가 흐른다.
ㄴ. 2 차 코일에 발생하는 유도 기전력의 세기는 0.1 초일 때가 0.4 초일 때보다 세다.
ㄷ. 0.3 초를 전후로 2 차 코일에 발생하는 유도 기전력의 방향이 바뀐다.

① ㄱ ② ㄴ ③ ㄷ
④ ㄱ, ㄴ ⑤ ㄱ, ㄴ, ㄷ

창의력&토론마당

01 다음 그림은 ㄴ 자 모양의 다각형 도선이 균일한 자기장이 형성된 영역 Ⅰ, 영역 Ⅱ 에 자기장과 수직한 방향으로 일정한 속력 v 로 통과하는 것을 나타낸 것이다. 자기장 영역 Ⅰ, Ⅱ 에서 자기장의 세기는 같고, 방향은 각각 지면에 수직으로 들어가는 방향과 나오는 방향이며, 각 영역의 폭은 L 이다.

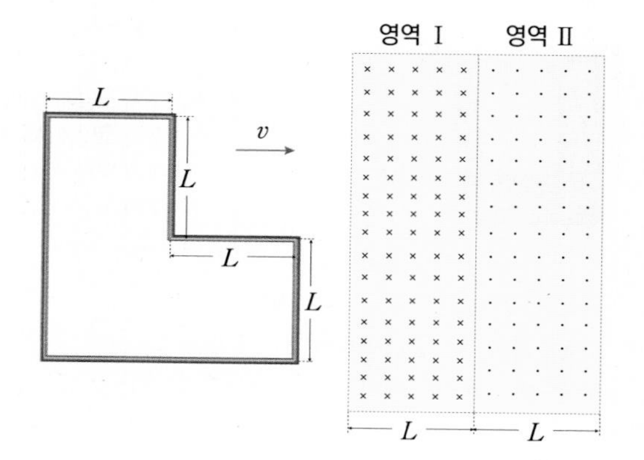

도선에 흐르는 시간에 따른 유도 전류를 다음 그래프에 그리시오. (단, I 는 ㄴ 자 모양의 도선의 맨 오른쪽 부분의 도선이 자기장 영역 Ⅰ 을 통과하는 동안 도선에 흐르는 전류를 나타낸 것이다.)

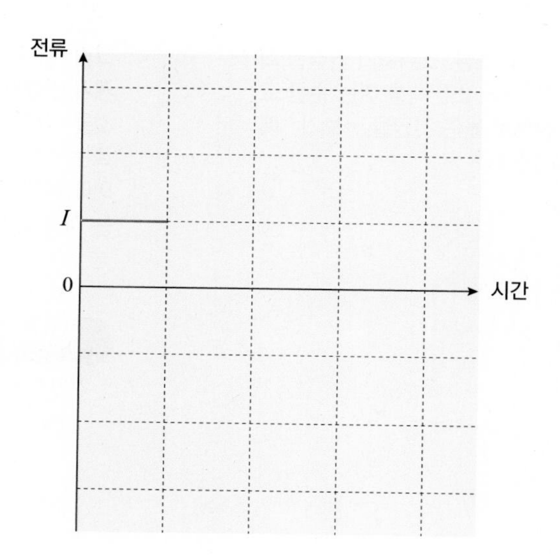

02 다음 그림은 질량이 같은 두 금속 막대 P와 Q가 마찰이 없는 도체 레일 위에 있는 모습을 나타낸 것이다. 금속 막대 P는 지면으로부터 높이 h 인 지점에서 출발하여 마찰이 없는 레일 구간 ab를 내려와 자기장 B 가 지면에 수직으로 걸려 있는 레일 구간 bc를 지난다. 처음에 정지해 있던 금속 막대 Q가 놓여 있는 레일 구간 cd의 폭은 레일 구간 bc 폭의 절반이다. 레일 구간 ab를 제외한 모든 구역의 자기장의 세기는 일정하고, 레일 구간 bc와 cd의 길이는 매우 길다. 중력 가속도가 g 일 때, 물음에 답하시오.

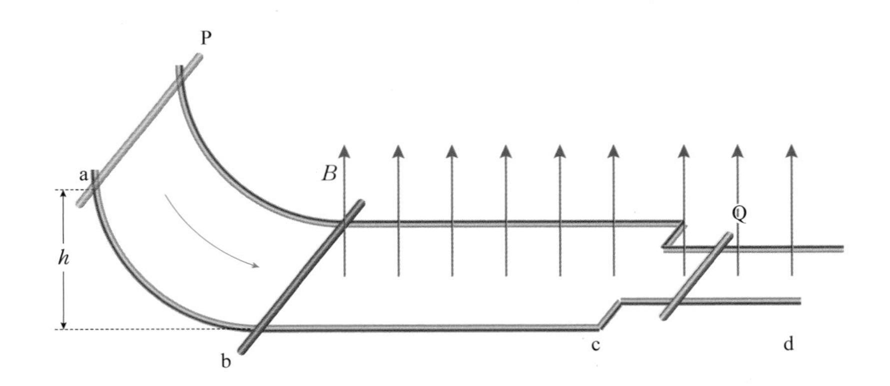

(1) 금속 막대 P가 bc 구간에서 운동하는 동안 금속 막대 P와 Q에 흐르는 유도 전류의 세기와 도체 막대 P가 지면에 내려오는 순간부터 금속 막대 P와 Q의 시간에 따른 속력을 각각 시간에 대한 그래프로 나타내시오.

(2) 두 금속 막대 P와 Q의 최종적인 속력 v_P, v_Q 를 각각 구하시오.

창의력&토론마당

03

다음 그림은 세기가 B 로 균일한 자기장 영역에 놓여 있는 반지름이 a 인 반원 모양의 도선과 도체 막대가 접촉하여 이루어진 회로를 나타낸 것이다. 반원 모양의 도선에는 저항값이 각각 R_1, R_2 인 두 저항이 연결되어 있고, 도체 막대를 중심점 O 를 중심으로 반시계 방향으로 일정한 각속도 ω 로 회전시켰다. 물음에 답하시오. (단, 자기장은 지면에 수직으로 들어가는 방향이며, 반원 모양의 도선은 고정되어 있다. 도선 자체의 저항과 자체 유도에 의한 효과는 무시하고, 도체 막대가 반원을 벗어나는 경우는 고려하지 않는다.)

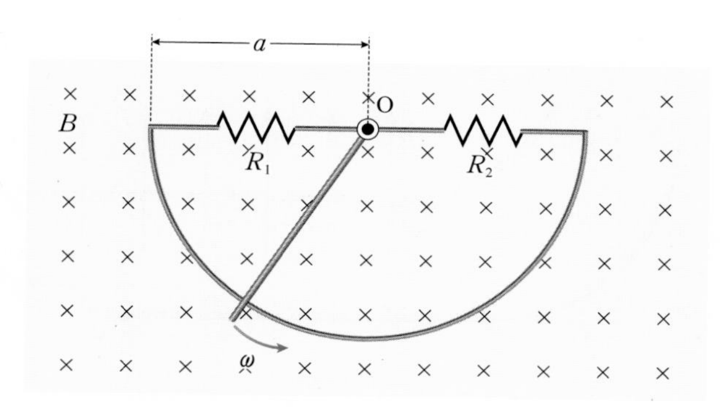

(1) 도체 막대에 흐르는 전류의 크기를 구하시오.

(2) 중심에서 r 만큼 떨어진 지점에 힘 F 를 가하여 도체 막대를 일정한 각속도로 회전시키려고 한다. 이때 필요한 힘 F 를 구하시오.

04 오른쪽 그림은 한 변의 길이가 2 m 인 정사각형 도선 고리를 양쪽에서 같은 힘 F 로 잡아당기는 것을 나타낸 것이다. 고리면에 수직으로 들어가는 방향의 균일한 자기장이 형성되어 있으며, 그 세기는 0.1 T 이다. 처음부터 A 와 B 사이의 거리가 2 m 될 때까지 걸리는 시간이 0.1 초라면, 잡아당기는 동안 고리에 흐르는 유도 전류의 평균값은 얼마인가? (단, 정사각형 도선 고리의 저항은 5 Ω 이고, $\sqrt{3} = 1.7$ 로 계산한다.)

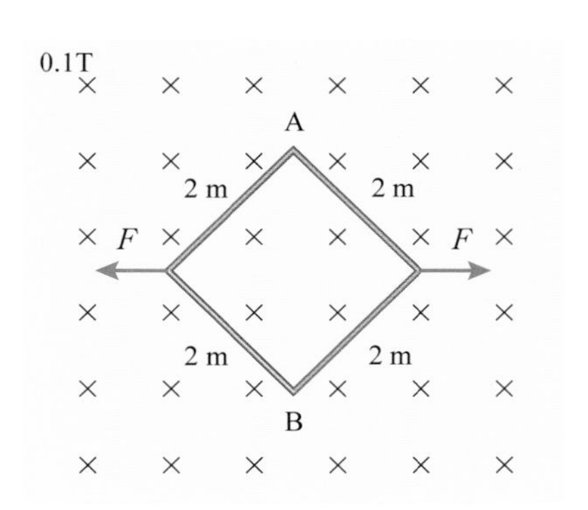

05 그림 (가) 는 자체 유도 계수가 L_1, L_2 인 두 코일이 전압이 V 인 교류 전원에 직렬 연결된 것을 나타낸 것이고, 그림 (나) 는 두 코일이 병렬 연결된 것을 나타낸 것이다. (가) 와 (나) 의 합성 자체 유도 계수를 각각 구하시오.

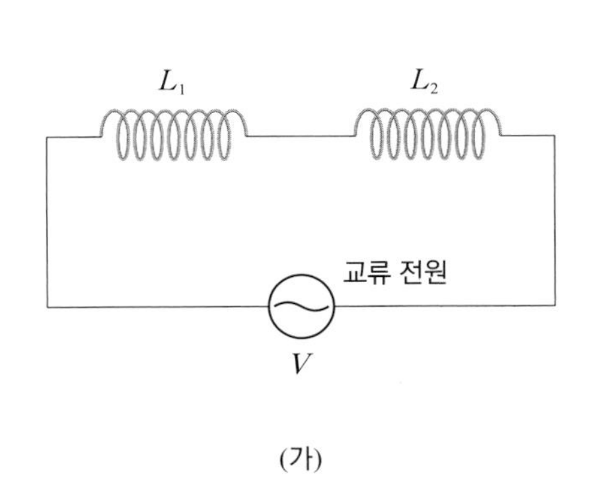

(가)

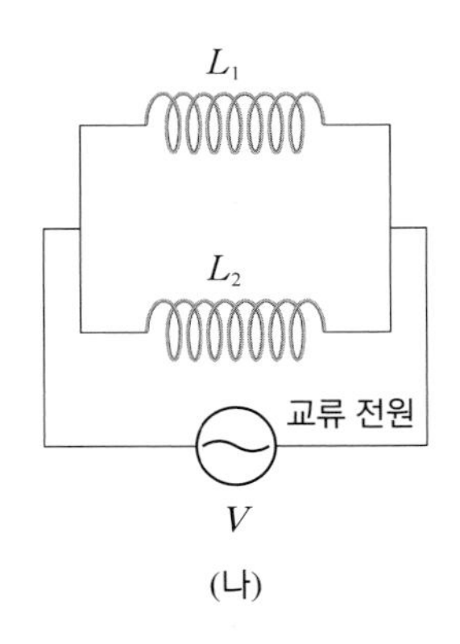

(나)

스스로 실력높이기

A

01 다음 그림과 같이 xy 평면 위에 놓인 반지름이 r 인 원형 도선에 전류 I 가 시계 방향으로 흐르고 있다. 자기 모멘트의 ㉠ 방향과 ㉡ 크기를 각각 쓰시오.

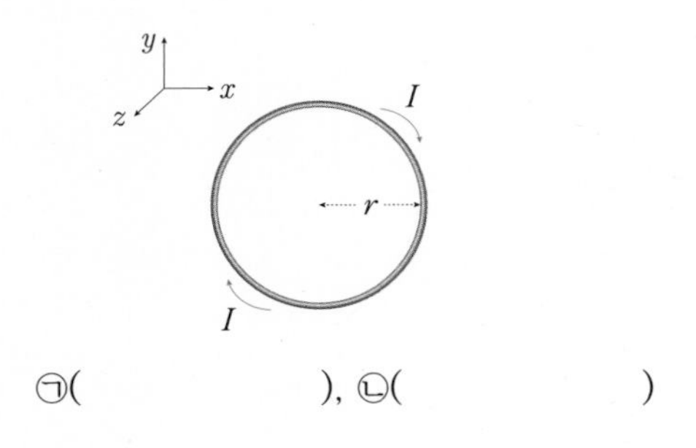

㉠(　　　　　　), ㉡(　　　　　　)

02 다음 그림과 같이 세기가 0.5 T 이고, $+z$ 방향인 균일한 자기장 영역에서 전류 0.1 A 가 화살표 방향으로 흐르는 직사각형 도선이 yz 평면에 놓여 있다. 직사각형 가로, 세로 각변의 길이가 각각 5 cm, 8 cm 일 때, 이 고리에 작용하는 돌림힘의 크기는 얼마인가?

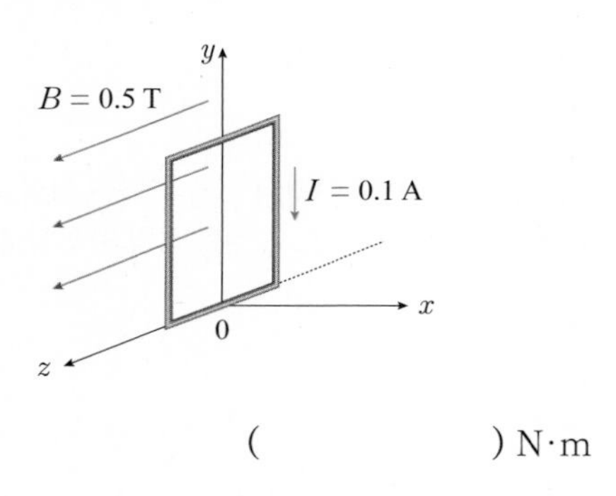

(　　　　　　) N·m

03 다음 그림은 전자가 원자핵 주위를 반지름이 r 인 궤도를 따라 운동하는 모형을 나타낸 것이다. 전자의 원운동 주기가 T 일 때, 전자의 궤도 운동에 의한 자기 모멘트의 ㉠ 방향과 ㉡ 크기를 각각 구하시오. (단, 전자의 전하량은 e 이다.)

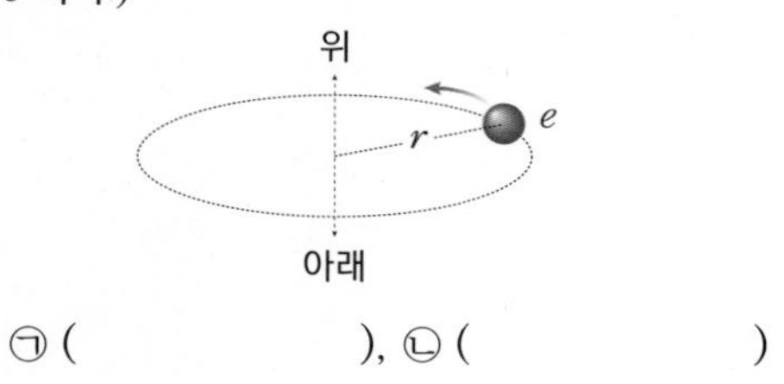

㉠ (　　　　　　), ㉡ (　　　　　　)

04 다음 그림과 같이 코일의 중심을 향해 자석을 위아래로 운동시켰더니 전류가 흘렀다. 이때 전류의 세기를 증가시키는 방법으로 옳은 것만을 <보기> 에서 있는 대로 고른 것은??

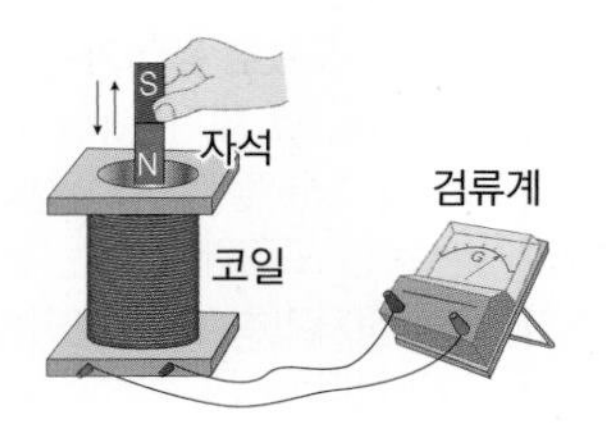

〈 보기 〉

ㄱ. 자석을 더 빠르게 운동시킨다.
ㄴ. 코일을 더 촘촘하게 감은 후 자석을 운동시킨다.
ㄷ. 자석의 극을 바꿔서 운동시킨다.
ㄹ. 자기력이 더 센 자석으로 바꾼 후 운동시킨다.

① ㄱ, ㄴ, ㄷ　② ㄱ, ㄴ, ㄹ　③ ㄱ, ㄷ, ㄹ
④ ㄴ, ㄷ, ㄹ　⑤ ㄱ, ㄴ, ㄷ, ㄹ

05 다음 그림과 같이 시계 방향으로 전류가 흐르고 있는 코일 옆에 가벼운 금속 고리를 매달았다. 스위치를 닫는 순간 금속 고리의 운동에 대한 설명으로 옳은 것은?

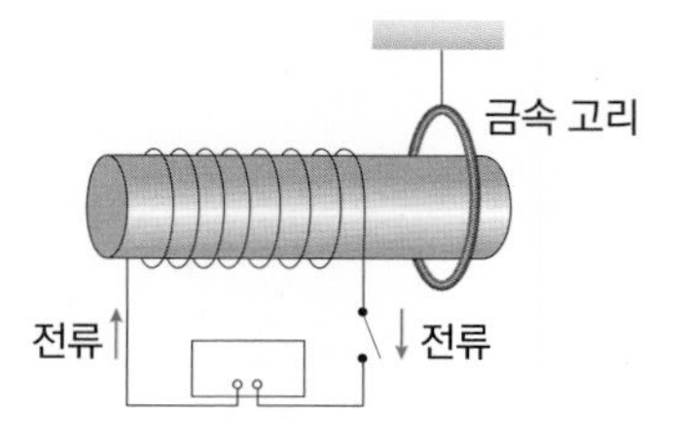

① 회전한다.
② 위쪽으로 움직인다.
③ 아래쪽으로 움직인다.
④ 코일 쪽으로 움직인다.
⑤ 코일 반대쪽으로 움직인다.

06~07 다음 그림과 같이 균일한 자기장 B 안에 수직으로 놓인 폭이 l 인 ㄷ 자형 도선 위에서 금속 막대 ab 를 일정한 속력 v 로 오른쪽으로 끌어당겼다. 다음 물음에 답하시오.

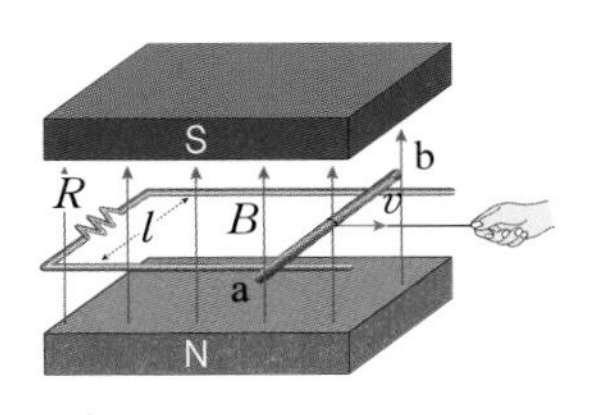

06 a 와 b 중 전위가 더 높은 곳은?

(　　　　　)

07 금속 막대 ab 에 흐르는 전류의 세기 I 를 시간 t 에 따라 나타낸 그래프로 가장 적절한 것은?

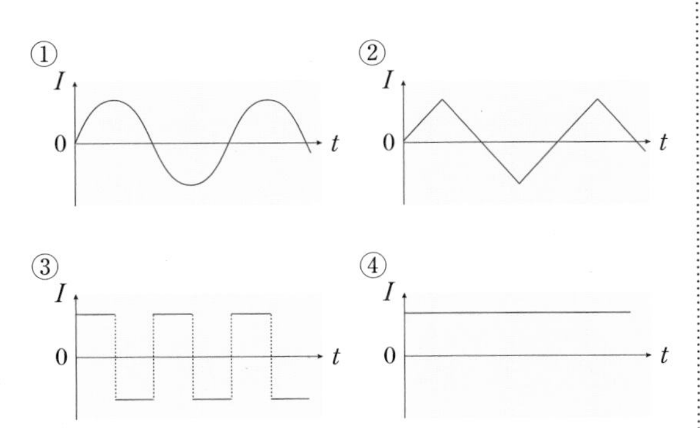

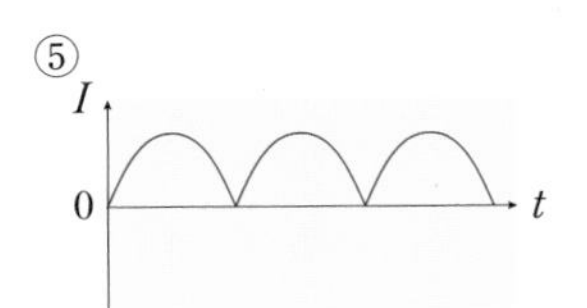

08 코일에 흐르는 전류가 0.1 초 사이에 0.2 A 에서 0.6 A 로 증가할 때 코일 양끝에 6 V 의 기전력이 발생하였다. 이 코일의 자체 유도 계수는?

(　　　　　) H

09 코일과 전원 장치로 이루어진 회로에 전류가 흐르고 있을 때 회로의 스위치를 여는 순간 스위치의 두 전극 사이에서 전기 불꽃이 번쩍 빛났다. 불꽃이 일어난 원인이 되는 전기적 현상은 무엇인가?

(　　　　　)

10 다음 그림과 같이 1 개의 철심에 2 개의 코일이 감겨 있는 이중 코일의 상호 유도 계수 $M = 0.5$ H 이다. 1 차 코일에 흐르는 전류가 0.1 초 동안 0.4 A 만큼 증가하였다면, 2 차 코일에 유도되는 기전력의 크기는 얼마인가?

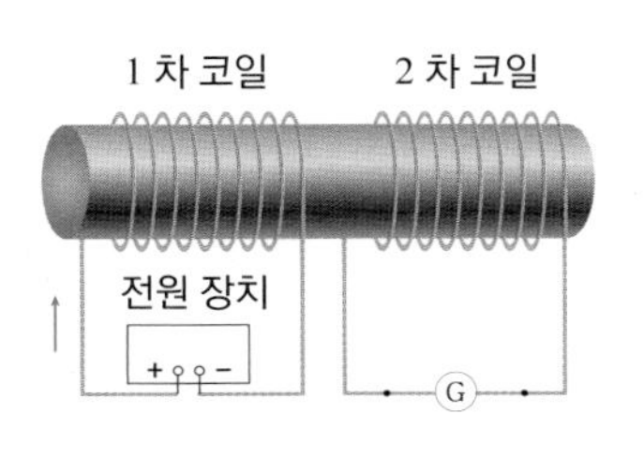

(　　　　　) V

B

11 다음 그림과 같이 xy 평면 위에 한 변의 길이가 각각 a, b $(b > a)$ 인 두 개의 정사각형 도선이 놓여 있다. 이때 두 정사각형의 중심은 같으며, 동일한 세기의 전류 I 가 서로 반대 방향으로 흐르고 있다. 두 도선에 의한 자기 쌍극자 모멘트의 크기를 구하시오.

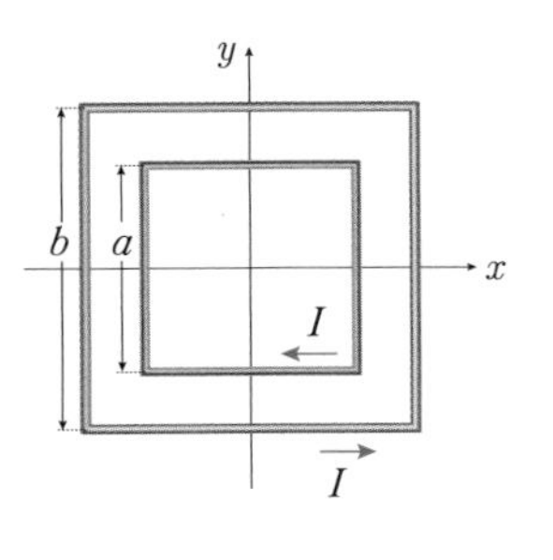

(　　　　　)

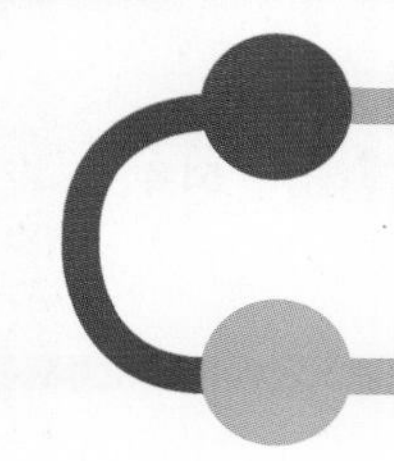

스스로 실력높이기

12 다음 그림은 세기가 B 로 일정한 자기장 내에 전류가 화살표 방향으로 흐르는 원형 전류 고리가 비스듬히 놓여 있는 것을 나타낸 것이다. 이에 대한 설명으로 옳은 것만을 <보기> 에서 있는 대로 고른 것은?

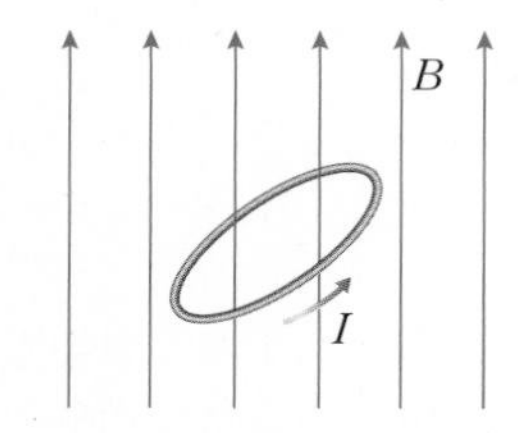

〈 보기 〉

ㄱ. 전류 고리는 자기 쌍극자이다.
ㄴ. 전류 고리의 중심을 지나는 자기장의 방향과 외부 자기장의 방향이 같은 방향이 되도록 돌림힘이 작용한다.
ㄷ. 고리의 면적이 넓을수록 전류 고리의 자기 모멘트는 커진다.

① ㄱ ② ㄴ ③ ㄷ
④ ㄱ, ㄴ ⑤ ㄱ, ㄴ, ㄷ

13 다음 중 자성과 관련된 설명으로 옳은 것만을 <보기> 에서 있는 대로 고른 것은?

〈 보기 〉

ㄱ. 자성은 원자 내 전자의 공전이나 스핀에 의해 나타난다.
ㄴ. 원자핵의 스핀은 원자의 자기 모멘트에 큰 영향을 준다.
ㄷ. 반자성체 원자들은 외부적으로 자기 모멘트를 가지지 않는다.

① ㄱ ② ㄴ ③ ㄷ
④ ㄱ, ㄷ ⑤ ㄱ, ㄴ, ㄷ

14 그림 (가) 와 같이 반지름이 r, $2r$ 인 저항을 무시할 수 없는 두 원형 도선 A, B 가 균일한 자기장 내에 놓여 있다. 자기장의 세기를 그림 (나) 와 같이 변화시킬 때, 다음 물음에 답하시오. (단, 두 원형 도선의 재질과 굵기는 같다.)

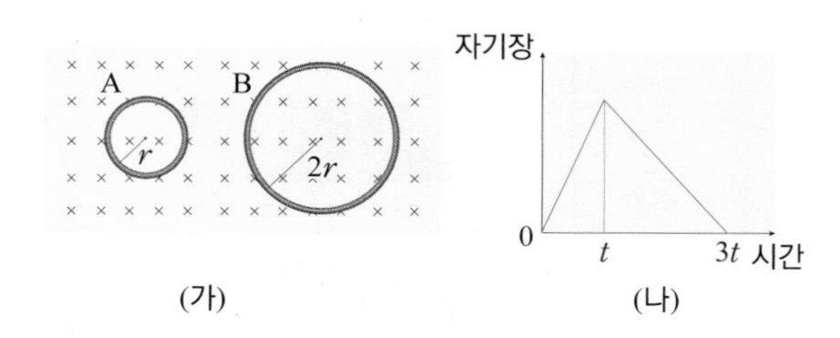

(가) (나)

(1) 0 ~ t 동안 A 와 B 에 유도되는 유도 기전력의 크기비는?

( )

(2) 0 ~ t 동안 A 와 B 에 유도되는 유도 전류의 크기비는?

( )

(3) 0 ~ t 동안 A 에 유도되는 유도 전류의 세기와 t ~ $3t$ 동안 A 에 유도되는 유도 전류의 세기 비는?

( )

15 다음 그림은 정사각형 코일이 종이면에 수직으로 나오는 방향의 균일한 자기장이 걸려 있는 자기장 영역 Ⅰ, Ⅱ 를 일정한 속력 v 로 통과하는 것을 나타낸 것이다. 자기장 영역 Ⅰ, Ⅱ 에서 자기장의 세기는 각각 B, $2B$ 이고, P, Q, R 은 각각 코일이 자기장 영역 Ⅰ 에 절반이 걸쳐 있는 순간, 자기장 영역 Ⅰ 과 Ⅱ 에 걸쳐 있는 순간, 자기장 영역 Ⅱ 에 절반이 걸쳐 있는 순간을 나타낸 것이다. P, Q, R 의 위치에 있을 때 코일에 작용하는 전자기력의 크기를 바르게 비교한 것은?

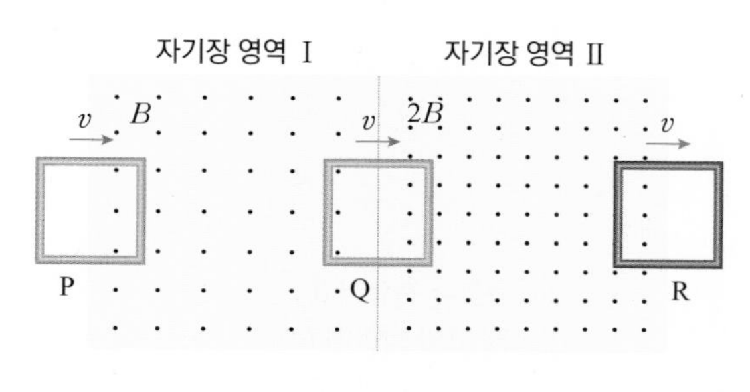

① 1 : 1 : 2 ② 1 : 1 : 4 ③ 1 : 2 : 2
④ 1 : 2 : 4 ⑤ 1 : 4 : 4

16 다음 그림과 같이 세기가 0.5 T 인 균일한 자기장 영역에 100 회 감은 정사각형 코일이 자기장 방향과 수직으로 놓여 있다. 코일을 일정한 힘 F 로 잡아당겨 코일 전체가 자기장이 없는 영역으로 빠져나오는 데 0.1 초가 걸렸다. 물음에 답하시오. (단, 정사각형 한 변의 길이는 4 cm 이고, 정사각형 코일의 전체 저항은 100 Ω 이다. $t = 0$ 일 때, 코일의 오른쪽 끝부분은 자기장 영역의 경계에 놓여 있다.)

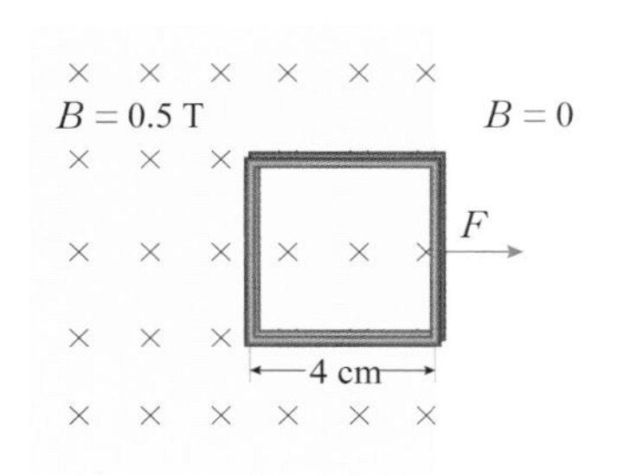

(1) 100 번 감은 코일에 흐르는 유도 전류의 세기를 구하시오.

( ) mA

(2) 코일에서 소비되는 에너지를 구하시오.

( ) J

(3) 코일을 잡아당긴 평균 힘 F 를 구하시오.

( ) N

17 코일을 100 회 촘촘히 감아서 만든 솔레노이드가 있다. 이 솔레노이드의 길이는 8 cm 이고, 단면적은 0.5 cm^2 이며, 코일 내부는 공기로 채워져 있다. 이 코일의 자체 유도 계수는? (단, 공기의 투자율 $\mu_0 = 4\pi \times 10^{-7}$ T·m/A 이고, $\pi = 3.14$ 로 계산한다.)

( ) H

18 휴대 전화 충전기 속에는 3.7 V 전지를 충전시키기 위해 220 V 의 교류 전압을 5 V 의 교류 전압으로 낮추는 변압기가 들어있다. 이 변압기의 2 차 코일의 감은수가 20 회이고, 충전기가 1 A 의 전류를 흘려야 한다고 가정한다. 물음에 답하시오. (단, 1 차 코일에 공급되는 전기 에너지가 2 차 코일에 전부 전달된다.)

(1) 변압기의 1 차 코일의 감은 수를 구하시오.

( ) 회

(2) 변압기의 1 차 코일에 흐르는 전류를 구하시오.

( ) A

C

19 다음 그림과 같이 $+x$ 방향의 균일한 자기장 영역의 xy 평면 위에 가로 10 cm, 세로 25 cm 의 직사각형 도선이 놓여 있다. 이 도선에 $+y$ 방향으로 1.4 A 의 전류가 흐르고 있고, 도선의 오른쪽에 100 g 의 추가 $-z$ 방향으로 매달려 있을 때, 도선이 도선의 중심축 P를 중심으로 회전하지 않고 수평을 유지하였다. 자기장의 세기는 얼마인가? (단, 중력 가속도 $g = 9.8$ m/s^2 이다.)

[특목고 기출 유형]

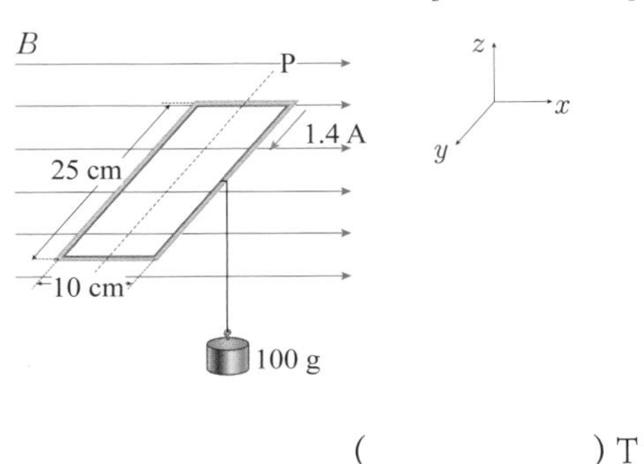

( ) T

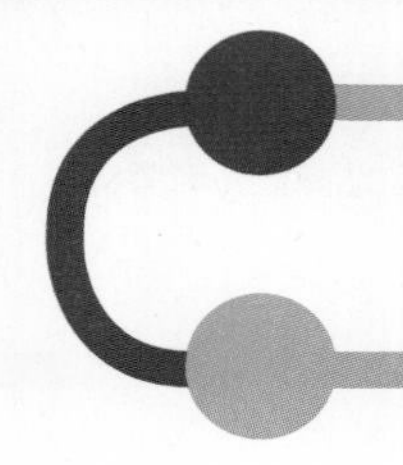

스스로 실력높이기

20 그림 (가) 와 같이 막대 자석을 코일 속으로 자유 낙하시키면서 코일 양단의 전위차 V 를 시간에 따라 측정하였더니 그림 (나) 와 같은 결과를 얻었다. 이에 대한 설명으로 옳은 것만을 <보기> 에서 있는 대로 고른 것은? (단, 코일에 들어가는 순간과 나오는 순간 자석의 속력 차이는 거의 없다.)

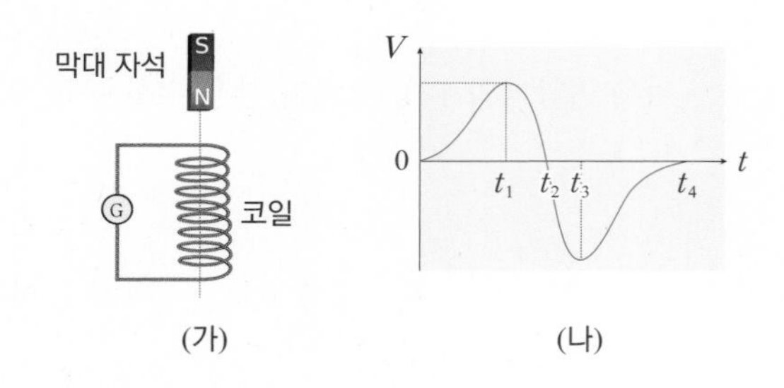

〈 보기 〉

ㄱ. 막대 자석이 코일에 가까워질 때와 코일로부터 멀어질 때 코일에 흐르는 유도 전류의 방향은 반대이다.
ㄴ. t_2 일 때 코일에 흐르는 유도 전류의 세기는 가장 작다.
ㄷ. 코일의 길이가 더 길어진다면 t_1 ~ t_3 사이의 간격이 더 커진다.

① ㄱ ② ㄴ ③ ㄷ
④ ㄱ, ㄴ ⑤ ㄱ, ㄴ, ㄷ

21 다음 그림과 같이 5 Ω, 1 Ω, 3 Ω 의 저항을 이용하여 회로를 구성하였다. 5 Ω, 1 Ω 의 중앙에는 반지름 $r_P = 0.1$ m 의 공간에 지면으로 들어가는 방향의 자기장이 형성되어 있으며, 1 Ω, 3 Ω 의 중앙에는 반지름 $r_Q = 0.16$ m 의 공간에 지면으로 나오는 방향의 자기장이 형성되어 있다. 이때 각 영역의 자기장의 세기가 100 T/s 의 일정한 비율로 증가한다면, 각 저항에 흐르는 전류의 세기를 구하시오. (단, $\pi = 3$ 으로 계산한다.)

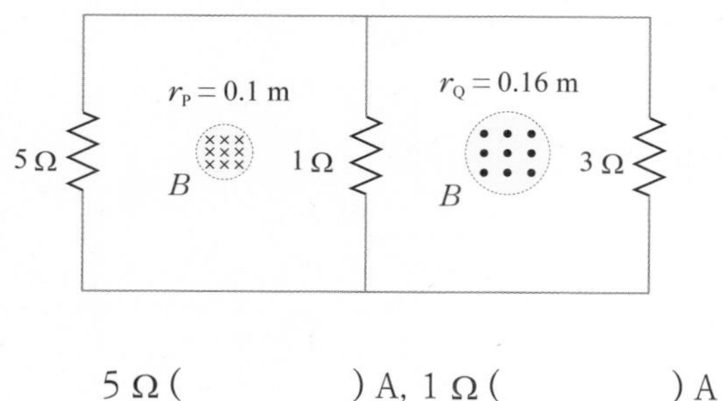

5 Ω (　　　　　) A, 1 Ω (　　　　　) A
3 Ω (　　　　　) A

22 그림 (가) 와 같이 자체 유도 계수가 L 인 코일과 내부 저항이 있는 전류계가 10 V 전지에 연결되어 있다. 그림 (나) 는 스위치를 닫는 순간 전류의 변화를 시간에 따라 나타낸 것이다. ㉠ 전류계의 내부 저항과 ㉡ 코일의 자체 유도 계수 L 의 크기는 얼마인가? (단, 코일과 전지의 내부 저항은 무시하며, (나)에서 파란색 점선은 시간 = 0 일 때 접선 기울기이다.)

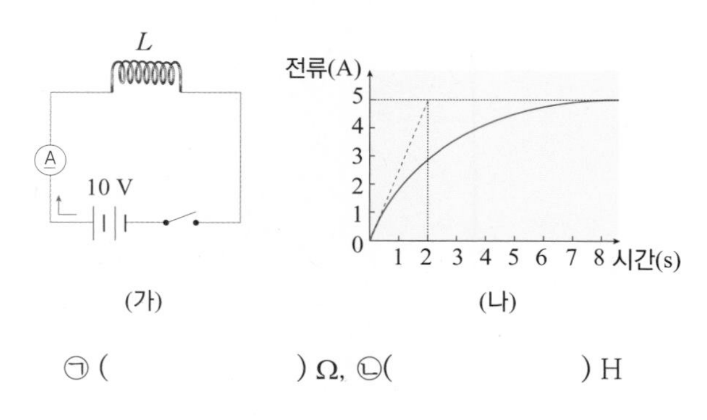

㉠ (　　　　　) Ω, ㉡(　　　　　) H

23 그림 (가) 는 기전력 E, 저항 R, 자체 유도 계수 L, 그림 (나) 는 기전력 E, 저항 $2R$, 자체 유도 계수 $2L$ 이 모두 직렬 연결된 회로를 각각 나타낸 것이다. 스위치를 각각 닫았을 때 일어나는 현상에 대한 설명으로 옳은 것만을 <보기> 에서 있는 대로 고른 것은?

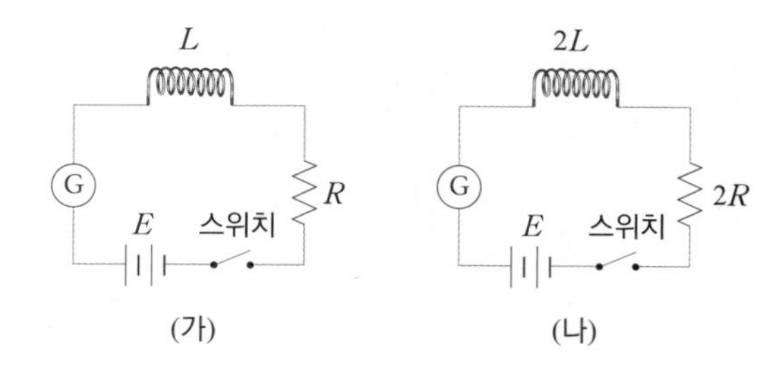

〈 보기 〉

ㄱ. 회로의 최대 전류값은 (가) 가 (나) 의 2 배이다.
ㄴ. 두 회로의 저항값이 같다면 회로의 최대 전류값에 도달하는 데 걸린 시간은 (가) 와 (나) 가 같다.
ㄷ. (가) 와 (나) 에서 검류계의 바늘이 서서히 최대값에 도달한 후 다시 원점으로 되돌아 온다.

① ㄱ ② ㄴ ③ ㄷ
④ ㄱ, ㄷ ⑤ ㄱ, ㄴ, ㄷ

24 그림 (가) 는 1 차 코일과 2 차 코일이 하나의 철심에 감겨 있는 것을 나타낸 것이고, 그림 (나) 는 1 차 코일에 흐르는 전류를 시간에 따라 나타낸 것이다. 이에 대한 설명으로 옳은 것만을 <보기> 에서 있는 대로 고른 것은?

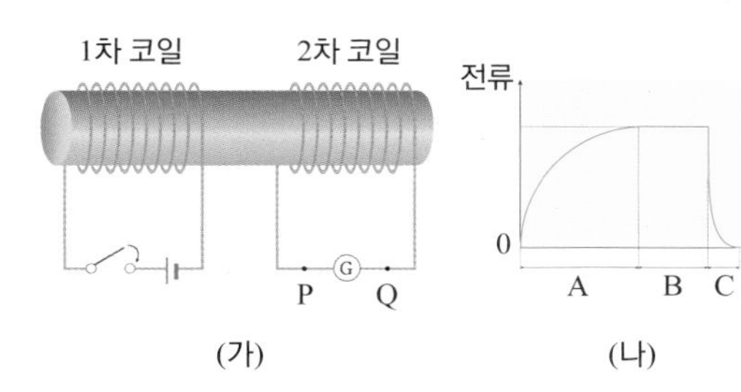

(가) (나)

〈 보기 〉

ㄱ. 2 차 코일에 흐르는 유도 전류의 세기는 A 구간에서 최댓값을 갖는다.
ㄴ. 1 차 코일 내부의 자기장의 세기는 B 구간에서 최대이다.
ㄷ. C 구간에서 2 차 코일에 유도된 전류의 방향은 Q ⇨ Ⓖ ⇨ P 이다.

① ㄱ ② ㄴ ③ ㄷ
④ ㄴ, ㄷ ⑤ ㄱ, ㄴ, ㄷ

심화

25 다음 그림과 같이 긴 직선 도선에 15 A 의 일정한 전류가 화살표 방향으로 흐르고 있다. 이 직선 도선과 1 cm 떨어진 곳에 놓인 폭이 40 cm 인 ㄷ 자 도선 위에서 금속 막대가 25 cm/s 의 일정한 속력으로 운동하고 있다. 직선 도선과 금속 막대 사이의 거리가 6 cm 일 때, 저항에 흐르는 유도 전류의 세기를 구하시오. (단, 레일의 저항은 0.05 Ω 이고, 금속 막대와 도선 사이의 마찰은 무시하며, 자기장 세기의 비례 상수 $k = 2 \times 10^{-7}$ T·m/A 이다.)

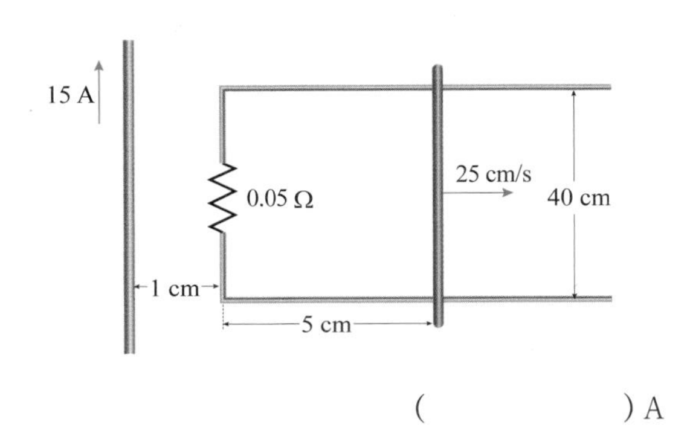

( ) A

26 다음 그림과 같이 한 변의 길이가 4 cm 인 정사각형 도선이 4 T 의 균일한 자기장이 형성되어 있는 영역과 h 만큼 높은 위치에서 정지해 있다. 이때 정사각형 도선이 자기장과 수직인 방향으로 자유 낙하하여 자기장의 경계면에 닿은 후 완전히 들어갈 때까지 등속도 v 로 운동하였다면 ㉠ 도선을 떨어뜨린 높이 h 와 ㉡ 도선에 흐르는 전류의 세기는 얼마인가? (단, 자기장은 지면으로 들어가는 방향이고, 정사각형 도선의 질량은 5 g, 저항은 1 Ω, 중력 가속도 $g = 9.8$ m/s^2 이다.)

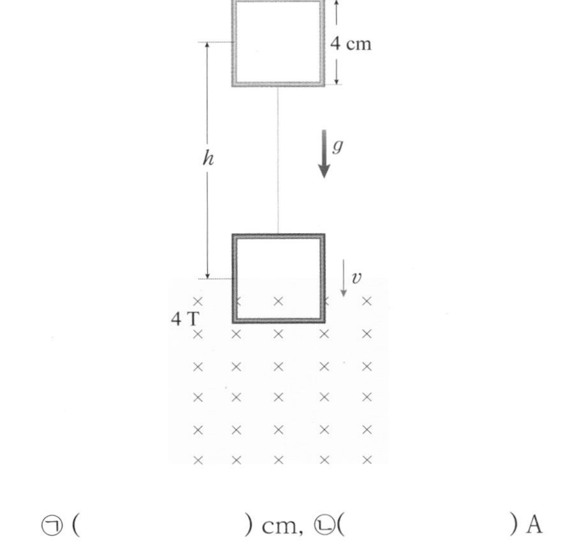

㉠ ( ) cm, ㉡( ) A

27 다음 그림과 같이 3 T 의 균일한 자기장 영역에 폭이 50 cm 이고, 레일의 양 끝에 각각 3 Ω, 7 Ω 의 저항이 연결되어 있는 두 개의 평행 도선 위에 도체 막대가 놓여 있다. ㉠ 막대를 7 m/s 의 일정한 속력으로 움직이기 위해 외부에서 가해야 하는 힘의 크기와 ㉡ 두 저항에서 소모되는 총 전력은 얼마인가?

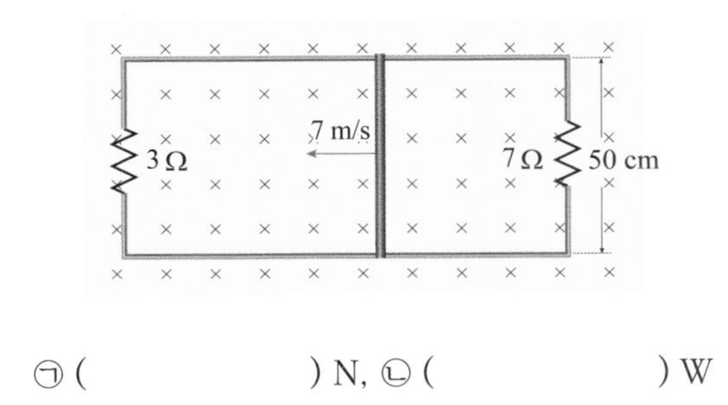

㉠ ( ) N, ㉡ ( ) W

스스로 실력높이기

28 다음 그림과 같이 한쪽 끝이 벽에 고정된 용수철에 연결된 금속 막대가 균일한 자기장 내에서 단진동하고 있다. O 점은 P 와 Q 사이에서 단진동하는 금속 막대의 평형 위치이며, R 과 S 는 금속 막대 양 끝의 두 점이다. 물음에 답하시오. (단, 자기장은 지면에 수직으로 들어가는 방향이고, 용수철은 부도체이며, 금속 막대의 운동에 따른 전자기파의 발생은 무시한다.)

[MEET/DEET 기출 유형]

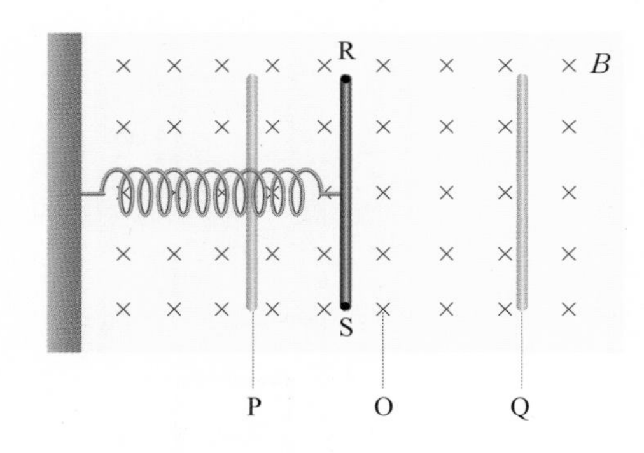

(1) P ⇨ O 로 움직일 때, 금속 막대의 R 점과 S 점 중 전위가 더 높은 점은?

( ) 점

(2) 금속 막대의 R 점과 S 점 사이의 전위차가 0 이 되는 지점은 P, O, Q 중 어느 지점을 통과할 때인가?

( ) 지점

29 다음 그림과 같이 연직 위쪽 방향의 균일한 자기장 B 속에서 경사각이 θ 인 빗면 위에 폭이 l 인 ㄷ 자 도선에 저항 R 과 스위치가 연결되어 있다. 스위치를 닫은 후 질량이 m 인 금속 막대 PQ 를 도선 위에 올려 놓았더니 미끄러져 내려오다 일정한 속력 v 에 도달하였다. 물음에 답하시오. (단, ㄷ자 도선의 길이는 충분히 길고, 금속 막대와 ㄷ자 도선 사이의 마찰과 저항은 무시하며, 중력 가속도는 g 이다. $\frac{\cos\theta}{\sin\theta} = \cot\theta$ 로 한다.)

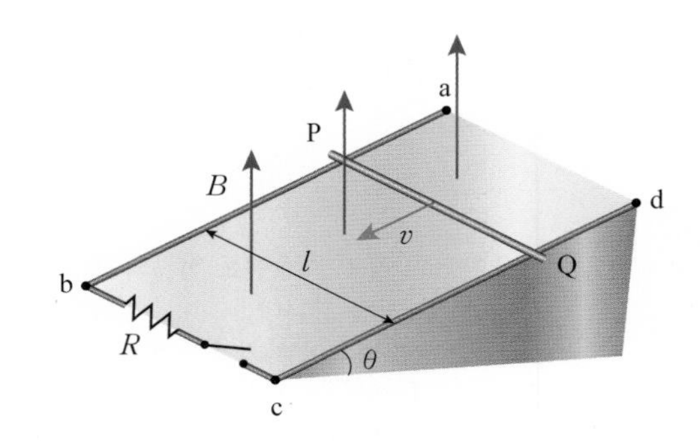

(1) 금속 막대 PQ 의 무게는?

( )

(2) 금속 막대 PQ 가 빗면으로부터 받는 수직 항력의 크기는?

( )

30 xy 평면상에서 원점 O 로부터 양쪽으로 같은 거리만큼 떨어진 지점에 전류 I 가 서로 반대 방향으로 흐르는 도선 P 와 Q 가 놓여 있다. 두 도선의 길이는 두 도선 사이의 거리에 비해 충분히 길다. 물음에 답하시오.

(1) 그림과 같이 정사각형 코일의 왼쪽이 O 점에 위치하도록 코일을 놓은 후, 코일을 일정한 속력 v 로 왼쪽으로 잡아당겨 코일의 오른쪽 이 O 점에 오도록 하였다. 정사각형 코일에 유도되는 유도 전류의 방향과 유도 전류의 세기를 설명하시오.

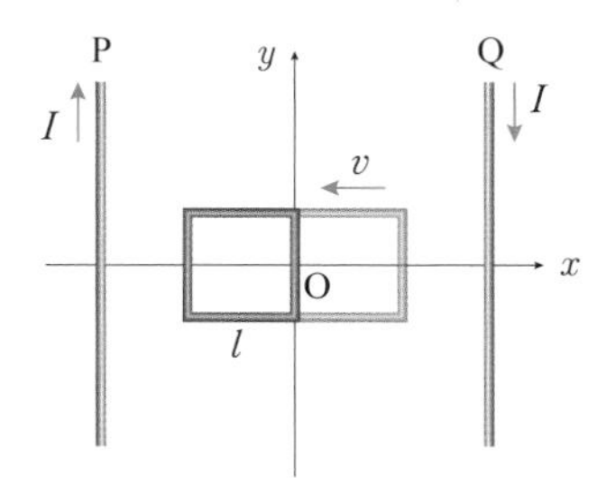

(2) 그림과 같이 정사각형 코일의 한 변에 전지를 연결하여 두 도선의 중앙에 놓은 후 코일을 오른쪽으로 살짝 잡아당겼다가 놓았을 때, 코일의 운동에 대하여 서술하시오.

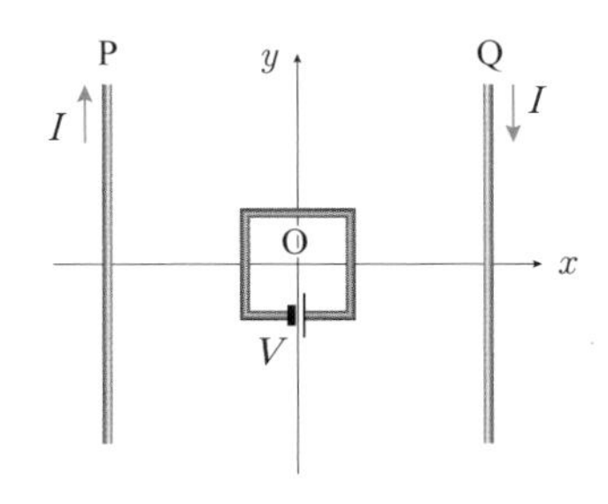

31 한 변의 길이가 L 인 텐트 모양의 고리가 그림과 같이 세기가 B 인 균일한 자기장이 수평면에 대해 수직 위 방향으로 형성되어 있는 테이블 위에 놓여 있다. 도선 전체의 저항을 R 이라고 할 때, 도선 양쪽이 벌어지면서 고리면이 탁자에 놓이도록 도선이 펴지는 데 걸린 시간을 t 라고 하면, 고리에 흐르는 유도 전류의 평균값은?

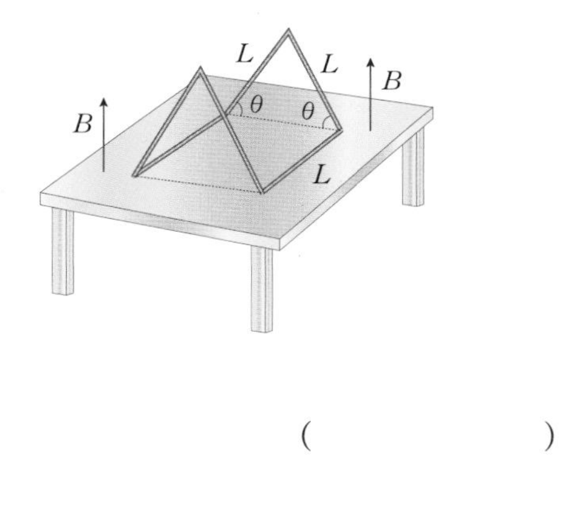

( )

32 코일이 많이 들어 있는 전기 제품의 스위치를 빠르게 열었다, 닫았다 하는 경우 회로가 쉽게 파손된다. 그 이유에 대하여 자신의 생각을 서술하시오.

19강 교류 회로

● 직류(DC)와 교류(AC)

전류의 크기와 방향이 일정한 전류를 직류(direct current, DC), 전류의 크기와 방향이 주기적으로 변하는 전류를 교류(alternating, AC)라고 한다.)

1. 교류 회로 Ⅰ

(1) 교류의 발생 : 오른쪽 그림과 같이 자기장 영역에 있는 사각형 도선을 회전시키면 코일 면을 통과하는 자기력선속이 주기적으로 변하면서 시간에 따라 주기적으로 크기와 방향이 변하는 유도 기전력이 발생한다. 이 유도 기전력에 의해 코일에는 시간에 따라 주기적으로 크기와 방향이 변하는 유도 전류(교류)가 흐르게 된다.

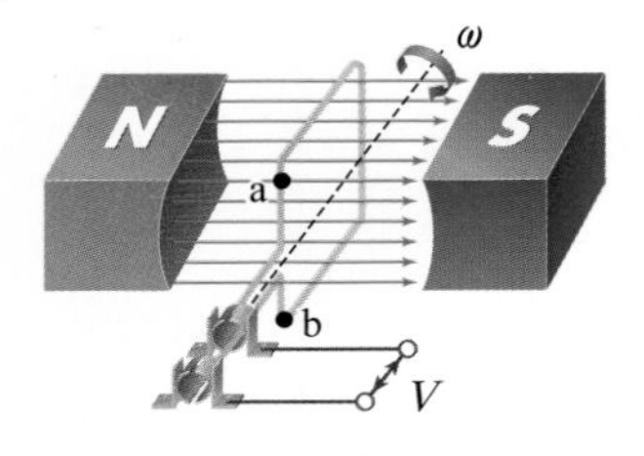

▲ 발전기 기본 구조

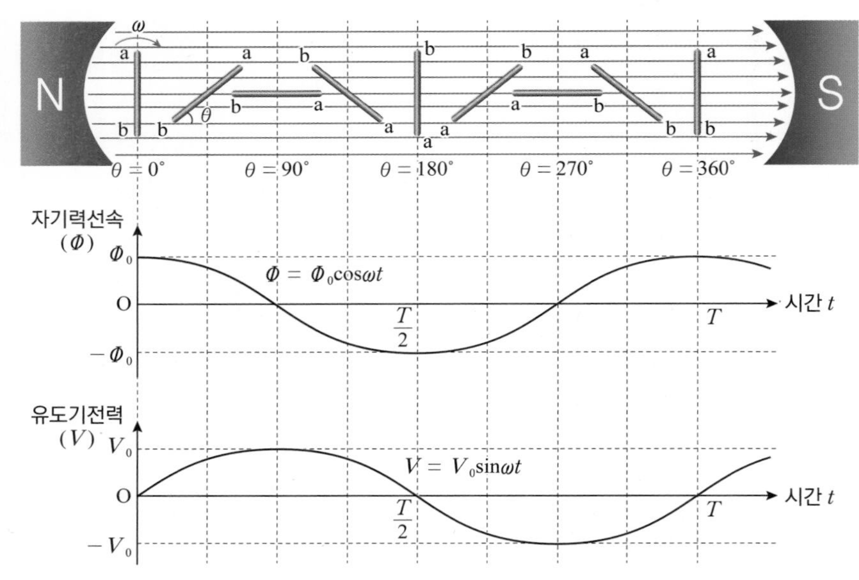

▲ 교류의 발생

① **코일 면을 지나는 자기력선속** : 면적이 S 인 코일을 균일한 자기장 B 속에서 일정한 각속도 ω 로 회전시킬 때 코일 면을 지나는 자기력선속은 다음과 같다.

$$\Phi = \Phi_0\cos\theta = \Phi_0\cos\omega t = BS\cos\omega t$$

② **코일에 유도되는 기전력(교류 전압)** : $V = -\dfrac{\Delta\Phi}{\Delta t} = -\dfrac{d\Phi}{dt} = \omega\Phi_0\sin\omega t = V_0\sin\omega t$

⇨ $V_0 = \omega\Phi_0$ 는 최대 기전력이다.

개념확인 1

균일한 자기장 영역에 있는 사각형 도선을 회전시키면 코일 면을 통과하는 자기력선속이 최대일 때 유도 기전력은 (㉠ 0 ㉡ 최대) 이고, 유도 전류의 세기는 (㉠ 0 ㉡ 최대) 이다.

확인 + 1

오른쪽 그림과 같이 면적이 0.16 m² 인 사각형 코일이 2 × 10⁻² T 의 균일한 자기장 속에서 1 초에 5 번씩 회전하고 있다. 코일에 생기는 최대 기전력은? (단, $\pi = 3$ 으로 계산한다.)

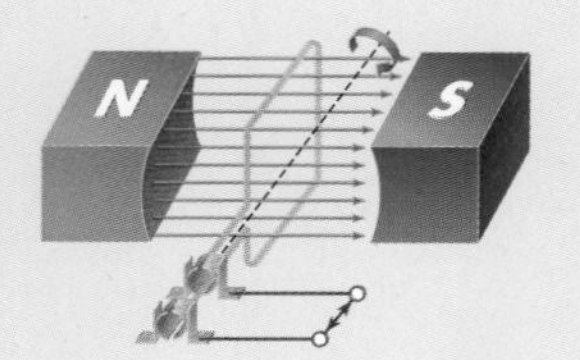

(　　　　　　　) V

(2) 저항만을 연결한 교류 회로

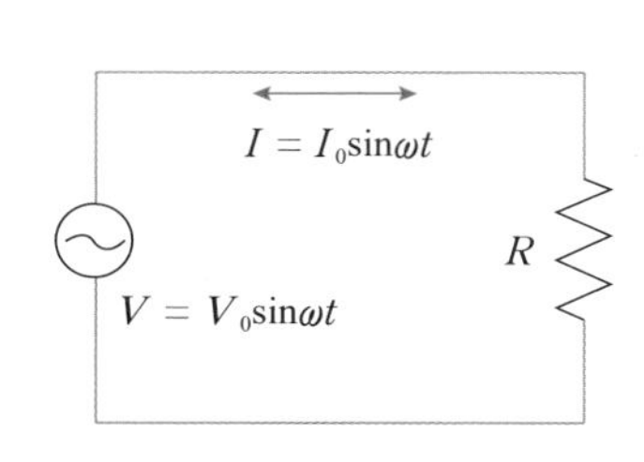

▲ 교류가 흐르는 저항　　　▲ 저항에서 전압과 전류의 위상

① **교류 전압과 전류** : 저항 R 에 교류 전압 $V = V_0\sin\omega t$ (V_0 : 최대 전압)을 걸어주면 교류 전류 I 가 흐르며, 전류 I 는 옴의 법칙에 따라 다음과 같다.

$$I = \frac{V}{R} = \frac{V_0}{R}\sin\omega t = I_0\sin\omega t \quad (V_0 = I_0R \Rightarrow I_0\text{는 최대 전류})$$

② **전압과 전류의 위상** : 저항 R 에 걸리는 전압과 흐르는 전류의 위상은 같다.

③ **교류의 주파수** : 교류에서 전압 또는 전류가 한 번 진동하는 데 걸리는 시간을 주기 T 라고 하며, 1초 동안 진동하는 횟수를 주파수(진동수) f 라고 한다. 주파수 f 를 이용하여 교류 기전력(교류 전압)을 나타내면 다음과 같다.

$$V = V_0\sin 2\pi ft$$

(3) 교류의 실효값 : 직류와 같은 효과는 내는 교류의 값을 말하며, 교류 전류계나 교류 전압계는 모두 실효값을 나타낸다.

저항 R 에 교류 전압을 가하면 저항에서 소비되는 전력 $P = \frac{V^2}{R} = \frac{V_0^2}{R}\sin^2\omega t$ 이므로 시간에 따라 소비 전력이 변한다. 이때 소비 전력의 평균값 $P_{평균} = \frac{1}{2}\frac{V_0^2}{R}$ 이다.

교류의 평균 전력과 같은 전력을 내는 직류 전압을 V_e 라고 하면, $P_{평균} = \frac{V_e^2}{R}$ 이므로, 실효 전압 V_e, 실효 전류 I_e는 각각 다음과 같다.

$$V_e = \frac{V_0}{\sqrt{2}}, \quad I_e = \frac{I_0}{\sqrt{2}},$$

⇨ 교류 전압과 교류 전류의 최댓값은 각각의 실효값의 $\sqrt{2}$ 배이다.

개념확인 2

정답 및 해설 56쪽

저항에 교류 전압을 가하면 저항에 걸리는 전압의 위상은 저항에 흐르는 전류의 위상과 (㉠ 같다 ㉡ 90° 차이가 난다).

확인 + 2

오른쪽 그림은 교류 전원의 전압을 시간에 따라 나타낸 것이다. 실효 전압은 얼마인가? (단, $\sqrt{2} = 1.4$ 이다.)

(　　　　　　) V

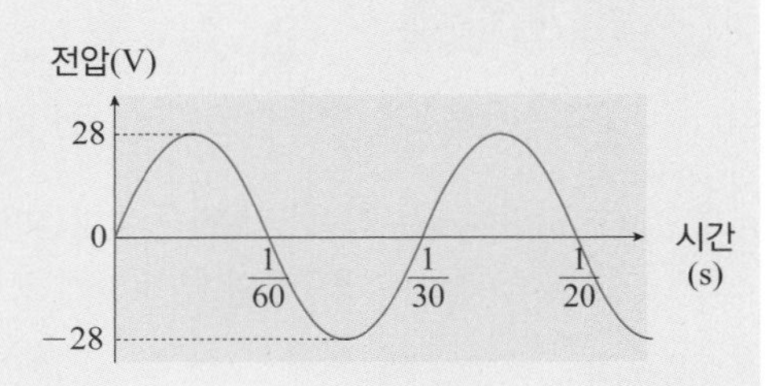

● 주파수와 주기의 관계

$$f = \frac{\omega}{2\pi} = \frac{1}{T}\text{(Hz)}$$

● 교류 회로의 위상자

① 위상자 : 진폭(화살표 길이)과 위상(각도)을 회전하는 벡터로 동시에 나타낸 것으로 위상자는 각속도 ω 로 원점에 대해 반시계 방향으로 회전한다.
② 위상자의 길이는 전압의 최댓값 V_0 또는 전류의 최댓값 I_0 에 비례한다.
③ 위상각이 ωt 일 때 위상자의 수직축 상의 투영값은 전압 또는 전류의 순간값이다.

● 저항이 있는 교류 회로의 위상자

전압과 전류는 위상이 같다.
V_R : 저항에 걸린 순간 전압
I_R : 저항에 흐르는 순간 전류

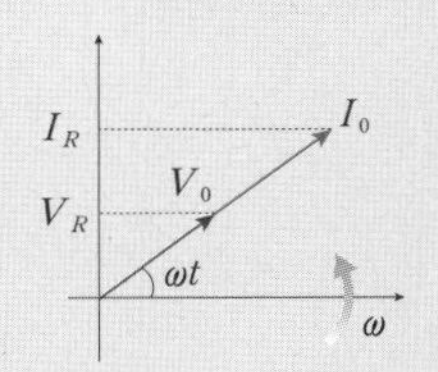

2. 교류 회로 Ⅱ

(1) 코일만을 연결한 교류 회로

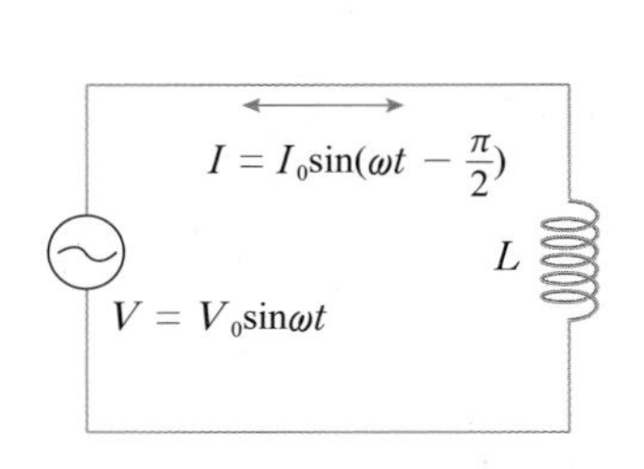

▲ 교류가 흐르는 코일

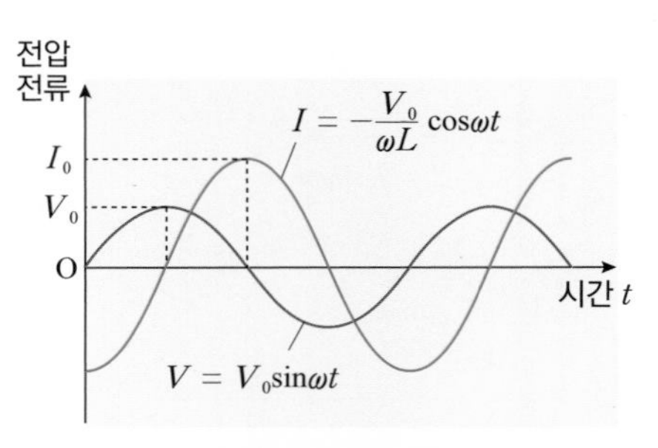

▲ 코일에서 전압과 전류의 위상

① **교류 전압** : $V = V_0\sin\omega t$

② **교류 전류**

● 교류에서 코일

교류에서 코일은 전류의 흐름은 방해하지만 전력을 소비하지는 않는다. 이는 이상적인 코일의 경우 전원이 공급하는 에너지를 자기장의 형태로 저장하였다가 전원으로 되돌려 주기 때문이다.

코일의 자체 유도에 의한 유도 기전력 $V_L = -L\frac{\Delta I}{\Delta t}$ 이므로 회로의 총 기전력은 다음과 같다.

$$V + V_L = V_0\sin\omega t - L\frac{\Delta I}{\Delta t} = IR = 0 \quad (\because \text{코일의 저항값} = 0)$$

$$V_0\sin\omega t = L\frac{\Delta I}{\Delta t} = L\frac{dI}{dt} \Rightarrow \frac{dI}{dt} = \frac{V_0}{L}\sin\omega t$$

$$\therefore I = -\frac{V_0}{\omega L}\cos\omega t = -I_0\cos\omega t = I_0\sin(\omega t - \frac{\pi}{2}) \Rightarrow \text{전류의 최댓값 } I_0 = \frac{V_0}{\omega L} = \frac{V_0}{2\pi f L}$$

③ **전압과 전류의 위상** : 코일에 걸리는 전압의 위상은 코일에 흐르는 전류의 위상보다 $90°\ (= \frac{1}{4}\text{주기} = \frac{\pi}{2})$ 빠르다.

④ **유도 리액턴스(X_L)** : 교류 회로에서 코일은 일종의 저항과 같은 역할을 한다. 이를 코일에 의한 유도 리액턴스 X_L 라고 한다.

$$X_L = \omega L = 2\pi f L \quad (\text{단위} : \Omega)$$

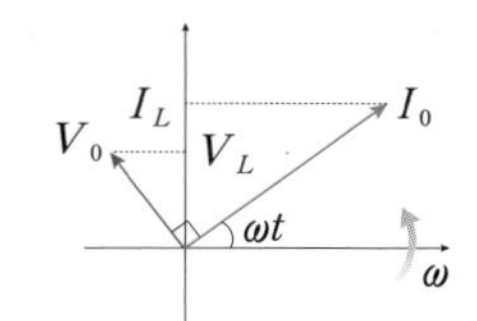

I_L : 코일에 흐르는 순간 전류
V_L : 코일에 걸린 순간 전압
▲ 위상자

개념확인 3

교류 전원에 코일을 연결하면 코일에 걸리는 전압의 위상은 코일에 흐르는 전류의 위상보다 90° 만큼 (㉠ 느리다 ㉡ 빠르다).

확인 + 3

교류 전원에 직렬 연결한 코일에 대한 설명 중 옳은 것은 ○ 표, 옳지 않은 것은 × 표 하시오.

(1) 코일에서는 전력을 소비하지 않는다. ( )
(2) 교류 전압이 최댓값일 때 코일에 흐르는 전류도 최댓값이 된다. ( )

(2) 축전기만을 연결한 교류 회로

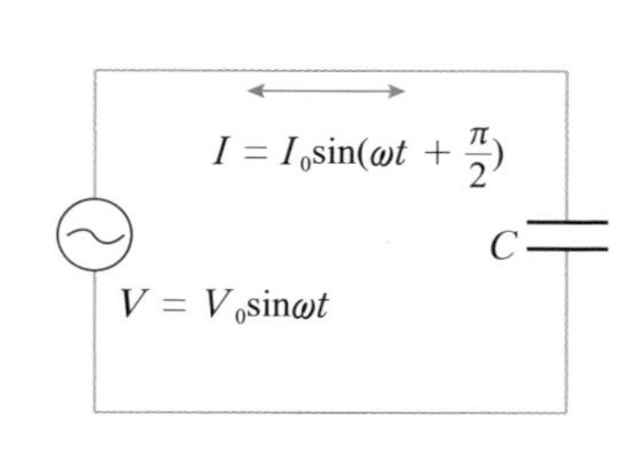

▲ 교류가 흐르는 축전기

전압
전류
$I = \dfrac{V_0}{\frac{1}{\omega C}}\cos\omega t$
I_0
V_0
O
시간 t
$V = V_0\sin\omega t$

▲ 축전기에서 전압과 전류의 위상

① **교류 전압** : $V = V_0\sin\omega t$

② **교류 전류**

축전기 양 끝에 교류 전압 $V = V_0\sin\omega t$ 를 걸어주면 축전기 극판에 충전되는 전하량 $Q = CV = CV_0\sin\omega t$ 이다.
따라서 이때 회로에 흐르는 전류는 다음과 같다.

$$I = \frac{\Delta Q}{\Delta t} = \frac{dQ}{dt} = \omega CV_0\cos\omega t = I_0\cos\omega t = I_0\sin(\omega t + \frac{\pi}{2})$$

⇨ 전류의 최댓값 $I_0 = \omega CV_0 = 2\pi fCV_0$

③ **전압과 전류의 위상** : 축전기에 걸리는 전압의 위상은 축전기에 흐르는 전류의 위상보다 90°$(= \frac{1}{4}$ 주기 $= \frac{\pi}{2})$ 느리다.

④ **용량 리액턴스(X_L)** : 교류 회로에서 축전기의 전류에 대한 저항 효과를 용량 리액턴스 X_C 라고 한다.

$$X_C = \frac{1}{\omega C} = \frac{1}{2\pi fC} \quad \text{(단위 : Ω)}$$

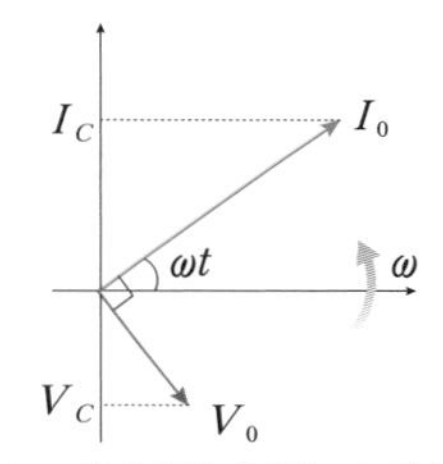

I_C : 축전기에 흐르는 순간 전류
V_C : 축전기에 걸린 순간 전압
▲ 위상자

교류에서 축전기

교류에서 축전기는 전류의 흐름은 방해하지만 전력을 소비하지는 않는다. 이는 이상적인 축전기의 경우 전원이 공급하는 에너지를 전기장의 형태로 저장하였다가 방전될 때 다시 전원으로 되돌려주기 때문이다.

개념확인 4

정답 및 해설 56쪽

교류 전원에 축전기를 연결하면 축전기에 걸리는 전압의 위상은 축전기에 흐르는 전류의 위상보다 90° 만큼 (㉠ 느리다 ㉡ 빠르다).

확인 + 4

교류 전원에 직렬 연결한 축전기에 대한 설명 중 옳은 것은 ○ 표, 옳지 않은 것은 × 표 하시오.

(1) 교류 전압이 0 일 때 축전기에 흐르는 전류는 최댓값이 된다. (　　)
(2) 축전기의 전기 용량이 클수록 교류는 잘 흐른다. (　　)

3. RLC 직렬 교류 회로

● RLC 직렬 회로에서 전류와 전압의 관계

① 저항에 걸리는 전압 : 전류와 동일한 위상을 갖는다.
② 코일에 걸리는 전압 : 저항에 걸리는 전압보다 위상이 90° 빠르다.
③ 축전기에 걸리는 전압 : 저항에 걸리는 전압보다 위상이 90° 느리다.

(1) RLC 직렬 교류 회로 : 저항 R, 자체 유도 계수 L 인 코일, 전기 용량 C 인 축전기가 교류 전원에 직렬로 연결된 회로이다.

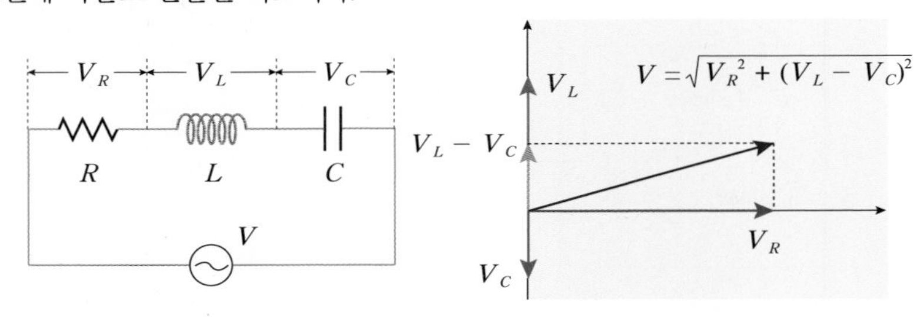

▲ RLC 직렬 교류 회로

① **전류** : 저항, 축전기, 코일에 흐르는 전류의 세기와 위상은 모두 같다.
② **전압** : 저항, 축전기, 코일에 걸린 전압 V_R, V_L, V_C은 위상이 서로 다르다. V_R은 전류와 위상이 같고, V_L은 저항에 걸리는 전압보다 위상이 90° 빠르며, V_C은 저항에 걸리는 전압보다 위상이 90° 느리다. 따라서 전체 전압의 크기 V는 V_R, V_L, V_C의 합 벡터로 구한다.

$$V=\sqrt{V_R^2+(V_L-V_C)^2}$$

③ **임피던스(Z)** : $V_R=IR$, $V_L=IX_L$, $V_C=IX_C$, 이므로, 전압과 전류 사이는 다음과 같은 관계가 성립한다.

$$V^2=(IR)^2+(IX_L-IX_C)^2 \Rightarrow V=I\sqrt{R^2+(X_L-X_C)^2}$$

⇨ $\sqrt{R^2+(X_L-X_C)^2}$ 를 RLC 회로에서 전체 저항의 역할을 하는 **임피던스(Z)**라고 한다.

$$Z=\frac{V}{I}=\sqrt{R^2+(X_L-X_C)^2}=\sqrt{R^2+\left(\omega L-\frac{1}{\omega C}\right)^2} \quad (\text{단위}:\Omega)$$

● RL 회로의 임피던스

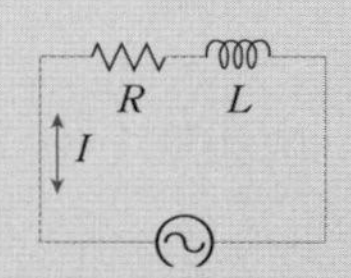

저항과 코일에 흐르는 전류 I는 같다. 따라서 전체 전압
$V=\sqrt{V_R^2+V_L^2}$
$=\sqrt{(IR)^2+(IX_L)^2}=IZ$
이다.
$\therefore Z=\sqrt{R^2+X_L^2}$

(2) 고유 진동수 : 교류 회로에서 임피던스가 최소가 되어 전류가 가장 잘 흐를 때는 유도 리액턴스 X_L 와 용량 리액턴스 X_C 가 같을 때, 즉 $\omega L-\frac{1}{\omega C}=0$ 이 될 때이다. 이때의 교류 전원의 주파수 f 를 교류 회로의 고유 진동수(주파수)라고 한다.

$$2\pi fL=\frac{1}{2\pi fC} \Rightarrow f=\frac{1}{2\pi\sqrt{LC}}$$

⇨ 코일의 자체 인덕턴스 L 이 작을수록, 축전기의 전기 용량 C 가 작을수록 고유 진동수는 커진다.

● RC 회로의 임피던스

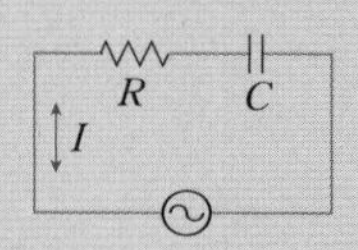

저항과 축전기에 흐르는 전류 I 는 같다. 따라서 전체 전압
$V=\sqrt{V_R^2+V_C^2}$
$=\sqrt{(IR)^2+(IX_C)^2}=IZ$
이다.
$\therefore Z=\sqrt{R^2+X_C^2}$

● 전기 공진

임피던스가 최소가 되어 전류가 최대로 흐르는 현상을 회로의 전기 공진(electric resonance)이라고 한다.

개념확인 5

교류 회로에서 저항, 코일, 축전기를 모두 고려한 전체 저항 효과를 □□□□ (이)라고 한다.

확인 + 5

오른쪽 그림과 같이 저항, 코일, 축전기가 교류 전원에 연결되어 있다. 어느 한 순간 저항, 코일, 축전기에 걸린 전압이 각각 15 V, 28 V, 20 V 일 때, 이 회로에 걸린 전체 전압은 얼마인가?

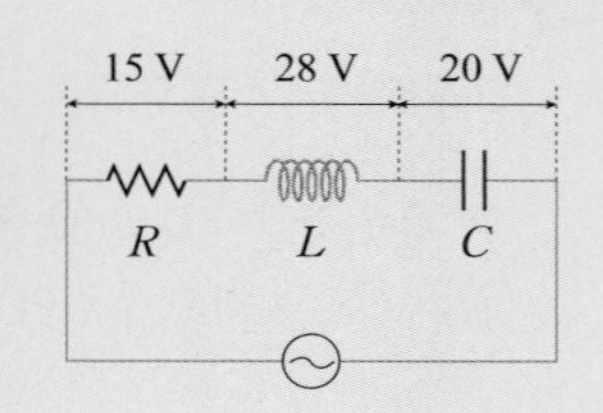

( ) V

4. 전기 진동과 전자기파

(1) RLC 회로의 전기 진동

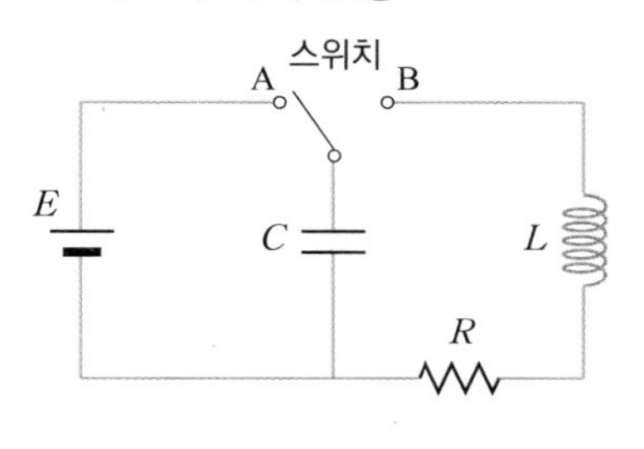

▲ RLC 전기 진동 회로 ▲ 스위치를 B에 연결한 경우 방전 곡선

① 스위치를 A 에 연결하여 축전기 C 를 충전한 후, 스위치를 B에 연결하면 축전기에 충전되었던 전하가 코일 L 을 통과하면서 코일의 자기장 세기가 증가한다. 이러한 자기장의 변화로 코일에 자체 유도 기전력이 발생하여 전류의 흐름을 방해한다.

② 자체 유도 기전력에 의해 축전기가 모두 방전된 후에도 코일의 유도 기전력에 의해 축전기는 반대로 충전된다.

③ 이와 같은 과정들이 반복되면서 위의 그래프와 같이 진동하는 전류가 흐르게 된다. 이때 저항이 전기 에너지를 소모하기 때문에 시간이 흐를수록 진폭이 감소한다(감쇠 진동).

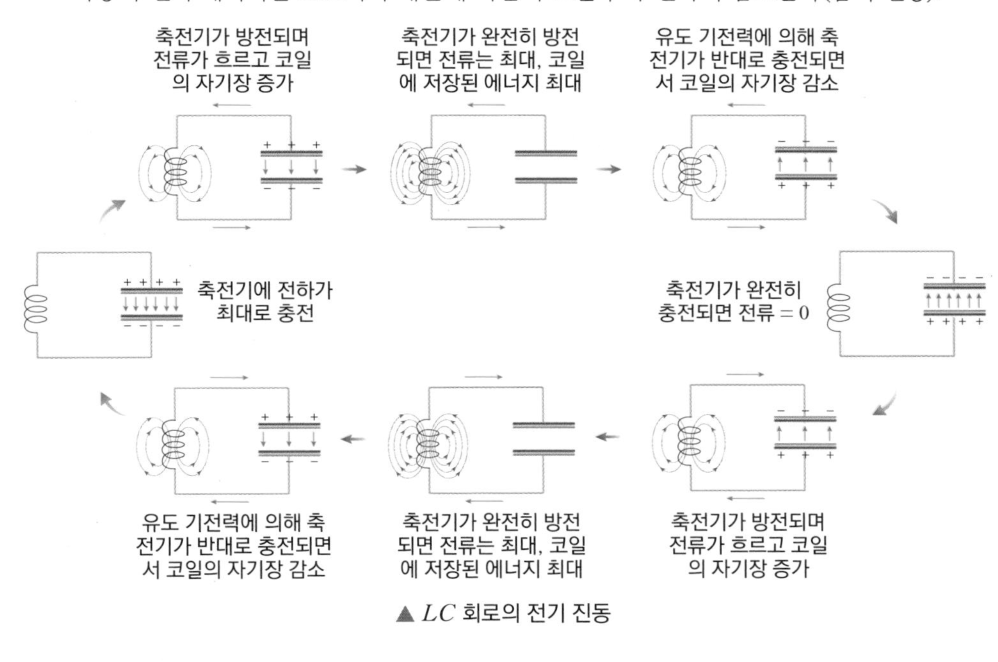

▲ LC 회로의 전기 진동

● 전기 진동

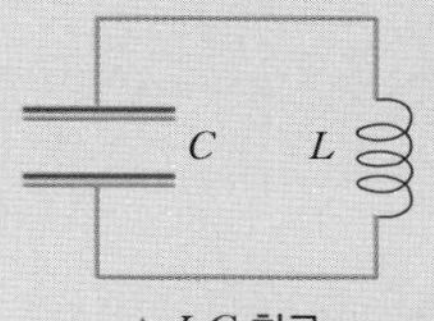

▲ LC 회로

그림과 같이 충전된 축전기와 코일을 연결하면 전류가 축전기와 코일 사이를 반복하여 흐르게 된다. 이와 같이 회로에 진동 전류가 흐를 때 시간에 따른 전류 그래프는 다음과 같으며 에너지 소비가 없어 진폭이 변하지 않는 진동 전류가 흐른다.

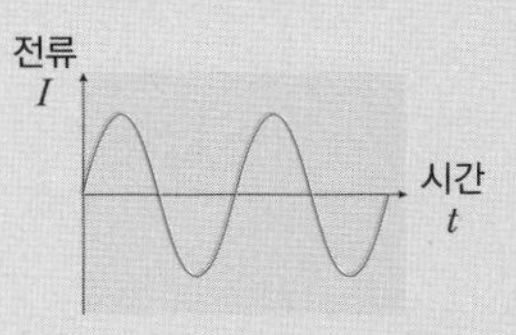

● 전기 진동에서의 에너지 변환

축전기에서 방향을 바꾸어 가면서 충전과 방전을 반복하면 이에 따라 전류의 방향도 주기적으로 바뀌게 된다(전기 진동). 이는 축전기에 저장되어 있던 전기 에너지가 방전을 하면서 코일에 생성된 자기장 에너지로 바뀌었다가 다시 그 반대 과정을 반복하기 때문이다. 즉, 축전기에 저장된 전기 에너지가 최대일 때 코일의 자기 에너지 = 0 이고, 전기 에너지 = 0 일 때, 자기 에너지는 최대이다.

⇨ $\frac{1}{2}\frac{Q^2}{C} + \frac{1}{2}LI^2 =$ 일정

개념확인 6 정답 및 해설 56쪽

충전된 축전기와 코일을 연결하면 전류가 축전기와 코일 사이를 계속 반복하여 흐르게 되며, 이것은 용수철 진자가 평형점을 중심으로 좌우로 단진동하는 것과 같다. 이를 무엇이라고 하는가?

( )

확인 + 6

축전기와 코일로 된 회로에서 축전기에 저장된 전기 에너지가 최대일 때 코일의 자기 에너지는 (㉠ 0 ㉡ 최대)이고, 전기 에너지가 0일 때, 자기 에너지는 (㉠ 0 ㉡ 최대)이다.

(2) 공진 회로 : RLC 교류 회로에서 고유 진동수 f 와 같은 진동수를 가진 교류 전원을 회로에 연결하면 회로에 큰 진동 전류가 흐르게 된다. 이러한 회로를 **공진 회로**(동조 회로)라고 하며, 이 회로는 주파수 f 의 교류 전원에 공진한다고 한다.

직렬 공진 회로	병렬 공진 회로
$I = \dfrac{V}{\sqrt{R^2 + \left(\omega L - \dfrac{1}{\omega C}\right)^2}}$ R 이 일정하다면 $\omega L - \dfrac{1}{\omega C} = 0$ 일 때, 전류 I 가 최대가 된다. 이와 같이 임피던스가 최소가 되어 전류가 최대가 되는 현상을 회로의 전기 공진이라고 한다. 이때 공진 주파수 f 는 다음과 같다. $\omega L = \dfrac{1}{\omega L}$ ⇨ $2\pi f L = \dfrac{1}{2\pi f C}$ $\therefore f = \dfrac{1}{2\pi\sqrt{LC}}$	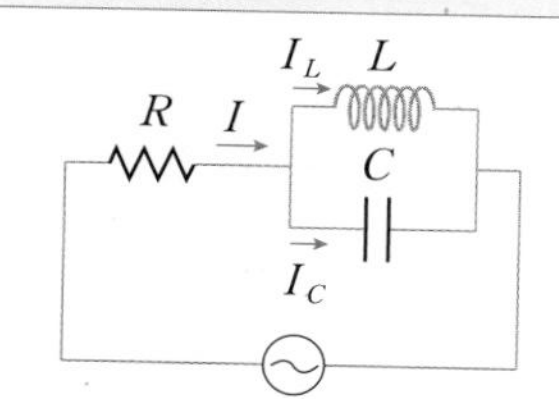 코일과 축전기에 흐르는 전류를 각각 I_L, I_C 라고 하면, $I_L = \dfrac{V'}{X_L} = \dfrac{V'}{\omega L}$, $I_C = \dfrac{V'}{X_C} = \omega C V'$ 이다. 전류 I_L 과 I_C 의 위상차는 180° 이므로 $I = I_L + (-I_C) = \left(\dfrac{1}{2\pi f L} - 2\pi f C\right)V'$ 식이 성립한다. 교류 전원의 진동수 $f = \dfrac{1}{2\pi\sqrt{LC}}$ 일 때, 전원 전류 $I = 0$ 이므로, 전원에서 에너지는 공급되지 않으나 LC 회로에는 진동 전류가 계속 흐르게 된다.

⇨ 직렬 공진 회로에서 I 는 최댓값을 갖고, 병렬 공진 회로에서 I 는 최솟값을 갖는다.

① **두 개의 LC 회로의 공진** : 오른쪽 그림과 같이 두 개의 LC 진동 회로의 코일 L_1 과 코일 L_2 를 같은 축으로 가까이 놓는다. 축전기 C_1 이 완전히 충전되었다면 L_1C_1 회로에서 전기 진동이 발생하고 상호 유도에 의해 2 차 L_2C_2 회로에도 전기 진동이 일어난다. 2 차 LC 회로의 가변 축전기의 전기 용량을 변화시켜서 1 차 LC 회로의 고유 진동수와 2 차 LC 회로의 고유 진동수가 같아지면 2 차 LC 회로에 흐르는 전류는 최대가 된다. 이때 2 차 LC 회로는 1 차 LC 회로에 공진한다고 말한다.

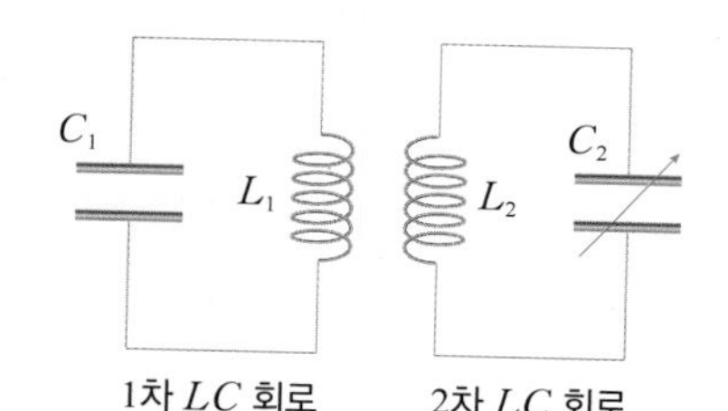

1차 LC 회로　2차 LC 회로

즉, $\dfrac{1}{2\pi\sqrt{L_1C_1}} = \dfrac{1}{2\pi\sqrt{L_2C_2}}$ ⇨ $L_1C_1 = L_2C_2$ 일 때 전기 공진이 일어난다.

② **공진 현상의 이용** : 라디오와 같은 전파 수신기(LC 회로)의 가변 축전기의 전기 용량을 변화시켜 LC 회로의 공명 진동수를 수신하려는 전파의 진동수와 일치하도록 조절하면 전파 수신기에 진동 전류가 흐르게 되므로 특정한 전파만 수신할 수 있게 된다.

● 직렬 공진 회로

RLC 교류 회로에서 임피던스가 최소가 되어 회로 전류가 최대로 흐르는 회로이다.

● 병렬 공진 회로

RLC 교류 회로에서 LC 회로에 진동 전류가 나타날 수 있게 하는 회로이다.

개념확인 7

저항값이 R 인 저항, 자체 유도 계수 L 인 코일, 전기 용량이 C 인 축전기를 오른쪽 그림과 같이 연결한 후 기전력 $V = V_0\sin 2\pi f t$ 인 교류 전원에 연결하였다. 교류의 주파수가 f_0 일 때 저항에 흐르는 전류가 0 이었다면, 저항, 코일, 축전기에 걸리는 전압의 실효값은 각각 얼마인가?

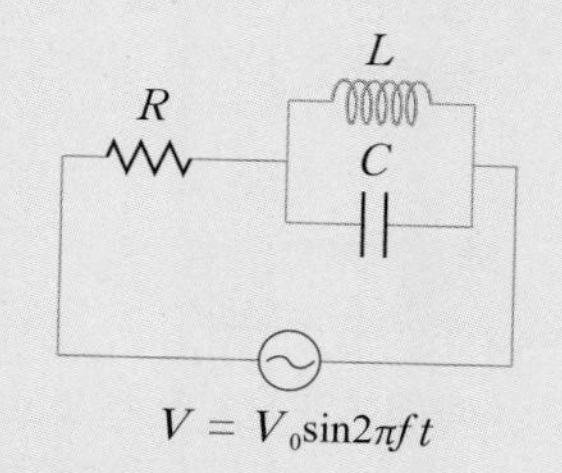

㉠ 저항 (　　　　　　), ㉡ 코일 (　　　　　　), ㉢ 축전기 (　　　　　　)

(3) 전자기파

① **전자기파의 발생** : 교류에 의한 전기장의 변화가 축전기 내부의 자기장의 변화를 유도하고, 자기장의 변화는 다시 전기장을 유도한다. 이와 같은 과정이 반복되면서 계속 변화하는 자기장과 전기장이 전자기파 형태로 주위 공간으로 퍼져 나가게 된다.

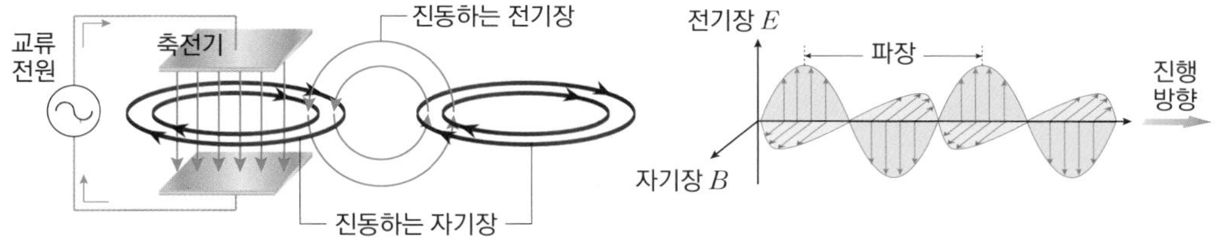

▲ 전자기파의 발생 ▲ 전자기파의 전파

② **전자기파의 진행** : 전기장 E 와 자기장 B 는 서로 수직이고, 전자기파는 전기장 E 와 자기장 B 에 각각 수직으로 진행한다.

③ **전자기파의 성질** : 전자기파는 빛과 같이 반사, 굴절, 회절, 간섭을 하고, 광자 만큼의 운동량과 에너지를 갖으며, 진공에서 전자기파의 속력은 파장에 관계없이 빛의 속력으로 일정하다.

④ **전자기파의 종류 및 이용 분야**

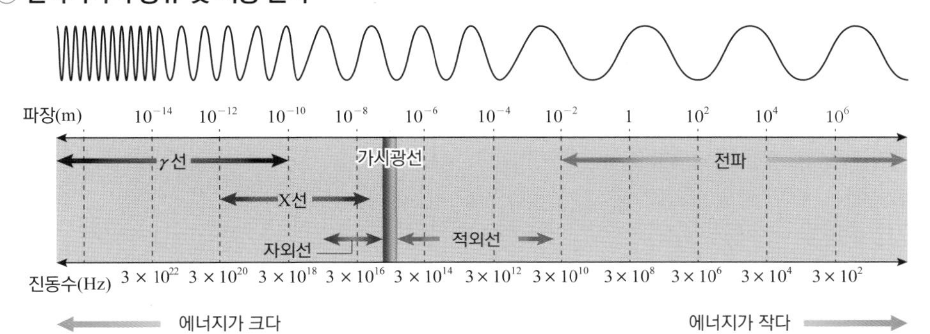

전자기파 종류	γ선	X선	빛			전파							
			자외선	가시 광선	적외선	EHF 밀리미터파	SHF 센티미터파	UHF 극초단파	VHF 초단파	HF 단파	MF 중파	LF 장파	VLF 초장파
파장 범위	0.1 nm 미만	0.1 ~ 10 nm	0 ~ 380 nm	380 ~ 780 nm	780 ~ 1 nm	1 ~ 10 mm	1 ~ 10 cm	10 ~ 100 cm	1 ~ 10 m	10 ~ 100 m	100 ~ 1000 m	1 ~ 10 km	10 ~ 100 km
주파수						30 ~ 300 GHz	3 ~ 30 GHz	300 ~ 3000 MHz	30 ~ 300 MHz	3 ~ 30 MHz	300 ~ 3000 kHz	30 ~ 300 kHz	3 ~ 30 kHz
이용	비파괴 검사, 의료	X-ray, 의료	살균, 화학 작용	광학 기계	적외선 사진	레이더, 전자 레인지	레이더, 위성 TV	레이더, UHF TV, 이동 통신	FM 라디오, TV 방송	원거리 통신	항공, AM 라디오	선박, 장거리 통신	

전자기파의 속도

유전율 ε, 투자율 μ 인 매질에서 전자기파의 속도 v 는 다음과 같다.

$$v = \frac{1}{\sqrt{\varepsilon\mu}}$$

진공의 유전율 $\varepsilon_0 = 8.85 \times 10^{-12}\ C^2/N\cdot m^2$, 진공의 투자율 $\mu_0 = 1.26 \times 10^{-6}\ N/A^2$ 이므로, 전자기파의 속도 c 는 다음과 같다.

$$c = \frac{1}{\sqrt{\varepsilon_0\mu_0}} ≒ 3 \times 10^8\ m/s$$

이는 진공에서의 광속과 같다.

확인 + 7

정답 및 해설 56쪽

축전기에서 전자기파가 발생하는 과정을 설명한 글이다. 빈칸에 알맞은 말을 각각 쓰시오.

> 축전기에 교류가 흐른다. ⇨ 충전된 전하량이 변하면서 두 금속판 사이에 진동하는 ㉠ (　　　　　)이 발생한다. ⇨ 진동하는 ㉠ 에 의해 ㉡ (　　　　　)이 유도되며, 이와 같은 과정이 반복되면서 전자기파가 발생한다.

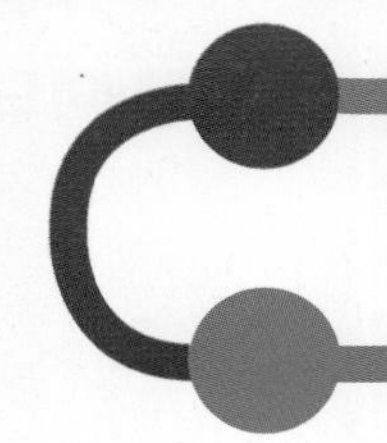

개념 다지기

01 오른쪽 그림은 교류 발전기의 구조를 개략적으로 나타낸 것이다. 자석 사이에 놓인 코일은 일정한 각속도 ω 로 회전한다. 이에 대한 설명으로 옳은 것만을 <보기> 에서 있는 대로 고른 것은?

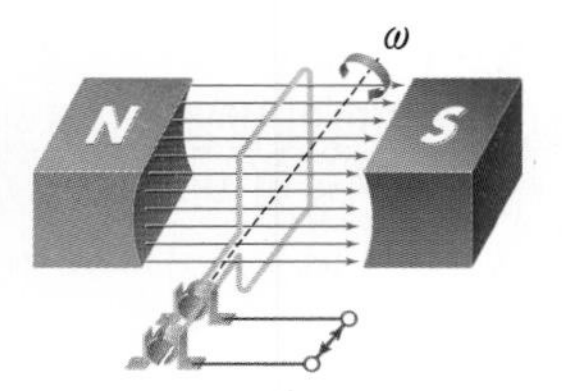

〈 보기 〉

ㄱ. 코일에 발생하는 유도 기전력의 방향은 주기적으로 변한다.
ㄴ. 코일의 단면과 자기장의 방향이 수직일 때 코일 양단에 발생하는 유도 기전력은 최대가 된다.
ㄷ. 각속도 ω 가 클수록 코일 양단에 발생하는 유도 기전력의 최댓값이 커진다.

① ㄱ ② ㄴ ③ ㄷ ④ ㄱ, ㄷ ⑤ ㄱ, ㄴ, ㄷ

02 교류 회로에 대한 설명으로 옳은 것은 ○ 표, 옳지 않은 것은 × 표 하시오.

(1) 교류 회로에서 전원의 진동수가 클수록 교류 전류가 코일에 흐르기 어렵다. ( )
(2) 실효 전압은 교류 전압의 최댓값의 $\sqrt{2}$ 배이다. ( )
(3) 교류 회로에서 저항, 코일, 축전기는 전기 에너지를 소모한다. ( )

03 교류 회로에서 저항, 코일, 축전기에 걸리는 전압과 전류의 위상 관계에 대한 설명으로 옳은 것은 ○ 표, 옳지 않은 것은 × 표 하시오.

(1) 저항에서 전압과 전류의 위상은 같다. ( )
(2) 코일에서 전압의 위상은 전류의 위상보다 90° 만큼 빠르다. ( )
(3) 축전기에서 전압의 위상은 $\frac{\pi}{2}$ 만큼 느리다. ( )

04 오른쪽 그림과 같이 전기 용량이 C 인 축전기와 교류 전원이 연결되어 있다. 교류 전원 전압의 최대값이 V_0 이고, 교류 진동수가 f 일 때, 회로에 흐르는 전류의 최댓값은 얼마인가?

( )

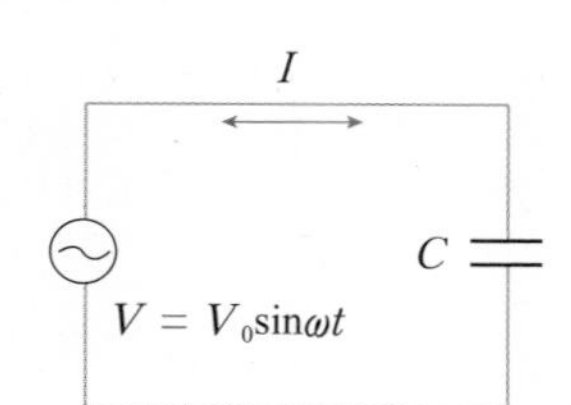

05 오른쪽 그림과 같이 저항값이 10 Ω 인 저항과 자체 인덕턴스가 2.5 H 인 코일, 전기 용량이 20 μF 인 축전기가 교류 전원에 연결되어 있다. 교류 전원의 주파수가 40 Hz 일 때 RLC 회로의 임피던스는 얼마인가? (단, $\pi = 3$ 으로 계산한다.)

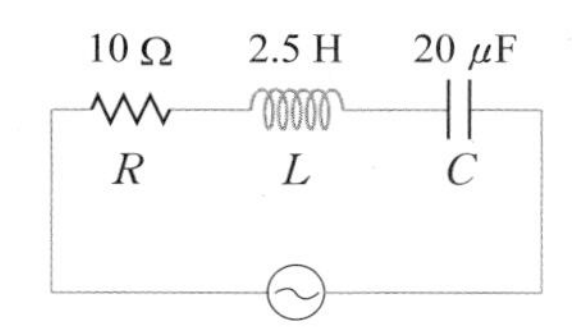

( ) Ω

06 오른쪽 그림과 같이 저항값 $R = 3\ \Omega$ 인 저항과 유도 리액턴스 $X_L = 4\ \Omega$ 인 코일이 실효 전압이 15 V 인 교류 전원에 연결되어 있다. 이 회로의 소비 전력은 얼마인가?

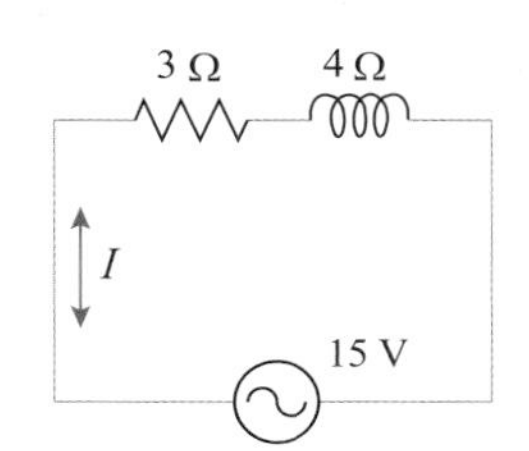

( ) W

07 오른쪽 그림과 같이 완전히 충전된 전기 용량이 C 인 축전기와 자체 인덕턴스가 L 인 코일, 스위치를 연결하였다. 회로의 스위치를 닫았을 때, 회로에 전류가 가장 잘 흐르기 위한 교류 진동수는?

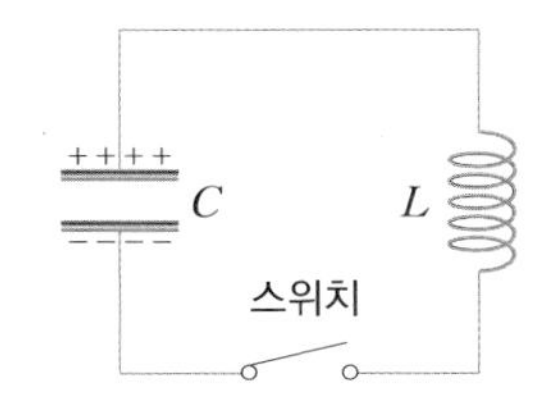

( )

08 오른쪽 그림은 기전력이 E 인 전지와 전기 용량이 C 인 축전기, 자체 인덕턴스가 L 인 코일과 스위치를 연결한 회로이다. 스위치를 A 에 연결하여 축전기를 완전히 충전시킨 후 스위치를 B 에 연결하였다. 이에 대한 설명으로 옳은 것만을 <보기> 에서 있는 대로 고른 것은? (단, 전자기파의 발생은 무시한다.)

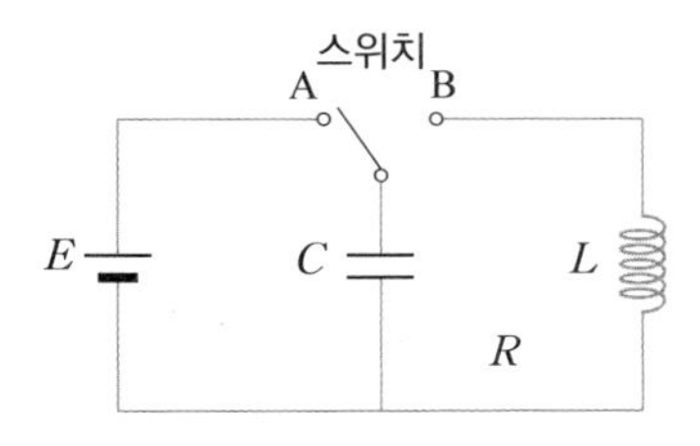

〈 보기 〉

ㄱ. 코일에 일정한 주기로 진동하는 전류가 흐른다.
ㄴ. 코일에 흐르는 전류가 최대인 순간, 축전기에 저장된 전하량은 최소가 된다.
ㄷ. 자체 인덕턴스가 $4L$ 인 코일로 바꾸면 진동 전류의 주기는 2 배가 된다.

① ㄱ ② ㄴ ③ ㄷ ④ ㄱ, ㄴ ⑤ ㄱ, ㄴ, ㄷ

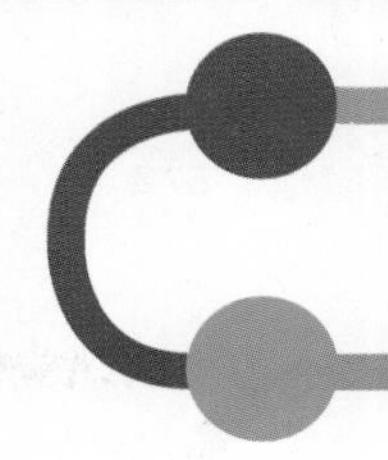

유형익히기&하브루타

유형19-1 교류 회로 I

그림 (가) 는 일정한 자기장 B 속에 놓인 사각형 코일이 자기장의 방향에 수직인 회전축을 중심으로 일정한 각속도 ω 로 회전하고 있는 것을 나타낸 것이다. 그림 (나) 는 그림 (가) 의 코일 면을 통과하는 자기력선속을 시간에 따라 나타낸 것이다. 이에 대한 설명으로 옳은 것만을 <보기> 에서 있는 대로 고른 것은?

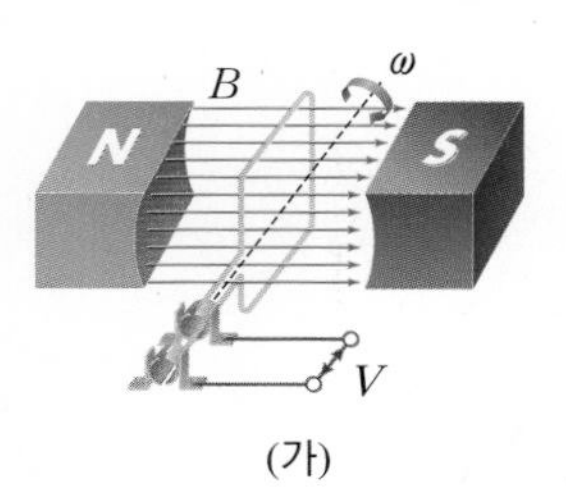

(가)

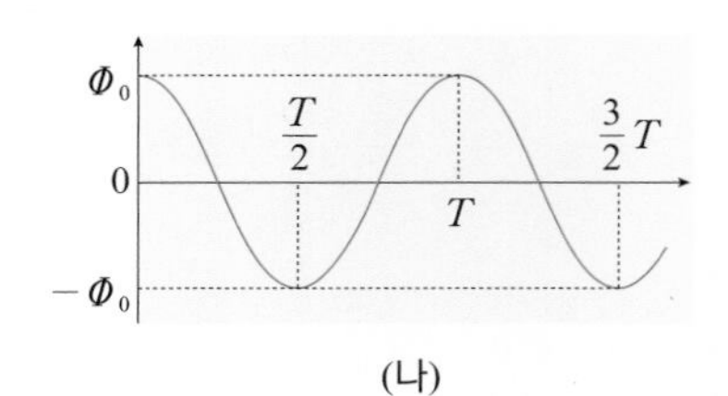

(나)

〈 보기 〉

ㄱ. 코일에서 발생하는 유도 기전력의 최댓값은 $\omega\Phi_0$이다.
ㄴ. 자기장의 세기가 $2B$ 일 경우 (나) 의 진폭이 2 배가 된다.
ㄷ. $\frac{T}{2}$ 일 때 사각형 코일에 흐르는 전류의 세기는 0 이다.

① ㄱ ② ㄴ ③ ㄷ ④ ㄱ, ㄴ ⑤ ㄱ, ㄴ, ㄷ

01 다음 그림은 자석 사이에서 사각형 코일을 회전축을 중심으로 일정한 각속도 ω 로 회전하고 있는 것을 나타낸 것이다. 각속도 ω 를 증가시킬 때 증가하는 물리량으로 옳은 것만을 <보기> 에서 있는 대로 고른 것은?

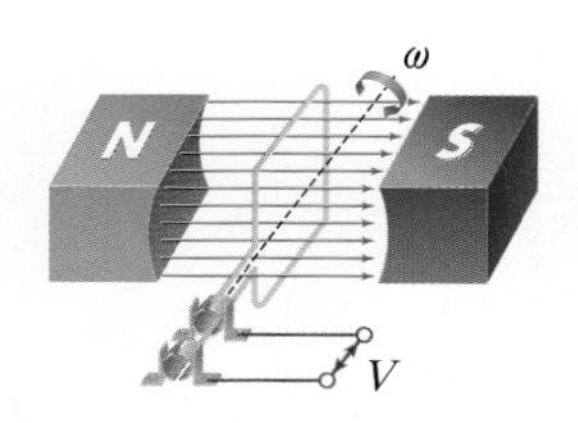

〈 보기 〉

ㄱ. 코일에 유도되는 기전력의 최댓값
ㄴ. 코일 면을 통과하는 자기력선속의 최댓값
ㄷ. 코일에 유도되는 전류의 주기

① ㄱ ② ㄴ ③ ㄷ
④ ㄱ, ㄷ ⑤ ㄱ, ㄴ, ㄷ

02 다음 그림과 같이 교류 전원과 저항값이 R 인 저항을 연결하였다. 이에 대한 설명으로 옳은 것만을 <보기> 에서 있는 대로 고른 것은? (단, 저항에 걸리는 전압의 최댓값은 V_0 이다.)

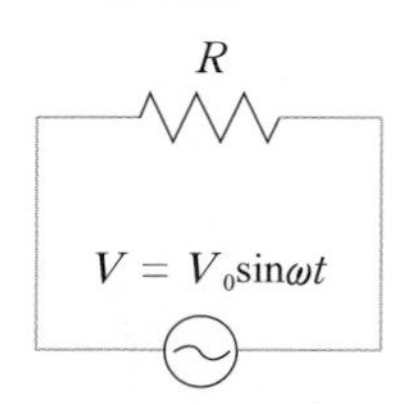

〈 보기 〉

ㄱ. 교류 전압이 $+V_0$ 가 되는 순간 저항에 흐르는 전류의 세기는 0이다.
ㄴ. 저항에 흐르는 전류의 최대값은 $\frac{V_0}{R}$ 이다.
ㄷ. 저항에서 평균 소비 전력은 $\frac{V_0^2}{R}$ 이다.

① ㄱ ② ㄴ ③ ㄷ
④ ㄴ, ㄷ ⑤ ㄱ, ㄴ, ㄷ

유형19-2 교류 회로 Ⅱ

그림 (가) 는 자체 인덕턴스가 L 인 코일을 교류 전원에 연결한 것을, 그림 (나) 는 전기 용량이 C 인 축전기를 교류 전원에 연결한 것을 나타낸 것이다. 이에 대한 설명으로 옳은 것만을 <보기> 에서 있는 대로 고른 것은? (단, (가) 와 (나) 의 교류 전원의 진동수와 전압은 같다.)

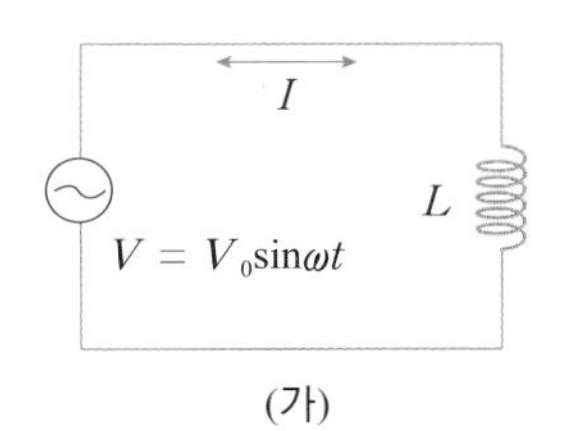

(가)

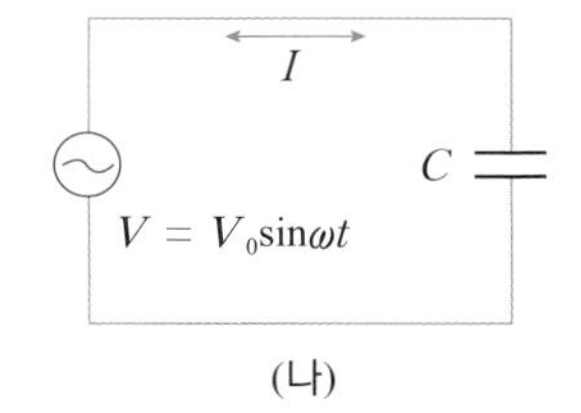

(나)

〈 보기 〉

ㄱ. (가) 에서 L 이 클수록, (나) 에서 C 가 클수록 회로에 교류 회로가 흐르기 어렵다.
ㄴ. (가) 와 (나) 에서 교류 전압이 0 일 때 각각 코일과 축전기에 흐르는 전류는 최댓값이 된다.
ㄷ. 교류 전원의 진동수를 2 배로 증가시키면 (가) 와 (나) 에서 모두 교류 전류가 흐르기 어렵다.

① ㄴ ② ㄷ ③ ㄱ, ㄴ ④ ㄴ, ㄷ ⑤ ㄱ, ㄴ, ㄷ

03 다음 그림과 같이 각각 직렬 연결된 저항과 전구 A, 코일과 전구 B 를 직류 전원에 병렬로 연결하였다. ㉠ 스위치를 닫는 순간과 ㉡ 스위치를 닫고 일정한 시간이 지난 후 전구 A 와 B 의 밝기 비교에 대한 설명으로 옳은 것은?

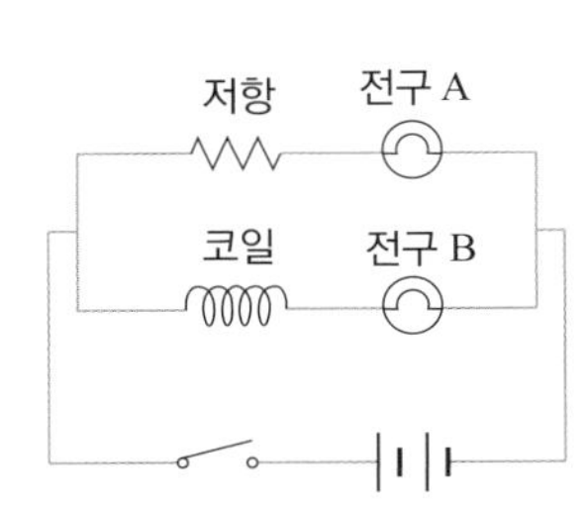

	㉠	㉡
①	A 가 더 밝다.	A 가 더 밝다.
②	A 가 더 밝다.	B 가 더 밝다.
③	B 가 더 밝다.	B 가 더 밝다.
④	B 가 더 밝다.	A 가 더 밝다.
⑤	A 가 더 밝다.	밝기가 같다.

04 그림 (가) 와 (나) 는 동일한 전구와 축전기를 각각 직류 전원과 교류 전원에 연결한 것을 나타낸 것이다. 이에 대한 설명으로 옳은 것만을 <보기> 에서 있는 대로 고른 것은?

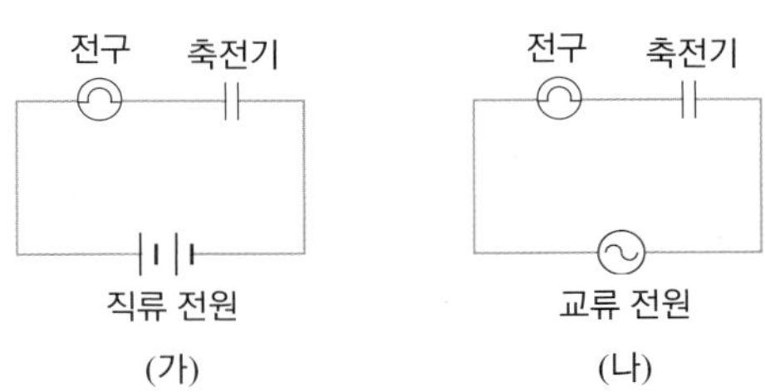

〈 보기 〉

ㄱ. (가) 전구의 밝기는 일정하다.
ㄴ. (나) 의 교류 전원의 진동수를 증가시키면 전구의 밝기는 더 밝아진다.
ㄷ. (나) 에서 축전기에 충전되는 전하량이 최대인 순간 전구의 밝기는 가장 밝다.

① ㄱ ② ㄴ ③ ㄷ
④ ㄴ, ㄷ ⑤ ㄱ, ㄴ, ㄷ

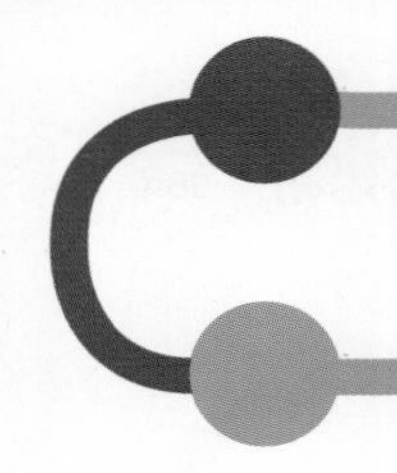

유형익히기&하브루타

유형19-3 RLC 직렬 교류 회로

오른쪽 그림과 같이 저항값이 15 Ω 인 저항, 유도 리액턴스가 40 Ω 인 코일, 용량 리액턴스가 25 Ω 인 축전기가 전압의 실횻값이 30 V 인 교류 전원에 연결되어 있다. 물음에 답하시오.

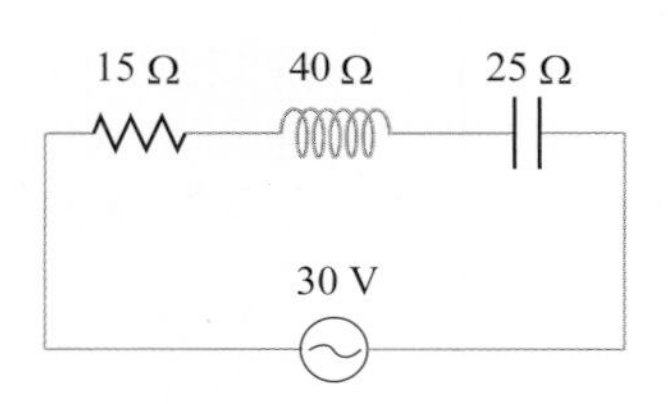

(1) 저항, 코일, 축전기 각각에 걸리는 전압 중 위상이 가장 빠른 것은?

( )

(2) 회로의 임피던스는 얼마인가?

( ) Ω

(3) 저항에서의 평균 소비 전력은 얼마인가?

( ) W

05 저항값이 R 인 저항, 전기 용량이 C 인 축전기, 자체 인덕턴스가 L 인 코일을 이용하여 (가), (나), (다) 와 같이 회로를 구성하였다. (가) 와 (나) 에서 전류의 실횻값은 같고, 실효 전압은 V 로 (가), (나), (다) 모두 같을 때, 각 회로의 임피던스 $Z_{(가)}$, $Z_{(나)}$, $Z_{(다)}$ 의 크기 비교가 바르게 된 것은?

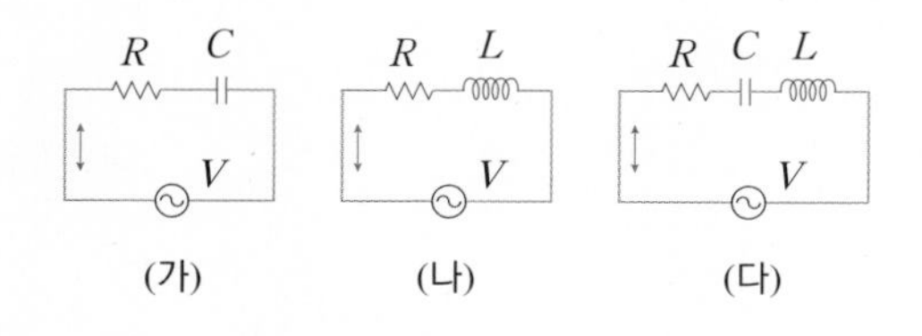

① $Z_{(가)} = Z_{(나)} = Z_{(다)}$
② $Z_{(가)} = Z_{(나)} > Z_{(다)}$
③ $Z_{(가)} > Z_{(나)} = Z_{(다)}$
④ $Z_{(나)} > Z_{(다)} > Z_{(가)}$
⑤ $Z_{(다)} > Z_{(나)} = Z_{(가)}$

06 저항값이 R 인 저항, 자체 인덕턴스가 L 인 코일, 전기 용량이 C 인 축전기와 교류 전원을 이용하여 다음 그림과 같이 회로를 구성하였다. 교류 전원의 진동수 $f = \dfrac{1}{2\pi\sqrt{LC}}$ 일 때, 이에 대한 설명으로 옳은 것만을 <보기> 에서 있는 대로 고른 것은?

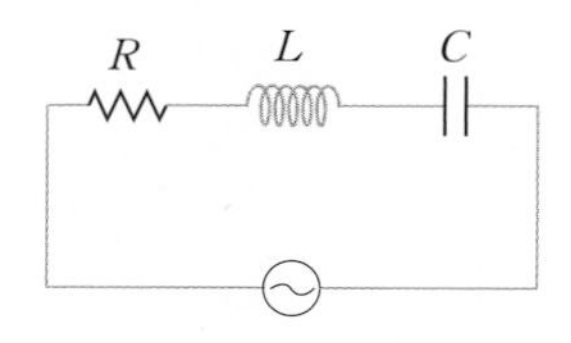

〈 보기 〉

ㄱ. 코일의 유도 리액턴스와 축전기의 용량 리액턴스는 같다.
ㄴ. 교류 전원의 진동수만 2 배로 증가하면, 저항에 걸리는 전압의 실효값도 증가한다.
ㄷ. 교류 전원의 진동수만 2 배로 증가하면, 회로의 임피던스가 R 보다 커진다.

① ㄱ ② ㄴ ③ ㄷ
④ ㄱ, ㄷ ⑤ ㄱ, ㄴ, ㄷ

유형19-4 전기 진동

전기 용량이 30 μF 인 축전기와 자체 인덕턴스가 0.3 H 인 코일을 병렬 연결한 후 내부 저항을 무시할 수 있고, 기전력이 20 V 로 일정한 전지를 오른쪽 그림과 같이 연결하였다. 스위치 S 를 A 에 연결하여 축전기를 완전히 충전한 후 스위치 S 를 B 에 연결하였다. 물음에 답하시오. (단, 회로의 저항은 무시한다.)

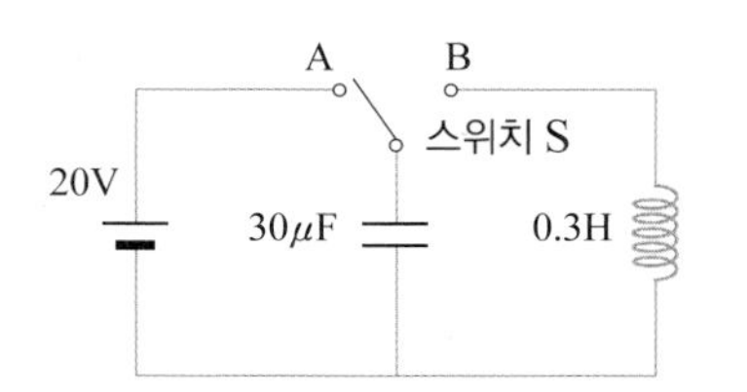

(1) 축전기를 완전히 충전시켰을 때 축전기에 저장되는 전하량은 얼마인가?

( ) μC

(2) 코일에 생성되는 자기장 에너지의 최댓값은 얼마인가?

( ) J

(3) 스위치 S 를 B 에 연결하였을 때, 회로의 공명 진동수는 얼마인가? (단, $\pi = 3$ 으로 계산한다.)

( ) Hz

(4) 코일을 지나는 전류의 최댓값은 얼마인가?

( ) A

07 전하가 완전히 충전된 전기 용량이 200 μF 인 축전기와 코일을 이용하여 그림 (가) 와 같이 회로를 구성하였다. 이때 스위치를 닫는 순간부터 코일에 흐르는 전류를 시간에 따라 나타낸 것이 그림 (나) 이다. 코일의 자체 인덕턴스는 몇 H 인가? (단, $\pi = 3$ 으로 계산한다.)

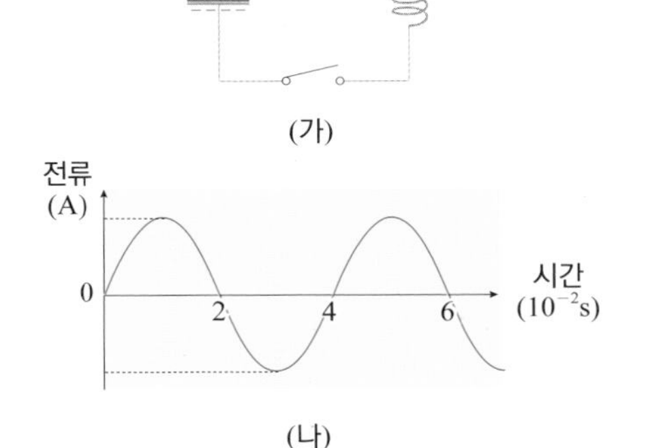

( ) H

08 저항값이 R 인 저항, 자체 유도 계수가 L 인 코일, 전기 용량이 C 인 축전기를 다음 그림과 같이 연결한 후 기전력 $V = V_0 \sin 2\pi ft$ 인 교류 전원에 연결하였다. 이에 대한 설명으로 옳은 것만을 <보기> 에서 있는 대로 고른 것은?

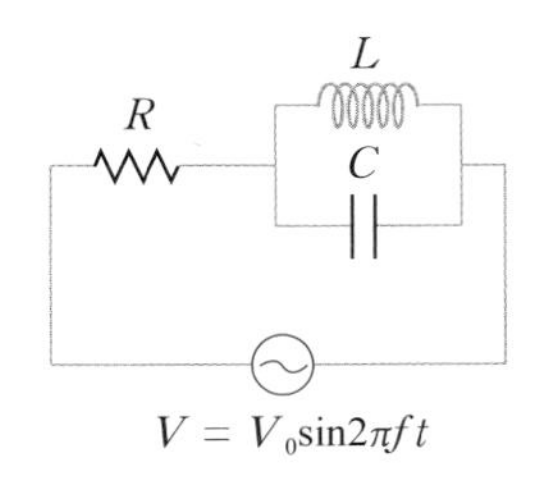

〈 보기 〉

ㄱ. 코일과 축전기에 흐르는 전류의 위상차는 180° 이다.

ㄴ. 저항에 흐르는 전류가 0일 때, 축전기에 걸리는 전압의 실효값은 $\dfrac{V_0}{\sqrt{2}}$ 이다.

ㄷ. $f \to \infty$ 일 때, 코일의 유도 리액턴스는 0 이다.

① ㄱ ② ㄴ ③ ㄷ
④ ㄱ, ㄴ ⑤ ㄱ, ㄴ, ㄷ

창의력&토론마당

01 그림 (가) 는 저항값 $R = 80\ \Omega$ 인 저항, 자체 인덕턴스 $L = 0.05$ H 인 코일, 가변 축전기, 교류 전원으로 구성된 RLC 회로이고, 그림 (나) 는 이 교류 전원의 교류 전압을 시간에 따라 나타낸 것이고, 사인 파형의 진동수 $f = 5 \times 10^3$ Hz 이다. 물음에 답하시오.

[MEET/DEET 기출 유형]

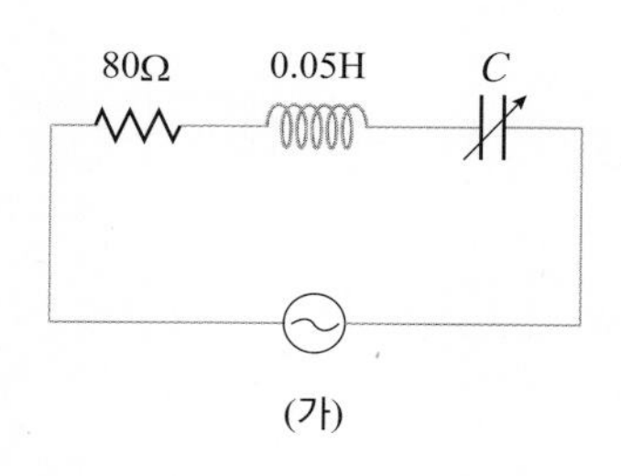

(가)

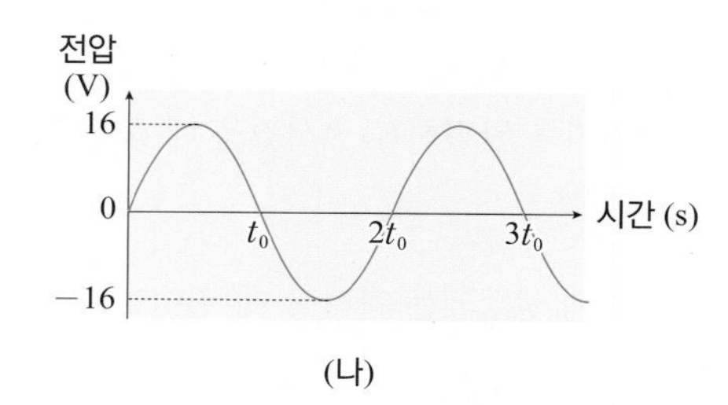

(나)

(1) t_0 는 얼마인가?

(2) RLC 회로에서 공명이 일어나기 위한 전기 용량 C 는 얼마인가?

(3) RLC 회로에서 공명이 일어날 때, 회로에 흐르는 실효 전류값은 얼마인가?

(4) RLC 회로에서 공명이 일어날 때, 회로에서 소비되는 전력의 평균값은 얼마인가?

02 자체 인덕턴스가 L 인 코일, 전기 용량이 C 인 축전기로 이루어진 저항이 없는 이상적인 LC 진동 회로가 있다. LC 진동계는 용수철에 의한 추의 단진동에 대응하여 생각할 수 있다. 축전기에 발생한 전기장 에너지가 방전되어 $Q \to 0$ 이 될 때, 전류는 최대이다. 이때 전기장 에너지가 모두 코일 속의 자기장 에너지로 저장된다. 이것은 용수철 진자에서 퍼텐셜 에너지가 줄어들면서 물체의 운동 에너지가 증가하다가 퍼텐셜 에너지가 0 이 될 때 추의 속력은 최대가 되면서 운동 에너지가 최대로 되는 것에 대응된다.

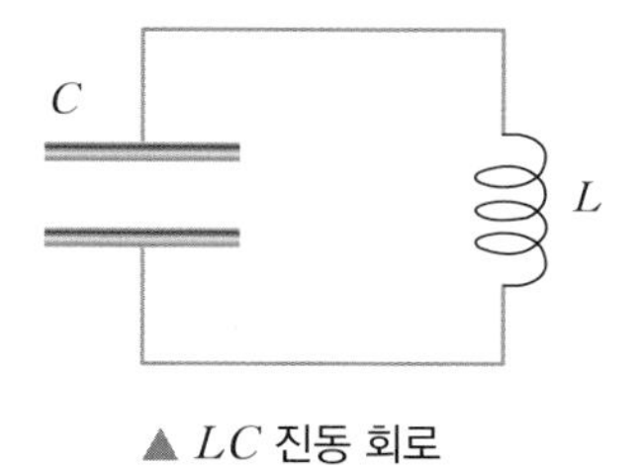

▲ LC 진동 회로

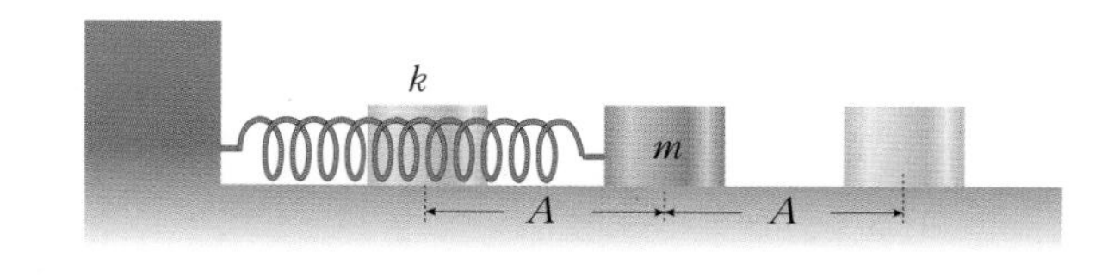

▲ 용수철에 의한 추의 단진동_역학계

$L = 1.5$ H 인 코일과 최대 250 μC 을 저장할 수 있는 축전기가 연결된 LC 회로가 있다. 완전히 충전된 축전기에 저장된 에너지가 5 μJ 일 때, 주기가 같고, 용수철의 최대 퍼텐셜 에너지가 5 μJ 인 역학계와 LC 회로가 대응된다. 역학계에 대하여 물음에 답하시오.

(1) 추의 질량 m 은 얼마인가?

(2) 용수철 상수 k 는 얼마인가?

(3) 최대 변위 A 는 얼마인가?

(4) 추의 최대 속력은 얼마인가?

창의력&토론마당

03 그림과 같이 자체 인덕턴스가 L 인 코일, 전기 용량이 C 인 축전기로 이루어진 세 개의 LC 회로 (가), (나), (다)가 있다. 전기 진동하는 동안 축전기가 1 회 완전히 방전하는 데 걸리는 시간을 부등호를 이용하여 비교하시오.

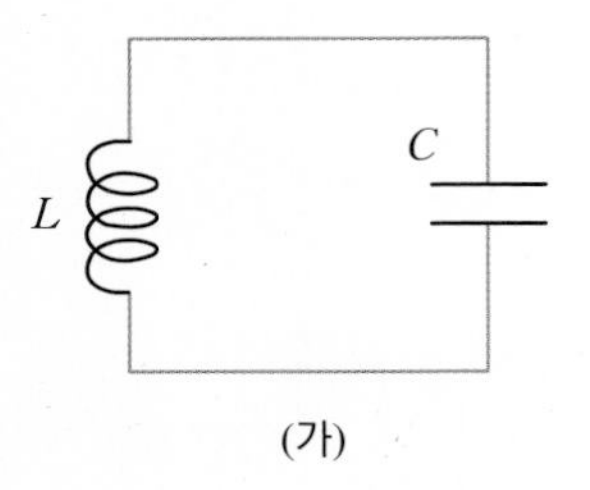

(가)

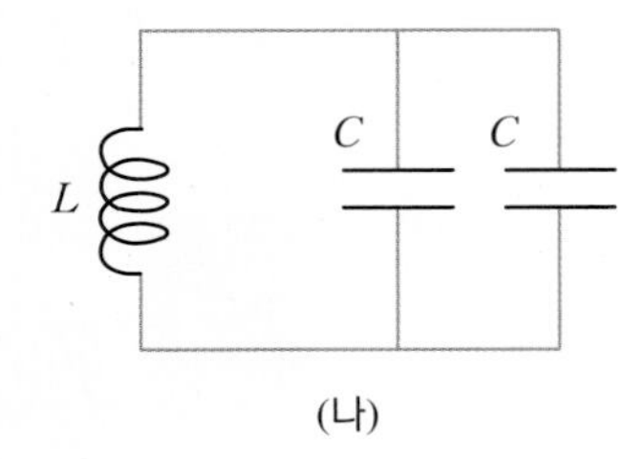

(나)

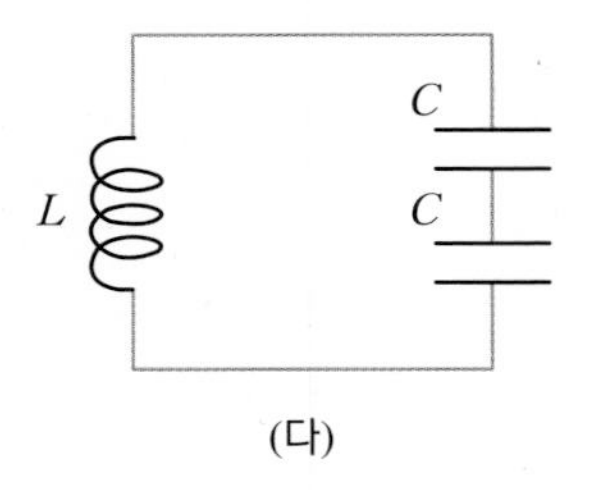

(다)

04 오른쪽 그림과 같이 자체 인덕턴스 $L = 20$ mH 인 코일과 전기 용량 $C = 8$ μF 인 축전기로 이루어진 LC 전기 진동 회로가 있다. $t = 0$ 일 때 회로에 흐르는 전류는 10 mA 이고, 축전기에 저장된 전하량은 4 μC 이며, 축전기는 충전되는 과정에 있다. 물음에 답하시오.

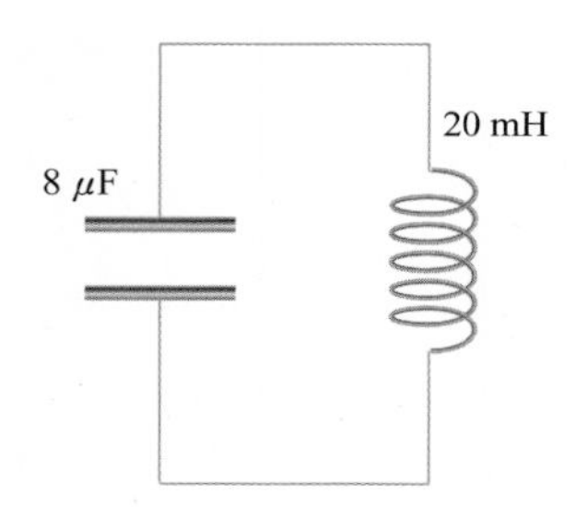

(1) 축전기에 저장되는 최대 전하량은 얼마인가?

(2) 회로에 흐르는 최대 전류는 얼마인가?

05 라디오를 이용하여 우리가 듣고자 하는 방송국을 선택하는 방법은 다음 그림과 같이 가변 축전기와 코일로 이루어진 공진 회로를 이용한다. 전기 용량이 10 pF ~ 360 pF 까지 변하는 가변 축전기를 이용하여 0.5 MHz ~ 1.5 MHz 까지의 진동수를 얻으려고 한다. 물음에 답하시오.

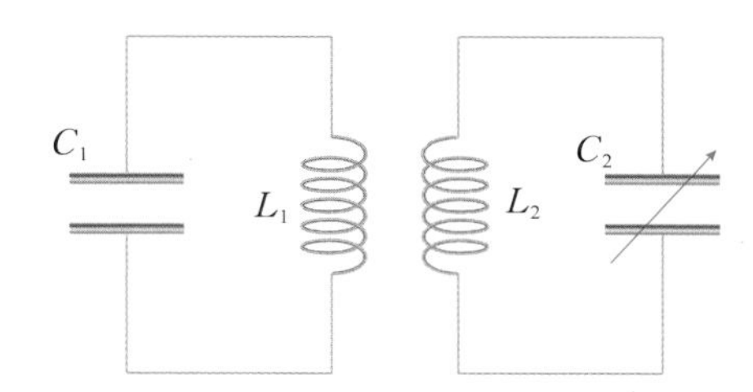

(1) 주어진 가변 축전기를 이용하여 0.5 MHz ~ 1.5 MHz 까지의 진동수를 얻기 위해서는 가변 축전기에 병렬로 다른 축전기를 연결해야 한다. 병렬로 연결하는 축전기의 전기 용량은 얼마인가?

(2) 자체 인덕턴스 L_2는 얼마인가? (단, $\pi = 3$ 으로 계산한다.)

스스로 실력높이기

A

01 그림과 같이 일정한 자기장 B 속에 놓인 사각형 코일이 자기장의 방향에 수직인 회전축을 중심으로 일정한 각속도 ω 로 회전하고 있다. 코일 면의 면적이 A 일 때, 코일 양단에 걸리는 전압의 최댓값이 V_0 이다. 다음과 같이 조건을 변화시킬 때, 전압의 최댓값을 각각 구하시오.

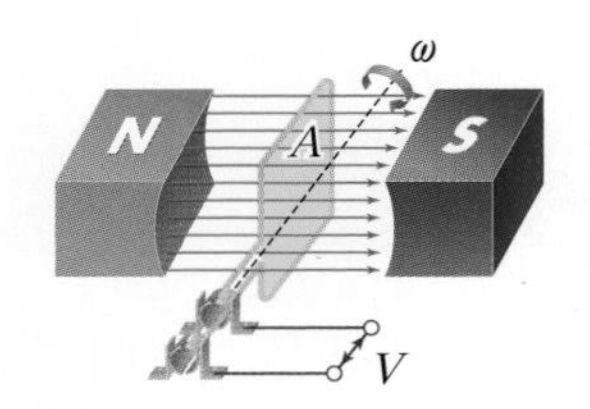

(1) 자기장의 세기가 $2B$, 코일 면의 면적 $2A$, 코일의 회전 각속도 $\frac{\omega}{2}$ 일 때

( )

(2) 자기장의 세기가 $\frac{B}{2}$, 코일 면의 면적 A, 코일의의 회전 각속도 2ω 일 때

( )

02 정격 전압이 220 V, 소비 전력이 1,100 W 인 전기 다리미가 있다. ㉠ 전기 다리미에 걸리는 최대 전압과 ㉡ 전기 제품에 흐르는 최대 전류를 각각 구하시오. (단, $\sqrt{2} = 1.4$ 로 계산한다.)

㉠ ( ) V, ㉡ ( ) A

03 다음 그림과 같이 자체 인덕턴스 $L = 500$ mH 인 코일과 진동수 $f = 100$ Hz, 최대 전압이 31.4 V 인 교류 전압이 연결되어 있다. 코일에 흐르는 최대 전류는 얼마인가? (단, $\pi = 3.14$ 로 계산한다.)

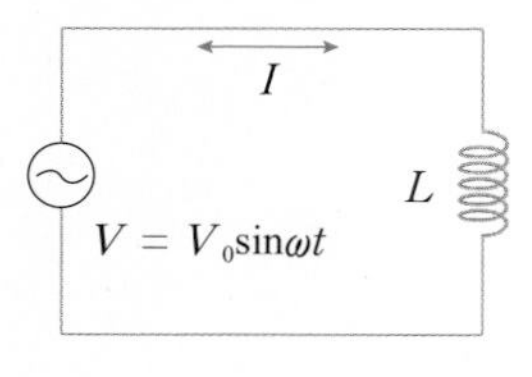

( )A

04 다음 그림은 교류 전원을 전기 용량이 C 인 축전기에 연결한 것을 나타낸 것이다. 이에 대한 설명으로 옳은 것만을 <보기> 에서 있는 대로 고른 것은?

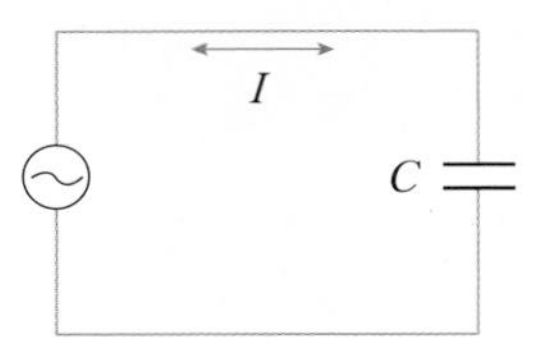

〈 보기 〉

ㄱ. 교류 전압이 최댓값일 때 전류도 최댓값이 된다.
ㄴ. 교류 전압의 주파수가 클수록 교류 전류의 평균적인 세기는 커진다.
ㄷ. 축전기의 전기 용량 C 가 클수록 교류 전류의 평균적인 세기는 작아진다.

① ㄱ ② ㄴ ③ ㄷ
④ ㄴ, ㄷ ⑤ ㄱ, ㄴ, ㄷ

05 다음 그림과 같이 전기 용량이 50 μF 인 축전기와 진동수가 80 Hz 인 교류 전원이 직렬 연결되어 있다. 축전기의 용량 리액턴스를 구하시오. (단, $\pi = 3.14$ 로 계산한다.)

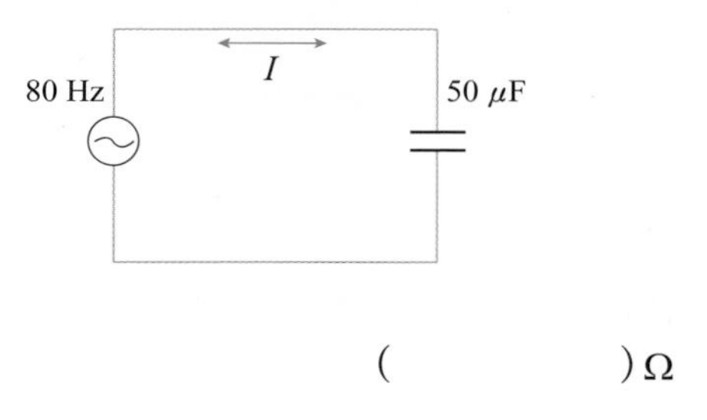

( ) Ω

06 다음 <보기> 중 교류 회로에서 ㉠ 저항, ㉡ 코일, ㉢ 축전기에 걸리는 전압과 전류의 위상 관계를 각각 고르시오.

〈 보기 〉

A. 전압이 전류보다 90° 느리다.
B. 전압과 전류의 위상이 같다.
C. 전압이 전류보다 90° 빠르다.

㉠ 저항 ( ), ㉡ 코일 ( ), ㉢ 축전기 ( )

07 다음 그림과 같이 저항값이 4 Ω, 유도 리액턴스가 6 Ω, 용량 리액턴스가 3 Ω 인 RLC 회로의 임피던스는 얼마인가?

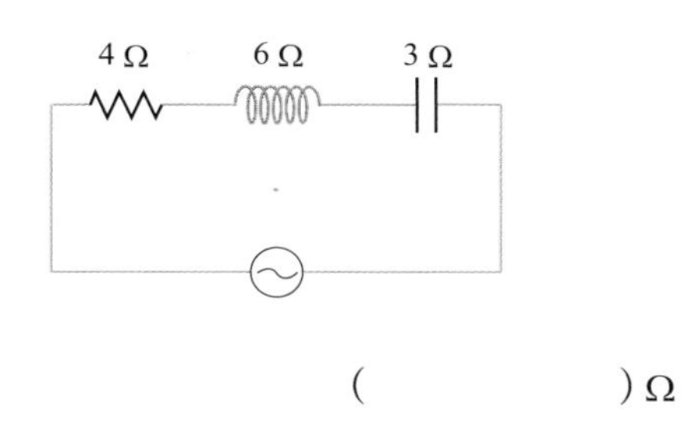

( ) Ω

08 다음 그림과 같이 저항값이 R, 자체 인덕턴스가 L 인 코일, 전기 용량이 C 인 축전기가 교류 전원에 연결되어 있다. 이때 회로에 흐르는 전류가 최대가 되기 위한 교류 전원의 각속도 ω 는?

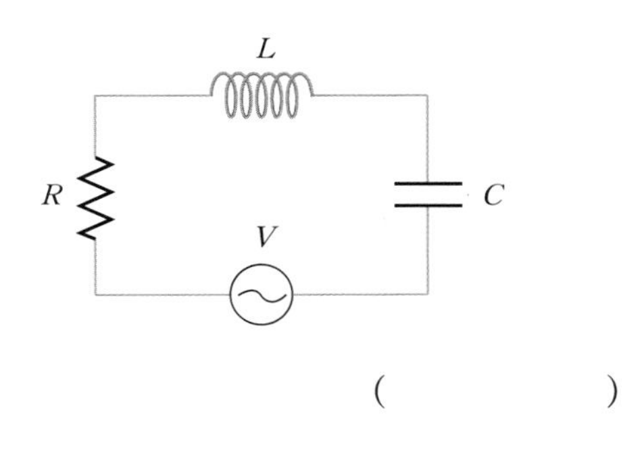

( )

09 다음 그림과 같은 RL 회로에서 교류 전원의 최대 전압이 20 V 이고, 코일에 걸린 최대 전압이 12 V 일 때, 저항에 걸린 최대 전압 V_R 은 얼마인가?

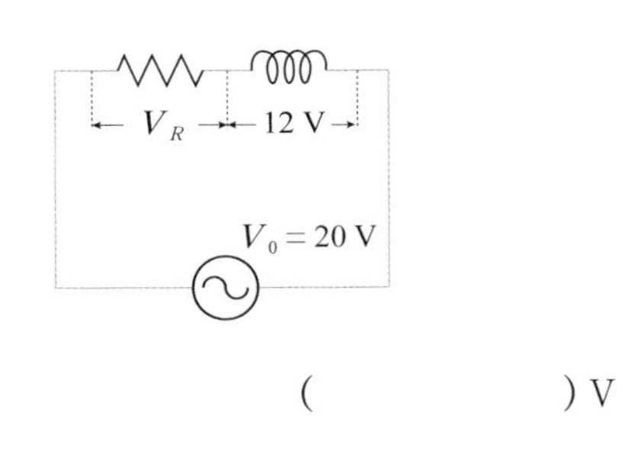

( ) V

10 자체 인덕턴스가 L 인 코일, 전기 용량이 C 인 축전기로 이루어진 LC 진동 회로의 고유 진동수를 2 배로 하기 위한 조건이 바르게 짝지어진 것은?

	L	C		L	C
①	$\frac{L}{4}$	$\frac{C}{4}$	②	$\frac{L}{2}$	$\frac{C}{2}$
③	L	$\frac{C}{2}$	④	$\frac{L}{2}$	C
⑤	$2L$	$2C$			

B

11 그림 (가) 는 전압의 실횻값이 일정한 교류 전원에 저항, 코일, 축전기의 세 소자 중 하나를 연결한 것을 나타낸 것이다. 그림 (나) 는 각 소자를 연결한 후 교류 전원의 주파수를 변화시켰을 때 회로에 흐르는 전류의 실횻값을 교류 전원의 주파수에 따라 나타낸 것이다. A, B, C 에 해당하는 소자를 각각 쓰시오.

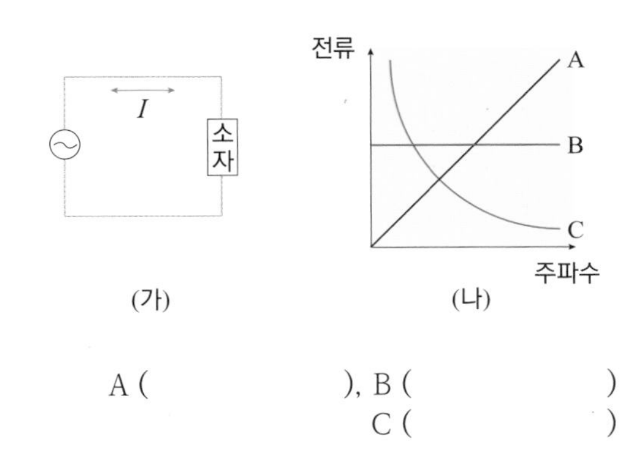

A ( ), B ( )
C ( )

스스로 실력높이기

12 그림 (가) 와 같이 저항값이 R 인 저항이 연결된 교류 회로에서 저항에 흐르는 전류의 세기를 시간에 따라 나타냈더니 그림 (나) 와 같았다. 이에 대한 설명으로 옳은 것만을 <보기> 에서 있는 대로 고른 것은?

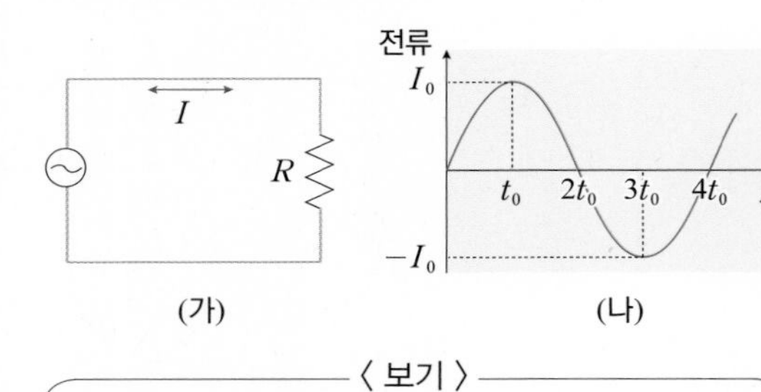

〈 보기 〉

ㄱ. 교류의 주기는 $2t_0$ 이다.
ㄴ. t_0 일 때 저항에 걸리는 전압은 최댓값이다.
ㄷ. 저항에서의 평균 소비 전력은 $\frac{I_0^2R}{2}$ 이다.

① ㄱ ② ㄴ ③ ㄷ
④ ㄴ, ㄷ ⑤ ㄱ, ㄴ, ㄷ

13 다음 그림과 같이 꼬마 전구와 자체 유도 계수가 L 인 코일이 교류 전원에 연결되어 있다. 꼬마 전구의 밝기를 감소시킬 수 있는 방법을 <보기> 에서 있는 대로 고르시오.

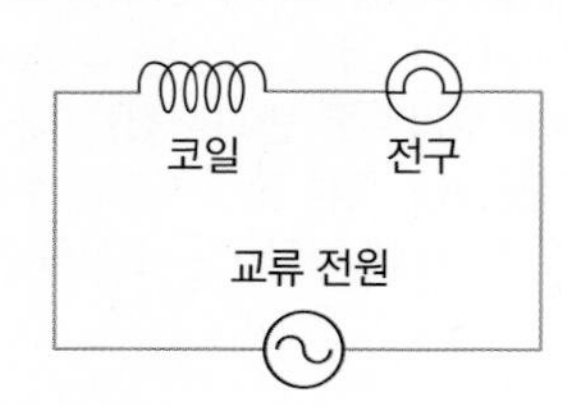

〈 보기 〉

ㄱ. 코일에 철심을 넣어준다.
ㄴ. 코일을 자체 유도 계수가 $0.5L$ 인 코일로 바꿔준다.
ㄷ. 더 촘촘하게 감긴 코일로 바꿔준다.
ㄹ. 교류 전원의 주파수를 증가시켜 준다.

( )

14 다음 그림과 같이 저항값이 20 Ω 인 저항과 자체 인덕턴스가 0.5 H 인 코일, 전기 용량이 45 μF 인 축전기가 교류 전원에 연결되어 있다. 교류 전원의 기전력이 220 V 이고, 주파수가 50 Hz 일 때 RLC 회로에 흐르는 전류는 얼마인가? (단, $\pi = 3$ 으로 계산한다.)

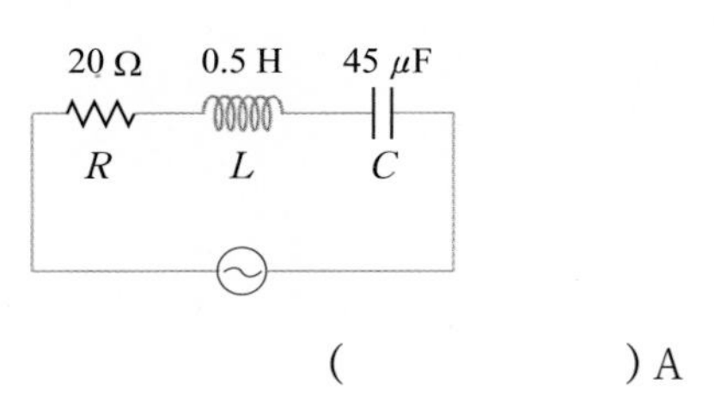

( ) A

15 그림 (가) 는 저항값이 15 Ω 인 저항과 용량 리액턴스가 20 Ω 인 축전기가 교류 전원에 연결되어 있는 것을 나타낸 것이고, 그림 (나) 는 저항에 걸리는 전압을 시간에 따라 나타낸 것이다. 물음에 답하시오.

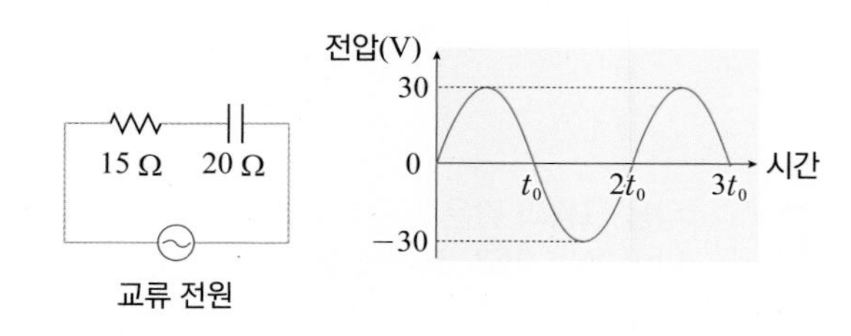

(1) 전원 전압의 최댓값은?

( ) V

(2) t_0 인 순간 축전기에 걸리는 전압은

( ) V

16 다음 그림과 같이 저항값이 400 Ω 인 저항, 자체 유도 계수가 2 H 인 코일을 교류 전압의 실효값이 150 V인 전원에 연결하였다. 교류 전원의 각속도 $\omega = 150$ rad/s 일 때, 회로에서 1 초 동안 발생하는 열량은?

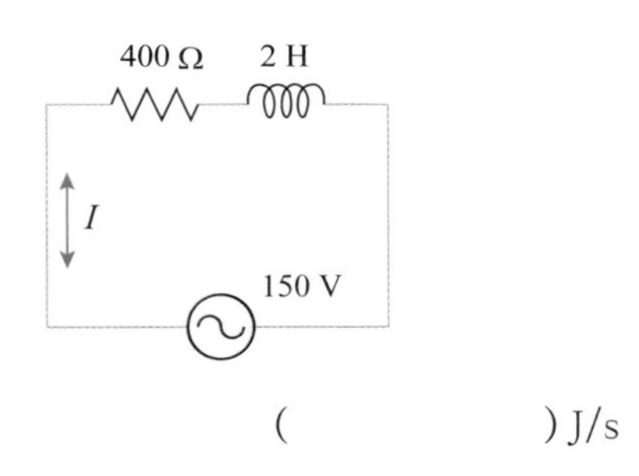

( ) J/s

17 자체 인덕턴스가 L_1 인 코일 A 와 자체 인덕턴스가 L_2 인 코일 B 가 나란하게 가까이 놓여 있다. 이때 그림과 같이 코일 A 는 전압이 V 로 일정한 전지, 전기 용량이 C_1인 축전기와 연결되어 있고, 코일 B 는 전기 용량이 C_2 인 축전기와 연결되어 있다. 스위치를 P 에 연결하고 충분한 시간이 흐른 뒤 Q 에 연결하였다. 이에 대한 설명으로 옳은 것만을 <보기> 에서 있는 대로 고른 것은?

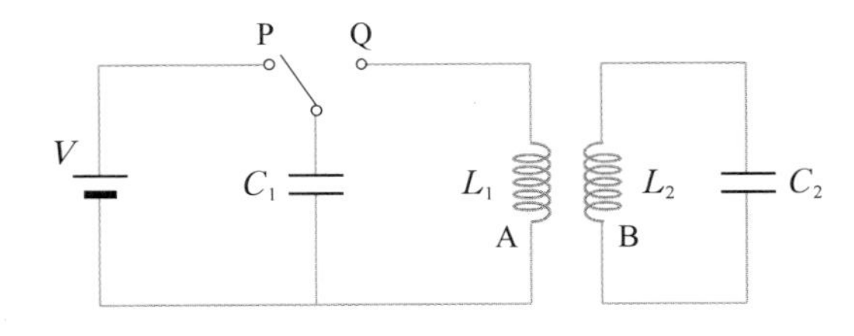

〈 보기 〉

ㄱ. L_1C_1 회로에서 전지의 전압이 클수록 공명 진동수가 작아진다.
ㄴ. L_1C_1 회로에서 C_1 이 클수록 공명 진동수는 작아진다.
ㄷ. $L_1C_1 = L_2C_2$ 일 때 전기 공진이 일어난다.

① ㄴ ② ㄷ ③ ㄱ, ㄴ
④ ㄱ, ㄷ ⑤ ㄴ, ㄷ

18 그림 (가) 는 축전기가 교류 전원에 연결된 것을 나타낸 것이고, 그림 (나) 는 축전기에서 발생하여 $+x$ 방향으로 진행하는 전자기파의 전기장 모양을 나타낸 것이다. 이에 대한 설명으로 옳은 것만을 <보기> 에서 있는 대로 고른 것은?

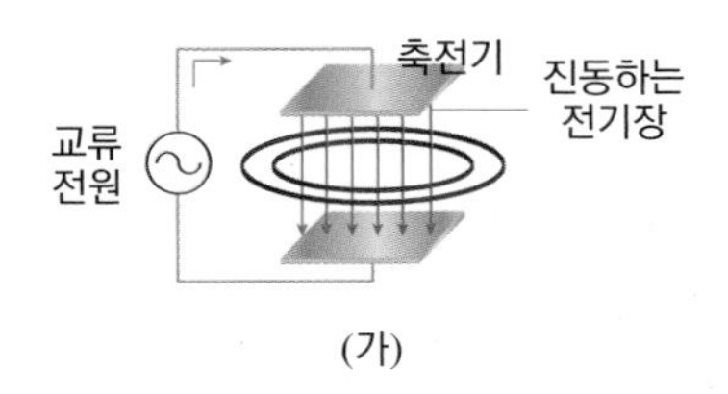

(가)

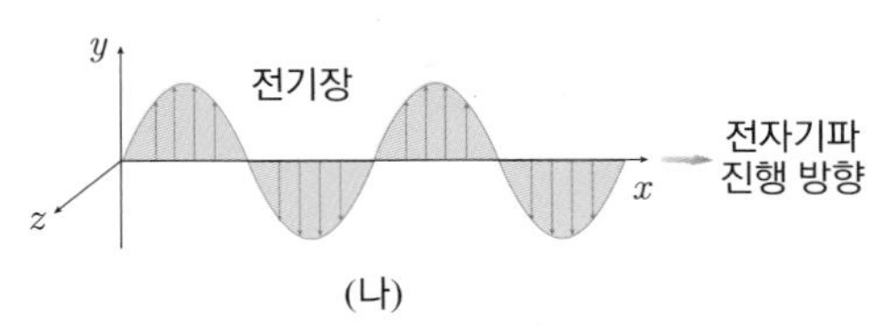

(나)

〈 보기 〉

ㄱ. 교류 전원의 진동수가 f 일 때, (가) 에서 발생한 전자기파의 진동수도 f 이다.
ㄴ. (가) 에서 교류 전원의 진동수가 증가하면, 전기장의 세기와 자기장의 세기가 모두 증가한다.
ㄷ. (나) 에서 전기장의 방향이 $+y$ 방향일 때, 자기장의 방향은 $-z$ 방향이다.

① ㄱ ② ㄴ ③ ㄷ
④ ㄱ, ㄴ ⑤ ㄱ, ㄴ, ㄷ

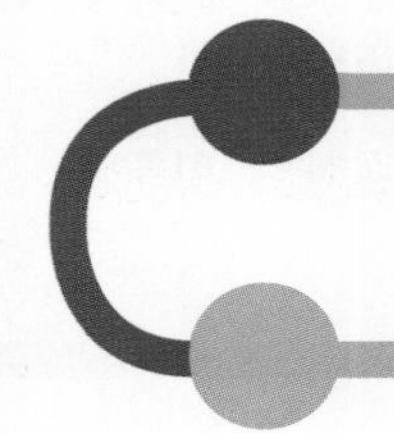

스스로 실력높이기

C

19 그림 (가) 는 균일한 자기장 속에서 면적이 A 인 사각형 코일이 자기장의 방향에 수직인 회전축을 중심으로 일정한 각속도로 회전하고 있는 모습을 나타낸 것이다. 그림 (나) 는 그림 (가) 의 사각형 코일의 단면을 지나는 자기력선속을 시간에 따라 나타낸 것이다. 이에 대한 설명으로 옳은 것만을 <보기> 에서 있는 대로 고른 것은?

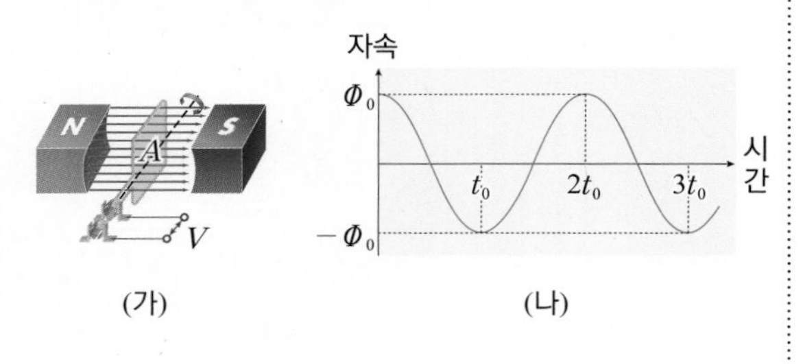

(가) (나)

〈 보기 〉

ㄱ. 사각형 코일의 각속도는 $\dfrac{\pi}{t_0}$ 이다.

ㄴ. 자기장의 세기는 $\dfrac{\Phi_0}{A}$ 이다.

ㄷ. t_0 일 때 유도 기전력의 크기는 $\dfrac{\pi\Phi_0}{t_0}$ 이다.

① ㄱ ② ㄷ ③ ㄱ, ㄴ
④ ㄴ, ㄷ ⑤ ㄱ, ㄴ, ㄷ

20 저항값이 16 Ω 인 저항과 코일, 같은 축전기 2 개가 그림과 같이 전압의 최댓값이 50 V 인 교류 전원에 연결되어 있다. 스위치 1 만 닫았을 때 저항에 흐르는 전류의 최댓값은 2.5 A, 스위치 2 만 닫았을 때 저항에 흐르는 전류의 최댓값은 2A 였다. ㉠ 축전기의 용량 리액턴스 X_C, ㉡ 코일의 유도 리액턴스 X_L 를 각각 구하시오. (단, $X_L > X_C$ 이다.)

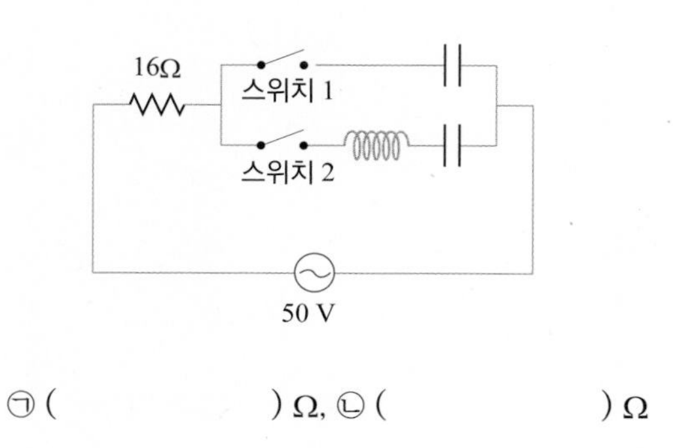

㉠ (   ) Ω, ㉡ (   ) Ω

21 다음 그림과 같이 저항, 축전기, 코일이 교류 전원에 연결되어 있다. 이때 회로 상의 두 지점 사이에 걸리는 최댓값은 각각 $V_{ab} = 40$ V, $V_{ac} = 50$ V, $V_{ad} = 50$ V 이다. 물음에 답하시오.

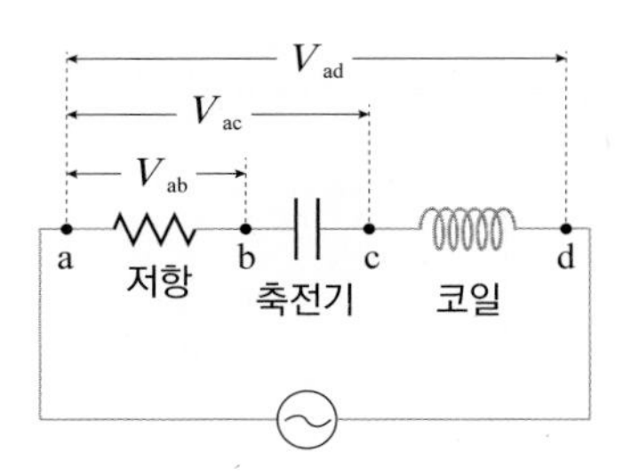

(1) 축전기에 걸리는 전압의 최댓값은?

(   ) V

(2) b 점과 d 점 사이에 걸리는 전압의 최댓값은?

(   ) V

22 그림 (가) 와 같이 저항값이 50 Ω 인 저항, 코일, 축전기를 교류 전원에 연결하였다. 그림 (나) 는 저항 양단과 코일 양단에 걸리는 전압 V_R, V_L 을 각각 시간에 따라 나타낸 것이다. 교류 전원 전압의 최댓값은 20 V 이다. 물음에 답하시오.

[수능 기출 유형]

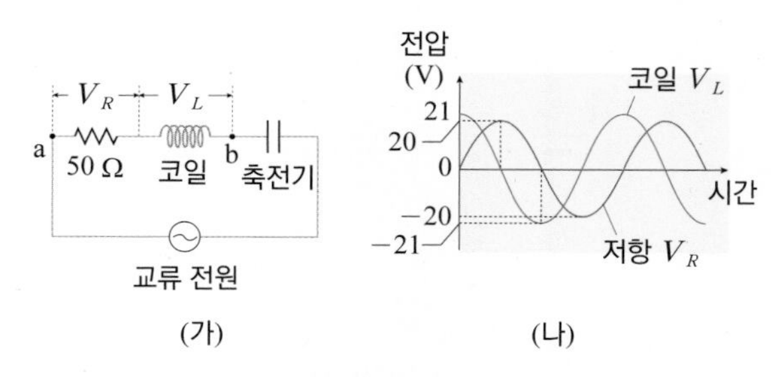

(가) (나)

(1) 점 a 와 b 사이에 걸리는 전압의 최댓값은?

(   ) V

(2) 축전기의 용량 리액턴스는?

(   ) Ω

23 저항값이 R 인 저항과 자체 인덕턴스가 L 인 코일, 전기 용량이 C 인 축전기가 그림과 같이 교류 전원에 연결되어 있다. 이 회로의 임피던스는 R 이고, 저항, 코일, 축전기에 걸리는 전압의 최댓값은 각각 V_R, V_L, V_C 이다. 물음에 답하시오.

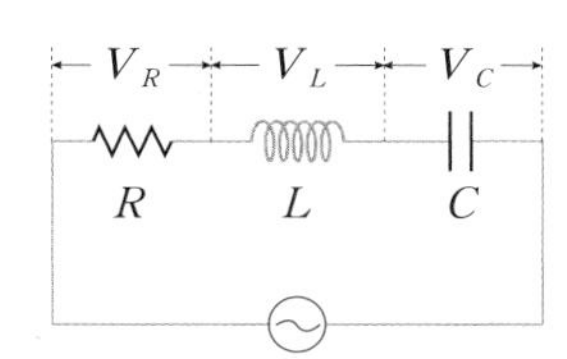

(1) $\frac{V_R}{V_L}$ 을 구하시오.

( )

(2) $\frac{V_C}{V_L}$ 을 구하시오.

( )

24 저항값이 R 인 저항과 자체 인덕턴스가 L 인 코일, 전기 용량이 C, $\frac{C}{2}$ 인 축전기가 그림과 같이 교류 전원에 연결되어 있다. 교류 전원의 진동수는 $\frac{1}{2\pi\sqrt{LC}}$ 이고, 전압의 실효값은 일정하다. 이에 대한 설명으로 옳은 것만을 <보기> 에서 있는 대로 고른 것은?

[수능 기출 유형]

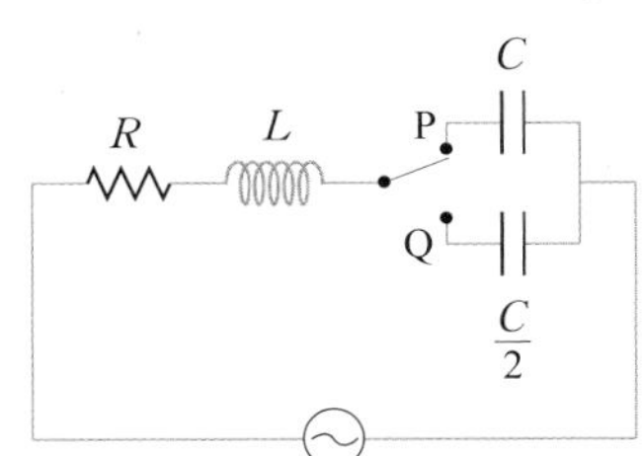

〈 보기 〉

ㄱ. 코일에 걸리는 전압은 회로에 흐르는 전류의 위상보다 항상 90° 만큼 빠르다.
ㄴ. 스위치를 Q에 연결하였을 때 회로의 임피던스는 $\sqrt{R^2 + \frac{2L}{C}}$ 이다.
ㄷ. 저항의 평균 소비 전력은 스위치를 P 에 연결하였을 때보다 Q 에 연결하였을 때 더 크다.

① ㄱ ② ㄴ ③ ㄷ
④ ㄱ, ㄷ ⑤ ㄴ, ㄷ

심화

25 다음 그림과 같이 자체 인덕턴스 $L = 200$ mH 인 코일과 전기 용량 $C = 8\ \mu$F 인 축전기가 연결되어 있다. $t = 0$ 일 때, 전류가 최대로 흐르고 있다면, 축전기가 완전히 충전되는 데 걸리는 최소 시간은 얼마인가? (단, $\pi = 3$ 으로 계산한다.)

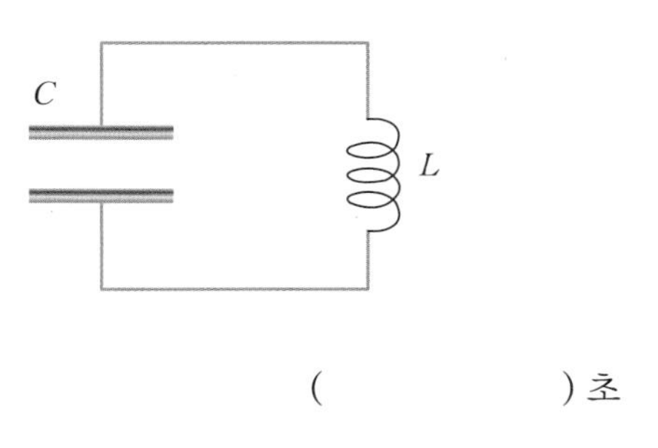

( ) 초

26 다음 그림과 같이 저항값이 15 Ω 인 저항과 자체 인덕턴스 $L = 30$ mH 인 코일, 전기 용량 $C = 12\ \mu$F 인 축전기, 기전력이 40V 로 일정한 전지가 연결되어 있다. 스위치를 A 에 연결하고 충분한 시간이 흐른 뒤 스위치를 B 에 연결하였다. 이 회로에 흐르는 진동 전류의 ㉠ 진동수와 ㉡ 전류의 최댓값을 각각 구하시오. (단, $\pi = 3$ 으로 계산한다.)

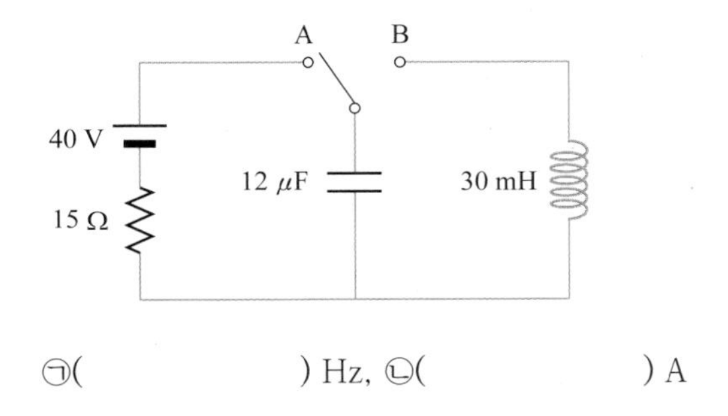

㉠( ) Hz, ㉡( ) A

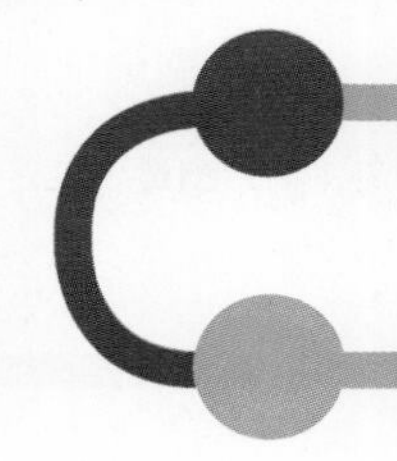

스스로 실력높이기

27 그림 (가) 와 (나) 는 진동수가 f, 진폭이 V_0 인 교류 전원에 연결된 RC 회로에서 출력 단자를 각각 축전기와 저항에 연결한 것을 나타낸 것이다. 저항값과 축전기의 전기 용량은 각각 R, C 이고, (가), (나) 에서 출력 전압의 진폭은 각각 V_1, V_2 이다. 물음에 답하시오.

[MEET/DEET 기출 유형]

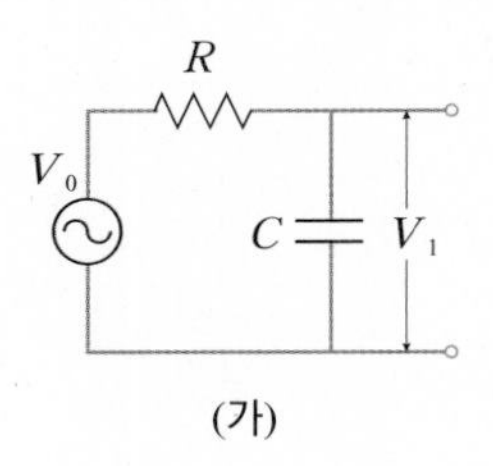

(가)

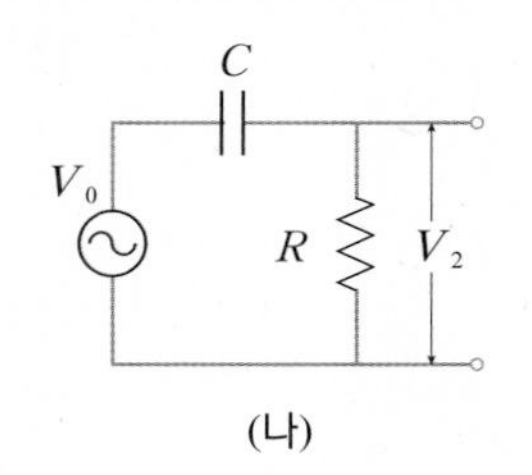

(나)

(1) $f = \dfrac{1}{2\pi RC}$ 일 때, $\dfrac{V_1}{V_0}$ 과 $\dfrac{V_2}{V_0}$ 을 부등호를 이용하여 비교하시오.

$$\frac{V_1}{V_0}(\quad)\frac{V_2}{V_0}$$

(2) $f \ll \dfrac{1}{2\pi RC}$ 일 때, (나) 에서 V_0 와 V_2의 크기를 부등호를 이용하여 비교하시오.

$$V_0(\quad)V_2$$

(3) 진동수 f 가 증가할 때, (가) 와 (나) 에서 V_1, V_2 의 변화에 대하여 각각 서술하시오.

28 다음은 RLC 직렬 교류 회로의 임피던스 특성을 알아보는 실험 과정의 일부를 나타낸 것이다.

<실험 과정>

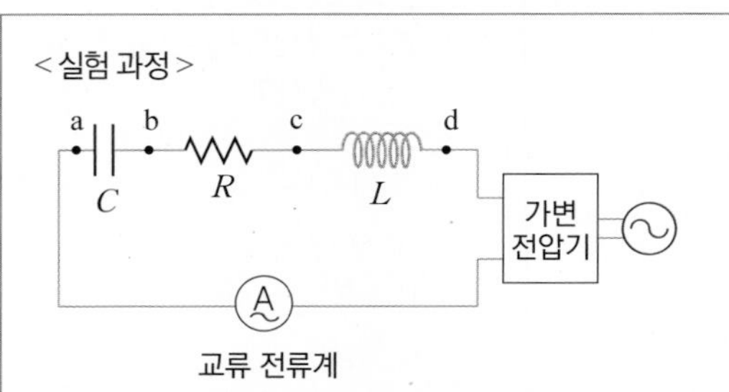

① 그림과 같이 저항값이 R, 자체 인덕턴스가 L, 전기 용량이 C 인 축전기, 교류 전류계를 가변 변압기에 직렬로 연결한다.
② 가변 전압기의 전압을 조절하여 전류계의 눈금이 I 가 되도록 한다.
③ 교류 전압계를 이용하여 저항, 코일, 축전기 양단의 전압 V_R, V_L, V_C 를 각각 측정한다.
④ 회로 상의 a 와 c 에 전압계의 단자를 연결하여 V_{ac} 를 측정하고, b 와 d 에 연결하여 V_{bd} 를 측정하고, a 와 d 에 연결하여 V_{ad} 를 측정한다.
⑤ 가변 변압기의 전압을 조절하여 전류계의 눈금이 $2I$ 가 되도록 한 뒤 ③, ④ 과정을 반복한다.

이에 대한 설명으로 옳은 것만을 <보기> 에서 있는 대로 고른 것은? (단, 교류 전원의 각속도는 ω 이고, 진동수는 일정하다.)

[PEET 기출 유형]

〈 보기 〉

ㄱ. 전류가 I 일 때, $V_{ab} + V_{bc} = V_{ac}$ 이다.
ㄴ. 전류가 $2I$ 일 때, $V_{ab} + V_{bc} + V_{cd} > V_{ad}$ 이다.
ㄷ. 전류와 상관없이 $\dfrac{V_{bd}}{V_{bc}} = \dfrac{\sqrt{R^2 + (L\omega)^2}}{R}$ 로 일정하다.

① ㄱ ② ㄴ ③ ㄷ
④ ㄱ, ㄷ ⑤ ㄴ, ㄷ

29 다음 그림과 같이 저항값이 5 Ω 인 저항과 자체 인덕턴스 $L = 5$ H 인 코일, 전기 용량 $C = 20\ \mu$F 인 축전기, 실효 전압이 30 V 로 일정한 교류 전원이 연결되어 있다. 최대 전류가 I_0 일 때, $\frac{I_0}{2}$ 가 되는 교류 전원의 각진동수를 모두 구하시오.

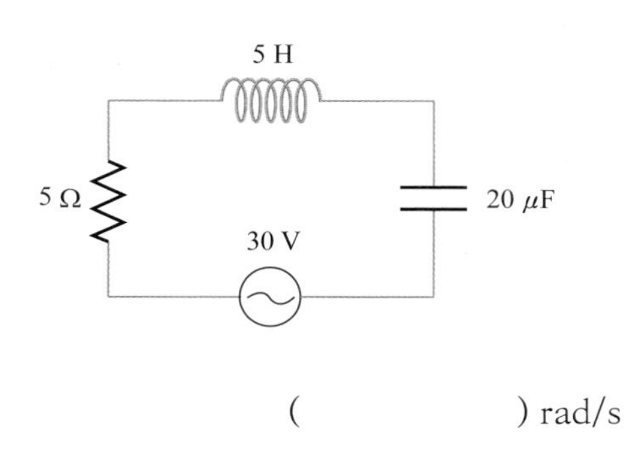

( ) rad/s

30 저항값이 R 인 저항 2 개와 자체 인덕턴스가 L 인 코일, 전기 용량이 C 인 축전기 2 개가 그림과 같이 교류 전원에 연결되어 있다. 저항 양단, 코일 양단, 축전기 양단의 전위차는 각각 V_1, V_2, V_3 이고, 회로의 공진 각 진동수는 ω_0 이다. 이에 대한 설명으로 옳은 것만을 <보기> 에서 있는 대로 고른 것은? (단, 교류 전원의 각진동수는 ω 이고, 전압의 실효값은 일정하다.)

[PEET 기출 유형]

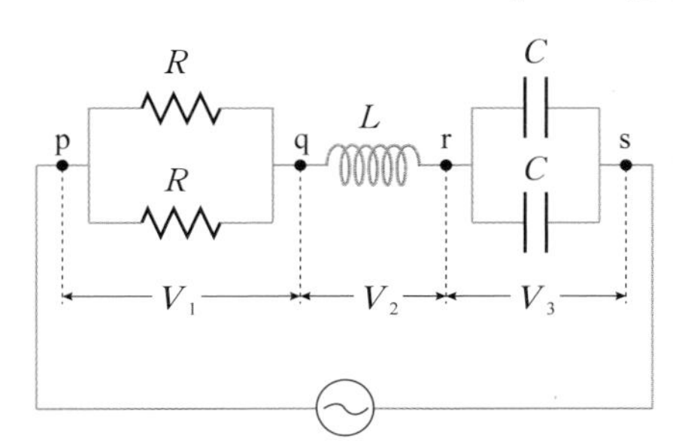

〈 보기 〉

ㄱ. $\omega_0 = \frac{1}{\sqrt{LC}}$ 이다.

ㄴ. V_2 의 진폭은 $\omega = \omega_0$ 일 때가, $\omega < \omega_0$ 일 때보다 크다.

ㄷ. V_3 의 진폭은 $\omega = \omega_0$ 일 때가, $\omega < \omega_0$ 일 때보다 크다.

① ㄱ ② ㄴ ③ ㄷ
④ ㄱ, ㄷ ⑤ ㄴ, ㄷ

31 그림 (가) 는 교류 기전력이 E 인 전원에 저항, 가변 코일, 가변 축전기가 연결된 RLC 회로를 나타낸 것이다. 그림 (나) 는 저항의 양단에 걸린 전압이 V_R 일 때, 교류 기전력 E 와 V_R 을 시간에 따라 나타낸 것이다. 이 회로에 대한 다음 설명의 빈칸에 알맞은 말을 각각 고르시오.

[특목고 기출 유형]

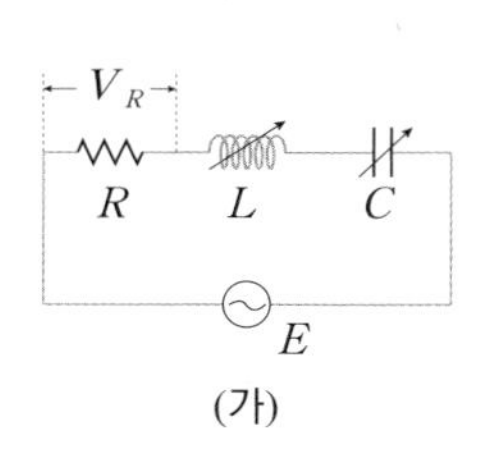

(가)

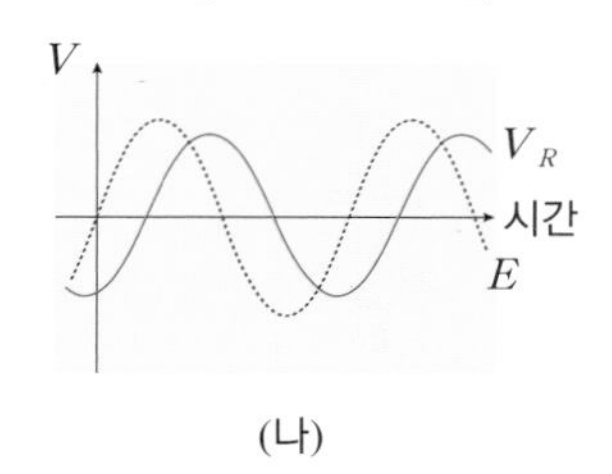

(나)

(1) 교류 전원의 진동수는 회로의 공명 진동수보다 (㉠ 작다 ㉡ 크다.)
(2) 저항값 R 과 코일의 자체 인덕턴스 L 은 고정하고, 축전기의 전기 용량 C 를 증가시키면 V_R 의 진폭은 (㉠ 작아진다 ㉡ 커진다.)
(3) 저항값 R 과 전기 용량 C 는 고정하고, 코일의 자체 인덕턴스 L 을 증가시키면 V_R 의 진폭은 (㉠ 작아진다 ㉡ 커진다.)

32 전기 용량이 300 μF 인 축전기와 코일이 연결된 LC 회로에서 진동수 20 kHz 로 전기 진동이 발생하였다. 회로에 흐르는 최대 전류가 8 mA 라면, 축전기에 충전되는 최대 전하는 얼마인가? (단, $\pi = 3$ 으로 계산한다.)

( ) C

20강 Project 논/구술

우리 몸도 에너지원이 될 수 있다?

생활 속 버려지는 에너지를 전기로 사용한다!

사람은 36.5 ℃ 의 일정한 체온을 유지한다. 만약 주변 온도가 이보다 높을 경우 주로 머리를 통해 열이 빠져나온다. 일반적으로 잘 때 75 W, 깨어 있을 때 120 W, 가벼운 운동을 할 때 190 W, 힘든 운동을 할 때 700 W 가량의 전력을 발생시킬 수 있는 열이 나온다. 스마트폰을 한 번 충전할 때 2.5 W의 전력이 필요한 것에 비하면 많은 양의 에너지가 나오고 있는 것이다. 이와 같이 생활 속에서 발생하는 수많은 에너지는 최종적으로 소리나 열로 전환되어 허공으로 사라진다. 매년 눈부신 속도로 하드웨어적, 소프트웨어적으로 발전하는 전자 기기에 비해 배터리의 발전 속도는 그에 따라가지 못하고 있다. 이러한 에너지 문제들을 해결하기 위해 시작된 기술이 '에너지 하베스팅(Energy Harvesting)'이다.
에너지 하베스팅이라는 개념은 1954 년 미국 벨연구소가 태양전지 기술을 공개할 때 처음 등장하였다. 단어 그대로 일상생활에서 버려지거나 소모되는 에너지들을 수확하여(Harvest) 전기 에너지로 변환하고 이용하는 것이 에너지 하베스팅이다.

에너지 하베스팅의 에너지 흐름

에너지 하베스팅의 에너지 흐름은 다음과 같다.

에너지 발생 → 에너지 변환 → 에너지 저장 → 에너지 소비

에너지 발생

① **신체 에너지 하베스팅** : 신체에서 발생하는 체온이나 움직임을 통해 발생하는 정전기, 운동 에너지 등을 이용하는 것이 신체 에너지 하베스팅이다.
② **진동 에너지 하베스팅** : 대형 회전기나 구조물의 진동, 자동차나 비행기, 기차 등이 움직일 때 발생하는 진동, 충격에서 발생한 진동 에너지를 이용하는 것으로 충격 에너지 하베스팅이라고도 불린다.
③ **열에너지 하베스팅** : 화력 발전소 연료 연소 후 배열, 복수기 냉각수의 온배수 등에서 배출하는 많은 양의 잔열과 자연 온도와의 온도차를 이용하는 것으로 산업 현장 곳곳에서 발생하는 잔열들을 모아서 전기

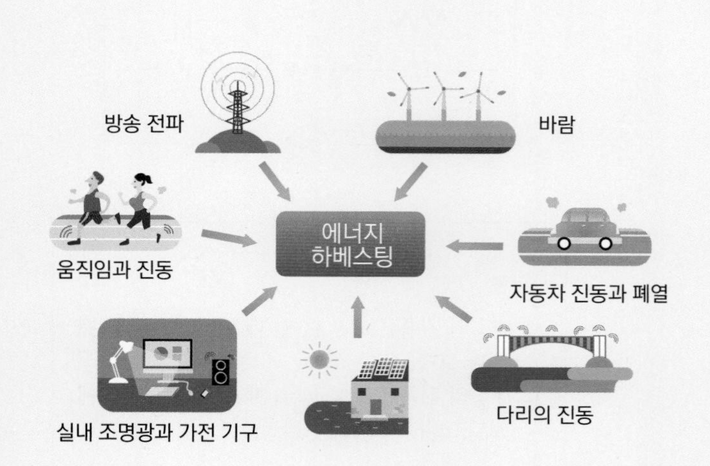

에너지로 전환하는 방법이 열에너지 하베스팅이다.

④ **중력 에너지 하베스팅** : 물체의 무게로 인해 발생하는 중력 에너지를 이용하는 것으로 도로에 설치된 과속 방지턱, 통행료 납부 톨게이트, 횡단보도 일시 정지선에 공기 압력 펌프를 설치하여 자동차의 중력을 이용해 압축 공기 발전을 하는 것이 대표적인 중력 에너지 하베스팅이다

⑤ **위치 에너지 하베스팅** : 물체가 위에서 아래로 떨어질 때 발생하는 위치 에너지를 이용하는 것이다. 주로 수력 발전소에서 낭비되는 위치 에너지를 재활용하며, 샤워기나 변기 물 내림 등 흐르는 물에서 전기를 생산하는 기술도 개발되었다.

⑤ **태양 에너지 하베스팅** : 빛으로 발생하는 광에너지를 이용하는 것이다.

⑥ **전파 에너지 하베스팅** : 가전 제품, 휴대 전화, 방송 전파 등에서 발생하는 전자파 에너지를 이용하는 것이다. 전선 주변에 생기는 전자기 유도 현상을 이용하거나 와이파이의 전파 에너지를 모으는 등 새로운 기술이 잇따라 등장하고 있다.

에너지 변환

현재 가장 많이 사용되는 에너지 하베스팅 소자는 다음과 같은 네 가지 물리 현상을 이용한다.

분류	에너지원	개요
열전 발전	열(온도차)	온도차(열에너지)를 전위차(전기 에너지)로 변환하는 '제백 효과(Zeeback effect)'를 기반으로 한다. 온도차가 클수록 더 많은 에너지가 발생한다.
압전 발전	진동, 움직임	기계적으로 누르면 양전하, 음전하가 나뉘는 '유전 분극'현상을 이용한 것으로 압력을 주면 표면의 전하 밀도가 변하면서 전기가 흐르게 된다.
광전 발전	빛, 태양광	금속에 태양광을 쪼여주면 전자를 내보내는 '광전 효과'를 이용한 것으로 태양 전지가 대표적이다.
RF 발전	전파	RF(Radio Frequency)는 파장 1 mm ~ 100 km 범위, 진동수 3 KHz~300 GHz까지의 전자기파를 의미한다. 이러한 전자기파를 수집해 전기를 생산한다.

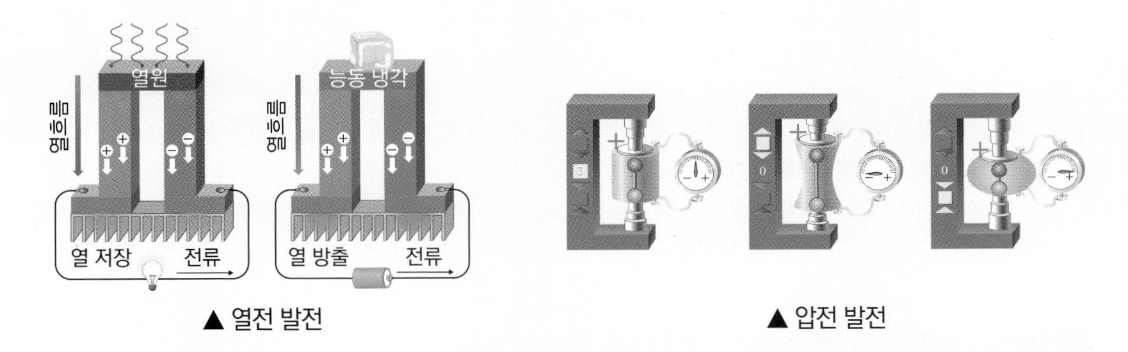

▲ 열전 발전 ▲ 압전 발전

전자기파를 수집하는 방법을 생각해보고, 그 원리와 함께 서술하시오.

전기를 만들기 위하여 우리 몸을 어떻게 활용할 수 있을지 그 방법에 대하여 자신의 생각을 서술하시오.

에너지 하베스팅의 적용

① **발전 마루** : 성인 1 명이 한 걸음을 내디딜 때 발과 바닥 면 사이에서 발생하는 진동에 의한 전력은 약 60 W 이다. 이를 이용하여 일본 도쿄 지하철 환승 통로에 설치된 것이 '발전 마루'이다. 한 변의 길이가 50 cm 인 정사각형 모양의 보도 블록으로 되어 있는 발전 마루는 하루 최대 200 kW의 전기를 생산한다고 한다.

② **Power pocket** : 영국의 Vodafone 사는 열에너지로 작동하는 전자기기 'Power pocket' 시리즈를 발표하였다. 소량의 열전도 재료가 함유된 원단으로 만들어진 침낭과 충전 핫팬츠는 사람의 몸에서 나오는 열 에너지를 이용하여 스마트폰을 충전할 수 있을 정도의 전기를 만들어 낸다고 한다.

▲ 발전 마루

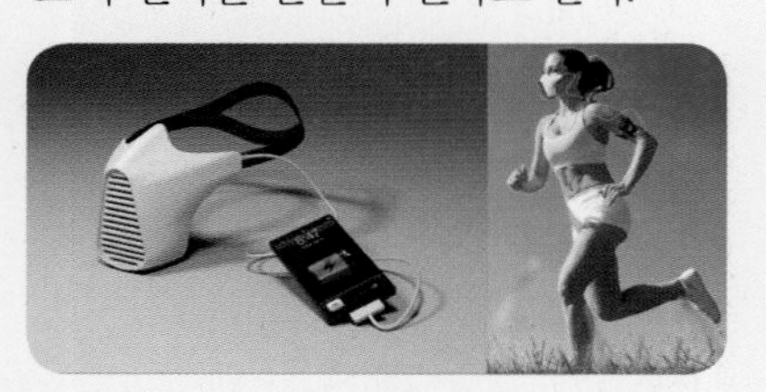
▲ Inhabitat 충전 마스크
출처 : http://inhabitat.com

③ **충전 마스크** : Inhabitat 사는 사람의 호흡을 이용해 전기를 만드는 충전 마스크를 개발하였다. 작은 크기의 풍력 터빈이 들어간 마스크는 사람의 코와 입에서 나오는 바람으로 터빈을 작동시켜 전기를 만든다.

④ **깔창 발전기** : 미국 SolPower 의 신발 깔창 발전기는 걸을 때 발 뒤꿈치에 가해지는 압력이 회전 에너지로 변환되어 자석을 회전시키면 자석에 의해 전력이 만들어져 배터리팩에 저장된다. 24 km를 걸으면 스마트폰을 1 회 충전시킬 수 있는 전력이 만들어진다.

⑤ **파워 워크 엠** : 캐나다의 바이오닉 파워(Bionic Power)사가 개발한 군인용 에너지 하베스팅 장비인 '파워 워크 엠(PowerWalk M)' 이라는 기기는 무릎을 구부릴 때 압전 소자에서 전기를 생산한다.

⑥ **윈도우 소켓** : 휴대용 녹색 콘센트 '윈도우 소켓(Window socket)'은 태양광을 이용하여 전기를 만든다.

⑦ **도로 압전 발전기** : 이스라엘 이노와텍의 도로 아래에는 도로 압전 발전기가 설치되어있다. 도로를 지나는 자동차의 무게와 도로의 진동, 온도 변화로 전력을 만들어 낸다. 발전기 1 km 를 편도 2 차선 도로에 설치할 경우 600 ~ 800 가구에 전력을 공급할 수 있을 정도인 400 kW의 전력을 얻을 수 있다.

▲ 파워 워크 엠(PowerWalk.M)

⑧ **에너지 수확기** : 독일 디자이너 데니스 시겔(Dennis siegel)은 에너지 수확기 'Electromagnetic Harvester' 을 개발하였다. 이 수확기를 전기가 흐르는 기기 주위에 가져가면 기기 주변에 방출되는 여분의 전자기장을 수확하여 내장된 배터리가 충전된다.

▲ 소켓볼(Socket ball) - 출처 : https://www.kickstarter.com

⑨ **소켓볼** : '소켓볼(Socket ball)'은 저개발 국가의 아이들이 주로 공놀이를 한다는 점에서 아이디어를 얻어 개발된 공이다. 공 안에는 발전기가 내장돼 있어 축구를 할 때 발생하는 운동 에너지를 전기로 바꿔주며, 30 분 동안 공을 차면 LED 전등을 3 시간 동안 사용할 수 있다.

⑩ **자가 발전 축구장** : 영국의 에너지 회사 페이브젠(Pavegen)은 브라질 리우데자네이루의 빈민가에 운동 에너지를 전력으로 바꿔서 불을 밝히는 축구장을 건설하였다. 낮 동안 뛰어 노는 아이들의 운동 에너지를 모아서 축구장에 설치된 6 개의 LED 등에 불이 들어오게 한 것이다.

사물 인터넷(IoT)분야에서 빛을 발할 에너지 하베스팅

사물 인터넷(Internet of Things)이란 생활 속 사물들이 인터넷망으로 서로 정보를 주고받으며 스스로 작동하는 환경을 뜻한다. 수많은 전자 제품에 설치된 무선 센서가 주기적으로 데이터를 수집해 중앙 센터로 보내는 것이다. 넓은 지역에 설치한 온갖 센서에 전선을 연결하여 전력을 공급하는 것은 힘들 뿐만 아니라 배터리로 작동을 하면 수명이 다할 때마다 일일이 교체해야 하므로 유지 비용이 많이 든다. 이를 해결하기 위해 사물 인터넷 분야에서 에너지 하베스팅이 빛을 발할 전망이다. 일반적인 무선 센서의 전력 소모량은 1 mW, 원격 조정 센서는 100 mW, 원격 조정 센서 100 μW, RFID 태그 10 μW, GPS 100 mW, 블루투스 송수신기 10 mW 인 것과 같이 센서를 작동하는 데 많은 전력이 필요로 하지 않기 때문에 무선 센서의 자가 발전 장치 용도로 에너지 하베스팅을 적용할 수 있다.

에너지 하베스팅의 한계

에너지 하베스팅은 이미 미국과 유럽에 빠르게 퍼지고 있는 기술이다. 전 세계 에너지 하베스팅 시장 규모가 2020 년에 43 억 7,000 만 달러, 한화로 약 4 조 7,294 억 원에 달할 것으로 전망하고 있다. 하지만 현재의 기술로는 에너지 하베스팅 기술에 단점도 존재한다.

우선 가장 큰 단점으로 변환되는 에너지의 출력이 불규칙하다는 것이다. 예를 들어 태양광 전지의 경우 흐리거나 비가 오는 경우 에너지를 거의 생산해 낼 수가 없으며, 도로에 자동차가 지나가지 않으면 압전 소자는 전기를 전혀 만들 수 없다.

두 번째로는 소자의 효율이 아직은 너무 낮다는 것이다. 기차가 다리를 지날 때 생기는 진동을 이용해 에너지 하베스팅을 하는 경우 보청기 충전도 한번 하기 힘들다.

세 번째 압전 소자는 아직 특정 주파수대의 에너지만 수집할 수 있어서 제한적이라는 단점이 있다. 도로나 다리에서 발생하는 진동과 같이 대부분 진동이 발생할 때에는 넓은 주파수대에서 진동이 나타나므로 수집할 수 있는 진동 에너지의 폭이 넓을수록 좋기 때문이다.

위와 같은 단점들을 극복하기 위해서는 일정 수준의 전력을 안정적으로 생산하는 장치뿐만 아니라 생산된 전력을 효율적으로 저장하는 장치의 기술 개발이 필요하다. 이들 기술이 뒷받침되면 버려지는 에너지를 재활용하는 에너지 하베스팅 기술은 전력 생산의 새로운 방법을 찾는 인류에게 또 다른 돌파구가 될 수도 있다.

사물 인터넷 시대가 다가오고 웨어러블 기기가 활성화되면서 각종 센서 사용량이 급증하고 있다. 특히 외부로부터 전원을 공급받기 어려운 곳에서 센서를 작동하기 위해서는 에너지 하베스팅을 통한 자가 발전이 최선이다. 이러한 자가 발전 센서가 어떻게 활용될 수 있을지 자신의 생각을 서술하시오.

생각만으로 움직인다?! – 뇌파로 움직이는 로봇

브라질의 '문샷(moon shot)'

2014 년 6 월 13 일 첨단 의족을 착용한 소년의 시축으로 브라질 월드컵이 시작되었다. 하반신 마비로 10 여년 동안 휠체어에 의지해 살아왔던 소년이 착용한 웨어러블 로봇은 착용자의 뇌에서 나온 신호를 받아 움직이는 것으로 세계 156 명의 과학자들에 의해 개발되었다. '다시 걷기 프로젝트(Walk Again Project)'라는 30 여년 동안의 연구의 결과로 이를 추진한 니코렐리스는 이 시축행사를 21 세기 인류 과학기술을 한 데 묶어 연출한 브라질의 '문샷(moon shot)'이라 표현하였다.

뇌세포 간 정보 전달 과정에 발생하는 전기 신호 – 뇌파

뇌는 각각의 역할을 위해 1,000 억 개의 뇌세포와 이들 뉴런을 연결하는 1,000 조 개의 시냅스가 끊임없이 상호작용을 한다. 이 과정에서 전기 신호가 사용되며 사람의 뇌 부근의 전압을 측정하면 미약하지만, 시간에 따라 크기가 변하는 전압의 진동이 발생한다. 이러한 진동에서 기본적이거나 잡음에 해당하는 것을 제거한 것을 뇌파라고 한다.

대부분 신체 장애가 있는 사람들 대부분은 뇌에는 문제가 없지만 뇌에서 발생하는 신호를 근육으로 전달하는 시스템이 끊기거나, 근육 세포가 손상됐기 때문에 움직이지 못할 뿐이다. 따라서 뇌파를 이용한 제어 기술이 이들에게 가능한 것이다.

BMI(Brain-Machine Interface)

BMI(Brain-Machine Interface) 또는 BCI(Brain-Computer Interface)는 뇌를 컴퓨터나 로봇과 같은 기계 장치에 연결하여 생각만으로 제어하는 기술을 의미한다. BMI는 두 가지 접근 방법이 있다.

첫 번째는 뇌의 활동 상태에 따라 주파수가 다르게 발생하는 뇌파를 이용하는 방법이다. 이는 두건 형태의 기기를 머리에 쓰면 내부에 장착된 전극들이 뇌파를 감지하고 이를 컴퓨터가 해석하여 기기를 작동하는 것이다. 예를 들어 하체 마비 장애인이 다시 걷도록 한 뇌파 송수신 시스템의 경우 '걷고 싶다'는 생각을 할 때 나오는 전기 신호 파형(波形)이 있고, '선다'고 생각할 때 나타나는 파형이 있다. 컴퓨터는 이러한 뇌파를 분석해 환자의 생각을 파악한 뒤 환자가 허리에 찬 전기 발생 장치로 명령을 보내면 전기 발생 장치는 양쪽 다리 근육에 전기 자극을 줘 걷거나 서 있도록 했다. 뇌의 명령을 전달하는 척수의 역할을 컴퓨터가 대신한 것이다.

두 번째는 특정 부위 신경 세포(뉴런)의 전기적 신호를 활용하는 방법이 있다. 이는 뇌의 특정 부위에 미세 전극이나 반도체 칩을 심어 뉴런 신호를 포착하고 첫 번째와 마찬지로 포착한 신호를 컴퓨터가 해석하여 기기를 작동하는 것이다.

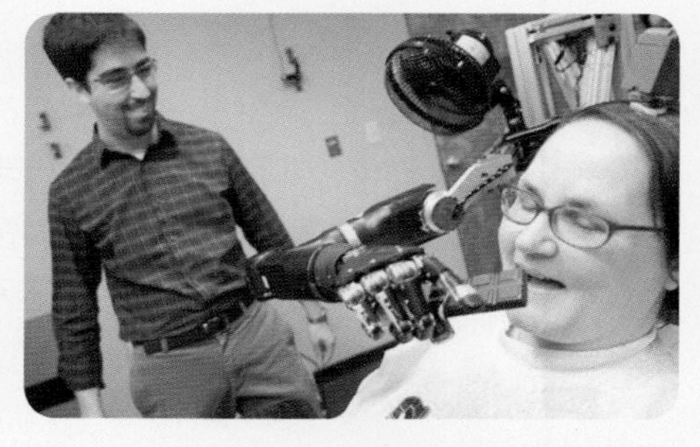

▲ 뇌에 연결된 전극이 읽은 뇌파 신호를 통해 로봇팔을 움직이고 있다.
출처 : University of Pittsburgh Medical Center

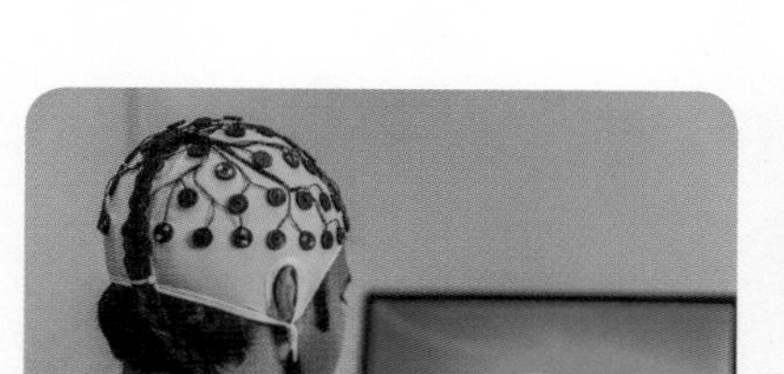

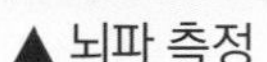

▲ 뇌파 측정

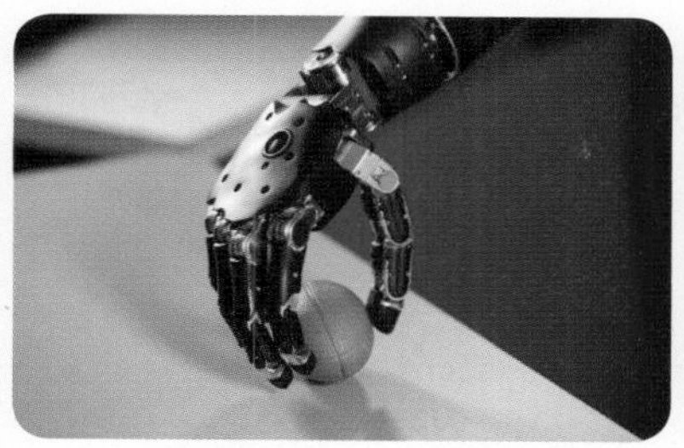

▲ 뇌파를 조정하여 공을 잡는 로봇손

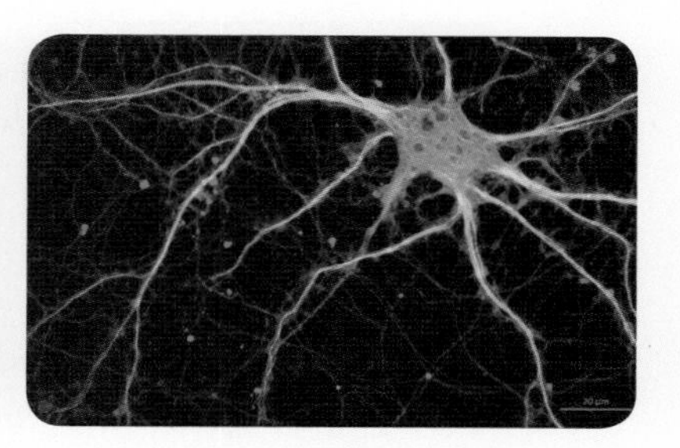

▲ 배양된 쥐의 해마 뉴런

영화가 현실로?!

하버드 연구팀은 영화 '아바타'에서처럼 사람의 뇌파로 다른 동물을 움직이는 데 성공했다. 인간의 뇌파를 컴퓨터로 분석한 후 초음파 신호로 변환하여 이를 쥐의 뇌 운동 중추에 보내자 쥐의 꼬리가 움직였다. 영화에서처럼 사람의 생각이 쥐의 뇌로 전달돼 동작을 만든 것이다. 기존의 뇌에 전선이나 전극을 심어 신호를 포착하였다면 전극 없이 초음파를 이용한 무선 신호 전달이 가능하게 된 것이다. 연구가 발전하면 화성 탐사에 나선 침팬지에게 무선으로 사람의 의도를 전달하는 일이나 프로 스포츠 선수의 뇌에 저장된 스포츠 기술을 초보들에게 전달하는 것도 가능하게 될 것이다. 한 연구원은 '아주 먼 미래에는 인간이 뇌로 의사 결정을 하고 또 다른 육체나 로봇이 행동하는 아바타의 시대가 올 수 도 있다' 라고 하였다.

다양한 곳에 사용되는 뇌파 활용 기술

의료 분야에서 두각을 나타내는 BMI 기술은 게임, 영화 등 다양한 산업에서도 응용되고 있다. 뇌파로 공을 움직이면서 즐기는 게임인 '마인드플렉스'라는 뇌파 게임들도 출시되고 있으며, 관객의 뇌파를 이용한 세계 최초의 상호 작용 영화인 '파라노말 마인드'라는 영화도 등장하였다. 또한 생각만으로 드론과 자동차를 움직이는 기술도 선진국에서 연구, 개발하고 있다.

하지만 뇌파 활용 기술은 아직 가야할 길이 멀다. 뇌파를 이용한 BMI의 경우 뇌에서 발생하는 신호를 정확히 해석해야 한다. 원하는 특정 움직임을 반복해서 상상하게 한 뒤 이때 발생하는 뇌파를 기록해 데이터를 축적해야 한다. 단순히 커피 마시는 동작을 위한 로봇 제어 기술을 적용하기까지 5 년 정도 소요될 정도로 쉽지 않은 일이다.

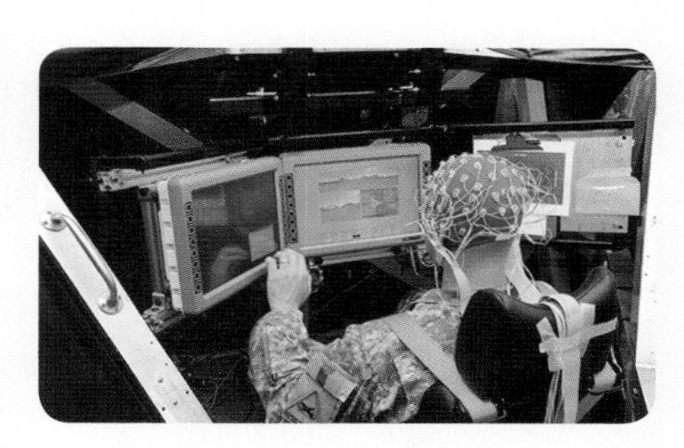

▲ 미 육군에서는 전쟁터에서 뇌파를 이용한 의사소통을 할 수 있는 방법을 연구 중이다.

뇌파를 이용한 기술이 보편화될 때 발생할 수 있는 문제점에 대하여 자신의 생각을 서술하시오.

영화 '매트릭스'에는 매트릭스 프로그램을 이용해 주인공이 각종 데이터를 두뇌에 입력하는 장면이 나온다. 예를 들어 각종 무예 데이터를 두뇌에 입력하면, 데이터를 주입받은 주인공은 뛰어난 쿵푸 실력을 선보이거나 헬기 조종술을 입력하여 헬기를 조종하기도 한다. 이와 같은 일이 현실화된다면 우리 생활은 어떻게 바뀌게 될까?

Project 탐구

탐구 전류의 세기

(가) 전기 뱀장어

학 명	Electrophorus electricus
분 류	잉어목 - 전기뱀장어과
크 기	몸길이 약 2 m 내외
서식 장소	진흙 바닥의 조용한 물
분포 지역	남아메리카 아마존강, 오리노코강
특징	몸 후반의 양 옆구리에 2 개씩의 발전 기관이 있어 대략 650 V ~ 850 V 전압을 발생시킨다.

▲ 전기 뱀장어

- 두산 백과 발췌 편집

(나) 전기 뱀장어는 수많은 발전 세포가 직·병렬 구조를 이루고 있다. 하나의 자체 기전력 장치인 전기 세포는 각각 150 mV의 기전력을 만들어냄과 동시에 자체 내부 저항도 가지고 있다. 이 내부 저항의 크기는 약 0.25 Ω 이다. 이와 같은 전기 세포가 5,000 개 직렬 연결된 것과 동시에 총 140 줄이 병렬 연결되어 있다. 일반적인 동물의 경우 세포가 직렬 구조의 조직을 이루고 있다. 반면에 전기 뱀장어는 자신이 내는 전류나 밖에서 전달 받는 전류를 140줄의 병렬 구조 전기 세포로 분산하여 상당히 감쇠시키게 된다. 전기 세포가 병렬 구조를 이루고 있는 경우 합성 저항이 감소하는 효과를 갖기 때문이다. 따라서 일반 동물이 죽을 정도의 전류가 체내에 흘러도 작은 충격만을 입게 되는 것이다. 또한, 전기 뱀장어의 두꺼운 지방질의 몸은 절연체 역할을 해주기 때문에 전기에 대한 피해를 상대적으로 덜 받게 되는 요인이 된다.

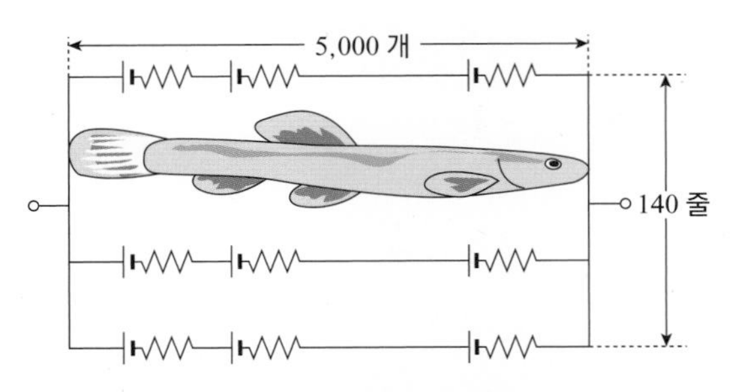

▲ 전기 뱀장어의 전기 회로도

(다) 감전이란 사전적인 의미에서 전류가 흘러 체내에 상처를 입거나 충격을 느끼는 것을 뜻한다. 사람의 몸에 전압이 가해져 전류가 흐를 경우 전류의 크기와 시간, 그리고 환경 등에 따라 반응이 달라진다. 일반적으로 전류가 흐를 때의 충격은 표 (A) 와 같고(이때 통전 시간은 1 초, 감전은 손-몸통-다리일 경우이다.), 그림 (B) 는 우리 몸에 흐르는 전류의 위험도를 실험하여 얻은 그래프이다.

약 25 mA 이하	심장 박동 주기와 신경계에 큰 문제 없음
25 ~ 80 mA	견딜 수 있는 전류, 혈압 상승, 불규칙한 심장 박동, 회복성 심장 정지가 나타나며, 50mA 가 넘으면 실신하기도 함
80 ~ 3,000 mA	실신, 심실 세동(심실의 각 부분이 무질서하게 불규칙적으로 수축하는 상태), 자연 회복 불가능
약 3,000 mA 이상	혈압 상승, 부정맥, 폐기종, 실신

(A)

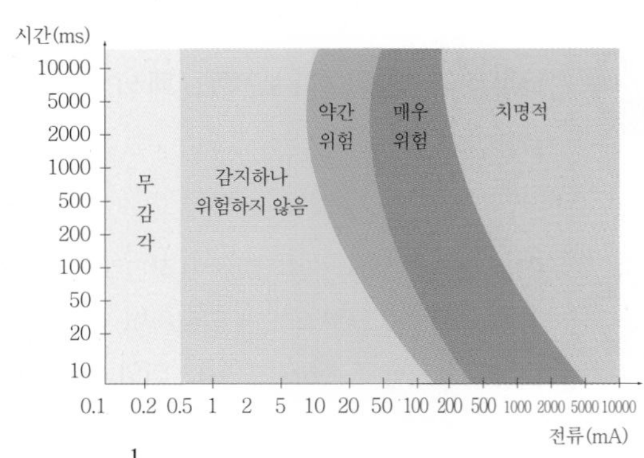

$(1\ \text{ms} = \frac{1}{1000}$ 초$)$

(B)

자료 해석 및 일반화

전기 뱀장어의 전기 회로도에서 전기 뱀장어는 내부 저항을 가진 하나의 전지로 생각할 수 있다. 전기 뱀장어의 합성 기전력과 합성 내부 저항을 각각 구하시오.

전기 뱀장어가 헤엄치는 강물은 전기 뱀장어의 머리와 꼬리에 연결된 하나의 단일 저항으로 보면 된다. 물의 저항이 800 Ω 이라고 할 때, 물에 흐르는 전류의 세기는 얼마인가?

개념 응용하기

Q1, Q2 에서 나온 답을 근거로 하여 전기 뱀장어 근처에 있는 물고기들이 받는 전기 충격에 대하여 (다) 를 이용하여 설명하고, 스스로 발생시킨 전기에 전기 뱀장어가 어떻게 안전할 수 있는지 설명하시오.

CEPHEID

창/의/력/과/학

세페이드

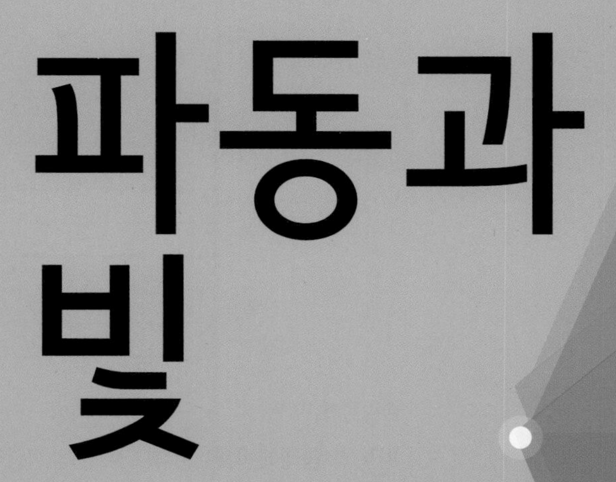

II 파동과 빛

빛과 소리와 같이
우리 생활과 밀접한 관련이 있는
파동에 대하여 알아보자.

21강 파동의 발생과 전파

1. 파동의 표시 Ⅰ

(1) 파동 : 한 곳에서 발생한 진동이 물질이나 공간을 따라 주변으로 퍼져나가는 현상을 파동이라고 한다. 이때 입자들은 입자의 실제적인 이동없이 규칙적인 형태를 만들면서 에너지나 정보를 전달하게 된다.

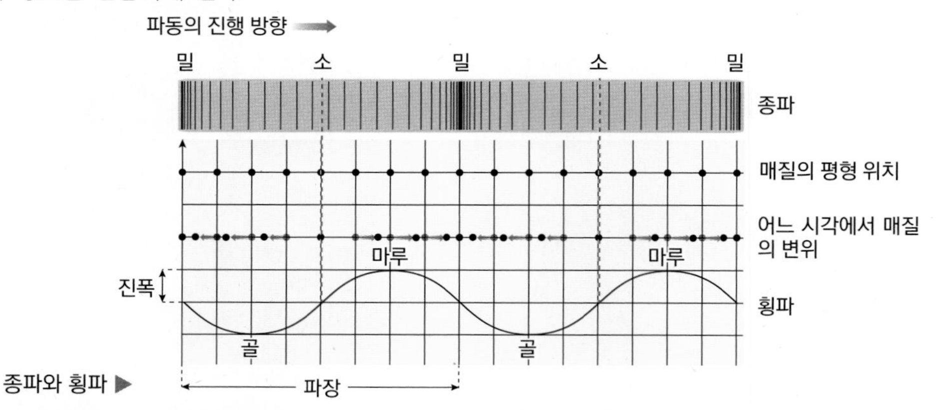

종파와 횡파 ▶

① **파동의 형태에 따른 분류** : 파동의 진행 방향과 입자의 진동 방향이 나란한 파동을 **종파**, 서로 수직인 파동을 **횡파**라고 한다.

② **파동의 표시**

진폭 A	매질의 각 부분들이 진동 중심에서 최대로 이동한 수직 거리	**주기** T	매질의 각 점이 한 번 진동하여 원래 상태로 되돌아오는 데 걸리는 시간
파장 λ	횡파의 마루와 마루, 골과 골 사이의 거리, 종파의 밀한 부분에서 다음 밀한 부분 또는 소한 부분에서 다음 소한 부분까지의 거리	**진동수** f	매질의 한 점이 1 초 동안 진동하는 횟수 $\text{진동수(Hz)} = \dfrac{1}{\text{주기(s)}}$

(2) 파동 그래프

변위 - 위치 그래프	변위 - 시간 그래프
변위, A, λ, 0, 위치, $-A$, 진폭	변위, A, T, 0, 시간, $-A$, 진폭
어느 한 순간 파동의 매질 위치에 따른 변위를 나타낸다. ⇨ 진폭과 파장을 알 수 있다.	매질의 어느 한 지점의 변위를 시간에 따라 나타낸다. ⇨ 진폭, 주기, 진동수를 알 수 있다.

개념확인 1

파동의 진행 방향과 입자의 진동 방향이 서로 수직인 파동을 □□, 나란한 파동을 □□ 라고 한다.

확인 + 1

어느 한 순간 파동의 위치에 따른 매질의 변위를 나타낸 그래프를 통해 □□과 □□을 알 수 있다.

● 종파 ⇨ 횡파

종파를 횡파로 변환하기 위해서는 매질의 진동 변위를 90° 돌려서 나타낸다. 즉, $+x$ 방향의 변위를 $+y$ 변위로, $-x$ 방향의 변위를 $-y$ 변위로 바꾸면 횡파 모양이 된다.

밀한 곳 ⇨ (+) 변위에서 (-) 변위로 바뀌는 평형 위치

소한 곳 ⇨ (-) 변위에서 (+) 변위로 바뀌는 평형 위치

● 매질의 유무에 따른 파동의 분류

	정의	종류
탄성파	매질을 통해 에너지를 전달하는 파동	음파, 물결파, 지진파 등
전자기파	매질이 없이도 에너지를 전달하는 파동	전파, 적외선, 자외선, X선 등

● 위상

매질의 각 점들의 위치와 진동 상태를 위상이라고 하며, 진행하는 파동에서 어느 순간 위상이 같은 가장 가까운 두 점 사이의 거리가 파장이다.

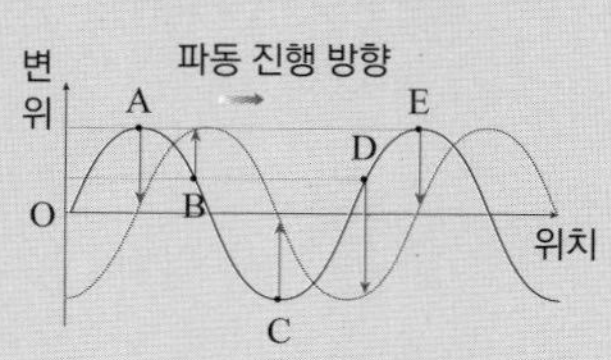

⇨ A, E 는 위상이 같은 점 (변위와 운동 방향이 동일)

⇨ B, D 는 위상이 다른 점 (변위는 같지만 운동 방향이 반대)

⇨ A, C 는 위상이 반대인 점 (한 파장 차이가 나는 매질의 위상은 서로 같지만, 반 파장 차이가 나는 위상은 서로 반대이다.)

2. 파동의 표시 II

(1) 조화 파동 : 변위를 사인 함수 또는 코사인 함수로 나타나는 파동을 말한다.

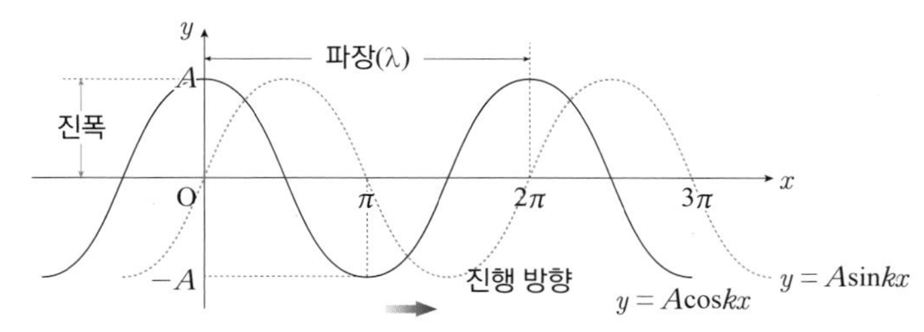

▲ 진행하는 파동의 $t = 0$인 순간의 모습

① **$t = 0$ 일 때, 파동의 마루가 원점($x = 0$)에 있는 조화 파동을 나타내는 함수** : $y = A\cos kx$

② **$t = 0$ 일 때, 파동의 마루가 $x = \dfrac{\pi}{2}$ 에 있는 조화 파동을 나타내는 함수** : $y = A\sin kx$

⇨ 단위 길이당 파장의 수를 나타내는 물리량인 파수 k 와 파장 λ 사이의 관계는 다음과 같다.

$$\lambda = \frac{2\pi}{k} \text{ or } k = \frac{2\pi}{\lambda} \text{(rad/m)}$$

(2) 파동 함수 : 파동은 시간에 따라 이동하므로 파동의 모양은 시간에 따라 바뀐다. 이와 같이 시간에 따른 파동의 모양을 나타내는 함수를 파동 함수라고 한다.

오른쪽 방향으로 $+v$의 속도로 t초 동안 x 위치 까지 이동할 때 변위 y 는 다음과 같다.

$$y(x, t) = y(x - vt, 0)$$
$$= A\sin k(x - vt) = A\sin(kx - kvt)$$
$$= A\sin(kx - \frac{2\pi}{\lambda}\frac{\lambda}{T}t) = A\sin(kx - \frac{2\pi}{T}t)$$
$$= A\sin(kx - \omega t) \quad (\therefore \lambda = Tv)$$

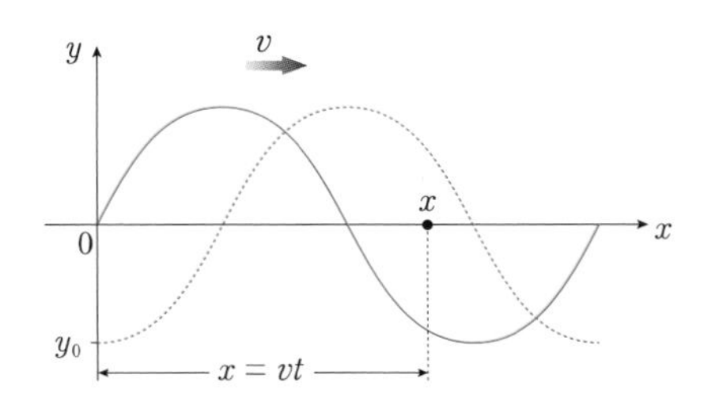

① $t = 0$일 때, 위치가 x_0, 변위 $y = A\cos kx_0$ 인 파동이 오른쪽 방향으로 $+v$ 의 속도로 이동할 때, 시간 t초 동안 파동이 이동한 거리 $x = x_0 + vt$ 가 된다. 이때 파동 함수는 다음과 같다.

$$\therefore y = A\cos kx_0 = A\cos k(x - vt) = A\cos(kx - \omega t)$$

② 반대로 진행하는 파동의 속도를 $-v$ 라고 하면, 파동 함수는 다음과 같다.

$$y = A\cos kx_0 = A\cos k(x + vt) = A\cos(kx + \omega t)$$

개념확인 2

정답 및 해설 67쪽

$t = 0$ 일 때, 파동의 마루가 원점에 있는 조화 파동을 나타내는 함수를 쓰시오.

( )

확인 + 2

파동 함수 $y(x, t) = A\sin(kx - \omega t)$ 에서 $(kx - \omega t)$ 항이 의미하는 것은 무엇인가?

( )

● 파수 k

탄성파에서 파수 k 는 탄성 계수를 의미한다.

● 각속도 ω

1 초 동안 회전한 각도를 말한다.

$$\omega = \frac{\Delta\theta}{\Delta t} = \frac{2\pi}{T} = 2\pi f$$

● 파동 함수의 각 항들이 의미하는 것

$y(x, t) = A\sin(kx - \omega t)$

$y(x, t)$: 변위, $(kx - \omega t)$: 위상

● 사인 함수를 이용한 파동의 표시

① 사인파의 변위를 거리의 함수로 표현

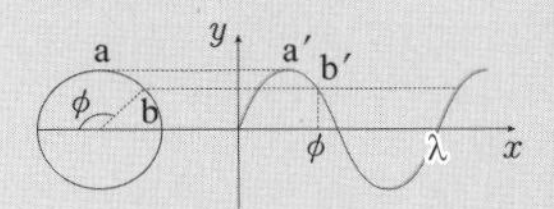

$2\pi : \phi = \lambda : x$ ⇨ $\phi = \dfrac{2\pi}{\lambda}x$

$\therefore y = A\sin\dfrac{2\pi}{\lambda}x$

파장이 λ 일 때 거리가 x, $x + \lambda$, $x + 2\lambda$ 인 곳의 위상은 같으므로,

$\sin x = \sin(x + 2\pi)$
$= \sin(x + k\lambda)$ 이다.

② 사인파의 변위를 시간의 함수로 표현

$2\pi : \phi = T : t$ ⇨ $\phi = \dfrac{2\pi}{T}t$

$\therefore y = A\sin\dfrac{2\pi}{T}t$

주기가 T 일 때 시간이 t, $t + T$, $x + 2T$ 인 곳의 위상은 같으므로,

$\sin t = \sin(t + 2\pi)$
$= \sin(t + \omega T)$ 이다.

3. 파동의 진행 Ⅰ

(1) 파동의 전파 속력

① **파동의 속력** : 파동은 매질의 한 점이 한 번 진동하는 동안에 한 파장의 거리를 진행하므로 파동의 속력 v는 파장 λ을 주기 T로 나눈 값이다.

$$v = \frac{\lambda}{T} = \lambda \times f \ (\text{m/s})$$

② **줄에 생긴 파동의 속력** : 줄의 성질에 의해 줄을 따라 진행하는 파동의 속력이 결정되면 그 속력에 맞게 파동의 진동수나 파장이 결정된다. 줄의 장력을 τ, 줄의 단위 길이당 질량인 줄의 선밀도를 μ 라고 할 때, 줄을 따라 진행하는 파동의 속력 v는 다음과 같다.

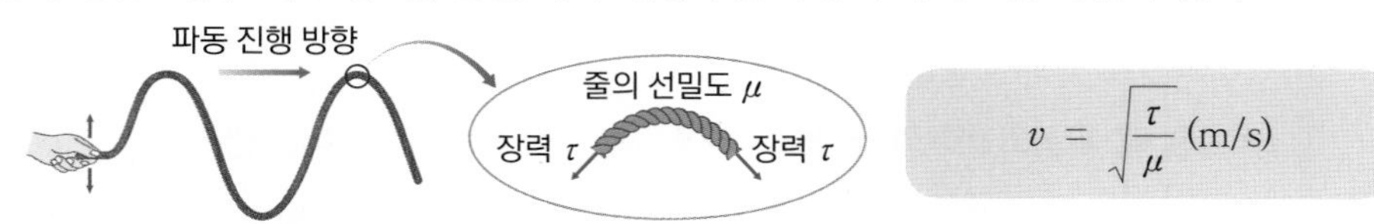

$$v = \sqrt{\frac{\tau}{\mu}} \ (\text{m/s})$$

③ **음파의 속력** : 음파의 경우 고체 > 액체 > 기체 순으로 빠르며, 매질이 기체인 경우 공기의 온도가 높을수록 빠르다. 상온에서 섭씨 온도를 t라고 할 때 공기 중에서 음파의 속력은 다음과 같다.

$$v = 331 + 0.6t \ (\text{m/s})$$

④ **물결파의 속력** : 일반적으로 물의 깊이가 깊을수록 빠르다.

(2) 파면

파동이 전파되어 가는 동안 매질의 각 점들의 진동 상태가 같은 점, 즉 위상이 같은 점들을 연결한 선이나 면을 **파면**이라고 하며, 파동의 종류와 관계없이 파동의 진행 방향과 파면은 서로 수직하다.

(3) 하위 헌스의 원리

파동이 진행할 때 파면의 모든 점들은 다음 순간에 원래의 파동과 속력이 같은 작은 구면파를 만드는 점파원들이 된다. 이 점파원들이 만드는 모든 구면파에 공통으로 접하는 면이 다음 순간의 파면이 된다. 이러한 관계를 **하위헌스 원리**라고 한다.

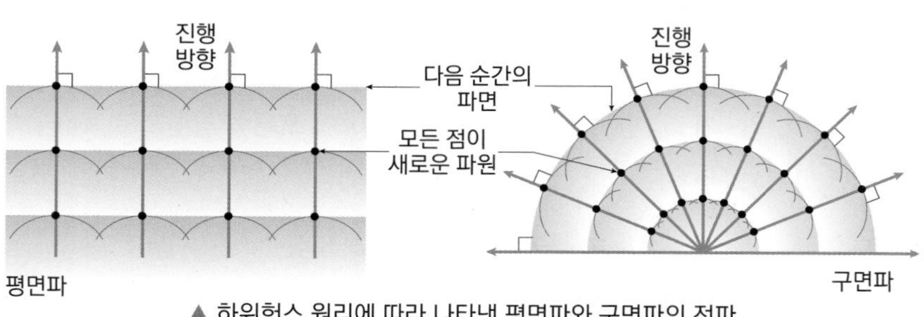

▲ 하위헌스 원리에 따라 나타낸 평면파와 구면파의 전파

개념확인 3

줄에 생긴 파동의 속도는 줄의 □□ 이 클수록, 줄의 □□□가 작을수록 크다.

확인 + 3

파면에 대한 설명 중 옳은 것은 ○ 표, 옳지 않은 것은 × 표 하시오.

(1) 같은 파면에 있는 점들의 위상은 같다. ( )

(2) 파동의 진행 방향은 파면과 항상 나란하다. ( )

● 줄에 생긴 파동의 속력

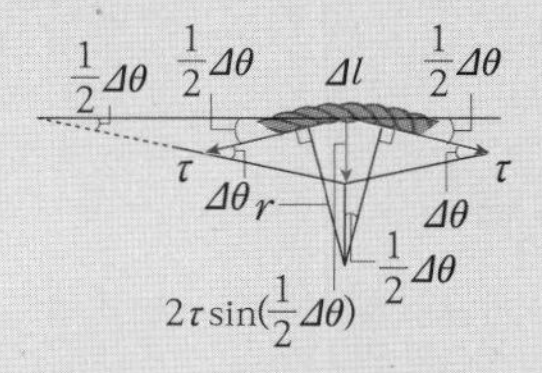

줄을 따라 진행하는 파동은 반지름이 r인 원의 일부로 볼 수 있다. 즉, 원호의 작은 부분인 Δl은 접선 방향으로 v의 속력으로 원운동하는 것과 같다.

줄 Δl에는 장력 τ가 양쪽으로 작용하고 있으며, 수직 성분은 복원력 F가 된다.

$$F = 2\tau\sin\left(\frac{1}{2}\Delta\theta\right)$$

줄 Δl의 질량을 Δm이라고 하면,

$$\Delta m\left(\frac{v^2}{r}\right) = 2\tau\sin\left(\frac{1}{2}\Delta\theta\right)$$

θ가 매우 작은 경우 $\sin\theta \approx \theta$ 이고, $\Delta\theta = \frac{\Delta l}{r}$ 이므로,

$$\Delta m\left(\frac{v^2}{r}\right) \approx \tau\Delta\theta = \frac{\tau\Delta l}{r}$$

$$\therefore v^2 = \frac{\tau\Delta l}{\Delta m} = \frac{\tau}{\mu}$$

● 물결파의 속력

파동의 진동수는 매질을 진동시킨 파원의 진동수에 의해 결정되므로 파동이 진행할 때 속력이 달라지더라도 진동수는 변하지 않는다.

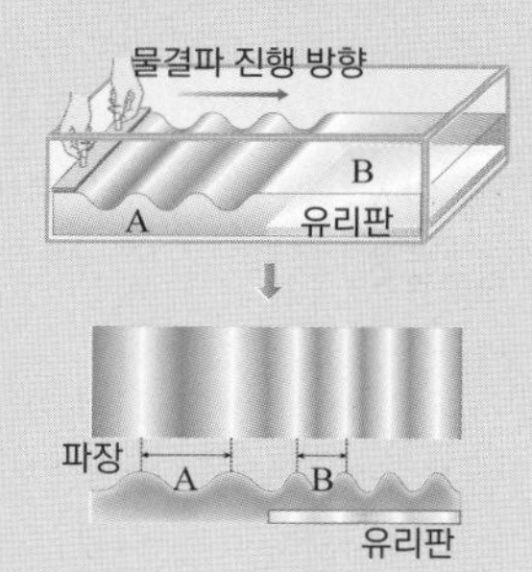

- 파장 : (A) > (B)
- 진동수 : (A) = (B)
- 속력 : (A) > (B)

● 전자기파의 속력

전자기파의 속도는 진공에서 약 3×10^8 m/s 이며, 매질에서는 진공에서보다 느려지고, 그 정도는 매질에 따라 다르다.

4. 파동의 진행 II

(1) 파동 에너지 : 팽팽한 줄에 파동이 만들어지면 에너지가 공급되어 줄이 운동한다. 이때 파동이 진행됨에 따라 이 에너지는 운동 에너지와 탄성 퍼텐셜 에너지 형태로 전달된다.

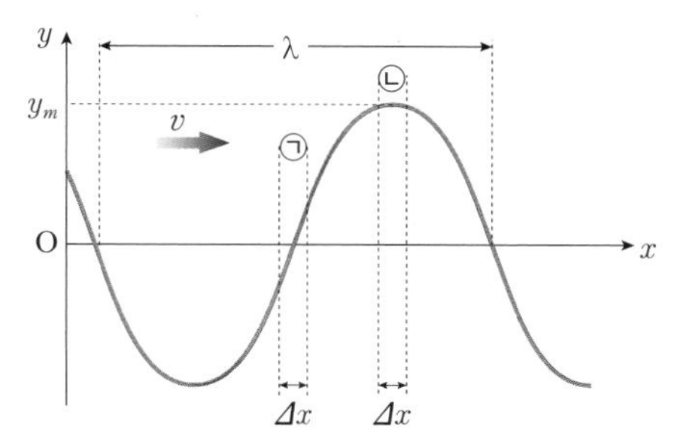

① **운동 에너지** : 파동이 통과할 때 y축 방향으로 진동하는 줄의 작은 부분 Δm은 y축 방향 속도 u와 관계된 운동 에너지 $\frac{1}{2}(\Delta m)u^2$의 운동 에너지를 갖는다. y축 방향 속도 u는 $y=0$일 때 최대이고, $y=y_m$일 때는 0이다.

② **탄성 퍼텐셜 에너지** : 길이 Δm의 줄 요소가 진동할 때 사인 모양의 파동 형태와 일치하기 위해서는 길이가 주기적으로 늘어났다 줄었다를 반복해야 한다. 즉, 줄의 탄성 퍼텐셜 에너지가 주기적으로 변하는 것이다. ㉠ 부분($y=0$을 지날 때)의 길이는 최대로 늘어나므로 탄성 퍼텐셜 에너지는 최대이고, ㉡ 부분($y=y_m$을 지날 때)의 길이는 거의 변하지 않으므로 탄성 퍼텐셜 에너지는 0 이다.

⇨ 진동하는 줄의 각 요소는 $y=0$일 때 운동 에너지와 탄성 퍼텐셜 에너지 모두 최대가 된다. 즉, 변위가 최대가 되는 영역은 에너지를 갖지 않지만 장력은 존재하며, 이때 장력은 일을 하여 에너지를 한 곳에서 다른 곳으로 전달한다.

(2) 파동의 세기 : 파동이 전파될 때 진행 방향에 수직한 단위 면적(1 m^2)을 통하여 단위 시간동안 지나는 파동 에너지를 파동의 세기라고 한다. 즉, 일률이 파동의 세기이다.

줄이 진동하는 속력이 u, 질량이 Δm일 때, $y = A\sin(kx-\omega t)$, $u = \frac{dy}{dt} = -\omega A\cos(kx-\omega t)$ 이므로, 줄 요소의 운동 에너지 dK는

$$dK = \frac{1}{2}(\Delta m)u^2 = \frac{1}{2}(\mu\Delta x)u^2 = \frac{1}{2}(\mu\Delta x)(-\omega A)^2\cos^2(kx-\omega t) \text{ 이다.}$$

따라서 단위 시간당 전달되는 평균 운동 에너지는 다음과 같다.

$$\left(\frac{\Delta K}{\Delta t}\right)_{\text{avg}} = \frac{1}{2}\mu v\omega^2A^2[\cos^2(kx-\omega t)]_{\text{avg}} = \frac{1}{4}\mu v\omega^2A^2$$

진자나 용수철과 같이 단진동하는 물체의 평균 운동 에너지와 평균 퍼텐셜 에너지는 같다. 이와 같이 줄을 따라 진행하는 파동의 평균 운동 에너지와 평균 퍼텐셜 에너지도 같다.

$$\therefore P_{\text{avg}} = 2\left(\frac{dK}{dt}\right)_{\text{avg}} = \frac{1}{2}\mu v\omega^2A^2 = 2\mu v\pi^2f^2A^2 \quad (\because \omega = 2\pi f)$$

$$\text{파동의 세기} = P_{\text{avg}} = \frac{1}{2}\mu v\omega^2A^2$$

● 코사인 함수

$$\cos^2\theta = \frac{1}{2}(\cos2\theta + 1)$$

코사인 함수의 한 주기 평균값은 0, 코사인 함수의 제곱에 대한 한 주기 평균값은 $\frac{1}{2}$이다.

● 파동의 세기

파동의 세기는 진동수의 제곱에 비례하고, 진폭의 제곱에 비례한다.

개념확인 4

정답 및 해설 67쪽

파동의 세기는 ☐☐의 제곱에 비례하고, ☐☐☐의 제곱에 비례한다.

확인 + 4

선밀도가 0.5 kg/m 인 팽팽한 줄에 8 N 의 장력이 작용하고 있다. 이 줄을 따라 진동수가 100 Hz, 진폭이 8 mm 인 사인 모양의 파동을 보낸다면, 파동의 평균 에너지 전달률은 얼마인가? (단, $\pi = 3$으로 계산한다.)

(　　　　　　) W

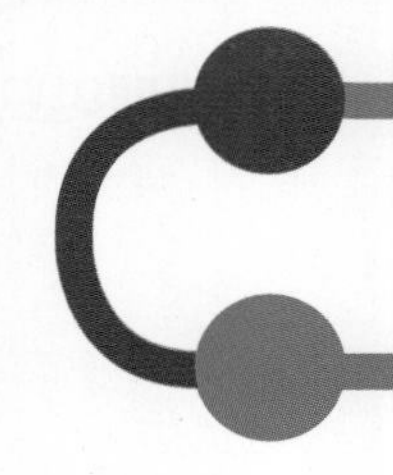

개념 다지기

01 그림 (가) 는 용수철을 위아래로, 그림 (나) 는 용수철을 앞뒤로 흔들어 만든 파동의 어느 한 순간의 모습을 나타낸 것이다. (가) 와 (나) 에서 벽과의 거리가 L 로 같을 때, 이에 대한 설명으로 옳은 것만을 <보기> 에서 있는 대로 고른 것은?

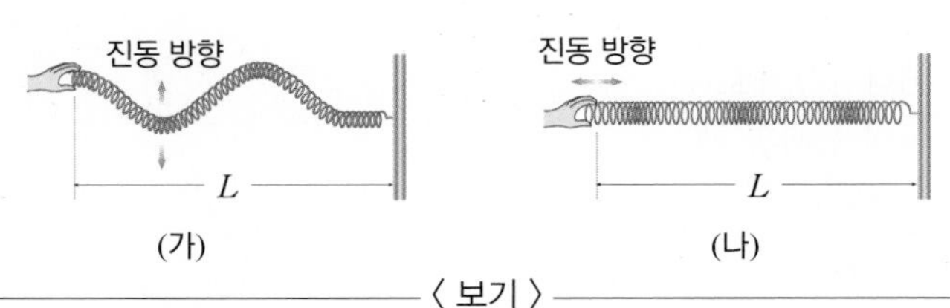

〈 보기 〉

ㄱ. (가) 는 횡파, (나) 는 종파이다.
ㄴ. (가) 와 (나) 는 매질인 용수철을 따라 파동이 전파되는 탄성파이다.
ㄷ. (가) 의 파장이 (나) 의 파장보다 짧다.

① ㄱ　② ㄱ, ㄴ　③ ㄱ, ㄷ　④ ㄴ, ㄷ　⑤ ㄱ, ㄴ, ㄷ

02 오른쪽 그림은 어떤 파동의 어느 한 순간 매질 위치에 따른 변위를 나타낸 그래프이다. 이에 대한 설명으로 옳은 것만을 <보기> 에서 있는 대로 고른 것은? (단, P 점은 매질 위의 한 점이다.)

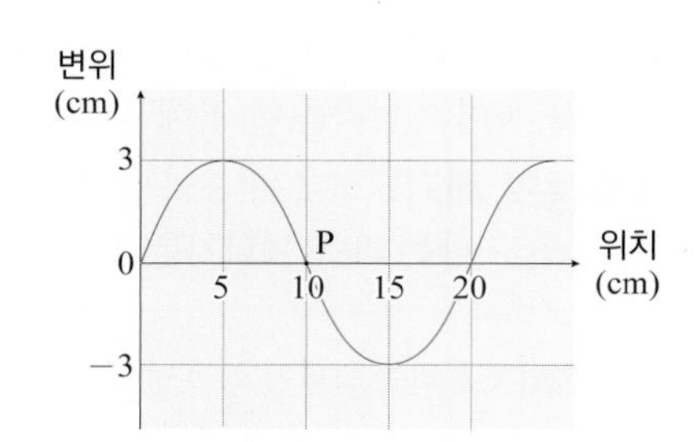

〈 보기 〉

ㄱ. 파동의 진폭은 6 cm 이다.
ㄴ. 파동의 파장은 20 cm 이다.
ㄷ. 이 순간으로부터 1 초가 지난 순간 P점의 변위가 +3 cm 라면, 이 파동은 오른쪽으로 5 cm/s 의 속력으로 진행하고 있다.

① ㄱ　② ㄴ　③ ㄷ　④ ㄴ, ㄷ　⑤ ㄱ, ㄴ, ㄷ

03 $y(x, t) = 0.05\cos(10\pi x - \pi t)$는 줄을 따라 진행하는 파동을 나타내는 함수이다. 물음에 답하시오. (단, 이 함수에 포함된 상수는 SI 단위로서 각각 0.05m, 10π rad/m, π rad/s 이다.)

(1) 파동의 진폭과 파장을 각각 구하시오.

(　　　　　) m, (　　　　　) m

(2) 파동의 주기, 진동수를 구하시오.

(　　　　　) s, (　　　　　) Hz

04 매질을 따라 $+x$축으로 진행하는 횡파의 파동 함수 $y(x, t) = \frac{1}{\pi}\sin\left(\frac{\pi}{6}x - \frac{\pi}{2}t\right)$ 일 때, 파동의 속력은 얼마인가?

① 0.3　② 1　③ 3　④ 6　⑤ 9

05 매질을 통하여 전파되는 파동인 탄성파의 속도에 대한 설명으로 옳은 것만을 <보기> 에서 있는 대로 고른 것은?

〈 보기 〉

ㄱ. 음파의 속도는 고체에서가 기체에서보다 빠르다.
ㄴ. 줄이 팽팽할수록 줄에 생긴 파동의 속도는 더욱 느리다.
ㄷ. 물결파의 속도는 일반적으로 물의 깊이가 깊을수록 빠르다.

① ㄱ ② ㄷ ③ ㄱ, ㄷ ④ ㄴ, ㄷ ⑤ ㄱ, ㄴ, ㄷ

06 파면에 대한 설명으로 옳은 것만을 <보기> 에서 있는 대로 고른 것은?

〈 보기 〉

ㄱ. 같은 파면 위에 있는 각 점들의 변위는 같고, 운동 방향은 반대이다.
ㄴ. 파면과 다음 파면 사이의 거리는 진폭과 같다.
ㄷ. 파동의 진행 방향은 항상 파면에 수직이다.

① ㄴ ② ㄷ ③ ㄱ, ㄴ ④ ㄴ, ㄷ ⑤ ㄱ, ㄴ, ㄷ

07 오른쪽 그림은 팽팽한 줄에 만들어진 횡파의 어느 순간의 모습을 나타낸 것이다. 이에 대한 설명으로 옳은 것만을 <보기> 에서 있는 대로 고른 것은?

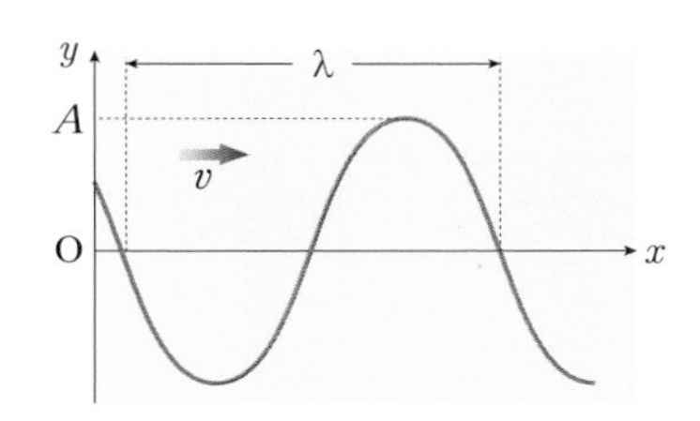

〈 보기 〉

ㄱ. 진동하는 줄의 각 요소는 $y = 0$ 을 지나는 순간 탄성 퍼텐셜 에너지가 최대이다.
ㄴ. 진동하는 줄의 각 요소는 $y = A$ 를 지나는 순간 x 축 방향 속도가 0 이다.
ㄷ. 파동의 세기는 A^2 에 비례한다.

① ㄱ ② ㄷ ③ ㄱ, ㄴ ④ ㄱ, ㄷ ⑤ ㄱ, ㄴ, ㄷ

08 선밀도가 0.03 kg/m, 장력이 48 N 인 팽팽한 줄을 무한이가 40 Hz 로 흔들었더니 진폭이 5 cm 인 횡파가 만들어졌다. 이 파동의 세기는 몇 W 인가? (단, $\pi = 3$ 이다.)

( ) W

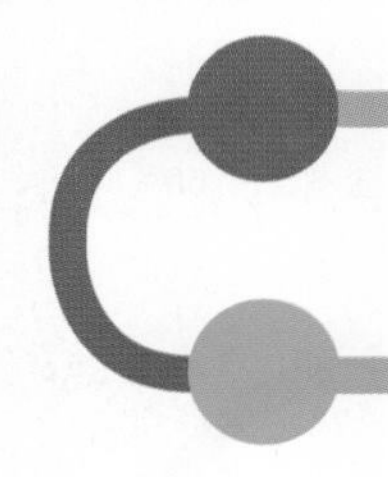

유형익히기&하브루타

유형21-1 파동의 표시 I

다음 그림은 어느 횡파의 모습을 변위-위치 그래프로 나타낸 것이다. $t = 0$ 일 때, 매질의 각 지점에서의 변위가 파동 A 와 같이 나타났고, 0.3 초 후 파동 B 와 같은 모습이 처음 나타났다. 이때 파동 B 에서 점 P 의 매질의 순간 이동 방향은 $+y$ 방향이었다. 이 파동에 대한 설명으로 옳은 것만을 <보기> 에서 있는 대로 고른 것은?

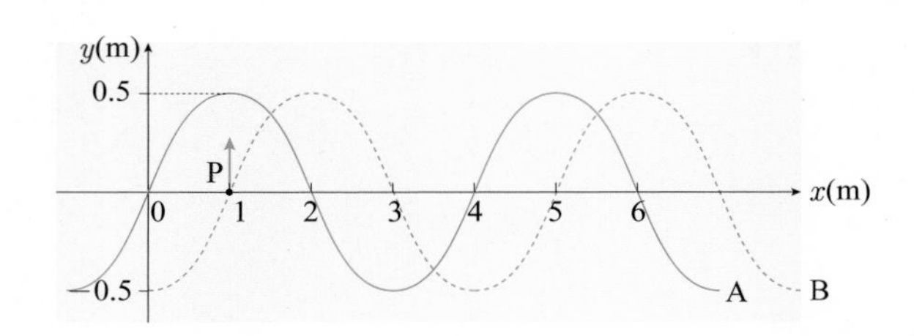

〈 보기 〉

ㄱ. 파동의 주기는 0.4 초이다.
ㄴ. 파동은 왼쪽 방향으로 10 m/s 의 속력으로 전달되고 있다.
ㄷ. 매질의 평균 진동 속력은 2.5 m/s이다.

① ㄱ ② ㄴ ③ ㄱ, ㄴ ④ ㄴ, ㄷ ⑤ ㄱ, ㄴ, ㄷ

01 다음 그림은 물결파가 $+x$축 방향으로 2 cm/s 의 일정한 속도로 전파될 때, $x = 0$인 물결파 위의 한 점의 변위를 시간에 따라 나타낸 것이다. 이에 대한 설명으로 옳은 것만을 <보기> 에서 있는 대로 고른 것은?

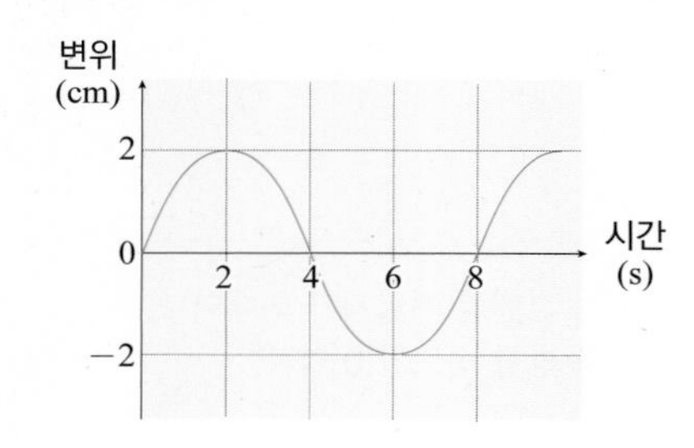

〈 보기 〉

ㄱ. 물결파는 1 초에 0.125 번 진동한다.
ㄴ. 물결파의 파장은 8 cm 이다.
ㄷ. $t = 4$ 초일 때 매질의 변위는 0 이다.

① ㄱ ② ㄴ ③ ㄱ, ㄷ
④ ㄴ, ㄷ ⑤ ㄱ, ㄴ, ㄷ

02 다음 중 파동과 관련된 설명으로 옳은 것만을 <보기> 에서 있는 대로 고른 것은?

〈 보기 〉

ㄱ. 한 파장 차이가 나는 매질의 위상은 서로 반대이다.
ㄴ. 종파를 횡파로 변환할 때, 밀한 부분은 횡파의 마루, 소한 부분은 횡파의 골이 된다.
ㄷ. 탄성파가 진행할 때 매질 입자가 진동하여 에너지가 전달된다.

① ㄱ ② ㄴ ③ ㄷ
④ ㄴ, ㄷ ⑤ ㄱ, ㄴ, ㄷ

유형21-2 파동의 표시 II

다음 그림은 0.2 초 주기로 진동하는 줄의 $t = 0$ 일 때 모습을 나타낸 것이다. 이때 진폭은 1 m, 파동의 이동 속력은 20 m/s 이다. 이에 대한 설명으로 옳은 것만을 <보기> 에서 있는 대로 고른 것은?

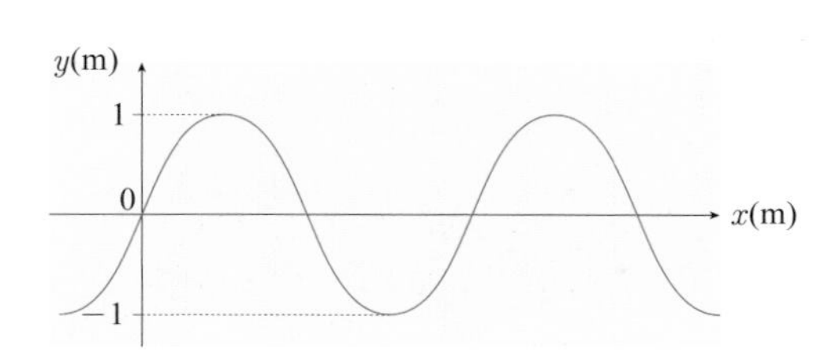

〈 보기 〉

ㄱ. 이 파동의 변위를 거리에 대한 함수로 표현하면 $y = \sin\frac{\pi}{2}x$ 이다.
ㄴ. 이 파동의 변위를 시간에 대한 함수로 표현하면 $y = \cos 10\pi t$ 이다.
ㄷ. $t = 0.1$ 초 일 때 위상이 반대인 파형이 나타난다.

① ㄱ ② ㄷ ③ ㄱ, ㄷ ④ ㄴ, ㄷ ⑤ ㄱ, ㄴ, ㄷ

03 다음 그림은 무한이가 줄을 잡고 진폭 15 cm의 파동이 1 초에 3 번 진동하도록 계속 흔들어 주는 것을 나타낸 것이다. 이때 파동의 진행 속력이 6 m/s 이다. 이 파동에 대한 설명으로 옳은 것만을 <보기> 에서 있는 대로 고른 것은?

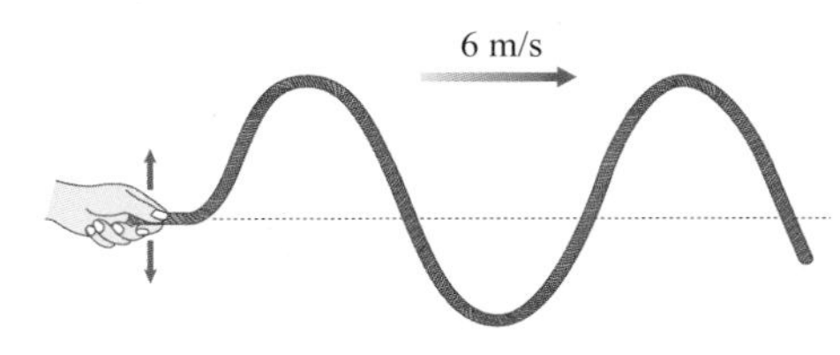

〈 보기 〉

ㄱ. 파동의 각속도는 6rad/s이다.
ㄴ. 파수 k는 π rad/m 이다.
ㄷ. 파동 함수 $y = 0.15\sin2\pi(\frac{x}{2} - 3t)$이다.

① ㄴ ② ㄱ, ㄴ ③ ㄱ, ㄷ
④ ㄴ, ㄷ ⑤ ㄱ, ㄴ, ㄷ

04 줄을 따라 진행하는 횡파의 파동 함수가 다음과 같다.

$$y(x, t) = 2\sin(\pi x - 400\pi t)$$

이 파동에 대한 설명으로 옳은 것만을 <보기> 에서 있는 대로 고른 것은? (단, 이 함수에 포함된 상수는 SI 단위로서 각각 2 cm, π rad/cm, 400π rad/s 이다.)

〈 보기 〉

ㄱ. 파동이 200 번 진동하는 데 1 초 걸린다.
ㄴ. 파동의 진행 속력은 4 m/s 이다.
ㄷ. 파동의 파장은 2 cm 이다.

① ㄱ ② ㄴ ③ ㄷ
④ ㄱ, ㄴ ⑤ ㄱ, ㄴ, ㄷ

유형익히기&하브루타

유형21-3 파동의 진행 Ⅰ

다음 그림은 하위헌스 원리에 따라 점파원에서 구면파가 퍼져나가는 것을 나타낸 것으로 1 차 파면이 t초 후에 2 차 파면이 되었다. 이 파동의 진행에 대한 설명으로 옳은 것만을 <보기> 에서 있는 대로 고른 것은?

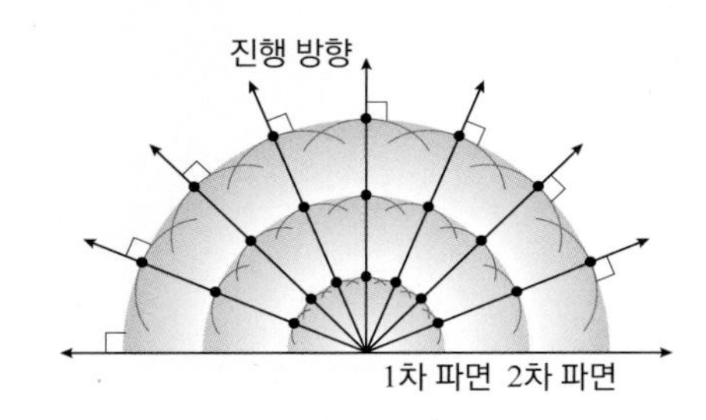

〈 보기 〉

ㄱ. 파동의 속력이 v 라면, t 초 후 점파원에서 퍼져 나가는 각 구면파의 반지름은 vt 가 된다.
ㄴ. 파면과 다음 파면 사이의 거리는 이 파동의 파장이다.
ㄷ. 1 차 파면에서 발생한 구면파가 2 차 파면을 만들면서 진동수가 감소한다.

① ㄱ ② ㄴ ③ ㄱ, ㄴ ④ ㄴ, ㄷ ⑤ ㄱ, ㄴ, ㄷ

05 다음 그림은 물결파 실험 장치에서 발생한 물결파의 어느 순간의 모습을 모식적으로 나타낸 것이다. 물결파의 진동수가 f , 처음 마루와 세번째 마루 사이의 거리가 L 일 때, 물결파에 대한 설명으로 옳은 것만을 <보기> 에서 있는 대로 고른 것은? (단, 물의 깊이는 일정하다.)

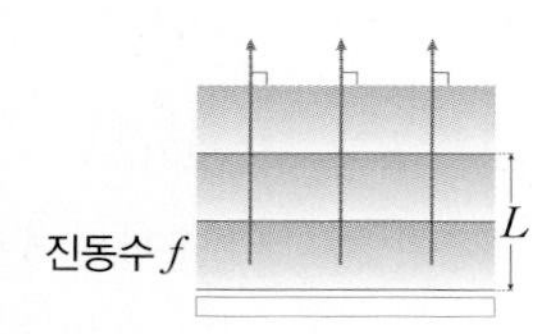

〈 보기 〉

ㄱ. 물결파의 주기는 $\frac{L}{f}$ 이다.
ㄴ. 물결파의 속력은 fL 이다.
ㄷ. 진동수를 2 배로 증가시킬 경우 물결파의 파장은 $\frac{L}{4}$ 이 된다.

① ㄱ ② ㄴ ③ ㄷ
④ ㄴ, ㄷ ⑤ ㄱ, ㄴ, ㄷ

06 다음 그림은 길이가 5 m, 질량이 1 kg 인 밀도가 균일한 줄의 한 쪽 끝을 벽에 고정한 후, 다른 쪽 끝은 고정 도르래를 통해 질량이 0.5 kg 인 추를 연결한 것을 나타낸 것이다. 수평 부분의 줄을 1 초에 3 회씩 흔들어 파동을 만들었을 때, 이에 대한 설명으로 옳은 것만을 <보기> 에서 있는 대로 고른 것은? (단, 중력 가속도는 10 m/s^2 이고, 추를 매단 부분의 줄의 질량과 길이는 무시한다.)

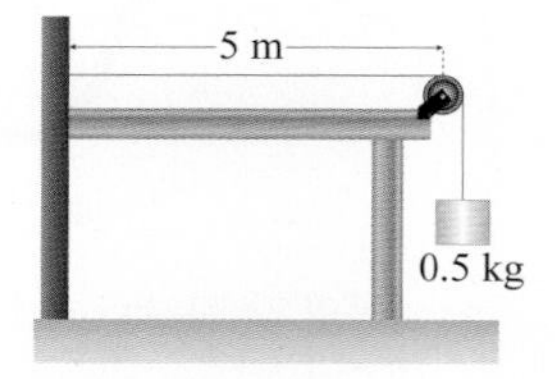

〈 보기 〉

ㄱ. 줄의 선밀도는 0.1 kg/m 이다.
ㄴ. 줄에 생긴 파동의 속력은 5 m/s 이다.
ㄷ. 추의 무게만 증가시킬 경우 줄에 생기는 파동의 속력은 빨라진다.

① ㄱ ② ㄴ ③ ㄷ
④ ㄴ, ㄷ ⑤ ㄱ, ㄴ, ㄷ

유형21-4 파동의 진행 Ⅱ

줄을 따라 진행하는 사인파의 파동 함수가 다음과 같다.

$$y(x,\ t) = 0.4\sin(0.5x - 30t)$$

물음에 답하시오. (단, 이 줄의 선밀도는 10 g/m 이고, 이 함수에 포함된 상수는 SI 단위로서 각각 0.4m, 0.5 rad/m, 30 rad/s 이다.)

(1) 파동의 파장을 구하시오.

( ) m

(2) 파동의 진동수를 구하시오.

( ) Hz

(3) 파동의 진행 속력을 구하시오.

( ) m/s

(4) 파동의 평균 일률을 구하시오.

( ) W

07 다음 그림은 줄에 발생한 파동의 어느 순간일 때의 모습을 나타낸 것이다. 줄의 각 지점 P, Q, R 에 대한 설명으로 옳은 것만을 <보기> 에서 있는 대로 고른 것은?

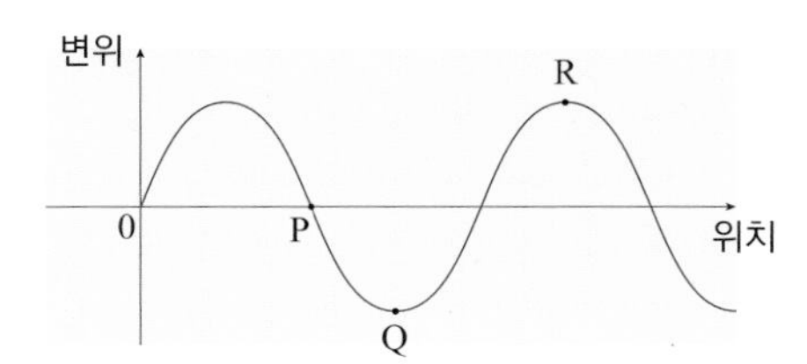

〈 보기 〉

ㄱ. P 점에서 진동 속력이 최대이다.
ㄴ. Q 점에서 운동 에너지는 최대이다.
ㄷ. R 점에서 진동 가속도는 최대이다.

① ㄱ ② ㄴ ③ ㄷ
④ ㄱ, ㄷ ⑤ ㄱ, ㄴ, ㄷ

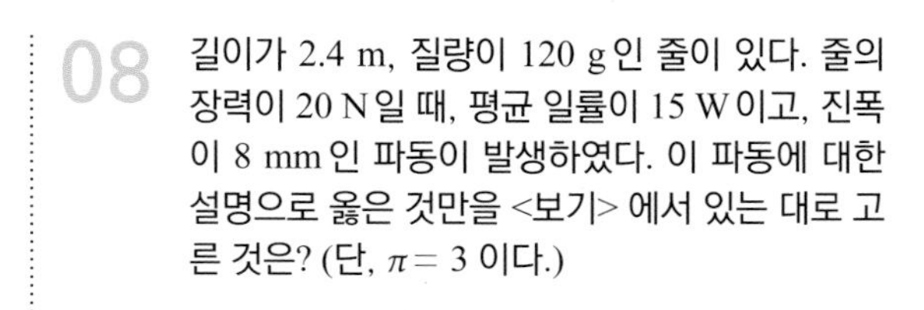

08 길이가 2.4 m, 질량이 120 g 인 줄이 있다. 줄의 장력이 20 N 일 때, 평균 일률이 15 W 이고, 진폭이 8 mm 인 파동이 발생하였다. 이 파동에 대한 설명으로 옳은 것만을 <보기> 에서 있는 대로 고른 것은? (단, $\pi = 3$ 이다.)

〈 보기 〉

ㄱ. 줄에 생긴 파동의 속력은 20 m/s 이다.
ㄴ. 줄은 1 초에 약 114 번 진동한다.
ㄷ. $\omega = 684$ rad/s 이다.

① ㄱ ② ㄴ ③ ㄷ
④ ㄱ, ㄴ ⑤ ㄱ, ㄴ, ㄷ

창의력&토론마당

01 다음 그림은 두 개의 서로 다른 줄이 매듭으로 묶여 있고 단단한 양쪽 벽 사이에 팽팽히 당겨져 있는 것을 나타낸 것이다. 줄 A, B 의 길이는 각각 L_A = 2.4 m, L_B = 1.5 m 이고, 줄의 선밀도는 각각 μ_A = 12.5 g/m, μ_B = 18 g/m 이며, 줄 A 에는 500 N의 장력이 작용하고 있다. 이때 각 벽쪽으로부터 매듭 쪽으로 동시에 줄을 따라 파동을 발생시킨다면 어느 쪽 줄을 따라 진행한 파동이 몇 초 먼저 매듭에 도착할까?

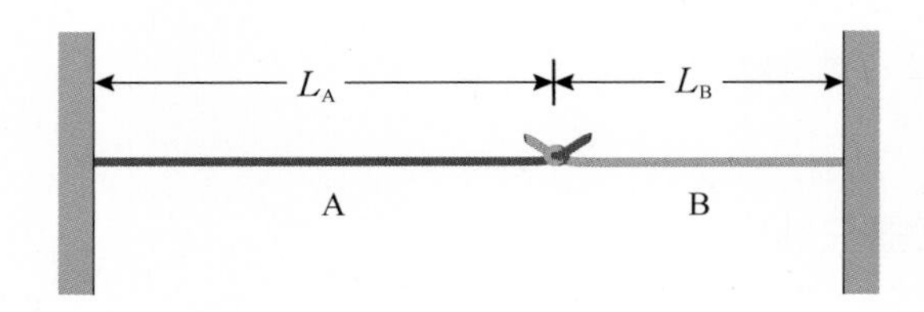

02 고층 건물 수직 통로 내부에 있는 질량이 620 kg 인 고장난 엘리베이터가 길이 50 m, 질량이 40 kg 인 강철 케이블에 매달린 채 정지해 있다. 이때 엘리베이터 수리공이 엘리베이터를 고치기 위해 엘리베이터 위에 앉아 있다. 수리공은 강철 케이블을 망치로 두드려 수직 통로 위쪽에 있는 동료에게 신호를 보내고 있다. 망치가 만든 파동이 케이블을 따라 위쪽에 있는 동료에게 전달되는데 걸리는 시간은 얼마인가? (단, 수리공의 질량은 80 kg, 중력가속도는 9.8 m/s^2 이다.)

03

다음 그림은 줄에 발생한 사인 모양의 횡파가 $-x$ 방향으로 진행할 때, $t=0$ 인 순간의 모습을 변위-위치 함수로 나타낸 그래프이다. 줄의 장력은 3.6 N 이고, 줄의 선밀도는 10 g/m 이다. 물음에 답하시오.

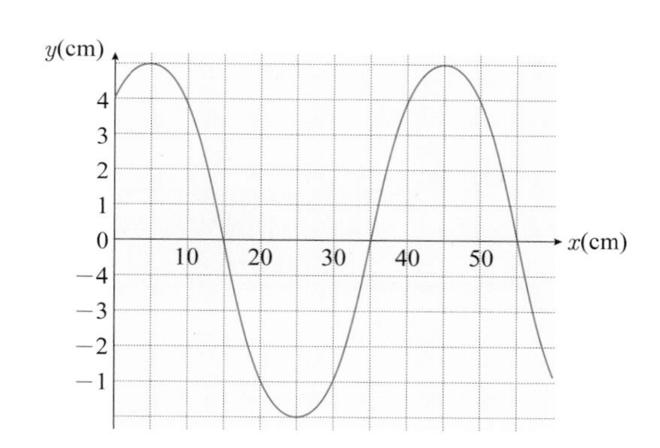

(1) y축 방향의 최대 속력(매질의 진동 최대 속력)을 구하시오. (단, $\pi=3$ 으로 계산한다.)

(2) 이 파동을 나타내는 파동 함수를 나타내시오.

04

잡아당기지 않았을 때의 길이가 L, 질량이 m 인 고무줄이 있다. 힘 F 를 작용하여 고무줄을 $\varDelta L$ 만큼 잡아당긴 후 놓았을 때 고무줄에 횡파가 발생하였다. 물음에 답하시오. (단, m, $\varDelta L$, 용수철 상수 k 를 이용하여 나타내시오.)

(1) 파동의 속력을 나타내시오.

(2) $\varDelta L \ll L$ 일 경우, 파동이 줄을 지나는 시간을 나타내시오.

(3) $\varDelta L \gg L$ 일 경우, 파동이 줄을 지나는 시간을 나타내시오.

창의력&토론마당

05 단면적이 A 인 단열된 긴 관 안에서 v 의 속도로 오른쪽에서 왼쪽으로 기체를 압축시켜 만든 진동이 이동한다고 가정할 때, 그림과 같이 진동과 같은 속도로 이동하는 기준틀을 생각하면, 기준틀에서 진동은 가만히 있고, 폭이 Δx 인 기체 요소가 v 의 속도로 왼쪽에서 오른쪽으로 이동한다.

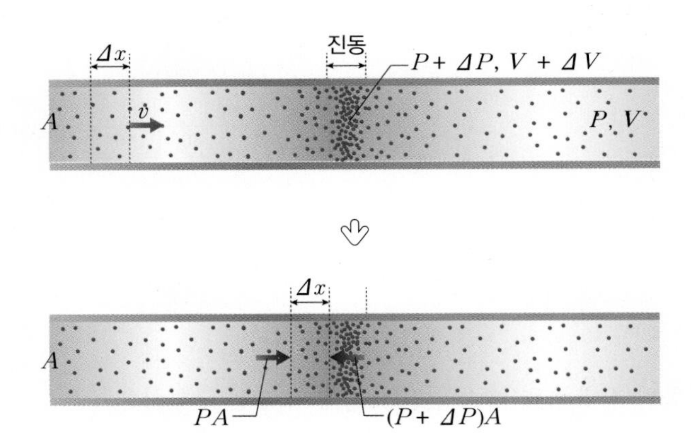

가만히 있는 기체의 압력을 P 라고 하고, 펄스 안에서의 압력을 $P + \Delta P$, 진동 외부에 있는 기체의 부피를 V, 속도 v 로 진동을 향해 이동하는 기체 요소의 두께를 Δx 라고 할 때, 밀도가 ρ, 부피 탄성률 $B = \dfrac{\Delta P}{(\Delta V/V)}$ ($\dfrac{\Delta V}{V}$는 ΔP 의 압력 변화에 의한 부피의 미소 변화량의 비율을 의미한다.)인 기체에서 음파의 전파 속도가 다음과 같음을 증명하시오.

$$v = \sqrt{\frac{B}{\rho}}$$

06 파동의 세기 I 는 파동의 진행 방향과 수직인 단면적 S 에 단위 시간당 통과하는 파동의 에너지 E 이며, 이는 파동의 진폭 A 가 클수록, 파동의 진동수 f 가 클수록 크다.

$$I = \frac{E}{S \cdot t} \propto A^2 f^2$$

다음은 달의 내부 구조를 파악하기 위한 방법을 설명한 것이다. 물음에 답하시오.

달의 내부 구조를 파악하기 위해서 달의 표면에 물체를 충돌시켜서 인공 지진파를 발생시켰다. 충돌 직 후 다음 그림과 같이 충돌 지점으로부터 지진파 A는 달 내부를 향해, 지진파 B는 달의 표면을 따라 퍼져 나갔다.

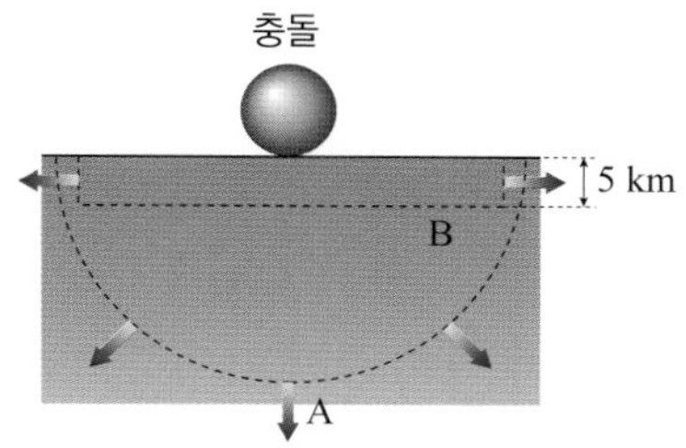

충돌은 약 0.5초간 지속되었으며 지진파 A와 B는 각각 충돌 직전 물체가 가진 에너지의 30%를 가지고 퍼져 나갔다. 이때 파동이 퍼져 나가는 동안 에너지 손실은 없었다.

(1) 충돌 직전 물체의 운동 에너지가 4×10^{11} J 이라고 할 때, 충돌 지점으로부터 40 km 떨어진 지진 관측소에서 측정한 두 지진파 A와 B의 단위 면적당 에너지 I_A, I_B 를 각각 구하시오. (단, 지진파 B 는 달 표면으로 부터 5km 깊이를 유지하면서 전파되고, 달의 밀도는 균일하다고 가정하며, $\pi = 3$ 으로 계산한다.)

(2) 다음 표는 지진 관측소에서 측정한 지진파 A, B 의 진동수, 속력, 파의 지속 시간을 나타낸 것이다. (1) 의 결과와 표의 내용을 바탕으로 지진 관측소에서 측정한 지진파의 파형을 개략적으로 그리시오.

	지진파 A	지진파 B
진동수(Hz)	3	1
속력(km/s)	1	0.4
파의 지속 시간(s)	2	5

시각

스스로 실력높이기

A

01 다음 중 파동과 관련된 설명으로 옳은 것은 ○ 표, 옳지 않은 것은 × 표 하시오.

(1) 종파의 밀한 부분에서 소한 부분까지의 거리가 파동의 파장이다. (　　)

(2) 탄성파는 매질이 직접 이동하여 파동 에너지가 전달된다. (　　)

(3) 파동이 한 주기 동안 한 파장만큼 진행하는 것을 이용하여 파동의 속도를 구한다. (　　)

02 다음 그림은 왼쪽에서 오른쪽으로 진행하는 가벼운 줄에 의해 만들어진 어느 순간의 횡파의 모습을 나타낸 것이다. 줄 위의 점 P와 Q의 속도 방향을 바르게 짝지은 것은?

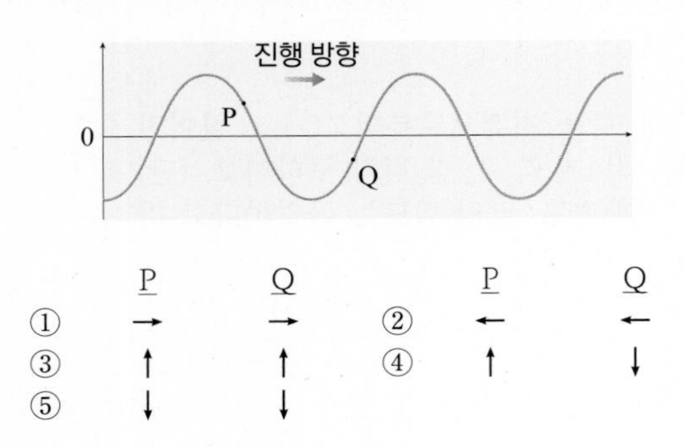

	P	Q		P	Q
①	→	→	②	←	←
③	↑	↑	④	↑	↓
⑤	↓	↓			

03 다음 그림은 왼쪽에서 오른쪽으로 진행하는 파동의 $t=0$인 순간의 모습을 변위-위치 그래프로 나타낸 것이다. 이 조화 파동을 나타내는 함수를 쓰시오.

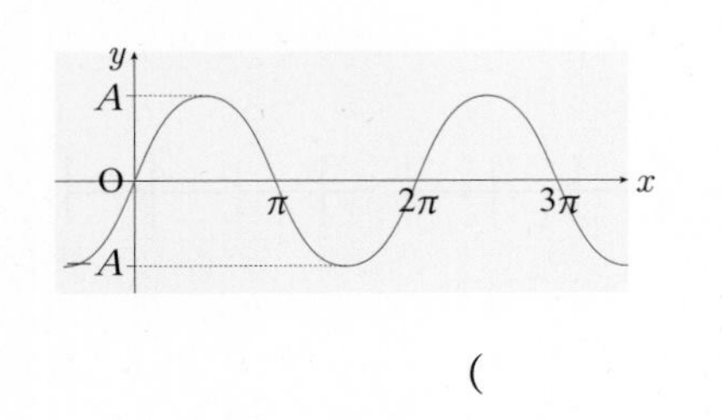

(　　　　　　)

04 다음 그림은 줄의 한쪽 끝을 움직이지 않도록 묶어 놓은 후 반대쪽 끝에서 초당 3 회 흔들었을 때 나타난 줄의 모양을 나타낸 것이다. 이 줄에서 파동의 속력은?

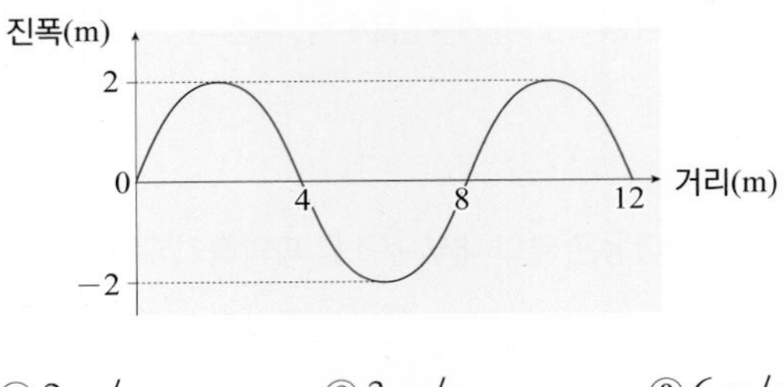

① 2 m/s　② 3 m/s　③ 6 m/s
④ 12 m/s　⑤ 24 m/s

05 그림 (가) 와 (나) 는 하나의 진행 파동을 변위-위치, 변위-시간 그래프로 각각 나타낸 것이다. 이 파동의 전파 속력은?

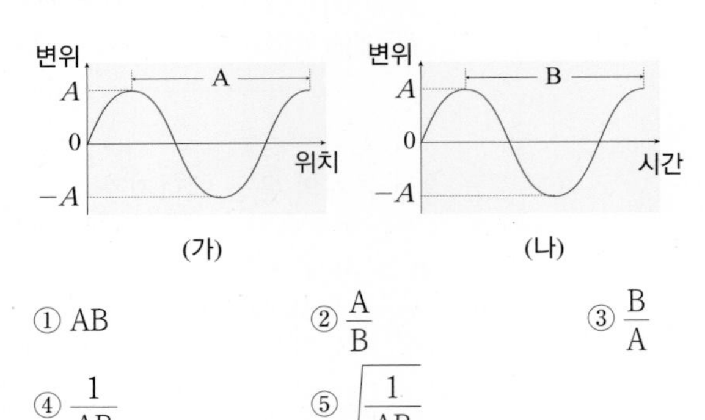

① AB　② $\frac{A}{B}$　③ $\frac{B}{A}$
④ $\frac{1}{AB}$　⑤ $\sqrt{\frac{1}{AB}}$

06 다음 그림은 속력 10 m/s로 진행되는 파동의 매질 속 입자에 대하여 시간에 따른 위치의 그래프를 나타낸 것이다. 이 파동의 파장은?

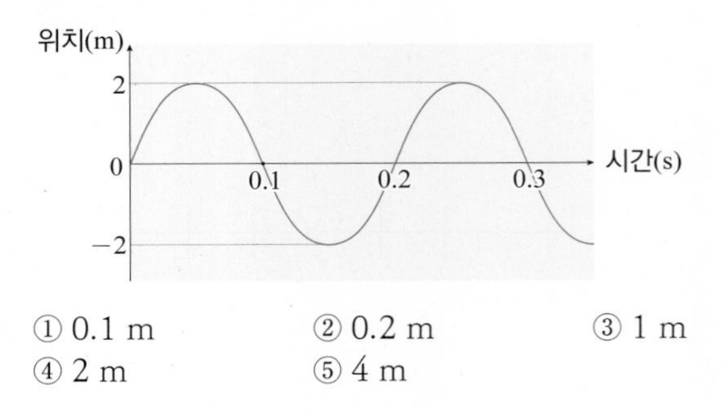

① 0.1 m　② 0.2 m　③ 1 m
④ 2 m　⑤ 4 m

07

다음 그림은 용수철의 한 끝을 잡고 1 초에 4 번씩 진동시켜 종파를 만들고 있는 것을 나타낸 것이다. 이 종파의 전파 속도는 몇 m/s 인가?

진동 방향

90 cm

① 0.9 m/s ② 1.8 m/s ③ 3.6 m/s
④ 7.2 m/s ⑤ 22.5 m/s

08

매질 속을 진행하는 파동의 속력에 대한 설명으로 옳은 것만을 <보기> 에서 있는 대로 고른 것은?

〈 보기 〉

ㄱ. 음파는 공기의 온도가 높을수록 빠르다.
ㄴ. 물의 깊이가 깊을수록 진동수가 커지기 때문에 물결파의 속력은 깊을수록 빠르다.
ㄷ. 줄에 생긴 파동은 줄의 선밀도가 클수록 빠르게 전파한다.

① ㄱ ② ㄴ ③ ㄷ
④ ㄱ, ㄷ ⑤ ㄱ, ㄴ, ㄷ

09

다음 중 파면에 대한 설명으로 옳은 것은 ○ 표, 옳지 않은 것은 × 표 하시오.

(1) 매질의 각 점들의 진동 상태가 같은 점들로 이루어진 면을 말한다. ( )
(2) 구면파의 진행 방향은 파면과 나란한다. ( )
(3) 평면파가 진행할 때 파면 위의 모든 점들은 점파원 역할을 하여 각각 새로운 구면파를 만든다. ( )

10

선밀도 0.1 kg/m 인 줄을 장력 90 N 으로 당긴 후, 진폭 2 cm, 진동수 120 Hz 인 사인 함수 형태의 파동을 발생시키기 위해서 줄에 공급해야 하는 일률을 구하시오. (단, $\pi = 3$ 이다.)

( ) W

B

11

그림 (가) 는 오른쪽으로 진행하는 파동의 어느 순간의 모습을 위치에 따라 나타낸 것이고, 그림 (나) 는 (가) 의 어느 한 점의 변위를 시간에 따라 나타낸 것이다. 이에 대한 설명으로 옳은 것만을 <보기> 에서 있는 대로 고른 것은?

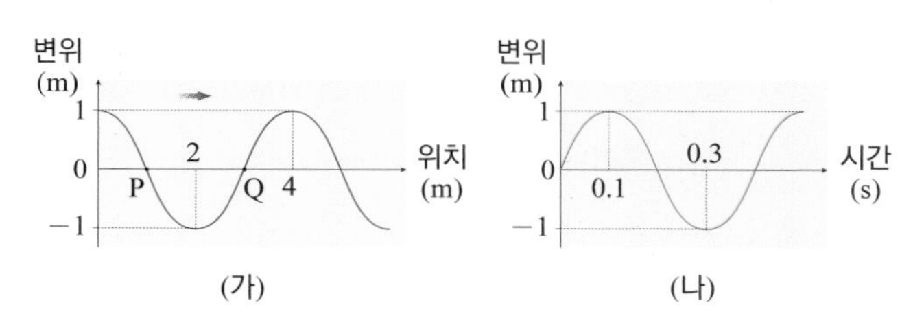

(가) (나)

〈 보기 〉

ㄱ. 파동의 속력은 10m/s 이다.
ㄴ. (나) 는 (가) 의 Q 점에서 시간에 따른 매질의 변위를 나타낸 것이다.
ㄷ. (가) 와 같은 순간으로부터 0.2 초 후 P 점과 Q 점의 변위차는 0 m 이다.

① ㄱ ② ㄴ ③ ㄷ
④ ㄱ, ㄷ ⑤ ㄱ, ㄴ, ㄷ

12

다음 그림은 오른쪽 방향으로 진행하던 횡파가 실선의 모양에서 2 초 후 점선과 같은 모양으로 되어 마루 P 가 Q 의 위치까지 나아간 것을 나타낸 것이다. 이 파동의 속력은 몇 cm/s 인가?

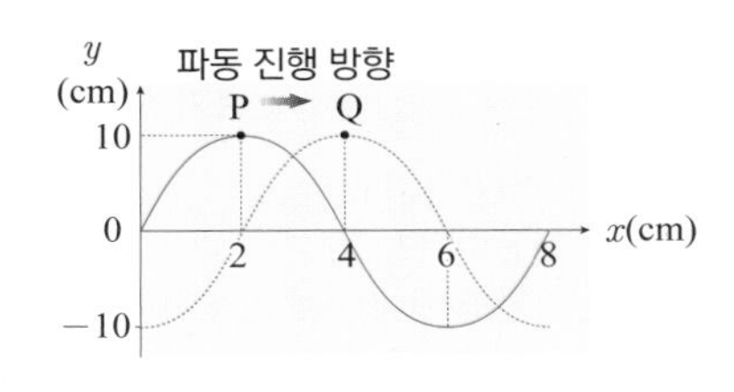

① 1 cm/s ② 2 cm/s ③ 4 cm/s
④ 6 cm/s ⑤ 8 cm/s

스스로 실력높이기

13 줄을 따라 진행하는 횡파의 파동 함수가 다음과 같다.

$$y(x, t) = 0.05\sin(20\pi x - \pi t)$$

이 파동에 대한 설명으로 옳은 것만을 <보기> 에서 있는 대로 고른 것은? (단, 이 함수에 포함된 상수는 SI 단위로서 각각 0.05 m, 20π rad/s, π rad/m 이다.)

〈 보기 〉

ㄱ. 파동의 진동수는 2 Hz 이다.
ㄴ. $x = \frac{1}{24}$m, $t = \frac{2}{3}$초 일 때, 파동의 변위는 0.025 m 이다.
ㄷ. 파동의 진행 속력은 5 m/s 이다.

① ㄱ ② ㄴ ③ ㄷ
④ ㄴ, ㄷ ⑤ ㄱ, ㄴ, ㄷ

14 섭씨 온도가 t 인 상온에서 음파의 속력은 다음과 같다.

$$v = 331 + 0.6t$$

실내 온도가 25 ℃ 인 곳에서 피아노 건반의 '솔' 음의 진동수가 392 Hz였다. 이 소리의 파장을 구하시오.

(　　　　　) m

15 다음 그림은 길이가 8 m 인 배가 파동이 밀려오는 방향으로 정박되어 있는 것을 나타낸 것이다. 20 초 동안 배의 뱃머리를 지나는 파동의 수는 5 개이고, 뱃머리에서 꼬리까지 파면의 개수는 6 개이다. 이 파동에 대한 설명으로 옳은 것만을 <보기> 에서 있는 대로 고른 것은?

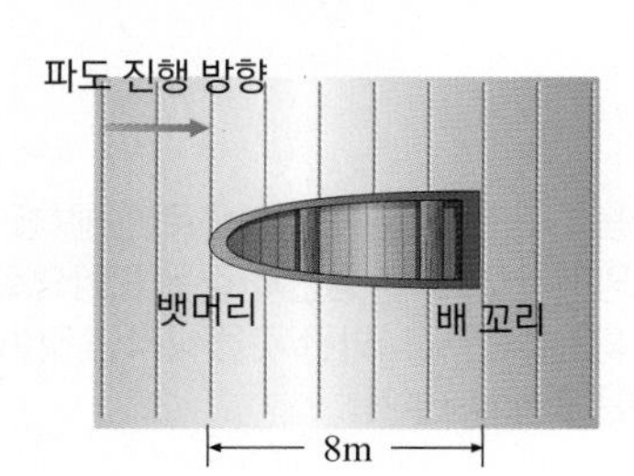

〈 보기 〉

ㄱ. 파장은 1.3 m이다.
ㄴ. 진동수는 0.25 Hz이다.
ㄷ. 강바닥에 대한 파동의 속력은 0.325 m/s이다.

① ㄱ ② ㄴ ③ ㄷ
④ ㄴ, ㄷ ⑤ ㄱ, ㄴ, ㄷ

16 다음 그림은 파도의 진행 방향과 같은 방향으로 나란하게 이동하고 있는 배의 모습을 나타낸 것이다. 이때 배의 한 점을 파도의 마루가 통과한 후, 15 초가 지났을 때 다음 마루가 통과하였다면, 파도의 파장과 주기를 바르게 짝지은 것은? (단, 배의 속도는 8 m/s, 파도의 속력은 14 m/s 이다.)

	파장	주기		파장	주기
①	90 m	6 초	②	120 m	6 초
③	210 m	6 초	④	90 m	30 초
⑤	120 m	30 초			

17 다음 그림은 파면 AB 위의 점파원들로부터 만들어진 물결파의 파면을 나타낸 것이다. 파면 AB 와 1 차 파면 사이의 거리가 r일 때 이에 대한 설명으로 옳은 것만을 <보기> 에서 있는 대로 고른 것은?

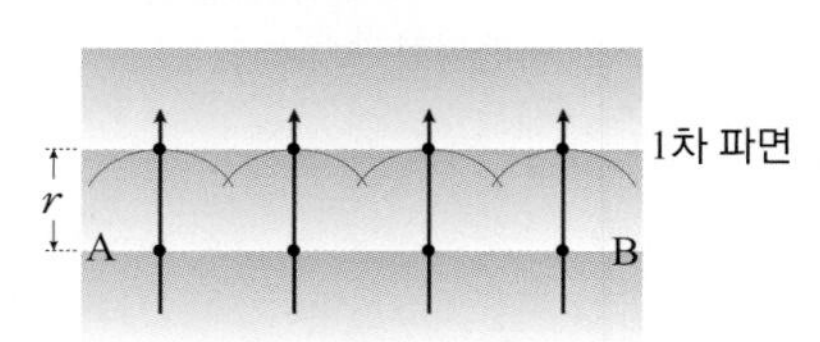

〈 보기 〉

ㄱ. 파면 AB 위에 있는 점들의 위상은 같다.
ㄴ. 물의 깊이가 깊어지면 r은 길어진다.
ㄷ. 1 차 파면 위의 모든 점은 점파원 역할을 하여 각각 반지름이 r인 새로운 구면파를 만든다.

① ㄱ ② ㄴ ③ ㄷ
④ ㄴ, ㄷ ⑤ ㄱ, ㄴ, ㄷ

18 줄을 따라 진행하는 사인파의 파동 함수가 다음과 같다.

$$y(x, t) = 0.6\sin(15x - 60t)$$

이 파동이 전파될 때 진행 방향에 수직한 단위 면적을 통하여 단위 시간 동안 지나는 파동 에너지를 구하시오. (단, 이 함수에 포함된 상수는 SI 단위로서 각각 0.6 m, 15 rad/m, 60 rad/s 이고, 줄의 선밀도는 50 g/m이다.)

(　　　　　) W

C

19 다음 그림은 종파의 매질의 변위를 y축, 파동의 진행 방향을 x축으로 나타낸 것이다. 이때 매질의 $+x$방향의 변위를 $+y$ 변위로 표시하였다. 이에 대한 설명으로 옳은 것만을 <보기> 에서 있는 대로 고른 것은?

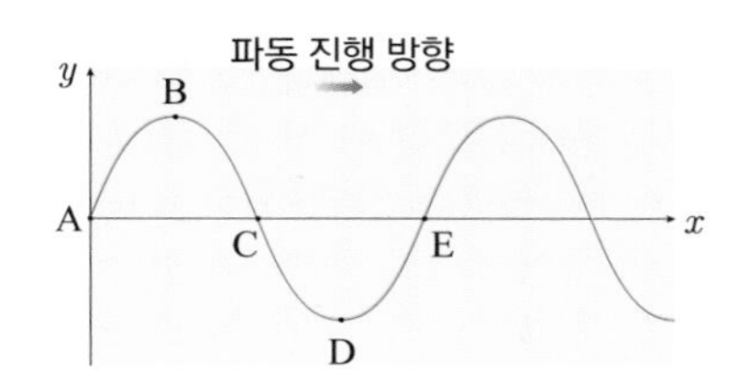

〈 보기 〉

ㄱ. A, E 점은 매질의 진동 속력이 왼쪽 방향으로 최대인 부분이다.
ㄴ. B, D 점은 가속도가 오른쪽 방향으로 최대인 부분이다.
ㄷ. C 점은 가장 밀한 부분이다.

① ㄱ ② ㄴ ③ ㄷ
④ ㄱ, ㄷ ⑤ ㄴ, ㄷ

20 다음 그림은 10 m/s 의 속력으로 오른쪽 방향으로 진행하는 파동의 어느 순간의 변위를 위치 x에 따라 나타낸 것이다. $x = 4$ m 인 위치에서 파동의 변위를 시간에 따라 나타낸 것으로 가장 적절한 것은?

[수능 평가원 기출 유형]

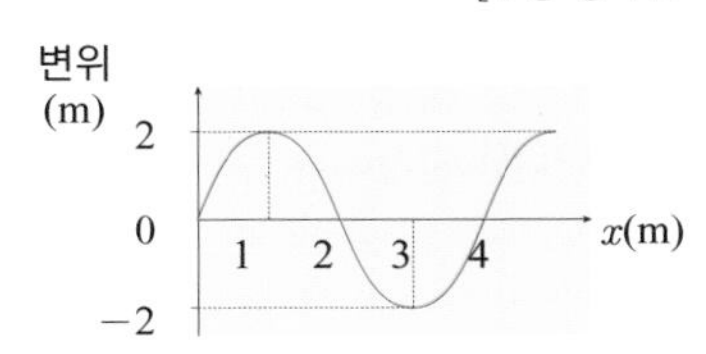

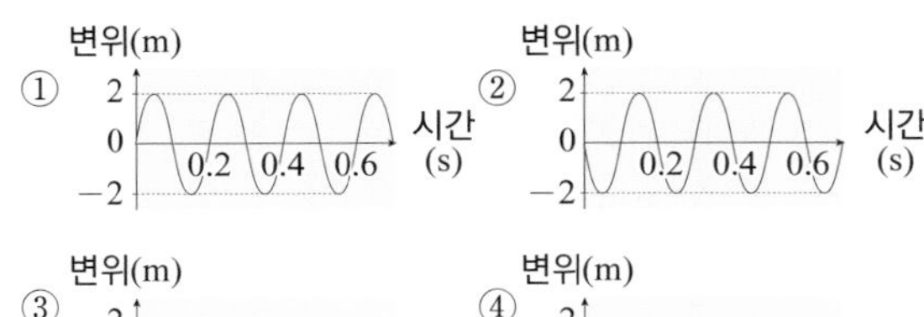

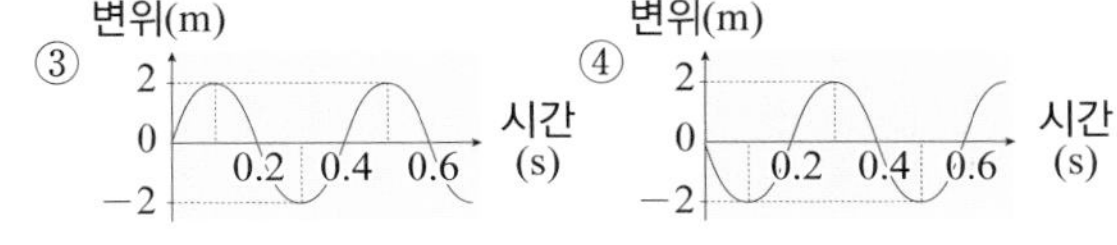

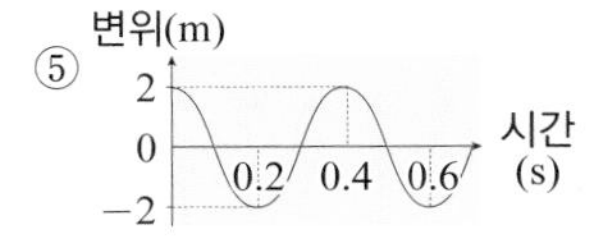

21 다음 그림은 깊은 곳에서 얕은 곳으로 진행하는 물결파의 모습을 나타낸 것이다. 이 파동에 대한 설명으로 옳은 것만을 <보기> 에서 있는 대로 고른 것은?

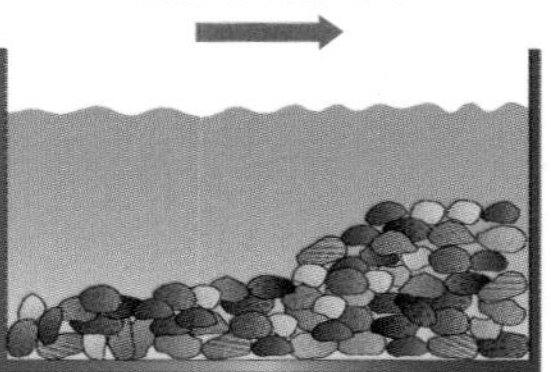

〈 보기 〉

ㄱ. 물결파의 진동수는 일정하다.
ㄴ. 물이 깊을수록 물결파의 속력은 빠르다.
ㄷ. 매질의 진동 최대 속력은 깊은 곳보다 얕은 곳에서 더 크다.

① ㄱ ② ㄴ ③ ㄱ, ㄴ
④ ㄴ, ㄷ ⑤ ㄱ, ㄴ, ㄷ

22 그림 (가) 는 물체 A, B 가 x축 상에서 일정한 거리만큼 떨어져 수면에 떠 있고, 진동수가 f_0, 진폭이 y_0, 파장이 λ_0인 수면파가 $+x$방향으로 진행하는 것을 모식적으로 나타낸 것이다. 그림 (나) 는 수면파가 B 에 도달한 이후 물체 A 와 B 의 변위차($y_A - y_B$)를 시간 t에 따라 나타낸 것이다. 이에 대한 설명으로 옳은 것만을 <보기> 에서 있는 대로 고른 것은? (단, 물체 A 와 B 의 크기는 무시하며, 각각 연직 방향으로만 움직인다.)

[수능 기출 유형]

수면파 A B x

(가)

$y_A - y_B$ $2y_0$ 0 t_0 $2t_0$ t $-2y_0$

(나)

〈 보기 〉

ㄱ. 수면파 위에서 A 와 B 의 운동 방향은 서로 반대이다.
ㄴ. (나)에서 $t_0 = \dfrac{1}{f_0}$ 이다.
ㄷ. A 와 B 사이의 거리는 λ_0의 홀수배이다.

① ㄱ ② ㄴ ③ ㄱ, ㄴ
④ ㄱ, ㄷ ⑤ ㄱ, ㄴ, ㄷ

스스로 실력높이기

23 다음 그림은 깊이가 다른 세 구간을 A ⇨ B ⇨ C 구간 순으로 진행하는 물결파의 순간 모습을 위치에 따라 나타낸 것이다. 이에 대한 설명으로 옳은 것만을 <보기> 에서 있는 대로 고른 것은?

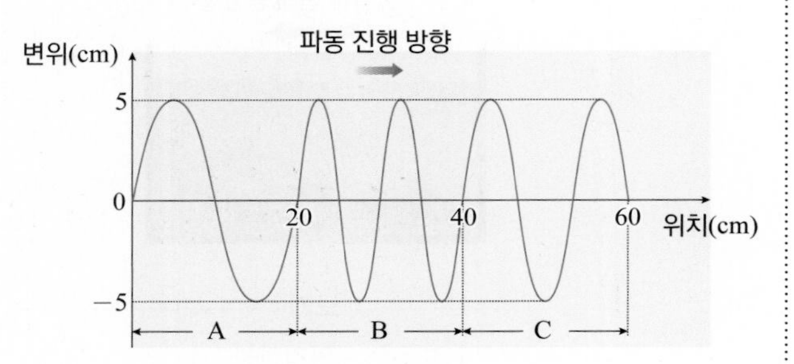

〈 보기 〉

ㄱ. 물의 깊이는 A > C > B 순이다.
ㄴ. 파동의 진동수는 B > C > A 순이다.
ㄷ. B 구간에서 물결파의 속력은 C 구간에서 물결파의 속력의 $\frac{4}{3}$ 배이다

① ㄱ ② ㄴ ③ ㄱ, ㄴ
④ ㄱ, ㄷ ⑤ ㄴ, ㄷ

24 파동이 진행할 수 있는 길이 3 m, 질량이 180 g 인 줄이 있다. 줄에 37.5 N 의 장력이 작용할 때, 평균 일률이 90 W, 진폭이 9 mm인 진행 파동의 진동수는 얼마이어야 하는가? (단, $\pi = 3$이다.)

( ) Hz

심화

25 그림 (가) 는 한쪽 끝이 벽에 고정되어 있는 밀도가 균일한 줄의 반대쪽 끝은 고정 도르래를 통해 추가 매달려 있는 용수철이 연결되어 연직 방향으로 단진동하고 있는 것을 나타낸 것이다. 그림 (나) 는 평형점을 기준으로 나타낸 추의 위치 y를 시간에 따라 나타낸 것이다. 줄을 가볍게 튕겨 횡파가 발생하였을 때 횡파의 속력이 가장 빠른 경우는 추가 점 A ~ E 중 어느 위치에 있을 때 인가? (단, 추가 운동하는 동안 줄의 길이는 변하지 않고, 장력만 변한다.)

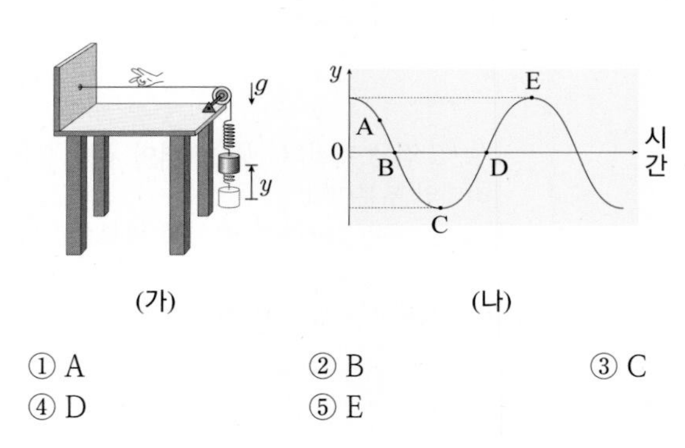

(가) (나)

① A ② B ③ C
④ D ⑤ E

26 다음은 같은 줄을 이용하여 만든 네 개의 파동 A, B, C, D를 나타낸 함수이다.

A : $y_A = 0.03\sin(5x - 2t)$
B : $y_B = 0.06\sin(10x - t)$
C : $y_C = 0.01\sin(20x - 5t)$
D : $y_D = 0.02\sin(x - 2t)$

㉠ 파동의 속력, ㉡ 줄의 장력이 큰 순서대로 나열한 것을 바르게 짝지은 것은? (단, x는 m, t는 초의 단위이다.)

	㉠	㉡
①	A > B > C > D	D > C > B > A
②	B > C > A > D	D > A > B > C
③	B > C > A > D	D > A > C > B
④	D > A > C > B	D > A > C > B
⑤	D > A > C > B	A > B > C > D

27 팽팽한 줄의 단위 길이당 질량은 10 kg/m이고, 장력은 3.6 N이다. 줄에 만들어진 사인 모양의 파동이 0.12 m의 진폭과 100 Hz의 진동수로 $-x$ 방향으로 진행한다. 이 파동의 함수를 쓰시오.

( )

28 밀도가 ρ, 부피 탄성률이 B인 기체에서 음파의 전파 속도 $v = \sqrt{\dfrac{B}{\rho}}$이다. 기체의 절대 온도를 3배로 높였을 때, 기체에서 음파의 전파 속도는 어떻게 되는가? (단, 부피 탄성률 $B = \dfrac{\Delta P}{(\Delta V/V)}$이고, $\dfrac{\Delta V}{V}$는 압력 변화 ΔP에 의한 부피의 미소 변화량의 비율을 의미한다.)

[올림피아드 기출 유형]

① $\dfrac{1}{\sqrt{3}}$ 배 ② $\dfrac{1}{\sqrt{2}}$ 배 ③ 1 배
④ $\sqrt{3}$ 배 ⑤ 2 배

29 밀도가 균일한 질량이 m, 길이가 L인 줄이 천장에 매달려 있다. 오른쪽 그림과 같이 줄에 횡파가 발생하였을 때 줄의 가장 낮은 쪽 끝으로부터 높이가 h인 곳에서 파동의 속력을 바르게 나타낸 것은? (단, 중력 가속도는 g 이다.)

① $\dfrac{1}{\sqrt{gh}}$ ② $\sqrt{gh}$ ③ gh
④ $\sqrt{\dfrac{mgh}{L}}$ ⑤ $\sqrt{\dfrac{L}{mgh}}$

30 다음 그림은 위아래로 10 cm 만큼 움직이는 막대 때문에 긴 수평 줄의 한끝에 사인 모양의 횡파가 만들어진 것을 나타낸 것이다. 막대는 초당 120번 규칙적으로 운동하고 있으며, 파동의 진행 속력은 30 m/s이다. 이 파동의 파동 함수를 나타내시오.

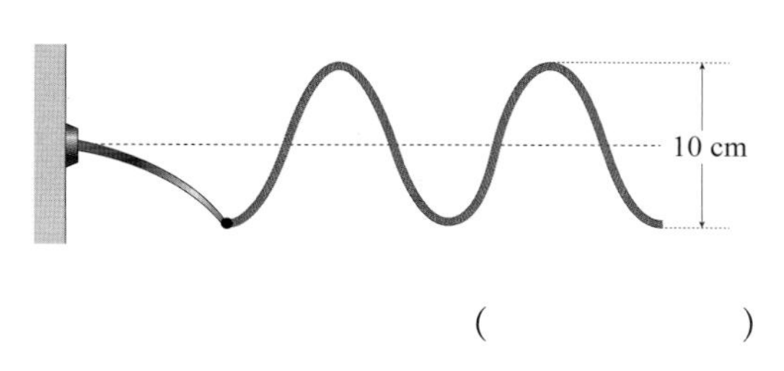

( )

31 선밀도가 1.6×10^{-4} kg/m인 줄을 따라 진행하는 횡파의 파동 함수가 다음과 같다.

$$y(x, t) = 0.02\sin(2x - 30t)$$

㉠ 줄의 장력과 ㉡ 파동의 세기를 바르게 짝지은 것은? (단, 이 함수에 포함된 상수는 SI 단위로서 각각 0.02 m, 2 m^{-1}, 30 s^{-1} 이다.)

	㉠	㉡
①	0.0024 N	4.32×10^{-4} W
②	0.0024 N	8.64×10^{-4} W
③	0.0024 N	2.16×10^{-2} W
④	0.036 N	4.32×10^{-4} W
⑤	0.036 N	8.64×10^{-4} W

32 매질을 따라 $+x$축으로 진행하는 횡파의 파동 함수 $y(x, t) = A\cos(\omega t + kx)$일 때, 매질의 진동 속력 $v = 0.5v_{max}$가 되는 곳의 변위는? (단, v_{max}는 최대 진동 속력이다.)

① A ② $\dfrac{\sqrt{2}}{2}A$ ③ $\dfrac{\sqrt{3}}{2}A$
④ $\dfrac{\sqrt{2}}{4}A$ ⑤ $\dfrac{\sqrt{3}}{4}A$

22강 파동의 반사와 굴절

● 고정단 반사와 자유단 반사

① 고정단 반사 : 줄을 따라 진행하던 파동이 줄의 고정된 부분에 도달하면, 줄이 고정된 벽을 위로 잡아당기면 반작용으로 벽이 줄을 아래로 잡아당기게 된다. 이 힘이 고정된 줄을 아래로 움직이게 하여 줄에 위상이 반대인 반사파가 형성된다.

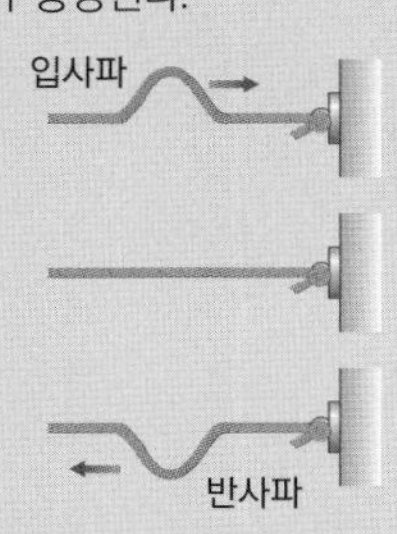

② 자유단 반사 : 줄을 따라 진행하던 파동이 줄의 고정되지 않은 끝부분에 도달하면, 고리가 위로 올라가고 이 고리가 원래 위치로 내려오면서 같은 진폭의 반사파를 만들어 낸다.

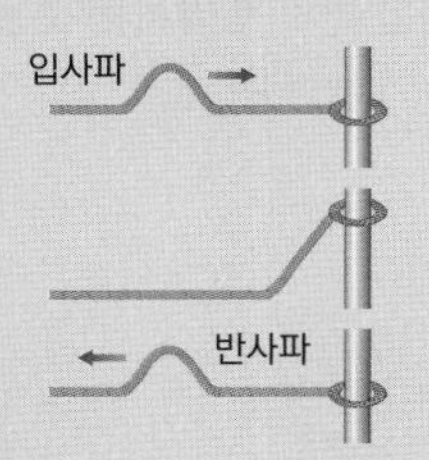

● 선밀도가 다른 줄에서 입사파, 반사파, 투과파

① 선밀도가 작은 줄 ⇨ 큰 줄 (고정단 반사) : 반사파의 속력이 투과파의 속력보다 빠르다.

② 선밀도가 큰 줄 ⇨ 작은 줄 (자유단 반사) : 투과파의 속력이 반사파의 속력보다 빠르다.

1. 파동의 반사

(1) 파동의 반사 : 파동이 진행하다가 다른 매질을 만났을 때 경계면에서 그 일부가 되돌아오는 현상이다.

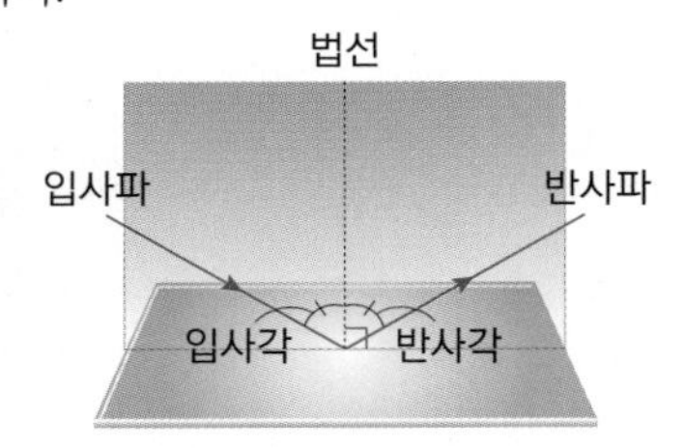

▲ 반사 법칙

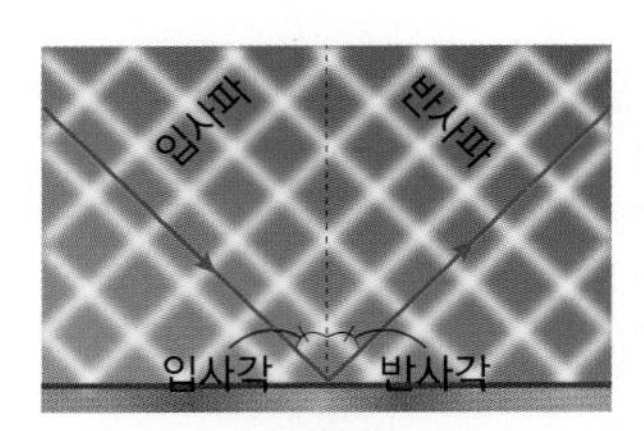

▲ 물결파의 반사

① **반사 법칙** : 파동이 반사될 때 입사각과 반사각은 항상 같다. 이때 입사파, 법선, 반사파는 항상 같은 평면 상에 있다.

② 파동이 반사할 때 파동의 속력, 파장, 진동수는 변하지 않는다.

(2) 고정단 반사와 자유단 반사 : 파동이 반사할 때, 두 매질의 상대적인 성질에 따라 반사되는 파동의 위상이 달라진다.

고정단 반사	자유단 반사
입사파에 대해서 반사파의 위상이 정반대가 되어 위상차가 180°(π) 인 반사로, 끝이 고정되어 있을 때의 반사와 같다고 해서 붙여진 이름이다.	입사파에 대해서 반사파의 위상이 같아 위상차가 0° 인 반사로, 끝이 자유롭게 움직일 수 있을 때의 반사와 같다고 해서 붙여진 이름이다.
입사파, 진행 방향 ⇨ 진행 방향, 반사파	입사파, 진행 방향 ⇨ 진행 방향, 반사파
선밀도가 작은 줄 ⇨ 선밀도가 큰 줄로 진행할 경우 경계면에서 고정단 반사가 일어난다.	선밀도가 큰 줄 ⇨ 선밀도가 작은 줄로 진행할 경우 경계면에서 자유단 반사가 일어난다.
가는 줄, 굵은 줄, 입사파 / 반사파, 투과파	굵은 줄, 가는 줄, 입사파 / 반사파, 투과파

개념확인 1

파동이 진행할 때 파동의 위상이 정반대가 되는 반사를 □□□ 반사, 파동의 위상이 변하지 않는 반사를 □□□ 반사라고 한다.

확인 + 1

같은 재질로 만들어진 가는 줄과 굵은 줄이 연결되어 있다. 파동이 가는 줄로 진행하다 굵은 줄로 진행할 경우 입사 파동과 반사 파동의 위상차는 몇 ° 인가?

(　　　　　　)°

2. 파동의 굴절

(1) 파동의 굴절 : 파동이 진행하다가 다른 매질을 만나서 그 일부가 투과될 때 두 매질에서의 속도가 다르기 때문에 파동의 진행 방향이 변하는 현상이다. 이때 파동의 속력과 파장은 변하지만, 진동수는 변하지 않는다.

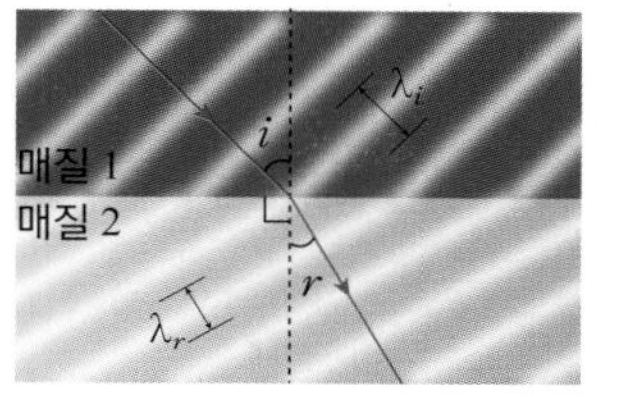

▲ 물결파의 굴절

(2) 굴절률

① **절대 굴절률** : 빛이 진공 중에서 어떤 물질로 입사하여 굴절될 때의 굴절률을 말하며, 물질마다 다르다. 물질의 절대 굴절률이 n, 진공과 물질에서 빛의 속도가 각각 c, v 일 때 오른쪽과 같은 관계가 성립한다.

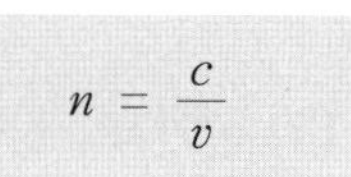

$$n = \frac{c}{v}$$

② **굴절 법칙(스넬 법칙) 과 상대 굴절률** : 굴절 법칙에 의하면 두 매질의 경계면에서 파동이 굴절할 때 입사각 i 과 굴절각 r 의 사인값의 비는 항상 일정하다. 또한 두 매질에서의 속력 v_1, v_2 와 파장 λ_1, λ_2 의 비도 항상 일정하다. 이 일정한 비의 값 n_{12} 를 매질 1 에 대한 매질 2 의 상대 굴절률이라고 한다.

$$n_{12} = \frac{\sin i}{\sin r} = \frac{v_1}{v_2} = \frac{\lambda_1}{\lambda_2} = \frac{n_2}{n_1}$$

(3) 하위헌스 원리로 알아본 굴절 법칙

매질 1 에서 나란하게 진행하던 같은 파면 상의 두 점 A, B 는 시간 t 후에 하위헌스 원리에 의하여 각각 A′, B′ 로 이동하여 새로운 파면을 형성한다. 이때 매질 1 과 2 에서 파동의 속도는 각각 v_1, v_2 이고, i 는 입사각, r 은 굴절각이다.

① 같은 시간 동안 진행한 거리는 각각 $AA' = v_2 t$, $BB' = v_1 t$ 이다.

② △ABB′ 에서 $BB' = l\sin i$, △AA′B′ 에서 $AA' = l\sin r$ 이다.

$$\therefore \frac{BB'}{AA'} = \frac{l\sin i}{l\sin r} = \frac{v_1 t}{v_2 t}$$

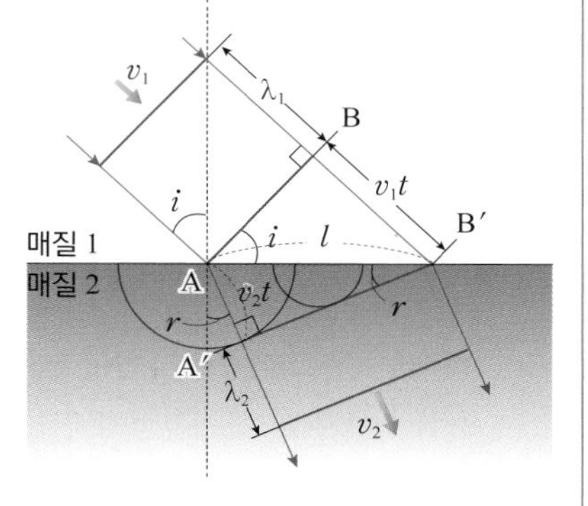

③ 진동수는 파원에 따라 달라지므로 매질과 관계없이 일정하다. 따라서 $v_1 = f\lambda_1$, $v_2 = f\lambda_2$ 이므로 다음과 같은 굴절 법칙이 성립한다.

$$\frac{\sin i}{\sin r} = \frac{v_1}{v_2} = \frac{\lambda_1}{\lambda_2} = n_{12} = \frac{n_2}{n_1}$$ (매질 1 에 대한 매질 2 의 상대 굴절률)

● 빛의 분산

매질 내에서 빛의 속도는 파장에 따라 다르므로 굴절률도 파장에 따라 달라진다. 따라서 여러 파장의 빛이 섞여 있는 햇빛이 프리즘을 통과하면 빛마다 굴절되는 정도가 다르기 때문에 여러 색의 빛으로 분리된다. 이를 빛의 분산이라고 한다.

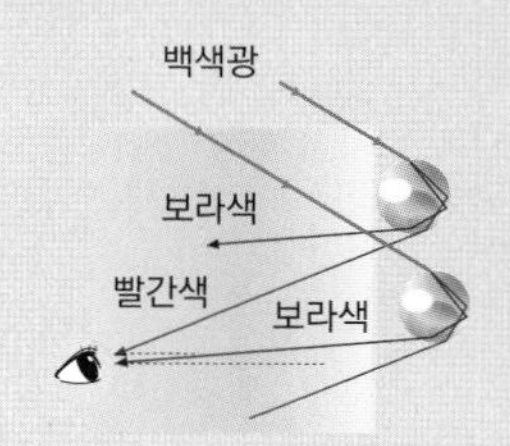

무지개는 빛의 분산에 의한 대표적인 현상이다. 보라색 빛은 빨간색 빛보다 더 많이 꺾이고, 이 두 빛은 서로 다른 방향으로 굴절되어 나온다.

지평선을 기준으로 볼 때 사람 눈에 들어오는 빨간색 빛의 각도가 보라색 빛의 각도보다 크므로 무지개의 빨간색이 보라색보다 더 높은 곳에 위치한 것으로 보인다.

● 절대 굴절률

빛은 진공에서 가장 빠르므로 진공에 대한 물질의 굴절률은 항상 1 보다 크다.

$$n = \frac{\sin\theta_{진공}}{\sin\theta_{물질}} > 1$$

개념확인 2

정답 및 해설 76쪽

다음 중 파동이 굴절할 때 변하지 않는 것은?

① 속도 ② 파장 ③ 진동수 ④ 진행 방향

확인 + 2

진공에서 빛의 속도는 3×10^8 m/s 이다. 유리의 굴절률이 1.5 일 때, 유리 속에서 빛의 속도를 구하시오.

(   ) m/s

● 정반사와 난반사

① 정반사 : 매끄러운 표면에 입사한 평행 광선이 반사하면 반사된 모든 빛은 같은 방향성을 갖는다.

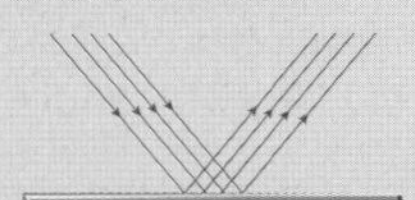

➩ 특정한 방향에서만 반사된 빛을 볼 수 있으며, 이는 반사면에 비춰서 보이는 것이다.

② 난반사 : 굴곡이 있는 표면에 입사한 평행 광선이 반사하면 반사된 빛의 방향은 서로 다르다.

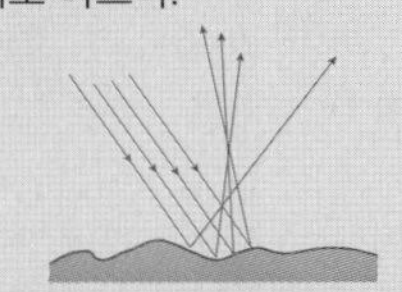

➩ 여러 방향에서 반사된 빛을 볼 수 있으며, 이는 사물을 볼 수 있는 원리가 된다.

3. 빛의 반사와 굴절에 의한 현상

(1) 빛의 반사 : 빛이 진행하다가 성질이 다른 매질의 경계면에서 도달하면 일부는 반사하고, 일부는 굴절한다.

① **소한 매질 ➩ 밀한 매질(고정단 반사)** : 경계면에서 반사하는 빛의 위상은 입사하는 빛의 위상과 180° (π, $\frac{\lambda}{2}$) 변한다.

② **밀한 매질 ➩ 소한 매질(자유단 반사)** : 경계면에서 반사하는 빛의 위상은 변하지 않고 항상 입사하는 빛의 위상과 같다.

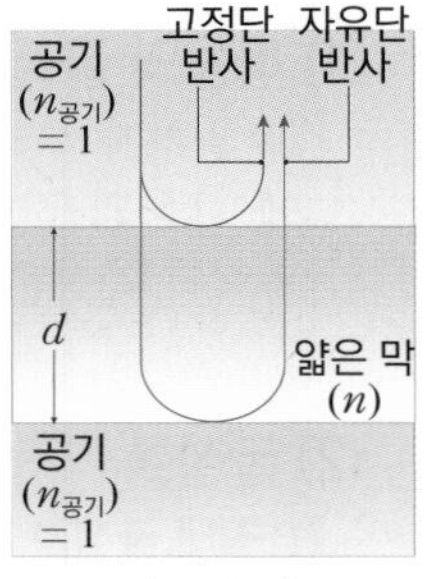

▲ $n > 1$

(2) 전반사 : 빛이 절대 굴절률이 n_2 인 밀한 매질에서 절대 굴절률이 n_1 인 소한 매질로 입사할 때 입사각 i 가 임계각 i_c 보다 큰 각도로 빛이 입사하면 빛은 경계면에서 100% 반사한다.

① **임계각** : 밀한 매질에서 소한 매질로 빛이 입사할 때 굴절각 r 은 항상 입사각 i 보다 크다. 이때 입사각 i 의 크기를 점점 크게 하면 굴절각이 점점 커져서 90° 가 될 때 입사각 i_c 를 **임계각**이라고 한다.

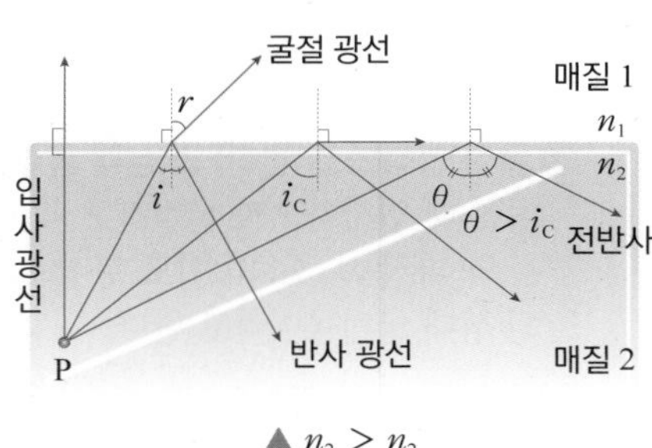

▲ $n_2 > n_2$

② **임계각과 굴절률** : 굴절 법칙에 의해 $n_1\sin 90° = n_2\sin i_c$ 이고, $\sin 90° = 1$ 이므로, 다음과 같은 식이 성립한다.

$$\sin i_c = \frac{n_1}{n_2} = \frac{1}{n_{12}} \quad (\because\ n_{12} = \frac{v_1}{v_2} = \frac{n_2}{n_1})$$

③ **광섬유** : 광섬유는 전반사를 이용하여 정보가 담긴 빛 신호를 주고 받는 통신(광통신)에 사용된다. 광섬유의 중심부에는 굴절률이 큰 유리로 된 코어(core)가 있고, 굴절률이 작은 유리인 클래딩(cladding)이 코어를 감싸고 있으며, 이를 외부의 충격으로부터 보호하기 위한 완충 코팅의 구조로 되어 있다.

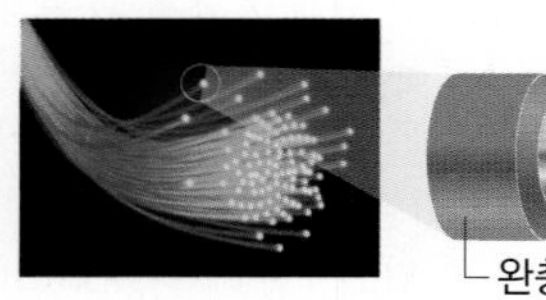
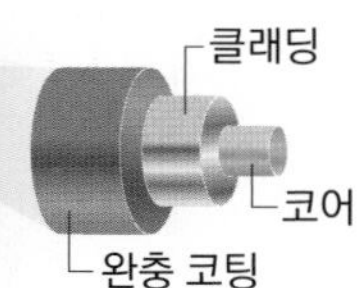

▲ 광섬유의 구조

개념확인 3

다음은 전반사가 일어날 조건에 대한 설명이다. 알맞은 말을 각각 고르시오.

빛이 굴절률이 (㉠ 큰 ㉡ 작은) 매질에서 (㉠ 큰 ㉡ 작은) 매질로 진행할 때 입사각이 임계각보다 (㉠ 클 ㉡ 작을) 때 입사광이 모두 반사된다.

확인 + 3

오른쪽 그림과 같이 직각 이등변 삼각형 모양의 프리즘에 수직으로 입사시킨 빛을 모두 전반사시키려고 한다. 프리즘의 굴절률의 최소값을 구하시오. (단, 공기의 굴절률은 1 이다.)

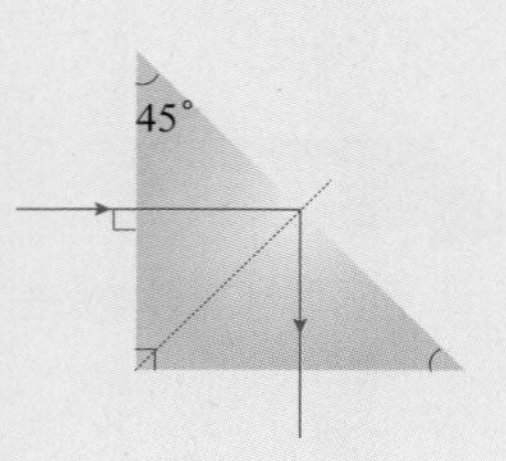

(   )

(3) 겉보기 깊이

① **눈이 소한 매질에 있을 경우** : 공기 중에서 깊이 h 인 P 점에 있는 물속에 있는 물체를 볼 때 물체는 깊이 h' 인 P′ 에 있는 것처럼 떠 보인다. 오른쪽 그림과 같이 소한 매질에 있는 눈을 ㉡ 에서 ㉠ 으로 옮길 경우 다음과 같은 식이 성립한다.

$$n_{12} = \frac{n_2}{n_1} = \frac{\sin\alpha}{\sin\beta} = \frac{\text{PB}}{\text{P'B}} = \frac{\text{PA}}{\text{P'A}} = \frac{h}{h'}$$

$$\therefore h' = \frac{h}{n_{12}} = \frac{n_1}{n_2}h$$

② **눈이 밀한 매질에 있는 경우** : 물 속에서 수면 위 높이 h 인 P 점에 있는 물체를 볼 때 물체는 수면 위 높이 h' 인 P′ 에 있는 것처럼 보인다. 오른쪽 그림과 같이 밀한 매질에 있는 눈을 ㉡ 에서 ㉠ 으로 옮길 경우 다음과 같은 식이 성립한다.

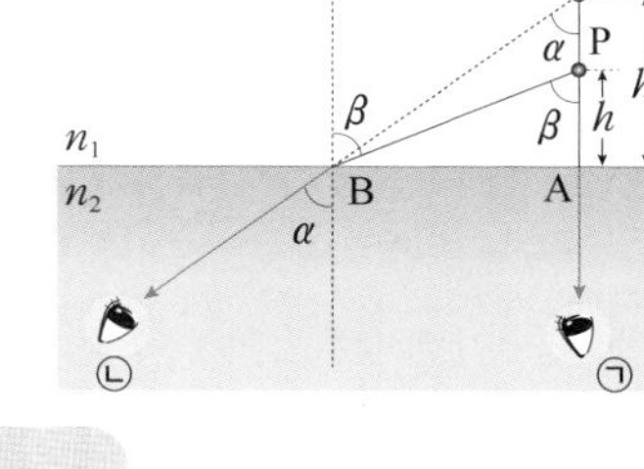

$$n_{21} = \frac{n_1}{n_2} = \frac{\sin\alpha}{\sin\beta} = \frac{\text{PB}}{\text{P'B}} = \frac{\text{PA}}{\text{P'A}} = \frac{h}{h'}$$

$$\therefore h' = \frac{h}{n_{21}} = \frac{n_2}{n_1}h$$

⇨ 사람의 눈이 있는 매질의 절대 굴절률을 n, 실제 깊이(또는 높이) 를 h, 물체가 있는 매질의 절대 굴절률을 n', 겉보기 깊이를 h' 라고 할 때, $nh = n'h'$ 이다.

③ **누적 굴절에 의한 겉보기 깊이** : 굴절률이 n_1, n_2, n_3 인 매질이 누적되어 있고, 굴절률이 n_1 인 매질에 물체 P 가 놓여 있을 때, 실제 깊이 h_3 에서 1 회 굴절되었을 때 겉보기 깊이 h''는 다음과 같다.

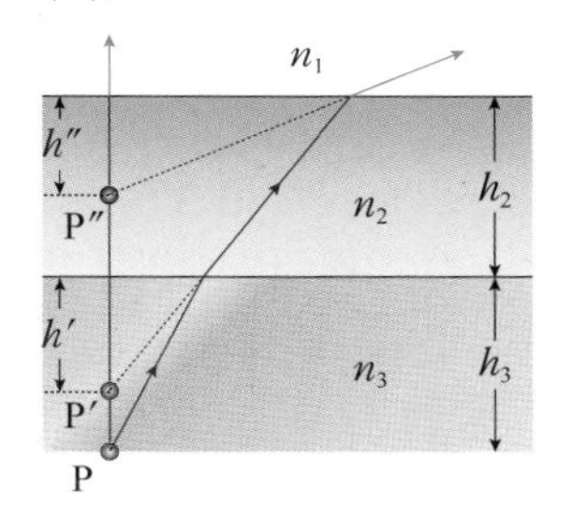

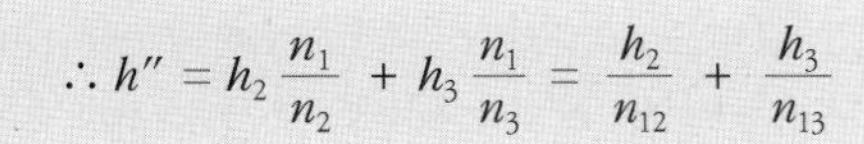

$$\therefore h'' = h_2\frac{n_1}{n_2} + h_3\frac{n_1}{n_3} = \frac{h_2}{n_{12}} + \frac{h_3}{n_{13}}$$

● 누적 굴절에 의한 겉보기 깊이

깊이 h_3 에서 1 회 굴절되었을 때 겉보기 깊이

$$h' = \frac{h_3}{n_{23}} = \frac{n_2}{n_3}h_3$$

깊이 $(h' + h_2)$에서 2 번째 굴절되었을 때 겉보기 깊이

$$h'' = \frac{(h' + h_2)}{n_{12}} = \left(h_3\frac{n_2}{n_3} + h_2\right)\frac{n_1}{n_2} = \frac{h_3}{n_{13}} + \frac{h_2}{n_{12}}$$

개념확인 4

정답 및 해설 76쪽

굴절률이 1 인 공기 중에서 수면으로부터 깊이가 h 인 곳에 있는 물속 물체를 볼 때 물체의 깊이를 나타내시오. (단, 물의 굴절률은 n 이다.)

(　　　　　　)

확인 + 4

오른쪽 그림은 수조에 깊이가 26 cm 가 되게 물을 붓고, 물속에 동전을 넣은 것을 나타낸 것이다. 위에서 볼 때 물속의 동전은 수면 아래 몇 cm 깊이에 있는 것처럼 보이겠는가? (단, 공기의 굴절률은 1, 물의 굴절률은 1.3 이다.)

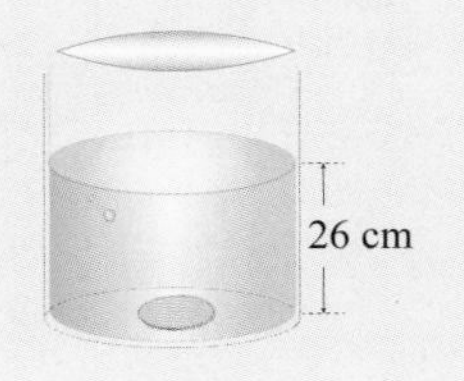

(　　　　　　) cm

● 허초점과 실초점

① 허초점 : 빛이 광축과 나란하게 입사되면 반사 광선은 볼록 거울 뒤의 한 점 F에서 나온 것처럼 진행하는데 이 점 F를 허초점이라고 한다.

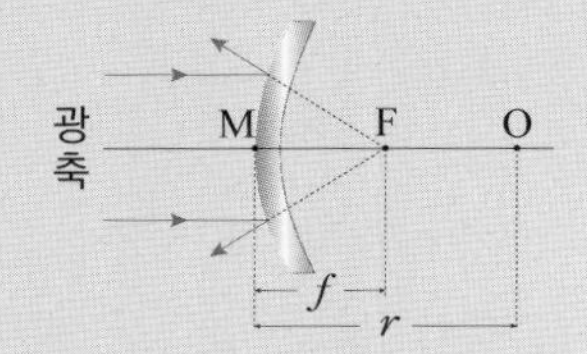

② 실초점 : 오목 거울에서 빛이 광축과 나란하게 입사하면 반사 광선은 모두 한 점 F에 모이는데 이 점 F를 실초점이라고 한다.

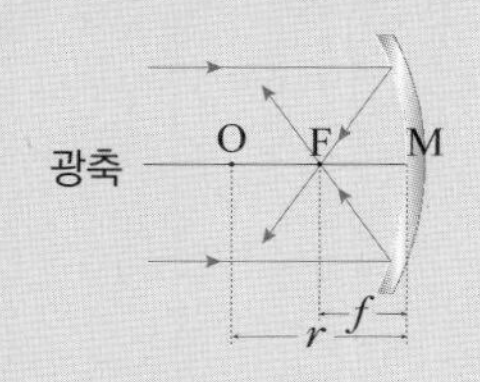

● 거울에 의한 상의 작도

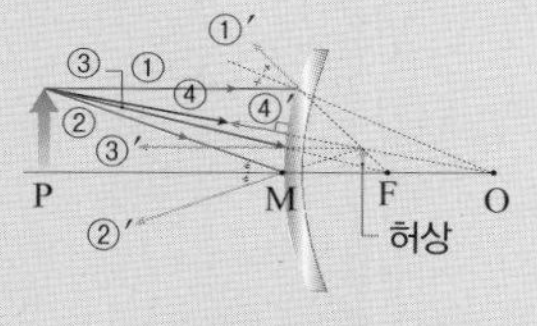

▲ 볼록 거울

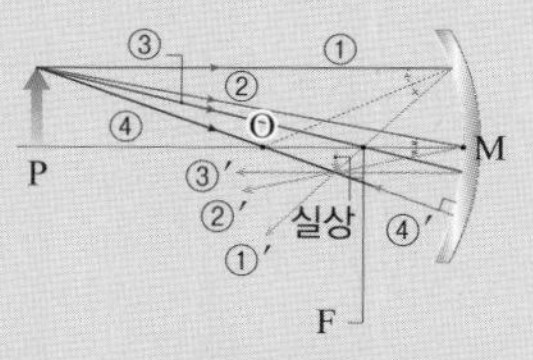

▲ 오목 거울

1. 광축과 나란하게 입사한 빛은 초점을 지나거나, 초점에서 나온 것처럼 반사한다.(광선 ①)
2. 거울의 중심(M)을 향하여 입사한 빛은 광축에 대칭되도록 반사한다. (광선 ②)
3. 초점(F)을 향하여 입사한 빛은 광축과 나란한 방향으로 반사한다. (광선 ③)
4. 구심(O)을 향하여 입사한 빛은 반사 후 그대로 되돌아 나온다. (광선 ④)

4. 거울과 렌즈에 의한 상

(1) 평면거울에 의한 상 : 항상 상의 크기는 물체와 같고, 거울 면에 대하여 대칭인 똑바로 된(정립) 허상이 생긴다. ⇨ 물체와 거울 사이의 거리 l = 상과 거울 사이의 거리 l

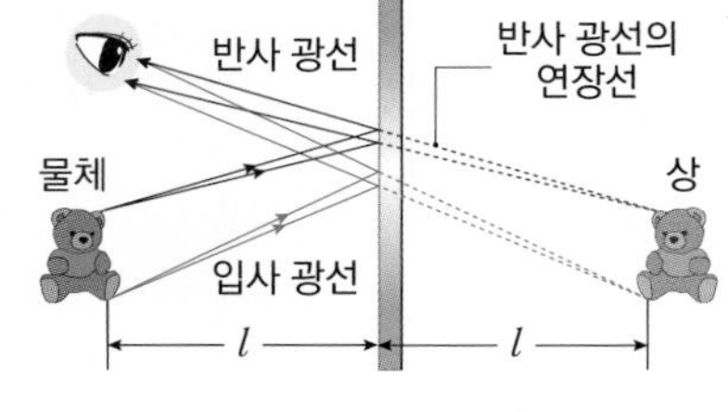

(2) 거울에 의한 상

① **구면 거울 공식** : 물체에서 거울까지의 거리를 a, 거울에서 상까지의 거리를 b, 거울의 초점 거리를 f, 구면 반지름을 r 이라고 할 때, 다음의 관계가 성립한다.

$$\frac{1}{a}+\frac{1}{b}=\frac{1}{f}=\frac{2}{r}$$

a	(+)	실물체	b	(+)	실상	f	(+)	오목 거울(실초점)
	(−)	허물체		(−)	허상		(−)	볼록 거울(허초점)

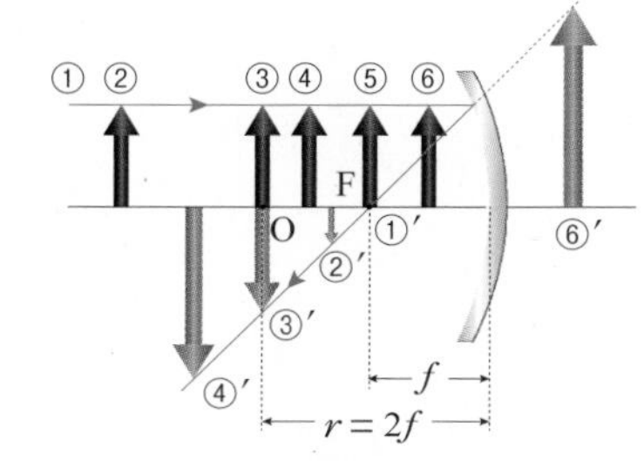

▲ 오목 거울에 의한 상

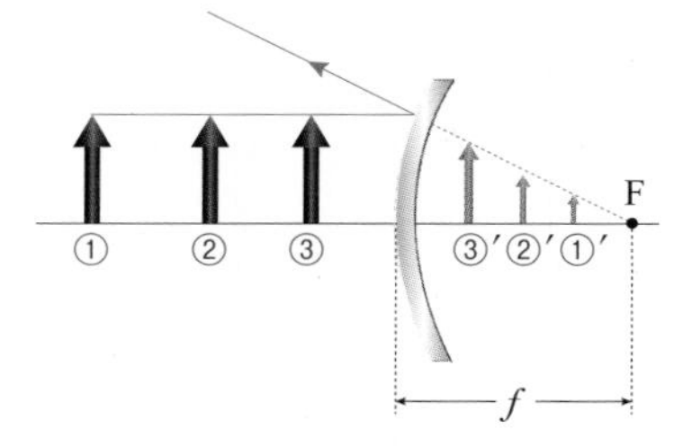

▲ 볼록 거울에 의한 상

② **볼록 거울에 의한 상** : 물체의 위치에 관계없이 상은 거울 뒤 허초점과 거울 사이($-f < b < 0$)에 생기며, 항상 물체보다 작은 정립 허상이 생긴다.

③ **오목 거울에 의한 상** : 물체의 위치에 따라 상의 크기와 종류가 다르다.

물체 위치(a)		① ∞	② $r < a < \infty$	③ $a = r$	④ $f < a < r$	⑤ $a = f$	⑥ $0 < a < f$
상	위치(b)	$b = f$	$f < b < r$	$b = r$	$r < b < \infty$	$b = \infty$	$b < 0$
	모양	점	축소된 도립 실상	같은 크기의 도립 실상	확대된 도립 실상	상이 생기지 않음	확대된 정립 허상

개념확인 5

다음 중 거울에 의한 상에 대한 설명 중 옳은 것은 ○ 표, 옳지 않은 것은 × 표 하시오.

(1) 평면거울이 대칭면이 되어 대칭되는 위치에 물체와 같은 크기의 상이 생긴다. (　　)
(2) 물체가 오목 거울에서 멀어질수록 상의 크기가 커진다. (　　)

확인 + 5

오목 거울로부터 광축 위 14 cm 위치에 물체가 놓여 있다. 오목 거울의 초점 거리가 7cm 일 때, 거울에 생기는 상의 종류는?

① 축소된 도립 실상　② 같은 크기의 도립 실상　③ 확대된 도립 실상
④ 확대된 정립 허상　⑤ 상이 생기지 않는다.

(3) 렌즈에 의한 상 : 볼록 렌즈에 의한 상은 오목 거울에 의한 상과 같고, 오목 렌즈에 의한 상은 볼록 거울에 의한 상과 같다.

① **렌즈의 공식** : 물체에서 렌즈 중심까지의 거리를 a, 렌즈 중심에서 상까지의 거리를 b, 렌즈의 초점 거리를 f 라고 할 때, 다음의 관계가 성립한다.

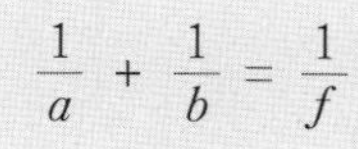

$$\frac{1}{a} + \frac{1}{b} = \frac{1}{f}$$

a	(+)	실물체	b	(+)	실상	f	(+)	볼록 렌즈
	(−)	허물체		(−)	허상		(−)	오목 렌즈

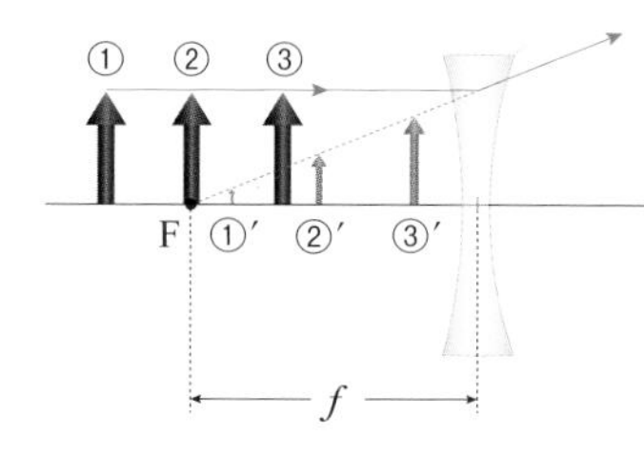

▲ 오목 렌즈에 의한 상

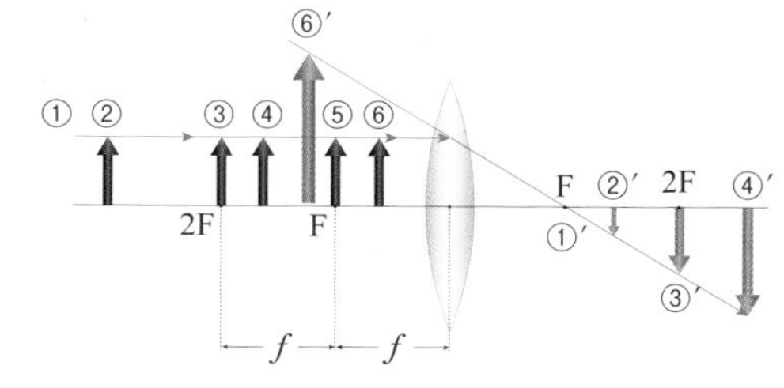

▲ 볼록 렌즈에 의한 상

② **오목 렌즈에 의한 상** : 물체의 위치에 관계없이 상은 렌즈의 허초점과 렌즈 사이($-f < b < 0$)에 생기며, 항상 물체보다 작은 정립 허상이 생긴다.

③ **볼록 렌즈에 의한 상** : 물체의 위치에 따라 상의 크기와 종류가 다르다.

물체 위치(a)		① ∞	② $2f < a < \infty$	③ $a = 2f$	④ $f < a < 2f$	⑤ $a = f$	⑥ $0 < a < f$
상	위치(b)	$b = f$	$f < b < 2f$	$b = 2f$	$2f < b < \infty$	$b = \infty$	$b < 0$
	모양	점	축소된 도립 실상	같은 크기의 도립 실상	확대된 도립 실상	상이 생기지 않음	확대된 정립 허상

(4) 배율 : 물체에 대한 상의 크기의 비를 말한다. 물체에서 광학 기기의 중심까지의 거리를 a, 광학 기기의 중심에서 상까지의 거리를 b 라고 할 때, 배율 m 은 다음과 같다.

$$m = \left|\frac{b}{a}\right| = \frac{\text{상의 크기}}{\text{물체의 크기}}$$

배율 부호	(+)	(−)
m	도립상	정립상

개념확인 6

정답 및 해설 76쪽

다음은 렌즈의 공식에서 각각의 부호에 대한 설명이다. 알맞은 말을 각각 고르시오.

> 렌즈 중심에서 상까지의 거리 b 의 부호는 상이 물체와 반대 쪽에 있는 경우 (㉠ + ㉡ −), 물체와 같은 쪽에 있는 경우 (㉠ + ㉡ −)이고, 초점 거리 f 의 부호는 볼록 렌즈의 경우 (㉠ + ㉡ −), 오목 렌즈의 경우 (㉠ + ㉡ −)이다.

확인 + 6

오목 렌즈에서 왼쪽으로 30 cm 떨어진 광축 위의 지점에 8 cm 물체가 놓여 있다. 렌즈의 초점 거리가 10 cm 일 때, ㉠ 상의 위치와 ㉡ 상의 크기를 각각 구하시오.

㉠ 렌즈의 (　　) 쪽으로 (　　) cm, ㉡ (　　) cm

● 실상과 허상

거울이나 렌즈를 지난 후 실제 빛이 모이는 위치에 만들어지는 상을 실상, 퍼져 나간 빛의 반대쪽 연장선의 교점에 만들어지는 상을 허상이라고 한다.

● 렌즈의 초점

① 렌즈의 초점은 2 개이고, 렌즈에서 두 초점 사이의 거리는 서로 같다.
② 렌즈 재료의 굴절률이 클수록, 렌즈 표면이 많이 굽어 있을수록 초점 거리가 짧다.

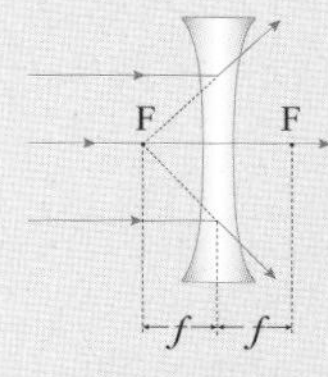

▲ 오목 렌즈

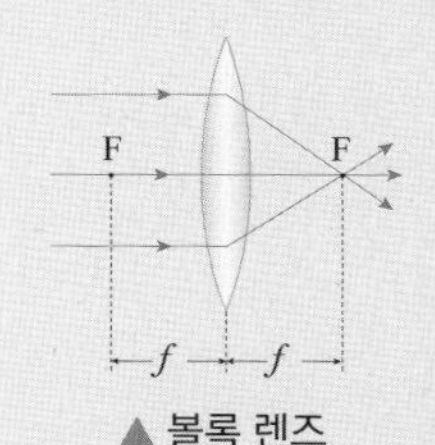

▲ 볼록 렌즈

● 렌즈에 의한 상의 작도

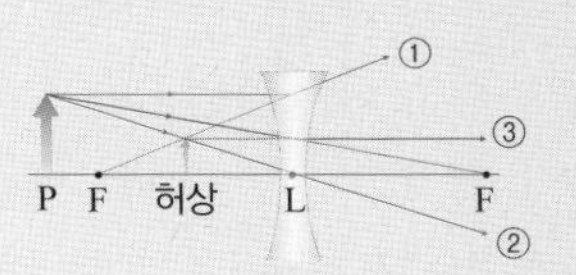

▲ 오목 렌즈

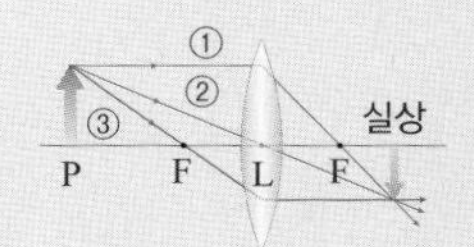

▲ 볼록 렌즈

1. 광축과 나란하게 입사한 빛은 렌즈를 지난 후, 초점을 지나거나 초점에서 나온 것처럼 굴절한다.(광선 ①)
2. 렌즈의 중심(L)을 향하여 입사한 빛은 렌즈를 지난 후 그대로 직진한다. (광선 ②)
3. 초점(F)을 향하여 입사한 빛은 렌즈를 지난 후 광축에 평행하게 진행한다. (광선 ③)

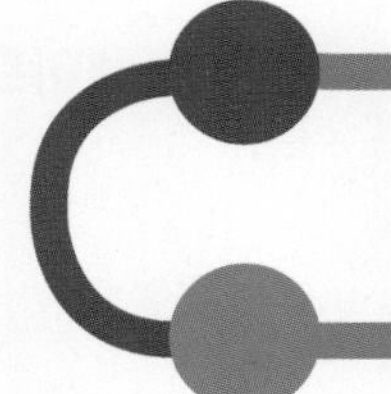

개념 다지기

01

다음 중 파동의 반사에 대한 설명으로 옳은 것은 ○ 표, 옳지 않은 것은 × 표 하시오.

(1) 파동이 반사할 때 파동의 속력, 파장, 진동수, 진폭은 변하지 않는다. ( )

(2) 입사파와 반사파의 위상차가 π인 반사를 자유단 반사라고 한다. ( )

(3) 파동이 밀한 매질에서 소한 매질로 진행할 때 경계면에서 고정단 반사가 일어난다. ( )

02

다음 그림과 같이 줄을 따라 파동이 화살표 방향으로 각각 진행하였다. 이때 입사파와 반사파의 위상이 바뀌지 않는 경우를 바르게 짝지은 것은?

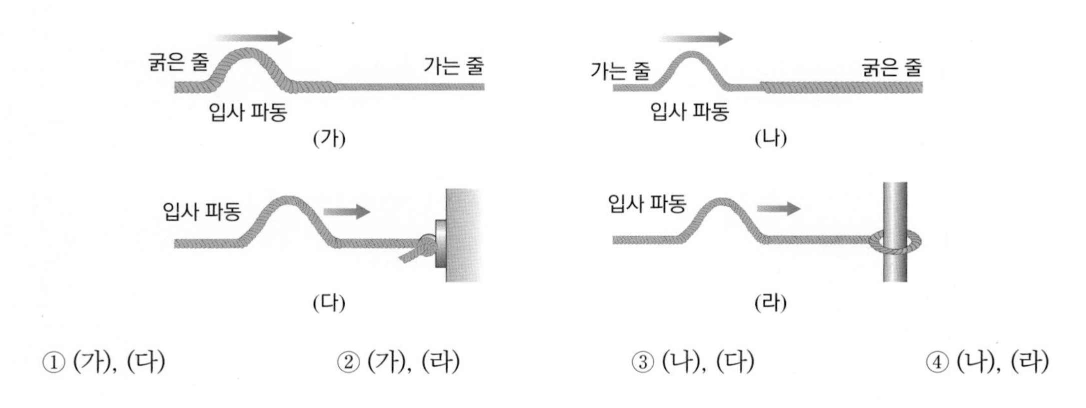

① (가), (다) ② (가), (라) ③ (나), (다) ④ (나), (라)

03

파동의 굴절과 관련된 설명으로 옳은 것만을 <보기> 에서 있는 대로 고른 것은?

〈 보기 〉

ㄱ. 파동이 매질 1 에서 매질 2 로 입사하여 굴절할 때 두 매질에서 파장의 비는 항상 일정하다.

ㄴ. 빛이 진공에서 어떤 물질로 입사하여 굴절할 때, 진공에 대한 물질의 굴절률은 항상 1 보다 작다.

ㄷ. 파동이 굴절할 때 파동의 속력은 변하지만, 진동수는 변하지 않는다.

① ㄱ ② ㄷ ③ ㄱ, ㄴ ④ ㄱ, ㄷ ⑤ ㄱ, ㄴ, ㄷ

04

오른쪽 그림과 같이 공기 중에서 어떤 매질 속으로 파동이 진행하고 있다. 공기에 대한 매질의 굴절률은?

① $\frac{1}{\sqrt{3}}$ ② 1 ③ $\sqrt{3}$

④ $\frac{1}{2}$ ⑤ 2

05 그림 (가) 와 같이 굴절률이 1.5 인 유리로 만든 정삼각형 프리즘을 어떤 물질 위에 놓고 빛을 입사시켰더니 경계면에서 전반사가 일어났다. 프리즘 밑에 놓인 물질로 가능한 것만을 표 (나) 에서 모두 고른 것은? (단, $\sqrt{3}$ 은 1.7 로 계산한다.)

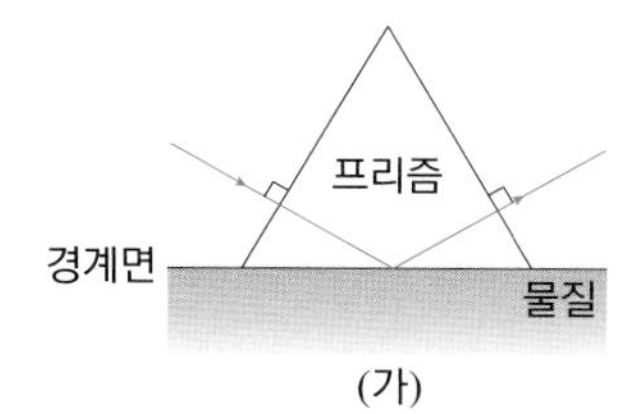

(가)

물질	A	B	C	D
굴절률	1.36	1.30	1.70	1.05

(나)

① C ② D ③ A, B ④ C, D ⑤ A, B, D

06 무한이가 물속에서 공기 중에 날고 있는 잠자리를 올려다보고 있다. 잠자리가 물 표면으로부터 60cm 거리에서 날고 있는 것으로 보였다면, 실제 물 표면으로부터 잠자리까지의 거리는 몇 cm 인가? (단, 공기와 물의 굴절률은 각각 1, 1.33 이다.)

① 40 cm ② 45 cm ③ 60 cm ④ 80 cm ⑤ 90 cm

07 거울과 렌즈에 의한 상에 대한 설명으로 옳은 것만을 <보기> 에서 있는 대로 고른 것은?

〈 보기 〉

ㄱ. 볼록 거울과 오목 렌즈에 의한 상은 항상 물체보다 작은 정립 허상이다.
ㄴ. 거울에 입사한 모든 빛에는 반사 법칙이 성립한다.
ㄷ. 오목 거울에 의한 상은 물체의 위치에 따라 달라지며, 정립 실상과 축소된 도립 허상이 생긴다.

① ㄱ ② ㄴ ③ ㄱ, ㄴ ④ ㄴ, ㄷ ⑤ ㄱ, ㄴ, ㄷ

08 다음 중 볼록 렌즈에 의해 생길 수 없는 상은 무엇인가?

① 실물과 같은 크기의 도립 실상
② 실물보다 축소된 크기의 도립 실상
③ 실물보다 확대된 크기의 도립 실상
④ 실물보다 축소된 크기의 정립 허상
⑤ 실물보다 확대된 크기의 정립 허상

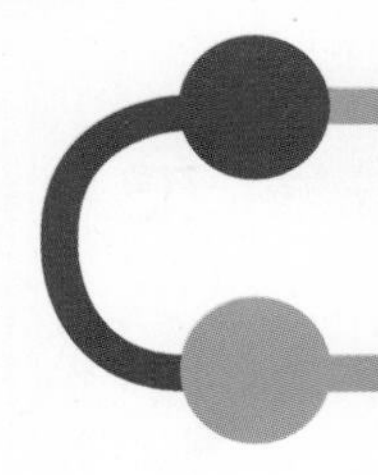

유형익히기&하브루타

유형22-1 파동의 반사

다음 그림은 밀도가 균일한 팽팽한 줄에 발생한 펄스파가 줄이 고정되어 있는 벽을 향하여 진행하고 있는 순간의 모습을 나타낸 것이다. 펄스파의 마루가 벽과 2 m 떨어진 순간이라면, 10 초 후 펄스파의 모양으로 옳은 것은? (단, 펄스파의 속력은 0.4 m/s 이다.)

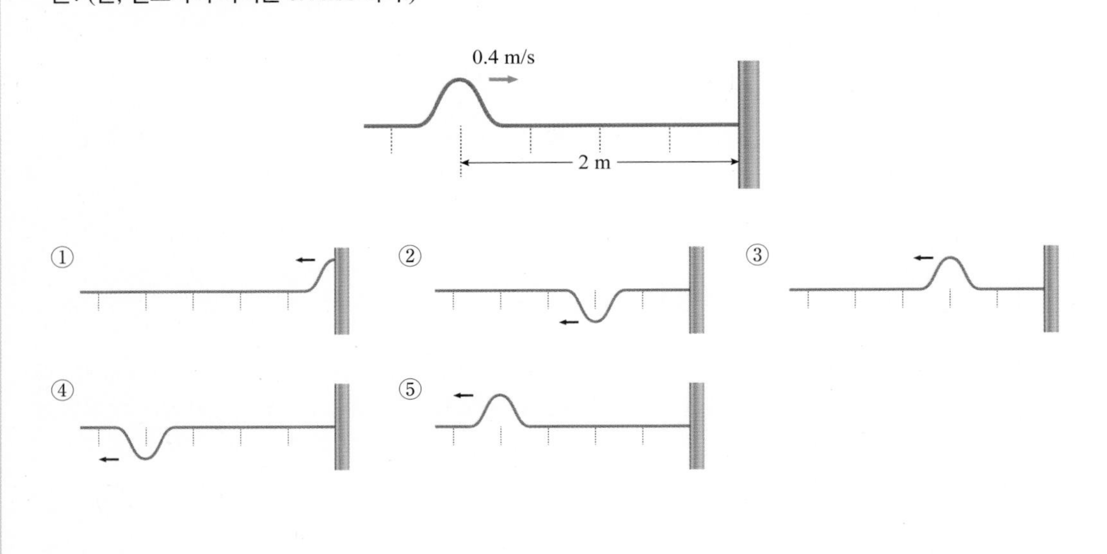

01 다음 그림은 수면파 실험 장치에서 발생한 물결파가 플라스틱 막대 표면에 반사되어 진행하는 모습을 나타낸 것이다. 이에 대한 설명으로 옳은 것만을 <보기> 에서 있는 대로 고른 것은?

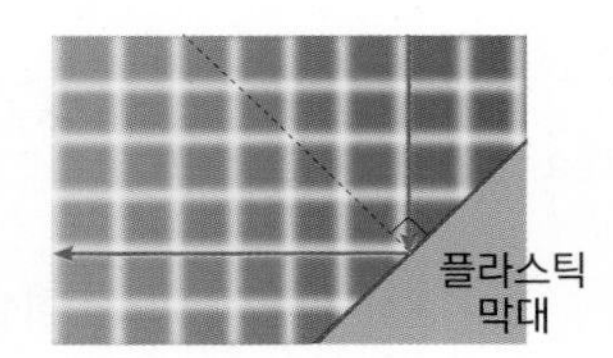

〈 보기 〉

ㄱ. 반사 법칙이 성립한다.
ㄴ. 파면과 파동의 진행 방향은 수직이다.
ㄷ. 입사파와 반사파의 파장은 같고, 반사파의 진동수는 입사파보다 작다.

① ㄱ ② ㄴ ③ ㄷ
④ ㄱ, ㄴ ⑤ ㄱ, ㄴ, ㄷ

02 다음 그림은 같은 재질로 만들어 진 굵은 줄과 가는 줄이 연결된 줄에 진행하는 파동의 모습을 나타낸 것이다. 이에 대한 설명으로 옳은 것만을 <보기> 에서 있는 대로 고른 것은?

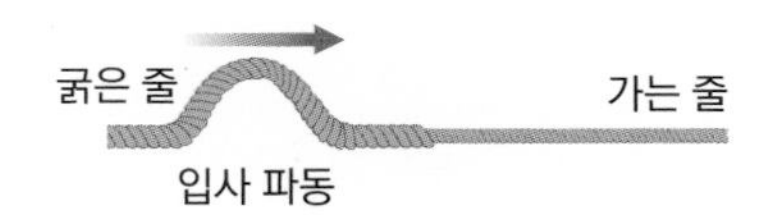

〈 보기 〉

ㄱ. 줄의 경계면에서는 고정단 반사가 일어난다.
ㄴ. 굵은 줄과 가는 줄의 경계면에서 반사되는 반사파와 투과되는 투과파의 위상은 같다.
ㄷ. 투과파의 속력이 반사파의 속력보다 빠르다.

① ㄱ ② ㄴ ③ ㄱ, ㄷ
④ ㄴ, ㄷ ⑤ ㄱ, ㄴ, ㄷ

유형22-2 파동의 굴절

다음 그림은 깊이가 서로 다른 영역 A 에서 B 로 물결파가 진행하고 있는 것을 나타낸 것이다. 이에 대한 설명으로 옳은 것만을 <보기> 에서 있는 대로 고른 것은?

〈 보기 〉

ㄱ. A 가 B 보다 깊다.
ㄴ. 두 영역에서 물결파 파장의 비는 입사각과 굴절각의 비와 같다.
ㄷ. A 에 대한 B 의 상대 굴절률이 B 에 대한 A 의 상대 굴절률보다 크다.

① ㄱ ② ㄴ ③ ㄱ, ㄷ ④ ㄴ, ㄷ ⑤ ㄱ, ㄴ, ㄷ

03 다음 그림은 굴절률이 1.5 인 매질 (가) 에서 굴절률이 2 인 매질 (나) 로 진행하는 파동의 모습을 나타낸 것이다. 이에 대한 설명으로 옳은 것만을 <보기> 에서 있는 대로 고른 것은?

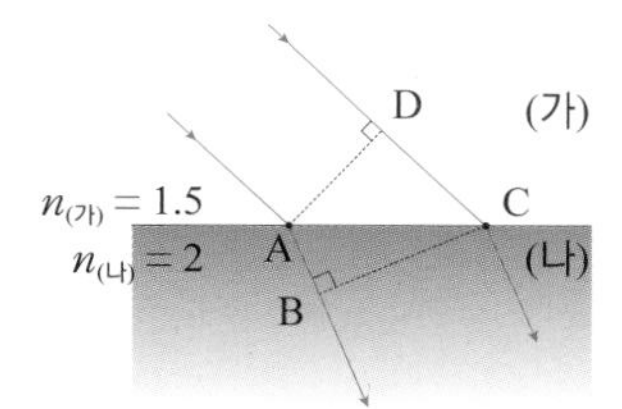

〈 보기 〉

ㄱ. 물결파일 경우, A 와 B 사이에 10 개의 파면이 들어간다면 C 와 D 사이에도 10 개의 파면이 들어간다.
ㄴ. (나) 에서 파동의 속력은 (가) 에서 파동의 속력의 0.75 배이다.
ㄷ. 파동이 (나) 에서 입사각 60°로 (가) 로 입사할 경우 전반사가 일어난다.

① ㄱ ② ㄴ ③ ㄱ, ㄷ ④ ㄴ, ㄷ ⑤ ㄱ, ㄴ, ㄷ

04 다음 그림은 물결파가 매질 1 에서 매질 2 로 진행할 때의 파면을 나타낸 것이다. 매질 1 과 매질 2 에서 각각 매질의 경계면과 파면이 이루는 각이 45°, 30° 일 때, 이에 대한 설명으로 옳은 것만을 <보기> 에서 있는 대로 고른 것은?

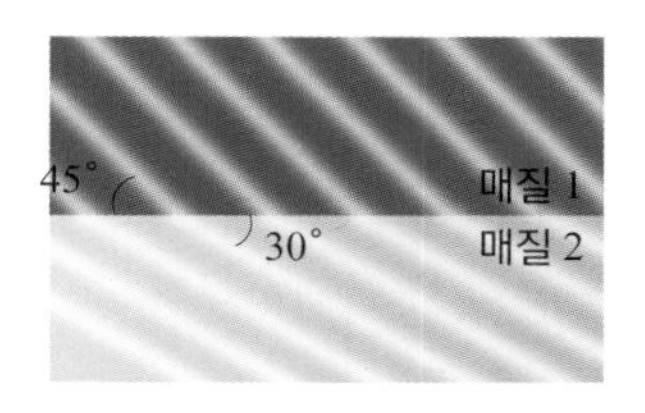

〈 보기 〉

ㄱ. 물결파의 굴절각은 60°이다.
ㄴ. 매질 1 에서 속력은 매질 2 에서 속력의 $\sqrt{2}$ 배이다.
ㄷ. 매질 1 에 대한 매질 2 의 굴절률은 $\frac{\sqrt{2}}{2}$ 이다.

① ㄱ ② ㄴ ③ ㄷ ④ ㄴ, ㄷ ⑤ ㄱ, ㄴ, ㄷ

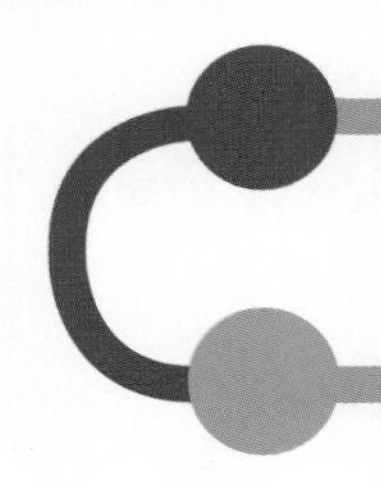

유형익히기&하브루타

유형22-3 빛의 반사와 굴절에 의한 현상

오른쪽 그림은 매질 3 으로부터 파장이 서로 다른 두 광선 A, B 가 굴절률이 n_1 인 매질 1 에 같은 각도로 입사하여 굴절률이 n_2 인 매질 2 로 진행하는 과정을 각각 나타낸 것이다. 이에 대한 설명으로 옳은 것만을 <보기> 에서 있는 대로 고른 것은? (단, 매질 1, 2 의 두께는 같고, 모두 균일한 밀도를 갖는다.)

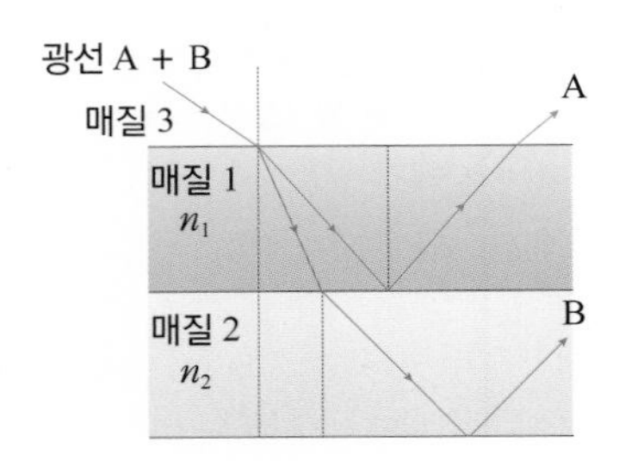

〈 보기 〉

ㄱ. $n_1 > n_2$
ㄴ. 광선 A 의 파장이 광선 B 의 파장보다 길다.
ㄷ. 광선 A 의 매질 1 과 2 에서 임계각은 $\frac{n_2}{n_1}$ 이다.
ㄹ. 광선 A 가 매질 1 에서 매질 2 로 진행할 때 입사각은 임계각보다 작다.

① ㄱ, ㄴ ② ㄴ, ㄷ ③ ㄷ, ㄹ ④ ㄱ, ㄴ, ㄷ ⑤ ㄱ, ㄴ, ㄹ

05 다음 그림은 공기 중에서 진행하던 단색광이 매질 A 와 B 를 순서대로 통과하는 모습을 나타낸 것이다. 이에 대한 설명으로 옳은 것만을 <보기> 에서 있는 대로 고른 것은? (단, 매질 A와 B의 굴절률은 각각 n_A, n_B 이다.)

[수능 평가원 기출 유형]

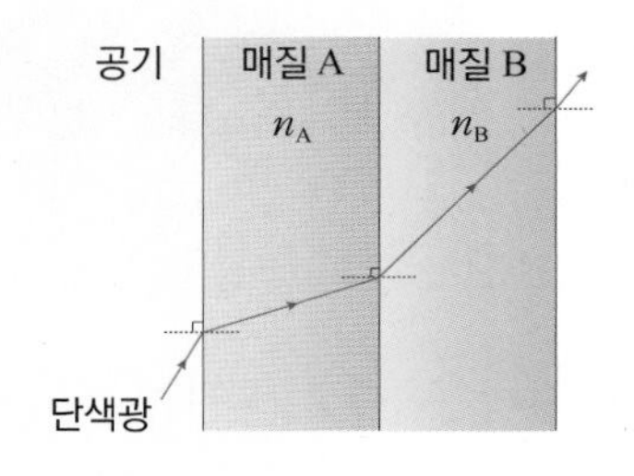

〈 보기 〉

ㄱ. $n_A > n_B$
ㄴ. 공기의 굴절률은 매질 A 의 굴절률보다 크다.
ㄷ. 단색광의 속력은 매질 A 에서보다 매질 B 에서 더 빠르다.

① ㄱ ② ㄷ ③ ㄱ, ㄷ
④ ㄴ, ㄷ ⑤ ㄱ, ㄴ, ㄷ

06 다음 그림은 섞이지 않는 두 액체 A 와 B 가 깊이가 58 cm 인 용기에 담겨 있는 것을 나타낸 것이다. 액체 A 와 B 의 깊이는 각각 28 cm, 30 cm 이고, A 와 B 의 굴절률은 각각 1.4, 1.5 이다. 이때 바닥의 겉보기 깊이는 몇 cm 인가? (단, 공기의 굴절률은 1 이다.)

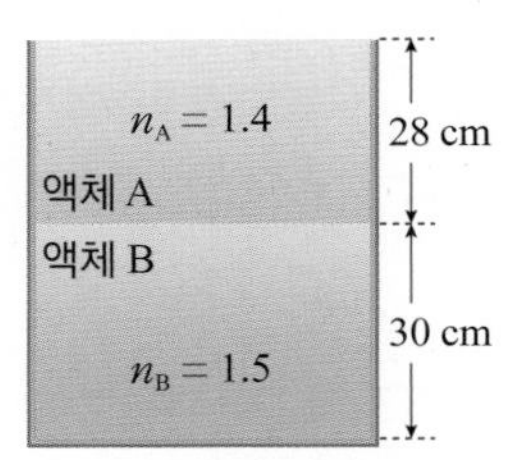

① 20 cm ② 30 cm ③ 40 cm
④ 50 cm ⑤ 58 cm

유형22-4 거울과 렌즈에 의한 상

오른쪽 그림은 오목 거울에서 50 cm 떨어진 광축 위의 한 점에 램프가 놓여 있는 것을 나타낸 것이다. 이때 램프에서 나온 광선 A 는 광축과 나란하게 진행하고, 광선 B 는 초점 F 를 지난다. 이에 대한 설명으로 옳은 것만을 <보기> 에서 있는 대로 고른 것은? (단, O, M 은 각각 거울의 구심과 중심을 나타내며, 이들 사이의 거리는 40 cm 이다.)

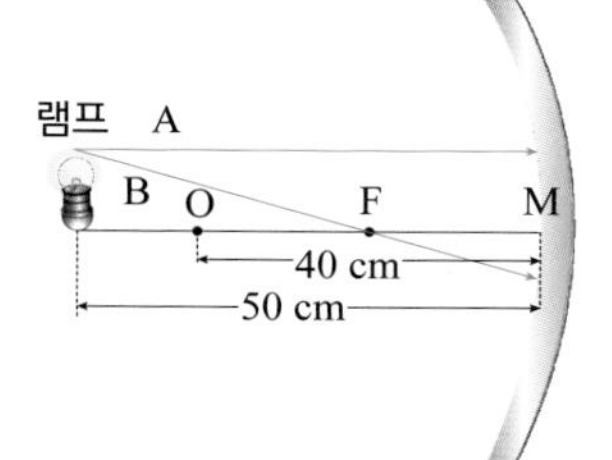

〈 보기 〉

ㄱ. 거울과 반사 후 광선 A는 초점 F를 지나고, 광선 B는 광축과 나란하게 진행한다.
ㄴ. 오목 거울 위치에 볼록 렌즈를 놓으면 도립 실상이 생긴다.
ㄷ. 램프 크기의 0.66 배 크기의 상이 생긴다.
ㄹ. 램프를 O 점으로 이동할수록 상의 크기는 작아지고, 상의 위치는 거울 중심으로부터 점점 멀어진다.

① ㄱ, ㄴ ② ㄴ, ㄷ ③ ㄷ, ㄹ ④ ㄱ, ㄴ, ㄷ ⑤ ㄱ, ㄴ, ㄷ, ㄹ

07 다음 중 거울에 의한 상에 대한 설명으로 옳은 것만을 <보기> 에서 있는 대로 고른 것은?

〈 보기 〉

ㄱ. 평면거울에 의한 상은 항상 정립 실상이다.
ㄴ. 오목 거울에 의한 허상은 항상 물체보다 작다.
ㄷ. 오목 거울에 의한 상이 거울 앞쪽에 생길 때는 도립상, 뒤쪽에 생길 때는 정립상이다.
ㄹ. 볼록 거울에 의한 상은 항상 정립 허상이다.

① ㄷ ② ㄹ ③ ㄷ, ㄹ
④ ㄱ, ㄷ, ㄹ ⑤ ㄴ, ㄷ, ㄹ

08 크기가 2 cm인 물체가 초점 거리가 20 cm 인 볼록 렌즈의 중심으로부터 왼쪽 10 cm 지점에 놓여 있다. 이 물체에 의한 ㉠ 상의 크기, ㉡ 렌즈의 중심으로부터의 위치, ㉢ 상의 종류를 바르게 짝지은 것은?

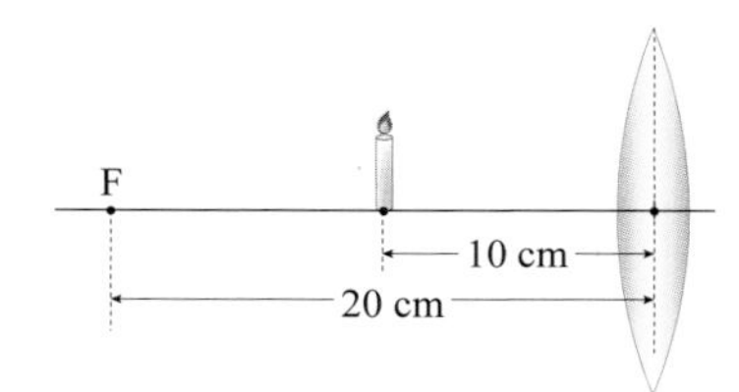

	㉠	㉡	㉢
①	1 cm	오른쪽 20 cm	정립 허상
②	1 cm	오른쪽 20 cm	도립 실상
③	2 cm	왼쪽 20 cm	정립 실상
④	4 cm	왼쪽 20 cm	정립 허상
⑤	4 cm	왼쪽 20 cm	도립 실상

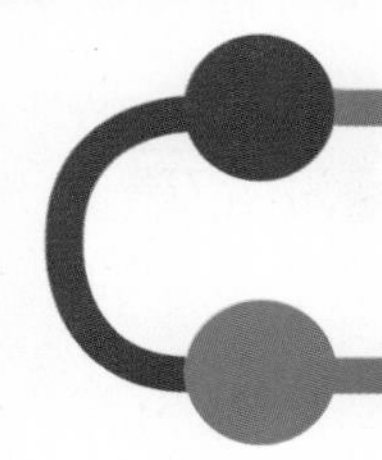

창의력&토론마당

01 다음 설명은 하위헌스 원리로 증명한 반사 법칙을 나타낸 것이다. 빈칸에 들어갈 말을 각각 쓰시오.

오른쪽 그림과 같이 입사파의 파면 AB 가 반사면 MM′에 비스듬히 입사하고 있다. 이때 A 가 반사면에 도달하였을 때, B는 아직 반사면에 도달하지 못한다.

파동이 일정한 속력 v 로 매질 속을 진행하므로, B를 통과한 파동이 시간 t 동안에 B′ 에 도달한 거리 BB′ = (㉠)이고, 그동안 A 로부터 생긴 구면파는 A 를 중심으로 같은 거리의 반지름 (㉠)의 반원 위에 도달한다.

한편 B′ 에서 그 반원 위에 그은 접선의 접점을 A′ 이라고 하면, 선분 AA′ = (㉡)이다. 따라서 하위헌스 원리에 의하여 반사 후의 파면은 (㉢)이 되고, 반사파는 (㉢)에 수직한 방향으로 진행한다. 이때 △ABB′ 과 (㉣)은 합동이므로 입사각 i 와 반사각 i'은 같다.

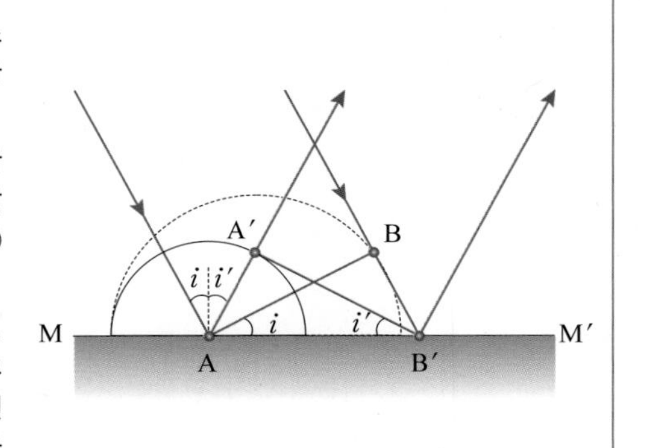

㉠ (　　　　　　), ㉡ (　　　　　　), ㉢ (　　　　　　), ㉣ (　　　　　　),

02 다음 그림은 무한이가 연못가에 서서 수면의 수직선과 45°의 각도로 물속을 내려다 보고 있는 것을 나타낸 것이다. 연못 속에 있는 물고기는 수면에서 1.5 m 아래에 있다면, 무한이는 물고기가 수면 아래 몇 m 깊이에 있는 것으로 보이겠는가? 다음 표를 참고로 하여 구하시오. (단, 공기의 굴절률은 1, 물의 굴절률은 1.33 , $\sqrt{2}$는 1.414로 계산한다.)

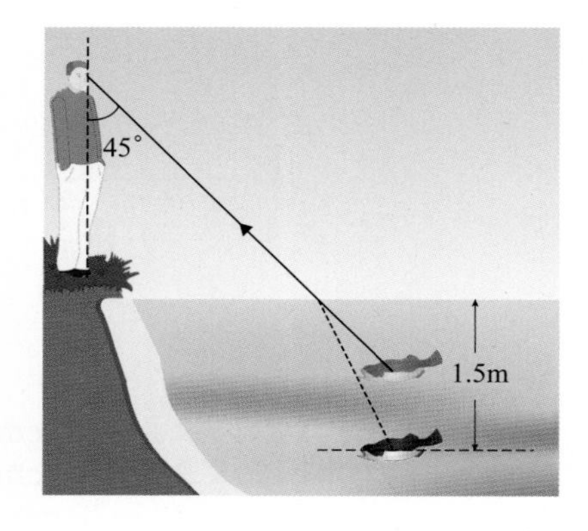

θ	$\sin\theta$	$\tan\theta$
30	0.5	0.58
32	0.53	0.62
34	0.56	0.67
36	0.59	0.73
38	0.62	0.78
40	0.64	0.84
45	0.70	1

03

그림 (가) 는 굴절률이 n 인 정사각형 물체에 빛이 법선으로부터 30°의 각도로 입사한 후, 오른쪽 면에서 경계를 따라 진행하는 것을 나타낸 것이다. 그림 (나) 는 그림 (가) 의 정사각형 물체를 대각선으로 잘라 두 개의 직각 삼각형 ㉠ 과 ㉡ 으로 나눈 후, 다시 붙여 큰 직각 삼각형을 만든 것을 나타낸 것이다. 물음에 답하시오. (단, 공기의 굴절률은 1 이다.)

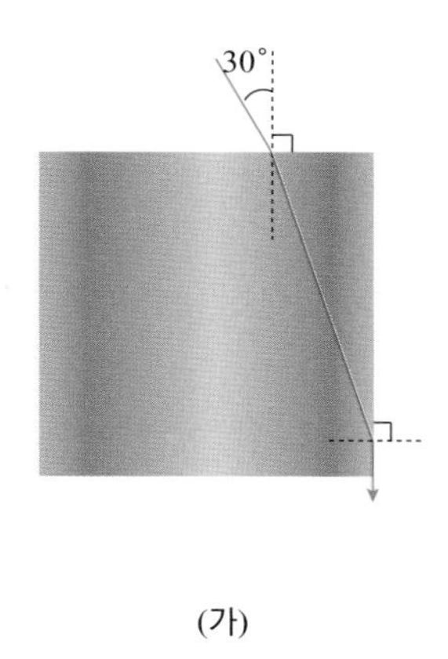

(가)

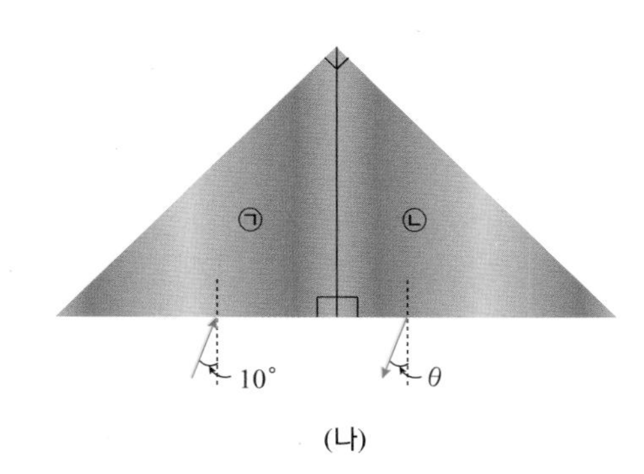

(나)

(1) 이 물체의 굴절률 n 을 구하시오.

(2) 그림 (나) 에서 직각삼각형 ㉠ 의 법선에 대해 10°의 각도로 입사한 빛이 굴절, 반사, 반사, 굴절 을 거친 후 직각삼각형 ㉡ 의 아랫면으로 나왔다. 빛이 나올 때 직각삼각형 ㉡ 의 법선과 이루는 각도 θ 를 구하시오. (단, 직각삼각형 ㉠ 과 ㉡ 사이의 공기층은 무시한다.)

04 다음 그림은 한 변의 길이가 10 cm 인 밀도가 균일한 유리로 만들어진 정육면체의 정중앙에 작은 점이 있는 것을 나타낸 것이다. 유리의 굴절률이 1.5 일 때, 보는 방향에 상관없이 정중앙에 있는 점이 보이지 않게 하기 위해서는 각 면의 어느 부분을 각각 가려야 할까? (단, 정육면체 내부에서 반사된 후 굴절되어 공기 중으로 나오는 빛은 무시하며, $\sqrt{5}$ = 2.24 로 계산한다.)

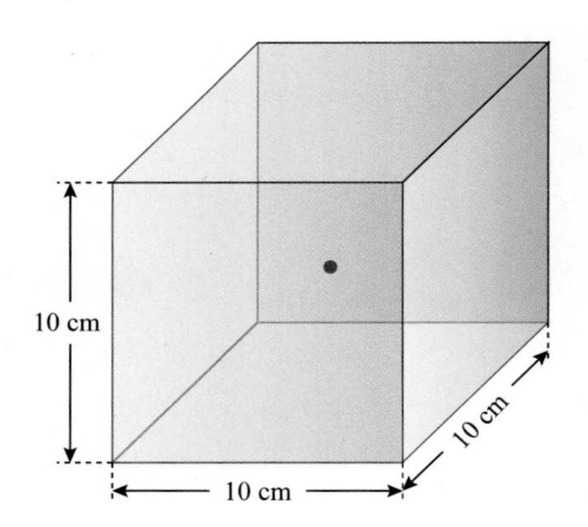

05 다음 그림은 바닥이 평면거울로 되어 있는 깊이가 2 m 인 통 속에 물이 가득 담겨 있고, 수면 위로 2.5 m 되는 지점에 전구가 매달려있는 것을 나타낸 것이다. 이때 거울에 비친 전구의 상은 거울로부터 얼마의 거리에 생기겠는가? (단, 빛의 경로가 전구를 지나는 수직축에 매우 가까우므로, $\sin\theta \approx \tan\theta \approx \theta$ 를 사용하고, 물의 굴절률은 1.33 이다.)

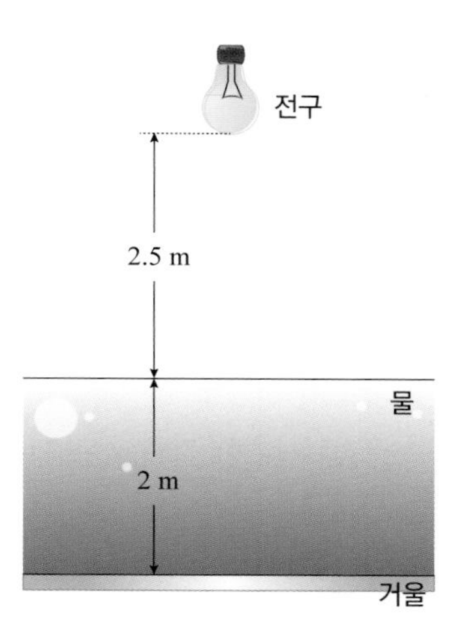

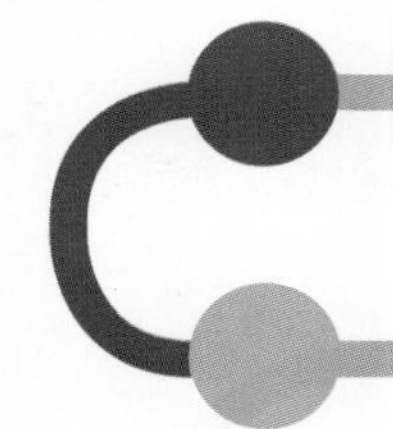

스스로 실력높이기

A

01 다음 중 파동의 반사와 관련된 설명으로 옳은 것은 ○ 표, 옳지 않은 것은 × 표 하시오.

(1) 난반사가 일어날 때에도 반사 법칙은 성립한다. (　　)

(2) 정반사는 사물을 볼 수 있는 원리가 된다. (　　)

(3) 파동이 반사할 때, 두 매질의 상대적인 성질에 따라 반사되는 파동의 위상이 달라진다. (　　)

02 다음 그림과 같이 줄을 따라 파동이 화살표 방향으로 각각 진행하였다. 이때 입사파와 반사파의 위상이 정반대가 되는 경우를 모두 고르시오.

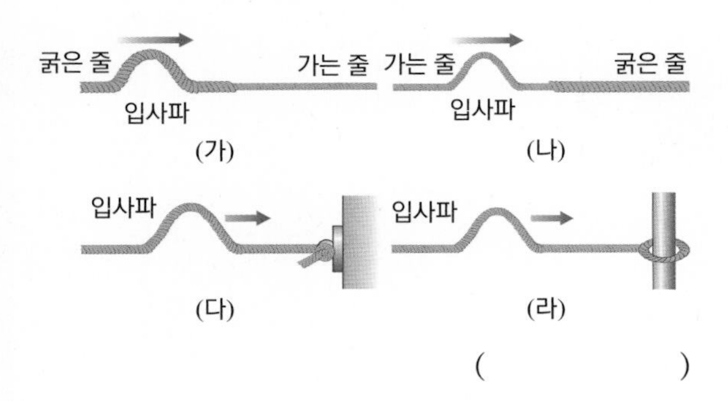

(　　　　　)

03 다음 그림은 물결파가 A 에서 B 로 진행하는 모습을 나타낸 것이다. A 에서 물결파가 경계면과 이루는 각은 45°, B 에서 물결파가 경계면과 이루는 각은 60° 이다. 파동의 진행에 대한 설명으로 옳은 것만을 <보기> 에서 있는 대로 고른 것은?

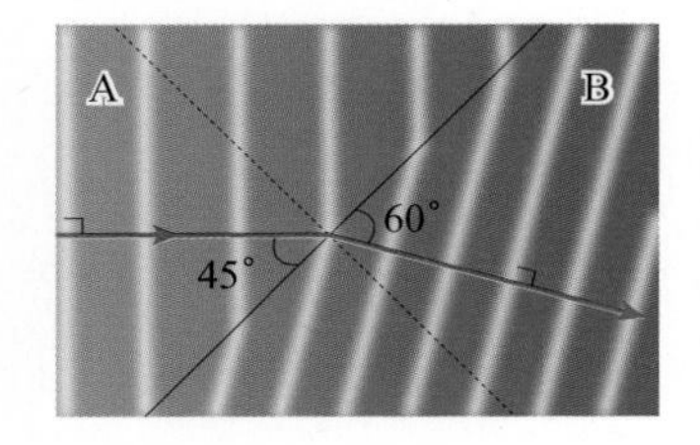

〈 보기 〉

ㄱ. 파동의 굴절각은 30°이다.
ㄴ. 물의 깊이는 A 보다 B 가 더 깊다.
ㄷ. A 에서 B 로 진행할 때 파장은 짧아지고, 속력은 느려진다.

① ㄱ　② ㄴ　③ ㄷ
④ ㄱ, ㄷ　⑤ ㄱ, ㄴ, ㄷ

04 다음 그림은 물결파가 매질 1 에서 매질 2 로 진행할 때 파면의 모양을 나타낸 것이다. 매질 1과 매질 2의 ㉠ 굴절률의 비($n_1 : n_2$)와 ㉡ 물결파 파장의 비($\lambda_1 : \lambda_2$)를 바르게 짝지은 것은?

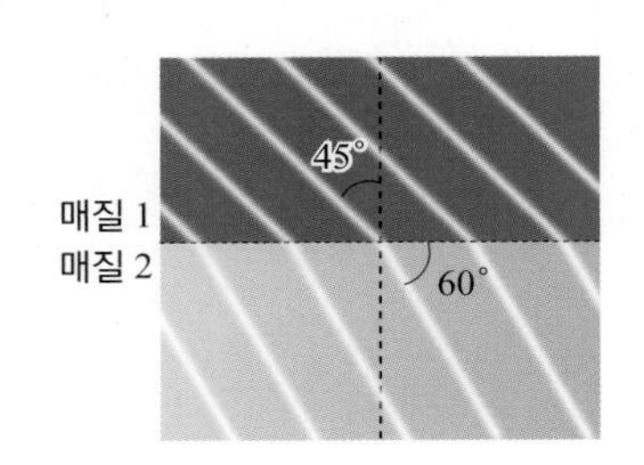

	㉠	㉡
①	$\sqrt{2} : 1$	$\sqrt{2} : 1$
②	$1 : \sqrt{2}$	$\sqrt{2} : 1$
③	$\sqrt{2} : \sqrt{3}$	$\sqrt{2} : \sqrt{3}$
④	$\sqrt{3} : \sqrt{2}$	$\sqrt{2} : \sqrt{3}$
⑤	$1 : \sqrt{2}$	$1 : \sqrt{2}$

05 다음 그림과 같이 빛이 굴절률이 1.5 인 유리에서 입사하여 굴절률이 1.3 인 물로 진행할 때, 빛의 성질 변화에 대한 설명으로 옳은 것만을 <보기> 에서 있는 대로 고른 것은?

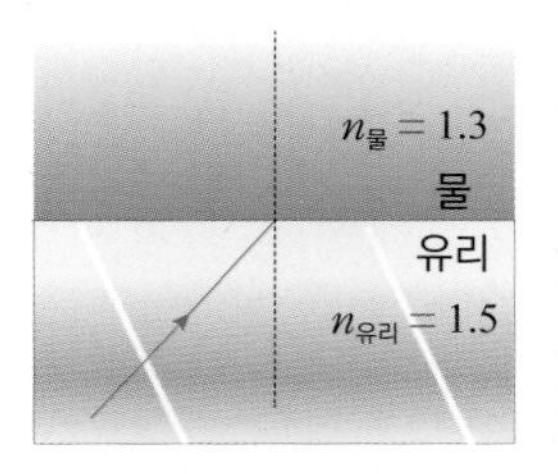

〈 보기 〉

ㄱ. 속력이 느려진다.
ㄴ. 파장이 길어진다.
ㄷ. 입사각이 굴절각보다 크다.

① ㄱ　② ㄴ　③ ㄷ
④ ㄱ, ㄴ　⑤ ㄴ, ㄷ

06 다음 중 전반사에 대한 설명으로 옳은 것은 ○ 표, 옳지 않은 것은 × 표 하시오.

(1) 빛이 속력이 빠른 매질에서 속력이 느린 매질로 진행할 때 일어날 수 있다. ( )
(2) 두 매질의 굴절률의 차이가 클수록 작은 입사각에서 전반사가 일어난다. ( )
(3) 입사각이 임계각보다 클 때 일어난다. ( )

07 수면 위에서 어항 속 금붕어를 보았을 때 그림과 같이 수면 아래 20 cm 위치에 있는 것처럼 보였다. 실제 금붕어의 위치는 수면 아래 몇 cm 인가? (단, 공기의 굴절률은 1, 물의 굴절률은 1.3 이다.)

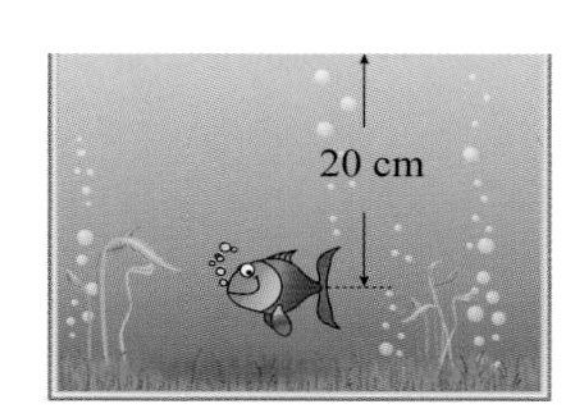

( ) cm

08 구면 반지름이 40 cm 인 볼록 거울 앞 30 cm 위치의 광축 위에 물체가 놓여 있다. 상에 대한 설명으로 옳은 것은?

① 거울 뒤 12 cm 위치에 축소된 정립 허상이 생긴다.
② 거울 뒤 12 cm 위치에 확대된 정립 허상이 생긴다.
③ 거울 뒤 60 cm 위치에 축소된 정립 허상이 생긴다.
④ 거울 뒤 60 cm 위치에 확대된 정립 허상이 생긴다.
⑤ 거울 뒤 12 cm 위치에 같은 크기의 도립 실상이 생긴다.

09 어떤 렌즈 앞 40 cm 위치의 렌즈 축 상의 한 점에 물체가 놓여 있다. 이때 물체의 상이 렌즈 뒤 120 cm 위치에 생겼다면, 이 렌즈의 종류와 초점 거리 f 를 바르게 짝지은 것은?

	종류	f		종류	f
①	오목 렌즈	30 cm	②	볼록 렌즈	30 cm
③	오목 렌즈	40 cm	④	볼록 렌즈	40 cm
⑤	볼록 렌즈	50 cm			

10 다음은 배율에 대한 설명이다. 빈칸에 들어갈 말을 각각 쓰시오.

물체에서 광학 기기의 중심까지의 거리를 a, 광학 기기의 중심에서 상까지의 거리를 b 라고 할 때, 배율 m 은 다음과 같다.

$$m = \left|\frac{(㉠)}{(㉡)}\right| = \frac{(㉢)\text{의 크기}}{(㉣)\text{의 크기}}$$

이때 m 의 부호가 (+)일 경우 (㉤)상, (−)일 경우 (㉥)상이 만들어진다.

스스로 실력높이기

B

11 다음 그림과 같이 두 평면거울이 직각을 이루고 있을 때 거울 A와 30°를 이루며 단색광이 입사하였다. 이에 대한 설명으로 옳은 것만을 <보기> 에서 있는 대로 고른 것은?

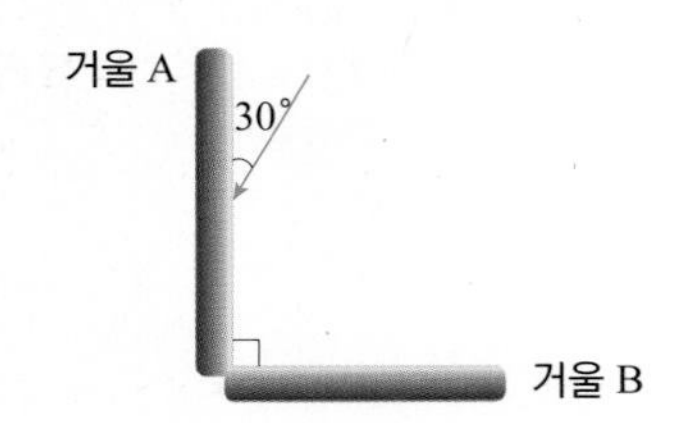

〈 보기 〉

ㄱ. 단색광이 거울 A 에서 반사할 때 고정단 반사를 한다.
ㄴ. 거울 A 에 입사하는 광선과 거울 B 에서 반사하는 광선은 서로 평행하다.
ㄷ. 거울 A 에서 입사광과 반사광이 이루는 각도는 90° 이다.

① ㄱ ② ㄴ ③ ㄷ
④ ㄱ, ㄴ ⑤ ㄱ, ㄴ, ㄷ

12 다음 그림은 물결파가 매질 1, 2 의 경계면에서 굴절하면서 진행하는 것을 나타낸 것이다. 이때 매질 1, 2 에서 물결파의 파장은 각각 λ_1, λ_2 이며. $\lambda_1 > \lambda_2$ 이다. 이에 대한 설명으로 옳은 것만을 <보기> 에서 있는 대로 고른 것은?

[수능 기출 유형]

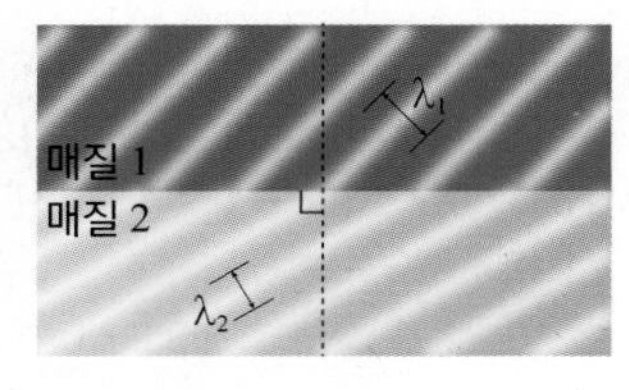

〈 보기 〉

ㄱ. 매질의 경계면에서 굴절한 후 물결파의 속력은 느려진다.
ㄴ. 물결파가 매질 2 보다 큰 굴절률을 가진 매질을 통과할 경우 파장은 λ_2 보다 짧아진다.
ㄷ. 매질 1 에 대한 매질 2 의 굴절률은 $\frac{\lambda_1}{\lambda_2}$ 이다.

① ㄱ ② ㄴ ③ ㄷ
④ ㄱ, ㄴ ⑤ ㄱ, ㄴ, ㄷ

13 다음 그림과 같이 파장이 500 nm 인 초록색 단색광이 공기에서 30° 각도로 물속으로 입사하고 있다. 이때 물속에서 진행하는 빛에 대한 설명으로 옳은 것만을 <보기> 에서 있는 대로 고른 것은? (단, 진공 속에서 빛의 속도는 3×10^8 m/s이고, 물의 굴절률은 1.3 이다.)

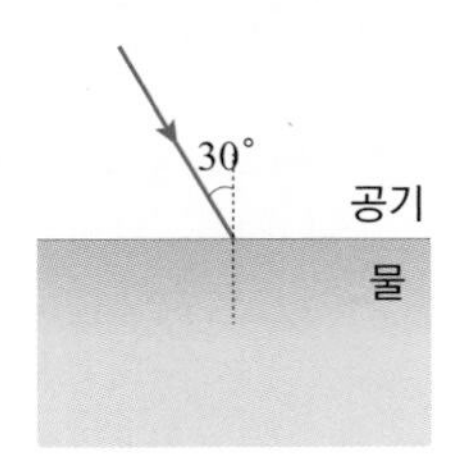

〈 보기 〉

ㄱ. 물속에서 빛의 진동수는 6×10^{14} Hz 로 굴절되기 전과 같다.
ㄴ. 물속에서 빛의 속도는 2.3×10^8 m 이다.
ㄷ. 물속에서 빛의 파장은 260 nm 이다.

① ㄱ ② ㄴ ③ ㄷ
④ ㄱ, ㄴ ⑤ ㄱ, ㄴ, ㄷ

14 다음 표는 여러 가지 물질의 절대 굴절률을 나타낸 것이다. 이와 관련된 설명으로 옳은 것만을 <보기> 에서 있는 대로 고른 것은?

물질	공기	물	유리	다이아몬드
굴절률	1.00	1.33	1.52	2.42

〈 보기 〉

ㄱ. 빛이 다이아몬드에서 공기로 진행할 때 전반사가 일어날 수 있다.
ㄴ. 빛이 공기에서 물로 진행할 때보다 물에서 유리로 진행할 때 경계면에서 더 작게 꺾인다.
ㄴ. 공기에 대한 유리의 굴절률은 약 0.66 이다.

① ㄱ ② ㄴ ③ ㄱ, ㄴ
④ ㄱ, ㄷ ⑤ ㄱ, ㄴ, ㄷ

15 다음 <보기> 에서 파동의 위상 변화가 같은 형태로 나타나는 경우를 골라 바르게 짝지은 것은?

〈 보기 〉

ㄱ. 빛이 거울에서 반사할 때
ㄴ. 빛이 공기에서 물로 입사하여 반사할 때
ㄷ. 빛이 물에서 공기로 입사하여 반사할 때
ㄹ. 빛이 밀도가 다른 매질의 경계면에서 굴절할 때

① ㄱ, ㄴ ② ㄱ, ㄷ ③ ㄴ, ㄷ
④ ㄱ, ㄴ, ㄷ ⑤ ㄴ, ㄷ, ㄹ

16 다음 그림과 같이 물이 들어 있는 수조에 동전이 가라앉아 있고, 동전의 바로 위의 수면에서 높이가 5 cm 되는 곳에 초점 거리가 10 cm 인 볼록 렌즈를 수평으로 놓았더니 동전의 상이 수면에서 55 cm 높이에 생겼다. 동전은 물의 수면으로부터 몇 cm 깊이에 있는가? (단, 물의 굴절률은 1.3 이다.)

볼록 렌즈
5 cm
x
동전

( ) cm

17 어떤 광학 기기의 왼쪽에 놓인 물체의 상이 광학 기기의 오른쪽에 그림과 같이 생겼다. 이때 상의 크기가 물체의 크기보다 작다면, 이 광학 기기는 무엇인가?

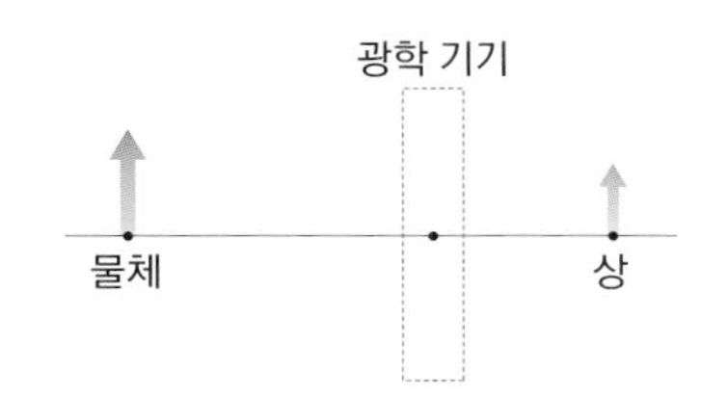

① 평면거울 ② 오목 거울 ③ 볼록 거울
④ 오목 렌즈 ⑤ 볼록 렌즈

18 다음 그림과 같이 볼록 렌즈 왼쪽 P 지점에 촛불을 놓았더니 상이 스크린 앞 Q 점에 생겼다. 스크린에 상을 맺히게 할 수 있는 방법으로 옳은 것만을 <보기> 에서 있는 대로 고른 것은?

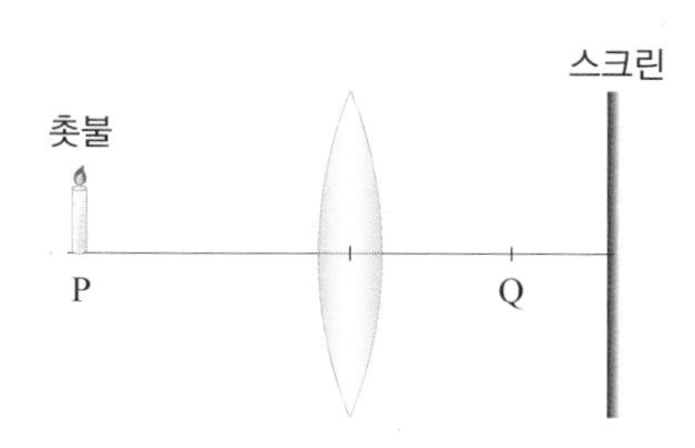

〈 보기 〉

ㄱ. 굴절률이 더 큰 볼록 렌즈로 바꾼다.
ㄴ. 실험 장치를 모두 물속에 넣고 실험을 한다.
ㄷ. 촛불을 볼록 렌즈에서 더 멀리 놓는다.

① ㄱ ② ㄴ ③ ㄷ
④ ㄱ, ㄴ ⑤ ㄴ, ㄷ

C

19 다음 그림은 물이 들어 있는 수조 바닥이 수평면과 각 θ 를 이룬 채 기울어져 있고, 경사면에 평면거울이 부착된 것을 나타낸 것이다. 이때 수면과 수직한 방향으로 파란색 광선이 입사한 후 물과 공기의 경계면에서 일부는 반사하고, 일부는 수면을 따라 진행하였다. 이에 대한 설명으로 옳은 것만을 <보기> 에서 있는 대로 고른 것은? (단, 물과 공기의 굴절률은 각각 1.3, 1 이다.)

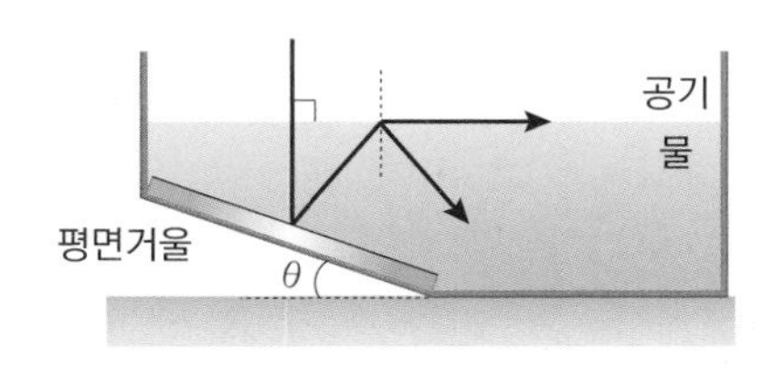

〈 보기 〉

ㄱ. $\sin 2\theta = 1.3$ 이다.
ㄴ. 기울기 θ 가 더 클 경우 빛은 모두 전반사한다.
ㄷ. 파란색 광선 대신 초록색 광선을 이용하여 동일한 과정을 진행한다면 빛의 일부는 물밖으로 나온다.

① ㄴ ② ㄷ ③ ㄱ, ㄴ
④ ㄴ, ㄷ ⑤ ㄱ, ㄴ, ㄷ

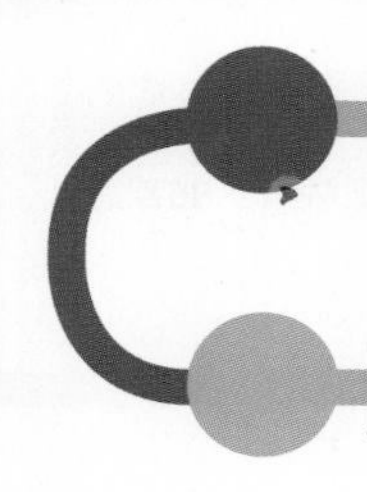

스스로 실력높이기

20 그림 (가) 는 두 단색광 A, B 가 각각 서로 다른 입사각으로 매질 1 에서 매질 2 로 입사한 후, 하나는 매질 2와 공기의 경계면에서 전반사를 하고, 다른 하나는 굴절하는 것을 나타낸 것이다. 표 (나) 는 단색광 A, B 에 대한 매질의 굴절률을 나타낸 것이다. 이에 대한 설명으로 옳은 것만을 <보기> 에서 있는 대로 고른 것은? (단, A, B 에 대한 공기의 굴절률은 1 이다.)

[수능 기출 유형]

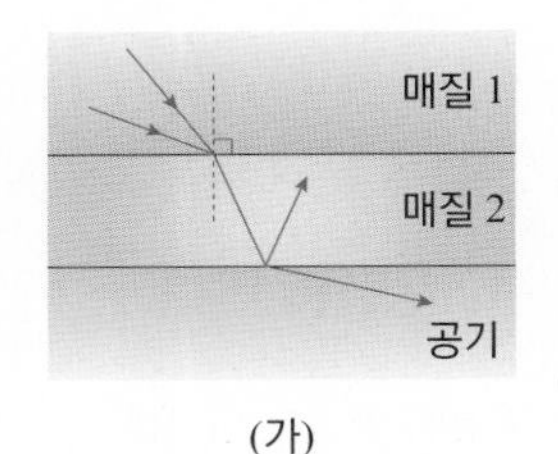

(가)

	매질 1	매질 2
A	1.5	2.4
B	1.2	1.8

(나)

〈 보기 〉

ㄱ. 매질 1 에서 A 의 입사각이 B 보다 크다.
ㄴ. 매질 2 에서 B 의 임계각이 A 보다 크다.
ㄷ. 매질 2 에서 A 의 속력은 B 보다 빠르다.

① ㄱ ② ㄴ ③ ㄷ
④ ㄱ, ㄴ ⑤ ㄴ, ㄷ

21 다음 그림은 공기에서 매질 1 로 각각 같은 입사각으로 입사하는 단색광 A 와 B 를 나타낸 것이다. 이 빛들은 공기와 매질 1 의 경계면에서 굴절한 후, 단색광 A 는 임계각 θ_c 로 입사되었고, 단색광 B 는 매질 1 과 매질 2 의 경계면에서 일부는 반사, 일부는 굴절하였다. 이에 대한 설명으로 옳은 것만을 <보기> 에서 있는 대로 고른 것은?

[수능 기출 유형]

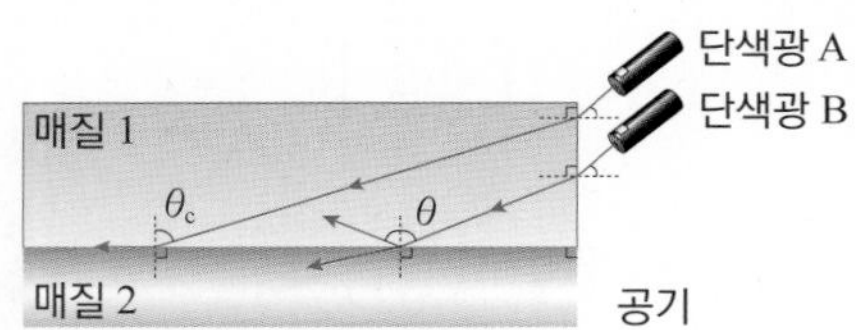

〈 보기 〉

ㄱ. A 가 빨간색이라면, B 는 파란색이다.
ㄴ. 매질 1 의 굴절률이 매질 2 의 굴절률보다 크다.
ㄷ. 매질 2 를 굴절률이 더 작은 매질로 바꾸면 단색광 A는 매질 1 과 매질 2 의 경계면에서 일부는 반사, 일부는 굴절된다.

① ㄱ ② ㄴ ③ ㄱ, ㄴ
④ ㄴ, ㄷ ⑤ ㄱ, ㄴ, ㄷ

22 다음 그림과 같이 굴절률이 n 인 평면 투명체 속 깊이가 h 인 곳에 점광원이 있다. 이 점광원의 빛을 투명체 위 어느 곳에서 보아도 보이지 않도록 불투명한 원판을 덮는다면 원판의 최소 반지름 r 은 얼마인가?

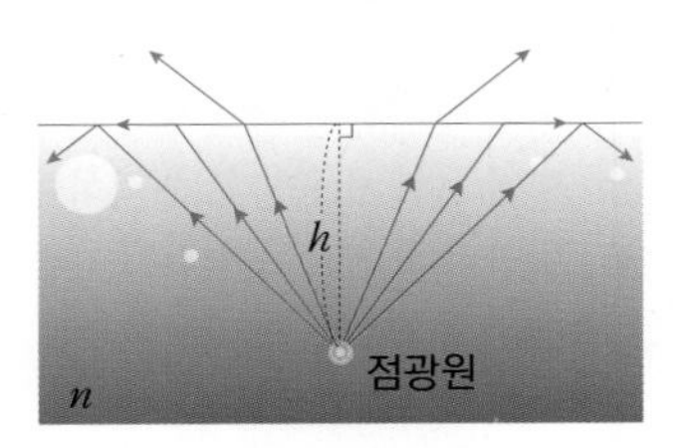

① $\dfrac{1}{\sqrt{n^2 - h}}$ ② $\dfrac{h}{\sqrt{n^2 - 1}}$ ③ $\dfrac{\sqrt{n^2 - 1}}{h}$
④ $\dfrac{h}{\sqrt{n^2 + 1}}$ ⑤ $\dfrac{\sqrt{n^2 + 1}}{h}$

23 다음 그림은 평면거울 앞에 무한이와 인형이 일정한 거리를 두고 떨어져 있는 것을 나타낸 것이다. 이에 대한 설명으로 옳은 것만을 <보기> 에서 있는 대로 고른 것은?

〈 보기 〉

ㄱ. 무한이의 키가 170 cm 라면, 평면거울의 길이가 85 cm 이상일 때, 전신을 볼 수 있다.
ㄴ. 무한이가 거울을 향해 v 의 속력으로 다가가면, 무한이가 보는 인형의 상도 v 의 속력으로 가까워진다.
ㄷ. 거울과 무한이가 v'의 속력으로 서로에게 다가온다면, 무한이가 본 인형의 상은 무한이에게 그 $2v'$의 속력으로 다가오는 것으로 보인다.

① ㄱ ② ㄴ ③ ㄱ, ㄴ
④ ㄴ, ㄷ ⑤ ㄱ, ㄴ, ㄷ

24 다음 그림과 같이 물체과 거리가 28 cm 떨어진 곳에 볼록 렌즈가 놓여 있고, 그 사이에 두께가 12 cm인 밀도가 균일한 유리판이 놓여 있다. 이에 대한 설명으로 옳은 것만을 <보기> 에서 있는 대로 고른 것은? (단, 볼록 렌즈의 초점 거리는 12 cm이고, 유리의 굴절률은 1.5 이다.)

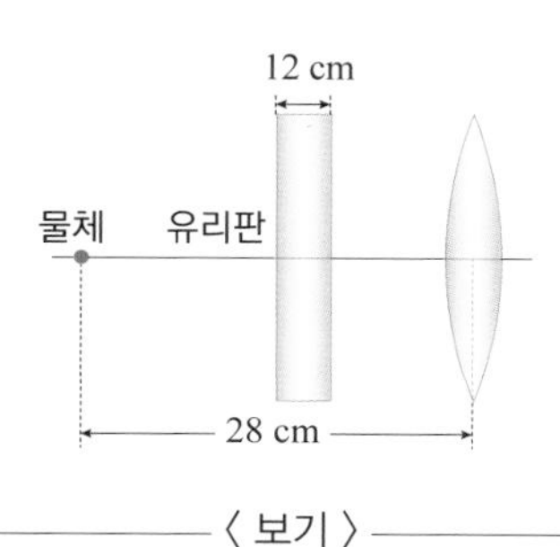

〈 보기 〉

ㄱ. 물체와 같은 크기의 상이 생긴다.
ㄴ. 볼록 렌즈에서 24 cm 떨어진 곳에 실상이 생긴다.
ㄷ. 유리판의 굴절률이 커지면, 상의 크기는 커지고, 렌즈와 상까지의 거리는 더 멀어진다.

① ㄱ ② ㄴ ③ ㄱ, ㄴ
④ ㄴ, ㄷ ⑤ ㄱ, ㄴ, ㄷ

심화

25 다음 그림과 같이 파장이 λ 인 단색광이 직각 삼각형 모양의 프리즘의 OA 면에 수직으로 입사하고 있다. 프리즘의 재질은 균일하고, 빗면과 OA 가 이루는 각이 θ, OA 면의 길이는 h, 입사 광선과 x축 사이의 거리가 d일 때, 프리즘을 통과한 광선이 x축과 만나는 점이 P이고, 거리 OP는 l이다. 이에 대한 설명으로 옳은 것만을 <보기> 에서 있는 대로 고른 것은?

[MEET/DEET 기출 유형]

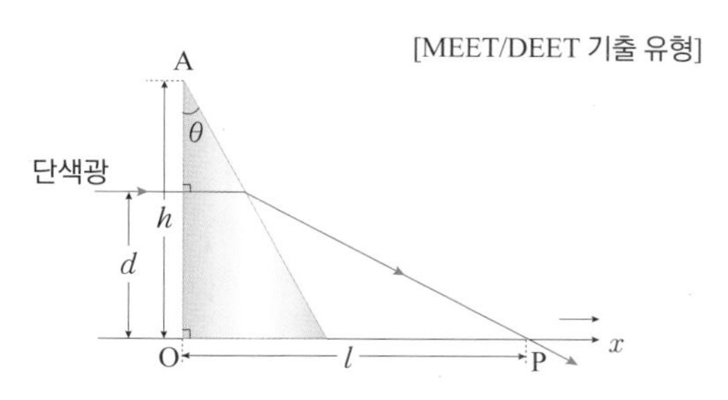

〈 보기 〉

ㄱ. d와 λ가 일정할 때, θ가 커지면 l은 길어진다.
ㄴ. θ와 d가 일정할 때, λ가 커지면 l은 길어진다.
ㄷ. θ와 λ가 일정할 때, d가 줄어들어도 l은 변하지 않는다.

① ㄱ ② ㄴ ③ ㄷ
④ ㄴ, ㄷ ⑤ ㄱ, ㄴ, ㄷ

26 다음 그림은 레이저로부터 나온 단색광이 수평으로 진행하여 반원형 유리 블록을 지나 수직으로 놓여 있는 스크린에 도달하는 실험장치를 나타낸 것이다. 반원형 유리 블록의 편평한 면과 스크린이 나란한 방향으로 놓여 있을 때는 블록을 통과한 빛이 A 점에 도달한다. 이때 유리 블록이 O 점을 중심으로 반시계 방향으로 회전하게 되면 스크린 위의 밝은 점은 A 에서 B 로 이동하다가 B 점에 도달한 후에는 사라져 버린다. 이 유리 블록의 굴절률을 구하시오. (단, 유리 블럭의 중심 O 점과 스크린 사이의 거리와 A 점에서 B 점 사이의 거리는 모두 1 m 이다.)

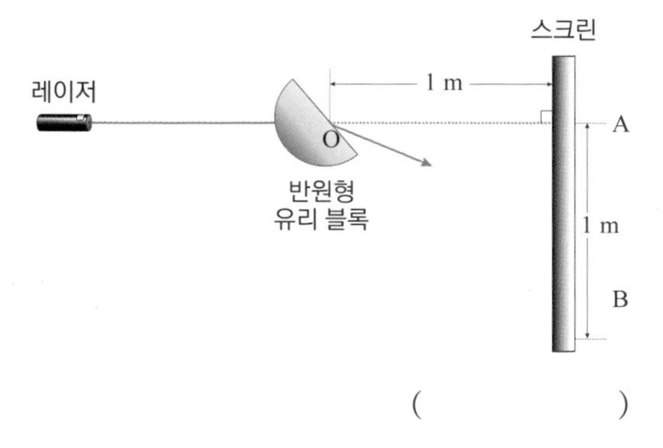

(　　　　　　)

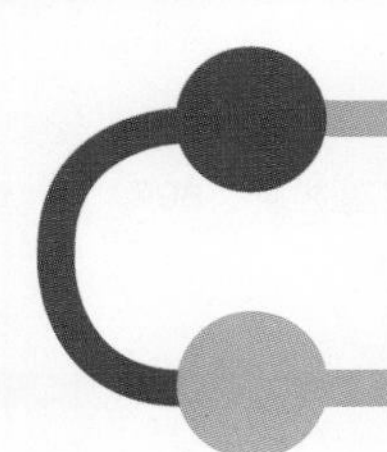

스스로 실력높이기

27 다음 그림과 같이 단색광이 직각 삼각형 모양의 프리즘의 P 점에 입사각 θ 로 입사한 후, Q 점에서 굴절각 90° 로 굴절하였다. 이에 대한 설명으로 옳은 것만을 <보기> 에서 있는 대로 고른 것은?

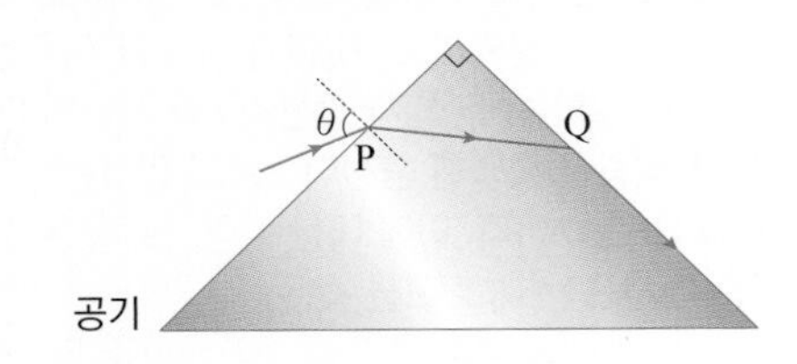

〈 보기 〉

ㄱ. 프리즘이 가질 수 있는 굴절률의 최대값은 1 이다.
ㄴ. θ가 작아지면 Q 점에서 전반사가 일어난다.
ㄷ. Q 점에서 입사각이 커지면 빛은 공기 중으로 나간다.

① ㄱ ② ㄴ ③ ㄱ, ㄴ
④ ㄴ, ㄷ ⑤ ㄱ, ㄴ, ㄷ

28 다음 그림은 두께가 d, 굴절률이 n인 유리판을 투과한 단색광의 진행 경로를 나타낸 것이다. 단색광은 유리에 입사각 θ로 입사한 후 굴절되고, 공기 중으로 나갈 때 다시 한 번 굴절하여 입사 광선의 연장선과 일정한 거리 x를 두고 평행하게 나온다. 입사각 θ가 매우 작을 때, 입사 광선의 연장선에서 평행 이동한 거리 x를 구하시오.

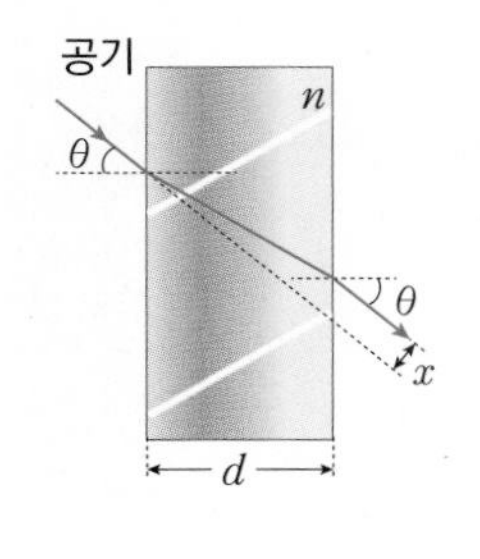

( )

29 다음 그림은 단색광이 굴절률이 n_1 인 매질에서 굴절률이 n_2 인 반지름이 R 인 구형의 매질로 입사하여 전반사하는 것을 나타낸 것이다. 이때 입사 경로와 구의 축은 나란하며, 입사 경로와 구의 축 사이의 거리인 h 를 변화시켜 h_c 가 될 때의 입사각이 전반사의 임계각이 된다. 이에 대한 설명으로 옳은 것만을 <보기> 에서 있는 대로 고른 것은? (단, 반지름 R 은 입사광의 파장에 비해 매우 크다.)

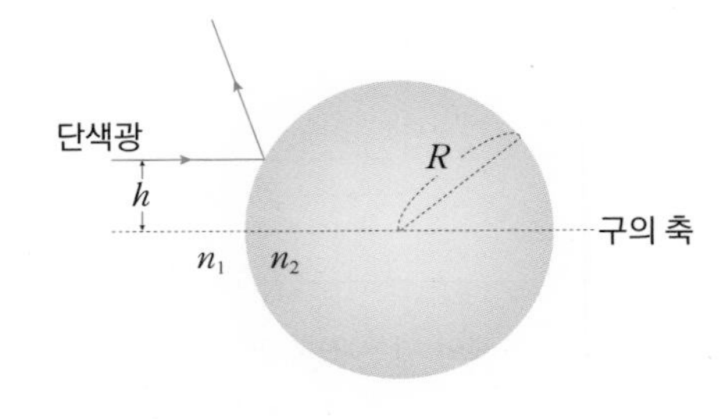

〈 보기 〉

ㄱ. $h > h_c$ 이다.
ㄴ. n_2 가 클수록 h_c 의 크기가 길어진다.
ㄷ. R 이 길수록 h_c 의 크기는 짧아진다.

① ㄱ ② ㄴ ③ ㄱ, ㄴ
④ ㄴ, ㄷ ⑤ ㄱ, ㄴ, ㄷ

30 다음 그림과 같이 단색광이 공기 중에서 유리의 P 점으로 45° 의 각도로 입사하고 있다. Q 점에서 전반사가 일어나기 위한 유리의 굴절률의 최소값은 얼마인가?

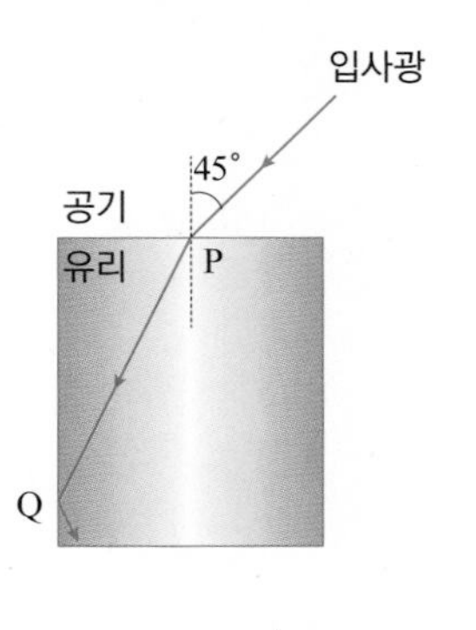

( )

31 다음 그림과 같이 물체와 스크린 사이의 거리가 L로 일정할 때, 초점 거리가 f인 볼록 렌즈를 그 사이에 두면 상을 맺는 두 지점이 생긴다. 렌즈의 위치를 각각 구하시오.

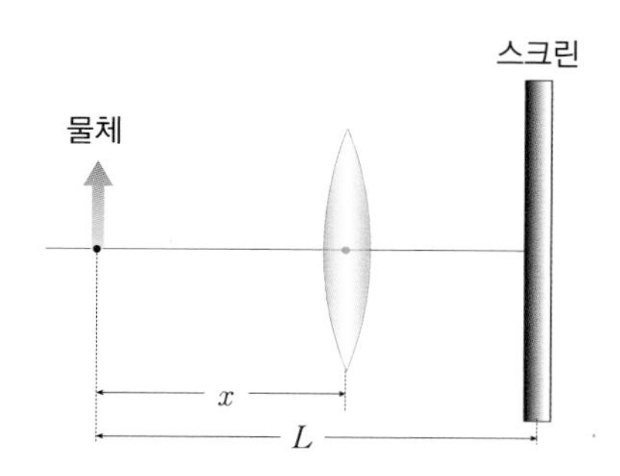

32 다음 그림은 초점 거리가 각각 24 cm, 9 cm 인 볼록 렌즈 A 와 B 가 10 cm 떨어져 세워져 있고, 이 상태에서 볼록 렌즈 A 의 왼쪽으로 6 cm 떨어져 있는 곳에 물체가 놓여 있는 것을 나타낸 것이다. 두 렌즈에 의한 상에 대하여 서술하시오.

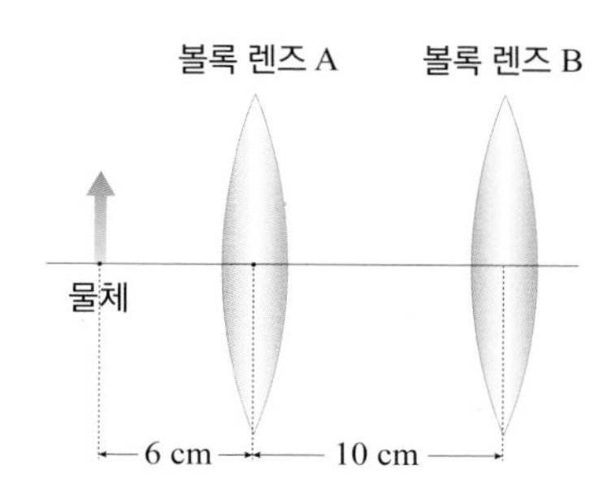

23강 파동의 간섭과 회절

1. 파동의 간섭

(1) 파동의 중첩과 독립성

① **파동의 중첩 원리** : 두 파동이 만나 겹쳐질 때 만들어지는 합성파의 변위는 각 파동의 변위를 합한 것과 같다. 두 파동의 최대 변위를 각각 y_1, y_2라고 할 때, 합성파의 변위 $y = y_1 + y_2$ 이다.

② **파동의 독립성** : 파동들이 중첩된 후에 각각의 파동은 다른 파동의 영향을 받지 않고 중첩되기 전 파동의 특성을 그대로 유지하면서 독립적으로 진행한다.

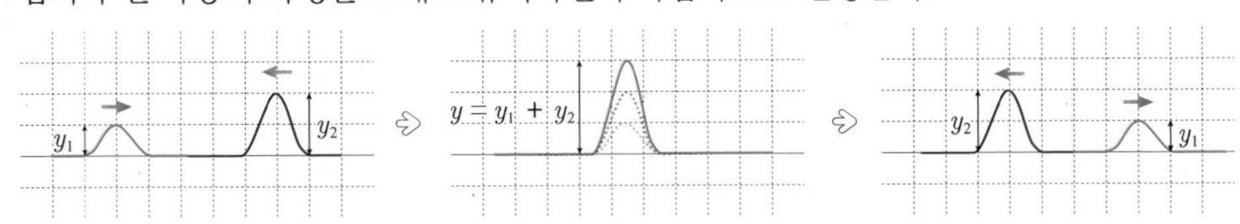

▲ 파동의 중첩과 독립성

(2) 파동의 간섭 : 두 개 이상의 파동이 서로 중첩될 때 중첩된 파동의 진폭이 커지거나 작아지는 현상이다.

보강 간섭	상쇄 간섭
중첩되는 파동의 변위의 방향이 같아서(마루와 마루 또는 골과 골) 합성파의 진폭이 최대가 되는 간섭이다. (A, B, A + B)	중첩되는 파동의 변위의 방향이 반대이어서(마루와 골) 합성파의 진폭이 최소가 되는 간섭이다. (A, B, A + B)

(3) 파동 함수로 나타내는 파동의 중첩 : 위상만 다르고 파동의 속력, 진행 방향, 진동수, 파수 등이 모두 같은 두 파동 y_1, y_2의 합성파의 파동 y'은 다음과 같다.

$$y_1(x, t) = y_m \sin(kx - \omega t), \quad y_2(x, t) = y_m \sin(kx - \omega t + \phi)$$

$$\Rightarrow y'(x, t) = y_1 + y_2 = \underbrace{\left[2y_m \cos\frac{\phi}{2}\right]}_{\text{합성파의 진폭을 결정}} \underbrace{\sin\left(kx - \omega t + \frac{\phi}{2}\right)}_{\text{합성파의 진동을 결정}}$$

① **보강 간섭** : $\phi = 0, 2\pi, 4\pi, 6\pi, \cdots$ 일 때

② **상쇄 간섭** : $\phi = \pi, 3\pi, 5\pi, \cdots$ 일 때

● 보강 간섭과 상쇄 간섭

① 보강 간섭 : 같은 위상으로 중첩되는 두 파동은 보강 간섭을 한다. 즉, 두 파동의 위상차가 0, 2π, 4π, $\cdots$ 인 경우 보강 간섭이 일어난다.

② 상쇄 간섭 : 서로 반대의 위상으로 중첩되는 두 파동은 상쇄 간섭을 한다. 즉, 두 파동의 위상차가 π, 3π, 5π, $\cdots$ 인 경우 상쇄 간섭이 일어난다.

● 파수

단위 길이당 파장의 수를 나타내는 물리량을 파수라고 한다. 파수 k와 파장 λ 사이의 관계는 다음과 같다.

$$k = \frac{2\pi}{\lambda}$$

● 삼각함수 공식

$$\sin a + \sin b = 2\cos\left(\frac{a-b}{2}\right)\sin\left(\frac{a+b}{2}\right)$$

● 파동 함수와 간섭 조건

① 보강 간섭 : 합성파의 파동 함수 $y'(x, t) = 2y_m \sin(kx - \omega t)$ 이고(진폭이 2 배), $\frac{\phi}{2} = 0, \pi, 2\pi, 3\pi, \cdots$일 경우 일어난다. 즉, $\phi = 0, 2\pi, 4\pi, 6\pi, \cdots$ 인 경우 보상 간섭이 일어난다.

② 상쇄 간섭 : 합성파의 파동 함수 $y'(x, t) = 0$ 이고, $\frac{\phi}{2} = \frac{\pi}{2}, \frac{3\pi}{2}, \frac{5\pi}{2}, \cdots$일 경우 일어난다. 즉, $\phi = \pi, 3\pi, 5\pi, \cdots$ 인 경우 상쇄 간섭이 일어난다.

개념확인 1

두 개 이상의 파동이 서로 중첩될 때 중첩되는 파동의 진폭이 커지는 간섭을 ☐☐ 간섭, 중첩되는 파동의 진폭이 작아지는 간섭을 ☐☐ 간섭이라고 한다.

확인 + 1

오른쪽 그림과 같이 두 펄스 A와 B가 진행하고 있다. 두 펄스가 완전히 중첩되었을 때 합성파의 진폭의 크기를 구하시오.

(B, 10 cm, 6 cm, A)

(　　　　　) cm

2. 물결파의 간섭

(1) 물결파의 간섭 : 수면 위의 두 점에서 같은 진동을 주면 위상이 같은 경우(마루와 마루, 골과 골) 두 파동이 겹쳐서 진폭(변위)이 커지고, 위상이 반대인 경우(마루와 골) 파동의 진폭은 0 이 된다(변위 = 0).

다음 그림과 같은 물결파 투영 장치에서 발생한 물결파는 스크린에 밝기가 크게 바뀌는 부분과 밝기가 일정한 부분이 나타난다.

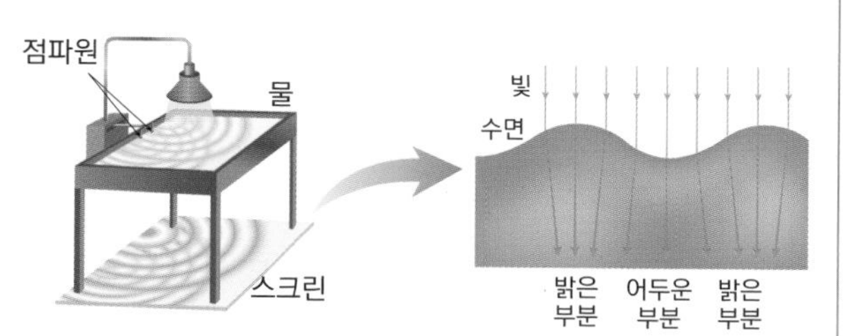

▲ 물결파 투영 장치

① **밝은 부분** : 마루와 마루가 만난 수면은 보강 간섭을 하여 더 밝게 빛난다. 이때 수면은 볼록 렌즈의 역할을 한다.

② **어두운 부분** : 골과 골이 만난 수면은 보강 간섭을 하여 더 어둡게 된다. 이때 수면은 오목 렌즈의 역할을 한다.

⇨ 밝은 부분과 어두운 부분에서 수면은 가장 활발하게 진동한다.

③ **밝기가 일정한 부분** : 마루와 골이 만난 수면은 상쇄 간섭을 하여 밝기가 일정하게 유지되고, 진동하지 않는다(시간이 지나도 진폭은 0 으로 일정하게 유지된다).

(2) 파동의 간섭 조건 : 진폭이 같은 두 파동을 동일한 위상과 진동수로 발생시켰을 때, 두 파원 S_1, S_2 에서 발생한 파동의 파장을 λ 라고 하면, 두 파동의 진행 과정에서 중첩하여 간섭이 일어난다.

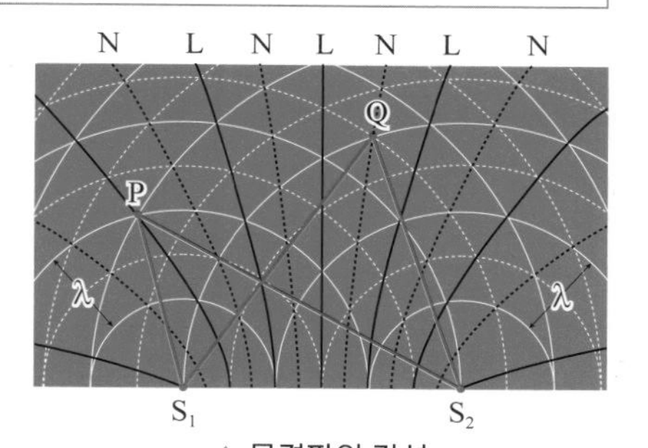

▲ 물결파의 간섭

N : 상쇄 간섭이 되는 점을 연결한 선으로 마디선이라고 한다.
L : 보강 간섭이 되는 점을 연결한 선

① **보강 간섭이 일어날 조건** : 임의의 점 P 에서 두 파원 S_1, S_2 로부터의 경로차가 반파장의 짝수배일 경우 일어난다.

$$|S_1P - S_2P| = \frac{\lambda}{2}(2m) \quad (m = 0, 1, 2, \cdots)$$

② **상쇄 간섭이 일어날 조건** : 임의의 점 Q 에서 두 파원 S_1, S_2 로부터의 경로차가 반파장의 홀수배일 경우 일어난다.

$$|S_1Q - S_2Q| = \frac{\lambda}{2}(2m + 1) \quad (m = 0, 1, 2, \cdots)$$

● 진폭과 파장은 같고, 위상만 서로 반대인 두 파동을 발생시켰을 경우

① 보강 간섭 : 경로차가 반파장의 홀수배일 때
② 상쇄 간섭 : 경로차가 반파장의 짝수배일 때

● 마디선

두 파원의 수직 이등분선상은 경로차가 0 으로, 마디선은 이를 중심으로 하여 대칭으로 생긴다.
수직 이등분선상에서 첫 번째 마디선은 경로차가 $\frac{\lambda}{2}$, 두 번째 마디선은 경로차가 $\frac{3}{2}\lambda$ 이다.

● 보강 간섭이 일어나는 곳

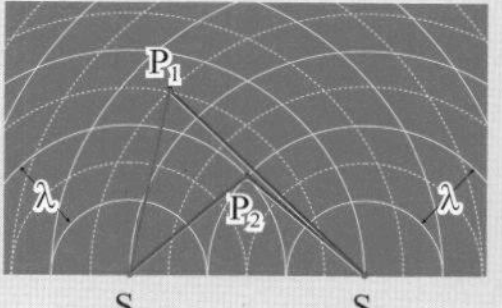

$|S_1P_1 - S_2P_1| = \left|\frac{5\lambda}{2} - \frac{7\lambda}{2}\right| = \lambda$
⇨ 경로차가 한 파장인 곳
$|S_1P_2 - S_2P_2| = |2\lambda - 2\lambda| = 0$
⇨ 경로차가 0 인 곳

● 상쇄 간섭이 일어나는 곳

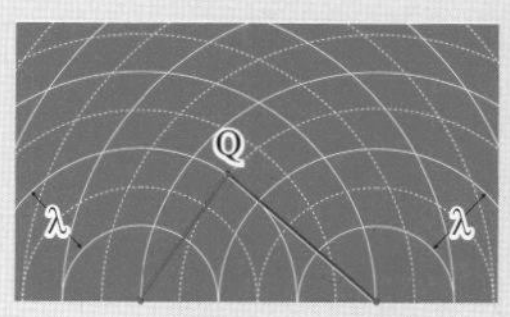

$|S_1Q - S_2Q| = \left|2\lambda - \frac{5\lambda}{2}\right| = \frac{\lambda}{2}$
⇨ 경로차가 반파장인 곳

개념확인 2

정답 및 해설 85쪽

두 점파원으로부터 보강 간섭이 일어나는 지점까지의 경로차는 반파장의 ☐☐☐ 이고, 상쇄 간섭이 일어나는 지점까지의 경로차는 반파장의 ☐☐☐ 이다.

확인 + 2

오른쪽 그림은 물결파 투영 장치를 이용하여 중첩시킨 합성파의 옆모습을 나타낸 것이다. 스크린에 나타나는 ㉠ 밝은 부분과 ㉡ 어두운 부분을 A, B, C 중 각각 쓰시오.

㉠ ( ), ㉡ ( )

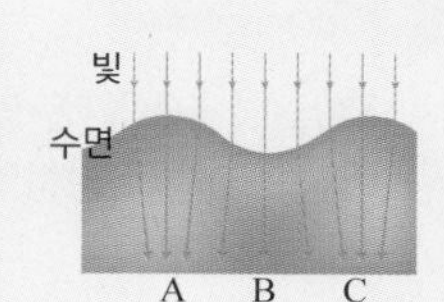

미니사전

경로차[經 지나다 路 길 差 차이] 각각의 파원으로부터 한 점까지 파동이 진행한 경로의 차이

● 두 광선의 경로차

실제 빛의 간섭 실험 시 이중 슬릿의 간격인 d가 스크린과 이중 슬릿 사이의 거리인 L 보다 매우 작기 때문에 이중 슬릿을 통과한 빛 L_1과 L_2는 평행하다고 볼 수 있다.

⇨ 경로차 $L_1 - L_2 = d\sin\theta$
θ 가 매우 작으므로,
$\theta \simeq \sin\theta \simeq \tan\theta$
∴ 경로차 $= d\sin\theta \fallingdotseq d\tan\theta$
$= \dfrac{dx}{L}$

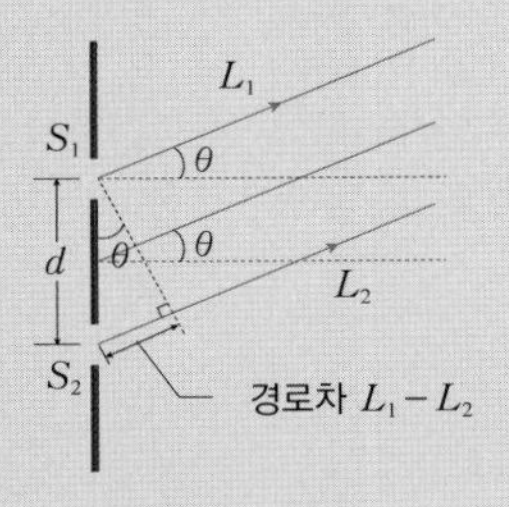

● 단일 슬릿에 의한 빛의 회절

① 어두운 무늬가 생기는 경우 : 슬릿 간격 d 를 $2m$ 등분하여 생각한다.

AB 를 통과한 빛과 BC 부분을 통과한 빛의 광로차는 모두 $\dfrac{\lambda}{2}$ 이다. 따라서 AB 부분과 BC 부분에서 서로 대응되는 빛들이 스크린에 도달하는 동안 상쇄 간섭하여 어두운 무늬가 만들어진다.

$d\sin\theta = \lambda = \dfrac{\lambda}{2} \times 2$

② 밝은 무늬가 생기는 경우 : 슬릿 간격 d 를 $2m + 1$ 등분하여 생각한다.

AB 를 통과한 빛과 BC 부분을통과한 빛은 ① 의 경우와 마찬가지로 상쇄 간섭이 일어난다. 하지만 CD 부분을 지나는 빛은 스크린에 도달하여 밝은 무늬를 만든다.

$d\sin\theta = \dfrac{3}{2}\lambda = \dfrac{\lambda}{2} \times 3$

3. 빛의 회절과 간섭 Ⅰ

(1) 파동의 회절 : 파동이 진행하다가 장애물을 만나면 그 모서리에서 진행 방향이 바뀌어 장애물의 뒤쪽까지 전파되는 현상이다.

슬릿의 폭에 따른 물결파의 회절		파장에 따른 물결파의 회절	
슬릿 폭이 넓을 때	슬릿 폭이 좁을 때	파장이 짧을 때	파장이 길 때
파장이 같을 때, 슬릿의 폭이 좁을수록 회절하는 정도가 크다.		슬릿의 폭이 같을 때 파장이 길수록 회절하는 정도가 크다.	

(2) 빛의 회절과 간섭 : 빛도 파동이므로 회절이나 간섭 현상이 나타난다.

① **단일 슬릿에 의한 빛의 회절** : 단일 슬릿을 통과한 빛에 의해 스크린의 중앙에 밝은 무늬가 생기고, 그 양쪽으로 어두운 무늬와 밝은 무늬가 교대로 나타난다. 이때 단일 슬릿을 통과하는 광선은 서로 거의 평행하다고 볼 수 있다.

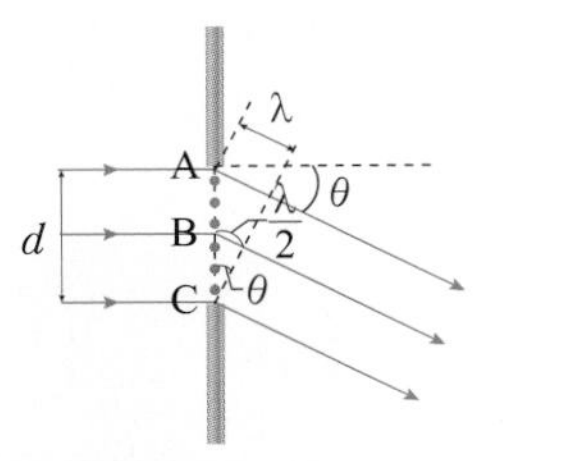

▲ 어두운 회절 무늬가 생기는 경우　　▲ 밝은 회절 무늬가 생기는 경우

파장이 λ인 평행한 빛이 간격이 d 인 단일 슬릿을 지나 각 θ 방향으로 회절한 후, 거리 l 만큼 떨어진 스크린의 P점에 회절 무늬를 만드는 경우, 스크린 상의 중심에서 P까지의 거리를 x 라 고 하면 경로차 $\varDelta = d\sin\theta = \dfrac{dx}{l}$ 이다.

① 가운데 가장 밝은 무늬 : $m = 0$ 인 경우 중앙 밝은 무늬가 된다.

② 어두운 무늬를 만드는 조건 : $\varDelta = d\sin\theta = \dfrac{dx}{l} = \dfrac{\lambda}{2}(2m)$ $(m = 1, 2, 3, \cdots)$

개념확인 3

다음 중 파동의 회절에 대한 설명 중 옳은 것은 ○ 표, 옳지 않은 것은 × 표 하시오.

(1) 슬릿의 폭이 넓을수록 물결파의 회절이 잘 일어난다. (　　)

(2) 동일한 매질에서 파동이 회절할 때 파동의 속력, 파장, 진동수는 변하지 않는다. (　　)

확인 + 3

폭이 0.1 mm 인 단일 슬릿에 파장이 600 nm 인 단색광을 비추었다. 이때 슬릿으로부터 50 cm 떨어진 스크린에 중앙의 밝은 무늬부터 2 번째 어두운 무늬까지의 거리는 얼마인가?

(　　　　　) m

③ 밝은 무늬를 만드는 조건 : $\Delta = d\sin\theta = \frac{dx}{l} = \frac{\lambda}{2}(2m+1)$ $(m = 1, 2, 3, \cdots)$

④ 회절 무늬 사이 간격 : $\Delta x = \frac{\lambda l}{d}$

② **이중 슬릿에 의한 빛의 간섭(영의 간섭 실험)** : 빛이 좁은 틈을 통과하면 회절되고, 회절된 빛들이 간섭하여 무늬가 나타난다. 임의의 점 P에서 S_1, S_2 로부터의 경로차가 반파장의 짝수배이면 보강 간섭하여 밝은 무늬가 나타나고, 반파장의 홀수배이면 상쇄 간섭하여 어두운 무늬가 나타난다.

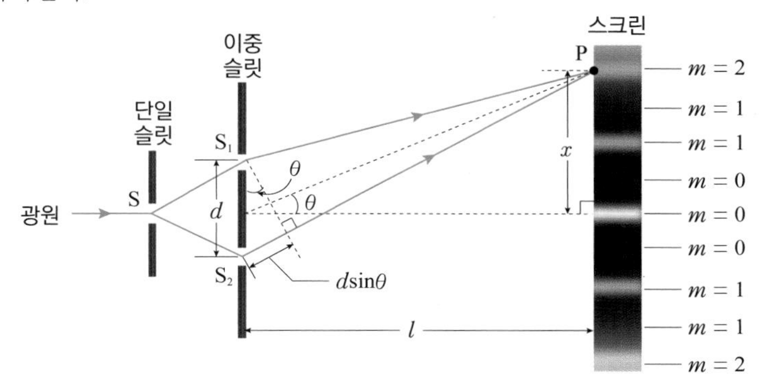

파장이 λ인 빛이 간격이 d 인 이중 슬릿을 지나는 경우, 스크린 상의 중심에서 P까지의 거리를 x , 스크린에서 이중 슬릿까지의 거리를 l 이라고 하면,

① 보강 간섭 조건 : $\Delta = |S_1P - S_2P| = d\sin\theta = \frac{dx}{l} = \frac{\lambda}{2}(2m)$ $(m = 0, 1, 2, \cdots)$

② 상쇄 간섭 조건 : $\Delta = |S_1P - S_2P| = d\sin\theta = \frac{dx}{l} = \frac{\lambda}{2}(2m+1)$ $(m = 0, 1, 2, \cdots)$

③ 무늬 사이 간격 : 밝은 무늬 사이의 간격(또는 어두운 무늬 사이의 간격)을 Δx 라고 하면, 스크린의 중심에서 m 번째 밝은 무늬까지의 거리 x_m 은

$$x_m = \frac{\lambda l}{2d}(2m) = \frac{m\lambda l}{d}$$

따라서 간섭 무늬 사이의 간격 Δx 은 다음과 같다.

$$\Delta x = x_m - x_{m-1} = \frac{\lambda l}{d} \text{ (일정한 간격)}$$

● 단일 슬릿에 의한 회절 간섭 무늬

스크린 중앙의 무늬는 매우 밝으며, 다른 밝은 무늬 폭의 2 배이다.

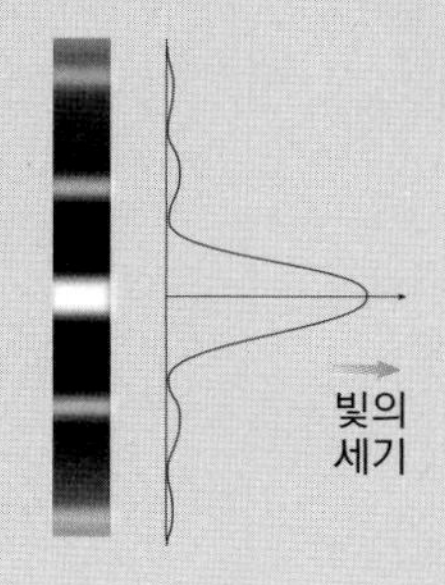

● 영의 간섭 실험에서 단일 슬릿의 역할

단일 슬릿에서 회절한 빛을 이중 슬릿의 S_1, S_2 에 동일한 위상으로 통과시키기 위해서이다. 동일한 위상을 발생시키는 레이저 광을 사용할 경우 단일 슬릿이 없어도 간섭 무늬가 생긴다.

● 굴절률이 n 인 매질 속에서 영의 간섭 실험을 할 때

굴절률이 n 인 매질 속에서 진행하는 빛의 파장 $\lambda' = \frac{\lambda}{n}$ 이다(λ : 공기 중 빛의 파장). 따라서 간섭 조건에서 λ 대신 $\frac{\lambda}{n}$ 을 대입한다.

개념확인 4

정답 및 해설 85쪽

이중 슬릿을 통과한 빛의 경로차가 반파장의 ☐☐☐ 이면 보강 간섭하여 밝은 무늬가 나타나고, 반파장의 ☐☐☐ 이면 상쇄 간섭하여 어두운 무늬가 나타난다.

확인 + 4

영의 간섭 실험을 통해 레이저 포인터의 파장을 측정하려고 한다. 이중 슬릿 사이의 간격은 0.1 mm, 슬릿과 스크린 사이의 간격이 5 m 일 때, 스크린에 밝은 무늬 간격이 2.5 cm 로 생겼다. 레이터 포인터의 파장은 얼마인가?

(　　　　　　) m

4. 빛의 회절과 간섭 II

(1) 뉴턴의 원무늬: 평면 유리 위에 곡률 반지름이 큰 평볼록 렌즈를 놓은 후 위에서 단색광을 비추면 렌즈와 유리 사이의 공기층이 얇은 막 구실을 하여 렌즈의 아랫면과 유리의 윗면에서 반사된 빛이 간섭하여 다음 그림과 같이 동심원의 간섭 무늬가 생긴다. 이를 뉴턴링이라고 한다.

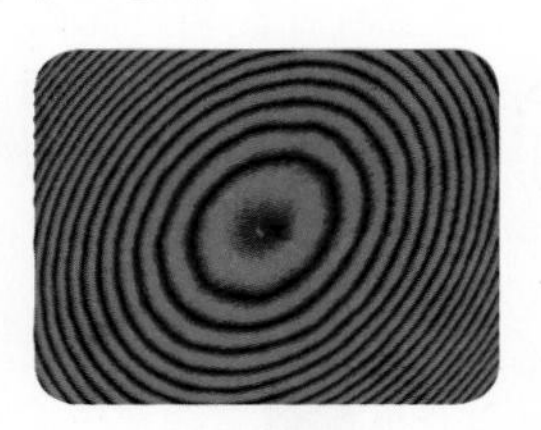
▲ 650nm 적색광에 의한 뉴턴링

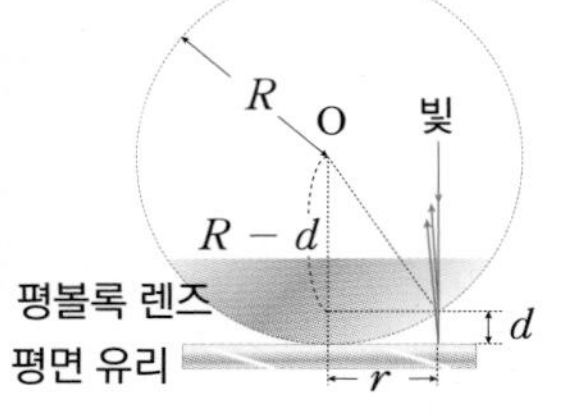

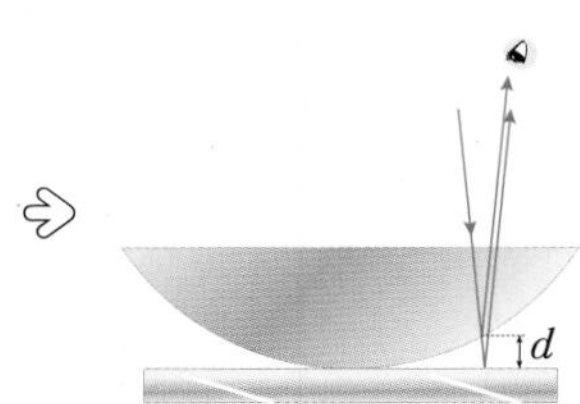

평볼록 렌즈의 곡률 반지름을 R, 원무늬의 반지름을 r, 공기층의 두께를 d라고 하면, 공기층의 두께 d는 R과 r에 비해 매우 작으므로, $r^2 = (2R - d)d \approx 2dR$ 이다.

$$\therefore \Delta = 2d = \frac{r^2}{R}$$

평면 유리판 위에서 반사하는 빛은 고정단 반사이므로 반사할 때 반사광의 위상이 180°($\frac{\lambda}{2}$, π) 바뀌게 된다. 따라서 간섭 조건은 다음과 같다.

① 보강 간섭(밝은 무늬) 조건 : $\Delta = 2d = \frac{r^2}{R} = \frac{\lambda}{2}(2m + 1) \quad (m = 0, 1, 2, \cdots)$

② 상쇄 간섭(어두운 무늬) 조건 : $\Delta = 2d = \frac{r^2}{R} = \frac{\lambda}{2}(2m) \quad (m = 0, 1, 2, \cdots)$

③ 무늬폭의 넓이 : $r^2 = 2dR$ 이고, $r_m{}^2 = R[\frac{\lambda}{2}(2m)]$ 이므로, 무늬폭의 넓이 ΔS는

$$\Delta S = \pi(r_{m+1}{}^2 - r_m{}^2) = \pi R\lambda = \text{일정}$$

(2) 두 장의 평면 유리 사이에서의 간섭 : 오른쪽 그림과 같이 두 장의 유리를 포개고 끝부분에 머리카락과 같이 매우 얇은 조각을 끼워 넣게 되면 두 유리판 사이에 쐐기 모양의 공기층이 형성된다. 이때 유리판 위에서 수직으로 단색광을 비추면 간격이 일정하고, 평행한 간섭 무늬가 형성된다.

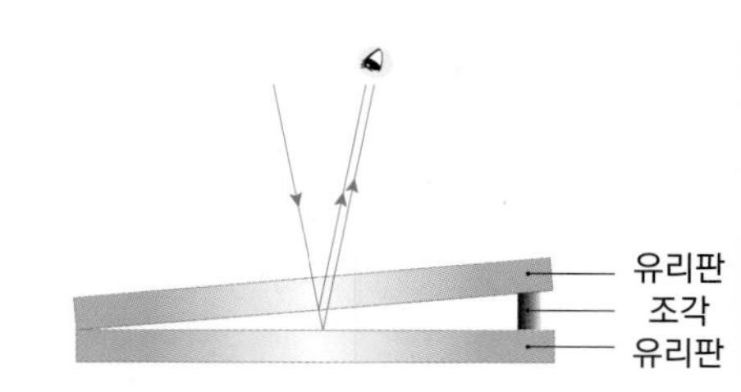

● 얇은 막에 의한 간섭

공기 중을 진행하던 빛이 굴절률이 n인 얇은 막에 입사하면 각 경계면에서 반사된 두 광선이 보강 간섭을 하거나 상쇄 간섭을 하여 특정 색만 보이게 된다.

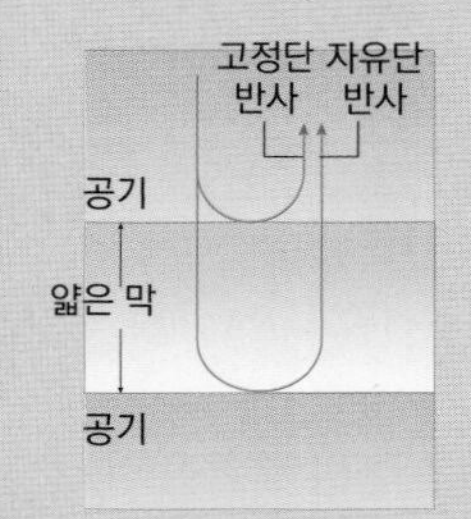

굴절률이 n, 두께가 d인 매질 속에 수직으로 입사한 두 광선의 경로차 $\Delta = 2nd$ 이고, 위상 변화는 $\frac{\lambda}{2}$ 이므로, 간섭 조건은 다음과 같다.

① 보강 간섭

$$2nd = \frac{\lambda}{2}(2m + 1) \quad (m = 0, 1, 2, \cdots)$$

② 상쇄 간섭

$$2nd = \frac{\lambda}{2}(2m) \quad (m = 0, 1, 2, \cdots)$$

⇨ 보강 간섭을 일으키는 최소 두께

$$d_{\min} = \frac{\lambda}{4n}$$

개념확인 5

빛의 회절과 간섭에 대한 설명 중 옳은 것은 ○ 표, 옳지 않은 것은 × 표 하시오.

(1) 뉴턴의 원무늬는 렌즈와 유리 사이의 공기층이 얇은 막 구실을 하여 빛의 간섭 현상이 생기는 것이다. (　　)

(2) 쐐기 모양의 공기층이 생긴 두 장의 평면 유리 위에 수직으로 단색광을 비추면 빛의 경로차가 반파장의 짝수배일 때 밝은 무늬가 생긴다. (　　)

(3) 회절 격자에 단색광이 입사하면 특정한 각도에서만 밝은 선 무늬가 발생한다. (　　)

공기층의 두께를 d, 유리판이 이루는 각을 θ, 유리의 한 쪽 끝에서 무늬까지의 거리를 x라고 할 때, 위쪽 유리의 아랫면 상의 A점에서 자유단 반사한 빛과 아래 유리의 윗면 B점에서 고정단 반사하므로 반사에 의한 전체 위상 변화는 $\frac{\lambda}{2}$가 된다. 따라서 간섭 조건(위에서 볼 때)은 다음과 같다.

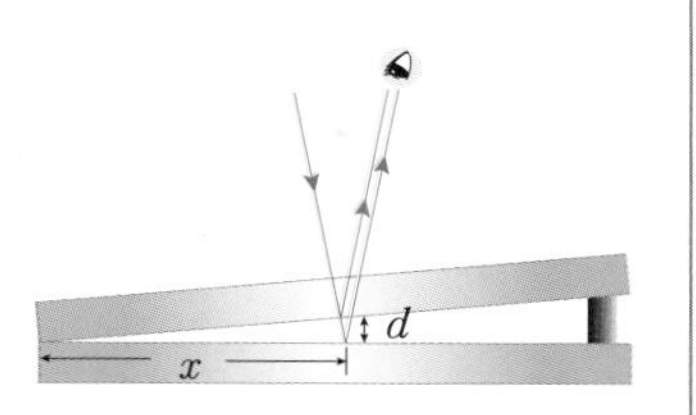

① 보강 간섭(밝은 무늬) 조건 :

$$\varDelta = 2d = 2x\tan\theta = \frac{\lambda}{2}(2m+1) \quad (m = 0,\ 1,\ 2,\ \cdots)$$

② 상쇄 간섭(어두운 무늬) 조건 : $\varDelta = 2d = 2x\tan\theta = \frac{\lambda}{2}(2m) \quad (m = 0,\ 1,\ 2,\ \cdots)$

③ 무늬폭($\varDelta x$) : 이웃한 어두운 무늬를 이루는 공기층의 두께를 각각 d_1, d_2, 무늬폭을 $\varDelta x$라고 할 때

$$2d = \frac{\lambda}{2}(2m) = m\lambda \ \Rightarrow\ 2(d_2 - d_1) = \lambda$$

$$\therefore d_2 - d_1 = \varDelta x\tan\theta = \frac{\lambda}{2} \quad (\varDelta x\text{는 일정})$$

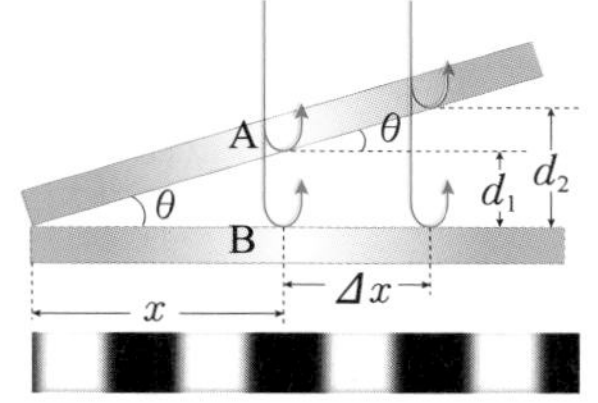

(3) 회절 격자 : 평면 유리나 투명한 금속판에 다수의 평행선(1 cm 당 2,000 ~ 3,000개)을 일정한 간격으로 새겨서 슬릿을 무수히 많이 만들어 놓은 것을 회절 격자라고 한다. 이때 줄들 사이의 간격 d를 격자 상수라고 한다.

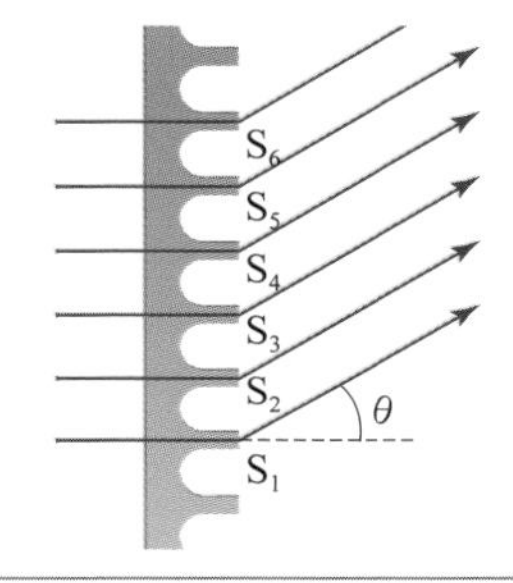

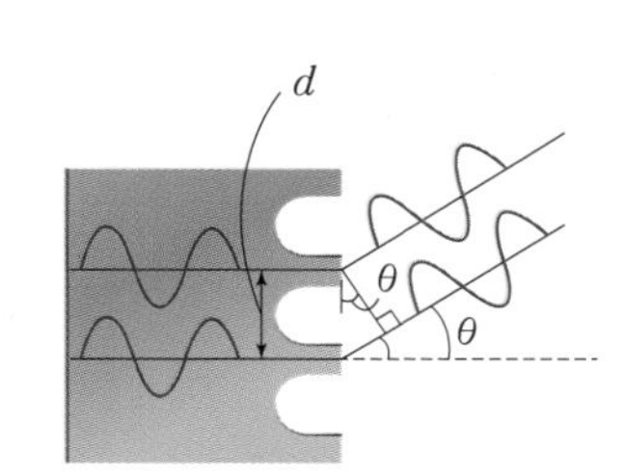

회절 격자에 수직으로 입사한 빛은 줄과 줄 사이의 평면부가 아주 좁은 슬릿의 틈과 같은 역할을 한다. 이 틈으로 수직 입사한 빛은 각 방향으로 회절한 후 간섭을 한다. 이때 인접한 광선과의 경로차 $\varDelta = d\sin\theta$ 이고, 이것이 반파장의 짝수배가 되면, 각각의 광선들은 차례로 모두 보강 간섭을 하게 되어 그 방향의 빛의 세기가 밝게 된다.

$$\varDelta = d\sin\theta = \frac{\lambda}{2}(2m) \quad (m = 0,\ 1,\ 2,\ \cdots)$$

① 단색광이 입사하는 경우 : 특정한 각도에서만 밝은 선 무늬가 발생한다.
② 백색광이 입사하는 경우 : 무지개와 같은 연속적인 빛 띠가 발생한다.

● 회절 격자의 차수

$$d\sin\theta = \frac{\lambda}{2}(2m)$$

다음 조건을 만족할 때 스크린의 점 P 에 하나의 밝은 무늬가 나타나게 된다. 이때 m 값들은 서로 다른 밝은 선에 해당하며, 이 정수를 차수라고 부른다. $m = 0$ 인 경우는 $\theta = 0$ 에서 생기는 중앙 극대에 해당하고, $m = 1$ 인 경우는 1 차 극대, $m = 2$ 인 경우는 2 차 극대에 해당하고, 다른 차수도 마찬가지로 생각하면 된다.

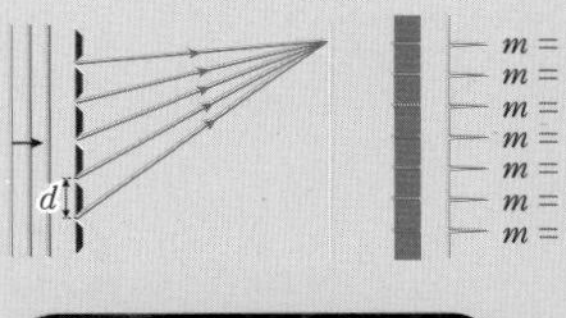

▲ 회절 격자

확인 + 5

정답 및 해설 85쪽

유리판에 1 mm 당 500 개의 선을 그어 회절 격자를 만들었다. 이 회절 격자에 어느 단색광을 비추었더니 30° 방향에서 2 차의 밝은 무늬가 생겼다. 가시광선의 파장 영역 표를 참고로 하여 이 단색광을 고르시오.

가시광선	빨강	주황	노랑	초록	파랑	보라
파장 영역(nm)	620 ~ 780	590 ~ 620	570 ~ 590	495 ~ 570	450 ~ 495	380 ~ 450

(　　　　　　　)

개념 다지기

01 파동의 간섭과 회절에 대한 설명 중 옳은 것은 ○ 표, 옳지 않은 것은 × 표 하시오.

(1) 서로 반대의 위상으로 진행하던 두 펄스가 중첩될 경우 합성파의 진폭은 최소가 된다. (　　)

(2) 진폭과 진동수가 같고 위상만 서로 반대인 두 파동이 각각 진행하다가 임의의 한 점에서 만나 상쇄 간섭하기 위해서는 두 파원으로부터 임의의 한 점까지의 경로차가 반파장의 짝수배이어야 한다. (　　)

(3) 슬릿의 폭이 좁을수록, 파동의 파장이 짧을수록 회절이 잘 일어난다. (　　)

02 오른쪽 그림은 두 펄스 A 와 B 가 각각 서로 마주 보고 진행하는 모습을 나타낸 것이다. 이에 대한 설명으로 옳은 것만을 <보기> 에서 있는 대로 고른 것은? (단, 펄스 A 와 B 의 진폭은 각각 y_A, y_B 이다.)

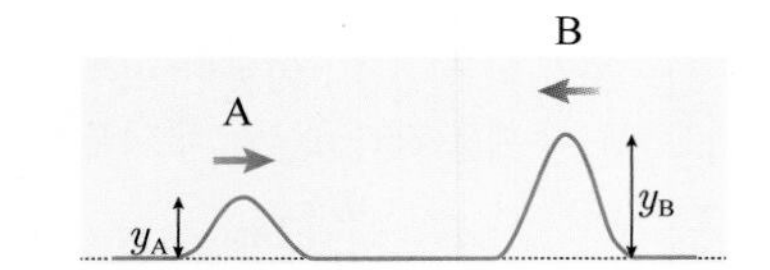

〈 보기 〉

ㄱ. 두 펄스의 합성파의 진폭은 $y_A + y_B$ 이다.
ㄴ. 두 펄스는 서로 반대 방향으로 진행하므로 상쇄 간섭을 한다.
ㄷ. 두 펄스는 중첩된 후 다시 분리되어 각각 원래의 진행 방향으로 계속 진행한다.

① ㄱ　② ㄷ　③ ㄱ, ㄴ　④ ㄱ, ㄷ　⑤ ㄱ, ㄴ, ㄷ

03 오른쪽 그림은 두 점파원 S_1, S_2 로부터 같은 위상, 진폭, 진동수의 물결파가 발생한 모습을 모식적으로 나타낸 것이다. 이때 실선은 물결파의 마루, 점선은 골이다. P, Q, R 중 두 파원으로부터의 경로차가 반파장의 짝수배인 곳만을 모두 고른 것은?

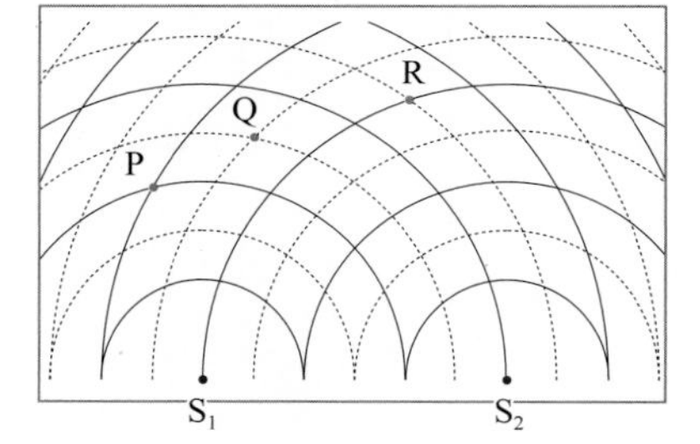

① P　② Q　③ R
④ P, Q　⑤ P, Q, R

04 오른쪽 그림은 항상 같은 모습으로 진동하는 두 점파원 S_1, S_2 와 두 점파원의 수직 이등분선 AB 로부터 첫 번째 상쇄 간섭이 일어나는 점 P를 나타낸 것이다. 점 P 로부터 두 점파원 S_1, S_2 까지의 거리가 각각 6 cm, 5 cm일 때, 물결파의 파장은?

① 0.5 cm　② 1 cm　③ 2 cm
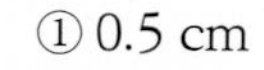
④ 4 cm　⑤ 8 cm

05 오른쪽 그림과 같이 파장이 500 nm 인 빛을 단일 슬릿에 비추었더니 빛의 진행 방향과 30° 인 방향인 P 점에서 첫번째 어두운 무늬가 생겼다. 이에 대한 설명으로 옳은 것만을 <보기> 에서 있는 대로 고른 것은?

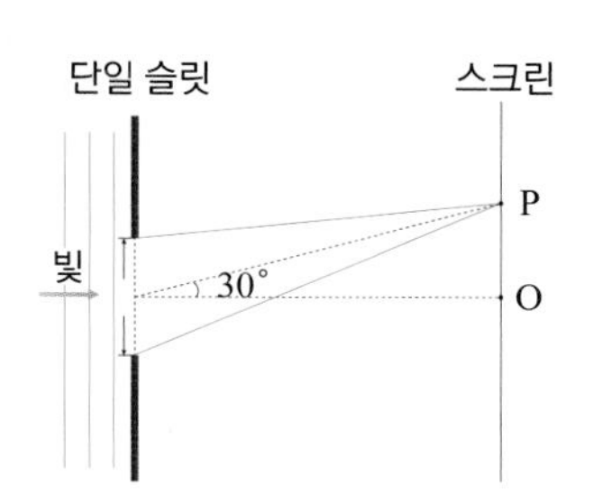

〈 보기 〉

ㄱ. 단일 슬릿의 간격은 1×10^{-6} m 이다.
ㄴ. 회절 무늬 사이의 간격은 슬릿과 스크린 사이의 거리가 멀수록 커진다.
ㄷ. 스크린 중앙의 무늬는 매우 밝으며, 다른 밝은 무늬 폭의 2 배이다.

① ㄱ　② ㄴ　③ ㄷ　④ ㄱ, ㄴ　⑤ ㄱ, ㄴ, ㄷ

06 오른쪽 그림과 같이 파장이 λ 인 빛을 이용하여 영의 간섭 실험을 진행하였다. 이때 P 점에 중심점 O 로부터 세 번째 어두운 무늬가 나타났다. 두 슬릿으로부터 P 점까지의 경로차는 얼마인가?

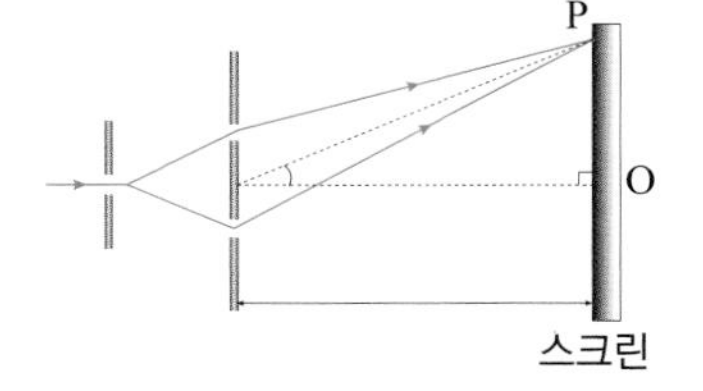

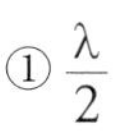
① $\frac{\lambda}{2}$　② λ　③ $\frac{3}{2}\lambda$
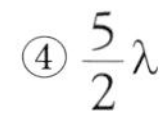
④ $\frac{5}{2}\lambda$　⑤ $\frac{7}{2}\lambda$

07 오른쪽 그림과 같이 평면 유리 위에 곡률 반지름이 R 인 평볼록 렌즈를 놓은 후 위에서 파장이 400 nm 인 단색광을 비추었다. 이때 5 번째 어두운 무늬의 반지름이 2 cm 였다면, 평볼록 렌즈의 곡률 반지름 R 은 몇 m 인가?

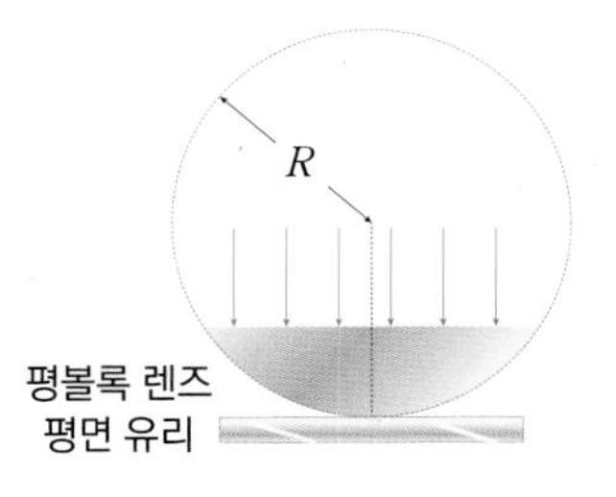

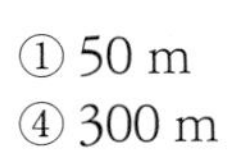

① 50 m　② 150 m　③ 250 m
④ 300 m　⑤ 500 m

08 오른쪽 그림과 같이 길이가 l 인 두 개의 평평한 유리의 왼쪽 끝은 붙어 있고, 오른쪽 끝은 h 만큼 떨어져 있다. 이때 유리에서 수직으로 파장이 λ 인 단색광을 비추었더니 간격이 일정한 간섭 무늬가 만들어졌다. 이때 밝은 무늬 사이의 간격은 얼마인가? (단, h 는 l 에 비해 매우 작다.)

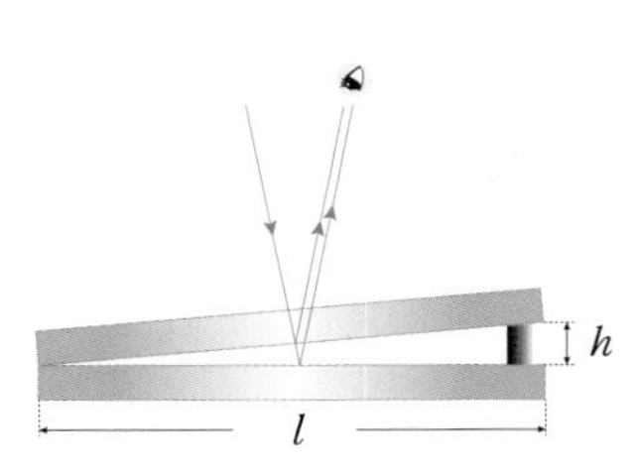

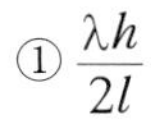
① $\frac{\lambda h}{2l}$　② $\frac{\lambda l}{2h}$　③ $\frac{2l}{\lambda h}$
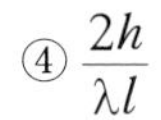
④ $\frac{2h}{\lambda l}$　⑤ $\frac{\lambda l h}{2}$

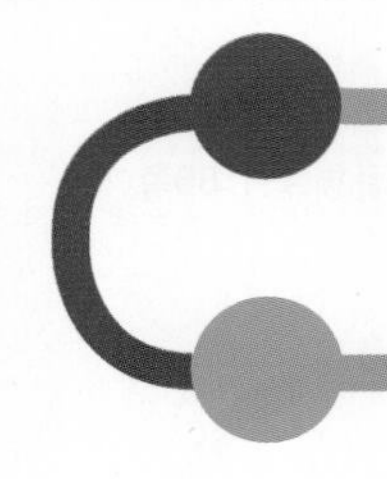

유형익히기&하브루타

유형23-1 파동의 간섭

다음 그림은 서로 반대 방향으로 1 m/s 의 같은 속력으로 진행하는 어느 순간의 두 펄스파 A 와 B 를 나타낸 것이다. 이에 대한 설명으로 옳은 것만을 <보기> 에서 있는 대로 고른 것은?

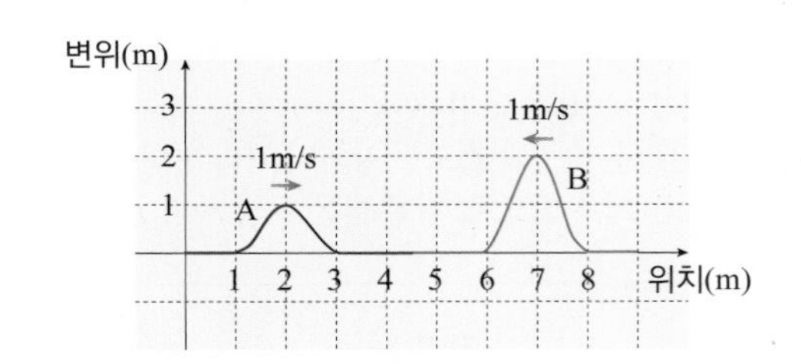

〈 보기 〉

ㄱ. 두 펄스에 의한 합성파의 최대 변위는 +3 m 이다.
ㄴ. 2 초 후 두 펄스파가 중첩되었을 때 합성파의 변위는 최대가 된다.
ㄷ. 3 초 후 두 펄스파는 각각 원래의 모습으로 돌아가 계속 같은 방향으로 진행한다.

① ㄱ ② ㄴ ③ ㄷ ④ ㄱ, ㄷ ⑤ ㄱ, ㄴ, ㄷ

01 다음 그림과 같이 16 cm 떨어진 두 파원 S_1, S_2 으로부터 발생한 파동이 2 cm/s 의 같은 속력으로 마주 보고 진행하고 있다. 이때 두 파동의 진폭과 파장은 서로 같다. 이에 대한 설명으로 옳은 것만을 <보기> 에서 있는 대로 고른 것은?

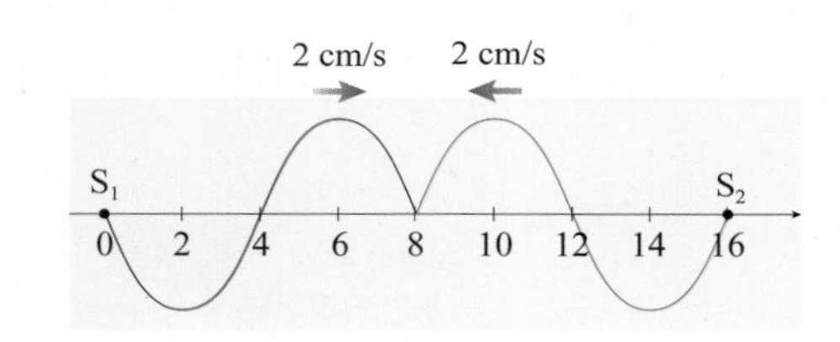

〈 보기 〉

ㄱ. 두 파동의 중첩으로 만들어진 합성파의 파장은 8 cm이다.
ㄴ. 2 초 후 6 cm 지점에서 상쇄 간섭이 일어난다.
ㄷ. 3 초 후 8 cm인 지점의 진폭은 최대가 된다.

① ㄱ ② ㄴ ③ ㄱ, ㄴ
④ ㄴ, ㄷ ⑤ ㄱ, ㄴ, ㄷ

02 다음 중 파동의 간섭과 관련된 설명으로 옳은 것만을 <보기> 에서 있는 대로 고른 것은?

〈 보기 〉

ㄱ. 각각의 파동은 겹쳐지더라도 서로 영향을 미치지 않는다.
ㄴ. 두 개 이상의 파동이 겹쳐질 때, 매질의 각 점의 변위는 그 점을 지나는 각 파동의 변위를 합한 것과 같다.
ㄷ. 소음 제거 헤드셋은 헤드셋 내부에서 소음과 상쇄 간섭을 일으키는 소음 제거 신호를 발생시켜 소음을 제거한다.

① ㄴ ② ㄷ ③ ㄱ, ㄴ
④ ㄴ, ㄷ ⑤ ㄱ, ㄴ, ㄷ

유형23-2 물결파의 간섭

다음 그림은 두 점파원 S_1, S_2로부터 위상, 진폭, 진동수가 모두 같은 파동이 발생한 모습을 모식적으로 나타낸 것이다. 이때 흰색 실선은 파동의 마루, 점선은 골이다. 이에 대한 설명으로 옳은 것만을 <보기>에서 있는 대로 고른 것은? (단, 두 점파원에서 발생한 파장은 모두 λ 이다.)

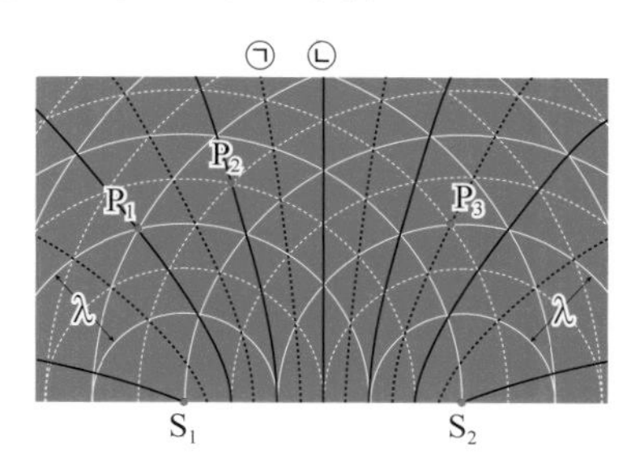

〈 보기 〉

ㄱ. ㉠은 상쇄 간섭이 되는 점을 연결한 선으로 마디선이라고 한다.
ㄴ. 두 점파원 S_1, S_2로부터 점 P_1까지의 경로차는 2λ 이다.
ㄷ. P_1, P_2에서는 보강 간섭, P_3에서는 상쇄 간섭이 일어난다.

① ㄴ ② ㄷ ③ ㄱ, ㄴ ④ ㄴ, ㄷ ⑤ ㄱ, ㄴ, ㄷ

03 다음 그림은 두 파원 S_1, S_2 로부터 파장, 진폭, 위상이 모두 같은 물결파를 발생시켜 간섭 현상이 일어나게 한 후, 어느 순간의 모습을 나타낸 것이다. 이때 물결파의 마루는 실선, 골은 점선으로 표시하였다. 이에 대한 설명으로 옳은 것만을 <보기> 에서 있는 대로 고른 것은?

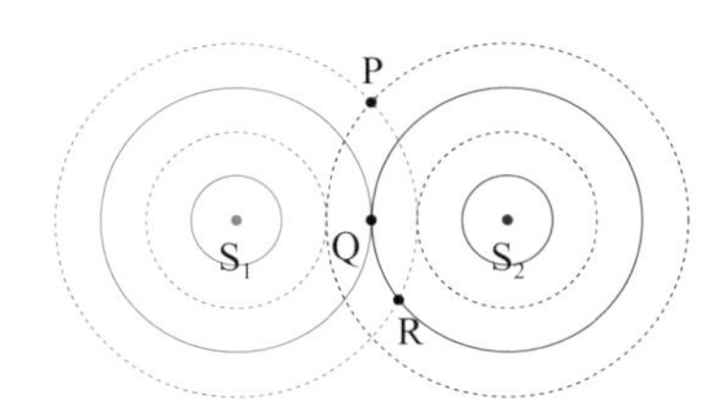

〈 보기 〉

ㄱ. 물결파 투영 장치로 관찰할 경우, P점은 계속 어두운 상태를 유지한다.
ㄴ. Q 점에서는 보강 간섭, R 점에서는 상쇄 간섭이 일어난다.
ㄷ. 두 파원에서 P 점까지의 경로차와 Q 점까지의 경로차는 서로 같다.

① ㄱ ② ㄴ ③ ㄱ, ㄴ
④ ㄴ, ㄷ ⑤ ㄱ, ㄴ, ㄷ

04 다음 그림은 두 점파원 S_1, S_2로부터 진동수가 f이고, 진폭과 위상이 같은 물결파가 발생하는 것을 나타낸 것이다. 선분 AB 는 두 파원을 잇는 직선을 수직 이등분하는 직선이고, 점 P에서 두 점파원 S_1, S_2 까지의 거리는 각각 16 cm, 24 cm 이다. 이에 대한 설명으로 옳은 것만을 <보기> 에서 있는 대로 고른 것은? (단, 두 파동의 속력은 10 cm/s 로 서로 같다.)

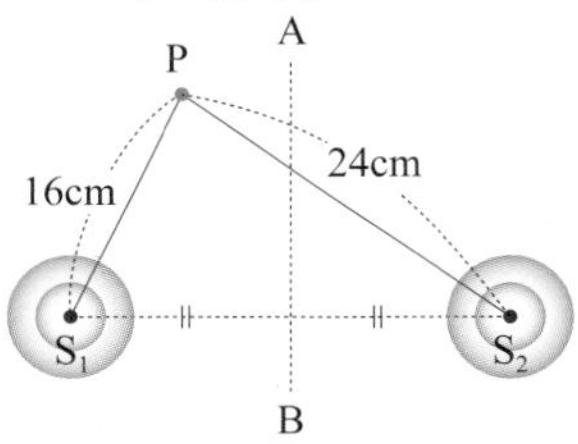

〈 보기 〉

ㄱ. AB 위의 점에서는 보강 간섭이 일어난다.
ㄴ. f = 10 Hz일 때, P 점에서 상쇄 간섭이 일어난다.
ㄷ. P 점이 선분 AB 로부터 보강 간섭이 일어나는 가장 가까운 지점이라면 물결파의 파장은 8 cm이다.

① ㄱ ② ㄷ ③ ㄱ, ㄷ
④ ㄴ, ㄷ ⑤ ㄱ, ㄴ, ㄷ

유형익히기&하브루타

유형23-3 빛의 회절과 간섭 I

다음 그림은 공기 중에서 파장이 λ 인 단색광이 슬릿 간격이 d인 이중 슬릿을 통과한 후, L 만큼 떨어진 스크린에 간격이 일정한 무늬를 만드는 것을 모식적으로 나타낸 것이다. 이에 대한 설명으로 옳은 것만을 <보기> 에서 있는 대로 고른 것은? (단, 중심점 O 로부터 x 만큼 떨어진 P 점에 두 번째 밝은 무늬가 나타났다.)

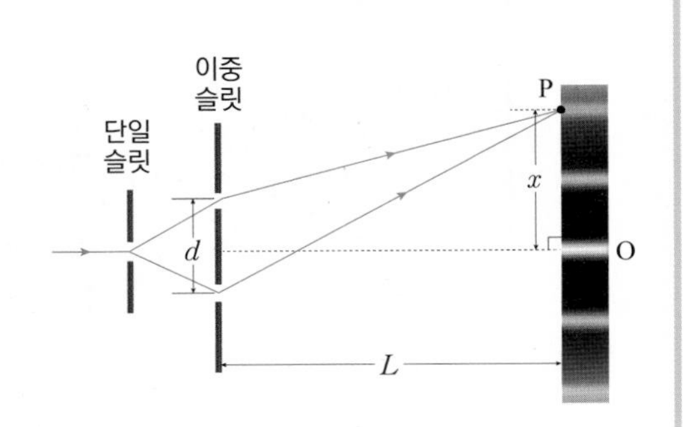

〈 보기 〉

ㄱ. $x = \dfrac{2\lambda L}{d}$ 이다.

ㄴ. 이중 슬릿으로부터 P점까지의 경로차는 $\dfrac{5}{2}\lambda$ 이다.

ㄷ. 단일 슬릿과 이중 슬릿 사이의 거리가 멀어지면 밝은 무늬의 개수가 많아진다.

① ㄱ　② ㄴ　③ ㄱ, ㄴ　④ ㄱ, ㄷ　⑤ ㄱ, ㄴ, ㄷ

05 단일 슬릿에 빨간색 레이저 빛을 비추었더니 너비 S의 스크린에 다음 그림과 같은 회절 무늬가 나타났다. 이에 대한 설명으로 옳은 것만을 <보기> 에서 있는 대로 고른 것은?

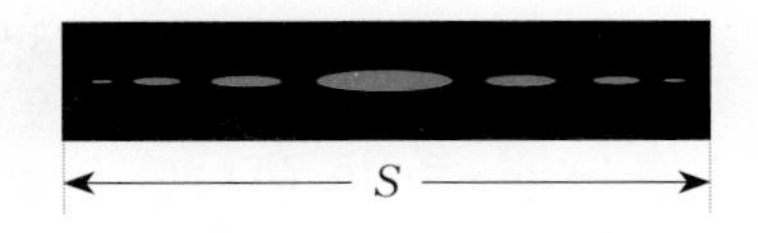

〈 보기 〉

ㄱ. 파란색 레이저를 사용하면 너비 S의 스크린의 밝은 무늬의 수가 증가한다.

ㄴ. 슬릿의 폭이 넓어지면 밝은 무늬의 수는 감소한다.

ㄷ. 슬릿과 스크린 사이의 거리가 멀어지면 밝은 무늬 사이의 간격도 넓어진다.

① ㄱ　② ㄷ　③ ㄱ, ㄷ
④ ㄴ, ㄷ　⑤ ㄱ, ㄴ, ㄷ

06 공기 중에서 파장이 λ 인 단색광이 이중 슬릿을 통과한 후 굴절률이 $\dfrac{4}{3}$ 인 액체를 지나 스크린에 그림과 같은 간섭 무늬를 만들었다. 스크린 상의 곡선은 빛의 세기를 나타낸다. 두 슬릿으로부터 P 점까지의 두 빛의 경로차는 얼마인가?

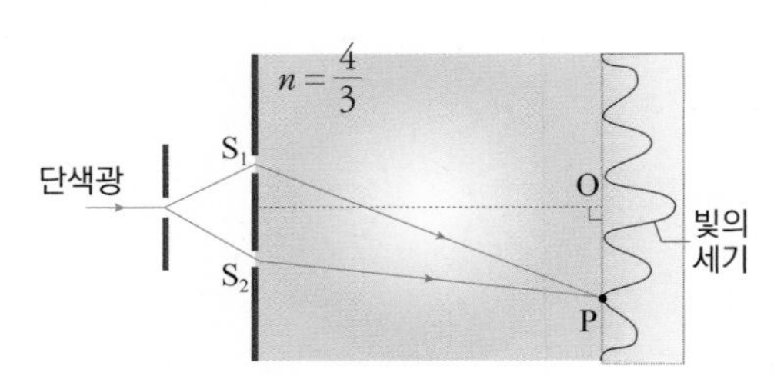

① $\dfrac{1}{2}\lambda$　② $\dfrac{3}{4}\lambda$　③ $\dfrac{4}{3}\lambda$
④ $\dfrac{9}{8}\lambda$　⑤ 2λ

유형23-4 빛의 회절과 간섭 II

다음 그림은 길이가 l 인 두 장의 유리판 A, B 사이의 오른쪽 끝에 두께가 d 인 머리카락을 끼워 유리판 사이에 얇은 공기층을 만든 후 연직 방향으로 600 nm 파장의 단색광을 비춘 것을 나타낸 것이다. 이에 대한 설명으로 옳은 것만을 <보기> 에서 있는 대로 고른 것은?

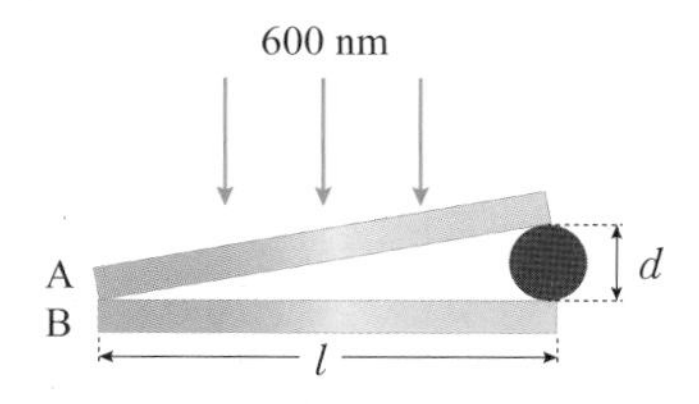

〈 보기 〉

ㄱ. A 의 아랫면에서는 자유단 반사, B 의 윗면에서는 고정단 반사를 한다.
ㄴ. 유리판이 접촉해 있는 곳으로부터 5 번째 어두운 무늬와 10 번째 어두운 무늬가 나타난 공기층의 두께의 차이는 1,500 nm 이다.
ㄷ. 얇은 공기층에 굴절률이 1.5 인 액체를 채웠을 때, 어두운 무늬 사이의 간격은 액체를 채우기 전보다 1.5 배 넓어진다.

① ㄱ ② ㄴ ③ ㄱ, ㄴ ④ ㄱ, ㄷ ⑤ ㄱ, ㄴ, ㄷ

07 다음 그림과 같이 평면 유리 위에 놓인 곡률 반지름이 R 인 렌즈에 파장이 λ 인 빛이 수직으로 입사하고 있다. 렌즈와 유리 사이의 공기 층에 의해 동심원의 간섭 무늬가 생겼을 때, m 번째 밝은 무늬의 반지름 r을 바르게 나타낸 것은? (단, 렌즈와 평면 유리 사이의 공기층 두께는 d 이다.)

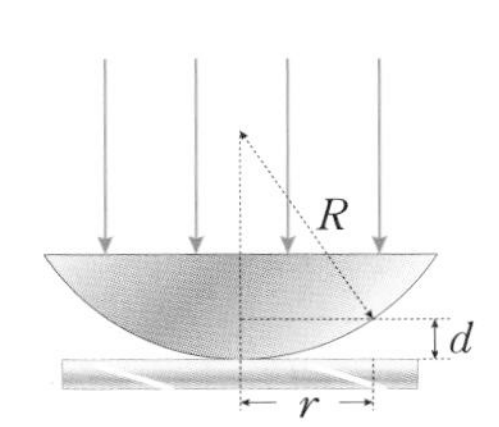

① $\sqrt{\dfrac{R\lambda}{2m}}$ ② $\sqrt{\dfrac{2mR\lambda}{2}}$
③ $\sqrt{\dfrac{2}{2mR\lambda}}$ ④ $\sqrt{\dfrac{(2m-1)R\lambda}{2}}$
⑤ $\sqrt{\dfrac{2}{(2m-1)R\lambda}}$

08 1 mm 당 400 개의 평행한 선을 새겨서 만든 투과형 회절 격자가 있다. 이 회절 격자에 파장이 500 nm 인 빛을 수직으로 입사시켰다. 이때 형성되는 밝은 무늬의 수는 몇 개인가?

① 7 개 ② 8 개 ③ 9 개
④ 10 개 ⑤ 11 개

창의력&토론마당

01 오른쪽 그림과 같이 직선의 벽으로 구분된 수면 상의 한 점 O 에 파원이 있고, 여기서 진동수 f, 파장 λ 인 원형파가 연속적으로 발생하고 있다. 점 A 는 수면과 벽과의 경계점이고, 점 B 는 수면 상의 점이다. 또 이때 선분 OA 는 벽에 수직으로 3λ 거리이며, 선분 OB 는 벽에 평행하고, 그 길이는 8λ 이다. 물음에 답하시오. (단, O 점을 출발한 파동은 멀어질수록 진폭이 작아지지만 여기에서는 무시하고, 수심은 일정하며, 파동이 벽에서 반사할 때 위상은 변하지 않는다.)

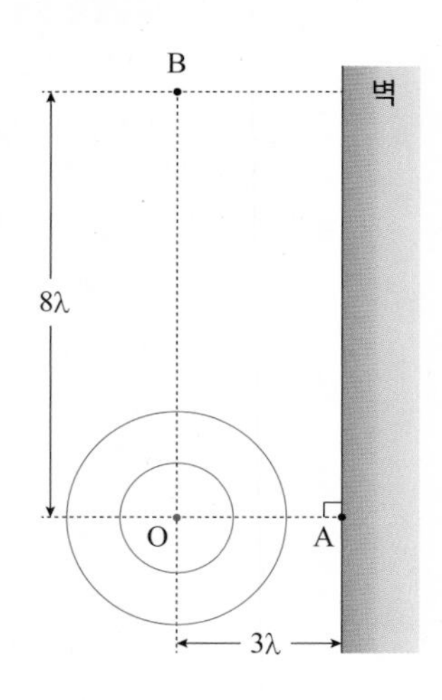

(1) 입사파와 반사파가 중첩된 이후 선분 OA 상에서 나타나는 파형을 설명하시오.

(2) 선분 OB 상(양 끝을 포함)에서 점 O 에서 나온 파동과 벽에서 반사된 파동이 서로 상쇄 간섭을 일으켜 약해진 점(마디점)은 몇 개인가?

02 그림 (가) 는 600 nm 의 빛을 이중 슬릿을 통과시켰더니 P 점에 첫 번째 밝은 무늬가 생긴 것을 나타낸 것이다. 이때 이중 슬릿 S_1 또는 S_2 중 1 개의 스크린 쪽에 굴절률이 1.5 인 투명한 판으로 막았더니 P 점에 있던 밝은 무늬가 그림 (나) 와 같이 스크린의 중앙에 생겼다. 이때 투명한 판의 두께 a 와 이 판이 막은 슬릿은 어느 것인지 각각 쓰시오.

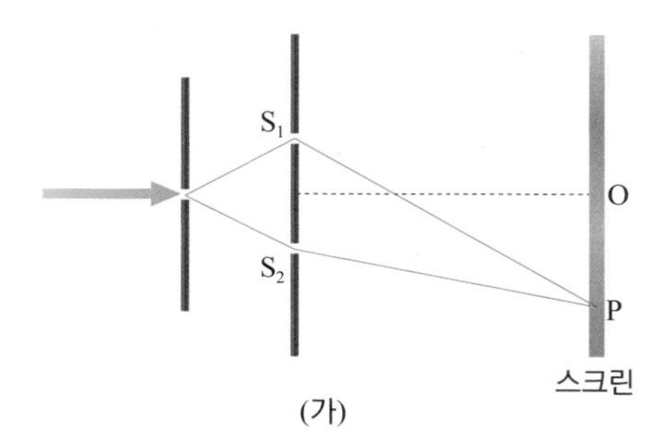

(가)

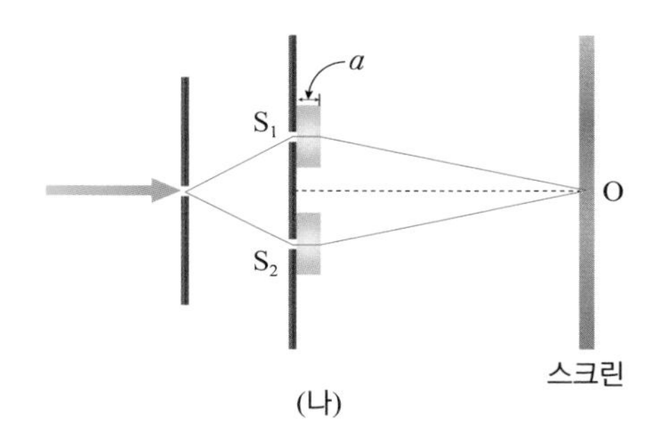

(나)

03 다음 그림과 같이 굴절률이 각각 1.68, 1.59, 1.50 인 물질 A, B, C 가 층을 이루고 있다. 이 층에 수직으로 빛이 입사할 때, 빛의 일부는 직진하고, 일부는 물질 B 의 내부에서 두 번 반사한 후 물질 C 로 진행하였다. 이때 직진한 빛과 두 번 반사한 빛이 보강 간섭한다면, 공기 중에서 가시 광선 영역의 빛의 파장은 얼마인가? (단, 물질 B 의 두께는 415 nm 이다.)

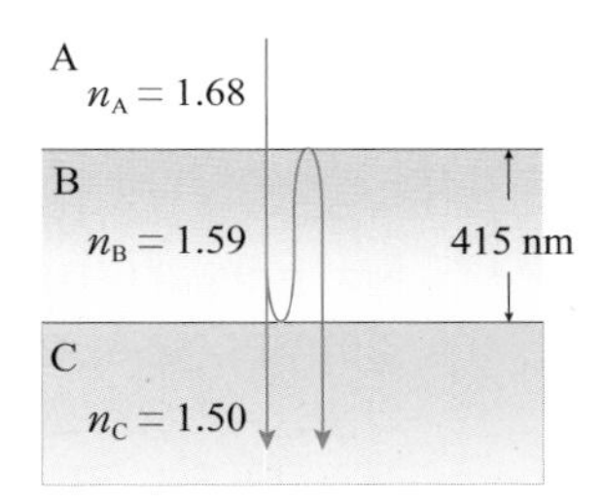

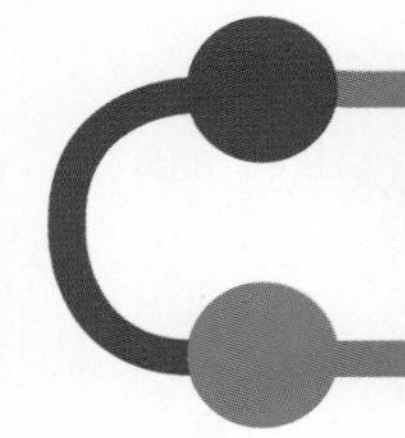

창의력&토론마당

04 다음 그림과 같이 왼쪽에서 오른쪽으로 갈수록 틈이 L_1 에서 부터 L_2 까지 균일하게 점점 넓어지는 투명한 플라스틱이 있다. 이 플라스틱의 윗면에 수직으로 파장이 650 nm 인 빨간색 단색광이 입사하였더니 윗면에서 관찰하였을 때, 여섯 개의 어두운 무늬와 다섯 개의 밝은 빨간색 무늬를 관찰할 수 있었다. L_1 에서 부터 L_2 까지 공기 두께의 변화$(L_2 - L_1)$ 는 얼마인가?

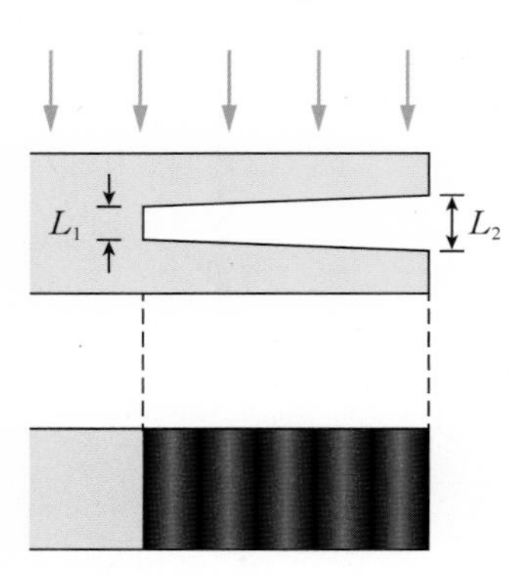

05 고급 렌즈들은 반사가 일어나지 않도록 렌즈 위에 얇은 박막을 입힌 후, 렌즈 표면에서 반사하는 빛들이 상쇄 간섭하도록 만든다. 오른쪽 그림과 같이 유리 렌즈의 표면에 MgF_2(불화마그네슘)을 입혀서 450 nm 파장의 빛을 수직으로 쪼여주었을 때 반사하는 빛을 모두 없애려고 한다. 이 때 코팅의 최소 두께 d는 얼마인가? (단, 유리 렌즈의 굴절률 $n_{유리} = 1.5$, MgF_2(불화마그네슘)의 굴절률 $n_{코팅} = 1.4$ 이다.)

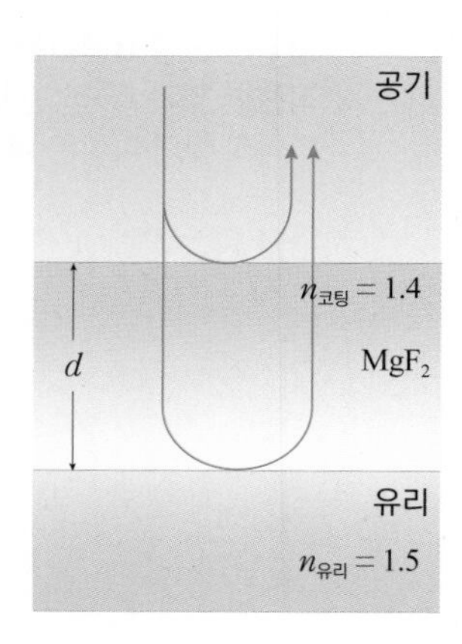

06

오른쪽 그림과 같이 동일한 스피커 A, B 에서 동일한 위상의 소리를 내면 두 음파가 간섭하여 소리가 크게 들리거나, 들리지 않게 된다. 이때 소리가 크게 들리는 곳(P)은 보강 간섭이 일어난 곳이고, 소리가 들리지 않는 곳(Q)은 상쇄 간섭이 일어난 곳이다.

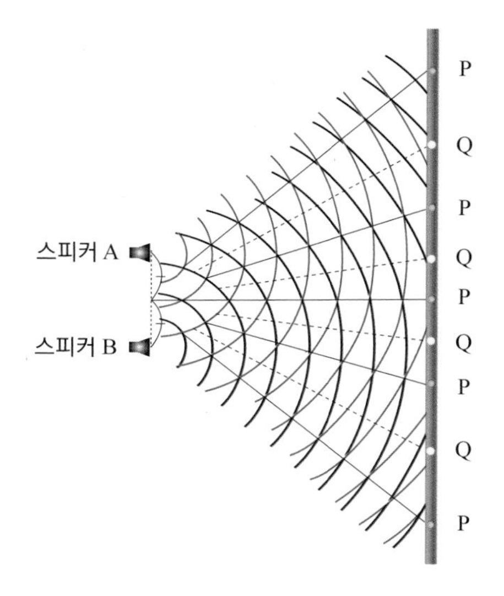

다음 그림과 같이 같은 음원으로 구동되는 한 쌍의 스피커 A, B 가 서로 3 m 떨어져 있다. 처음에 두 스피커를 잇는 선분의 중심으로 부터 8 m 떨어진 점 O 에 무한이가 서있다가 점 O 로부터 수직 방향으로 0.3 m 이동하여 P 점에 도달하였을 때 소리가 처음으로 들리지 않았다. 이때 음원의 진동수는 얼마인가? (단, 공기 중에서 소리의 속력은 340 m/s 이다.)

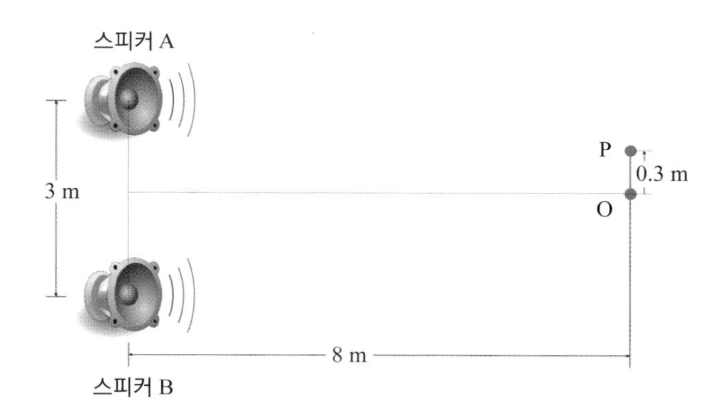

스스로 실력높이기

A

01 다음 그림은 서로 반대 방향으로 1 m/s 의 같은 속력으로 진행하는 두 펄스를 나타낸 것이다. 2 초 후 두 펄스가 중첩되었을 때 합성파의 최대 변위는 몇 m 인가?

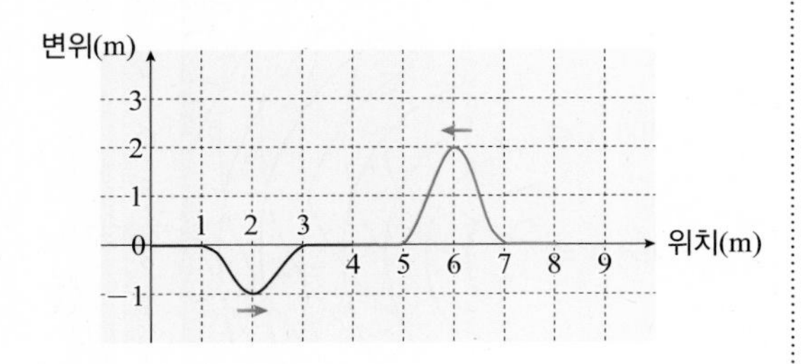

① −1 m ② 0 m ③ +1 m
④ +2 m ⑤ +3 m

02 다음 그림은 서로 반대 방향으로 진행하는 두 파동이 중첩하는 과정을 나타낸 것이다. 이에 대한 설명으로 옳은 것은 ○ 표, 옳지 않은 것은 × 표 하시오.

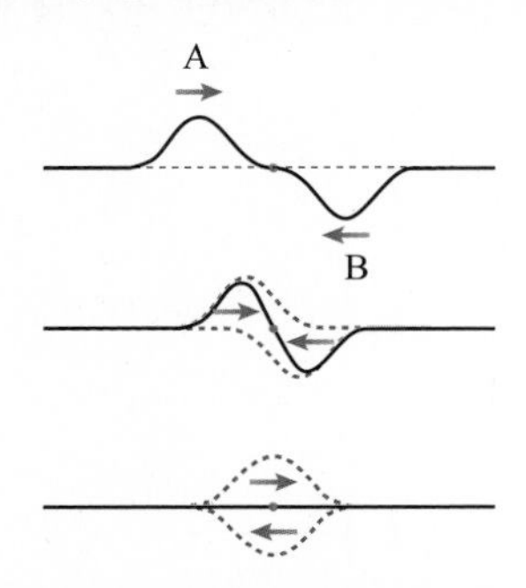

(1) 두 파동이 중첩되면 상쇄 간섭을 한다. ( )

(2) 두 파동의 중첩된 파동의 변위는 각각의 변위의 합이다. ( )

(3) 두 파동이 중첩에서 벗어나면 이후 파동의 속력은 느려진다. ( )

03 다음은 파동의 간섭이 일어날 조건에 대한 설명이다. 빈칸에 알맞은 말을 각각 고르시오.

(1) 진폭, 위상, 진동수가 같은 파동이 발생하는 두 파원으로부터 임의의 한 점까지의 경로차가 반파장의 짝수배일 때 (㉠ 보강 ㉡ 상쇄)간섭이 일어난다.

(2) 진폭과 파장이 같고, 위상만 서로 반대인 두 파동이 발생하는 두 파원으로부터 임의의 한 점까지의 경로차가 반파장의 짝수배일 때 (㉠ 보강 ㉡ 상쇄)간섭이 일어난다.

04~05 다음 그림은 물결파 투영 장치에서 두 점파원 S_1, S_2에서 발생한 물결파가 중첩된 순간을 나타낸 것이다. 물음에 답하시오. (단, 실선은 물결파의 마루, 점선은 골이다.)

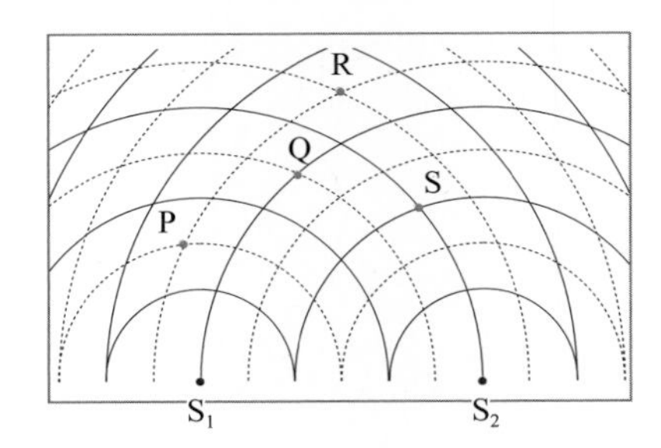

04 두 파동의 파장이 λ 일 때, P 점, R 점에서 두 파원으로부터의 경로차를 바르게 짝지은 것은?

	P점	R점		P점	R점
①	0	λ	②	λ	0
③	0	2λ	④	2λ	0
⑤	λ	2λ			

05 Q점과 S점에서 일어나는 간섭의 종류를 각각 쓰시오.

Q ( ) 간섭, S ( ) 간섭

06 다음 그림은 파원 S_1, S_2와 이들로부터 각각 50 cm, 36 cm 떨어진 지점 P를 나타낸 것이다. 이때 두 파원에서 각각 진폭이 3 cm, 파장이 4 cm인 일정한 파를 같은 위상으로 발생시키고 있다면 점 P에서 합성파의 진폭은 얼마인가?

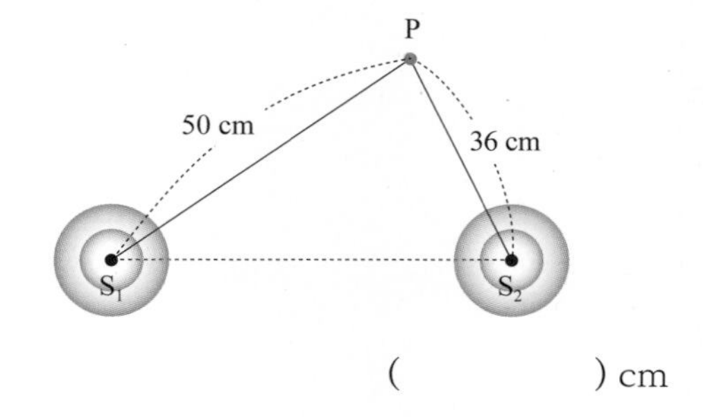

( ) cm

07

다음 빈칸에 알맞은 말을 각각 고르시오.

> 파동이 진행하다가 장애물을 만나면 그 모서리에서 진행 방향이 바뀌어 장애물의 뒤쪽까지 전파되는 현상을 파동의 (㉠ 간섭 ㉡ 회절)이라고 한다. 이는 통과하는 틈이 (㉠ 좁을수록 ㉡ 넓을수록), 파장이 (㉠ 짧을수록 ㉡ 길수록) 잘 일어난다.

08

파장이 4500 Å(1 Å $= 10^{-10}$ m)인 빛을 사용하여 그림과 같은 영의 간섭 실험을 하였다. 스크린에는 검고 어두운 무늬가 교대로 생겼는데 P 점은 중앙점 O로부터 첫 번째 어두운 무늬가 생긴 지점이다. P 점에 도달한 두 빛의 경로차 $S_1P \sim S_2P$ 는 얼마인가?

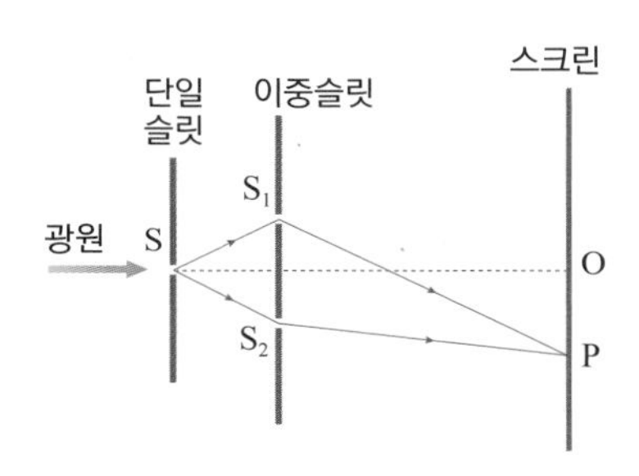

① 2,250 Å ② 4,500 Å ③ 6,750 Å
④ 9,000 Å ② 11,250 Å

09

곡률 반지름이 80 cm 인 평볼록 렌즈를 평면 유리 위에 놓은 후 렌즈의 수직 위로 단색광을 비추었더니 동심원 무늬를 관찰할 수 있었다. 이때 동심원 무늬의 중심인 어두운 무늬 밖의 첫 번째 밝은 무늬의 반경이 0.4 mm 였다면, 단색광의 파장은 얼마인가?

(　　　　　) nm

10

다음 그림과 같이 얇은 쐐기 모양의 공기 층이 형성된 두 장의 평면 유리의 연직 방향으로 파장이 λ인 단색광을 비추었더니 위에서 봤을 때 평행한 등간격의 밝고 어두운 간섭 무늬가 나타났다. 이때 이웃하는 밝은 무늬에 대한 공기층의 두께가 d_1, d_2 라고 했을 때, 공기층의 두께 차이 $d_2 - d_1$ 은 얼마인가?

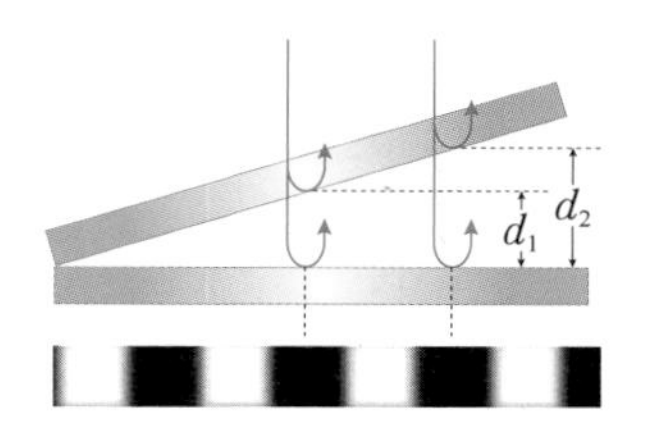

① $\frac{\lambda}{4}$ ② $\frac{\lambda}{3}$ ③ $\frac{\lambda}{2}$
④ λ ⑤ 2λ

B

11

다음 그림과 같이 서로 반대 방향으로 1 cm/s의 같은 속력으로 진행하는 두 펄스파가 있다. 이에 대한 설명으로 옳은 것만을 <보기> 에서 있는 대로 고른 것은?

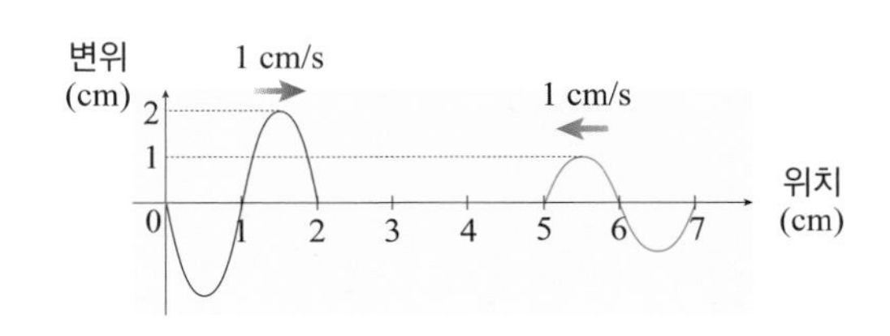

〈 보기 〉

ㄱ. 파동은 독립성이 있다.
ㄴ. 파동이 중첩된 이후에 파장은 길어진다.
ㄷ. 2 초 후 두 펄스파가 중첩되었을 때 합성파의 최대 변위는 +3 cm이다.

① ㄱ ② ㄷ ③ ㄱ, ㄷ
④ ㄴ, ㄷ ⑤ ㄱ, ㄴ, ㄷ

스스로 실력높이기

12 그림 (가) 는 수면파 발생 장치의 두 점파원에서 파장, 위상이 모두 같은 수면파를 발생시켜 만들어진 간섭 무늬로 ㉠ 은 밝은 부분, ㉡ 은 어두운 부분을 나타낸다. 그림 (나) 는 수면파에 의해 빛이 굴절하는 모습을 나타낸 것이다. 이에 대한 설명으로 옳은 것만을 <보기> 에서 있는 대로 고른 것은?

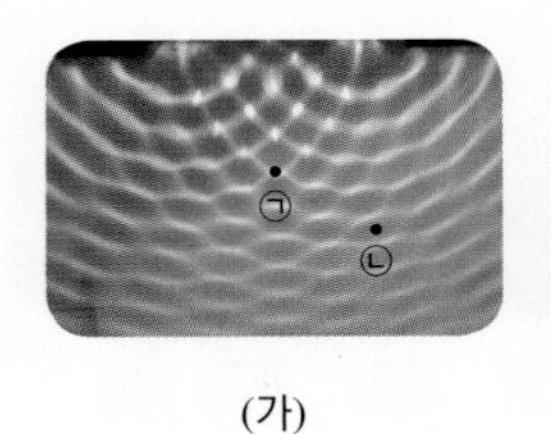

(가)

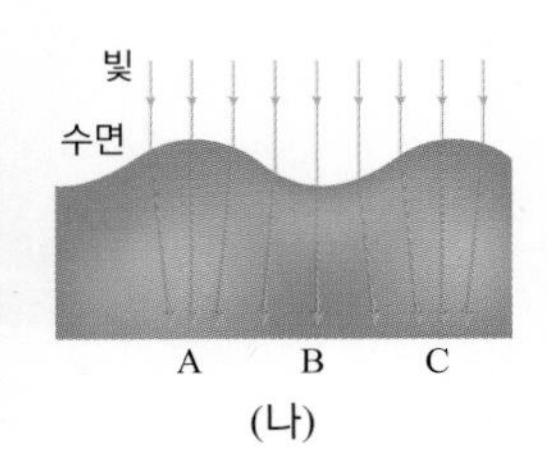

(나)

〈 보기 〉

ㄱ. ㉠ 은 A, C, ㉡ 은 B 부분이다.
ㄴ. 가장 밝은 부분은 보강 간섭, 가장 어두운 부분은 상쇄 간섭이 일어나는 부분이다.
ㄷ. 두 점파원의 위상차가 180° 일 경우, ㉠ 지점에서 상쇄 간섭이 일어난다.

① ㄱ ② ㄴ ③ ㄷ
④ ㄱ, ㄷ ⑤ ㄱ, ㄴ, ㄷ

13 다음 그림은 파장이 λ 인 단색광이 폭이 d 인 단일 슬릿을 통과하여 L 만큼 떨어진 스크린에 회절 무늬를 만드는 것을 모식적으로 나타낸 것이다. 이에 대한 설명으로 옳은 것만을 <보기> 에서 있는 대로 고른 것은? (단, P 점은 첫 번째 어두운 무늬가 생긴 위치이다.)

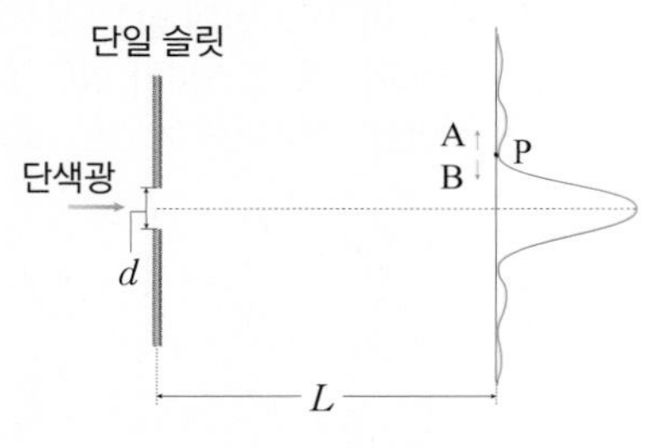

〈 보기 〉

ㄱ. 슬릿의 폭 d 가 좁아지면, P 점은 A 방향으로 이동한다.
ㄴ. d 와 L 을 2 배로 하면, 회절 무늬의 간격도 2 배가 된다.
ㄷ. P 점은 슬릿을 통과한 빛들의 경로차가 반파장의 짝수배가 되는 지점이다.

① ㄱ ② ㄴ ③ ㄷ
④ ㄱ, ㄷ ⑤ ㄱ, ㄴ, ㄷ

14 표 (가) 는 파동의 회절을 실험하기 위해 준비한 슬릿 A, B, C 이고, 표 (나) 는 파장이 다른 세 가지 광원 P, Q, R 을 나타낸 것이다. 이들을 이용하여 파동의 회절 실험을 할 때 ㉠ 회절이 가장 잘 일어나는 조합과 ㉡ 가장 회절이 되지 않는 조합을 바르게 짝지은 것은?

슬릿	슬릿 폭(mm)
A	0.1
B	0.2
C	0.4

(가)

광원	파장(m)
P	5×10^{-6}
Q	2×10^{-8}
R	3×10^{-3}

(나)

	㉠	㉡
①	A, P	C, R
②	A, R	C, Q
③	C, Q	A, R
④	C, R	A, P
⑤	B, R	C, Q

15 다음 그림은 단일 슬릿 뒤에 이중 슬릿을 놓은 후 파장이 λ 인 빛을 비추었을 때, 스크린에 회절 무늬를 만드는 것을 모식적으로 나타낸 것이다. 이에 대한 설명으로 옳은 것만을 <보기> 에서 있는 대로 고른 것은? (단, 중심점 O 로부터 x 만큼 떨어진 P 점에서 두 번째 어두운 무늬가 나타났으며, 이중 슬릿 사이의 간격은 d 이고, 스크린과 이중 슬릿은 L 만큼 떨어져 있다.)

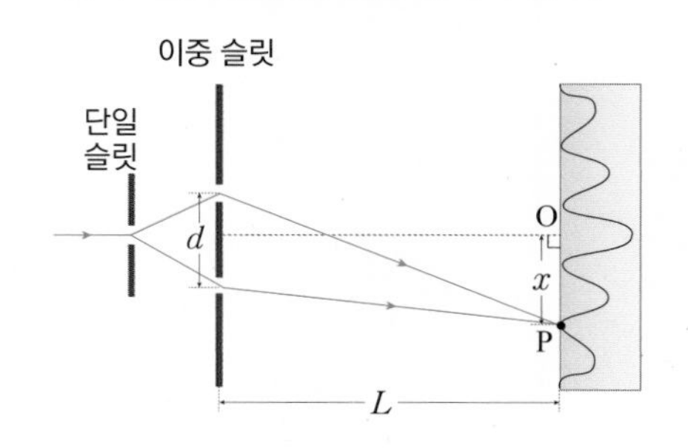

〈 보기 〉

ㄱ. d 가 좁아지면, x 가 짧아진다.
ㄴ. d 와 L, x 를 알면 파장 λ 을 구할 수 있다.
ㄷ. 단일 슬릿은 빛을 이중 슬릿의 각 틈에 동일한 위상으로 통과할 수 있도록 해준다.

① ㄱ ② ㄴ ③ ㄱ, ㄴ
④ ㄴ, ㄷ ⑤ ㄱ, ㄴ, ㄷ

16 그림과 같이 수직한 고리에 비눗물에 의해 얇은 막이 생기는 경우, 시간이 흐를수록 위쪽 어두운 부분이 점점 넓어지게 된다. 이 현상에 대한 설명으로 옳은 것만을 <보기> 에서 있는 대로 고른 것은?

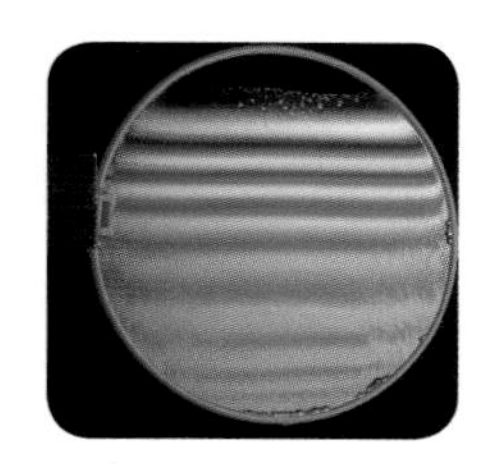

〈 보기 〉

ㄱ. 비눗물의 윗 부분은 너무 얇아서 반사하는 두 광선은 상쇄 간섭을 하여 어둡게 보인다.
ㄴ. 비눗물이 중력에 의해 아래로 끌리기 때문에 위쪽 어두운 부분이 점점 넓어지게 되는 것이다.
ㄷ. 비누막에서 반사된 두 광선의 경로차가 반파장만큼 차이가 나면 밝게 보인다.

① ㄱ ② ㄷ ③ ㄱ, ㄷ
④ ㄴ, ㄷ ⑤ ㄱ, ㄴ, ㄷ

17 다음 그림과 같이 반지름이 2 m 인 평볼록 렌즈가 평평한 유리판 위에 놓여 있다. 연직 방향으로 파장이 600 nm 인 빛을 쪼여주었을 때 평볼록 렌즈의 중심으로부터 2 번째로 나타나는 밝은 무늬의 반지름 r 은 얼마인가? (단, 평볼록 렌즈와 유리판 사이의 공기층은 매우 얇으며, 렌즈 위에서 관찰한다.)

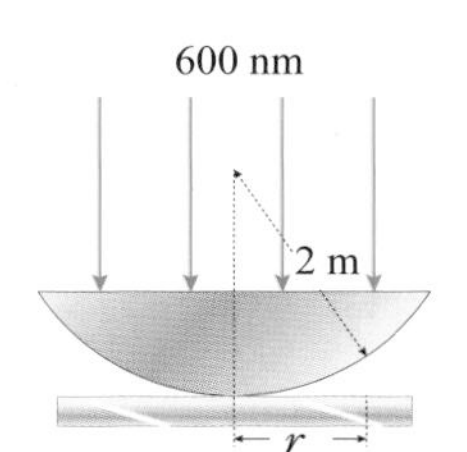

① 1.0 mm ② 1.2 mm ③ 1.3 mm
④ 1.4 mm ⑤ 1.5 mm

18 다음 그림과 같이 15 cm 길이의 두 장의 평면 유리의 한쪽 끝은 붙어 있고, 다른 쪽 끝은 0.01 mm 높이의 얇은 물체가 끼워져 있다. 이때 연직 방향으로 파장이 500 nm 인 단색광을 비추었을 때 유리판에 나타난 밝은 무늬의 수는 몇 개인가? (단, 유리판 위에서 관찰한다.)

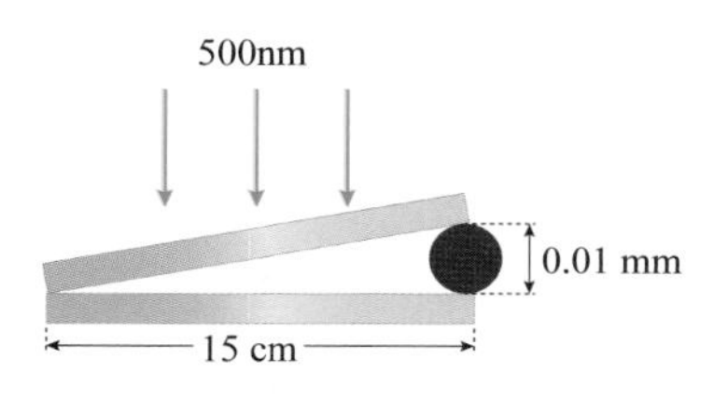

① 20 개 ② 40 개 ③ 60 개
④ 80 개 ⑤ 100 개

C

19 다음 그림은 두 점파원 S_1, S_2 로부터 같은 위상, 진폭, 진동수의 파동이 발생한 어느 순간의 모습을 모식적으로 나타낸 것이다. 이때 실선은 파동의 마루, 점선은 골, 점 P, Q 는 두 점파원 S_1, S_2 로부터 각각 0.1 m 만큼 떨어져 있는 수면상에 고정된 점이다. 이 순간부터 $\frac{1}{4}$ 주기가 지난 순간, P 와 Q 를 잇는 직선상에서 중첩된 수면파의 변위를 위치에 따라 바르게 나타낸 것은?

[수능 평가원 기출 유형]

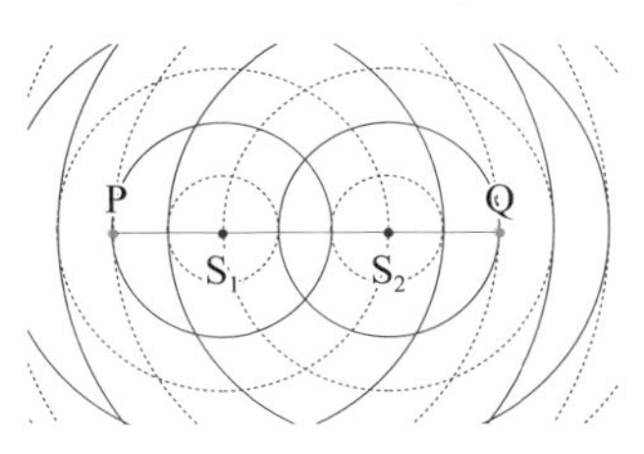

①
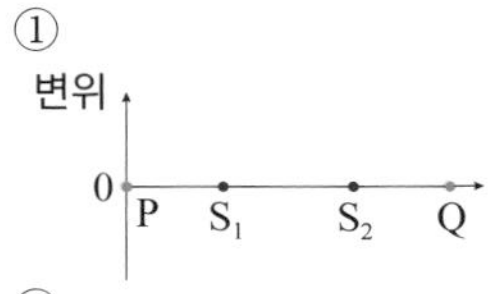

②
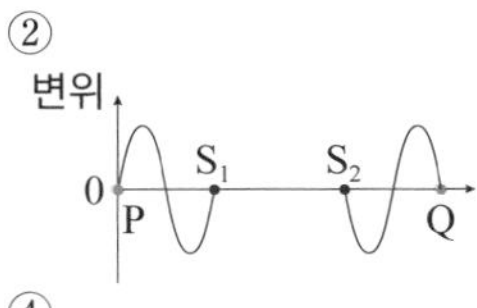

③
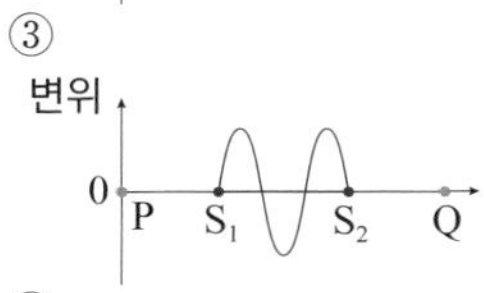

④
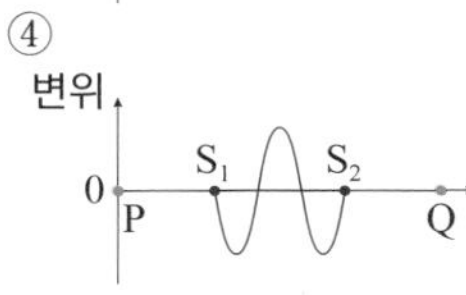

⑤
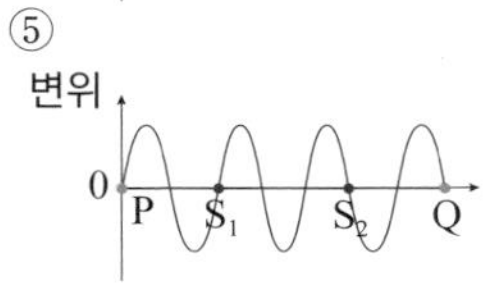

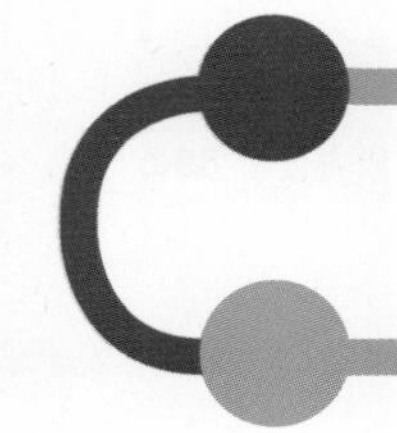

스스로 실력높이기

20 그림 (가) 는 두 점파원 S_1, S_2 에서 발생한 위상, 진폭, 진동수가 모두 같은 두 수면파의 어느 순간의 모습을 모식적으로 나타낸 것이다. 점 A, B 는 각각 S_1, S_2 로 부터 일정한 거리만큼 떨어진 두 점이며, 실선과 점선은 각각 수면파의 마루와 골을 나타낸다. 그림 (나) 는 영의 간섭 실험 장치를 통해 스크린에 간섭 무늬가 만들어진 것을 나타낸 것이다. 점 P 는 스크린의 중앙 O 점으로부터 첫 번째 어두운 무늬이다. 이에 대한 설명으로 옳은 것만을 <보기> 에서 있는 대로 고른 것은?

[수능 기출 유형]

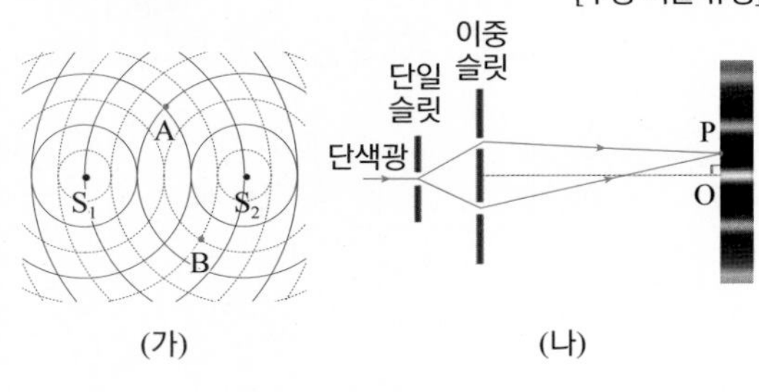

(가) (나)

〈 보기 〉

ㄱ. A 점에서 수면의 높이는 주기적으로 변한다.
ㄴ. 두 점파원으로부터 A 점까지의 수면파의 경로차와 이중 슬릿의 각 틈에서 P 점까지의 단색광의 경로차는 각각 0 이다.
ㄷ. B 와 P 는 모두 상쇄 간섭이 일어나는 지점이다.

① ㄱ　② ㄴ　③ ㄷ　④ ㄱ, ㄷ　⑤ ㄱ, ㄴ, ㄷ

21 파장이 λ_A, λ_B 인 두 빛 A, B 를 각각 동일한 단일 슬릿 실험 장치에 비추었다. 이때 빛 A 에 의한 회절 무늬중에서 첫 번째 어두운 무늬의 위치와 빛 B 에 의한 회절 무늬 중에서 두 번째 어두운 무늬의 위치가 일치하였다. 물음에 답하시오.

(1) 빛 A의 파장 $\lambda_A = 700$ nm 일 때, 빛 B 의 파장은 얼마인가?

(　　　　　) nm

(2) 빛 A 에 의한 회절 무늬 중 세 번째 어두운 무늬는 빛 B 에 의한 회절 무늬 중 몇 번째 어두운 무늬와 일치하겠는가?

(　　　　　) 번째

22 다음 그림은 공기 중에 있는 얇은 막으로 파장이 λ 인 빛이 진행하는 것을 나타낸 것이다. 이에 대한 설명으로 옳은 것만을 <보기> 에서 있는 대로 고른 것은?

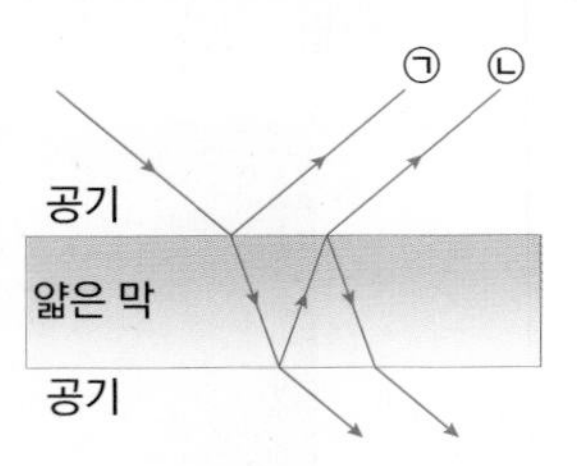

〈 보기 〉

ㄱ. ㉠ 은 고정단 반사, ㉡ 은 자유단 반사를 한다.
ㄴ. 얇은 막의 두께가 파장 λ보다 매우 작을 경우 반사하는 두 광선은 보강 간섭을 한다.
ㄷ. 막의 두께가 $\frac{\lambda}{4}$일 경우, 반사하는 두 광선은 상쇄 간섭을 한다.

① ㄱ　② ㄴ　③ ㄷ　④ ㄱ, ㄷ　⑤ ㄱ, ㄴ, ㄷ

23 파장이 600 nm 인 빛이 회절 격자에 수직으로 입사하였더니 이웃하는 두 극대가 $\sin\theta = 0.2$, $\sin\theta = 0.3$ 을 만족시키는 각도에서 일어났으며, 4차 극대는 나타나지 않았다. 이웃한 틈 사이의 간격은 얼마인가?

(　　　　　) m

24 다음 그림은 슬릿 간의 간격이 d 인 격자에서 회절에 의한 간섭의 원리를 모식적으로 나타낸 것이다. 이에 대한 설명으로 옳은 것만을 <보기> 에서 있는 대로 고른 것은? (단, 슬릿과 스크린 사이의 간격은 L이다.)

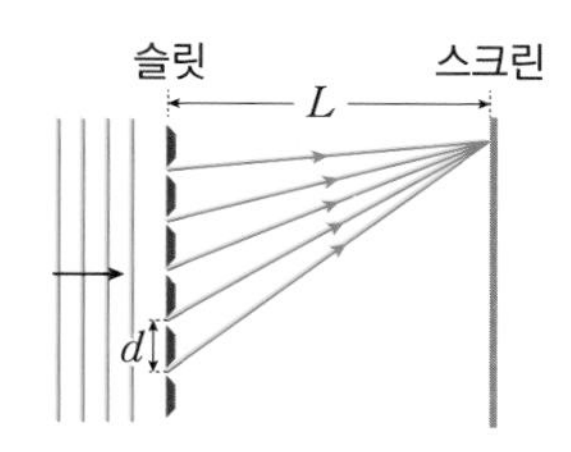

〈 보기 〉

ㄱ. 파란색 단색광보다 빨간색 단색광을 이용할 때 회절이 더 잘 일어난다.
ㄴ. 백색광에 의해 만들어진 회절 무늬에서 파장을 구분해 내기 위해서는 슬릿의 개수가 많을수록 좋다.
ㄷ. $L \gg d$ 일 때 회절 격자에 의한 간섭 무늬가 잘 나타난다.

① ㄱ ② ㄷ ③ ㄱ, ㄷ
④ ㄴ, ㄷ ⑤ ㄱ, ㄴ, ㄷ

심화

25 다음 그림과 같이 지표면에 놓인 평면 거울 위로 0.11 mm 떨어진 곳에 매우 작은 틈 S가 있고, 틈 S에서 2.5 m 떨어진 곳에 스크린이 놓여져 있다. 파장이 440 nm 인 단일광을 틈에 쪼였을 때, P점에서 첫 번째 밝은 무늬가 생겼다. 이에 대한 설명으로 옳은 것만을 <보기> 에서 있는 대로 고른 것은?

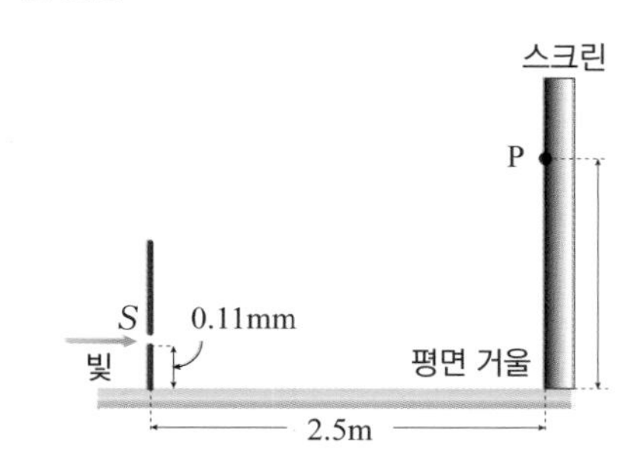

〈 보기 〉

ㄱ. 거울에 반사한 빛과 틈 S 에서 회절해 온 빛이 각각 P 점에 도달하는 경로차는 반파장의 홀수배이다.
ㄴ. 거울에서 P 점까지의 거리는 2.5×10^{-3} m이다.
ㄷ. P 점에 첫 번째 어두운 무늬가 나타나기 위해서는 스크린을 1.25 m 오른쪽으로 이동해야 한다.

① ㄱ ② ㄷ ③ ㄱ, ㄴ
④ ㄴ, ㄷ ⑤ ㄱ, ㄴ, ㄷ

스스로 실력높이기

26 그림 (가) 는 파장이 다른 두 빛 A, B 가 두께가 일정한 유리로 같은 입사각으로 입사한 후 반사면에서 각각 반사하는 모습을 나타낸 것이다. 그림 (나) 는 빛 A 가 이중 슬릿을 통과하여 스크린에 간섭 무늬가 생긴 것을 나타낸 것으로 Δx는 간섭 무늬 사이의 간격이다. 이에 대한 설명으로 옳은 것만을 <보기> 에서 있는 대로 고른 것은?

[수능 평가원 기출 유형]

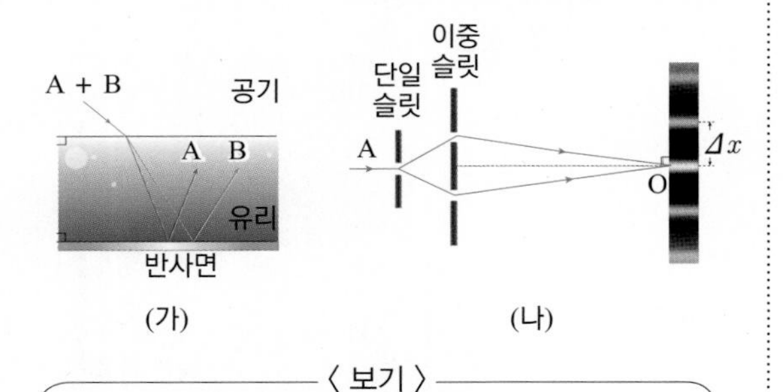

(가) (나)

〈 보기 〉

ㄱ. (가) 에서 반사면에서 반사된 후, 공기 중으로 굴절되어 나온 빛 A 와 B 는 나란하게 진행한다.
ㄴ. (나) 에서 빛을 B로 바꾸면 Δx 는 넓어진다.
ㄷ. (나) 에서 이중 슬릿 사이의 간격만 좁히면 간섭 무늬 한 개의 밝기는 감소한다.

① ㄱ ② ㄴ ③ ㄷ
④ ㄱ, ㄷ ⑤ ㄱ, ㄴ, ㄷ

27 이중 슬릿 사이의 간격은 0.5 mm 이고, 스크린과 이중 슬릿 사이의 거리가 1 m 인 영의 간섭 실험 장치가 있다. 이 실험 장치를 이용하여 파장이 480 nm 인 빛과 파장이 600 nm인 빛을 이용하여 각각 간섭 무늬를 만들었다. 두 빛이 간섭 무늬를 만들었을 때, 각각의 중심점으로부터 세 번째 밝은 간섭 무늬 사이의 간격은 얼마인가?

① 72×10^{-5} m ② 144×10^{-5} m
③ 216×10^{-5} m ④ 288×10^{-5} m
⑤ 360×10^{-5} m

28 다음 그림과 같이 영의 간섭 실험 장치에서 얇은 유리 조각을 이중 슬릿의 위쪽 틈 앞에 놓았더니 7 번째 밝은 무늬가 생겼던 P 점이 스크린의 중심점 O 로 이동하였다. 빛의 파장이 550 nm 이고, 유리의 굴절률이 1.6 일 때, 유리의 두께는 얼마인가?

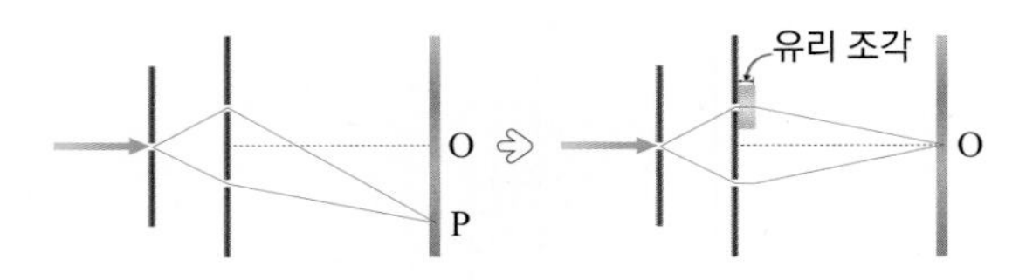

① 2.0×10^{-6} m ② 2.4×10^{-6} m
③ 5.5×10^{-6} m ④ 6.4×10^{-6} m
⑤ 12.8×10^{-6} m

29 다음 그림과 같이 물질 B 가 물질 A 와 C 사이에 놓여 있다. 이들 위로 가시광선 영역 내의 파장을 가진 빛이 수직으로 입사하였더니 일부는 물질 A 와 B 의 경계면에서 반사하였고, 일부는 물질 B와 C 의 경계면에서 반사하였다. 반사된 빛들이 상쇄 간섭한다면, 이 빛의 파장은 얼마인가? (단, 물질 A, B, C 의 굴절률 n_A, n_B, n_C 는 각각 1.4, 1.45, 1.75 이다.)

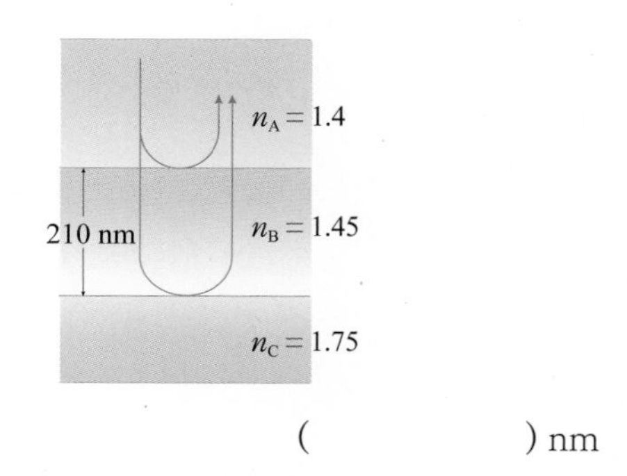

(   ) nm

30 다음 그림과 같이 두 장의 유리판이 왼쪽은 서로 닿아 있고, 오른쪽은 일정한 거리만큼 떨어져 있다. 이 유리판의 연직 위쪽 방향으로 파장이 600 nm 인 빛이 수직으로 입사하였더니 위에서 보았을 때, 10개의 밝은 무늬와 9 개의 어두운 무늬가 나타났다. 유리의 굴절률이 1.5 라면, 두 유리판 사이의 간격 변화는 얼마인가?

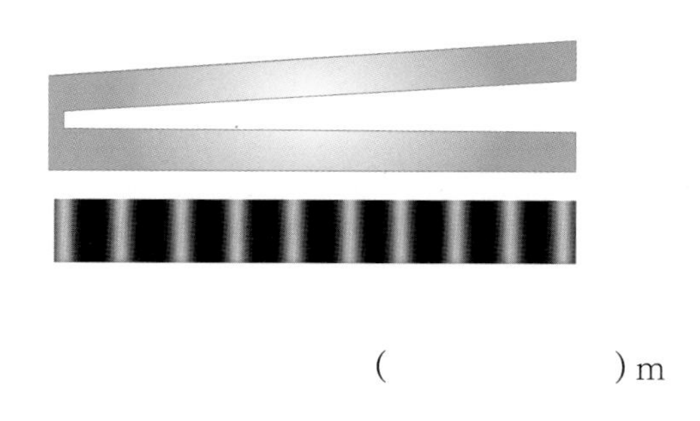

(　　　　　　) m

31 다음 그림과 같이 길이가 0.15 m로 같은 두 장의 유리판이 왼쪽은 서로 닿아있고, 오른쪽은 50 μm 간격만큼 떨어져 있다. 이 유리판의 연직 위쪽 방향으로 빛이 입사하였을 때, 위에서 아래로 내려다 보았더니 162 개의 밝은 무늬를 볼 수 있었다. 빛의 파장은 얼마인가?

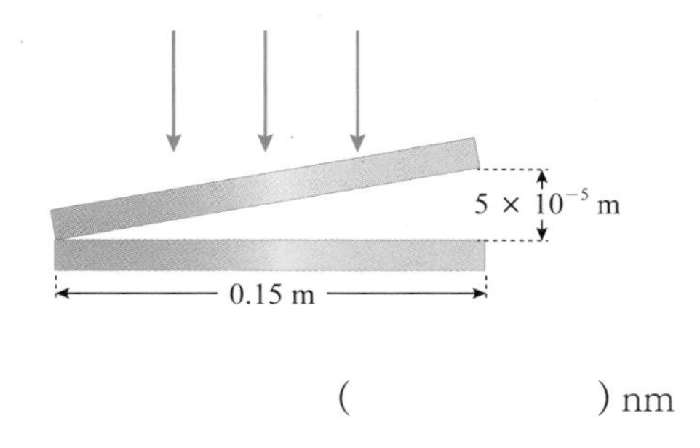

(　　　　　　) nm

32 1 mm 당 200 개의 선을 일정한 간격으로 새겨 놓은 회절 격자가 있다. 이 회절 격자에 가시 광선이 수직으로 입사하였을 때 그림과 같이 30° 의 각도에 놓일 수 있는 극대 중 ㉠ 가장 긴 파장과 ㉡ 세 번째로 긴 파장을 바르게 짝지은 것은?

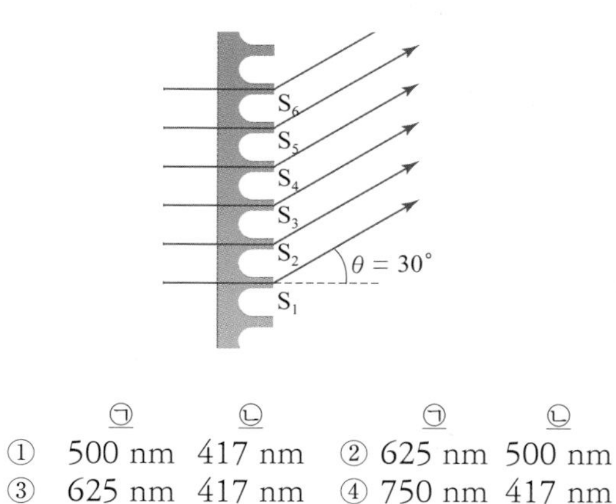

	㉠	㉡		㉠	㉡
①	500 nm	417 nm	②	625 nm	500 nm
③	625 nm	417 nm	④	750 nm	417 nm
⑤	750 nm	500 nm			

24강 빛의 이용

1. 렌즈와 광학 기구 Ⅰ

(1) 렌즈의 공식 증명 : 물체에서 렌즈 중심까지의 거리를 a, 렌즈 중심에서 상까지의 거리를 b, 렌즈의 초점거리를 f, 배율을 m 이라고 할 때, 다음의 관계가 성립한다.

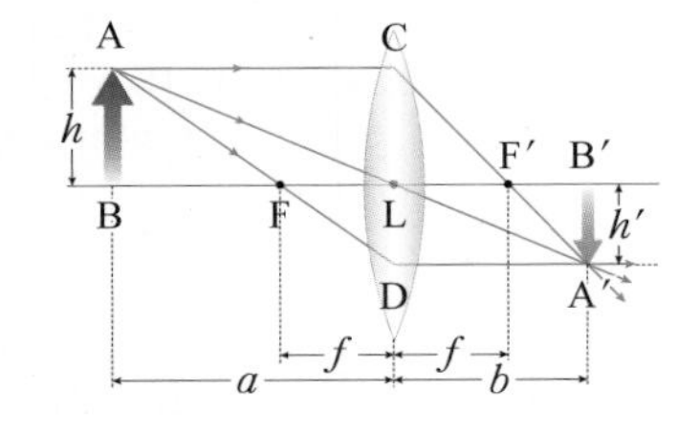

$$\frac{1}{a}+\frac{1}{b}=\frac{1}{f},\quad m=\frac{h'}{h}=\frac{b}{a}$$

△ABL ∽ △ A′B′L, △ABF ∽ △DLF 이므로, $m=\frac{\text{A'B'}}{\text{AB}}=\frac{\text{B'L}}{\text{BL}}=\frac{b}{a}$ … ㉠

$$\frac{\text{DL}}{\text{AB}}=\frac{\text{A'B'}}{\text{AB}}=\frac{\text{LF}}{\text{BF}}=\frac{\text{LF}}{\text{BL}-\text{LF}}=\frac{f}{a-f}\ \cdots ㉡$$

㉠ = ㉡ 이므로, $\frac{b}{a}=\frac{f}{a-f}$ ⇨ $bf+af=ab$ 이고, 이를 abf 로 나누면 다음과 같다.

$$\therefore \frac{1}{a}+\frac{1}{b}=\frac{1}{f},\quad m=\frac{b}{a}=\frac{f}{a-f}=\frac{b-f}{f}$$

(2) 구면에서의 굴절 : 오른쪽 그림과 같이 곡률 반지름이 R 이고, 곡률 중심이 O 인 구면에서 빛이 굴절되는 경우이다.

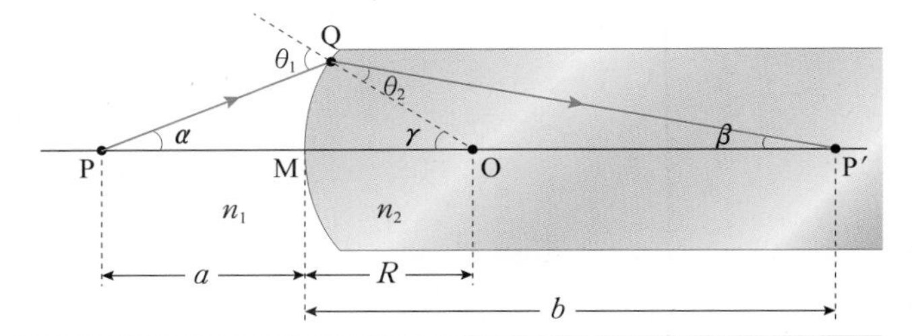

굴절률이 n_1 인 매질의 물체 위의 한 점 P 에서 나온 빛이 Q 점에서 굴절한 후, 굴절률이 n_2 인 매질로 진행하여 광축 위 P' 점에서 상을 맺을 때, 각 $\alpha, \beta, \gamma, \theta_1, \theta_2$ 가 매우 작다고 가정하면, $\tan\alpha \approx \alpha$, $\tan\beta \approx \beta$, $\tan\gamma \approx \gamma$, $\sin\theta_1 \approx \theta_1$, $\sin\theta_2 \approx \theta_2$ 라고 할 수 있다.

∴ Q점에서 굴절 법칙 : $n_1\sin\theta_1 = n_2\sin\theta_2$ ⇨ $n_1\theta_1 = n_2\theta_2$ … ㉠

이때 $\theta_1 = \alpha + \gamma$, $\gamma = \beta + \theta_2$, $\theta_2 = \gamma - \beta$ 이므로,

㉠ ⇨ $n_1\alpha + n_2\beta = (n_2 - n_1)\gamma$ … ㉡

$\alpha \approx \tan\alpha = \frac{\overline{\text{MQ}}}{a}$, $\beta \approx \tan\beta = \frac{\overline{\text{MQ}}}{b}$, $\gamma \approx \tan\gamma = \frac{\overline{\text{MQ}}}{R}$ 를 ㉡ 에 대입하면,

$$\frac{n_1}{a}+\frac{n_2}{b}=(n_2-n_1)\frac{1}{R}$$ [a : 물체와 구면 사이의 거리, b : 구면과 상 사이의 거리]

⇨ 물체쪽으로 굴절면이 볼록하면 $R > 0$, 오목하면 $R < 0$ 이다.

● 렌즈의 공식

a	(+)	실물체
	(−)	허물체
b	(+)	실상
	(−)	허상
f	(+)	볼록 렌즈
	(−)	오목 렌즈

개념확인 1

초점 거리가 5 cm 인 오목 렌즈에 의해 실물의 절반 크기의 상이 생겼다. 이때 물체와 렌즈까지의 거리는 얼마인가?

( ) cm

확인 + 1

본문 (2) 그림과 같은 구면을 가진 유리 막대가 공기 중에 놓여 있다. 이때 유리 막대 앞 4 cm 지점 P 에 물체를 놓았더니 유리 막대 내부 P′ 에 상이 생겼다. 유리 막대의 구면과 상 사이의 거리는 얼마인가? (단, 유리의 굴절률은 1.5 이고, 구면 반지름은 1 cm 이다.)

( ) cm

(3) 얇은 렌즈에서의 굴절 : 렌즈의 두께가 물체 및 상까지의 거리와 곡률 반지름에 비해서 상대적으로 매우 얇은 렌즈에서 굴절되는 경우이다.

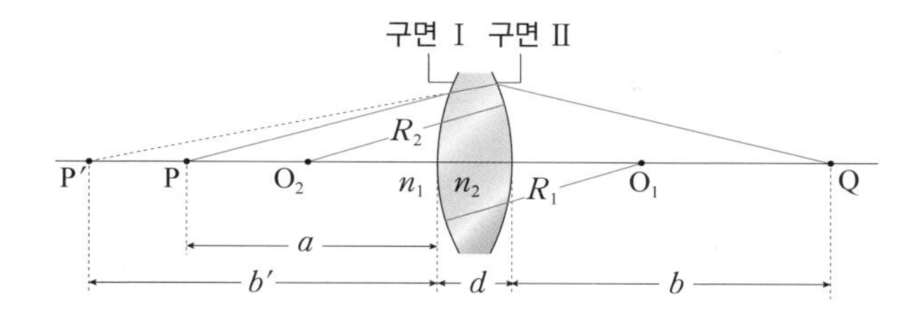

P점에서 나온 빛이 왼쪽으로 볼록한 구면(구면 I)에서 굴절하였으므로, P′에서 빛이 나온 것처럼 오른쪽으로 볼록한 구면(구면 II)에서 굴절한 후 Q점에 상을 맺는다. 즉, 양쪽 곡률 반지름이 다른 볼록 렌즈에 의한 상이 나타난다.

구면 I 입장에서 P′은 허상이므로, $\dfrac{n_1}{a} - \dfrac{n_2}{b'} = (n_2 - n_1)\dfrac{1}{R_1}$ ⋯ ㉠

구면 II 입장에서 $(b' + d)$ 위치에 물체가 있는 것이므로, $\dfrac{n_2}{b'+d} + \dfrac{n_1}{b} = (n_1 - n_2)\dfrac{1}{-R_2}$ ⋯ ㉡

얇은 렌즈의 경우 $d \approx 0$으로 생각할 수 있다.

$$\therefore ㉠ + ㉡ \Rightarrow \frac{n_1}{a} + \frac{n_1}{b} = (n_2 - n_1)\left(\frac{1}{R_1} + \frac{1}{R_2}\right) \Rightarrow \frac{1}{a} + \frac{1}{b} = (n-1)\left(\frac{1}{R_1} + \frac{1}{R_2}\right)$$

양쪽 곡률 반경이 같은 보통 렌즈를 제작하는 경우 초점 거리는 다음의 식을 만족한다.

$a = f_1$ 이면 $b = \infty \Rightarrow \dfrac{1}{f_1} = (n-1)\left(\dfrac{1}{R_1} + \dfrac{1}{R_2}\right)$, $a = \infty$ 이면 $b = f_2 \Rightarrow \dfrac{1}{f_2} = (n-1)\left(\dfrac{1}{R_1} + \dfrac{1}{R_2}\right)$

$\therefore f_1 = f_2$ 이므로 $\dfrac{1}{f} = (n-1)\left(\dfrac{1}{R_1} + \dfrac{1}{R_2}\right)$: 렌즈 제작자의 공식

(4) 눈과 안경 : 상이 망막에 제대로 맺히지 않는 사람의 경우 안경을 이용하여 망막에 상의 위치를 조정한다. 안경의 초점 거리 f 는 다음과 같다.

$$\frac{1}{\text{정상인이 잘 보이는 거리}} - \frac{1}{\text{안경 쓸 사람이 잘 보이는 거리}} = \frac{1}{f}$$

① **명시 거리(D)가 주어질 때** : $\dfrac{1}{25} - \dfrac{1}{D} = \pm\dfrac{1}{f}$ [(+)이면 원시, (−)면 근시]

② **근시안과 원시안**

근시안 (원점 거리 L이 주어질 때)	원시안 (근점 거리 L'이 주어질 때)
정상인 눈의 원점(∞)에 있는 물체의 허상을 근시안 사람의 원점 L에 맺게 하는 안경을 사용	정상인 눈의 근점(10 cm)에 있는 물체의 허상을 원시안 사람의 근점 L'에 맺게 하는 안경을 사용
$\dfrac{1}{\infty} - \dfrac{1}{L} = \dfrac{1}{f} \Rightarrow f = -L$ (오목 렌즈)	$\dfrac{1}{10} - \dfrac{1}{L'} = \dfrac{1}{f}$ (볼록 렌즈)

● 명시 거리

눈이 피로를 느끼지 않고 물체를 또렷하게 지속적으로 볼 수 있는 최단 거리로 정상 시력으로는 약 25 cm이다.

⇨ 근시안은 명시 거리가 짧아지고, 원시안은 길어진다.

● 원점과 근점

가장 멀리 볼 수 있는 거리를 원점(정상인은 거의 무한대), 가장 가깝게 볼 수 있는 거리를 근점(정상인은 약 10 cm)이라고 한다.

⇨ 근시안일수록 원점이 가까워지고, 원시안일수록 근점이 멀어진다.

개념확인 2

정답 및 해설 94쪽

근시안인 사람은 ☐☐ 렌즈를 이용하여 시력을 교정하고, 원시안인 사람은 ☐☐ 렌즈를 이용하여 시력을 교정한다.

확인 + 2

굴절률이 1.5 인 유리로 만든 볼록 렌즈가 있다. 이 볼록 렌즈의 양쪽 곡률 반지름은 40 cm이다. 이 렌즈의 초점 거리는 얼마인가?

( ) m

2. 렌즈와 광학 기구 Ⅱ

(1) 돋보기 : 물체를 초점 거리 안에 놓으면 확대된 허상이 명시 거리 안에 만들어진다. 따라서 렌즈의 공식은 다음과 같다.

$$\frac{1}{a} - \frac{1}{b} = \frac{1}{f},\quad m = \frac{b}{a} = 1 + \frac{b}{f}$$

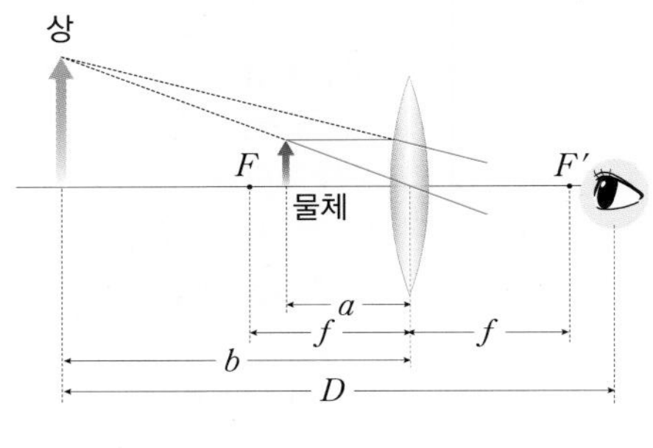

① **눈이 렌즈와 아주 가까울 때($b \approx D = 25$ cm)**

: $m = 1 + \dfrac{D}{f} = 1 + \dfrac{25}{f}$

② **눈이 초점(F')에 있을 때($b \approx D - f$)** : $m = 1 + \dfrac{D-f}{f} = \dfrac{D}{f} = \dfrac{25}{f}$

(2) 광학 현미경 : 초점 거리가 짧은 대물렌즈의 초점(f_o) 바로 앞에 물체를 놓으면, 확대된 도립 실상이 접안렌즈의 초점(f_e) 바로 안에 맺히게 된다. 접안렌즈는 이 실상을 다시 확대시킨다.

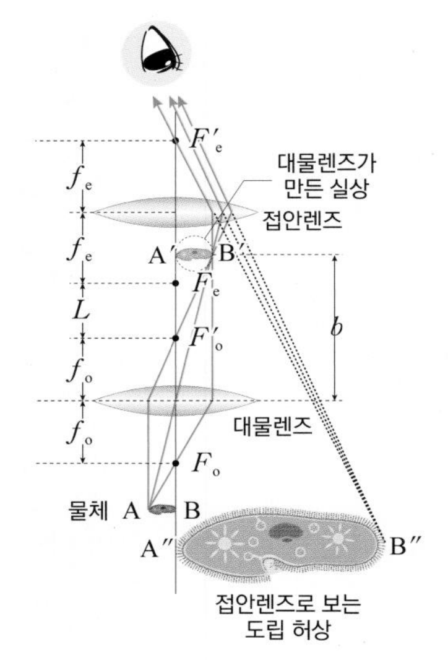

㉠ 대물렌즈에 의한 배율 : $m_o = \dfrac{A'B'}{AB} = \dfrac{b}{a} = \dfrac{L + f_o}{f_o} = \dfrac{L}{f_o} + 1 \approx \dfrac{L}{f_o}$

㉡ 접안렌즈에 의한 배율 : $m_e = \dfrac{A''B''}{A'B'} = \dfrac{D}{f_e}$

⇨ 광학 현미경의 배율 : $m = \dfrac{A''B''}{AB} = \dfrac{A'B'}{AB} \times \dfrac{A''B''}{A'B'} = m_o \times m_e \approx \dfrac{LD}{f_o f_e} = \dfrac{25L}{f_o f_e}$

(3) 카메라 : 카메라는 빛을 이용하여 물체의 상을 기록하는 도구로, 볼록 렌즈에 의해 필름에 물체보다 작은 도립 실상이 생긴다. 필름에 또렷한 상이 생기지 않을 때는 렌즈의 위치를 앞뒤로 조절하여 또렷한 상을 만든다.

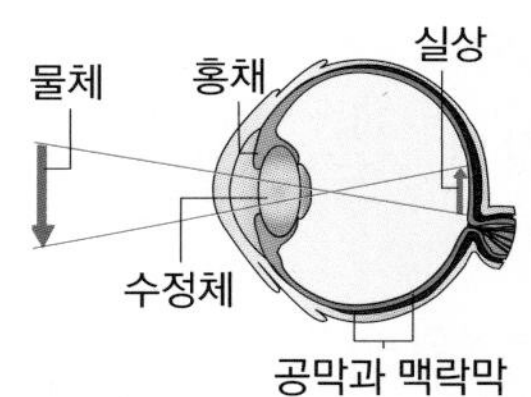

물체 볼록 렌즈 필름 실상 어둠 상자

▲ 눈과 카메라의 비교

● 광학통의 길이

대물렌즈의 초점 F'_o과 대안렌즈의 초점 F_e 사이의 거리 L 을 광학통의 길이라고 한다. 이때 초점 거리 f_o, f_e 가 모두 짧으므로 L 은 근사적으로 두 렌즈 사이의 거리가 된다.

● 전하 결합 소자(CCD)

디지털 카메라는 필름 대신 전하 결합 소자 (CCD : Charge - Coupled Device)를 이용한다.

전하 결합 소자 내부 광센서에 빛이 들어오면 빛의 세기에 따라 전하가 발생하여 소자에 맺힌 상을 전기 신호로 변환한다. 이 전기 신호를 다시 디지털 정보로 변환하여 사진 파일을 얻을 수 있는 것이다.

▲ 전하 결합 소자

개념확인 3

광학 현미경은 물체를 대물렌즈의 초점 바로 안에 놓으면, 대물렌즈에 의해 (㉠ 확대 ㉡ 축소)된 도립 실상이 접안렌즈의 초점 바로 (㉠ 안 ㉡ 밖)에 생기고, 접안렌즈는 이 실상을 확대된 (㉠ 실상 ㉡ 허상)으로 보이게 한다.

확인 + 3

광학통의 길이가 20 cm 인 광학 현미경은 초점 거리가 16 mm 인 대물렌즈와 25 mm 인 접안렌즈로 이루어져 있다. 이 광학 현미경의 배율은 얼마인가?

( )

(2) 망원경 : 초점 거리($f_{대물}$)가 긴 대물렌즈에 의해 생긴 먼 곳의 물체의 실상을 초점 거리($f_{접안}$)가 짧은 접안렌즈로 명시 거리에 확대하여 보는 장치이다.

케플러식 굴절 망원경	갈릴레이식 굴절 망원경	뉴턴식 반사 망원경
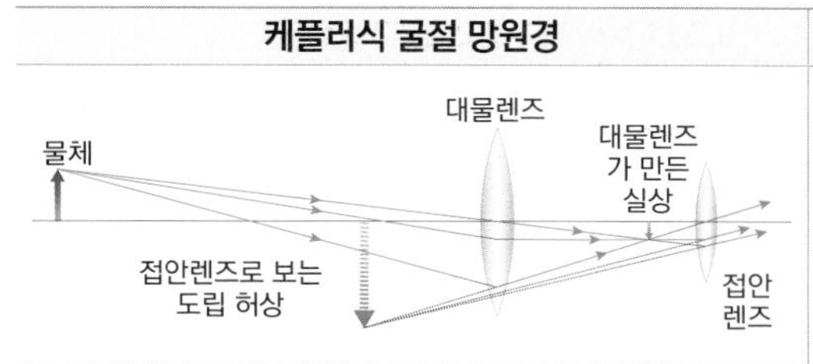	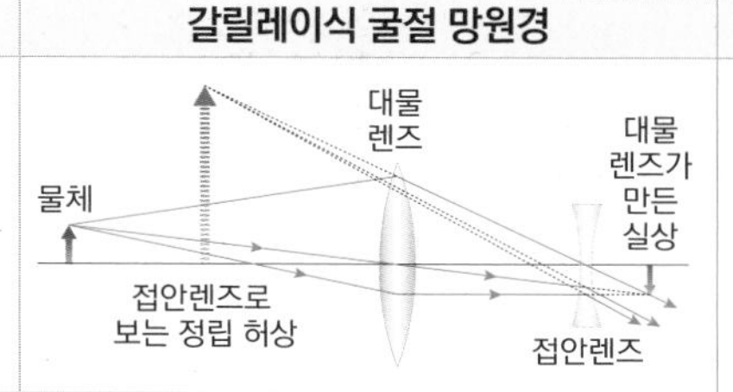	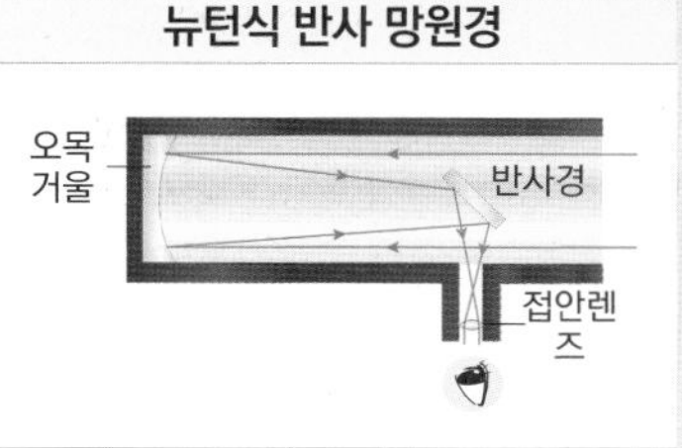
· 두 개의 볼록 렌즈를 사용한 망원경 · 대물렌즈의 초점 길이 > 접안렌즈의 초점 거리	대물렌즈로 볼록 렌즈를, 접안렌즈로 초점 거리가 짧은 오목 렌즈를 사용한 망원경	오목 거울을 이용하여 빛을 모으고, 접안렌즈로 볼록 렌즈를 사용한 망원경

물체를 볼 때의 시각을 α, 상을 볼 때의 시각을 β 라고 하면 α, β 는 매우 작으므로, $\alpha \approx \tan\alpha$, $\beta \approx \tan\beta$ 이다. 따라서 배율 m 은 다음과 같다.

$$m = \frac{\beta}{\alpha} = \frac{\tan\beta}{\tan\alpha} = \frac{A'B'/f_e}{A'B'/f_o} = \frac{f_o}{f_e}$$

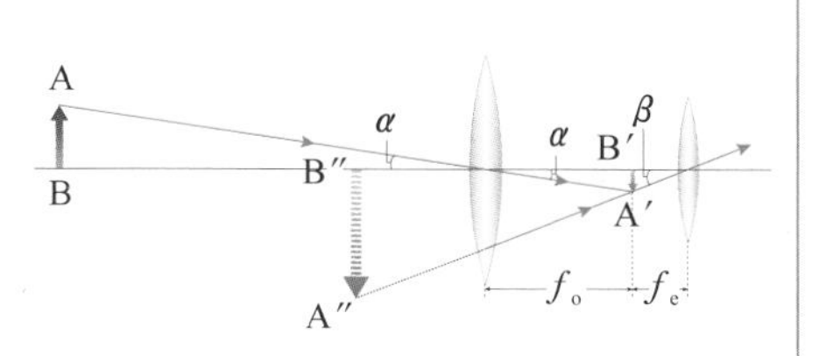

● 케플러식 굴절 망원경

대물렌즈의 초점 거리를 크게 하여 배율을 크게 할 수 있다. 이때 배율을 크게 하면 상이 어두워지므로 많은 빛이 들어올 수 있도록 지름이 큰 대물렌즈를 사용하여 빛을 잘 모을 수 있어야 한다.

(4) 분해능 : 먼 곳에 있는 인접한 두 물체는 빛의 회절 현상 때문에 상을 선명하게 구분하기 어렵다. 이때 두 물체를 구분해 내는 능력을 분해능이라고 한다.

① **레일리 기준** : 분해의 한계 조건을 레일리 기준이라고 한다. 렌즈의 직경 또는 원형 구멍의 지름을 d, 빛의 파장을 λ, 겨우 분해될 수 있는 각도차를 θ_R 라고 할 때, θ_R 은 다음과 같다.

$$\theta_R = 1.22\frac{\lambda}{d}$$

⇨ 물체들의 밝기가 비슷할 때 물체 사이의 각도차 θ 가 θ_R 보다 크면 두 물체는 분해할 수 있고, θ_R 보다 작으면 분해할 수 없다.

② 대물렌즈의 지름이 크고 빛의 파장이 짧을수록 회절 현상이 적기 때문에 분해능이 높다.

● 뉴턴식 반사 망원경

파장이 다른 빛이 렌즈를 통과할 때 각각 굴절률이 다르기 때문에 빛이 한 점에 모이지 못하는 색수차 현상이 발생한다.
뉴턴식 반사 망원경의 경우 대물렌즈 대신 사용한 오목 거울이 빛의 반사만 하므로 색수차 현상이 생기지 않는다.

(5) 빔 프로젝터 : 볼록 렌즈를 이용하여 확대한 영상을 스크린에 비추는 투영기인 빔 프로젝터는 물체보다 큰 상이 스크린에 맺히는 것이므로 물체와 렌즈 사이의 거리가 상과 렌즈 사이의 거리보다 짧다.

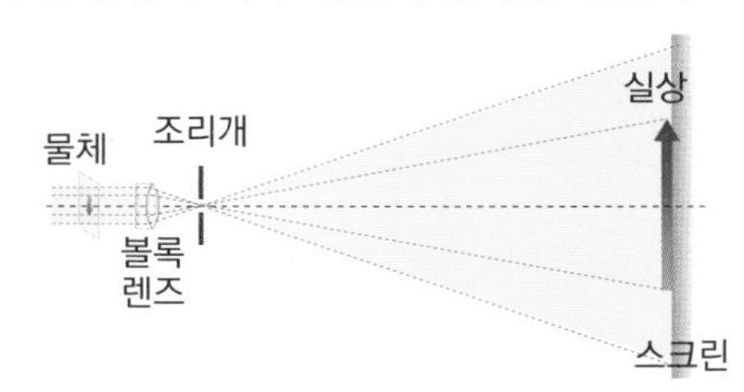

개념확인 4

정답 및 해설 94쪽

갈릴레이식 굴절 망원경은 대물렌즈로 ☐☐ 렌즈, 접안렌즈로 ☐☐ 렌즈를 사용한 망원경이다.

확인 + 4

초점 거리가 800 mm 인 대물렌즈와 초점 거리가 10 mm 인 접안렌즈로 이루어진 망원경이 있다. 이 망원경의 배율은 얼마인가?

(　　　　　)

3. 레이저

(1) 에너지의 양자화

① **바닥상태** : 전자가 가장 낮은 에너지 준위(n = 1) 궤도에 있는 상태로 가장 안정하다.

② **들뜬상태** : 전자가 바닥상태보다 높은 에너지 준위(n = 2, 3, …) 궤도에 있는 상태를 말한다.

⇒ 바닥상태에 있는 전자가 에너지를 얻으면 들뜬 상태로 전이되고, 들뜬 상태에 있는 전자는 빛(광자)을 방출하면서 바닥상태로 전이된다.

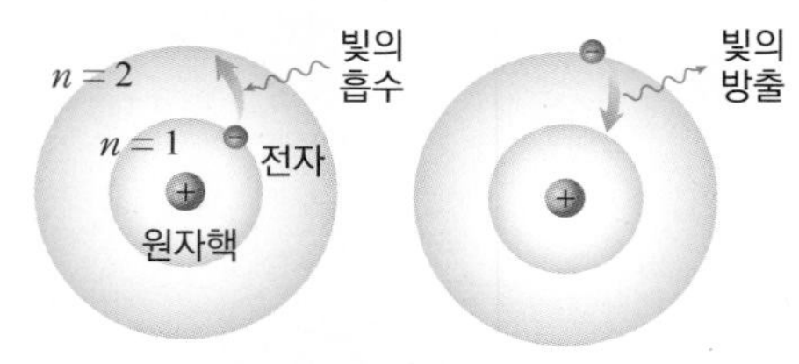

▲ 빛의 흡수와 방출

③ **전자가 전이할 때 방출되는 광자의 에너지** : $\Delta E_{에너지\ 준위} = E_{광자} = hf$ (h : 플랑크 상수, f : 빛의 진동수)

(2) 레이저 : 레이저(LASER)란 유도 방출에 의한 빛의 증폭(Light Amplification by the Stimulated Emission of Radiation)이라는 말의 약자이다.

(3) 자발 방출과 유도 방출

① **자발 방출** : 전자가 낮은 에너지 준위로 자발적으로 전이하면서 빛을 방출하는 현상으로 방출되는 빛의 위상과 방향이 제각각이다.

② **유도 방출** : 외부에서 두 에너지 준위 차이만큼의 에너지를 가진 광자를 쪼여 전자가 낮은 에너지 준위로 전이하면서 빛을 방출하는 현상이다. 이때 외부에서 쪼인 빛과 유도 방출된 빛은 진행 방향, 진동수, 위상이 모두 같기 때문에 중첩되면서 증폭된다.

(4) 레이저의 구조 및 원리

① **레이저의 구조** : 기본적으로 에너지 공급원, 매질, 두 개의 거울로 구성되어 있다.

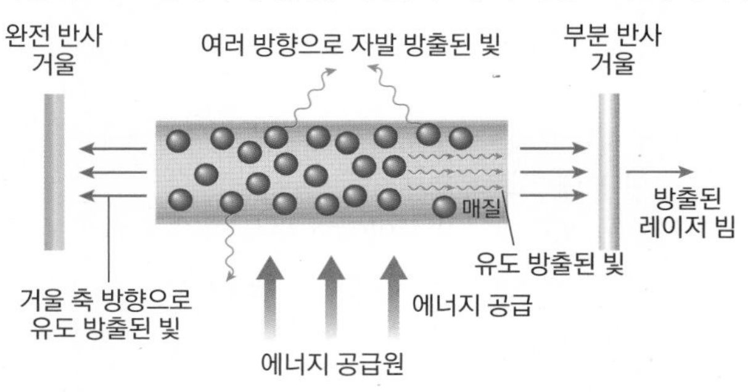

㉠ 에너지 공급원(펌프) : 매질에 에너지를 공급하여 전자를 들뜨게 한다.
㉡ 매질 : 에너지를 공급받은 후 빛을 방출할 물질로, 기체, 액체, 고체 상태가 모두 가능하다.
㉢ 거울(공진기) : 하나는 완전 반사 거울, 다른 하나는 부분 반사 거울로 매질의 양 옆에서 서로 마주보고 있다.

개념확인 5

레이저는 □□□□에 의한 빛의 증폭이라는 말의 약자이다.

확인 + 5

레이저는 □□□ 공급원, □□, 두 개의 □□로 이루어져 있다.

양자화

물리량이 연속적으로 변하지 않고 특정한 값의 정수배만을 가지는 것을 말한다.

에너지 준위

원자핵 주위에 존재하는 전자는 양자수 n에 따라 불연속적인 에너지 상태에 있다. 이와 같이 원자 내 전자가 가지는 에너지 값 또는 에너지 상태를 에너지 준위라고 한다.

레이저의 종류

레이저는 빛을 발생시키는 매질에 따라 분류한다.

① 기체 레이저
- 균일한 매질을 만들기 쉬워 레이저 빛의 단색성이 좋다.
- 가장 넓은 대역의 빛을 발생시킬 수 있다.
- 매질을 이루는 입자의 밀도가 작아 규모에 비해 출력(시간당 방출되는 레이저의 에너지)이 작다.

㉮ 헬륨-네온(He-Ne) 레이저, 아르곤(Ar) 레이저, 이산화탄소(CO_2) 레이저 등

② 액체 레이저 : 매질의 농도, 색소, 셀의 크기 등을 조절하여 파장을 변화시킬 수 있어서 의료 시술과 같은 민감한 작업에 유용하다.

㉮ 유기 색소의 용액을 에탄올이나 메탄올 등에 녹여서 매질로 사용한다.

③ 고체 레이저 : 다른 매질에 비해 매질을 이루는 입자의 밀도가 크고, 큰 단결정 재료로 제작할 수 있어 큰 출력을 얻기 쉽다.

㉮ 루비, 유리, YAG(이트륨-알루미늄-가넷) 레이저

③ 반도체 레이저
- 매질로의 에너지 공급 효율이 좋아 소형으로 만들 수 있다.
- 고체나 기체 레이저보다 출력이 작다.

㉮ 갈륨비소(GaAs) 레이저

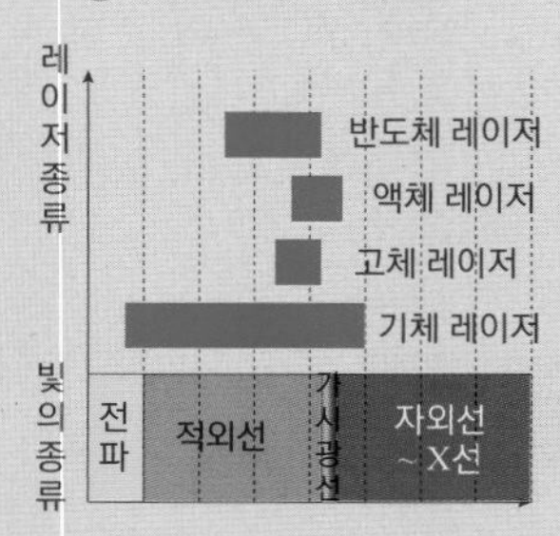

▲ 레이저 종류별로 발생시키는 빛의 파장 대역

② **레이저의 원리**

㉠ 에너지 공급원에서 매질에 에너지를 공급하여 전자를 높은 에너지 준위로 전이시킨다(펌핑).

㉡ 전자들이 준안정상태로 전이되어 밀도 반전이 일어난다.

㉢ 준안정상태에 있는 전자의 일부가 자발 방출하고, 거울 축 방향으로 자발 방출한 이 빛에 의해 다른 준안정상태의 전자가 낮은 에너지 준위로 전이하여 유도 방출이 연쇄적으로 일어나면서 증폭된다.

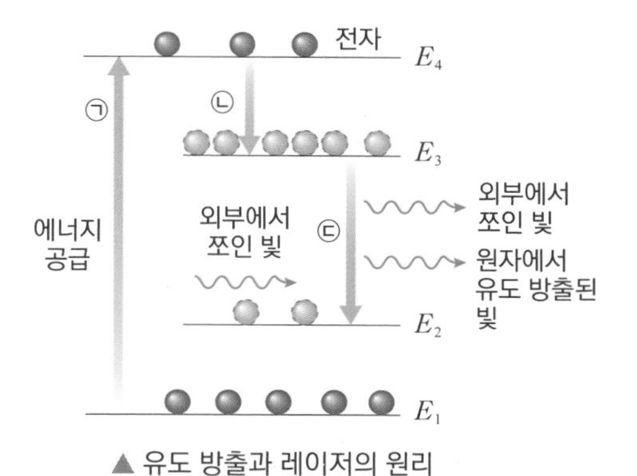

▲ 유도 방출과 레이저의 원리

㉣ 양쪽 거울에서 거울 축 방향으로 진행하는 빛은 거울 사이를 왕복하면서 증폭되다가 부분 반사 거울로 레이저 빛이 방출된다.

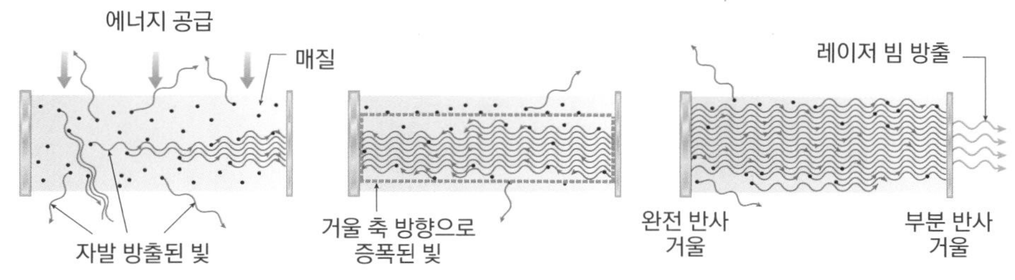

(4) 레이저의 특성 : 레이저 빛은 파장, 위상이 동일하게 정돈된 빛으로 다음과 같은 특성을 갖는다.

① **평면파** : 거울 축 방향으로 진행하는 빛만을 계속하여 증폭한 것이기 때문에 평면파인 빛이다. 구면파인 빛에 비하여 빛의 세기가 약해지지 않고 멀리까지 진행할 수 있다.

② **고순도 단색광** : 유도 방출로 인한 동일한 진동수의 빛만을 증폭한 것이므로 순도가 높은 단색광이다.

③ **강한 직진성** : 직진성이 강하기 때문에 지구에서 달까지의 거리를 측정하는데 사용된다.

④ **강한 간섭성** : 수백 km 의 거리도 지속될 수 있으므로 이 거리에 해당하는 경로차를 갖는 두 빛을 중첩시킬 경우에도 간섭 무늬를 얻을 수 있다.

⑤ **강한 지향성** : 레이저 빛은 증폭되고 가늘게 접속되어 있어 멀리까지 평행광으로 전파된다.

⑥ 단위 면적당 세기가 매우 커서 레이저 빛을 모으면 철판도 자를 수 있다.

● 밀도 반전

평형 상태에서는 높은 에너지 준위에 있는 전자의 밀도가 낮은 에너지 준위(바닥 상태)에 있는 전자의 밀도보다 훨씬 작다.
이와는 반대로 바닥 상태에 있는 전자수보다 들뜬 상태에 있는 전자수가 더 많아지는 상태에서 전체적으로 빛을 방출하게 되는데 이와 같은 조건을 밀도 발전이라고 한다.

● 레이저의 이용

① 강한 직진성 : 바코드 리더기, 안과 수술, 레이저 쇼 등

▲ 바코드

▲ 레이저 쇼

② 단위 면적당 높은 에너지 : 금속, 세라믹 등의 절단, 용접, 구멍 뚫기, DVD 나 CD 의 정보 저장과 재생 등

▲ 레이저 절단

③ 단색성 : 문신 제거, 암세포의 선택적 제거 등

④ 그 외 다양한 실험(동위

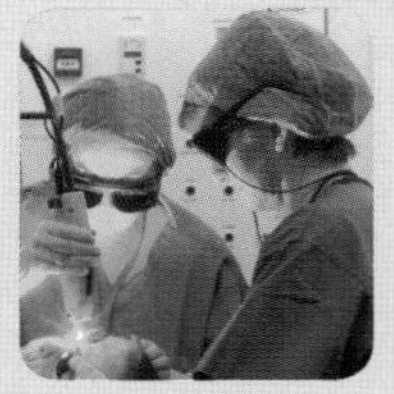
▲ 의료용 레이저 사용

원소 분리, 레이저 핵융합 연구, 분광학 등), 광통신, 군사적 이용(미사일 유도 장치, 적군의 비행기, 함정 등을 식별)

개념확인 6

정답 및 해설 94쪽

레이저에서 매질에 에너지를 공급하면 많은 수의 전자가 (㉠ 바닥 상태 ㉡ 준안정 상태)에 있다가 유도 방출된다.

확인 + 6

레이저의 특성이 아닌 것은?

① 강한 직진성 ② 강한 간섭성 ③ 강한 지향성 ④ 저순도 단색광

4. 편광

(1) 편광 : 진행 방향과 수직한 특정한 한 방향으로만 진동하며 전파되는 빛을 편광이라고 하며, 이를 통해 빛이 횡파임을 알 수 있다.

● 편광면

빛이 진행할 때 전기장이 진동하는 면을 편광면이라고 한다. 자연광은 편광면이 일정하지 않지만, 편광판을 이용하면 편광축과 같은 방향의 편광면을 가진 편광을 만들 수 있다.

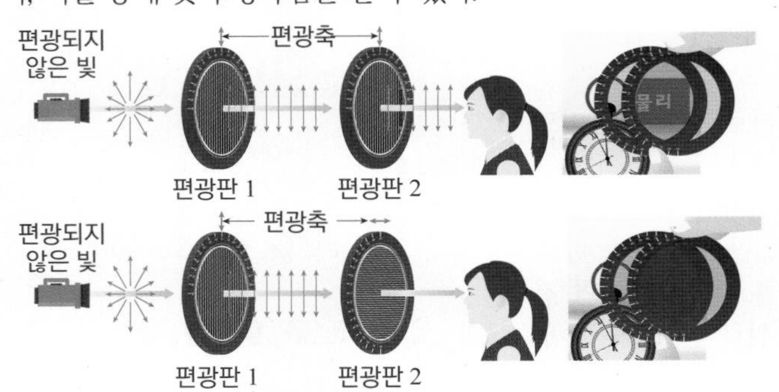

두 편광판의 편광축 방향이 나란할 경우 빛은 편광판을 통과한다.

두 편광판의 편광축 방향이 수직인 경우 빛은 두 번째 편광판을 통과하지 못한다.

▲ 두 개의 편광판 사이의 각도에 따른 물체의 상

(2) 말뤼스의 법칙 : 오른쪽 그림과 같이 첫 번째 편광판을 통과한 빛은 편광이 되고, 이때 투과된 편광의 전기장 진폭은 E_0, 빛의 세기는 I_0이다. 편광축이 전기장의 진동 방향과 각 θ만큼 기울어진 두 번째 편광판을 통과할 때 빛의 전기장 진폭은 $E_0\cos\theta$가 된다. 따라서 두 번재 편광판을 통과한 빛의 세기 I는 다음과 같다.

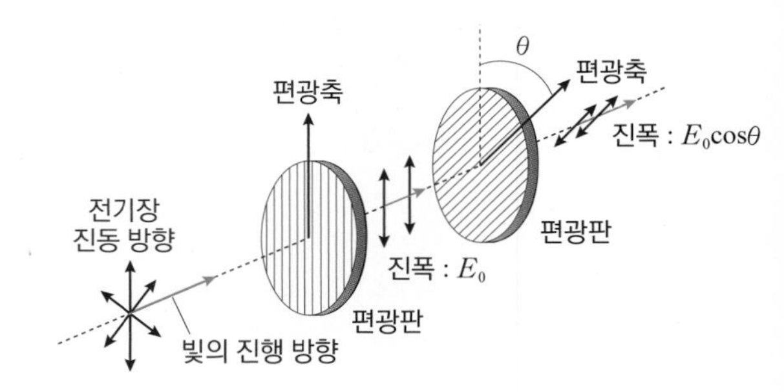

$$I = k(E_0\cos\theta)^2 = I_0\cos^2\theta \quad (I_0 = kE_0^2,\ k\text{는 비례 상수})$$

(3) 반사에 의한 편광 : 자연광이 물체의 표면에 입사하여 반사할 때 빛의 입사각에 따라 반사광이 완전 편광되거나 부분 편광 또는 편광이 되지 않기도 한다.

① **브루스터의 법칙** : 편광되지 않은 빛이 두 매질의 경계면에 입사했을 때, 반사 광선과 굴절 광선이 이루는 각이 90°이면 반사 광선은 완전 편광된다. 이때의 입사각을 브루스터각이라고 한다. 굴절 법칙에 의해 브루스터각은 다음과 같다.

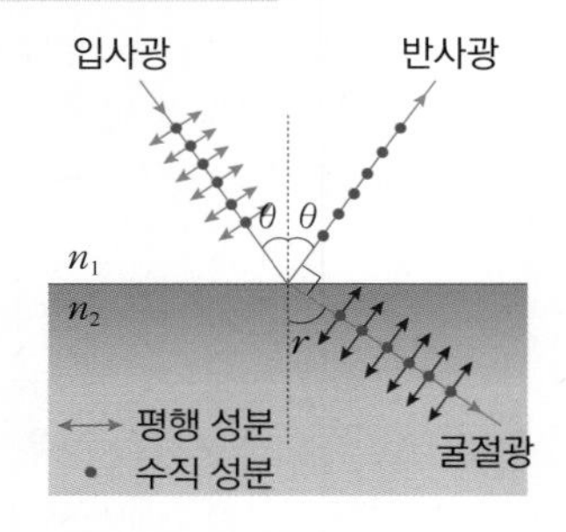

$$n_1\sin\theta = n_2\sin r = n_2\sin(90° - \theta) = n_2\cos\theta \Rightarrow \tan\theta = \frac{n_2}{n_1}$$

개념확인 7

반사광이 완전 편광될 때의 입사각을 □□□□□이라고 한다.

확인 + 7

두 편광판을 겹쳐서 광원을 보았더니 어두웠다. 이때 한 개의 편광판만을 회전시켰더니 다시 광원이 어둡게 보였다. 몇 ° 만큼 회전시켰을까?

( )°

입사각	$\theta = 0°$ 또는 $90°$	θ = 브루스터각	$0° < \theta < 90°$
반사광	편광되지 않음	완전 편광	부분 편광

② **빛이 반사할 때 편광되는 이유** : 입사광의 편광 방향은 하나는 입사면과 나란한 방향(화살표), 다른 하나는 입사면에 수직인 방향(점)인 두 가지로 나뉜다. 이는 모두 입사광의 진행 방향과 수직인 방향이다. 이 빛이 두 매질의 경계면에서 반사되면 입사광 중 입사면에 수직인 편광 방향은 반사광의 진행 방향과 수직이 되지만, 입사면과 나란한 편광 방향은 반사광의 진행 방향과 거의 같게 된다. 빛의 진행 방향과 편광 방향은 나란할 수 없으므로 입사면과 나란한 편광 방향은 반사할 때 거의 사라지게 되며, 그 중 입사각이 브루스터각일 때는 완전히 사라지게 된다. 하지만 굴절광은 편광되지 않는다.

(4) 산란에 의한 편광 : 태양광은 공기 분자에 의해 산란된다. 태양광이 공기 분자와 충돌하면 입사광의 전기장 수평 성분은 전자들을 수평으로 진동시키고, 수직 성분은 전자들을 수직으로 진동시킨다. 이때 수평으로 진동하는 전자는 수평으로 편광된 빛을 방출하고, 수직으로 진동하는 전자는 수직으로 편광된 빛을 방출한다.

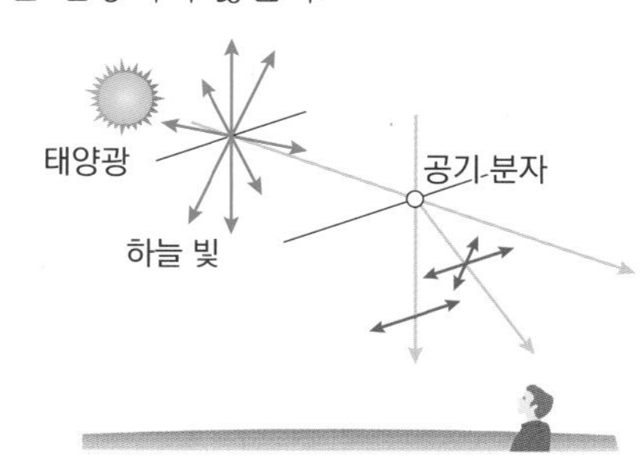

(5) 복굴절과 편광 : 광물에 빛이 동일한 입사각으로 입사할 때 내부 편광면의 방향에 따라서 빛이 서로 다른 각도로 굴절하게 되는 현상을 말한다. 복굴절하는 광물 속에서 빛의 속도는 방향에 따라 다르고 굴절률도 다르다.

⇨ 굴절 법칙을 따르는 광선을 정상 광선, 따르지 않는 광선을 이상 광선이라고 하며, 이들은 진동 방향이 서로 수직인 편광이다.

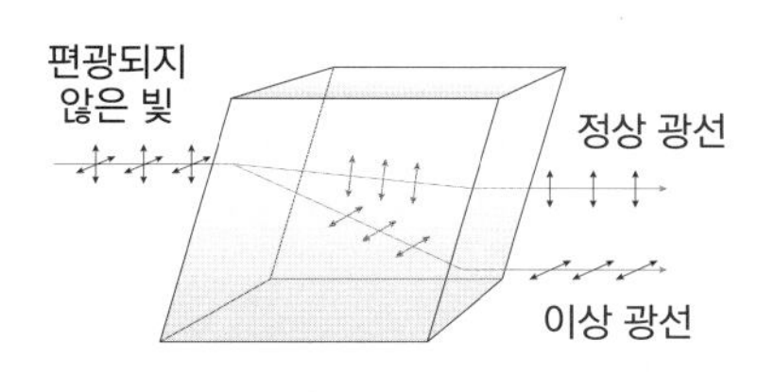

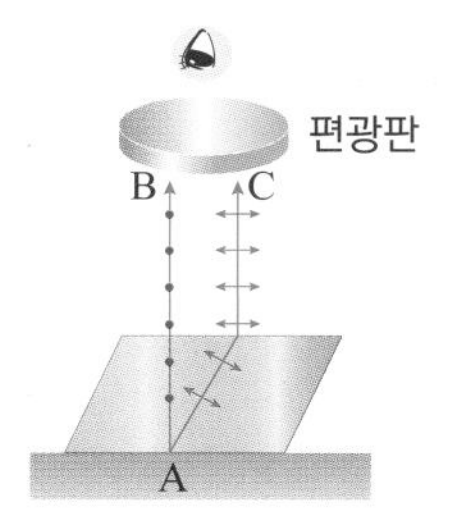

A 점에서 나온 빛이 결정면에 수직하게 입사하면 정상 광선 AB와 이상 광선 AC로 갈라진다.

(6) 편광의 이용

① **편광 현미경** : 편광판이 장치되어 있는 현미경으로 암석에 포함된 광물에 따라 복굴절이 다른 것을 이용하여 암석의 구조를 관찰한다.

② **편광 선글라스** : 편광축이 반사면과 연직 방향으로 이루어진 렌즈를 이용하여 반사에 의해 수평 방향으로 편광된 빛이 눈으로 들어오는 것을 막아준다.

개념확인 8

정답 및 해설 94쪽

복굴절이 일어나는 이유는 편광면에 따른 빛의 □□ 차이 때문이다.

확인 + 8

투명한 플라스틱과 같은 물체에 외부에서 힘을 작용하여 인공적으로 복굴절 현상이 나타나게 하는 것을 무엇이라고 하는가?

( )

● 입사면

입사면이란 법선, 입사 광선, 반사 광선, 굴절 광선을 모두 포함한 면을 말한다.

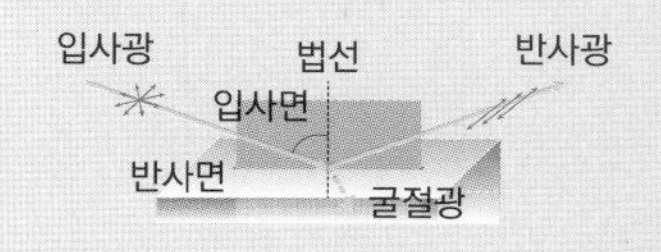

● 복굴절과 방해석

투명한 방해석 결정을 통하여 물체를 보면 물체의 상이 두 개로 보인다.

▲ 복굴절

● 편광 선글라스

밝은 대낮에 도로면에서 반사되는 빛은 도로면과 나란한 방향으로 진동하는 빛으로 편광된다. 따라서 수직 방향으로 편광시키는 선글라스를 쓰면 눈부심을 막을 수 있다.

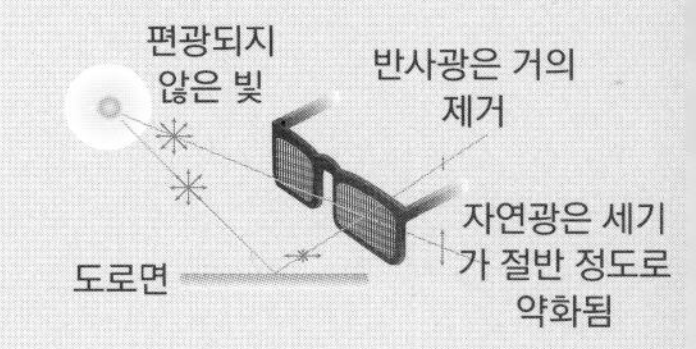

● 광탄성

투명한 물체에 외부에서 힘을 작용할 경우 물체의 분자 배열에 방향성이 생기면서 복굴절 현상이 일어난다. 이와 같이 인공적으로 복굴절의 성질을 지니게 하는 현상을 광탄성이라고 하며, 이를 이용하여 물체의 내부 상태를 알 수 있다.

개념 다지기

01 오른쪽 그림과 같이 공기 속에 굴절률이 1.5 인 유리 막대가 놓여 있고, 렌즈의 P 점으로부터 20 cm 떨어진 O 점에 광원을 놓았더니 유리 막대 내부의 점 Q에 상이 생겼다. 유리 막대의 구면 반지름이 5 cm 일 때, P 점과 Q 점 사이의 거리 b는 얼마인가?

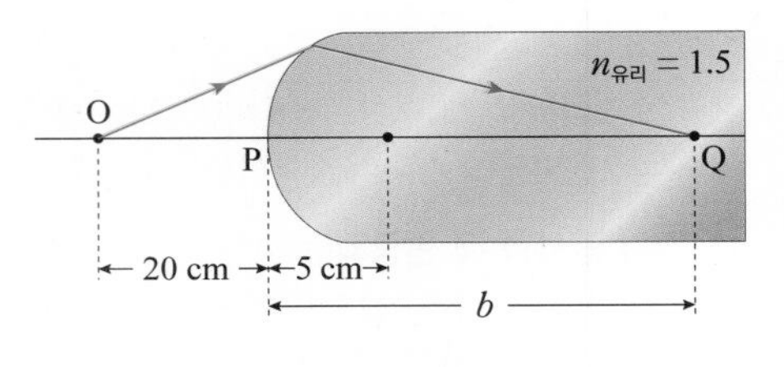

① 20 cm ② 30 cm ③ 40 cm ④ 50 cm ⑤ 60 cm

02 굴절률이 1.5 인 유리로 만든 볼록 렌즈가 있다. 오른쪽 면은 왼쪽 면에 비해 곡률 반지름이 2 배이며, 이 렌즈의 초점 거리는 60 cm 이다. 왼쪽 면의 곡률 반지름은 얼마인가?

① 15 cm ② 30 cm ③ 45 cm ④ 60 cm ⑤ 90 cm

03 렌즈를 사용한 광학 기기에 대한 설명 중 옳은 것은 ○ 표, 옳지 않은 것은 × 표 하시오.

(1) 상이 망막에 제대로 맺히지 않는 사람의 경우 안경을 이용하여 상이 망막에 맺히도록 한다. (　　)

(2) 갈릴레이식 굴절 망원경은 대물렌즈로 볼록 렌즈를 사용하고, 접안 렌즈로 오목 렌즈를 사용하여 확대된 정립 허상을 관찰한다. (　　)

(3) 광학 현미경은 접안렌즈의 초점 거리가 대물렌즈의 초점 거리보다 긴 두 개의 볼록 렌즈를 사용하며, 확대된 도립 허상을 관찰한다. (　　)

04 오른쪽 그림은 케플러식 굴절 망원경이다. 이에 대한 설명으로 옳은 것만을 <보기> 에서 있는 대로 고른 것은?

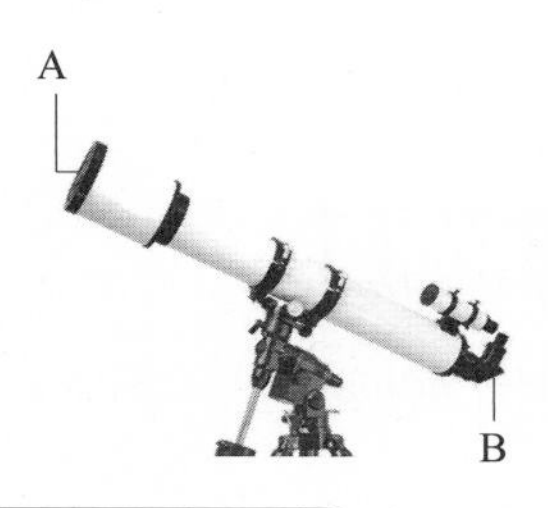

〈 보기 〉

ㄱ. A 는 대물렌즈, B 는 접안렌즈로 모두 볼록 렌즈를 사용한다.
ㄴ. A 에 사용하는 렌즈의 초점 길이가 B 에 사용하는 렌즈의 초점 길이보다 길다.
ㄷ. B 가 만드는 상은 A 와 B 사이에 생긴다.

① ㄱ ② ㄴ ③ ㄷ ④ ㄱ, ㄴ ⑤ ㄱ, ㄴ, ㄷ

05 에너지 준위 E_2 에 있던 전자가 에너지 준위 E_1 으로 전이하면서 빛을 방출하였다. 이때 외부에서 전자에 공급된 빛의 진동수는 얼마인가? (단, h는 플랑크 상수이다.)

① $h(E_2 - E_1)$　② $\dfrac{h}{E_2 - E_1}$　③ $\dfrac{E_2 - E_1}{h}$
④ $\dfrac{h}{E_1 + E_2}$　⑤ $\dfrac{E_1 + E_2}{h}$

06 다음은 레이저의 원리를 순서없이 나타낸 것이다. 순서대로 바르게 나열한 것은?

> ㉠ 레이저 공진하면서 방출한다.
> ㉡ 들뜬 상태에 있는 전자의 일부가 자발 방출한다.
> ㉢ 들뜬 상태에 있는 전자가 많아지면서 밀도 반전이 일어난다.
> ㉣ 자발 방출한 빛에 의해 유도 방출이 연쇄적으로 일어나면서 증폭된다.
> ㉤ 에너지 공급원에서 매질에 에너지를 공급하여 전자가 높은 에너지 준위로 전위된다.

① ㉤ - ㉡ - ㉢ - ㉣ - ㉠　② ㉤ - ㉡ - ㉣ - ㉢ - ㉠　③ ㉤ - ㉢ - ㉡ - ㉣ - ㉠
④ ㉤ - ㉢ - ㉣ - ㉡ - ㉠　⑤ ㉤ - ㉣ - ㉢ - ㉡ - ㉠

07 오른쪽 그림은 일정한 세기의 빛이 편광축이 서로 수직인 편광판 A 와 B 를 통과하는 것을 나타낸 것이다. 이에 대한 설명으로 옳은 것만을 <보기> 에서 있는 대로 고른 것은?

〈 보기 〉
ㄱ. 이 실험을 통해 빛이 횡파라는 것을 알 수 있다.
ㄴ. 편광판 A 를 회전시키면 ㉠ 영역에서 빛의 세기는 주기적으로 변한다.
ㄷ. ㉠ 과 ㉡ 에 편광된 빛이 각각 도달한다.

① ㄱ　② ㄷ　③ ㄱ, ㄴ　④ ㄱ, ㄷ　⑤ ㄱ, ㄴ, ㄷ

08 오른쪽 그림과 같이 편광판 A 와 B 의 편광 방향이 나란할 때 통과한 빛의 세기의 최대값은 I_0 이다. 이때 편광판 B만 회전시켜서 빛의 세기를 반으로 줄이려고 한다. 몇 ° 를 회전시켜야 할까?

편광판 A　편광판 B　I_0

① 30°　② 45°　③ 60°　④ 75°　⑤ 90°

유형익히기&하브루타

유형24-1 렌즈와 광학 기구 Ⅰ

오른쪽 그림과 같이 구면 반지름이 R인 유리 막대가 굴절률 n_1인 매질 속에 놓여 있다. P 점에 물체를 놓았더니 상이 유리 막대 내부의 P′ 점에 생겼다. 물음에 답하시오. (단, 유리의 굴절률은 n_2 이고, P 점은 유리 막대와 매우 가깝다.)

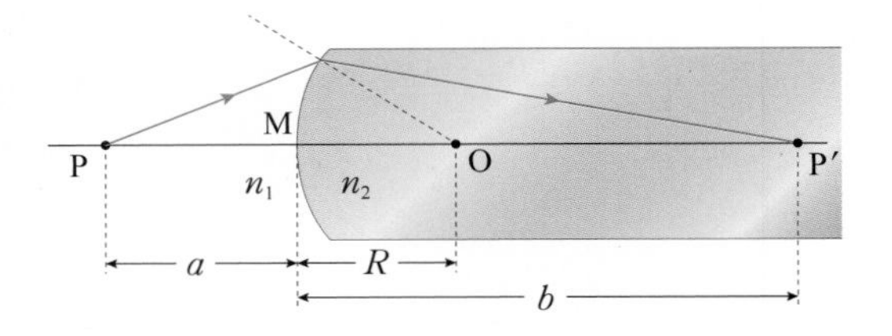

(1) a, b, R, n_1, n_2 의 관계식으로 옳은 것은?

① $\dfrac{n_1}{a} - \dfrac{n_2}{b} = \dfrac{(n_1 + n_2)}{R}$ ② $\dfrac{n_1}{a} - \dfrac{n_2}{b} = \dfrac{(n_1 - n_2)}{R}$ ③ $\dfrac{n_1}{a} + \dfrac{n_2}{b} = \dfrac{(n_1 + n_2)}{R}$

④ $\dfrac{n_1}{a} + \dfrac{n_2}{b} = \dfrac{(n_2 - n_1)}{R}$ ⑤ $\dfrac{n_1}{a} + \dfrac{n_2}{b} = \dfrac{(n_1 - n_2)}{R}$

(2) 물체의 크기가 h일 때, 유리 막대에 의해 생기는 상의 배율 $m\left(\left|\dfrac{h'}{h}\right|\right)$을 바르게 나타낸 것은?

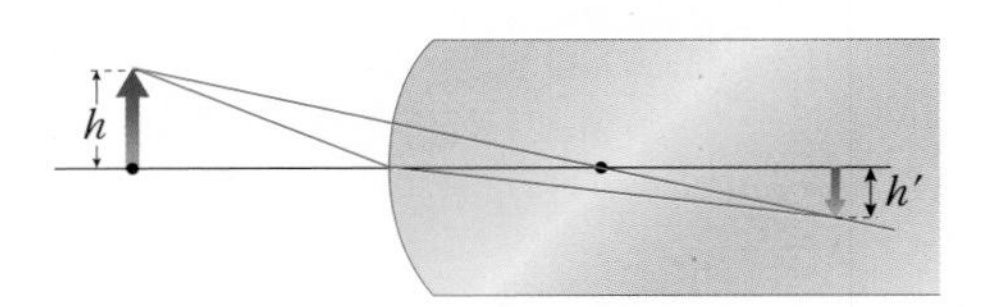

① $\dfrac{n_1 a}{n_2 b}$ ② $\dfrac{n_1 b}{n_2 a}$ ③ $\dfrac{(n_2 - n_1)}{ab}$ ④ $\dfrac{ab}{(n_2 - n_1)}$ ⑤ $\dfrac{ab}{(n_2 - n_1)}$

01 다음 그림과 같이 곡률 반경이 다른 면으로 되어 있는 오목 렌즈가 있다. 왼쪽 면의 곡률 반경은 10 cm, 오른쪽의 곡률 반경은 20 cm 이고, 렌즈의 굴절률이 1.6 일 때, 오목 렌즈의 초점 거리는 얼마인가?

① −2.6 cm ② −7.7 cm ③ −11.1 cm
④ −22.2 cm ⑤ −33.3 cm

02 무한이는 물체가 10 cm 앞에 있을 때 피로를 느끼지 않고 또렷하게 지속적으로 볼 수 있다. 무한이는 어떤 안경을 써야 할까? (단, 정상인의 명시거리는 25 cm이다.)

① 초점 거리가 7.1 cm인 볼록 렌즈
② 초점 거리가 7.1 cm인 오목 렌즈
③ 초점 거리가 16.7 cm인 볼록 렌즈
④ 초점 거리가 16.7 cm인 오목 렌즈

유형24-2 렌즈와 광학 기구 Ⅱ

그림 (가) 와 (나) 는 렌즈를 이용한 광학 기구에 의해 상이 생기는 것을 각각 나타낸 것이다. 이에 대한 설명으로 옳은 것만을 <보기> 에서 있는 대로 고른 것은?

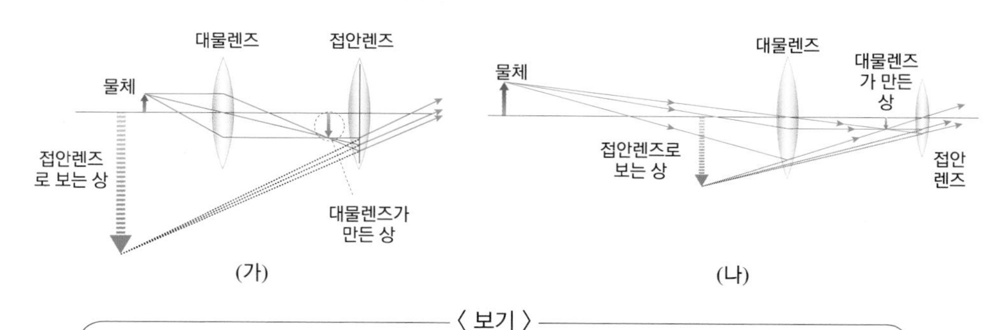

〈 보기 〉

ㄱ. (가) 의 접안렌즈의 초점 거리는 대물렌즈의 초점 거리보다 짧다.
ㄴ. (가) 와 (나) 모두 두 개의 볼록 렌즈를 사용하여 대물렌즈가 만드는 실상을 접안렌즈를 통해 허상으로 만들어낸다.
ㄷ. (나) 의 배율은 접안렌즈의 초점 거리에 대한 대물렌즈의 초점 거리의 비율이다.

① ㄴ ② ㄷ ③ ㄱ, ㄴ ④ ㄴ, ㄷ ⑤ ㄱ, ㄴ, ㄷ

03 다음 그림은 초점 거리가 다른 볼록 렌즈 두 개를 이용한 광학 현미경의 구조를 나타낸 것이다. 이에 대한 설명으로 옳은 것만을 <보기> 에서 있는 대로 고른 것은?

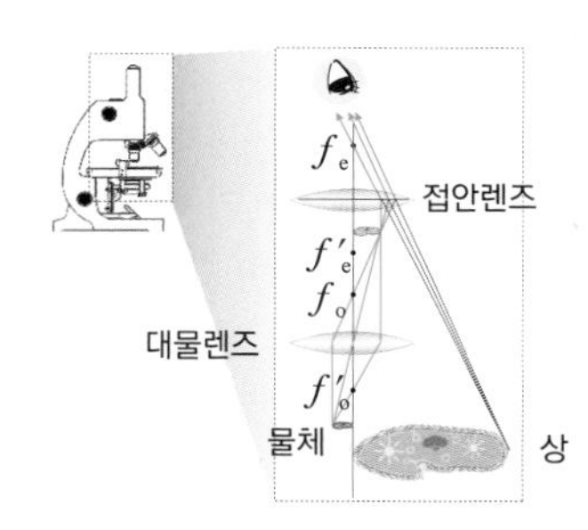

〈 보기 〉

ㄱ. 현미경을 통해 관찰된 상은 확대된 도립 허상이다.
ㄴ. 접안렌즈와 대물렌즈 사이의 거리를 길게 하면 관찰되는 상의 크기가 커진다.
ㄷ. 광학 현미경의 배율은 접안렌즈의 배율과 대물렌즈의 배율의 곱이다.

① ㄱ ② ㄴ ③ ㄷ
④ ㄱ, ㄷ ⑤ ㄱ, ㄴ, ㄷ

04 그림 (가) 는 카메라, (나) 는 빔 프로젝터이다. 이에 대한 설명으로 옳은 것만을 <보기> 에서 있는 대로 고른 것은?

(가)

(나)

〈 보기 〉

ㄱ. (가) 는 필름에 물체보다 작은 도립상이 생긴다.
ㄴ. (나) 는 물체와 렌즈 사이의 거리가 상과렌즈 사이의 거리보다 길다.
ㄷ. (가) 와 (나) 는 볼록 렌즈에 의해 실상이 생긴다.

① ㄱ ② ㄴ ③ ㄷ
④ ㄱ, ㄷ ⑤ ㄱ, ㄴ, ㄷ

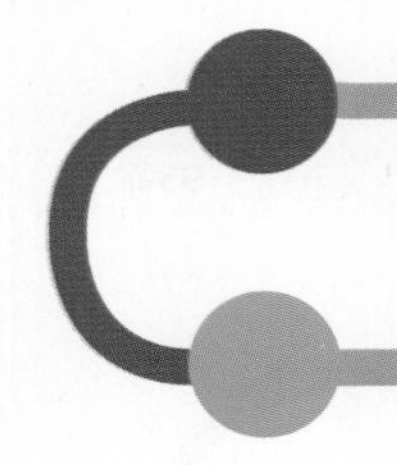

유형익히기&하브루타

유형24-3 레이저

다음 그림은 레이저의 구조를 나타낸 것이다. 이에 대한 설명으로 옳은 것만을 <보기> 에서 있는 대로 고른 것은?

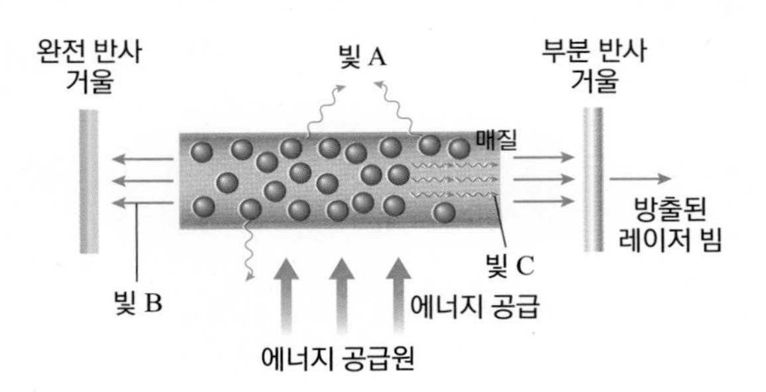

〈 보기 〉

ㄱ. 빛 A, B, C 는 동일한 매질에서 나온 빛이므로 파장이 서로 같다.
ㄴ. 에너지 공급원으로부터 공급된 에너지는 매질 내 전자를 높은 에너지 준위로 전이시킨다.
ㄷ. 거울 축 방향으로 방출된 빛 C 가 유도 방출을 이끌면서 빛이 증폭된다.

① ㄱ ② ㄴ ③ ㄱ, ㄷ ④ ㄴ, ㄷ ⑤ ㄱ, ㄴ, ㄷ

05 다음 그림은 레이저를 발생시키기 위해서 매질에 에너지를 공급했을 때 전자가 전이하는 모습을 나타낸 것이다. 이에 대한 설명으로 옳은 것만을 <보기> 에서 있는 대로 고른 것은?

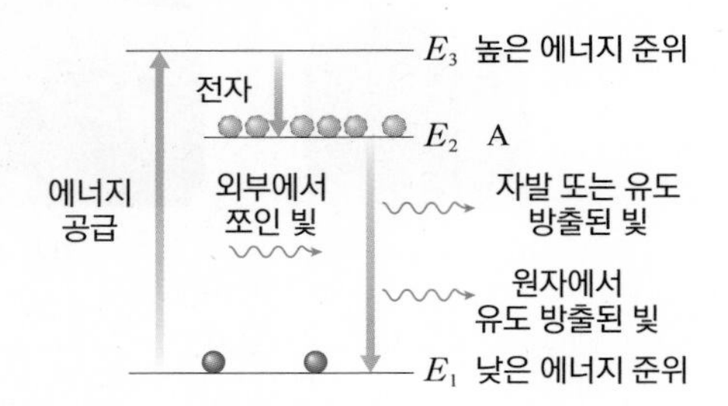

〈 보기 〉

ㄱ. 자발 방출된 빛과 유도 방출된 빛은 $E_2 - E_1$ 의 에너지를 갖는다.
ㄴ. A 상태에 있는 전자는 자발 방출하지 않는다.
ㄷ. A 상태는 들뜬 상태이긴 하지만 다른 들뜬 상태에 비해 전자가 비교적 오래 머물 수 있다.

① ㄱ ② ㄷ ③ ㄱ, ㄷ
④ ㄴ, ㄷ ⑤ ㄱ, ㄴ, ㄷ

06 레이저에 대한 설명으로 옳은 것만을 <보기> 에서 있는 대로 고른 것은?

〈 보기 〉

ㄱ. 레이저 빛은 파장, 위상이 동일하게 정돈된 빛이다.
ㄴ. 고체 레이저에서 발생시킬 수 있는 빛의 파장 대역이 기체 레이저보다 넓다.
ㄷ. 단위 면적당 에너지가 큰 특성을 이용하여 DVD 나 CD 에 정보를 기록한다.

① ㄱ ② ㄴ ③ ㄷ
④ ㄱ, ㄷ ⑤ ㄱ, ㄴ, ㄷ

유형24-4 편광

오른쪽 그림과 같이 편광되지 않은 일정한 세기의 빛을 편광축이 나란한 두 편광판 A, B 를 향하여 입사시켜 편광판 A, B 사이의 P 점과 편광판 B 의 오른쪽 Q 점의 빛의 세기를 확인하였다. 편광판 B 만 회전시킬 때 P 점과 Q 점에서 회전 각도에 따른 빛의 세기를 나타낸 그래프가 순서대로 바르게 짝지어진 것은? (단, 편광되지 않은 빛의 세기는 I_0 이다.)

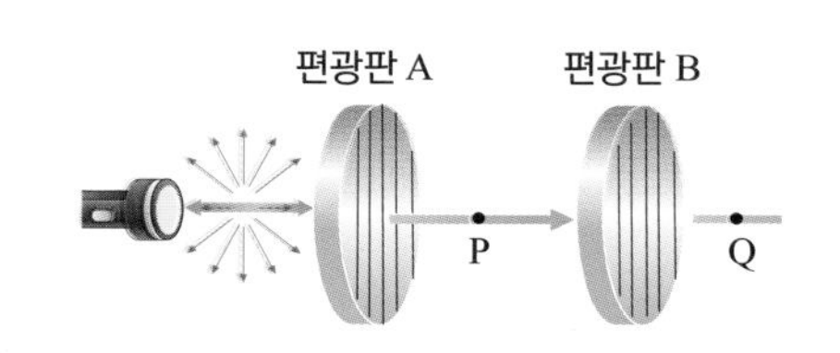

①
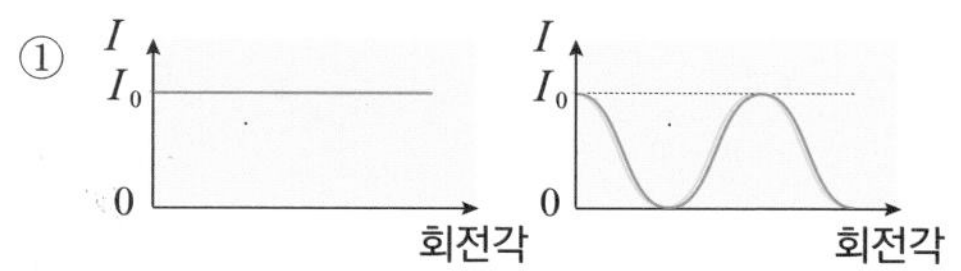

②
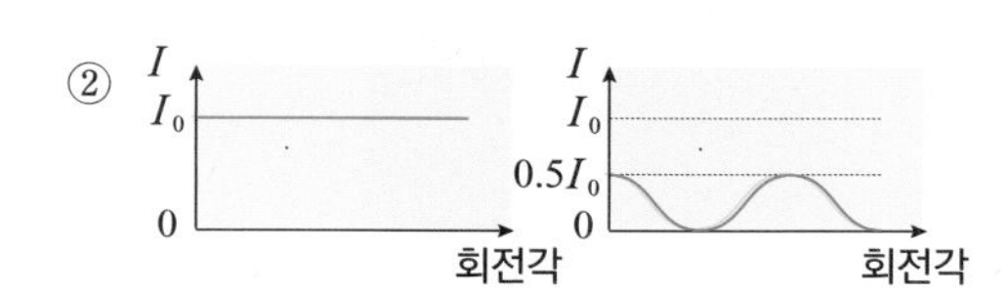

③
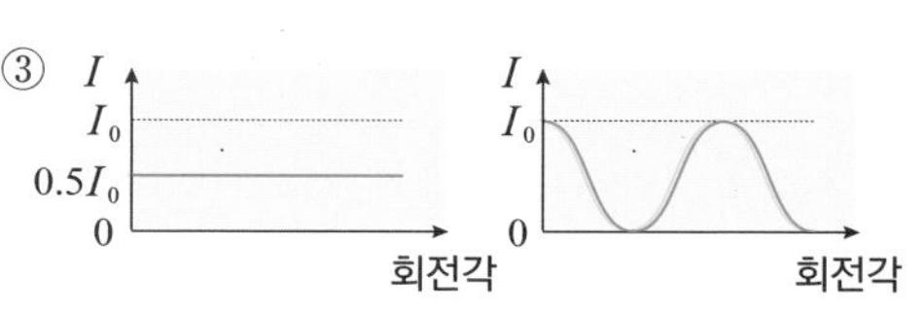

④
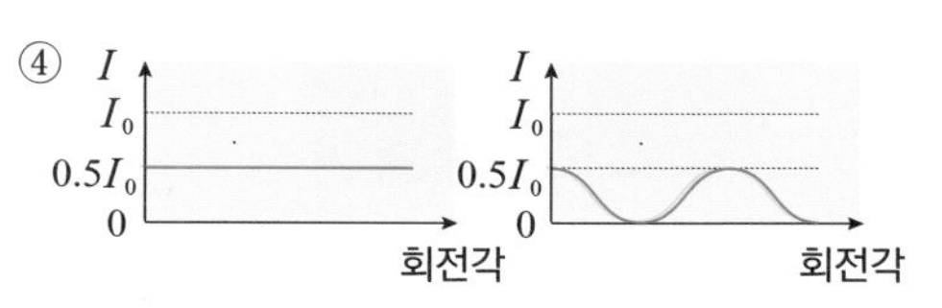

⑤
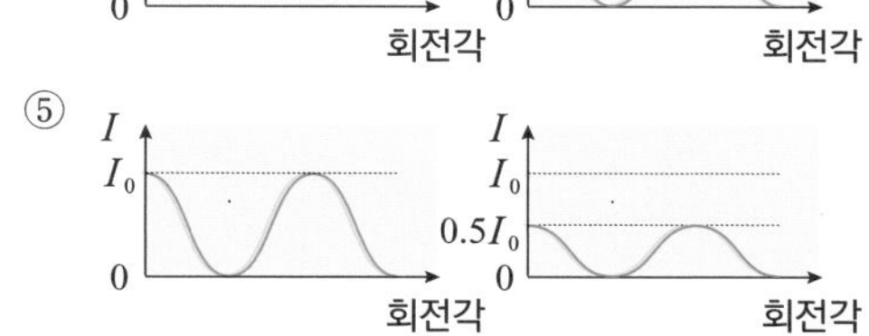

07 다음 그림은 편광되지 않은 입사광이 공기에서 굴절률이 n 인 매질로 입사각이 θ 가 되도록 입사한 후 일부는 반사, 일부는 굴절되는 것을 나타낸 것이다. 이때 반사광과 굴절광의 진행 방향은 서로 직각을 이루고 있다. 이에 대한 설명으로 옳은 것만을 <보기> 에서 있는 대로 고른 것은? (단, 공기의 굴절률은 1 이다.)

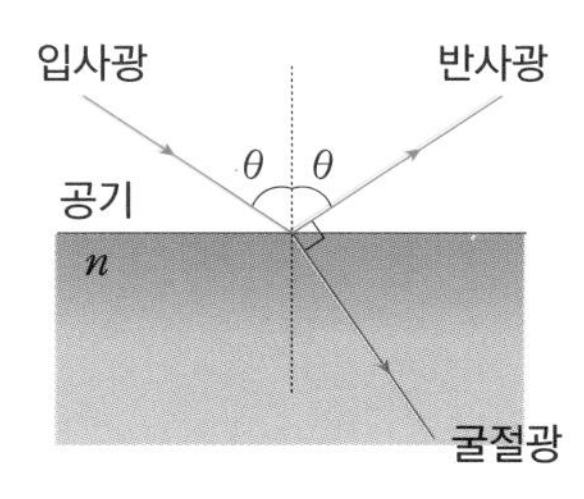

〈 보기 〉

ㄱ. $n = \dfrac{\cos\theta}{\sin\theta}$

ㄴ. 입사면과 나란한 방향의 편광은 반사할 때 완전히 사라지게 되므로 반사광은 완전 편광된다.

ㄷ. 굴절광은 부분 편광된다.

① ㄱ ② ㄴ ③ ㄷ
④ ㄴ, ㄷ ⑤ ㄱ, ㄴ, ㄷ

08 다음 그림은 글씨 위에 방해석을 두었더니 글씨가 두 개로 겹쳐보이는 것을 나타낸 것이다. 이에 대한 설명으로 옳은 것만을 <보기> 에서 있는 대로 고른 것은?

〈 보기 〉

ㄱ. 편광면의 방향에 따라 광물 내부에서 빛의 속도가 다르기 때문에 나타나는 현상이다.

ㄴ. 알파벳 A 의 상을 만드는 두 빛의 편광 방향은 같다.

ㄷ. 광물에서만 이러한 현상을 관찰할 수 있다.

① ㄱ ② ㄴ ③ ㄷ
④ ㄱ, ㄷ ⑤ ㄱ, ㄴ, ㄷ

창의력&토론마당

01 그림 (가) 는 곤충이 갇혀서 타원형 호박 화석이 된 것을 나타낸 것이다. 이때 곤충의 머리 부분은 그림 (나) 와 같이 광축 위에 놓여 있으며, 축 방향으로 호박을 들여다 보았을 때 호박 화석 표면으로부터 3 mm 되는 곳에 있는 것처럼 보였다. 실제 곤충의 머리가 위치한 곳은 호박 화석 표면으로 부터 얼마나 떨어져 있는 곳일까? (단, 호박 화석의 굴절률은 1.6, 공기의 굴절률은 1.0 이며, 들여다 본 구면의 곡률 반경은 3.6 mm 이다.)

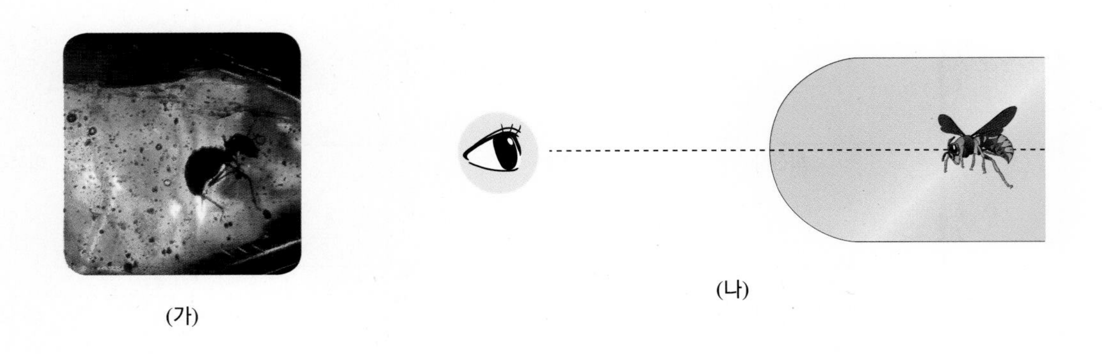

(가) (나)

02 다음 그림은 곡률 반지름이 모두 R로 같은 평면 볼록 렌즈 A, B 와 양면 볼록 렌즈 C 를 나타낸 것이다. 세 렌즈의 초점 거리 f_A, f_B, f_C 를 비교하시오.

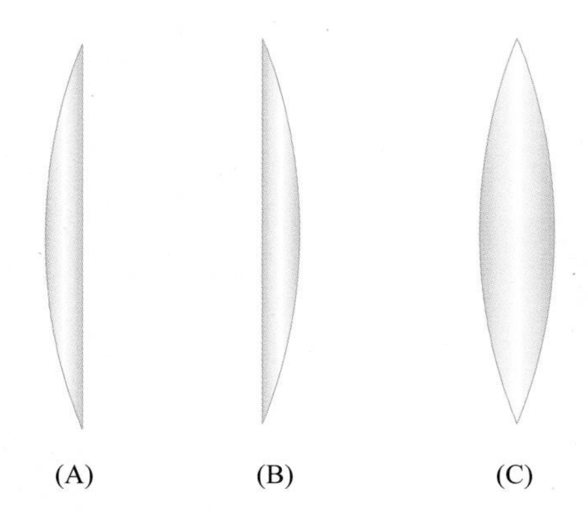

(A) (B) (C)

03 다음 그림과 같이 매우 멀리 있는 물체의 상은 사람의 눈의 수정체를 통과하여 망막의 한 점에 생긴다. 이때 수정체에 연결되어 있는 근육이 수정체의 두께를 조절하여 망막에 선명한 상을 맺도록 한다. 물음에 답하시오.

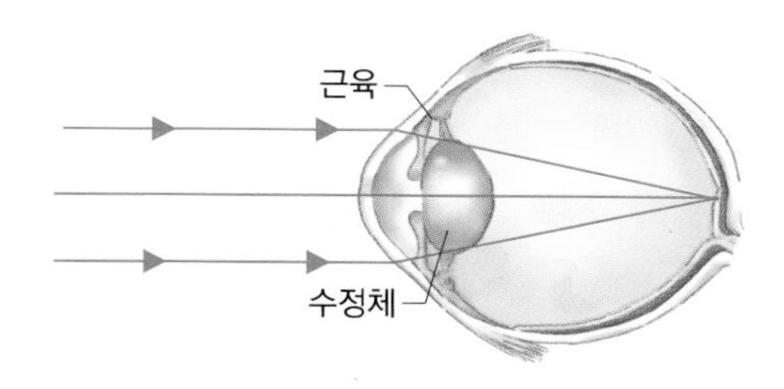

(1) 정상적인 상태에서 수정체의 초점 거리를 2.5 cm라고 가정할 때, 40 cm 떨어진 물체를 선명하게 보기 위해 수정체의 초점 거리는 얼마가 되어야 할까?

(2) (1) 과 같은 경우 수정체는 두꺼워질까, 얇아질까? 그 이유와 함께 서술하시오.

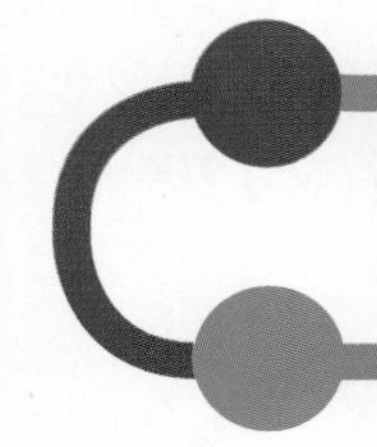

04 다음 그림과 같이 굴절률이 1.5 인 투명한 유리구에 폭이 매우 좁은 평행 광선이 축과 나란하게 입사하고 있다. 이때 유리면에서 한 번 굴절하는 빛에 의해 I_1 위치에 상이 생겼고, 유리면에서 두 번 굴절하는 빛에 의해 I_2 위치에 상이 생겼다. 두 상이 떨어져 있는 거리 차 x 는 얼마인가?

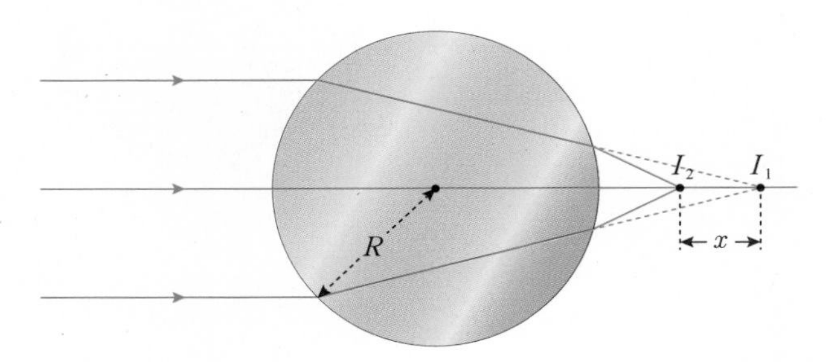

05

서로 이웃한 두 개의 편광판의 편광축이 수직인 경우에 자연광은 두 편광판을 통과할 수 없다. 하지만 편광축의 방향이 조금씩 변하는 여러 개의 편광판을 사용하면 다음 그림과 같이 편광면을 회전시키는 것이 가능하다. 물음에 답하시오.

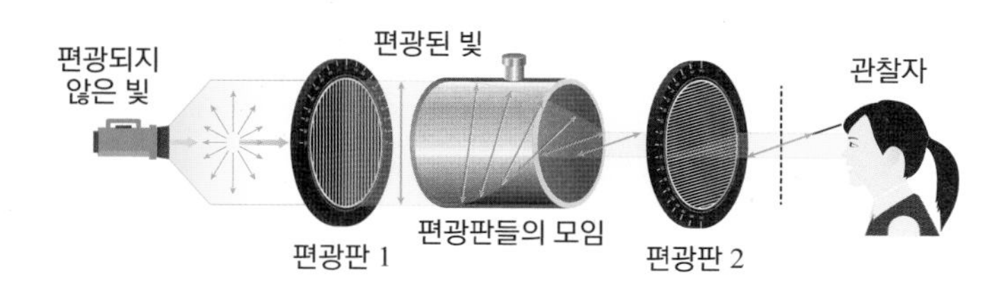

(1) 편광된 빛의 편광 방향을 90° 만큼 돌리려고 한다. 이때 편광판 1 과 편광판 2 사이에 필요한 최소한의 편광판의 수는 얼마인가?

(2) 편광되지 않은 빛의 세기가 I_0 일 때, 빛의 세기의 30 % 의 세기의 빛($0.3I_0$)이 통과하기 위해서 편광판 1 과 편광판 2 사이에 필요한 편광판의 수는 얼마인가? (단, 다음 표를 참고로 하여 계산한다.)

θ	$\cos\theta$
15°	0.96
18°	0.95
22.5°	0.92
30°	0.86
38°	0.78
40°	0.76
45°	0.70

스스로 실력높이기

A

01 초점 거리 $f = 50$ cm 인 유리로 만들어진 볼록 렌즈의 구면 반지름은 얼마인가? (단, 볼록 렌즈의 양쪽 구면 반지름의 크기는 같고, 유리의 굴절률은 1.5 이다.)

(   ) cm

02 명시 거리가 50 cm 인 사람은 어떤 안경을 써야 할까? (단, 정상인의 명시 거리는 25 cm 이다.)

초점 거리가 (   ) cm인 (   )렌즈

03 정상 시력을 가진 사람이 돋보기를 이용하여 0.5 cm 크기의 물체를 관찰하려고 한다. 눈과 돋보기 사이 거리가 매우 가까울 때 관찰되는 상의 크기는 얼마인가? (단, 정상인의 명시 거리는 25 cm 이고, 돋보기의 초점 거리는 10 cm 이다.)

(   ) cm

04 분해능과 관련된 설명 중 옳은 것은 ○ 표, 옳지 않은 것은 × 표 하시오.

(1) 먼 곳에 있는 인접한 두 물체는 빛의 회절 현상 때문에 상을 구분하기 어렵다. (   )

(2) 레일리 기준을 만족하면 두 점광원은 구분할 수 있다. (   )

(3) 대물렌즈의 지름이 크고, 빛의 파장이 길수록 분해능이 높다. (   )

05 그림 (가) 는 케플러 망원경, 그림 (나) 는 광학 현미경이다. (가) 와 (나) 는 모두 두 개의 볼록 렌즈를 대물렌즈와 접안렌즈로 사용한다. 이들의 대물렌즈의 초점 거리를 $f_{대물}$, 접안렌즈의 초점 거리를 $f_{접안}$ 이라고 할 때, 각각을 바르게 비교한 것은?

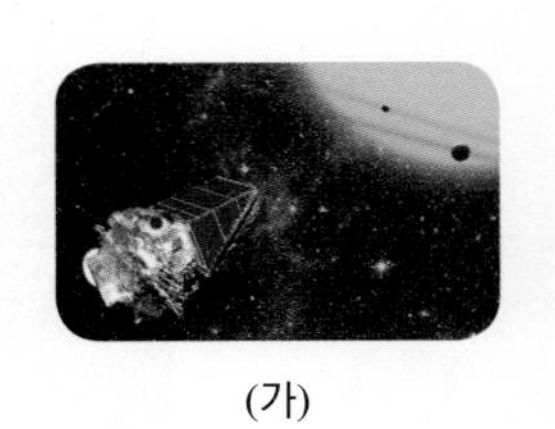
(가)

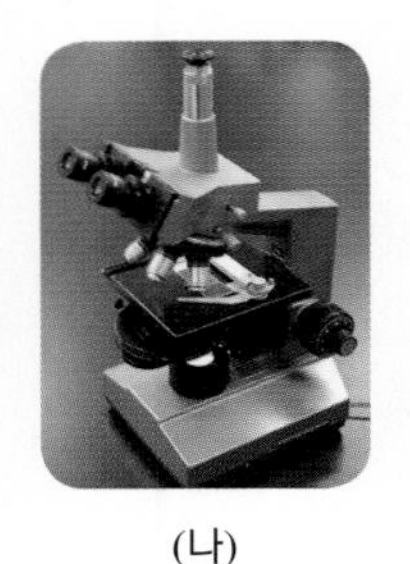
(나)

	망원경	현미경
①	$f_{대물} = f_{접안}$	$f_{대물} = f_{접안}$
②	$f_{대물} > f_{접안}$	$f_{대물} > f_{접안}$
③	$f_{대물} < f_{접안}$	$f_{대물} < f_{접안}$
④	$f_{대물} > f_{접안}$	$f_{대물} < f_{접안}$
⑤	$f_{대물} < f_{접안}$	$f_{대물} > f_{접안}$

06 레이저 빛을 방출시키는 과정에서 에너지 공급에 의해 낮은 에너지 준위에 있는 전자의 수보다 준안정 상태에 있는 전자의 수가 더 많아지게 되는 현상을 무엇이라고 하는가?

(   )

07 레이저의 특성에 대한 설명 중 옳은 것은 ○ 표, 옳지 않은 것은 × 표 하시오.

(1) 레이저 빛은 구면파 형태로 진행한다. (   )

(2) 레이저 빛은 파장, 위상이 동일하게 정돈된 빛이다. (   )

(3) 단위 면적당 빛의 세기가 매우 크다. (   )

08 다음 그림은 레이저를 이용하여 금속을 절단하는 것을 나타낸 것이다. 이때 이용한 레이저 빛의 특성으로 가장 적절한 것은?

① 횡파 ② 강한 회절성
③ 강한 방향성 ④ 저순도 단색광
⑤ 단위 면적당 높은 에너지

09 빛이 진행할 때 전기장의 진동 방향이나 자기장의 진동 방향이 포함되어 있는 면을 무엇이라고 하는가?

( )

10 두 개의 편광판을 겹쳤을 때 편광축 사이의 각도에 따라 빛의 밝기가 달라지는 현상은 빛이 어떤 파동임을 말해 주는 것인가?

① 종파 ② 횡파 ③ 평면파
④ 구면파 ⑤ 탄성파

B

11 다음 그림과 같이 굴절률이 1 인 공기 속에 굴절률이 1.5 인 유리로 되어 있는 막대가 놓여 있고, 유리 막대의 10 cm 앞에 크기가 3 cm 인 물체가 놓여 있다. 물체가 있는 쪽의 관측자가 보았을 때, 유리 막대의 구면에 의해 내부에 생기는 상의 크기 h는 몇 cm 인가? (단, 유리 막대의 곡률 반경은 2.5 cm 이다.)

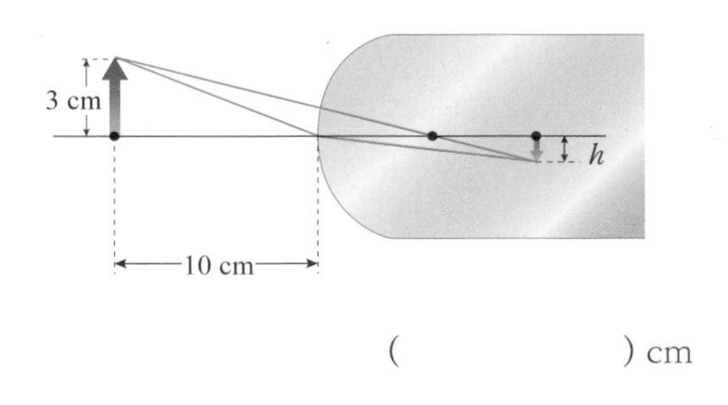

( ) cm

12 다음 그림은 초점 거리가 다른 볼록 렌즈 두 개를 이용한 망원경의 구조를 나타낸 것이다. 이에 대한 설명으로 옳은 것만을 <보기> 에서 있는 대로 고른 것은?

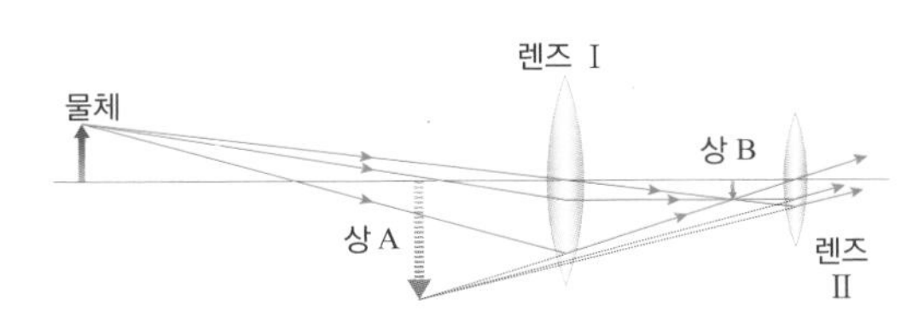

〈 보기 〉
ㄱ. 렌즈 Ⅱ 에 의해 확대된 도립 허상이 관찰된다.
ㄴ. 초점 거리는 렌즈 Ⅰ이 렌즈 Ⅱ 보다 짧다.
ㄷ. 상 B 는 렌즈 Ⅱ 의 초점 거리 안에 있다.

① ㄱ ② ㄷ ③ ㄱ, ㄷ
④ ㄴ, ㄷ ⑤ ㄱ, ㄴ, ㄷ

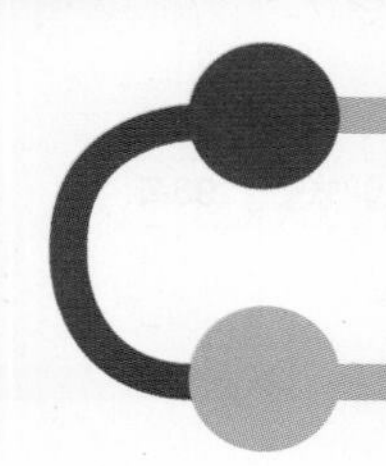

스스로 실력높이기

13 다음 표는 볼록 렌즈의 초점 거리와 지름을 각각 나타낸 것이다. 이 렌즈들을 이용하여 별을 관찰할 수 있는 망원경을 만들려고 한다. 배율이 가장 크고 선명한 상을 관찰하는 데 필요한 ㉠ 접안렌즈와 ㉡ 대물렌즈를 바르게 짝지은 것은?

종류	초점 거리(cm)	지름(cm)
A	10	2
B	50	1
C	100	3
D	200	2
E	200	5

	㉠	㉡		㉠	㉡
①	A	D	②	A	E
③	D	A	④	E	A
⑤	B	C			

14 초점 거리가 17 mm 인 대물 렌즈와 초점 거리가 25 mm 인 접안 렌즈로 이루어진 광학 기구가 있다. 광학통의 거리가 160 mm 일 때, 이에 대한 설명으로 옳은 것만을 <보기> 에서 있는 대로 고른 것은?

〈 보기 〉

ㄱ. 대물렌즈의 배율은 10 배이다.
ㄴ. 접안렌즈의 배율은 9.4 배이다.
ㄷ. 광학 기구의 배율은 94 배이다.

① ㄱ ② ㄴ ③ ㄷ
④ ㄴ, ㄷ ⑤ ㄱ, ㄴ, ㄷ

15 레이저 빛의 특징으로 옳은 것만을 <보기> 에서 있는 대로 고른 것은?

〈 보기 〉

ㄱ. 직진성이 매우 강하다.
ㄴ. 파면이 구면으로 퍼져 나가는 단색광이다.
ㄷ. 빛의 세기가 약해지지 않고 멀리까지 진행할 수 있다.

① ㄱ ② ㄴ ③ ㄷ
④ ㄱ, ㄷ ⑤ ㄱ, ㄴ, ㄷ

16 다음 그림은 매질에 에너지를 공급하여 레이저 빛을 발생시키는 것을 나타낸 것이다. 이에 대한 설명으로 옳은 것만을 <보기> 에서 있는 대로 고른 것은?

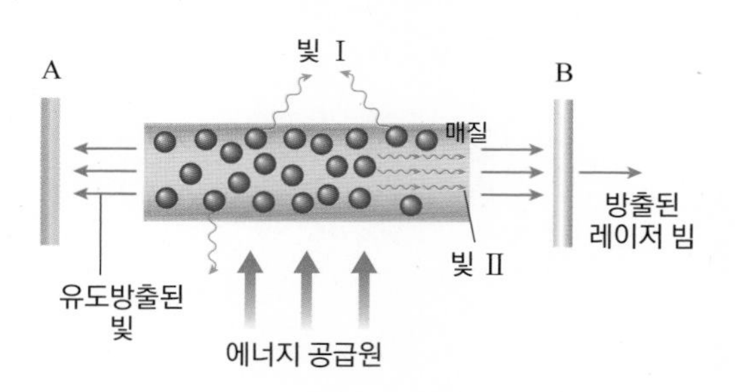

〈 보기 〉

ㄱ. A 는 입사한 빛을 모두 반사하고, B 는 입사한 빛의 일부는 반사, 일부는 투과한다.
ㄴ. 거울 축 방향으로 방출된 빛 II 가 유도 방출을 이끌면서 빛의 세기를 증폭시킨다.
ㄷ. 레이저는 밀도 반전을 이용하여 빛을 증폭시키는 장치이다.

① ㄱ ② ㄴ ③ ㄷ
④ ㄴ, ㄷ ⑤ ㄱ, ㄴ, ㄷ

17 다음 중 편광되지 않은 빛이 진행하다가 편광되는 경우로 옳은 것만을 <보기> 에서 있는 대로 고른 것은?

〈 보기 〉

ㄱ. 방해석을 통과할 때
ㄴ. 물체의 표면에 0° < 입사각 < 90° 사이로 입사하여 반사될 때
ㄷ. 공기 분자에 산란될 때

① ㄱ ② ㄴ ③ ㄷ
④ ㄱ, ㄷ ⑤ ㄱ, ㄴ, ㄷ

18 다음 그림과 같이 공기 중의 편광되지 않은 빛이 굴절률이 $\sqrt{3}$ 인 물질의 표면으로 입사하였더니 반사광이 완전 편광되었다. 이때 입사각 i는 얼마인가?

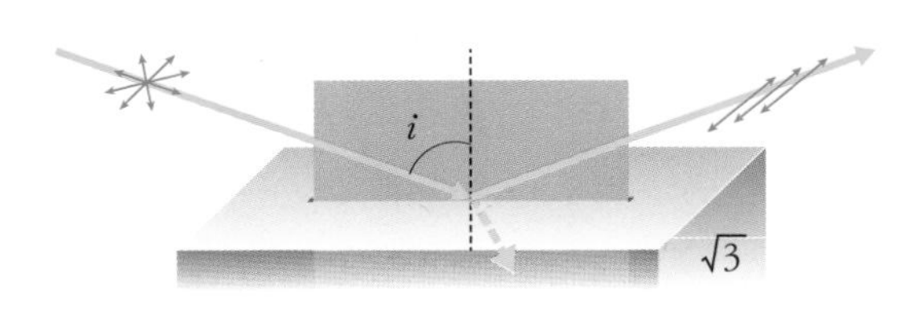

① 15° ② 30° ③ 45°
④ 60° ⑤ 90°

C

19 양쪽 구면 반지름이 같은 얇은 볼록 렌즈 앞 20 cm 되는 곳에 물체가 놓여져 있다. 물체 크기의 0.25 배 크기의 상이 생겼다면, 볼록 렌즈의 구면 반지름은 얼마인가? (단, 볼록 렌즈의 굴절률은 1.65 이다.)

( ) cm

20 양쪽 면의 곡률 반경이 다른 얇은 볼록 렌즈가 있다. 렌즈의 왼쪽으로 75 cm 위치에 물체가 놓여 있고, 볼록 렌즈의 왼쪽 곡률 반경은 30 cm, 오른쪽의 곡률 반경은 42 cm 일 때, 렌즈에 의해 생긴 상에 대한 설명으로 옳은 것은? (단, 볼록 렌즈의 굴절률은 1.55 이다.)

① 물체의 0.74 배 크기의 도립 실상
② 물체의 0.74 배 크기의 정립 실상
③ 물체의 0.74 배 크기의 도립 허상
④ 물체의 1.36 배 크기의 도립 실상
⑤ 물체의 1.36 배 크기의 정립 실상

21 레이저는 빛을 발생시키는 매질에 따라 기체 레이저, 액체 레이저, 고체 레이저, 반도체 레이저로 분류할 수 있다. 이에 대한 설명으로 옳은 것은?

① 액체 레이저는 소형으로 만들 수 있어 휴대하기가 좋다.
② 기체 레이저는 다른 레이저에 비해서 큰 출력을 얻기가 쉽다.
③ 레이저에서 발생시킬 수 있는 빛의 파장 대역은 기체, 고체, 반도체 순으로 넓다.
④ 반도체 레이저는 다른 레이저에 비해서 매질로의 에너지 공급 효율이 좋다.
⑤ 고체 레이저는 파장, 즉 색을 변화시킬 수 있는 장점이 있기 때문에 의료 시술과 같은 민감한 작업에 주로 사용된다.

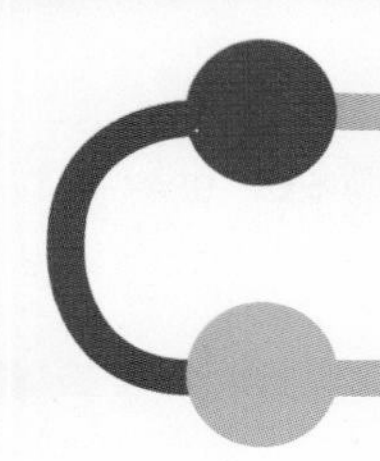

스스로 실력높이기

22 그림 (가) 는 레이저의 기본 구조를, 그림 (나) 는 매질 내에서 전자의 에너지 준위와 빛의 유도 방출 과정을 나타낸 것이다. 이에 대한 설명으로 옳은 것만을 <보기> 에서 있는 대로 고른 것은? (단, E_1, E_2, E_3 는 전자의 에너지 준위이다.)

[수능 평가원 기출 유형]

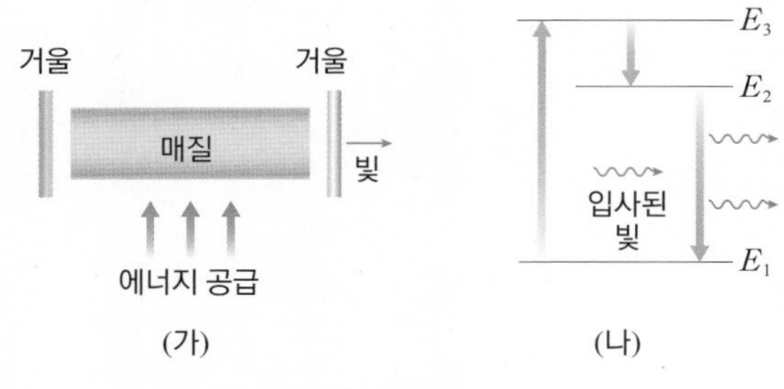

〈 보기 〉

ㄱ. (가) 에서 매질에 공급된 에너지는 전자를 높은 에너지 준위로 전이시킨다.
ㄴ. 레이저에서 나오는 빛의 진동수는 $E_2 - E_1$ 에 비례한다.
ㄷ. (나) 에서 입사된 빛의 파장은 유도 방출된 빛의 파장보다 길다.

① ㄱ ② ㄴ ③ ㄱ, ㄴ
④ ㄴ, ㄷ ⑤ ㄱ, ㄴ, ㄷ

23 다음 그림과 같이 편광축의 방향이 모두 다른 편광판 A, B, C 가 있다. A 와 B 의 편광축은 45° 기울어져 있으며, B 와 C 의 편광축은 수직이다. 편광되지 않은 빛이 세 편광판을 모두 통과할 수 있는 편광판의 배열로 옳은 것만을 <보기> 에서 있는 대로 고른 것은?

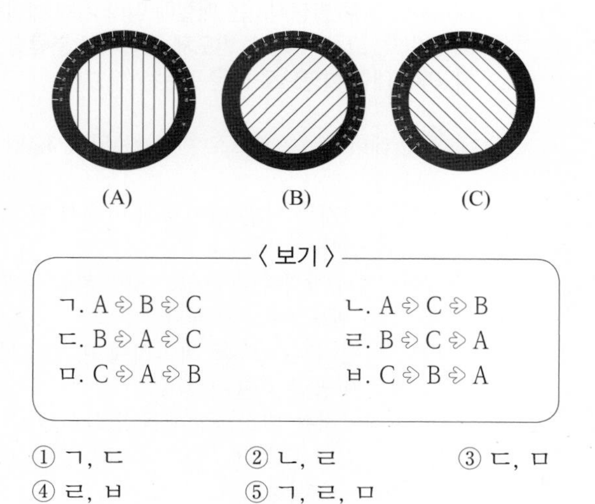

〈 보기 〉

ㄱ. A ⇨ B ⇨ C　　ㄴ. A ⇨ C ⇨ B
ㄷ. B ⇨ A ⇨ C　　ㄹ. B ⇨ C ⇨ A
ㅁ. C ⇨ A ⇨ B　　ㅂ. C ⇨ B ⇨ A

① ㄱ, ㄷ ② ㄴ, ㄹ ③ ㄷ, ㅁ
④ ㄹ, ㅂ ⑤ ㄱ, ㄹ, ㅁ

24 그림 (가) 는 일정한 세기의 빛이 편광판 A, B 를 통과하는 모습과 측정 장치로 측정한 빛의 세기를 그래프로 나타낸 것이다. 그림 (나) 는 세기가 일정하지 않은 편광되지 않은 빛이 유리면에서 반사된 후 편광판 C 를 수직으로 통과하는 모습과 측정 장치로 측정한 빛의 세기를 그래프로 나타낸 것이다. 이때 편광판 A 는 고정되어 있고, B 와 C 는 빛의 진행 방향을 축으로 하여 회전시켰다. 이에 대한 설명으로 옳은 것만을 <보기> 에서 있는 대로 고른 것은?

[수능 기출 유형]

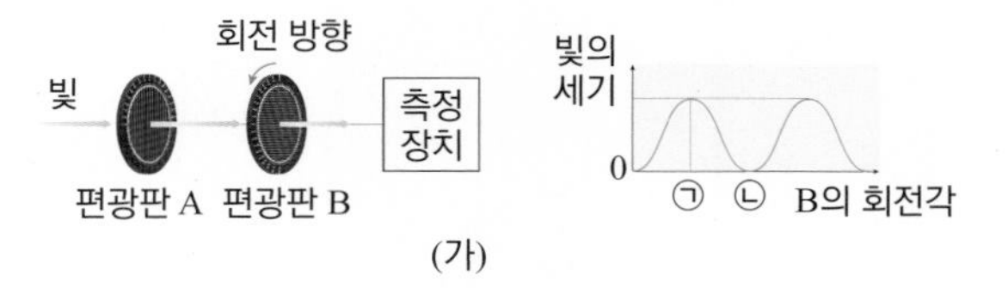

(가)

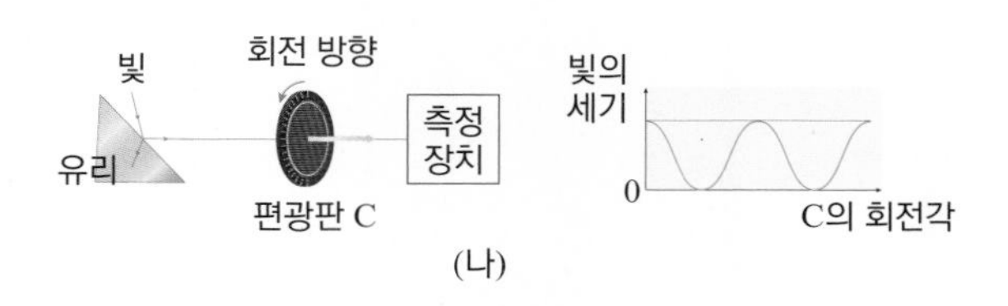

(나)

〈 보기 〉

ㄱ. (가) 에서 회전각 ㉠ 과 ㉡ 은 90° 차이가 난다.
ㄴ. (가) 에서 편광판 A 를 통과한 빛과 (나) 에서 편광판 C 를 통과한 빛은 편광된 빛이다.
ㄷ. (나) 에서 유리에 입사한 빛의 반사광과 굴절광이 이루는 각은 90° 이다.

① ㄱ ② ㄴ ③ ㄱ, ㄴ
④ ㄴ, ㄷ ⑤ ㄱ, ㄴ, ㄷ

심화

25 다음 그림과 같이 곡률 반지름이 30 cm 인 유리 막대 속의 중심축 위의 P 점에 물체가 놓여 있다. 유리의 굴절률이 1.5 이고, 구면에서 물체까지의 거리가 70 cm 일 때 생기는 상에 대한 설명으로 옳은 것은?

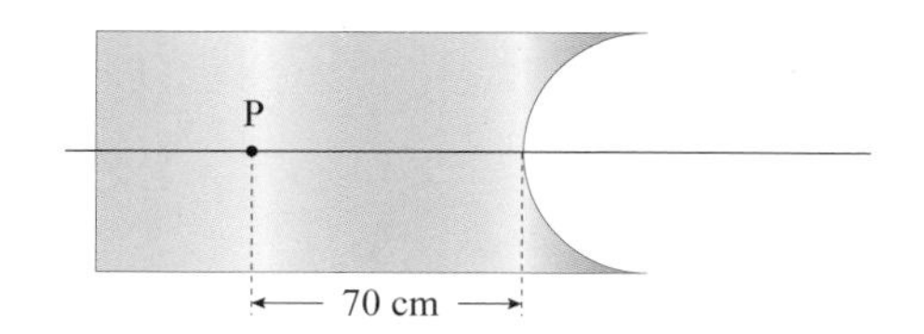

① 물체와 같은 쪽으로 구면에서 26 cm 떨어진 곳에 실상이 생긴다.
② 물체와 같은 쪽으로 구면에서 26 cm 떨어진 곳에 허상이 생긴다.
③ 물체와 반대 쪽으로 구면에서 26 cm 떨어진 곳에 실상이 생긴다.
④ 물체와 반대 쪽으로 구면에서 26 cm 떨어진 곳에 허상이 생긴다.

26 다음 그림과 같이 책상 위에 구면 반지름이 5 cm 인 평면 볼록 렌즈 모양의 유리가 놓여져 있다. 무한이가 책상 위 8 cm 지점에서 책상을 내려다 볼 때 책상은 눈으로 부터 얼마나 멀리 떨어져 있는 것으로 보이는가? (단, 유리의 높이는 책상으로 부터 3 cm 이고, 유리의 굴절률은 1.5 이다.)

[특목고 기출 유형]

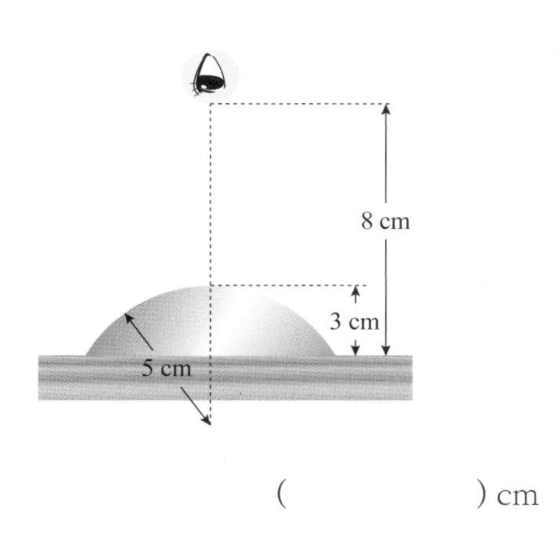

(　　　　　　) cm

27 화성은 지구에서 8×10^7 km 의 거리에 있는 천체이다. 화성의 표면에 있는 두 물체를 관찰하려고 한다. ㉠ 맨눈으로 볼 때와 ㉡ 지름이 5 m 인 망원경으로 볼 때 각각 분해할 수 있는 거리를 구하시오. (단, 관측자의 눈동자의 지름은 5 mm, 빛의 파장은 550 nm 이다.)

[KPhO 기출유형]

㉠ (　　　　　　) km, ㉡ (　　　　　　) km

스스로 실력높이기

28 두 전조등 사이의 거리가 1.5 m 인 자동차가 다가오고 있다. 이때 두 전조등을 구별할 수 있는 ㉠ 분리각과 ㉡ 관측자와 자동차 사이의 최대 거리를 각각 구하시오. (단, 관측자의 눈동자의 지름은 5 mm 이고, 전조등에서 나오는 빛의 파장은 600 nm 이며, 분해능은 회절에 의해서만 영향을 받는다고 가정한다.)

㉠ (　　　　　) rad, ㉡ (　　　　　) km

29 지구 주위를 돌고 있는 위성의 사진기는 파장이 약 600 nm 인 빛에 민감하게 반응하며, 이 빛에 의해 지상에서 0.5 m 떨어져 있는 두 물체도 구분할 수 있다. 위성이 200 km 의 고도에서 원궤도로 운행된다면, 위성 사진기 렌즈의 최소 지름 d 를 구하시오.

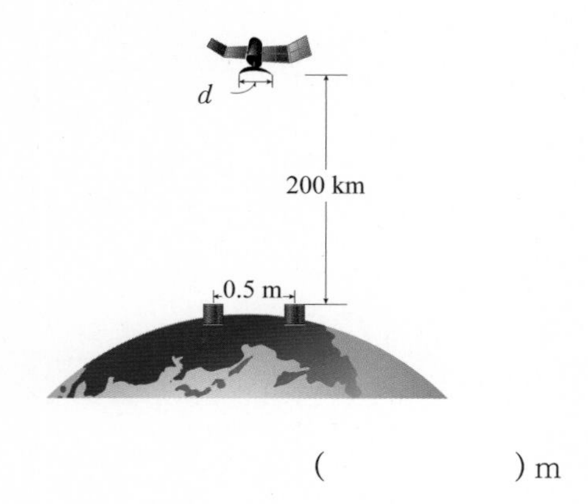

(　　　　　) m

30 편광되지 않은 빛이 편광축이 서로 수직인 편광판 A, B 를 통과하게 되면 모든 빛은 차단된다. 이때 다음 그림과 같이 편광판 A 와 B 사이에 편광판 C 를 추가하여 처음 세기의 $\frac{1}{8}$ 의 빛이 통과하게 하려고 한다. 편광판 C 의 편광축과 y축이 이루는 각 θ는 몇 °일까? (단, $0 < \theta < 90°$ 이다.)

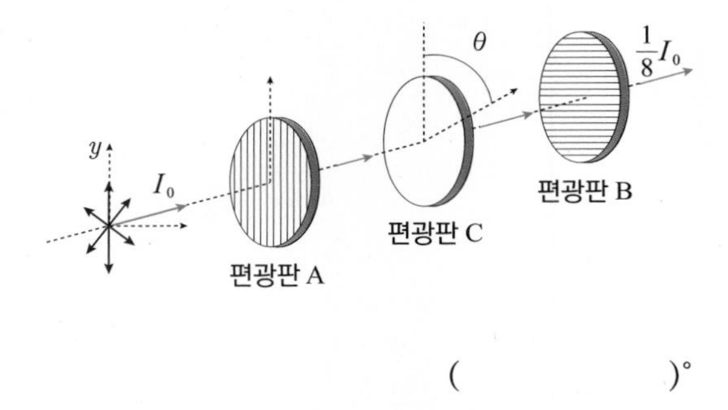

(　　　　　)°

31 다음 그림과 같이 편광되지 않은 빛이 편광판 1, 2, 3 을 지나고 있다. 이때 편광판 1 의 편광축은 y축과 나란한 방향이고, 편광판 2 의 편광축은 y축을 기준으로 시계 방향으로 60° 기울어져 있으며, 편광판 3 은 x축과 나란하다. 이때 처음 빛의 세기가 I_0 였다면, 편광판 1, 2, 3 을 모두 통과한 빛의 세기는 얼마인가?

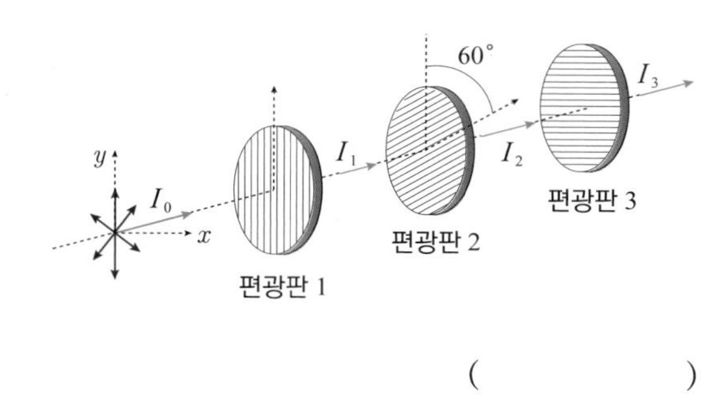

( )

32 다음 그림과 같이 평면 편광된 빛이 편광축의 방향이 서로 다른 편광판 A 와 B 를 순서대로 통과한 후 빛의 세기가 $\frac{1}{8}$로 줄어들었다. 편광판 B 의 편광축은 y축 방향과 수직 방향이었다면, 편광판 A 의 편광축과 y축이 이루는 각 θ는 몇 °일까? (단, $0 < \theta < 90°$ 이다.)

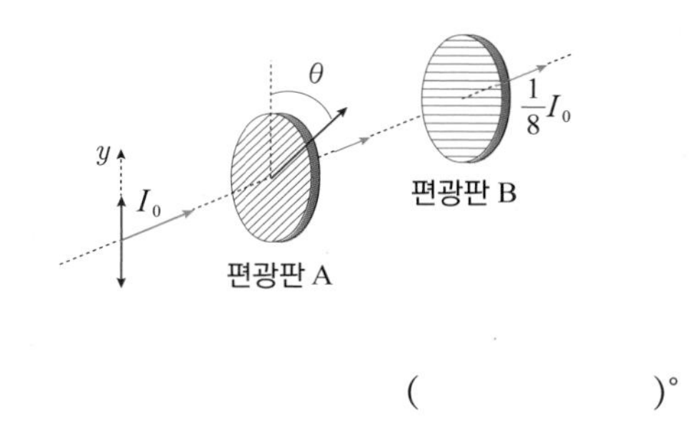

( )°

25강 물질의 이중성

1. 빛의 입자성 Ⅰ

(1) 복사 : 절대 온도 0 K 이상인 모든 물체가 전자기파의 형태로 에너지를 방출하는 현상이다. 온도가 낮은 물체는 주로 적외선 영역의 전자기파를 주로 방출하므로 사람의 눈에 방출하는 빛이 보이지 않는다.

(2) 흑체복사

① **흑체** : 입사하는 모든 전자기파(빛)를 파장에 상관없이 모두 흡수하는 이상적인 물체이다. 흑체에 반사되는 빛은 없지만 전자기파를 방출한다.

② **흑체복사** : 흑체가 전자기파를 방출하는 것을 흑체복사라고 하며, 이는 흑체의 온도에 따라서만 달라진다.

③ **흑체복사의 에너지 분포** : 흑체복사의 에너지 분포는 흑체를 구성하는 물질의 성질, 모양, 크기와는 상관이 없으며 오직 흑체의 온도가 전자기파의 파장을 결정한다.

● 흑체의 예

① 작은 구멍이 뚫린 속이 빈 물체는 흑체라고 볼 수 있다. 구멍을 통해 내부로 들어온 전자기파(복사)는 내부의 벽에 흡수되거나 반사되는 것을 반복하며, 다시 구멍으로 나올 수 없기 때문에 전자기파의 에너지는 모두 흡수된다.

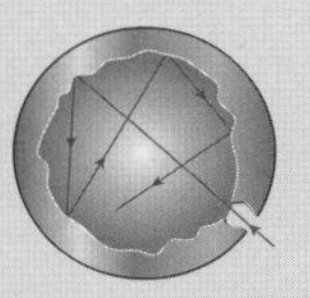

② 태양과 같은 천체들은 흑체와 비슷하게 복사 에너지를 흡수, 방출하고 있다.

(3) 슈테판-볼츠만 법칙 : 흑체의 단위 표면적에서 단위 시간당 방출되는 총 에너지 E 는 흑체 표면의 절대 온도 T 의 네 제곱에 비례한다.

$$E = \sigma T^4 \quad [\sigma(\text{슈테판-볼츠만 상수}) : 5.67 \times 10^{-8}\,\mathrm{W/m^2 \cdot K^4}]$$

(4) 빈 변위 법칙 : 흑체복사에서 에너지의 세기가 가장 큰 파장 λ_{max} 은 흑체 표면의 절대 온도 T 에 반비례한다.

$$\lambda_{max} T = 2.898 \times 10^{-3}\,\mathrm{m \cdot K} \Rightarrow \lambda_{max} \propto \frac{1}{T}$$

⇨ 흑체 표면의 온도가 높을수록 방출되는 에너지 세기가 가장 큰 전자기파의 파장이 짧아진다. 따라서 표면 온도가 높은 별일수록 푸른색 계통으로 보이고, 표면 온도가 낮은 별일수록 붉은색 계통으로 보인다.

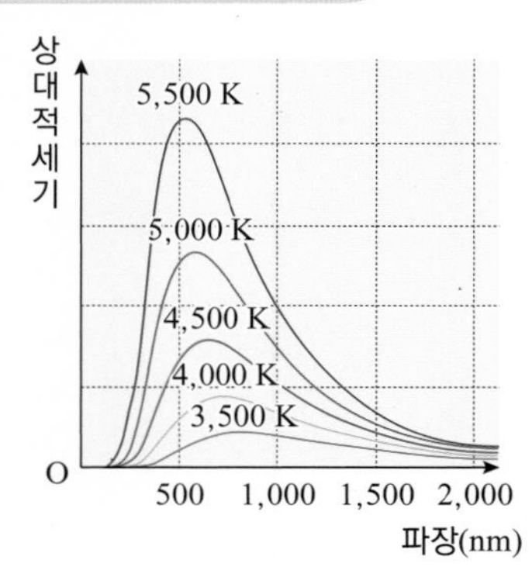

▲ 흑체복사 스펙트럼

개념확인 1

흑체와 관련된 설명 중 옳은 것은 ○ 표, 옳지 않은 것은 × 표 하시오.

(1) 모든 전자기파를 흡수하는 이상적인 흑체는 항상 검은색으로 보인다. ( )

(2) 흑체는 빛을 방출하지 않는다. ( )

(3) 흑체 표면의 온도가 높을수록 흑체 복사에서 에너지 세기가 가장 큰 전자기파의 파장이 짧아진다. ( )

확인 + 1

태양 복사에서 에너지 세기가 최대인 파장은 510 nm 이다. 태양 표면의 절대 온도는 얼마인가?

( ) K

(5) 레일리-진스 공식과 흑체복사 : 고전 물리학으로 흑체복사 스펙트럼 곡선을 해석하려고 하였다.

① **가정** : 흑체는 완전 반사하는 벽으로 되어 있는 정육면체이고, 전자기파는 흑체 내부에서 벽이 마디가 되는 정상파들로 구성된다. 이 정상파의 에너지가 흑체복사 스펙트럼의 에너지이다.

② **문제점** : 정상파들의 에너지를 계산하여 구한 흑체 스펙트럼은 파장이 긴 영역에서는 실제 스펙트럼과는 일치하였으나 파장이 짧은 영역에서는 흑체복사 스펙트럼의 에너지가 무한대로 발산하는 문제점이 나타났다.

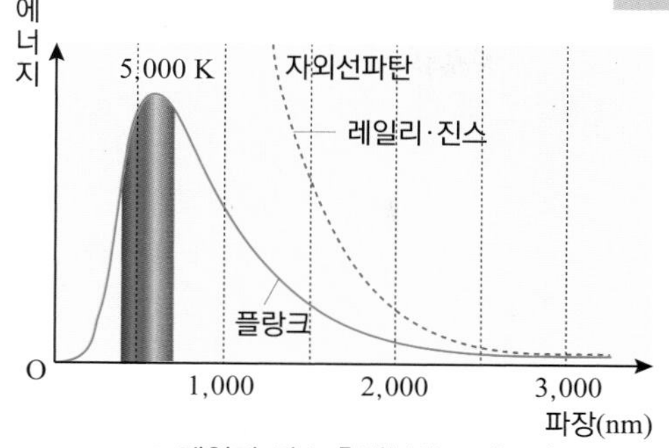

▲ 레일리-진스 흑체복사 스펙트럼

③ **자외선파탄** : 파장이 짧은 자외선 영역에서 고전 물리학의 이론에 의한 예상과 실제 스펙트럼 곡선이 전혀 다르게 되는 것을 자외선파탄이라고 한다.

(6) 플랑크의 양자설 : 자외선파탄 문제를 해결하기 위해 에너지가 양자화되었다고 가정하였다.

레일리-진스 공식에서 단위 부피당 갖는 에너지가 양자화된다고 가정할 때 플랑크 공식이 나온다.

〈빈 공식〉	〈플랑크 공식〉	〈레일리-진스 공식〉
$u(\lambda,\ T) = \frac{a_1}{\lambda^5}\frac{1}{e^{a_2/\lambda T}}$	$u(\lambda,\ T) = \frac{8\pi hc}{\lambda^5}\frac{1}{e^{hc/\lambda kT}-1}$	$u(\lambda,\ T) = \frac{2c}{\lambda^4}kT$

파장이 짧을 때 (플랑크 공식 → 빈 공식) / 파장이 길 때 (플랑크 공식 → 레일리-진스 공식)

① **가정** : 진동수가 f 인 전자가 가질 수 있는 에너지는 불연속적으로 양자화되어 있으며, 특정 에너지의 정수배이다.

$$E = nhf \quad [h(\text{플랑크 상수}) : 6.63 \times 10^{-34}\ \text{J·s}]$$

② **결과** : 모든 파장 영역에 대하여 흑체복사 스펙트럼을 설명할 수 있었다.

③ **의의** : 플랑크의 양자설을 이용하여 아인슈타인은 광전 효과를 설명할 수 있었고, 이에 따라 빛은 hf 의 에너지 단위를 갖는 양자로 구성되어 있다는 것을 밝힘으로써 빛이 파동과 입자의 성질을 동시에 갖는다는 이중성의 개념을 확립할 수 있었다.

● 고전적인 파동 이론

벽 사이의 거리가 L 일 때 내부에 있는 전자기파의 파장은 $2L,\ L,\ \frac{2L}{3},\ \frac{2L}{4},\ \frac{2L}{5},\ \cdots$ 으로 점점 짧아지며 무한히 많다. 고전 물리학에 의하면 이러한 파장을 갖는 각각의 전자기파의 에너지는 kT 이다.

● 파동 에너지

파동 에너지는 진폭 A 의 제곱과 진동수 f 의 제곱에 비례한다.

$$E \propto A^2 f^2$$

⇨ 정상파의 파장이 짧아지면 에너지 세기가 무한대가 되는 자외선파탄이 생기므로 고전 물리학으로는 흑체복사 스펙트럼을 설명할 수 없었다.

● 플랑크의 양자의 의미

플랑크는 아주 작은 전자기장 구성 단위인 양자가 존재한다고 가정하고, 이 양자들이 지닌 전자기 에너지의 합을 빛으로 정의하였다.
에너지가 높다는 것은 각각의 양자가 큰 에너지를 가지고 있다는 것을 의미한다. 따라서 어떤 계에 무한히 많은 양자가 있을 수 없으므로 총 에너지가 무한히 커질 수 없다.

개념확인 2

정답 및 해설 102쪽

레일리, 진스가 고전 물리학의 파동 이론에 따라 흑체복사 스펙트럼을 예상하였을 때, 파장이 짧은 자외선 영역에서 에너지가 무한대가 되어 실제 스펙트럼과 완전히 다른 결과를 얻었다. 이를 무엇이라고 하는가?

(   )

확인 + 2

흑체복사를 설명하기 위해 플랑크가 제시한 가설로 옳은 것은? (단, h 는 플랑크 상수이다.)

① 빛은 에너지 분포가 연속적인 파동이다.
② 진동수가 f 인 빛은 에너지가 hf 인 입자이다.
③ 진동수가 f 인 빛은 hf의 정수배에 해당하는 에너지만 가질 수 있다.

미니사전

양자[量 추측하다 子 아주 작은 것] 전자기파가 갖는 불연속적인 에너지 덩어리의 최소량

● 일함수

일함수 W 와 같은 에너지를 가진 광자의 진동수와 파장을 각각 한계 진동수 f_0, 한계 파장 λ_0 이라고 한다.

$$W = hf_0 = \frac{hc}{\lambda_0}$$

● 광전 효과 실험

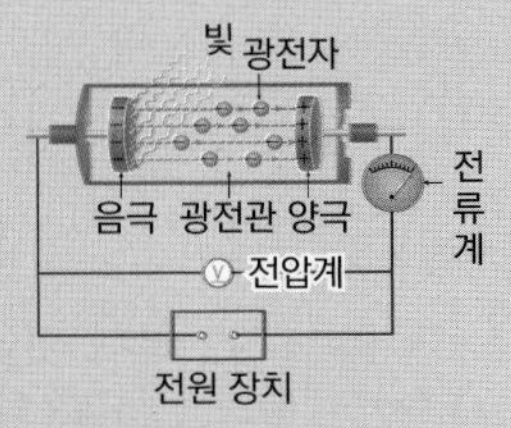

▲ 양극의 전위가 음극보다 높은 경우

양극의 전위가 음극보다 높은 경우 음극의 금속판에서 튀어나오는 광전자는 양극 쪽으로 끌리는 전기력을 받아 거의 모두 양극으로 이동할 수 있다.
⇨ 전원 장치의 전압을 증가시킬수록 전류가 증가한다.

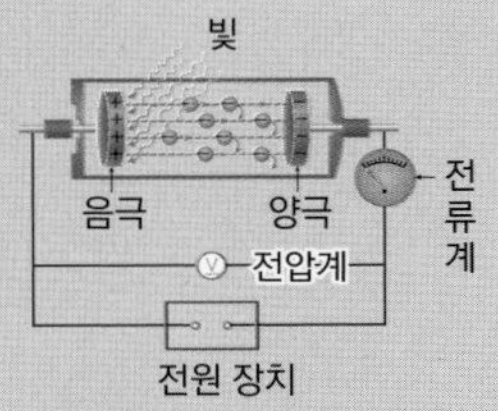

▲ 음극의 전위가 양극보다 높은 경우

음극의 전위가 양극보다 높은 경우 음극의 금속판에서 튀어나오는 광전자는 양극 쪽으로부터 밀리는 전기력을 받는다. 따라서 광전자의 속력이 느리면 양극에 도달하지 못한다.
⇨ 전원 장치의 전압을 증가시키면 더 이상 전류가 흐르지 않는 전압(정지 전압)이 나타난다.

● 광전 효과 실험 결과와 빛의 파동 이론의 관계

광전 효과 실험 결과에서 Ⅲ, Ⅳ, Ⅵ 는 빛의 파동성으로 설명할 수 없다.

2. 빛의 입자성 Ⅱ

(1) 광전 효과 : 금속 표면에 특정 진동수 이상의 빛을 쪼이면 전자가 튀어나오는 현상으로 광전 효과에 의해 방출되는 전자를 **광전자**라고 한다.

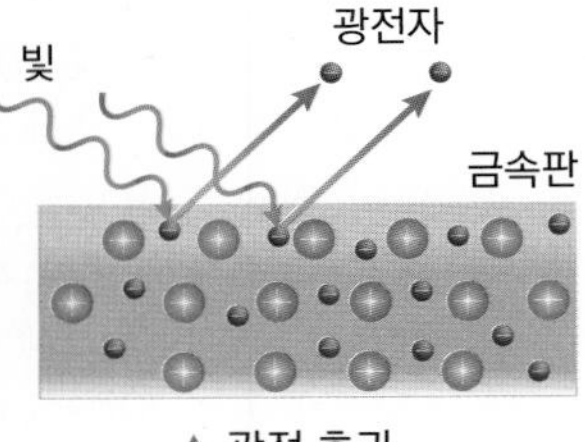

▲ 광전 효과

① **문턱 진동수** : 광전 효과가 일어나기 위한 빛의 최소 진동수로 한계 진동수라고도 한다. 문턱 진동수보다 진동수가 큰 빛을 쪼일 때에만 금속으로부터 전자가 방출된다.

② **일함수** : 금속 표면으로부터 전자를 떼어내는 데 필요한 최소 에너지로 물체에 따라 다르다.

(2) 광전 효과 실험 : 진공으로 된 광전관의 음극에 빛을 쪼여 주면 광전자가 방출되고, 방출된 전자는 양극에 도달하여 전기 회로에 전류가 흐르게 된다.

① **광전류** : 광전자의 이동에 의해 음극와 양극 사이에 흐르는 전류를 광전류라고 한다. 광전 효과 실험에서 측정된 광전류의 세기를 I 라고 할 때, 시간 Δt 동안 발생한 광전자의 수 N 과 전자의 전하량 e 의 관계는 다음과 같다.

$$I = \frac{Q}{\Delta t} = \frac{Ne}{\Delta t}$$

② **정지 전압** : 반대로 걸린 전압에 의하여 음극에서 발생한 광전자가 운동 반대 방향으로 전기력을 받아 양극에 도달하지 못하게 되는 최소 역전압을 말한다. 이는 금속의 종류와 쪼여 준 빛의 진동수에 따라 다르다.

③ **광전자의 최대 운동 에너지** : 정지 전압을 걸어주었을 때 광전자의 최대 운동 에너지는 전기력이 광전자에 한 일과 같으므로 광전자의 최대 운동 에너지 E_{max} 와 정지 전압 V_S 사이의 관계는 다음과 같다.

$$E_{max} = \frac{1}{2}mv_{max}^2 = eV_S \quad (m : \text{전자의 질량})$$

④ **광전 효과 실험 결과**

Ⅰ. 광전자는 문턱 진동수보다 진동수가 큰 빛을 쪼일 때에만 방출된다(㉠).
Ⅱ. 문턱 진동수는 금속의 종류에 따라 다르다(㉠, ㉡).
Ⅲ. 문턱 진동수 이하의 빛은 세기가 아무리 강해도 광전자를 방출시키지 못한다. 문턱 진동수 이상의 진동수를 갖는 빛은 세기가 셀수록 광전자를 많이 방출시킨다(㉢).
Ⅳ. 방출된 광전자의 최대 운동 에너지는 쪼이는 빛의 진동수에 따라 변하며, 빛의 세기와는 무관하다(㉢, ㉣).
Ⅴ. 쪼이는 빛의 진동수와 광전자의 최대 운동 에너지의 관계 그래프에서 금속에 상관없이 그래프의 기울기는 일정하다(㉠).
Ⅵ. 아무리 빛의 세기가 약해도 문턱 진동수 이상의 빛을 쪼이면 즉시 광전자가 방출된다.

개념확인 3

금속 표면에 진동수가 큰 빛을 쪼이면 전자가 튀어나오는 현상을 □□□□ (이)라고 한다.

확인 + 3

광전 효과 실험에서 음극에서 발생한 광전자의 최대 운동 에너지를 알기 위해 측정해야 하는 것은?

㉠ 빛의 진동수 - 광전자의 최대 운동 에너지

㉡ 금속의 종류 - 정지 전압

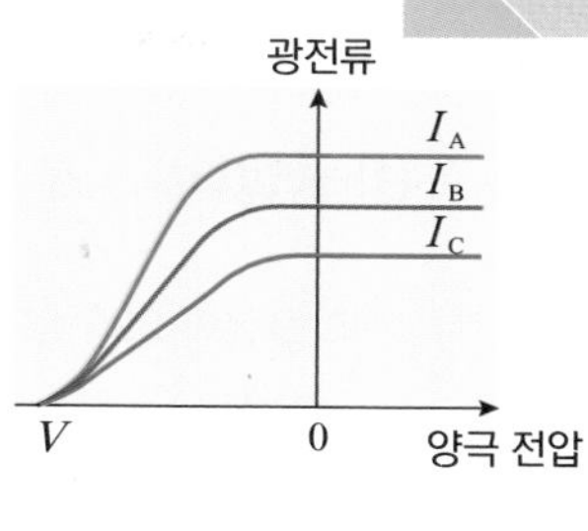

㉢ 빛의 세기 - 정지 전압

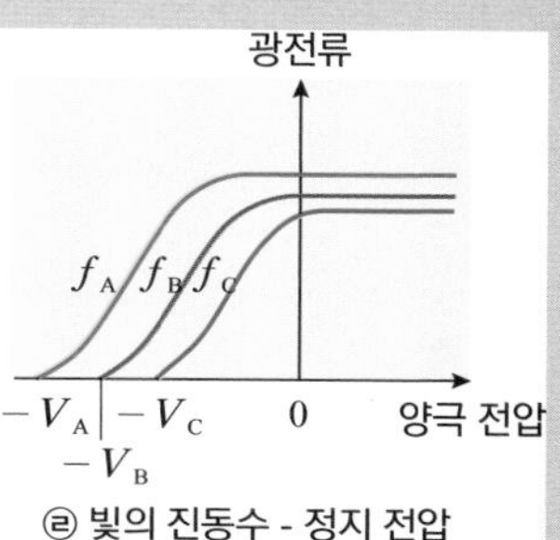

㉣ 빛의 진동수 - 정지 전압

(3) 아인슈타인의 광양자설 : 아인슈타인은 광전 효과를 설명하기 위해 빛은 연속적인 파동의 흐름이 아니라 광양자라는 불연속적인 에너지 입자의 흐름이라고 가정하였다.

① **광양자의 에너지** : 진공 속에서의 광속이 c, 빛의 진동수가 f, 빛의 파장이 λ 일 때, 광양자 1 개의 에너지 E 는 다음과 같다.

$$E = hf = \frac{hc}{\lambda}$$

② **광전자의 최대 운동 에너지** : 광양자설에 의하면 광전자의 최대 운동 에너지는 광양자의 에너지에서 일함수 W_0 를 뺀 것과 같다.

$$E_k = \frac{1}{2}mv^2 = hf - W_0 = \frac{hc}{\lambda} - W_0$$

(4) 컴프턴 산란 : 컴프턴은 빛과 전자의 충돌을 입자들의 충돌로 나타낼 수 있음을 실험적으로 보인 컴프턴 산란을 통해 빛이 입자라는 것을 입증하였다.

① **컴프턴 산란** : 얇은 흑연판에 X 선을 쪼였을 때 탄소 원자에 의해 산란된 X 선의 파장이 입사한 X 선의 파장보다 길어지는 현상이다.

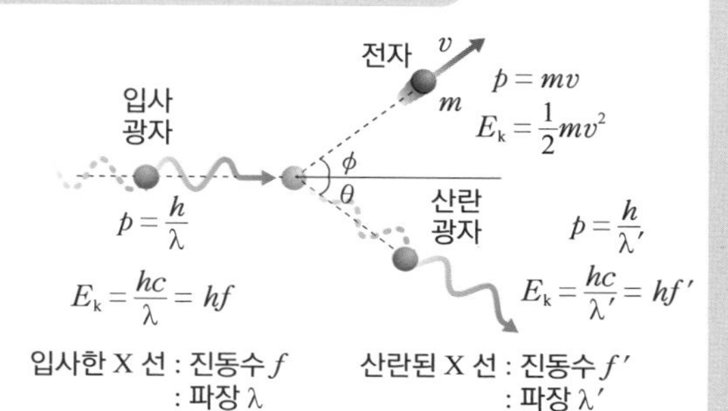

② **컴프턴 산란 결과 분석** : 진동수가 f 인 입사 X 선은 운동 에너지가 hf, 운동량이 $\frac{h}{\lambda}$ 인 입자의 흐름이고, X 선과 전자의 충돌을 탄성 충돌이라고 가정하였다. 탄성 충돌할 경우 충돌 전후에 역학적 에너지와 운동량이 각각 보존되므로 다음 식이 성립한다.

운동 에너지 보존 ⇨ $hf = hf' + \frac{1}{2}mv^2$

운동량 보존
- x축 ⇨ $\frac{h}{\lambda} = \frac{h}{\lambda'}\cos\theta + mv\cos\phi$
- y축 ⇨ $0 = \frac{h}{\lambda'}\sin\theta - mv\sin\phi$

● 문턱 진동수와 광전자의 최대 운동 에너지 사이의 관계(W : 일함수)

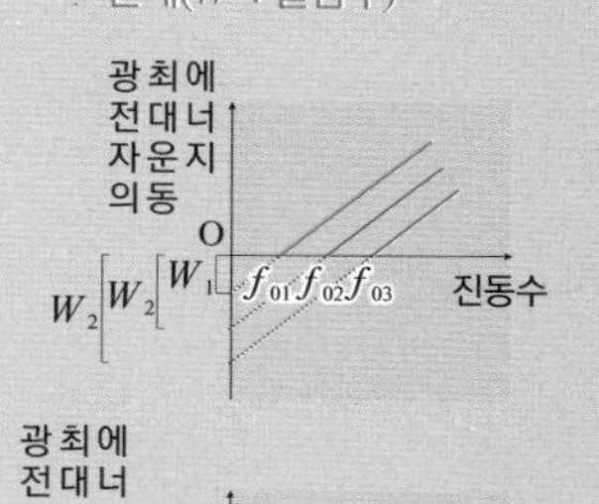

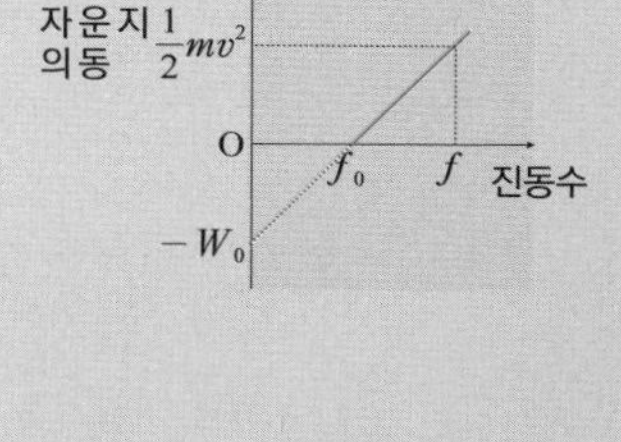

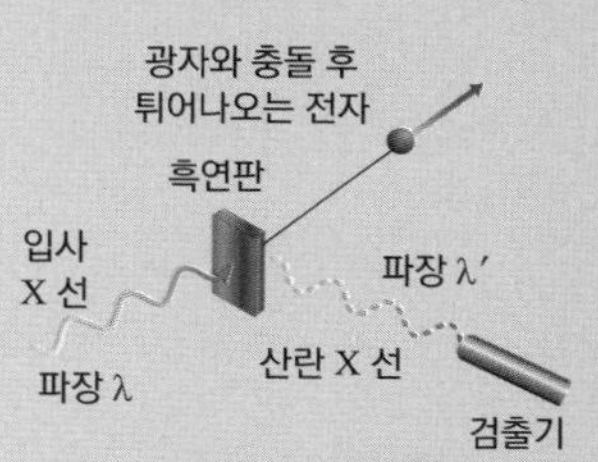

▲ 전자에 의한 광자의 컴프턴 산란

● 컴프턴 산란을 빛의 파동성으로 설명할 수 없는 이유

빛이 파동이라면 입사하는 X 선과 산란되는 X 선의 파장이 같아야 한다. 하지만 X 선을 광자로 가정하면 입자의 충돌과 같이 산란된 X 선 광자의 에너지는 감소하므로 진동수는 작아지고 파장은 길어진다.

⇨ 빛이 입자라고 하는 아인슈타인의 광양자설이 옳다는 것을 실험적으로 증명하였다.

개념확인 4

정답 및 해설 102쪽

빛은 불연속적인 에너지 입자의 흐름이며, 이 에너지 입자를 ☐☐☐ (이)라고 한다.

확인 + 4

어떤 금속판에 진동수가 f 인 빛을 비추었더니 최대 운동 에너지가 E 인 전자가 발생하였다. 금속의 일함수는 얼마인가?

3. 입자의 파동성 Ⅰ

(1) 물질파 : 물질 입자가 파동의 성질을 나타낼 때, 이 파동을 물질파 또는 드브로이파라고 한다.

① **물질파 이론** : 드브로이는 빛이 파동성과 입자성을 동시에 갖는 것과 같이 파동이 입자의 성질을 가질 수 있다면 입자도 파동의 성질을 가질 수 있을 것이라고 주장하였다.

② **드브로이 파장** : 질량 m 인 입자가 속력 v 로 움직일 때 운동량이 p 인 입자의 드브로이 파장은 다음과 같다.

$$\lambda = \frac{h}{mv} = \frac{h}{p} \quad (\lambda : \text{드브로이 파장})$$

(2) 물질파 확인 실험

① **데이비슨-거머 실험** : 물질의 파동성을 확인한 최초의 실험으로 드브로이의 물질파 이론이 옳다는 것을 증명하였다.

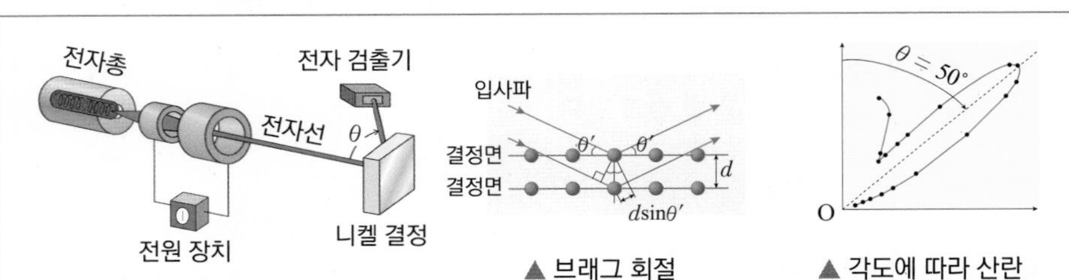

▲ 니켈 결정 표면에서 전자선의 산란　▲ 브래그 회절　▲ 각도에 따라 산란된 전자선의 세기

그림과 같이 니켈 결정에 낮은 전압으로 가속된 전자선을 쪼였을 때 특정한 각도로 전자가 많이 산란되는 것을 발견하였다. 이것은 파동인 X 선이 결정 표면에서 반사할 때 회절하는 것과 같은 결과이다.

결정면의 간격이 d, 파동의 파장이 λ 일 때 결정면에 대하여 θ 의 각으로 반사하는 파동의 경로차는 $d\sin\theta$ 이다. 중첩의 원리에 따라 이 경로차가 파장의 정수배가 될 때 반사한 파동은 보강 간섭하며, 보강 간섭 조건은 다음과 같다.

$$d\sin\theta = m\lambda \quad (\text{단, } m = 1, 2, 3, \cdots)$$

② **톰슨의 전자 회절 실험** : 금속박에 X 선과 전자선을 각각 쪼였을 때 생긴 회절 무늬가 서로 일치한다는 것을 확인하였다. ⇨ 전자가 X 선과 마찬가지로 회절 현상을 보이므로 파동의 성질을 띤다는 것을 의미한다.

● 브래그 회절

결정면 사이의 거리가 d 인 규칙적인 결정 구조에 파장이 인 X 선을 쪼였을 때 특정한 각도 θ 에서 보강 간섭이 일어나며 보강 간섭이 일어나는 조건을 브래그 방정식이라고 한다.

$2d\sin\theta = n\lambda \ (n = 1, 2, \cdots)$

⇨ 브래그 방정식을 통해 결정 구조를 알아낼 수 있다.

● 데이비슨-거머 실험 결과

54V 로 가속된 전자는 입사각과 50° 의 각을 이루는 곳에서 전자의 수가 가장 많았다. 이는 $d\sin 50°$ 의 경로차가 전자의 드브로이 파장의 정수배가 되어 보강 간섭을 일으킨 것이다.

⇨ 보강 간섭 조건을 이용하여 54V 에서 전자선의 드브로이 파장이 1.67×10^{-10}m 라는 것을 구할 수 있었으며, 이는 드브로이 파장과 일치하였다.

● 톰슨의 전자 회절 실험

▲ X선

▲ 전자선

회절 현상을 보이는 전자선을 전자파라고 한다.

개념확인 5

전자와 양성자의 드브로이 파장이 같다면, 전자와 양성자의 운동량의 비는 얼마인가?

(　　　　　　)

확인 + 5

파장이 1.5×10^{-12} m 인 광자의 운동량의 크기는 얼마인가? (단, 플랑크 상수 $h = 6.63 \times 10^{-34}$ J·s 이다.)

(　　　　　　) kg·m/s

(3) 보어의 원자 모형 : 원자 내부에 있는 전자도 파동성을 가지므로 원자 모형을 파동 이론으로 해석할 수 있다. 보어는 원자의 안정성과 수소 원자가 방출하는 불연속 스펙트럼을 설명하기 위하여 두 개의 가설로 표현되는 원자 모형을 제시하였다.

① **첫 번째 가설 - 양자 조건** : 원자 속의 전자는 양자화된 특정한 조건의 원 궤도를 회전할 때 전자기파를 방출하지 않고 안정된 운동을 한다. 이를 **양자 조건**이라고 한다. 전자의 질량이 m, 전자의 속력이 v, 전자가 회전하는 원 궤도의 반지름이 r 일 때, 양자 조건은 다음과 같다.

$$2\pi rmv = nh \quad [\text{단, } n(\text{양자수}) = 1, 2, 3, \cdots]$$

② **두 번째 가설 - 진동수 조건** : 전자가 양자 조건을 만족하는 E_n, E_m 의 원 궤도 사이를 이동할 때에는 두 궤도의 에너지 차이에 해당하는 에너지를 갖는 전자기파를 방출하거나 흡수한다. 이를 **진동수 조건**이라고 한다.

$$E_n - E_m = hf \quad (\text{단, } n > m)$$

③ **보어의 원자 모형과 물질파** : 보어의 양자 조건을 드브로이 파장으로 나타내면 다음과 같다.

$$2\pi r = n\left(\frac{h}{mv}\right) = n\lambda \quad (\text{단, } n = 1, 2, 3, \cdots)$$

이는 원 궤도의 둘레가 드브로이 파장의 정수배가 되는 것이므로 전자의 물질파가 원 궤도의 둘레에서 정상파를 이루는 것과 같다. 이때 전자는 에너지를 방출하지 않고 안정적으로 궤도를 돌게 된다.

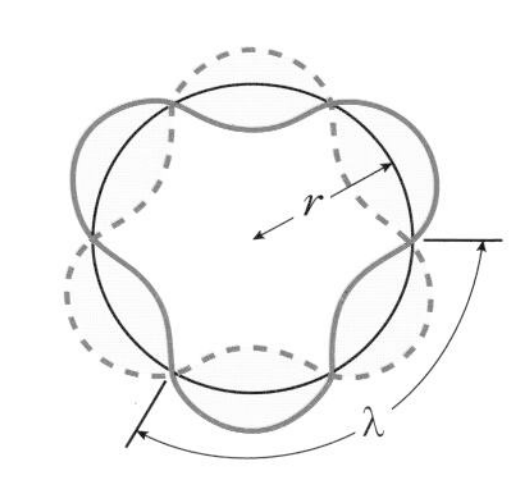

▲ 파장의 3 배 길이인 원둘레와 그 길이의 줄에 만들어진 정상파

● 원자 내 전자의 궤도

파장의 정수배가 원 궤도의 둘레와 일치할 때, 파동이 소멸되지 않고 계속 존재할 수 있다.

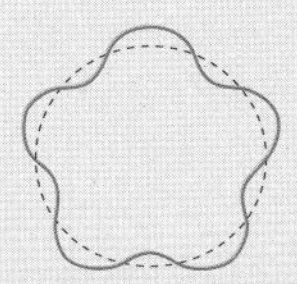

전자가 안정하게 운동할 수 있는 궤도

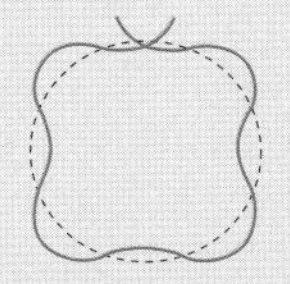

전자가 안정하게 존재하지 않는 궤도

개념확인 6

정답 및 해설 102쪽

보어의 원자 모형의 가설에 대한 설명 중 옳은 것은 ○ 표, 옳지 않은 것은 × 표 하시오.

(1) 원궤도의 둘레가 전자의 물질파 파장의 정수배일 때 전자는 안정된 운동을 한다. (　　)

(2) 전자가 양자수가 큰 궤도에서 작은 궤도로 전이할 때, 두 궤도의 에너지 차에 해당하는 에너지를 가진 전자기파를 방출한다. (　　)

확인 + 6

보어의 수소 원자 모형에서 에너지 준위가 E_n 인 궤도에서 E_m 인 궤도로 전이할 때 방출하는 빛의 진동수를 구하시오. (단, $n > m$ 이다.)

(　　　　　　)

4. 입자의 파동성 Ⅱ

(1) 가속 전압과 전자의 드브로이 파장

① 입자의 운동량과 물질파 파장의 관계

- 컴프턴 산란 ⇨ 파장이 λ 인 전자기파의 운동량 $p = \dfrac{h}{\lambda}$ (입자성)
- 데이비슨-저머 실험 ⇨ 운동량이 p 인 입자의 드브로이 파장 $\lambda = \dfrac{h}{p} = \dfrac{h}{mv}$ (파동성)
- 에너지와 운동량의 관계식 : $E_k = \dfrac{1}{2}mv^2 = \dfrac{(mv)^2}{2m} = \dfrac{p^2}{2m}$

● 전자의 운동량

$E_k = \dfrac{p^2}{2m} = eV$

⇨ $p = \sqrt{2meV}$

② 전자의 운동량과 전자의 드브로이 파장 : 정지 상태에서 전압 V 로 가속된 전자의 운동 에너지 E_k 는 전기장이 전자에 한 일 $W = eV$ 와 같다. 따라서 전자의 운동량과 드브로이 파장은 다음과 같다.

- 전자의 운동량 : $p = \sqrt{2meV}$
- 전자의 드브로이 파장 : $\lambda = \dfrac{h}{p} = \dfrac{h}{\sqrt{2meV}}$

(2) 파동의 회절과 분해능

(2) 파동의 회절과 분해능 : 좁은 틈을 지나는 파동은 회절 현상을 일으킨다. 현미경과 같은 광학 기기의 렌즈도 좁은 틈 역할을 하기 때문에 빛이 렌즈를 통과할 때 회절 현상이 일어나 물체가 겹쳐 보이게 되며, 파장이 길수록 회절이 잘 일어나므로 배율에는 제한이 생긴다.

● 분해능

광학 기기가 두 물체를 구별하여 볼 수 있는 능력을 분해능이라고 한다.

① 분해 한계각이 작을수록 두 광원이 가까이 있어도 분리되어 보이는 것을 의미하므로 분해능이 크다.

② 원형 구멍의 지름이 크거나 파장이 짧은 빛을 사용할수록 분해능이 크다.
⇨ 가시광선보다 짧은 파장의 전자선을 이용하면 분해능을 더 높일 수 있다(전자 현미경).

① 레일리 기준 : 두 점파원의 회절 무늬가 겹쳐 있을 때 구별될 수 있는 최소 조건은 한 회절 무늬의 가운데 밝은 무늬의 중심이 다른 회절 무늬의 첫 번째 어두운 무늬(극소점)의 중심에 위치했을 때이다. 이를 레일리 기준이라고 한다.

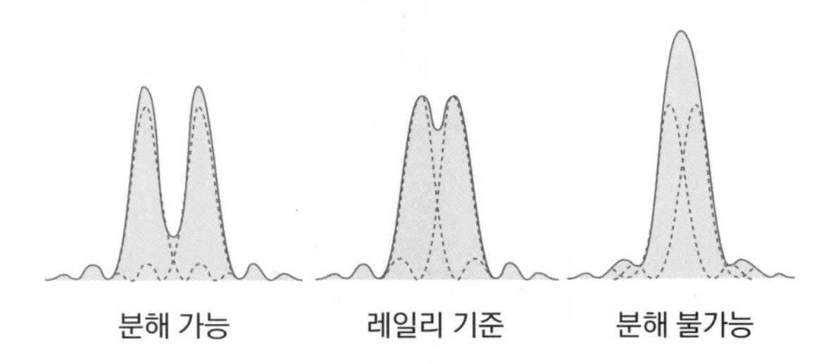

② 분해능 : 두 점광원으로부터 발생한 파장이 λ 인 빛이 지름 D 인 원형 구멍으로 각 θ 를 이루어 진행하는 경우 레일리 기준은 다음과 같다.

$$\sin\theta = 1.22\frac{\lambda}{D}$$

⇨ θ 는 분해 한계각으로 θ 가 작으면 $\sin \fallingdotseq \theta$ 이다.

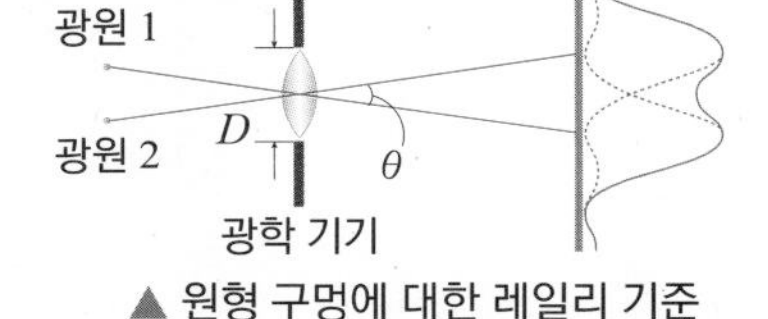

▲ 원형 구멍에 대한 레일리 기준

개념확인 7

정지 상태의 전자를 가속시키는 가속 전압이 높을수록 전자의 운동량은 (㉠ 커지고 ㉡ 작아지고), 전자의 드브로이 파장은 (㉠ 길어진다 ㉡ 짧아진다).

확인 + 7

분해능에 대한 설명 중 옳은 것은 ○ 표, 옳지 않은 것은 × 표 하시오.

(1) 분해 한계각이 클수록 분해능이 크다. (   )

(2) 광학 기기의 렌즈의 지름이 작고, 사용하는 빛의 파장이 길수록 분해능이 크다. (   )

(3) 자기 렌즈 : 코일이 감긴 원통형의 전자석으로, 전자가 자기장에 의해 진행 경로가 휘어지는 성질을 이용하여 전자선의 경로를 광학 렌즈처럼 바꾸는 장치이다.

(4) 전자 현미경 : 자기 렌즈가 개발되어 전자선을 초점에 모으는 것이 가능해지면서 개발되기 시작하였다.

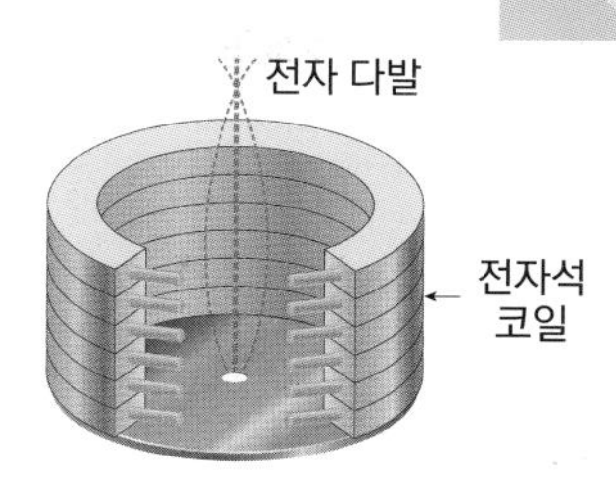

▲ 자기 렌즈

① **배율과 초점** : 전자 현미경의 배율은 각 자기 렌즈의 코일에 흐르는 전류에 의해 조절되며, 초점은 대물렌즈의 코일에 흐르는 전류에 의해 조절된다.

② **각각의 자기 렌즈의 기능**

㉠ **집속 렌즈** : 시료에 전자선을 모으는 역할을 하며, 대물 렌즈나 투사 렌즈보다 초점 거리가 길다.

㉡ **대물 렌즈** : 전자선의 초점이 시료 바로 아래에서 다시 맺어지도록 하며, 초점 거리가 매우 짧은 강력한 자기장 렌즈이다. 전자 현미경 영상의 질을 결정한다.

㉠ **투사 렌즈** : 자기장의 세기가 증가하면 전자선의 초점이 높은 곳에서 맺어지게 하고, 이에 따라 빔을 넓게 퍼지게 하여 상을 확대시키는 역할을 한다. 초점 거리가 긴 렌즈이다.

③ **전자 현미경의 종류**

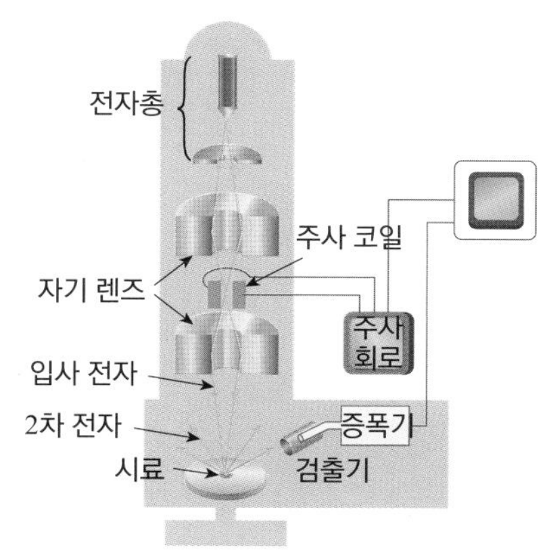

주사 전자 현미경(SEM)

광원
전자총
집광 렌즈
집속 렌즈
시료
대물렌즈
중간상
투사 렌즈
관측 화면

광학 현미경　　투과 전자 현미경(TEM)

〈주사 전자 현미경〉	〈투과 전자 현미경〉
가속된 전자선을 시료의 표면에 차례대로 주사하였을 때 시료 표면에서 발생하는 2 차 전자를 검출하여 물체 표면의 입체 영상을 관찰	시료를 투과한 전자선에 의한 물체의 상을 대물 렌즈와 투사 렌즈로 확대하여 필름이나 형광면에 투사시켜 물체의 평면 영상을 관찰

● 전자 현미경의 비교

주사 전자 현미경은 배율이 투과 전자 현미경에 비해 낮다. 하지만 투과 전자 현미경은 전자선이 얇은 시료를 통과하므로 평면 영상을 관찰할 수 있지만, 주사 전자 현미경은 시료 위를 주사하므로 시료 표면의 입체적인 영상을 관찰할 수 있다.

● 투과 전자 현미경과 시료

투과 전자 현미경으로 관찰하는 시료는 매우 얇게 만들어져야 한다. 그렇지 않을 경우 시료를 투과하는 동안 전자의 속력이 느려지게 되어 전자의 드브로이 파장이 길어지기 때문에 분해능이 떨어지고 시료의 영상이 흐려진다.

개념확인 8

정답 및 해설 102쪽

시료를 투과한 전자선이 대물 렌즈와 투사 렌즈를 차례대로 지난 후 시료 단면의 확대 영상을 만드는 전자 현미경은 무엇인가?

(　　　　　　　)

확인 + 8

광학 현미경보다 전자 현미경을 통해 물체를 더 큰 배율로 관찰할 수 있는 이유는 전자 현미경에 사용하는 전자의 드브로이 파장이 가시 광선의 파장보다 (㉠ 짧으므로 ㉡ 기므로) 전자 현미경의 레일리 기준이 아주 (㉠ 작아서 ㉡ 커서) 분해능이 훨씬 크기 때문이다.

개념 다지기

01 다음은 흑체에 대한 설명이다. 빈칸에 들어갈 말을 바르게 짝지은 것은?

> 흑체란 모든 전자기파를 파장에 관계없이 (㉠)하는 이상적인 물체이다. 이상적인 흑체는 흑체의 온도에 따라 복사 에너지를 전자기파 형태로 (㉡)하기 때문에 온도가 일정하며, 이름과 같이 검은색을 띠는 것은 아니다.

	㉠	㉡		㉠	㉡		㉠	㉡
①	반사	복사	②	흡수	방출	③	방출	흡수
④	반사	흡수	⑤	복사	방출			

02 표면 온도가 6,000 K, 반지름이 r 인 행성 A 와 표면 온도가 3,000 K, 반지름이 $2r$ 인 행성 B 가 있다. 물음에 답하시오.

(1) 두 행성에서 복사하는 전자기파의 세기가 최대인 파장의 비 $\lambda_A : \lambda_B$ 는?

( )

(2) 두 행성에서 단위 표면적에서 단위 시간당 방출하는 총 에너지의 비 $E_A : E_B$ 는?

( )

(3) 두 행성에서 1시간 동안 복사하는 총 에너지의 비 $E'_A : E'_B$ 는?

( )

03 오른쪽 그림은 광전 효과 실험에서 금속 1, 2, 3 에 쪼여준 단색광의 진동수에 따른 광전자의 최대 운동 에너지를 나타낸 것이다. 이에 대한 설명으로 옳은 것만을 <보기> 에서 있는 대로 고른 것은? (단, 플랑크 상수는 h 이다.)

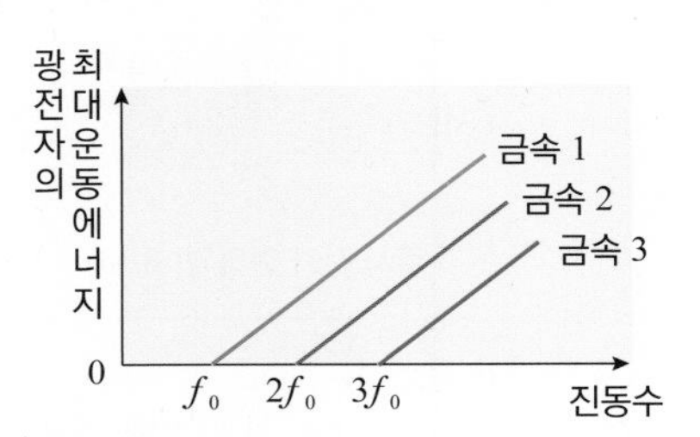

〈 보기 〉

ㄱ. 금속 1, 2, 3 그래프의 기울기는 h 로 같다.
ㄴ. 금속 2 의 일함수는 $2hf_0$ 이다.
ㄷ. 금속 3 의 정지 전압이 가장 크게 측정된다.

① ㄱ ② ㄴ ③ ㄷ ④ ㄱ, ㄴ ⑤ ㄱ, ㄴ, ㄷ

04 오른쪽 그림은 X 선을 흑연판에 쪼였더니 전자와 충돌한 후, 산란된 X 선과 전자가 튀어나오는 것을 모식적으로 나타낸 것이다. 산란된 X 선의 물리량과 입사한 X 선의 물리량을 바르게 비교한 것은?

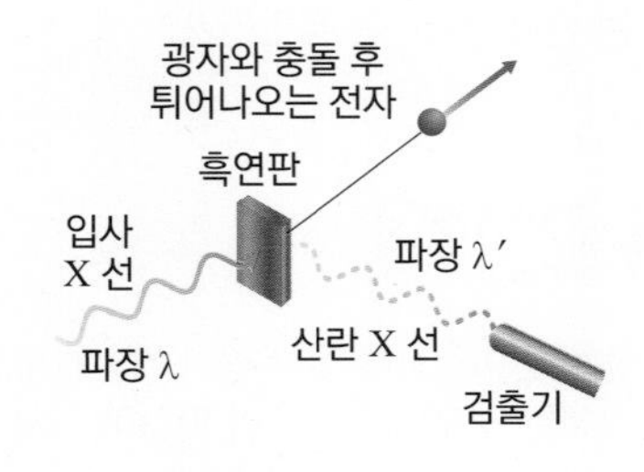

① 에너지 산란된 X 선 > 입사한 X 선
② 운동량 산란된 X 선 > 입사한 X 선
③ 진동수 산란된 X 선 > 입사한 X 선
④ 파장 산란된 X 선 > 입사한 X 선

05

오른쪽 그림과 같이 데이비슨과 거머는 전자총을 니켈 결정에 쏘아 산란된 전자선을 측정하였다. 전자선의 속력이 v, 산란된 전자선과 입사 전자선의 각도가 θ 일 때, 전자 검출기에 가장 많은 전자가 검출되었다. 니켈 결정의 원자 간격으로 옳은 것은? (단, 전자의 질량은 m, 플랑크 상수는 h 이다.

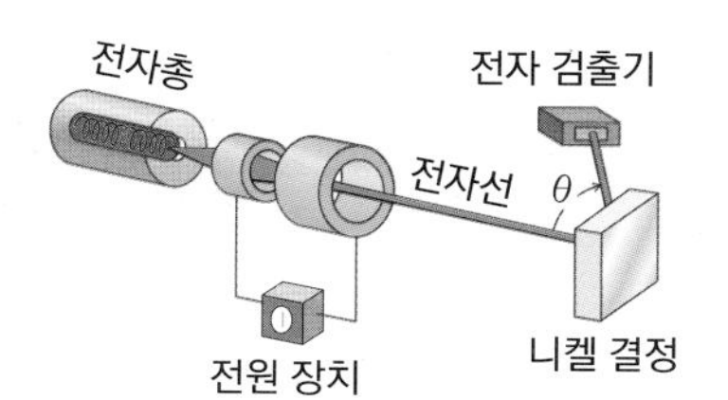

① $\dfrac{mv}{h\sin\theta}$ ② $\dfrac{h\sin\theta}{mv}$ ③ $\dfrac{h}{mv\sin\theta}$ ④ $\dfrac{mv\sin\theta}{h}$ ⑤ $\dfrac{mvh}{\sin\theta}$

06

수소 원자가 안정한 상태일 때 원자의 지름은 약 10^{-10} m 이고, 전자는 양자수가 1인 상태에 있다. 이때 전자의 속력은 얼마인가? (단, 전자의 질량 $m = 9.11 \times 10^{-31}$ kg, 플랑크 상수 $h = 6.63 \times 10^{-34}$ J·s, $\pi = 3.14$ 이다.)

( ) m/s

07

정지 상태에서 전압 V 로 가속된 전자의 드브로이 파장은? (단, 전자의 질량과 전하량은 각각 m, e 이고, 플랑크 상수는 h 이다.)

① $\dfrac{h}{\sqrt{2meV}}$ ② $\dfrac{h}{2meV}$ ③ $\dfrac{2h}{\sqrt{meV}}$ ④ $\dfrac{\sqrt{2meV}}{h}$ ⑤ $\dfrac{2meV}{h}$

08

전자 현미경에 대한 설명으로 옳은 것만을 <보기> 에서 있는 대로 고른 것은?

〈 보기 〉

ㄱ. 전자의 입자성을 이용한 기기이다.
ㄴ. 광학 현미경에서 렌즈가 빛의 경로를 바꾸듯이 전자 현미경에서는 자기 렌즈가 전자선의 경로를 바꾼다.
ㄷ. 투과 전자 현미경은 시료 표면의 입체 영상을, 주사 전자 현미경은 시료의 단면 영상을 관찰할 수 있다.

① ㄱ ② ㄴ ③ ㄷ ④ ㄴ, ㄷ ⑤ ㄱ, ㄴ, ㄷ

유형익히기&하브루타

유형25-1 빛의 입자성 I

오른쪽 그림은 표면 온도가 5,000 K 인 흑체의 복사 스펙트럼 A 와 레일리-진스가 예측한 복사 스펙트럼 B 를 나타낸 것이다. 이에 대한 설명으로 옳은 것만을 <보기> 에서 있는 대로 고른 것은?

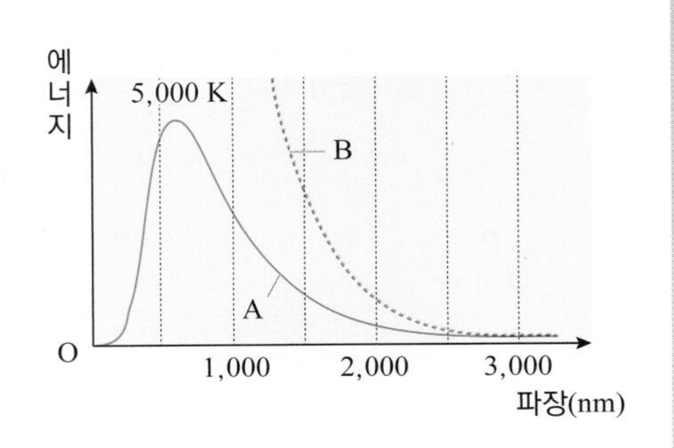

〈 보기 〉

ㄱ. 전자기파의 에너지가 불연속적이고, 특정한 에너지의 정수배를 가진다는 개념과 관련된 곡선은 A 이다.
ㄴ. 고전적인 파동 이론으로부터 유도된 공식과 관련된 곡선은 B 이다.
ㄷ. 자외선 영역에서 A 와 B 가 일치한다.
ㄹ. 표면 온도가 2,500 K인 흑체의 복사 스펙트럼 그래프가 그리는 넓이는 B 의 $\frac{1}{2}$ 배이다.

① ㄱ, ㄴ　② ㄱ, ㄴ, ㄷ　③ ㄱ, ㄴ, ㄹ　④ ㄱ, ㄷ, ㄹ　⑤ ㄴ, ㄷ, ㄹ

01 다음 그림은 작은 구멍이 뚫린 속이 빈 물체 내부로 들어온 빛이 구멍 밖으로 거의 빠져 나가지 못하는 것을 나타낸 것이다. 이에 대한 설명으로 옳은 것만을 <보기> 에서 있는 대로 고른 것은?

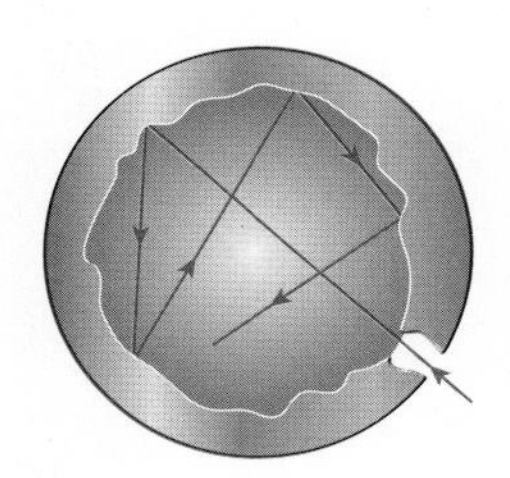

〈 보기 〉

ㄱ. 흑체에 가까운 물체에서 일어나는 현상을 나타낸 것이다.
ㄴ. 물체 내부로 들어온 빛은 물체 내부에서 반사 또는 흡수가 된다.
ㄷ. 물체가 붉게 보인다면 작은 구멍을 통해 붉은 색 빛만 방출하기 때문이다.

① ㄱ　② ㄴ　③ ㄷ
④ ㄱ, ㄴ　⑤ ㄱ, ㄴ, ㄷ

02 그림 (가) 와 (나) 는 흑체 A 와 B 에서 나오는 빛의 상대적 세기를 파장에 따라 나타낸 것이다. 물음에 답하시오.

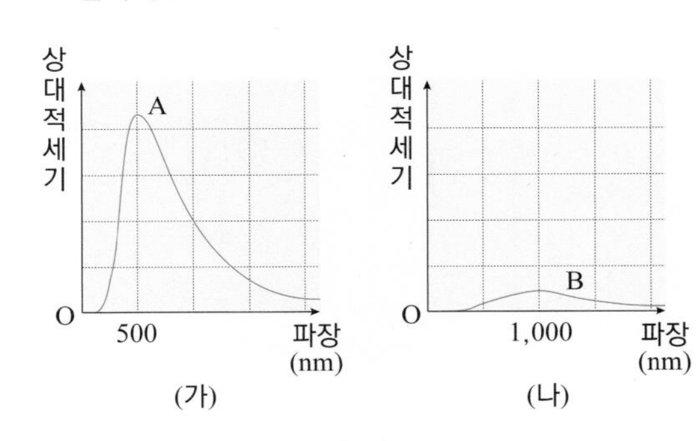

(1) 표면 온도가 더 높은 별은?
(　　　　　)

(2) 더 붉게 보이는 별은?
(　　　　　)

(3) 흑체 표면에서 단위 면적당, 단위 시간당 복사하는 에너지는 A 가 B 의 몇 배인가?
(　　　　　) 배

유형25-2 빛의 입자성 Ⅱ

그림 (가) 는 금속판 A 와 B 에 각각 단색광을 비추었을 때, 방출된 광전자의 최대 운동 에너지 E_k 를 단색광의 진동수에 따라 나타낸 것이다. 금속판 A, B 에 다른 조건은 모두 같게 하고, 표 (나) 와 같이 세기와 진동수가 다른 단색광을 P와 Q를 비추었을 때 전압에 따른 광전류를 나타낸 그래프로 가장 적절한 것은?

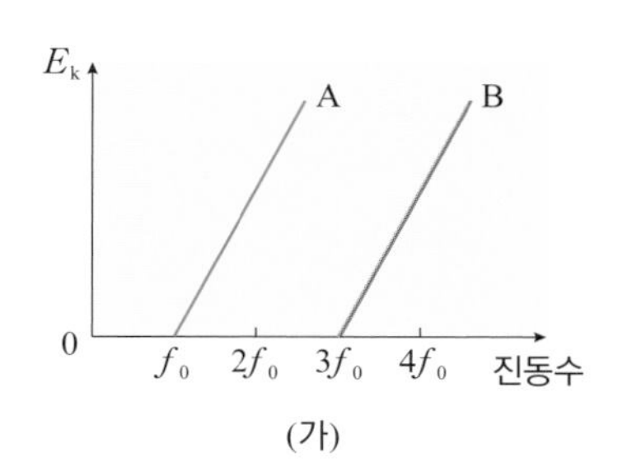

(가)

금속판	단색광	세기	진동수	결과
A	P	I_0	$2f_0$	A_P
	Q	$2I_0$	$4f_0$	A_Q
B	P	I_0	$2f_0$	B_P
	Q	$2I_0$	$4f_0$	B_Q

(나)

①
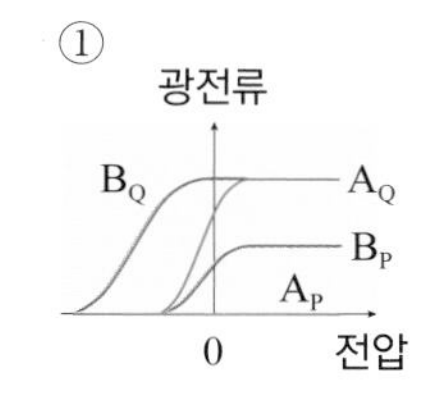

②
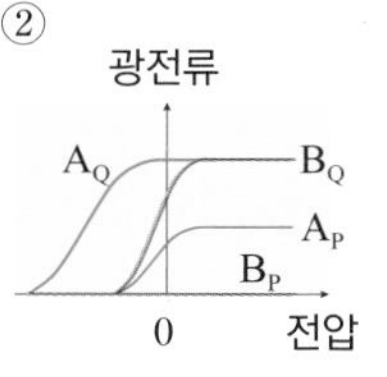

③
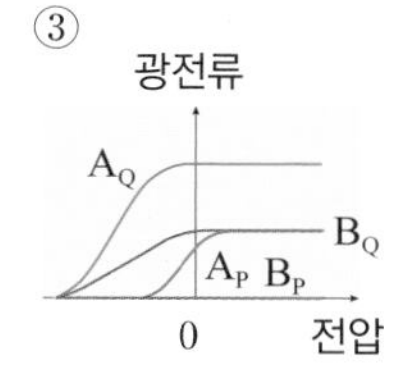

④
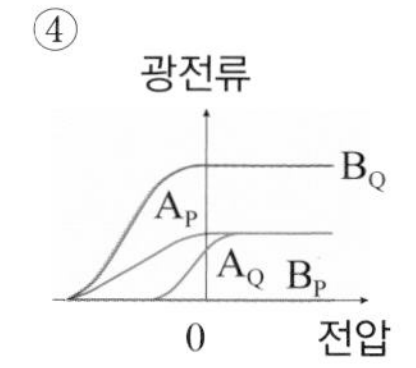

⑤
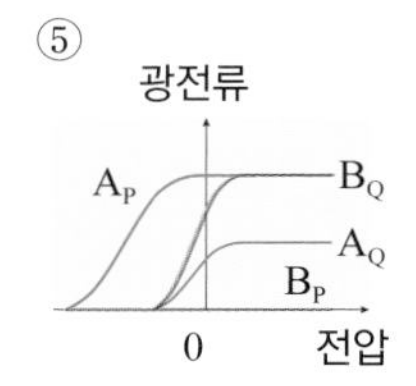

03 다음 그림은 동일한 금속판에 파장이 각각 λ_A, λ_B 인 두 빛 A 와 B 를 각각 비추었을 때 흐르는 광전류와 양극 전압과의 관계를 나타낸 것이다. 이에 대한 설명으로 옳은 것만을 <보기> 에서 있는 대로 고른 것은?

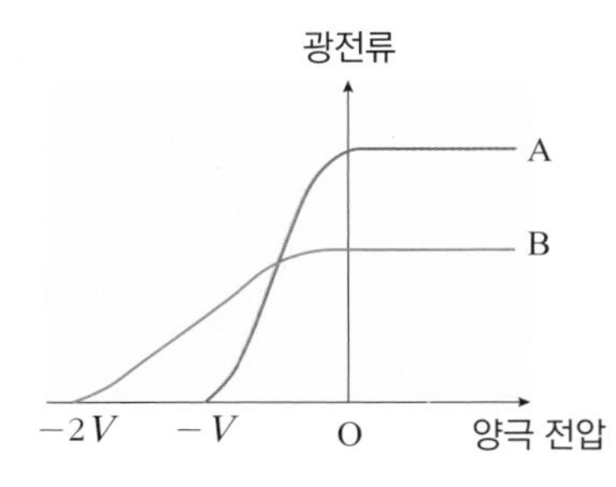

〈 보기 〉

ㄱ. $\lambda_A > \lambda_B$ 이다.
ㄴ. 같은 시간동안 방출된 광전자의 수는 빛 A 를 비출 때가 B 를 비출 때보다 많다.
ㄷ. 방출된 광전자의 최대 운동 에너지는 B 를 비출 때가 A 를 비출 때보다 크다.

① ㄱ ② ㄴ ③ ㄷ
④ ㄱ, ㄴ ⑤ ㄱ, ㄴ, ㄷ

04 다음 그림은 정지해 있던 전자에 진동수가 f 인 빛을 비추었을 때 전자는 v 의 속력으로 운동하고 빛은 θ 의 각도로 산란되어 진동수가 f' 이 되는 것을 나타낸 것이다. 이에 대한 설명으로 옳은 것만을 <보기> 에서 있는 대로 고른 것은? (단, 플랑크 상수는 h 이고, 전자의 질량은 m 이다.)

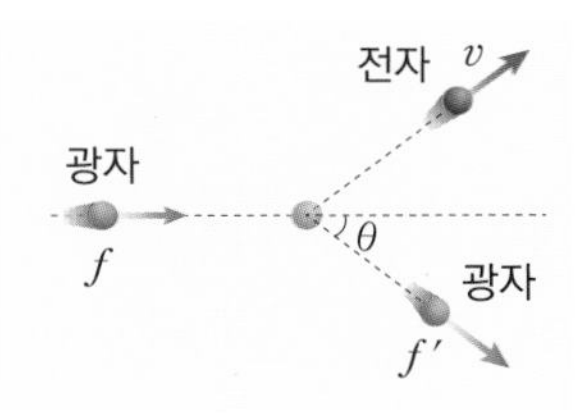

〈 보기 〉

ㄱ. $f < f'$이다.
ㄴ. θ 가 증가하면 산란된 광자의 파장도 더 길어진다.
ㄷ. $hf - hf' = \frac{1}{2}mv^2$ 의 관계가 성립한다.

① ㄴ ② ㄷ ③ ㄱ, ㄴ
④ ㄴ, ㄷ ⑤ ㄱ, ㄴ, ㄷ

유형익히기&하브루타

유형25-3 입자의 파동성 I

그림 (가) 는 원자 사이의 간격이 d 인 결정 표면에 전자선이 입사하였을 때, 결정 표면의 원자에 의하여 산란된 전자선이 입사 방향과 각 θ 를 이루며 진행하는 것을 나타낸 것이다. 그림 (나) 는 입사 방향과의 각도에 따라 산란된 전자선의 수를 나타낸 것이다. 이에 대한 설명으로 옳은 것만을 <보기> 에서 있는 대로 고른 것은?

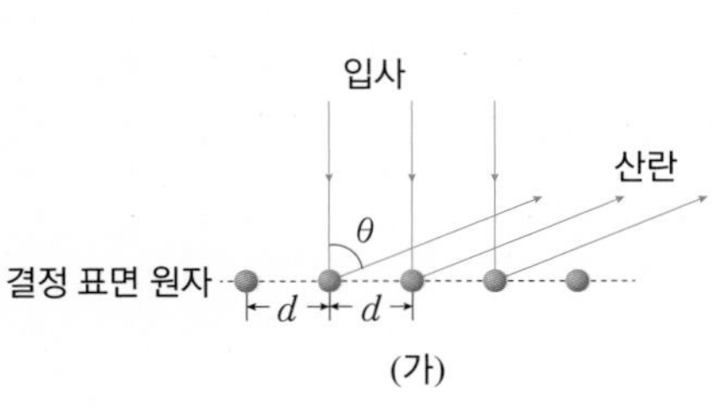

(가)

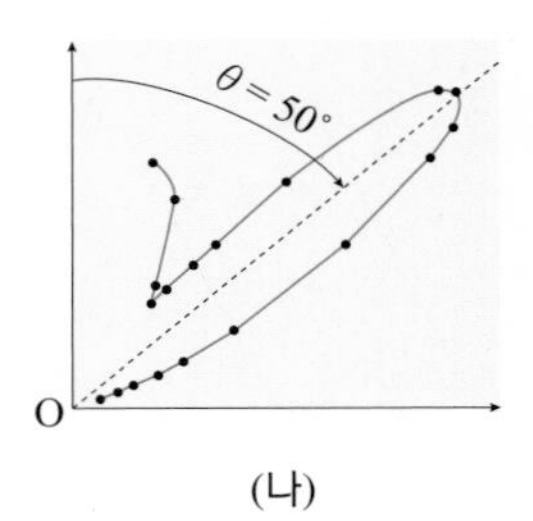

(나)

〈 보기 〉

ㄱ. $\theta = 50°$ 일 때, 전자가 보강 간섭 조건을 만족한다.
ㄴ. 전자선의 드브로이 파장은 $2d\sin50°$ 이다.
ㄷ. (나) 의 결과를 통해 전자도 빛과 같이 회절한다는 것을 알 수 있다.

① ㄱ ② ㄴ ③ ㄷ ④ ㄱ, ㄷ ⑤ ㄱ, ㄴ, ㄷ

05 다음 그림과 같이 균일한 자기장 B 속으로 전하량이 q 인 대전 입자가 속력 v 로 입사한 뒤 반지름 r 인 원궤도를 따라 운동하였다. 이 입자의 드브로이 파장으로 옳은 것은? (단, 플랑크 상수는 h 이다.)

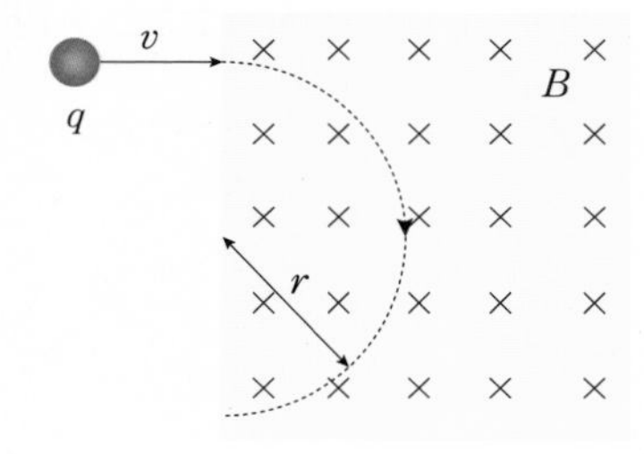

① $\frac{rh}{Bq}$ ② $\frac{h}{Bqr}$ ③ $\frac{Bqr}{h}$
④ $\frac{qrh}{B}$ ⑤ $Bqrh$

06 보어의 원자 모형에서 양자수 $n = 2$ 인 궤도를 운동하고 있는 전자의 속력이 v 이다. ㉠ 전자의 드브로이 파장과 ㉡ 양자수 $n = 2$ 인 궤도의 반지름을 바르게 짝지은 것은? (단, 전자의 질량은 m, 플랑크 상수는 h 이다.)

	㉠	㉡
①	$\frac{h}{mv}$	$\frac{h}{\pi mv}$
②	$\frac{h}{2mv}$	$\frac{h}{\pi mv}$
③	$\frac{h}{mv}$	$\frac{h}{2\pi mv}$
④	$\frac{h}{2\pi m}$	$\frac{h}{mv}$
⑤	$\frac{h}{\pi m}$	$\frac{h}{2\pi mv}$

유형25-4 입자의 파동성 Ⅱ

오른쪽 그림은 지름이 D 인 광학 기기로 두 광원을 관찰하였을 때, 레일리 기준을 만족하는 상태를 나타낸 것이다. 물음에 답하시오. (단, 두 광원에서 나온 파장이 λ 인 빛이 각 θ 로 광학 기기에 입사하였다.)

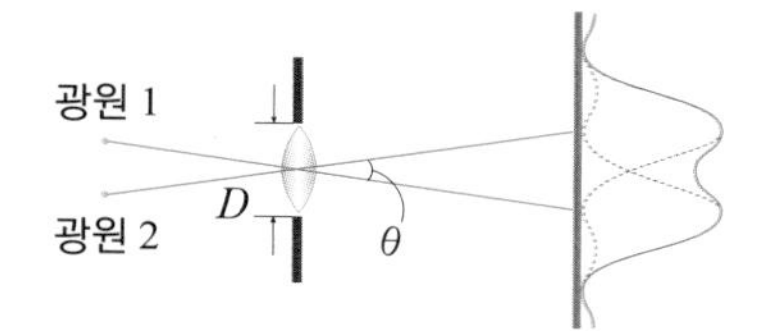

(1) 분해능과 관련된 설명 중 옳은 것은 ○ 표, 옳지 않은 것은 × 표 하시오.

㉠ λ 가 작을수록, D 가 클수록 분해능이 좋다. ( )

㉡ 빛이 각 θ 보다 큰 각으로 입사하면 광원을 구별할 수 없다. ( )

(2) 허블 우주 망원경(HST) 주거울의 지름은 2.4 m 이다. 파장 $\lambda = 550$ nm 인 초록색 빛에 대한 분해능은 얼마인가?

( ) rad

(3) 허블 우주 망원경을 사용하여 초록색 빛으로 65 km 떨어진 곳에 있는 물체를 관찰할 경우 분해 가능한 물체의 지름은 얼마인가?

( ) mm

07 다음 그림은 물질파의 이중 슬릿에 의한 간섭을 관측하는 실험 장치와 형광판 스크린에 도달하는 전자의 상대적인 수를 모식적으로 나타낸 것이다. 가속 되기 전 정지해 있던 전자는 전압 V 로 가속 되었다. 이에 대한 설명으로 옳은 것만을 <보기> 에서 있는 대로 고른 것은? (단, 전자의 질량과 전하량은 각각 m, e 이다.)

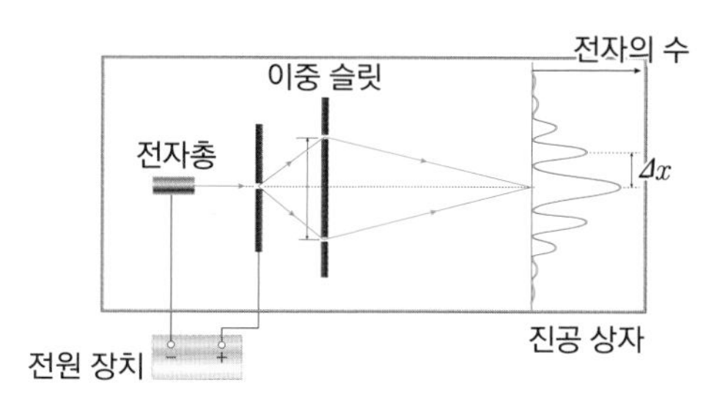

〈 보기 〉

ㄱ. 입사하는 전자의 운동 에너지는 eV 이다.
ㄴ. 가속 전압을 증가시키면 Δx 가 커진다.
ㄷ. 입사 전자의 운동량은 $\sqrt{2meV}$ 이다.

① ㄱ ② ㄴ ③ ㄱ, ㄴ
④ ㄱ, ㄷ ⑤ ㄱ, ㄴ, ㄷ

08 오른쪽 그림은 투과 전자 현미경이다. 이에 대한 설명으로 옳은 것만을 <보기> 에서 있는 대로 고른 것은?

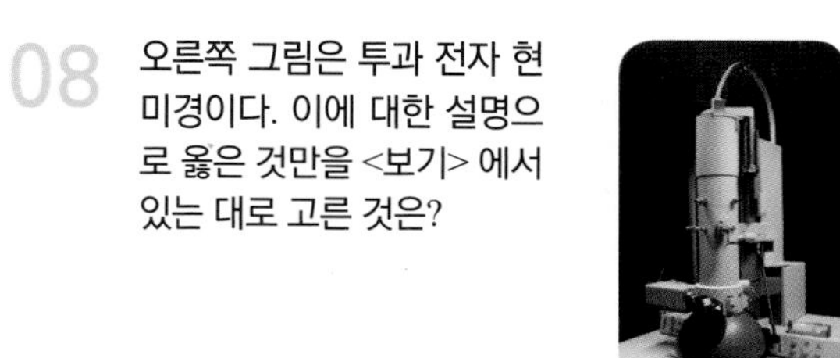

〈 보기 〉

ㄱ. 전자선의 속력이 빠를수록 분해능이 좋아진다.
ㄴ. 시료의 단면을 평면적인 영상으로 보여준다.
ㄷ. 관찰할 시료의 두께가 두꺼울 경우 전자의 물질파 파장이 짧아지기 때문에 분해능이 떨어진다.

① ㄱ ② ㄴ ③ ㄱ, ㄴ
④ ㄱ, ㄷ ⑤ ㄱ, ㄴ, ㄷ

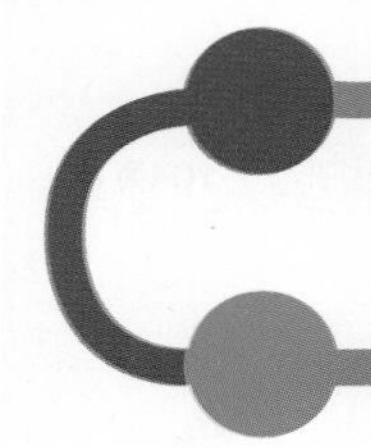

창의력&토론마당

01

태양으로부터 약 1억 4,800만 km 떨어진 지구에서 태양 복사 에너지의 세기는 단위 면적 1 m^2 당 1,370 W 이다. 태양에서 매초 가시광선으로 방출되는 광자의 수를 계산하시오. (단, 흑체복사 스펙트럼 중 태양 복사 광자의 약 $\frac{1}{4}$ 이 가시광선에 포함되어 있으며, 가시광선의 평균 파장 $\lambda_{평균}$ = 550nm 라고 가정하며, $\pi = 3.14$, 플랑크 상수 $h = 6.6 \times 10^{-34}$ J·s , 빛의 속력 $c = 3 \times 10^8$ m/s 이다.)

02

오른쪽 그림과 같이 브라운관 TV 는 화면 뒤의 진공관의 전자총에서 발사된 전자가 브라운관 전면에 칠해져 있는 형광막에 도달하여 스크린에 영상이 나타나는 것이다. 브라운관 내부에서 25 kV 의 가속 전압으로 발사된 전자의 드브로이 파장은 얼마인가? (단, 전자의 질량 $m = 9.1 \times 10^{-31}$ kg, 전하량 $e = 1.6 \times 10^{-19}$ C, 플랑크 상수 $h = 6.6 \times 10^{-34}$ J·s 이다.)

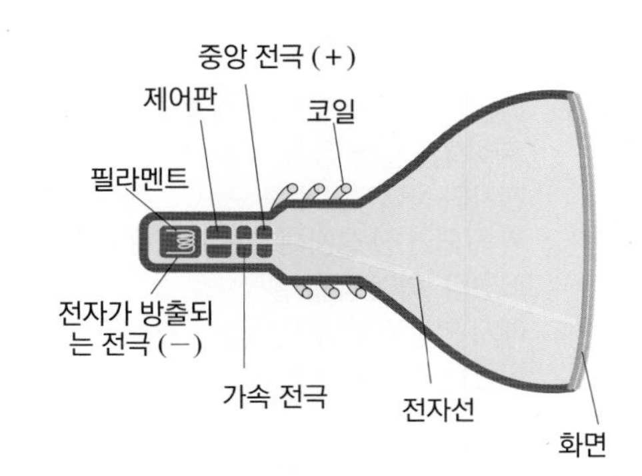

03 오른쪽 그림은 광전 효과 실험 장치를 모식적으로 나타낸 것이다. 금속판의 종류에 따른 광전 효과를 비교하기 위해 니켈, 나트륨, 알루미늄을 이용하여 광전 효과를 실험하였다. 물음에 답하시오. (단, 플랑크 상수 $h = 4.14 \times 10^{-15}$ eV·s, 1 eV = 1.6×10^{-19} J, 빛의 속력 $c = 3 \times 10^{8}$ m/s 이고, 니켈, 나트륨, 알루미늄의 일함수는 각각 5 eV, 2.3 eV, 4.1 eV 이다.)

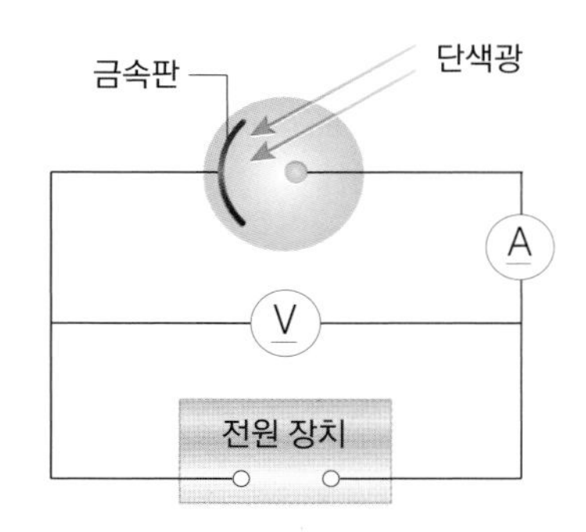

(1) 파장이 200 nm 인 자외선을 이용하여 광전자의 최대 운동 에너지를 측정한다면, 최대 운동 에너지가 가장 큰 금속판은 어느 것인가? 그 이유와 함께 서술하시오.

(2) 파장이 200 nm 인 자외선을 이용하여 광전자의 최대 운동 에너지를 측정할 때 광전자의 드브로이 파장이 가장 긴 금속판은 어느 것인가? 그 이유와 함께 서술하시오.

(3) 파장이 400 nm(파란색) 인 단색광을 이용하여 광전자의 최대 운동 에너지를 측정한다면, 최대 운동 에너지가 가장 큰 금속판은 어느 것인가? 그 이유와 함께 서술하시오.

창의력&토론마당

04 다음 그림과 같이 파장이 λ 인 광자가 왼쪽에서 오른쪽 방향으로 입사하여 정지해 있는 입자와 충돌하였다. 충돌 후 그림 (나) 와 같이 광자는 파장이 $\lambda' = \frac{4}{3}\lambda$ 으로 증가하여 진행 방향과 정반대 방향인 왼쪽 방향으로 산란되었고, 입자는 속력 v 로 오른쪽 방향으로 산란되었다. 광자의 속력을 c, 플랑크 상수를 h 라고 할 때, 물음에 답하시오. (단, 광자와 입자는 탄성 충돌하는 것으로 가정한다.)

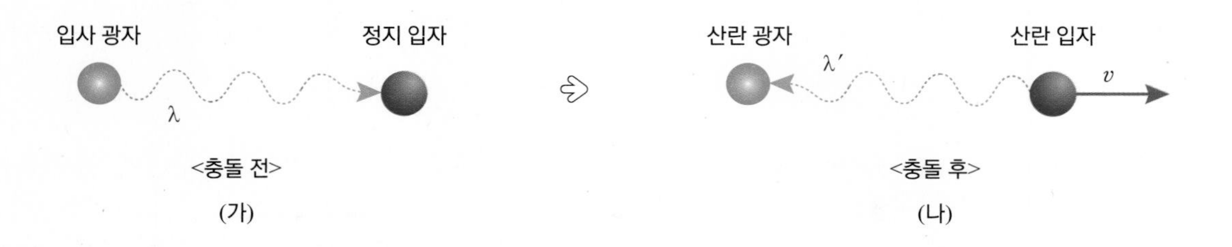

(1) 산란된 입자의 운동량을 구하시오.

(2) 산란된 입자의 운동 에너지를 구하시오.

(3) 산란된 입자의 질량을 구하시오.

05 수소 원자는 보어의 원자 모형이 가장 잘 적용된다. 수소 원자는 전하량이 $+e$ 인 양성자로 이루어진 원자핵과 이 원자핵 주위를 원궤도를 그리며 돌고 있는 전하량이 $-e$ 인 전자로 이루어져 있다. 물음에 답하시오. (단, 전자의 질량을 m, 전자의 속력을 v, 전자의 궤도는 양자수 n 으로 정의할 수 있으며, 궤도 반지름을 r, 쿨롱 상수는 k, 플랑크 상수는 h 이다.)

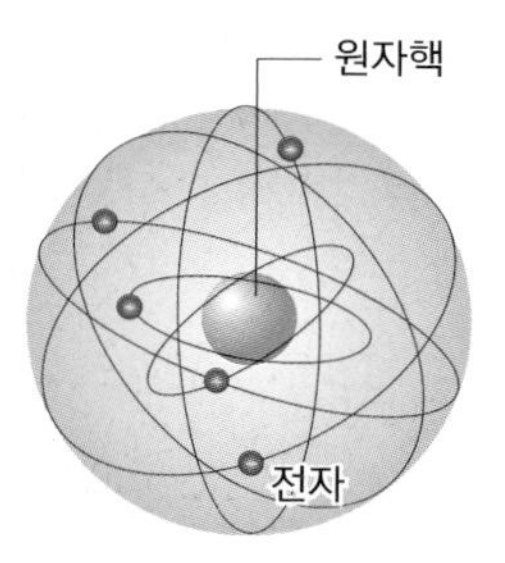

▲ 보어의 원자 모형

(1) 전자의 속력 v 를 구하시오.

(2) 양자수 $n = 1$ 일 때, 궤도 반지름을 구하시오.

(3) 전자가 원자핵으로부터 무한히 멀리 떨어져 있을 때를 전기력에 의한 위치 에너지의 기준으로 할 때(기준 위치에서 전자의 퍼텐셜 에너지 $E_{\mathrm{p}} = 0$), 원자핵으로부터 r 만큼 떨어진 곳에 있는 양성자와 전자 사이에 작용하는 전기력에 의한 전자의 퍼텐셜 에너지 $E_{\mathrm{p}} = -k\frac{e^2}{r}$ 라고 할 때, 양자수 n 인 상태에 있는 전자의 에너지인 수소 원자의 에너지 준위 E_n 을 구하시오.

스스로 실력높이기

A

01 관측한 두 천체 A, B 의 스펙트럼에서 에너지의 세기가 가장 큰 파장은 각각 400 nm, 800 nm 였다. 두 천체 A, B 의 표면 온도의 비(T_A : T_B)는 얼마인가?

(　　　　　　)

02 플랑크의 양자설에 따라 진동수가 $2f$ 인 전자기파의 에너지는 얼마인가? (단, 플랑크 상수는 h 이다.)

① $0.5hf$　② hf　③ $2hf$
④ $3hf$　⑤ $5hf$

03 다음의 전자기파를 같은 금속면에 비추어 전자를 방출시킬 때, 방출되는 광전자의 에너지가 제일 큰 경우는?

① X 선　② 자외선　③ 가시광선
④ 적외선　⑤ 전파

04 진공으로 된 광전관의 음극에 빛을 쪼여 주었더니 광전자가 방출되지 않았다. 그 이유로 가장 적절한 것은?

① 빛의 세기가 작았다.
② 빛을 비추는 시간이 짧았다.
③ 진동수가 너무 큰 빛을 비추었다.
④ 파장이 너무 짧은 빛을 비추었다.
⑤ 음극 금속판의 일함수가 빛의 에너지보다 컸다.

05 다음 그림은 진공으로 된 광전관의 금속판에 빛을 쪼여 주었을 때 흐르는 광전류와 양극 전압의 관계를 나타낸 것이다. 이때 발생한 광전자의 최대 운동 에너지는 얼마인가?

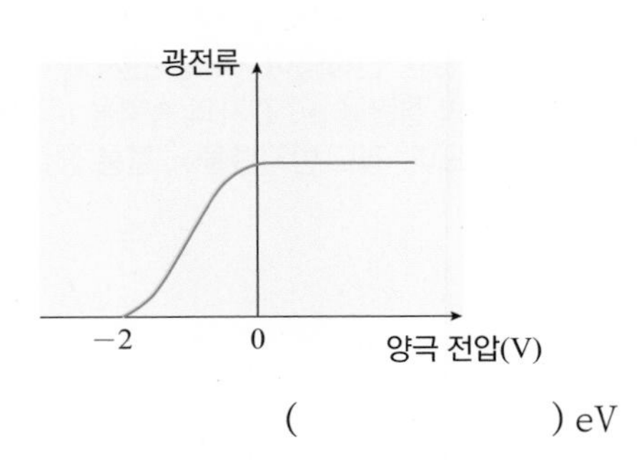

(　　　　　　) eV

06 다음 그림은 파장이 λ 인 X 선을 흑연판에 쪼였더니 전자와 충돌한 후, 산란된 X 선과 전자가 튀어나오는 것을 모식적으로 나타낸 것이다. 이에 대한 설명으로 옳은 것만을 <보기> 에서 있는 대로 고른 것은?

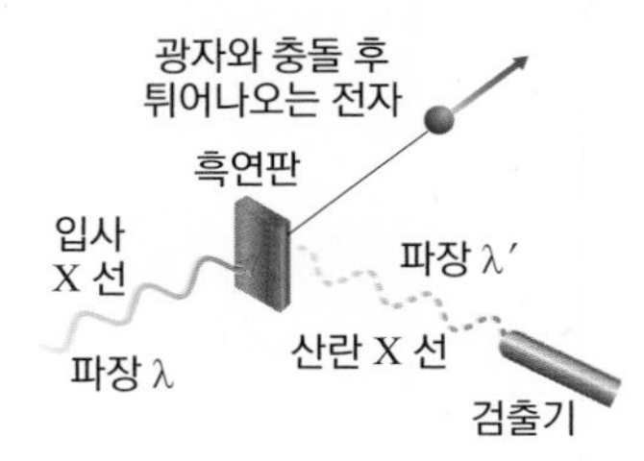

〈 보기 〉

ㄱ. 산란된 X 선의 파장은 입사한 X 선의 파장보다 짧아진다.
ㄴ. 산란 각도가 클수록 산란된 X 선의 파장 변화도 크다.
ㄷ. 컴프턴 산란 실험은 빛의 입자성을 보여준다.

① ㄴ　② ㄷ　③ ㄱ, ㄷ
④ ㄴ, ㄷ　⑤ ㄱ, ㄴ, ㄷ

07 광자의 에너지 E 와 같은 운동 에너지를 갖는 질량이 m 인 전자가 있다. 광자와 전자의 운동량의 비 $\left(\frac{p_{광자}}{p_{전자}}\right)$는? (단, 광자의 속도는 c 이다.)

① $\sqrt{\frac{mc^2}{E}}$　② $\sqrt{\frac{E}{mc^2}}$　③ $\sqrt{\frac{E}{2mc^2}}$
④ $\sqrt{\frac{2mc^2}{E}}$　⑤ $\frac{E}{2mc^2}$

08 보어의 원자 모형에서 양자수 $n=2$ 인 궤도를 따라 전자가 운동하고 있다. 궤도의 반지름이 r 일 때 전자의 운동량은?

(　　　　　　)

09 질량이 m, 전하량이 e 인 전자가 정지 상태에서 V 의 전압으로 가속되었을 때, 전자의 드브로이 파장이 λ 로 관찰되었다. 이때 전압 V 는 얼마인가?

① $\frac{h}{me\lambda}$　② $\frac{h}{2me\lambda}$　③ $\frac{h}{me\lambda^2}$
④ $\frac{h^2}{2me\lambda}$　⑤ $\frac{h^2}{2me\lambda^2}$

10 다음 그림은 전자 현미경의 한 종류를 이용하여 관찰한 쥐의 콩팥 속 사구체의 모습이다. 이와 같이 물체 표면의 입체 영상을 관찰할 수 있는 전자 현미경은 무엇인가?

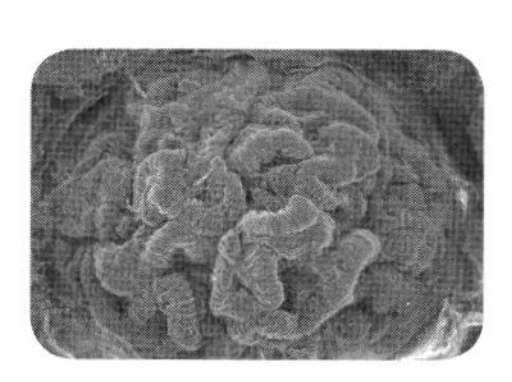

(　　　　　　)

B

11 다음 그림에서 A 는 흑체복사 스펙트럼을, B 는 고전 물리학으로 예측한 흑체복사 스펙트럼을 나타낸 것이다. 이에 대한 설명으로 옳은 것만을 <보기> 에서 있는 대로 고른 것은?

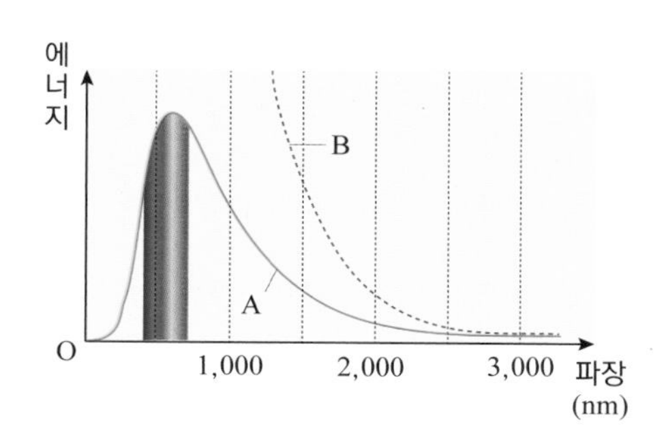

〈 보기 〉

ㄱ. A 는 붉은색으로 보이는 흑체의 복사 스펙트럼이다.
ㄴ. 자외선 파탄 현상을 보여준다.
ㄷ. A 보다 온도가 더 높은 흑체의 복사 스펙트럼은 B 의 형태에 가까워진다.

① ㄱ　② ㄴ　③ ㄷ
④ ㄱ, ㄴ　⑤ ㄴ, ㄷ

12 다음 그림은 광전관의 음극판을 A 와 B 로 각각 바꿔서 광전 효과 실험을 진행하였을 때 정지 전압과 빛의 진동수의 관계를 나타낸 것이다. 이에 대한 설명으로 옳은 것만을 <보기> 에서 있는 대로 고른 것은?

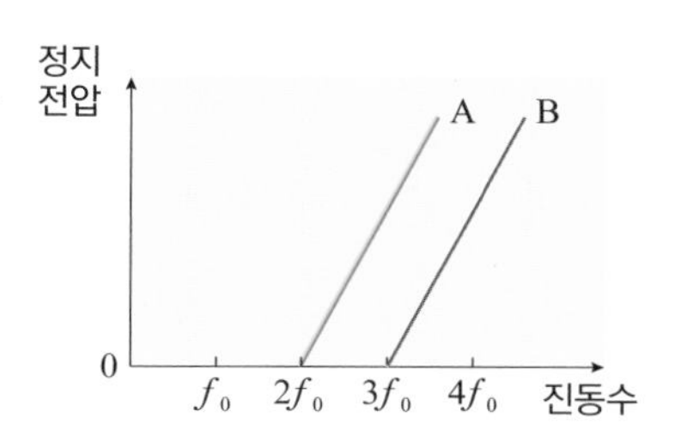

〈 보기 〉

ㄱ. A 의 일함수가 B 보다 작다.
ㄴ. 진동수가 $4f_0$ 인 단색광을 비추면 광전자의 최대 운동 에너지는 A 가 B 의 2 배이다.
ㄷ. B 에 $2f_0$ 인 단색광을 비추면서 빛의 세기를 증가시키면 광전류가 증가한다.

① ㄱ　② ㄴ　③ ㄷ
④ ㄱ, ㄴ　⑤ ㄱ, ㄴ, ㄷ

스스로 실력높이기

13 아연의 일함수는 4.3 eV 이다. 250 nm 의 자외선 빛을 아연 금속 표면에 쪼였을 때 방출되는 광전자의 최대 운동 에너지는 몇 eV 인가? (단, $1 \text{ eV} = 1.6 \times 10^{-19}$ J, 빛의 속력 $c = 3 \times 10^{8}$ m/s, 플랑크 상수 $h = 6.6 \times 10^{-34}$ J·s 이다.)

( ) eV

14 구리 표면에 빛을 쪼였더니 방출된 전자의 정지 전압이 3 V 였다. 쪼여준 빛의 파장은 얼마인가? (단, 구리의 일함수는 4.7 eV, $1 \text{ eV} = 1.6 \times 10^{-19}$ J, 빛의 속력 $c = 3 \times 10^{8}$ m/s, 플랑크 상수 $h = 6.6 \times 10^{-34}$ J·s 이다.)

( ) m

15 다음 표는 입자 A, B, C 의 질량, 운동 에너지, 물질파 파장을 각각 나타낸 것이다. 빈 칸에 들어갈 말이 바르게 짝지어진 것은?

입자	질량	운동 에너지	물질파
A	m	E	λ
B	㉠	$2E$	λ
C	$8m$	$2E$	㉡

	㉠	㉡
①	$\frac{m}{2}$	$\frac{\lambda}{4}$
②	$\frac{m}{2}$	$\frac{\lambda}{8}$
③	$\frac{m}{2}$	4λ
④	$\frac{m}{2}$	8λ
⑤	$2m$	4λ

16 그림 (가) 는 전자빔 발생 장치에서 나와 간격이 d 인 이중 슬릿을 통과하여 L 만큼 떨어진 스크린의 각 지점에 도달하는 전자의 수를 전자 검출기로 측정하는 모습을 나타낸 것이다. 그림 (나) 는 (가) 의 전자빔 발생 장치에서 나오는 운동 에너지가 E 인 전자들을 사용하여 스크린의 각 지점에서 일정한 시간 동안 검출기로 측정한 전자의 수를 개략적으로 나타낸 것이다. 전자빔의 간섭 무늬 간격이 y 일 때, 운동 에너지 E 를 바르게 나타낸 것은? (단, 전자의 질량은 m, 플랑크 상수는 h 이며, $L \gg d$ 이다.)

[특목고 기출 유형]

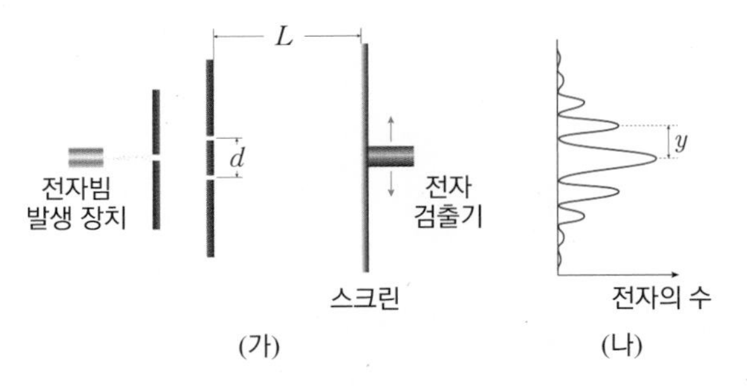

① $\frac{h}{2m}\left(\frac{L}{yd}\right)$　② $\frac{h}{2m}\left(\frac{L}{yd}\right)^2$　③ $\frac{1}{2m}\left(\frac{hL}{yd}\right)^2$
④ $\frac{1}{2m}\left(\frac{yd}{hL}\right)^2$　⑤ $\frac{h^2}{2m}\left(\frac{hL}{yd}\right)$

17 다음 그림은 지름이 D 인 광학 기기로 두 물체에서 나온 빛을 관찰하였을 때, 레일리 기준을 만족하는 상태를 나타낸 것이다. 이에 대한 설명으로 옳은 것만을 <보기> 에서 있는 대로 고른 것은? (단, 두 물체에서 나온 파장이 λ 인 빛이 각 θ 로 광학 기기에 입사하였다.)

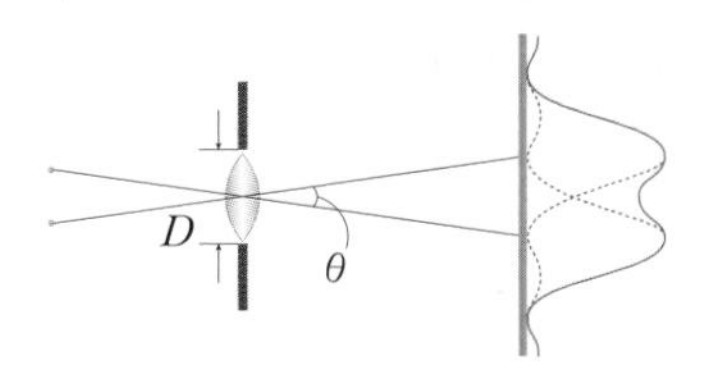

〈 보기 〉

ㄱ. 레일리 기준은 $\sin\theta = 1.22\frac{D}{\lambda}$ 이다.
ㄴ. 한 회절 무늬의 가운데 밝은 무늬의 중심이 다른 회절 무늬의 첫 번째 어두운 무늬에 위치했을 때 두 광원을 구별할 수 있다.
ㄷ. 분해 한계각 θ 가 작을수록 분해능이 크다.

① ㄴ　② ㄷ　③ ㄱ, ㄷ
④ ㄴ, ㄷ　⑤ ㄱ, ㄴ, ㄷ

18 그림 (가) 는 투과 전자 현미경의 구조를 나타낸 것이고, (나) 는 전자 현미경에 사용되는 자기장 렌즈에 대한 설명이다. 이에 대한 설명으로 옳은 것만을 <보기> 에서 있는 대로 고른 것은?

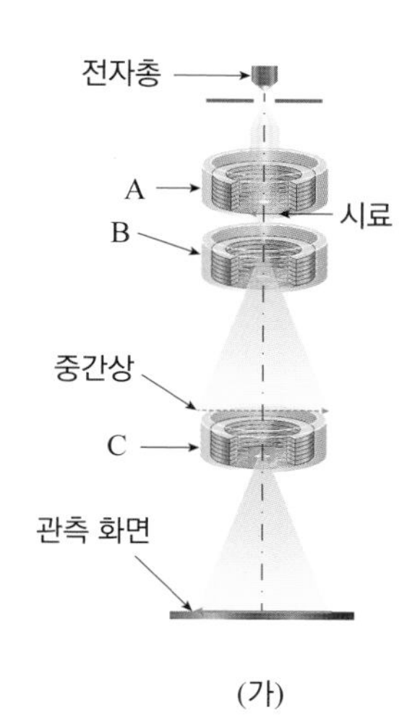

(가)

㉠ 투사 렌즈 : 빔을 넓게 퍼지게 하여 상을 확대시키는 역할을 하는 렌즈이다.
㉡ 집속 렌즈 : 시료에 전자선을 모으는 역할을 하는 렌즈로 대물 렌즈나 투사 렌즈보다 초점 거리가 길다.
㉢ 대물 렌즈 : 전자선의 초점이 시료 바로 아래에서 다시 맺어지도록 하며, 초점 거리가 매우 짧은 강력한 자기장 렌즈이다.

(나)

〈 보기 〉

ㄱ. A - ㉡, B - ㉢, C - ㉠ 이다.
ㄴ. 전자 현미경에 사용된 전자의 드브로이 파장은 가시광선의 파장보다 길다.
ㄷ. 일반적인 광학 현미경과 비슷한 원리로 작동한다.

① ㄱ ② ㄴ ③ ㄷ
④ ㄱ, ㄴ ⑤ ㄱ, ㄷ

C

19 그림 (가) 는 흑체 표면에서 방출되어 크기가 일정한 구멍을 통과한 빛의 세기를 파장에 따라 측정하는 실험 장치를 나타낸 것이다. 그림 (나) 는 흑체 표면의 절대 온도를 각각 T_1, T_2 으로 하였을 때 측정한 빛의 세기를 파장에 따라 나타낸 그래프이다. 흑체 표면의 절대 온도가 각각 T_1, T_2 일 때 측정된 빛의 세기가 최대인 파장은 각각 λ_1, λ_2 이고, $\lambda_1 : \lambda_2 = 2 : 3$ 이다. 이에 대한 설명으로 옳은 것만을 <보기> 에서 있는 대로 고른 것은?

[PEET 기출 유형]

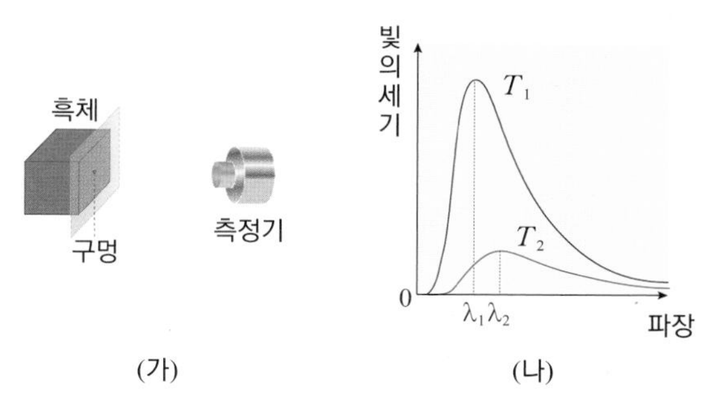

(가) (나)

〈 보기 〉

ㄱ. 그래프 아래의 넓이는 흑체의 온도가 T_1 일 때가 T_2일 때보다 9 배 넓다.
ㄴ. 파장이 λ_2 로 같을 때 온도가 T_1 인 흑체의 빛의 세기가 더 큰 이유는 온도가 T_1 인 흑체에서 더 많은 광자가 발생하기 때문이다.
ㄷ. 온도가 T_1 인 흑체에서 나온 파장이 λ_1 인 광자 1 개의 운동량은 온도가 T_2 인 흑체에서 나온 파장이 λ_1 으로 같은 광자 1 개의 운동량보다 크다.

① ㄱ ② ㄴ ③ ㄷ
④ ㄴ, ㄷ ⑤ ㄱ, ㄴ, ㄷ

스스로 실력높이기

20 다음 그림은 두 금속판 A 와 B 에 단색광을 비추었을 때 방출되는 광전자의 최대 운동 에너지 E_k 를 빛의 파장에 따라 나타낸 것이다. 빛의 파장이 λ_0 일 때 A 와 B 에서 방출되는 광전자의 최대 운동에너지는 각각 E_A, E_B 이고, $\lambda_A : \lambda_B = 2 : 5$ 이다. 이에 대한 설명으로 옳은 것만을 <보기> 에서 있는 대로 고른 것은?

[수능 모의평가 기출 유형]

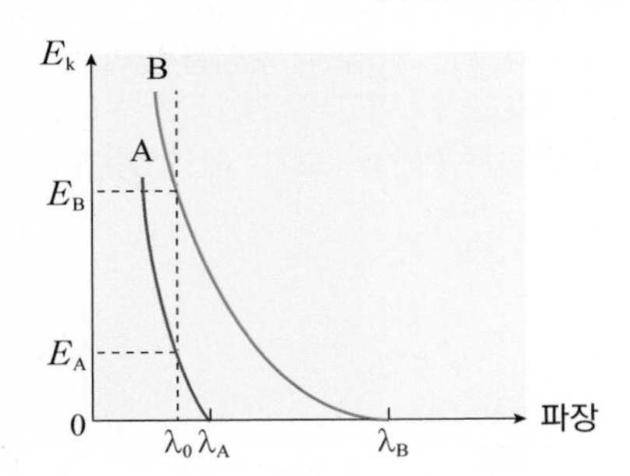

(1) A 와 B 의 일함수 비 $W_A : W_B$ 는?

( )

(1) $E_B - E_A$ 를 B 의 일함수 W_B 로 나타내시오.

( )

21 다음 그림은 결정면 사이의 간격이 d 인 금속에 속력이 v 인 전자선을 쪼였을 때 전자선의 경로를 나타낸 것이다. 산란된 전자선의 세기가 최대가 되는 θ 의 최솟값은 30° 이다. 이에 대한 설명으로 옳은 것만을 <보기> 에서 있는 대로 고른 것은? (단, 전자의 질량은 m, 플랑크 상수는 h 이다.)

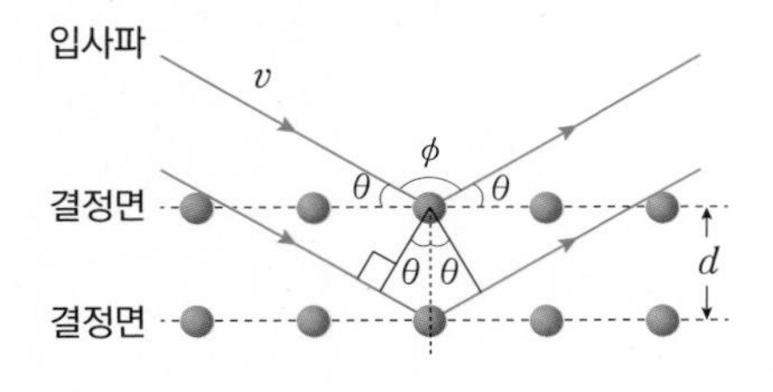

〈 보기 〉

ㄱ. $d = \dfrac{h}{mv}$ 이다.
ㄴ. 물질의 파동성을 확인할 수 있다.
ㄷ. 결정면 사이의 간격 d 가 더 큰 금속에 동일한 전자선을 쪼일 경우 ϕ 는 증가한다.

① ㄱ ② ㄴ ③ ㄷ
④ ㄱ, ㄴ ⑤ ㄱ, ㄴ, ㄷ

22 그림 (가) 는 물질파의 이중 슬릿에 의한 간섭을 관측하는 장치와 관측된 간섭 무늬를 모식적으로 나타낸 것이다. 질량이 m 인 입자 P 를 속력 v 로 이중 슬릿을 지나게 하였더니 스크린의 밝은 무늬 사이의 간격이 Δx 였다. 이 장치를 이용한 실험 조건을 표 (나) 와 같이 변화시켰다. 이에 대한 설명으로 옳은 것만을 <보기> 에서 있는 대로 고른 것은? (단, 다른 조건은 모두 일정하다.)

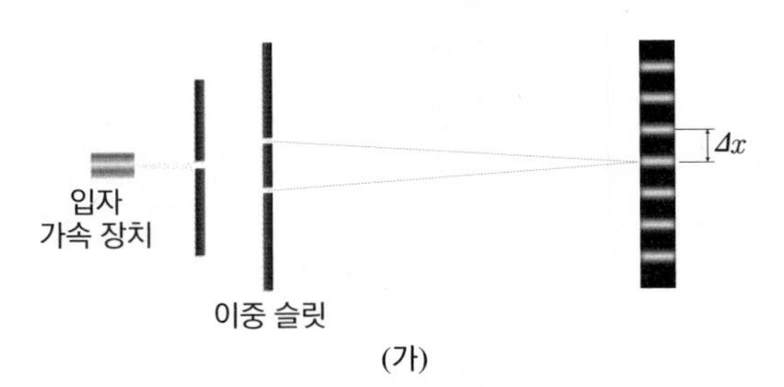

(가)

입자	A	B	C
질량	$2m$	$2m$	m
속력	v	$2v$	$0.5v$

(나)

〈 보기 〉

ㄱ. 물질파 파장은 B 가 A 의 2 배이다.
ㄴ. 입자 P 보다 밝은 무늬 사이의 간격이 넓은 입자는 C 뿐이다.
ㄷ. 이중 슬릿과 스크린 사이의 거리를 2 배로 한 후 입자 A 를 이용하여 간섭을 관측할 경우 밝은 무늬 사이의 간격은 Δx 가 된다.

① ㄱ ② ㄴ ③ ㄷ
④ ㄱ, ㄴ ⑤ ㄴ, ㄷ

23 동일한 위치에 정지해 있던 입자 A, B 가 중력에 의해 등가속도로 떨어지고 있다. 입자 A 가 h 만큼 떨어졌을 때 물질파의 파장을 λ_A, 입자 B 가 $4h$ 만큼 떨어졌을 때 물질파의 파장을 λ_B 라 하면, $\lambda_A : \lambda_B$ 는? (단, 입자 A, B의 질량은 각각 m, $3m$ 이다.)

[수능 모의평가 기출 유형]

( )

24 그림 (가) 와 (나) 는 보어의 수소 원자 모형에서 수소 원자 내에서 운동하는 전자가 정상파를 이룬 모양을 각각 나타낸 것이다. (가) 와 (나) 의 전자에 대한 설명으로 옳은 것만을 <보기> 에서 있는 대로 고른 것은?

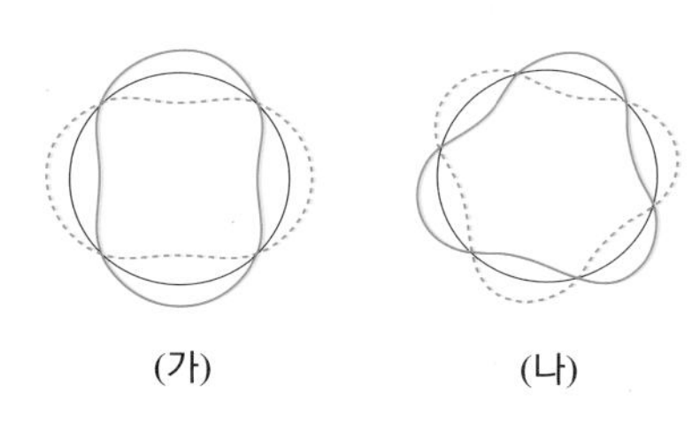

(가) (나)

〈 보기 〉

ㄱ. 전자의 원운동 궤도 반지름은 (나) 가 더 크다.
ㄴ. (가) 상태에서 (나) 상태로 전이할 때 전자기파를 흡수한다.
ㄷ. 전자의 드브로이 파장은 (가) 가 (나) 보다 크다.

① ㄱ ② ㄴ ③ ㄷ
④ ㄱ, ㄴ ⑤ ㄱ, ㄴ, ㄷ

심화

25 다음 그림과 같은 광전 효과 실험 장치의 음극에 500 nm 의 빛을 쪼인 후, 음극과 양극 양단에 0.7 V 의 역전압을 걸어주었더니 광전류가 흐르지 않았다. 파장을 모르는 빛을 이용하여 동일한 실험을 진행하였더니 1.5 V 의 역전압에서 광전류가 더이상 흐르지 않았다. 물음에 답하시오. (단, 플랑크 상수 $h = 4 \times 10^{-15}$eV·s, 빛의 속력 $c = 3 \times 10^{8}$ m/s 이다.)

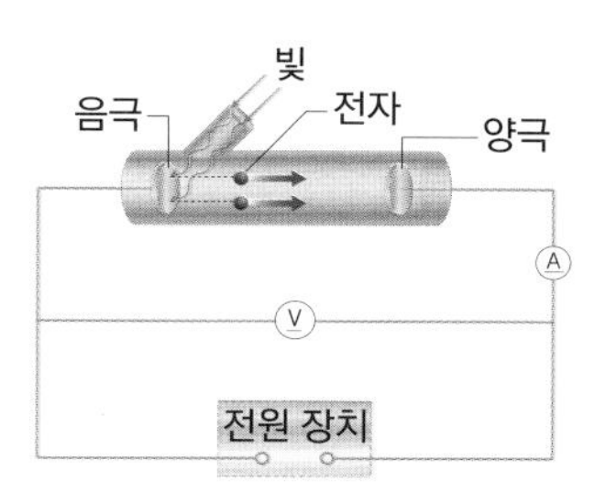

(1) 음극의 일함수를 구하시오.

( ) eV

(2) 두 번째 실험에서 사용한 빛의 파장을 구하시오.

( ) nm

26 전자가 튀어나오는 데 2.3 eV 에너지가 필요한 나트륨에 파장이 400 nm 인 빛을 쪼이고 있다. 물음에 답하시오. (단, 플랑크 상수 $h = 6.6 \times 10^{-34}$ J·s, 1 eV = 1.6×10^{-19}J, 빛의 속력 $c = 3 \times 10^{8}$ m/s 이다.)

(1) 전자를 튀어나오게 할 수 있는 한계 파장을 구하시오.

( ) m

(2) 나트륨에서 방출되는 전자 중 가장 빠른 전자의 운동 에너지를 구하시오.

( ) eV

(3) 정지 전압을 구하시오.

( ) V

27 다음 그림과 같이 거리가 d 만큼 떨어져 있는 두 평행한 금속판에 일정한 전압 V 가 걸려있다. 균일한 전기장에 의해 오른쪽 금속판에서 정지해 있던 전자가 왼쪽 금속판을 향하여 운동할 때, 오른쪽 금속판에서 x 만큼 떨어진 지점을 통과할 때 전자의 드브로이 파장을 구하시오. (단, 전자의 전하량은 $-e$, 질량은 m 이고, 플랑크 상수는 h 이다.)

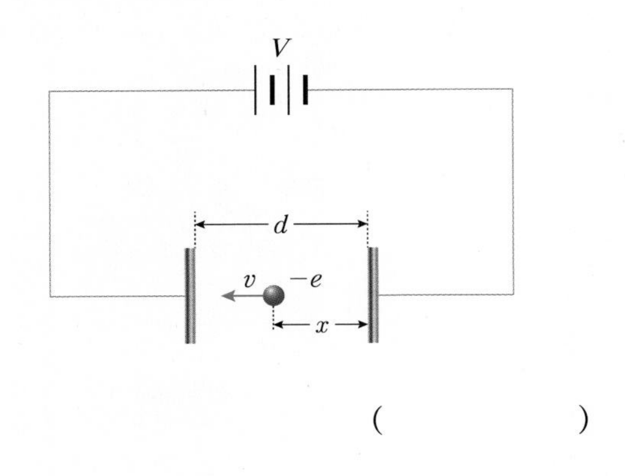

( )

28 X 선을 금속 표면에 쪼여주자, X 선은 에너지의 60 % 를 손실한 후 산란되었다. 이때 X 선의 파장 변화는 몇 % 인가?

( ) %

29 그림 (가) 는 파장이 λ 인 X 선을 얇은 흑연판에 입사시켜 입사 방향에 대해 $\theta = 45°$, $90°$ 방향으로 나오는 산란광을 검출하는 컴프턴 산란 실험을 모식적으로 나타낸 것이다. 그림 (나) 는 검출기 1, 2 에서 측정한 산란광의 세기를 파장에 따라 나타낸 것이다. 이때 산란광의 세기가 최대인 파장이 λ' 일 때, 다음 식을 만족한다.

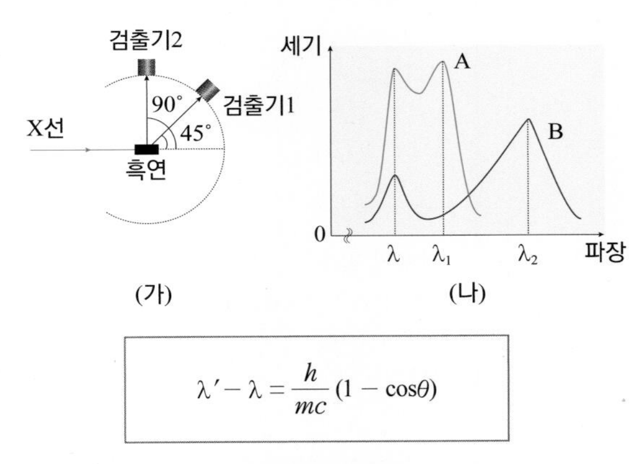

$$\lambda' - \lambda = \frac{h}{mc}(1 - \cos\theta)$$

이에 대한 설명으로 옳은 것만을 <보기> 에서 있는 대로 고른 것은?

[MEET/DEET 기출 유형]

〈 보기 〉

ㄱ. 파장이 λ_1 인 광자 에너지는 파장이 λ_2 인 광자 에너지보다 작다.
ㄴ. (나) 에서 스펙트럼 A는 검출기 1 에서 측정한 것이다.
ㄷ. 입사 파장 λ 가 길수록 $\lambda_2 - \lambda_1$ 이 커진다.

① ㄱ ② ㄴ ③ ㄷ
④ ㄱ, ㄴ ⑤ ㄴ, ㄷ

30 다음 그림과 같이 진동수 $f = 3 \times 10^{19}$ (Hz) 인 X 선을 금속박에 쪼여주었더니 엑스선의 입사 방향과 30° 각도를 이루는 곳에 산란된 광자들이 검출되었다. 산란된 광자의 에너지를 구하시오. (단, 29번 문제에서 주어진 식을 활용하며, 플랑크 상수 $h = 6.6 \times 10^{-34}$ J·s $= 4 \times 10^{-15}$ eV·s, 빛의 속도 $c = 3 \times 10^{8}$ m/s, 전자의 질량 $m = 9 \times 10^{-31}$ kg 이다.)

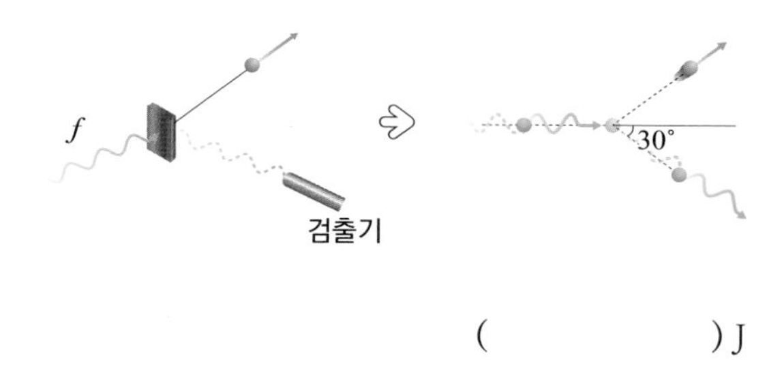

(　　　　　　) J

31 파장이 2×10^{-10} m 인 X 선이 정지해 있던 전자와 정면 충돌한 후 입사 방향과 정반대 방향으로 반사되어 나갔다. 물음에 답하시오. (단, 전자의 질량 $m = 9.1 \times 10^{-31}$ kg, 플랑크 상수 $h = 6.6 \times 10^{-34}$ J·s, 빛의 속도 $c = 3 \times 10^{8}$ m/s 이고, 충돌 후 X 선 파장의 변화량은 매우 작다.)

(1) X 선 파장의 변화량을 구하시오.

(　　　　　　) m

(2) X 선이 전자에 준 에너지를 구하시오.

(　　　　　　) J

32 1660 년 네덜란드의 과학자 뢰벤후크는 광학렌즈를 이용해 만든 현미경으로 인류 최초로 박테리아를 눈으로 볼 수 있었다. 이후 과학자들은 더 작은 세계를 보기 위해 다양한 방식의 현미경들을 고안해냈다. 물음에 답하시오.

(1) 최근 정지 질량이 전자의 약 1,800 배인 중성자를 이용하여 원자 단위를 관측할 수 있는 중성자 현미경까지 등장하였다. 중성자 현미경의 장점에 대하여 서술하시오.

(2) 배율이 크고, 분해능이 낮은 현미경과 배율은 작지만 분해능이 높은 현미경이 있다. 물체의 세밀한 구조를 볼 때 더 적절한 현미경은 무엇인가?

26강 Project 논/구술

색소 없이 색깔을 낸다?! 주제 I

▲ 천연 광물질에서 얻은 재료를 이용하여 색채로 묘사한 바이슨 알타미라 동굴 벽화

생활의 일부 색 色

색(色)은 인류의 역사와 함께해 왔다고 해도 과언이 아닐 정도로 인류의 아름다운 색에 대한 욕망은 선사 시대부터 계속됐다. 그 때문에 다양한 색을 얻기 위해 흙, 광물, 동식물 심지어 배설물에 이르기까지 다양한 재료와 복잡한 제조 과정, 위험한 실험 등을 반복해 왔으나 원하는 아름다운 색을 구한다는 것은 결코 쉬운 일이 아니었다.

▲ 티리언 퍼플 염료의 원료인 무렉스 브란다리스 조개

고대에는 붉은 보랏빛인 티리언 퍼플 염료 1.4 g을 얻기 위해 지중해 조개 1만 2,000 마리를 잡아야 했으며, 19 세기 프랑스에서는 붉은빛인 코치닐 염료 1,000 g을 얻기 위해 연지 벌레 암컷을 10만 마리나 잡아야 했다. 이처럼 천연 재료를 이용하여 색을 표현하는 것은 힘든 작업이다.

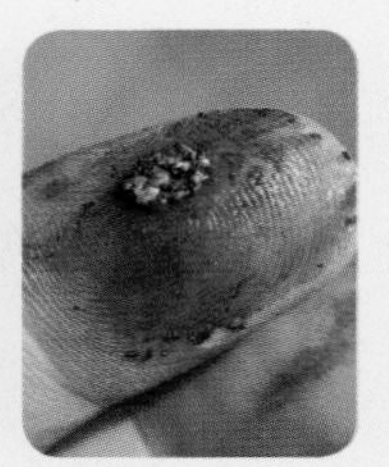

▲ 코치닐 염료의 원료인 연지 벌레(좌)와 연지 벌레에서 나온 색(우)

값싸고 대량 생산이 가능한 합성 염료는 1847 년 말라리아 치료약을 연구하는 과정에서 우연히 발견되었으며, 이후 수천 종의 합성 색소가 연구, 개발되었다.

색소색과 구조색

색은 색소색과 구조색으로 나눌 수 있다. 가시광선에서 특정 영역의 빛을 흡수하고, 나머지를 반사해 색을 내는 게 색소색이라면, 색소가 섞이지 않은 무색의 물질이 색깔을 나타내거나 보는 방향에 따라 색이 달라지는 것을 구조색(Structural Color)이라고 한다. 구조색을 띠는 물질은 나노 구조이어서 특정 파장의 빛이 보강 간섭하거나 산란하여 색이 나타난다.

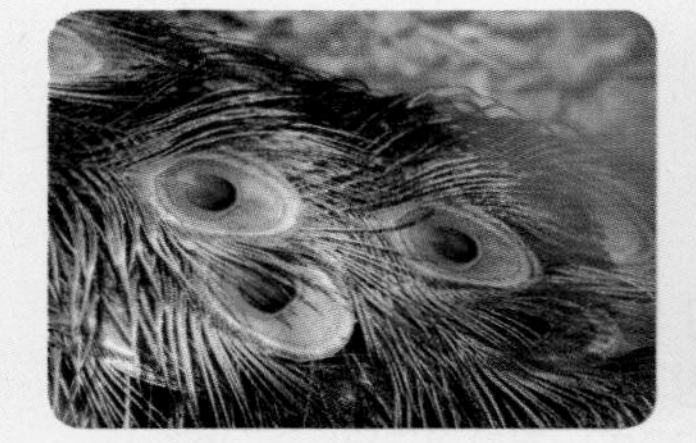

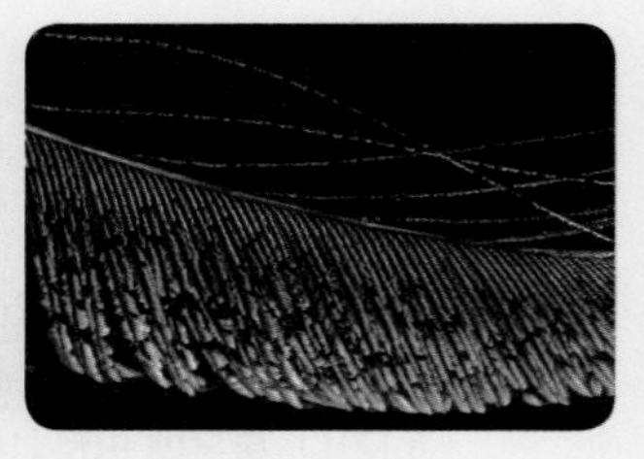

▲ 얇은 박막에서 일어나는 간섭 현상으로 보는 각도에 따라 다른 색으로 보이는 공작새 꼬리 깃털(좌)과 꼬리 깃털의 내부 구조(우)

구조색을 나타내는 모르포 나비의 날개(좌)와 다중 회절 격자를 이루고 있는 나비 날개의 내부 나노 구조(우) ▶

모르포 나비의 구조색

모르포 나비의 날개를 현미경으로 확대해 보면 오른쪽 그림과 같이 기와를 얹은 것처럼 규칙적인 배열이 나타난다. 이 나노 크기의 구조가 푸른색 빛만 반사하고 나머지는 흡수하여 눈이 부실 정도로 환한 푸른색을 띠게 된다. 특정 파장의 빛만을 반사하고 나머지는 흩어지게 하는 나노 구조의 결정을 광결정(photonic crystal)이라고 하며, 모르포 나비 날개의 표면을 덮고 있는 비늘이 광결정과 비슷하다.

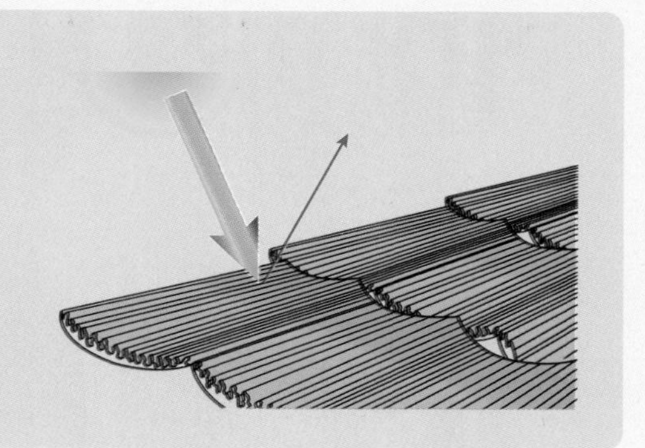

공작새의 깃털이나 모르포(morpho) 나비의 화려한 색깔은 색소에 의한 빛의 발광이 아닌 구조색에 의한 것이다. 그뿐만 아니라 주변 습도에 의해 몸 색깔이 변하는 헤라클레스 장수풍뎅이, 오팔 보석의 영롱한 색, 카멜레온이 주변 환경에 따라 피부색을 순식간에 바꾸는 것도 자연에서 볼 수 있는 구조색이다.

일상생활 속에서 구조색을 볼 수 있는 경우로는 투명한 달걀 흰자를 젓게 되면 흰색이 되고, 투명한 물로 이루어진 안개를 멀리서 보면 하얗게 보이는 것이 있다. 이는 공기나 물, 지방이 크기가 1 μm 전후가 되면 빛의 산란 현상이 극대화되면서 하얗게 보이게 되는 것이다.

구조색의 이용

유기 염료를 사용할 경우 색이 시간이 지남에 따라 변하지만 구조색을 이용한 색은 오랜 세월이 지나도 변하지 않는다. 또한, 금속성의 색감을 띠기 때문에 주목성이 높고, 화학 물질을 사용하지 않아 친환경적이며, 각도에 따라 다양한 색깔을 띠기 때문에 이를 응용한 다양한 기술이 주목받고 있다.

자연 속 구조색 기능을 흉내 낸 대표적 직물은 일본 기업에서 개발한 모르포 텍스(Morpho tex)로 나노 기술을 이용하여 모르포 나비 날개의 비늘을 본떠 만든 것이다. 이 직물은 빛이 비치는 각도에 따라 빨간색이나 보라색 또는 초록색으로 색깔이 바뀐다. 모르포 텍스는 필름으로도 개발되어 위조지폐 방지에도 사용된다. 또한, 국내 연구진에 의해 인쇄 후에 자기장의 세기에 따라 색상을 자유로이 바꿀 수 있는 잉크도 개발되었다. 이는 삼원색의 잉크 없이 한 가지 나노 물질로 다양한 색을 인쇄할 수 있는 잉크 및 인쇄 기술이다.

디스플레이 분야에서도 구조색을 이용하고 있다. 외부 빛을 반사시켜 화면에 출력하는 반사형 디스플레이에 구조색의 원리를 적용하여 전력 소모를 적게 하면서 빛을 낼 수 있게 되었다.

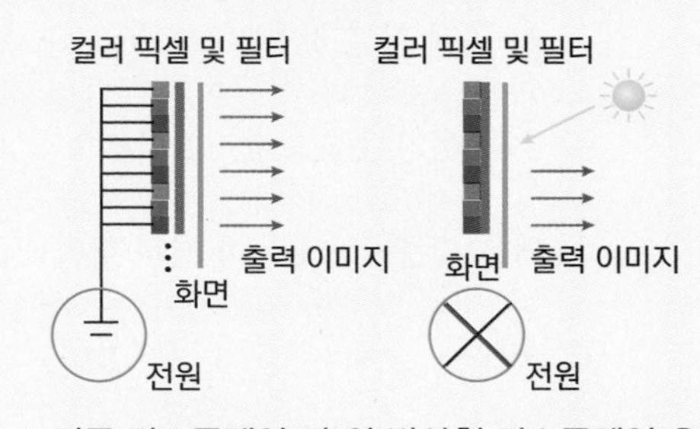

▲ 기존 디스플레이(좌)와 반사형 디스플레이(우)

구조색이 나타나는 이유를 빛의 성질을 이용하여 설명하시오.

우리 일상 속에서 구조색을 활용할 수 있는 다양한 방법을 서술하시오.

거대 마젤란 망원경(GMTO)

더 멀리, 더 많이 보기 위한 우주 망원경

천문학계는 더 멀리 있는 천체나 더 어두운 천체를 보기 위해 끊임없이 노력하고 있다. 이에 망원경이 발달하고 더 먼 곳을 더 세밀하게 관측하면서 인류는 우주의 신비에 점차 가까이 다가가고 있다.

1609 년 갈릴레오 갈릴레이는 볼록렌즈와 오목렌즈를 경통의 양쪽에 붙여 망원경을 만들어 밤하늘의 목성에서 위성을 찾았고 토성에서 고리를 발견했다. 이후 망원경의 역사는 곧 천문학의 역사가 됐다.

멀리 떨어진 별이나 외부 은하에서 오는 빛에 의존해 천체를 연구하다 보니 지구를 둘러싼 대기가 대표적인 장애물이었다. 이를 피하고자 망원경을 우주로 직접 띄워 보낸 것이 1990 년에 쏘아 올린 허블 우주 망원경이다. 이는 지구에 설치된 고성능 망원경들과 비교하였을 때 해상도가 10 ~ 30 배 높아 다른 천체 망원경보다 50 배 이상 미세한 부분까지 관찰할 수 있다.

거대 마젤란 망원경(GMTO)

이러한 허블 우주 망원경보다 10 배 선명한 영상을 얻을 수 있는 세계 최대 크기의 망원경이 지구 반대편에서 제작 중이다. 세계 11 개 기관이 참여하고, 건설에만 1조 원이 드는 초대형 프로젝트로 2015 년에 착공되어 완공되는 2021 년에는 400 km 밖 동전이나 달에 켜진 촛불 하나까지 관측할 수 있게 된다.

칠레 안데스 산맥에 있는 해발 2,500 m 라스 캄파나스산 정상에 건설되고 있는 '거대 마젤란 망원경(GMTO)'은 거울 전체 지름이 25.4 m 인 차세대 거대 망원경의 하나이다. 지름이 8.4 m인 반사 거울 7 장을 꽃봉오리가 넓게 퍼진 것처럼 오목한 구조로 배치하여 주거울을 구성하였고, 지름이 1.06 m 인 반사 거울 7 장으로 부거울을 구성하여 높이와 무게가 각각 35 m, 1,100 t 에 달한다. 이러한 거울 1 개의 형체를 제작하는 데만도 1 년 여가 소요되고, 그 뒤로 3 년 여에 걸쳐 거울 표면을 정밀하게 연마하는 과정을 거쳐야 거울이 완성된다.

거울 지름 8.4 m는 현재의 시설과 장비로 제작할 수 있는 세계 최대의 반사경 크기로 이를 최대한 활용한 것이다. 거대 마젤란 망원경이 위치한 라스 캄파나스산이 부지로 선택된 이유는 1 년 내내 구름이 거의 없고, 사막지대로 건조하고 일 년 내내 맑은 날씨가 유지되기 때문이다. 뿐만 아니라 주변에 인구가 밀집해 있는 도시가

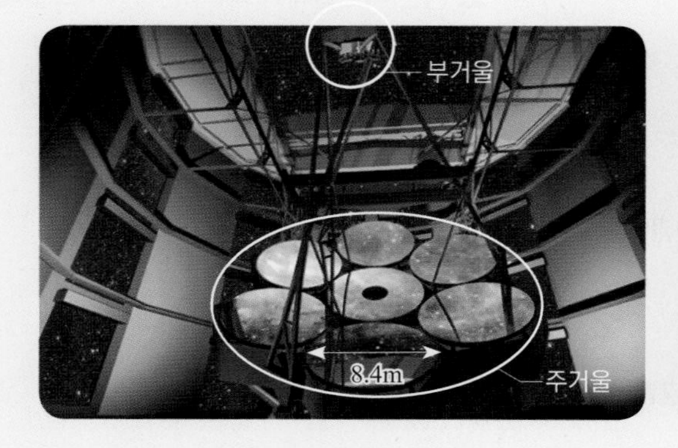

▲ 거대 마젤란 망원경 구조

▲ 거대 마젤란 망원경 외부 상상도

없어서 조명의 방해를 받지도 않아 지구 상에서 가장 맑은 밤하늘을 지속적으로 볼 수 있기 때문이다.

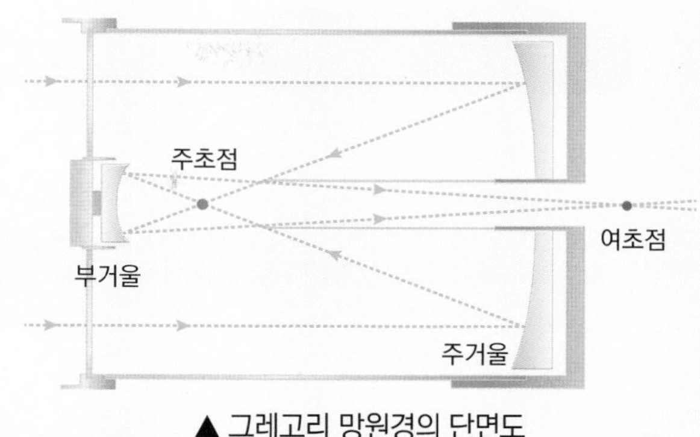

▲ 그레고리 망원경의 단면도

어떻게 관측하나?

거대 마젤란 망원경은 반사 망원경 중 주거울과 부거울이 모두 오목한 그레고리안 식으로 주거울의 초점보다 부거울이 더 멀리 위치하게 된다.

이 망원경은 우주에서 온 빛을 7 개의 주거울로 모은 후, 모은 빛을 부거울로 반사시킨다. 부거울에서 반사된 빛이 중앙 주거울의 뚫려 있는 구멍 속 관측 기기에 모여 관측이 이뤄진다.

왜 거대 망원경인가?

거울 크기는 망원경의 성능과 직접적인 연관이 있다. 우리가 지구 상에서 관측한 별빛은 현재의 별빛이 아니라 과거의 별빛이다. 예를 들어 1 광년 떨어진 곳에 있는 별을 관측한다면, 지금 보는 별빛은 그 별의 1 년 전 모습이다. 멀리서 오는 빛일수록 빛은 희미해지고 관측하기 어려워진다. 이때 망원경의 거울이 클수록 모아서 볼 수 있는 빛이 많아지고, 세밀하게 더 작은 천체까지 구분할 수 있게 된다. 또한, 거울이 클수록 한꺼번에 더 넓은 공간을 동시에 볼 수 있다. 따라서 더욱 오래전 모습의 별을 볼 수 있다.

거대 마젤란 망원경이 가동되면 가까운 별 주위에 존재하는 지구형 행성 발견에서부터 멀리 떨어진 별과 은하의 빛이 블랙홀에 의해 휘어지는 미세한 현상 검출까지 가능할 것이라고 한다. 또한, 우주 탄생 초기인 138억 년 전에 무슨 일이 일어났는지도 알 수 있을 것으로 기대하고 있다.

세계 각국은 더 큰 망원경을 만들기 위해 경쟁하고 있다. 거대 망원경은 그 크기가 커질 뿐만 아니라 더욱 더 높은 정밀도도 요구되기 때문에 광학, 전자, 제어 등의 최첨단 기술을 개발하고 활용하여야 한다.

거대 망원경에서 거대 거울의 역할은 매우 중요하다. 하지만 현재 기술로는 최대 8.4 m 지름의 거울을 만들 수 있다. 거울을 만드는 것이 어려운 이유에 대하여 자신의 생각을 서술하시오.

최초의 망원경은 렌즈를 이용한 굴절 망원경이었다. 하지만 허블 우주 망원경과 거대 마젤란 망원경은 렌즈를 쓰지 않는 반사 망원경이다. 굴절 망원경 대신 반사 망원경을 사용하는 이유는 무엇일까?

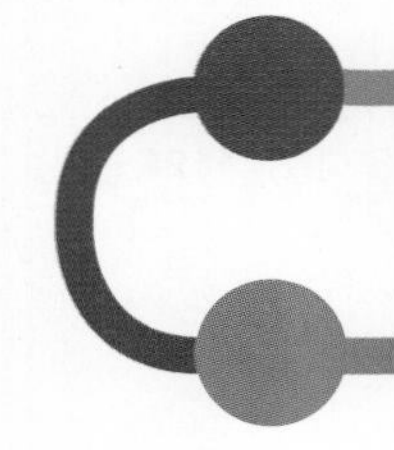

Project 탐구

탐구 음의 굴절률

(가) "해리포터는 마술학교로 가기 위해 급행열차 플랫폼 9 의 4 분의 3 으로 향했다. 플랫폼이 있어야 하는 곳에는 벽이 있었다. 해리포터는 벽으로 돌진했다. 벽 뒤에는 사람의 눈으로는 볼 수 없는 공간이 있었다. 이것이 바로 '메타 물질'을 의미한다."

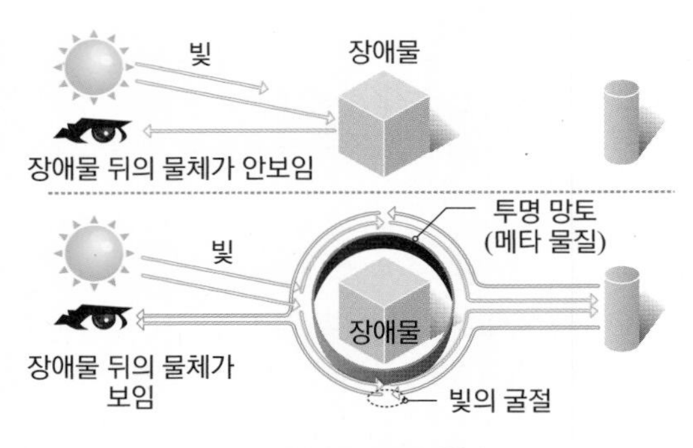

▲ 투명 망토의 원리

2004 년 이론 물리학자인 존 펜드리 교수가 미국 국방성 산하 기관인 방위 고등연구 계획국(DARPA) 연구진에게 설명한 메타 물질의 개념으로 2년 뒤인 2006 년 11 월, 세계적인 과학 저널 '사이언스'에는 투명 망토의 재료가 되는 메타 물질에 관한 논문이 게재됐다.

2006 년 펜드리 교수와 데이비드 스미스 미국 듀크대 교수는 실린더 모양의 너비 5 ㎝, 높이 1 ㎝ 의 구리관을 10 장의 메타 물질로 사라지게 했다. 하지만 가시광선 영역이 아닌 마이크로파의 파장이 메타 물질 뒤로 돌아가는 것을 확인했을 뿐이다.

2011 년 8 월 미국 UC 버클리 연구진은 가시광선 영역인 480~700 ㎚ 의 파장에서 작동하는 투명 망토를 개발했다. 가시광선 전체 영역인 400~750 ㎚ 를 모두 포함하지는 못하지만, 물체가 사라지는 것을 눈으로 볼 수 있는 수준이었다.

연구진에 따르면 600 ㎚ 크기 물체를 가릴 수 있는 투명 망토 제작에 걸리는 시간이 일주일이나 된다고 한다. 크리스 글래든 UC 버클리 연구원은 "큰 물체를 숨길 수 있는 투명 망토를 만드는 것은 이론적으로 가능하지만, 현실적으로는 불가능한 계획"이라고 덧붙였다.

최근에는 자연계에 존재하는 방해석을 이용한 메타 물질 개발도 이뤄지고 있다. 방해석의 결정 방향을 조절하면 메타 물질처럼 빛의 굴절률을 변화시켜 뒤로 돌아나가게 할 수 있다고 한다.

국가 과학기술 위원회가 발표한 '과학기술 예측조사'에 따르면 2026 년 투명 망토 기술이 현실화할 것으로 내다보고 있다.

– 매일경제 MBN 2012.08.01 『해리포터의 투명 망토, SF만은 아니네』 발췌 편집

(나) 메타(Meta)는 사이에, 뒤에, 넘어서와 같은 뜻을 가진 말로 메타 물질은 기존 자연계에 존재하는 물질에는 없는 특별한 성질을 갖는 모든 물질을 말한다.

1967 년 러시아 물리학자 빅토르 베스라고는 '빛을 반사하지 않고 돌아가게 만드는 물질이 존재한다'는 이론을 발표했다. 즉, 빛을 반사하거나 흡수하지 않고 휘돌아 가도록 하는 독특한 굴절률(음의 굴절률)을 지닌 물질이 존재할 수 있으며, 이 물질에 가려진 물체는 빛(전자기파)에 의해 감지되지 않는다는 것이다.

음의 굴절률이란 경계면에 도달한 빛이 원래의 정상적인 방향이 아닌 반대 방향으로 굴절하게 되는 것을 말한다. 예를 들어 음의 굴절률을 가진 물질로 만들어진 볼록 렌즈를 지나는 빛은 양의 굴절률을 가진 물질로 만들어진 오목 렌즈처럼 진행하거나 음의 굴절률을 가진 액체 속 막대는 반대 방향으로 구부러져 보이게 된다.

자료 해석 및 일반화

다음 그림과 같이 진공 중에서 진행하던 빛이 $45°$ 의 입사각으로 굴절률이 $-\sqrt{2}$ 인 메타 물질로 들어가고 있다. 이때 굴절각을 구한 후 그림에 나타내시오.

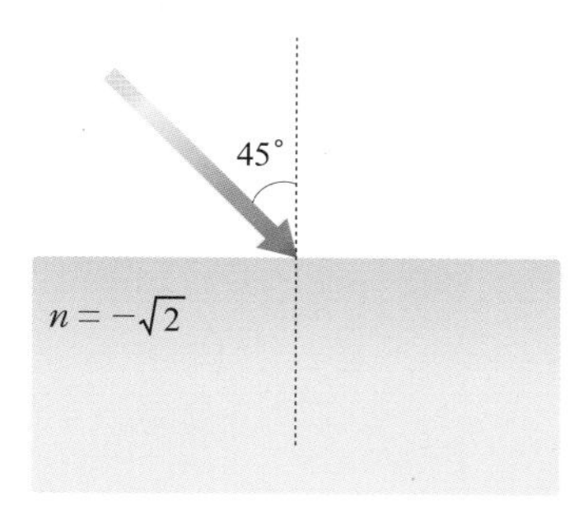

입사각이 $45°$ 보다 점점 커질 때 굴절각의 변화에 대하여 각각 설명하시오.

개념 응용하기

다음 그림과 같이 굴절률이 -1 인 물질로 만든 두께가 d인 투명한 직육면체 도막이 진공 중에 놓여 있다. 이때 거리 l 만큼 떨어진 곳에 아주 작은 크기의 단일 파장의 빛을 내는 점광원을 놓았다면 광원에서 나온 빛이 직육면체 토막을 지나는 경로를 그리고, 몇 개의 상이 각각 어디에 맺히는지 서술하시오. (단, $l < d$ 이다.)

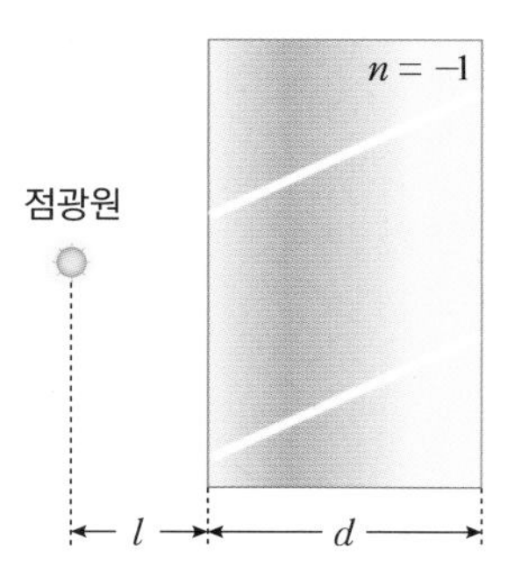

memo

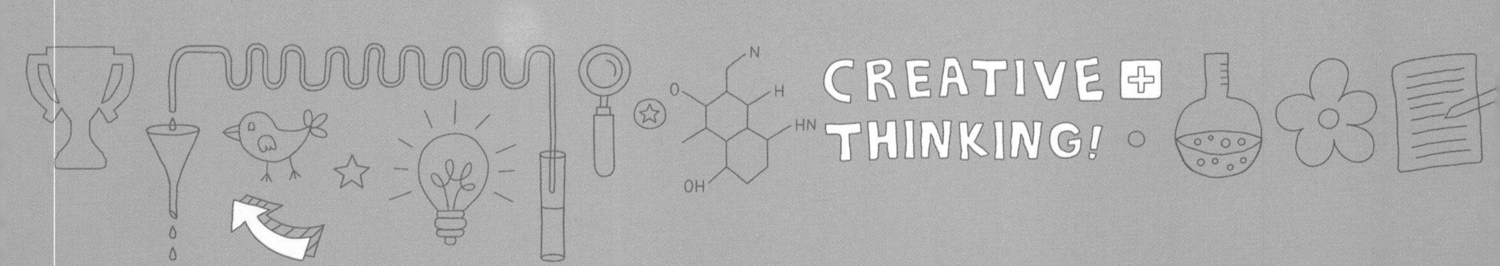

http://cafe.naver.com/creativeini

무한 상상하는 법

1. 고개를 숙인다.
2. 고개를 든다.
3. 뛰어간다.
4. 무한상상한다.

CEPHEID

창/의/력/과/학

세페이드

4F. 물리(하) 정답 및 해설

윤 찬 섭 무한상상 영재교육 연구소

cafe.naver.com/creativeini 무한상상

I 전기와 자기

13강. 전기장과 전위

개념확인 12 ~ 17 쪽

1. 전기력, 전기장　2. +8　3. Ed　4. 0
5. ㉠, ㉡　6. 전기 쌍극자

확인 + 12 ~ 17 쪽

1. ㉡, ㉢　2. $k\frac{q}{2d}$　3. 0, ㉡　4. ㉠
5. ㉠ $\frac{qEt}{m}$ ㉡ $\frac{qEt^2}{2m}$　6. $\frac{qEd}{2}$

개념확인

02. 답 +8

해설 전위란 전위가 0 인 기준점으로부터 1 C 의 전하를 옮기는 데 필요한 일이다.

$$V = \frac{W}{q} = \frac{24J}{+3C} = +8\ (V)$$

확인 +

01. 답 ㉡, ㉢

해설 전기장의 방향은 전기장 속에 놓인 단위 양전하가 받는 힘의 방향이 된다. 따라서 다음 그림과 같이 A 점에서 전기장의 방향은 ㉡ 방향으로 척력을 받고, B 점에서 전기장의 방향은 ㉢으로 인력을 받는다.

척력　+Q　A　(가)　　인력　−Q　B　(나)

02. 답 $k\frac{q}{2d}$

해설 전하량이 $+q$ 인 점전하로부터 각각 $2d$, d 만큼 떨어져 있는 A점과 B점에서 전위를 각각 V_A, V_B 라고 할 때, 각각의 전위는 다음과 같다.

$$V_A = k\frac{q}{2d}, V_B = k\frac{q}{d} \Rightarrow \therefore V = V_B - V_A = k\frac{q}{2d}$$

03. 답 0, ㉡

해설 등전위선 위의 모든 지점 사이에는 전위차가 0이므로, 등전위선을 따라 전하를 이동시킬 때 필요한 일의 양도 0이다.

04. 답 ㉠

해설 표면 전하 밀도는 곡률 반지름에 반비례한다.

05. 답 ㉠ $\frac{qEt}{m}$ ㉡ $\frac{qEt^2}{2m}$

해설 입자는 일정한 힘을 받아 등가속도 운동을 한다. 입자의 처음 속도는 0 이고, 등가속도 운동 공식을 적용하면 입자의 속도와 이동 거리는 각각 다음과 같다.

$$\therefore v = at = \frac{qEt}{m},\ s = \frac{1}{2}at^2 = \frac{qEt^2}{2m}$$

06. 답 $\frac{qEd}{2}$

해설 $\tau = qEd\sin\theta = \frac{qEd}{2}$

개념다지기 18 ~ 19 쪽

01. (1) X (2) X (3) O　02. A. (−), B. (+)
03. ①, ⑤　04. ④　05. (1) O (2) O (3) X
06. ④　07. ③　08. (1) X (2) O (3) X

01. 답 (1) X (2) X (3) O

해설 (1) 전기장은 크기와 방향을 갖는 벡터량이다.
(2) 두 전하 사이에 작용하는 전기력의 크기는 전하량의 곱에 비례하고, 거리의 제곱에 반비례한다.
(3) 같은 종류의 전하 사이에는 척력, 다른 종류의 전하 사이에는 인력이 작용한다.

02. 답 A. (−), B. (+)

해설 두 점전하에 의한 알짜 전기장은 각 전하가 만드는 전기장의 벡터 합과 같다. 두 점전하의 전하량이 같고, 같은 거리만큼 떨어져 있는 P 점에서 합성 전기장의 방향이 왼쪽 방향이므로 각 점전하에 의한 전기장은 다음과 같다.

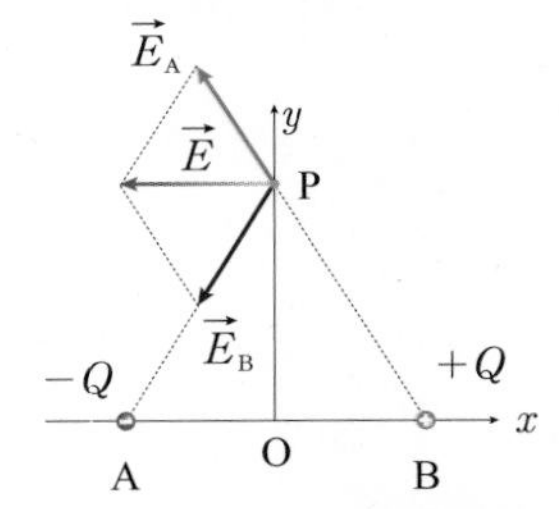

따라서 점전하 A 에 의한 전기장의 방향은 A 를 향한 방향이므로 (−) 전하이고, 점전하 B 에 의한 전기장의 방향은 전하에서 나가는 방향이므로 (+) 전하이다.

03. 답 ①, ⑤

해설 전기장 속에 놓인 전하 $+q$ 가 받는 전기력의 크기가 F 일 때, 전기장의 세기 $E = \frac{F}{q}$ 이고, 단위는 N/C 이다.
또한 전기장 E와 전위차 V 의 관계는 $V = Ed$ 이므로, 전기장 세기 E 의 단위는 V/m 이다.

04. 답 ④

해설 ㄱ. 전기력선의 밀도가 높을수록 전기장이 세므로 점전하 A 가 놓인 곳의 전기장의 세기 E_A 가 B 가 놓인 곳의 전기장의 세기 E_B 보다 세다($E_A > E_B$). 이때 두 점전하의 전하량이 같기 때문에 점전하가 받는 전기력의 크기($F = qE$)도 A 가 B 보다 크다($F_A > F_B$).
ㄴ. 전기장의 방향은 전기장 속에서 (+) 전하가 받는 전기력의 방향이다. 따라서 (−) 전하인 A 는 전기장의 방향과 반대 방향으로 전기력을 받고, (+) 전하인 B 는 전기장의 방향으로 전기력을 받는다.
ㄷ. 전기력선은 전위가 높은 곳에서 낮은 곳으로 향하므로 점전하 A 가 놓인 곳의 전위 V_A 가 B 가 놓인 곳의 전위 V_B 보다 높다($V_A > V_B$).

05. 답 (1) O (2) O (3) X
해설 (1) 전위란 단위 양전하(+1C)가 갖는 전기력에 의한 퍼텐셜 에너지로 전위가 0 인 기준점으로부터 전기장 내의 한 지점까지 +1 C 의 전하를 옮기는 데 필요한 일을 그 지점에서의 전위라고 한다.
(2) 전기장의 방향과 반대 방향으로 멀어질수록 퍼텐셜 에너지가 높아진다. 따라서 (+) 전하 근처로 갈수록 전위가 높고, (−) 전하 근처로 갈수록 낮다.
(3) 기준점에 따라 전위의 값은 달라지지만 두 지점 사이의 전위차는 기준점에 관계없이 일정하다.

06. 답 ④
해설 균일한 전기장 내에서 두 지점의 전위차 $V = V_A - V_B = \frac{W}{q}$ 이다.
$\therefore W = qV = 1.6 \times 10^{-19}\,(C) \times 2\,(J/C) = 3.2 \times 10^{-19}\,(J) = 2\,(eV)$

07. 답 ③
해설 전기력선의 방향은 등전위선(면)에 수직인 방향이고, 전위가 높은 곳에서 낮은 곳을 향한다.

08. 답 (1) X (2) O (3) X
해설 (1) 전기 쌍극자의 전체 전하량은 0 이므로 전체적으로 전하를 띠지 않은 것과 같다. 하지만 (+) 전하와 (−) 전하가 떨어져 있기 때문에 전기 쌍극자는 전기장을 형성한다.
(3) 전기 쌍극자는 전기장에서 돌림힘을 받아 회전하여 전기장과 나란한 방향으로 정렬하게 된다.

유형익히기 & 하브루타 20 ~ 23 쪽

[유형13-1] ②	01. ⑤	02. ②
[유형13-2] ④	03. -4.5×10^3	04. ③
[유형13-3] ④	05. (1) 6.0×10^6 (2) 3.3×10^{-9}	
	06. ③	
[유형13-4] ⑤	07. ④	08. ③

[유형13-1] 답 ②
해설 원점에 있는 전하에 작용하는 힘(전기력)은 다음과 같다.

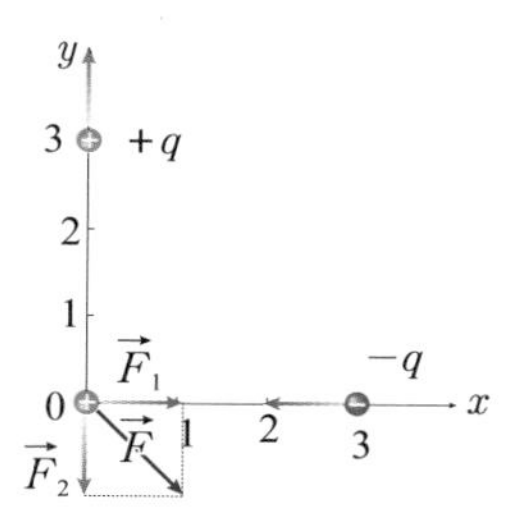

ㄱ. 원점의 전하에 작용하는 전기력의 세기는 $\sqrt{2}F$ 이다.
ㄴ. 원점에서 전기장의 방향은 힘의 방향과 같은 (1, −1)방향이다.
ㄷ. (0, 3) 위치의 전하의 부호를 바꾸면 원점의 전하에 작용하는 힘의 방향은 (1, 1) 방향이 된다.

01. 답 ⑤
해설 ㄱ. 두 도체는 서로 다른 종류의 전하로 대전되어 있으므로 인력이 작용한다.
ㄴ. 전기장의 방향은 단위 양전하가 받는 힘의 방향이다. 따라서 두 도체 사이의 한 지점에서 전기장의 방향은 오른쪽 방향이다.
ㄷ. 두 도체 사이에 작용하는 전기력의 세기 F 는 다음과 같다.

$$F = k\left|\frac{(+6)\times(-2)}{r^2}\right| = k\frac{12}{r^2}$$

두 도체를 접촉시켰다가 떼어 놓으면 도체 A 와 B 는 각각 +2 C 으로 대전되게 된다. 따라서 이때 두 도체 사이에 작용하는 전기력의 세기 F'은 다음과 같다.

$$F' = k\left|\frac{(+2)\times(+2)}{r^2}\right| = k\frac{4}{r^2} = \frac{F}{3}$$

02. 답 ②
해설 전기장의 방향은 전기장 내의 단위 양전하가 받는 힘의 방향이다. 따라서 중심점 O 에서 전기장의 방향은 다음과 같다.

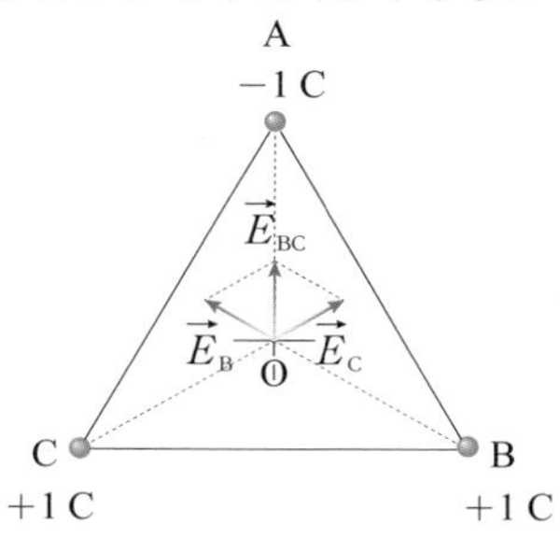

꼭지점 B 와 C 로부터 받는 힘의 합력의 방향이 북쪽이고, 꼭지점 A 에 있는 전하로부터 받는 힘의 방향도 북쪽이므로 O 점에서 전기장의 방향은 북쪽이다.

[유형13-2] 답 ④
해설 ㄱ. 전기력선의 방향은 전위가 높은 쪽에서 낮은 쪽 방향이므로 전위는 D 점이 가장 높다. 전기장의 세기는 전기력선의 밀도가 클수록 세기 때문에 전기력선의 사이 간격이 가장 좁은 D 점의 전기장의 세기가 가장 세다.
ㄴ. D 점에 (+) 전하를 놓으면 전기력선의 방향으로 운동하며,

이때 전기력의 밀도가 작아지는 것으로 보아 전기장의 세기가 점점 감소하므로 가속도의 크기가 감소하는 운동을 한다.
ㄷ. B점과 C점은 같은 등전위선 위에 있으므로 전위가 같다.

03. 답 -4.5×10^3
해설
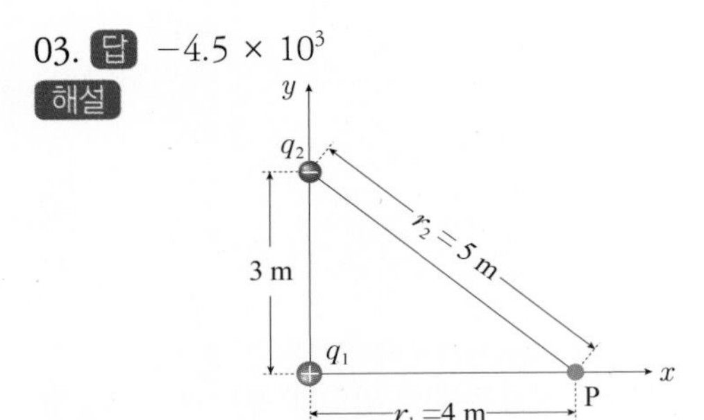

점전하 q로 부터 r만큼 떨어진 곳의 전위는 $V = k\frac{q}{r}$ 이므로, 두 점전하 q_1, q_2에 의한 전위 V는 다음과 같이 합산한다.

$$V = k\frac{q_1}{r_1} + k\frac{q_2}{r_2} = (9 \times 10^9)\left(\frac{2 \times 10^{-6}}{4} + \frac{-5 \times 10^{-6}}{5}\right)$$
$$= -4.5 \times 10^3 \text{ (V)}$$

04. 답 ③
해설 ㉠ 은 등전위선, ㉡ 은 전기력선이다.
ㄱ. 각 전하에 들어오고 나가는 전기력선의 수가 같으므로 두 전하의 전하량은 같다.
ㄴ. 등전위선을 따라 전하를 이동시킬 때 전하에 작용하는 전기력의 방향이 운동 방향에 항상 수직이므로 전기력에 대해 한 일은 0 이다.
ㄷ. 등전위선은 전기장 내에서 전위가 같은 점을 연결한 선이다. 따라서 등전위선을 따라 (+) 전하가 한 바퀴 회전하는 동안 퍼텐셜 에너지 변화는 없다.

[유형13-3] 답 ④
해설 ㄱ. 도선을 따라 전하들이 이동하여 평형 상태를 유지할 때, 두 도체구의 전하량을 각각 q_A, q_B 라고 하면(각 도체구는 전위가 같은 상태가 된다.),

$$k\frac{q_A}{R} = k\frac{q_B}{2R} \Rightarrow q_B = 2q_A$$

이고, 도선 연결 전 도체구의 총 전하량과 도선 연결 후 두 도체구의 전하량의 합은 Q로 같다.

$$Q = q_A + q_B = 3q_A \Rightarrow q_A = \frac{Q}{3},\ q_B = \frac{2Q}{3}$$

따라서 도체구 A 로부터 $\frac{2Q}{3}$ 의 전하량이 도체구 B 로 이동한 후 평형 상태를 유지하게 된다.
ㄴ. 도선의 중심점에서의 처음 전위를 V_0, 나중 전위를 V 라고 할 때,

$$V_0 = k\frac{Q}{0.5L} = k\frac{2Q}{L},\ V = k\frac{q_A}{0.5L} + k\frac{q_B}{0.5L} = k\frac{2Q}{L}$$
$$\therefore V = V_0 \text{ 이다.}$$

ㄷ. 표면 전하 밀도는 곡률 반지름에 반비례한다.

05. 답 (1) 6.0×10^6 (2) 3.3×10^{-9}
해설 (1) 균일한 전기장 E 속 전기장에 의한 전자의 가속의 크기 a는 다음과 같다.

$$a = \frac{qE}{m} = \frac{(1.6 \times 10^{-19}) \times (1.0 \times 10^4)}{9.1 \times 10^{-31}} \fallingdotseq 1.8 \times 10^{15} \text{ (m/s}^2)$$

A점에 도달했을 때 전자의 속력은 다음과 같다.

$$2as = v^2 - v_0^2 \Rightarrow v = \sqrt{2as}$$
$$\therefore v = \sqrt{2(1.8 \times 10^{15}) \times (1.0 \times 10^{-2})} = 6 \times 10^6 \text{ (m/s)}$$

(2) A 점에 도달하는 시간은 다음과 같다.

$$v = v_0 + at \Rightarrow t = \frac{v - v_0}{a}$$
$$\therefore t = \frac{(-6 \times 10^6) - 0}{-1.8 \times 10^{15}} \fallingdotseq 3.3 \times 10^{-9} \text{ (s)}$$

06. 답 ③
해설 ㄱ. 반지름 R 인 도체구 표면과 내부의 전위는 $V = k\frac{Q}{R}$ 로 같다.
ㄴ. 대전된 도체구의 전하는 표면에만 고르게 분포한다. 즉, 도체 내부의 전기장은 0 이 되고, 도체 전체는 등전위가 된다.
ㄷ. 대전된 도체구(전체 전하량 Q) 중심에서 r 만큼 떨어진 지점에서 전기장의 세기는 $k\frac{Q}{r^2}$ 이다.

[유형13-4] 답 ⑤
해설 전기 쌍극자 모멘트의 방향은 (−) 전하에서 (+) 전하로 향하는 방향이고, 각 전하에 작용하는 힘은 다음과 같다.

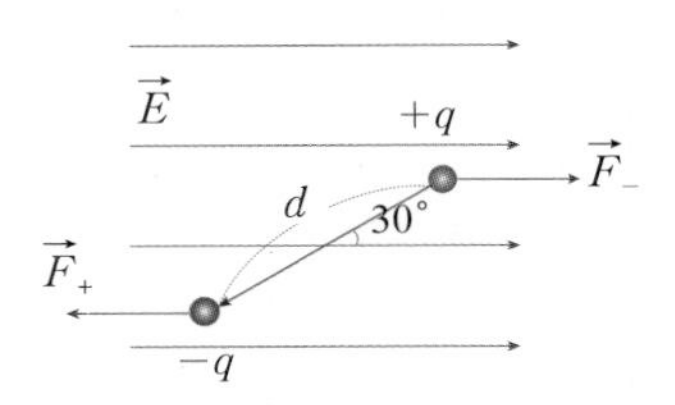

ㄱ. 전기장과 전기 쌍극자 모멘트 사이의 각도는 30° 이므로, 전기 쌍극자가 받는 돌림힘의 세기는 $qEd\sin 30°$ 이다.
ㄴ. 전기 쌍극자가 전기장에서 돌림힘을 받아 회전하여 전기장과 나란한 방향으로 정렬하게 된다.
ㄷ. 전기 쌍극자가 균일한 전기장에 있을 때 전기 쌍극자의 전체 전하량은 0 이므로 전기 쌍극자에 작용하는 전기력의 합력은 0 이다.

07. 답 ④
해설 ㄱ, ㄴ. 물분자는 수소-산소-수소의 각도가 105° 가 되어 한쪽으로 치우쳐 있다. 이때 수소와 산소 원자 사이의 전자들은 산소 쪽에 더 가깝게 분포함으로써 수소는 (+) 전하, 산소는 (−) 전하를 띠게 된다. 이때 수소와 산소 원자가 단단히 결합하여 거리의 변화가 없기 때문에 전기 쌍극자가 된다.
ㄷ. 전기 쌍극자는 전기장에서 돌림힘을 받아 회전하여 전기장과 나란한 방향으로 정렬한다.

08. 답 ③
해설 $V = k\frac{q}{r} + k\frac{-q}{r + \Delta r} = kq\frac{\Delta r}{r(r + \Delta r)}$

$$= kq\frac{l\cos\theta}{r(r + l\cos\theta)} \fallingdotseq \frac{kql\cos\theta}{r^2} \quad (\because r \gg l)$$

창의력 & 토론마당 24 ~ 27 쪽

01 (1), (3), (4) 〈 해설 참조 〉 (2) $\sqrt{\frac{4kq^2}{md}}$

해설 (1) 두 전하의 부호가 서로 반대이므로 두 전하 사이에는 인력이 작용한다. 따라서 처음에는 A 는 오른쪽, B 는 왼쪽으로 각각 반대 방향으로 가속된다. 그러다가 두 전하가 서로를 지나치게 되면 운동 방향과 힘의 방향이 반대가 되므로 각 전하는 속력이 점점 줄어드는 운동을 하게 된다. 이때 두 전하의 역학적 에너지는 보존되므로 최종적으로 A 는 처음 속도인 v 로 운동하게 되고 B는 정지하게 된다.

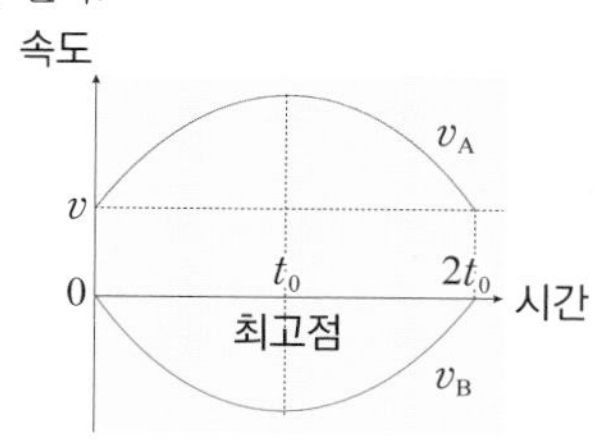

(2) 두 전하의 부호가 같으므로 두 전하 사이에는 척력이 작용한다. 따라서 A는 속력이 점점 느려지고, B는 오른쪽으로 속력이 빨라지는 가속 운동을 하게 된다. 두 전하를 잇는 선과 운동 방향이 수직이 되는 순간 두 전하의 속도는 같아진다. 이를 시간-속도 그래프로 나타내면 다음과 같다.

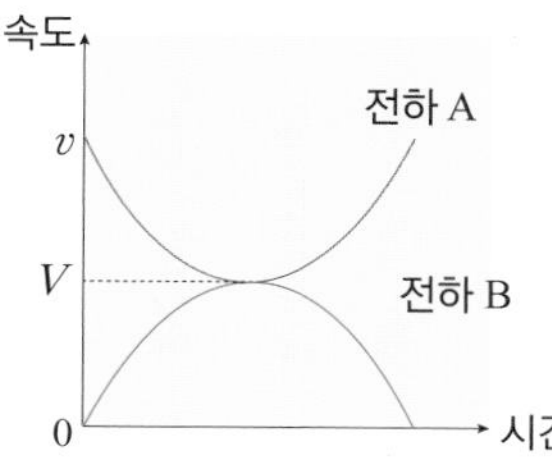

이는 역학적 에너지가 보존되는 완전 비탄성 충돌로 취급할 수 있으므로 다음과 같은 식이 성립한다. 이때 같아지는 속력을 V 라고 한다.

운동량 보존 : $mv = 2mV$

역학적 에너지 보존 : $\frac{1}{2}mv^2 = \frac{1}{2}\cdot 2mV^2 + \frac{kq^2}{d}$

$$\therefore v^2 = \frac{4kq^2}{md} \Rightarrow v = \sqrt{\frac{4kq^2}{md}}$$

(3) 두 전하가 서로를 지나친 후 A 의 속력은 빨라져서 다시 처음 속도에 도달하게 되고, B 는 느려져서 다시 정지하게 된다.

(4) A 는 두 전하를 잇는 선과 운동 방향이 수직이 되는 순간까지 도달할 수 없다. 따라서 A의 속력은 점점 느려지다 정지하고, B 의 속력은 A 의 처음 속력과 같은 v 가 된다(운동량 보존).

02 〈 해설 참조 〉

해설 힘의 방향이 위쪽이면 (+), 아래쪽이면 (−) 로 한다.

전기장의 세기 $E = \frac{\sigma}{2\varepsilon_0}$ 이므로, 각 공간 A, B, C 에서 전기장의 세기는 각각 다음과 같다.

A. $\frac{-2\sigma}{2\varepsilon_0} + \frac{+3\sigma}{2\varepsilon_0} = +\frac{\sigma}{\varepsilon_0}$, B. $\frac{+2\sigma}{2\varepsilon_0} + \frac{+3\sigma}{2\varepsilon_0} = +\frac{5\sigma}{\varepsilon_0}$

C. $\frac{+2\sigma}{2\varepsilon_0} + \frac{-3\sigma}{2\varepsilon_0} = -\frac{\sigma}{\varepsilon_0}$

따라서 각 공간에서 전기력의 방향은 다음과 같다.

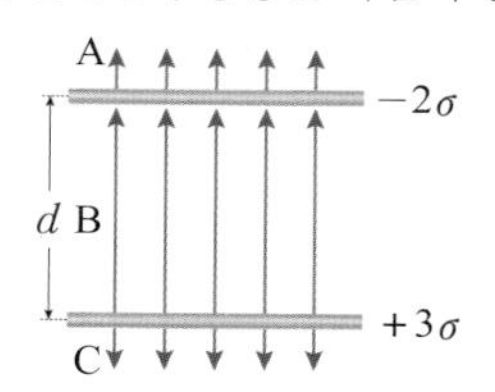

03 $\frac{L}{2}\left(1 + \frac{kQq}{h^2W}\right)$

해설 막대가 수평을 유지하기 위해서는 돌림힘의 평형 상태가 되야 한다.

전하량이 $+q$ 인 왼쪽 전하는 $\frac{kQq}{h^2}$ 의 힘을 연직 위로 받으며, 이때의 돌림힘의 방향을 (+) 로 하면, 막대의 중심으로 부터 $x - \frac{L}{2}$ 되는 지점에서 연직 아랫 방향으로 힘 W가 작용한다.

전하량이 $+2q$ 인 오른쪽 전하는 $\frac{2kQq}{h^2}$ 의 힘을 연직 위 방향으로 받으며, 돌림힘의 방향은 (−) 가 된다.

$$\frac{L}{2}\frac{kQq}{h^2} + \left(x - \frac{L}{2}\right)W - \frac{L}{2}\frac{2kQq}{h^2} = 0, \quad \therefore x = \frac{L}{2}\left(1 + \frac{kQq}{h^2W}\right)$$

04 (1) $\frac{mv_0^2}{2qE}$, $\frac{2mv_0}{qE}$ (2) $\sqrt{v_0^2 + \left(\frac{qE\cdot t}{m}\right)^2}$, $\left(v_0t, \frac{qE\cdot t^2}{2m}\right)$

해설 (1) 대전 입자가 최대로 갈 수 있는 거리를 L 이라고 하면, 그 지점까지의 전위차는 EL 이다. 전기장에서 운동하는 전하의 역학적 에너지는 보존된다. 따라서 최대 거리 L 은 다음과 같다.

$$\frac{1}{2}mv_0^2 = qEL \Rightarrow L = \frac{mv_0^2}{2qE}$$

대전 입자가 받는 힘 $F = qE = ma$ 이므로, 대전 입자의 가속도의 크기는 $a = \frac{qE}{m}$ 이다. 따라서 최대 변위까지 이동하였을 때(t 초 후) 대전 입자의 속도는 0 이므로 최대 변위까지 걸린 시간 t는 다음과 같다.

$$v = v_0 + at = v_0 - \frac{qE}{m}t \Rightarrow t = \frac{mv_0}{qE}$$

따라서 제자리로 돌아오는 데 걸리는 시간은 $2t = \frac{2mv_0}{qE}$ 이다.

(2) 전기장과 수직으로 입사한 대전 입자에는 y 축 방향으로 일정한 힘 $F = qE$ 을 받으며 운동한다. 따라서 x 축 방향으로는 등속도 운동, y 축 방향으로는 등가속도 운동을 하므로 대전 입자는 포물선 운동을 하게 된다. 대전 입자의 운동 경로는 다음과 같다.

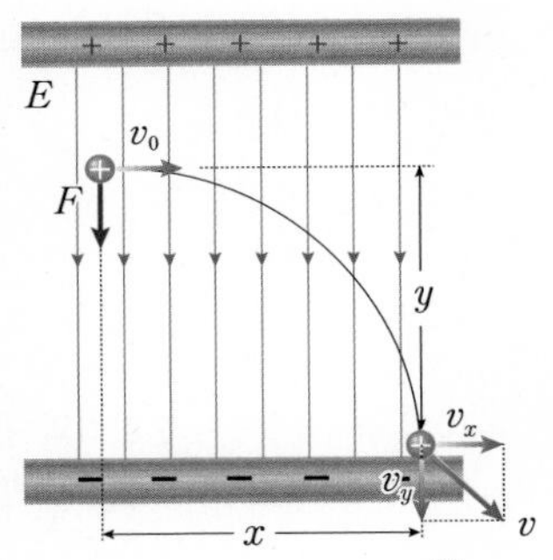

t 초 후 속도의 x 방향 성분 $v_x = v_0$, y 방향 성분 $v_y = at = \dfrac{qE}{m}t$

$\therefore v = \sqrt{v_x^2 + v_y^2} = \sqrt{v_0^2 + \left(\dfrac{qE \cdot t}{m}\right)^2}$

t 초 후 $x = v_0 t$, $y = \dfrac{1}{2}at^2 = \dfrac{qE}{2m}t^2$ 이다.

05 $\dfrac{5kq^2}{9d}$

해설 용수철 상수를 k' 이라고 하면, 용수철 길이가 $2d$ 만큼 늘어나 $3d$ 일 때 힘의 평형을 이루어 멈추었으므로

$$2dk' = k\frac{q^2}{9d^2} \Rightarrow k' = k\frac{q^2}{18d^3}$$

처음 에너지(전기력에 의한 퍼텐셜 에너지) $E_0 = k\dfrac{q^2}{d}$ 이고, 진동 후 정지한 상태의 에너지 E 는 다음과 같다.

$$E = k\frac{q^2}{3d} + \frac{1}{2}k'(2d)^2 = k\frac{q^2}{3d} + \frac{1}{2}\frac{kq^2}{18d^3}(2d)^2 = \frac{4kq^2}{9d}$$

따라서 용수철에 발생한 총 열 에너지는 다음과 같다.

$$Q_{열} = E_0 - E = k\frac{q^2}{d} - \frac{4kq^2}{9d} = \frac{5kq^2}{9d}$$

06 6×10^{-3} J 의 일이 필요하다.

해설 전기력을 받아 반지름이 R 인 궤도를 따라 등속 원운동하는 전하는 전기력이 구심력이 된다. 이때 전하의 속도를 v 라고 하면,

$F = \dfrac{mv^2}{R} = k\dfrac{q_1q_2}{R^2} \Rightarrow mv^2 = k\dfrac{q_1q_2}{R}$ 이다.

따라서 전하의 운동 에너지 $E_K = \dfrac{1}{2}mv^2 = \dfrac{kq_1q_2}{2R}$ 이고, 전기장에서 q_2 의 퍼텐셜 에너지 $E_p = -k\dfrac{q_1q_2}{R}$ 이므로, 역학적 에너지 E 는 다음과 같다.

$E = E_K + E_p = \dfrac{kq_1q_2}{2R} - \dfrac{kq_1q_2}{R} = -\dfrac{kq_1q_2}{2R}$ (반지름이 R 일 때)

반지름이 3 cm 인 궤도에서 6 cm 인 궤도로 옮길 경우 두 궤도의 역학적 에너지의 차이만큼 외부에서 일을 해주어야 한다.

$$W = E_{6cm} - E_{3cm} = -\frac{kq_1q_2}{2}\left(\frac{1}{2R} - \frac{1}{R}\right)$$

$$= -\frac{(9 \times 10^9)(4 \times 10^{-8})(2 \times 10^{-6})}{2 \times 10^{-2}}\left(\frac{1}{6} - \frac{1}{3}\right) = 6 \times 10^{-3}\text{ (J)}$$

스스로 실력 높이기 28 ~ 35 쪽

01. (1) ㉠ (2) ㉢ (3) ㉡ (4) ㉣ 02. (1) O (2) O
03. ②, ⑤ 04. (1) X (2) O (3) O
05. (1) X (2) O 06. (1) O (2) O (3) X
07. ④ 08. ① 09. ㉠, ㉠, ㉠ 10. ④
11. ③ 12. ① 13. ③ 14. 1.1 15. ②
16. ④ 17. 1.9×10^6 18. ① 19. ④
20. ㉠ 2.4×10^5 ㉡ 7.2×10^{-3} 21. ⑤
22. $-\dfrac{10kq^2}{d}$ 23. ① 24. ⑤
25. 8.1×10^5 26. 6.6×10^{-9} 27. ④
28. ② 29. 5 30. 18.6×10^{-14}
31. (1) A. 7.5×10^4 B. -9.75×10^5 (2) 4.2
32. (1) 2 (2) 2 (3) 11

02. 답 (1) O (2) O

해설 (2) 전기력은 척력과 인력이 모두 작용하지만 중력은 인력만 작용한다. 따라서 무한 원점을 기준으로 할 때 중력에 의한 퍼텐셜 에너지는 항상 (−) 의 값만을 갖는다.

03. 답 ②, ⑤

해설 점전하 q 로 부터 r 만큼 떨어진 곳에서 전기장의 세기 E 와 전위 V 는 각각 다음과 같다.

$$E = k\frac{q}{r^2},\ V = k\frac{q}{r}$$

전기장의 세기는 거리의 제곱에 반비례하고($E \propto \dfrac{1}{r^2}$), 전위는 거리에 반비례($V \propto \dfrac{1}{r}$)한다.

04. 답 (1) X (2) O (3) O

해설 (1) 전기력선은 실제로 존재하지 않으며 전기장을 가시화하기 위해 만든 가상의 선이다.

05. 답 (1) X (2) O

해설 전기력선은 (+) 전하에서 나와 (−) 전하로 들어가는 방향으로 그려진다. 따라서 A 는 (−) 전하, B 는 (+) 전하이다. 이때 전기력선 수는 전하량에 비례한다. 따라서 B 에서 나오는 전기력선의 수가 A 로 들어가는 전기력선 수의 2 배이므로 B 의 전하량이 A 의 전하량의 2 배이다.

06. 답 (1) O (2) O (3) X

해설 (1) 등전위선(면)은 전기장 내에서 전위가 같은 점을 연결한 선(면)이다.

(2) 등전위선과 전기력선은 수직을 이룬다. 따라서 전하는 등전위선(면)에 수직인 방향으로 전기력을 받는다.
(3) 등전위선이 조밀한 곳일수록 전기장이 강하고, 성근 곳일수록 전기장이 약하다.

07. 답 ④
해설 전위는 (+) 전하에 가까울수록 크다. 따라서 전기력선이 나오고 있는 점전하 B 에 가장 가까운 R 점에서 전위가 가장 크고, 가장 먼 P 점에서 가장 작다.

08. 답 ①
해설 (+) 전하의 이동 방향과 전기력의 방향이 반대이므로 전기장이 한 일은 (-) 이다. 이때 (+) 전하는 외부로부터 받은 일만큼 전기적 퍼텐셜 에너지가 증가한다.

09. 답 ㄱ, ㄱ, ㄱ
해설 전자기파의 일종인 마이크로파는 매우 빠르게 진동하는 전기장과 자기장으로 이루어져 있다. 전자레인지가 작동하면 내부에 마이크로파가 발생하고, 빠르게 진동하는 전기장에 의해 전기장의 방향이 계속 변하므로 그 안에 있는 물분자는 계속해서 돌림힘을 받아 회전하면서 다른 분자와 충돌하게 된다. 이 과정에서 열이 발생하여 음식물이 가열되는 것이다.

10. 답 ④
해설 전기 쌍극자가 받는 돌림힘의 크기 $\tau = qEd\sin\theta$ 이므로 쌍극자 모멘트와 전기장의 방향이 수직(90° or 270°)일 때 최대 돌림힘이 된다.

11. 답 ③
해설 전하 사이의 거리를 r 이라고 하면, (가) 경우 A 전하가 받는 힘의 크기 $F_{(가)} = k\dfrac{q^2}{r^2} + k\dfrac{q^2}{(2r)^2} = k\dfrac{5q^2}{4r^2}$ 이고,
(나) 경우 A 전하가 받는 힘의 크기 $F_{(나)} = -k\dfrac{q^2}{r^2} + k\dfrac{q^2}{r^2} = 0$ 이다.
(다) 경우 A 전하가 받는 힘은 오른쪽과 같다.

$$\therefore F_{(다)} = k\frac{q^2}{r^2}$$

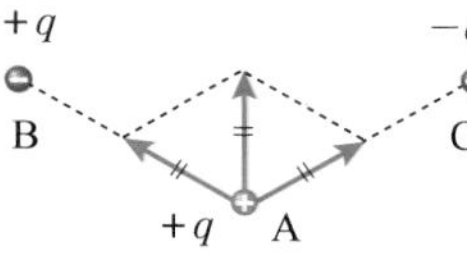

$$\therefore (가) > (다) > (나)$$

12. 답 ①
해설 전하 q_2가 전하 q_1에 작용하는 전기력의 크기는

$$F_{21} = k\frac{q_2q_1}{{r_{21}}^2} = \frac{(9\times10^9)(1\times10^{-9})(5\times10^{-9})}{0.02^2} = 112.5\times10^{-6}$$

이고, 전하 q_3이 전하 q_1에 작용하는 전기력의 크기는

$$F_{31} = k\frac{q_3q_1}{{r_{31}}^2} = \frac{(9\times10^9)(3\times10^{-9})(5\times10^{-9})}{0.04^2} = 84.375\times10^{-6}$$

이다. 전하 q_1에 오른쪽 방향을 (+) 라고 하면, 전하 q_1에 작용하는 힘은 다음과 같다.

$$F = F_{21} + F_{31} = (-112 + 84)\times10^{-6} = -28(\mu\text{N})$$

13. 답 ③
해설 ㄱ. 전기력선은 전위가 높은 곳에서 낮은 곳을 향한다. 따라서 P 점의 전위가 Q 점보다 높다. 이때 전하량이 1.6×10^{-19} C 인 전자가 P 점에서 Q 점으로 이동하는 동안 전기장이 한 일이 -3.2×10^{-19} J 이므로 전위는 다음과 같다.

$$V = \frac{W}{q} = \frac{3.2\times10^{-19}}{1.6\times10^{-19}} = 2(\text{V})$$

ㄴ. 전기력선의 간격이 조밀한 Q 점에서 전기장의 세기가 더 세다.
ㄷ. 전자의 이동 방향과 전기장의 방향이 항상 수직하므로 전기장이 전자에 한 일은 0 이다.

14. 답 1.1
해설 전하 q_1를 전하 q_2로부터 0.3 m 떨어진 지점까지 옮기는데 필요한 일 W은 0.3 m 떨어진 두 전하의 퍼텐셜 에너지이다.

$$\Rightarrow W = q_1(V_2 - V_1) = q_1\left(k\frac{q_2}{r_2} - k\frac{q_2}{r_1}\right)$$

이때 $r_2 = 0.3$ m, $r_1 = \infty$ 이므로 전하를 옮기는 데 필요한 최소한의 일은 다음과 같다.

$$W = (2.5\times10^{-6})(\frac{(9\times10^9)(15\times10^{-6})}{0.3} = 1.125 \fallingdotseq 1.1\ (\text{J})$$

15. 답 ②
해설 점전하 Q로부터 무한히 먼 곳의 전위가 0 이라면, 점전하 Q 로부터 r만큼 떨어진 지점의 전위 $V = k\dfrac{Q}{r}$ 이다.
따라서 B점과 C점 사이의 전위차는 다음과 같다.

$$V = V_B - V_C = k\frac{Q}{r} - k\frac{Q}{2r} = k\frac{Q}{2r}$$

16. 답 ④
해설 전하는 전기력을 받아 등가속도 운동을 한다. 이때 전기장에서 역학적 에너지는 보존된다. 따라서 퍼텐셜 에너지의 감소량이 운동 에너지의 증가량이 되므로 전기력이 전하에 한 일($W = qV$)은 운동 에너지의 증가량과 같다.
한 일은 전위차에 비례하므로 전위차의 비와 운동 에너지의 비가 같다. A 점과 B 점 사이의 전위차는 2 V, A 점과 C 점 사이의 전위차는 3 V 이므로 B 점과 C 점에서 운동 에너지의 비 $E_B : E_C = 2 : 3$ 이 된다. 운동 에너지는 속력의 제곱에 비례하므로 $v_B : v_C = \sqrt{2} : \sqrt{3}$ 이다.

17. 답 1.9×10^6
해설 정지해 있던 양전하를 전압 V 로 가속 운동시킨다면, 양전하가 전기장으로부터 받는 일이 양전하의 운동 에너지가 된다.
따라서 $0 + qV = \dfrac{1}{2}mv^2 + 0$ 이므로 입자의 속도의 크기는

$$v = \sqrt{\frac{2qV}{m}} = \sqrt{\frac{2qEd}{m}} = \sqrt{\frac{2(1.6\times10^{-19})(6.5\times10^4)(0.3)}{(1.67\times10^{-27})}}$$

$\fallingdotseq 1.9\times10^6$ (m/s) 이다.

18. 답 ①
해설 ㄱ. 전기 쌍극자를 이루는 두 전하의 전하량은 같고, 부호는 서로 반대이다. 전하 B 에서 전기력선이 나가고, 전하 A 로 들어오므로 전하 B 는 (+), 전하 A 는 (-) 이다.

ㄷ. 두 전하와 같은 거리 r만큼 떨어져 있는 점을 P 라고 하면 점 P 에 작용하는 전기장은 다음과 같다.

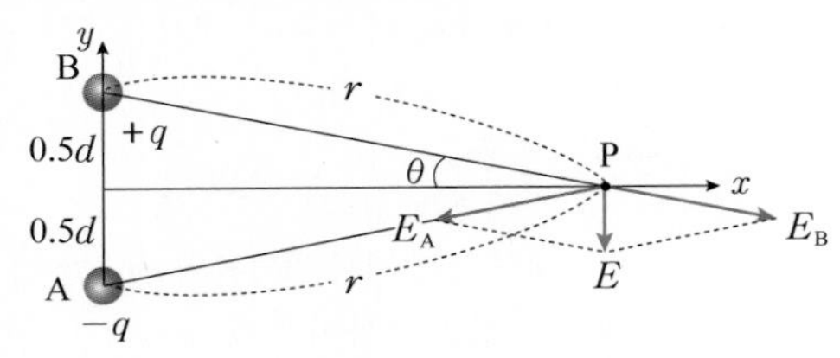

전하 A 에 의한 전기장 $E_A = \frac{kq}{r^2}$, 전하 B 에 의한 전기장 $E_B = \frac{kq}{r^2}$

이때 두 전기장의 x축 방향 성분은 크기가 같고, 방향이 반대이므로 서로 상쇄되어 0 이 되고, y축 방향 성분은 $E_y = E_A\sin\theta = E_B\sin\theta$ 이다. 따라서 점 P 에서 전기장의 세기는 다음과 같다.

$$E = 2E_y = 2 \cdot \frac{kq}{r^2} \cdot \frac{0.5d}{r} = \frac{kqd}{r^3}$$

19. 답 ④

해설 ㄱ, ㄷ. q_2 에 작용하는 힘을 나타내면 다음과 같다.

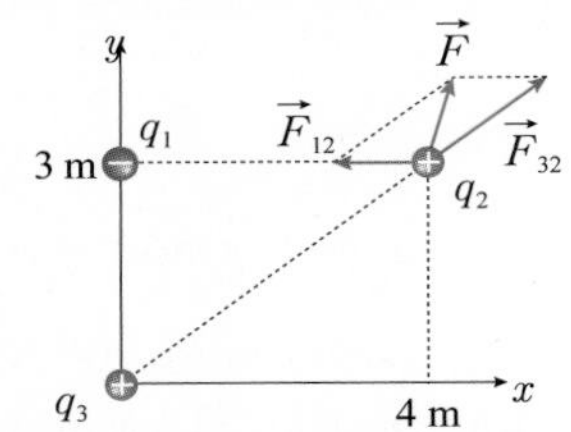

q_1 이 q_2 에 작용하는 힘의 크기 F_{12} 는 다음과 같다.

$$F_{12} = k\frac{q_1q_2}{{r_{12}}^2} = \frac{(9 \times 10^9)(2 \times 10^{-8})(4 \times 10^{-8})}{4^2} = 4.5 \times 10^{-7}\ (\text{N})$$

⇨ $F_{12x} = -4.5 \times 10^{-7}(\text{N})$, $F_{12y} = 0$

q_3 이 q_2 에 작용하는 힘의 크기 F_{32} 는 다음과 같다.

$$F_{32} = k\frac{q_3q_2}{{r_{32}}^2} = \frac{(9 \times 10^9)(5 \times 10^{-8})(4 \times 10^{-8})}{5^2} = 7.2 \times 10^{-7}\ (\text{N})$$

⇨ $F_{32x} = F_{32}\cos\theta = (7.2 \times 10^{-7})\frac{4}{5} \fallingdotseq 5.8 \times 10^{-7}\ (\text{N/C})$,

$F_{32y} = F_{32}\sin\theta = (7.2 \times 10^{-7})\frac{3}{5} \fallingdotseq 4.3 \times 10^{-7}\ (\text{N/C})$

$F_x = F_{12x} + F_{32x} = (-4.5 + 5.8) \times 10^{-7} = 1.3 \times 10^{-7}\ (\text{N})$

$F_y = F_{12y} + F_{32y} = 0 + (4.3 \times 10^{-7}) = 4.3 \times 10^{-7}\ (\text{N})$

$\therefore F = \sqrt{{F_x}^2 + {F_y}^2} = \sqrt{(1.3 \times 10^{-7})^2 + (4.3 \times 10^{-7})^2}$

$\fallingdotseq 4.5 \times 10^{-7}\ (\text{N})$

ㄴ. q_1 이 q_3 에 작용하는 힘의 크기 F_{13} 는 다음과 같다.

$$F_{13} = k\frac{q_1q_3}{{r_{13}}^2} = \frac{(9 \times 10^9)(2 \times 10^{-8})(5 \times 10^{-8})}{3^2} = 1.0 \times 10^{-6}\ (\text{N})$$

20. 답 ㉠ 2.4×10^5 ㉡ 7.2×10^{-3}

해설 ㉠ 점 P 의 전기장의 방향은 오른쪽 그림과 같다.

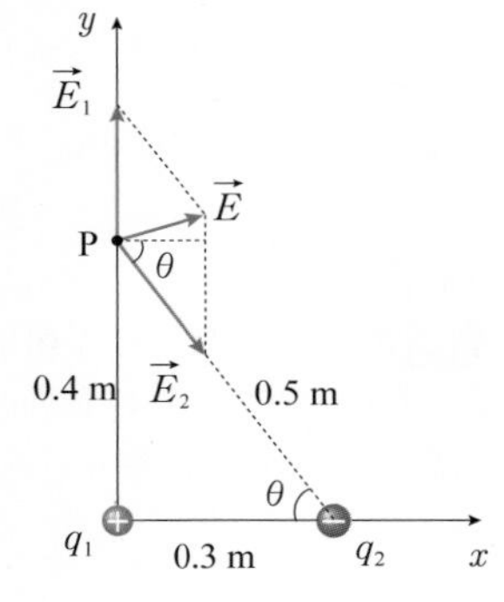

점 P 의 전하 q_1 과 q_2 에 의한 전기장의 세기 E_1, E_2 는 각각 다음과 같다.

$$E_1 = k\frac{q_1}{{r_1}^2} = \frac{(9 \times 10^9)(6 \times 10^{-6})}{0.4^2}$$

$\fallingdotseq 3.4 \times 10^5\ (\text{N/C})$

⇨ $E_{1x} = 0$, $E_{1y} = 3.4 \times 10^5\ (\text{N/C})$

$$E_2 = k\frac{q_2}{{r_2}^2} = \frac{(9 \times 10^9)(4 \times 10^{-6})}{0.5^2} \fallingdotseq 1.4 \times 10^5\ (\text{N/C})$$

⇨ $E_{2x} = E_2\cos\theta = (1.4 \times 10^5)\frac{0.3}{0.5} = 8.4 \times 10^4\ (\text{N/C})$

$E_{2y} = E_2\sin\theta = -(1.4 \times 10^5)\frac{0.4}{0.5} = -1.1 \times 10^5\ (\text{N/C})$

$E_x = E_{1x} + E_{2x} = 8.4 \times 10^4\ (\text{N/C})$

$E_y = E_{1y} + E_{2y} = (3.4 \times 10^5) + (-1.1 \times 10^5)$

$= 2.3 \times 10^5(\text{N/C})$

$\therefore E = \sqrt{{E_x}^2 + {E_y}^2} = \sqrt{(8.4 \times 10^4)^2 + (2.3 \times 10^5)^2}$

$\fallingdotseq 2.4 \times 10^5\ (\text{N/C})$

㉡ $F = qE = (3.0 \times 10^{-8}) \times (2.4 \times 10^5) = 7.2 \times 10^{-3}\ (\text{N})$

21. 답 ⑤

해설 ㄱ. (+) 로 대전된 입자가 오른쪽 방향으로 직선 운동하였으므로 전기장의 방향도 오른쪽 방향이다.

ㄴ. 균일한 전기장 E 내에서 입자가 받는 전기력의 크기 $F = Eq$ 로 일정하다.

ㄷ. 전기력이 입자에 한 일 $W = Fd = Eqd$ 이다. 이때 전기력의 크기는 일정하므로 같은 거리를 이동하는 동안 전기력이 입자에 한 일은 같다.

22. 답 $-\frac{10kq^2}{d}$

해설 세 점전하가 갖는 전기력에 의한 퍼텐셜 에너지는 각각의 전하를 매우 먼 위치에서 각각의 위치로 이동시키기 위해 필요한 일과 같다. 정삼각형 한 변의 길이를 d 라고 하고, 전하 q_A 를 제자리에 놓고, 다른 전하는 모두 무한대의 위치에 있다고 가정한다. 이때 전하 q_B 를 무한대에서 제자리로 끌어오게 되면, 전하 q_A 과 q_B 에 대한 퍼텐셜 에너지 $U_{AB} = k\frac{q_Aq_B}{d}$ 이다. 또한 전하 q_C 를 무한대로 부터 제자리로 옮겨올 때 해야하는 일은 전하 q_A 근처로 q_C 을 가져오는 일과 q_B 근처로 가져오는 일의 합과 같다.

$$W_{AC} + W_{BC} = U_{AC} + U_{BC} = k\frac{q_Aq_C}{d} + k\frac{q_Bq_C}{d}$$

따라서 세 전하가 갖는 전기력에 의한 퍼텐셜 에너지 U 는 다음과 같다.

$$U = U_{AB} + U_{AC} + U_{BC} = \frac{k}{d}(q_Aq_B + q_Aq_C + q_Bq_C) = -\frac{10kq^2}{d}$$

23. 답 ①

해설 다음 그림과 같이 지면과 나란한 방향을 x축, 수직한 방향을 y축으로 하자(T : 장력).

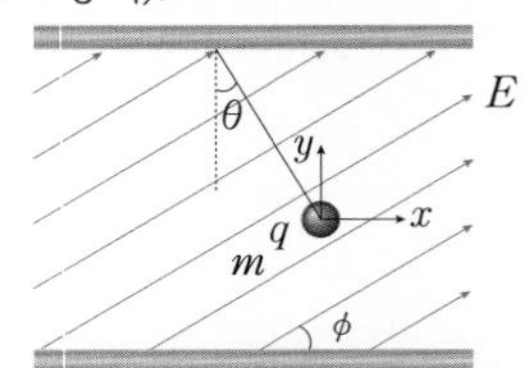

x축 방향으로 도체구에 작용하는 힘 : $T\sin\theta = qE\cos\phi$

y축 방향으로 도체구에 작용하는 힘 : $T\cos\theta = mg - qE\sin\phi$

$$\therefore \tan\theta = \frac{\sin\theta}{\cos\theta} = \frac{qE\cos\phi}{mg - qE\sin\phi}$$

24. 답 ⑤

해설 ㄱ, ㄷ. 균일한 전기장 E 영역 내에서 두 물체에 작용하는 전기력의 크기 $F = Eq$ 로 일정하다. 따라서 두 물체 모두 등가속도 운동을 한다. 물체 A 의 P 점에서 속력을 v_P, 물체 B 의 Q 점에서 속력을 v_Q, 전기장 영역의 수평 거리를 s, 두 물체의 가속도를 a 라고 하면 두 경우 각각 다음과 같은 식을 만족한다.

$$2as = v_P^2 - v^2,\ 2as = v^2 - v_Q^2 \Rightarrow v_P = v_Q$$

ㄴ. A 가 전기장 영역 안으로 들어가기 전 속력과 B 가 전기장 영역을 통과한 후 속력이 같고, 두 물체에 작용하는 힘이 같으므로 전기장 영역을 통과하는 데 걸리는 시간도 같다.

25. 답 8.1×10^5

해설 O 점에서 전기장은 각 전하가 만드는 전기장의 벡터합이다. 다음 그림과 같이 x, y 축을 정하면 O 점의 x, y 좌표는 (0, 0)이다.

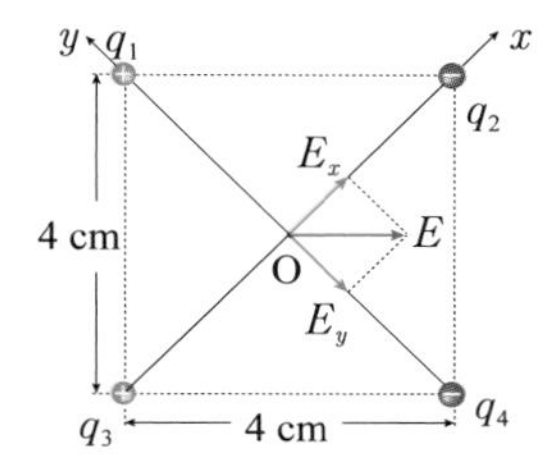

전하 q_1 과 q_4 에 의한 전기장의 x 성분은 0 이므로, O 점에서 전기장의 x 성분은

$$E_x = E_{2x} + E_{3x} = k\frac{q_3}{r^2} - k\frac{q_1}{r^2} = \frac{k}{r^2}(q_3 - q_2)$$

이고, 전하 q_2 과 q_3 에 의한 전기장의 y 성분은 0 이므로 전기장의 y 성분은

$$E_y = E_{1y} + E_{4y} = -k\frac{q_1}{r^2} + k\frac{q_4}{r^2} = \frac{k}{r^2}(q_4 - q_1)$$

이다. 정사각형 한 변의 길이를 $a = 4$ (cm)라고 하면, $r = \frac{a}{\sqrt{2}}$ 이므로,

$$\therefore E = \sqrt{E_x^2 + E_y^2} = \frac{k}{r^2}\sqrt{(q_3 - q_2)^2 + (q_4 - q_1)^2}$$

$$= \frac{2(9 \times 10^9)}{(0.04)^2}\sqrt{(6.0 \times 10^{-8})^2 + (-4.0 \times 10^{-8})^2}$$

$\fallingdotseq 8.1 \times 10^5$ (N/C) 이다.

26. 답 6.6×10^{-9}

해설 두 도체구에 작용하는 힘은 오른쪽 그림과 같다. 왼쪽 도체구를 A, 오른쪽 도체구를 B 라고 하면, 도체구 A 에 작용하는 힘의 성분은 다음과 같다.

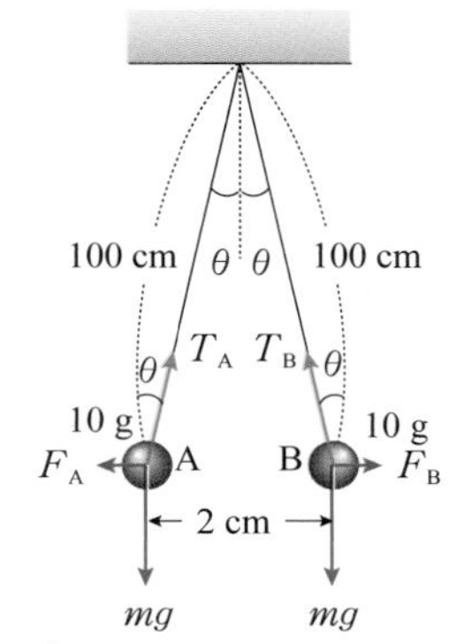

x 성분 : $T_A\sin\theta - F_A = 0$ … ㉠

y 성분 : $T_A\cos\theta - mg = 0$

: $\Rightarrow T_A = \frac{mg}{\cos\theta}$ … ㉡

㉡ 을 ㉠ 에 대입하면,

$$mg\tan\theta - F_A = 0$$

이때 실의 길이를 L, 도체구 사이의 거리를 $2d = 2$ (cm) 라고 하면,

$$\tan\theta = \frac{d}{\sqrt{L^2 - d^2}} \fallingdotseq \frac{d}{L}\ (\because L \gg d),\quad mg\tan\theta = \frac{mgd}{L}$$

$$F_A = k\frac{q^2}{(2d)^2} = k\frac{q^2}{4d^2},\quad \therefore \frac{mgd}{L} = k\frac{q^2}{4d^2}$$

$$\Rightarrow q^2 = \frac{4mgd^3}{kL} = \frac{4 \times 0.01 \times 9.8 \times (0.01)^3}{(9 \times 10^9) \times 1}$$

$$\therefore |q| \fallingdotseq 6.6 \times 10^{-9}\ (C)$$

27. 답 ④

해설 ㄱ. 전하 A 를 기준으로 왼쪽은 $-x$ 방향, 오른쪽은 $+x$ 방향으로 전기장이 형성되었다. 즉, 전하에서 나가는 방향으로 전기장이 형성되었으므로 점전하 A 는 (+) 전하라는 것을 알 수 있다. 마찬가지로 전하 B 도 왼쪽은 $-x$ 방향, 오른쪽은 $+x$ 방향으로 전기장이 형성되었으므로 (+) 전하라는 것을 알 수 있다.

ㄴ. 두 전하의 중심 지점 ($x = 0$) 에서 전기장이 (–) 이므로 두 전하에 의한 합성 전기장의 방향이 (–) 이다. 따라서 전하 B 의 전하량이 더 큰 것을 알 수 있다.

ㄷ. 전기력선의 방향 즉, 전기장의 방향은 전위가 높은 곳에서 낮은 곳으로 향한다. $0 \le x \le 0.5d$ 에서 전기장의 방향은 $-x$ 방향이므로 $x = 0$ 의 전위가 $x = 0.5d$ 에서의 전위보다 낮다.

28. 답 ②

해설 부도체의 내부에서는 전하가 일정하게 분포한다. 따라서 구의 중심에서 멀어질수록 r^3 에 비례하여 전하가 증가한다. 하지만 전기장 E 는 r^2 에 반비례하여 약해지므로 $E \propto r$ 이 된다.

〈상세 풀이〉

중심에서 반지름 r 인 구의 알짜 전하량을 q, 구의 전체 전하량이 Q 일 때, 전하 밀도는 σ 라고 하면 반지름 R 인 구의 내부에서 중심에서 반지름 r 인 구의 전하량 q 는 다음과 같다.

$$\sigma = \frac{Q}{\frac{4}{3}\pi R^3} \Rightarrow q = \sigma \cdot \frac{4}{3}\pi r^3 = Q\left(\frac{r}{R}\right)^3$$

$$\therefore E = k\frac{q}{r^2} = k\frac{Q}{R^3}r = k'r\quad \left(k' = k\frac{Q}{R^3}\right)$$

이때 부도체 구 외부에서는 점전하에 의한 전기장($E = k\frac{Q}{r^2}$)과 같다.

29. 답 5

해설 기름 방울이 떠 있는 다는 것은 기름 방울에 작용하는 중력과 전기력이 평형을 이루고 있는 것이다($qE = mg$). 밀도가 ρ, 반지름이 r 인 기름 방울의 질량 $m = \frac{4}{3}\pi r^3\rho$ 이므로, 기름 방울의 전하 q 는 다음과 같다.

$$q = \frac{mg}{E} = \frac{4\pi r^3\rho g}{3E} = \frac{4 \times 3.14(1.64 \times 10^{-6})^3(850)(9.8)}{3(1.92 \times 10^5)}$$

$\fallingdotseq 8.0 \times 10^{-19}$ (C)

$$\therefore \frac{q}{e} = \frac{8.0 \times 10^{-19}}{1.6 \times 10^{-19}} = 5$$

30. 답 18.6×10^{-14}

해설 네 전하의 배열을 만들기 위해 필요한 일은 계의 퍼텐셜 에너지와 같으며 전하의 무한 거리에서 퍼텐셜 에너지는 0 이다. 정사각형 한 변의 길이를 d 라고 하면, 전하 q_1 와 전하 q_2 사이의 퍼텐셜 에너지(전하 q_1 은 정지한 상태에서 전하 q_2 를 무한 거리에서 옮겨올 때 필요한 일)는 다음과 같다.

$$U_{12} = k\frac{q_1q_2}{d} = \frac{(9\times10^9)(2\times10^{-12})(-2\times10^{-12})}{0.5}$$
$$= -7.2\times10^{-14}\ (\mathrm{J})$$

전하 q_1 과 전하 q_3 사이의 거리는 $\sqrt{2}\,d$ 이므로, 두 전하 사이의 퍼텐셜 에너지 $U_{13} = -\frac{U_{12}}{\sqrt{2}} \fallingdotseq 5.1\times10^{-14}$ (J)

전하 q_1 와 전하 q_4 사이의 퍼텐셜 에너지 $U_{14} = U_{12} = -7.2\times10^{-14}$ (J), 전하 q_2 와 전하 q_3 사이의 퍼텐셜 에너지 $U_{23} = U_{12} = -7.2\times10^{-14}$ (J), 전하 q_2 와 전하 q_4 사이의 퍼텐셜 에너지 $U_{24} = U_{13} = 5.1\times10^{-14}$ (J), 전하 q_3 와 전하 q_4 사이의 퍼텐셜 에너지 $U_{34} = U_{12} = -7.2\times10^{-14}$ (J) 가 된다. 따라서 계의 총 퍼텐셜 에너지 U 는 다음과 같다.

$$U = U_{12} + U_{13} + U_{14} + U_{23} + U_{24} + U_{34}$$
$$= (-7.2 + 5.1 - 7.2 - 7.2 + 5.1 - 7.2)\times10^{-14}$$
$$= -18.6\times10^{-14}\ (\mathrm{J})$$

31. 답 (1) A. 7.5×10^4 B. -9.75×10^5 (2) 4.2

해설 전하 q_1 와 전하 q_2 는 각각 꼭지점 A 로부터 12 cm, 4 cm 떨어진 곳에 있으므로 A 점의 전위는 다음과 같다.

$$V_A = k\frac{q_1}{0.12} + k\frac{q_2}{0.04} = (9\times10^9)\left(\frac{-5\times10^{-6}}{0.12} + \frac{2\times10^{-6}}{0.04}\right)$$
$$\fallingdotseq 7.5\times10^4\ (\mathrm{V})$$

전하 q_1 와 전하 q_2 는 각각 꼭지점 B로부터 4cm, 12cm 떨어진 곳에 있으므로 B점의 전위는 다음과 같다.

$$V_B = k\frac{q_2}{0.12} + k\frac{q_1}{0.04} = (9\times10^9)\left(\frac{2\times10^{-6}}{0.12} + \frac{-5\times10^{-6}}{0.04}\right)$$
$$\fallingdotseq -9.75\times10^5\ (\mathrm{V})$$

(2) 외부에서 한 일은 계의 퍼텐셜 에너지의 변화와 같다. 전하 q_3 가 꼭지점 A에 있을 때 퍼텐셜 에너지를 U_A, 꼭지점 B에 있을 때 퍼텐셜 에너지를 U_B 라고 하면, 전하를 B에서 A로 옮기는 데 한 일 W 은 다음과 같다.

$$W = U_A - U_B = q_3(V_A - V_B)$$
$$= (4\times10^{-6})(7.5\times10^4 + 9.75\times10^5) = 4.2\ (\mathrm{J})$$

32. 답 (1) 2 (2) 2 (3) 11

해설

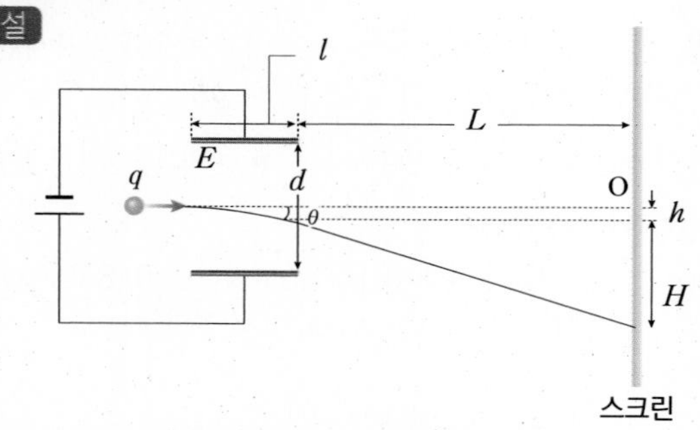

균일한 전기장 E 속에서 운동하는 질량이 m 인 전자는 수평 방향으로는 등속도 운동을 하고, 연직 방향으로는 등가속도 운동을 한다. 이때 중력은 무시하므로 연직 방향으로 가속도는 다음과 같다.

$$ma = qE\ \left(= \frac{qV}{d}\right)$$

처음 속도 v_0 로 도체판 길이 l 을 통과하는 동안 걸린 시간 $t = \frac{l}{v_0}$ 이므로, 연직 방향으로 이동한 거리를 h 라고 하면, 거리 h 는 다음과 같다.

$$h = \frac{1}{2}at^2 = \frac{qEl^2}{2mv_0^2}$$

입자가 전기장을 벗어난 순간부터는 전기력이 0 이므로 $\tan\theta = \frac{v_y}{v_x}$ 를 만족하는 θ 의 각도로 등속도 운동한다. $v_x = v_0$, $v_y = at = \frac{qEt}{m}$ 이므로 $\tan\theta = \frac{qEl}{mv_0^2}$ 이다. 따라서 $H = L\tan\theta = \frac{qEl\cdot L}{mv_0^2}$ 이 된다.

(1) 전하가 도체판에 충돌하지 않기 위해서는 다음 조건을 만족해야 한다.

$$h = \frac{qEl^2}{2mv_0^2} \le \frac{d}{2} = 0.01\ (\mathrm{m}) \Rightarrow \frac{qEl^2}{0.02m} \le v_0^2$$
$$\frac{(-10\times10^{-6})(200)(0.2)^2}{0.02\times10^{-3}} = 4 \le v_0^2 \Rightarrow 2 \le v_0$$

(2) 전하가 도체판을 빠져나온 직후 속력은 다음과 같다.

$v_x = 2$ (m/s),

$$v_y = \frac{qEl}{mv_x} = \frac{(-10\times10^{-6})(200)(0.2)}{10^{-3}\times2} = 0.2\ (\mathrm{m/s})$$
$$\therefore v = \sqrt{v_x^2 + v_y^2} \fallingdotseq 2\ (\mathrm{m/s})$$

(3)

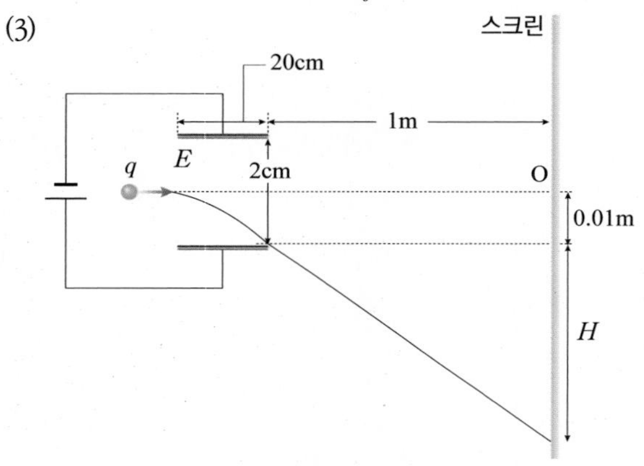

스크린에 충돌하는 지점은 중심점 O 로부터 $h + H$ 만큼 떨어진 지점이다.

$$\therefore h + H = 0.01 + \frac{qEl\cdot L}{mv_0^2}$$
$$= 0.01 + \frac{(10\times10^{-6})(200)(0.2)(1)}{10^{-3}\times2^2} = 0.11\ (\mathrm{m})$$
$$= 11\ (\mathrm{cm})$$

14강. 직류 회로

개념확인 36 ~ 39 쪽

1. 기전력	2. 직렬, 병렬
3. ④	4. 휘트스톤 브리지

확인 + 36 ~ 39 쪽

1. 2　2. 3.3　3. $I_1 = 2, I_2 = 3, I_3 = 1$　4. 20

개념확인

03. 답 ④

해설 키르히호프의 제 2 법칙은 에너지 보존 법칙에 근거를 두고 있다.

확인 +

01. 답 2

해설 전지의 단자 전압 V 는 기전력 E 보다 내부 저항 r 에 의한 전압 강하로 Ir 만큼 작아진다.

$$V = E - Ir \Rightarrow r = \frac{E-V}{I} = \frac{1.5-1.1}{0.2} = 2(\Omega)$$

02. 답 3.3

해설 총 기전력은 총 저항에 의한 전압 강하와 같다. 기전력이 E 인 전지 2 개를 직렬 연결하였으므로 총 기전력은 $2E$ 가 되고, 내부 저항을 r 이라고 하면 다음 식이 각각 성립한다.

$$2E = 0.6(5+2r),\quad 2E = 0.55(6+2r)$$
$$\therefore r = 3\ (\Omega),\ E = 3.3\ (\text{V})$$

03. 답 $I_1 = 2, I_2 = 3, I_3 = 1$

해설

제 1 법칙 : 분기점 C 에서 $I_1 + I_2 - I_3 = 0$

제 2 법칙 : 폐회로 ABCDA 에서 $10 - 6I_1 - 2I_3 = 0$

폐회로 BEFCB 에서 $-4I_2 - 14 + 6I_1 - 10 = 0$

$\Rightarrow -24 - 4I_2 + 6I_1 = 0$

$\therefore I_1 = 2\ (\text{A}),\ I_2 = -3\ (\text{A}),\ I_3 = -1\ (\text{A})$

I_2 와 I_3 가 (−) 부호를 갖고 있으므로 전류의 실제 방향은 시계 방향과 반대 방향이다.

04. 답 20

해설 휘트스톤 브리지에서 검류계의 눈금이 0 이므로 B 점과 D 점의 전위는 같다.

$$\therefore 10 \times 40 = R \times 20 \Rightarrow R = 20\ (\Omega)$$

개념다지기 40 ~ 41 쪽

01. (1) X (2) O (3) O　02. ④　03. ④
04. 0.44　05. $I_1 = -0.5, I_2 = 1, I_3 = -1.5$
06. ③　07. ③　08. ㉡

01. 답 (1) X (2) O (3) O

해설 (1) 전지의 단자 전압이 V 일 때 (+) 극은 (−) 극보다 V 만큼 전위가 높다.

02. 답 ④

해설 ㄱ. 기전력 $E = 8.1$ (V), 내부 저항 $r = 0.05\ (\Omega)$ 인 전지와 저항 $R = 4\ (\Omega)$ 이 직렬 연결된 회로에 흐르는 전류 I 는

$$I = \frac{E}{R+r} = \frac{8.1}{4+0.05} = 2(\text{A}) \text{ 이다.}$$

ㄴ. 전지의 단자 전압 $V = E - Ir = IR = 2 \times 4 = 8$ (V) 이다.

ㄷ. 회로에서 소비되는 전력 $P = I^2R + I^2r = IE = 2 \times 8.1 = 16.2$ (W) 이다.

03. 답 ④

해설 ㉠ 기전력 E, 내부 저항 r 인 전지 n 개를 직렬 연결한 후 외부 저항 R 에 연결할 경우,

$$\text{회로에 흐르는 전류 } I = \frac{nE}{R+nr} = \frac{2\times15}{6+(2\times3)} = 2.5(\text{A})$$

㉡ 기전력 E, 내부 저항 r 인 전지 n 개를 병렬 연결한 후 외부 저항 R 에 연결할 경우,

$$\text{회로에 흐르는 전류 } I = \frac{nE}{nR+r} = \frac{2\times15}{(2\times6)+3} = 2\ (\text{A})$$

<또 다른 풀이>

㉠ 전지가 직렬 연결된 회로의 기전력 = (2 × 15) = 30 (V), 전체 저항 = [6 + (2 × 3)] = 12 (Ω) 이므로, $I = \frac{30}{12} = 2.5(\text{A})$ 이다.

㉡ 전지가 병렬 연결된 회로의 기전력 = 15 (V), 전체 저항 = $[6 + (\frac{3}{2})] = 7.5\ (\Omega)$ 이므로, $I = \frac{15}{7.5} = 2\ (\text{A})$ 이다.

04. 답 0.44

해설 총 기전력은 총 저항에 의한 전압 강하와 같다. 기전력이 E 인 전지 2개를 직렬 연결하였으므로 총 기전력은 $2E$ 가 되고, 내부 저항을 r 이라고 하면 다음 식이 각각 성립한다.

$$2E = 0.6(5+2r),\quad 2E = 0.55(6+2r),$$
$$\therefore E = 3.3\ (\text{V}),\ r = 3(\Omega)$$
$$2 \times 3.3 = I[9 + (2\times3)],\ \therefore I = 0.44\ (\text{A})$$

05. 답 $I_1 = -0.5, I_2 = 1, I_3 = -1.5$

해설 고리 방향을 오른쪽 그림과 같이 시계 방향으로 정한다.

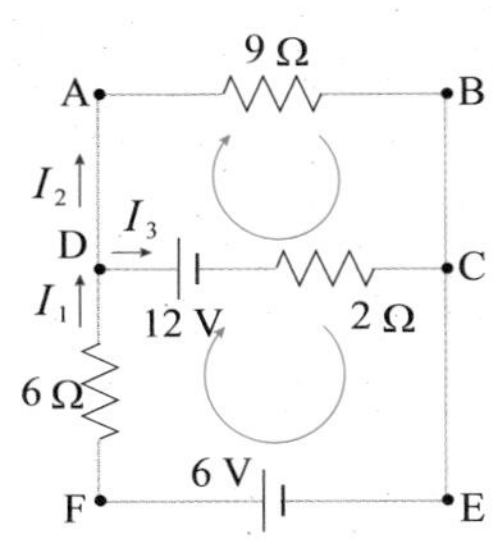

제 1 법칙 : 분기점 D에서

$I_1 - I_2 - I_3 = 0$

제 2 법칙 : 폐회로 ABCDA에서

$12 - 9I_2 + 2I_3 = 0$

폐회로 DCEFD 에서 $-2I_3 - 12 - 6I_1 + 6 = 0$

⇨ $-6 - 2I_3 - 6I_1 = 0$

$\therefore I_1 = -0.5(A), I_2 = 1(A), I_3 = -1.5(A)$

I_1 과 I_3 이 (−) 부호를 갖고 있으므로 전류의 실제 방향은 시계 방향과 반대 방향이다.

06. 답 ③

해설 키르히호프의 제 1 법칙은 전하량 보존 법칙의 또 다른 표현식이다.

07. 답 ③

해설 각 저항에 흐르는 전류는 다음과 같다.

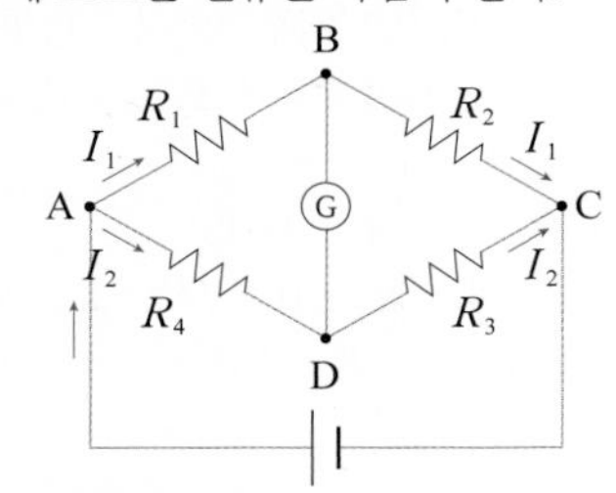

검류계에 전류가 흐르지 않으므로 AB 점의 전위차 = AD 의 전위차, BC 전위차 = DC 전위차가 된다.

$I_1R_1 = I_2R_4, I_1R_2 = I_2R_3$ ⇨ $\frac{I_2}{I_1} = \frac{R_1}{R_4} = \frac{R_2}{R_3}$, $\therefore R_1 = \frac{R_2R_4}{R_3}$

08. 답 ㉡

해설 BD 사이의 전위차는 다음과 같다.

$$V_B - V_D = \frac{(R_2R_4 - R_1R_3)}{(R_1 + R_2)(R_3 + R_4)}E$$

따라서 $R_1R_3 > R_2R_4$ 라면, $V_D > V_B$ 가 되므로 D ⇨ B 방향으로 전류가 흐른다.

유형익히기 & 하브루타 42 ~ 45 쪽

[유형14-1] ⑤　01. ⑤　02. ③

[유형14-2] (1) 0.4　(2) 1.48　(3) (가) 0.064　(나) 0.001

03. 2　04. ③

[유형14-3] (1) $40 - 20I_1 - 40I_3 = 0$

(2) $-20I_1 + 20I_2 - 80 = 0$　(3) 1.6

05. (1) $V_A = 0, V_B = V_C = 2, V_D = 4$

(2) $V_A = 0, V_B = 2.4, V_C = V_D = 3.6$

06. $I_1 = 1.5, I_2 = 0.5, I_3 = -1$

[유형14-4] (1) 40　(2) 0.3　(3) 4

07. (1) 6　(2) 3.75　08. ④

[유형14-1] 답 ⑤

해설 ㄱ. 전지의 기전력은 E, 내부 저항을 r 이라고 하면 I_1 = 1A일 때, $V_1 = 1.5$ V, $I_2 = 2$ A일 때, $V_2 = 1.4$ V 이므로,

$1.5 = E - r \cdots$ ①, $1.4 = E - 2r \cdots$ ②

① 과 ② 를 연립하면 $E = 1.6$ (V), $r = 0.1$ (Ω) 이다.

ㄴ. 단자 전압 $V = E - Ir$ 이므로 단자 전압-전류 그래프에서 직선 기울기의 절대 값은 내부 저항 r 을 의미한다.

ㄷ. 회로에 전류 I 가 흐르고 있을 때 전지 양극 사이의 전압이 단자 전압 V 이며, 이것은 외부 저항 R 에 의한 전압 강하 IR 과 같다($V = IR$).

01. 답 ⑤

해설 전압계는 외부 저항의 전압을 재는 것이다. 내부 저항과 외부 저항에 걸리는 전압의 합은 기전력 E 이다. 스위치 S 를 닫으면 병렬 연결된 외부 저항의 합성 저항이 작아지므로 전압계의 눈금은 작아지고, 회로에 흐르는 전체 전류는 증가하므로 전류계의 눈금은 증가한다.

02. 답 ③

해설 ㄱ, ㄴ. 저항 8 Ω 과 12 Ω 은 직렬 연결되어 있으므로 각 저항을 흐르는 전류 $I = 2$ (A)로 같다.

전지의 내부 저항을 무시하므로 전지의 기전력은 다음과 같다.

$$E = IR = 2(8 + 12) = 40 \text{ (V)}$$

ㄷ. D 점은 접지를 시켰으므로 $V_D = 0$ 이며, B 점에서 C 점으로 전류는 흐르지 않으므로 전압 강하가 일어나지 않아 두 점의 전위는 같다. B 점과 D 점 사이의 전위차 $V_{BD} = IR_{12} = 2 \times 12 = 24$ (V) 이므로, B 점과 C 점의 전위 $V_B = V_C = 24$ (V) 이다.

[유형14-2] 답 (1) 0.4　(2) 1.48　(3) (가) 0.064 (나) 0.001

해설 (가) 회로 전체의 합성 저항 $R_{(가)} = 10 + (3 \times 0.4) = 11.2$ (Ω)

전류 $I_{(가)} = \frac{nE}{R_{(가)}} = \frac{3 \times 1.5}{11.2} ≒ \underline{0.4 \text{ (A)}}$

단자 전압 $V_{(가)} = nE - I_{(가)}nr$

$= (3 \times 1.5) - 0.4(3 \times 0.4) ≒ 4$ (V)

건전지 1 개의 소비 전력 $P = I_{(가)}^2 r = (0.4)^2 \times 0.4 ≒ \underline{0.064 \text{ (W)}}$

(나) 회로 전체의 합성 저항 $R_{(나)} = 10 + \frac{0.4}{3} ≒ 10.13$ (Ω)

전류 $I_{(나)} = \frac{E}{R_{(나)}} = \frac{1.5}{10.13} ≒ 0.15$ (A)

단자 전압 $V_{(나)} = E - I_{(나)}\frac{r}{n} = 1.5 - 0.15 \times \frac{0.4}{3} ≒ \underline{1.48 \text{ (V)}}$

따라서 저항 R 에 걸리는 전압은 1.48 (V)이다.

건전지 1 개의 소비 전력 $P = \left(\frac{I_{(나)}}{3}\right)^2 r = \left(\frac{0.15}{3}\right)^2 \times 0.4 ≒ \underline{0.001 \text{ (W)}}$

건전지 1 개의 소비 전력은 (가) 가 (나) 보다 약 64 배 크다. 따라서 (가) 전지의 에너지 소비가 크므로 (가) 전지의 수명도 더 짧다.

03. 답 2

해설 총 기전력은 총 저항에 의한 전압 강하와 같다. 기전력이 E 인 전지 2 개를 직렬 연결하였으므로 총 기전력은 $2E$ 가 되고, 내부 저항을 r 이라고 하면 다음 식이 각각 성립한다.

$2E = 1.6(11 + 2r)$, $2E = 2(8 + 2r)$, $E = 24$ (V), $r = 2$ (Ω)

따라서 이 전지 2 개를 병렬 연결한 후 11 Ω 의 저항에 연결할 때 회로에 흐르는 전류 는 다음과 같다.

$$I = \frac{nE}{nR + r} = \frac{2 \times 24}{(2 \times 11) + 2} = 2 \text{ (A)}$$

04. 답 ③

해설 기전력 $E = 1.5$ (V), 내부 저항 $r = 0.5$ (Ω)인 전지 $n = 2$ 개를 직렬 연결하고, 이러한 연결 $m = 3$개를 병렬 연결한 후 저항 10 Ω 에 연결한 회로이다.

총 전지의 내부 저항의 합성값 $= \dfrac{nr}{m} = \dfrac{2 \times 0.5}{3} = \dfrac{1}{3}$ (Ω)이므로

회로의 총 저항값 $= 10 + \dfrac{1}{3} = \dfrac{31}{3}$ (Ω)이다.

총 기전력 $= nE = 1.5 \times 2 = 3$ (V)이다. 총 기전력은 총 저항에 의한 전압 강하와 같으므로, 전류는 다음과 같다.

$$3 = \frac{31}{3} I \Rightarrow I = \frac{9}{31} \text{ (A)}$$

[유형14-3] 답 (1) $40 - 20I_1 - 40I_3 = 0$
(2) $-20I_1 + 20I_2 - 80 = 0$
(3) 1.6

해설

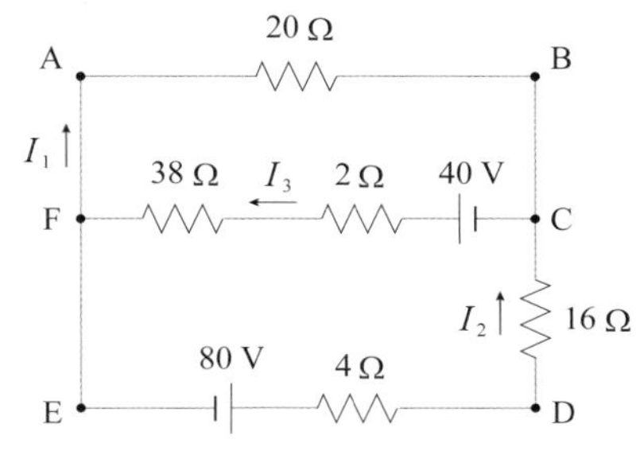

(1) 제 1 법칙 : 분기점 F 에서 $I_1 + I_2 = I_3$

제 2 법칙 : 폐회로 ABCFA 에서 $40 - 20I_1 - 38I_3 - 2I_3 = 0$

$\Rightarrow 40 - 20I_1 - 40I_3 = 0$

(2) 폐회로 ABCDEFA 에서 $-20I_1 + 16I_2 + 4I_2 - 80 = 0$

$\Rightarrow -20I_1 + 20I_2 - 80 = 0$

(3) (1) 과 (2) 식은 각각 다음과 같다.

$$I_3 = \frac{40 - 20I_1}{40} = 1 - 0.5I_1, \quad I_2 = \frac{80 + 20I_1}{20} = 4 + I_1$$

$$\therefore I_1 = -1.2 \text{ (A)}, I_2 = 2.8 \text{ (A)}, I_3 = 1.6 \text{ (A)}$$

I_1 은 (−) 부호를 갖고 있으므로 전류의 실제 방향은 반대 방향이고, 저항 38 Ω 을 통과하는 전류의 세기는 1.6 (A) 이다.

05. 답 (1) $V_A = 0,\ V_B = V_C = 2,\ V_D = 4$
(2) $V_A = 0,\ V_B = 2.4,\ V_C = V_D = 3.6$

해설 스위치 S 를 열면 C 점에는 전류가 흐르지 않으므로 전기 회로는 다음과 같다.

키르히호프의 제 2 법칙을 적용하면,

$$6 = I(2 + 2 + 1 + 1) \Rightarrow I = 1 \text{ (A) 이다.}$$

A 점은 접지되어 있으므로 $V_A = 0$ 이다. B 점은 A 점보다 전위가 2 V 높으므로 B 점에서 전위는 $V_B = 2$ V, D 점은 B 점보다 전위가 2 V 높으므로 D 점에서 전위는 $V_D = 4$ V가 된다. 이때 C 점에 연결된 저항에는 전류가 흐르지 않으므로 B 점과 C 점의 전위는 같다($V_B = V_C$).

(2)

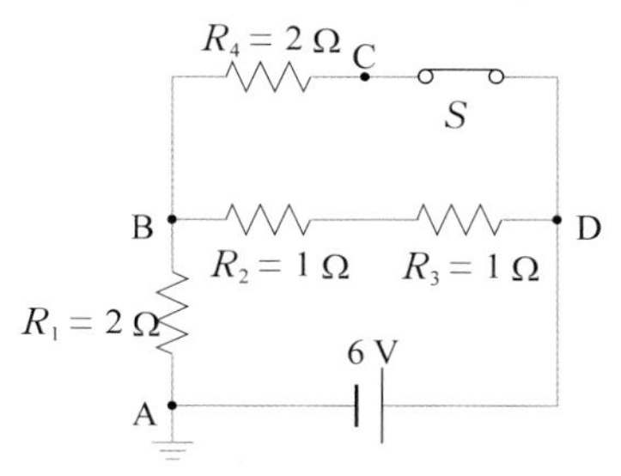

R_2, R_3, R_4 의 합성 저항 R_{24}

$$\frac{1}{R_{24}} = \frac{1}{2} + \frac{1}{2} \Rightarrow R_{24} = 1 \text{ (Ω)}$$

키르히호프의 제 2 법칙을 적용하면,

$$6 = I(R_1 + R_{24} + \text{전지 내부 저항}) = I(2 + 1 + 2)$$

$$\Rightarrow I = 1.2 \text{ (A) 이다.}$$

A 점은 접지되어 있으므로 $V_A = 0$ 이다.

B 점은 A 점보다 2 (Ω) × 1.2 (A) = 2.4 (V) 만큼 전위가 높다[V_B = 2.4 (V)].

C, D 는 같은 도선 위의 점이므로 전위가 같고, C 점은 B 점보다 전위가 1.2 (V) 높으므로 $V_C = V_D = 3.6$ (V) 이다.

06. 답 $I_1 = 1.5$, $I_2 = 0.5$, $I_3 = -1$

해설

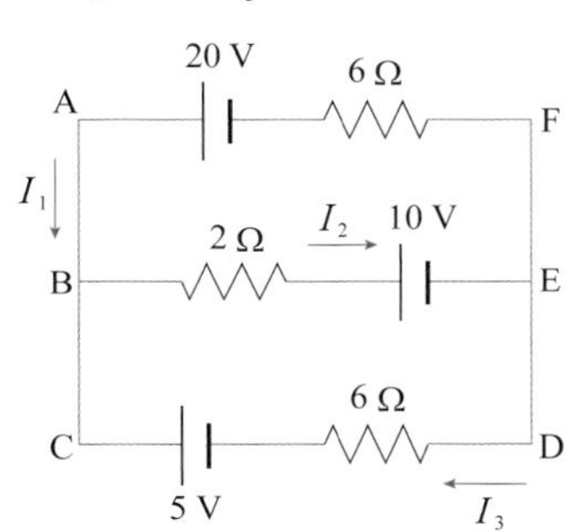

분기점 B에서 $I_2 = I_1 + I_3$

폐회로 ABEFA : $-2I_2 - 10 - 6I_1 + 20 = 0$

폐회로 ACDFA : $-5 + 6I_3 - 6I_1 + 20 = 0$

$$\therefore I_1 = 1.5 \text{ (A)}, I_2 = 0.5 \text{ (A)}, I_3 = -1 \text{ (A)}$$

[유형14-4] 답 (1) 40 (2) 0.3 (3) 4

해설 (1) 휘트스톤 브리지에서 검류계에 전류가 흐르지 않으므로 서로 마주보는 저항값의 곱은 같다.

$$20 \times 60 = 30 \times R, \quad R = 40 \text{ (Ω)}$$

(2) 문제의 휘트스톤 브리지는 다음과 같은 전기 회로도와 같다.

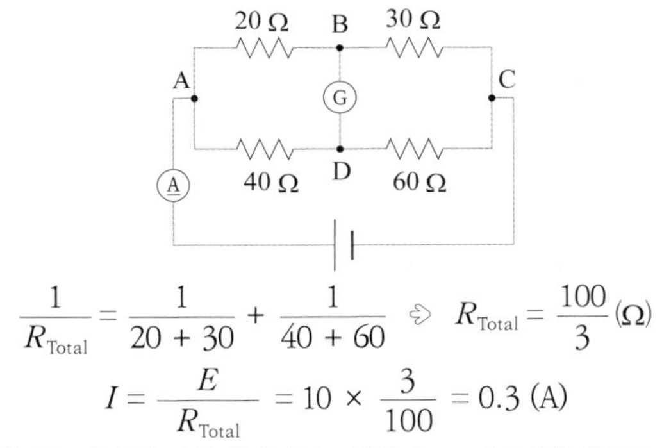

$$\frac{1}{R_{\text{Total}}} = \frac{1}{20 + 30} + \frac{1}{40 + 60} \Rightarrow R_{\text{Total}} = \frac{100}{3} \text{ (Ω)}$$

$$I = \frac{E}{R_{\text{Total}}} = 10 \times \frac{3}{100} = 0.3 \text{ (A)}$$

(3) 점 AB 사이의 저항에 흐르는 전류 $I_{AB} = 0.2$ (A)이므로, A 점

과 B점 사이의 전위차 $V_{AB} = 0.2\ (A) \times 20\ (\Omega) = 4\ (V)$ 이다.

07. 답 (1) 6 (2) 3.75

해설 (1) 휘트스톤 브리지에서 검류계에 전류가 흐르지 않으므로 B 점과 D 점의 전위는 같다. 따라서 AB 의 전위차 = AD 의 전위차, BC 의 전위차 = DC 의 전위차이므로 서로 마주보고 있는 저항의 곱은 서로 같다.

$$\therefore \frac{1}{\frac{1}{3}+\frac{1}{R}} = 2\ (\Omega), \qquad R = 6\ (\Omega)$$

(2) 휘트스톤 브리지는 다음과 같이 연결된 회로로 가정할 수 있다.

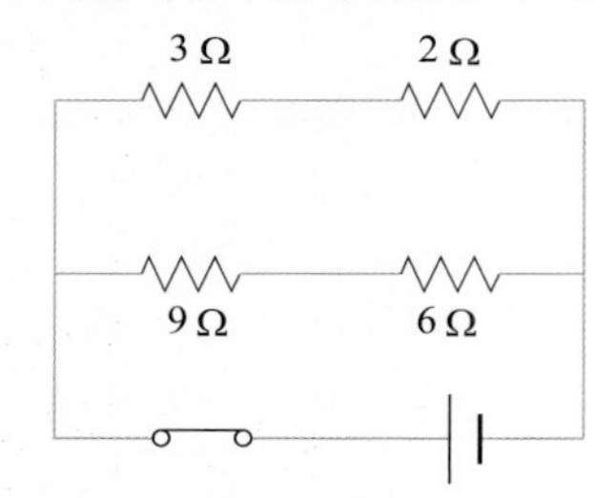

따라서 회로의 합성 저항은 다음과 같다.

$$R_{total} = \frac{1}{\frac{1}{5}+\frac{1}{15}} = 3.75\ (\Omega)$$

08. 답 ④

해설 주어진 전기 회로도는 다음과 같은 휘트스톤 브리지이다.

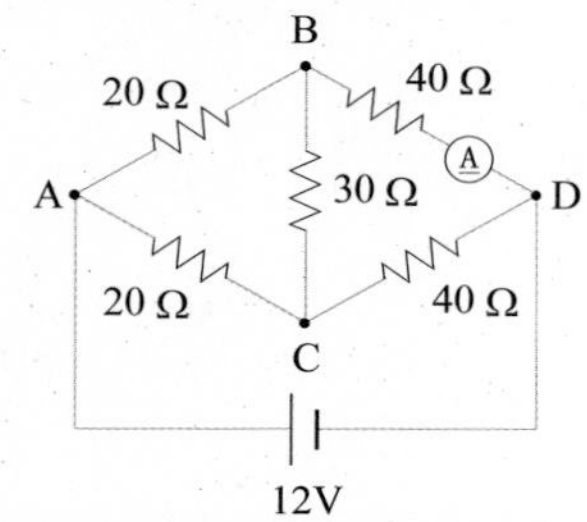

ㄱ. B 점과 C 점의 전위는 같으므로 저항 30Ω에는 전류가 흐르지 않는다.

ㄴ. $\frac{1}{R_{Total}} = \frac{1}{20+40} + \frac{1}{20+40}$ ⇨ $R_{Total} = 30(\Omega)$

ㄷ. $I_{Total} = \frac{V}{R_{Total}} = \frac{12}{30} = 0.4\ (A)$ 이므로 전류계에는 0.2 A의 전류가 흐른다.

창의력 & 토론마당 46 ~ 49 쪽

01 $I_1 = 75.8\,A,\ I_2 = 5.1\,A,\ I_3 = 70.7\,A$

해설

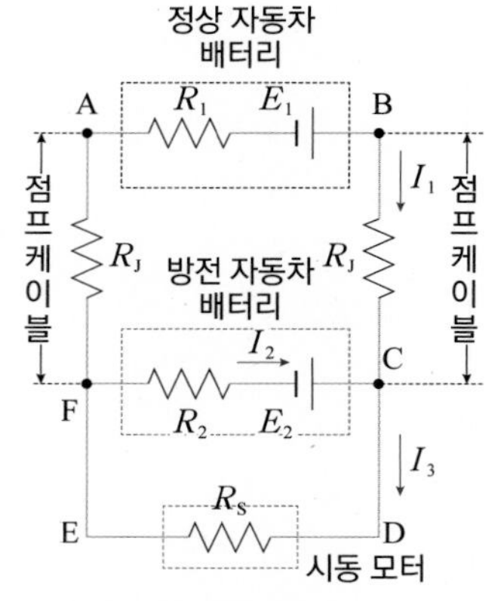

점프 케이블의 저항 R_J은 다음과 같다.

$$R_J = \text{비저항} \times \frac{\text{길이}}{\text{면적}} = \frac{(1.68 \times 10^{-8}) \times 3}{3.14 \times (2.5 \times 10^{-3})^2} = 0.0026\ (\Omega)$$

제 1 법칙 : 분기점 C에서 $I_1 + I_2 - I_3 = 0$ ··· ㉠

제 2 법칙 : 폐회로 ABCDEFA 에서

$E_1 - R_J I_1 - R_S I_3 - R_J I_1 - R_1 I_1 = 0$

⇨ $12.5 - 0.0026I_1 - 0.15I_3 - 0.0026I_1 - 0.02I_1 = 0$

⇨ $12.5 - 0.025I_1 - 0.15I_3 = 0$ ··· ㉡

폐회로 FCDEF 에서 $E_2 - R_S I_3 - R_2 I_2 = 0$

⇨ $10.1 - 0.15I_3 - 0.10I_2 = 0$ ··· ㉢

㉠, ㉡, ㉢ 에 의해 전류 I_1, I_2, I_3 는 각각 다음과 같다.

$\therefore I_1 ≒ 75.8\ (A),\ I_2 ≒ -5.1\ (A),\ I_3 ≒ 70.7\ (A)$

02 1Ω

해설 전류가 A 에서 B 로 흐를 때 다음과 같은 회로로 나타낼 수 있다.

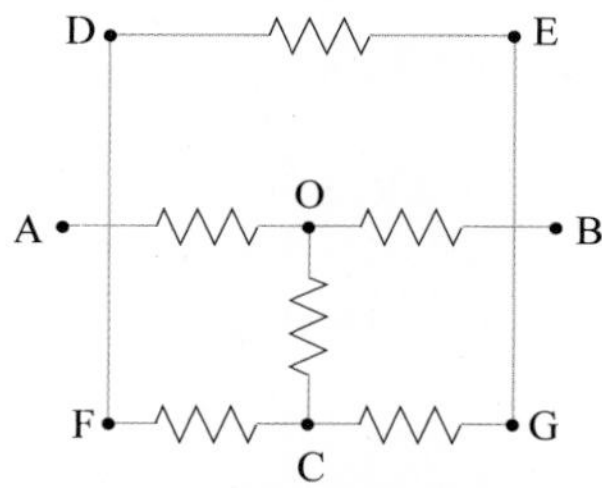

그림과 같이 병렬 연결된 저항에는 같은 전압이 걸리므로, O 와 C 사이에 전위차는 0 이고, 그 사이의 저항에 흐르는 전류도 0 이다. 따라서 OC 사이의 저항을 없앤 전체 합성 저항이 회로의 총 저항이다.

$$\therefore R = \frac{1}{\frac{1}{2}+\frac{1}{2+2}+\frac{1}{2+2}} = 1(\Omega)$$

03 위쪽 방향으로 6.4 A

해설 주어진 회로의 접합점을 다음과 같이 정한다.

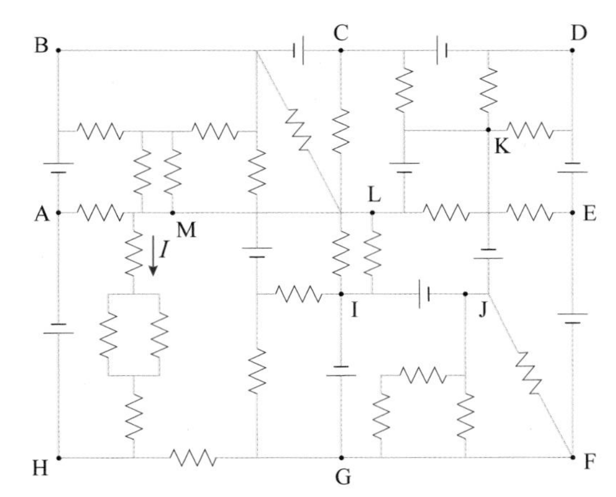

연결된 전지 1 개의 기전력 = 20 V, 연결된 각 저항의 저항값 = 5 (Ω)
전지의 (−) 극에서 (+) 극으로는 20 V 의 전압 상승이 일어나고, (+) 극에서 (−) 극으로는 20 V 의 전압 강하가 일어난다.
A 점의 전위를 0 V 로 정하면,
B 점 = 20 (V), C 점 = 20 + 20 = 40 (V), D 점 = 40 − 20 = 20 (V)
E 점 = 20 + 20 = 40 (V), F 점 = G 점 = 40 − 20 = 20 (V),
H 점 = 20 (V),I 점 = 20 − 20 = 0 (V), J점 = 0 − 20 = −20 (V),
K 점 = −20 − 20 = −40 (V), L 점 = M 점 = −40 − 20 = −60 (V)
H 점과 M 점의 전위차 = 20 − (−60) = 80 (V)
H 점과 M 점 사이에 총 저항값 = 5 + 2.5 + 5 = 12.5 (Ω)

$$\therefore I = \frac{80}{12.5} = 6.4\ (\text{A})$$

전류는 높은 전위에서 낮은 전위로 흐르므로 H 점에서 M 점(위쪽 방향)으로 6.4 A의 전류가 흐른다.

04 〈해설 참조〉

해설 (1) A 점과 E 점 사이에 전지를 연결할 경우 전기 회로도는 그림 (가) 와 같다. 이때 BH 와 DF 의 전위차는 0 으로 전류가 흐르지 않으므로 (가) 의 회로도는 그림 (나) 와 같다.

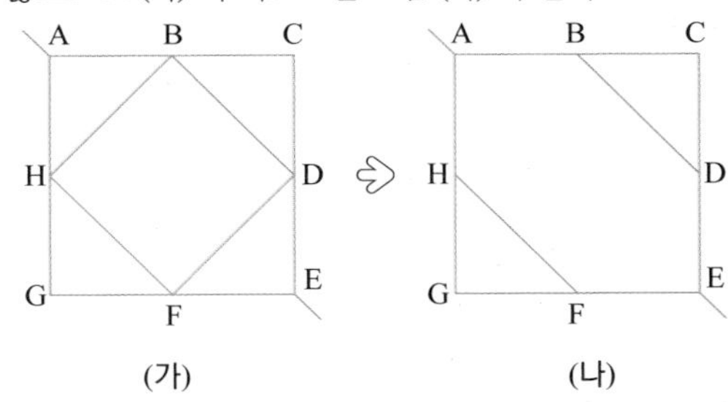

(가) (나)

AB, BC, CD, DE, EF, FG, GH 는 모두 2 Ω 의 저항, BD, FH 는 모두 $\pi\Omega$ 의 저항이 연결되어 있는 전기 회로와 같으므로 다음 그림과 같다.

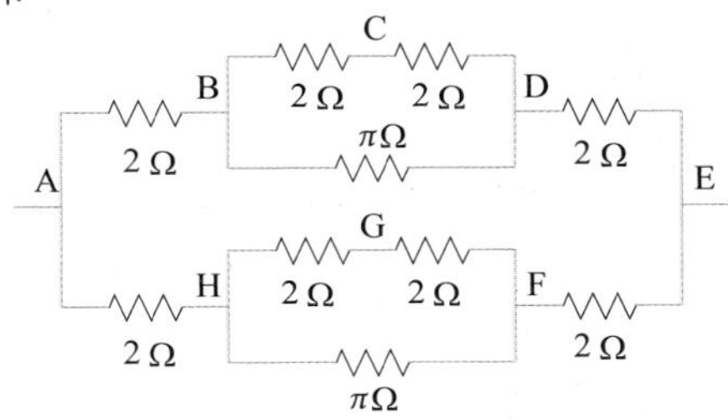

ABDE 사이의 합성 저항 R_{AE} = AHFE 사이의 합성 저항 R'_{AE}

$$= \frac{4\pi}{\pi + 4} + 2 + 2 = \frac{8\pi + 16}{\pi + 4}$$

$$\frac{1}{R_{Total}} = \frac{\pi + 4}{8\pi + 16} + \frac{\pi + 4}{8\pi + 16} \Rightarrow R_{Total} = \frac{4\pi + 8}{\pi + 4}$$

(2) B 점과 F 점 사이에 전지를 연결할 경우 전기 회로도는 그림과 같다.

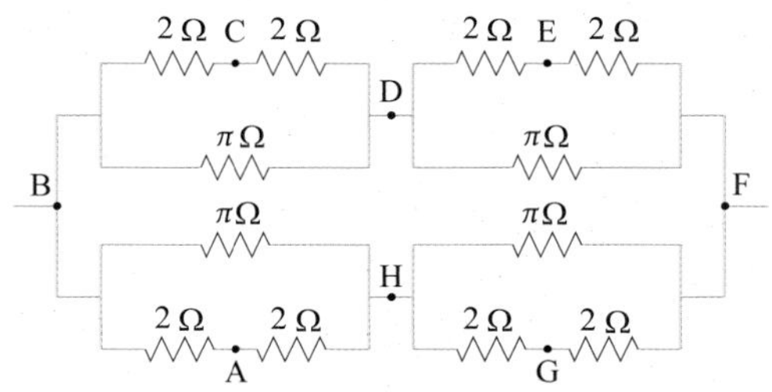

BDF 사이의 합성 저항 R_{BF} = BHF 사이의 합성 저항 R'_{BF}

$$= \frac{4\pi}{\pi + 4} + \frac{4\pi}{\pi + 4} = \frac{8\pi}{\pi + 4}$$

$$\frac{1}{R_{Total}} = \frac{\pi + 4}{8\pi} + \frac{\pi + 4}{8\pi} \Rightarrow R_{Total} = \frac{4\pi}{\pi + 4}$$

(3) G점과 E점 사이에 전지를 연결할 경우 전기 회로도는 그림과 같으며, B와 F 의 전위는 같다.

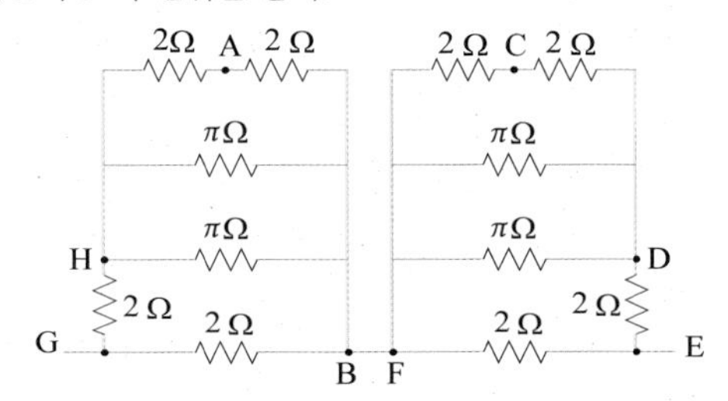

GB 사이의 합성 저항 R_{GB} = FE 사이의 합성 저항 R_{FE}

$$\frac{1}{R_{GB}} = \frac{1}{R_{FE}} = \frac{1}{2} + \frac{\pi + 8}{6\pi + 16} \Rightarrow R_{GB} = R_{FE} = \frac{3\pi + 8}{2\pi + 8}$$

$$\therefore R_{Total} = 2R_{GB} = \frac{3\pi + 8}{\pi + 4}$$

05 (1) $\frac{5}{4}r$ (2) r (3) $\frac{7}{12}r$

해설 (1) A 점에서 전류 I 가 흘러 들어가 C 점에서 나올 때

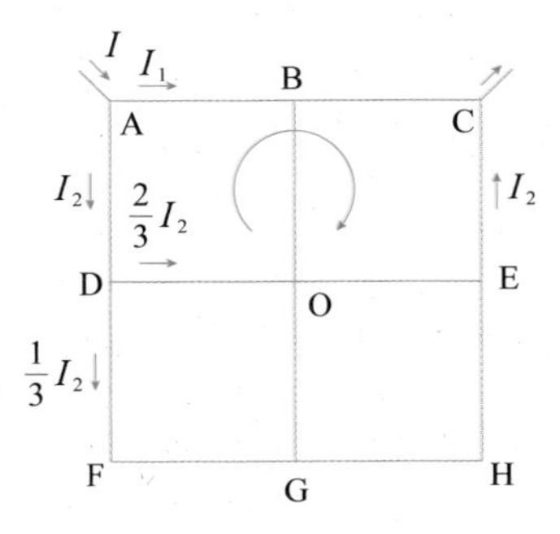

BOG 를 기준으로 좌우 대칭인 회로이므로 BOG 에 흐르는 전류는 0 이다.
제 1 법칙 : 분기점 A 에서 $I = I_1 + I_2$

제 2 법칙 : 폐회로 ACEDA 에서

$$-rI_1 - rI_1 + rI_2 + \frac{2}{3}rI_2 + \frac{2}{3}rI_2 + rI_2 = 0$$

$$\Rightarrow -2rI_1 + 2rI_2 + \frac{4}{3}rI_2 = 0, \quad I_1 = \frac{5}{8}I, \ I_2 = \frac{3}{8}I$$

A 에서 C 로 흐르는 전류 $I_1 = \frac{5}{8}I$ 이고, 합성 저항을 R 이라고 하면, ABC에 걸린 전압 V 은 다음과 같다.

$$V = IR = \frac{5}{8}I \times 2r \ \Rightarrow \ R = \frac{5}{4}r$$

(2) D 점에서 전류 I 가 흘러 들어가 E 점에서 나올 때

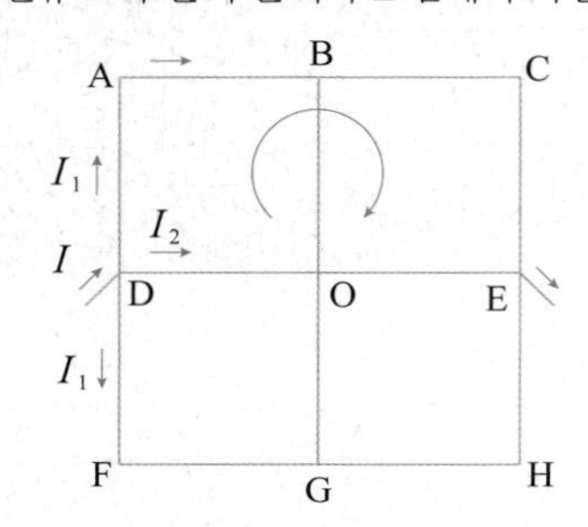

(1) 과 마찬가지로 BOG 를 기준으로 좌우 대칭인 회로이므로 BOG 에 흐르는 전류는 0 이다.

제 1 법칙 : 분기점 D 에서 $I = 2I_1 + I_2$

제 2 법칙 : 폐회로 DACED 에서

$$-rI_1 - rI_1 - rI_1 - rI_1 + rI_2 + rI_2 = 0 \ \Rightarrow \ -4rI_1 + 2rI_2 = 0$$

$$I_1 = \frac{1}{4}I, \ I_2 = \frac{1}{2}I$$

합성 저항을 R 이라고 하면, DOE 의 전압 강하 V 는 다음과 같다.

$$V = IR = \frac{1}{2}I \times 2r \ \Rightarrow \ R = r$$

(3) B 점에서 전류 I 가 흘러 들어가 O 점에서 나올 때

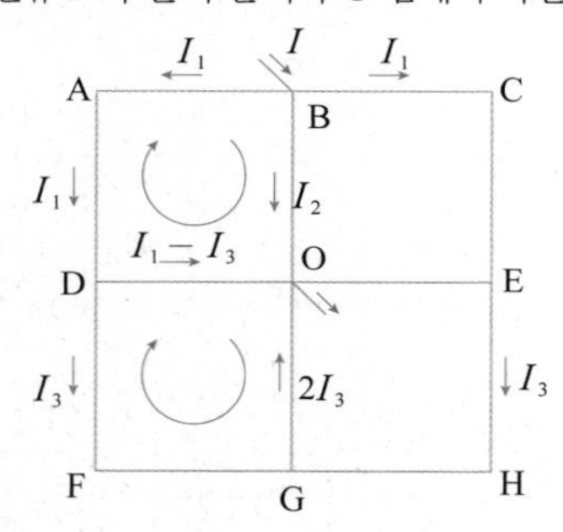

BO 를 기준으로 좌우 대칭인 회로이다.

제 1 법칙 : 분기점 B 에서 $I = 2I_1 + I_2$

제 2 법칙 : 폐회로 ABODA 에서

$$rI_1 - rI_2 + r(I_1 - I_3) + rI_1 = 0 \ \Rightarrow \ 3rI_1 - rI_2 - rI_3 = 0$$

폐회로 DOGFD 에서

$$-r(I_1 - I_3) + 2rI_3 + rI_3 + rI_3 = 0 \ \Rightarrow \ 5rI_3 - rI_1 = 0$$

$$I_1 = \frac{5}{24}I, \ I_2 = \frac{7}{12}I, \ I_3 = \frac{1}{24}I$$

합성 저항을 R 이라고 하면, 외부 전압 V 에 의한 총 전압 강하는 BO 회로에서의 전압 강하와 같다.

$$IR = I_2 r = \frac{7}{12}rI \ \Rightarrow \ R = \frac{7}{12}r$$

스스로 실력 높이기 50 ~ 57 쪽

01. 1　02. 1.1　03. ⑤　04. 1, ㉡
05. ④　06. (1) X (2) O (3) O　07. ②
08. 0, 전압 강하　09. 75　10. 2　11. 1
12. ①　13. ⑤　14. ②　15. ②　16. 1.2
17. ④　18. 20　19. ⑤　20. 6　21. ①
22. ①　23. $\frac{8}{21}$　24. (1) = (2) <　25. ⑤
26. $(1 + \sqrt{3})r$　27. $2r$
28. ㉠, ㉡ $0.4r$　29. (1) $\frac{7}{12}r$ (2) $\frac{3}{4}r$ (3) $\frac{5}{6}r$
30. $I_1 = 18, I_2 = 4, I_3 = 14, I_4 = 11.2, I_5 = 2$
31. (1) 35 (2) 14.5　32. ㉠ 9 ㉡ 4

01. **답** 1

해설 전지의 단자 전압 V는 외부 저항 R에 걸리는 전압과 같다.

$$V = IR = 0.5 \times 5 = 2.5\ (V)$$

이때 내부 저항 r은 다음과 같다.

$$V = E - Ir \ \Rightarrow \ r = \frac{E - V}{I} = \frac{3 - 2.5}{0.5} = 1\ (\Omega)$$

02. **답** 1.1

해설 전지의 단자 전압 V 는 기전력 E 보다 내부 저항 r 에 의한 전압 강하로 Ir 만큼 작아진다.

$$V = E - Ir = 1.5 - (0.2 \times 2) = 1.1\ (V)$$

03. **답** ⑤

해설 전지의 기전력은 E, 내부 저항을 r 이라고 하면 $I_1 = 0.1$ A 일 때, $V_1 = 1.4$ V, $I_2 = 0.2$ A일 때, $V_2 = 1.3$ V 이므로,

$$1.4 = E - 0.1r \cdots ①, \quad 1.3 = E - 0.2r \cdots ②$$

①과 ②를 연립하면 $E = 1.5$ (V), $r = 1$ (Ω) 이다.

04. **답** 1, ㉡

해설 전지와 저항 사이의 점을 O 라고 하면, O 점은 A 점보다 2 V 낮다. B 점에서 O 점으로 전류가 흐를 때 3 A × 1 Ω = 3 (V) 만큼 전압 강하가 일어나므로 B 점은 O 점보다 3 V 만큼 높다. 따라서 A 점은 B 점보다 1 V 낮다.

05. **답** ④

해설 기전력 $E = 2.5$ (V), 내부 저항 $r = 0.5$ (Ω) 인 전지 $n = 4$ (개) 와 외부 저항 $R = 23$ (Ω) 이 연결된 회로에서,

회로의 총 기전력 $nE = 4 \times 2.5 = 10$ (V)

회로의 전체 저항 $R + nr = 23 + (4 \times 0.5) = 25$ (Ω)

따라서 회로에 흐르는 전류 $I = \frac{nE}{R + nr} = \frac{10}{25} = 0.4$ (A) 이므로,

단자 전압 $V = IR = 0.4 \times 23 = 9.2$ (V) 이다.

06. **답** (1) X (2) O (3) O

해설 (1) 전지의 단자 전압이 V 일 때, (+) 극은 (−) 극보다 V 만큼 전위가 높다.

07. **답** ②

해설 고리 방향을 시계 방향으로 정하면,

제 2 법칙 : $-E_1 + Ir_1 + Ir_2 + E_2 = 0$ ⇨ $I = \dfrac{E_1 - E_2}{r_1 + r_2}$

$$V_{AB} = E_1 - Ir_1 = E_2 + Ir_2 = \dfrac{E_2r_1 + E_1r_2}{r_1 + r_2}$$

09. **답** 75

해설 휘트스톤 브리지에서 검류계의 눈금이 0 이 될 때 B 점과 D 점의 전위는 같으므로 서로 마주보는 저항값의 곱은 같다.

$$\therefore 50 \times 60 = R \times 40 \Rightarrow R = 75\ (\Omega)$$

10. **답** 2

해설 도선(저항선)의 저항 R_l 은 길이 l 에 비례한다. 검류계의 눈금이 0 이 될 때, 휘트스톤 브리지의 원리에 의해 서로 대각선으로 마주 보는 저항의 곱은 서로 같다.

$$\dfrac{R}{R_x} = \dfrac{l_1}{l_2} = \dfrac{\text{AP 사이의 저항}}{\text{PB 사이의 저항}} \Rightarrow R_x = \dfrac{l_2}{l_1}R = 2R$$

11. **답** 1

해설 위쪽 전지와 아래쪽 전지는 반대 방향으로 연결되어 있다. 따라서 전지 1 개의 기전력을 E 라고 하면, 회로 전체의 기전력 $= 2E - E = E = 1.5$ (V) 가 된다. 이때 회로의 전체 저항 $= 3 \times 0.5\ (\Omega) = 1.5\ (\Omega)$ 이다. 따라서 전류의 세기 $I = \dfrac{1.5}{1.5} = 1$ (A) 이다.

12. **답** ①

해설 ㄱ. 전지의 양 단자에 전압계를 연결하여 측정하는 전위차를 전원의 단자 전압이라고 한다. 전지가 외부 회로에 연결되지 않고 전압계의 저항이 아주 크다면 전지에는 전류가 거의 흐르지 않는다. 이때 전압계의 눈금은 기전력을 나타낸다. 즉, 기전력은 열린 회로의 단자 전압과 같다.

ㄴ. 전지의 단자 전압 V 는 기전력 E 보다 내부 저항 r 에 의한 전압 강하로 Ir 만큼 작아진다.

$$V = E - Ir \Rightarrow r = \dfrac{E - V}{I} = \dfrac{1.5 - 1.0}{0.5} = 1\ (\Omega)$$

ㄷ. $V = IR \Rightarrow R = \dfrac{V}{I} = \dfrac{1.0}{0.5} = 2\ (\Omega)$

13. **답** ⑤

해설 ㄱ. 기전력 E, 내부 저항 r 인 전지에 저항 R 을 연결하였을 때의 전류를 I 라고 하면 $E = I(R + r) \Rightarrow I = \dfrac{E}{R + r}$ 이므로 외부 저항 R 이 작아지면 전류 I 는 증가한다.

ㄴ. 단자 전압(가변 저항에 걸리는 전압) $V = E - Ir$ 이므로 전류 I 가 증가하면 단자 전압은 감소한다.

ㄷ. 가변 저항에서 1 초 동안 발생하는 열량 $P = I^2R = \dfrac{E^2R}{(R + r)^2}$ 이므로 가변 저항값 R 이 증가하면 열량 P 는 감소한다.

14. **답** ②

해설 기전력 E, 내부 저항 r 인 전지 2 개를 직렬 연결할 경우 회로에 흐르는 전류 $I_1 = \dfrac{2E}{R + 2r}$, 병렬 연결할 경우 회로에 흐르는 전류 $I_2 = \dfrac{2E}{2R + r}$ 이다. $I_1 = \dfrac{4}{3}I_2$ 이므로,

$$\dfrac{2E}{R + 2r} = \dfrac{4}{3} \times \dfrac{2E}{2R + r} \Rightarrow r = \dfrac{4}{10}R = 0.4R$$

15. **답** ②

해설

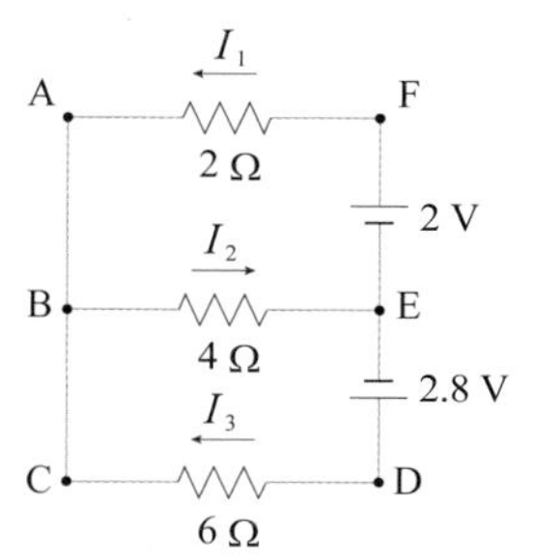

키르히호프의 제 1 법칙 : 분기점 B에서 $I_2 = I_1 + I_3$

키르히호프의 제 2 법칙을 적용하면,

폐회로 EFABE : $2 - 2I_1 - 4I_2 = 0$

폐회로 EFACDE : $2 - 2I_1 + 6I_3 - 2.8 = 0$

$$\therefore I_1 = 0.2\ (\text{A}),\ I_2 = 0.4\ (\text{A}),\ I_3 = 0.2\ (\text{A})$$

16. **답** 1.2

해설 회로의 접합점과 도선에 흐르는 전류를 다음과 같이 가정한다.

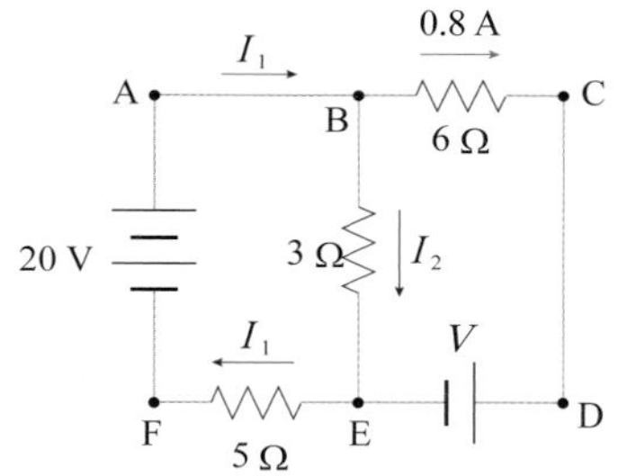

제 1 법칙 : 분기점 B 에서 $0.8 + I_2 = I_1$

제 2 법칙 : 폐회로 ABEFA에서 $20 - 3I_2 - 5I_1 = 0$

$$I_1 = 2.8\ (\text{A}),\ I_2 = 2\ (\text{A})$$

폐회로 BCDEB에서 $-V + 3I_2 - (0.8 \times 6) = 0$

$$\therefore V = 1.2\ (\text{V})$$

17. **답** ④

해설 다음 그림과 같이 전류의 방향을 정한다. 이때 회로가 대칭이므로 3 Ω 에 흐르는 전류는 I_1, 6 Ω 을 흐르는 전류는 I_3 로 같다.

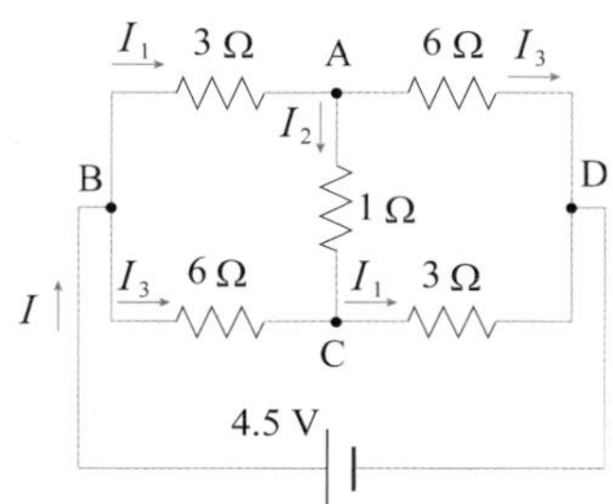

제 1 법칙 : 분기점 A, C 에서 $I_1 = I_2 + I_3$

제 2 법칙 : 폐회로 AB 전지 DA 에서 $3I_1 - 4.5 + 6I_3 = 0$
폐회로 ABCA 에서 $3I_1 - 6I_3 + I_2 = 0$

$$\therefore I_1 = 0.7\,(A),\ I_2 = 0.3\,(A),\ I_3 = 0.4\,(A)$$

ㄱ. AB 사이의 3 Ω 에 흐르는 전류 $I_1 = 0.7$ (A) 이다.

ㄴ. $I = I_1 + I_3 = 1.1$ (A) 이므로,

$$V = IR \Rightarrow R = \frac{V}{I} = \frac{4.5}{1.1} \fallingdotseq 4.1\,(\Omega)$$

ㄷ. AC 사이의 1 Ω 에 흐르는 전류 $I_2 = 0.3$ (A) 이다. 따라서 A 점과 C 점 사이의 전압 $V_{AC} = 0.3\,(A) \times 1\,(\Omega) = 0.3\,(V)$ 이다.

18. 답 20

해설 5 Ω 과 저항 R 의 합성 저항을 R' 이라고 하면, 휘트스톤 브리지의 원리에 의해 $2 \times 8 = 4 \times R' \Rightarrow R' = 4\,(\Omega)$ 이 된다.

$$\frac{1}{4} = \frac{1}{5} + \frac{1}{R} \Rightarrow R = \frac{5 \times 4}{5 - 4} = 20\,(\Omega)$$

19. 답 ⑤

해설 ㄱ. 3 Ω, 6 Ω 의 합성 저항 $\frac{1}{R_A} = \frac{1}{3} + \frac{1}{6} \Rightarrow R_A = 2\,(\Omega)$

4 Ω, R_A 의 합성 저항 $R_B = 4 + 2 = 6\,(\Omega)$

12 Ω, R_B 의 합성 저항 $\frac{1}{R_C} = \frac{1}{12} + \frac{1}{6} \Rightarrow R_C = 4\,(\Omega)$

$$\therefore \text{회로의 전체 저항 } R_T = R_C + 5 + 1 = 10\,(\Omega)$$

$$\therefore I = \frac{E}{R_T} = \frac{10}{10} = 1\,(A)$$

ㄴ. 전지의 단자 전압 $V = E - Ir = 10 - (1 \times 1) = 9\,(V)$

ㄷ. 12 Ω 과 4 Ω 에 흐르는 전류를 각각 I_1, I_4 라고 하면,
$I_1 : I_4 = 1 : 2$ 이고, $I_1 + I_4 = 1$ 이므로, 전류 I_4 는 다음과 같다.

$$\frac{I_4}{2} + I_4 = 1 \Rightarrow \frac{3}{2}I_4 = 1 \quad \therefore I_4 = \frac{2}{3}\,(A)$$

20. 답 6

해설 $R = 4\,\Omega$ 의 저항 12 개로 이루어진 회로는 다음 그림과 같이 대칭선을 기준으로 좌우로 전류가 나누어져서 흐른다.

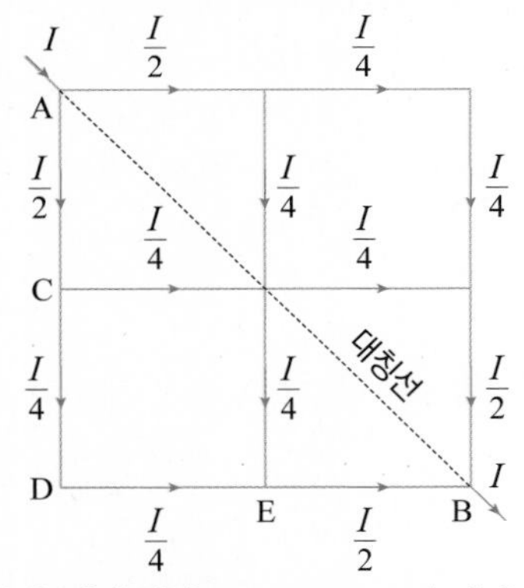

A점에 B점까지 총 전압 강하 $V_{AB} = IR_{Total}$ 와 같다.

$$\frac{I}{2}R + \frac{I}{4}R + \frac{I}{4}R + \frac{I}{2}R = \frac{3}{2}IR = IR_{Total}$$

$$\therefore R_{Total} = \frac{3}{2}R = 6\,(\Omega)$$

〈또 다른 풀이〉

회로에서 전위가 같은 점을 연결하면 오른쪽 그림과 같다. 즉, C 와 F, D 와 O 와 G, E 와 H 는 각각 전위가 같은 점이다. 전위가 같은 점은 서로 전류가 통하지 않으므로 연결하여도 전기적 의미는 같다.

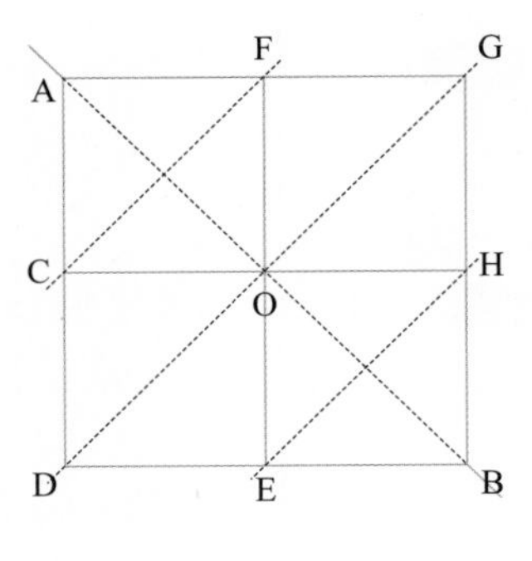

$$R_{Total} = \frac{R}{2} + \frac{R}{4} + \frac{R}{4} + \frac{R}{2} = \frac{3}{2}R$$

21. 답 ①

해설 전지의 (−) 극을 0 V 라고 하고, 직렬 연결된 저항에 걸리는 전압 강하 값은 저항의 크기에 비례하며, 병렬 연결된 저항에 걸리는 전압의 크기는 같다. 따라서 $V_{20} : V_{60} = 1 : 3$ 이므로, B 점의 전위는 12 V 이다.

A 점의 전위는 가변 저항값에 의해 달라진다. 즉, 가변 저항값이 0 이면 16 V 의 전압이 모두 걸리고, 가변 저항값이 무한대가 되면 모든 전지의 전압이 가변 저항에 걸리게 되므로 30 Ω 저항에는 거의 전압이 걸리지 않는다. 따라서 $-12 < V_{AB} < 4$ 가 된다. 이때 휘트스톤 브리지 원리에 따라 가변 저항 값이 10 Ω 일 때 전위차 $V_{AB} = 0$ 이다.

〈또 다른 풀이〉

A 점에 흐르는 전류를 I_1, B 점에 흐르는 전류를 I_2 라고 하자.

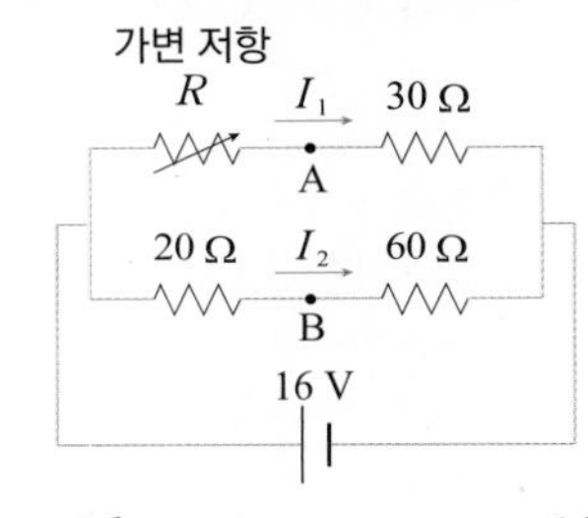

$$I_1 = \frac{16}{R + 30},\quad V_A = I_1 \times 30 = \frac{16 \times 30}{R + 30}$$

$$V_{AB} = V_A - V_B = \frac{16 \times 30}{R + 30} - 12$$

$R \to 0$ 일 때, $V_{AB} = 4$, $R \to \infty$ 일 때, $V_{AB} = -12$

22. 답 ①

해설 ㄱ, ㄴ. 주어진 회로는 대칭이므로 저항 R_3 에는 전류가 흐르지 않는다(A 점과 B 점의 전위는 같다). 따라서 저항 R_3 를 제외한 모든 저항과 전지가 직렬 연결되어 전류가 시계 방향으로 흐르는 회로와 같다.

직렬로 연결된 저항에는 같은 크기의 전류 I 가 흐른다. 두 전지도 직렬 연결되어 있는 것과 같으므로 전체 전압 $V = 15 + 15 = 30\,(V)$ 이고, 전체 저항 $R = 3 \times 4 = 12\,(\Omega)$ 이다.

$$\therefore I = \frac{V}{R} = \frac{30}{12} = 2.5\,(A)$$

ㄷ. 저항 R_3 에는 전류가 흐르지 않으므로 소비 전력도 0 이다.

23. 답 $\frac{8}{21}$

해설 A 점으로 전류 I 가 들어와 B 점으로 모두 빠져나간다면 전류는 다음 그림과 같이 나타난다.

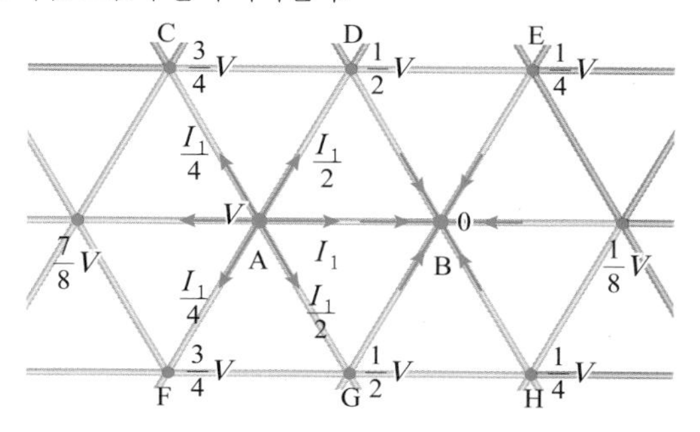

A 점의 전위를 V, B 점의 전위를 0 이라고 할 때, D 점을 기준으로 회로가 대칭을 이루므로 D 점의 전위는 $\frac{V}{2}$, 무한대로 이어진 회로가 대칭을 이루는 C 점과 E 점의 전위는 각각 $\frac{3V}{4}$, $\frac{V}{4}$ 가 된다. 또한 F, G, H 점의 전위도 각각 $\frac{3V}{4}$, $\frac{V}{2}$, $\frac{V}{4}$ 가 된다.

따라서 A 점에서 나가는 전류가 I 이므로, 키르히호프 제 1법칙에 의해 I 은 다음과 같다.

$$I = I_1 + \frac{I_1}{2} \times 2 + \frac{I_1}{4} \times 2 + \frac{I_1}{8} \Rightarrow I_1 = \frac{8}{21}I$$

A 와 B 사이의 저항 $r = 1\ (\Omega)$, 무한히 많은 저항의 합성 저항을 R 이라고 하면

$$V = I_1 r = (\frac{8}{21}I)r = (\frac{8}{21}r)I = IR \Rightarrow R = \frac{8}{21}\ (\Omega) \text{ 이다.}$$

24. 답 (1) = (2) <

해설 스위치를 P 점에 연결하면 휘트스톤 브리지 원리에 의해 A 점과 B 점의 전위가 같으므로 A 점에서 B 점으로는 전류가 흐르지 않는다. 따라서 다음 그림 (가) 와 같은 전기 회로와 같다. 스위치를 Q 점에 연결하면 그림 (나)와 같다.

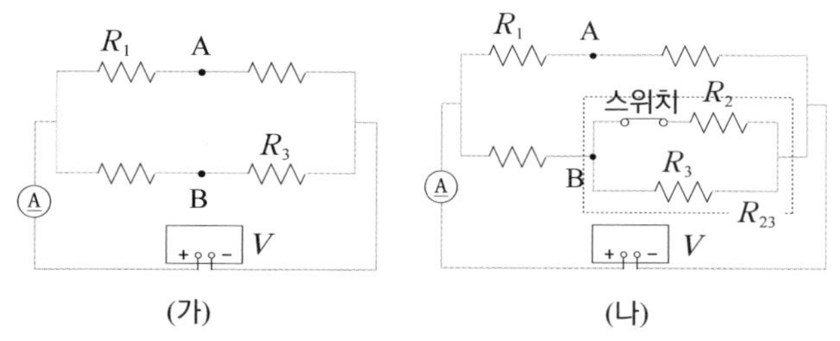

(가) (나)

(가) 회로 : 저항 1 개의 저항값을 R 이라고 하면, 회로의 합성 저항 $R_{(가)}$ 는 다음과 같다.

$$\frac{1}{R_{(가)}} = \frac{1}{2R} + \frac{1}{2R} \Rightarrow R_{(가)} = R$$

전체 전압을 V 라고 할 때, 저항 R_1 과 R_3 에 걸리는 전압과 전류,은 각각 $\frac{V}{2}$, $\frac{V}{2R}$ 로 같다. 따라서 각 저항에서 소비되는 전력 $P = I^2R = \frac{V^2}{4R}$ 도 같다.

이때 전류계에 흐르는 전류 $I_{(가)} = \frac{V}{2R} + \frac{V}{2R} = \frac{V}{R}$ 이다.

(나) 회로 : A점의 양 옆에 있는 저항에는 모두 전압 $\frac{V}{2}$ 가 걸리므로 각 저항에 흐르는 전류는 $\frac{V}{2R}$, 각 저항에서 소비되는 전력은 $\frac{V^2}{4R}$ 로 같다.

B 점의 왼쪽에 있는 저항과 R_2, R_3 의 합성 저항 R_{23} 의 저항비는 2 : 1 이므로, 전압도 2 : 1 비율로 걸린다.

B 점의 왼쪽에 있는 저항에 걸리는 전압은 $\frac{2}{3}V$, 흐르는 전류는 $\frac{2V}{3R}$, 소비되는 전력은 $\frac{4V^2}{9R}$ 이다.

R_{23} 에 걸리는 전압은 $\frac{V}{3}$, 흐르는 전류는 $\frac{2V}{3R}$, 소비되는 전력은 $\frac{4V^2}{9R}$ 이다.

전류계에 흐르는 전류 $I_{(나)} = \frac{V}{2R} + \frac{2V}{3R} = \frac{7V}{6R}$ 이다.

(1) R_1 에 걸리는 전압은 (가)와 (나)에서 $\frac{V}{2}$로 같다.

(2) $P_1 = \frac{V^2}{4R}$, $P_2 = \frac{4V^2}{9R} \Rightarrow P_1 < P_2$

25. 답 ⑤

해설 ㄱ, ㄴ. 고리 방향을 반시계 방향으로 정하고, 다음 그림과 같이 접합점의 기호를 정한다.

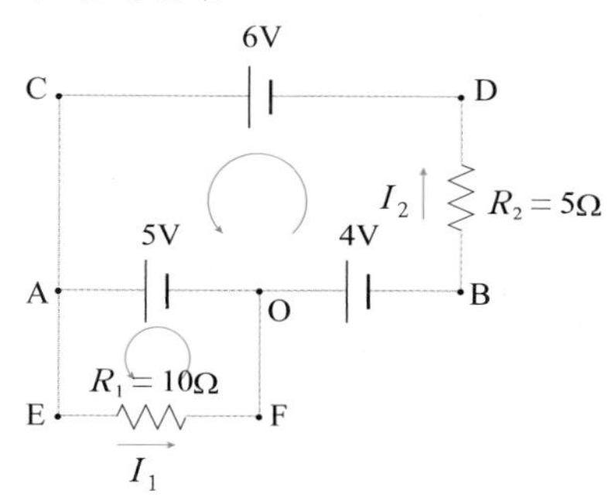

키르히호프의 제 2 법칙을 적용하면,

폐회로 OAEFO : $5 - 10I_1 = 0 \Rightarrow I_1 = 0.5$ (A)

폐회로 DCAOB : $6 - 5 - 4 - 5I_2 = 0 \Rightarrow I_2 = -0.6$ (A)

I_2 가 (−) 이므로 저항 R_2 에 흐르는 전류의 방향은 위에서 아래(시계 방향) 방향이 된다.

ㄷ. A 와 B 사이에 같은 방향인 5 V, 4 V 의 전지로 인하여 9 V 의 전위차가 유지된다.

26. 답 $(1 + \sqrt{3})r$

해설 A 와 B 사이의 합성 저항을 R 이라고 하고, AB 에 같은 패턴으로 저항 r 을 3 개 더 연결하고, 왼쪽에 새로 생긴 점을 C 와 D 라고 하자. 그러면 CD 사이의 합성 저항도 R 이 된다.

$$2r + \frac{Rr}{R + r} = R \Rightarrow \frac{R^2}{r + R} = 2r \Rightarrow R^2 - 2rR - 2r^2 = 0$$

$$r + \sqrt{r^2 + 2r^2} = 0, \quad \therefore R = (1 + \sqrt{3})r$$

27. 답 $2r$

해설 회로에서 전위가 같은 점을 연결하면 다음 그림과 같다.

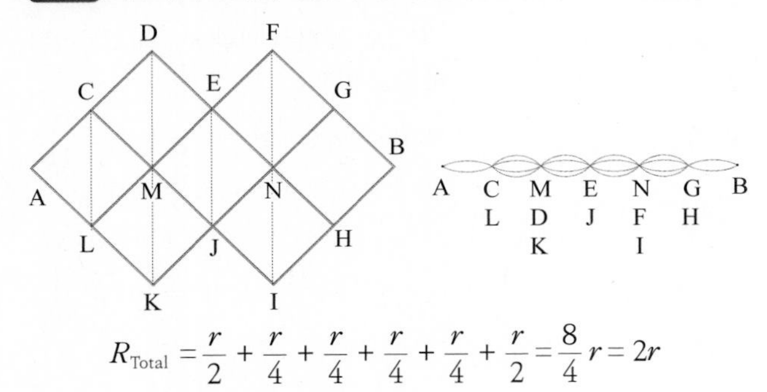

$$R_{\text{Total}} = \frac{r}{2} + \frac{r}{4} + \frac{r}{4} + \frac{r}{4} + \frac{r}{4} + \frac{r}{2} = \frac{8}{4}r = 2r$$

28. 답 ㉠ $0.4r$ ㉡ $0.4r$

해설 (1) 전류가 A로 흘러 들어가 B로 나올 때 C, D, E 점은 사이의 저항값이 모두 r이고, 전위가 각각 같다. 따라서 C와 D, D와 E, E와 C 사이의 저항 r에는 전류가 흐르지 않는다.

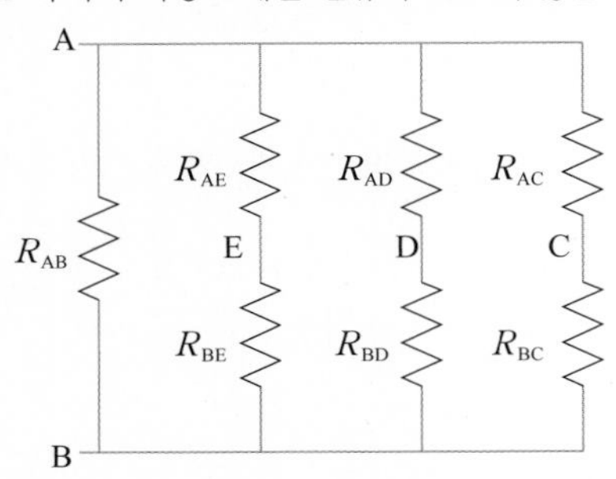

$$\therefore \frac{1}{R_T} = \frac{1}{R_{AB}} + \frac{1}{R_{AE} + R_{BE}} + \frac{1}{R_{AD} + R_{BD}} + \frac{1}{R_{AC} + R_{BC}}$$

$$= \frac{1}{r} + \frac{1}{2r} + \frac{1}{2r} + \frac{1}{2r}, \quad R_T = \frac{2r}{5} = 0.4r$$

(2) 전류가 A로 흘러 들어가 C로 나올 때 B, D, E 점은 사이의 저항값이 모두 r이고 전위가 각각 같다. 따라서 B와 D, D와 E, E와 B 사이의 저항 r에는 전류가 흐르지 않는다.

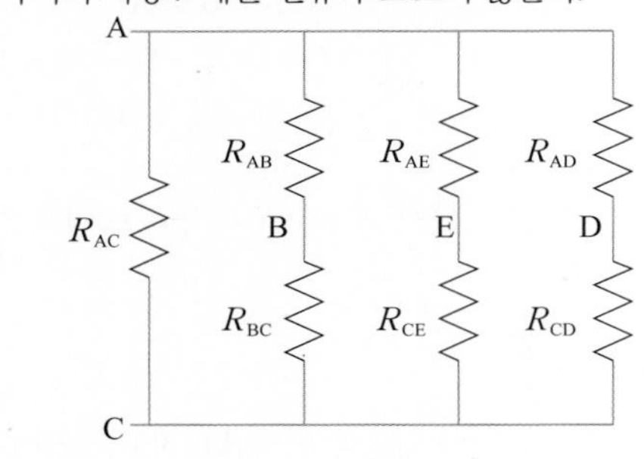

$$\therefore \frac{1}{R_T} = \frac{1}{R_{AC}} + \frac{1}{R_{AB} + R_{BC}} + \frac{1}{R_{AE} + R_{CE}} + \frac{1}{R_{AD} + R_{CD}}$$

$$R_T = \frac{2r}{5} = 0.4r$$

29. 답 (1) $\frac{7}{12}r$ (2) $\frac{3}{4}r$ (3) $\frac{5}{6}r$

해설 (1) 전류가 A로 흘러들어가 B로 나올 경우 등전위점 : ㉠ D, E ㉡ C, F. 따라서 같은 전위를 연결하여 회로를 구성하면 다음과 같다.

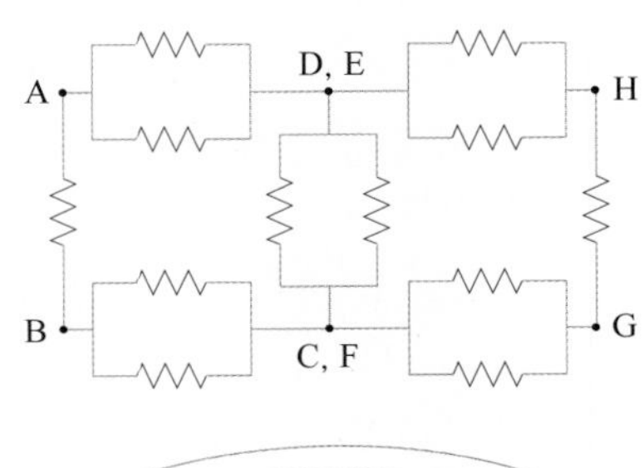

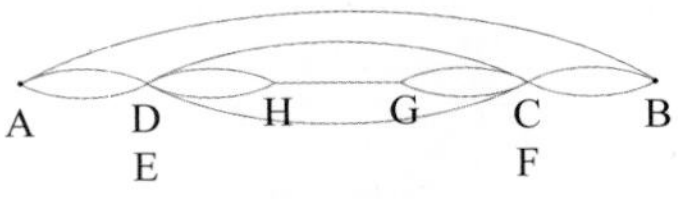

D와 C 사이에 직렬 연결된 저항의 합성 저항 R_1은

$$R_1 = \frac{r}{2} + r + \frac{r}{2} = 2r \text{ 이고,}$$

D와 C 사이의 전체 합성 저항 R_2는

$$\frac{1}{r} + \frac{1}{R_1} + \frac{1}{r} = \frac{2+1+2}{2r} \Rightarrow R_2 = \frac{2}{5}r \text{ 이다.}$$

A와 B 사이에 직렬 연결된 저항의 합성 저항 R_3은

$$R_3 = \frac{r}{2} + \frac{2}{5}r + \frac{r}{2} = \frac{14}{10}r \text{ 이다.}$$

$$\therefore \frac{10}{14r} + \frac{1}{r} = \frac{24}{14r} \Rightarrow R_{\text{Total}} = \frac{7}{12}r$$

(2) 전류가 A로 흘러들어가 C로 나올 경우 다음 그림과 같이 전류 I_1, I_2, I_3을 정한다.

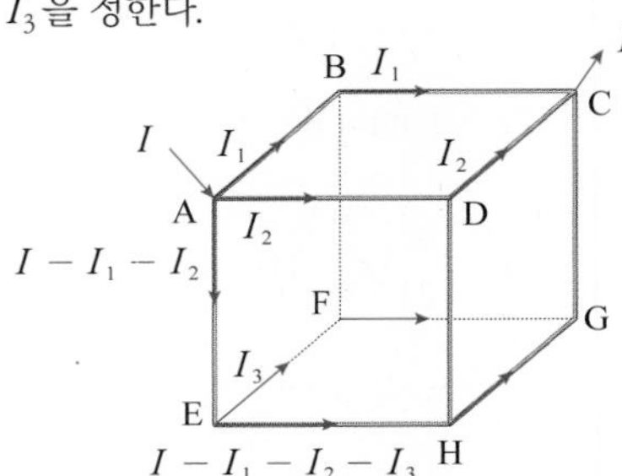

폐회로 ABCDA : $-I_1r - I_1r + I_2r + I_2r = 0$ … ㉠

폐회로 ABFEA : $-I_1r + I_3r + (I - I_1 - I_2)r = 0$ … ㉡

폐회로 ADHEA : $-I_2r + (I - I_1 - I_2 - I_3)r + (I - I_1 - I_2)r = 0$ … ㉢

㉠ ⇨ $I_1 = I_2$ 이고, 대칭성에서 $I_3 = \frac{1}{2}(I - I_1 - I_2)$

$I_1 = I_2$ 이므로, ㉡과 ㉢은 각각 다음과 같다.

㉡ ⇨ $I = 3I_1 - I_3$, ㉢ ⇨ $2I = 5I_1 + I_3$, $\therefore I_1 = \frac{3}{8}I$

A ⇨ B ⇨ C 회로에서 AB, BC 사이의 전위차를 각각 V_{AB}, V_{BC}라 고 하면, 외부 전압 $V = V_{AB} + V_{BC}$ 이므로, 합성 저항이 R일 때 다음과 같은 식이 성립한다.

$$V = IR = 2rI_1 = \frac{3}{4}rI, \quad R = \frac{3}{4}r$$

(3) 전류가 A로 흘러들어가 G로 나올 경우 등전위점 : ㉠ B, D, E ㉡ C, F, H

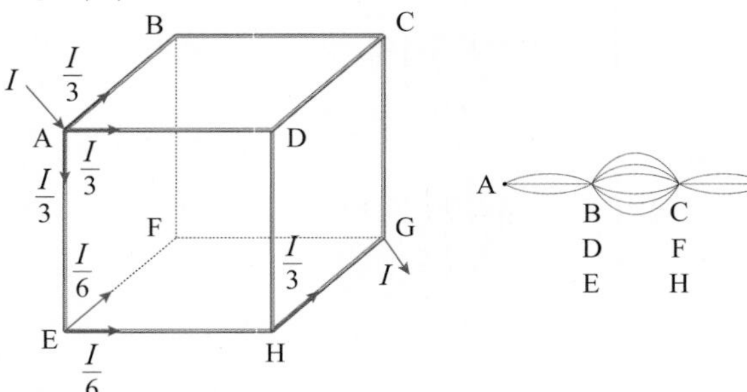

A점에 G점까지 총 전압 강하 $V_{AG} = IR_{Total}$와 같다.

$$\frac{r}{3}I + \frac{r}{6}I + \frac{r}{3}I = \frac{5}{6}Ir = IR_{Total}, \quad \therefore R_{Total} = \frac{5}{6}r$$

30. 답 $I_1 = 18, I_2 = 4, I_3 = 14, I_4 = 11.2, I_5 = 2$

해설 각 저항에 기호를 다음과 같이 붙인다.

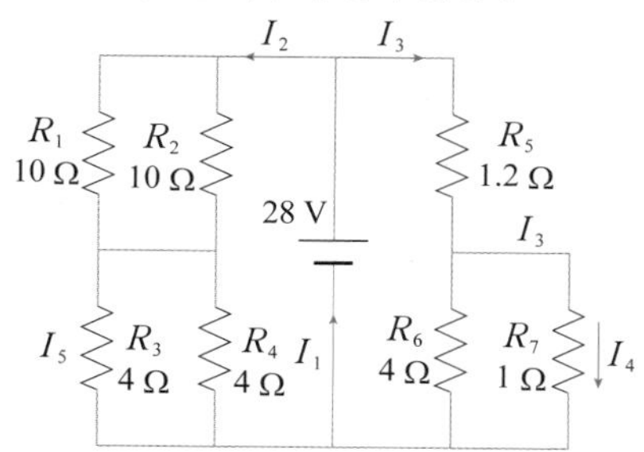

ㄱ. $R_1 \sim R_4$의 합성 저항 구하기

$$\frac{1}{R_{12}} = \frac{1}{10} + \frac{1}{10} \Rightarrow R_{12} = 5\,(\Omega),\ \frac{1}{R_{34}} = \frac{1}{4} + \frac{1}{4} \Rightarrow R_{34} = 2\,(\Omega)$$

$$\therefore R_{1234} = 5 + 2 = 7\,(\Omega)$$

따라서 $R_1 \sim R_4$로 이루어진 회로는 저항 R_{1234} 한 개가 기전력이 $E = 28$ V 인 전지에 연결되어 있는 것과 같다.

$$\therefore I_2 = \frac{E}{R_{1234}} = \frac{28}{7} = 4\,(\text{A})$$

ㄴ. $R_5 \sim R_7$의 합성 저항 구하기

$$\frac{1}{R_{67}} = \frac{1}{4} + \frac{1}{1} \Rightarrow R_{67} = 0.8\,(\Omega),\quad \therefore R_{567} = 1.2 + 0.8 = 2\,(\Omega)$$

따라서 $R_5 \sim R_7$로 이루어진 회로는 저항 R_{567} 한 개가 기전력이 $E = 28$ V 인 전지에 연결되어 있는 것과 같다.

$$\therefore I_3 = \frac{E}{R_{567}} = \frac{28}{2} = 14\,(\text{A})$$

ㄷ. 키르히호프 제 1 법칙 : $I_1 = I_2 + I_3 = 4 + 14 = 18\,(\text{A})$

ㄹ. $I_2 = I_5 + R_4$에 흐르는 전류이고, 저항 R_{34}의 전위차 $V_{34} = I_2 R_{34} = 4 \times 2 = 8\,(\text{V})$ 이다. 이는 저항 R_3에 걸리는 전압과 같다.

$$\therefore I_5 = \frac{V_{34}}{R_3} = \frac{8}{4} = 2\,(\text{A})$$

ㅁ. 저항 R_5에 걸리는 전압 $V_5 = I_3 R_5 = 14 \times 1.2 = 16.8\,(\text{V})$ 이므로 저항 R_7에 걸리는 전압 $V_7 = 28 - 16.8 = 11.2\,(\text{V})$ 가 된다.

$$\therefore I_4 = \frac{V_7}{R_7} = \frac{11.2}{1} = 11.2\,(\text{A})$$

31. 답 (1) 35 (2) 14.5

해설 각 저항에 흐르는 전류를 다음과 같이 나타낸다.

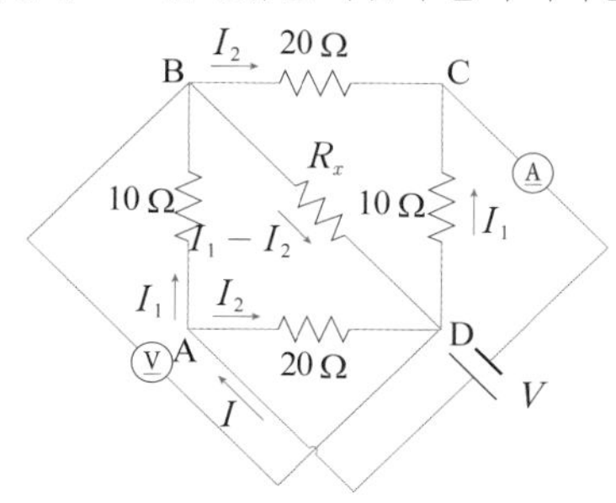

회로의 전체 저항을 R, A점과 C점 사이의 전압을 V_{AC} 라고 하면, $V_{AC} = IR = 10I_1 + 20I_2$ 가 되고, 이때 전류계의 눈금이 10 A 였으므로 $10R = 10I_1 + 20I_2$ 이다.

키르히호프 제 1 법칙에 의해 $I = I_1 + I_2 = 10$ …㉠

폐회로 ABDA : $10I_1 + R_x(I_1 - I_2) - 20I_2 = 0$

$V_B - V_D = 20I_2 - 10I_1 = 35$ …㉡

㉠과 ㉡에 의해 $I_1 = 5.5$ (A), $I_2 = 4.5$ (A) 이다.

$\therefore$ (1) $R_x = 35\,(\Omega)$, (2) $R = 14.5\,(\Omega)$,

32. 답 ㉠ 9 ㉡ 4

해설 ㉠ 전지의 (−) 극에서 (+) 극으로는 1 V 의 전압 상승이 일어나고, (+) 극에서 (−) 극으로는 1 V 의 전압 강하가 일어난다.

P 점의 전위를 0 V 로 정하면, 각 지점의 전위는 다음과 같다.

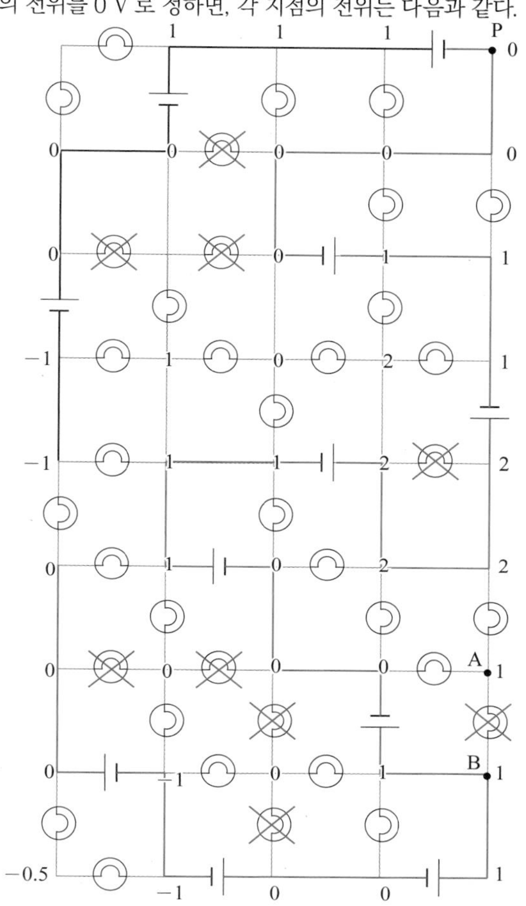

표시된 점 A 의 전위는 1 V 가 되어야 점 A 와 점 B 를 포함한 작은 사각형에서 전위가 보존되고, 점 A 에서의 전하량이 보존된다.

㉡ 전위차가 가장 큰 지점에 있는 전구가 가장 밝게 빛난다. 회로 상에서 가장 큰 전위차는 2 V 이므로, 가장 밝은 전구의 소비 전력은 4 W 이다.

15강. 축전기 I

개념확인 58 ~ 61 쪽

1. 전기 용량 2. 유전율 3. 유전 상수
4. 평행판 축전기

확인 + 58 ~ 61 쪽

1. 2×10^{-5} 2. 10 3. ㉠, ㉢ 4. ㉡

확인 +

01. 답 2×10^{-5}

해설 $Q = CV = (5 \times 10^{-6}) \times 4 = 2 \times 10^{-5}$ C (= 20 μC)

02. 답 10

해설 축전기의 전기 용량 $C = \varepsilon \dfrac{S}{d}$ 이므로, 유전율(ε), 극판 사이의 거리(d), 면적(S) 모두 2 배로 늘리는 경우 전기 용량은 처음 값의 2 배가 되므로 축전기의 전기 용량은 10 μF 이 된다.

03. 답 ㉠, ㉢

해설 축전기 극판 사이에 유전체를 넣으면 유전체의 분극에 의해 축전기 내부의 전기장 세기가 감소하고, 축전기 전기 용량은 증가한다.

04. 답 ㉡

해설 두 극판 사이의 거리가 좁아지면 전기 용량은 커진다.

개념다지기 62 ~ 63 쪽

01. (1) O (2) O (3) X 02. ⑤ 03. 2.0×10^5
04. (1) 8.85×10^{-12} (2) 8.85×10^{-11} 05. ①
06. (1) O (2) X (3) O 07. ④ 08. ④

01. 답 (1) O (2) O (3) X

해설 (1) 정전기 유도란 전기장의 영향으로 물체의 표면에 전하가 유도되는 현상을 말한다. 평행한 두 금속판을 전지에 연결하면 한 금속판에 (+) 전하가 모이고 다른 금속판에는 같은 양의 전하를 잃게 되어 (−) 전하가 모이게 된다. 이때 두 금속판 사이에는 인력이 작용하므로 전지와의 연결을 차단해도 금속판의 전하들은 이동하지 못하고 저장되어 있는 것이다.

(3) 축전기의 전기 용량은 축전기의 전압이 1 V 높아지는 동안 충전된 전하량과 같다. 따라서 전기 용량이 큰 축전기일수록 같은 전하를 주었을 때 전압이 높아지기 어렵다. 이는 같은 양의 물(전하량)을 용기가 좁은 통(전기 용량이 작은 축전기)에 넣을수록 수위(전위)가 많이 높아지는 것과 같다.

02. 답 ⑤

해설 ㄱ, ㄴ. 축전기 바깥쪽은 두 판이 만드는 전기장이 서로 상쇄되어 0 이 되고, 내부에는 두 판이 만드는 전기장이 중첩되어 균일한 전기장이 형성된다.

ㄷ. 등전위면은 항상 전기장 방향(전기력선)에 수직하므로 축전기의 금속판과 나란하게 형성된다.

03. 답 2.0×10^5

해설 축전기에 충전되는 전하량은 다음과 같다.

$$Q = CV = (5.5 \times 10^{-15}) \times 6 = 3.3 \times 10^{-14}\,\mathrm{C}$$

이때 (+) 극판과 (−) 극판에는 같은 양의 전하가 분포하므로 (−) 극판에 있는 전자의 수는 다음과 같다.

$$n = \frac{Q}{e} = \frac{3.3 \times 10^{-14}}{1.6 \times 10^{-19}} = 2.0625 \times 10^5 \fallingdotseq 2.1 \times 10^5\ (\text{개})$$

04. 답 (1) 8.85×10^{-12} (2) 8.85×10^{-11}

해설 (1) 금속판의 면적 $S = 0.01\ \mathrm{m^2}$, 판 사이의 거리 = 0.01 m 이므로 전기 용량은 다음과 같다.

$$C = \varepsilon_0 \frac{S}{d} = (8.85 \times 10^{-12}) \frac{0.01}{0.01} = 8.85 \times 10^{-12}\,\mathrm{F}$$

(2) $Q = CV = (8.85 \times 10^{-12}) \times 10 = 8.85 \times 10^{-11}$

05. 답 ①

해설 ㄱ, ㄴ. 축전기를 이루는 두 금속판을 잡아당겨 금속판 사이의 간격을 2 배로 늘리면 축전기의 전기 용량은 반으로 줄어든다. 이때 두 도체판 사이의 전기장의 세기는 일정하게 유지된다.

ㄷ. 축전기의 전하량은 일정하게 유지된다.

06. 답 (1) O (2) X (3) O

해설 (2), (3) 평행판 축전기의 두 금속판 사이에 유전체를 넣으면 전기 쌍극자의 전기력에 의해 외부 자기장과 반대 방향으로 전기장이 형성되어 축전기 내부 전기장의 세기가 작아진다. 따라서 두 금속판의 전위가 감소하므로 축전기의 전기 용량은 증가한다 ($V = Ed$ ⇨ $C = \dfrac{Q}{V}$).

07. 답 ④

해설 유전율 ε_0 과 유전 상수(비유전율) κ 가 비례 관계($\varepsilon = \kappa\varepsilon_0$)이므로 전기 용량($C = \varepsilon \dfrac{S}{d}$)은 유전 상수에 비례한다.

08. 답 ④

해설 라디오 주파수 선택 - 가변 축전기, 터치 스크린 - 평행판 축전기를 각각 사용한다.

유형익히기 & 하브루타 64 ~ 67 쪽

[유형15-1] ④ 01. ② 02. ③
[유형15-2] ④ 03. ④ 04. ②
[유형15-3] ⑤ 05. ② 06. ⑤
[유형15-4] (1) ㄱ, ㄹ (2) ㅂ (3) ㄴ, ㄷ, ㅁ
07. ④ 08. ④

[유형15-1] 답 ④

해설 ㄱ, ㄴ. (+) 극이 연결되어 있는 A 는 (+) 전하, (-) 극이 연결되어 있는 B 는 (-) 전하로 대전된다. 이때 전류는 (+) 극에서 (-) 극으로 흐르고(㉠), 전자는 그 반대(㉡)로 흐른다.
ㄷ. 축전기의 충전이 진행되는 동안 전하량이 증가하면서 A와 B 사이의 전기장의 세기가 증가한다.
ㄹ. 충전이 완료된 후 스위치를 열면 전하가 이동하지 않으므로 A 와 B 에 저장된 전하량은 일정하게 유지된다. 따라서 A 와 B 사이에는 스위치를 열기 전과 같은 전위차가 유지된다.

01. 답 ②

해설 스위치를 A 점에 연결하면 축전기는 충전이 되고, B 점에 연결하면 방전이 된다.
ㄱ. 스위치를 A 점에 연결하였을 때 축전기에 저장되는 전하량은 $Q = CV = (7 \times 10^{-6}) \times 10 = 7 \times 10^{-5}$C (= 70 μC) 이다.
ㄷ. 축전기가 방전되는 동안 축전기 사이의 전압은 점점 감소하다가 0 이 된다.

02. 답 ③

해설 축전기에 전지를 연결하면 두 금속판 사이의 전위차가 전지의 전압과 같아질 때까지 전하가 이동한다.
ㄱ. 그림 (나) 에서 5 초 후 축전기의 전압이 일정하므로, 전지의 전압은 5 V 이고, 축전기의 한쪽 금속판에는 (+), 다른 한쪽 금속판에는 (-) 부호의 같은 양의 전하가 분포함을 알 수 있다.
ㄴ. 5 초일 때 축전기는 완전히 충전되므로 이후 더는 전류가 흐르지 않는다.
ㄷ. 축전기에 충전된 전하량 $Q = CV = 4\ \mu\text{F} \times 5\ \text{V} = 20\ \mu\text{C}$ 이다.

[유형15-2] 답 ④

해설 그래프의 기울기$\left(\frac{V}{Q}\right)$는 전기 용량의 역수$\left(\frac{1}{C}\right)$이다.
ㄱ. 극판 사이에 유전율이 큰 물질을 넣으면 전기 용량이 증가하므로 그래프의 기울기가 감소한다.
ㄴ. 극판 사이에 도체를 넣으면 전기 용량이 증가하므로 그래프의 기울기가 감소한다.
ㄷ. 극판 사이의 거리를 작게 하면 전기 용량이 증가하므로 그래프의 기울기가 감소한다.

03. 답 ④

해설 도체판을 넣지 않았을 때 축전기에 저장되는 전하량은 다음과 같다.

$$Q = CV = (30 \times 10^{-6}) \times 5 = 1.5 \times 10^{-4}\ \text{C}$$

금속판에 접촉되지 않도록 금속판 사이의 거리 d의 절반 두께 $0.5d$의 도체판을 넣는경우, $0.5d$만큼 금속판 사이의 거리가 짧아지게 된다. 따라서 축전기의 전기 용량은 2 배가 되므로($C = \varepsilon_0 \frac{S}{d}$) 되므로 축전기에 저장되는 전하량도 2 배(3.0×10^{-4} C)가 된다.

04. 답 ②

해설 ㄱ. 전기 용량 $C = \varepsilon \frac{S}{d}$ 이므로 전압과 전기 용량은 서로 무관하다.
ㄴ. 평행판 축전기 내부 전기장 $E = \frac{V}{d}$ 이므로 전압 V 만 감소시킬 경우 축전기 내부 전기장은 약해진다.
ㄷ. $Q = CV$ 이고, 전기 용량은 일정하므로 축전기에 충전되는 전하량과 전압은 비례관계이다.

[유형15-3] 답 ⑤

해설 ㄱ, ㄴ. 극성과 비극성 유전체 모두 축전기 내부에 발생한 전기장의 세기를 감소시키므로 축전기의 전기 용량이 커지는 효과가 나타난다. 따라서 유전체를 넣으면 축전기에 더 많은 전하를 저장할 수 있다.
ㄴ. 축전기에 비극성 유전체를 넣으면 전기장 속에서 (+) 전하와 (-) 전하를 띤 부분으로 분극되어 전기 쌍극자가 됨으로써 전기장과 나란하게 정렬되는 유전 분극이 일어난다.

05. 답 ②

해설 ㄱ, ㄷ. 축전기 내부에 유전체를 넣으면 유전 분극이 일어나 유전체가 한 방향으로 배열된다. 이때 유전체를 구성하는 원자나 분자 내부의 (+) 전하는 전기장의 방향인 (-) 극 쪽으로, (-) 전하는 그 반대 방향인 (+) 극 쪽으로 정렬한다. 따라서 분자의 (+) 극이 A 쪽을 향하고 있으므로 A 가 (-) 전하로 대전된 극판인 것을 알 수 있다. 축전기 내부에서 전기장의 방향은 B ⇨ A 이고, 유전체는 A ⇨ B 방향으로 전기장을 형성한다.
ㄴ. 전원을 제거해도 축전기의 전하량 Q는 일정하다. 이때 유전체를 제거하면 축전기의 전기 용량 C가 작아지므로 전위차 V는 증가하게 된다($Q = CV$).

06. 답 ⑤

해설 축전기의 전기 용량은 극판 사이의 간격에 반비례하고, 유전 상수에 비례한다.

$$\therefore C_A : C_B : C_C = \frac{2\kappa}{d} : \frac{2\kappa}{2d} : \frac{\kappa}{3d} = 2 : 1 : \frac{1}{3} = 6 : 3 : 1$$

[유형15-4] 답 (1) ㄱ, ㄹ (2) ㅂ (3) ㄴ, ㄷ, ㅁ

해설 (1) 심장 전기 충격기는 축전기가 전하를 모아두는 성질을 이용한다. 전기 충격기의 두 전극을 심장이 정지한 환자의 가슴 위에 붙인 후 짧은 순간 축전기에 저장된 전기 에너지를 심장에 흘려보내면 심장 박동을 정상으로 되돌아오게 할 수 있다.
(2) 가변 축전기는 라디오에서 특정 주파수의 전파만 선택해서 들을 수 있도록 해준다.
(3) ㄹ. 카메라 플래시는 축전기의 전하가 방전되면서 저장된 에너지가 소비되어 밝은 섬광을 방출한다.

ㅁ. 터치 스크린(전기 용량 방식)은 투명 전극으로 코팅된 2장의 전도성 유리로 구성되어 있다. 이 유리 사이에 작은 전압을 걸어주면 평행판 축전기와 같이 유리 표면에 전하가 충전된다. 이때 손으로 터치할 수 있는 상단의 유리 표면을 접촉하면 스크린에 저장된 전하가 접촉 지점으로 끌려오게 되어 스크린 표면의 전하량이 변하게 된다. 이를 터치 스크린 모퉁이의 센서가 감지하여 접촉되는 위치를 파악하고 입력을 판별하게 된다

07. 답 ④

해설 평행판 축전기는 콘덴서 마이크, 컴퓨터의 키보드, 터치 스크린에 활용된다.
ㄴ. 카메라 플래시에는 원통형 축전기, ㅁ. 라디오 수파수 변경에는 가변 축전기가 사용되며, 이는 평행판 축전기를 병렬 연결한 것과 같다.

08. 답 ④

해설 ㄱ. 전기 용량의 변화량은 각도에 비례하므로 회전 극판이 90° 회전하면 전기 용량은 450 pF 만큼 증가하므로 100 + 450 = 550 pF 이 된다.
ㄴ. $Q = CV = (100 \times 10^{-12}) \times 500 = 5 \times 10^{-8}$ C
ㄷ. 전기 용량은 축전기의 극판의 넓이에 비례한다.

창의력 & 토론마당 68 ~ 71 쪽

01 2 V

해설 ① 축전기 A 에 처음 저장된 전하를 Q_A, 전위차가 같아진 후 축전기 A 와 B 의 전하를 Q'_A, Q_B라고 하면, $Q_A = Q'_A + Q_B$ 가 된다(전하량 보존).
② 스위치를 닫게 되면 축전기 A 와 B 의 전위차가 같아질 때까지 전하가 이동하게 된다. 따라서 축전기 A의 처음 전위차를 V_0, 같아진 전위차를 V 라고 하면, $C_AV_0 = C_AV + C_BV$ 이므로,

$$\Rightarrow V = V_0\left(\frac{C_A}{C_A + C_B}\right) = 6 \times \left(\frac{4}{4+8}\right) = 2\ (\mathrm{V})$$ 이다.

02 $\frac{4}{3}Q$

해설 충전된 두 극판 사이에 도체판을 끼우게 되면 도체판의 두께만큼 거리가 짧아지게 되므로 전기 용량이 증가한다.
즉, 두 극판 사이의 거리 $d' = d - \frac{d}{4} = \frac{3}{4}d$ 가 되고, 전기 용량 $C = \varepsilon\frac{S}{d}$ 이므로 도체판을 끼운 후 축전기의 전기 용량 C'은 $C' = \varepsilon\frac{4}{3}\frac{S}{d} = \frac{4}{3}C$ 이다. $Q = CV$ 이므로, 축전기에 저장되는 전하량 $Q' = C'V = \frac{4}{3}CV = \frac{4}{3}Q$ 이다.

03 (1) 4×10^4 V/m (2) 7.9×10^{-9} C

해설 (1) 면적이 S인 두 금속판 사이의 거리가 d인 평행판 축전기의 내부 전기장 $E = \frac{V}{d}$ 이고, 평행판 축전기의 전기 용량 $C = \varepsilon\frac{S}{d} = \kappa\varepsilon_0\frac{S}{d}$ ⇨ $d = \frac{\kappa\varepsilon_0 S}{C}$ 이므로, 유전체 내부에서 전기장 세기는 다음과 같다.

$$E = \frac{VC}{\kappa\varepsilon_0 S} = \frac{48.6 \times (200 \times 10^{-12})}{5.4 \times (9 \times 10^{-12}) \times (50 \times 10^{-4})} = 4 \times 10^4 (\mathrm{V/m})$$

(2) 전기 용량이 C 인 축전기에 전압 V를 걸어주었을 때 저장되는 전하량 $Q = CV$ 이다. 따라서 축전기에 충전된 전하량(극판에 대전된 전하의 크기) $Q_0 = (200 \times 10^{-12}) \times 48.6 ≒ 9.7 \times 10^{-9}$ (C) 이다.
유전체를 두 극판 사이에 넣었을 때 유전체에서 일어난 유전 분극에 의한 전하량(Q)때문에 내부의 전기장이 (1) 처럼 형성된다.
축전기 내부 전기장의 세기 $E = \frac{Q_0}{\varepsilon_0 S} - \frac{Q}{\varepsilon_0 S}$ 이다. 따라서 유전체에형성된 유도 전하의 크기는 다음과 같다.

$$Q = Q_0 - \varepsilon_0 SE$$
$$= (9.7 \times 10^{-9}) - [(9 \times 10^{-12}) \times (50 \times 10^{-4}) \times (4 \times 10^4)]$$
$$= 7.9 \times 10^{-9}\ (\mathrm{C})$$

04 〈해설 참조〉

해설 구름과 지면이 각각의 극판을 이루는 평행판 금속판으로 가정하면, 계의 전기 용량은 다음과 같다.

$$C = \varepsilon_0\frac{S}{d} = \frac{(9 \times 10^{-12}) \times 2{,}000 \times 4000}{900} = 0.8 \times 10^{-7}\ (\mathrm{F})$$

따라서 지면과 구름 사이의 전위차 $V = \frac{Q}{C} = \frac{150}{0.8 \times 10^{-7}} ≒ 1.9 \times 10^9$ (V) 이므로, 구름과 지면 사이의 전기장의 세기는 다음과 같다.

$$E = \frac{V}{d} = \frac{1.9 \times 10^9}{900} ≒ 2.1 \times 10^6\ (\mathrm{V/m})$$

즉, 2.5×10^6 (V/m)보다 전기장의 세기가 작으므로 번개가 칠 수 없다.

05 (1) $\frac{2\varepsilon_0 S}{d}\left(\frac{\kappa_1\kappa_2}{\kappa_1+\kappa_2}\right)$ (2) $\frac{\varepsilon_0 S}{d}\left(\frac{\kappa_1+\kappa_2}{2}\right)$ (3) 3.6×10^{-10} F

해설 (1) (가)는 유전 상수가 각각 κ_1, κ_2 인 유전체가 끼워진 축전기가 다음 그림과 같이 직렬 연결된 것과 같다.

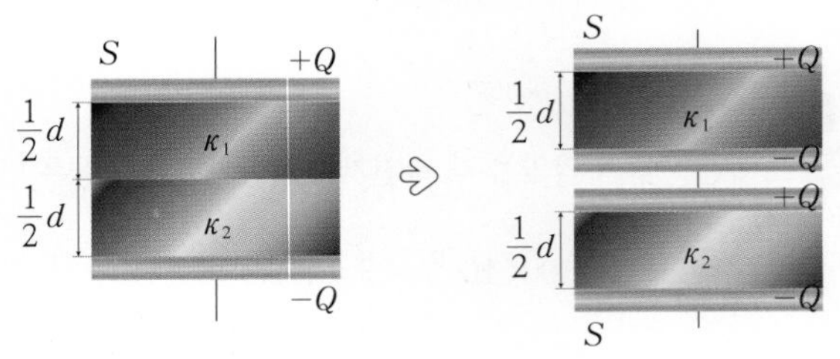

(가)에서 평행판 축전기에 충전된 전하량이 Q 일 때, 위쪽 금속판에 $+Q$, 아래쪽 금속판에 $-Q$ 의 전하가 충전되었다고 하면, 직렬 연결된 두 축전기에도 각각 같은 전하량 Q가 충전된다.
유전 상수가 κ_1 인 축전기의 전기 용량을 C_1, 전기장의 세기를 E_1 라고 하면,

$$Q = C_1V_1 = \left(\kappa_1\varepsilon_0 \frac{S}{\frac{d}{2}}\right)\left(E_1 \times \frac{d}{2}\right) = \kappa_1\varepsilon_0SE_1 \Rightarrow E_1 = \frac{Q}{\kappa_1\varepsilon_0S}$$

마찬가지로 유전 상수가 κ_2 인 축전기의 전기 용량을 C_2, 전기장의 세기를 E_2 라고 하면, $E_2 = \dfrac{Q}{\kappa_2\varepsilon_0S}$ 이다.
직렬 연결 회로에서 각 축전기에 걸리는 전압의 합은 전체 전압과 같다.

$$V = V_1 + V_2 = \left(E_1 \times \frac{d}{2}\right) + \left(E_2 \times \frac{d}{2}\right) = \frac{Qd}{2\varepsilon_0S}\left(\frac{1}{\kappa_1} + \frac{1}{\kappa_2}\right)$$

$$\therefore C = \frac{Q}{V_1 + V_2} = \frac{2\varepsilon_0S}{d}\left(\frac{\kappa_1\kappa_2}{\kappa_1 + \kappa_2}\right)$$

(2) (나)는 유전 상수가 각각 κ_1, κ_2 인 유전체가 끼워진 축전기가 다음 그림과 같이 병렬 연결된 것과 같다.

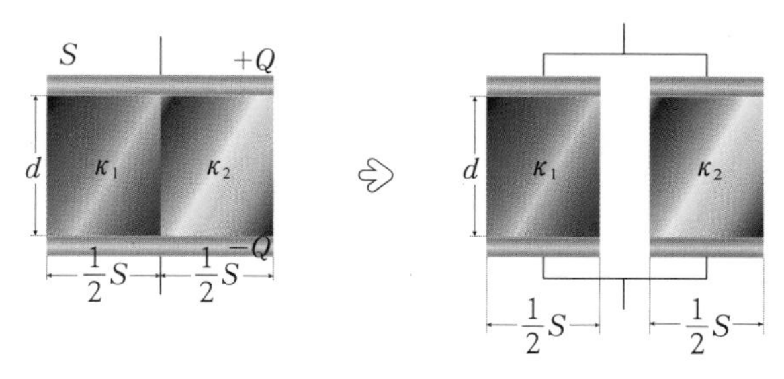

따라서 각 축전기에 걸리는 전압은 모두 V 로 같으며, 축전기에 저장된 총 전하는 두 축전기에 저장된 전하의 총합과 같다.

$$Q_1 = C_1V,\ Q_2 = C_2V \Rightarrow Q = (C_1 + C_2)V$$

$$\therefore C = \frac{Q}{V} = C_1 + C_2 = \left(\kappa_1\varepsilon_0 \frac{\frac{S}{2}}{d}\right) + \left(\kappa_2\varepsilon_0 \frac{\frac{S}{2}}{d}\right) = \frac{\varepsilon_0S}{d}\left(\frac{\kappa_1 + \kappa_2}{2}\right)$$

(3) (가)에 의해 오른쪽 절반의 전기 용량은 다음과 같다.

$$C_R = \frac{\varepsilon_0S}{d}\left(\frac{\kappa_2\kappa_3}{\kappa_2 + \kappa_3}\right) = \frac{(9 \times 10^{-12}) \times (100 \times 10^{-4})}{(8 \times 10^{-3})}\left(\frac{40 \times 50}{40 + 50}\right)$$
$$≒ 2.5 \times 10^{-10}\ (\text{F})$$

왼쪽 절반의 전기 용량은 다음과 같다.

$$C_L = \kappa_1\varepsilon_0 \frac{\frac{S}{2}}{d} = 20 \times (9 \times 10^{-12}) \times \frac{50 \times 10^{-4}}{8 \times 10^{-3}} ≒ 1.1 \times 10^{-10}\ (\text{F})$$

따라서 평행판 축전기의 전기 용량은 다음과 같다.

$$C = C_R + C_L = (2.5 \times 10^{-10}) + (1.1 \times 10^{-10}) = 3.6 \times 10^{-10}\ (\text{F})$$

06 (1) $C = 4\pi\varepsilon_0R$ (2) 7.09×10^{-4} F

해설 (1) 반지름이 R 인 고립된 구의 경우 구형 축전기에서 다른 하나의 극판이 무한대 반지름의 도체구라고 가정한다.

$$\Rightarrow C = 4\pi\varepsilon_0\left(\frac{a}{1 - a/b}\right) \text{에서 } b \to \infty,\ a = R$$
$$\therefore C = 4\pi\varepsilon_0R$$

(2) $C = 4\pi\varepsilon_0R = 4 \times 3.14 \times (8.85 \times 10^{-12}) \times (6.38 \times 10^6)$
$≒ 7.09 \times 10^{-4}$ (F)
지구는 (−) 전하로 대전되어 전자가 흘러들어가며, 땅의 (−) 전하와 대기중의 (+) 전하 간의 방전 현상이 번개이다.

스스로 실력 높이기 72 ~ 79 쪽

01. 정전기 유도 02. 2×10^{-4}
03. 3.2×10^{-16} 04. 1.5×10^{-2}
05. 5.31×10^{-10} 06. ㉠ 180 ㉡ 1.8×10^{-2}
07. ㉠ 2×10^{-5} ㉡ 8×10^{-5}
08. 유전 분극, ㉠, ㉡ 09. 유전 강도
10. ④ 11. ④ 12. ① 13. ①
14. ㉠ B ㉡ A ㉢ C 15. ④ 16. ① 17. ③
18. ④ 19. ④ 20. ④ 21. ⑤ 22. ④
23. ④ 24. ④ 25. ③ 26. 22.5 27. ①
28. ④ 29. ① 30. ④
31, 32. 〈해설 참조〉

01. 답 정전기 유도
해설 전하를 띤 도체는 주위에 전기장을 만든다. 하지만 하나의 금속구나 금속판의 경우 전하량이 증가하면 같은 종류의 전하끼리 서로 반발하게 되고 전기장이 강해지면 쉽게 방전되어 많은 양의 전하를 모아둘 수가 없다. 이때 접지된 도체를 가까이 하면 정전기 유도에 의해 각 도체에 서로 다른 전하가 유도되고, 이들 전하 사이에 전기적 인력이 작용하므로 전하들을 오랫동안 모아둘 수 있는 것이다.

02. 답 2×10^{-4}
해설 $Q = CV = (20 \times 10^{-6}) \times (10) = 2 \times 10^{-4}$(C)

03. 답 3.2×10^{-16}
해설 평행한 두 금속판에 전압을 걸어주면 두 금속판 사이에 균일한 전기장이 만들어 진다. 이때 전기장의 세기는 다음과 같다.

$$E = \frac{V}{d} = \frac{100}{0.05} = 2 \times 10^3\ (\text{V/m})$$

전자에 작용하는 힘 $F = qE = (1.6 \times 10^{-19}) \times (2 \times 10^3) = 3.2 \times 10^{-16}$ (N) 이다.

04. 답 1.5×10^{-2}
해설 두 금속판 사이에 걸린 전위차는 다음과 같다.

$$V = Ed = (5 \times 10^5) \times (2 \times 10^{-3}) = 1{,}000(\text{V})$$
$$\therefore Q = CV = (15 \times 10^{-6}) \times (1{,}000) = 1.5 \times 10^{-2}(\text{C})$$

05. 답 5.31×10^{-10}
해설 $C = \varepsilon_0\dfrac{S}{d} = (8.85 \times 10^{-12}) \times \dfrac{0.06}{0.001} = 5.31 \times 10^{-10}$ (F)

06. 답 ㉠ 180 ㉡ 1.8×10^{-2}

해설 ㉠ 반지름이 $R = 0.1$ m 인 원형 극판의 면적 $S = \pi R^2 = 3 \times 0.01 = 3 \times 10^{-2}$ 이다. 따라서 축전기의 전기 용량은 다음과 같다.

$$C = \varepsilon_0 \frac{S}{d} = (9 \times 10^{-12}) \times \frac{3 \times 10^{-2}}{1.5 \times 10^{-3}} = 1.8 \times 10^{-10}\ (\text{F})$$
$$= 180\ (\text{pF})$$

㉡ $Q = CV = (1.8 \times 10^{-10}) \times (100) = 1.8 \times 10^{-8}(\text{C})$
$= 1.8 \times 10^{-2}\ (\mu\text{F})$

07. 답 ㉠ 2×10^{-5} ㉡ 8×10^{-5}

해설 ㉠ $Q = CV = (2 \times 10^{-6}) \times (10) = 2 \times 10^{-5}\text{C}$

㉡ $Q' = C'V = \kappa CV = \kappa Q = 4 \times (2 \times 10^{-5}) = 8 \times 10^{-5}\text{C}$

10. 답 ④

해설 컴퓨터 키보드, 터치 스크린, 콘덴서 마이크는 평행판 축전기를 사용하며, 카메라의 플래시에는 원통형 축전기가 사용된다.

11. 답 ④

해설 ㄱ. 극판 사이의 전기장의 세기 $E = \frac{V}{d}$ 이므로, 극판 사이의 간격이 일정할 때, 전압 V가 증가하므로 극판 사이의 전기장의 세기가 세진다.

ㄴ. 전기 용량은 전압과 무관하다.

ㄷ. $Q = CV$에서 축전기의 전기 용량 C은 일정하므로 전압 V가 증가하면 축전기에 저장되는 전하량 Q은 증가한다.

12. 답 ①

해설 처음 축전기의 전기 용량 $C = \varepsilon \frac{S}{d}$ 이므로, 두 극판 사이의 거리 $2d$, 유전율이 0.5ε인 축전기의 전기 용량 $C' = 0.5\varepsilon \frac{S}{2d} = \frac{1}{4}C$ 가 된다.

13. 답 ①

해설 평행판 축전기의 전기 용량은 평행판의 면적과 평행판 사이를 채우는 유전체의 유전율에 비례하고, 평행판 사이의 간격에 반비례한다.

14. 답 ㉠ B ㉡ A ㉢ C

해설 축전기 A, B, C 의 전기 용량은 각각 다음과 같다.

$$C_A = \frac{S}{d},\ C_B = \frac{2S}{d},\ C_C = \frac{S}{2d} \Rightarrow C_B > C_A > C_C$$

전하량-전압 그래프에서 기울기는 축전기의 전기 용량이다. 기울기가 클수록 전기 용량이 크므로 기울기가 가장 큰 ㉠ 은 축전기 B 이고, 기울기가 가장 작은 ㉢ 은 축전기 C 이다.

15. 답 ④

해설 ㄱ. 전압이 일정한 전지가 연결되어 있으므로 두 극판 사이의 전압도 일정하게 유지된다.

ㄴ. 전기 용량 $C = \varepsilon \frac{S}{d}$ 이므로, 극판 사이의 간격 d가 줄어들면, 전기 용량은 증가한다.

ㄷ. 평행판 축전기의 내부 전기장 $E = \frac{V}{d}$ 이므로, 극판 사이의 간격 d가 줄어들면, 내부 전기장의 세기는 증가한다.

ㄹ. 극판 사이의 간격 d가 줄어들면 전기 용량이 증가하므로 축전기에 저장되는 전하량도 증가한다($Q = CV$).

16. 답 ①

해설 축전기의 한쪽 금속판만 45° 로 회전하는 경우 서로 겹쳐진 부분의 면적 S 가 줄어들게 된다. 따라서 전기 용량 C 는 작아진다($C = \frac{S}{d}$).

ㄱ, ㄴ. 전압이 일정한 전지에 연결하였으므로 (가) 와 (나) 모두 축전기에 걸리는 전압은 일정하게 유지된다. (나) 의 전기 용량이 (가) 보다 작으므로 축전기에 저장되는 전하량은 (가) 가 (나) 보다 크다($Q = CV$).

ㄷ. 금속판 사이에 유전체를 넣게 되면 전기 용량이 커진다.

17. 답 ③

해설 유전체를 극판 사이에 채우게 되면 축전기의 전기 용량이 커진다. 따라서 같은 전압을 걸어주었을 때 더 많은 전하를 저장할 수 있다.

ㄱ. (가) 의 극판 사이의 간격을 넓혀주면 축전기의 전기 용량이 작아진다.

ㄴ. (가) 보다 (나) 에 더 낮은 전압을 걸어주어야 축전기에 저장되는 전하량이 같아질 수 있다.

ㄷ. (가) 의 극판 사이에 도체판을 넣어주는 경우 도체판의 두께만큼 극판 사이의 거리가 짧아지게 되므로 전기 용량이 증가한다.

18. 답 ④

해설 ㄱ, ㄷ. 자판을 누르게 되면 축전기의 두 금속판 사이의 간격이 줄어들게 되므로 축전기의 전기 용량이 증가하게 된다. 따라서 금속판에는 더 많은 전하가 충전된다.

ㄴ. 전압이 일정한 전원 장치에 연결하였으므로 축전기에 걸리는 전압은 일정하다.

19. 답 ④

해설 전압 V_1 을 걸었을 때 평행판 축전기에 충전되는 전하량 $Q = \varepsilon \frac{S}{d} V_1$, 평행판 사이의 간격을 $2d$ 로 늘여준 후, 전압 V_2 를 걸었을 때 축전기에 충전되는 전하량 $Q' = \varepsilon \frac{S}{2d} V_2 = \frac{Q}{2V_1} V_2$ 이다. 따라서 추가로 충전된 전하량 ΔQ는 다음과 같다.

$$\Delta Q = Q' - Q = Q(\frac{V_2}{2V_1} - 1)$$

20. 답 ④

해설 ㄱ. (가) 에서는 전지와의 연결을 끊었으므로 도체판에 저장된 전하량은 일정하다.

ㄴ. (나) 에서 축전기의 두 극판 사이의 전위차가 일정한 상태에서 두 극판 사이의 거리를 감소시켰으므로 극판 사이의 전기장의 세

기는 증가한다($E = \frac{V}{d}$).

ㄷ. (가) 에서 도체판에 저장된 전하량은 일정한 상태에서 두 극판 사이의 거리를 줄이면 전기 용량이 증가하므로 두 극판 사이의 전위차가 절반으로 감소한다. (나) 에서 축전기는 전지와 연결되어 있으므로 축전기의 두 극판 사이의 거리를 변화시켜도 두 극판 사이의 전위차는 일정하다. 따라서 두 극판 사이의 전위차는 (나) 가 (가) 의 2 배이다.

21. 답 ⑤

해설 (가) 회로에서 스위치를 닫게 되면 축전기 양단에 걸린 전압이 V가 될 때까지 전류가 흐르다가 점차 줄어들어 0 이 된다. 즉, 축전기가 완전히 충전된 후에는 더 이상 전하의 이동이 없으므로 전류가 흐르지 않는 것이다.

(나) 회로에서는 축전기와 전구가 병렬 연결되어 있으므로 축전기의 충전과 상관없이 일정한 전압 V가 걸린다.

22. 답 ④

해설 내전압이 70 V 가 되기 위한 극판 사이의 거리 d는 다음과 같다.

$$E = \frac{V}{d} \Rightarrow d = \frac{V}{E} = \frac{\text{내전압}}{\text{유전 강도}} = \frac{70}{1.4 \times 10^6} = 5 \times 10^{-5}(\text{m})$$

$$C = \varepsilon\frac{S}{d} = \kappa\varepsilon_0\frac{S}{d} \Rightarrow S = \frac{Cd}{\kappa\varepsilon_0} = \frac{(9 \times 10^{-6}) \times (5 \times 10^{-5})}{5 \times (9 \times 10^{-12})}$$

$$\therefore S = 10(\text{m}^2)$$

23. 답 ④

해설 (가) 에서 축전기가 완전히 충전되면 축전기 A 에 걸리는 전압은 V 이고, 충전되는 전하량 $Q = CV$ 이다. (나) 에서는 축전기 A 와 B 에 각각 $\frac{Q}{2} = \frac{CV}{2}$ 의 전하량이 충전되고, 축전기 A 와 B 의 양단에는 각각 $\frac{V}{2}$ 의 전압이 걸린다.

24. 답 ④

해설 유전 강도란 축전기 내에서 유전체가 파괴되지 않고 견딜 수 있는 전기장의 최댓값이고, 내전압이란 축전기가 방전되지 않고 견딜 수 있는 최대 전압이다.

ㄱ. 축전기의 내전압은 극판 사이의 간격이 같을 때, 유전 강도가 클수록 크다($V = Ed$). 따라서 D 를 이용한 축전기의 내전압이 가장 높다.

ㄴ. 같은 전압을 걸어주었을 때, 유전 상수가 클수록 전기 용량이 크다. 따라서 D 를 이용한 축전기가 가장 많은 전하를 모을 수 있고, C 를 이용한 축전기에 가장 적은 전하가 모인다.

ㄷ. 각각의 내전압까지 전압을 올릴 경우 유전 상수와 유전 강도의 곱이 가장 큰 D 를 이용한 축전기가 가장 많은 전하를 모을 수 있다.

25. 답 ③

해설 3 Ω, 6 Ω이 병렬 연결된 회로의 합성 저항 $\frac{1}{R} = \frac{1}{3} + \frac{1}{6} \Rightarrow$ $R = 2\ \Omega$ 이므로 이 병렬 회로에 걸린 전압은 2 V, 축전기와 저항 3 Ω 이 병렬 연결된 회로에 걸린 전압은 3V 가 된다. 이때 축전기와 저항 3 Ω 에는 걸리는 전압은 3 V 로 같다(∵ 병렬 연결).

$$\therefore Q = CV = 10\ \mu\text{F} \times 3\ \text{V} = 30\ (\mu\text{C})$$

26. 답 22.5

해설 충전된 축전기에 걸린 전위차를 V_0 라고 하면, 축전기 A 에 저장되는 전하량 $Q_A = CV_0$, 두 축전기를 연결한 후 축전기에 걸린 전위차를 V 라고 하면, 축전기 A 와 B 에 저장되는 전하량 Q'_A, Q_B 는 각각 다음과 같다.

$$Q'_A = CV, \quad Q_B = C_BV$$

축전기 A 와 B 에 저장되는 총 전하량은 일정하다.

$$\therefore CV_0 = CV + C_BV$$

$$\Rightarrow C = \frac{C_BV}{V_0 - V} = \frac{30 \times 60}{140 - 60} = 22.5\ (\mu\text{F})$$

27. 답 ①

해설 축전기는 충전이 되는 동안만 전류가 흐르고 충전이 된 후에는 전류가 흐르지 않는다. 따라서 완전히 충전된 축전기는 열린 스위치와 같은 역할을 한다.

ㄱ. 스위치가 열려 있을 때, 회로의 합성 저항 $R = \frac{5}{2} = 2.5\ (\Omega)$ 이므로, 전류계에 흐르는 전류 $I = \frac{10}{2.5} = 4\ (\text{A})$ 이다.

ㄴ. 축전기가 완전히 충전되었을 때 전류계에 흐르는 전류의 세기도 4 A 이다.

ㄷ. 전원 장치의 왼쪽 (−) 극 부분의 전위를 0 V 라고 하면, 축전기 위쪽의 전위는 4 V, 아래쪽의 전위는 6 V 이므로 축전기에 걸리는 전압은 2 V 가 된다. 따라서 축전기에 저장되는 전하 $Q = CV = 2C$ 이다.

28. 답 ④

해설 평행판 축전기의 위쪽 극판에는 (+), 아래쪽 극판에는 (−) 전하가 대전된다. 따라서 (−) 전하를 띤 질량이 m인 물체는 전기장에 의해 위쪽으로 힘을 받는 것과 동시에 아래쪽 방향으로 중력을 받는다. 두 힘이 평형을 이룰 때 물체는 정지해 있다($mg = \frac{V}{d}q$).

ㄱ. 전압을 높여주면 전기력이 중력보다 커지므로 물체는 위로 움직인다.

ㄴ. 물체의 전하량이 커지면 전기력이 중력보다 커지므로 물체는 위로 움직인다.

ㄷ. 축전기 극판 사이의 거리가 좁아지면 전기력이 중력보다 커지므로 물체는 위로 움직인다.

물체가 아래로 움직이기 위해서는 극판 사이의 간격이 넓어지거나, 전하량이 작아지거나, 물체의 질량이 커지는 경우가 된다.

29. 답 ①

해설 축전기가 완전히 충전되었으므로 축전기로 전류가 흐르지 않는다.

ㄱ. 저항 2 개는 직렬 연결되어 있으므로 합성 저항은 $2R$이다.

ㄴ. P 점에 흐르는 전류는 $\frac{V}{2R}$ 이다.

ㄷ. 축전기 양단에 걸리는 전압은 축전기와 병렬 연결되어 있는 저

항에 걸리는 전압과 같다. 이때 저항에 흐르는 전류의 세기는 $\frac{V}{2R}$ 이므로, 저항에 걸리는 전압은 $\frac{V}{2R} \times R = \frac{V}{2}$ 이다.

30. 답 ④

해설 ㄱ. 전지의 전압을 V 라고 하면, 축전기가 충전되는 동안 저항 A에 걸리는 전압은 전지의 전압 V 와 같고, 흐르는 전류는 일정하다($I = \frac{V}{R_A}$).

ㄴ. 축전기가 충전되는 동안 축전기에 걸리는 전압은 0 에서 시작하여 V 로 점점 증가하고, 저항 B 에 걸리는 전압은 전지의 전압과 같은 V 에서 시작하여 0 으로 떨어진다(저항 B 와 축전기에 각각 걸리는 전압의 합은 V 로 일정하다.).

ㄷ. 스위치를 열어 축전기를 방전시킬 때는 축전기, 저항 A, B 가 직렬 연결된 회로와 같다. 이 회로의 전제 저항 $R = R_A + R_B$ 이고, 흐르는 전류 $I = \frac{V}{R_A + R_B}$ 가 된다. 축전기가 방전되면 축전기에 저장된 전하량 Q 가 줄어드므로 축전기의 전압이 줄어들고, 전류도 줄어든다. 전류가 줄어들면 저항 A 에 걸리는 전압 $V_A = IR_A$ 도 줄어들고, 저항 B 에 걸리는 전압 $V_B = IR_B$ 도 줄어든다.

31. 답 〈해설 참조〉

해설 (1) (가) 에서는 평행판 사이에 도체를 넣는 경우 도체 내에서 자유 전자가 이동하여 삽입한 도체 내부 전기장 세기는 0 이 되고, 금속판과 도체 사이의 공간에 걸리는 전기장의 세기는 변하지 않는다.

(나) 에서는 유전체 내에서 외부 전기장과 유전 분극에 의한 내부 전기장의 방향이 서로 반대가 된다. 따라서 전기장의 세기는 유전체를 끼우기 전보다 감소한다.

(2) $V = Ed$ 이다. (가) 에서는 전기장의 세기 E 는 변하지 않고, 두 도체판 사이의 간격 d 가 줄어들었으므로 두 도체판 사이의 전위 V 는 감소한다.

(나)에서는 축전기 극판 사이의 전기장 세기가 감소하므로 전위차 V 는 감소한다.

(3) 축전기의 전기 용량 $C = \varepsilon\frac{S}{d} = \frac{Q}{V}$ 이다. (가) 와 (나) 에서 각각 도체와 유전체를 넣기 전과 후의 전하량 Q 는 일정하게 유지된다.

(가) 에서는 도체를 넣었을 경우 금속판 사이의 간격이 좁아지는 효과를 가져오므로 축전기의 전기 용량이 증가한다.

(나) 에서는 금속판 사이의 전위차가 감소하므로 축전기의 전기 용량이 증가한다. (유전율 ε 에 비례하여 전기 용량이 증가한다.)

32. 답 〈해설 참조〉

해설 전자 기기는 다양한 전기 용량의 축전기가 사용되며, 전기 용량이 큰 축전기가 필요하다. 축전기는 판 사이의 간격을 좁히고, 판의 넓이를 증가시키거나, 판 사이에 유전 상수가 큰 유전체를 끼우면 전기 용량이 증가한다. 전자 기기 내부에 들어가기 위해서는 판의 넓이를 증가시키는 것은 한계가 있으므로 평행판 축전기 사이에 유전체를 끼운 후 원통형으로 돌돌 말아서 사용하면 축전기가 차지하는 부피를 줄일 수 있고, 전기 용량을 증가시켜 많은 양의 전하를 충전시킬 수 있다.

16강. 축전기 Ⅱ

개념확인			80 ~ 83 쪽
1. ㉠, ㉠	2. ㉡, ㉡	3. $\frac{1}{2}QV$	4. 전위차

확인 +			80 ~ 83 쪽
1. 1.2	2. 5	3. 0.8	4. 2

개념확인

01. 답 ㉠, ㉠

해설 ㉠ 축전기를 직렬 연결하는 경우 축전기의 양 극판에는 동일한 전하가 대전되므로 외부에서 공급된 전체 전하량과 각 축전기에 저장된 각각의 전하량이 같다.

㉠ 축전기를 직렬 연결하면 두 극판 사이의 간격이 넓어지는 효과로 합성 전기 용량은 사용된 축전기 중 전기 용량이 가장 작은 것보다 작다.

02. 답 ㉡, ㉡

해설 ㉡ 병렬로 연결된 축전기 각각에 걸리는 전압은 외부에서 걸어 준 전체 전압과 같다.

㉡ 축전기를 병렬 연결하면 두 극판의 넓이가 넓어지는 효과에 의해 합성 전기 용량은 사용된 축전기 중 전기 용량이 가장 큰 축전기의 전기 용량보다 크다.

04. 답 전위차

해설 전지와 축전기가 연결된 상태에서는 축전기의 전압이 외부 전압과 같으므로 극판 사이의 간격을 2 배로 해도 전위차는 변하지 않는다.

확인 +

01. 답 1.2

해설 전기 용량이 C_1, C_2 인 두 개의 축전기를 직렬 연결하였을 때 합성 전기 용량 C 는 다음과 같다.

$$\frac{1}{C} = \frac{1}{C_1} + \frac{1}{C_2} = \frac{1}{2} + \frac{1}{3} = \frac{5}{6}, \quad C = \frac{6}{5} = 1.2\ (\mu\text{F})$$

02. 답 5

해설 전기 용량이 C_1, C_2 인 두 개의 축전기를 직렬 연결하였을 때 합성 전기 용량 C 는 다음과 같다.

$$C = C_1 + C_2 = 2 + 3 = 5\ (\mu\text{F})$$

03. 답 0.8

해설 축전기에 저장된 전기 에너지는 다음과 같다.

$$W = \frac{1}{2}CV^2 = \frac{1}{2} \times (160 \times 10^{-6}) \times (100)^2 = 0.8\ (\text{J})$$

04. 답 2

해설 두 극판 사이의 간격 d 를 $\frac{1}{2}$ 배로 하면 $C = \varepsilon\frac{S}{d}$ 에서 전기 용량은 2 배가 된다. 이때 전하의 출입이 없으므로 저장된 전하량 Q 는 일정하다. 따라서 $Q = CV$ 에서 두 극판 사이의 전위차 V 는 $\frac{1}{2}$ 배로 감소하므로 2V 가 된다.

개념다지기 84 ~ 85 쪽

01. (1) X (2) O (3) X 02. ① 03. ④ 04. 15
05. ② 06. 3 : 1 07. ② 08. ③

01. 답 (1) X (2) O (3) X

해설 (1), (2) 축전기를 병렬 연결하면 축전기 두 극판의 넓이가 넓어지는 효과로 합성 전기 용량은 증가한다.
(3) 축전기가 여러 개 연결되어 있을 때 축전기에 저장된 전체 전하량은 축전기 외부에서 실제로 들어간 전하량을 의미하며, 각 축전기에 저장된 전하량의 합이 아니다.

02. 답 ①

해설 ㄱ, ㄴ. 축전기가 직렬 연결된 경우 각 축전기에 저장된 전하량 Q 는 서로 같다. 따라서 축전기 A 와 B 에 걸리는 전압을 각각 V_A, V_B 라고 하면, $Q = C_AV_A = C_BV_B$ ⇨ $V_A = 2V_B$ 가 되므로 축전기 A 에 걸리는 전압은 축전기 B 에 걸리는 전압의 2 배이다.
ㄷ. 직렬 연결한 축전기의 합성 전기 용량 C 는 다음과 같다.

$$\frac{1}{C} = \frac{1}{C_A} + \frac{1}{C_B} = \frac{1}{1} + \frac{1}{2} = \frac{3}{2}, \quad C = \frac{2}{3}\,(\mu F)$$

03. 답 ④

해설 ㄱ. 축전기가 병렬 연결된 경우 각 축전기에 걸리는 전압은 같다.
ㄴ. 축전기 A 와 B 에 저장되는 전하량은 각각 $Q_A = C_AV = V$, $Q_B = C_BV = 2V$ 이다. 따라서 축전기 B 에 저장되는 전하량은 축전기 A 의 2 배이다.
ㄷ. 병렬 연결한 축전기의 합성 전기 용량 C 는 다음과 같다.

$$C = C_A + C_B = 1 + 2 = 3\,(\mu F)$$

04. 답 15

해설 병렬 연결된 축전기의 합성 전기 용량 $C' = C_1 + C_2 = 1 + 2 = 3\,(\mu F)$ 이므로, 전체 합성 전기 용량 C_T 은 다음과 같다.

$$\frac{1}{C_T} = \frac{1}{C'} + \frac{1}{C_3} = \frac{1}{3} + \frac{1}{3} = \frac{2}{3}, \quad C = \frac{3}{2}\,(\mu F)$$

따라서 전체 전하량 $Q_T = C_TV = \frac{3}{2} \times 10 = 15\,(\mu C)$ 이다.

05. 답 ②

해설 축전기 A = 1 μF, B = 2 μF, C = 3 μF 를 모두 이용하여 만들 수 있는 축전기 전기 회로는 다음과 같다.
㉠ 모두 병렬 연결 시 : $C_㉠ = 1 + 2 + 3 = 6\,(\mu F)$
㉡ 모두 직렬 연결 시 : $\frac{1}{1} + \frac{1}{2} + \frac{1}{3} = \frac{1}{C_㉡}$, $C_㉡ = \frac{6}{11}\,(\mu F)$
㉢ 축전기 A, B 병렬 연결 + C : $\frac{1}{1+2} + \frac{1}{3} = \frac{2}{3}$, $C_㉢ = \frac{3}{2}\,(\mu F)$
㉣ 축전기 B, C 병렬 연결 + A : $\frac{1}{2+3} + \frac{1}{1} = \frac{6}{5}$, $C_㉣ = \frac{5}{6}\,(\mu F)$
㉣ 축전기 A, C 병렬 연결 + B : $\frac{1}{1+3} + \frac{1}{2} = \frac{3}{4}$, $C_㉤ = \frac{4}{3}\,(\mu F)$

06. 답 3 : 1

해설 축전기에 저장된 전기 에너지는 $W = \frac{1}{2}\frac{Q^2}{C}$ 이고, 직렬 연결된 축전기에 저장되는 전하량은 서로 같다. 따라서 두 축전기에 저장된 전기 에너지는 전기 용량에 반비례한다.

$$\therefore W_A : W_B = \frac{1}{C_A} : \frac{1}{C_A} = \frac{1}{2} : \frac{1}{6} = 3 : 1$$

07. 답 ②

해설 ㄱ, ㄴ. 전하량 Q - 전위차 V 그래프에서 기울기는 전기 용량의 역수($\frac{1}{C}$)이며, 그래프가 그리는 면적은 축전기에 저장된 에너지($W = \frac{1}{2}QV$)이다.
ㄷ. 평행판 사이의 간격을 넓혀주면 전기 용량은 감소한다. 따라서 그래프의 기울기는 증가한다.

08. 답 ③

해설 ③ 스위치를 열어 회로가 열린 상태이므로 전하의 출입이 없기 때문에 저장된 전하량을 일정하다.
① 전기 용량은 $\frac{1}{2}$ 배가 된다.
② 전기 에너지 $W = \frac{1}{2}QV$ 이다. 전하량은 일정하고, 전위차는 2 배가 되므로 전기 에너지는 2 배가 된다.
④ 전위차와 간격이 모두 2 배가 되므로 전기장의 세기($E = \frac{V}{d}$)는 변화 없다.
⑤ 전하량은 일정하고, 전기 용량이 $\frac{1}{2}$ 배가 되므로 전위차($V = \frac{Q}{C}$)는 2 배가 된다.

유형익히기 & 하브루타 86 ~ 89 쪽

[유형16-1] ② 01. ① 02. ③
[유형16-2] ④ 03. ④
04. (1) 8.75 (2) 45
[유형16-3] (1) $\frac{C_1 - C_2}{C_1 + C_2}V_0$ (2) $\left(\frac{C_1 - C_2}{C_1 + C_2}\right)^2$
05. 25 : 36 06. ④
[유형16-4] ② 07. ③ 08. ③

[유형16-1] 답 ②

해설 직렬 연결된 축전기에는 전기 용량과 상관없이 같은 양의 전하량이 충전되며, 각 축전기에 걸리는 전압의 합은 외부에서 걸어준 전체 전압과 같다. 축전기 A, B, C 의 양단에 걸리는 전압 V_1, V_2, V_3 는 각각 다음과 같다.

$$V_1 = \frac{Q}{C_1},\ V_2 = \frac{Q}{C_2},\ V_3 = \frac{Q}{C_3},\ V = \frac{Q}{C} = \frac{Q}{C_1} + \frac{Q}{C_2} + \frac{Q}{C_3}$$

따라서 전압의 비 $V_1 : V_2 : V_3 = \frac{1}{C_1} : \frac{1}{C_2} : \frac{1}{C_3}$ 이다.

합성 전기 용량 C 는 다음과 같다.

$$\frac{1}{C} = \frac{1}{C_1} + \frac{1}{C_2} + \frac{1}{C_3} = \frac{C_2C_3 + C_1C_3 + C_1C_2}{C_1C_2C_3}$$

$$C = \frac{C_1C_2C_3}{C_2C_3 + C_1C_3 + C_1C_2}$$

ㄷ. 일정한 전압을 걸어주었을 때, 직렬 연결된 축전기에는 전기 용량과 상관없이 같은 양의 전하가 저장된다.

01. 답 ①

해설 축전기 A 와 B 모두 동일한 전압 V 에 충전하였으므로 충전된 전하량($Q = CV$)의 비가 전기 용량의 비가 된다.

$$Q_A : Q_B = C_A : C_B = 2 : 6 = 1 : 3$$

(나) 에서 A 와 B 에 걸리는 전압은 전기 용량에 반비례하므로 축전기 A 와 B 에 걸리는 전압은 각각 $V_A = \frac{3}{4}V$, $V_B = \frac{1}{4}V$이다. 따라서 축전기 A 에 저장되는 전하량은 $2 \times \frac{3}{4} = \frac{3}{2} = 1.5$ (C) 이고, 직렬 연결되어 있는 축전기 B 에도 1.5 (C) 의 전하량이 저장된다.

02. 답 ③

해설 전류는 B 점을 통해서만 흐르고, A 점에는 전압만 걸린다. 전기 회로의 전체 저항 $R = 9\ \Omega$, 전체 전압 $R = 9$ V 이므로 전체 전류 $I = \frac{V}{R} = \frac{9}{9} = 1$(A) 이다. 따라서 직렬 연결된 저항 $R_1 = 3\ (\Omega)$, $R_2 = 6\ (\Omega)$ 에 걸리는 전압은 각각 $V_1 = IR_1 = 3$ (V), $V_2 = IR_2 = 6$ (V) 이다.

축전기는 직렬 연결되어 있으므로 각 축전기에는 같은 전하량이 충전되고, 축전기의 전기 용량이 같으므로 각 축전기에는 각각 4.5 V 의 동일한 전압이 걸린다.

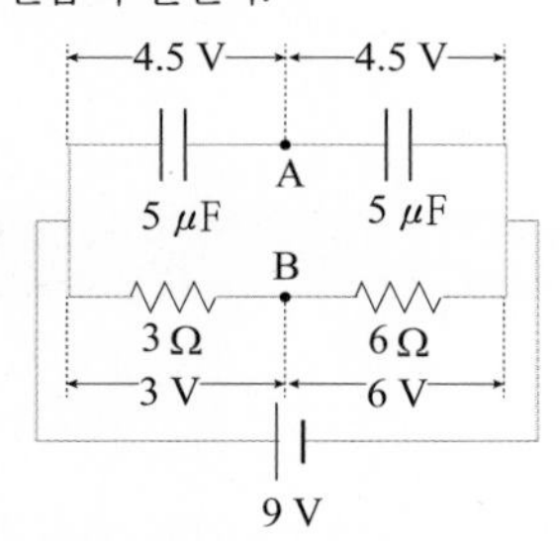

전지의 (+) 극의 전위를 9 V, (−) 극의 전위를 0 V 라고 하면, A 점의 전위는 4.5 V, B 점의 전위는 6 V 이므로 A 점과 B 점 사이의 전위차는 1.5 V 이다.

[유형16-2] 답 ④

해설 ㄱ. 축전기를 병렬 연결할 경우 각 축전기에 걸리는 전압이 같으므로 전체 내전압은 세 축전기의 내전압 중 가장 작은 80 V 가 된다.

ㄴ. 병렬 연결한 축전기의 합성 전기 용량 C 는 다음과 같다.

$C = C_1 + C_2 + C_3 = 1 + 2 + 4 = 7\ (\mu F) = 7 \times 10^{-6}$ (F)

ㄷ. 충전된 총 전하량 $Q = CV = 7\ (\mu F) \times 5\ (V) = 35\ (\mu C)$

03. 답 ④

해설 ㄱ, ㄴ병렬 연결된 축전기 C_2와 C_3 의 합성 저항 $C_{23} = C_2 + C_3 = 2 + 2 = 4\ (\mu F)$ 이다.

$$\frac{1}{C_T} = \frac{1}{C_1} + \frac{1}{C_{23}} = \frac{1}{2} + \frac{1}{4} = \frac{3}{4},\quad C_T = \frac{4}{3}\ (\mu F)$$

따라서 전체 전하량 $Q_T = C_TV = \frac{4}{3} \times 3 = 4\ (\mu C)$ 이다.

ㄷ. 축전기 양단의 전압 $V = \frac{Q}{C}$ 이므로, 축전기 C_1, C_2, C_3 양단에 걸리는 전압을 V_1, V_2, V_3 로 하면, $V_2 = V_3$ 이고,

$V_1 : V_2 = \frac{1}{C_1} : \frac{1}{C_{23}} = \frac{1}{2} : \frac{1}{4} = 2 : 1$ 이다.

따라서 축전기 C_2 양단에 걸리는 전압은 1 V 이다.

04. 답 (1) 8.75 (2) 45

해설 (1) 병렬 연결된 축전기 C_2 와 C_3, C_4 의 합성 전기 용량 $C_{24} = C_2 + C_3 + C_4 = 5 + 5 + 5 = 15\ (\mu F)$ 이다.

C_{24} 와 C_1 은 직렬 연결되어 있으므로 합성 전기 용량 C_{14} 는

$$\frac{1}{C_{14}} = \frac{1}{C_1} + \frac{1}{C_{24}} = \frac{1}{5} + \frac{1}{15} = \frac{4}{15},\quad C_{14} = \frac{15}{4}\ (\mu F)$$

C_{14} 와 C_5 는 병렬 연결되어 있으므로 전체 축전기의 합성 전기 용량 $C_{15} = C_{14} + C_5 = \frac{15}{4} + 5 = 8.75\ (\mu F)$ 이다.

(2) C_1 과 C_{24} 의 비가 1 : 3 이므로, C_1 에는 9 V, C_{24} 에는 3 V 의 전압이 각각 걸린다. 따라서 C_1 에 저장되는 전하량 $Q_1 = C_1V_1 = 45\ (\mu C)$ 이다.

[유형16-3] 답 (1) $\frac{C_1 - C_2}{C_1 + C_2}V_0$ (2) $\left(\frac{C_1 - C_2}{C_1 + C_2}\right)^2$

해설 (가) 축전기 A 와 B 에는 각각 $Q_{10} = C_1V_0$, $Q_{20} = C_2V_0$ 의 전하가 충전되어 있다. 이때 각 축전기의 왼쪽 판들을 하나의 고립계로 생각하면, 전하량이 합쳐지므로 전체 전하량 Q_0은 다음과 같다.

$$Q_0 = Q_{10} + Q_{20} = C_1V_0 - C_2V_0 = (C_1 - C_2)V_0$$

스위치를 닫으면 축전기 A 와 B 가 같은 전위차가 될 때까지 전하가 이동하지만 전체 전하량은 변하지 않는다. 따라서 전체 전하량 Q_f 은 다음과 같다.

$$Q_f = Q_{1f} + Q_{2f} = C_1V_f + C_2V_f = (C_1 + C_2)V_f$$

$Q_0 = Q_f$ 이므로 $(C_1 - C_2)V_0 = (C_1 + C_2)V_f$ 이다.

$$\therefore V_f = \frac{C_1 - C_2}{C_1 + C_2}V_0$$

(2) $W_0 = \frac{1}{2}C_1V_0^2 + \frac{1}{2}C_2V_0^2 = \frac{1}{2}(C_1 + C_2)V_0^2$

$$W_f = \frac{1}{2}C_1V_f^2 + \frac{1}{2}C_2V_f^2 = \frac{1}{2}(C_1 + C_2)V_f^2$$

$$= \frac{1}{2}(C_1 + C_2)\left(\frac{C_1 - C_2}{C_1 + C_2}\right)^2 V_0^2 = \frac{1}{2}\frac{(C_1 - C_2)^2}{C_1 + C_2}V_0^2$$

$$\therefore \frac{W_f}{W_0} = \left(\frac{C_1 - C_2}{C_1 + C_2}\right)^2$$

05. 답 25 : 36

해설 축전기가 직렬 연결되어 있는 경우 각 축전기에 걸리는 전압은 전기 용량에 반비례한다.

스위치가 열려 있을 때 : 직렬 연결된 축전기에는 같은 양의 전하량이 충전되므로, 축전기 A, B, C 에 걸리는 전압은 각각 $\frac{V}{2}, \frac{V}{3}, \frac{V}{6}$ 이다. 따라서 축전기 A 에 저장되는 전기 에너지 W_1 은

$W_1 = \frac{1}{2}C_AV^2 = \frac{1}{2}2C\left(\frac{V}{2}\right)^2 = \frac{1}{4}CV^2$ 이다.

스위치를 닫았을 때 : 축전기 C 에는 전압이 걸리지 않는다. 따라서 축전기 A, B 에 걸리는 전압은 각각 $\frac{3}{5}V, \frac{2}{5}V$ 이다. 따라서 축전기 A 에 저장되는 전기 에너지 $W_2 = \frac{1}{2}C_AV^2 = \frac{1}{2}2C\left(\frac{3}{5}V\right)^2 = \frac{9}{25}CV^2$ 이다.

$$\therefore W_1 : W_2 = \frac{1}{4} : \frac{9}{25} = 25 : 36$$

06. 답 ④

해설 (가) 에서 축전기 A 에 저장된 전하량 $Q_A = C_AV = (50 \times 10^{-6}) \times 400 = 0.02$ (C)

(나) 에서 병렬 연결된 축전기 A, B 각각에 저장되는 전하량의 합은 (가) 에서 축전기 A 에 저장된 전하량과 같다($Q_B = 0$). 축전기 A 와 B 의 전기 용량이 같으므로 각 축전기에 저장된 전하량 $Q'_A = 0.01$ (C), $Q'_B = 0.01$ (C) 이다.

(나) 에서 축전기 전체에 저장된 에너지 :

$$W_{(나)} = \frac{1}{2}\frac{Q_T^2}{C_T} = \frac{1}{2} \times \frac{(2 \times 10^{-2})^2}{100 \times 10^{-6}} = 2\ (\text{J})$$

(가) 와 (나) 에서 축전기 A 에 저장된 에너지 :

$$W_{(가)} = \frac{1}{2}\frac{Q_A^2}{C_A} = \frac{1}{2} \times \frac{(2 \times 10^{-2})^2}{50 \times 10^{-6}} = 4\ (\text{J})$$

$$W_{(나)A} = \frac{1}{2}\frac{Q_A'^2}{C_A} = \frac{1}{2} \times \frac{(1 \times 10^{-2})^2}{50 \times 10^{-6}} = 1\ (\text{J})$$

[유형16-4] 답 ②

해설 (가) 충전 후 스위치를 열어 놓은 채 유전체를 넣는 경우, (나) 스위치를 닫은 채 유전체를 넣는 경우 각각의 물리량은 다음과 같다.

구분	(가)	(나)
전위차	$V = Ed = \frac{1}{\kappa}E_0d = \frac{1}{\kappa}V_0$ ⇨ 감소한다.	V_0 로 일정하다.
전하량	Q_0 로 일정하다.	$Q = CV_0 = \kappa C_0V_0 = \kappa Q_0$ ⇨ 증가한다.
전기 용량	$C = \frac{Q_0}{V} = \frac{\kappa Q_0}{V_0} = \kappa C_0$ ⇨ 증가한다.	$C = \frac{Q}{V_0} = \frac{\kappa Q_0}{V_0} = \kappa C_0$ ⇨ 증가한다.
전기장 세기	$E = \frac{1}{\kappa}E_0$ ⇨ 감소한다.	일정하다.
전기 에너지	$W = \frac{1}{2}\frac{Q_0^2}{\kappa C_0} = \frac{1}{\kappa}W_0$ ⇨ 감소한다.	$W = \frac{1}{2}\kappa C_0V_0^2 = \kappa W_0$ ⇨ 증가한다.

07. 답 ③

해설 ㄱ. 축전기에 걸리는 전압이 외부 전압과 같으므로 축전기에 걸리는 전압은 일정하다.

ㄴ. 전위차는 일정하고, 간격이 2 배가 되므로 전기장의 세기($E = \frac{V}{d}$)는 $\frac{1}{2}$배가 된다.

ㄷ. 전하량은 $\frac{1}{2}$배가 되고, 전위차는 일정하므로 전기 에너지($W = \frac{1}{2}QV$)는 $\frac{1}{2}$배가 된다.

08. 답 ③

해설 전기 용량 $C = 12\ \mu$F 인 축전기를 $V = 10$ V 의 전원에 연결하여 충전하면 축전기에 저장되는 전기 에너지 W_1 은

$W_1 = \frac{1}{2}CV^2 = \frac{1}{2} \times 12 \times 10^2 = 600\ (\mu\text{J})$ 이다.

충전이 완료된 후 스위치를 열었으므로 축전기에 저장된 전하량은 일정하다. 이때 유전 상수 $\kappa = 6$ 인 유전체를 넣었으므로 전기 용량 $C' = \kappa C$ 로 증가한다. 따라서 축전기에 저장되는 전기 에너지 $W_2 = \frac{1}{2}\frac{Q_0^2}{\kappa C} = \frac{W_1}{\kappa} = \frac{600}{6} = 100\ (\mu\text{J})$ 이다.

$$\therefore W_1 - W_2 = 600 - 100 = 500\ (\mu\text{J})$$

즉, 500 μJ 만큼 손실된 에너지는 축전기가 유전체를 극판 사이로 끌어들이는 데 쓰인 것이다.

창의력 & 토론마당 90 ~ 93 쪽

01 (1) $\frac{12}{7}\ \mu$F (2) $\frac{4}{3}\ \mu$F (3) $\frac{6}{5}\ \mu$F

해설 (1) A 점과 B 점에 전압을 걸어주었을 때 등전위점들을 연결하면 다음과 같다. 이때 1 μF 는 축전기 1 개, 2 μF 는 축전기 2 개가 병렬 연결된 것을 의미한다.

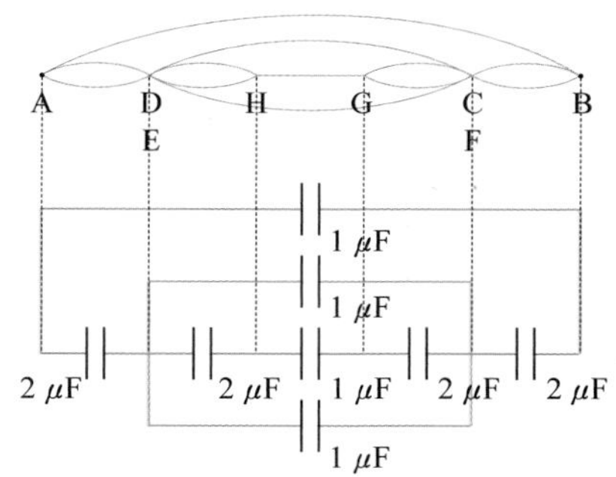

D, E 점과 C, F 점 사이 직렬 연결된 축전기의 합성 전기 용량 C_{DC} 는 $\frac{1}{C_{DC}} = \frac{1}{2} + \frac{1}{1} + \frac{1}{2} = \frac{4}{2}$, $C_{DC} = \frac{1}{2}$ (μF) 이므로, D, E 점과 C, F 점 사이 연결된 모든 축전기의 합성 전기 용량 $C'_{DC} = \frac{1}{2} + 1 + 1 = \frac{5}{2}$ (μF) 이다.

따라서 전체 합성 전기 용량 $C_T = \dfrac{1}{\frac{1}{2} + \frac{2}{5} + \frac{1}{2}} + 1 = \frac{12}{7}$ (μF)

이다.

(2) A 점과 C 점에 전압을 걸어주었을 때 등전위점들을 연결하면 다음과 같다.

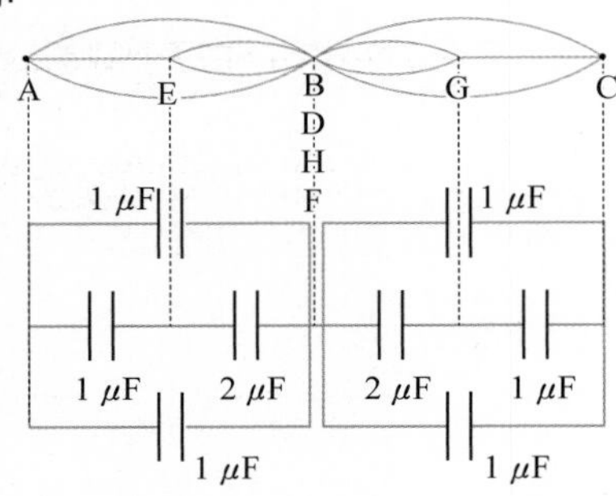

A ~ B, B ~ C 까지 합성 저항 : $C_{AB} = C_{BC} = 1 + \dfrac{1}{\dfrac{1}{1} + \dfrac{1}{2}} + 1 = \dfrac{8}{3}(\mu F)$

전체 합성 전기 용량 C_T 은 다음과 같다.

$$\frac{1}{C_T} = \frac{1}{C_{AB}} + \frac{1}{C_{BC}} = \frac{3}{8} + \frac{3}{8} = \frac{6}{8}, \quad C_T = \frac{4}{3}(\mu F)$$

(3) A 점과 G 점에 전압을 걸어주었을 때 등전위점들을 연결하면 다음과 같다.

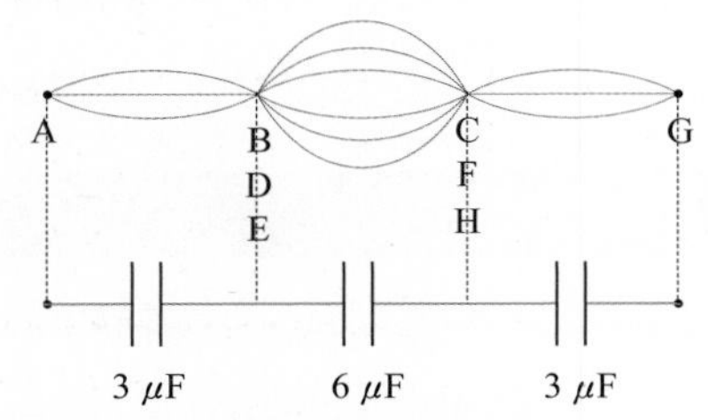

전체 합성 전기 용량 C_T 은 다음과 같다.

$$\frac{1}{C_T} = \frac{1}{3} + \frac{1}{6} + \frac{1}{3} = \frac{5}{6}, \quad C_T = \frac{6}{5}(\mu F)$$

02 (1) $-q_1 - q_3 + q_4 = 0$ (2) $-q_2 + q_3 + q_5 = 0$

(3) ① $\dfrac{q_1}{C_1} + \dfrac{q_4}{C_4} = V$ ② $\dfrac{q_2}{C_2} + \dfrac{q_3}{C_3} + \dfrac{q_4}{C_4} = V$

③ $\dfrac{q_2}{C_2} + \dfrac{q_5}{C_5} = V$ (4) 7 μF

해설 (4) A 쪽 극판에 있는 전하량은 $q_1 + q_2$ 이고, B 쪽 극판에 있는 전하량은 $-(q_4 + q_5)$이므로 $q_1 + q_2 = -(q_4 + q_5)$이다. 따라서 전체 전하량은 $q_1 + q_2$ 또는 $q_4 + q_5$ 가 된다. 그러므로 합성 전기 용량을 C_T 라고 하면,

$$Q = C_T V \Rightarrow C_T = \frac{q_1 + q_2}{V} = \frac{q_4 + q_5}{V}$$

즉, A, B 단자 중 어느 한 곳에 있는 전하의 크기를 두 단자 사이의 전위차로 나눈 값이 합성 전기 용량이다.

$q_1 = q_2 = q_4 = q_5 = \dfrac{CV}{2}$ 이고, $q_3 = 0$ 이므로, 전체 합성 전기 용량은 다음과 같다.

$$\therefore C_T = \frac{q_1 + q_2}{V} = \frac{CV}{V} = C = 7(\mu F)$$

03 (1) $\dfrac{\varepsilon_0(\kappa - 1)xb}{d}V^2$ (2) $\dfrac{\varepsilon_0 b[a + (\kappa - 1)x]}{2d}V^2$

(3) 〈해설 참조〉

해설 (1) 전지와 연결된 채로 유전체를 넣었으므로 전압은 항상 전지의 기전력 V 로 일정하다.

유전체를 넣기 전 평행판 축전기의 전기 용량 $C_0 = \varepsilon_0 \dfrac{ab}{d}$ 이고, 이러한 축전기에 기전력이 V 인 전지를 연결할 경우 축전기에 저장되는 에너지 $W_0 = \dfrac{1}{2}C_0V^2$, 충전되는 전하량 $Q_0 = C_0V$ 이다.

축전기에 x 만큼 유전체를 넣을 경우, 축전기의 전기 용량은 길이가 x 이고 극판 사이가 유전체로 채워진 축전기와, 길이가 $a - x$ 이고, 극판 사이가 진공인 축전기가 병렬 연결된 것과 같다. 따라서 합성 전기 용량 C 는 다음과 같다.

$$C = \kappa\varepsilon_0 \frac{xb}{d} + \varepsilon_0 \frac{(a - x)b}{d} = \varepsilon_0 \frac{[a + (\kappa - 1)x]b}{d}$$

이때 절연체를 넣고 있는 동안 축전기의 극판에 공급한 총 전하량(축전기의 증가한 전하량)은

$Q - Q_0 = (C - C_0)V = \dfrac{\varepsilon_0(\kappa - 1)xb}{d}V$ 이다.

증가한 전하량이 전위차 V 를 유지하므로 전지가 공급한 전기 에너지 $W = (Q - Q_0)V$ 라고 할 수 있다.

$$\therefore W = (Q - Q_0)V = \frac{\varepsilon_0(\kappa - 1)xb}{d}V^2$$

(2) 축전기에 저장된 에너지 U 는 다음과 같다.

$$U = \frac{1}{2}CV^2 = \frac{\varepsilon_0 b[a + (\kappa - 1)x]}{2d}V^2$$

(3) 축전기에 절연체를 넣기 전 축전기에 저장된 에너지를 U_0 라고 하면, $U_0 = \dfrac{1}{2}C_0V^2$ 이므로,

$U - U_0 = \dfrac{1}{2}(C - C_0)V^2 = \dfrac{1}{2}(Q - Q_0)V = \dfrac{1}{2}W$ 이다.

즉, $\dfrac{1}{2}W$ 은 유전체를 극판 사이로 넣는 데 사용되고, 나머지 $\dfrac{1}{2}W$ 은 전기 에너지를 저장하는데 사용된다.

04 50 μC

해설 전지의 (−) 극에서 (+) 극으로는 10 V 의 전압 상승이 일어나고, (+) 극에서 (−) 극으로는 10 V 의 전압 강하가 일어난다. 그림과 같이 축전기 C 의 왼쪽 P 점의 전위를 0 V 로 정하면, Q 점은 10 V 가 된다.

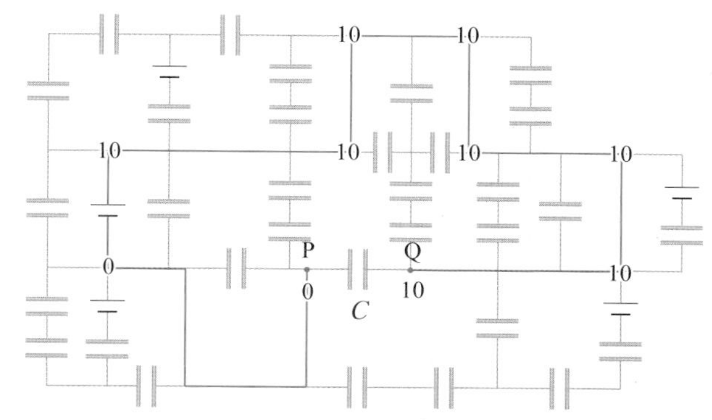

따라서 축전기 C 의 양단에 10 V 의 전압이 걸리므로 전하량은 다음과 같다.

$$Q = CV = 5 \times 10 = 50\ (\mu\text{C})$$

05 (가) = (나) = (다) = (라)

해설 (가), (나), (다), (라) 회로는 모두 병렬 연결된 축전기 C_1, C_2 에 축전기 C_3 가 직렬 연결된 형태와 같다. 따라서 합성 전기 용량은 모두 동일하다.

$$\frac{1}{C} = \frac{1}{C_3} + \frac{1}{C_1 + C_2} = \frac{C_1 + C_2 + C_3}{C_3(C_1 + C_2)},\quad C = \frac{C_3(C_1 + C_2)}{C_1 + C_2 + C_3}$$

스스로 실력 높이기 94 ~ 101 쪽

01. 2　02. 2 : 1　03. ④　04. 0.12
05. ㄴ, ㄷ, ㄹ　06. 4　07. 1.6
08. ㉡, ㉣　09. ㉡　10. ㉡, ㉢
11. 2,000　12. ①　13. ③　14. ④
15. ④　16. ⑤　17. ④　18. $\frac{1}{2}QE$
19. 6　20. ②　21. 3.2×10^{-5}　22. ④
23. (1) 40 (2) 8×10^{-5} (3) 2.4×10^{-3}　24. ②
25. (A), (B) 3.2×10^{-5} (C) 1.28×10^{-4}　26. ①
27. 1　28. 5.5×10^{-4}　29. $C_A = 3, C_B = 6$
30. 50　31. (1) 100 (2) 20　32. 27

01. **답** 2
해설 직렬 연결한 축전기의 합성 전기 용량 C 는 다음과 같다.

$$\frac{1}{C} = \frac{1}{C_A} + \frac{1}{C_B} = \frac{1}{3} + \frac{1}{6} = \frac{3}{6},\quad C = 2\ (\mu\text{F})$$

02. **답** 2 : 1
해설 직렬 연결한 각 축전기에는 같은 양의 전하량이 충전되므로 각 축전기에 저장되는 전기 에너지는 전기 용량에 반비례한다 $(W = \frac{1}{2}\frac{Q^2}{C})$. 따라서 $W_A : W_B = \frac{1}{3} : \frac{1}{6} = 2 : 1$ 이다.

03. **답** ④
해설 ㄱ. 축전기를 직렬 연결할 경우 각 축전기에는 같은 양의 전하량이 충전된다. 축전기를 병렬 연결할 경우 각 축전기에 저장되는 전하량의 합은 외부에서 공급된 전체 전하량 Q 와 같다.

$$\Rightarrow Q_1 + Q_2 = Q$$

ㄴ, ㄷ. 각 축전기에 걸리는 전압은 외부에서 걸어준 전체 전압 V 와 같다.

$$\Rightarrow Q_1 = C_1V,\ Q_2 = C_2V,\ C_1 + C_2 = C$$

04. **답** 0.12
해설 병렬 연결된 축전기의 합성 전기 용량은 두 축전기의 전기 용량의 합이다.

$$W = \frac{1}{2}CV^2 = \frac{1}{2} \times (2 \times 10^{-6} + 4 \times 10^{-6}) \times (200)^2 = 0.12\ (\text{J})$$

05. **답** ㄴ, ㄷ, ㄹ
해설 전하량 Q - 전위차 V 그래프에서 기울기는 전기 용량의 역수$(\frac{1}{C})$이며, 그래프가 그리는 면적은 축전기에 저장된 에너지$(W = \frac{1}{2}QV)$이다.

06. **답** 4
해설 축전기에 저장된 전기 에너지 $W = \frac{1}{2}\frac{Q^2}{C}$ 이므로 전하량이 2 배로 증가하면 전기 에너지는 처음보다 4 배 증가한다.

07. **답** 1.6
해설 축전기가 완전히 충전된 후 완전히 방전되므로 축전기에 저장된 모든 에너지가 손실되는 에너지가 된다.

$$W = \frac{1}{2}CV^2 = \frac{1}{2} \times (5 \times 10^{-6}) \times (800)^2 = 1.6\ (\text{J})$$

08. **답** ㉡, ㉣
해설 스위치의 상태와 상관없이 극판 사이의 간격을 2 배로 늘린 경우(㉠, ㉢) 전기 용량은 절반으로 줄어들고, 유전 상수 $\kappa = 2$ 인 유전체를 넣는 경우(㉡, ㉣) 전기 용량은 2 배가 된다.

09. **답** ㉡
해설 스위치를 연 상태(㉢, ㉣)에서는 회로가 열린 상태이므로 전하의 출입이 없기 때문에 저장된 전하량은 일정하다.

㉠ 전위차가 일정하고, 전기 용량이 $\frac{1}{2}$ 배가 되므로 전하량$(Q = CV)$은 $\frac{1}{2}$ 배가 된다.

㉡ 전위차가 일정하고, 전기 용량이 2 배가 되므로 전하량은 2 배가 된다.

10. **답** ㉡, ㉢
해설 ㉠ 전하량은 $\frac{1}{2}$ 배가 되고, 전위차는 변화가 없으므로 전기 에너지($W = \frac{1}{2}QV$)는 $\frac{1}{2}$ 배가 된다.

㉡ 전하량이 2배가 되고, 전위차는 변화가 없으므로 전기 에너지는 2배가 된다.

㉢ 전하량은 일정하고, 전위차는 2배가 되므로 전기 에너지는 2배가 된다.

㉣ 전하량은 일정하고, 전위차는 $\frac{1}{2}$ 배가 되므로 전기 에너지는 $\frac{1}{2}$ 배가 된다.

11. 답 2,000

해설 축전기 N 개를 병렬 연결하는 경우 축전기의 합성 전기 용량은 NC 가 된다. 이때 축전기 전체에 저장되는 전하량 $Q = (NC)V$ 이므로, 축전기의 갯수 N 은 다음과 같다.

$$N = \frac{Q}{CV} = \frac{1}{(5 \times 10^{-6}) \times 100} = 2,000\ (\text{개})$$

12. 답 ①

해설 그림과 같이 축전기 중 2 개만 병렬 연결한 경우(㉠, ㉡, ㉢)

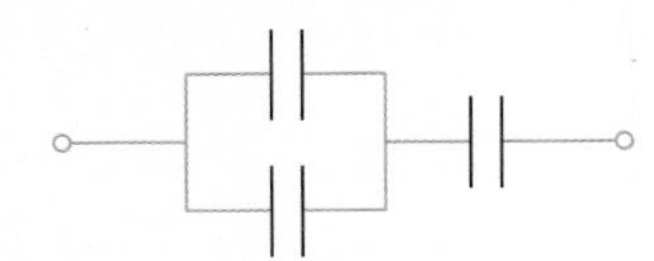

㉠ 2 μF, 3 μF 축전기를 병렬 연결한 경우

$$\frac{1}{2+3} + \frac{1}{5} = \frac{2}{5}, \quad C = \frac{5}{2}\ (\mu\text{F})$$

㉡ 2 μF, 5 μF 축전기를 병렬 연결한 경우

$$\frac{1}{2+5} + \frac{1}{3} = \frac{10}{21}, \quad C = \frac{21}{10}\ (\mu\text{F})$$

㉢ 3 μF, 5 μF 축전기를 병렬 연결한 경우

$$\frac{1}{3+5} + \frac{1}{2} = \frac{5}{8}, \quad C = \frac{8}{5}\ (\mu\text{F})$$

㉣ 축전기를 모두 병렬 연결한 경우 : $2 + 3 + 5 = 10\ (\mu\text{F})$

㉤ 축전기를 모두 직렬 연결한 경우

$$\frac{1}{C} = \frac{1}{2} + \frac{1}{3} + \frac{1}{5} = \frac{28}{30}, \quad C = \frac{15}{14}\ (\mu\text{F})$$

13. 답 ③

해설 축전기에 저장되는 전기 에너지 $W = \frac{1}{2}CV^2$ 이므로, 전압 V 가 일정할 때 전기 에너지는 전기 용량에 비례한다.

(가) 의 합성 전기 용량 : $\frac{1}{C_{(가)}} = \frac{1}{C} + \frac{1}{C} = \frac{2}{C}, \quad C_{(가)} = \frac{C}{2}$

(나) 의 합성 전기 용량 : $C_{(나)} = C + C = 2C$

$$\therefore W_{(가)} : W_{(나)} = \frac{C}{2} : 2C = 1 : 4$$

14. 답 ④

해설 ㄱ. 전기 용량은 극판 사이의 간격에 반비례한다. 축전기 A 와 B 가 병렬 연결되어 있으므로 두 축전기에 걸리는 전압은 같다. 따라서 축전기에 저장되는 전하량은 A 가 B 보다 크다.

ㄴ. 축전기에 걸린 전압이 같고, 저장되는 전하량이 A 가 B 보다 크므로 축전기에 저장되는 전기 에너지도 A 가 B 보다 크다.

ㄷ. 축전기 A 의 전기 용량 $C = \varepsilon_0 \frac{S}{d}$ 이므로, 축전기 B 의 전기 용량 $C_B = \varepsilon_0 \frac{S}{2d} = \frac{C}{2}$ 이다. 따라서 합성 전기 용량은 $C + \frac{C}{2} = \frac{3}{2}C$ 이다.

15. 답 ④

해설 ㄱ. t_1 인 순간 저항에 흐르는 전류는 2 A 이다. 따라서 저항에 걸리는 전압 $V = IR = 2 \times 2 = 4$ (V) 이므로, 축전기에 걸리는 전압은 2 (V)이다. 그러므로 t_1 인 순간 축전기에 저장되는 에너지는 다음과 같다.

$$W_1 = \frac{1}{2}CV_1^{\,2} = \frac{1}{2} \times (2 \times 10^{-6}) \times (2)^2 = 4 \times 10^{-6}\ (\text{J})$$

ㄴ, ㄷ. t_2 인 순간 축전기가 완전히 충전되어 전류가 흐르지 않으므로 축전기 양단에 걸리는 전압은 전지의 전압과 같다.

$0 \sim t_1$ 까지의 그래프 넓이는 $0 \sim t_1$ 까지 축전기에 충전된 전하량이 된다. $0 \sim t_1$ 까지 충전기에 충전된 전하량 $Q_1 = CV_1 = (2 \times 10^{-6}) \times 2 = 4 \times 10^{-6}$ (C) 이고, $0 \sim t_2$ 까지 충전기에 충전된 전하량 $Q_2 = CV_2 = (2 \times 10^{-6}) \times 6 = 12 \times 10^{-6}$ (C)

$t_1 \sim t_2$ 까지 충전기에 충전된 전하량 $Q_3 = Q_2 - Q_1 = 8 \times 10^{-6}$ (C) 이므로 넓이는 2 배가 된다.

16. 답 ⑤

해설 (가) : 축전기 A 에 걸리는 전압은 $V = \frac{Q}{C}$, 충전된 전하량은 $Q_A = Q$ 이다. 직렬 연결된 각 축전기에는 같은 양의 전하가 충전되므로 축전기 B 에 충전된 전하량도 $Q_B = Q$ 이다. 따라서 축전기 B 에 걸리는 전압 $V_B = \frac{Q}{C_B} = \frac{Q}{2C} = \frac{V}{2}$ 이다.

(나) : (가) 와 같은 전압의 전원에 연결하였으므로 전원 전압은 $V + \frac{V}{2} = \frac{3}{2}V$ 이다. 병렬 연결한 각 축전기에 걸리는 전압은 외부에서 걸어준 전체 전압과 같으므로 축전기 A 와 B 에는 모두 $\frac{3}{2}V$ 의 전압이 걸린다.

축전기 A 에 저장되는 전하량 $Q'_A = \frac{3}{2}CV = \frac{3}{2}Q$

축전기 B 에 저장되는 전하량 $Q'_B = 3CV = 3Q$

17. 답 ④

해설 진공 상태의 축전기의 전기 용량을 C_0, 극판에 저장되는 전하량을 Q_0, 극판에 걸린 전위차를 V_0 라고 하면,

ㄱ. 스위치가 닫힌 상태에서 유전체를 넣는 경우 전위차 V_0 는 일정하고, 전기 용량 $C = \frac{Q}{V_0} = \frac{\kappa Q_0}{V_0} = \kappa C_0$ 로 증가한다.

ㄴ. 스위치를 열면 전하의 출입이 없으므로 극판에 모이는 전하량은 Q_0 로 일정하다.

ㄷ. 전기 에너지 $W = \frac{1}{2}CV_0^{\,2} = \frac{1}{2}\kappa C_0 V_0^{\,2} = \kappa W_0$ 로 증가한다.

18. 답 $\frac{1}{2}QE$

해설 충전이 완료된 후 스위치를 연 상태에서 극판 사이의 간격

을 2 배로 넓히면 전하량 Q 는 일정하고, 전기 용량 C 는 $\frac{1}{2}$ 배가 되므로 전위차 $V\left(V=\frac{Q}{C}\right)$ 는 2 배가 된다. 따라서 전위차는 2 배, 간격도 2 배가 되므로 전기장의 세기 E 는 변화가 없다$\left(E=\frac{V}{d}\right)$.
간격을 넓히는 데 가해야 하는 일 W 는 다음과 같다.

$$F\cdot d=\Delta W=\frac{1}{2}QV'-\frac{1}{2}QV=\frac{1}{2}Q\cdot E\cdot 2d-\frac{1}{2}Q\cdot Ed$$

$$\therefore F=\frac{1}{2}QE$$

19. 답 6

해설 병렬 연결된 축전기의 합성 전기 용량을 먼저 구하면,

$$C_{26}=2+6=8\,(\mu\text{F}),\ C_{13}=1+3=4\,(\mu\text{F})$$

8 μF 축전기와 전기 용량이 C_{26} 인 축전기, 4 μF 축전기와 전기 용량이 C_{13} 인 축전기는 각각 직렬 연결되어 있다.

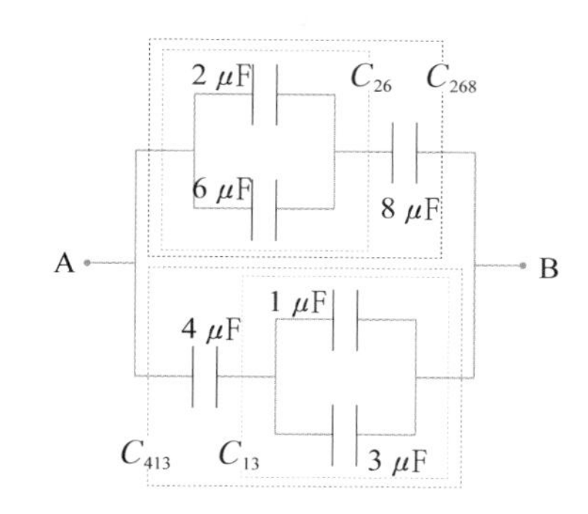

$$\frac{1}{C_{268}}=\frac{1}{C_8}+\frac{1}{C_{26}}=\frac{1}{8}+\frac{1}{8}=\frac{1}{4},\quad C_{268}=4\,(\mu\text{F})$$

$$\frac{1}{C_{413}}=\frac{1}{C_4}+\frac{1}{C_{13}}=\frac{1}{4}+\frac{1}{4}=\frac{2}{4},\quad C_{413}=2\,(\mu\text{F})$$

C_{268} 과 C_{413} 은 병렬 연결되어 있으므로 전체 합성 전기 용량은 $4+2=6\,(\mu\text{F})$ 이다.

20. 답 ②

해설 전기 용량이 2 μF 과 4 μF 인 축전기의 합성 전기 용량은 $2+4=6\,(\mu\text{F})$이다. 따라서 전체 합성 전기 용량은 다음과 같다.

$$\frac{1}{C}=\frac{1}{C_1}+\frac{1}{C_{24}}+\frac{1}{C_3}=\frac{1}{1}+\frac{1}{6}+\frac{1}{3}=\frac{9}{6},\quad C=\frac{2}{3}\,(\mu\text{F})$$

각 축전기에 걸리는 전압은 전기 용량에 반비례한다.

$$\frac{1}{C_1}:\frac{1}{C_{24}}:\frac{1}{C_3}=\frac{1}{1}:\frac{1}{6}:\frac{1}{3}=6:1:2$$

따라서 각 축전기에 걸리는 전압은 각각 다음과 같다.

$$V_{1\mu\text{F}}=12\,(\text{V}),\ V_{2\mu\text{F}}=V_{4\mu\text{F}}=2\,(\text{V}),\ V_{3\mu\text{F}}=4\,(\text{V})$$

2 μF, 3 μF 인 축전기에 저장되는 전기 에너지는 각각 다음과 같다.

$$W_{2\mu\text{F}}=\frac{1}{2}C_2V_2^{\,2}=\frac{1}{2}\times(2\times10^{-6})\times2^2=4\times10^{-6}\,(\text{J})$$

$$W_{3\mu\text{F}}=\frac{1}{2}C_3V_3^{\,2}=\frac{1}{2}\times(3\times10^{-6})\times4^2=24\times10^{-6}\,(\text{J})$$

$$W_{2\mu\text{F}}:W_{3\mu\text{F}}=1:6$$

21. 답 3.2×10^{-5}

해설 1 Ω, 3 Ω 저항과 2 Ω, 6 Ω 저항에 각각 걸리는 전압의 비가 1 : 3 으로 같으므로 5 Ω의 저항에는 전류가 흐르지 않는다(휘트스톤 브리지). 이때 1 Ω, 3 Ω의 합성 저항은 4 Ω이고, 2 Ω, 6 Ω의 합성 저항은 8 Ω 이므로 1 Ω, 3 Ω 저항으로는 4 A 의 전류가, 2 Ω, 6 Ω 저항으로는 2 A 의 전류가 흐른다. 이때 축전기에 걸리는 전압 V_C 은 1 Ω 과 2 Ω 의 저항에 걸리는 전압과 같다.

$$\Rightarrow V_C=1\,(\Omega)\times4\,(\text{A})=2\,(\Omega)\times2\,(\text{A})=4\,(\text{V})$$

$$W=\frac{1}{2}CV_C^{\,2}=\frac{1}{2}\times(4\times10^{-6})\times(4)^2=3.2\times10^{-5}\,(\text{J})$$

22. 답 ④

해설 ㄱ. 완전히 충전되어 있는 축전기에는 전류가 흐르지 않는다. 따라서 저항 2 개가 직렬 연결되어 있는 것과 같으므로 각 저항과 축전기에는 같은 크기의 전압이 걸린다.
ㄴ. 축전기에 저장되는 전하량 $Q=CV$ 이다. 축전기 Ⅰ 와 Ⅱ 에는 같은 크기의 전압이 걸려 있으므로, 전기 용량이 2 배인 축전기 Ⅱ 에 저장되는 전하량은 축전기 Ⅰ 의 2 배이다.
ㄷ. 축전기에 저장되는 전기 에너지 $W=\frac{1}{2}CV^2$ 이므로, 저장되는 전기 에너지도 축전기 Ⅱ 가 축전기 Ⅰ 의 2 배이다.

23. 답 (1) 40 (2) 8×10^{-5} (3) 2.4×10^{-3}

해설 (1) 축전기 Ⅰ, Ⅱ 에 충전된 전하량을 각 Q_{I}, Q_{II} 라고 할 때, $Q=Q_{\text{II}}-Q_{\text{I}}$ 이고(반대 극성으로 연결되어 있으므로), 두 축전기의 합성 전기 용량 $C_t=2+3=5\times10^{-6}\,(\text{F})$ 이다.

$$Q_{\text{I}}=C_1V=(2\times10^{-6})\times200=4\times10^{-4}\,(\text{C})$$

$$Q_{\text{II}}=C_2V=(3\times10^{-6})\times200=6\times10^{-4}\,(\text{C})$$

$$\Rightarrow Q=Q_{\text{II}}-Q_{\text{I}}=2\times10^{-4}\,(\text{C})$$

$$\therefore V_{\text{AB}}=\frac{Q}{C_t}=\frac{2\times10^{-4}}{5\times10^{-6}}=40\,(\text{V})$$

(2) $Q'_{\text{I}}=C_1V_{\text{AB}}=(2\times10^{-6})\times40=\underline{8\times10^{-5}\,(\text{C})}$

$Q'_{\text{II}}=C_2V_{\text{AB}}=(3\times10^{-6})\times40=1.2\times10^{-4}(\text{C})$

(3) $W_{\text{I}}=\frac{1}{2}C_1V_{\text{AB}}^{\,2}=\frac{1}{2}\times(2\times10^{-6})\times40^2=1.6\times10^{-3}(\text{J})$

$W_{\text{II}}=\frac{1}{2}C_2V_{\text{AB}}^{\,2}=\frac{1}{2}\times(3\times10^{-6})\times40^2=\underline{2.4\times10^{-3}(\text{J})}$

24. 답 ②

해설 직렬 연결된 축전기에는 각각 같은 양의 전하량이 충전되므로 각 축전기에 걸리는 전압은 전기 용량에 반비례한다.
ㄱ. 축전기 A 와 B 에 충전되는 전하량은 같다. 하지만 합성 전기 용량은 증가하므로, 유전체를 넣은 후 충전되는 전체 전하량은 증가한다.
ㄴ. 축전기 A 에 유전체를 넣는 경우 전기 용량이 증가하므로 축전기 A 에 걸리는 전압은 감소한다. 반면에 축전기 B 에 걸리는 전압은 증가한다.
ㄷ. 유전체를 넣기 전 축전기 A 의 전기 용량을 1 로 가정하면, 축전기 A 에 저장되는 전기 에너지는 다음과 같다.

$$W=\frac{1}{2}\left(\frac{V}{2}\right)^2=\frac{V^2}{8}$$

유전체를 넣은 후 축전기 A 와 B 에 걸리는 전압을 V_{A}, V_{B} 라고 하면, $V_{\text{A}}:V_{\text{B}}=\kappa:1$ 이고, $V_{\text{A}}+V_{\text{B}}=V$ 이므로, $V_{\text{A}}=\frac{\kappa}{1+\kappa}V$

이다. 따라서 유전체를 넣은 후 축전기 A 에 저장되는 에너지는 다음과 같다.

$$W' = \frac{1}{2}\left(\frac{\kappa}{1+\kappa}\right)^2 V^2 \Rightarrow \frac{\kappa}{1+\kappa} < 1 \text{ 이므로, } W' < W$$

즉, 축전기 A 에 저장되는 전기 에너지는 감소한다.

25. 답 (A) 3.2×10^{-5} (B) 3.2×10^{-5} (C) 1.28×10^{-4}

해설 직렬 연결된 축전기 A 와 B 에 저장되는 전하량은 Q_{AB} 로 같고, 합성 전기 용량은

$$\frac{1}{C_{AB}} = \frac{1}{C_A} + \frac{1}{C_B} = \frac{1}{3} + \frac{1}{6} = \frac{3}{6}, \quad C_{AB} = 2\ (\mu F) \text{ 이다.}$$

축전기 C 는 전기 용량이 $C_{AB} = 2\ (\mu F)$ 인 축전기와 병렬 연결되어 있는 것과 같다. 따라서 축전기 C 에 저장되는 전하를 Q_C 라고 할 때, 축전기 C 에 걸리는 전압 $V_C = \frac{Q_C}{C_C} = \frac{Q_C}{8}$ 이다.

전기 용량이 $C_{AB} = 2\ (\mu F)$ 인 축전기에 걸리는 전압 $V_{AB} = \frac{Q_{AB}}{C_{AB}} = \frac{Q_{AB}}{2}$ 이다.

$$\therefore V_C = V_{AB} \Rightarrow Q_C = 4Q_{AB}$$

스위치를 ㉠ 에 연결하였을 때 축전기 C 에 저장된 전하량은 $20 \times 8 = 160\ (\mu C)$ 이므로, 전하량 보존에 의해 $160 = Q_{AB} + Q_C$ 이다.

$$\therefore Q_C = 1.28 \times 10^{-4}\ (C),\ Q_A = Q_B = 3.2 \times 10^{-5}\ (C)$$

26. 답 ①

해설 ㄱ. 축전기 A 와 B 극판의 면적이 S 일 때, 전기 용량은 각각 다음과 같다.

$$C_A = \varepsilon_A \frac{S}{d},\ C_B = \varepsilon_B \frac{S}{d}$$

이때 축전기 A 는 전압 V 일때, $3Q$ 의 전하량이 충전되고, 축전기 B 는 전압 $3V$ 일 때, Q 의 전하량이 충전되므로,

$$C_A = \varepsilon_A \frac{S}{d} = \frac{3Q}{V},\ C_B = \varepsilon_B \frac{S}{d} = \frac{Q}{3V} \Rightarrow \varepsilon_A = 9\varepsilon_B \text{ 가 된다.}$$

ㄴ. 축전기에 저장되는 에너지 $W = \frac{1}{2}CV^2$ 이므로 전압이 같을 때 전기 용량이 클수록 축전기에 저장되는 에너지도 크다($W_A > W_B$).

ㄷ. 축전기 B 의 전기 용량이 축전기 A 와 같아지기 위해서는 극판 사이의 거리가 $\frac{d}{9}$ 로 줄어들어야 한다.

27. 답 1

해설 축전기 B를 완전히 충전하였을 때 저장되는 전하량 $Q_0 = C_B V = (2 \times 10^{-6}) \times 10 = 20\ (\mu C)$ 이다. 스위치를 오른쪽으로 연결하면 축전기 A 와 B 가 전하량 Q_0 를 나누어 갖게 된다[$Q_0 = Q_A + Q_B = 2 \times 10^{-5}\ (C)$].

축전기 A, C, D 의 합성 용량 C_{ACD} 는 다음과 같다.

$$\frac{1}{C_{ACD}} = \frac{1}{C_A} + \frac{1}{C_{CD}} = \frac{1}{16} + \frac{1}{8+8} = \frac{2}{16}, \quad C_{ACD} = 8\ (\mu F)$$

축전기 A 에 저장되는 전하량은 전기 용량이 $C_{ACD} = 8\ (\mu F)$ 인 축전기에 저장되는 전하량과 같다.

병렬 연결된 축전기에는 같은 전압이 걸리므로 축전기 A 에 저장되는 전하량 Q_A 는 다음과 같은 식을 만족한다.

$$\frac{Q_B}{C_B} = \frac{Q_A}{C_{ACD}},\ Q_B = Q_0 - Q_A$$

$$\Rightarrow Q_A = \frac{C_{ACD}}{C_B + C_{ACD}} Q_0 = \frac{8}{2+8} \times 2 \times 10^{-5} = 1.6 \times 10^{-5}\ (C)$$

축전기 A 에 걸리는 전압 $V_A = \frac{Q_A}{C_A} = \frac{1.6 \times 10^{-5}}{16 \times 10^{-6}} = 1\ (V)$ 이다.

28. 답 5.5×10^{-4}

해설 B 점을 기준으로 BAC 의 합성 저항와 BC 사이의 저항값이 같으므로 B 점에서 A 점으로, B 점에서 C 점으로 흐르는 전류의 세기는 같다. 따라서 O 점에서 나오고 들어가는 전류의 세기를 I 라고 하면, B 점에서는 $\frac{I}{2}$ 전류가 각각 나간다(키르히호프 제 1 법칙).

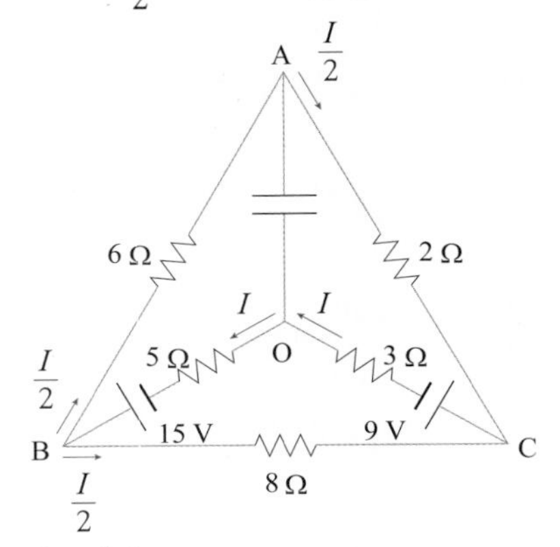

키르히호프 제 2 법칙

폐회로 BOCB : $-15 + 5I + 3I + 9 + \frac{I}{2} \times 8 = 0,\ I = 0.5\ (A)$

O 점의 전위를 0 V 라고 하면, 5 Ω 의 저항을 지나면 −2.5 V ⇨ 15 V 전지를 지나면 −2.5 + 15 = 12.5 V ⇨ 6 Ω 의 저항을 지나면 12.5 − (0.25 × 6) = 11 V 가 된다. 즉, A 점의 전위가 11 V 이므로 축전기에 저장되는 전하량 $Q = CV = (50 \times 10^{-6}) \times 11 = 5.5 \times 10^{-4}\ (C)$ 이다.

29. 답 $C_A = 3,\ C_B = 6$

해설 축전기에 저장된 전기 에너지 $W = \frac{1}{2}CV^2$ 으로 동일한 전압을 걸어주었을 때 전기 용량이 클수록 크다.

축전기를 직렬 연결할 경우 합성 전기 용량은 가장 작은 전기 용량보다 작고, 축전기를 병렬 연결할 경우 합성 전기 용량은 가장 큰 전기 용량보다 크다. 따라서 가장 작은 전기 에너지(100 μJ)는 축전기를 직렬 연결한 경우가 되고, 가장 큰 전기 에너지(400 μJ)는 축전기를 병렬 연결한 경우가 된다. $C_B > C_A$ 이므로, 축전기 A 에 저장된 에너지는 150 μJ, 축전기 B 에 저장된 에너지는 300 μJ 이 된다.

$$W = \frac{1}{2}CV^2 \Rightarrow C = \frac{2W}{V^2}$$

$$C_A = \frac{2W_A}{V^2} = \frac{2 \times 150}{10^2} = 3\ (\mu F),\ C_B = \frac{2W_B}{V^2} = \frac{2 \times 300}{10^2} = 6\ (\mu F)$$

30. 답 50

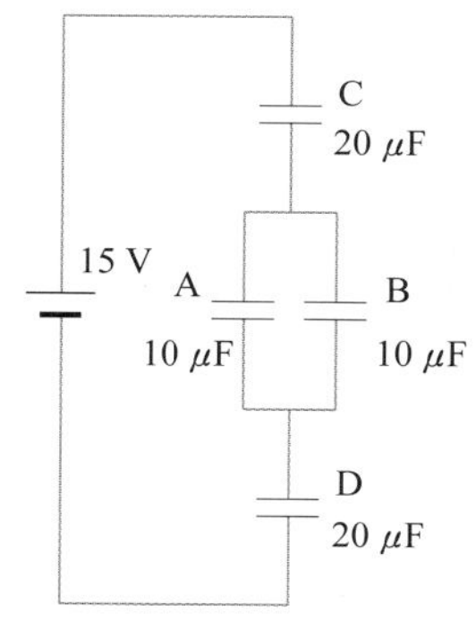

해설 주어진 회로는 오른쪽 그림과 같다. 축전기 A 와 B 는 병렬 연결되어 있으므로 합성 전기 용량은 $C_{AB} = 10 + 10 = 20\,(\mu F)$ 이다. 주어진 회로는 축전기 C, D 와 합성 전기 용량이 C_{AB} 인 축전기가 직렬 연결된 회로가 된다. 이때 각 축전기의 전기 용량이 $20\,\mu F$ 으로 같으므로 같은 크기의 전압인 5 V 가 각각 걸리게 된다. 따라서 축전기 A 에 저장되는 전하량은 다음과 같다.

$$Q_A = C_A V_A = (10 \times 10^{-6}) \times 5 = 50\,(\mu C)$$

31. 답 (1)100 (2) 20

해설 (1) 주어진 회로는 다음과 같다. 따라서 축전기 A 의 양단에 걸리는 전압은 10 V 이므로, 축전기 A 에 저장되는 전하량은 다음과 같다.

$$Q_A = C_A V_A = (10 \times 10^{-6}) \times 10 = 100 \times 10^{-6}(C) = 100\,(\mu C)$$

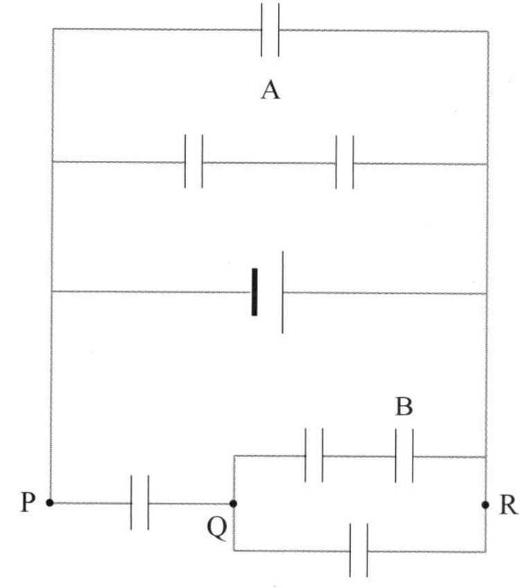

(2) PR에 걸리는 전압은 10V이고, 합성 전기 용량은

$$\frac{1}{C_{PR}} = \frac{1}{10} + \frac{1}{5+10} = \frac{10}{60},\quad C_{PR} = 6\,(\mu F) \text{ 이다.}$$

$$V_{PQ} : V_{QR} = \frac{1}{10} : \frac{1}{15} = 3 : 2 = 6\,(V) : 4\,(V)$$

축전기 B에 저장되는 전하량을 Q 라고 하면,

$$4 = \frac{Q}{10} + \frac{Q}{10} \Rightarrow Q = 20\,(\mu C)$$

32. 답 27

해설 전기 회로를 고립된 2 개의 영역으로 구분하고, 축전기 A, B, C 에 저장되는 전하량을 각각 Q_A, Q_B, Q_C 로 나타내면 다음 그림과 같다.

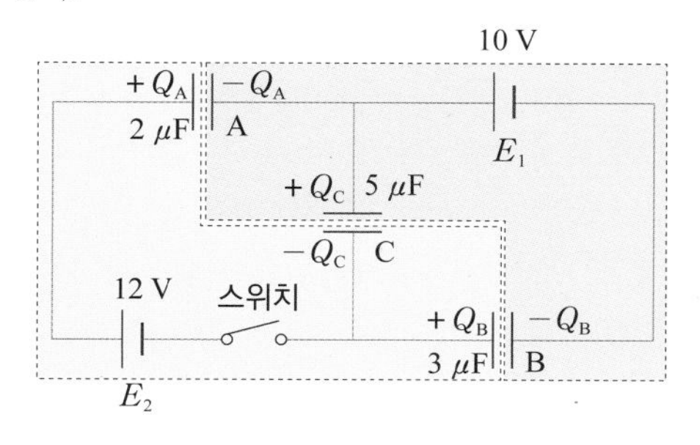

전하량 보존 법칙에 의해 $Q_A + Q_B - Q_C = 0$

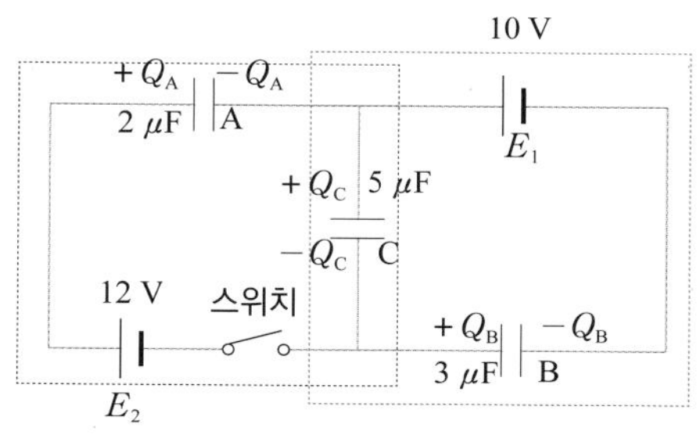

축전기의 (+) 극판은 (−) 극판보다 $\frac{Q}{C}$ 만큼 전위가 높으며 폐회로 상에서 전위는 보존된다.

축전기 A, C 와 전지 E_2 로 이루어진 회로 : $\frac{Q_A}{2} + \frac{Q_C}{5} - 12 = 0$

축전기 B, C 와 전지 E_1 로 이루어진 회로 : $\frac{Q_B}{3} + \frac{Q_C}{5} - 10 = 0$

$\Rightarrow Q_B = 30 - \frac{3}{5} Q_C \quad \cdots$ ㉡

$\therefore Q_C = Q_A + Q_B = (24 - \frac{2}{5} Q_C) + (30 - \frac{3}{5} Q_C)$

$\Rightarrow Q_C = 27(\mu C) = 2.7 \times 10^{-5}(C)$

17강. 자기장과 자기력

개념확인 102 ~ 107 쪽

1. (1) X (2) O
2. 자기력
3. 자기장, 대전 입자
4. 로런츠 힘, 구심력
5. 홀 효과
6. 로런츠 힘

확인 + 102 ~ 107 쪽

1. $4\pi \times 10^{-7}$
2. ㉠ 인력 ㉡ 2×10^{-5}
3. ①, ②, ④
4. ①, ④
5. ①
6. ㉠ 등속 원운동 ㉡ 일정 ㉢ 증가

개념확인

01. 답 (1) X (2) O

해설 (1) 직선 도선에 전류가 흐를 때 도선을 중심으로 동심원 모양의 자기장이 생기며, 도선과의 거리가 멀어질수록 자기장의 세기는 감소한다.

(2) 솔레노이드에 전류가 흐를 때 솔레노이드 내부에서는 균일한 자기장이 형성되고, 이때 자기장의 세기는 전류의 세기와 단위 길이당 코일의 감은 수에 비례한다.

확인 +

01. 답 $4\pi \times 10^{-7}$

해설 반지름 $r = 0.5$ m 인 원형 도선에 전류 $I = 1$ (A) 가 흐를 때 원형 도선의 중심에서 자기장 세기 B 는 다음과 같다.

$$B = (2\pi \times 10^{-7})\frac{I}{r} = (2\pi \times 10^{-7}) \times \frac{1}{0.5} = 4\pi \times 10^{-7}\ (\mathrm{T})$$

02. 답 ㉠ 인력 ㉡ 2×10^{-5}

해설 ㉠ 평행한 두 직선 도선에 흐르는 전류의 방향이 같을 때는 인력이 작용한다.

㉡ $F = k\frac{I_1I_2}{r}l = (2 \times 10^{-7}) \times \frac{1 \times 1}{0.1} \times 10 = 2 \times 10^{-5}\ (\mathrm{N})$

03. 답 ①, ②, ④

해설 자기장 B 내에서 자기장의 방향과 수직인 방향으로 속도 v 로 운동하는 전하량이 q 인 대전 입자가 받는 힘의 크기 $F = qvB$ 이다.

04. 답 ①, ④

해설 자기장 B 내에서 자기장의 방향과 수직인 방향으로 속도 v 로 운동하는 전하량이 q 인 대전 입자가 받는 힘의 크기 $F = qvB$ 이다. 이때 힘의 방향은 자기장의 방향, 전하의 종류에 따라 변한다.

⑤ 자기장의 방향과 전하의 종류를 동시에 바꾸는 경우 힘의 방향은 변하지 않는다.

05. 답 ①

해설 자기장에 비스듬히 입사된 대전 입자는 궤도 반지름이 변하는 나선 운동을 한다.

개념다지기 108 ~ 109 쪽

01. ② 02. ④ 03. ㉡ 04. 1 05. ④
06. $F_B = F_C < F_A < F_D = F_E$
07. (1) O (2) X (3) O 08. ⑤

01. 답 ②

해설 실험 장치에서 직선 도선에 흐르는 전류의 방향은 남쪽 ⇨ 북쪽이다. 따라서 도선 아래에 있는 나침반이 있는 지점에서 자기장은 동쪽에서 서쪽 방향으로 형성이 되므로 나침반의 N극은 서쪽으로 회전한다.

02. 답 ④

해설 ㄱ, ㄷ 솔레노이드 내부에서 자기장의 세기 B 는 전류의 세기 I 에 비례하고, 단위 길이당 코일의 감은 수 n 에 비례한다.

$$B = k''nI = (4\pi \times 10^{-7}) \times \frac{100}{0.20} \times 1 = 2\pi \times 10^{-4}\ (\mathrm{T})$$

ㄴ. 솔레노이드 내부에서 자기장의 방향은 오른쪽 그림과 같이 왼쪽 방향을 가리킨다. 따라서 자기장이 나오는 방향인 왼쪽이 N 극이 되고, 자기장이 들어가는 오른쪽이 S 극이 된다.

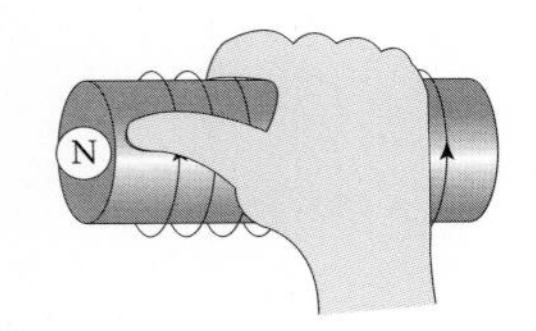

03. 답 ㉡

해설 금속 막대에서 전류는 위에서 아래로 흐른다. 자기장의 방향은 N 극에서 S 극이므로 자기장의 방향으로 네 손가락을 향하고, 전류가 흐르는 방향으로 엄지 손가락을 가리키면 손바닥은 오른쪽을 향하게 된다(오른손 법칙). 따라서 금속 막대에 작용하는 힘의 방향이 오른쪽이므로 막대는 오른쪽 방향으로 움직인다.

04. 답 1

해설 자기장의 세기가 $B = 1$ (T) 로 균일한 자기장 내에 자기장과 $\theta = 30°$ 를 이루고 있는 길이 $l = 0.5$ (m) 인 직선 도선에 $I = 4$ (A) 의 전류가 흐를 때 자기력의 크기는 다음과 같다.

$$F = BIl\sin\theta = 1 \times 4 \times 0.5 \times \frac{1}{2} = 1\ (\mathrm{N})$$

05. 답 ④

해설 ㄱ. 두 도선 사이에 작용하는 힘은 작용 반작용 관계이므로 힘의 크기는 같고, 방향은 반대이다. 도선 A 는 왼쪽으로, 도선 B 는 오른쪽으로 힘을 받는다.

ㄴ. 두 도선의 중앙에서 도선 A에 의한 자기장은 지면에 수직으로 들어가는 방향으로 크기는 다음과 같다.

$$B_A = (2 \times 10^{-7}) \times \frac{1}{0.5} = 4 \times 10^{-7}\ (\mathrm{T})$$

두 도선의 중앙에서 도선 B 에 의한 자기장도 지면에 수직으로 들어가는 방향으로 크기는 다음과 같다.

$$B_B = (2 \times 10^{-7}) \times \frac{2}{0.5} = 8 \times 10^{-7}\,(T) = 2B_A$$

따라서 두 도선의 중앙에서 자기장의 방향은 지면에 수직으로 들어가는 방향으로 $3B_A = 1.2 \times 10^{-6}$ (T) 가 된다.

ㄷ. 두 직선 도선 사이에 작용하는 힘의 크기 F 는 다음과 같다.

$$F = k\frac{I_1 I_2}{r} l = (2 \times 10^{-7}) \times \frac{1 \times 2}{1} \times 1 = 4 \times 10^{-7}\,(N)$$

06. 답 $F_B = F_C < F_A < F_D = F_E$

해설 균일한 자기장 내에서 운동하는 대전 입자에 작용하는 힘 $F = qvB\sin\theta$ 이다. 물체의 질량, 전하량 q, 속력 v, 자기장 B 이 모두 같으므로 대전 입자의 운동 방향과 자기장의 방향이 이루는 각 θ 가 90°, 270° 일 때 자기력이 가장 크고, 0 일 때가 가장 작다.

$$\therefore F_B = F_C < F_A < F_D = F_E$$

07. 답 (1) O (2) X (3) O

해설 (1) 홀 효과로 인해 전하가 몰린 곳과 몰리지 않은 곳 사이에서 발생하는 전위차인 홀 전압 V_H 는 다음과 같다.

$$V_H = E \cdot d = vB \cdot d$$

즉, 자기장의 세기가 셀수록 홀 전압이 커진다.

(2) 홀 전압은 전류의 방향 및 자기장의 방향에 수직인 방향(홀 효과에 의해 생기는 전기장 방향)으로 발생한다.

08. 답 ⑤

해설 ㄱ, ㄴ. 금속통의 중심에 대전 입자를 입사시키면 입자는 로런츠 힘을 받아 원운동을 한다.

$$\frac{mv^2}{r} = qvB \Rightarrow \text{원운동 반지름 } r = \frac{mv}{Bq}$$

원운동 주기 $T = \frac{2\pi r}{v} = \frac{2\pi m}{Bq}$ 이므로 반지름과 속력에 무관하다.

ㄷ. D 자형 금속통에 극이 바뀌는 교류 전압을 걸어 주면, 입자는 한쪽 통에서 다른 쪽 통으로 건너갈 때마다 전기력에 의해 가속된다.

유형익히기 & 하브루타 110 ~ 113 쪽

[유형17-1] ⑤	01. 6 : 8 : 7	02. ①
[유형17-2] ③	03. ④	04. ①
[유형17-3] ⑤	05. ⑤	06. ①
[유형17-4] ②	07. 4	08. ④

[유형17-1] 답 ⑤

해설 ㄱ. (나)에서 Q 점에서 직선 도선 A 에 의한 자기장의 세기 $B'_A = k\frac{I_1}{2r}$, 원형 도선 B에 의한 자기장의 세기 $B_B = k'\frac{I_2}{r}$ 이다.

이때 Q 점에서 자기장의 세기는 0 이므로,

$$k\frac{I_1}{2r} = k'\frac{I_2}{r} \Rightarrow \frac{I_1}{I_2} = \frac{2k'}{k} = \frac{2\pi k}{k},\ I_1 = 2\pi I_2 \text{ 이다.}$$

ㄴ. Q 점에서 도선 A 에 의한 자기장의 방향은 xy 평면에 수직으로 들어가는 방향이므로, 원형 도선 B 에 의한 자기장의 방향은 xy 평면에 수직으로 나오는 방향이어야 한다. 따라서 전류 I_2 는 반시계 방향으로 흐른다.

ㄷ. (가) 에서 P 점에서 자기장의 세기 $B_A = k\frac{I_1}{r}$ 이므로,

$$B_B = k'\frac{I_2}{r} = k\frac{I_1}{2r} = \frac{B_A}{2} \text{ 이다.}$$

01. 답 6 : 8 : 7

해설 각 도선에 의해 O 점에 생기는 합성 자기장의 방향은 지면에서 나오는 방향이 된다. 중심 O 에서 각 도선까지의 수직 거리를 r 이라고 하면 O, R, S 에서 합성 자기장은 각각 다음과 같다.

$$B_O = k\frac{I}{r} + k\frac{I}{r} + k\frac{I}{r} + k\frac{I}{r} = 4k\frac{I}{r}$$

$$B_R = k\frac{I}{\frac{r}{2}} + k\frac{I}{\frac{r}{2}} + k\frac{I}{\frac{3r}{2}} + k\frac{I}{\frac{3r}{2}} = \left(\frac{16}{3}\right)k\frac{I}{r}$$

$$B_S = k\frac{I}{r} + k\frac{I}{r} + k\frac{I}{\frac{r}{2}} + k\frac{I}{\frac{3r}{2}} = \left(\frac{14}{3}\right)k\frac{I}{r}$$

$$\therefore B_O : B_R : B_S = 4 : \frac{16}{3} : \frac{14}{3} = 6 : 8 : 7$$

02. 답 ①

해설 (나) 에서 두 원형 도선에 흐르는 전류에 의한 자기장은 모두 지면에 수직으로 들어가는 방향이므로, (가) 에서 O 점에서 자기장의 방향은 지면으로 나오는 방향임을 알 수 있다. (가) 와 (나) 에서 합성 자기장은 각각 다음과 같다.

$$(가) : B = -k'\frac{I_1}{r} + k'\frac{I_2}{2r},\quad (나) : -2B = -k'\frac{I_1}{r} - k'\frac{I_2}{2r}$$

$$\therefore I_1 : I_2 = 1 : 6$$

[유형17-2] 답 ③

해설 자기장의 세기가 B 인 곳에 놓인 길이 l 인 도선에 전류 I 가 흐를 때 도선에 작용하는 자기력의 크기 $F = BIl$ 이다(전류의 방향과 자기장의 방향이 수직일 때).

ㄱ. 전류는 금속 막대의 위에서 아래로 흐르므로 금속 막대에 작용하는 힘의 방향은 전원이 있는 오른쪽 방향이다.

ㄴ. 도선의 길이, 자기장의 세기가 같을 때 자기력의 크기와 전류의 세기는 비례 관계이다.

ㄷ. 평행한 금속 레일의 간격이 좁을수록 전류가 흐르는 도선의 길이가 작아지므로 자기력이 작아진다.

03. 답 ④

해설 지면에서 나오는 방향을 (+) 로 하면, P, O, Q 점에서 자기장의 세기는 각각 다음과 같다.

$$B_P = k\frac{I}{r} - k\frac{3I}{3r} = 0,\ B_O = -k\frac{I}{r} - k\frac{3I}{r} = -k\frac{4I}{r}$$

$$B_Q = -k\frac{I}{3r} + k\frac{3I}{r} = k\frac{8I}{3r}$$

ㄱ. 두 도선 사이에 작용하는 힘은 작용 반작용 관계이므로 힘의 크기는 같고, 방향은 반대이다 두 도선에 반대 방향으로 전류가

흐르므로 서로 밀어내는 방향으로 자기력을 받는다.
ㄴ. P 점에는 자기장이 0, O 점에는 들어가는 방향, Q 점에는 나오는 방향의 자기장이 형성된다.
ㄷ. $B_O > B_Q > B_P$ 이다.

04. 답 ①

해설 자기장과 나란한 방향으로 전류가 흐르는 A, C 부분이 받는 힘은 0 이고, B 와 D 부분에서 전류의 세기와 자기장의 세기, 자기장 속에 있는 도선의 길이가 같으므로 도선이 받는 자기력의 세기도 같다.

$$\therefore F_A = F_C < F_B = F_D$$

[유형17-3] 답 ⑤

해설 ㄱ. 원운동하는 입자의 가속도 크기 $a = \frac{v^2}{r}$ 이다. 속도가 같을 때, 입자 A 가 입자 B 보다 더 작은 원을 그리며 운동하므로 가속도의 크기는 A 가 B 보다 크다($a_A > a_B$).
ㄴ. 로런츠 힘이 구심력이 되어 등속 원운동하므로,
$qvB = \frac{mv^2}{r}$ ⇨ $r = \frac{mv}{Bq}$ 이다. 자기장 B 와 속력 v 가 같으므로 $r \propto \frac{m}{q}$ 가 되어, 질량이 같다면 원궤도 반지름이 더 작은 A 의 전하량이 B 보다 크다.
ㄷ. 자기장이 지면에 수직으로 들어가는 방향이라면 (+) 전하를 띤 입자는 반시계 방향으로, (–) 전하를 띤 입자는 시계 방향으로 운동한다. 따라서 입자 A 는 (+) 전하, 입자 B 는 (–) 전하이다].

05. 답 ⑤

해설 ㄱ. (–) 전하를 띤 입자가 지면으로 들어가는 방향으로 균일한 자기장이 형성되어 있는 곳에 수직으로 입사하는 경우 전하는 $+x$ 방향으로 자기력을 받으므로 그림과 같은 시계 방향으로 원운동한다.
ㄴ. 원운동 반지름 $r = \frac{mv}{Bq}$ 이다. 입자 A 와 B 의 자기장의 세기, 속력, 전하량이 모두 같으므로 반지름은 질량에 비례한다. 따라서 B 의 질량이 A 의 2 배이다($m_A : m_B = 1 : 2$).
ㄷ. 입자 A와 B는 같은 속력 v 로 균일한 자기장 영역에 입사한 후 로런츠 힘을 받아 운동할 때 힘은 운동 방향과 수직으로 작용하므로 속력은 변하지 않는다. 따라서 자기장 영역에서 나갈 때의 속력도 v 로 같다.

06. 답 ①

해설 ㄱ. ㄴ.전하량 q 인 대전 입자가 속력 v 로 균일한 자기장 B 에 각 θ 로 비스듬히 입사하였을 때 대전 입자는 자기장과 나란한 방향(x 축 방향)으로는 등속 운동, 자기장과 수직인 방향(y 축 방향)으로는 등속 원운동을 동시에 하게 되어 나선 운동을 하게 된다. 대전 입자가 $+x$ 방향으로 운동하므로 대전 입자는 (+) 전하를 띠며, 원운동 반지름 $r = \frac{mv}{Bq}$ 이다. 따라서 자기장 B 가 점점 강해지는 경우 원운동의 반지름 r이 작아지는 나선 운동을 한다.
ㄷ. 대전 입자는 자기장과 나란한 방향인 $+x$ 방향으로는 등속도 운동을 하게 된다. $v_x = v\cos60° = \frac{v}{2}$ 이므로, 시간 t 동안 대전 입자가 $+x$ 방향으로 이동한 거리는 $\frac{vt}{2}$ 이다.

[유형17-4] 답 ②

해설 ㄱ, ㄴ. 오른손의 네 손가락을 자기장의 방향으로, 엄지 손가락을 전류의 방향(전자의 운동 방향과 반대 방향)으로 가리키면 손바닥은 $+y$ 방향을 향한다. 즉, 전자가 $+y$ 방향으로 자기력(로런츠 힘)을 받아 위쪽으로 쏠리므로 반대편은 (+) 전하를 띠게 된다. 따라서 도체에는 $+y$ 방향으로 전기장이 형성되므로 전위는 Q 점이 P 점보다 높다.
ㄷ. 전자의 유동 속력을 v 라고 할 때, 자기장의 세기가 B 이므로 전자 1개가 받는 로런츠 힘의 크기 $F = evB$ 이다. 전자 1개가 받는 로런츠 힘의 크기와 전기력의 크기가 같으므로($evB = eE$) P 점과 Q 점 사이의 전기장의 세기 $E = vB$ 이다. 따라서 두 점 PQ 사이의 전위차가 V 일 때, 속력 $v = \frac{E}{B} = \frac{\frac{V}{d}}{B} = \frac{V}{dB}$ 이다.

07. 답 4

해설 일정한 자기장의 세기를 측정하기 위해 홀효과를 이용한다. 도체에 흐르는 전류를 I, 도선의 단면적을 $S(= dl)$, 자유 전자의 전하량을 e, 단위 부피당 전자의 개수를 n 이라고 하면, 홀 전압 V_H 는 다음과 같다.

$$V_H = vB \cdot d = \frac{IB}{enl} \Rightarrow B = \frac{V_H enl}{I}$$

$$\therefore B = \frac{(0.25 \times 10^{-6})(1.6 \times 10^{-19})(8.5 \times 10^{28}) \times 0.002}{1.7} = 4\ (\mathrm{T})$$

08. 답 ④

해설 ㄱ. 사이클로트론 내에서 입자가 한 쪽 금속통에서 다른 쪽 금속통으로 갈 때마다 전기장에 의해 가속되어 점차 속력이 빨라지게 되고 원운동의 반지름도 커진다. 즉, 사이클로트론은 전기장에서 입자를 가속하고, 자기장을 이용하여 회전시킨다.
ㄴ. 반지름이 r 인 가장 바깥 궤도를 회전할 때, $qvB = \frac{mv^2}{r}$ 이므로 $v = \frac{qBr}{m}$ 이다.
ㄷ. 균일한 자기장 영역 내에서 원운동 주기 $T = \frac{2\pi r}{v} = \frac{2\pi m}{Bq}$ 으로 일정하다.

창의력 & 토론마당 114 ~ 117 쪽

01 C > A > B

해설 각 직선 도선에 의한 자기장은 상쇄되므로 반지름이 r, $R > r$ 인 원형 도선에 의한 자기장만 고려한다. 각 도선에 시계 방향으로 전류가 흐른다고 가정하면, 다음 그림과 같다.

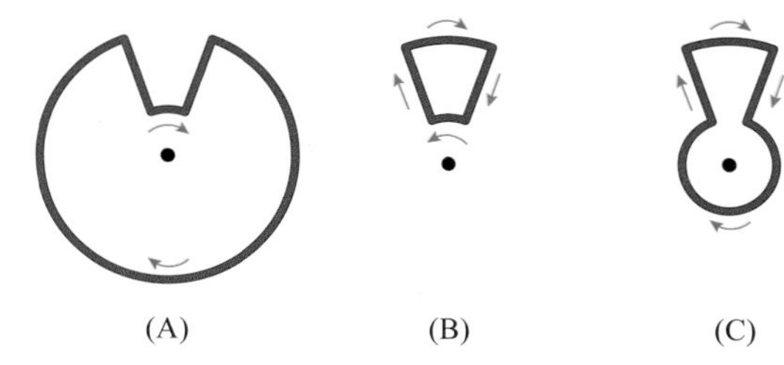

(A)　　(B)　　(C)

(A) 반지름이 R 인 도선에 의해서 중심 O 에 생기는 자기장의 방향은 지면으로 들어가는 방향이고, 반지름이 r 인 도선에 의해서 중심 O에 생기는 자기장의 방향도 지면으로 들어가는 방향이다.
(B) 반지름이 R 인 도선에 의해서 중심 O 에 생기는 자기장의 방향은 지면으로 들어가는 방향이고, 반지름이 r 인 도선에 의해서 중심 O 에 생기는 자기장의 방향은 지면에서 나오는 방향이다.
⇨ 자기장의 방향이 서로 반대이므로 합성 자기장의 세기가 가장 약하다.
(C) 반지름이 R 인 도선에 의해서 중심 O 에 생기는 자기장의 방향은 지면으로 들어가는 방향이고, 반지름이 r 인 도선에 의해서 중심 O 에 생기는 자기장의 방향도 지면으로 들어가는 방향이다.
원형 도선 중심에서 자기장의 세기는 반지름이 작을수록 세다. 따라서 반지름이 작은 원형 도선의 길이가 더 긴 C 의 합성 자기장의 세기가 더 세다.

02 A > C > B > D

해설 도형의 마주보는 도선에 작용하는 힘은 서로 상쇄되므로 각 도형에 작용하는 알짜힘은 도선 P 와 도선 P 와 나란한 방향의 도선 사이에 작용하는 힘의 합이 된다.
도선 P 와 나란한 도선 부분을 각각 Q, R 이라고 하고, 흐르는 전류를 I_1 이라고 하면, A 에 작용하는 알짜힘은 다음과 같다.

$$F_A = F_{PQ} + F_{PR} = 3dk\frac{I_1 I}{r} - 3dk\frac{I_1 I}{r+3d}$$

이와 같은 방법으로 B, C, D 에 작용하는 알짜힘은 각각 다음과 같다.

$$F_B = 3dk\frac{I_1 I}{r} - \left(dk\frac{I_1 I}{r+d} + dk\frac{I_1 I}{r+2d} + dk\frac{I_1 I}{r+3d}\right)$$

$$F_C = 3dk\frac{I_1 I}{r} - \left(2dk\frac{I_1 I}{r+2d} + dk\frac{I_1 I}{r+3d}\right)$$

$$F_D = dk\frac{I_1 I}{r} + \left(dk\frac{I_1 I}{r+d} + dk\frac{I_1 I}{r+2d} - 3dk\frac{I_1 I}{r+3d}\right)$$

$$F_A - F_C > 0,\ F_C - F_B > 0,\ F_B - F_D > 0,$$

$$\therefore F_A > F_C > F_B > F_D$$

03 $\dfrac{qB^2x^2}{8V}$

해설 대전 입자 발생기 S 에서 출발한 후(처음 속도 = 0) 자기장 영역에 들어가기 직전(가속이 끝난 후) 상자 입구에서 입자의 운동 에너지는 $\frac{1}{2}mv^2$ 이다. 양이온은 전기장으로부터 qV 만큼 일을 받았으므로 다음 식이 성립한다.

$$\frac{1}{2}mv^2 = qV,\quad \therefore v = \sqrt{\frac{2qV}{m}}$$

질량이 m, 전하량이 q 인 대전 입자가 속력 v 로 균일한 자기장 B 에 수직으로 입사하였을 때 대전 입자의 원운동 반지름 $r = \frac{mv}{Bq}$ 이므로, $r = \frac{mv}{Bq} = \frac{m}{Bq}\sqrt{\frac{2qV}{m}} = \frac{1}{B}\sqrt{\frac{2mV}{q}}$ 이다.

$$\therefore x = 2r = \frac{2}{B}\sqrt{\frac{2mV}{q}} \quad ⇨ \quad m = \frac{qB^2x^2}{8V}$$

04 $\dfrac{BqL}{\sqrt{2gH}}$

해설 자기장 영역에서 등속 직선 운동을 하였으므로 입자에 작용하는 중력과 로런츠 힘이 평형을 이룬다. 따라서 입자의 속력 v 는 다음과 같다.

$$mg = qvB \quad ⇨ \quad v = \frac{mg}{Bq}$$

중력장에서 입자가 포물선 운동을 하는 시간을 t 라고 하면, 자기장 영역을 벗어난 후 중력장에서 수직 방향 변위 $H = \frac{1}{2}gt^2$ 이므로, $t = \sqrt{\frac{2H}{g}}$ 이다. t 초 동안 입자의 수평 방향 변위 $L = vt$ 이므로, 입자의 질량 m 은 다음과 같다.

$$L = vt = \frac{mg}{Bq}\sqrt{\frac{2H}{g}} \quad ⇨ \quad m = \frac{BqL}{\sqrt{2gH}}$$

05 (1) $E_x = 0,\ E_y = \dfrac{mg}{2q}$ (2) $\dfrac{\sqrt{2}mg}{qv}$

해설 (1) 중력 가속도 g 가 작용하는 공간에서 45° 각도로 속력 v 로 물체를 던졌을 때 수평 도달 거리 $R = \frac{v^2}{g}$ 이다. 수평 도달 거리가 2배가 되었다는 것은 물체가 중력 가속도 $g' = \frac{g}{2}$ 인 공간에서 운동한 것과 같다. 따라서 물체에 작용한 힘은 다음과 같다.

$$qE_y = \frac{mg}{2} \quad ⇨ \quad E_y = \frac{mg}{2q}$$

이때, 지면에 도달하는 시간이 2배이면, 수평 도달 거리가 2 배가 되므로 수평 방향으로는 물체에 힘이 가해지지 않은 것이다.
따라서 $E_x = 0,\ E_y = \frac{mg}{2q}$ 이다.

(2)

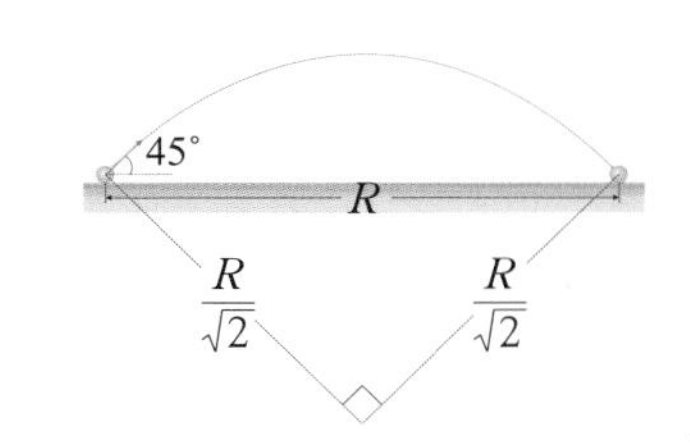

지면에서 나오는 방향으로 균일한 자기장 B 를 가해주었을 때, 속력 v 로 운동하는 전하 q 로 대전된 질량 m 인 물체는 자기력 $F = qvB$ 가 구심력이 되어 등속 원운동을 한다. 이때 위의 그림처럼 원운동 반지름 $r = \frac{R}{\sqrt{2}}$ 이므로 다음 식을 만족한다.

$$\frac{R}{\sqrt{2}} = \frac{mv}{Bq} \Rightarrow \therefore B = \frac{\sqrt{2}mv}{qR}$$

이때 $R = \frac{v^2}{g}$ 이므로, $B = \frac{\sqrt{2}mg}{qv}$ 이다.

06 (1) $\frac{3mv^2}{2qd}$ (2) $\frac{2mv}{Bq}$ (3) $\frac{\pi m}{Bq}$

해설 (1) 입자가 운동하는 방향과 전기장의 방향이 반대이므로 입자는 (−) 전하를 띠는 것을 알 수 있다. 이때 대전 입자는 전기장에 의해 $qV = qEd$ 만큼의 일을 받아 속력이 v 에서 $2v$ 가 되므로 전기장 세기 E 는 다음과 같다.

$$\frac{1}{2}m(2v)^2 - \frac{1}{2}mv^2 = qV = qEd \Rightarrow E = \frac{3mv^2}{2qd}$$

(2) P점에서 입자는 O점으로 구심력을 받아 원운동 하므로 자기장은 지면에 수직으로 들어가는 방향임을 알 수 있다. 이때 자기력 $F = Bq(2v)$ 이므로, 원운동 반지름 R 은 다음과 같다.

$$\frac{m(2v)^2}{R} = Bq(2v) \Rightarrow R = \frac{2mv}{Bq}$$

(3) 원운동 주기 $T = \frac{2\pi R}{2v} = \frac{\pi R}{v} = \frac{2\pi m}{Bq}$이므로, P 점에서 Q 점까지 이동하는 데 걸리는 시간은 $\frac{T}{2} = \frac{\pi m}{Bq}$ 이다.

스스로 실력 높이기 118 ~ 125 쪽

01. 동쪽	02. ①	03. ㉠ $3\pi \times 10^{-6}$ ㉡ ⓐ		
04. ④	05. ⑤	06. ⓐ ㄱ ⓑ 4×10^{-7}		
07. ⑤	08. ②	09. ④	10. ②	11. ②
12. ②	13. ④	14. ③	15. ③	16. ⑤
17. ⑤	18. ④	19. ②	20. ③	21. ②
22. ④	23. ②	24. ⑤	25. ②	26. ④
27. ㉠ $\frac{akI^2b}{d(d+a)}$ ㉡ 오른쪽		28. A, D, E : ㉠ B, C, F : ㉡		
29. ㉠ 왼쪽 ㉡ $\frac{5mv^2}{4qd}$				
30. ②	31. (1) ⑤ (2) ①	32. $\frac{B^2qR^2}{4mEd}$		

01. 답 동쪽

해설 직선 도선에 전류가 흐르는 방향이 아래에서 위쪽 방향이므로 앙페르 법칙에 의해 도선을 중심으로 위에서 보았을 때 반시계 방향으로 자기장이 형성된다. 따라서 나침반 자침의 S극은 동쪽으로 움직인다(N극은 서쪽).

02. 답 ①

해설 직선 도선에 흐르는 전류의 세기가 I 일 때, 거리 r 인 지점에서 자기장의 세기 $B = k\frac{I}{r}$ 이므로, 전류의 세기가 $2I$ 일 때, 거리 $3r$ 인 지점에서 자기장의 세기 $B' = k\frac{2I}{3r} = \frac{2}{3}B$ 이다.

03. 답 ㉠ $3\pi \times 10^{-6}$ ㉡ ⓐ

해설 ㉠ 반지름 $r = 0.2$ m인 원형 도선에 전류 $I = 3$ (A) 가 흐를 때 원형 도선의 중심에서 자기장 세기 B 는 다음과 같다.

$$B = (2\pi \times 10^{-7})\frac{I}{r} = (2\pi \times 10^{-7}) \times \frac{3}{0.2} = 3\pi \times 10^{-6}(\text{T})$$

㉡ 원형 도선에 전류가 흐를 때 원형 도선 중심에서 자기장 방향은 전류의 방향으로 오른손 엄지 손가락을 향하였을 때, 감아쥐는 나머지 네 손가락의 방향이다. 따라서 O 점에서 자기장 방향은 지면에서 나오는 방향이다.

04. 답 ④

해설 ㄱ. 솔레노이드 내부 자기장의 세기는 단위 길이당 감은 수에 비례한다. 따라서 코일을 더 촘촘히 감으면 단위 길이당 감은 수가 증가하므로 내부 자기장의 세기가 세진다(자기력선의 수가 증가).

ㄴ. 솔레노이드 내부 자기장의 세기는 전류의 세기에 비례한다. 따라서 전류의 세기를 증가시키면 내부 자기장의 세기가 세지므로 자기력선의 수(자속)가 증가한다.

ㄷ. 같은 모양의 솔레노이드를 직렬로 연결할 경우 솔레노이드의 길이만 늘어나고 단위 길이당 감은 수는 일정하므로 솔레노이드 내부를 지나는 자기력선의 수는 변하지 않는다.

05. 답 ⑤

해설 자기장의 세기가 $B = 1$ (T) 로 균일한 자기장 내에 자기장과 $\theta = 30°$ 를 이루고 있는 길이 $l = 0.1$ (m) 인 직선 도선에 $I = 2$ (A) 의 전류가 흐를 때 자기력의 크기는 다음과 같다.

$$F = BIl\sin\theta = 1 \times 2 \times 0.1 \times \frac{1}{2} = 0.1 \text{ (N)}$$

이 도선을 반시계 방향으로 회전시켜 자기장과 이루는 각이 90° 가 되면 도선이 받는 자기력의 크기 $F = 0.2$ (N) 는 최대가 된다.

$$\therefore 0.1 \text{ (N)} \leq F \leq 0.2 \text{ (N)}$$

06. 답 ⓐ ㄱ ⓑ 4×10^{-7}

해설 두 도선에 같은 방향의 전류가 흐르므로 서로 잡아당기는 방향(㉠)으로 자기력을 받는다. 이때 도선 Q 가 받는 힘의 크기는 다음과 같다.

$$F = k\frac{I_P I_Q}{r}l = (2 \times 10^{-7}) \times \frac{1 \times 1}{0.5} \times 1 = 4 \times 10^{-7} \text{ (N)}$$

07. 답 ⑤

해설 자기장 B 와 수직인 방향으로 v 의 속도로 입사한 전하량이 q 인 입자가 받는 힘의 크기 $F = qvB$ 이다.

08. 답 ②

해설 질량이 m, 전하량 q 인 대전 입자가 속력 v 로 균일한 자기장 B 에 수직으로 입사하였을 때 이 대전 입자는 운동 방향에 수직인 방향으로 자기력 $F = qvB$ 를 받는다. 이때 자기력의 크기는 일정하고 방향은 운동 방향에 수직인 방향이 되므로 로런츠 힘이 구심력이 되어 등속 원운동을 하게 된다.

09. 답 ④

해설 균일한 자기장에 비스듬히 입사한 대전 입자는 나선 운동을 한다. 이때 처음으로 처음 속도 v 와 방향이 같아지는 데 걸리는 시간은 등속 원운동하는 대전 입자의 주기와 같다.

$$T = \frac{2\pi r}{v} = \frac{2\pi m}{Bq}$$

10. 답 ②

해설 도체에 흐르는 전류의 방향이 $+z$ 방향이므로 전자의 운동 방향은 $-z$ 이다. 이때 전자가 도체의 왼쪽에 쌓여 전위차가 발생했으므로 전자는 $-x$ 방향으로 로런츠 힘을 받았다. 따라서 자기장의 방향은 $+y$ 방향이 된다.

11. 답 ②

해설 $x=0$ 좌표에서 전류 I 가 흐르는 도선에 의한 자기장은 반시계(아래 ⇨ 위) 방향으로, 전류 $2I$ 가 흐르는 도선에 의한 자기장은 반시계(위 ⇨ 아래) 방향으로 형성된다. 이때 자기장의 세기는 전류의 세기에 비례하고, 거리에 반비례하므로, 자기장이 0 이 되는 점의 좌표는 $-L < x < 0$ 영역에 존재한다.

12. 답 ②

해설 (가) : 도선 중심 P점에서 자기장의 세기는 다음과 같다.

$$B = k\frac{I}{r} \text{ (지면으로 들어가는 방향)}$$

(나) : 도선 중심 Q점에서 반지름이 r 인 도선에 의한 자기장의 세기는 $B_r = k\frac{I}{r}$, 반지름이 $2r$ 인 도선에 의한 자기장의 세기는 $B_{2r} = k\frac{I}{2r} = \frac{B}{2}$ (지면에서 나오는 방향)이다.

따라서 Q점에서 자기장의 세기는 $B - \frac{B}{2} = \frac{B}{2}$ 이고, 방향은 지면으로 들어가는 방향이다.

13. 답 ④

해설 한 점에서 자기장의 방향은 그 점에서 자기력선의 접선 방향이다. 따라서 자기장의 방향은 다음과 같다.

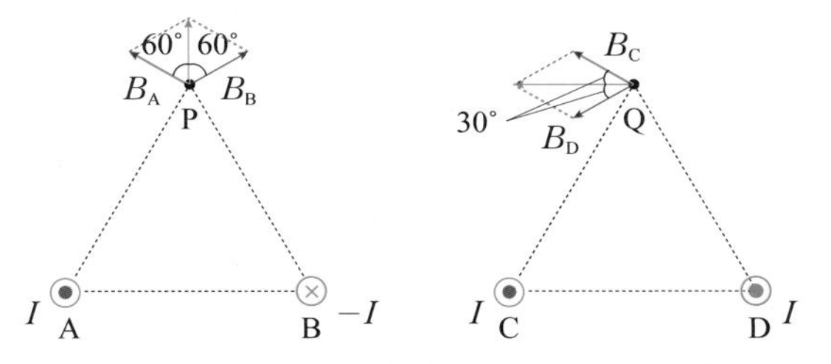

(가) 도선 A와 B에 같은 세기의 전류가 흐르므로 도선 A에 의한 자기장 B_A = 도선 B에 의한 자기장 B_B이다.

$$\text{P점에서 자기장} = 2B_A\cos60^\circ = 2B_B\cos60^\circ = B$$

(나) 도선 C와 D에 의한 합성 자기장은 다음과 같다.($B_A = B_B = B_C = B_D$)

$$2B_C\cos30^\circ = 2B_D\cos30^\circ = \sqrt{3}B_C = \sqrt{3}B$$

14. 답 ③

해설 두 도선 사이의 합성 자기장의 세기는 다음과 같다.

$$B = k\frac{I}{x} + k\frac{I}{L-x} = k\frac{LI}{x(L-x)}$$

$x=0$, $x=L$ 일 때 자기장 세기는 무한대의 값을 갖고, $x = \frac{L}{2}$ 일 때 자기장 세기는 최소값을 갖는다. 따라서 가장 적절한 그래프는 ③ 이다.

15. 답 ③

해설

도선 A와 B 사이에 작용하는 자기력의 세기는

$$F_{AB} = k\frac{I_A I_B}{r} = (2 \times 10^{-7}) \times \frac{2 \times 1}{0.2} = 2 \times 10^{-6}\,(\text{N}) \text{ 이고,}$$

이때 도선 B 에 작용하는 힘의 방향은 전류의 방향이 같으므로 인력 작용하여 왼쪽 방향이다.

도선 B 와 C 사이에 작용하는 자기력의 세기는

$$F_{BC} = k\frac{I_B I_C}{r} = (2 \times 10^{-7}) \times \frac{1 \times 3}{0.2} = 3 \times 10^{-6}\,(\text{N}) \text{ 이고,}$$

이때 도선 B 에 작용하는 힘의 방향은 전류의 방향이 반대이므로 척력이 작용하여 왼쪽 방향이다.

따라서 도선 B에 작용하는 합성 자기력은 왼쪽 방향으로, 그 크기는 $(2 \times 10^{-6}) + (3 \times 10^{-6}) = 5 \times 10^{-6}$ (N) 이다.

16. 답 ⑤

해설 ㄱ. (가) 전기장의 방향은 양전하가 받는 힘의 방향과 같다. 따라서 전기장의 방향은 위 ⇨ 아래 방향이다.

(나) (+) 전하가 운동 방향의 오른쪽으로 힘을 받았으므로 자기장은 지면에서 수직으로 나오는 방향이다.

ㄴ. 균일한 전기장 E 속의 전하 q 가 받는 힘($F = qE$)은 일정하므로 (+) 전하는 등가속도 운동을 하게 된다.

ㄷ. 균일한 자기장 속에서 운동하는 전하는 로런츠 힘이 구심력이 되어 원운동을 한다. 이때 로런츠 힘은 운동 방향과 수직인 방향으로 작용하므로 전하의 속력은 변하지 않고, 방향이 계속 변하는 운동이다.

17. 답 ⑤

해설 ㄱ. 입자가 진행 방향의 왼쪽으로 힘을 받았으므로 (+) 전하로 대전된 입자이다.

ㄴ. 위로 작용하는 자기력($F = qvB$)과 아래로 작용하는 중력

(mg)이 평형을 이루면 속도가 일정한 운동을 한다.
ㄷ. 대전된 입자는 자기력이 구심력이 되어 원운동을 한다. 중력을 무시할 경우,

$$F = qvB = \frac{mv^2}{r} \quad \text{원운동 반지름 } r = \frac{mv}{Bq}$$

중력이 작용할 때보다 더 큰 힘을 구심력으로 받으므로 더 많이 휘어지게 된다.

18. 답 ④

해설

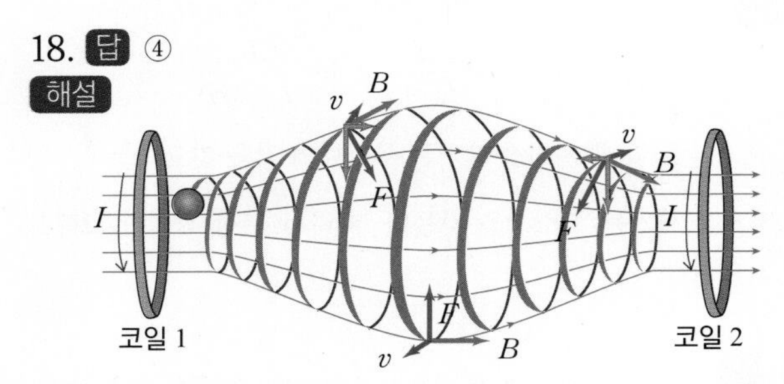

ㄱ. 원형 코일에 흐르는 전류의 방향으로 오른손을 감아쥐었을 때 엄지 손가락이 가리키는 방향이 자기장의 방향이다(왼쪽 ⇨ 오른쪽).
ㄴ. 자기장의 세기는 코일에 멀어질수록 약해지고, (+) 전하의 속력은 일정하다. 따라서 P 점에서 Q 점까지 운동하는 (+) 전하가 받는 자기력은 약해지므로 원운동 반지름이 커진다.
ㄷ. 자기력의 방향은 항상 입자의 운동 방향과 수직을 이루므로 속력 변화는 없다.

19. 답 ②

해설 ㄱ. P 점과 S 점에서 자기장의 방향은 모두 지면에서 나오는 방향이다.
ㄴ. R 점에서 자기장은 R점의 위쪽에 있는 도선과 오른쪽에 있는 도선에 흐르는 전류에 의한 자기장의 합(지면으로 들어가는 방향)이므로 P 점에서의 자기장의 세기보다 세다.
ㄷ. Q 점에서 자기장의 세기는 두 도선의 연장선에 흐르는 전류에 의한 합성 자기장의 세기로 생각할 수 있으며 그 세기는 두 도선에 의한 자기장의 세기보다 약하다.

20. 답 ③

해설 전류가 흐르는 도선에 의한 자기장의 세기는 전류의 세기에 비례한다. 도선 A, B, C, D 에 흐르는 전류의 세기의 비는 1 : 1 : 2 : 2 이므로 각 도선에 의한 자기장의 방향은 다음 그림과 같다.

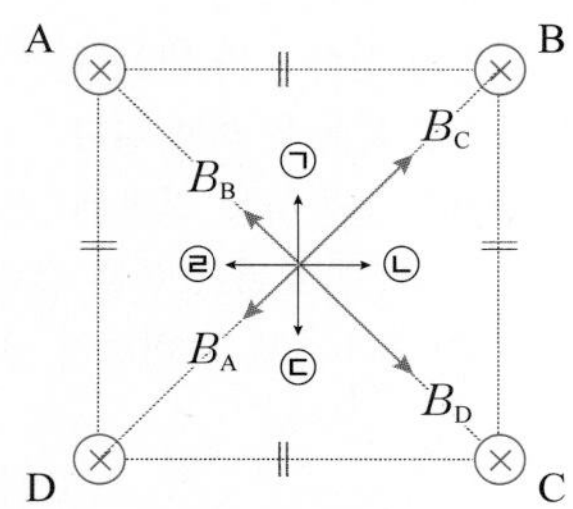

따라서 합성 자기장의 방향은 ㉡ 이다.

21. 답 ②

해설 ㄱ. 양성자의 질량이 2 배가 되면, 충돌 후 양성자와 중성자의 속력을 각각 $v_{양}$, $v_{중}$라고 하면, 탄성 충돌하므로 충돌 전후 운동량과 운동 에너지가 모두 보존된다(반발 계수 = 1).

$$0 + mv = (2m)v_{양} - mv_{중} \Rightarrow v = 2v_{양} - v_{중} \text{ 이고,}$$

(가)에서 $v = v_{양} + v_{중}$ 이므로 $v_{양} = \frac{2}{3}v$, $v_{중} = \frac{v}{3}$ 이다.
따라서 양성자의 질량이 m 일 때 원궤도 반지름이 r 이라면, 질량이 $2m$ 일 때 원궤도 반지름 r'은 다음과 같다.

$$r' = \frac{(2m)\frac{2}{3}v}{Bq} = \frac{4mv}{3Bq} = \frac{4}{3}r$$

ㄴ, ㄷ. 질량이 같은 입자들끼리의 탄성 충돌이다. 따라서 (가) 에서 중성자는 정지하고, 양성자는 속력 v 로 운동하며, 지면에 수직으로 들어가는 방향으로 자기장이 형성되어 있으므로 반시계 방향으로 등속 원운동 한다.
(나) 에서는 양성자는 정지하고, 중성자는 $2v$ 의 속력으로 등속 직선 운동을 하게 된다.

22. 답 ④

해설 전위차 V 에 의해 전하량 q, 질량 m 인 대전 입자에 해준 일이 모두 운동 에너지로 전환되므로

$$qV = \frac{1}{2}mv^2 = \frac{(mv)^2}{2m} \Rightarrow mv = \sqrt{2mqV} \quad \cdots ㉠$$

자기장 B 영역에서 속력 v 로 운동하는 전하량 q, 질량 m 인 대전 입자의 원운동 반지름 $r = \frac{mv}{Bq}$ 이다. ㉠ 식을 대입하면,

$$r = \sqrt{\frac{2mV}{B^2q}} \Rightarrow m \propto qr^2 \text{ 가 된다.}$$

따라서 질량비는 다음과 같다.

$$m_1 : m_2 : m_3 = 3 \times 1^2 : 2 \times 2^2 : 1 \times 3^2 = 3 : 8 : 9$$

23. 답 ②

해설 (0, 0), (0, $-L$) 을 밑변으로 하는 직각 삼각형의 꼭지점이 원궤도의 중심 O 가 되어 다음 그림과 같다.

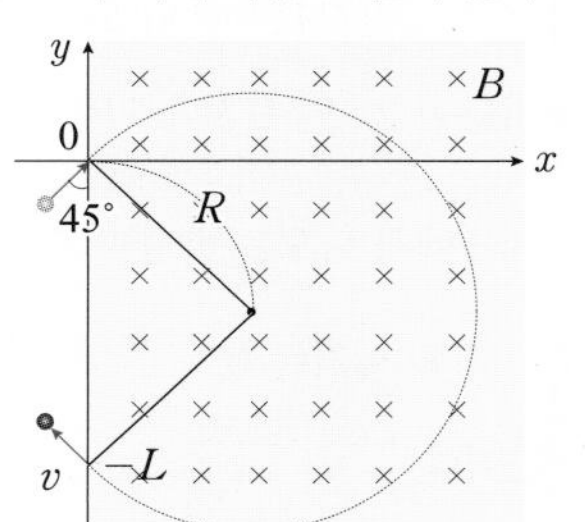

대전 입자의 운동 궤도 반지름을 R 이라고 하면, $L^2 = R^2 + R^2$ 이므로, $R = \frac{L}{\sqrt{2}}$ ⋯ ㉠ 이다.
대전 입자는 로런츠 힘이 구심력이 되어 등속 원운동하므로,

$$qvB = \frac{mv^2}{R} \Rightarrow m = \frac{qRB}{v} \quad \cdots ㉡$$

이다. ㉡ 에 ㉠ 을 대입하면 입자의 질량 $m = \frac{qLB}{\sqrt{2}v}$ 이다.

24. 답 ⑤

해설

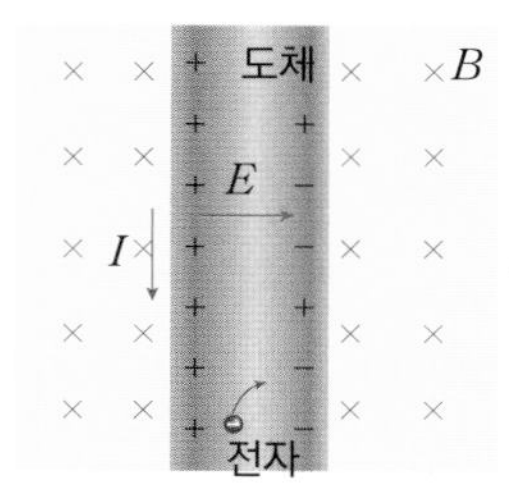

도체에 전류가 위에서 아래 방향으로 흐르고, 자기장은 지면에 수직으로 들어가는 방향으로 형성되어 있으므로 다음 그림과 같이 자유 전자는 자기장에 의해 오른쪽 위 방향인 시계 방향으로 휘어지게 된다.

ㄱ. 오른손의 엄지 손가락을 전류의 방향으로 하고, 나머지 네 손가락을 자기장의 방향으로 하면 손바닥은 오른쪽을 향하므로 도체는 오른쪽 방향으로 힘을 받는다.

ㄴ. 오른쪽 방향으로 휘어진 전자들에 의해 도선의 오른쪽은 (−) 극성을, 왼쪽은 (+) 극성을 띠게 되므로 왼쪽이 오른쪽보다 전위가 더 높다. 따라서 도체 내 전기장은 왼쪽에서 오른쪽 방향으로 형성된다.

ㄷ. 홀전압은 자기장의 세기와 도선의 폭에 비례한다.

25. 답 ②

해설 반원형 도선에 의한 자기장은 $-x$ 방향으로 자기장의 세기 $B_{반원} = k'\frac{I}{R} \times \frac{1}{2} = \pi k\frac{I}{R} \times \frac{1}{2}$ 이다.

직선 도선 2 개에 의한 자기장은 $-z$ 방향으로 자기장의 세기 $B_{직선} = \frac{k}{2}\frac{I}{R} + \frac{k}{2}\frac{I}{R} = k\frac{I}{R}$ 이다.

따라서 중심점 O 에서 자기장의 세기 B 는 다음과 같다.

$$B = \sqrt{B_{반원}^2 + B_{직선}^2} = k\frac{I}{R}\sqrt{\left(\frac{\pi}{2}\right)^2 + 1^2} = k\frac{I}{2R}\sqrt{4 + \pi^2}$$

26. 답 ④

해설 직선 도선에서 $\frac{r}{\pi}$ 만큼 떨어진 지점에서 자기장의 세기는

$B_{직선} = k\frac{I}{\frac{r}{\pi}} = \pi k\frac{I}{r} = B$ 이고, 방향은 $+x$ 방향이다.

원형 도선 중심에서 자기장의 세기는 $B_{원} = k'\frac{I}{r} = \pi k\frac{I}{r} = B$ 이고, 방향은 $+z$ 방향이다.

$$\therefore B_{합성} = \sqrt{B_{원}^2 + B_{직선}^2} = \sqrt{2}B$$

방향은 $+x$ 와 시계 방향($+z$ 와 반시계 방향)으로 45° 방향이다.

27. 답 ㉠ $\frac{akI^2b}{d(d+a)}$ ㉡ 오른쪽

해설 다음 그림과 같이 직사각형 도선의 각 꼭지점을 A, B, C, D 로 정한다.

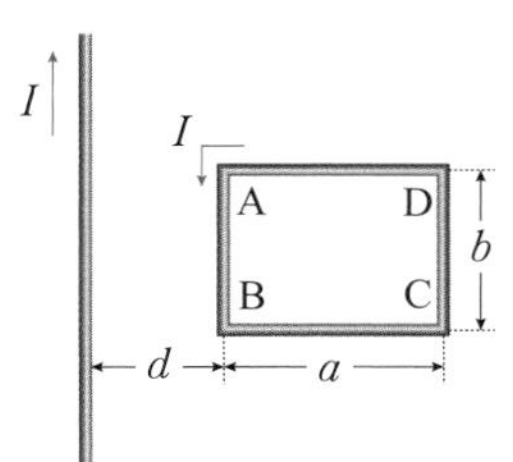

도선 AB 위치에서 자기장 $B_{AB} = k\frac{I}{d}$, 지면으로 들어가는 방향

도선 AB가 받는 힘 $F_{AB} = B_{AB}Ib = k\frac{I^2b}{d}$, 전류가 서로 반대 방향으로 흐르므로 힘의 방향은 오른쪽이다.

도선 CD 위치에서 자기장 $B_{CD} = k\frac{I}{d+a}$, 지면으로 들어가는 방향

도선 CD가 받는 힘 $F_{CD} = B_{CD}Ib = k\frac{I^2b}{d+a}$, 전류가 같은 방향으로 흐르므로 힘의 방향은 왼쪽이다.

$F_{AB} > F_{CD}$ 이므로 직사각형 도선이 받는 알짜힘의 방향은 오른쪽이고, 크기는 다음과 같다.

$$F_{AB} - F_{CD} = k\frac{I^2b}{d} - k\frac{I^2b}{d+a} = \frac{akI^2b}{d(d+a)}$$

28. 답 A, D, E : ㉠, B, C, F : ㉡

해설 평행판 사이에서 대전 입자가 전위가 더 높은 판쪽으로 휘었으므로 전기장은 위에서 아래 방향으로 형성되어 있고, 입자는 (−) 로 대전되었음을 알 수 있다.

A, D, E. 진행 방향의 오른쪽으로 휘었으므로 자기장은 지면에서 수직으로 들어가는 방향(㉠)이다.

B, C, F. 진행 방향의 왼쪽으로 휘었으므로 자기장은 지면으로 수직하게 나오는 방향(㉡)이다.

29. 답 ㉠ 왼쪽 ㉡ $\frac{5mv^2}{4qd}$

해설 전기장에서 역학적 에너지는 보존된다. 자기장 영역 I 과 전기장 영역의 경계면에서 전위가 더 높다고 가정하면, 퍼텐셜 에너지의 감소량이 운동 에너지의 증가량이 된다. 즉, 전기력이 한 일은 운동 에너지의 변화량과 같다. 따라서 자기장 영역 II 에 도달했을 때 입자의 P 와 Q 의 속력을 각각 v_P, v_Q 라고 하면,

$$P : qEd = \frac{1}{2}mv_P^2 - \frac{1}{2}m(2v)^2 \cdots ㉠$$

$$Q : qEd = \frac{1}{2}(3m)v_Q^2 - \frac{1}{2}(3m)v^2 \cdots ㉡$$

이고, 자기장 영역 II 에서 원궤도 반지름을 R 이라고 하면,

$$R = \frac{mv_P}{Bq} = \frac{(3m)v_Q}{Bq} \Rightarrow v_P = 3v_Q$$

이므로, $v_P = \frac{3}{\sqrt{6}}v$, $v_Q = \frac{1}{\sqrt{6}}v$ 이다. 이를 ㉠ 또는 ㉡ 에 대입하면 전기장의 세기 $E = \frac{5mv^2}{4qd}$ 이다. 이때 전기장의 방향은 왼쪽 방향이다.

30. 답 ②

해설 ㄱ. 대전 입자 B 의 나중 속력을 v_B 라고 하면, 운동량 보존 법칙에 의해 다음 식이 성립한다.

$$mv + 0 = m\left(-\frac{v}{3}\right) + 3mv_B \Rightarrow v_B = \frac{4}{9}v$$

이때 대전 입자는 (+) 로 대전되어 있으므로 xy 평면에 수직으로 들어가는 방향의 자기장에 의해 $+y$ 방향으로 자기력을 받으므로 반시계 방향으로 등속 원운동한다.

ㄴ. 대전 입자의 운동 궤도 반지름 r 은 다음과 같다.

$$r = \frac{(3m)\frac{4}{9}v}{Bq} = \frac{4mv}{3Bq}$$

ㄷ. 대전 입자의 회전 주기 T 는 다음과 같다.

$$T = \frac{2\pi(3m)}{Bq} = \frac{6\pi m}{Bq}$$

31. 답 (1) ⑤ (2) $\frac{(VL^2 - 8d^2V_0)^2}{8d^2V_0B^2L^4}$

해설 (1) 전위차 V_0 에 의해 입자가 가속되므로

$$\frac{1}{2}mv^2 = qV_0 \quad \cdots ㉠$$

이고, 평행판 축전기 사이를 등속 직선 운동하였으므로 대전 입자에 연직 방향으로 작용하는 알짜힘은 0 이다. 즉, 전기력과 자기력의 크기가 같고, 방향이 반대이다($qE = qvB$).

전기장 $E = \frac{V}{2d}$ 이므로, $q\left(\frac{V}{2d}\right) = qvB$ ⇨ $v = \frac{V}{2dB}$ 이며, 이를㉠ 에 대입하면 다음과 같다.

$$\frac{1}{2}m\left(\frac{V}{2dB}\right)^2 = qV_0 \Rightarrow \frac{q}{m} = \frac{V^2}{8B^2d^2V_0}$$

(2) 대전 입자가 수평 거리 L 만큼 이동하는 동안 걸린 시간 $t = \frac{L}{v}$ 이다. 전압 V_0 에 의해 가속 발사된 대전 입자의 속력은 다음과 같다.

$$qV_0 = \frac{1}{2}mv^2$$

$$v = \sqrt{\frac{2qV_0}{m}},\ t = \frac{L}{v} = \sqrt{\frac{m}{2qV_0}}L$$

연직 방향을 고려할 때, 극판 사이의 간격은 $d = \frac{1}{2}at^2$ 이고, $a = \frac{2d}{t^2} = \frac{4dqV_0}{L^2m}$ 이다. 대전된 입자가 받는 힘 F 는 $ma = qE - qvB$ 이므로, 대전된 입자의 가속도의 크기는

$$a = \frac{4dqV_0}{L^2m} = \frac{qE - qvB}{m}$$

이다.위 식을 정리하면, $\frac{q}{m} = \frac{(VL^2 - 8d^2V_0)^2}{8d^2V_0B^2L^4}$ 이다.

32. 답 $\frac{B^2qR^2}{4mEd}$

해설 사이클로트론에서 마지막 원운동의 회전 반경은 사이클로트론 극판의 반경과 같은 R 이다. 입자의 최종 속력을 v_f 라고 하면,

$$R = \frac{mv_f}{Bq} \Rightarrow v_f = \frac{BqR}{m}$$

이다. 사이클로트론에서 원운동한 횟수를 N 이라고 하면, 원운동을 1회 할 때 전기장이 형성되어 있는 극판 사이의 간격 d 를 2번씩 이동하여 대전 입자는 그때마다 일을 받게 된다. 전기력이 한 일은 입자의 운동 에너지의 변화량과 같으므로 다음 식이 성립한다.

$$2qEd \cdot N = \frac{1}{2}mv_f^2 \Rightarrow N = \frac{B^2qR^2}{4mEd}$$

18강. 전자기 유도

개념확인		126 ~ 131 쪽
1. 자기 쌍극자	2. 자성	3. A, B
4. 왼쪽	5. ㉠	6. ㉡

확인 +		126 ~ 131 쪽
1. ㉡, ㉠	2. 상자성체	3. 5
4. $\frac{(Bl)^2v}{R}$	5. 2	6. 2.5

개념확인

03. 답 A, B

해설 막대 자석의 N 극이 코일을 향해 접근하므로 코일을 지나가는 자기력선속이 증가하므로 이를 방해하는 방향으로 전류가 흘러야 한다. 즉, 자석 쪽 코일에 N 극이 되도록 유도 전류가 흘러야 한다. 따라서 유도 전류의 방향은 다음 그림과 같다.

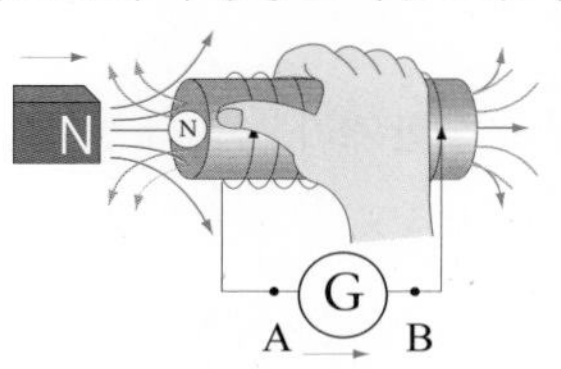

04. 답 왼쪽

해설 도체 막대 ab 를 자기장 B 에 수직인 방향으로 끌면 ㄷ 자 도형과 도체 막대 ab 가 이루는 사각형 내부에서 윗방향의 자기력선속이 증가하므로, 이를 방해하기 위해 아랫 방향으로 유도 자기장을 만들도록 유도 전류는 b ⇨ a 방향으로 흐른다(위에서 볼 때 시계 방향). 따라서 도선 ab 는 속도 v 의 반대 방향, 즉 왼쪽으로 자기력을 받는다.

05. 답 ㉠

해설 코일에 흐르는 전류가 증가할 때 자체 유도 기전력은 전류를 감소시키는 방향으로 발생하고, 전류가 감소할 때는 전류를 증가시키는 방향으로 발생한다.

06. 답 ㉡

해설 1 차 코일에 흐르는 전류의 세기가 증가하면 2 차 코일에는 1 차 코일에 흐르는 전류와 반대 방향의 전류가 흐르고, 1 차 코일에 흐르는 전류의 세기가 감소하면 2 차 코일에는 1 차 코일에 흐르는 전류와 같은 방향으로 전류가 흐른다.

확인 +

01. 답 ㉡, ㉠

해설 자기장 B 영역에 자기장과 각 θ 를 이룬 채 놓인 자기 쌍극자에 작용하는 돌림힘의 크기는 다음과 같다.

$$\tau = \mu B\sin\theta \quad (\text{단위} : \text{N}\cdot\text{m}^2)$$

즉, $\theta = 90°$일 때 최대이고, $\theta = 0°$ 일 때 0 이다.

02. 답 상자성체

해설 상자성체는 전자의 스핀과 궤도 운동에 의한 자기 모멘트의 합이 완전히 0 이 되지 않아 영구 자기 모멘트를 갖는 원자들로 이루어진 물질이다. 상자성체를 자기장 속에 넣게 되면 원자의 자기 모멘트가 외부 자기장의 방향으로 정렬되려고 하지만 원자들의 열운동(진동)에 의해 완전히 한 방향으로 정렬되지는 않는다. 따라서 자기화 반응이 약하게 나타난다.

03. 답 5

해설 코일의 감은수를 N, 시간 변화 Δt 동안 코일을 통과하는 자기력선속의 변화를 $\Delta\Phi$ 라고 할 때, 유도 기전력의 크기 V 는 다음과 같다.

$$|V| = N\frac{\Delta\Phi}{\Delta t} = 100 \times \frac{0.5}{10} = 5\ (\text{V})$$

04. 답 $\frac{(Bl)^2 v}{R}$

해설 등속도 v 로 길이가 l 인 막대를 이동시킬 때 작용하는 힘의 크기는 도체 막대에 발생하는 힘(자기력)의 크기와 같으므로 $F = BIl$ 이다. 이때 유도 전류 $I = \frac{Blv}{R}$ 이므로, 작용한 힘의 크기는 다음과 같다.

$$F = BIl = B \times \frac{Blv}{R} \times l = \frac{(Bl)^2}{R}v$$

05. 답 2

해설 $\Delta t = 1$ (초)동안 전류의 세기가 $\Delta I = (0.6 - 0.2) = 0.4$ (A) 만큼 변한다면 자체 유도 기전력의 크기는 다음과 같다.

$$|V| = L\frac{\Delta I}{\Delta t} = 5 \times \frac{0.4}{1} = 2\ (\text{V})$$

06. 답 2.5

해설 이상적인 변압기이므로 에너지 손실 없이 1 차 코일(N_1, V_1)에 공급되는 전기 에너지가 2 차 코일(N_2, V_2)에 전부 전달되므로 1 차 코일에 공급되는 전력과 2 차 코일에 유도되는 전력이 같다.

$$\frac{V_1}{N_1} = \frac{V_2}{N_2} \Rightarrow V_2 = N_2\frac{V_1}{N_1} = 50 \times \frac{200}{1000} = 10\ (\text{V})$$

따라서 2차 코일에 흐르는 전류의 세기 $I_2 = \frac{10}{4} = 2.5$ (A) 이다.

개념다지기 132 ~ 133 쪽

01. (1) O (2) X (3) O	02. ⑤	03. ㄱ, ㄴ
04. 10^{-5}	05. 0.1	06. 0.5
07. ④	08. ①	

01. 답 (1) O (2) X (3) O

해설 (1) 자기장 내의 자기 쌍극자는 한 쌍의 힘을 받기 때문에 자기장과 나란한 방향으로 회전하려는 돌림힘을 받는다.
(2) 전류 고리의 자기 모멘트 방향은 전류 고리가 만드는 자기장의 방향과 같다.
(3) 자기 쌍극자에 작용하는 돌림힘의 크기는 자기 모멘트의 크기와 자기장의 세기에 각각 비례한다.

02. 답 ⑤

해설 ㄱ. 자기 모멘트를 가진 물체가 나타내는 여러 가지 성질을 자성이라고 한다. 원자가 가지는 자기 모멘트는 주로 전자와 원자핵의 스핀, 전자가 원자핵 주위를 회전하는 궤도 운동에 의해 나타난다.
ㄴ. 강자성체는 원자 안에 쌍을 이루지 않은 전자들이 있기 때문에 원자가 영구 자기 모멘트를 갖는다.
ㄷ. 반자성체에 자석을 접근시키면 자기력선속의 변화를 억제하려는 방향으로 유도 기전력이 생긴다. 유도 기전력에 의해 외부 자기장과 반대 방향의 자기 모멘트를 갖는 전자는 가속되고 외부 자기장과 같은 방향의 자기 모멘트를 갖는 전자는 감속된다. 전자의 궤도 자기 모멘트는 속력에 비례하기 때문에 외부 자기장과 반대 방향의 자기 모멘트를 갖게 된다.

03. 답 ㄱ, ㄴ

해설 ㄱ, ㄴ, ㄷ. 전자기 유도 현상이 일어나기 위해서는 코일을 통과하는 자기력선속이 변해야 한다. ㄷ의 경우 코일을 통과하는 자기력선속은 일정하므로 유도 기전력이 발생하지 않는다.
ㄹ. 균일한 자기장에서 자기장의 방향과 나란한 방향으로 도체를 이동시키면 도체 내의 전자가 힘을 받지 않으므로 유도 기전력이 발생하지 않는다.

04. 답 10^{-5}

해설 유도 기전력의 크기는 코일 속을 지나는 자기력선속의 시간적 변화율($\frac{\Delta\Phi}{\Delta t}$)에 비례한다.

$$\Delta\Phi = (\text{자속 밀도} \times \text{면적}) = (6 \times 10^{-2}) \times (5 \times 10^{-4}) = 3 \times 10^{-5}$$

$$\therefore V = N\frac{\Delta\Phi}{\Delta t} = 1 \times \frac{3 \times 10^{-5}}{3} = 10^{-5}\ (\text{V})$$

05. 답 0.1

해설 일정한 자기장 $B = 2$ (T) 영역에서 등속도 $v = 5$ (m/s)로 길이가 $l = 0.1$ (m)인 막대를 자기장 방향과 수직 방향으로 이동시킬 때 도선에는 유도 기전력 $V = Blv$ 가 발생한다.

$$V = Blv = 2 \times 0.1 \times 5 = 1\ (\text{V})$$

따라서 도선에 유도된 전류 I 는

$$V = IR \Rightarrow I = \frac{V}{R} = \frac{1}{2} = 0.5\ (\text{A})$$

이고, 이 도선은 자기장에서 자기력 $F = BIl$ 를 받는다.

$$F = BIl = 2 \times 0.5 \times 0.1 = 0.1\ (\text{N})$$

도선 AB 를 이동시킬 때 작용하는 힘의 크기는 도체 막대에 발생하는 힘(자기력)의 크기와 같으므로 도선을 끄는 힘의 크기는 0.1 (N) 이다.

06. 답 0.5

해설 소비 전력 $P = I^2R = (0.5)^2 \times 2 = 0.5$ (W)

07. 답 ④

해설 ㄱ. 스위치를 닫게 되면 전류는 b 방향으로 흐르므로 b 방향으로 전류가 증가한다. 따라서 이를 방해하기 위해 유도 기전력의 방향은 a 방향이 된다.

ㄴ. 스위치를 닫은 후 충분한 시간이 지나면 코일을 지나는 전류가 일정하므로 유도 기전력이 발생하지 않는다. 따라서 코일의 저항은 무시할 수 있으므로 회로에 흐르는 전류의 세기는 $\frac{V}{R}$ 이다.

ㄷ. 일정한 전류가 흐르고 있을 때 스위치를 여는 순간 전류의 방향으로 큰 유도 기전력이 생기고, 같은 방향으로 유도 전류가 흐른다. 따라서 즉시 0 이 되지 않고 짧은 시간 동안 감소하면서 0 이 된다.

08. 답 ①

해설 코일 A 에 연결된 스위치를 닫는 순간 코일의 왼쪽에서 오른쪽 방향으로 자기력선속이 발생하므로, 이 변화를 막기 위해 코일 B 에는 코일 A 의 전류의 방향과 반대 방향으로 전류가 흐른다. 따라서 코일 B 의 저항에 흐르는 전류는 P ⇨ R ⇨ Q 방향으로 스위치를 닫는 순간 잠시 흐른다.

유형익히기 & 하브루타 134 ~ 137 쪽

[유형18-1] (1) ㉠ (2) Iab, ㉠ (3) $BIab$

01. ① 02. ④

[유형18-2] ④ 03. ③

04. (1) 6×10^{-5} (2) 3×10^{-5} (3) 1.2×10^{-4}

[유형18-3] (1) ㉠ (2) 0.3 (3) 0.3

05. ⑤ 06. ①

[유형18-4] ② 07. ② 08. ⑤

[유형18-1] 답 (1) ㉠ (2) Iab, ㉠ (3) $BIab$

해설 (1) 도선 PQ 에 아래 방향으로 전류가 흐르고 자기장의 방향은 오른쪽이므로 도선은 지면으로부터 수직으로 나오는 방향의 자기력을 받는다. 이때 도선 RS 는 도선 PQ 와 반대 방향으로 같은 크기의 자기력을 받는다.

(2), (3) 도선에 흐르는 전류에 의한 자기 모멘트 $\mu = Iab$ 이고, 자기장 세기는 B, 자기 모멘트의 방향(지면으로 나오는 방향)과 자기장의 방향이 수직이므로 돌림힘의 크기는 $\tau = \mu B = BIab$ 이다. 이때 돌림힘의 방향은 실을 회전축으로 했을 때 PQ 는 나오고, RS 는 들어가는 방향이다.

01. 답 ①

해설 ㄱ. 자석은 자기장과 같은 방향으로 정렬하므로 자기장 내에 놓인 자석의 N 극에는 오른쪽 방향, S 극에는 왼쪽 방향의 자기력이 작용한다. 따라서 자석은 시계 방향으로 돌림힘을 받는다.

ㄴ. 자기 모멘트의 방향은 자석의 S 극과 N 극을 잇는 직선 방향과 같으므로 다음 그림과 같다.

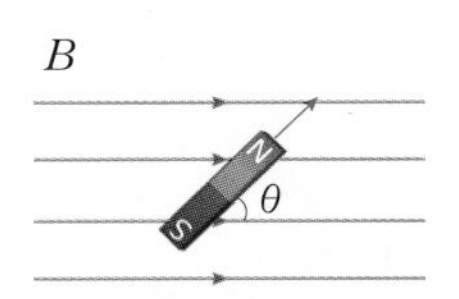

ㄷ. 자석은 회전함에 따라 돌림힘의 크기와 방향이 변하기 때문에 각속도가 일정하지 않다.

02. 답 ④

해설 ㄱ. 자기구역이 존재하는 것으로 보아 이 물질은 강자성체이므로 자석에 잘 달라붙는다.

ㄴ. 자기 모멘트의 방향이 위쪽 방향이므로 외부 자기장의 방향도 위쪽 방향이다.

ㄷ. 강자성체를 외부 자기장에 놓으면 각 자기 구역의 자기 모멘트가 외부 자기장 방향으로 배열하게 되고, 외부 자기장과 자기 모멘트의 방향이 같은 자기 구역이 확장됨으로써 전체적으로 외부 자기장 방향의 자기 모멘트를 갖게 된다. 이때 외부 자기장을 제거하여도 자기 모멘트의 방향이 오랫동안 유지된다.

[유형18-2] 답 ④

해설 (가) 와 (나) 의 자기력선의 방향은 다음과 같다.

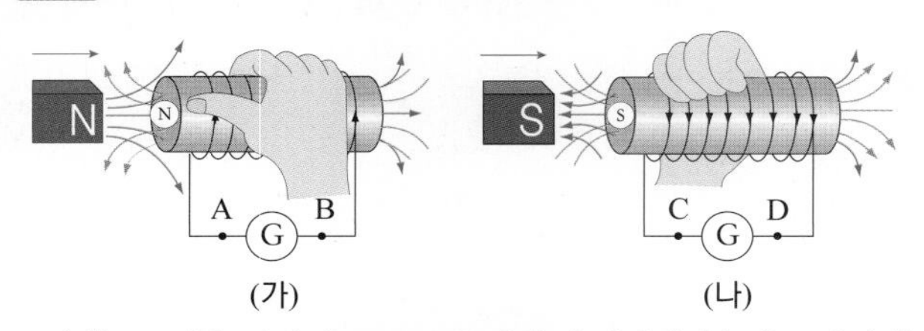

ㄱ. (가) : 코일을 통과하는 오른쪽 방향의 자기력선속이 증가, (나) : 코일을 통과하는 왼쪽 방향의 자기력선속이 증가한다.

ㄴ. 자석과 코일이 가까워지는 경우 자석의 극과 상관없이 서로 밀어내는 힘이 작용하도록 코일에 유도 전류가 흐른다. 즉, 자석과 가까운 쪽의 코일에는 자석과 같은 극이 되도록 자기장이 형성된다.

ㄷ. (나) 에서 왼쪽 방향으로 자기력선속이 증가하는 것을 방해하는 방향으로 유도 전류가 흐르므로 전류는 D ⇨ G ⇨ C 방향으로 흐른다.

03. 답 ③

해설 유도 전류의 세기는 유도 기전력에 비례하며, 유도 기전력은 자기력선속의 시간적 변화율에 비례한다. 유도 기전력은 자기력선속의 변화를 방해하는 방향으로 발생하므로 코일을 통과하는 자기력선속이 증가하는 동안에는 (−), 감소하는 동안에는 (+)가 된다. $\frac{T}{4}$, $\frac{3}{4}T$ 일 때 유도 전류의 방향이 반대이므로 가장 적절한 그래프는 ③ 이다. 이때 자기력선속의 시간적 변화율이 일정하지 않으므로 ⑤ 과 같은 그래프는 될 수가 없다.

04. 답 (1) 6×10^{-5} (2) 3×10^{-5} (3) 1.2×10^{-4}

해설 (1) 자기장의 방향과 정사각형 도선 면의 법선과 이루는 각 $\theta = 0°$ 이므로 도선을 통과하는 자기력선속은 다음과 같다.

$\Phi_1 = BA\cos\theta = 0.15 \times (0.02 \times 0.02) \times 1 = 6 \times 10^{-5}\ (\mathrm{T \cdot m^2})$

(2) 자기장의 방향과 정사각형 도선 면의 법선과 이루는 각 $\theta =$

60° 이므로 도선을 통과하는 자기력선속은 다음과 같다.

$$\Phi_2 = 0.15 \times (0.02 \times 0.02) \times \frac{1}{2} = 3 \times 10^{-5}\ (\text{T}\cdot\text{m}^2)$$

(3) 시간 변화 Δt 동안 코일을 통과하는 자기력선속이 $\Delta\Phi$ 만큼 변할 때 유도 기전력의 크기는 다음과 같다.

$$V = \frac{\Delta\Phi}{\Delta t} = \frac{(6 \times 10^{-5}) - (3 \times 10^{-5})}{0.25} = 1.2 \times 10^{-4}\ (\text{V})$$

[유형18-3] 답 (1) ㉠ (2) 0.3 (3) 0.3

해설 (1) 플레밍의 오른손 법칙을 적용하면(엄지 : 운동 방향, 검지 : 자기장 방향, 중지 : 유도 전류 방향) 도체 막대 PQ에는 Q ⇨ P 방향으로 유도 전류가 흐른다. 따라서 ㄷ자 도선에는 P ⇨ 저항 ⇨ Q 방향으로 전류가 흐른다.

(2) 일정한 자기장 $B = 5$ (T) 영역에서 등속도 $v = 3$ (m/s) 로 길이가 $l = 0.2$ (m)인 막대를 자기장 방향과 수직 방향으로 이동시킬 때 도선에는 유도 기전력 $V = Blv$ 가 발생한다.

$$V = Blv = 5 \times 0.2 \times 3 = 3\ (\text{V})$$

따라서 도선에 유도된 전류 I 는

$$V = IR \ ⇨\ I = \frac{V}{R} = \frac{3}{10} = 0.3\ (\text{A})$$ 이다.

(3) 도체 막대 PQ 가 운동하기 위해서는 유도 전류에 의한 자기력만큼 힘을 가해야 한다. 즉, 도체 막대를 운동시키는 데 필요한 힘의 크기는 도체 막대에 발생하는 힘(자기력)의 크기와 같다.

$$F = BIl = 5 \times 0.3 \times 0.2 = 0.3\ (\text{N})$$

05. 답 ⑤

해설 ㄱ. 도선 P 와 Q 는 모두 수직으로 들어가는 방향의 자기력선속이 증가하므로 반시계 방향으로 유도 전류가 흐른다.

ㄴ. 자기력은 자기력선속의 변화를 방해하는 방향 또는 도선의 운동을 방해하는 방향으로 작용하므로 각 도선이 받는 자기력의 방향은 P 는 $-x$ 방향, Q 는 $+x$ 방향, R은 $+y$ 방향이다.

ㄷ. 정사각형 한 변의 길이를 a 라고 하면, 도선 P, Q, R 에 발생하는 유도 기전력의 크기는 모두 Bav 이다.

06. 답 ①

해설 ㄱ, ㄴ. 플레밍 오른손 법칙에 의해 유도 전류는 위에서 봤을 때 반시계 방향으로 흐른다(A ⇨ R ⇨ B). 따라서 도체 막대에서 전위는 D 가 C 보다 높다.

ㄷ. ㄷ 자 도선과 금속 막대가 이루는 자기장 영역 속 사각형을 통과하는 자기력선속이 변하면 유도 기전력이 발생한다. 따라서 ㄷ자 도선이 자기장 영역 밖에 놓여 있어도 유도 전류는 흐른다.

[유형18-4] 답 ②

해설 ㄱ. 이상적인 변압기이므로 에너지 손실 없이 1 차 코일(N_1, V_1)에 공급되는 전기 에너지가 2 차 코일(N_2, V_2)에 전부 전달되므로 1 차 코일에 공급되는 전력과 2 차 코일에 유도되는 전력이 같다.

$$\frac{V_1}{N_1} = \frac{V_2}{N_2} \ ⇨\ N_1 > N_2 \text{ 이면, } V_1 > V_2 \text{ 이다.}$$

ㄴ. $\frac{I_1}{I_2} = \frac{V_2}{V_1} = \frac{N_2}{N_1}$이므로, $V_2 = \frac{N_2}{N_1} V_1$ 이다.

$\therefore I_2 = \frac{V_2}{R} = \frac{1}{R}\frac{N_2}{N_1} V_1$ ⇨ V_1 이 증가하면 저항 R 에 흐르는 전류가 증가한다.

ㄷ. $I_1 = \frac{N_2}{N_1} I_2 = \frac{N_2}{N_1}\left(\frac{V_1}{R}\frac{N_2}{N_1}\right) = \frac{N_2^2 V_1}{N_1^2 R}$ 이다.

07. 답 ②

해설 ㄱ, ㄷ. 스위치를 여는 순간 코일에 전지의 기전력과 같은 방향의 유도 기전력이 발생하기 때문에 전류의 세기는 바로 0 이 되지 않는다.

ㄴ. 스위치를 여는 순간 코일에 흐르는 전류가 감소하면 전류에 의한 자기장이 감소한다. 따라서 자기장 감소를 방해하기 위한 방향으로 유도 기전력이 발생한다.

08. 답 ⑤

해설 ㄱ. 0.3 초 전에는 1 차 코일에 흐르는 전류에 의한 자기장의 방향은 오른쪽이고 전류의 세기가 감소하므로 자기장의 세기도 감소한다. 따라서 2 차 코일에는 이를 방해하기 위해 오른쪽 방향으로 유도 자기장을 만든다. 따라서 유도 전류의 방향은 B ⇨ 검류계 ⇨ A 방향이다.

ㄴ. 유도 기전력의 세기는 1 차 코일에 흐르는 전류의 시간적 변화율에 비례한다. 즉, 전류-시간 그래프에서 기울기가 클수록 유도 기전력의 세기가 세다. 따라서 2 차 코일에 발생하는 유도 기전력의 세기는 0.1 초일 때가 0.4 초일 때보다 세다.

ㄷ. 1 차 코일에 의한 자기장의 방향은 일정하지만 0.3 초 전에는 전류의 세기가 감소하고, 후에는 전류의 세기가 증가하므로 0.3 초 전후로 유도 기전력의 방향이 바뀐다.

창의력 & 토론마당 138 ~ 141 쪽

01 〈해설 참조〉

해설 그림과 같이 ㄴ 자 모양이 이동하는 시간에 따라 그래프는 다음과 같다.

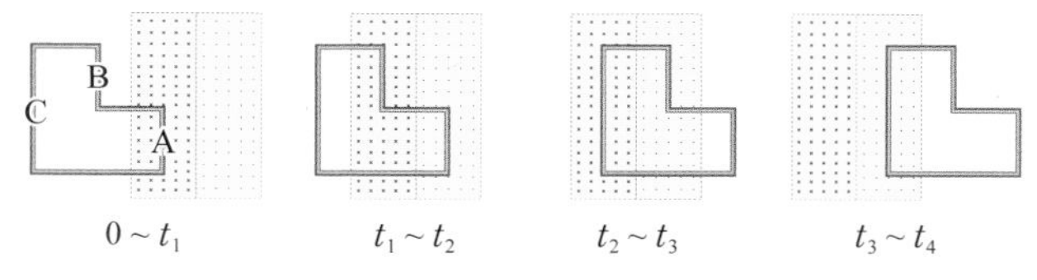

$0 \sim t_1$ 일 때 : ㄴ 자 도선의 맨 오른쪽 부분인 A 가 자기장 영역 Ⅰ 을 통과하면 도선을 통과하는 지면으로 들어가는 방향의 자기력선속이 증가하므로 유도 전류 I 는 반시계 방향으로 흐른다. 이때 유도 전류의 세기는 유도 기전력에 비례한다. A 부분의 길이가 L 이고 자기장 세기가 B, 이동 속도가 v 일 때, ⇨ 전체 기전력은 BLv 이다.

$t_1 \sim t_2$ 일 때 : A 는 자기장 영역 Ⅱ 로 입사하면서 지면에서 수직으로 나오는 방향의 자기력선속이 증가하므로 이때 유도 전류의 방향은 시계 방향이고, 그 세기를 I_1 이라고 하자. 반면에 ㄴ자 도선에서 자기장 영역 Ⅰ 을 벗어나는 부분 A 는 지면으로 들어가는 방향의 자기력선속이 감소하므로 유도 전류의 방향은 시계 방향

이고, 그 세기를 I_2 라고 하자.

한 변의 길이가 $2L$(면적 $2L^2$)인 왼쪽 부분 B 는 지면으로 들어가는 방향의 자기력선속이 증가하므로 유도 전류는 반시계 방향으로 흐르고, 그 세기를 I_3 라고 하자.

$$\therefore I_1 + I_2 + I_3 = -I - I + 2I = 0$$

⇨ A 부분에는 아랫 방향으로 크기가 BLv 인 기전력이 발생하고, B 부분에는 윗방향으로 크기가 BLv 인 기전력이 발생하므로 전체 기전력은 0 이다.

$t_2 \sim t_3$ 일 때 : A 는 자기장 영역 II 를 벗어나면서 지면에서 수직으로 나오는 방향의 자기력선속이 감소하므로 이때 유도 전류의 방향은 반시계 방향이고, 그 세기를 I_4 이라고 하자. C 는 자기장 영역 II 로 입사하면서 지면에서 수직으로 나오는 방향의 자기력선속이 증가하므로 유도 전류는 시계 방향으로 흐르고, 그 세기를 I_5 라고 하자. 또한 B는 지면으로 들어가는 방향의 자기력선속이 감소하므로 유도 전류의 방향은 시계 방향이고, 그 세기를 I_6 라고 하자.

$$\therefore I_4 + I_5 + I_6 = I - 2I - 2I = -3I$$

⇨ B 부분에는 아랫 방향으로 크기가 BLv 인 기전력이 발생하고, C 부분에는 윗방향으로 크기가 $2BLv$ 인 기전력이 발생하므로 전체 기전력은 $3BLv$ 이다.

$t_3 \sim t_4$ 일 때 : C 가 자기장 영역 II 를 벗어나면서 지면에서 수직으로 나오는 방향의 자기력선속이 감소하므로 이때 유도 전류의 방향은 반시계 방향이고, 그 세기를 I_7 이라고 하자.

$$\therefore I_7 = 2I$$

⇨ C 부분에는 아랫 방향으로 크기가 $2BLv$ 인 기전력이 발생하므로 전체 기전력은 $2BLv$ 이다.

따라서 도선에 흐르는 시간에 따른 유도 전류 그래프는 다음과 같다.

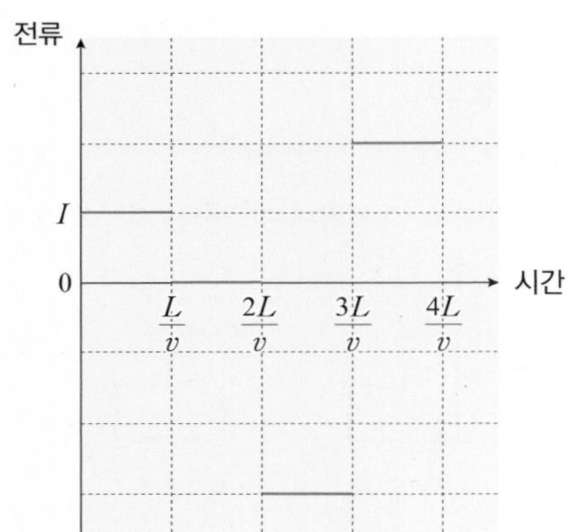

02 (1) 〈해설 참조〉 (2) $v_P = \frac{\sqrt{2gh}}{5}$, $v_Q = \frac{\sqrt{8gh}}{5}$

해설 (1) 높이 h 에 있던 막대 P 가 지면 b 에 도달했을 때 막대 P 의 속력 v 는 역학적 에너지 보존에 의해 다음과 같다.

$$mgh = \frac{1}{2}mv^2 \Rightarrow v = \sqrt{2gh}$$

즉, 도체 막대 P 가 속력 $\sqrt{2gh}$ 로 지면에 도달하여 자기장 영역에 들어서는 순간 도체 막대 P의 속력이 가장 빠르고, 이후로 유도 전류에 작용하는 자기력에 의해 속력이 점점 느려진다. 막대 P 가 지면에 도달한 순간 부터 정지해 있던 도체 막대 Q 는 움직이기 시작하며, 속력은 점점 빨라진다. 레일과 도체 막대가 이루는 면적을 통과하는 자기력선속이 변하지 않게 되면 각각의 속력이 v_P, v_Q 로 일정해지고 더이상 유도 전류가 흐르지 않는다. 이때 전류가 흐르는 도선의 전체 저항을 R, 구간 ac 에서 레일 사이의 폭을 L 이라고 하면,

$$\frac{BLv_P}{R} = \frac{B\frac{L}{2}v_Q}{R} \Rightarrow 2v_P = v_Q \text{가 된다.}$$

따라서 도체 막대 P, Q 에 흐르는 유도 전류의 세기는 같으며, 유도 전류의 세기를 시간에 따라 나타낸 것이 왼쪽 그래프이다.

도체 막대 P 가 지면에 도달하는 순간부터 도체 막대 P 와 Q 의 속력을 시간에 따라 각각 나타낸 것은 오른쪽 그래프이다.

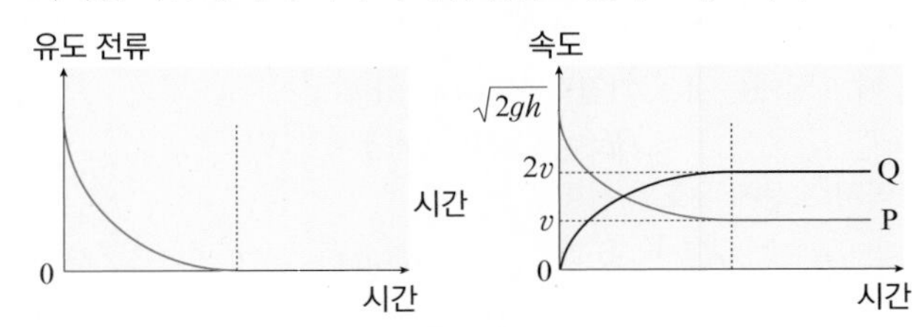

(2) 도체 막대 P, Q 의 속력의 변화량 Δv_P, Δv_Q 는 각각 다음 그림과 같다.

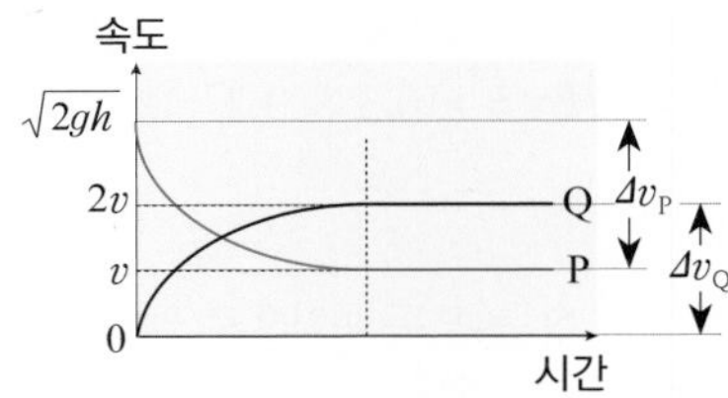

운동하는 동안 도체 막대 P 와 Q 에 작용하는 힘 F_P, F_Q 는

$$F_P = BIL,\ F_Q = \frac{BIL}{2} \Rightarrow F_P = 2F_Q \text{이다.}$$

도체 막대 P 에 작용하는 힘이 도체 막대 Q 에 작용하는 힘의 2 배이므로, 속력 변화량도 2 배가 된다. 즉, $\Delta v_P = 2\Delta v_Q = 4v$ ($\because \Delta v_Q = 2v$)이므로,

$$\sqrt{2gh} - \Delta v_P = v \Rightarrow \sqrt{2gh} - 4v = v \text{ 이다.}$$

따라서 도체 막대 P 와 Q 의 최종 속력은 각각 다음과 같다.

$$v_P = v = \frac{\sqrt{2gh}}{5},\ v_Q = 2v = \frac{2\sqrt{2gh}}{5} = \frac{\sqrt{8gh}}{5}$$

03 (1) $\frac{Ba^2\omega}{2}\left(\frac{1}{R_1} + \frac{1}{R_2}\right)$ (2) $\frac{B^2a^4\omega}{4r}\left(\frac{1}{R_1} + \frac{1}{R_2}\right)$

해설

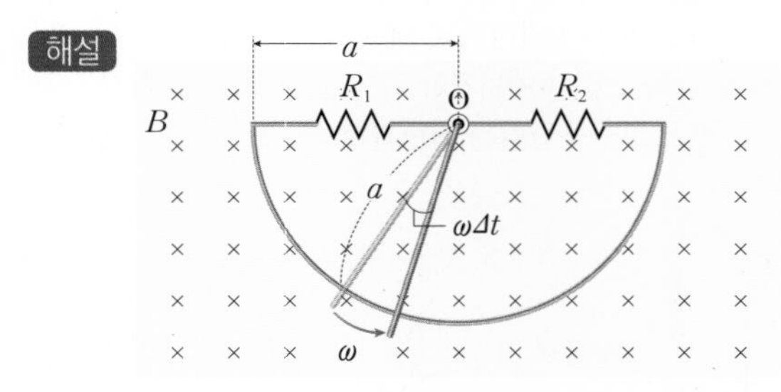

(1) 도체 막대가 Δt 동안 각도 $\omega\Delta t$ 만큼 회전한다($\theta = \omega t$). 이때 호

의 길이 $l = a\Delta\theta = a\omega\Delta t$ 이고, 부채꼴의 넓이 $S = \frac{1}{2}al = \frac{1}{2}a^2\omega\Delta t$ 가 된다. 이는 도체 막대가 그리는 넓이가 Δt 동안 $\frac{1}{2}a^2\omega\Delta t$ 만큼 증가한 것을 의미한다. 이 부채꼴 넓이를 지나는 자기력선속의 변화량 $\Delta\Phi = B\Delta S = \frac{1}{2}Ba^2\omega\Delta t$ 이므로, 패러데이 유도 법칙에 의해 유도 기전력 $|V| = \frac{\Delta\Phi}{\Delta t} = \frac{1}{2}Ba^2\omega$ 이다.

저항 R_1 을 지나는 전류를 I_1, 저항 R_2 를 지나는 전류를 I_2 라고 하면 다음 그림과 같다.

$$\therefore I_1 = \frac{Ba^2\omega}{2R_1},\ I_2 = \frac{Ba^2\omega}{2R_2} \Rightarrow I = I_1 + I_2 = \frac{Ba^2\omega}{2}\left(\frac{1}{R_1} + \frac{1}{R_2}\right)$$

(2) 도체 막대를 일정한 각속도로 회전시키기 위해서는 자기장이 셀수록, 전류가 많이 흐를수록, 반원 모양의 도선의 반지름이 길수록 더 많은 힘이 필요하다.

$$rF = \frac{a}{2}\frac{B^2a^3\omega}{2}\left(\frac{1}{R_1} + \frac{1}{R_2}\right) \Rightarrow F = \frac{1}{r}\frac{B^2a^4\omega}{4}\left(\frac{1}{R_1} + \frac{1}{R_2}\right)$$

04 0.12 A

해설 A 와 B 사이의 거리가 2 m 가 되면 마름모의 중심과 잡아당긴 부분 사이의 거리는 그림과 같이 $\sqrt{3}$ 이 된다.

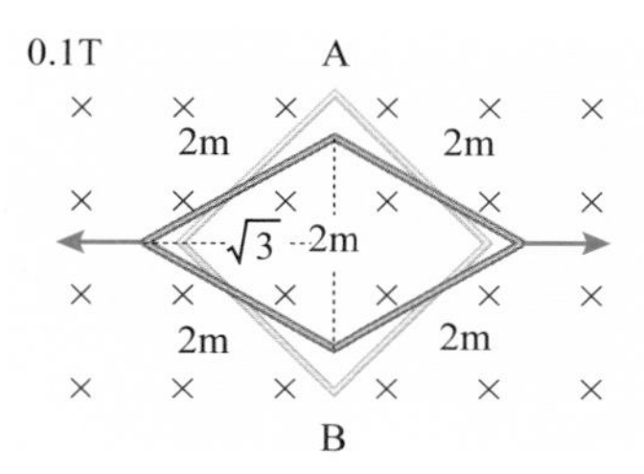

따라서 잡아당긴 후 도선의 넓이 $S' = 2 \times \sqrt{3} = 3.4\ (\text{m}^2)$ 이다.
시간 변화 $\Delta t = 0.1$ (초) 동안 면적이 S 인 도선을 통과하는 자기력선속이 $\Delta\Phi$ 만큼 변할 때 유도 기전력의 크기는 다음과 같다.

$$V = \frac{\Delta\Phi}{\Delta t} = \frac{B\Delta S}{\Delta t}$$

양쪽에서 잡아당기기 전 정사각형 도선 고리의 넓이 $S = 4\ (\text{m}^2)$ 므로, 0.1 초 후 유도 기전력은 다음과 같다.

$$V = \frac{B\Delta S}{\Delta t} = \frac{0.1(4 - 3.4)}{0.1} = 0.6\ (\text{V})$$

$$\therefore I = \frac{V}{R} = \frac{0.6}{5} = 0.12\ (\text{A})$$

05 (가) $L_1 + L_2$ (나) $\frac{L_1L_2}{L_1 + L_2}$

해설 (가) 코일이 직렬 연결되어 있으므로 각 코일에 걸리는 전압을 V_1, V_2 라고 하면, $V = V_1 + V_2$ 이고, 두 코일을 지나는 전류의 시간적 변화율 $\frac{\Delta I}{\Delta t}$ 는 같다.

$$V = V_1 + V_2 = -L_1\frac{\Delta I}{\Delta t} - L_2\frac{\Delta I}{\Delta t} = -(L_1 + L_2)\frac{\Delta I}{\Delta t}$$

$$\therefore L = L_1 + L_2$$

(나) 코일이 병렬 연결되어 있으므로 각 코일의 양단에 걸리는 전압은 같고, 각 코일에 흐르는 전류를 I_1, I_2 라고 하면, 전체 전류 $I = I_1 + I_2$ 이다.

$$V = -L\frac{\Delta I}{\Delta t} = -L_1\frac{\Delta I_1}{\Delta t} = -L_2\frac{\Delta I_2}{\Delta t}$$

$$\Rightarrow \frac{V}{L} = -\frac{\Delta I}{\Delta t},\ \frac{V}{L_1} = -\frac{\Delta I_1}{\Delta t},\ \frac{V}{L_2} = -\frac{\Delta I_2}{\Delta t}$$

$$\frac{\Delta I}{\Delta t} = \frac{\Delta I_1}{\Delta t} + \frac{\Delta I_2}{\Delta t} \quad \therefore \frac{1}{L} = \frac{1}{L_1} + \frac{1}{L_2} \Rightarrow L = \frac{L_1L_2}{L_1 + L_2}$$

스스로 실력 높이기 142 ~ 149 쪽

01. ㉠ $-z$ ㉡ $\pi r^2 I$
02. 2×10^{-4}
03. ㉠ 아래 ㉡ $\frac{e\pi r^2}{T}$
04. ②
05. ⑤
06. a
07. ④
08. 1.5
09. 자체 유도
10. 2
11. $I(b^2 - a^2)$
12. ⑤
13. ④
14. (1) 1 : 4 (2) 1 : 2 (3) 2 : 1
15. ②
16. (1) 8 (2) 6.4×10^{-4} (3) 0.016
17. 7.9×10^{-6}
18. (1) 880 (2) 0.02
19. 1.4
20. ⑤
21. 5Ω : 0.19, 1Ω : 2.06, 3Ω : 1.87
22. ㉠ 2 ㉡ 4
23. ①
24. ④
25. 10^{-4}
26. ㉠ 20 ㉡ 0.3
27. ㉠ 7.5 ㉡ 52.5
28. (1) R (2) P, Q
29. (1) $\frac{B^2l^2v}{R}\cot\theta\cos\theta$ (2) $\frac{B^2l^2v}{R}\cot\theta$
30. 〈해설 참조〉
31. $\frac{2BL^2\cos\theta\sin\theta}{Rt}$
32. 〈해설 참조〉

01. **답** ㉠ $-z$ ㉡ $\pi r^2 I$

해설 원형 도선을 따라 전류가 흐르는 전류 고리에서 자기 모멘트의 방향은 오른손의 네 손가락을 전류의 방향으로 감아쥐었을 때 엄지 손가락의 방향인 $-z$ 방향이다. 이때 원형 고리의 면적 $A = \pi r^2$ 이므로, 자기 모멘트의 크기 $\mu = AI = \pi r^2 I$ 이다.

02. 답 2×10^{-4}

해설 자기 모멘트의 크기 $\mu = IA = 0.1 \times (0.05 \times 0.08) = 4 \times 10^{-4}$ $(A \cdot m^2)$이고, 방향은 $-x$ 방향이다. 따라서 자기 모멘트와 자기장이 이루는 각이 90° 이므로 고리에 작용하는 돌림힘의 크기는 다음과 같다.

$$\tau = \mu B = (4 \times 10^{-4}) \times 0.5 = 2 \times 10^{-4}\ (N \cdot m)$$

03. 답 ㉠ 아래 ㉡ $\frac{e\pi r^2}{T}$

해설 전자의 궤도 운동에 의한 자기 모멘트의 방향은 다음과 같다.

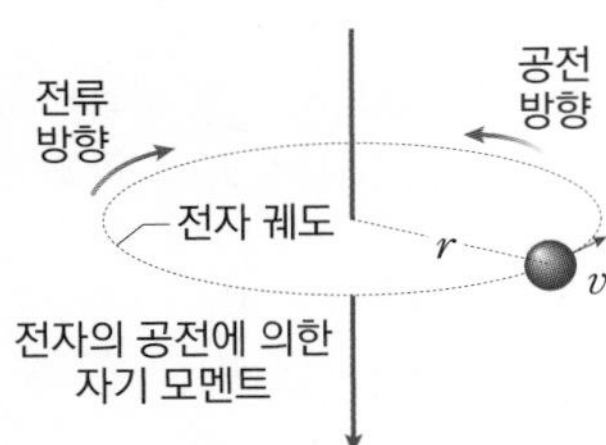

전자가 반지름이 r 인 원궤도를 따라 일정한 속력 v 로 원운동하고 있다면, 전자의 운동 방향과 반대 방향으로 전류 I 가 흐르는 것과 같다. 전자의 전하량이 e, 회전 주기가 T 라면, $I = \frac{e}{T}$ 이고, 면적 $A = \pi r^2$ 이므로, 전자의 궤도 운동에 의한 자기 모멘트의 크기는 다음과 같다.

$$\mu = IA = I\pi r^2 = \frac{e\pi r^2}{T}$$

04. 답 ②

해설 ㄱ. 자석과 코일의 상대적인 운동 속력이 빠를수록 유도 전류의 세기가 세진다.
ㄴ. 코일의 감은 수가 많을수록 유도 전류가 세진다.
ㄷ. 자석의 극을 바꾸는 경우 유도 전류가 흐르는 방향만 변한다.
ㄹ. 자기력이 센 자석일수록 자기력선수가 많으므로 자기력선속의 변화량이 커진다. 따라서 유도 전류가 세진다.

05. 답 ⑤

해설 시계 방향으로 전류가 흐를 때, 철심과 금속 고리 내부에서 오른쪽 방향의 자기력선속이 생긴다. 이때 금속 고리에 코일과 반대 방향으로 유도 전류가 흐르므로 코일과 금속 고리 사이에 척력이 작용하여 금속 고리는 코일 반대쪽인 오른쪽으로 이동한다.

06. 답 a

해설 ㄷ 자 도선의 각 지점을 c, d로 정하면 다음 그림과 같다.

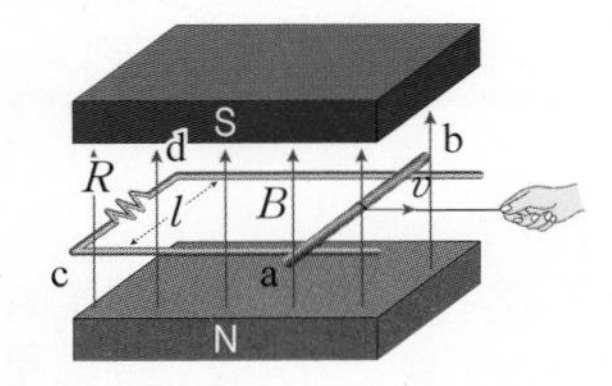

금속 막대를 오른쪽으로 끌어당겼으므로 위에서 봤을 때 시계 방향으로 유도 전류가 흐른다. 즉 전류는 c ⇨ R ⇨ d 로 흐르고, 저항을 통과할 때 전위는 낮아지므로 전위는 c 가 d 보다 높다. 따라서 c 와 전위가 같은 a 가 d 와 전위가 같은 b 보다 전위가 높다.

07. 답 ④

해설 도선에 발생하는 유도 기전력 $V = Blv$ 이므로, 도선에 흐르는 전류 $I = \frac{V}{R} = \frac{Blv}{R}$ 이다. 따라서 자기장의 세기 B 와 도선의 폭 l, 금속 막대 ab 의 운동 속도 v 가 일정하므로, 전류의 세기 I 는 시간에 따라 일정하다.

08. 답 1.5

해설 코일에 흐르는 전류가 변하면 자체 유도 현상이 발생한다. 자체 유도 기전력은 전류의 시간적 변화율($\frac{\Delta I}{\Delta t}$)에 비례한다.

$$|V| = L\frac{\Delta I}{\Delta t} \Rightarrow L = |V| \times \frac{\Delta t}{\Delta I} = 6 \times \frac{0.1}{0.6 - 0.2} = 1.5\ (H)$$

09. 답 자체 유도

해설 전류가 흐르고 있는 회로의 스위치를 여는 순간 전류가 감소하여 자기장이 빠르게 감소한다. 이러한 자기장의 변화를 방해하는 방향으로 유도 기전력이 발생하고 이로 인하여 접점 사이에서 불꽃 방전이 일어날 수 있다.

10. 답 2

해설 1 차 코일에 의해 2 차 코일에 발생하는 상호 유도 기전력의 크기는 1 차 코일에 흐르는 전류의 시간적 변화율에 비례한다.

$$|V| = M\frac{\Delta I_1}{\Delta t} = 0.5 \times \frac{0.4}{0.1} = 2\ (V)$$

11. 답 $I(b^2 - a^2)$

해설 한 변의 길이가 a 인 정사각형에 의한 자기 쌍극자 모멘트는 지면에 수직으로 들어가는 방향으로 $\mu_a = Ia^2$ 이고, 한 변의 길이가 b 인 정사각형에 의한 자기 쌍극자 모멘트는 지면으로 나오는 방향으로 $\mu_b = Ib^2$ 이다. 이때 자기 모멘트의 세기는 면적이 넓을수록 세므로 두 도선에 의한 자기 쌍극자 모멘트의 크기 $\mu = I(b^2 - a^2)$ 이고, 방향은 지면으로 나오는 방향이다.

12. 답 ⑤

해설 ㄱ. 전류 고리를 따라 흐르는 전류에 의해 만들어진 자기장의 모양은 N 극과 S 극으로 이루어진 자기 쌍극자와 같으므로 전류 고리도 자기 쌍극자이다.
ㄴ. 전류 고리가 만드는 자기장의 방향과 자기 모멘트의 방향은 같으며, 전류 고리에는 자기 모멘트의 방향과 자기장의 방향이 같도록 돌림힘이 작용한다.
ㄷ. 자기 모멘트는 전류의 세기와 고리의 면적에 비례한다.

13. 답 ④

해설 ㄱ, ㄴ. 자기장 속에 놓인 물체에 자기 모멘트가 나타나는 성질을 자성이라고 한다. 원자가 가지는 자기 모멘트는 주로 전자나 원자핵의 스핀, 전자가 원자핵 주위를 회전하는 공전에 의해 나타난다. 하지만 원자핵의 스핀에 의한 자기 모멘트의 크기는 전자의 스핀에 의한 자기 모멘트의 약 $\frac{1}{2000}$ 정도로 매우 작아 큰 영향을 주지는 못한다.

ㄷ. 대부분의 물질은 바깥으로 나타나는 자기 모멘트가 매우 작다. 이 중 반자성체 원자들은 자기 모멘트의 방향이 반대인 전자를 쌍으로 가지고 있기 때문에 자기 모멘트가 모두 상쇄되어 외부적으로 자기 모멘트를 가지지 않는다.

14. **답** (1) 1 : 4 (2) 1 : 2 (3) 2 : 1

해설 (1) 페러데이 전자기 유도 법칙에 의해 유도 기전력은 다음과 같다.

$$V = -N\frac{\Delta\Phi}{\Delta t} = -N\frac{S\Delta B}{\Delta t}$$

즉, 시간에 따른 자기장의 변화율$\left(\frac{\Delta B}{\Delta t}\right)$이 같을 경우, 유도 기전력의 크기는 면적 S 에 비례한다. 반지름이 r 인 원형 도선 A 의 넓이 $S_A = \pi r^2$, 반지름이 $2r$ 인 원형 도선 B 의 넓이 $S_B = \pi(2r)^2 = 4\pi r^2$ 이므로, 유도 기전력의 크기 비 $V_A : V_B = 1 : 4$ 이다.

(2) 같은 종류의 물질로 이루어진 저항체일 때 저항체의 길이가 길수록 전기 저항은 커진다. 두 원형 도선의 저항 비 $R_A : R_B = 2\pi r : 2\pi(2r) = 1 : 2$ 이다.

$$\therefore I_A : I_B = \frac{V_A}{R_A} : \frac{V_B}{R_B} = \frac{1}{1} : \frac{4}{2} = 1 : 2$$

(3) 같은 도선일 때, 유도되는 유도 전류의 세기는 유도 기전력의 세기비와 같다.

0 ~ t 초 동안 자기장의 세기가 B 만큼 변했다면, t ~ $3t$ 동안 자기장의 세기도 B 만큼 변하였다. 유도 기전력은 자기력선속의 시간적 변화율에 비례하므로, 같은 세기의 자기장이 변하는 데 걸린 시간이 2 배가 되면 유도 기전력의 세기는 $\frac{1}{2}$ 이 된다. 따라서 유도 전류의 세기 비는 2 : 1 이다.

15. **답** ②

해설 정사각형 도선이 각각 P, Q, R 위치에 있을 때 유도되는 전류의 방향은 다음 그림과 같다.

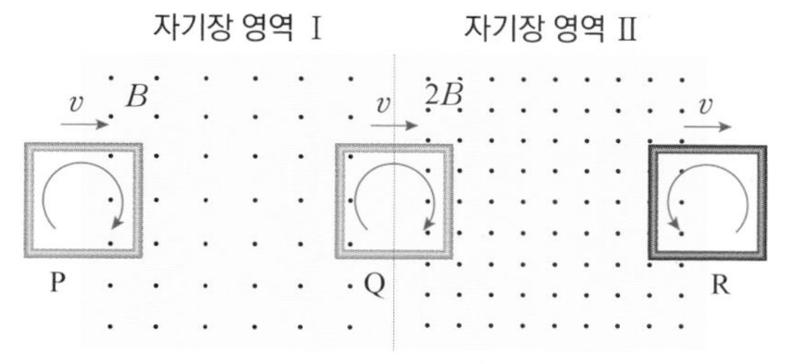

P, Q, R 위치에서 자기력선속은 각각 B, B, $2B$ 만큼 변하였으므로, 유도 전류의 세기비 $I_P : I_Q : I_R = 1 : 1 : 2$ 이다. 이때 코일에 작용하는 전자기력의 세기는 자기장의 세기와 전류의 세기에 비례한다. 따라서 전자기력의 크기 비 $F_P : F_Q : F_R = 1 : 1 : 4$ 이다.

16. **답** (1) 8 (2) 6.4×10^{-4} (3) 0.016

해설 (1) 코일의 단면적 $A = 0.04^2 = 1.6 \times 10^{-3}\,(\mathrm{m}^2)$ 이고, 단면적 A 를 통과하는 자기력선속 $\Phi = BA = 0.5 \times (1.6 \times 10^{-3}) = 8 \times 10^{-4}\,(\mathrm{Wb})$ 이다.

$$V = -N\frac{\Delta\Phi}{\Delta t} = -100 \times \frac{0-(8 \times 10^{-4})}{0.1} = 0.8\,(\mathrm{V})$$

$$\therefore I = \frac{V}{R} = \frac{0.8}{100} = 8 \times 10^{-3}\,(\mathrm{A}) = 8\,(\mathrm{mA})$$

이때 유도 전류의 방향은 시계 방향이다.

(2) 코일에서 소비되는 전체 에너지는

$$E = Pt = I^2Rt = (8 \times 10^{-3})^2 \times 100 \times 0.1 = 6.4 \times 10^{-4}\,(\mathrm{J})$$

(3) 코일에서 소비된 에너지는 자기장 내에서 코일을 끌어내기 위해 한 일 W 와 같다.

$$\therefore W = Fs \Rightarrow F = \frac{W}{s} = \frac{6.4 \times 10^{-4}}{0.04} = 0.016\,(\mathrm{N})$$

17. **답** 7.9×10^{-6}

해설 단면적 S, 길이 l, 감은 수 N 인 솔레노이드에 전류 I 가 흐르면 투자율이 μ 인 공기로 채워져 있는 솔레노이드 내부의 자기장 B 는 다음과 같다.

$$B = \mu\frac{N}{l}I$$

따라서 자체 유도 계수 L 은 다음과 같다.

$$L = \frac{N(BS)}{I} = \frac{N(\mu\frac{N}{l}IS)}{I} = \frac{\mu N^2 S}{l}$$

$$= \frac{(4\pi \times 10^{-7})(100)^2(0.5 \times 10^{-4})}{8 \times 10^{-2}} \fallingdotseq 7.9 \times 10^{-6}\,(\mathrm{H}) = 7.9\,(\mu\mathrm{H})$$

18. **답** (1) 880 (2) 0.02

해설 (1) 에너지 손실 없이 1 차 코일(N_1, V_1)에 공급되는 전기 에너지가 2 차 코일(N_2, V_2)에 전부 전달되므로 1 차 코일에 공급되는 전력과 2 차 코일에 유도되는 전력이 같다.

$$\frac{V_1}{N_1} = \frac{V_2}{N_2} \Rightarrow N_1 = N_2\frac{V_1}{V_2} = 20 \times \frac{220}{5} = 880\,(\text{회})$$

(2) 1 차 코일의 전류는

$$\frac{I_1}{I_2} = \frac{N_2}{N_1} \Rightarrow I_1 = I_2\frac{N_2}{N_1} = 1 \times \frac{20}{880} \fallingdotseq 0.02\,(\mathrm{A})\text{ 이다.}$$

19. **답** 1.4

해설 직사각형 도선에 전류가 흐르고 있으므로 자기 모멘트에 의한 돌림힘이 발생한다. 이때 도선이 회전하지 않기 위해서는 자기 모멘트에 의한 돌림힘과 추의 중력에 의한 돌림힘이 평형을 이루어야 한다. 추는 도선의 중심축 P 로부터 $d = 5$ cm 떨어져 있으므로 추의 중력에 의한 돌림힘 $\tau_{\text{추}}$ 는

$$\tau_{\text{추}} = F \cdot d = mg \cdot d = 0.1 \times 9.8 \times 0.05 = 0.049\,(\mathrm{N \cdot m})\text{ 이다.}$$

자기 모멘트에 의한 돌림힘 $\tau_{\text{자기}}$ 는

$$\tau_{\text{자기}} = \mu B = IAB = 1.4 \times (0.25 \times 0.1) \times B = 0.035B\text{ 이다.}$$

$$\therefore 0.049 = 0.035B \Rightarrow B = 1.4\,(\mathrm{T})$$

20. **답** ⑤

해설 ㄱ. 코일과 N 극이 가까워지면 위쪽 코일에는 N 극이 유도된다. 반면에 코일이 S 극과 멀어지면 코일의 아래쪽에 N 극이 유도된다. 따라서 유도 전류의 방향은 반대이다.

ㄴ. 유도 전류의 세기는 유도 기전력의 세기에 비례하므로 t_2 일 때 코일에 흐르는 유도 전류의 세기는 가장 작다.

ㄷ. 코일이 길어지면 코일에 진입한 후 완전히 통과하기까지 시간이 길어지므로 t_1 ~ t_3 사이의 간격이 더 커진다.

21. 답 5 Ω : 0.19, 1 Ω : 2.06, 3 Ω : 1.87

해설 회로 ABCD 안의 자기장 영역에서 지면으로 들어가는 방향의 자기장이 증가하므로 유도 전류는 반시계 방향으로 흐르고, 회로 CDEF 에서는 자기장 영역에서 지면으로 나오는 방향의 자기장이 증가하므로 유도 전류는 시계 방향으로 흐르므로 다음 그림과 같다.

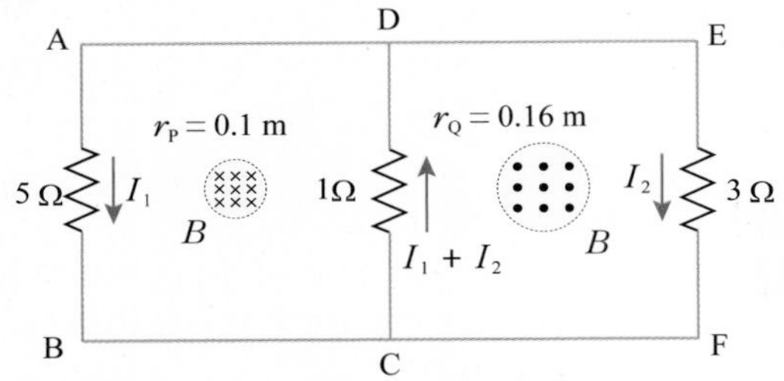

5 Ω, 3 Ω에 흐르는 전류를 각각 I_1, I_2 라고 하면, 1 Ω 에 흐르는 전류는 $I_1 + I_2$ 가 된다(키르히호프 제 1 법칙).

각각의 자기장 영역에서 100 T/s 의 일정한 비율로 자기장이 증가하므로, 이때 발생하는 유도 기전력은 각각 다음과 같다.

$$V_P = \frac{\Delta\Phi}{\Delta t} = \frac{S\Delta B}{\Delta t} = \pi(0.1)^2 \times 100 = 3\ (\text{V})$$

$$V_Q = \pi(0.16)^2 \times 100 = 7.68\ (\text{V})$$

제 2 법칙 : 폐회로 ABCD 에서 $5I_1 + (I_1 + I_2) = 3$

폐회로 CDEF 에서 $(I_1 + I_2) + 3I_2 = 7.68$

$\therefore I_1 ≒ 0.19(\text{A}),\ I_2 ≒ 1.87\ (\text{A})$

따라서 5 Ω 에는 0.19 A, 1 Ω 에는 2.06 A, 3 Ω 에는 1.87 A 의 전류가 흐른다.

22. 답 ㉠ 2 ㉡ 4

해설 ㉠ 스위치를 닫고 충분한 시간이 흐른 뒤 회로에 흐르는 전류의 세기는 5 A 이다. 따라서 전류계의 내부 저항 $R = \frac{V}{I} = \frac{10}{5} = 2\ (\Omega)$ 이다.

㉡ 스위치를 닫는 순간 유도 기전력은 전지의 기전력과 같다.

$10 = L\frac{\Delta I}{\Delta t}$ ⇨ $\frac{\Delta I}{\Delta t}$ 는 시간 = 0 일 때 접선 기울기이다.

$$\therefore 10 = L\frac{5}{2},\quad L = 4\ (\text{H})$$

23. 답 ①

해설 ㄱ, ㄴ. 스위치를 닫고 충분한 시간이 흐른 뒤 (가) 의 회로에 흐르는 전류의 세기 $I_{(가)} = \frac{E}{R}$ 이고, (나) 의 회로에 흐르는 전류의 세기 $I_{(나)} = \frac{E}{2R}$ 이므로, $I_{(가)} = 2I_{(나)}$ 이다. 이는 스위치를 닫는 순간 전류와 반대 방향의 자체 유도 기전력이 생기기 때문이며, 전류값이 각각에 도달하기까지 걸린 시간은 자체 유도 계수에 따라 달라진다.

두 회로의 저항값이 같을 때, 자체 유도 계수는 (나) 가 (가) 의 2 배이므로 최대 전류값에 도달하는 데 걸리는 시간은 (나) 가 (가) 보다 길다.

ㄷ. 검류계의 바늘은 전류의 최대값에 도달하면, 코일 내부의 자기력선속의 변화가 없으므로 전자기 유도 현상이 나타나지 않아 일정하게 유지된다.

24. 답 ④

해설 ㄱ. 2 차 코일에 유도되는 전류의 세기는 1 차 코일에 흐르는 전류의 시간적 변화율에 비례한다. 즉, 전류-시간 그래프에서 그래프의 기울기가 클수록 유도 전류의 세기가 세다. 따라서 2 차 코일에 흐르는 유도 전류의 세기는 C 구간에서 최댓값을 갖는다.

ㄴ. B 구간에서 1 차 코일에 흐르는 전류의 세기가 최대이므로 1 차 코일 내부의 자기장도 최대이다.

ㄷ. C 구간은 1 차 코일에 흐르는 전류가 감소하는 구간이므로 자기력선속의 감소를 방해하는 방향으로 유도 자기장이 형성되어야 한다. 따라서 2 차 코일의 유도 전류의 방향은 Q ⇨ Ⓖ ⇨ P 이다.

25. 답 10^{-4}

해설 전류 I 가 흐르는 직선 도선에 의해 거리가 r 인 지점에 생기는 자기장의 세기 $B = k\frac{I}{r} = k\frac{15}{0.06} = 250k = 5 \times 10^{-5}$ (T)이다.

자기장 B 영역에서 속력 v 로 운동하는 길이가 l 인 도선에 발생하는 유도 기전력 $V = Blv$ 이므로, 도선에 흐르는 전류 I 는 다음과 같다.

$$I = \frac{V}{R} = \frac{Blv}{R} = \frac{(5 \times 10^{-5}) \times 0.4 \times 0.25}{0.05} = 10^{-4}\ (\text{A})$$

26. 답 ㉠ 20 ㉡ 0.3

해설 정사각형 도선이 자기장 영역에 등속도 v 로 들어가기 위해서는 도선에 작용하는 중력과 자기력이 평형을 이루어야 한다 ($mg = BIl$). 도선의 질량 $m = 5$ (g) = 0.005 (kg), 자기장의 세기 $B = 4$ (T), 도선의 길이 $l = 4$ (cm) = 0.04 (m) 이고, 속력 v 로 자기장 영역에 들어왔을 때 도선에 발생하는 유도 기전력 $V = Blv$ 이므로, 도선에 흐르는 전류 $I = \frac{V}{R} = \frac{Blv}{R}$ 이다(반시계 방향).

$$mg = BIl \ ⇨\ mg = B \cdot \frac{Blv}{R} \cdot l = \frac{B^2l^2v}{R}$$

$$v = \frac{mgR}{B^2l^2} = \frac{0.005 \times 9.8 \times 1}{(4 \times 0.04)^2} ≒ 1.9\ (\text{m/s})$$

자유 낙하한 거리 = $h - 2$ (cm) 이므로,

$$v^2 = 2gh' \ ⇨\ 1.9^2 = 2 \times 9.8 \times (h - 0.02)$$

$$0.18 = h - 0.02,\quad h = 0.2\ (\text{m}) = 20\ (\text{cm})$$

$$I = \frac{Blv}{R} = \frac{4 \times 0.04 \times 1.9}{1} ≒ 0.3\ (\text{A})$$

27. 답 ㉠ 7.5 ㉡ 52.5

해설 자기장 B 영역에서 속력 v 로 운동하는 길이가 l 인 도선에 발생하는 유도 기전력 $V = Blv = 3 \times 0.5 \times 7 = 10.5$ (V) 이다. 따라서저항 3 Ω, 7 Ω 에 흐르는 전류를 각각 I_3, I_7 라고 할 때, $I_3 = \frac{V}{R_3} = \frac{10.5}{3} = 3.5$ (A), $I_7 = \frac{V}{R_7} = \frac{10.5}{7} = 1.5$ (A) 이다.

㉠ 외부에서 가해야 하는 힘의 크기는 다음과 같다.

$$F = BIl = 3 \times (3.5 + 1.5) \times 0.5 = 7.5\ (\text{N})$$

㉡ 두 저항에서 소모되는 총 전력은 다음과 같다.

$$\frac{V^2}{R_3} + \frac{V^2}{R_7} = \frac{110.25}{3} + \frac{110.25}{7} = 52.5\ (\text{W})$$

28. 답 (1) R (2) P, Q

해설 (1) 금속 막대가 자기장 B 속에서 움직이는 경우 금속 막대 내의 자유 전자 e 도 금속 막대와 같은 방향으로 움직이게 된다. P ⇨ O 로 금속 막대가 속력 v 로 움직일 경우 자유 전자는 R ⇨ S 방향으로 자기력(로런츠 힘 $F = evB$)을 받아 R ⇨ S 방향으로 이동한다. 따라서 R점의 전위가 S점보다 높아지게 된다.
(2) 속력 $v = 0$ 이 되는 지점(P, Q)에서는 자기력도 0 이 되므로 RS 사이의 전위차도 0 이다. 반면에 금속 막대의 속력 v 는 O 지점을 통과할 때 가장 크다. 따라서 O 지점을 통과할 때 자유 전자에 작용하는 자기력이 가장 커지므로 RS 사이의 전위차도 가장 커진다.

29. **답** (1) $\dfrac{B^2l^2v}{R}\cot\theta\cos\theta$ (2) $\dfrac{B^2l^2v^2}{R}\cot\theta$

해설 (1) 금속 막대 PQ 에 작용하는 힘은 다음과 같다.

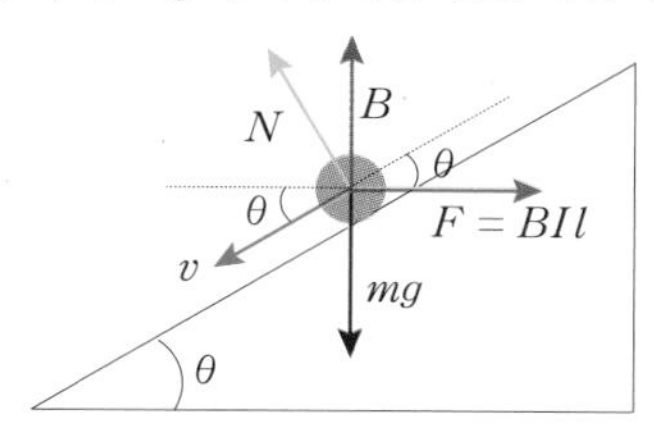

금속 막대는 미끄러지면서 폐곡면의 자기력선속이 감소하므로 Q ⇨ P 방향으로 유도 전류가 흐른다. 금속 막대가 움직이기 시작한 순간부터 빗면에 대한 중력의 수평 성분은 일정하지만, 자기력의 수평 성분이 증가하므로 알짜힘은 감소(가속도가 감소)하고, 속력이 점점 증가한 후 일정한 속력 v 에 도달한다.
회로에 유도되는 기전력 $V = Blv_{수직} = Blv\cos\theta$ 이므로, 유도 전류의 세기 I 는 다음과 같다.

$$I = \frac{V}{R} = \frac{Blv\cos\theta}{R}$$

(1) 금속 막대 PQ 가 등속 운동을 하므로 금속 막대 PQ 의 무게 (mg)는 다음과 같다.

$$BIl\cos\theta = mg\sin\theta \ ⇨ \ mg = BIl\frac{\cos\theta}{\sin\theta} = B\frac{Blv\cos\theta}{R}l\frac{\cos\theta}{\sin\theta} = \frac{B^2l^2v\cos^2\theta}{R\sin\theta} = \frac{B^2l^2v}{R}\cot\theta\cos\theta$$

(2) 빗면에 수직한 성분의 힘은 평형을 이룬다. 따라서 금속 막대 PQ 가 빗면으로부터 받는 수직 항력 N 은 다음과 같다.

$$N = BIl\sin\theta + mg\cos\theta = BIl\sin\theta + BIl\frac{\cos^2\theta}{\sin\theta} = \frac{BIl}{\sin\theta}$$
$$= B\frac{Blv\cos\theta}{R}l\frac{1}{\sin\theta} = \frac{B^2l^2v\cos\theta}{R\sin\theta} = \frac{B^2l^2v}{R}\cot\theta$$

30. **답** (1), (2) 〈해설 참조〉

해설 (1) 다음 그림과 같이 거리 L 만큼 떨어져 있는 무한히 긴 평행한 직선 도선 P 와 Q 에 세기가 같은 전류가 서로 반대 방향으로 흐르고 있을 경우 도선 P 에서 떨어진 거리 x 와 그 위치에서 자기장의 세기 B 의 그래프는 다음과 같다.

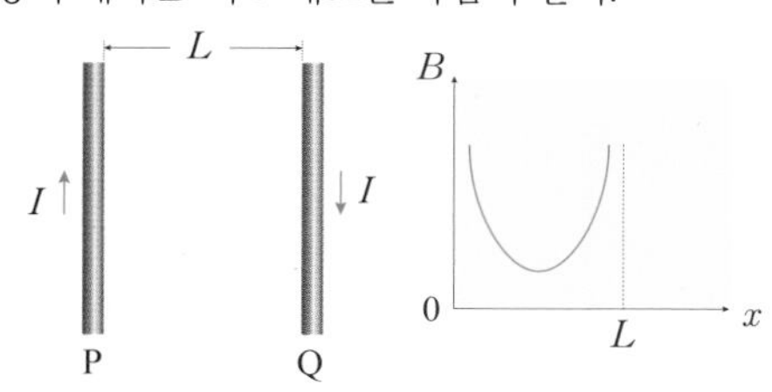

두 도선 사이의 합성 자기장의 세기는 다음과 같다.

$$B = k\frac{I}{x} + k\frac{I}{L-x} = k\frac{LI}{x(L-x)}$$

$x = 0$, $x = L$ 일 때 자기장 세기는 무한대의 값을 갖고, $x = \dfrac{L}{2}$ 일 때(O점) 자기장 세기는 최소값을 갖는다.
이때 도선 P 에 흐르는 전류에 의한 자기장은 지면으로 들어가는 방향으로 생기고, 도선 Q 에 흐르는 전류에 의한 자기장의 방향도 지면으로 들어가는 방향으로 생긴다.

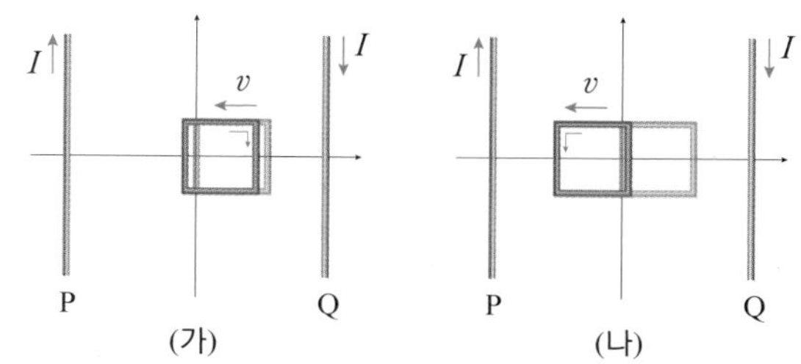

(가) (나)

사각형 도선의 왼쪽이 O 점에 위치하였을 때 왼쪽으로 잡아당길 경우 코일을 통과하는 지면으로 들어가는 방향의 자기력선속이 감소한다(가). 따라서 유도 전류는 시계 방향으로 흐르고, 사각형 도선의 중심이 O 점을 지난 후 오른쪽 도선이 O 점에 위치할 때까지는(나) 지면으로 들어가는 방향의 자기력선속이 증가하므로 유도 전류는 반시계 방향으로 흐른다. 이때 유도 전류의 세기는 점점 감소하다 다시 점점 증가한다(다).

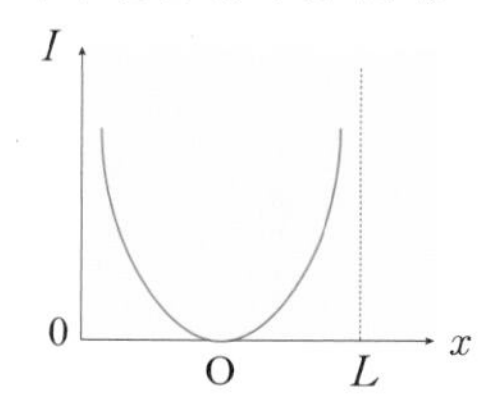

(다) 사각형 도선의 중심 위치에 따른 유도 전류의 세기

(2)

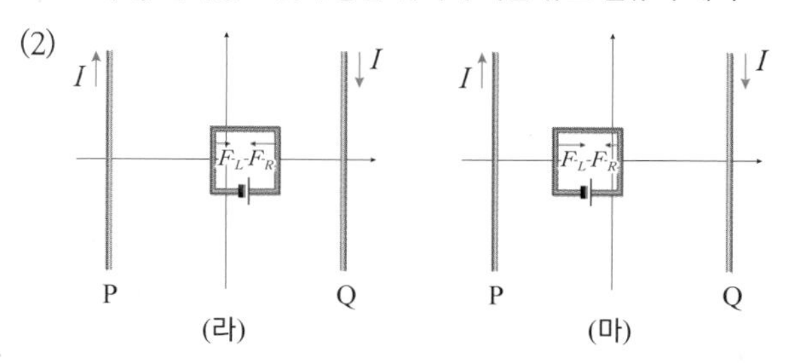

(라) (마)

정사각형 코일의 오른쪽 도선은 $+y$ 방향으로 전류가 흐르므로 플레밍의 왼손 법칙에 의해 $-x$ 방향으로 힘(F_R)을 받으며, 이때 시계 방향으로 전류가 흐르는 코일에 의해 코일 내부에는 지면에서 수직으로 나오는 자기장이 형성된다.
코일을 오른쪽으로 살짝 잡아당겼다가 놓을 경우 자기력에 의해 $-x$ 방향으로 움직이게 되고, 코일 내부를 통과하는 지면으로 들어가는 방향의 자기력선속이 증가하므로 코일에 유도 전류가 반시계 방향으로 흐르게 된다. 따라서 코일의 속력이 점점 느려지게 되어 정지하게 된다. 이때 정사각형 코일의 왼쪽 도선은 $-y$ 방향으로 전류가 흐르므로 $+x$ 방향으로 힘(F_L)을 받는다. 따라서 코일은 왕복 운동을 하게 된다.

31. **답** $\dfrac{2BL^2\cos\theta\sin\theta}{Rt}$

해설 고리면이 탁자에 놓이도록 펴지면 도선이 이루는 면적 변화는 다음과 같다.

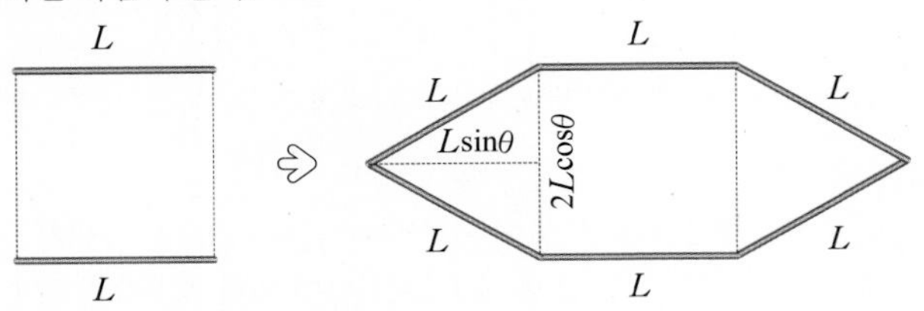

도선이 이루는 면적의 변화 $\varDelta S = 2L^2\cos\theta\sin\theta$ 이다. t 시간 동안 면적이 $\varDelta S$ 만큼 변할 때 도선에 발생하는 유도 기전력의 크기는 다음과 같다.

$$V = \frac{\varDelta \Phi}{\varDelta t} = \frac{B\varDelta S}{\varDelta t} = \frac{2BL^2\cos\theta\sin\theta}{t}$$

따라서 고리에 흐르는 유도 전류의 평균값은 다음과 같다.

$$I = \frac{V}{R} = \frac{2BL^2\cos\theta\sin\theta}{Rt}$$

32. 답 〈해설 참조〉

해설 코일이 들어 있는 전기 제품의 경우 스위치를 여는 순간 전류의 방향으로 큰 자체 유도 기전력이 발생한다. 따라서 이를 반복할 경우 자체 유도에 의해 높은 전압이 회로에 걸리게 되므로 순간적으로 과도한 전류가 흐르게 되어 회로가 파손되기 쉽다. 전구의 스위치를 반복적으로 끄고 켤 경우 자체 유도 전압에 의한 충격적인 전압에 의해 전구의 수명이 단축되기도 한다.

19강. 교류 회로

개념확인			150 ~ 157 쪽
1. ㉠, ㉠	2. ㉠	3. ㉡	4. ㉠
5. 임피던스	6. 전기 진동	7. ㉠ 0 ㉡ $\frac{V_0}{\sqrt{2}}$ ㉢ $\frac{V_0}{\sqrt{2}}$	

확인 +		150 ~ 157 쪽
1. 9.6×10^{-2}	2. 20	3. (1) O (2) X
4. (1) O (2) O	5. 17	6. ㉠, ㉡
7. ㉠ 전기장 ㉡ 자기장		

개념확인

01. 답 ㉠, ㉠

해설 도선을 통과하는 자기력선속 = 최대 ⇨ 유도 기전력 = 0 ⇨ 유도 전류의 세기 = 0

도선을 통과하는 자기력선속 = 0 ⇨ 유도 기전력 = 최대 ⇨ 유도 전류의 세기 = 최대이다.

02. 답 ㉠

해설 교류가 흐르는 저항에 걸리는 전압과 저항에 흐르는 전류는 위상이 같다.

03. 답 ㉡

해설 코일에 걸리는 전압의 위상은 코일에 흐르는 전류의 위상보다 90° ($= \frac{1}{4}$ 주기 $= \frac{\pi}{2}$) 빠르다.

04. 답 ㉠

해설 축전기에 걸리는 전압의 위상은 축전기에 흐르는 전류의 위상보다 90° ($= \frac{1}{4}$ 주기 $= \frac{\pi}{2}$) 느리다.

05. 답 임피던스

해설 RLC 회로에서 나타나는 저항의 성질을 임피던스라고 한다.

06. 답 전기 진동

해설 전기 진동이란 축전기에 전기장 형태로 저장되는 에너지와 코일에 자기장 형태로 저장되는 에너지가 서로 주기적으로 전환되면서 전류가 흐르는 현상이다.

07. 답 ㉠ 0 ㉡ $\frac{V_0}{\sqrt{2}}$ ㉢ $\frac{V_0}{\sqrt{2}}$

해설 ㉠ 저항에 흐르는 전류 $I_R = 0$ 이므로, 저항에 걸리는 전압 $V_R = 0$ 이다.

㉡ 교류 전압의 실효값은 교류 전압의 최댓값의 $\frac{1}{\sqrt{2}}$ 배이다.

코일과 축전기에는 동일하게 교류 전원의 기전력 $V = V_0\sin2\pi ft$

이 각각 걸린다. 따라서 코일과 축전기에 걸리는 전압의 실효값은 모두 $\frac{V_0}{\sqrt{2}}$ 이다.

확인 +

01. 답 9.6×10^{-2}

해설 1 초에 5 번씩 회전[진동수 $f = 5$ (Hz)]하고 있으므로 사각형 도선의 각속도 $\omega = 2\pi f = 2\pi \times 5 = 10\pi$ 이다.
따라서 사각형 도선에 생기는 최대 기전력 V_0 은
$V_0 = \omega\Phi_0 = \omega BS = 10\pi \times (2 \times 10^{-2}) \times 0.16 = 9.6 \times 10^{-2}$ (V) 이다.

02. 답 20

해설 교류 전압의 최댓값은 실효 전압 V_e 의 $\sqrt{2}$ 배이다.

$$28 = \sqrt{2}V_e \Rightarrow V_e = \frac{28}{\sqrt{2}} = \frac{28}{1.4} = 20 \text{ (V)}$$

03. 답 (1) O (2) X

해설 (1) 코일은 교류의 흐름을 방해하지만 저항은 없기 때문에 전력을 소비하지 않는다.
(2) 교류 전원의 전압 $V = V_0\sin\omega t$ 일 때,
교류 전류 $I = -\frac{V_0}{\omega L}\cos\omega t$ 이다. 따라서 교류 전압이 0 으로 최소일 때 코일에 흐르는 전류는 최댓값이 된다.

04. 답 (1) O (2) O

해설 (1) 교류 전원의 전압 $V = V_0\sin\omega t$ 일 때, 교류 전류 $I = \omega CV_0\cos\omega t$ 이다. 따라서 교류 전압이 0 으로 최소일 때 축전기에 흐르는 전류는 최댓값이 된다.
(2) 축전기의 전기 용량이 클수록, 주파수가 클수록 저항 작용이 작아 교류가 잘 흐르게 된다.

05. 답 17

해설 저항, 코일, 축전기에 걸린 전압이 각각 $V_R = 15$ (V), $V_L = 28$ (V), $V_C = 20$ (V) 이므로 회로에 걸린 전체 전압은 다음과 같다.

$$V = \sqrt{V_R^2 + (V_L - V_C)^2} = \sqrt{15^2 + (28 - 20)^2} = 17 \text{ (V)}$$

06. 답 ㉠, ㉡

해설 LC 회로에서 축전기가 저장하고 있던 전기 에너지는 코일의 자기장에 의한 에너지로 교대로 전환된다. ⇨ 전기 진동에서의 에너지 보존

07. 답 ㉠ 전기장 ㉡ 자기장

해설 교류에 의한 전기장의 변화가 축전기 내부의 자기장의 변화를 유도하고, 자기장의 변화는 다시 전기장을 유도한다. 이와 같은 과정이 반복되면서 계속 변화하는 자기장과 전기장이 축전기 주위 공간으로 퍼져 나간다.

개념다지기 158 ~ 159 쪽

01. ④	02. (1) O (2) X (3) X
03. (1) O (2) O (3) O	04. $2\pi fCV_0$
05. 392	06. 27
07. $\frac{1}{2\pi\sqrt{LC}}$	08. ⑤

01. 답 ④

해설 ㄱ. 코일의 단면을 통과하는 자기력선속이 주기적으로 변하므로 자기력선속의 변화율에 비례하는 유도 기전력의 크기와 방향도 주기적으로 변한다.
ㄴ. 코일의 단면과 자기장의 방향이 수직일 경우 코일을 통과하는 자기력선속이 최대이고, 이때 자기력선속 변화율은 0 이다. 따라서 유도 기전력은 0 이다.
ㄷ. 코일의 각속도가 클수록 자기력선속이 더 빠르게 변하므로 유도 기전력의 최댓값은 커진다.

02. 답 (1) O (2) X (3) X

해설 (1) 교류 회로에서 교류 진동수가 커지면 유도 리액턴스 값이 커지므로 교류 전류가 코일을 통과해 흐르기 어렵다.
(2) 교류 전압과 교류 전류의 최댓값은 실효값의 $\sqrt{2}$ 배이다.
(3) 교류에서 코일과 축전기는 전력을 소비하지 않는다.

03. 답 (1) O (2) O (3) O

해설 (1) 교류 전류가 흐르는 저항에서 전류와 전압은 같은 시간에 최댓값에 이른다.
(2) 코일에서 전압의 위상은 전류의 위상보다 90° (= $\frac{1}{4}$ 주기 = $\frac{\pi}{2}$) 만큼 빠르다.
(3) 축전기에서 전압이 전류보다 90° (= $\frac{1}{4}$ 주기 = $\frac{\pi}{2}$) 만큼 느리다.

04. 답 $2\pi fCV_0$

해설 전기 용량이 C 인 축전기와 교류 전원이 연결된 회로에서 교류 전원 전압의 최댓값이 V_0 이고, 교류 진동수가 f 일 때, 전류의 최대값 $I_0 = \frac{V_0}{\frac{1}{\omega C}} = \frac{V_0}{\frac{1}{2\pi fC}} = 2\pi fCV_0$ 이다.

05. 답 392

해설 코일의 유도 리액턴스
$X_L = \omega L = 2\pi fL = 2 \times 3 \times 40 \times 2.5 = 600$ (Ω) 이고,
축전기의 용량 리액턴스

$$X_L = \frac{1}{\omega C} = \frac{1}{2\pi fC} = \frac{1}{2 \times 3 \times 40 \times (20 \times 10^{-6})} \fallingdotseq 208 \text{ (Ω)이다.}$$

따라서 저항 $R = 10$ (Ω), 유도 리액턴스 $X_L = 600$ (Ω), 용량 리액턴스 $X_C = 208$ (Ω) 인 RLC 회로에서 임피던스는 다음과 같다.

$$Z = \sqrt{R^2 + (X_L - X_C)^2} = \sqrt{10^2 + (600 - 208)^2} \fallingdotseq 392 \text{ (Ω)}$$

06. 답 27

해설 회로의 임피던스 $Z = \sqrt{R^2 + X_L^2} = \sqrt{3^2 + 4^2} = 5$ (Ω)

이므로, 회로에 흐르는 전류 $I = \frac{V}{Z} = \frac{15}{5} = 3$ (A) 이다. 이때 코일에서 전력은 소비되지 않고 저항에서만 전력이 소비된다.

$$\therefore P = I^2R = 3^2 \times 3 = 27 \text{ (W)}$$

07. 답 $\frac{1}{2\pi\sqrt{LC}}$

해설 회로에 전류가 가장 잘 흐르기 위해서는 회로의 임피던스가 최소여야 한다. 따라서 유도 리액턴스 X_L 과 용량 리액턴스 X_C 가 같아야 한다.

$$X_L = X_C \Rightarrow \frac{1}{2\pi fC} = 2\pi fL, \quad f = \frac{1}{2\pi\sqrt{LC}}$$

08. 답 ⑤

해설 ㄱ, ㄴ. 전기장 형태로 축전기에 저장되는 에너지와 자기장 형태로 코일에 저장되는 에너지가 서로 주기적으로 전환되면서 전류가 흐른다. 즉, 전기장 에너지 + 자기장 에너지 = 일정하다.

ㄷ. 진동 전류의 주기 $T = \frac{1}{f} = 2\pi\sqrt{LC}$ 이다. 따라서 코일의 자체 인덕턴스 L 이 4 배가 되면 주기는 2 배가 된다.

유형익히기 & 하브루타 160 ~ 163 쪽

[유형19-1] ⑤	01. ①	02. ②
[유형19-2] ①	03. ②	04. ②
[유형19-3] (1) 코일 (2) $15\sqrt{2}$ (3) 30	05. ②	06. ④
[유형19-4] (1) 600 (2) 6×10^{-3} (3) 56 (4) 0.2	07. 0.2	08. ④

[유형19-1] 답 ⑤

해설

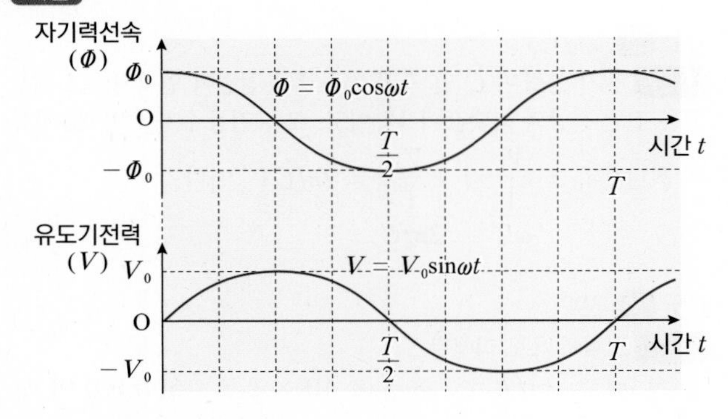

ㄱ, ㄴ. 코일에서 발생하는 유도 기전력 $V = \omega\Phi_0\sin\omega t = V_0\sin\omega t$ 이고, 최댓값 $V_0 = \omega\Phi_0 = \omega BS$ 이다. 따라서 자기장의 세기가 2배가 되면 진폭 Φ_0 도 2 배가 된다.

ㄷ. $\frac{T}{2}$ 일 때 유도 기전력이 0 이므로 사각형 코일에 흐르는 전류의 세기도 0 이다.

01. 답 ①

해설 ㄱ. 코일에 유도되는 기전력

$V = -\frac{\Delta\Phi}{\Delta t} = -\frac{d\Phi}{dt} = \omega\Phi_0\sin\omega t = V_0\sin\omega t$ 이고, $V_0 = \omega\Phi_0$ 는 최대 기전력이다. 따라서 각속도 ω 가 증가하면 코일에 유도되는 기전력의 최댓값이 증가한다. 이때 실효 전압 $V_e = \frac{V_0}{\sqrt{2}}$ 이므로 실효 전압값도 증가한다.

ㄴ. 면적이 S 인 코일을 균일한 자기장 B 속에서 일정한 각속도 ω 로 회전시킬 때 코일 면을 지나는 자기력선속은 다음과 같다.

$$\Phi = \Phi_0\cos\theta = \Phi_0\cos\omega t = BS\cos\omega t$$

따라서 코일 면을 지나는 자기력선속의 최댓값 $\Phi_0 = BS$ 은 코일의 단면적과 자기장의 세기에 의해 정해지는 값이므로 각속도와는 무관하다.

ㄷ. 코일에 유도되는 전류(교류 전류)의 주기 주기 $T = \frac{2\pi}{\omega}$ 이므로 각속도가 증가하면 주기는 감소한다.

02. 답 ②

해설 ㄱ. 저항에 걸리는 전압과 전류의 위상은 같다. 따라서 교류 전압이 $+V_0$ 가 되는 순간 저항에 흐르는 전류의 세기는 $+I_0$ (I_0 : 전류의 최댓값)가 된다.

ㄴ, ㄷ. 저항 R 에 교류 전압 $V = V_0\sin\omega t$ (V_0 : 최대 전압)을 걸어주면 교류 전류 I 가 흐르며, 전류 I 는 옴의 법칙에 따라 다음과 같다.

$$I = \frac{V}{R} = \frac{V_0}{R}\sin\omega t = I_0\sin\omega t \quad (V_0 = I_0R \Rightarrow I_0\text{는 최대 전류})$$

이때 저항에서 소비되는 전력 $P = \frac{V^2}{R} = \frac{V_0^2}{R}\sin^2\omega t$ 이므로 저항에서 소비 전력의 평균값 $P_{평균} = \frac{1}{2}\frac{V_0^2}{R}$ 이다.

[유형19-2] 답 ①

해설 ㄱ, ㄷ. 코일의 유도 리액턴스 $X_L = 2\pi fL$, 축전기의 용량 리액턴스 $X_L = \frac{1}{2\pi fC}$ 이다. 따라서 (가)에서 교류 전류는 자체 유도 계수가 클수록, 또 교류 전원의 진동수가 클수록 흐르기 어렵다. 반면 (나)에서 교류는 전기 용량이 클수록 주파수가 클수록 저항 작용이 작아 교류 전류가 잘 흐르게 된다.

ㄴ. 코일에 걸리는 전압은 전류보다 위상이 90° 빠르고, 축전기에 걸리는 전압은 전류보다 위상이 90° 느리다. 따라서 교류 전압이 0이 될 때 각각에 흐르는 전류는 최댓값이 된다.

03. 답 ②

해설 ㉠ 스위치를 닫는 순간 코일에는 전류와 반대 방향으로 자체 유도 기전력이 발생하므로 전구 B 에 전류가 흐르기 어렵다. 따라서 전구 A 의 밝기가 전구 B 의 밝기보다 밝다.

㉡ 스위치를 닫고 일정한 시간이 지나면 코일에 유도 기전력이 발생하지 않으므로 저항이 직렬 연결된 전구 A 보다 전구 B 에 더 높은 전압이 걸리므로 전구의 밝기가 더 밝다.

04. 답 ②

해설 ㄱ. (가) 에서 축전기에 전하가 완전히 충전되면 전류가 흐르지 않으므로 전구는 불이 들어오지 않는다.
ㄴ. 교류 전원의 진동수 f 가 증가하면 축전기의 용량 리액턴스 ($X_L = \frac{1}{2\pi fC}$)가 감소하므로 전류의 세기가 증가한다. 따라서 전구는 더 밝아진다.
ㄷ. 교류 회로에서 축전기에 걸리는 전압은 전류보다 위상이 90° 느리다. 따라서 충전되는 전하량이 최대일 때 축전기에 걸리는 전압은 최대이지만 회로에 흐르는 전류의 세기는 0 이다. 따라서 회로에 전류가 흐르지 않으므로 전구는 불이 들어오지 않는다.

[유형19-3] 답 (1) 코일 (2) $15\sqrt{2}$ (3) 30

해설 (1) 저항, 축전기, 코일 각각에 걸리는 전압의 위상차는 다음과 같다.

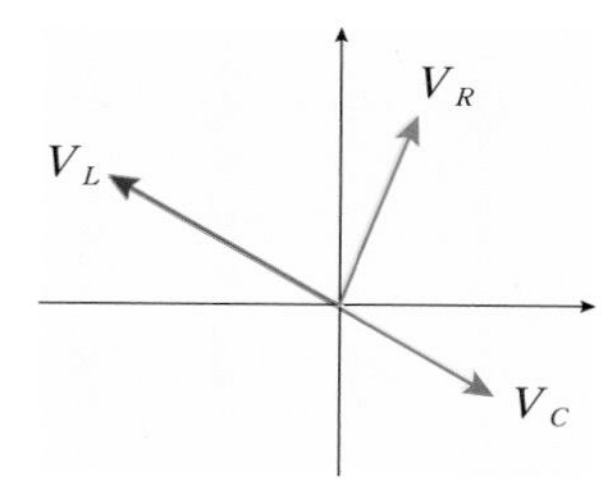

전압의 위상은 코일이 가장 빠르며, 축전기가 가장 느리다.
(2) 저항 $R = 15$ (Ω), 유도 리액턴스 $X_L = 40$ (Ω), 용량 리액턴스 $X_C = 25$ (Ω) 인 RLC 회로에서 임피던스는 다음과 같다.

$$Z = \sqrt{R^2 + (X_L - X_C)^2} = \sqrt{15^2 + (40 - 25)^2} = 15\sqrt{2}\ (\Omega)$$

(3) 전류의 실효값 $I_e = \frac{V}{Z} = \frac{30}{15\sqrt{2}} = \sqrt{2}$ (A)
이때 저항에서의 평균 소비 전력은 다음과 같다.

$$\therefore P = I_e^2 R = (\sqrt{2})^2 \times 15 = 30\ (\text{W})$$

05. 답 ②

해설 (가) 와 (나) 에서 전류의 실횻값이 같으므로 임피던스가 같다. 따라서 코일의 유도 리액턴스 X_L 와 축전기의 용량 리액턴스 X_C 가 같으므로 각 회로의 임피던스는 다음과 같다.
(가) $Z_{(가)} = \sqrt{R^2 + X_C^2}$, (나) $Z_{(나)} = \sqrt{R^2 + X_L^2}$ ⇨ $X_C = X_L$
(다) $Z_{(다)} = \sqrt{R^2 + (X_L - X_C)^2} = \sqrt{R^2} = R$

$$\therefore Z_{(가)} = Z_{(나)} > Z_{(다)}$$

06. 답 ④

해설 ㄱ. 교류 전원의 진동수가 회로의 공명 진동수와 같으므로 코일의 유도 리액턴스 X_L 와 축전기의 용량 리액턴스 X_C 가 같다. 이때 코일의 유도 리액턴스 $X_L = 2\pi fL$ 이고, 축전기의 용량 리액턴스 $X_C = \frac{1}{2\pi fC}$ 이다.
ㄴ, ㄷ. 진동수가 f 일 때, 회로의 임피던스 $Z = \sqrt{R^2 + (X_L - X_C)^2} = R$ 이다. 이때 진동수만 $2f$ 가 되면 $X_L \neq X_C$ 이므로 회로의 임피던스는 R 보다 커진다. 따라서 전류의 실횻값은 진동수가 f 일 때보다 작아지므로 저항에 걸리는 전압의 실횻값도 감소한다.

[유형19-4] 답 (1) 600 (2) 6×10^{-3} (3) 56 (4) 0.2

해설 (1) 축전기를 완전히 충전시키면 축전기에 흐르는 전류는 0이 되고, 축전기에 저장되는 전하량 $Q = CV = 30 \times 20 =$ 600 (μC) 가 충전된다. 이때 축전기에 저장된 에너지는 다음과 같다.

$$U_E = \frac{1}{2}\frac{Q^2}{C} = \frac{1}{2} \times \frac{(600 \times 10^{-6})^2}{30 \times 10^{-6}} = 6 \times 10^{-3}\ (\text{J})$$

(2) 축전기에 저장되었던 전기장 에너지가 전류가 되어 $Q = 0$이 될 때 전류는 최대이다. 이때 전기장 에너지가 모두 코일 속에 자기장 에너지 $\frac{1}{2}LI^2$ 으로 저장된다. 따라서 코일에 생성되는 자기장 에너지의 최댓값은 6×10^{-3} (J) 이다.
(3) 스위치를 B쪽으로 연결하면 축전기와 코일의 회로에서 전기 진동이 일어난다. 이때 전기 진동의 주파수

$$f = \frac{1}{2\pi\sqrt{LC}} = \frac{1}{2\pi\sqrt{0.3 \times (30 \times 10^{-6})}} ≒ 56\ (\text{Hz})$$

(4) $\frac{1}{2}\frac{Q^2}{C} = \frac{1}{2}LI^2$

$$⇨\ I = \frac{Q}{\sqrt{LC}} = \frac{600 \times 10^{-6}}{\sqrt{0.3 \times (30 \times 10^{-6})}} = 0.2\ (\text{A})$$

07. 답 0.2

해설 그림 (나) 에서 주기 $T = 0.04$ (초) 이므로, 진동수 f 는 다음과 같다.

$$f = \frac{1}{T} = \frac{1}{0.04} = 25\ (\text{Hz}) = \frac{1}{2\pi\sqrt{LC}}$$

$$⇨\ L = \frac{1}{(50\pi)^2 C} = \frac{1}{150^2 \times (200 \times 10^{-6})} = \frac{1}{4.5} ≒ 0.2\ (\text{H})$$

08. 답 ④

해설 ㄱ. 병렬 연결되어 있는 코일과 축전기에는 같은 전압이 걸린다. 코일에 흐르는 전류의 위상은 전압보다 90° 빠르고, 축전기에 흐르는 전류의 위상은 전압보다 90° 늦다. 따라서 코일과 축전기에 흐르는 전류의 위상차는 180° 이다.
ㄴ. 저항에 흐르는 전류 $I_R = 0$ 이므로, 저항에 걸리는 전압 $V_R = 0$ 이고, 교류 전압의 실효값은 교류 전압의 최댓값의 $\frac{1}{\sqrt{2}}$ 배이다. 따라서 코일과 축전기에는 동일하게 교류 전원의 기전력 $V = V_0 \sin 2\pi ft$ 이 각각 걸리므로 코일과 축전기에 걸리는 전압의 실효값은 모두 $\frac{V_0}{\sqrt{2}}$ 이다.
ㄷ. 주파수를 무한히 크게 하면, 코일의 유도 리액턴스 $X_L = 2\pi fL \to \infty$ 이고, 축전기의 용량 리액턴스 $X_L = \frac{1}{2\pi fC} = 0$ 이 된다.

창의력 & 토론마당 164 ~ 167 쪽

01 (1) 1×10^{-4}s (2) $\frac{1}{5\pi^2}$ μF (3) $\frac{\sqrt{2}}{10}$ A (4) 1.6 W

해설 (1) 사인 파형의 진동수 $f = 5 \times 10^3$ 이므로,
주기 $T = \frac{1}{f} = 2 \times 10^{-4}$ (s) 이다.

$$\therefore t_0 = \frac{T}{2} = 1 \times 10^{-4}\,(\mathrm{s})$$

(2) RLC 회로에서 공명이 일어나기 위해서는 회로의 고유 진동수와 교류 전원의 진동수가 같아야 한다. 즉, $f = \frac{1}{2\pi\sqrt{LC}}$ 을 만족해야 한다.

$$\therefore C = \frac{1}{(2\pi)^2 f^2 L} = \frac{1}{4\pi^2 \times (5 \times 10^3)^2 \times 0.05}$$
$$= \frac{1}{5\pi^2} \times 10^{-6}\,(\mathrm{F}) = \frac{1}{5\pi^2}\,(\mu\mathrm{F})$$

(3) 교류 전압의 최대값 $V_0 = 16\,(\mathrm{V})$ 이므로, 회로에 걸리는 실효 전압 $V_e = \frac{V_0}{\sqrt{2}} = \frac{16}{\sqrt{2}} = 8\sqrt{2}\,(\mathrm{V})$ 이다. RLC 회로에서 공명이 일어나는 경우 코일의 유도 리액턴스 X_L 와 축전기의 용량 리액턴스 X_C 가 같으므로, 회로의 임피던스 $Z = R$ 이 된다. 따라서 회로에 흐르는 실효 전류값 $I_e = \frac{V_e}{Z} = \frac{V_e}{R} = \frac{8\sqrt{2}}{80} = \frac{\sqrt{2}}{10}\,(\mathrm{A})$ 이다.

(4) 회로에서 소비되는 전력 $P = I_e^2 R = \left(\frac{\sqrt{2}}{10}\right)^2 \times 80 = 1.6\,(\mathrm{W})$

02 (1) 1.5 kg (2) 160 N/m (3) 2.5×10^{-4} m (4) 2.6×10^{-3} m/s

해설 전기 진동과 용수철 진동의 대응되는 물리량은 각각 다음과 같다.

전기 진동	용수철 진동
전하량 q	변위 x
전류 $I = \frac{dQ}{dt}$	속도 $v = \frac{dx}{dt}$
자체 유도 계수 L	질량 m
전기 용량 역수 $\frac{1}{C}$	용수철 상수 k
전위차 $V = -\frac{q}{C}$	힘(복원력) $F = -kx$
전력 $P = I \cdot V$	일률 $P = F \cdot v$
자기 에너지 $\frac{1}{2}LI^2$	운동 에너지 $\frac{1}{2}mv^2$
전기 에너지 $\frac{1}{2}\frac{q^2}{C}$	퍼텐셜 에너지 $\frac{1}{2}kx^2$
주기 $T = 2\pi\sqrt{LC}$	주기 $T = 2\pi\sqrt{\frac{m}{k}}$
$\frac{1}{2}LI^2 + \frac{1}{2}\frac{q^2}{C} = \frac{1}{2}\frac{Q^2}{C}$	$\frac{1}{2}mv^2 + \frac{1}{2}kx^2 = \frac{1}{2}kA^2$

(1) 추의 질량은 코일의 자체 유도계수에 대응되므로 $m = 1.5\,(\mathrm{kg})$ 이다.

(2) 완전히 충전된 축전기에 저장된 에너지 $U = \frac{1}{2}\frac{Q^2}{C} = 5 \times 10^{-6}\,(\mathrm{J})$ 이므로, 축전기의 전기 용량 C 는 다음과 같다.

$$C = \frac{1}{2}\frac{Q^2}{U} = \frac{1}{2} \times \frac{(250 \times 10^{-6})^2}{5 \times 10^{-6}} = 6.25 \times 10^{-3}\,(\mathrm{F})$$

용수철 상수 k 는 전기 용량의 역수에 대응되므로,

$$k = \frac{1}{C} = \frac{1}{6.25 \times 10^{-3}} = 160\,(\mathrm{N/m})$$ 이다.

(3) 최대 변위 A 는 최대 전하량 $250 \times 10^{-6}\,(\mathrm{C})$에 대응되므로 $A = 2.5 \times 10^{-4}\,(\mathrm{m})$ 이다.

(4) $\frac{1}{2}LI^2 = \frac{1}{2}\frac{Q^2}{C}$ 이므로,

⇨ $I = \sqrt{\frac{Q^2}{LC}} = \sqrt{\frac{(250 \times 10^{-6})^2}{1.5 \times (6.25 \times 10^{-3})}} = 2.6 \times 10^{-3}(\mathrm{A})$ 이고, 전류 I 는 속력 v 에 대응되므로, $v = 2.6 \times 10^{-3}\,(\mathrm{m/s})$ 이다.

03 (나) > (가) > (다)

해설 자체 유도 계수가 L, 전기 용량이 C 인 LC 회로에서 진동 주기 $T = \frac{1}{f} = 2\pi\sqrt{LC}$ 이다. LC 회로에서 전기 진동 과정은 다음과 같다.

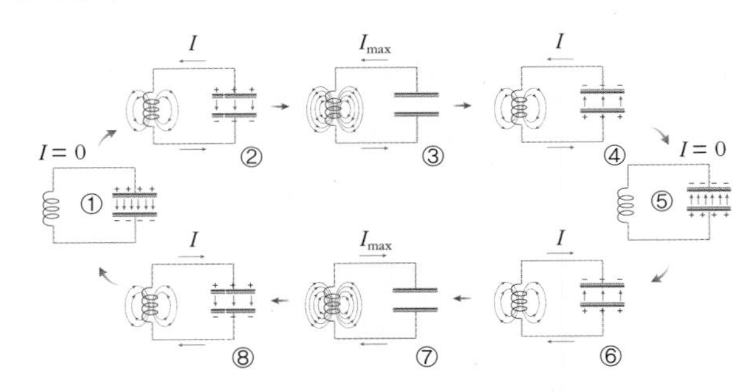

① 축전기가 완전히 충전되어 전기 회로에 전류가 흐르지 않는다. ⇨ ② 축전기에 방전이 일어나면서, 전류가 A 방향으로 흐르고, 코일에 자기장이 형성된다. ⇨ ③ 전류값이 최대값에 이르고, 축전기가 완전히 방전되면, 코일에 저장되는 자기 에너지는 최대가 된다. ⇨ ④ 렌츠 법칙에 의해 코일에 발생한 자기장이 감소하지 않도록 같은 방향으로 전류가 계속 흐른다. ⇨ ⑤ 전류가 점점 감소하다가 0이 되면, 축전기는 완전히 충전되고, 이때 처음과는 반대 방향으로 전하가 충전된다. ⇨ ⑥ ~ ① 까지는 ② ~ ④와 같은 방식으로(전류의 방향은 반대 방향인 B 방향) 진행된다. 즉, 진동 주기 T 는 ① ~ 다시 ① 이 되기 까지 걸린 시간을 의미한다. 따라서 축전기가 1회 완전 방전하는 데 걸리는 시간 $t = \frac{T}{4}$ 이고, 축전기의 전기 용량이 클수록 시간 t 는 커진다.

(나)에서 병렬 연결된 축전기의 전기 용량 $C_{(나)} = C + C = 2C$ 이고, (다)에서 직렬 연결된 축전기의 전기 용량 $C_{(다)}$ 는

$\frac{1}{C_{(다)}} = \frac{1}{C} + \frac{1}{C}$ ⇨ $C_{(다)} = \frac{C}{2}$ 이다.

$C_{(나)} > C_{(가)} > C_{(다)}$ 이므로, 축전기가 1 회 완전히 방전하는 데 걸리는 시간은 (나) > (가) > (다) 순으로 길다.

04 (1) 5.7×10^{-6} C (2) 1.4×10^{-2} A

해설 (1) 전기 진동 회로에서 코일의 자기장 에너지와 축전기에 저장되는 전기 에너지의 합은 일정하다. 따라서 회로의 전체 에너지는 다음과 같다.

$$U = \frac{1}{2}LI^2 + \frac{1}{2}\frac{q^2}{C}$$
$$= \frac{1}{2} \times (20 \times 10^{-3}) \times (10 \times 10^{-3})^2 + \frac{1}{2} \times \frac{(4 \times 10^{-6})^2}{8 \times 10^{-6}}$$
$$= 2 \times 10^{-6} \text{ (J)}$$

축전기에 저장되는 전하량 Q 가 최대일 때, 코일의 자기 에너지 $= 0$ 이다.

$$U = \frac{1}{2}\frac{Q^2}{C} \Rightarrow Q = \sqrt{2CU} = \sqrt{2 \times (8 \times 10^{-6}) \times (2 \times 10^{-6})}$$
$$\fallingdotseq 5.7 \times 10^{-6} \text{ (C)}$$

(2) 회로에 최대 전류가 흐를 때, 축전기에 저장되는 전기 에너지 $= 0$ 이다.

$$U = \frac{1}{2}LI^2 \Rightarrow I = \sqrt{\frac{2U}{L}} = \sqrt{\frac{2 \times (2 \times 10^{-6})}{20 \times 10^{-3}}} \fallingdotseq 1.4 \times 10^{-2} \text{ (A)}$$

05 (1) 33.75 pF (2) 2.8×10^{-4} H

해설 (1) 자체 유도 계수가 L, 전기 용량이 C 인 LC 회로에서공진 주파수 $f = \frac{1}{2\pi\sqrt{LC}}$ 이다. $f_{min} = 0.5 \text{ (MHz)} = \frac{1}{2\pi\sqrt{LC_{max}}}$, $f_{max} = 1.5 \text{ (MHz)} = \frac{1}{2\pi\sqrt{LC_{min}}}$ 이므로,

$\frac{f_{max}}{f_{min}} = \frac{\sqrt{C_{max}}}{\sqrt{C_{min}}} = \frac{\sqrt{360}}{\sqrt{10}} = 6$ 이다. 이 가변 축전기를 이용하여 0.5 MHz ~ 1.5 MHz 까지의 진동수를 얻기 위해서는 진동수의 비 $\frac{f_{max}}{f_{min}} = \frac{1.5}{0.5} = 3$ 이 되어야 한다. 따라서 이 가변 축전기에 전기 용량이 C 인 축전기를 병렬 연결할 경우 다음 식이 성립한다.

$$\frac{f_{max}}{f_{min}} = 3 = \frac{\sqrt{360 + C}}{\sqrt{10 + C}} \Rightarrow \therefore C = 33.75 \text{ (pF)}$$

(2) 주파수가 최소일 때, 축전기의 전기 용량은 최대이다.

$$f_{min} = \frac{1}{2\pi\sqrt{LC_{max}}} \Rightarrow L = \frac{1}{(f_{min})^2(2\pi)^2C_{max}}$$
$$\therefore L = \frac{1}{(0.5)^2(2 \times 3)^2(360 + 33.75)} \fallingdotseq 2.8 \times 10^{-4} \text{ (H)}$$

스스로 실력 높이기 168 ~ 175 쪽

01. (1) $2V_0$ (2) V_0 02. ㉠ 308 ㉡ 7
03. 0.1 04. ② 05. 40
06. ㉠ B ㉡ C ㉢ A 07. 5
08. $\frac{1}{\sqrt{LC}}$ 09. 16 10. ②
11. A. 축전기 B. 저항 C. 코일 12. ④
13. ㄱ, ㄷ, ㄹ 14. 2.8 15. (1) 50 (2) 40
16. 36 17. ⑤ 18. ④ 19. ③
20. ㉠ 12 ㉡ 31 21. (1) 30 (2) 30
22. (1) 29 (2) 52.5 23. (1) $\sqrt{\frac{CR^2}{L}}$ (2) 1
24. ① 25. 1.9×10^{-3}
26. ㉠ 278 ㉡ 0.8
27. (1) = (2) ≫ (3) V_1은 감소하고, V_2는 증가한다.
28. ⑤ 29. 99, 101 30. ②
31. (1) ㉡ (2) ㉠ (3) ㉠ 32. 6.7×10^{-8}

01. **답** (1) $2V_0$ (2) V_0

해설 코일에서 발생하는 유도 기전력이 사인 파형으로 나타날 경우, 유도 기전력 V 는

$$V = -\frac{\Delta\Phi}{\Delta t} = -\frac{d\Phi}{dt} = \omega\Phi_0\sin\omega t = V_0\sin\omega t$$ 이고, $V_0 = \omega\Phi_0 = \omega BA$ 는 최대 기전력이다. 즉, 전압의 최댓값은 회전 각속도 ω, 자기장의 세기 B, 코일 면의 면적 A 에 비례한다.

(1) 자기장의 세기가 $2B$, 코일 면의 면적 $2A$, 코일의 회전 각속도 $\frac{\omega}{2}$ 일 때 전압의 최댓값

$$V_{(1)} = \frac{\omega}{2} \cdot 2B \cdot 2A = 2\omega BA = 2V_0$$ 이다.

(2) 자기장의 세기가 $\frac{B}{2}$, 코일 면의 면적 A, 코일의 회전 각속도 2ω 일 때 전압의 최댓값

$$V_{(2)} = 2\omega \cdot \frac{B}{2} \cdot A = \omega BA = V_0$$ 이다.

02. **답** ㉠ 308 ㉡ 7

해설 ㉠ 회로에 걸리는 실효 전압 $V_e = \frac{V_0}{\sqrt{2}}$ 이므로, 전기 다리미에 걸리는 최대 전압 $V_0 = \sqrt{2}\,V_e = 1.4 \times 220 = 308$ (V) 이다.

㉡ 전기 제품에 흐르는 전류 $I = \frac{1,100}{220} = 5$ (A) 이므로, 최대 전류 $I_{max} = \sqrt{2}I = 1.4 \times 5 = 7$ (A) 이다.

03. **답** 0.1

해설 자체 인덕턴스 $L = 500$ (mH) $= 0.5$ (H) 인 코일에 진동수 $f = 100$ (Hz) 인 교류 전류가 흐를 경우 코일의 유도 리액턴스는 $X_L = 2\pi fL = 2 \times 3.14 \times 100 \times 0.5 = 314$ (Ω) 이다.

$$\therefore I = \frac{V_0}{X_L} = \frac{31.4}{314} = 0.1 \text{ (A)}$$

04. 답 ②

해설 ㄱ. 교류 전원의 전압 $V = V_0\sin\omega t$ 일 때, 교류 전류 $I = \omega CV_0\cos\omega t$ 이다. 따라서 교류 전압이 0 으로 최소일 때 축전기에 흐르는 전류는 최댓값이 된다.
ㄴ, ㄷ 축전기의 전기 용량이 클수록, 주파수가 클수록(주기가 작을수록) 저항 작용이 작아 교류가 잘 흐르게 된다.

05. 답 40

해설 축전기의 용량 리액턴스 X_C는 다음과 같다.

$$X_C = \frac{1}{\omega C} = \frac{1}{2\pi fC} = \frac{1}{2 \times 3.14 \times 80 \times (50 \times 10^{-6})} \fallingdotseq 40\ (\Omega)$$

06. 답 ㉠ B ㉡ C ㉢ A

해설 각각의 저항, 코일, 축전기에 모두 $V = V_0\sin\omega t$ 의 전압을 걸어주는 경우,
㉠ 저항에 걸리는 전압은 $V = V_0\sin\omega t$ 이고, 전류 $I = \frac{V_0}{R}\sin\omega t$ 이므로, 전압과 전류의 위상이 같다.
㉡ 코일에 걸리는 전압 $V = V_0\sin\omega t$ 이고, 전류 $I = I_0\sin(\omega t - \frac{\pi}{2})$ 이므로, 전압은 전류보다 위상이 90° 빠르다.
㉢ 축전기에 걸리는 전압 $V = V_0\sin\omega t$ 이고, 전류 $I = I_0\sin(\omega t + \frac{\pi}{2})$ 이므로, 전압은 전류보다 위상이 90° 느리다.

07. 답 5

해설 저항 $R = 4\ (\Omega)$, 유도 리액턴스 $X_L = 6\ (\Omega)$, 용량 리액턴스 $X_C = 3\ (\Omega)$ 인 RLC 회로에서 임피던스는 다음과 같다.

$$Z = \sqrt{R^2 + (X_L - X_C)^2} = \sqrt{4^2 + (6-3)^2} = 5\ (\Omega)$$

08. 답 $\frac{1}{\sqrt{LC}}$

해설 회로에 전류가 가장 잘 흐르기 위해서는 회로의 임피던스가 최소여야 한다. 임피던스가 최소가 되는 진동수 $f = \frac{1}{2\pi\sqrt{LC}}$ 이므로 교류 전원의 각속도 ω 는 다음과 같다.

$$\omega = 2\pi f = \frac{1}{\sqrt{LC}}$$

09. 답 16

해설 저항과 코일에 흐르는 전류는 같다. 따라서 전체 전압 $V = \sqrt{V_R^2 + V_L^2}$ 이다.

$$\therefore V_R = \sqrt{V^2 - V_L^2} = \sqrt{20^2 - 12^2} = 16\ (\text{V})$$

10. 답 ②

해설 LC 진동 회로에서 고유 진동수 $f = \frac{1}{2\pi\sqrt{LC}}$ 이다.
따라서 $f' = \frac{1}{2\pi\sqrt{L'C'}} = 2f$ 가 되기 위해서는 $L'C' = \frac{LC}{4}$ 가 되어야 한다.

11. 답 A. 축전기 B. 저항 C. 코일

해설 A. 주파수 f 가 증가할수록 전류가 잘 흐르므로 축전기가 연결된 것이다.($I = \frac{V}{\frac{1}{\omega C}} = 2\pi fCV$)
B. 주파수와 무관하게 전류가 일정하게 흐르므로 저항이 연결된 것이다.
C. 주파수 f 가 증가할수록 전류가 잘 흐르지 못하므로 코일이 연결된 것이다.($I = \frac{V}{\omega L} = \frac{V}{2\pi fL}$)

12. 답 ④

해설 ㄱ. 주기는 위상이 같아질 때까지 걸린 시간이므로 $4t_0$ 이다.
ㄴ. 저항에 걸리는 전압과 저항에 흐르는 전류의 위상은 같다. 따라서 t_0 일 때 저항에 걸리는 전압은 I_0R 로 최댓값이다.
ㄷ. 저항에서 소비되는 전력 $P = I_e^2R$ 이고, 전류의 실효값 $I_e = \frac{I_0}{\sqrt{2}}$ 이므로, 소비 전력의 평균값 $P_{평균} = \frac{I_0^2R}{2}$ 이다.

13. 답 ㄱ, ㄷ, ㄹ

해설 꼬마 전구의 밝기가 어두워지는 경우는 꼬마 전구의 소비 전력이 감소하는 경우이므로 코일의 유도 리액턴스 $X_L = \omega L = 2\pi fL$ 가 커지는 경우이다.
ㄱ, ㄷ. 코일에 철심을 넣어주거나 코일을 촘촘히 감을 경우 코일의 자체 유도 계수 L 이 증가하여, X_L 이 증가하므로 회로에 흐르는 전류가 감소한다. 따라서 전구가 어두워진다.
ㄴ. 자체 유도 계수가 더 작은 코일로 교체할 경우 회로에 흐르는 전류가 증가하므로 전구가 밝아진다.
ㄹ. 교류 전원의 주파수가 증가하면 X_L 이 증가하므로 회로에 흐르는 전류가 감소한다. 따라서 전구가 어두워진다.

14. 답 2.8

해설 코일의 유도 리액턴스
$X_L = \omega L = 2\pi fL = 2 \times 3 \times 50 \times 0.5 = 150\ (\Omega)$ 이고,
축전기의 용량 리액턴스
$X_C = \frac{1}{\omega C} = \frac{1}{2\pi fC} = \frac{1}{2 \times 3 \times 50 \times (45 \times 10^{-6})} \fallingdotseq 74\ (\Omega)$ 이다.
따라서 저항 $R = 20\ (\Omega)$, 유도 리액턴스 $X_L = 150\ (\Omega)$, 용량 리액턴스 $X_C = 74(\Omega)$ 인 RLC 회로에서 임피던스는 다음과 같다.

$$Z = \sqrt{R^2 + (X_L - X_C)^2} = \sqrt{20^2 + (150-74)^2} \fallingdotseq 79\ (\Omega)$$

$$I = \frac{V}{Z} = \frac{220}{79} \fallingdotseq 2.8\ (\text{A})$$

15. 답 (1) 50 (2) 40

해설 (1) 회로 전체의 임피던스 Z 는 다음과 같다.

$$Z = \sqrt{R^2 + X_C^2} = \sqrt{15^2 + 20^2} = 25\ (\Omega)$$

저항에 흐르는 전류의 최댓값 $I = \frac{V}{R} = \frac{30}{15} = 2\ (\text{A})$ 이므로, 교류 전원 전압의 최댓값 $V = IZ = 2 \times 25 = 50\ (\text{V})$ 이다.
(2) 저항에 걸리는 전압과 전류의 위상은 같고, 축전기에 걸리는 전압은 전류보다 위상이 90° 늦다. 이는 전류가 최대인 순간보다 $\frac{1}{4}$ 주기 뒤에 전압이 최대가 된다는 것이다. 즉, 저항에 걸리는 전

압이 최대인 $\frac{t_0}{2}$ 일 때보다 $\frac{1}{4}$ 주기 뒤인 t_0 일 때 축전기에 걸리는 전압 V_C 는 최대가 되며 그 크기는 다음과 같다.

$$V_C = IX_C = 2 \times 20 = 40 \text{ (V)}$$

16. 답 36

해설 회로 전체의 임피던스 Z 는 다음과 같다.

$$Z = \sqrt{R^2 + X_L^2} = \sqrt{R^2 + (\omega L)^2}$$
$$= \sqrt{400^2 + (150 \times 2)^2} = 500 \text{ }(\Omega)$$

저항에서만 전력이 소비되므로 저항에서 1 초 동안 발생하는 열량은 다음과 같다.

$$\therefore P = I_e^2 R = \left(\frac{V_e}{Z}\right)^2 R = \left(\frac{150}{500}\right)^2 \times 400 = 36 \text{ (W)} = 36 \text{ (J/s)}$$

17. 답 ⑤

해설 ㄱ, ㄴ. L_1C_1 회로의 공명 진동수 $f_1 = \frac{1}{2\pi\sqrt{L_1C_1}}$ 이다. 따라서 L_1, C_1 이 클수록 공명 진동수는 작아지며, L_1C_1 회로에 연결되어 있는 전지의 전압과는 관계가 없다.

ㄷ. L_1C_1 회로에서 전기 진동이 일어나면 상호 유도에 의해 L_2C_2 회로에도 전기 진동이 일어난다. $L_1C_1 = L_2C_2$ 일 때 공명 진동수가 같아지면 L_2C_2 회로에 흐르는 전류가 최대가 된다. 이를 L_2C_2 회로가 L_1C_1 회로에 공진한다고 말한다.

18. 답 ④

해설

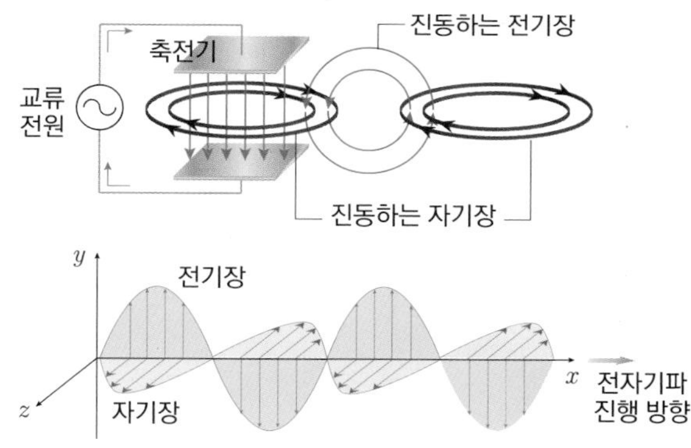

ㄱ. (가) 에서 발생하는 전자기파의 진동수는 전기 진동의 진동수와 같다.

ㄴ. (가) 에서 교류 전원의 진동수가 증가하면, 축전기의 용량 리액턴스가 감소하므로 전류가 더 잘 흐르게 된다. 따라서 교류에 의한 전기장의 세기와 자기장의 세기가 모두 증가한다.

ㄷ. 전기장과 자기장은 서로 수직을 이룬다. (나) 에서 전기장의 방향이 $+y$ 방향일 때, 자기장의 방향은 $+z$ 방향이다.

19. 답 ③

해설 코일에서 발생하는 유도 기전력 $V = \omega\Phi_0\sin\omega t = V_0\sin\omega t$ 이고, 최댓값 $V_0 = \omega\Phi_0 = \omega BA$ 이다.

ㄱ. 사각형 코일의 각속도 $\omega = \frac{2\pi}{T} = \frac{2\pi}{2t_0} = \frac{\pi}{t_0}$ 이다.

ㄴ. 자기장의 세기 $B = \frac{\Phi_0}{A}$ 이다.

ㄷ. t_0 일 때 자기력선속의 순간 변화율은 0 이므로 유도 기전력의 크기는 0 이다. $\frac{t_0}{2}$ 일 때 유도 기전력의 크기는 $V_0 = \omega\Phi_0 = \frac{\pi\Phi_0}{t_0}$ 이다.

20. 답 ㉠ 12 ㉡ 31

해설 ㉠ 스위치 1 만 닫았을 때, RC 회로의 임피던스

$Z_{RC} = \sqrt{R^2 + X_C^2} = \sqrt{16^2 + X_C^2} = \frac{50}{2.5} = 20 \text{ }(\Omega)$이므로, 축전기의 용량 리액턴스 $X_C = 12 \text{ }(\Omega)$ 이다.

㉡ 스위치 2 만 닫았을 때, RLC 회로의 임피던스

$Z_{RLC} = \sqrt{R^2 + (X_L - X_C)^2} = \sqrt{16^2 + (X_L - 12)^2} = \frac{50}{2} = 25 \text{ }(\Omega)$

이므로, $X_L - 12 \fallingdotseq \pm 19 \text{ }(\Omega)$ 이고, $X_L > X_C$ 이므로, $X_L = 31 \text{ }(\Omega)$ 이다.

21. 답 (1) 30 (2) 30

해설 (1) $V_{ac} = 50 = \sqrt{V_{ab}^2 + V_C^2} = \sqrt{40^2 + V_C^2}$, $V_C = 30 \text{ (V)}$

(2) a 와 d 사이의 전압값은 교류 전원의 전압값과 같다. 축전기와 코일에 걸리는 최대 전압값을 각각 V_C, V_L 이라고 하면, $V_L = 60 \text{ (V)}$ 이고, 축전기와 코일의 전압은 위상이 180° 차이가 난다. 즉, 위상이 서로 반대이므로 b 점과 d 점 사이에 걸리는 전압의 최댓값은 $60 - 30 = 30 \text{ (V)}$ 이다.

22. 답 (1) 29 (2) 52.5

해설 (1) 저항에 걸리는 전압의 최댓값 $V_R = 20 \text{ (V)}$, 코일에 걸리는 전압의 최댓값 $V_L = 21 \text{ (V)}$ 이므로, 점 a 와 b 사이에 걸리는 전압의 최댓값 V 는 다음과 같다.

$$V = \sqrt{V_R^2 + V_L^2} = \sqrt{20^2 + 21^2} = 29 \text{ (V)}$$

(2) 저항값이 50 Ω 인 저항에 걸리는 전압의 최댓값이 20 V 이므로, 저항에 흐르는 전류의 최댓값은 $I = \frac{20}{50} = 0.4 \text{ (A)}$ 이다. 이때 코일, 축전기에 흐르는 전류의 최댓값도 모두 0.4 A 로 같다. 따라서 회로의 임피던스 $Z = \frac{V}{I} = \frac{20}{0.4} = 50 \text{ }(\Omega)$ 이고, 저항값과 회로의 임피던스가 같으므로, 축전기의 용량 리액턴스 X_C 와 코일의 유도 리액턴스 X_L 는 같다.

$$\therefore X_L = \frac{V_L}{I} = \frac{21}{0.4} = 52.5 \text{ }(\Omega) = X_C$$

23. 답 (1) $\sqrt{\frac{CR^2}{L}}$ (2) 1

해설 저항 R, 유도 리액턴스 X_L, 용량 리액턴스 X_C인 RLC 회로에서 임피던스는 다음과 같다.

$$Z = \sqrt{R^2 + (X_L - X_C)^2}$$

임피던스가 R 인 경우 $X_L = X_C$ 이므로, 교류 전원의 주파수(고유 진동수) $f = \frac{1}{2\pi\sqrt{LC}}$ 이다.

(1) 회로에 흐르는 전류를 I 라고 할 때, $V_R = IR$, $V_L = IX_L$ 이다. $X_L = 2\pi fL = 2\pi \times \frac{1}{2\pi\sqrt{LC}} \times L = \sqrt{\frac{L}{C}}$ 이므로,

$$\frac{V_R}{V_L} = \frac{IR}{I\sqrt{\frac{L}{C}}} = \sqrt{\frac{CR^2}{L}}$$

(2) $X_L = X_C = \sqrt{\frac{L}{C}}$ 이므로, $\frac{V_C}{V_L} = 1$ 이다.

24. 답 ①

해설 ㄱ. 코일에 걸리는 전압의 위상은 전류보다 항상 $90°(=\frac{\pi}{2})$ 앞선다.

ㄴ. 스위치를 Q에 연결하였을 때 코일의 유도 리액턴스 $X_L = 2\pi f L = \sqrt{\frac{L}{C}}$ 이고, 축전기의 용량 리액턴스 $X_C = \frac{1}{\pi f C} = 2\sqrt{\frac{L}{C}}$ 이다.

따라서 회로의 임피던스는 다음과 같다.

$$Z = \sqrt{R^2 + (X_L - X_C)^2} = \sqrt{R^2 + \frac{L}{C}}$$

ㄷ. 교류 전원의 진동수 $f = \frac{1}{2\pi\sqrt{LC}}$ 이므로, 스위치를 P 에 연결하였을 때 전기 공진이 일어난다. 따라서 스위치를 P에 연결하였을 때 회로에 흐르는 전류가 스위치를 Q 에 연결하였을 때보다 더 크므로 저항의 평균 소비 전력도 더 크다.

25. 답 1.9×10^{-3}

해설 주어진 LC 진동 회로의 주기가 T 일 때, $T = \frac{1}{f}$ 이고, 전류가 최대로 흐를 때 주파수 $f = \frac{1}{2\pi\sqrt{LC}}$ 이므로 $T = 2\pi\sqrt{LC}$ 이다. 따라서 축전기가 완전히 충전되는 데 걸리는 시간 $t = \frac{T}{4}$ 는 다음과 같다.

$$t = \frac{2\pi\sqrt{LC}}{4} = \frac{2 \times 3\sqrt{0.20 \times (8 \times 10^{-6})}}{4} \fallingdotseq 1.9 \times 10^{-3}\ (\text{s})$$

26. 답 ㉠ 278 ㉡ 0.8

해설 ㉠ LC회로에 진동 전류가 흐를 때 진동수 f는 다음과 같다.

$$f = \frac{1}{2\pi\sqrt{LC}} = \frac{1}{2 \times 3\sqrt{0.03 \times (12 \times 10^{-6})}} \fallingdotseq 278\ (\text{Hz})$$

㉡ 축전기는 40 V 로 완전히 충전되었을 때, 전류는 0 이다. 따라서 축전기에 저장되는 최대 전하량 $Q = CV = (12 \times 10^{-6}) \times 40 = 4.8 \times 10^{-4}$ (C) 이다. 축전기에 저장된 전기 에너지는 모두 코일의 자

기장 에너지로 저장된다$\left(\frac{1}{2}\frac{Q^2}{C} = \frac{1}{2}LI^2\right)$.

$$\therefore I = \frac{Q}{\sqrt{LC}} = \frac{4.8 \times 10^{-4}}{\sqrt{0.03 \times (12 \times 10^{-6})}} = 0.8\ (\text{A})$$

27. 답 (1) = (2) ≫ (3) V_1 은 감소하고, V_2 는 증가한다.

해설 (1) $f = \frac{1}{2\pi RC}$ ⇨ $R = \frac{1}{2\pi f C}$ 이고, 축전기의 용량 리액턴스 $X_C = \frac{1}{2\pi f C}$ 이므로, $R = X_C$ 이다. 직렬 연결된 축전기와 저항에는 같은 세기의 전류 I_e가 흐르므로, $I_e R = I_e X_C$ ⇨ $V_R = V_C$ 이다. (가) 에서 $V_1 = V_C$ 이고, (나)에서 $V_2 = V_R$ 이므로 $\frac{V_1}{V_0} = \frac{V_C}{V_0} = \frac{V_R}{V_0} = \frac{V_2}{V_0}$ 이다.

(2) $f \ll \frac{1}{2\pi RC}$ ⇨ $R \ll \frac{1}{2\pi f C}$ 이므로, $R \ll X_C$ ⇨ $V_R \ll V_C$ 이다. 회로의 실효 전압 $V_e = \frac{V_0}{\sqrt{2}} = \sqrt{V_R^2 + V_C^2}$ 는 일정하므로, $V_R \approx 0$, $V_C \approx V_e$ 이다. 따라서 $V_R \ll V_0$ 이므로, $V_2 \ll V_0$ 이다.

(3) (가) 진동수 f 가 증가하면, 축전기의 용량 리액턴스 X_C가 감소하므로 회로의 임피던스가 감소한다. 이때 실효 전압 V_e 가 일정하므로 실효 전류 I_e가 증가한다. 따라서 V_R이 증가하므로 V_C 즉, 출력 전압 V_1은 감소한다.

(나) (가) 와 마찬가지로 V_R 이 증가하므로 출력 전압 V_2 가 증가한다.

28. 답 ⑤

해설 ㄱ. 축전기와 저항의 합성 전압 V_{ac} 는 축전기와 저항에 걸리는 각각의 전압의 합보다 항상 작다.

ㄴ. 전류의 세기와 상관없이 $V_{ab} + V_{bc} + V_{cd} > V_{ad}$ 는 항상 성립한다.

ㄷ. 교류 전원의 진동수가 일정하므로 주기와 각속도도 일정하다. 따라서 축전기의 용량 리액턴스와 코일의 유도 리액턴스도 일정하므로 회로의 임피던스도 전류의 세기와 상관없이 일정하다.

$$\therefore \frac{V_{bd}}{V_{bc}} = \frac{Z_{bd}}{Z_{bc}} = \frac{\sqrt{R^2 + (L\omega)^2}}{R}$$

29. 답 99, 101

해설 최대 전류 $I_0 = \frac{V}{R}$ 이므로, 전류의 최대 진폭의 절반이 되는 각진동수를 ω_h 라고 하면,

$$I_h = \frac{V}{Z} = \frac{V}{\sqrt{R^2 + \left(\omega_h L - \frac{1}{\omega_h C}\right)^2}} = \frac{I_0}{2} = \frac{V}{2R}$$

$$⇨\ R^2 + \left(\omega_h L - \frac{1}{\omega_h C}\right)^2 = (2R)^2,\ \left(\omega_h L - \frac{1}{\omega_h C}\right)^2 = 3R^2$$

양변에 $\omega_h C$ 를 곱하면,

$$\omega_h^2(LC) \pm \omega_h(\sqrt{3}CR) - 1 = 0$$

$$⇨\ \omega_h = \frac{\pm\sqrt{3}CR \pm \sqrt{3C^2R^2 + 4LC}}{2LC}\ \text{이다.}$$

큰 값을 먼저 구하면,

$\omega_h = \frac{\sqrt{3}CR + \sqrt{3C^2R^2 + 4LC}}{2LC}$ 에 $C = 20 \times 10^{-6}$ (F), $R = 5$ (Ω), $L = 5$ (H)를 각각 대입하면, $\omega_h \fallingdotseq 101$ (rad/s) 이고,

작은 값 $\omega_h = \frac{-\sqrt{3}CR + \sqrt{3C^2R^2 + 4LC}}{2LC} \fallingdotseq 99$ (rad/s) 이다.

30. 답 ②

해설 저항값이 R 인 저항을 병렬 연결하면, 합성 저항은 $\frac{R}{2}$ 이고, 전기 용량이 C 인 축전기를 병렬 연결하면 합성 전기 용량은 $2C$ 이다.

ㄱ. 회로의 고유 진동수 $f_0 = \frac{1}{2\pi\sqrt{L \cdot 2C}} = \frac{\omega_0}{2\pi}$ 이므로, $\omega_0 = \frac{1}{\sqrt{2LC}}$ 이다.

ㄴ, ㄷ. 코일의 유도 리액턴스 $X_L = \omega L$, 축전기의 용량 리액턴스 $X_C = \frac{1}{\omega C}$ 이다.

임피던스가 최소가 되어 전류가 최대가 되는 현상을 전기 공진이

라고 하며, 이때의 교류 전원의 주파수를 고유 진동수라고 한다.
$\omega_0 > \omega$ 이면, X_L은 전기 공진이 일어날 때 보다 작아지고, X_C는 커진다. 이때 전압의 실효값 V_e가 일정하므로 회로를 흐르는 전류 I_e는 전기 공진이 일어날때보다 작아진다. 따라서 코일 양단의 전위차 $V_2 = X_L I_e$의 진폭은 $\omega_0 = \omega$일 때 보다 작아지게 된다.
⇨ $V_e = \sqrt{V_1^2 + (V_2 - V_3)^2}$는 일정하고, V_1, V_2는 감소하므로, V_3는 증가한다.

31. 답 (1) ㉡ (2) ㉠ (3) ㉠

해설 (1) 코일의 유도 리액턴스 $X_L = \omega L = 2\pi f L$, 축전기의 용량 리액턴스 $X_C = \frac{1}{\omega C} = \frac{1}{2\pi f C}$ 이다. 따라서 RLC 회로에서 진동수에 따른 임피던스의 변화는 다음과 같다.

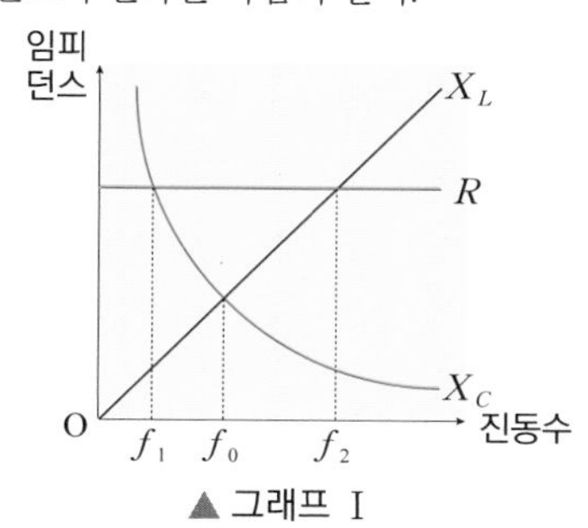

▲ 그래프 I

저항의 양단에 걸리는 전압 V_R의 위상과 실효 전류 I_e의 위상은 같다. (나)에서 실효 전압 E의 위상이 V_R의 위상보다 앞서 있으므로 전위차를 고려한 그림은 다음과 같다.

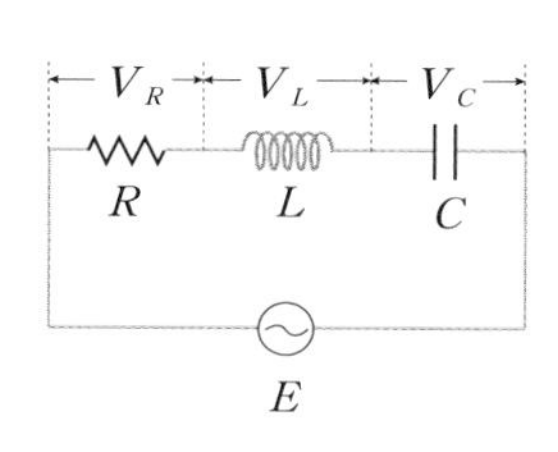

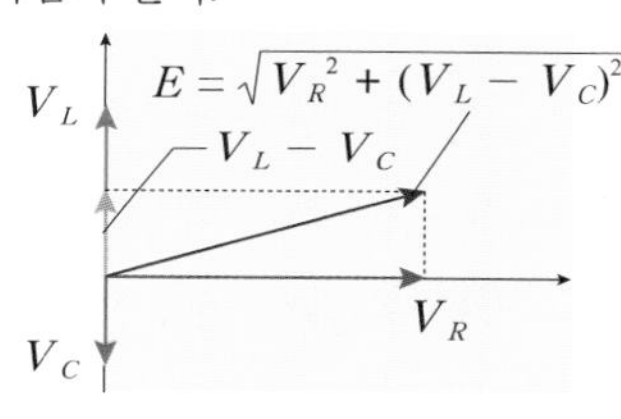

▲ 그래프 II

따라서 $V_L > V_C$인 경우 이므로 그래프 I 에서 진동수가 f_2인 경우가 된다. ⇨ 회로의 공명 진동수 f_0보다 교류 전원의 진동수가 크다.

(2) RLC 회로의 임피던스 $Z = \sqrt{R^2 + (X_L - X_C)^2}$ 이다.
축전기의 전기 용량 C가 증가하면 X_C가 작아지므로, 회로의 임피던스 Z는 커지게 된다. 따라서 실효 전압 $V_e = I_e Z$에 의해 I_e는 감소하고, 저항의 양단에 걸리는 전압 $V_R = I_e R$이므로 V_R의 진폭은 감소하게 된다.
(3) 코일의 자체 인덕턴스 L이 증가하면 X_L이 커지므로, 회로의 임피던스 Z는 커지게 된다. 따라서 (2) 와 같이 V_R의 진폭은 감소하게 된다.

32. 답 6.7×10^{-8}

해설 LC회로에 진동 전류가 흐를 때 진동수 $f = \frac{1}{2\pi\sqrt{LC}}$ 이므로 코일의 자체 인덕턴스 L은 다음과 같다.

$$L = \frac{1}{4\pi^2 f^2 C} = \frac{1}{4 \times 3^2 \times (20 \times 10^3)^2 \times (300 \times 10^{-6})}$$
$$\fallingdotseq 2.3 \times 10^{-7}\,(\mathrm{H})$$

LC회로의 총 에너지

$$U = \frac{1}{2}LI^2 = \frac{1}{2} \times (2.3 \times 10^{-7}) \times (8 \times 10^{-3})^2 = 7.4 \times 10^{-12}(\mathrm{J})$$

이므로, $\frac{1}{2}\frac{Q^2}{C} = \frac{1}{2}LI^2 = U$ 식에 의해 축전기에 충전되는 최대 전하 Q는 다음과 같다.

$$Q = \sqrt{2UC} = \sqrt{2 \times (7.4 \times 10^{-12}) \times (300 \times 10^{-6})}$$
$$\fallingdotseq 6.7 \times 10^{-8}\,(\mathrm{C})$$

20강. Project 3

Project 논/구술 176 ~ 181 쪽

Q1 〈 해설 참조 〉

해설

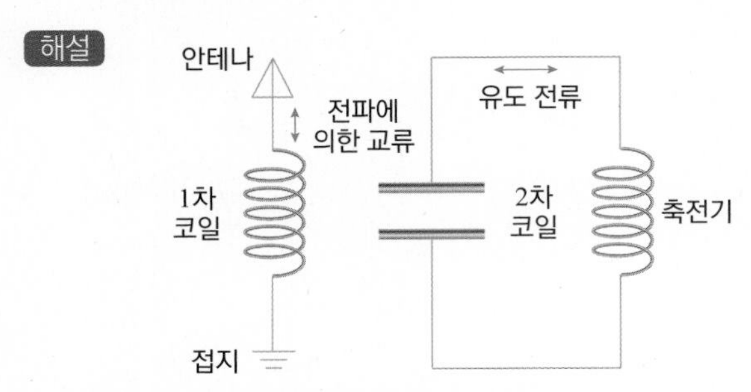

〈예시 답안〉 LC 회로를 이용한다. 전자기파가 발생하는 곳에 놓인 안테나에 여러 개의 주파수가 잡히면 1 차 코일에 여러 주파수의 교류가 흐르게 된다. 이때 LC 회로의 고유 주파수에 의해서만 전류가 유도되어 2 차 코일에 전류가 흐르게 되고, 축전기에 전하가 저장된다.

Q2 〈예시 답안 1〉 신발에 압전 소자를 이용한 장치를 부착하면 이동할 때마다 전력을 저장할 수 있을 것이다.

〈예시 답안 2〉 옷을 만드는 섬유 소재를 열전소자나 광전 효과를 일으키는 소자를 이용하여 만들면 몸의 체온 변화나 바깥 활동을 통해 전력을 저장할 수 있을 것이다.

해설 인체는 효율적인 전력 전송을 위한 매개체가 될 수 있다. 즉, 전선 대신 사람 몸을 매질로 사용하는 것이다. 이 기술은 안경 또는 손목 시계 형태의 컴퓨터와 바이오 센서 등 부착형 전자기기를 위한 전력으로 활용할 수 있다. 우리 몸을 활용해 전기를 생산하는 방법은 크게 세 가지가 있다.
첫 번째, 실내에 있을 경우 가정 내에서 사용하는 다양한 전자 제품을 비롯하여 형광등에서 나오는 전자기파를 이용하는 것이다. 이와 관련해 전기를 모으는 대표적인 방법으로는 손목에 부착하는 밴드 형태 등을 연구하고 있으며, 형광등 전자파만 100 % 수집해도 시간당 360 mW 의 전기를 얻을 수 있다고 한다.
두 번째, 평소 입는 옷을 활용하는 방법이다. 옷에 섬유 모양의 태양 전지를 만들어 제작할 경우 외부 활동을 할 때 전기 에너지를 축적할 수 있다. 한 연구팀은 태양 전지로 사용할 수 있는 최적의 섬유 물질을 연구하고 있으며 이 방법으로 시간 당 80 mW 의 전력을 얻을 수 있을 것으로 예상하고 있다.
세 번째, 우리가 움직일 때 발생하는 운동 에너지를 이용하는 방법이다. 예를 들어 신발 등에 압전 소자를 부착하여 걷거나 뛸 때 발생하는 압력을 전기로 만들어 내는 것이다.

Q3 〈예시 답안〉 주요 시설물에 자가 발전이 가능한 센서(태양 전지나 건물의 진동 에너지를 저장할 수 있는 소자를 이용)를 부착하여 천재 지변이나 다른 외부 요인에 의해 균열 및 붕괴가 올 경우 직전에 이를 사전 감지하여 대형 사고를 예방한다.

해설 주요 시설물들이 밀집한 경사면 산악지대에서 자가발전을 통한 무선 센서를 설치하여 폭우 등에 의해 발생할 수 있는 산사태 등을 실시간 사전 감지하여 주요 시설물의 훼손 및 붕괴를 예방한다.
도심에서의 교량과 주요 건축물, 공공시설물 등에서도 자가발전이 가능한 무선 센서 네트워크 시스템을 설치하여 교량 등의 균열 및 붕괴 직전에 이를 사전 감지한다.
해상에서는 군사훈련을 수행하는 군인과 선박, 휴가철 해수욕장에서 물놀이하는 피서객들이 입는 구명 조끼에 자가발전이 가능한 무선 센서를 장착하여, 재난 및 인명 구조의 사건 발생 시에도 손쉽게 사고 당사자의 위치를 실시간 확인해 손쉽게 인명 구조활동 및 군사활동을 한다.
철로와 기차에 원격 센서를 부착하여 무선으로 다른 기차나 역 등과 커뮤니케이션을 지원한다.
뿐만 아니라 화재에 취약한 지역에 대한 화재 초기 진압이 가능한 안전 주의 시스템 및 CCTV , 블랙박스 등에 추가적인 자가발전이 가능한 센서를 장착해 다기능 서비스 제공도 한다.

Q4 〈예시 답안〉 자기도 모르는 사이 무언가를 조종하거나 무의식으로 인해 문제가 발생할 수 있을 것이다. 또한 두뇌 활동의 정보를 해킹 당할 수 있을 것이다.

Q5 〈예시 답안〉 뇌에 데이터를 입력하는 세상이 온다면 정보가 필요할 때 그에 맞는 데이터를 구매하여 입력하면 될 것이다. 따라서 학교는 일부 학자들을 위한 특수한 공간이 될 것 같다. 또한 지식이 평준화되기 때문에 자신의 장점을 개발하는 일이 더욱 중요하게 될 것 같다.

해설 전기 자동차 테슬라의 창업자인 일론 머스크는 2017 년 3 월 인간의 뇌에 컴퓨터 칩을 심어 데이터를 주고 받는 기술을 연구하는 기업 '뉴럴 링크(Neural Link) 코퍼레이션' 설립을 공식 발표하였으며 뇌에 컴퓨터를 연결하는 '뉴럴 레이스(Neural Lace)'를 개발하고 있다. 뉴럴 링크측에 의하면 초소형 인공지능 칩(AI Chip)을 인간 뇌 겉 부분인 대뇌 피질에 이식한 뒤, 이 칩을 이용해 인간의 생각을 업로드하거나 다운로드 할 수 있다고 한다. 즉, 특정한 정보를 인간의 두뇌 속에 업로드하거나 기억하고 싶지 않은 트라우마는 두뇌 속에서 제거할 수도 있고, 다른 사람의 뇌로 기억을 전송할 수 있는 제품을 구상중이라고 한다.

Project 탐구　182 ~ 183 쪽

자료 해석 및 일반화

Q1 기전력 = 750 V, 내부 저항 = 8.9 Ω

해설 오른쪽 그림과 같이 전기 뱀장어 세포 1 개는 기전력이 150 mV = 0.15 V이고, 내부 저항이 0.25 Ω 인 전지로 볼 수 있다.

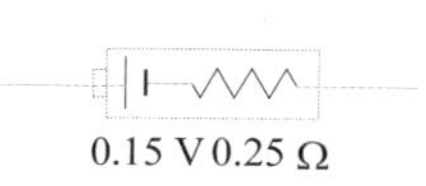

이러한 전지 5,000 개가 직렬 연결되어 있으므로 한 줄의 기전력은 0.15 × 5,000 = 750 (V) 이고, 내부 저항은 0.25 × 5,000 = 1,250 (Ω) 이다. 따라서 한 줄은 기전력이 750 (V), 내부 저항이 1,250 (Ω)인 전지로 생각할 수 있고, 이러한 줄이 140 개가 병렬 연결되어 있다고 하였으므로 다음 그림과 같다.

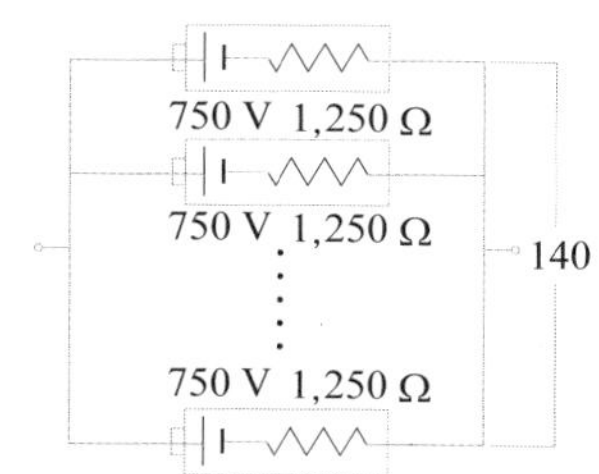

전지를 병렬 연결할 경우 기전력의 변화는 없으므로 총 기전력은 750 (V)이다. 이때 내부 저항은 열의 수에 반비례하게 줄어드므로 총 내부 저항은 $\frac{1,250}{140} \fallingdotseq 8.9$ (Ω) 이다.

Q2 0.93 A

해설 전기 뱀장어가 헤엄치고 있는 물은 오른쪽 그림과 같은 전기 회로도라고 볼 수 있다.

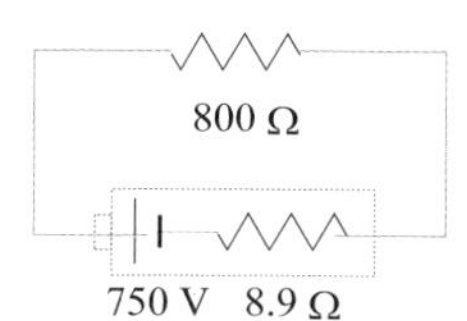

따라서 물에 흐르는 총 전류는 다음과 같다.

$$I = \frac{V}{R} = \frac{750}{800 + 8.9} \fallingdotseq 0.93 \text{ (A)}$$

개념 응용하기

〈 해설 참조 〉

해설 강물에는 약 0.93 A, 즉 930 mA 의 전류가 흐르게 되므로 전기 뱀장어 근처의 물고기들에게는 930 mA 의 전류가 흐른다. 따라서 주어진 본문 (다) 에 의해서라면 930 mA 의 전류가 몸에 흐를 경우 심실 세동이 일어나고, 자연 회복이 불가능한 상태가 되어 매우 위험하다. 하지만 뱀장어의 경우 이 전류가 140 개의 줄로 나눠져 몸 속을 흐르게 된다. 따라서 한 줄에 흐르는 전류는 $I = \frac{0.93}{140} \fallingdotseq 0.0066$ (A) = 6.6 (mA) 가 되므로 전기 뱀장어에게 충격을 주지 않는다.

Ⅱ 파동과 빛

21강. 파동의 발생과 전파

개념확인	186 ~ 189 쪽
1. 횡파, 종파	2. $y = A\cos kx$
3. 장력, 선밀도	4. 진폭, 진동수

확인 +	186 ~ 189 쪽
1. 진폭, 파장　2. 위상　3. (1) O (2) X　4. 23.04	

개념확인

03. 답 장력, 선밀도

해설 줄의 장력을 τ, 줄의 단위 길이당 질량인 줄의 선밀도를 μ 라고 할 때, 줄을 따라 진행하는 파동의 속력 v는 다음과 같다.

$$v = \sqrt{\frac{\tau}{\mu}} \text{ (m/s)}$$

확인 +

01. 답 진폭, 파장

해설

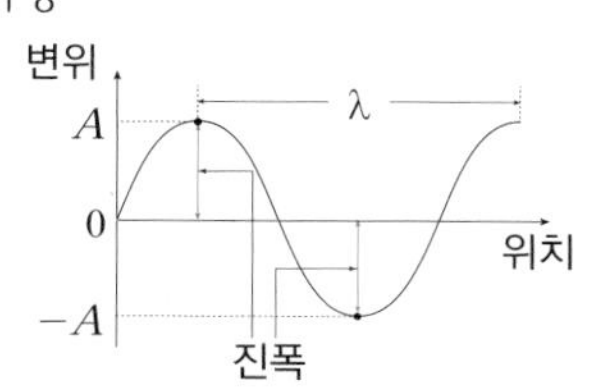

어느 순간 파동의 모습을 위치에 따라 나타낸 그래프인 위치-변위 그래프를 통해 진폭과 파장을 알 수 있다.

02. 답 위상

해설 파동 함수 $y(x, t) = A\sin(kx - \omega t)$ 에서 $y(x, t)$ 는 변위, A는 진폭, ω 는 각진동수, t 는 시간, $(kx - \omega t)$ 는 위상이다.

03. 답 (1) O (2) X

해설 매질의 각 점들의 진동 상태가 같은 점들로 이루어진 면이나 선을 파면이라고 한다. 파면은 파동이 진행하는 방향에 수직이고, 같은 파면에 있는 점들의 위상은 같다.

04. 답 23.04

해설 파동이 단위 시간 동안 전달하는 에너지인 일률은 다음과 같다.

$$P_{avg} = \frac{1}{2}\mu v \omega^2 y_m^{\ 2}$$

선밀도 $\mu = 0.5$ (kg/m), 속력 $v = \sqrt{\frac{\tau}{\mu}} = \sqrt{\frac{8}{0.5}} = 4$ (m/s)

각속도 $\omega = 2\pi f = 2 \times 3 \times 100 = 600$ (rad/s), $y_m = 0.008$ (m)

이므로,

$$P_{avg} = \frac{1}{2} \times 0.5 \times 4 \times 600^2 \times 0.008^2 = 23.04\ (\text{W})$$

개념다지기 190 ~ 191 쪽

01. ②	02. ④	03. (1) 0.05, 0.2 (2) 2, 0.5	
04. ③	05. ③	06. ②	07. ④ 08. 86.4

01. 답 ②

해설 ㄱ, ㄴ. (가) 와 (나) 는 매질인 용수철을 통해 에너지를 전달하는 파동인 탄성파이다. 이때 (가) 는 용수철의 진동 방향과 파동의 진행 방향이 수직인 횡파이고, (나) 는 용수철의 진동 방향과 파동의 진행 방향이 나란한 종파이다.

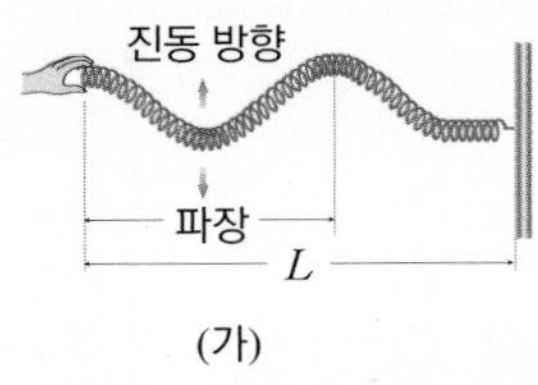

(가)

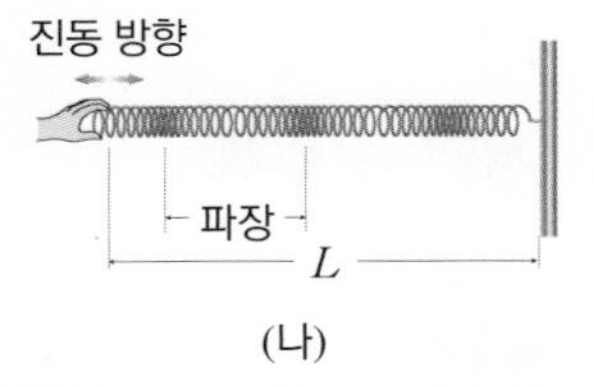

(나)

ㄷ. (가) 의 파장은 마루에서 인접한 마루 또는 골에서 인접한 골까지의 거리가 파장이고, (나) 의 파장은 밀한 부분에서 다음 밀한 부분 또는 소한 부분에서 다음 소한 부분까지의 거리가 된다. 따라서 (가) 의 파장이 (나) 의 파장보다 길다.

02. 답 ④

해설

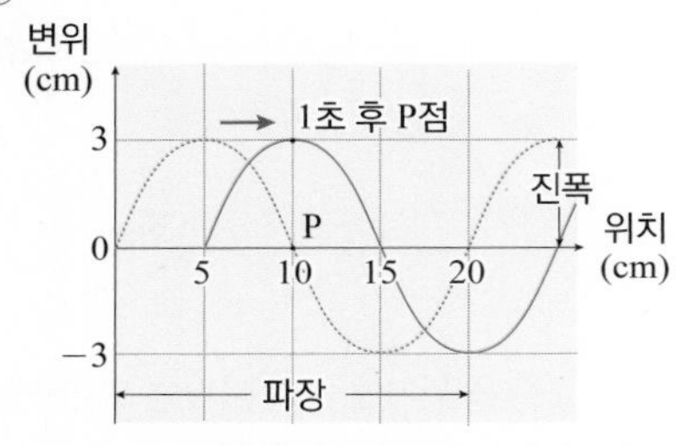

ㄱ. 파동의 진폭은 진동 중심에서 최대로 이동한 수직 거리이므로 3 cm 이다.

ㄴ. 파동의 파장은 횡파의 마루와 마루, 골과 골 사이의 거리가 되므로 20 cm 이다.

ㄷ. 1 초 후 변위가 +3 cm 라는 것은 파동이 오른쪽으로 진행하여 점 P 가 위로 움직여 마루가 된 것이라고 할 수 있다. 이때 주기는 매질의 한 점이 한 번 진동하여 원래 상태로 되돌아오는 데 걸리는 시간이므로, 파동의 주기는 4 초가 되고, 파동의 속력은 다음과 같다.

$$v = \frac{\lambda}{T} = \frac{20}{4} = 5\ (\text{m/s})$$

03. 답 (1) 0.05, 0.2 (2) 2, 0.5

해설 (1) $t = 0$ 일 때, 위치가 x_0, 변위 $y = A\cos kx_0$ 인 파동이 오른쪽 방향으로 $+v$ 의 속도로 이동할 때, 파동 함수는 다음과 같다.

$$y = A\cos(kx - \omega t) = 0.05\cos(10\pi x - \pi t)$$

이때 진폭 $A = 0.05$ (m), 파수 $k = \frac{2\pi}{\lambda} = 10\pi$ 이므로, 파장 $\lambda = 0.2$ (m) 이다.

(2) 각속도 $\omega = \frac{2\pi}{T} = \pi$ 이므로, 주기 $T = 2$ (s)

진동수 $= \frac{1}{T} = 0.5$ (Hz)

04. 답 ③

해설 파동 함수 $y(x, t) = A\sin(kx - \omega t) = \frac{1}{\pi}\sin\left(\frac{\pi}{6}x - \frac{\pi}{2}t\right)$ 에서 $k = \frac{\pi}{6}$, $\omega = \frac{\pi}{2}$ 는 각각 각속도와 파수이다.

파동의 속력은 $v = \frac{\lambda}{T}$ 이고, 각속도 $\omega = \frac{2\pi}{T}$, 파수 $k = \frac{2\pi}{\lambda}$ 이므로,

$$v = \frac{\omega}{k} = \frac{\pi/2}{\pi/6} = 3$$

05. 답 ③

해설 ㄱ. 음파의 속도는 고체 > 액체 > 기체 순으로 빠르다.

ㄴ. 줄이 팽팽할수록 줄의 장력이 크다. 줄에 생기는 파동의 속도 $= \sqrt{\frac{\text{줄의 장력}(\tau)}{\text{줄의 선밀도}(\mu)}}$ 이므로, 줄이 팽팽할수록 파동의 속도가 빠르다.

ㄷ. 물결파의 파장은 물의 깊이가 깊을수록 길다. 따라서 물의 깊이가 깊을수록 물결파의 속도는 빠르다.

06. 답 ②

해설 ㄱ. 한 파면에 있는 각 점들의 위상은 같으며, 위상이 같은 점들의 변위와 진동 상태(운동 상태)는 같다.

ㄴ. 마루와 다음 마루, 골과 다음 골 사이의 거리와 같이 파면과 다음 파면 사이의 거리는 파장과 같다.

ㄷ. 파동의 종류와 상관없이 파동의 진행 방향과 파면은 항상 서로 수직하다.

07. 답 ④

해설 ㄱ. ㄴ, 진동하는 줄의 각 요소는 $y = 0$ 일 때, 운동 에너지와 탄성 퍼텐셜 에너지 모두 최대가 된다. $y = A$ 를 지나는 순간 y 축 방향 속도가 0 이다.

ㄷ. 파동의 세기는 진동수의 제곱과 진폭의 제곱에 각각 비례한다.

08. 답 86.4

해설 줄의 선밀도가 μ, 파동의 속도가 v, 각속도가 ω, 진폭이 A 인 파동의 세기는 다음과 같다.

$$P_{avg} = \frac{1}{2}\mu v \omega^2 A^2$$

파동의 속력 $v = \sqrt{\frac{\tau}{\mu}} = \sqrt{\frac{48}{0.03}} = 40$ (m/s) 이고,

$\omega = 2\pi f = 2 \times 3 \times 40 = 240$ (rad/s)이므로,

$$\therefore P_{avg} = \frac{1}{2} \times 0.03 \times 40 \times (240)^2 \times (0.05)^2 = 86.4\ (\text{W})$$

유형익히기 & 하브루타 192 ~ 195 쪽

[유형21-1] ③	01. ③	02. ③
[유형21-2] ③	03. ④	04. ⑤
[유형21-3] ③	05. ③	06. ④
[유형21-4] (1) 4π (2) $\frac{15}{\pi}$ (3) 60 (4) 43.2		
	07. ④	08. ⑤

[유형21-1] 답 ③

해설 ㄱ, ㄴ. 파동 B 에서 점 P 의 매질의 순간 이동 방향이 $+y$ 방향이고, 파동 B 의 모양이 처음 나타났으므로 파동은 왼쪽으로 진행하고 있음을 알 수 있다. 0.3 초 후 파동의 마루가 3 m 이동하였기 때문에 파장이 4 m 인 파동이 원래의 모양으로 되돌아오는데 0.4 초가 걸리므로, 주기는 0.4 초이다. 이때 파동의 속력은

$$v = \frac{\lambda}{T} = \frac{4}{0.4} = 10\ (\mathrm{m/s})\ \text{이다.}$$

ㄷ. 매질의 평균 진동 속력은 y축 방향의 속력이 된다. 매질이 최대 진폭에서 최소 진폭까지 이동할 때까지 0.2 초가 걸리므로 매질의 평균 진동 속력은 다음과 같다.

$$v_y = \frac{0.5 + 0.5}{0.2} = 5\ (\mathrm{m/s})\ \text{이다.}$$

01. 답 ③

해설 ㄱ. 변위-시간 그래프이므로, 주기 = 8 (s) 임을 알 수 있다. 따라서 진동수 = $\frac{1}{\text{주기}} = \frac{1}{8} = 0.125$ (Hz) 이므로, 물결파는 1 초에 0.125 번 진동함을 알 수 있다.

ㄴ. 물결파의 파장 $\lambda = vT\ (= \frac{v}{f}) = 2 \times 8 = 16$ (cm) 이다.

ㄷ. $t = 4$ 일 때 매질의 변위는 0 이다.

02. 답 ③

해설 ㄱ. 한 파장 차이가 나는 매질의 위상은 서로 같고, 반파장 차이가 가는 위상은 서로 반대이다.

ㄴ. 종파를 횡파롤 변환하기 위해서는 매질의 진동 변위를 90° 돌려서 나타낸다. (+)x 방향 변위를 (+)y 변위로, (−)x 방향 변위를 (−)y 변위로 바꾸면 횡파 모양이 된다. 이때 (+) 변위에서 (−)변위로 바뀌는 평형 위치를 밀한 곳, (−) 변위에서 (+)변위로 바뀌는 평형 위치가 소한 곳이 된다.

ㄷ. 탄성파가 진행할 때 매질 입자들은 제자리에서 진동할 뿐 파동과 함께 이동하지 않는다. 이때 매질 내의 이웃한 점끼리 작용하는 힘에 의해 연속하여 매질이 진동한다. 이 과정에서 파동 에너지가 전달된다.

[유형21-2] 답 ③

해설 ㄱ, ㄴ. 이 파동은 $t = 0$ 일때, 마루가 $\frac{\pi}{2}$에 있으므로 사인 함수가 된다. 진폭이 A, 파장이 λ, 주기가 T 인 사인파의 변위 y를 각각 거리의 함수, 시간의 함수로 표현하면 다음과 같다.

$$y(x) = A\sin\frac{2\pi}{\lambda}x, \quad y(t) = A\sin\frac{2\pi}{T}t$$

이 파동의 파장 $\lambda = vT = 20 \times 0.2 = 4$ (m) 이고, 주기 T = 0.2 (s), 진폭 A = 1 (m) 이므로,

$$y(x) = A\sin\frac{2\pi}{4}x = \sin\frac{\pi}{2}x,$$

$$y(t) = A\sin\frac{2\pi}{T}t = \sin\frac{2\pi}{0.2}t = \sin 10\pi t\ \text{가 된다.}$$

ㄷ. 반파장 거리에 있는 위상은 서로 반대이다. $t = 0.1$ 초일 때, 파동은 반파장을 이동하게 되므로, 위상이 반대인 파형이 나타난다.

03. 답 ④

해설 $t = 0$일 때, 위치가 x_0, 변위 $y = A\sin kx_0$ 인 파동이 오른쪽 방향으로 $+v$의 속도로 이동할 때, 파동 함수는 다음과 같다.

$$y = A\sin(kx - \omega t)$$

ㄱ. 진동수 f = 3 (Hz) 이므로, 각속도 $\omega = 2\pi f = 6\pi$ (rad/s) 이다.

ㄴ. $v = f\lambda \Rightarrow \lambda = \frac{v}{f} = \frac{6}{3} = 2$ (m) 이므로,

파수 $k = \frac{2\pi}{\lambda} = \frac{2\pi}{2} = \pi$ (rad/m) 이다.

ㄷ. $y = 0.15\sin(\pi x - 6\pi t) = 0.15\sin 2\pi(\frac{x}{2} - 3t)$

04. 답 ⑤

해설 $t = 0$일 때, 위치가 x_0, 변위 $y = A\sin kx_0$ 인 파동이 오른쪽 방향으로 $+v$의 속도로 이동할 때, 파동 함수는 다음과 같다.

$$y = A\sin(kx - \omega t) = 2\sin(\pi x - 400\pi t)$$

ㄱ. 각속도 $\omega = \frac{2\pi}{T} = 400\pi$ 이므로, 주기 $T = \frac{2\pi}{\omega} = \frac{2\pi}{400\pi} = \frac{1}{200}$ (s), 즉, 1 번 진동하는데 $\frac{1}{200}$초가 걸리므로, 200 번 진동하는 데 1 초 걸린다.

ㄴ. 파동의 속력은 $v = \frac{\lambda}{T}$ 이고, 각속도 $\omega = \frac{2\pi}{T} = 400\pi$,

파수 $k = \frac{2\pi}{\lambda} = \pi$ 이므로,

$$v = \frac{\omega}{k} = \frac{400\pi}{\pi} = 400\ (\mathrm{cm/s}) = 4\ (\mathrm{m/s})$$

ㄷ. 파장 $\lambda = \frac{2\pi}{k} = \frac{2\pi}{\pi} = 2$ (cm) 이다.

[유형21-3] 답 ③

해설 ㄱ. 파동의 속력이 v 라면, t 초 후 각 구면파의 반지름은 vt 가 된다. 이 구면파들이 공통으로 접하는 면이 시간 t 초 후 새로운 파면이 된다.

ㄴ. 하위헌스 원리에 의해 첫번째 파면을 이루는 점들은 각각의 점파원이 되며, 이 점파원에 의한 구면파가 일정한 거리 r 만큼 진행한 후 공통으로 접하는 면이 다음 파면이 된다. 따라서 파면에서 다음 파면 사이의 거리인 r 이 파장이 된다.

ㄷ. 매질 내의 각 점의 진동수는 변하지 않으며, 원래의 파원과 같은 진동수로 진동한다.

05. 답 ③

해설 ㄱ. 파장의 주기 $= \frac{1}{f}$이다.

ㄱ. 물결파의 파장은 마루와 인접한 마루 사이의 거리가 되므로 $\lambda = \frac{L}{2}$이다. 물결파의 속력 $v = f\lambda = \frac{fL}{2}$이다.

ㄷ. 물결파의 속력은 물의 깊이가 깊을수록 빠르지만 깊이가 일정할경우 진동수를 증가시켜도 속력은 변하지 않는다. 따라서 진동수가 2 배로 증가할경우 파장은 $\frac{L}{4}$이 된다.

06. 답 ④

해설 ㄱ. 줄의 선밀도 $\mu = \frac{m}{l} = \frac{1}{5} = 0.2$ (kg/m)

ㄴ. 줄에 연결된 0.5 kg 추에 의한 장력 $\tau = 0.5 \times 10 = 5$ (N)

파동의 속력 $v = \sqrt{\frac{\tau}{\mu}} = \sqrt{\frac{5}{0.2}} = 5$ (m/s) 이다.

ㄷ. 줄에 생기는 파동의 속력은 줄을 잡아당기는 장력이 클수록, 줄의 선밀도가 작을수록 빨라진다. 따라서 추의 무게만 증가시킬 경우 파동의 속력은 빨라진다.

[유형21-4] 답 (1) 4π (2) $\frac{15}{\pi}$ (3) 60 (4) 43.2

해설 $t = 0$일 때, 위치가 x_0, 변위 $y = A\sin kx_0$ 인 파동이 오른쪽 방향으로 $+v$의 속도로 이동할 때, 파동 함수는 다음과 같다.

$$y = A\sin(kx - \omega t) = 0.4\sin(0.5x - 30t)$$

(1) 파수 $k = \frac{2\pi}{\lambda}$ 이므로, 파장 $\lambda = \frac{2\pi}{k} = \frac{2\pi}{0.5} = 4\pi$ (m)

(2) 각속도 $\omega = 2\pi f = 30$ ⇨ $f = \frac{15}{\pi}$ (Hz)

(3) 파동의 속력은 $v = \frac{\omega}{k} = \frac{30}{0.5} = 60$ (m/s)

(4) 파동의 진폭 $A = 0.4$ (m), 선밀도 $\mu = 10$ (g/m) $= 0.01$ (kg/m) 이므로, 파동의 평균 일률은 다음과 같다.

$$P_{avg} = \frac{1}{2}\mu v\omega^2 A^2 = \frac{1}{2} \times 0.01 \times 60 \times 30^2 \times (0.4)^2$$
$$= 43.2 \text{ (W)}$$

07. 답 ④

해설 y 축 변위가 0 일 때, y축 방향 속도(진동 속도)가 최대이므로 운동 에너지가 최대이고, 탄성 퍼텐셜 에너지도 최대이다. 반면에 y축 변위가 진폭 위치 일 때는 y축 방향 속도가 0 이다.

ㄱ, ㄴ. P 점은 평형 위치일 때로, 진동 속력, 운동 에너지가 최대이다. Q 점에서 운동 에너지는 0 이다.

ㄷ. 진동 가속도가 최대인 곳은 최고 높은 위치일 때인 R 점이다.

08. 답 ⑤

해설 ㄱ. 줄의 선밀도 $\mu = \frac{120}{2.4} = 50$ (g/m) $= 0.05$ (kg/m)

파동의 속력 $v = \sqrt{\frac{\tau}{\mu}} = \sqrt{\frac{20}{0.05}} = 20$ (m/s) 이다.

ㄴ. $P_{avg} = 2\mu v\pi^2 f^2 A^2$ ⇨ $f^2 = \frac{P_{avg}}{2\mu v\pi^2 A^2}$

$$f^2 = \frac{15}{2 \times 0.05 \times 20 \times 3^2 \times 0.008^2} = 13020.83\cdots$$
$$\therefore f = 114.1088\cdots \fallingdotseq 114 \text{ (Hz)}$$

ㄷ. $\omega = 2\pi f = 2 \times 3 \times 114 = 684$ (rad/s)

창의력 & 토론마당 196 ~ 199 쪽

01 B 쪽 줄을 따라 진행한 파동이 0.003 초 먼저 도착한다.

해설 두 줄은 팽팽하게 잡아당겨져 있기 때문에 장력은 같은 값을 갖는다($\tau = 500$ N). 따라서 매듭에 도달하는데 걸리는 시간을 각각 t_A, t_B로 하면 다음과 같다.

$$t_A = \frac{L_A}{v_A} = L_A\sqrt{\frac{\mu_A}{\tau}} = 2.4 \times \sqrt{\frac{0.0125}{500}} = 0.012 \text{ (s)}$$
$$t_B = \frac{L_B}{v_B} = L_B\sqrt{\frac{\mu_B}{\tau}} = 1.5 \times \sqrt{\frac{0.018}{500}} = 0.009 \text{ (s)}$$

따라서 줄 B 를 따라 진행한 파동이 0.003 초 먼저 매듭에 도착한다.

02 0.54 초

해설 엘리베이터가 연결되어 있는 강철 케이블의 선밀도는

$$\mu = \frac{40}{50} = 0.8 \text{ (kg/m)}$$

강철 케이블에 걸리는 장력

$T = Mg = (80 + 620) \times 9.8 = 6860$ (N) 이므로, 케이블에 발생하는 파동의 속력은 다음과 같다.

$$v = \sqrt{\frac{T}{\mu}} = \sqrt{\frac{6860}{0.8}} = 92.6012\cdots \fallingdotseq 92.6 \text{ (m/s)}$$ 이다.

따라서 위쪽에 있는 동료에게 전달되는데 걸리는 시간 t는

$$t = \frac{\text{줄의 길이}}{v} = \frac{50}{92.6} = 0.53995\cdots \fallingdotseq 0.54 \text{ (s)}$$ 이다.

03 (1) 14.25m/s (2) $y = 0.05\sin(5\pi x + 95\pi t)$

해설

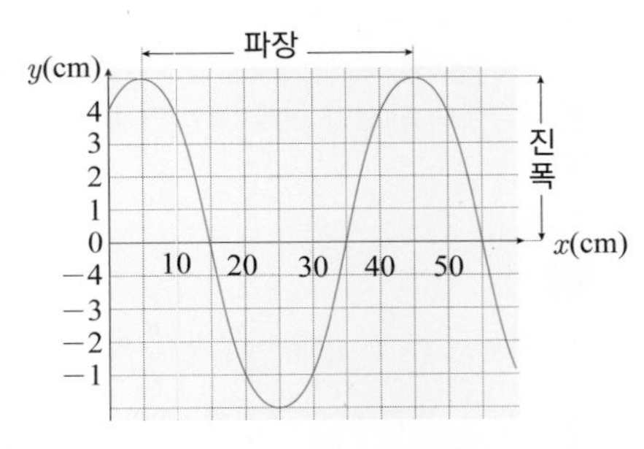

(1) 파동의 진폭 $A = 5$ cm $= 0.05$ m, 파장 $\lambda = 40$ cm $= 0.4$ m, 줄의 장력 $\tau = 3.6$ N, 줄의 선밀도 $\mu = 10$ g/m $= 0.01$ kg/m 이

므로 파동의 속력은

$$v = \sqrt{\frac{\tau}{\mu}} = \sqrt{\frac{3.6}{0.01}} \fallingdotseq 19\,(\text{m/s})$$ 이므로,

진동수 $f = \frac{v}{\lambda} = \frac{19}{0.4} = 47.5\,(\text{Hz})$ 이고,

각진동수 $\omega = 2\pi f = 2 \times 3 \times 47.5 = 285\,(\text{rad/s})$이다.

y 축 방향의 최대 속력은 반경이 y_M이고, 각속도가 ω 인 원운동에서의 속력과 일치하므로, y 축 방향의 최대 속력 $u_M = \omega y_M = 285 \times 0.05 = 14.25\,(\text{m/s})$ 이다.

(2) 파수 $k = \frac{2\pi}{\lambda} = \frac{2\pi}{0.4} = 5\pi\,(\text{rad/m})$ 이고, $\omega = 2\pi \times 47.5 = 95\pi$, $-x$ 방향으로 진행하는 파동이므로 파동 함수는 다음과 같다.

$$y = A\sin(kx + \omega t) = 0.05\sin(5\pi x + 95\pi t)$$

04 (1) $\sqrt{\frac{k\Delta L(L + \Delta L)}{m}}$ (2) $\sqrt{\frac{mL}{k\Delta L}}$ (3) $\sqrt{\frac{m}{k}}$

해설 (1) 고무줄의 장력을 τ, 선밀도를 μ 라고 하면, 고무줄을 ΔL 만큼 잡아당기면 훅의 법칙에 의해 $\tau = k\Delta L$ 이고, $\mu = \frac{m}{L + \Delta L}$ 이 되므로, 속력은 다음과 같다.

$$v = \sqrt{\frac{\tau}{\mu}} = \sqrt{\frac{k\Delta L(L + \Delta L)}{m}}$$

(2) 파동이 고무줄을 진행하는 데 걸리는 시간은

$$t = \frac{L + \Delta L}{v} = (L + \Delta L)\sqrt{\frac{m}{k\Delta L(L + \Delta L)}} = \sqrt{\frac{m(L + \Delta L)}{k\Delta L}}$$

$\Delta L \ll L$ 일 경우, 분자의 ΔL 값을 무시할 수 있다.

$$\therefore t = \sqrt{\frac{mL}{k\Delta L}}$$

(3) $\Delta L \gg L$ 일 경우에도 분자의 L 값을 무시할 수 있다.

$$\therefore t = \sqrt{\frac{m\Delta L}{k\Delta L}} = \sqrt{\frac{m}{k}}$$

05 〈해설 참조〉

해설 오른쪽 방향을 (+) 로 하면, 기체 요소에 작용하는 알짜 힘은 다음과 같다.

$$F = PA - (P + \Delta P)A = -\Delta PA$$

기체 요소의 부피 $\Delta V = A\Delta x$ 이므로, 기체 요소의 질량은

$$\Delta m = \rho\Delta V = \rho A\Delta x = \rho Av\Delta t$$

이고, Δt 시간 동안 평균 가속도는

$$a = \frac{\Delta v}{\Delta t}$$

이므로, $F = ma$ 로부터 다음 식이 성립한다.

$$-\Delta PA = (\rho Av\Delta t)\frac{\Delta v}{\Delta t} \Rightarrow \rho v^2 = -\frac{\Delta P}{\Delta v/v}$$

이때 $V = Av(\Delta t)$ 이고, $\Delta V = A(v + \Delta v)\Delta t - Av(\Delta t) = A(\Delta v)(\Delta t)$ 이므로,

$$\frac{\Delta v}{v} = \frac{\Delta V}{V}$$

$$\therefore \rho v^2 = -\frac{\Delta P}{\Delta V/V} = -B \Rightarrow v = \sqrt{\frac{B}{\rho}}$$

〈 참 고 〉

단열된 관안의 기체의 PV^γ = 일정하다. 따라서 압력과 부피가 매우 작은 양만큼 변할 때 다음과 같은 관계가 성립한다.

$$\Delta(PV^\gamma) = (\Delta P)V^\gamma + P(\Delta V^\gamma) + (\Delta P)(\Delta V^\gamma)$$
$$\approx (\Delta P)V^\gamma + P(\Delta V^\gamma) = 0$$
$$V^\gamma = (V + \Delta V)^\gamma - V^\gamma = [V^\gamma + \gamma V^{\gamma-1}(\Delta V) + \cdots] - V^\gamma = \gamma V^{\gamma-1}(\Delta V)$$
$$\therefore (\Delta P)V^\gamma = -P\gamma(\Delta V)V^{\gamma-1} \Rightarrow -\frac{\Delta P}{\Delta V/V} = P\gamma = B$$

따라서 음파의 전파 속력은 다음과 같다.

$$v = \sqrt{\frac{B}{\rho}} = \sqrt{\frac{\gamma P}{\rho}}$$

06 (1) $I_A = 12.5\,\text{J/m}^2$, $I_B = 100\,\text{J/m}^2$ (2) 〈해설 참조〉

해설 (1) 물체가 가진 에너지의 30%를 가지고 퍼져나간다고 하였으므로, 지진파의 에너지는 다음과 같다.

$$E = (4 \times 10^{11}) \times \frac{30}{100} = 12 \times 10^{10}\,(\text{J})$$

충돌이 0.5 초 지속될 동안 지진파는 $4\pi r^2$ 만큼 전달되므로 $S{\cdot}t = 0.5 \times 4\pi r^2 = 2\pi r^2$ 이고, 파동의 에너지 $I = \frac{E}{S{\cdot}t}$ 이므로, I_A, I_B 는 각각 다음과 같다[$r_A = 4 \times 10^4$, $r_B = (4 \times 10^4)(5 \times 10^3)$].

$$I_A = \frac{12 \times 10^{10}}{2\pi(4 \times 10^4)^2} = 12.5\,(\text{J/m}^2)$$

$$I_B = \frac{12 \times 10^{10}}{2\pi(4 \times 10^4)(5 \times 10^3)} = 100\,(\text{J/m}^2)$$

(4) 지진파 A 와 B 가 각각 충돌 지점으로부터 40 km 떨어져 있는 지진 관측소에 도달하는데 걸리는 시간은 각각 다음과 같다.

$$t_A = \frac{40}{1},\ t_B = \frac{40}{0.4} \Rightarrow t_A : t_B = 40 : 100$$

파동의 세기 $I \propto A^2 f^2$ 이므로,

$A_A^2 3^2 : A_B^2 1^2 = 12.5 : 100 = 1 : 8 \Rightarrow A_A^2 : A_B^2 = 1 : 72$ 이 되고, 두 파동의 진폭의 크기 $A_A : A_B = 1 : 6\sqrt{2}$ 이다. 따라서 지진파 A 는 2 초 동안 6 번 진동을 하고, 60 초 후에 지진파 B 는 지진파 A 의 진폭보다 $6\sqrt{2}$배 큰 진폭으로 5 초 동안 5 번 진동을 한다.

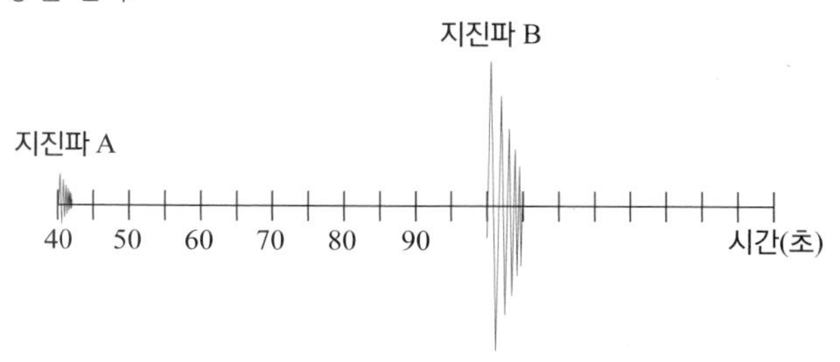

스스로 실력 높이기 200 ~ 205 쪽

01. (1) X (2) X (3) O　02. ④
03. $y = A\sin x$　04. ⑤　05. ②　06. ④
07. ②　08. ①　09. (1) O (2) X (3) O
10. 311.04　11. ④　12. ①　13. ②
14. 0.88　15. ②　16. ①　17. ⑤
18. 129.6　19. ④　20. ④　21. ③
22. ③　23. ①　24. 203　25. ③　26. ④
27. $y = 0.12\sin(333\pi x + 200\pi t)$　28. ④
29. ②　30. $y = 0.05\sin(8\pi x - 240\pi t)$
31. ④　32. ③

01. 답 (1) X (2) X (3) O

해설 (1) 종파의 밀한 곳에서 이웃한 밀한 곳, 또는 소한 곳에서 이웃한 소한 곳까지의 거리가 파장이다.
(2) 탄성파란 매질을 통하여 전파되는 파동이다. 이때 매질이 직접 이동하지 않으며, 매질 내의 이웃한 점끼리 작용하는 힘에 의해 연속하여 매질이 진동하는 과정에서 파동 에너지가 전달되는 것이다.
(3) 파동의 속도 $= \dfrac{\text{파장}}{\text{주기}}$ = 진동수 × 파장 이다.

02. 답 ④

해설 다음 순간 파동의 모습은 점선과 같다.

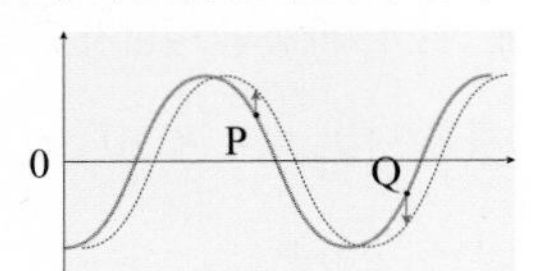

따라서 속도 방향은 P 점은 위쪽, Q 점은 아래쪽이 된다.

03. 답 $y = A\sin x$

해설 $t = 0$일 때, 파동의 마루가 $x = \dfrac{\pi}{2}$ 에 있는 조화 파동을 나타내는 함수 $y = A\sin kx$ 이다. 이때 파장 $\lambda = 2\pi$ 이므로 $k = \dfrac{2\pi}{\lambda} = 1$ 이다.

$$\therefore y = A\sin x$$

04. 답 ⑤

해설 파동의 진동수 $f = 3$ (Hz), 파장 $\lambda = 8$ (m) 이므로, 속력 $v = f\lambda = 24$ (m/s) 이다.

05. 답 ②

해설 (가) 와 (나) 의 그래프가 나타내는 것을 각각 다음과 같다.

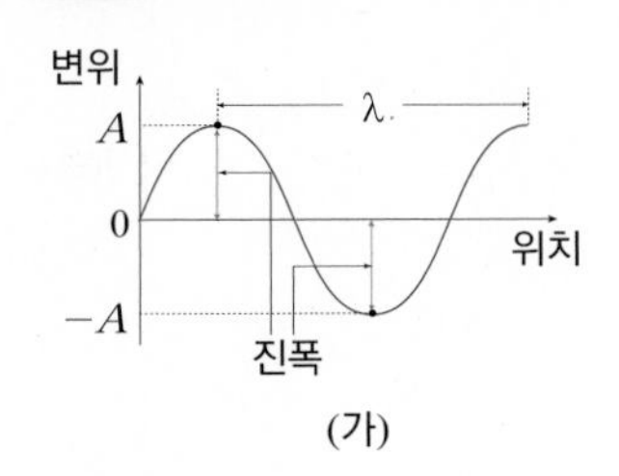

(가)

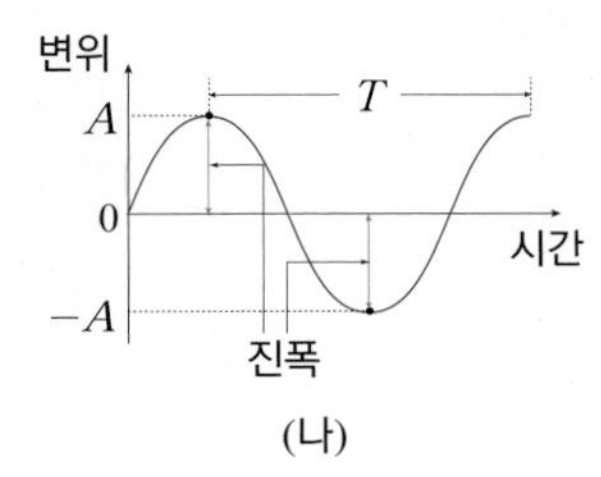

(나)

$$\therefore \text{파동의 속력 } v = \frac{\text{파장}}{\text{주기}} = \frac{\lambda}{T} = \frac{A}{B}$$

06. 답 ④

해설 파동의 주기 $T = 0.2$ 초 이므로, 파동의 파장은

$\lambda = vT = 10 \text{ m/s} \times 0.2 \text{ s} = 2$ (m) 이다.

07. 답 ②

해설 종파에서 파장은 밀한 부분에서 다음 밀한 부분까지의 거리가 된다. 따라서 파장 $\lambda = 0.45$ (m), 진동수 $f = 4$ (Hz) 이므로, 종파의 전파 속도 $v = f\lambda = 0.45 \times 4 = 1.8$ (m/s) 이다.

08. 답 ①

해설 ㄱ. 상온에서 섭씨 온도를 t 라고 할 때, 음파의 속력 $v = 331 + 0.6t$ 이다.
ㄴ. 파동의 진동수는 매질을 진동시킨 파원의 진동수에 의해 결정되므로 물이 깊어져도 변하지 않는다. 물의 깊이가 깊어질수록 파동의 속력이 빨라지기 때문에 파장이 길어진다.
ㄷ. 줄에 생긴 파동의 속력 $v = \sqrt{\dfrac{\tau}{\mu}}$ 이므로, 줄의 선밀도가 작을수록 빠르게 전파한다.

09. 답 (1) O (2) X (3) O

해설 (2) 파동의 종류와 상관없이 파동의 진행 방향은 항상 파면과 수직이다. (3) 파동이 진행할 때 파면 상의 모든 점에서 그 점을 파원으로 하는 무수히 많은 구면파가 생기며, 이 구면파에 공통으로 접하는 면이 다음 순간의 새로운 파면이 된다. 이를 하위헌스 원리라고 한다.

10. 답 311.04

해설 파동의 진폭 $A = 0.02$ (m), 선밀도 $\mu = 0.1$ (kg/m), 진동수 $f = 120$ (Hz) 이므로, 파동의 속력 $v = \sqrt{\dfrac{\tau}{\mu}} = \sqrt{\dfrac{90}{0.1}} = 30$ (m/s) 이다.
따라서 줄에 공급해야 하는 일률은 다음과 같다.

$P_{avg} = 2\mu v\pi^2 f^2 A^2 = 2 \times 0.1 \times 30 \times 3^2 \times 120^2 \times 0.02^2$
$= 311.04$ (W)

11. 답 ④

해설 (가) 와 (나) 의 그래프가 나타내는 것은 각각 다음과 같다.

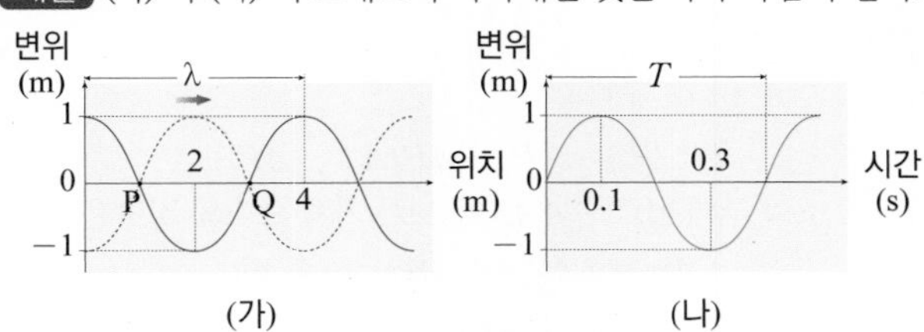

(가)　(나)

ㄱ. 파장 $\lambda = 4$ (m), 주기 $T = 0.4$ (초) 이므로, 파동의 속력은 $v = \dfrac{\lambda}{T} = \dfrac{4}{0.4} = 10$ (m/s) 이다.
ㄴ. 파동이 오른쪽으로 진행하므로 (가) 에서 P 점의 다음 순간 변위는 (+) 값이 되고, Q 점의 다음 순간 변위는 (−) 값이 된다. (나) 는 0 초가 지나는 순간 변위가 (+) 값이 되는 지점을 나타낸 그래

프이므로 P점에서 매질의 변위-시간 그래프가 된다.

ㄷ. 위의 그림 (가) 에서 점선은 0.2 초 후 파동의 모습이 된다. 따라서 P 점과 Q 점의 변위는 모두 0 이므로, 변위차도 0 m 이다.

12. 답 ①

해설 마루 P 가 2 초가 지난 후 Q 까지 2 cm 이동하였다. 따라서

속력 $= \dfrac{\text{이동 거리}}{\text{걸린 시간}} = \dfrac{2}{2} = 1$ (cm/s) 이다.

〈 또 다른 풀이 〉

파동의 파장 $\lambda = 8$ (cm) 이고, 2 초 동안 $\dfrac{\lambda}{4}$ 이동하는 데 걸린 시간이 2 초 이므로, 파동의 주기 $T = 8$ (s) 이다.

$$\therefore v = \frac{\lambda}{T} = \frac{8}{8} = 1 \text{ (cm/s)}$$

13. 답 ②

해설 $t = 0$ 일 때, 위치가 x_0, 변위 $y = A\sin kx_0$ 인 파동이 오른쪽 방향으로 $+v$ 의 속도로 이동할 때, 파동 함수는 다음과 같다.

$$y = A\sin(kx - \omega t) = 0.05\sin(20\pi x - \pi t)$$

ㄱ. 각속도 $\omega = \dfrac{2\pi}{T} = \pi$ 이므로, 주기 $T = \dfrac{2\pi}{\omega} = \dfrac{2\pi}{\pi} = 2$ (s) 이고, 진동수 $f = \dfrac{1}{T} = 0.5$ (Hz) 이다.

ㄴ. $y = 0.05\sin[(20\pi \times \dfrac{1}{24}) - (\pi \times \dfrac{2}{3})] = 0.05\sin\dfrac{\pi}{6}$ 이고, $\sin\dfrac{\pi}{6} = \dfrac{1}{2}$이므로, 파동의 변위 $y = 0.025$ (m) 이다.

ㄷ. 파동의 속력은 $v = \dfrac{\lambda}{T}$ 이고, 각속도 $\omega = \dfrac{2\pi}{T} = \pi$, 파수 $k = \dfrac{2\pi}{\lambda} = 20\pi$ 이므로, $v = \dfrac{\omega}{k} = \dfrac{\pi}{20\pi} = 0.05$ (m/s) $= 5$ (cm/s) 이다.

14. 답 0.88

해설 상온에서 섭씨 온도를 t 라고 할 때, 음파의 속력 $v = 331 + 0.6t$ 이므로, 실내 온도가 25 ℃인 곳에서 음파의 속력 $v = 331 + (0.6 \times 25) = 346$ (m/s) 이다.

$$\therefore \lambda = \frac{v}{f} = \frac{346}{392} = 0.8826\cdots \fallingdotseq 0.88 \text{ (m)}$$

15. 답 ②

해설 ㄱ. 파동의 파장은 골과 골 또는 마루와 마루 사이의 거리이므로 파면과 파면 사이의 길이이다. 뱃머리에서 배꼬리 사이에 파면이 6 개 있으므로 파동의 파장은 다음과 같다.

$$\lambda = \frac{8}{6-1} = 1.6 \text{ (m)}$$

ㄴ. 20 초 동안 뱃머리를 지나는 파동의 수가 5 개 이므로, 1 개의 파동이 지나가는 데 걸리는 시간인 주기 $T = 4$ 초가 된다. 따라서 진동수 $= \dfrac{1}{\text{주기}} = \dfrac{1}{4} = 0.25$ (Hz) 이다.

ㄷ. 파동의 속력 = 진동수 × 파장 = 0.25 × 1.6 = 0.4 (m/s)

16. 답 ①

해설 배의 한 점을 파도의 마루가 통과할 때와 15 초가 지난 후 다음 마루가 통과할 때 배의 위치는 다음과 같다. 이때 A 점은 A′ 으로, B 점은 B′에 위치한다.

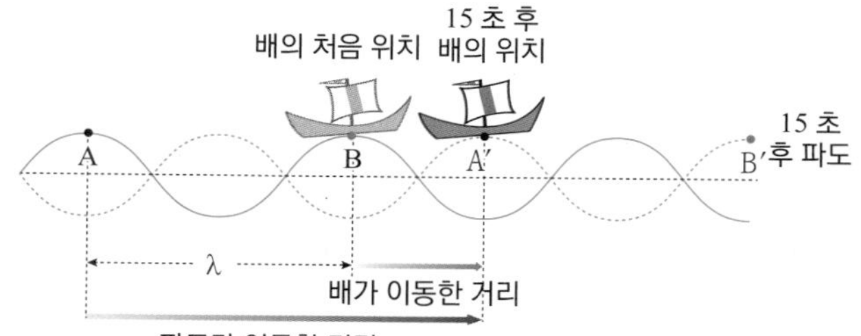

배가 움직이지 않을 경우 배의 한 점이 마루를 통과한 후 다음 마루가 통과하는 동안 파도는 파장만큼만 이동하면 된다.

하지만 배가 8 m/s 의 속도로 이동하고 있으므로 파도가 15 초 동안 이동할 동안 배도 이동하게 되므로, 파도가 (파장 + 배가 이동한 거리) 만큼 이동해야 다음 마루가 배의 한 점을 통과할 수 있게 된다.

$\therefore \lambda$ + 배가 이동한 거리 = 파도가 이동한 거리

⇨ $\lambda + (8 \text{ m/s} \times 15 \text{ s}) = 14 \text{ m/s} \times 15\text{s}$, $\lambda = 90$ (m)

$$T = \frac{\lambda}{v} = \frac{90}{14} = 6.4285\cdots \fallingdotseq 6 \text{ (초)}$$

17. 답 ⑤

해설 파동이 진행할 때 진동하는 매질의 각 점은 독립적으로 구면파를 만들면서 진행한다. 따라서 어느 순간 우리가 보는 파면은 그 전의 파면상에 있는 모든 점들이 만든 수많은 구면파에 공통으로 접하는 면이다. 이를 하위헌스의 원리라고 한다. 파동이 진행할 때 매질 내의 각 점은 원래의 파원과 같은 진동수로 진동하며, 파면 위의 각 점은 새로운 파원이 된다.

ㄱ. 같은 파면에 있는 점들의 위상은 같다. ㄴ. 물의 깊이가 깊어지면 파동의 속력이 빨라지므로 파장이 길어진다.

18. 답 129.6

해설 파동이 전파될 때 진행 방향에 수직한 단위 면적을 통하여 단위 시간동안 지나는 파동 에너지를 파동의 세기라고 한다. 즉, 일률이 파동의 세기이다.

$$y = A\sin(kx - \omega t) = 0.6\sin(15x - 60t)$$

파동의 속력은 $v = \dfrac{\omega}{k} = \dfrac{60}{15} = 4$ (m/s)

파동의 진폭 $A = 0.6$ (m), 선밀도 $\mu = 50$ (g/m) $= 0.05$ (kg/m) 이므로, 파동의 평균 일률은 다음과 같다.

$$P_{avg} = \frac{1}{2}\mu v\omega^2 A^2 = \frac{1}{2} \times 0.05 \times 4 \times 60^2 \times (0.6)^2$$
$$= 129.6 \text{ (W)}$$

19. 답 ④

해설 $+x$ 방향으로 진동하는 종파를 횡파로 표시할 때는 종파의 매질의 진동 변위를 90° 돌려 $+y$ 축 변위로 나타낸다. 따라서 종파와 횡파의 관계를 나타내면 다음과 같다.

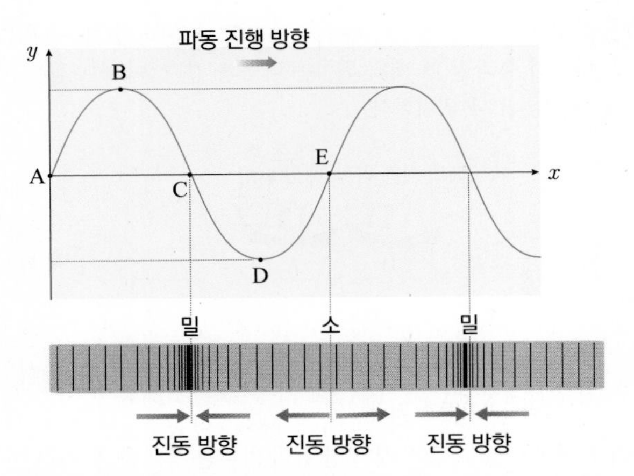

파동의 진행 방향이 오른쪽일 때 오른쪽을 (+) 로 나타냈으므로 y축 변위가 (+) 인 점의 매질은 오른쪽으로 움직이고, (−) 인 점의 매질은 왼쪽으로 움직인다.

ㄱ. 속력이 최대인 곳은 변위가 0 인 지점으로 A, C, E 점이 된다. 이때 A, E 점의 다음 순간 변위는 (−) 이므로 진동 방향이 왼쪽 방향이 된다. 따라서 왼쪽 방향의 속력이 최대인 점이다.

ㄴ. 가속도는 진동의 끝에서 최대이고, 방향은 변위의 반대 방향이 된다. 따라서 B 점은 가속도가 왼쪽 방향으로 최대, D 점은 가속도가 오른쪽 방향으로 최대가 된다.

20. 답 ④

해설 파동의 파장 $\lambda = 4$(m), 파동의 속력 $v = 10$(m/s) 이므로, 주기 $T = \frac{\lambda}{v} = \frac{4}{10} = 0.4$(s) 이다.

$t = 0$일 때 파동의 변위가 0, $x = 4$ m 위치에서 다음 순간 (−) 방향의 변위가 나타나므로 가장 적절한 그래프는 ④ 번이다.

21. 답 ③

해설 ㄱ. 파동의 진동수는 파원의 진동수에 의해 결정되므로 파동이 진행할 때 속력이 달라지더라도 진동수는 변하지 않는다.

ㄴ. 일반적으로 물의 깊이가 깊을수록 물결파의 속력은 빠르다.

ㄷ. 매질을 진동시킨 파원에 의해 발생한 물결파가 깊이만 다른 곳을 지나가므로 진폭은 일정하다. 따라서 깊이에 상관없이 매질의 진동 최대 속력은 같다($\because \frac{1}{2}kA^2 = \frac{1}{2}mv_{max}{}^2$)

22. 답 ③

해설 ㄱ, ㄷ. 물체 A 와 B 의 변위차가 $2y_0$일 때, 물체 A가 수면파의 최대 진폭 y_0에 있으면, 물체 B 는 $-y_0$에 있어야 한다. 즉, 물체 A 가 마루에 있으면, 물체 B 는 골에 있어야 한다(A, B 의 위상이 정반대이므로 운동 방향이 반대이다.). 따라서 물체 A 와 B 는 다음과 같은 횡파 상에 위치할 수 있다.

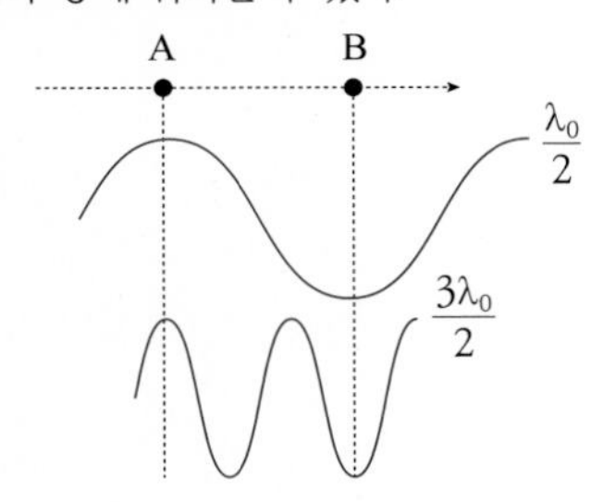

이때 수면파의 파장이 λ_0이므로, A와 B 사이의 거리는 $\frac{\lambda_0}{2}$의 홀수배가 된다.

ㄴ. 두 물체는 같은 수면파 위에 놓여있으므로 같은 주기로 진동하고, 두 물체의 변위 차도 같은 주기로 변하게 된다. 따라서 수면파의 주기는 t_0 이고, 진동수는 f_0 이므로, $t_0 = \frac{1}{f_0}$ 이다.

23. 답 ①

해설 ㄱ. 물의 깊이가 깊을수록 파장이 길어진다. 따라서 물의 깊이는 파장이 가장 긴 A 에서 가장 깊고, 파장이 가장 짧은 B 에서 가장 낮다.

ㄴ. 진동수는 매질을 진동시킨 파원의 진동수에 의해 결정되므로 속력이 달라지더라도 진동수는 변하지 않는다.

ㄷ. A 구간에서 파동의 주기를 T 라고 하면, B 구간에서 걸린 시간은 $2T$, C 구간에서는 $\frac{3}{2}T$ 가 된다. 이때 같은 거리만큼 이동하였으므로 B 구간에서 물결파의 속력은 C 구간에서 물결파의 속력의 $\frac{3}{4}$ 배이다.

24. 답 203

해설 줄의 선밀도 $\mu = \frac{180}{3} = 60$ (g/m) $= 0.06$ (kg/m)

파동의 속력 $v = \sqrt{\frac{\tau}{\mu}} = \sqrt{\frac{37.5}{0.06}} = 25$ (m/s) 이다.

$P_{avg} = 2\mu v \pi^2 f^2 A^2 \Rightarrow f^2 = \frac{P_{avg}}{2\mu v \pi^2 A^2}$

$$f^2 = \frac{90}{2 \times 0.06 \times 25 \times 3^2 \times 0.009^2} = 41152.26\cdots$$

$$\therefore f = 202.8602\cdots ≒ 203 \text{ (Hz)}$$

25. 답 ③

해설 줄에 걸린 장력이 τ, 선밀도가 μ 인 줄을 따라 진행하는 파동의 속력 $v = \sqrt{\frac{\tau}{\mu}}$ 이다.

주어진 문제에서 줄의 선밀도는 일정하므로, 파동의 속력은 줄에 걸리는 장력에 따라 달라진다. 즉, 속력이 최대인 곳은 줄의 장력이 최대인 곳이 되므로 용수철의 탄성력의 크기가 최대인 곳이 된다. 용수철의 진폭이 최대인 지점인 C, E 점에서 탄성력이 최대이다. E 점에서 용수철은 압축된 상태가 되므로 이때 장력은 최소가 된다. 따라서 C 점에 추가 있을 때(추가 최하점에 왔을 때) 줄이 가장 팽팽해지므로 속력이 최대가 된다.

26. 답 ④

해설 ㉠ $t = 0$일 때, 위치가 x_0, 변위 $y = A\sin kx_0$ 인 파동이 오른쪽 방향으로 $+v$ 의 속도로 이동할 때, 파동 함수는 $y = A\sin(kx - \omega t)$ 이다.

$$A : y_A = 0.03\sin(5x - 2t)$$
$$B : y_B = 0.06\sin(10x - t)$$
$$C : y_C = 0.01\sin(20x - 5t)$$
$$D : y_D = 0.02\sin(x - 2t)$$

파동의 속력은 $v = \frac{\omega}{k}$ 이므로, 각각의 속력은 다음과 같다.

$v_A = \frac{2}{5} = 0.4$ (m/s), $v_B = \frac{1}{10} = 0.1$ (m/s),

$v_C = \frac{5}{20} = 0.25$ (m/s), $v_D = \frac{2}{1} = 2$ (m/s)

$$\therefore v_D > v_A > v_C > v_B$$

㉡ 선밀도가 μ, 줄의 장력이 τ 일 때, 파동의 속력 $v = \sqrt{\frac{\tau}{\mu}}$ 이다. 이때 같은 줄을 이용해 만든 파동이므로 선밀도는 같다. 따라서 속력이 빠를수록 줄의 장력도 크다.

$$\therefore \tau_D > \tau_A > \tau_C > \tau_B$$

27. 답 $y = 0.12\sin(333\pi x + 200\pi t)$

해설 $-x$ 방향으로 진행하는 파동 함수는 $y = A\sin(kx + \omega t)$ 로 나타낸다. 진폭 $A = 0.12$ (m), 진동수 f =100 (Hz), 선밀도 μ =10 (kg/m), 장력 τ = 3.6 (N) 이므로,

각속도 $\omega = \frac{2\pi}{T} = 2\pi f = 200\pi$

파동의 속력 $v = \sqrt{\frac{\tau}{\mu}} = \sqrt{\frac{3.6}{10}} = 0.6$ (m/s)

$$v = \frac{\lambda}{T} \Rightarrow \lambda = vT = \frac{v}{f} = \frac{0.6}{100} = 0.006 \text{ (m)}$$

따라서 파수 $k = \frac{2\pi}{\lambda} \fallingdotseq 333\pi$ 이므로, 파동 함수는 다음과 같다.

$$y = 0.12\sin(333\pi x + 200\pi t)$$

28. 답 ④

해설 이상 기체 상태 방정식 $P\Delta V = nR\Delta T$ 이므로, 절대 온도가 3 배가 되면 부피가 3 배가 되므로, 밀도 $\rho = \frac{질량}{부피}$ 는 $\frac{1}{3}$ 배가 된다.

$$\therefore v' = \sqrt{\frac{B}{\rho'}} = \sqrt{3}\sqrt{\frac{B}{\rho'}} = \sqrt{3}v$$

29. 답 ②

해설 줄의 장력이 τ, 선밀도가 μ 인 줄에 생기는 파동의 속력 $v = \sqrt{\frac{\tau}{\mu}}$ 이다.

천장에 줄이 매달려 있으므로 장력은 줄의 가장 낮은 쪽 끝으로부터 높이에 따라 달라진다. 높이가 h 인 곳에 작용하는 힘은 아래 부분의 줄의 무게 μgh 와 위로 당기는 장력 τ 이다. 이때 줄이 평형을 이루므로 $\mu gh = \tau$ 이다. 따라서 높이가 h 인 곳에서 파동의 속력은 다음과 같다.

$$\therefore v_h = \sqrt{\frac{\tau}{\mu}} = \sqrt{\frac{\mu gh}{\mu}} = \sqrt{gh}$$

30. 답 $y = 0.05\sin(8\pi x - 240\pi t)$

해설 줄에 생긴 횡파의 진동수 f = 120 Hz, 진폭 A = 5 cm, 속력 v = 30 m/s 이다.

각속도 $\omega = \frac{2\pi}{T} = 2\pi f = 240\pi$

$$v = \frac{\lambda}{T} \Rightarrow \lambda = vT = \frac{v}{f} = \frac{30}{120} = 0.25 \text{ (m)}$$

따라서 파수 $k = \frac{2\pi}{\lambda} = \frac{2\pi}{0.25} = 8\pi$ 이므로, 파동 함수는 다음과 같다.

$$y = A\sin(kx - \omega t) = 0.05\sin(8\pi x - 240\pi t)$$

31. 답 ④

해설 ㉠ 진폭이 A, 파수가 k, 각진동수가 ω인 파동의 파동 함수는 $y = A\sin(kx - \omega t)$ 로 나타나므로,

각속도 $\omega = 30$, $k = 2$ 이므로, 파동의 속력은 $v = \frac{\omega}{k} = \frac{30}{2}$ = 15m/s 가 된다.

따라서 줄의 장력은 다음과 같다.

$$v = \sqrt{\frac{\tau}{\mu}} \Rightarrow \tau = v^2\mu = (15)^2 \times (1.6 \times 10^{-4}) = 0.036 \text{ (N)}$$

㉡ 파동의 평균 일률은 다음과 같다.

$$P_{avg} = \frac{1}{2}\mu v\omega^2A^2 = \frac{1}{2} \times (1.6 \times 10^{-4}) \times 15 \times 30^2 \times (0.02)^2 = 4.32 \times 10^{-4} \text{ (W)}$$

32. 답 ③

해설 매질의 질량을 m 이라고 가정하면, 진동하는 매질이 갖는 에너지는 다음과 같다(변위가 y 일 때, 속력은 v 일 때).

$$E = \frac{1}{2}mv^2 + \frac{1}{2}ky^2$$

진폭이 A인 곳에서 운동 에너지 = 0이므로, $E = \frac{1}{2}kA^2$

변위 = 0인 곳에서 매질의 진동 속력은 v_{max} 이고, 평형 위치이므로, $E = \frac{1}{2}mv_{max}^2$

따라서 $v = \frac{1}{2}v_{max}$ 인 곳의 에너지는 다음과 같다.

$$E = \frac{1}{2}m\left(\frac{1}{2}v_{max}\right)^2 + \frac{1}{2}ky'^2 = \frac{1}{4}\left(\frac{1}{2}mv_{max}^2\right) + \frac{1}{2}ky'^2$$

$E = \frac{1}{2}mv_{max}^2 = \frac{1}{2}kA^2$ 이므로,

$$\Rightarrow \frac{1}{4}\left(\frac{1}{2}kA^2\right) + \frac{1}{2}ky'^2 = \frac{1}{2}kA^2$$

$$\therefore y'^2 = \frac{3}{4}A^2,\ y' = \frac{\sqrt{3}}{2}A$$

22강. 파동의 반사와 굴절

개념확인			206 ~ 211 쪽
1. 고정단, 자유단	2. ③	3. ㉠, ㉡, ㉠	4. $\frac{h}{n}$
5. (1) O (2) X	6. ㉠, ㉡, ㉠, ㉡		

확인 +			206 ~ 211 쪽
1. 180	2. 2 × 10⁸	3. $\sqrt{2}$	4. 20
5. ②	6. ㉠ 왼, 7.5 ㉡ 2		

개념확인

01. 답 고정단, 자유단

해설 파동이 소한 매질에서 밀한 매질로 진행할 때 파동의 위상이 180° 변하는 반사를 고정단 반사, 파동이 밀한 매질에서 소한 매질로 진행할 때 파동의 위상이 변하지 않는 반사를 자유단 반사라고 한다.

02. 답 ③

해설 ③ 파동의 진동수는 파원에 의해 결정되고, 매질이 달라져도 변하지 않는다.

①, ④ 파동이 진행하는 매질이 달라지면 파동의 속력이 달라지므로 파동의 진행 방향이 변하는 굴절이 일어난다.

② $v = f\lambda$ 이므로 파동의 속력 v가 변하여 파동이 굴절하면 파장 λ도 변한다.

03. 답 ㉠, ㉡, ㉠

해설 전반사의 조건은 다음과 같다.

① 절대 굴절률이 큰 매질(밀한 매질)에서 절대 굴절률이 작은 매질(소한 매질)로 빛이 입사할 때 일어난다.

② 입사각이 임계각보다 클 때 일어난다.

04. 답 $\frac{h}{n}$

해설 물속에 있는 물체를 공기 중에서 보면 실제의 깊이보다 떠보인다. 굴절률 $n_2 = n$ 인 물 속에 있는 물체를 굴절률 $n_1 = 1$ 인 공기 속에서 보았을 때 겉보기 깊이 h'은 다음과 같다.

$$\therefore h' = \frac{n_1}{n_2}h = \frac{h}{n}$$

05. 답 (1) O (2) X

해설 (2) 물체가 거울에서 멀수록 상의 크기가 작아지는 경우는 볼록 거울일 때이다. 오목 거울에 의한 상은 물체의 위치에 따라 상의 크기와 종류가 다르다.

06. 답 ㉠, ㉡, ㉠, ㉡

해설 렌즈의 공식에서 렌즈 중심에서 상까지의 거리 b 의 부호는 상이 렌즈 뒤(물체와 반대쪽)에 생기는 실상의 경우 (+), 렌즈 앞(물체와 같은쪽)에 생기는 허상의 경우 (−) 이다.

확인 +

01. 답 180

해설 가는 줄은 선밀도가 작아 속력이 빠르고, 굵은 줄은 선밀도가 커서 속력이 느리다. 따라서 반사 후 위상이 반대가 되는 고정단 반사가 일어난다. 이때 반사파는 입사파와 위상이 반대이지만 투과파는 입사파와 위상이 같다.

02. 답 2×10^8

해설 물질의 굴절률이 n, 진공과 물질에서 빛의 속도가 각각 c, v 일 때 다음과 같은 관계가 성립한다.

$$n = \frac{c}{v} \Rightarrow v = \frac{c}{n}$$

따라서 유리 속에서 빛의 속도는

$$v_{유리} = \frac{c}{n_{유리}} = \frac{3 \times 10^8}{1.5} = 2 \times 10^8 \text{ (m/s)}$$

03. 답 $\sqrt{2}$

해설 전반사가 일어나기 위해서는 입사각이 임계각보다 커야 한다($i \geq i_c \Rightarrow \sin i \geq \sin i_c$).

이때 입사각이 45° 이므로, $\sin 45° = \frac{1}{\sqrt{2}}$ 이고, 임계각과 굴절률의 관계는 다음과 같다.

$$\sin i_c = \frac{n_1}{n_2} = \frac{1}{n_2} \quad (\because \text{ 공기의 굴절률 } n_1 = 1)$$

$$\therefore \frac{1}{\sqrt{2}} \geq \frac{1}{n_2} \Rightarrow n_2 \geq \sqrt{2}$$

04. 답 20

해설 눈이 소한 매질 속에 있는 경우이므로, 겉보기 깊이는 다음과 같다.

$$\therefore h' = \frac{n_1}{n_2}h = \frac{1}{1.3} \times 26\text{cm} = 20 \text{ (cm)}$$

즉, 동전은 수면 아래 20 cm 에 있는 것처럼 보인다.

05. 답 ②

해설 물체가 초점 거리의 2 배에 위치할 경우($a = r = 2f$), 초점 거리의 2 배 위치($b = r = 2f$)에 같은 크기의 도립 실상이 생긴다.

06. 답 ㉠ 왼, 7.5 ㉡ 2

해설 ㉠ 렌즈에서 물체까지의 거리 $a = 30$ cm, 오목 렌즈의 초점 거리 $f = -10$ cm 이므로, 렌즈의 공식에 의해 상까지의 거리 b 는 다음과 같다.

$$\frac{1}{a} + \frac{1}{b} = \frac{1}{f} \Rightarrow \frac{1}{30} + \frac{1}{b} = -\frac{1}{10}$$

$b = -7.5$ cm, 즉 상은 렌즈 앞(물체와 같은쪽)인 렌즈 왼쪽으로 7.5 cm 떨어진 곳에 생긴다.

㉡ 배율 $m = \left|\frac{b}{a}\right| = \left|\frac{7.5}{30}\right| = \frac{1}{4}$ 이므로, 물체의 크기보다 $\frac{1}{4}$ 작은 크기의 상이 생기므로 상의 크기는 2 cm 이다(정립상).

개념다지기 212 ~ 213 쪽

01. (1) X (2) X (3) X			02. ②	03. ④
04. ③	05. ②	06. ②	07. ③	08. ④

01. 답 (1) X (2) X (3) X

해설 (1) 파동이 반사할 때 파동의 속력, 파장, 진동수는 변하지 않는다. 입사파의 일부만 반사할 경우, 반사파의 진폭은 입사파의 진폭보다 작아진다.

(2) 입사파와 반사파의 위상차가 $\pi(180°)$인 반사는 고정단 반사이다. 자유단 반사가 일어날 때 위상차는 $0°$ 이다.

(3) 파동이 밀한 매질에서 소한 매질로 진행할 때 파동의 위상이 변하지 않는 반사 자유단 반사가 일어난다.

02. 답 ②

해설 파동이 반사할 때 위상이 변하지 않는 반사를 자유단 반사라고 한다. 자유단 반사가 일어나는 경우는 (가) 와 같이 속력이 느린 매질에서 속력이 빠른 매질로 진행할 경우와 (라) 와 같이 파동이 줄이 고정되지 않은 끝부분에 도달하였을 경우이다.

03. 답 ④

해설 ㄱ. 파동이 매질 1 에서 매질 2 로 입사하여 굴절할 때 입사각과 굴절각의 사인값이 비는 항상 일정하다(굴절 법칙). 또한 두 매질에서 파동의 속력과 파장의 비도 항상 일정하다.

ㄴ. 빛은 진공에서 가장 빠르므로 진공에 대한 물질의 굴절률은 항상 1 보다 크다.

ㄷ. 파동의 진동수는 파원에 의해 결정되므로 매질이 달라져도 변하지 않는다.

04. 답 ③

해설 굴절 법칙에 의하면 입사각 i 와 굴절각 r 의 사인값의 비는 항상 일정하다. 이 일정한 비의 값을 매질 1 에 대한 매질 2 의 상대 굴절률이라고 하며, 다음과 같다.

$$n_{12} = \frac{\sin i}{\sin r}$$

$$\therefore \text{ 공기에 대한 매질의 굴절률 } n = \frac{\sin 60°}{\sin 30°} = \sqrt{3}$$

05. 답 ②

해설 프리즘에서 전반사가 일어나기 위해서는 임계각 i_c 보다 큰 각도로 빛이 입사해야 한다. 주어진 문제에서 빛의 입사각은 $60°$ 이므로, 어떤 물질의 굴절률을 n 이라고 할 때, 임계각과 굴절률의 관계는 다음과 같다.

$$\sin i_c = \frac{n_1}{n_2} \Rightarrow \sin 60° = \frac{n}{1.5},\ n = 1.275$$

따라서 굴절률이 1.275 보다 작을 경우 임계각이 $60°$ 보다 작게 되므로 임계각보다 큰 각도인 $60°$로 프리즘에 입사한 빛이 경계면에서 전반사가 일어날 수 있다.

06. 답 ②

해설 잠자리는 보이는 것보다 물 표면에 가까이에 있다.
눈이 밀한 매질(n_2) 속에 있는 경우이므로, 겉보기 깊이는 다음과 같다.

$$h' = \frac{n_2}{n_1}h \Rightarrow 60 = \frac{1.33}{1} \times h$$

$$\therefore h = \frac{60}{1.33} = 45.1127\cdots \fallingdotseq 45\ (\text{cm})$$

07. 답 ③

해설 ㄷ. 오목 거울에 의한 상은 물체의 위치에 따라 상의 크기와 종류가 다르며, 도립 실상과 확대된 정립 허상이 생긴다.

08. 답 ④

해설 물체에서 렌즈 중심까지의 거리를 a, 렌즈 중심에서 상까지의 거리를 b, 렌즈의 초점 거리를 f 라고 할 때, 오목 거울에 의한 상은 다음과 같다.

물체 위치(a)	모양
∞	점
$2f < a < \infty$	축소된 도립 실상
$a = 2f$	같은 크기의 도립 실상
$f < a < 2f$	확대된 도립 실상
$a = f$	상이 생기지 않음
$0 < a < f$	확대된 정립 허상

④ 오목 거울에 의해 생기는 허상은 실물보다 확대된 경우의 허상뿐이다.

유형익히기 & 하브루타 214 ~ 217 쪽

[유형22-1] ④	01. ④	02. ④
[유형22-2] ③	03. ⑤	04. ②
[유형22-3] ①	05. ③	06. ③
[유형22-4] ④	07. ③	08. ④

[유형22-1] 답 ④

해설 팽팽한 줄을 따라 줄이 고정된 벽을 향해 진행하는 파동의 경우 벽에 반사된 후 위상이 정반대가 되어 진행하게 된다(고정단 반사). 파동의 속력이 0.4 m/s 이므로, 10초 후 파동은 4 m 이동하게 되므로, 가장 적절한 모양은 ④ 이 된다.

01. 답 ④

해설 ㄱ. 파동이 반사될 때 입사각과 반사각은 항상 같으며, 입사파, 반사파, 법선은 항상 같은 평면 상에 있다(반사 법칙).

ㄷ. 파동이 반사할 때 파동의 속력, 파장, 진동수는 변하지 않는다.

02. 답 ④

해설 ㄱ, ㄴ. 선밀도가 큰 줄에서 선밀도가 작은 줄로 파동이 진행할 경우 경계면에서 자유단 반사가 일어난다. 즉, 입사파와 반사파의 위상차는 0 이다. 따라서 반사파와 입사파, 투과파의 위상은 모두 같다.

ㄷ. 선밀도가 클수록 파동의 속력은 느리다. 따라서 투과파의 속력이 반사파의 속력보다 빠르다.

[유형22-2] 답 ③

해설

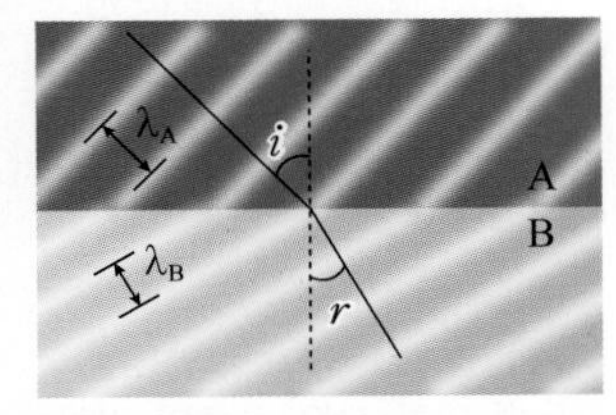

입사각 i 가 굴절각 r 보다 크고, 이때 굴절 법칙은 다음과 같다.

$$\frac{\sin i}{\sin r} = \frac{n_B}{n_A} = \frac{v_A}{v_B} = \frac{\lambda_A}{\lambda_B}$$

ㄱ. 영역 A 에서의 파장이 B 에서보다 길기 때문에($\lambda_A > \lambda_B$) 굴절 법칙에 의해 A 에서 물결파의 속력이 B 에서보다 빠르다($v_A > v_B$). 물결파의 속력은 깊이가 깊을수록 빠르므로 A 가 B 보다 깊다.

ㄴ. 두 영역에서 물결파 파장의 비는 입사각과 굴절각의 사인값의 비와 같다.

ㄷ. A 에 대한 B 의 상대 굴절률 $n_{AB} = \frac{\lambda_A}{\lambda_B}$, B에 대한 A 의 상대 굴절률 $n_{BA} = \frac{\lambda_B}{\lambda_A}$ 이다. $\lambda_A > \lambda_B$ 이므로 $n_{AB} > n_{BA}$ 이다.

03. 답 ⑤

해설 ㄱ. $\overline{AB}$, $\overline{CD}$ 는 각각 같은 시간 동안 파동이 이동한 거리이다. 매질이 달라져도 진동수는 일정하므로, 같은 시간동안 같은 갯수의 파면이 속하게 된다.

ㄴ. (가) 에서 파동의 속력을 $v_{(가)}$, (나) 에서 파동의 속력을 $v_{(나)}$ 라고 하면, 굴절 법칙에 의해 $\frac{n_{(나)}}{n_{(가)}} = \frac{2}{1.5} = \frac{v_{(가)}}{v_{(나)}}$ 이므로, $v_{(나)} = \frac{1.5}{2} v_{(가)} = 0.75 v_{(가)}$ 이다.

ㄷ. 파동이 (나)에서 (가)로 입사할 때 입사각 $\sin i_c = \frac{n_{(가)}}{n_{(나)}} = \frac{1.5}{2} = 0.75$ 이다. 따라서 $\sin 60° > \sin i_c$ 이므로, 입사각 60˚로 (가)에 입사한 경우 전반사가 일어난다. ($\because \sin 60° = \frac{\sqrt{3}}{2} \fallingdotseq 0.855$)

04. 답 ②

해설 ㄱ. 물결파의 입사각과 굴절각은 각각 45°, 30° 이다.

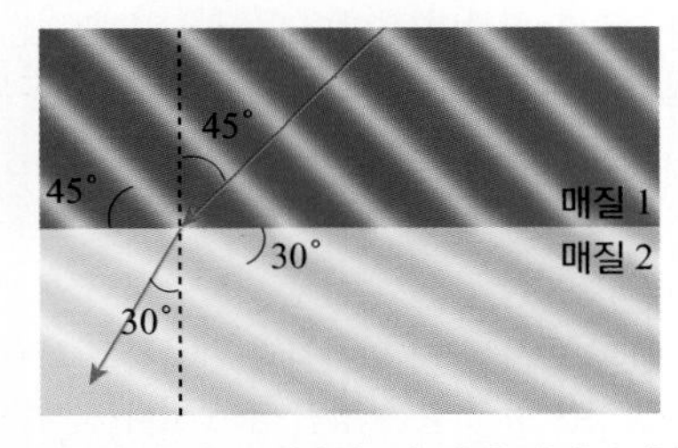

ㄴ, ㄷ. 굴절 법칙에 의해 n_{12} (매질1에 대한 매질 2의 상대 굴절률) $= \frac{\sin 45°}{\sin 30°} = \frac{n_2}{n_1} = \frac{v_1}{v_2} = \sqrt{2}$ 이므로, $v_1 = \sqrt{2}\, v_2$ 이다.

[유형22-3] 답 ①

해설 ㄱ. 광선 B 는 매질 1 에서 2 로 입사할 때 입사각보다 굴절각이 더 크므로 매질 1 이 매질 2 보다 밀한 매질이 된다. 즉 $n_1 > n_2$ 이다.

ㄴ. 매질 3 에서 매질 1 로 입사할 때 굴절각이 광선 B 가 더 작으므로 광선 B 의 파장이 광선 A 의 파장보다 짧다.

ㄷ. 굴절 법칙에 의해 광선 A 의 매질 1 과 2 에서 $n_1 \sin 90° = n_2 \sin i_c$ 이고, $\sin 90° = 1$ 이므로, 임계각의 사인값 $\sin i_C = \frac{n_1}{n_2}$ 이다.

ㄹ. 전반사가 일어날 때 입사각은 항상 임계각보다 크다.

05. 답 ③

해설 ㄱ. 매질 A 에서 B 로 진행할 때 입사각이 굴절각보다 작다. 따라서 굴절률은 매질 A 가 B 보다 크다($n_A > n_B$).

ㄴ. 공기에서 매질 A 로 단색광이 진행할 때 입사각이 굴절각보다 크므로, 매질 A 의 굴절률이 공기의 굴절률보다 크다($n_A > n_{공기}$).

ㄷ. 단색광이 매질을 통과할 때, 진동수는 변하지 않으므로 속력과 파장은 비례 관계이고, 속력과 굴절률은 반비례 관계이다. 굴절률은 매질 A 가 B 보다 크므로($n_A > n_B$), 매질 B에서 단색광의 속력은 A 에서보다 빠르다($v_B > v_A$).

06. 답 ③

해설 눈이 소한 매질 속에 있는 경우이므로, 각각의 액체에 의한 겉보기 깊이는 다음과 같다.

$$h_A' = \frac{n_1}{n_2} h = \frac{1}{1.4} \times 28 \text{ cm} = 20 \text{ (cm)},$$

$$h_B' = \frac{1}{1.5} \times 30 \text{ cm} = 20 \text{ (cm)}$$

$$\therefore h' = h_A' + h_B' = 40 \text{ (cm)}$$

[유형22-4] 답 ④

해설 ㄱ. 오목 거울에 반사된 빛의 경로는 다음과 같다.

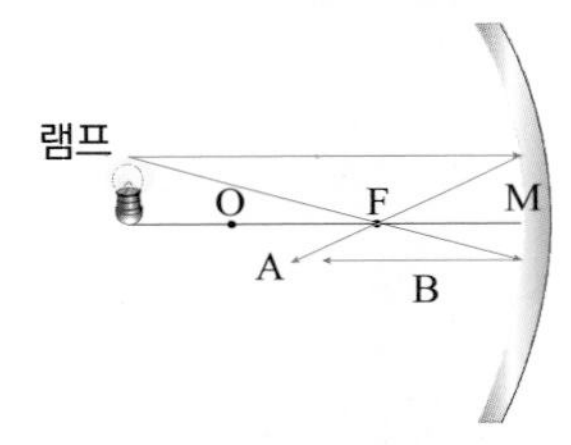

즉, 광축과 나란하게 입사한 광선 A는 거울면에 반사한 후 초점을 지나고, 초점을 지나온 광선 B는 거울면에 반사한 후 광축과 나란하게 진행한다.

ㄴ. 램프는 $r(= 2f) < a < \infty$ 위치에 있으므로 오목 거울에 의한 상은 $f < b < r$ 위치에 축소된 도립 실상이 생긴다. 오목 거울의 위치에 볼록 렌즈를 놓았을 경우 램프의 위치가 $2f < a < \infty$ 가 되므로, 오목 거울과 같이 축소된 도립 실상이 생긴다.

ㄷ. 구면 거울 공식은 다음과 같다.

$$\frac{1}{a} + \frac{1}{b} = \frac{1}{f} = \frac{2}{r}$$

$$\frac{1}{50} + \frac{1}{b} = \frac{2}{40} \Rightarrow b = 33.33\cdots$$

$$\therefore m\text{ (배율)} = \frac{33}{50} = 0.66 = \frac{\text{상의 크기}}{\text{물체의 크기}}$$

ㄹ. 램프를 O 점으로 가까이할수록 상의 위치는 처음 상이 있던 위치보다 거울 중심에서 점점 멀어지고, 상의 크기는 점점 커지다 O 점(거울 구심)에 램프가 놓이면 램프의 크기와 상의 크기가 같아진다.

07. 답 ③

해설 ㄱ. 평면거울에 의한 상은 항상 크기는 물체와 같고, 거울면에 대하여 대칭인 위치에 정립 허상으로 생긴다.
ㄴ. 오목 거울에 의한 허상은 물체가 초점 거리 안에 있을 때 생기는 상으로, 항상 확대된 정립 허상이다.
ㄷ. 오목 거울에 의한 상이 물체와 같은쪽(거울 앞쪽)에 생길 때는 도립 실상, 물체와 반대쪽(거울 뒤쪽)에 생길 때는 정립 허상이다.
ㄹ. 볼록 거울에 의한 상은 물체의 위치에 관계없이 거울 뒤쪽 허초점과 거울 사이에 생기며, 항상 물체보다 작은 정립 허상이다.

08. 답 ④

해설 렌즈의 공식은 다음과 같다.

$$\frac{1}{a} + \frac{1}{b} = \frac{1}{f} \Rightarrow \frac{1}{10} + \frac{1}{b} = \frac{1}{20}$$

$\therefore b = -20$cm, 즉 부호가 (−)이므로 렌즈의 왼쪽으로 20cm 위치에 허상이 생기는 것을 알 수 있다.

$$\therefore m\,(배율) = \frac{b}{a} = -\frac{20}{10} = -2$$

즉 부호가 (−)이므로 정립상임을 알 수 있고, 상의 크기는 물체의 크기의 2 배인 4 cm 가 된다.

창의력 & 토론마당 218 ~ 221 쪽

01 ㉠ vt ㉡ 선분 BB′ ㉢ 선분 A′B′ ㉣ △B′A′A

해설 반사 법칙이란 파동이 반사될 때 입사각과 반사각은 항상 같으며, 입사파, 반사파, 법선은 항상 같은 평면 상에 있다는 것이다.

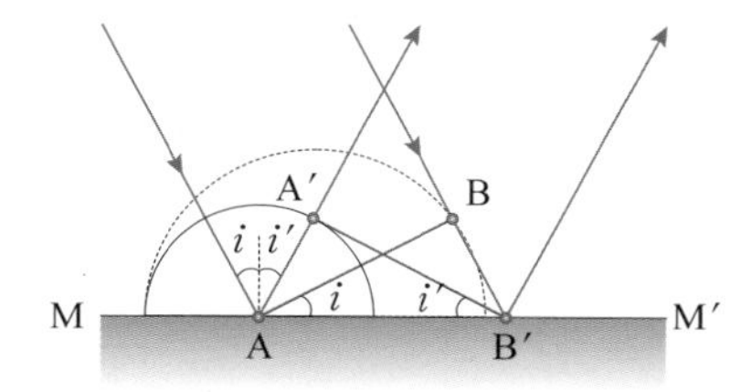

다음 그림과 같이 입사파의 파면 AB 가 반사면 A′B′가 반사면 MM′에 비스듬히 입사하고 있다. 이때 A가 반사면에 도달하였을 때, B 는 아직 반사면에 도달하지 못한다.
파동이 일정한 속력 v로 매질 속을 진행하므로, B 를 통과한 파동이 시간 t 동안에 B′에 도달한 거리 BB′ = (㉠ vt)이고, 그동안 A 로부터 생긴 구면파는 A 를 중심으로 같은 거리의 반지름 (㉠ vt)의 반원 위에 도달한다.
한편 B′에서 그 반원 위에 그은 접선의 접점을 A′이라고 하면, 선분 AA′ = (㉡ 선분 BB′)이다. 따라서 하위헌스 원리에 의하여 반사 후의 파면은 (㉢ 선분 A′B′)이 되고, 반사파는 (㉢ 선분 A′B′)에 수직한 방향으로 진행한다. 이때 △ABB′과 (㉣ △B′A′A)은 합동이므로 입사각 i 와 반사각 i'은 같다.

02 0.93 m

해설

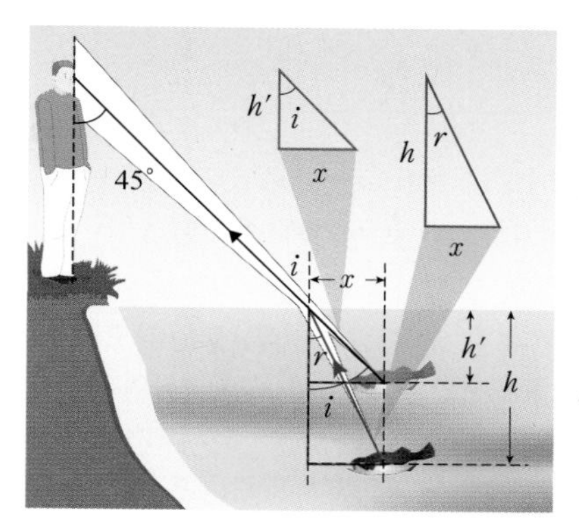

그림과 같이 사람이 물고기를 볼 때 입사각과 굴절각이 각각 $i = 45°$, $r = \theta$ 라면, 굴절 법칙은 다음과 같다.

$$\frac{\sin 45°}{\sin\theta} = \frac{n_{물}}{n_{공기}} = \frac{1.33}{1}$$

$$\Rightarrow \sin\theta = \frac{\sqrt{2}}{2} \times \frac{1}{1.33} = 0.5315\cdots \fallingdotseq 0.53, \quad \therefore \theta = 32°$$

물고기의 실제 깊이를 h, 겉보기 깊이를 h'이라고 하면,

$$\tan 32° = \frac{x}{h}, \quad \tan 45° = \frac{x}{h'} \Rightarrow h\tan 32° = h'\tan 45°$$

$$\therefore h' = \frac{\tan 32°}{\tan 45°}h = \frac{0.62}{1} \times 1.5 = 0.93\,(\mathrm{m})$$

03 (1) $\frac{\sqrt{5}}{2}$ (2) 10°

해설 (1) 정사각형의 윗면에서 입사각 = 30°, 굴절각을 r, 공기의 굴절률 = 1, 정사각형의 굴절률을 n이라고 하면, 굴절 법칙은 다음과 같다.

$$\frac{\sin i}{\sin r} = \frac{n_{물체}}{n_{공기}} = \frac{\sin 30°}{\sin r} = \frac{n}{1} \Rightarrow n\sin r = \frac{1}{2} \cdots ㉠$$

정사각형의 오른쪽 면에서 입사각 = 90 − r , 굴절각 = 90°이므로, 굴절 법칙은 다음과 같다.

$$\frac{\sin(90 - r)}{\sin 90°} = \frac{1}{n} \Rightarrow$$

이때 $\sin(90 - r) = \cos r$ 이고, $\sin 90° = 1$ 이므로,
$n\cos r = 1 \cdots$ ㉡ 이다.

$$㉠^2 + ㉡^2 = n^2(\sin^2 r + \cos^2 r) = \frac{1}{4} + 1 = \frac{5}{4}$$

$\sin^2 r + \cos^2 r = 1$ 이므로,

$$n^2 = \frac{5}{4}, \quad \therefore n = \frac{\sqrt{5}}{2}$$

(2) 직각 삼각형 내부에서 빛의 진행 경로는 다음과 같다.

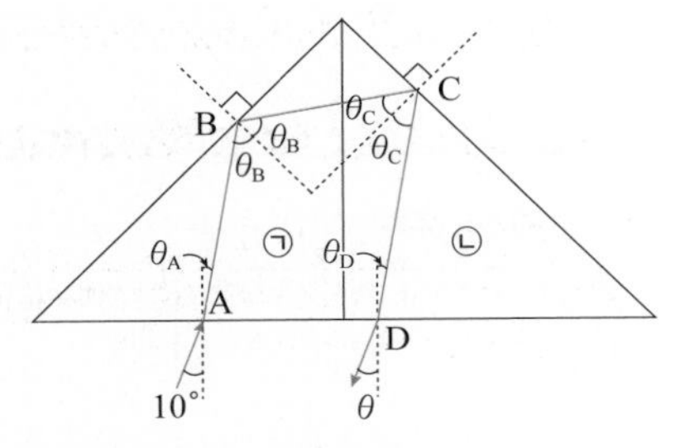

A 점으로 입사각 10° 로 입사한 빛은 각 θ_A 로 굴절한 후, ㉠의 왼쪽 면에 각 θ_B 로 입사한 후, 같은 각도로 반사한다. 이 빛은 ㉡의 오른쪽 면에 각 θ_C 로 입사한 후, 같은 각도로 반사하여 D 점에서 각 θ_D 로 입사한 후 로 각 θ 로 굴절하여 나간다.

이때 $\theta_B + \theta_C = 90°$ 이고, $2(\theta_B + \theta_C) = 180°$ 이므로 선분 AB와 DC는 평행함을 알 수 있다. 따라서 $\theta_A = \theta_D$ 가 되므로, 굴절 법칙에 의해 $n_{공기}\sin 10° = n_{물체}\sin\theta_A$, $n_{물체}\sin\theta_D = n_{공기}\sin\theta$ 이므로, $\theta = 10°$ 이다.

04 〈해설 참조〉

해설 정육면체의 정중앙에 있는 점 P에서 나온 빛이 점 P를 포함한 면을 따라 진행하는 모습은 다음과 같다.

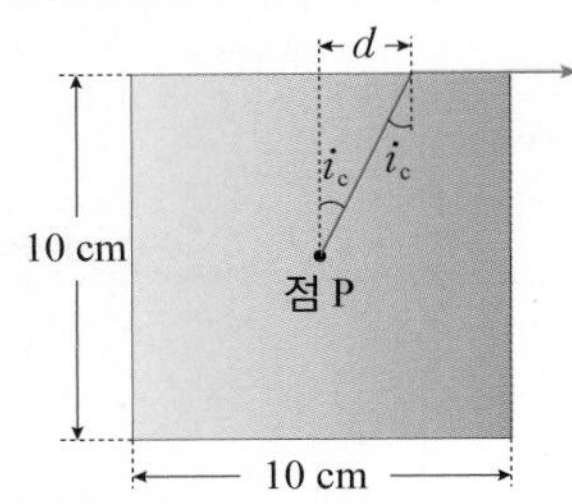

점에서 반사된 빛의 임계각을 i_c 라고 할 때, 점에서 반사된 빛은 반지름이 d 인 영역 안에서는 임계각 보다 작은 각으로 입사하게 되므로 굴절되어 밖으로 나오게 되어 밖에서 볼 수 있지만, 반지름이 d 인 영역 밖에서는 보이지 않는다(임계각보다 큰 각도로 나오므로 전반사가 일어난다). 따라서 점을 외부에서 보이지 않게 하려면 반지름이 d 인 불투명한 원형 판을 각 면에 붙이면 된다.

임계각과 굴절률의 관계는 다음과 같다.

$$\sin i_c = \frac{n_{공기}}{n_{유리}} = \frac{1}{n} = \frac{1}{1.5} = \frac{2}{3}$$

$$\frac{2}{3} = \frac{d}{\sqrt{d^2+5^2}} \Rightarrow \frac{4}{9} = \frac{d^2}{d^2+5^2}$$

$$4d^2 + 100 = 9d^2,\ \ d^2 = 20,\ \ \therefore d = 2\sqrt{5} = 4.48\ (\text{cm})$$

따라서 반지름이 4.48 cm인 빛이 통하지 않는 원판을 정육면체의 6 면 각각의 중심에 붙이면 정중앙에 있는 점을 볼 수 없다.

〈 또 다른 풀이 〉

$$\tan i_c = \frac{\sin i_c}{\cos i_c} = \frac{\sin i_c}{\sqrt{1-\sin^2 i_c}} = \frac{1/n}{\sqrt{1-(1/n)^2}} = \frac{1}{\sqrt{n^2-1}}$$

$$d = \frac{10}{2}\tan i_c = \frac{5}{\sqrt{n^2-1}} = \frac{5}{\sqrt{(1.5)^2-1}} = \frac{5}{1.12} = 4.464\cdots$$

$$= 4.46\ (\text{cm})$$

05 3.51 m

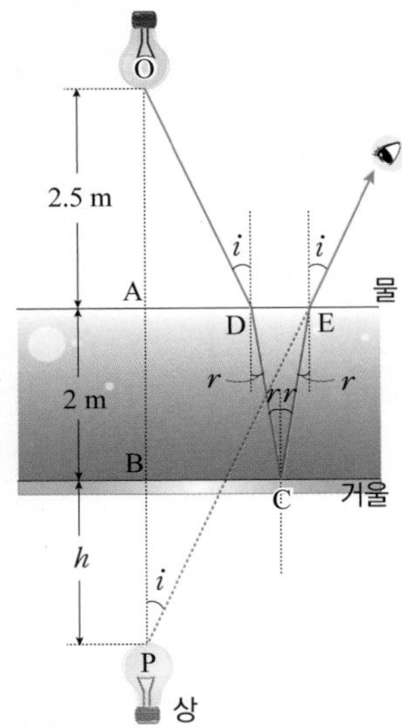

해설 거울 뒤에 상이 생기는 위치를 P, 거울에서 P까지의 거리를 h 라고 하자. 그림과 같이 전구에서 나온 빛은 거울과 수면에 수직으로 A 로 들어가서 B 에서 반사되어 나오는 경우와 D로 수면에 비스듬히 입사하여 굴절된 후 거울의 C 점에서 반사하여 E 로 나오는 경우가 있다.

이때 D 에서 입사각을 i 라고 하고, 굴절각을 r 이라고 하면, 거울면 C 에서 입사각과 반사각은 모두 r 이 되고, E 점에서는 입사각이 r, 굴절각이 i 가 되며, E 점으로 나오는 빛을 연장하면 상이 맺히는 P 점과 만난다.

△PEA 에서 $\tan i = \dfrac{AE}{2+h}$ $\left(\text{or } \tan(90-i) = \dfrac{2+h}{AE}\right)$ 이고,

△OAD 에서 $AD = 2.5\tan i$, △DCE 에서 $DE = 2 \times (2\tan r)$ 이다.

따라서 $AE = AD + DE = 2.5\tan i + 4\tan r$ 이므로,

$$2 + h = \frac{AE}{\tan i} = \frac{2.5\tan i + 4\tan r}{\tan i}$$

$$\therefore h = \frac{2.5\tan i + 4\tan r}{\tan i} - 2$$

굴절 법칙에 의해 $n_{공기}\sin i = n_{물}\sin r \Rightarrow \sin i = 1.33\sin r$

빛의 경로가 전구를 지나는 수직축에 매우 가까우므로, $\sin\theta \approx \tan\theta \approx \theta$ 를 사용하면,

$$\therefore h = \frac{2.5(1.33\sin r) + 4\sin r}{1.33\sin r} - 2 = 5.51 - 2 = 3.51\ (\text{m})$$

스스로 실력 높이기 222 ~ 229 쪽

01. (1) O (2) X (3) O　02. (나), (다)　03. ④
04. ④　05. ②　06. (1) X (2) O (3) O
07. 26　08. ①　09. ②
10. ㉠ b ㉡ a ㉢ 상 ㉣ 물체 ㉤ 도립 ㉥ 정립
11. ④　12. ⑤　13. ④　14. ③　15. ①
16. 9.75　17. ③　18. ②　19. ④　20. ④
21. ②　22. ②　23. ③　24. ⑤　25. ②
26. $\sqrt{2}$　27. ②　28. $\dfrac{d\theta(n-1)}{n}$　29. ③
30. 1.22　31 ~ 32. 〈해설 참조〉

01. 답 (1) O (2) X (3) O

해설 (1) 파동이 반사될 때는 항상 반사 법칙이 성립한다.
(2) 여러 방향에서 반사된 빛을 볼 수 있는 난반사는 사물을 볼 수 있는 원리가 된다.
(3) 선밀도가 작은 줄을 따라 진행하던 파동이 선밀도가 큰 줄을 따라 진행을 하게 되면 경계면에서 고정단 반사(위상이 정반대가 되는 반사)가 일어난다. 이와 같이 파동이 반사할 때, 두 매질의 상대적인 성질에 따라 반사되는 파동의 위상이 달라진다.

02. 답 (나), (다)
해설 파동이 반사할 때 위상이 정반대로 변하는 반사를 고정단 반사라고 한다. 고정단 반사가 일어나는 경우는 (나) 와 같이 속력이 빠른 매질(선밀도가 작은 매질)에서 속력이 느린 매질(선밀도가 큰 매질)로 진행할 경우와 (다) 와 같이 줄의 끝이 고정되어 있는 경우에 발생한 파동의 반사일 때이다.

03. 답 ④
해설 입사각과 굴절각은 각각 법선과 파동의 진행 방향이 이루는 각이 되므로 다음 그림과 같다.

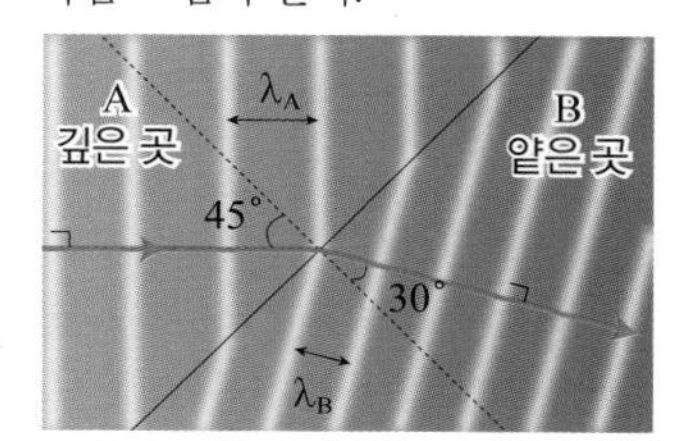

즉, 입사각은 45°, 굴절각은 30° 이다.
깊은 곳에서 얕은 곳으로 진행할 때 파장은 짧아지고, 속력은 느려진다. 따라서 입사각이 굴절각보다 크다.

04. 답 ④
해설 입사각 $i = 45°$, 굴절각 $r = 60°$, 매질 1 에서 굴절률, 속도, 파장을 각각 n_1, v_1, λ_1, 매질 2에서 굴절률, 속도, 파장을 각각 n_2, v_2, λ_2,라고 할 때, 굴절 법칙은 다음과 같다.

$$\frac{\sin i}{\sin r} = \frac{n_2}{n_1} = \frac{v_1}{v_2} = \frac{\lambda_1}{\lambda_2}$$

$$\therefore \frac{\sin 45°}{\sin 60°} = \frac{\sqrt{2}}{\sqrt{3}} \Rightarrow n_1 : n_2 = \sqrt{3} : \sqrt{2}, \quad \lambda_1 : \lambda_2 = \sqrt{2} : \sqrt{3}$$

05. 답 ②
해설 ㄱ. 굴절률이 클수록 빛의 속력은 느리다. 따라서 유리에서 물로 진행하는 빛의 속력은 빨라진다.
ㄴ. 굴절 법칙에 의해 속력의 비와 파장의 비는 일정하다. 빛의 속력이 빨라지므로 파장도 길어진다.
ㄷ. 속도가 느린 매질에서 빠른 매질로 빛이 진행할 때 입사각보다 굴절각이 더 크다. 따라서 유리에서 물로 빛이 진행할 때 입사각보다 굴절각이 더 크다.

06. 답 (1) X (2) O (3) O
해설 (1), (3) 전반사는 빛이 속력이 느린 매질에서 속력이 빠른 매질로 진행할 때 임계각보다 큰 입사각에서 굴절하는 빛 없이 모두 반사되는 현상이다.
(2) 두 매질의 굴절률 차이가 클수록 임계각은 작다. 즉, 전반사가 잘 일어난다.

07. 답 26
해설 물속에 있는 물체를 공기 중에서 보면 실제의 깊이보다 떠 보인다. 굴절률이 $n_2 = 1.3$ 인 물 속에 있는 물체를 굴절률이 $n_1 = 1$ 인 공기 속에서 보았을 때 겉보기 깊이 h' 은 다음과 같다.

$$h' = \frac{n_1}{n_2}h = \frac{h}{1.3} = 20\text{ cm}$$

따라서 실제 깊이 $h = 20 \times 1.3 = 26$ (cm) 이다.

08. 답 ①
해설 볼록 거울에 의한 상은 물체의 위치에 관계없이 거울 뒤 허초점과 거울 사이에 생기며, 항상 물체보다 작은 정립 허상이다.
이때 구면 거울 공식에 의해 상의 위치는 다음과 같다.

$$\frac{1}{a} + \frac{1}{b} = \frac{1}{f} = \frac{2}{r} \Rightarrow f = -20$$

$$\frac{1}{30} + \frac{1}{b} = -\frac{1}{20} \Rightarrow b = -12\text{ (cm)}$$

즉, 물체보다 작고 바로 서 있는 허상이 거울 뒤 12 cm 위치에 생긴다.

09. 답 ②
해설 오목 렌즈에 의한 상은 물체의 위치에 상관없이 렌즈 앞에 생긴다. 렌즈 뒤에 만들어지는 상은 실상으로 이때 렌즈는 볼록 렌즈이다. 따라서 렌즈의 공식에 의해 렌즈의 초점 거리는 다음과 같다.

$$\frac{1}{a} + \frac{1}{b} = \frac{1}{f} \Rightarrow \frac{1}{40} + \frac{1}{120} = \frac{4}{120} = \frac{1}{30}$$

$$\therefore f = 30\text{ (cm)}$$

10. 답 ㉠ b ㉡ a ㉢ 상 ㉣ 물체 ㉤ 도립(실) ㉥ 정립(허)
해설 물체와 상과의 크기 비율인 배율은 다음과 같다.

$$m = \left|\frac{b}{a}\right| = \frac{\text{상의 크기}}{\text{물체의 크기}}$$

이때 배율의 부호가 (+) 값이면 도립(실)상, (−) 값이면 정립(허)상이 만들어진다. $m > 1$ 이면 확대된 상, $m = 1$ 이면 물체와 같은 크기의 상, $m < 1$ 이면 축소된 상이 생긴다.

11. 답 ④
해설 수직한 두 거울 A 와 B 를 지나는 단색광의 경로는 다음과 같다.

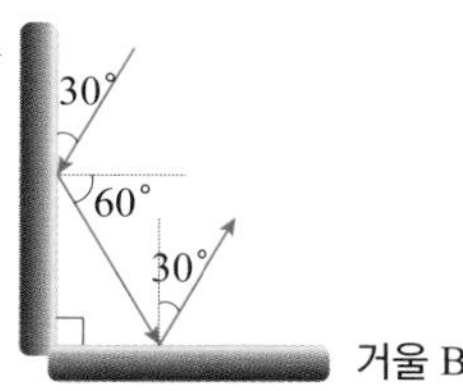

거울 A 에 입사한 단색광의 입사각과 반사각은 각각 60°, 거울 B 에 입사한 단색광의 입사각과 반사각은 각각 30°이다.
ㄱ. 거울면에 단색광이 반사할 때는 위상이 정반대가 되는 고정단 반사를 한다.
ㄴ. 거울 B 와 거울 A 의 법선은 서로 수직하다. 이때 거울 A 에 반사하는 광선과 법선이 이루는 각은 60°, 거울 B 에 반사하는 광선

이 이루는 각은 30° 이므로, 두 광선은 서로 평행하다.
ㄷ. 거울 A 에서 입사광 + 반사광 = 60° + 60° = 120° 이다.

12. 답 ⑤

해설 ㄱ, ㄴ 매질 1 에서 매질 2 로 물결파가 진행할 때 파장이 짧아졌으므로, 굴절 법칙$\left(n_{12} = \frac{\sin i}{\sin r} = \frac{n_2}{n_1} = \frac{v_1}{v_2} = \frac{\lambda_1}{\lambda_2}\right)$에 의해 물결파의 속력은 매질 1 보다 매질 2 에서 더 느리다는 것을 알 수 있다. 또한 물결파가 매질 2 보다 더 큰 굴절률을 가진 매질을 통과할 경우 파장은 더 짧아진다.

ㄷ. 매질 1 에 대한 매질 2 의 굴절률 $n_{12} = \frac{n_2}{n_1} = \frac{\lambda_1}{\lambda_2}$ 이다.

13. 답 ④

해설 ㄱ. 빛이 굴절될 때 진동수는 변하지 않는다.

$$\therefore f = \frac{c}{\lambda} = \frac{3 \times 10^8}{500 \times 10^{-9}} = 6 \times 10^{14} \text{ (Hz)}$$

ㄴ. 진공 중에서 속도가 c 인 빛이 물질로 입사하여 굴절될 때 굴절률인 절대 굴절률 $n = \frac{c}{v}$ 이다. 따라서 물속에서 빛의 속도는 다음과 같다.

$$v = \frac{c}{n} = \frac{3 \times 10^8}{1.3} = 2.307\cdots \times 10^8 \fallingdotseq 2.3 \times 10^8 \text{ (m)}$$

ㄷ. 물속에서 빛의 파장은 굴절 법칙에 의해 다음과 같다.

$$\frac{\sin i}{\sin r} = \frac{n_{물}}{n_{공기}} = \frac{\lambda_{공기}}{\lambda_{물}} = \frac{v_{공기}}{v_{물}} \Rightarrow 1.3 = \frac{500 \times 10^{-9}}{\lambda_{물}}$$

$$\therefore \lambda_{물} = \frac{500 \times 10^{-9}}{1.3} = 384.615\cdots \times 10^{-9} \fallingdotseq 384.6 \times 10^{-9} \text{ (m)}$$
$$= 384.6 \text{ (nm)}$$

14. 답 ③

해설 ㄱ. 전반사는 빛이 밀한 매질에서 소한 매질로 임계각보다 큰 각도로 입사할 때 일어난다. 따라서 빛이 다이아몬드에서 공기로 진행할 때 전반사가 일어날 수 있다.

ㄴ. 두 매질의 굴절률 차이가 클수록 빛이 진행할 때 경계면에서 더 크게 꺾인다. 공기와 물의 굴절률 차이(1.23 − 1.00 = 0.33)가 물과 유리의 굴절률 차이(1.52 − 1.33 = 0.19)보다 크므로, 공기에서 물로 진행할 때 경계면에서 더 크게 꺾인다.

ㄷ. 공기에 대한 유리의 굴절률 = $\frac{n_{유리}}{n_{공기}} = \frac{1.52}{1} = 1.52$ 이고,
유리에 대한 공기의 굴절률 = $\frac{n_{공기}}{n_{유리}} = \frac{1}{1.52} = 0.657\cdots \fallingdotseq 0.66$ 이다.

15. 답 ①

해설 ㄱ. 빛이 거울에서 반사할 때 반사파의 위상은 180° 변한다.
ㄴ. 빛이 공기(소한 매질)에서 물(밀한 매질)로 입사할 때 반사파의 위상은 180° 변한다.
ㄷ. 빛이 물에서 공기로 입사할 때 반사파의 위상은 변하지 않는다.
ㄹ. 빛이 밀도가 다른 매질을 지날 때 굴절파의 위상은 변하지 않는다.

16. 답 9.75

해설 동전에서 렌즈의 중심까지의 거리 a = 겉보기 깊이 h + 수면에서 렌즈까지의 거리 5 cm, 렌즈의 중심에서 상까지의 거리 b = 55 − 5 = 50 cm, 렌즈의 초점 거리 f = +10 cm 이므로, 렌즈의 공식은 다음과 같다.

$$\frac{1}{a} + \frac{1}{b} = \frac{1}{f} \Rightarrow \frac{1}{h+5} + \frac{1}{50} = \frac{1}{10}$$

$$h + 5 = 12.5, \quad \therefore h = 7.5 \text{ (cm)} = \frac{x}{n_{물}}$$

$$\Rightarrow x = 1.3 \times 7.5 = 9.75 \text{ (cm)}$$

따라서 수면으로부터 9.75 cm 깊이에 동전이 있다.

17. 답 ③

해설 상이 물체와 반대편에 생기는 경우는 평면거울, 오목 거울, 볼록 거울, 볼록 렌즈일 때이다. 이때 평면거울은 물체와 같은 크기의 정립상, 오목 거울은 확대된 크기의 정립상, 볼록 거울은 축소된 크기의 정립상, 볼록 렌즈는 물체의 위치에 따라 크기가 다른 도립상이다. 따라서 광학 기기의 반대편에 물체보다 작은 크기의 정립상이 생겼으므로 볼록 거울임을 알 수 있다.

18. 답 ②

해설 ㄱ. 굴절률이 클수록 빛이 더 많이 꺾이게 되므로 상은 Q 점보다 볼록 렌즈에 더 가깝게 생긴다.
ㄴ. 실험 장치를 모두 물속에 넣게 되면 굴절률 차가 적어지므로 빛이 렌즈에 의해 덜 꺾이게 되어 스크린에 상을 맺히게 할 수 있다.
ㄷ. 렌즈에서 물체까지의 거리 a, 렌즈의 초점 거리 f, 렌즈에서 상까지의 거리 b 일 때 렌즈의 공식은 다음과 같다.

$$\frac{1}{a} + \frac{1}{b} = \frac{1}{f}$$

b 를 크게 해줘야 상이 스크린에 맺히게 되므로, 촛불을 볼록 렌즈에서 가깝게 하면 a 가 작아지므로 b 가 길어지게 되어 스크린에 상을 맺히게 할 수 있다.

19. 답 ④

해설 빛의 진행 경로는 다음과 같다.

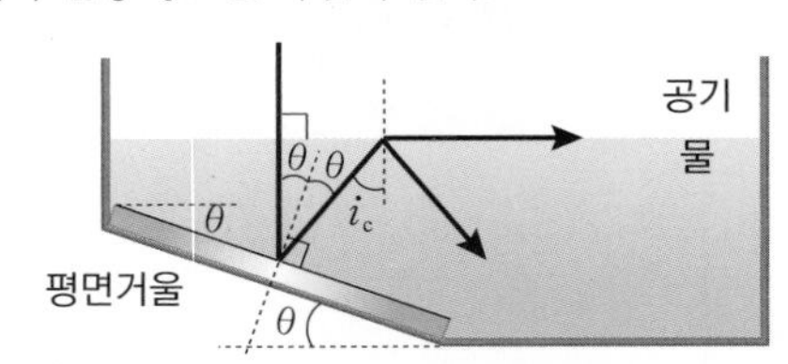

ㄱ. 파란색 광선이 물과 공기의 경계면에서 일부는 반사하고, 일부는 수면을 따라 진행하였으므로 이때의 입사각이 임계각 i_C 이다.
$i_C = 2\theta$ 이고, 임계각의 사인값 $\sin i_C = \frac{n_{공기}}{n_{물}} = \frac{1}{1.3}$이므로, $\sin 2\theta = \frac{1}{1.3}$ 이다.

ㄴ. 기울기 θ 가 더 클경우 입사각이 임계각보다 커지므로 빛은 모두 전반사한다.

ㄷ. 초록색 광선은 파란색 광선보다 파장이 길다. 파장이 길수록 굴절 정도가 작으므로 굴절각이 커지고, 임계각도 커진다. 따라서 2θ 의 입사각에서 초록색 광선은 전반사하지 않고 일부가 굴절되어 물 밖으로 나온다.

20. 답 ④

해설 ㄱ. 빛은 두 매질의 굴절률 차이가 클수록 매질의 경계면에서 더 많이 꺾인다. 굴절각은 같으므로, 입사각은 단색광 A 가 B 보다 크다.

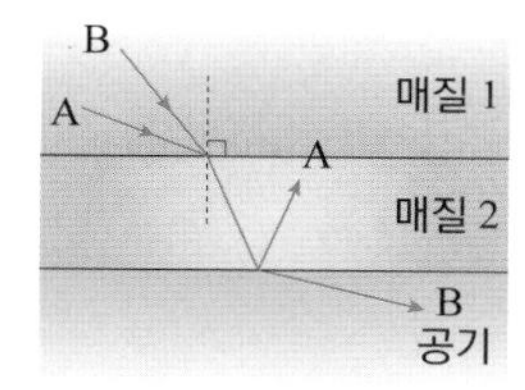

ㄴ. 매질 2 에서 공기로 진행할 때 단색광 A, B 의 임계각 $\sin i_A$, $\sin i_B$ 는 다음과 같다.

$$\sin i_A = \frac{1}{n_A} = \frac{1}{2.4},\ \sin i_B = \frac{1}{n_B} = \frac{1}{1.8}$$

$$\therefore \sin i_A < \sin i_B \Rightarrow i_A < i_B$$

ㄷ. 물질의 굴절률이 n, 진공과 물질에서 빛의 속도가 각각 c, v 일 때 다음과 같은 관계가 성립한다.

$$n = \frac{c}{v} \Rightarrow v = \frac{c}{n}$$

즉, 굴절률이 클수록 속력은 느려진다. 따라서 매질 2 에서 굴절률이 작은 단색광 B 의 속력이 A 보다 빠르다.

21. 답 ②

해설 ㄱ. 굴절 법칙에 의해 입사각이 같을 때, 굴절각이 클수록 파장이 길다.

$$\frac{\sin i}{\sin r} = \frac{n_2}{n_1} = \frac{v_1}{v_2} = \frac{\lambda_1}{\lambda_2}$$

공기에서 매질 1 로 빛이 입사할 때, 단색광 B 의 굴절각이 단색광 A 보다 크므로, 단색광 B 는 파장이 더 긴 빨간색, 단색광 A 는 파란색이 된다.

ㄴ. 빛이 밀한 매질에서 소한 매질로 진행할 때 전반사가 일어난다. 단색광 A 가 전반사되었으므로 매질 1 의 굴절률이 매질 2 의 굴절률보다 크다.

ㄷ. 임계각 $\sin i_C = \frac{n_2}{n_1}$ 이므로, 매질 2 의 굴절률이 작아지면 임계각 i_C 가 작아지게 된다. 따라서 단색광 A 는 경계면에서 모두 반사된다.

22. 답 ②

해설 투명체 속 점광원의 빛이 임계각 i_c 보다 큰 각으로 수면 위로 진행하는 빛은 모두 전반사하므로 투명체 위 어느 곳에서도 보이지 않는다. 임계각 i_c 로 진행하는 점광원의 빛의 경로는 다음과 같다.

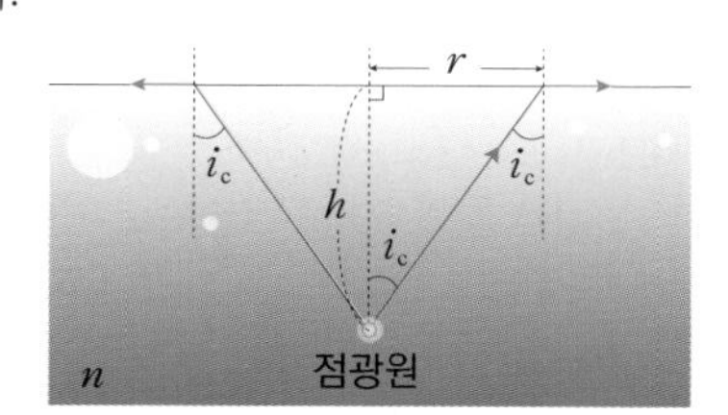

$$\therefore \sin i_c = \frac{r}{\sqrt{r^2+h^2}} = \frac{n_{공기}}{n} = \frac{1}{n}\ (\because n_{공기}=1)$$

$$\Rightarrow \sqrt{r^2+h^2} = nr,\ r^2(n^2-1) = h^2$$

$$\therefore r = \frac{h}{\sqrt{n^2-1}}$$

23. 답 ③

해설 ㄱ. 전신을 모두 보기 위해서는 키의 절반 길이의 평면거울이 필요하다. 따라서 키가 170 cm 인 무한이가 전신을 관찰하기 위해서는 85 cm 이상의 거울이 필요하다.

ㄴ. 무한이가 v 의 속력으로 거울을 향해 다가가면 상대적으로 정지해 있는 인형의 상도 v 의 속력으로 가까워지고 있는 것처럼 보인다.

ㄷ. 거울이 무한이에게 v'의 속력으로 다가오면 인형과 거울 사이의 거리가 가까워지므로 인형의 상과 거울 사이의 거리도 가까워진다. 따라서 화분의 상도 v'의 속력으로 이동한다. 이때 무한이는 $-v'$ 의 속도로 이동하고 있기 때문에 무한이의 상도 거울을 향해 v'의 속력으로 이동한다. 따라서 무한이가 본 무한이의 상의 상대 속도는 $= -v' - v' = -2v'$ 이다.

∴ 무한이가 본 인형의 상의 속도

$= $(인형의 상의 속도 − 무한이의 속도)$= v' - (-2v') = 3v'$

인형의 상은 $3v'$ 의 속도로 무한이에게 다가오는 것으로 보인다.

24. 답 ⑤

해설 ㄱ, ㄴ. 유리판에 의한 물체(점광원)와 렌즈와의 거리 a 는 다음과 같다.

$$a = 28 - (12 - \frac{12}{1.5}) = 24\ (\text{cm})$$

따라서 물체가 초점 거리의 2 배 위치에 있으므로 렌즈로 부터 초점 거리의 2 배 떨어진 거리(24 cm)에 같은 크기의 도립 실상이 생긴다.

$$\frac{1}{a} + \frac{1}{b} = \frac{1}{f} \Rightarrow \frac{1}{24} + \frac{1}{b} = \frac{1}{12}$$

$$\therefore b = 24\ (\text{cm})$$

ㄷ. 유리판의 굴절률이 커지면 물체와 렌즈까지의 거리가 더 가까워지게 된다. 따라서 상의 크기는 더 커지고, 렌즈와 상까지의 거리는 더 멀어진다.

25. 답 ②

해설 ㄱ. d 와 λ 가 일정할 때, θ 가 커지면 입사각이 커지므로, 굴절각도 커지게 되어 빛은 더 많이 꺾이게 된다. 따라서 l 은 짧아진다.

ㄴ. θ 와 d 가 일정할 때, λ 가 커지면 직진성이 커진다(굴절률이 작아진다). 따라서 l 은 길어진다.

ㄷ. θ 와 λ 가 일정할 때, d 가 줄어들어도 입사각은 변하지 않으므로 굴절각도 변하지 않는다. 따라서 l 은 줄어든다.

26. 답 $\sqrt{2}$

해설 스크린 위의 밝은 점이 B 점에 도달할 때 단색광의 진행 경로는 다음과 같이 나타난다.

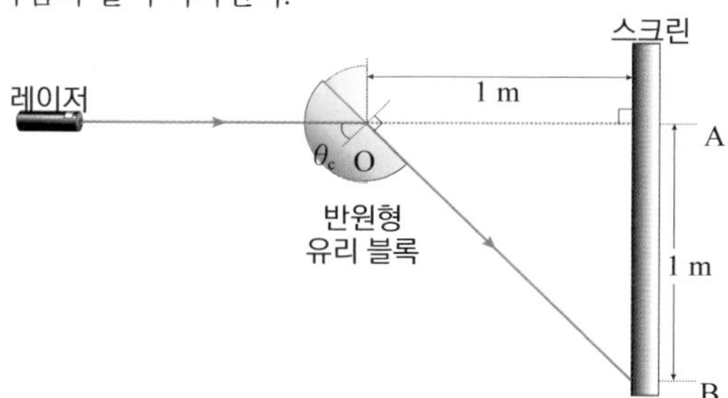

이러한 경우 빛은 임계각으로 입사하여 유리 블록의 편평한 면을 따라 진행한다. 즉, 단색광이 임계각 θ_c로 입사하여 B 점에 도달한 후, 임계각보다 큰 각도로 입사할 경우에는 전반사가 일어나 빛이 사라지게 되는 것이다. 이때 임계각 θ_c는 굴절각이 90° 일 때의 입사각이 되므로, $\theta_c = 45°$ 가 된다. 유리 블록의 굴절률을 n이라고 하면 임계각과 굴절률의 관계는 다음과 같다.

$$\sin\theta_c = \frac{n_{공기}}{n} = \frac{1}{n} = \frac{1}{\sqrt{2}} (\because \text{공기의 굴절률 } n_{공기} = 1)$$

$$\therefore n = \sqrt{2}$$

27. 답 ②

해설 P 점으로 입사한 단색광의 진행 경로는 다음과 같다.

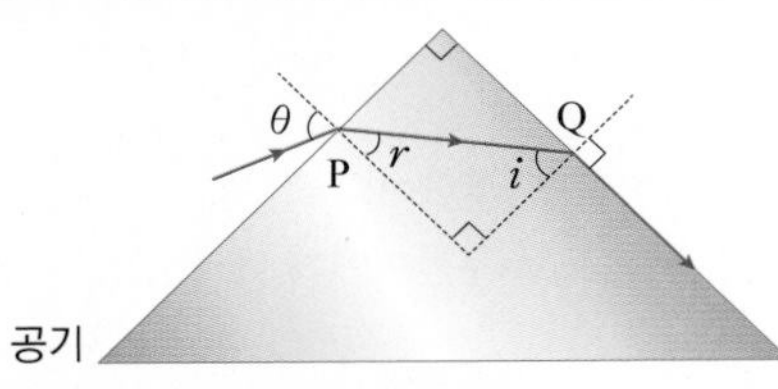

ㄱ. P 점에서 굴절각을 r, Q 점에서 입사각을 i, 프리즘의 굴절률을 n이라고 하면, 공기의 굴절률은 1 이므로, P 점과 Q 점에서 굴절 법칙은 각각 다음과 같다.

$$\text{P점} : \sin\theta = n\sin r \Rightarrow \sin r = \frac{\sin\theta}{n} \cdots ㉠$$

$$\text{Q점} : n\sin i = \sin 90° \quad \cdots ㉡$$

이때 $i = 90 - r \Rightarrow \sin i = \sin(90 - r) = \cos r = \sqrt{1 - \sin^2 r}$ 이므로, ㉡식 $\Rightarrow n\sqrt{1 - \sin^2 r} = 1$ 이 되고, 이 식에 ㉠ 을 대입하면,

$$n\sqrt{1 - \frac{\sin^2\theta}{n^2}} = 1 \Rightarrow \sqrt{n^2 - \sin^2\theta} = 1 \text{ 이다.}$$

따라서 굴절률 $n = \sqrt{1 + \sin^2\theta}$ 이므로, $n_{max} = \sqrt{2}$ 이다($\because \sin^2\theta$ 의 최대값 = 1).

ㄴ. 입사각 θ 가 작아지면, 굴절각 r 도 작아지게 된다. 따라서 Q 점의 입사각 i 가 커지고($\because i = 90 - r$), 임계각보다 커지게 되면 빛은 Q 점에서 모두 반사된다.

ㄷ. Q 점의 입사각이 작아질경우 빛은 공기 중으로 굴절하게 된다.

28. 답 $\frac{d\theta(n-1)}{n}$

해설 유리판을 진행하는 빛의 경로는 다음과 같다.

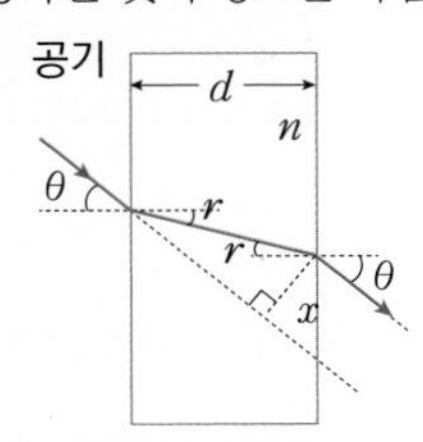

빛이 공기 중에서 유리판으로 입사하는 각도가 θ 일 때, 굴절각을 r 라고 하면, 유리판의 왼쪽 면에서 굴절 법칙은 $\sin\theta = n\sin r$ 이고, 유리판의 오른쪽 면에 굴절 법칙을 적용하면 $n\sin r = \sin\theta$ 이므로 입사광선의 연장선과 공기 중으로 나오는 광선은 평행함을 알 수 있다.

유리판에서 빛이 이동한 거리를 l 이라고 하면,

$$l\cos r = d \Rightarrow l = \frac{d}{\cos r}$$

$$x = l\sin(\theta - r) = \frac{d \cdot \sin(\theta - r)}{\cos r} \quad \cdots ㉠$$

θ 가 매우 작으면 $\sin\theta \approx \theta$ 이므로 $\cos r \approx 1$, $\sin(\theta - r) \approx \theta - r$ 이고, ㉠은 $x = d(\theta - r)$ 이 된다.

이때 굴절 법칙 $n\sin r = \sin\theta \Rightarrow nr \approx \theta$ 이므로,

$$\therefore x \approx d\left(\theta - \frac{\theta}{n}\right) = \frac{d\theta(n-1)}{n} \ (\theta \text{는 라디안})$$

29. 답 ③

해설 입사 경로와 구의 축 사이의 거리가 h일 때, 구형의 매질에 입사하는 각도를 θ 라고 하면, 빛의 경로는 다음과 같다.

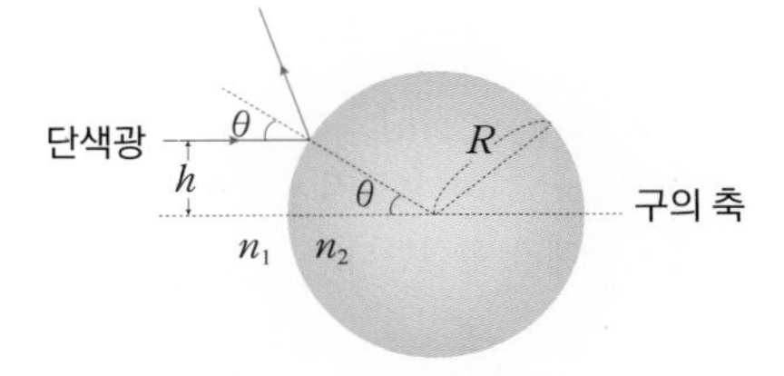

ㄱ. 임계각을 i_c 라고 하면, 입사광이 전반사하였으므로 $\theta > i_c$ $\Rightarrow \sin\theta > \sin i_c$ 가 된다.

$\sin\theta = \frac{h}{R}$, $\sin i_c = \frac{h_c}{R}$ 이므로, $\frac{h}{R} > \frac{h_c}{R} \Rightarrow h > h_c$ 이다.

ㄴ, ㄷ. 굴절 법칙에 의해 $\sin i_c = \frac{n_2}{n_1}$ 이므로, 다음의 관계가 성립한다.

$$\frac{h_c}{R} = \frac{n_2}{n_1} \Rightarrow h_c = \frac{n_2}{n_1}R$$

따라서 n_2 가 클수록, R 이 길수록 h_c 의 크기가 길어진다.

30. 답 1.22

해설 P 점에서 굴절하는 각도를 r, Q 점에서 입사하는 각도를 i 라고 하면, 유리를 통과하는 빛의 경로는 다음과 같다.

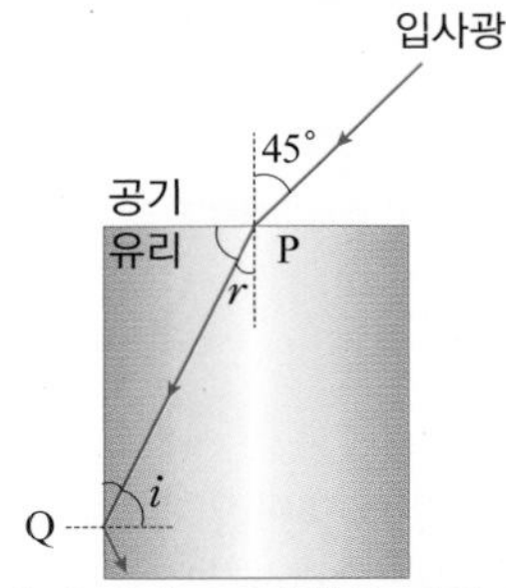

이때 굴절률이 n 인 유리의 Q 점에서 전반사를 하기 위해서는 $n\sin i \geq \sin 90° = 1$ 을 만족해야 한다.

P점에서 굴절 법칙은 $n\sin r = \sin 45° \Rightarrow \sin r = \frac{\sin 45°}{n}$ 이고, $i = (90° - r)$ 이므로, $n\sin i = n\sin(90° - r) = n\cos r \cdots ㉠$ 가 된다.

$$㉠^2 = n^2\cos^2 r = n^2(1 - \sin^2 r) \ (\because \sin^2 r + \cos^2 r = 1)$$

$$\Rightarrow n^2(1 - \sin r^2) = n^2\left(1 - \frac{\sin^2 45°}{n^2}\right) = n^2 - \sin^2 45° \geq 1$$

$$\therefore n \geq \sqrt{1 + \sin^2 45°} = 1.2247\cdots ≒ 1.22 \ (\because \sin^2 45° = \frac{1}{2})$$

31. 답 〈해설 참조〉

해설 렌즈와 물체 사이의 거리를 x 라고 하면, 렌즈의 공식은 다음과 같다.

$$\frac{1}{a}+\frac{1}{b}=\frac{1}{f} \Rightarrow \frac{1}{x}+\frac{1}{L-x}=\frac{1}{f}$$
$$x^2-Lx+Lf=0$$
$$\therefore x=\frac{1}{2}\left(L\pm\sqrt{L^2-4Lf}\right)$$

즉, $\frac{1}{2}\left(L-\sqrt{L^2-4Lf}\right)$, $\frac{1}{2}\left(L+\sqrt{L^2-4Lf}\right)$ 위치에 볼록 렌즈를 놓게 되면 각각 축소된 도립 실상, 확대된 도립 실상을 스크린에 맺게 된다.

32. 답 〈해설 참조〉

해설 초점 거리가 24 cm 인 볼록 렌즈 A에 의한 상의 위치는 렌즈 공식에 의해 다음과 같다.

$$\frac{1}{a}+\frac{1}{b}=\frac{1}{f} \Rightarrow \frac{1}{6}+\frac{1}{b}=\frac{1}{24},\quad \therefore b=-8\,(\text{cm})$$

즉, 상은 물체와 같은 쪽으로 볼록 렌즈 A 에서 8 cm 떨어진 곳에 바로 선 모양으로 맺힌다(허상).

이 허상을 물체로 하여 초점 거리가 9 cm 인 볼록 렌즈 B에 의한 상의 위치는 다음과 같다.

$$\frac{1}{a'}+\frac{1}{b'}=\frac{1}{f'} \Rightarrow \frac{1}{8+10}+\frac{1}{b'}=\frac{1}{9},\quad \therefore b'=18\,(\text{cm})$$

따라서 두 렌즈에 의해 볼록 렌즈 B 의 오른쪽으로 18 cm 지점에 도립 실상이 생긴다.

23강. 파동의 간섭과 회절

개념확인 230 ~ 235 쪽

1. 보강, 상쇄 2. 짝수배, 홀수배 3. (1) X (2) O
4. 짝수배, 홀수배 5. (1) O (2) X (3) O

확인 + 230 ~ 235 쪽

1. 4 2. ㉠ A, C ㉡ B 3. 6×10^{-3}
4. 5×10^{-7} 5. 초록

개념확인

03. 답 (1) X (2) O

해설 (1) 슬릿의 폭이 좁을수록 물결파의 회절이 잘 일어난다.

05. 답 (1) O (2) X (3) O

해설 (2) 쐐기 모양의 공기층이 생긴 두 장의 평면 유리 위에 수직으로 단색광을 비추면 빛의 경로차가 반파장의 홀수배일 때 밝은 무늬가 생기고, 짝수배일 때 어두운 무늬가 생긴다.

확인 +

01. 답 4

해설 두 펄스의 합성파의 변위는 각 펄스의 변위의 합과 같다.

$$\therefore y=y_A+y_B=(-6)+10=4\,(\text{cm})$$

02. 답 ㉠ A, C ㉡ B

해설

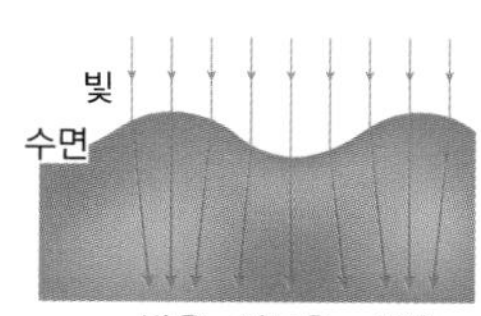

물결파의 마루와 마루, 골과 골이 만나는 지점은 보강 간섭이 일어나며, 가장 활발하게 진동하게 된다. 이때 마루와 마루가 만나는 부분은 볼록 렌즈와 같이 빛을 모아 밝은 무늬를 만들고, 골과 골이 만난 부분은 오목 렌즈와 같이 빛을 퍼지게 하여어두운 무늬를 만든다.

03. 답 6×10^{-3}

해설 단일 슬릿에 의해 어두운 무늬가 생기는 조건은 다음과 같다.

$$\varDelta=d\sin\theta=\frac{dx}{l}=\frac{\lambda}{2}(2m)\quad(m=1,2,3,\cdots)$$

이때 슬릿과 스크린 사이의 거리 $l=50\,(\text{cm})=0.5\,(\text{m})$, 파장 $\lambda=600\,(\text{nm})=6\times10^{-7}\,(\text{m})$, 슬릿의 폭 $d=0.1\,(\text{mm})=1\times10^{-4}\,(\text{m})$ 이므로, 두 번째 어두운 무늬까지의 거리 x 는 다음과 같다.

$$x=\frac{\lambda}{2}(2m)\times\frac{l}{d}=\frac{6\times10^{-7}\times4\times0.5}{2\times1\times10^{-4}}=6\times10^{-3}\,(\text{m})$$

04. 답 5×10^{-7}

해설 파장이 λ인 빛이 간격이 d인 이중 슬릿을 지나 이중 슬릿과 l만큼 떨어져 있는 스크린에 간섭 무늬 가 생겼을 때, 간섭 무늬 사이의 간격 $\varDelta x$은 다음과 같다.

$$\varDelta x = \frac{\lambda l}{d}$$

$$\therefore \lambda = \frac{d}{l}\varDelta x = \frac{1 \times 10^{-4}}{5} \times 2.5 \times 10^{-2} = 5 \times 10^{-7}\,(\text{m})$$

05. 답 초록

해설 m번째 밝은 무늬의 위치 관계는 다음과 같다.

$$d\sin\theta = \frac{\lambda}{2}(2m) \quad (m = 0, 1, 2, \cdots)$$

$$\therefore \lambda = \frac{d\sin\theta}{m} = \frac{(1/500)\text{mm} \times \sin 30^\circ}{2} = 0.0005\,(\text{mm})$$

$$= 5 \times 10^{-7}\,(\text{m}) = 500\,(\text{nm})$$

따라서 단색광은 초록색임을 알 수 있다.

개념다지기 236 ~ 237 쪽

01. (1) O (2) O (3) X			02. ④	03. ④
04. ③	05. ⑤	06. ④	07. ③	08. ②

01. 답 (1) O (2) O (3) X

해설 (1) 서로 반대의 위상으로 중첩되므로 상쇄 간섭이 일어나 진폭이 최소가 된다.

(3) 슬릿의 폭이 좁을수록, 파동의 파장이 길수록 회절이 잘 일어난다.

02. 답 ④

해설 ㄱ, ㄴ. 두 펄스의 변위가 모두 $+y$ 방향이므로 두 펄스가 중첩되면 합성파의 진폭이 최대가 되는 보강 간섭을 한다. 이때 진폭은 두 진폭의 합($y_A + y_B$)과 같다.

ㄷ. 두 파동이 중첩된 후에 각각의 파동은 다른 파동의 영향을 받지 않고 중첩되기 전 파동의 특성을 그대로 유지하면서 독립적으로 진행한다. 이를 파동의 독립성이라 한다.

03. 답 ④

해설 두 파동의 경로차가 반파장의 짝수배인 곳에서는 보강 간섭이 일어난다. 보강 간섭은 마루와 마루가 만나는 P 지점과 골과 골이 만나는 Q 지점에서 일어난다. 마루와 골이 만나는 R 지점에서는 상쇄 간섭이 일어난다.

04. 답 ③

해설 두 파원으로부터 P 점까지의 거리차(경로차)는 6 − 5 = 1 cm 이다. P 점은 상쇄 간섭이 일어나는 지점이므로 경로차가 반파장의 홀수배인 지점이고, AB 로부터 첫 번째 지점이기 때문에 경로차가 $\frac{\lambda}{2}$ 가 된다. 따라서 파장 $\frac{\lambda}{2} = 1$ ⇨ $\lambda = 2$ (cm)이다.

05. 답 ⑤

해설 ㄱ. 단일 슬릿에서 어두운 무늬를 만드는 조건은 다음과 같다.

$$\varDelta = d\sin\theta = \frac{dx}{l} = \frac{\lambda}{2}(2m) \quad (m = 1, 2, 3, \cdots)$$

빛의 진행 방향과 30° 방향인 P점에서 첫번째 어두운 무늬를 만들었으므로, $m = 1$, $\theta = 30^\circ$ 이다. 따라서 $d\sin 30^\circ = 5 \times 10^{-7}$ ⇨ $d = 1 \times 10^{-6}$ (m) 이다.

ㄴ. 회절 무늬 사이의 간격은 파장이 길수록, 스크린과 슬릿 사이의 거리가 멀수록 넓어지며, 슬릿 사이의 간격이 좁을수록 좁아진다.

06. 답 ④

해설 어두운 무늬는 상쇄 간섭이 일어난 지점이다. 상쇄 간섭이 일어나는 지점은 경로차가 반파장의 홀수배일 경우이다. 이때 세번째 어두운 무늬는 $m = 2$ 일 때 이므로, 두 슬릿으로부터 P 점까지의 경로차 = $\frac{\lambda}{2}(2m + 1) = \frac{\lambda}{2}(4 + 1) = \frac{5}{2}\lambda$ 이다.

07. 답 ③

해설 뉴턴의 원무늬에서 어두운 무늬가 생기는 상쇄 간섭 조건은 다음과 같다.

$$\varDelta = 2d = \frac{r^2}{R} = \frac{\lambda}{2}(2m) \quad (m = 0, 1, 2, \cdots)$$

주어진 문제에서 5 번째 어두운 무늬의 반지름이 2 cm 였으므로, $m = 4$($m = 0$일 때가 첫번째 어두운 무늬), $r = 2$ cm 이다.

$$R = \frac{r^2}{\lambda m} = \frac{(2 \times 10^{-2})^2}{(4 \times 10^{-7}) \times 4} = 2.5 \times 10^2 = 250\,(\text{m})$$

08. 답 ②

해설 유리판이 이루는 각이 θ인 두 장의 평면 유리에 입사한 빛에 의해 간격이 일정하고, 평행한 간섭 무늬가 형성된다. 이때 밝은 무늬 사이의 간격 $\varDelta x$은 다음의 식을 만족한다.

$$\varDelta x \tan\theta = \frac{\lambda}{2}$$

$\tan\theta = \frac{h}{l}$ 이므로, $\varDelta x = \frac{\lambda l}{2h}$ 이 된다.

유형익히기 & 하브루타 238 ~ 241 쪽

[유형23-1] ①	01. ⑤	02. ④
[유형23-2] ⑤	03. ④	04. ③
[유형23-3] ①	05. ③	06. ④
[유형23-4] ③	07. ④	08. ③

[유형23-1] 답 ①

해설 두 펄스파의 2 초 후, 3 초 후 모습은 각각 다음과 같다.

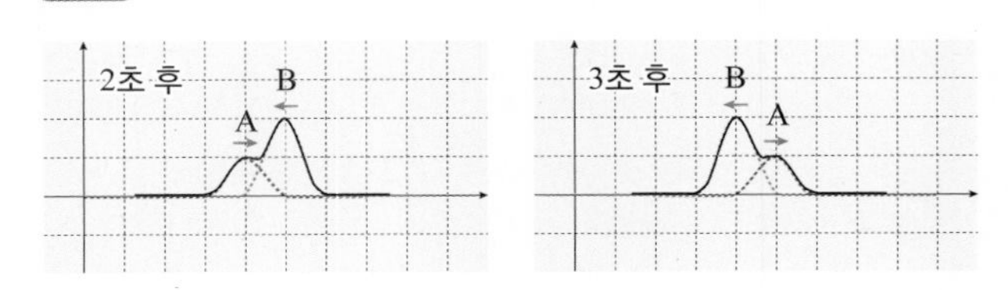

ㄱ, ㄴ. 두 펄스파는 서로 반대 방향으로 1 m/s 의 같은 속력으로 움직이고 있고, 5 m 떨어져 있다. 따라서 2.5 초 후에 두 펄스파의 마루와 마루가 만나 중첩되어 합성파의 변위가 +3 m 로 최대가된다.
ㄷ. 4 초 후 두 펄스파는 각각 원래의 모습으로 돌아가 계속 같은 방향으로 진행한다(파동의 독립성).

01. 답 ⑤
해설 ㄱ. 두 파동이 서로 중첩될 때 파동의 진폭만 변한다. 따라서 파장은 변하지 않으므로 합성파의 파장도 8 cm 이다.
ㄴ. 2 초 후 두 파동 모습은 다음과 같다.

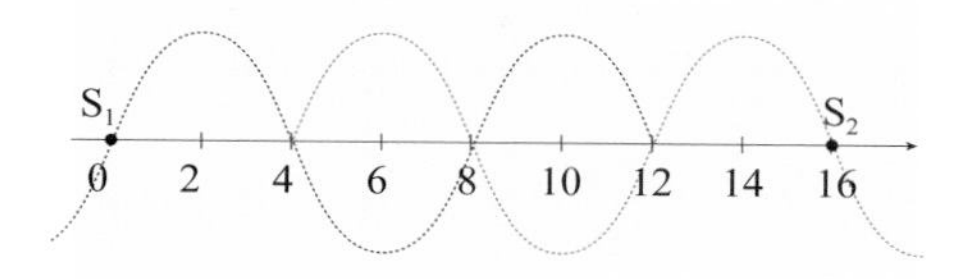

따라서 6 cm 지점에서 상쇄 간섭이 일어난다.
ㄷ. 3 초 후 두 파동은 모두 6 cm 이동하므로, 다음 그림과 같이 서로 보강 간섭하여 8 cm 지점의 진폭은 최대가 된다.

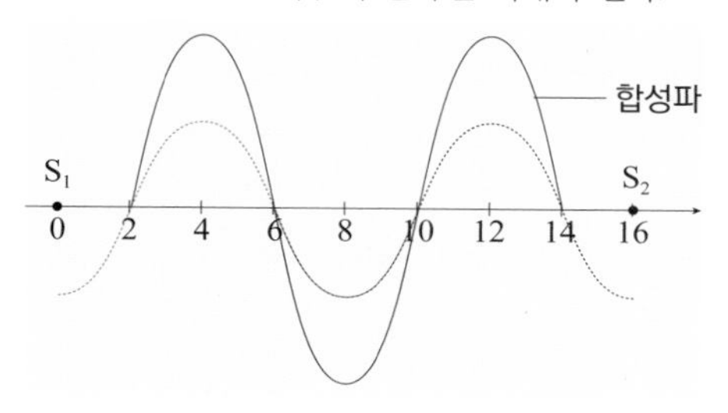

02. 답 ④
해설 두 개 이상의 파동이 서로 중첩될 때 중첩된 파동의 진폭이 커지거나 작아지는 현상을 파동의 간섭이라고 한다.
ㄱ. 파동들이 중첩된 후에 각각의 파동은 다른 파동의 영향을 받지 않고 중첩되기 전 파동의 특성을 그대로 유지하면서 독립적으로 진행한다(파동의 독립성). 하지만 겹쳐지는 과정에서 진폭에는 서로 영향을 미친다.
ㄴ. 두 파동이 만나 겹쳐질 때 만들어지는 합성파의 변위는 각 파동의 변위를 합한 것과 같다(파동의 중첩 원리).
ㄷ. 소음 제거 헤드셋은 헤드셋 덮개 안의 소음을 마이크로 감지하여 덮개 내부에서 소음과 상쇄 간섭을 일으키는 소음 제거 신호를 발생시켜 소음을 제거한다.

[유형23-2] 답 ⑤
해설 ㄱ. 상쇄 간섭이 되는 점을 연결한 선인 마디선은 ㉠ 이다.
ㄴ. $|S_1P_1 - S_2P_1| = |2\lambda - 4\lambda| = 2\lambda$
ㄷ. 마루와 마루가 만난 P_1, 골과 골이 만난 P_2 에서는 보강 간섭이, 마루와 골이 만난 P_3 에서는 상쇄 간섭이 일어난다.

03. 답 ④
해설 ㄱ. P 점은 골과 골이 만나는 지점으로 보강 간섭이 일어나 어둡게 보이는 지점이다. 하지만 시간이 지난 후 마루와 마루가 만나는 보강 간섭이 일어나면 밝게 나타나기도 하므로 밝고 어두운 상태가 교대로 나타난다.
ㄴ. Q 점은 마루와 마루가 만나는 지점으로 보강 간섭이 일어나고, R 점은 골과 마루가 만나는 지점으로 상쇄 간섭이 일어난다.
ㄷ. P 점과 Q 점은 두 파원으로부터 거리가 각각 같으므로, 경로차가 각각 0 으로 같다.

04. 답 ③
해설 ㄱ. 두 파원의 수직 이등분선상은 경로차가 0인 곳이므로 보강 간섭이 일어난다. 이 선을 마디선이라고 한다.
ㄴ. 속력이 10 cm/s, 진동수 10 Hz 일 때, 파동의 파장은 다음과 같다.

$$\lambda = \frac{v}{f} = \frac{10}{10} = 1\ (\text{cm})$$

P점에서 경로차 $|S_1P_1 - S_2P_1| = |16 - 24| = 8\ (\text{cm})$이고, 경로차 반파장의 짝수배일 경우 보강 간섭, 반파장의 홀수배일 경우 상쇄 간섭이 일어난다.
따라서 8 cm 는 $\frac{\lambda}{2} = 0.5$ cm 의 짝수배이므로 P점에서는 보강 간섭이 일어난다.
ㄷ. 선분 AB 위의 점은 $m = 0$으로, $|S_1P - S_2P| = 0$ 이고, 이로부터 보강 간섭이 일어나는 가장 가까운 지점 P에서는 $m = 1$ 이므로, 파장은 다음과 같다.

$$8 = \frac{\lambda}{2}(2 \times 1) \Rightarrow \lambda = 8\ (\text{cm})$$

[유형23-3] 답 ①
해설 ㄱ. P 점에 두 번째로 밝은 무늬가 나타났으므로 $m = 2$ 이고, 스크린의 중심에서 m 번째 밝은 무늬까지의 거리는 다음과 같다.

$$x_m = \frac{\lambda L}{2d}(2m) = \frac{m\lambda L}{d} \Rightarrow x_2 = \frac{2\lambda L}{d}$$

ㄴ. 밝은 무늬가 나타나는 보강 간섭이 일어나는 지점은 두 슬릿으로부터의 경로차가 반파장의 짝수배인 지점이다. 따라서 두 번째 밝은 무늬가 나타나는 P 점까지의 경로차는 다음과 같다.

$$\frac{\lambda}{2}(2m) = \frac{\lambda}{2}(2 \times 2) = 2\lambda$$

만약 P 점이 세 번째 어두운 무늬가 나타나는 지점($m = 2$)이라면 상쇄 간섭이 일어나는 곳으로 경로차가 반파장의 홀수배인 지점이다. 따라서 $\frac{\lambda}{2}(2m + 1) = \frac{\lambda}{2}(2 \times 2 + 1) = \frac{5}{2}\lambda$ 이다.
ㄷ. 단일 슬릿과 이중 슬릿 간격은 무늬 사이의 간격에 영향을 주지 않는다. 따라서 밝은 무늬의 개수는 변하지 않는다.

05. 답 ③
해설 회절 무늬 사이의 간격 Δx은 빛의 파장 λ, 슬릿과 스크린 사이의 거리 l에 비례하고, 슬릿의 폭 d에 반비례한다($\Delta x = \frac{\lambda l}{d}$).
ㄱ, ㄴ. 파란색 단색광은 빨간색 단색광보다 파장이 짧으므로 파장이 짧은 파란색 레이저를 이용하거나 슬릿의 폭이 넓어지면 무늬 사이의 간격이 좁아지기 때문에 같은 넓이의 스크린에 밝은 무늬의 수가 증가한다.
ㄷ. 슬릿과 스크린 사이의 거리 l 이 증가하면 밝은 무늬 사이의 간격 Δx 가 넓어진다.

06. 답 ④

해설 액체 속에서 빛의 파장 $\lambda' = \frac{\lambda}{n} = \frac{3}{4}\lambda$ 이고, P점은 중심점으로부터 두 번째 어두운 무늬가 나타나는 지점이다($m = 1$). 따라서 두 슬릿으로부터 P점까지의 경로차는 다음과 같다.

$$|S_1P - S_2P| = \frac{\lambda'}{2}(2m+1) = \frac{\lambda'}{2}(2 \times 1 + 1)$$
$$= \frac{3}{2}\lambda' = \frac{3}{2} \times \frac{3}{4}\lambda = \frac{9}{8}\lambda$$

[유형23-4] 답 ③

해설 ㄱ. 유리판 A 의 아랫면에서는 밀한 매질에서 소한 매질로 빛이 진행하므로 자유단 반사를 하고, B 의 윗면에서는 소한 매질에서 밀한 매질로 빛이 진행하므로 고정단 반사를 한다.

ㄴ. 쐐기 모양의 공기층을 통과한 빛이 상쇄 간섭을 하여 어두운 무늬를 만드는 조건은 다음과 같다.

$$\Delta = 2d = 2x\tan\theta = \frac{\lambda}{2}(2m) \quad (m = 0, 1, 2, \cdots)$$

5 번째 어두운 무늬가 나타난 공기층의 두께 $d_5 = \frac{5}{2}\lambda$

10 번째 어두운 무늬가 나타난 공기층의 두께 $d_{10} = \frac{10}{2}\lambda$

$$\therefore d_{10} - d_5 = \frac{10}{2}\lambda - \frac{5}{2}\lambda = \frac{5}{2} \times (6 \times 10^{-7}) = 15 \times 10^{-7}\,(\text{m})$$
$$= 1500\,(\text{nm})$$

ㄷ. 쐐기 모양의 공기층을 통과한 빛이 만드는 어두운 무늬 사이의 간격은 다음과 같다.

$$\Delta x = \frac{\lambda l}{2d}$$

이때 공기층에 굴절률이 1.5 인 액체를 넣게 되면 액체 속에서 단색광의 파장 $\lambda' = \frac{\lambda}{n} = \frac{2}{3}\lambda$ 가 되므로, $\Delta x'$(변화된 무늬 사이의 간격) $= \frac{\lambda' l}{2d} = \frac{2}{3}\Delta x$ 이다.

즉, 액체를 채우진 전 무늬 사이의 간격보다 좁아진다.

07. 답 ④

해설 평면 유리판 위에서 반사하는 빛은 고정단 반사, 평볼록 렌즈의 아랫면에서 반사하는 빛은 자유단 반사를 한다. 따라서 보강 간섭 조건은 다음과 같다.

$$2d + \frac{\lambda}{2} = \frac{\lambda}{2}(2m)$$

$$\Rightarrow \Delta = 2d = \frac{\lambda}{2}(2m-1) \quad (m = 1, 2, \cdots)$$

이때 $2d = \frac{r^2}{R}$ 이므로, $r^2 = \frac{R\lambda}{2}(2m-1)$ 이다.

$$\therefore r = \sqrt{\frac{(2m-1)R\lambda}{2}}$$

08. 답 ③

해설 회절 격자를 통과한 빛의 경로차는 다음과 같다.

$$d\sin\theta = \frac{\lambda}{2}(2m) = \lambda m \quad (m = 0, 1, 2, \cdots)$$

$d = \frac{1}{400}(\text{mm}) = 2.5 \times 10^{-6}(\text{m})$이므로,

$$\sin\theta = \frac{\lambda m}{d} = \frac{(5 \times 10^{-7}) \times m}{2.5 \times 10^{-6}} = 0.2m$$
$$-1 < \sin\theta < 1 \Rightarrow -1 < 0.2m < 1$$
$$\therefore -5 < m < 5 \Rightarrow m = -4, -3, -2, -1, 0, 1, 2, 3, 4$$

창의력 & 토론마당 242 ~ 245 쪽

01 (1) 〈해설 참조〉 (2) 4개

해설 (1) 벽에서 반사된 파동은 다음 그림과 같이 벽을 기준으로 같은 거리만큼 떨어진 곳에 있는 또 다른 점파원 C 에서 파동이 발생한 것과 같은 파동의 형태이다.

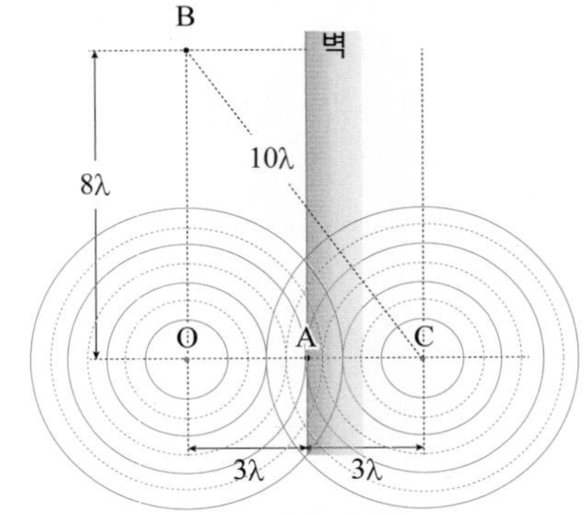

따라서 입사파와 반사파가 중첩된 이후 주기와 진동수, 파장은 같고, 진폭이 2 배인 형태의 파동(O 점과 A 점에 마루가 형성되는 정상파)이 형성된다.

(2) 물결파인 경우 물 입자의 진동에 의한 파동이므로 벽에 반사할 때 반사된 파동은 자유단 반사를 하므로 위상 변화가 없다. 따라서 선분 OB 상에서 상쇄 간섭 조건은 다음과 같다.

$$\text{경로차} = \frac{\lambda}{2}(2m+1)$$

선분 OB 상에서 $|OB - OC| = 2\lambda <$ 경로차 $< OC = 6\lambda$ 이므로 $\frac{5}{2}\lambda, \frac{7}{2}\lambda, \frac{9}{2}\lambda, \frac{11}{2}\lambda$ 인 지점에서 서로 상쇄 간섭을 일으킨다.

02 (1) 1.2×10^{-6} m (2) S_1

해설 굴절률이 1.5 인 투명한 판을 진행하는 빛의 파장 $\lambda' = \frac{\lambda}{n} = \frac{\lambda}{1.5} = \frac{2}{3}\lambda$ 이다. 즉, 공기 중에서 진행하던 빛보다 속력이 느려지게 되므로 빛의 파장보다 짧아지게 된다. 따라서 위쪽 슬릿 S_1 의 스크린 쪽에 투명판을 대면 같은 시간 동안 S_1 을 통과한 빛의 이동 거리가 짧아지므로 P 점에 있던 밝은 무늬가 중앙으로 이동하게 된다.

OP 사이의 거리를 x, 이중 슬릿과 스크린 사이의 거리를 l, 슬릿

사이의 거리를 d라고 하면, 두 슬릿을 통과하는 빛의 경로차는 $\Delta = na - a = a(n-1) = \frac{dx}{l}$ 이고, 첫 번째 밝은 무늬 이므로 $\frac{\lambda l}{d} = \lambda$ 이다. 따라서 투명한 판의 두께는 다음과 같다.

$$\therefore a = \frac{dx}{l(n-1)} = \frac{\lambda}{(n-1)} = \frac{6 \times 10^{-7}}{(1.5-1)} = 1.2 \times 10^{-6}\,(\text{m})$$

03 528 nm

해설 물질 B 에서 2 번 반사하는 빛은 직진하는 빛보다 2 × 415 = 830 (nm) 더 이동한다. 이때 물질 B의 굴절률이 C 보다 크므로, 물질 B 와 C 의 경계면에서는 자유단 반사를 하므로 위상 변화가 없다. 하지만 물질 A 와 B 의 경계면에서는 고정단 반사를 하므로 위상은 $\frac{\lambda'}{2}$ 만큼 변하게 된다. 따라서 보강 간섭 조건은 다음과 같다.

$$830 + \frac{\lambda'}{2} = \frac{\lambda'}{2}(2m) \Rightarrow 830 = \frac{\lambda'}{2}(2m-1),\ \lambda' = \frac{1660}{(2m-1)}$$

따라서 공기 중에서 빛의 파장 λ 는 다음과 같다.

$$\lambda = n_B \lambda' = 1.59 \times \frac{1660}{(2m-1)} = \frac{2639.4}{(2m-1)}$$

$m = 1$ 일 때, $\lambda_1 = 2639$ (nm), $m = 2$ 일 때, $\lambda_2 = 879.8 \fallingdotseq 880$ (nm), $m = 3$ 일 때, $\lambda_3 = 527.88 \fallingdotseq 528$ (nm), $m = 4$ 일 때, $\lambda_4 = 377.05\cdots \fallingdotseq 37\ 7$(nm) 가 된다. 따라서 가시 광선 영역에 해당하는 파장은 $\lambda_3 = 528$ (nm) 이다.

04 1.63×10^{-6} m

해설 위쪽 플라스틱의 아랫면에서 반사된 빛과 아래쪽 플라스틱의 윗면에서 반사된 빛의 간섭에 의해 간섭 무늬가 형성된다. 이때 밝은 무늬가 만들어질 조건과 어두운 무늬가 만들어질 조건은 각각 다음과 같다(반사에 의한 위상 변화가 $\frac{\lambda}{2}$ 이므로).

$$2L = \frac{\lambda}{2}(2m+1)\ (\text{밝은 무늬}),\quad 2L = \frac{\lambda}{2}(2m)\ (\text{어두운 무늬})$$

그림에서 보면 틈의 가장 왼쪽 틈을 통과한 빛에 의해 첫 번째 어두운 무늬가 만들어졌으므로 왼쪽 끝에서 m 값을 m_1 이라고 하면, $L_1 = \frac{\lambda}{2}(m_1)$ 이고, $L_2 = \frac{\lambda}{2}(m_1 + 5)$가 된다.

$$\therefore \Delta L = L_2 - L_1 = \frac{\lambda(m_1+5)}{2} - \frac{\lambda m_1}{2} = \frac{5}{2}\lambda$$

$$= \frac{5(650 \times 10^{-9})}{2} = 1.625 \times 10^{-6} \fallingdotseq 1.63 \times 10^{-6}(\text{m})$$

05 80.4×10^{-9} m = 80.4 nm

해설 코팅 막에 입사한 빛은 공기와 코팅 막의 경계면에서 고정단 반사, 코팅막과 유리 렌즈의 경계면에서 고정단 반사를 한다. 따라서 코팅막의 윗면과 아랫면에서 모두 위상이 반대가 되므로 상쇄 간섭 조건은 다음과 같다.

$$2nd = \frac{\lambda}{2}(2m+1)$$

이때 상쇄 간섭이 일어나기 위한 최소 두께는 $m = 0$일 경우가 되므로, 최소 두께 d는 다음과 같다.

$$\therefore 2nd = \frac{\lambda}{2} \Rightarrow d = \frac{\lambda}{4n_{\text{코팅}}} = \frac{450 \times 10^{-9}}{4 \times 1.4} = 80.35\cdots \times 10^{-9}$$

$$\fallingdotseq 80.4 \times 10^{-9}\,(\text{m}) = 80.4\,(\text{nm})$$

06 1,700 Hz = 1.7 kHz

해설

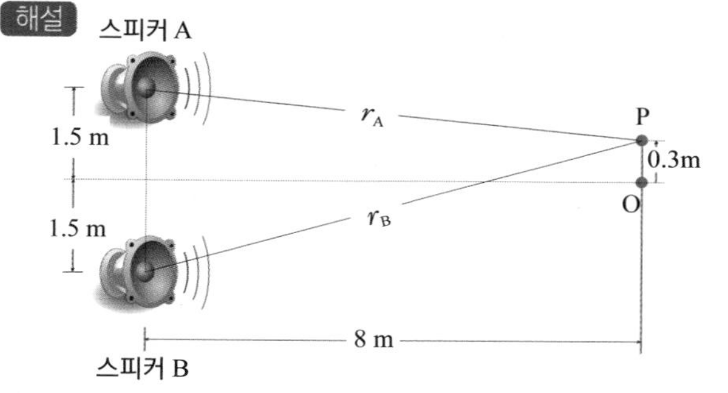

스피커 A에서 P점까지의 경로 r_A와 스피커 B에서 P점까지의 경로 r_B 는 각각 다음과 같다.

$$r_A = \sqrt{8^2 + (1.5-0.3)^2} = 8.0894\cdots \fallingdotseq 8.1$$

$$r_B = \sqrt{8^2 + (1.5+0.3)^2} = 8.2$$

따라서 두 음파의 경로차 $|r_A - r_B| = 0.1$ (m)이고, P 점은 상쇄 간섭이 일어난 지점이므로 $m = 0$일 때, 다음의 조건을 만족한다.

$$|r_A - r_B| = 0.1 = \frac{\lambda}{2}(2m+1) = \frac{\lambda}{2},\quad \therefore \lambda = 0.2\,(\text{m})$$

$$\therefore f = \frac{v}{\lambda} = \frac{340}{0.2} = 1{,}700\,(\text{Hz}) = 1.7\,(\text{kHz})$$

스스로 실력 높이기 246 ~ 253 쪽

01. ③	02. (1) O (2) O (3) X			
03. ㉠, ㉡		04. ④	05. 상쇄, 보강	
06. 0	07. ㉡, ㉠, ㉡		08. ①	
09. 400	10. ③	11. ③	12. ④	13. ④
14. ②	15. ④	16. ⑤	17. ③	18. ②
19. ③	20. ①	21. (1) 350 (2) 6		22. ①
23. 6×10^{-6}		24. ⑤	25. ③	26. ⑤
27. ①	28. ④	29. 406	30. 2.7×10^{-6}	
31. 615		32. ③		

01. **답** ③

해설 2 초 후 두 펄스는 4 m 위치에서 완전히 중첩된다. 따라서 합성파의 변위는 각 파동의 변위를 합한 것과 같으므로 (−1 m) + 2 m = +1 m 가 된다.

02. 답 (1) O (2) O (3) X

해설 (1) 두 파동의 변위의 방향이 반대이므로 합성파의 진폭이 최소가 되는 상쇄 간섭을 한다.
(2) 파동의 중첩 원리를 설명하고 있다.
(3) 두 파동이 중첩에서 완전히 벗어난 이후에도 중첩되기 전 파동의 특성을 그대로 유지하면서 독립적으로 진행한다(파동의 독립성).

04. 답 ④

해설 P 점에서 S_1, S_2 로 부터의 경로차는 $|S_1P - S_2P| = |1.5\lambda - 3.5\lambda| = 2\lambda$, R 점에서 S_1, S_2 로 부터의 경로차 $|S_1P - S_2P| = |3.5\lambda - 3.5\lambda| = 0$ 이다.
⇨ P, R 점에서는 보강 간섭이 일어난다.

05. 답 상쇄, 보강

해설 Q 점에서는 마루와 골이 만나므로 상쇄 간섭이 일어나고, S 점에서는 마루와 마루가 만나므로 보강 간섭이 일어난다.

〈 또 다른 풀이 〉
두 파동이 중첩하여 보강 간섭이 일어나는 지점은 경로차가 반파장의 짝수배일 경우이고, 상쇄 간섭이 일어나는 지점은 반파장의 홀수배일 경우이다.
Q 점에서 경로차 $|S_1Q - S_2Q| = |2.5\lambda - 3\lambda| = 0.5\lambda$
S 점에서 경로차 $|S_1S - S_2S| = |3\lambda - 2\lambda| = \lambda$,
따라서 S점에서 보강 간섭, Q점에서는 상쇄 간섭이 일어난다.

06. 답 0

해설 P 점에서 S_1, S_2 로 부터의 경로차는 $|S_1P - S_2P| = |50 - 36| = 14$ 이므로 $\frac{4}{2} \times 7 = 14$, 즉 경로차는 반파장의 홀수배(7 배)가 된다. 따라서 점 P 는 상쇄 간섭이 일어나는 곳이 되므로, 합성파의 진폭은 0 cm 가 된다.

07. 답 ㉡, ㉠, ㉢

해설 파장이 같더라도 슬릿의 폭이 좁거나, 슬릿의 폭이 같더라도 파장이 길수록 회절이 잘 일어난다.

08. 답 ①

해설 어두운 무늬가 생기는 상쇄 간섭이 일어날 조건은 두 빛의 경로차가 반파장의 홀수배일 때이다. 즉,

$|S_1P - S_2P| = \frac{\lambda}{2}(2m + 1)$ $(m = 0, 1, 2, \cdots)$ 을 만족할 때이다.

첫 번째 어두운 부분은 $m = 0$ 일 때이므로,

$$|S_1P - S_2P| = \frac{4500}{2}(2 \times 0 + 1) = 2{,}250(\text{Å})$$

09. 답 400

해설 곡률 반지름이 R인 평볼록 렌즈에 의해 생기는 뉴턴의 원무늬 중 밝은 무늬가 생기기 위해서는 경로차가 다음 조건을 만족해야 한다. 이때 r은 무늬의 반경이다.

$$\Delta = 2d = \frac{r^2}{R} = \frac{\lambda}{2}(2m + 1) \quad (m = 0, 1, 2, \cdots)$$

첫 번째 밝은 무늬는 $m = 0$ 일 때 생기므로,

$$\frac{\lambda}{2} = \frac{r^2}{R} = \frac{(4 \times 10^{-4})^2}{80 \times 10^{-2}} = 2 \times 10^{-7}(\text{m}) = 200\text{ nm}$$

$$\therefore \lambda = 400\text{ nm}$$

10. 답 ③

해설 쐐기 모양의 공기 층이 형성된 두 장의 유리를 통과한 빛에 의해 밝은 무늬가 발생하기 위해서는 다음 조건을 만족해야 한다.

$$\text{경로차 } 2d = \frac{\lambda}{2}(2m + 1)$$

이때 이웃한 밝은 무늬에 대한 공기층의 두께가 d_1, d_2일 때, m, $m + 1$ 이라고 하면,

$$2d_1 = \frac{\lambda}{2}(2m + 1), \quad 2d_2 = \frac{\lambda}{2}[2(m + 1) + 3]$$

$$\therefore d_2 - d_1 = \frac{\lambda}{2}$$

11. 답 ③

해설 ㄱ, ㄴ. 파동들이 중첩된 이후에도 각각의 파동은 다른 파동의 영향을 받지 않고 중첩되기 전 파동의 특성을 그대로 유지하면서 독립적으로 진행한다. 이를 파동의 독립성이라고 한다.
ㄷ. 2 초 후 파동의 모습은 다음과 같다.

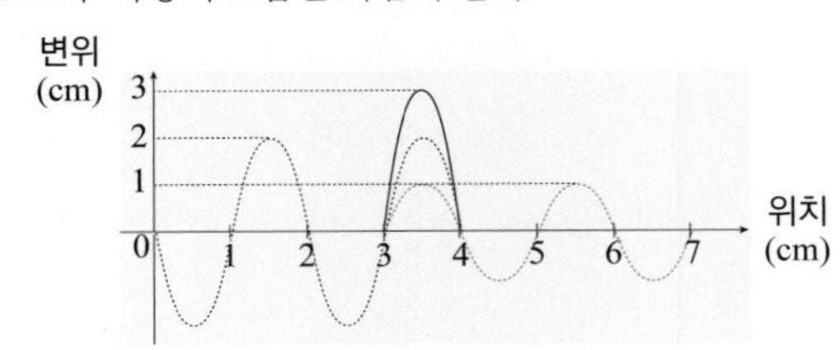

따라서 합성파의 최대 변위는 +3 cm 이다.

12. 답 ④

해설 ㄱ. (나) 의 A, C 부분은 마루와 마루가 만난 부분으로 볼록 렌즈와 같이 빛을 모아 밝은 무늬(㉠)를 만든다. B 부분은 골과 골이 만난 부분으로 오목 렌즈와 같이 빛을 퍼지게 하여 어두운 무늬(㉡)를 만든다.
ㄴ. 가장 밝은 부분과 가장 어두운 부분은 각각 마루와 마루, 골과 골이 만나는 지점으로 모두 보강 간섭이 일어나 가장 활발하게 진동하는 곳이다.
ㄷ. 위상차가 정반대인 180° 일 경우, ㉠ 부분에서 마루와 골이 만나 상쇄 간섭이 일어날 것이다.

13. 답 ④

해설 회절 무늬 사이의 간격 Δx은 빛의 파장 λ, 슬릿과 스크린 사이의 거리 L에 비례하고, 슬릿의 폭 d에 반비례한다$(\Delta x = \frac{\lambda L}{d})$
ㄱ. 슬릿의 폭이 좁아지면 빛의 회절 무늬 간격이 넓어진다. 따라서 P 점은 A 방향으로 이동한다.
ㄴ. d 와 L 을 2 배로 하면, $\Delta x = \frac{\lambda \cdot 2L}{2d} = \Delta x$가 되므로, 무늬 사

이의 간격은 변함이 없다.

ㄷ. P 점은 빛의 경로차가 반파장의 짝수배인 지점으로 상쇄 간섭하여 어두운 무늬가 만들어진다.

14. 답 ②

해설 파동의 회절은 슬릿 폭이 좁을수록, 파장이 길수록 잘 일어난다. 따라서 슬릿 폭이 가장 좁은 A 와 파장이 가장 긴 R 을 이용할 경우 파동의 회절이 가장 잘 일어난다. 반면에 슬릿 폭이 가장 넓은 C 와 파장이 가장 짧은 Q 를 이용할 경우 가장 회절이 되지 않는다.

15. 답 ④

해설 영의 간섭 실험 장치에서 간섭 무늬 사이의 간격 Δx은 다음과 같다.

$$\Delta x = \frac{\lambda L}{d}$$

ㄱ. 이중 슬릿 사이의 간격(d)이 좁아지면 간섭 무늬 사이의 간격(Δx)은 넓어진다.

ㄴ. P 점에 두 번째로 어두운 무늬가 나타났으므로 $m = 1$ 이고, 스크린의 중심에서 m 번째 어두운 무늬까지의 거리는 다음과 같다.

$$x_m = \frac{\lambda L}{2d}(2m+1) \Rightarrow x = \frac{3\lambda L}{2d},\ \lambda = \frac{2xd}{3L}$$

ㄷ. 단일 슬릿은 단일 슬릿에서 회절한 빛을 이중 슬릿의 각 틈에 동일한 위상으로 통과할 수 있도록 해준다.

16. 답 ⑤

해설 ㄱ. 비눗물이 매우 얇을 경우 반사하는 두 광선 사이의 경로차는 무시할 수 있게 된다. 따라서 두 광선의 위상이 180° 차이가 나게 되므로 상쇄 간섭이 일어나 어둡게 보인다.

ㄷ. 비누막에서 반사된 두 광선의 경로차가 반파장만큼의 차이가 나면 보강 간섭이 일어나 밝게 보이고, 한파장만큼의 차이가 나면 상쇄 간섭이 일어나 어둡게 보인다.

17. 답 ③

해설 평면 유리판 위에서 반사하는 빛은 고정단 반사, 평볼록 렌즈의 아랫면에서 반사하는 빛은 자유단 반사를 한다. 따라서 밝은 무늬를 만드는 보강 간섭 조건은 다음과 같다.

$$2d + \frac{\lambda}{2} = \frac{\lambda}{2}(2m)$$

$$\Rightarrow \Delta = 2d = \frac{\lambda}{2}(2m-1) \quad (m = 1, 2, \cdots)$$

이때 $2d = \dfrac{r^2}{R}$ 이므로, $r^2 = \dfrac{R\lambda}{2}(2m-1)$ 이다.

$$\therefore r = \sqrt{\frac{(2m-1)R\lambda}{2}}$$

2번째로 나타나는 밝은 무늬의 반지름은 $m = 2$일 때 이다.

$$r = \sqrt{\frac{3 \times 2 \times (60 \times 10^{-8})}{2}} = 13.416\cdots \times 10^{-4}\ (\text{m})$$

$$\fallingdotseq 13 \times 10^{-4}\ (\text{m}) = 1.3\ (\text{mm})$$

18. 답 ②

해설 길이가 l 인 두 장의 유리판 사이에 생긴 높이가 d 인 쐐기 모양의 공기층이 만들어질 경우, 위쪽 유리판에서 반사한 빛은 자유단 반사, 아래쪽 유리판에서 반사한 빛은 고정단 반사를 하므로 밝은 무늬가 만들어지는 곳과 어두운 무늬가 만들어지는 곳의 조건은 다음과 같다.

$$2d + \frac{\lambda}{2} = \frac{\lambda}{2}(2m) \Rightarrow 2d = \frac{\lambda}{2}(2m) - \frac{\lambda}{2}\ \text{(보강 간섭)}$$

$$2d + \frac{\lambda}{2} = \frac{\lambda}{2}(2m+1) \Rightarrow 2d = \frac{\lambda}{2}(2m)\ \text{(상쇄 간섭)}$$

이때 빛이 만드는 밝은 무늬 사이의 간격 Δx 은 다음과 같다.

$$\Delta x : \frac{\lambda}{2} = l : d \Rightarrow \Delta x = \frac{\lambda l}{2d}$$

따라서 Δx 마다 밝은 무늬가 생기므로 무늬수 $x = \dfrac{d}{\lambda/2} = \dfrac{2d}{\lambda} = \dfrac{2 \times (0.01 \times 10^{-3})}{5 \times 10^{-7}} = 40$ (개) 이다.

19. 답 ③

해설 두 점파원에서 발생한 파동의 파장은 0.1 m 이다. 따라서 점 P ~ S_1, 점 Q ~ S_2 사이에서 두 파원으로부터의 경로차는 반파장의 홀수배(3 배)가 되므로 항상 상쇄 간섭이 일어나 수면이 진동하지 않는다(변위 = 0).

주어진 순간부터 $\dfrac{1}{4}$ 주기가 지난 순간 S_1 과 S_2 의 중심에서는 골과 골이 만나 (−) 방향으로 진폭이 최대가 된다. 따라서 가장 적절한 것은 ③ 이 된다.

20. 답 ①

해설 (가) 의 A 점은 마루와 마루가 만나는 지점, B점은 골과 골이 만나는 지점이다. (나) 의 O 점은 이중 슬릿을 통과한 단색광의 경로차가 0, P 점은 단색광의 반파장인 지점이다.

ㄱ. A 점은 보강 간섭이 일어나는 지점이므로 시간이 지남에 따라 수면의 높이가 주기적으로 변한다.

ㄴ. 두 점파원에서 A 점까지의 경로차 $|S_1A - S_2A| = |2\lambda - 2\lambda| = 0$, P 점까지의 경로차 $= \dfrac{\lambda}{2}(2m+1) = \dfrac{\lambda}{2}\ (\because m = 0)$ 이다.

ㄷ. B 는 골과 골이 중첩되어 보강 간섭이 일어나는 지점이고, P 점은 상쇄 간섭이 일어나는 지점이다.

21. 답 (1) 350 (2) 6

해설 단일 슬릿을 통과한 빛이 어두운 무늬를 만드는 조건은 다음과 같다.

$$\Delta = d\sin\theta = \frac{dx}{l} = \frac{\lambda}{2}(2m) \quad (m = 1, 2, 3, \cdots)$$

빛 A의 첫 번째 어두운 무늬는 $d\sin\theta = \lambda_A$ 일 때 생기고,

빛 B의 두 번째 어두운 무늬는 $d\sin\theta = 2\lambda_B$ 일 때 생긴다. 이때 두 위치가 동일하므로 $\lambda_A = 2\lambda_B$ 가 성립한다.

$$\therefore \lambda_B = \frac{\lambda_A}{2} = \frac{700}{2} = 350\ (\text{nm})$$

(2) 같은 위치에 어두운 무늬가 생기기 위해서는 $d\sin\theta$ 가 같기 때문에 $m_A\lambda_A = m_B\lambda_B$ 가 성립한다. 따라서 $\lambda_A = 2\lambda_B \Rightarrow m_A = 2m_B$ 이므로, 빛 A 에 의한 회절 무늬 중 세 번째 어두운 무늬는 빛 B 에 의한 회절 무늬 중 6 번째 어두운 무늬와 일치한다.

22. 답 ①

해설 ㄱ. 공기 중에서 진행하던 빛이 얇은 막에 입사하면, 막의 위쪽에서는 고정단 반사(㉠)를 하여 180° 의 위상 변화가 생기고, 막으로 입사한 후 막의 아래쪽 면에서 반사한 빛은 자유단 반사(㉡)를 하여 위상 변화가 없다.

ㄴ. 막이 매우 얇은 경우 윗면에 반사한 빛과 막으로 입사한 후 막의 아래쪽 면에서 반사한 빛의 경로차가 거의 없기 때문에 위상이 반대인 두 빛이 만나 상쇄 간섭이 일어난다.

ㄷ. 막의 두께가 $\frac{\lambda}{4}$일 경우 경로차가 $\frac{\lambda}{2}$ 가 되어 위상이 같은 두 빛이 만나므로 보강 간섭이 일어난다.

23. 답 6×10^{-6}

해설 회절 격자에서 밝은 간섭 무늬가 생기는 위치는 다음과 같다.

$$d\sin\theta = \frac{\lambda}{2}(2m) = m\lambda$$

이웃한 두 극대가 $\sin\theta = 0.2$, $\sin\theta = 0.3$을 만족하므로, $\sin\theta = 0.2$ 가 m 에 해당한다면, $\sin\theta = 0.3$은 $m + 1$ 에 해당한다.

$$\therefore 0.2d = m\lambda,\ 0.3d = (m+1)\lambda$$

$$\Rightarrow d = \frac{\lambda}{0.1} = \frac{6 \times 10^{-7}}{0.1} = 6 \times 10^{-6}\ (\text{m})$$

24. 답 ⑤

해설 ㄱ. 파장이 길수록 회절이 잘 일어난다. 따라서 파란색 단색광보다 빨간색 단색광을 이용할 때 회절이 더 잘 일어난다.

ㄴ. N 개의 슬릿을 가진 회절 격자에서 가장 위쪽을 진행하는 빛과 가장 아래쪽을 진행하는 빛의 경로차는 $Nd\sin\theta = \lambda m$ 이 되고, θ 값은 매우 작기 때문에 $\sin\theta \approx \theta$ (라디안 값)이므로, $Nd\theta = \lambda m$ 이다(이때 θ를 반너비각이라고 한다.). 이때 파장과 격자 상수 d 가 일정할때 N이 늘어날수록 θ은 줄어든다. 즉, 슬릿의 수가 늘어날수록 무늬의 중복이 덜하기 때문에 파장을 구분하기 쉬워진다.

ㄷ. 슬릿과 스크린 사이의 거리가 멀수록 뚜렷한 간섭 무늬를 얻을 수 있다.

25. 답 ③

해설 ㄱ. 다음 그림과 같이 스크린에 나타나는 무늬는 거울에서 반사된 빛과 슬릿을 직접 통과해서 오는 빛의 간섭 현상으로 나타난다.

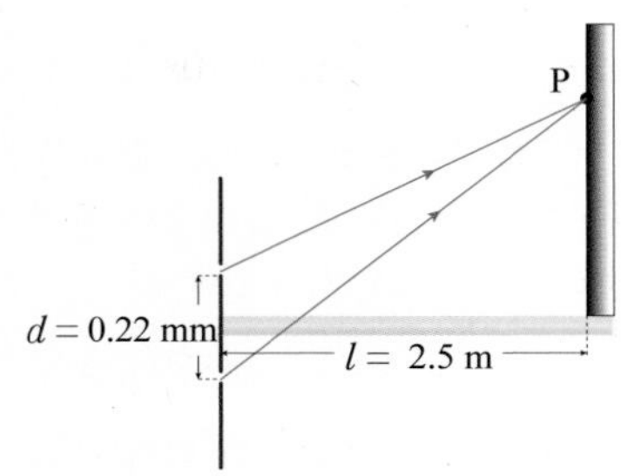

이때 거울에서 반사되는 빛은 고정단 반사를 하므로 $\frac{\lambda}{2}$ 의 위상 변화를 한다. 따라서 밝은 무늬가 생기는 조건(보강 간섭)은 다음과 같다. 이때 거울과 P 점 사이의 거리를 x 라고 한다.

$$\frac{dx}{l} = \frac{\lambda}{2}(2m+1) \quad (m = 0,\ 1,\ 2,\ \cdots) \ \cdots ㉠$$

ㄴ. ㉠ 조건에서 $d = 2.2 \times 10^{-4}$ (m), $\lambda = 440 \times 10^{-9}$ (m) 이고, P 점에 첫 번째 밝은 무늬가 생겼으므로 $m = 0$ 이다.

$$\therefore x = \frac{\lambda l}{2d} = \frac{440 \times 10^{-9} \times 2.5}{2 \times 2.2 \times 10^{-4}} = 2.5 \times 10^{-3}\ (\text{m})$$

ㄷ. P 점에 어두운 무늬가 나타날 때 스크린과 슬릿 사이의 거리를 l' 이라고 하면, 상쇄 간섭 조건은 다음과 같다.

$$\frac{dx}{l'} = \frac{\lambda}{2}(2m) \quad (m = 0,\ 1,\ 2,\ \cdots)$$

첫 번째 어두운 무늬일 때 $m = 1$ 이므로,

$$l' = \frac{dx}{\lambda} = \frac{2.2 \times 10^{-4} \times 2.5 \times 10^{-3}}{440 \times 10^{-9}} = 1.25\ (\text{m})$$

따라서 P 점에 첫 번째 어두운 무늬가 나타나기 위해서는 스크린을 이중 슬릿 쪽으로 1.25 m 옮겨야 한다.

26. 답 ⑤

해설 굴절 법칙에 의해 굴절률과 파장은 반비례 관계이다. 즉, 파장이 짧은 빛일수록 굴절률이 더 크므로 공기와 유리의 경계면에서 더 많이 꺾인다. 따라서 A의 파장이 B의 파장보다 짧다.

ㄱ. 공기에서 유리로 진행할 때 입사각이 같으므로, 유리에서 공기로 진행할 때 굴절각도 같다. 따라서 공기 중으로 굴절되어 나온 빛 A와 B는 나란하게(평행하게) 진행한다.

ㄴ. 회절 무늬 사이의 간격 Δx은 빛의 파장 λ, 슬릿과 스크린 사이의 거리 l에 비례하고, 슬릿의 폭 d에 반비례한다 ($\Delta x = \frac{\lambda l}{d}$). 따라서 파장이 긴 빛으로 바꾸면 회절 무늬 사이의 간격이 넓어진다.

ㄷ. 이중 슬릿의 간격만을 좁힐경우 간섭 무늬 각각의 폭이 증가하지만 통과한 빛의 양은 변하지 않으므로 무늬 한 개의 밝기는 감소한다.

27. 답 ①

해설 파장이 λ인 빛이 간격이 d 인 이중 슬릿을 지나는 경우, 스크린 상의 중심에서 간섭 무늬까지의 거리를 x , 스크린에서 이중 슬릿까지의 거리를 l 이라고 하면, 밝은 무늬를 만드는 조건(보강 간섭 조건)은 다음과 같다.

$$d\sin\theta = \frac{dx}{l} = \frac{\lambda}{2}(2m) \quad (m = 0,\ 1,\ 2,\ \cdots)$$

이때 밝은 무늬 사이의 간격(또는 어두운 무늬 사이의 간격)을 Δx 라고 하면, 스크린의 중심에서 m 번째 밝은 무늬까지의 거리 x_m 은

$x_m = \frac{\lambda l}{2d}(2m) = \frac{m\lambda l}{d}$ 이다.

파장이 480 nm 인 빛에 의해 생긴 간섭 무늬에서 스크린 중심점에서 세번째 밝은 무늬 사이의 간격은

$$x_{m=3} = \frac{m\lambda l}{d} = \frac{3 \times (480 \times 10^{-9}) \times 1}{5 \times 10^{-4}} = 288 \times 10^{-5}\ (\text{m})$$

파장이 600 nm 인 빛에 의해 생긴 간섭 무늬에서 스크린 중심점에서 세번째 밝은 무늬 사이의 간격은

$$x'_{m=3} = \frac{m\lambda' l}{d} = \frac{3 \times (600 \times 10^{-9}) \times 1}{5 \times 10^{-4}} = 360 \times 10^{-5}\ (\text{m})$$

$$\therefore x'_{m=3} - x_{m=3} = (360 - 288) \times 10^{-6} = 72 \times 10^{-5}\ (\text{m})$$

28. 답 ④

해설 OP 사이의 거리를 x, 이중 슬릿과 스크린 사이의 거리를 l, 슬릿 사이의 거리를 d라고 하면, 두께가 a인 유리 조각이 있는 경우 두 슬릿을 통과하는 빛의 경로차는 다음과 같다.

$$\Delta = na - a = a(n-1) = \frac{dx}{l} \cdots ㉠$$

이때 7번째 밝은 무늬이므로, ㉠ $= \frac{\lambda}{2}(2m) = 7\lambda$ 가 된다.

따라서 투명한 판의 두께는 다음과 같다.

$$\therefore a = \frac{7\lambda}{(n-1)} = \frac{7(550 \times 10^{-9})}{(1.6-1)} = 6.4166\cdots \times 10^{-6}$$
$$\fallingdotseq 6.4 \times 10^{-6}\,(\text{m})$$

29. 답 406

해설 각 경계면에서 반사된 빛은 모두 소한 매질에서 밀한 매질로 진행하였으므로 고정단 반사를 한다(위상이 180° 변함). 따라서 두 반사된 빛이 상쇄 간섭하기 위해서는 빛의 경로차가 반파장의 홀수배가 되어야 한다[$2d = \frac{\lambda}{2}(2m+1)$].

따라서 매질 B 속에서의 파장 $\lambda' = \frac{4d}{2m+1}$ 가 되고, 이때 공기 중에서 빛의 파장을 λ 라고 하면, $\lambda' = \frac{\lambda}{n_B}$ 가 되므로, 빛의 파장은 다음과 같다.

$$\lambda = \frac{4dn_B}{2m+1} = \frac{4 \times 210 \times 1.45}{2m+1} = \frac{1218}{2m+1}$$

$m=1$ ⇨ $\lambda_1 = 406$ nm, $m=2$ ⇨ $\lambda_2 = 243.6$ nm, ⋯ 이고, 가시 광선 영역의 빛은 파장이 380 nm 보다 커야 하므로 406 nm가 된다.

30. 답 2.7×10^{-6}

해설 쐐기 모양의 공기층을 통과한 빛이 보강 간섭을 하여 밝은 무늬를 만드는 조건 ㉠ 과 어두운 무늬를 만드는 조건 ㉡ 은 각각 다음과 같다.

$$\Delta = 2d = 2x\tan\theta = \frac{\lambda}{2}(2m+1) \quad (m = 0, 1, 2, \cdots) \cdots ㉠$$

$$\Delta = 2d = 2x\tan\theta = \frac{\lambda}{2}(2m) \quad (m = 0, 1, 2, \cdots) \cdots ㉡$$

가장 얇은 공기층의 두께를 L_1, 가장 두꺼운 공기층의 두께를 L_2라고 하면, 두께가 각각 L_1, L_2일 때, 밝은 무늬가 만들어졌고, 이때 m 값은 각각 m, $m+9$가 된다.

따라서 $2L_1 = \frac{\lambda}{2}(2m+1)$, $2L_2 = \frac{\lambda}{2}(2m+19)$ 이다.

$$\therefore L_2 - L_1 = \frac{9\lambda}{2} = \frac{9 \times (600 \times 10^{-9}) \times 1}{2} = 2.7 \times 10^{-6}\,(\text{m})$$

31. 답 615

해설 쐐기 모양의 공기층을 통과한 빛이 보강 간섭을 하여 밝은 무늬를 만드는 조건은 다음과 같다.

$$\Delta = 2d = 2x\tan\theta = \frac{\lambda}{2}(2m+1) \quad (m = 0, 1, 2, \cdots)$$

$$⇨ \lambda = \frac{4d}{2m+1} = \frac{4(5 \times 10^{-5})}{2 \times 162 + 1} = 6.153\cdots \times 10^{-7}$$
$$\fallingdotseq 6.15 \times 10^{-7}\,(\text{m}) = 615\text{ nm}$$

32. 답 ③

해설 회절 격자에서 밝은 간섭 무늬가 생기는 위치는 다음과 같다.

$$d\sin\theta = \frac{\lambda}{2}(2m) = m\lambda$$

주어진 문제에서 $d = \frac{1}{200\text{ mm}} = 0.005\,(\text{mm}) = 5 \times 10^{-6}\,(\text{m})$ 이므로, 파장은 다음과 같다.

$$\lambda = \frac{d\sin\theta}{m} = \frac{(5 \times 10^{-6}) \times \sin30°}{m} = \frac{2.5 \times 10^{-6}}{m}$$

$m=1$ ⇨ $\lambda_1 = 2{,}500$ nm, $m=2$ ⇨ $\lambda_2 = 1{,}250$ nm,
$m=3$ ⇨ $\lambda_3 \fallingdotseq 833$ nm, $m=4$ ⇨ $\lambda_4 = 625$ nm,
$m=5$ ⇨ $\lambda_3 = 500$ nm, $m=6$ ⇨ $\lambda_6 \fallingdotseq 417$ nm, ⋯

따라서 가시 광선 영역 중 가장 긴 파장은 625 nm이고, 세 번째로 긴 파장은 417 nm이다.

24강. 빛의 이용

개념확인 254 ~ 261 쪽

1. 5	2. 오목, 볼록	3. ㉠, ㉠, ㉡
4. 볼록, 오목	5. 유도 방출	6. ㉡
7. 브루스터각	8. 속도	

확인 + 254 ~ 261 쪽

1. 6	2. 0.4	3. 125	4. 80
5. 에너지, 매질, 거울		6. ④	
7. 180		8. 광탄성	

개념확인

01. 답 5

해설 렌즈 공식에 의해 배율 m 과 물체와 렌즈까지의 거리 a 사이에는 다음의 공식이 성립한다.

$$m = \frac{f}{a-f} \Rightarrow \frac{1}{2} = \left|\frac{-5}{a-(-5)}\right|$$
$$\therefore a = 5\,(\text{cm})$$

04. 답 볼록, 오목

해설 갈릴레이식 망원경은 물체로부터 나온 빛이 볼록 렌즈를 이용한 대물렌즈와 오목 렌즈를 이용한 접안렌즈를 통과하면 정립 허상을 만든다. 도립상을 만드는 케플러식 망원경에 비해 지상에서의 관찰이 편리하다는 장점이 있다.

05. 답 유도 방출

해설 레이저(LASER)란 유도 방출에 의한 빛의 증폭(Light Amplification by the Stimulated Emission of Radiation)이라는 말의 약자이다.

확인 +

01. 답 6

해설 $a = 4$ cm, $n_1 = 1$, $n_2 = 1.5$, $R = 1$ cm 이다.

$\frac{n_1}{a} + \frac{n_2}{b} = (n_2 - n_1)\frac{1}{R}$ 에 각각의 값을 대입하면,

$$\Rightarrow \frac{1}{4} + \frac{1.5}{b} = (1.5-1)\frac{1}{1}, \quad \therefore b = 6\,(\text{cm})$$

02. 답 0.4

해설 렌즈 제작자의 공식에 의해 초점 f 은 다음의 관계식을 성립한다.

$$\frac{1}{f} = (n-1)\left(\frac{1}{R_1} + \frac{1}{R_2}\right) = (1.5-1)\left(\frac{1}{0.4} + \frac{1}{0.4}\right) = \frac{1}{0.4},$$
$$\therefore f = 0.4(\text{m})$$

03. 답 125

해설 광학통의 길이 L = 20 cm, 대물렌즈의 초점 거리 f_o = 1.6 cm, 접안렌즈의 초점 거리 f_e = 2.5 cm 이고, 광학 현미경의 배율은 대물렌즈의 배율과 접안렌즈의 곱이므로 다음과 같다.

$$m = m_o \times m_e \approx \frac{LD}{f_o f_e} = \frac{25L}{f_o f_e} = \frac{25 \times 20}{1.6 \times 2.5} = 125$$

04. 답 80

해설 망원경의 배율은 접안렌즈의 초점 거리에 대한 대물렌즈의 초점 거리의 비율이다.

$$m = \frac{f_{대물}}{f_{접안}} = \frac{800}{10} = 80$$

06. 답 ④

해설 ④ 레이저는 동일한 진동수의 빛만을 증폭한 순도가 높은 단색광이며, 빛의 위상이 모두 같다.

07. 답 180

해설 두 편광판을 겹쳐서 광원을 보았을 때 광원이 어둡게 보인 것은 두 편광판의 편광축이 수직하게 놓여있을 때이다. 편광판 한 개를 180° 회전시키면 다시 두 편광판의 편광축이 수직하게 놓이게 되므로 광원이 어둡게 보이게 된다.

08. 답 광탄성

해설 투명한 물체에 외부에서 힘을 작용하면 물체 내부의 분자 배열에 방향성이 생기면서 복굴절 성질을 지니게 된다.

개념다지기 262 ~ 263 쪽

01. ②	02. ③	03. (1) O (2) O (3) O		
04. ④	05. ③	06. ③	07. ①	08. ②

01. 답 ②

해설 곡률 반지름이 R 인 구면에서 빛이 굴절되어 상이 생길 때 다음과 같은 공식을 만족한다. 이때 물체와 구면 사이의 거리가 a, 구면과 상 사이의 거리가 b 이고, 빛은 굴절률이 n_1 인 곳에서 n_2 인 곳으로 진행한다.

$$\frac{n_1}{a} + \frac{n_2}{b} = (n_2 - n_1)\frac{1}{R}$$
$$\Rightarrow \frac{1}{20} + \frac{1.5}{b} = (1.5-1)\frac{1}{5} = \frac{0.5}{5}, \quad \therefore b = 30\,(\text{cm})$$

02. 답 ③

해설 렌즈 제작자의 공식에 의해 초점 f 은 다음의 관계식을 만족한다.

$$\frac{1}{f} = (n-1)\left(\frac{1}{R_1} + \frac{1}{R_2}\right)$$

왼쪽 면의 곡률 반지름을 R_L 이라고 하면, 오른쪽 면의 곡률 반지름은 $2R_L$ 이 된다.

$$\frac{1}{f} = (1.5-1)\left(\frac{1}{R_L} + \frac{1}{2R_L}\right) = \frac{1}{0.6} \Rightarrow \frac{3}{2R_L} = \frac{1}{0.3}$$
$$\therefore R_L = 0.45\,(\text{m}) = 45\,(\text{cm})$$

03. 답 (1) O (2) O (3) O

해설 (1) 안경은 사용해야 할 사람이 잘 보이는 위치에 정립 허상이 생기도록 해야 한다.
(3) 광학 현미경은 대물렌즈의 초점 거리가 짧고, 대물렌즈의 초점 바로 뒤에 물체를 놓아야 한다. 이때 물체와 대물렌즈 사이의 거리를 조절하여 또렷한 상을 맺도록 한다.

04. 답 ④
해설 ㄱ, ㄴ. 케플러식 굴절 망원경은 두 개의 볼록 렌즈를 사용한 망원경으로 대물렌즈 (A) 의 초점 길이가 접안렌즈 (B) 의 초점 길이보다 길다.
ㄷ. 접안 렌즈가 만드는 상은 대물렌즈 바깥쪽에 생기며, 대물렌즈가 만드는 실상보다 확대된 도립 허상이다.

05. 답 ③
해설 전자가 전이할 때 방출되는 빛의 에너지와 외부에서 공급된 빛의 진동수는 같다. $\Delta E_{에너지\ 준위} = E_{광자} = hf$ 이므로,

$$E_2 - E_1 = hf \Rightarrow f = \frac{E_2 - E_1}{h}$$

06. 답 ③
해설 ㉤ 에너지 공급원으로부터 에너지를 공급받은 전자는 높은 에너지 준위로 전이한다. ⇨ ㉢ 전자들은 준안정상태로 전이되어 밀도 반전이 일어난다. ⇨ ㉡ 준안정상태에 있는 전자의 일부가 자발적으로 낮은 에너지 준위로 전이하여 자발 방출이 일어난다. ⇨ ㉣ 자발 방출한 빛이 다른 준안정상태의 전자에 쪼여져 준안정상태의 전자가 낮은 에너지 준위로 전이하여 유도 방출이 일어난다. 이때 유도 방출된 빛의 대부분은 거울 사이를 왕복하면서 다른 준안정상태의 원자를 자극하고, 이에 따라 연쇄 유도 방출이 일어난다. ⇨ ㉠ 거울 축 방향으로 유도 방출된 빛이 반사에 의해 거울 사이를 왕복하면서 증폭되고, 부분 반사 거울에서 레이저 빔이 방출된다.

07. 답 ①
해설 편광판 A 와 B 를 통과하는 빛은 다음과 같다.

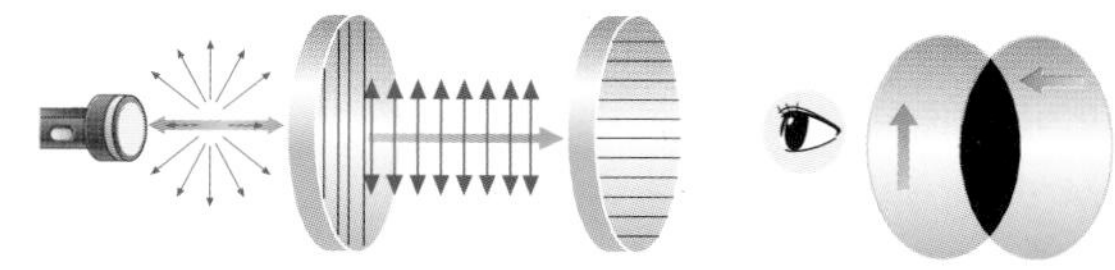

ㄱ. 빛이 종파일 경우 진행 방향과 진동 방향이 나란하므로 편광판을 통과한 빛은 편광되지 않는다. 따라서 빛이 편광되는 현상을 통해 빛은 횡파라는 사실을 알 수 있다.
ㄴ. 빛의 전기장을 선택적으로 흡수하여 편광시키는 편광판을 회전하면 ㉠ 에 도달하는 빛의 편광된 방향은 변하지만 편광판을 통과한 빛의 세기는 변화가 없다.
ㄷ. 편광판 A 를 통과한 빛이 편광된 방향과 편광판 B 의 편광축 방향이 수직하므로 빛이 편광판 B 는 통과하지 못한다.

08. 답 ②
해설 편광축이 각 θ 만큼 다른 두 편광판을 통과한 빛의 세기 I 는 다음과 같다.

$$I = I_0\cos^2\theta$$

$$I = \frac{1}{2}I_0 = I_0\cos^2\theta \Rightarrow \cos^2\theta = \frac{1}{2},\ \therefore \theta = 45°,\ 135°$$

유형익히기 & 하브루타 264 ~ 267 쪽

[유형24-1] (1) ④ (2) ②	01. ③	02. ④
[유형24-2] ④	03. ⑤	04. ④
[유형24-3] ⑤	05. ③	06. ④
[유형24-4] ④	07. ②	08. ①

[유형24-1] 답 (1) ④ (2) ②
해설 유리 막대에서 a 만큼 떨어진 P점에 놓인 물체에 의해 유리 막대 내부로 b 만큼 떨어진 P′ 점에 상이 생겼을 때 빛의 경로는 다음과 같다.

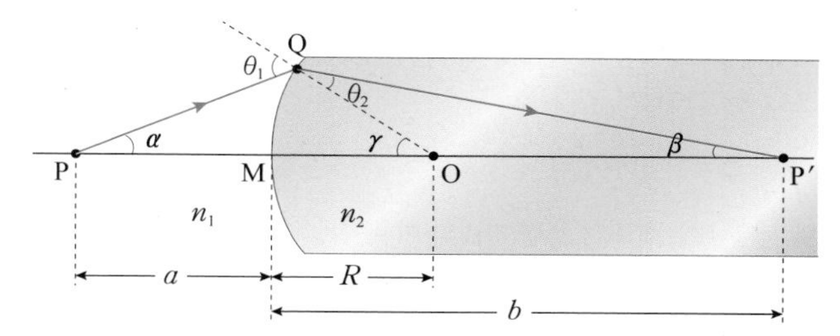

(1) a 가 매우 작으므로 각 α, β, γ, θ_1, θ_2 가 매우 작다. 따라서 $\tan\alpha \approx \alpha$, $\tan\beta \approx \beta$, $\tan\gamma \approx \gamma$, $\sin\theta_1 \approx \theta_1$, $\sin\theta_2 \approx \theta_2$ 라고 할 수 있으므로 Q 점에서 굴절 법칙을 적용하면 다음과 같다.

$$n_1\sin\theta_1 = n_2\sin\theta_2 \Rightarrow n_1\theta_1 = n_2\theta_2 \cdots ㉠$$

이때 $\theta_1 = \alpha + \gamma$, $\gamma = \beta + \theta_2$, $\theta_2 = \gamma - \beta$ 이므로, 각각을 ㉠ 에 대입하면,

$$n_1\alpha + n_2\beta = (n_2 - n_1)\gamma \cdots ㉡$$

$\alpha \approx \tan\alpha = \frac{\overline{MQ}}{a}$, $\beta \approx \tan\beta = \frac{\overline{MQ}}{b}$, $\gamma \approx \tan\gamma = \frac{\overline{MQ}}{R}$ 를 ㉡ 에 대입한 후 정리하면 다음과 같은 관계가 성립한다.

$$\frac{n_1}{a} + \frac{n_2}{b} = (n_2 - n_1)\frac{1}{R}$$

(2) 물체의 크기를 h, 상의 크기를 h' 라고 하면, 배율 $m = \frac{h'}{h}$ 이다.

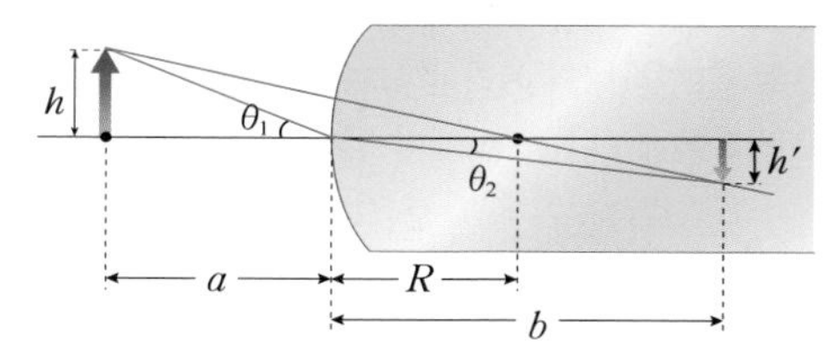

$n_1\theta_1 = n_2\theta_2$ 이고, $\tan\theta_1 = \frac{h}{a} \approx \theta_1$, $\tan\theta_2 = \frac{h'}{b} \approx \theta_2$ 라고 할 수 있으므로 배율은 다음과 같다.

$$\frac{n_1h}{a} = \frac{n_2h'}{b} \Rightarrow m = \left|\frac{h'}{h}\right| = \frac{n_1b}{n_2a}$$

01. 답 ③
해설 렌즈 제작자의 공식에 의해 초점 f 는 다음의 관계식을 만족한다.

$$\frac{1}{f}=(n-1)\left(\frac{1}{R_1}+\frac{1}{R_2}\right)=(1.6-1)\left(\frac{1}{-10}+\frac{1}{-20}\right)$$

$$\therefore f=-\frac{200}{18}=-11.111\cdots ≒ -11.1\ (\text{cm})$$

02. 답 ④

해설 무한이가 쓰는 안경의 렌즈는 25 cm 에 있는 물체의 상을 눈이 잘 볼 수 있는 위치인 10 cm 위치에 정립 허상으로 만들어 주어야 한다.

$$\frac{1}{25}-\frac{1}{10}=\pm\frac{1}{f} ⇨ f=-\frac{100}{6}=-16.66\cdots ≒ -16.7$$

즉, 초점 거리가 16.7cm인 오목 렌즈를 이용한 안경을 써야 한다.

[유형24-2] 답 ④

해설 (가), (나) 는 두 개의 볼록 렌즈를 이용하여 상을 확대해 보는 광학 현미경, 케플러식 망원경이다.

ㄱ. 광학 현미경은 대물렌즈의 초점 거리가 짧고, 대물렌즈의 초점 바로 뒤에 물체를 놓아야 한다. 반면에 케플러식 망원경은 대물렌즈의 초점 거리가 길다.

ㄷ. 케플러식 망원경의 배율($m=\frac{f_{대물}}{f_{접안}}$)은 접안렌즈의 초점 거리에 대한 대물렌즈의 초점 거리의 비율이다.

03. 답 ⑤

해설 ㄱ. 광학 현미경은 물체를 대물렌즈의 초점 바로 밖에 놓으면, 대물렌즈에 의해 확대된 도립 실상을 접안렌즈의 초점 안에 만들고, 접안렌즈는 이 실상을 더 확대된 허상으로 보이게 한다.

ㄴ, ㄷ. 광학 현미경의 배율은 대물렌즈의 배율 m_o 과 접안렌즈의 배율 m_e 의 곱이므로 다음과 같다.

$$m=m_o\times m_e\approx\frac{LD}{f_o f_e}$$

이때 L 은 광학통의 길이이며, 근사적으로 대물렌즈와 접안렌즈 사이의 거리가 된다. 따라서 두 렌즈 사이의 거리를 길게 하면 관찰되는 상의 크기가 커진다.

04. 답 ④

해설 (가) 카메라는 볼록 렌즈에 의해 필름에 물체보다 작은 도립 실상이 생긴다.

(나) 빔 프로젝터는 영상을 확대하여 스크린에 비추는 투영기로 물체와 볼록 렌즈 사이의 거리가 상과 볼록 렌즈 사이의 거리보다 짧아 스크린에 물체보다 큰 실상이 생긴다.

[유형24-3] 답 ⑤

해설 레이저에서 매질에 에너지를 공급하여 빛을 발생시키는 모습은 다음과 같다.

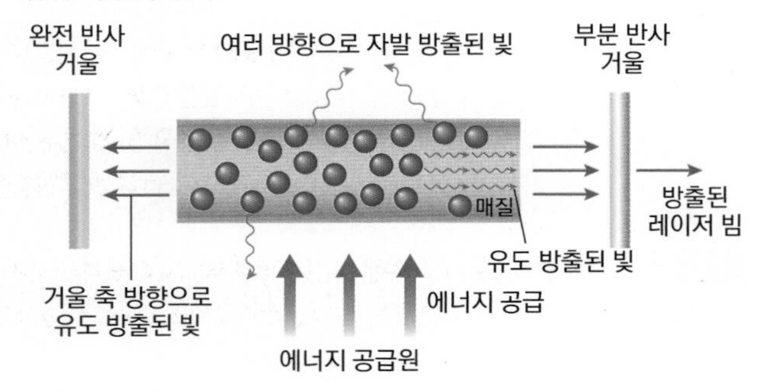

ㄱ. 유도 방출, 자발 방출된 빛의 파장은 모두 같다.

ㄴ. 에너지 공급원으로부터 에너지를 공급받는 매질 내 전자는 높은 에너지 준위로 전이한다.

ㄷ. 빛 C 는 유도 방출된 빛으로 반사에 의해 거울 사이를 왕복하면서 다른 준안정상태의 원자를 자극하고, 이에 따라 유도 방출이 계속 발생하는 연쇄 유도 방출이 일어난다. 거울 축 방향으로 유도 방출된 빛은 거울 사이를 왕복하면서 증폭되고, 부분 반사 거울에서 레이저 빔이 방출된다.

05. 답 ③

해설 ㄱ. 자발 방출된 빛에 의해 준안정 상태인 전자들이 자극을 받으면 E_2 에서 낮은 에너지 준위 상태인 E 으로 전이되면서 유도 방출이 일어난다. 따라서 두 빛 모두 $E_2 - E_1$ 의 에너지를 갖게 된다.

ㄴ, ㄷ. 에너지 준위에서 들뜬 상태이긴 하지만 다른 들뜬 상태에 비해 전자가 비교적 오래 머물러 있을 수 있는 상태를 준안정 상태(A)라고 한다. 준안정 상태에 있는 전자는 유도 방출되기도 하지만 자발 방출하기도 한다.

06. 답 ④

해설 ㄴ. 기체 레이저에서 발생시킬 수 있는 빛의 파장 대역이 가장 넓다. 고체 레이저는 매질을 이루는 입자의 밀도가 크기 때문에 큰 출력을 얻기 쉽지만, 다른 레이저에 비해서 단색성이 약간 부족하다.

ㄷ. 단위 면적당 에너지가 큰 특성을 이용하여 CD, DVD 등에서 렌즈로 레이저 빛을 모아 염료를 태워 정보를 기록하고, 금속, 세라믹 등을 절단, 용접, 구멍을 뚫는다.

[유형24-4] 답 ④

해설 P 점 : 편광판을 한 개만 통과할 경우 빛의 세기 I_0 는 절반($0.5I_0$)으로 줄어든다.

Q 점 : 편광판 A 와 B 의 편광축이 나란하므로 처음 빛의 세기는 P점과 같다. 이때 편광판 B 를 90° 회전시키면 Q 점에 도달하는 빛은 없기 때문에 빛의 세기는 0 이다. 편광판 B 를 180° 회전시키면 다시 편광축이 나란하므로 빛의 세기는 P 점과 같다. 이와 같이 빛의 세기는 주기적으로 반복된다.

따라서 가장 적절한 그래프는 ④ 이 된다.

07. 답 ②

해설 ㄱ, ㄴ. 편광되지 않은 빛이 두 매질의 경계면에서 입사했을 때, 반사광과 굴절광이 이루는 각이 90° 이면 반사광은 입사면과 수직인 방향으로 완전 편광된다. 이때의 입사각을 브루스터각이라고 한다. 굴절 법칙에 의해 브루스터 각은 다음과 같다.

$$n_1\sin\theta=n_2\sin r=n_2\sin(90°-\theta)=n_2\cos\theta ⇨ \tan\theta=\frac{n_2}{n_1}$$

$$n_1=1,\ n_2=n ⇨ \therefore n=\frac{\sin\theta}{\cos\theta}=\tan\theta$$

ㄷ. 굴절광은 편광되지 않는다.

08. 답 ①

해설 ㄱ, ㄴ. 동일한 입사각으로 입사한 빛이 방해석을 통과할 때, 편광된 방향에 따라서 굴절 정도가 달라져 물체의 상이 2 개로 보이게 된다. 이러한 현상을 복굴절이라고 한다. 복굴절은 광물 속에서 빛의 속도가 방향에 따라 다르기 때문에 나타난다.

ㄷ.

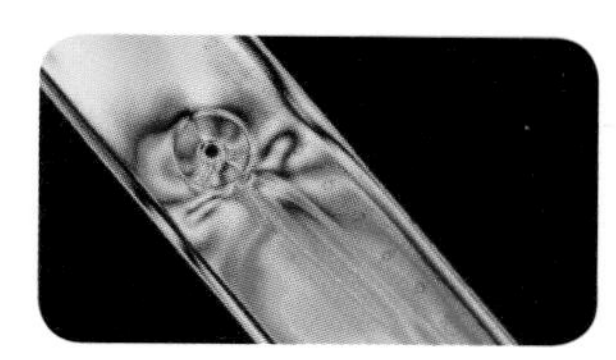

▲ 플라스틱 자에 생긴 광탄성 현상

그림과 같이 인공적으로 복굴절의 성질을 지니게 하는 현상을 광탄성이라고 한다. 이는 투명한 물체에 외부에서 힘을 작용할 경우 물체의 분자 배열에 방향성이 생기면서 일어나고, 이를 이용하여 물체의 표면이 받고 있는 힘과 물체의 내부 상태를 분석할 수 있다.

창의력 & 토론마당 268 ~ 271 쪽

01 3.2 mm

해설 곤충과 구면과의 거리를 a, 곤충의 상과 구면과의 거리 b = −3 mm(상이 물체와 같은 편에 생긴 허상이므로 (−)), 구면 반지름 R = −3.6 mm [곤충(물체) 쪽에서 바라보는 굴절면이 오목하므로 (−)]. 따라서 주어진 관계식에 대입하면 다음과 같다.

$$\frac{n_1}{a} + \frac{n_2}{b} = \frac{n_2 - n_1}{R} \Rightarrow \frac{1.6}{a} + \frac{1.0}{-3} = \frac{1.0 - 1.6}{-3.6}$$

$$\therefore a = 3.2 \text{ (mm)}$$

물체는 구면에서 3.2 mm 떨어진 곳에 있다.

02 $f_A = f_B = 2f_C$

해설 렌즈 제작자의 공식(양쪽 면의 곡률 반경이 서로 다른 렌즈의 공식)에 의해 초점 f는 다음의 관계식을 만족한다.

$$\frac{1}{f} = (n-1)\left(\frac{1}{R_1} + \frac{1}{R_2}\right)$$

(A) 평면 볼록 렌즈 $R_1 = R$, $R_2 = \infty$ 이므로,

$$\frac{1}{f_A} = (n-1)\left(\frac{1}{\infty} + \frac{1}{R}\right) = \frac{(n-1)}{R}$$

(B) 평면 볼록 렌즈 $R_1 = \infty$, $R_2 = R$ 이므로,

$$\frac{1}{f_B} = (n-1)\left(\frac{1}{R} + \frac{1}{\infty}\right) = \frac{(n-1)}{R}$$

$$\therefore f_A = f_B$$

(C) 양면 볼록 렌즈 $R_1 = R$, $R_2 = R$ 이므로,

$$\frac{1}{f_C} = (n-1)\left(\frac{1}{R} + \frac{1}{R}\right) = \frac{2(n-1)}{R}$$

$$\therefore f_A = f_B = 2f_C$$

03 (1) 2.35 cm (2) 〈해설 참조〉

해설 사람의 수정체는 볼록 렌즈의 역할을 한다. 볼록 렌즈의 공식은 다음과 같다.

$$\frac{1}{a} + \frac{1}{b} = \frac{1}{f}$$

(1) 먼 곳의 물체를 바라볼 때 물체와 렌즈 까지의 거리 $a = \infty$ 이므로 $\frac{1}{b} = \frac{1}{f}$ 이다. 따라서 상(망막)과 수정체와의 거리 b 가 초점 거리 f 가 되고, 이는 2.5 cm 이다.

그러므로 물체와 렌즈까지의 거리가 $a' = 40$ cm 일 때, 상과 수정체와의 거리($b = f$)는 변함이 없으므로 초점 거리 f' 은 다음과 같다.

$$\frac{1}{a'} + \frac{1}{f} = \frac{1}{f'}$$

$$\Rightarrow f' = \frac{a'f}{f + a'} = \frac{40 \times 2.5}{40 + 2.5} = 2.3529\cdots ≒ 2.35 \text{ (cm)}$$

(2) 초점 f'과 수정체의 양쪽 면의 곡률 반경 R_1, R_2 는 다음의 관계식을 만족한다.

$$\frac{1}{f'} = (n-1)\left(\frac{1}{R_1} + \frac{1}{R_2}\right)$$

초점 $f' < f$ 이므로, $\left(\frac{1}{R_1} + \frac{1}{R_2}\right)$ 값은 수정체의 초점 거리가 f 일 때보다 증가해야 한다. 따라서 곡률 반지름의 크기가 작아지는 것이므로, 수정체의 두께는 두꺼워진다.

04 0.5R

해설

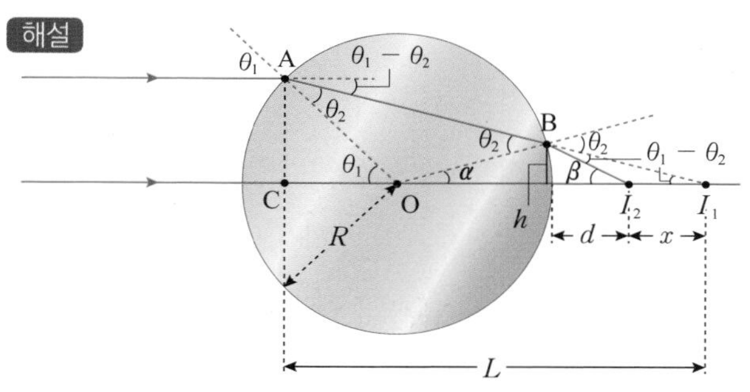

유리의 굴절률을 n= 1.5 이고, A점에서 굴절 법칙을 적용하면,

$$n_1\sin\theta_1 = n_2\sin\theta_2 \Rightarrow \theta_1 = n\theta_2 \quad \cdots ㉠$$

$\triangle ACI_1$ 에서 $AC = L\tan(\theta_1 - \theta_2) \approx L(\theta_1 - \theta_2)$,

$\triangle ACO$ 에서 $AC = R\tan\theta_1 \approx R\theta_1$이다.

$$\therefore L(\theta_1 - \theta_2) = R\theta_1 \Rightarrow L = \frac{R\theta_1}{\theta_1 - \theta_2} \quad \cdots ㉡$$

㉡에 ㉠을 대입하여 정리하면 다음과 같다.

$$L = \frac{nR}{n-1} = \frac{1.5R}{1.5-1} = 3R$$

$\triangle AOB$ 에서

$\alpha = 180° - \theta_1 - \angle AOB = 180° - \theta_1 - (180° - 2\theta_2)$

$= 2\theta_2 - \theta_1$

$\theta_2 = \frac{\theta_1}{n}$ 이므로, $\alpha = 2\theta_2 - \theta_1 = \frac{2\theta_1}{n} - \theta_1 = \theta_1(\frac{2}{n} - 1)$ … ㉢ 이 된다.

또한 $\tan\alpha = \frac{h}{R}$, $\tan\beta = \frac{h}{d}$ ⇨ $R\tan\alpha = d\tan\beta$ ⇨ $R\alpha = d\beta$

이고, $\beta = 2(\theta_1 - \theta_2) = 2(\theta_1 - \frac{\theta_1}{n}) = 2\theta_1(1 - \frac{1}{n})$ 이므로,

$R\alpha = d\beta$ ⇨ $R\theta_1(\frac{2}{n} - 1) = d2\theta_1(1 - \frac{1}{n})$

$$\therefore d = \frac{R(2-n)}{2(n-1)} = \frac{R(2-1.5)}{2(1.5-1)} = 0.5R$$

$$\therefore x = L - 2R - d = 3R - 2R - 0.5R = 0.5R$$

〈 또 다른 풀이 〉

굴절률이 n_1 인 매질을 진행하던 빛이 A점 에서 굴절한 후, 굴절률이 n_2 인 매질로 진행하여 광축 위 한점에서 상을 맺을 때, 폭이 매우 좁은 평행 광선이므로 각 α, β, γ, θ_1, θ_2 가 매우 작다. 따라서 $\tan\alpha \approx \alpha$, $\tan\beta \approx \beta$, $\tan\gamma \approx \gamma$, $\sin\theta_1 \approx \theta_1$, $\sin\theta_2 \approx \theta_2$ 라고 할 수 있다. A 점과 B 점에서 입사각과 반사각의 관계는 같게 나타난다. 물체와 유리면 사이의 거리 $a = \infty$ 이고, $n_2 = 1.5$, $n_1 = 1$ 이므로, 구면에서의 굴절식은 다음과 같다.

$$\frac{n_1}{a} + \frac{n_2}{b} = \frac{n_2 - n_1}{R} \Rightarrow \frac{1.5}{b} = \frac{1.5 - 1}{R}$$

$$\therefore b = 3R$$

05 (1) 1 (2) 2

해설 (1) 편광판 1 을 통과한 후 통과하는 첫 번째 편광판을 편광된 입사광의 편광 방향과 0 ~ 90° 사이의 각도로 놓으면 입사광의 편광 방향에 90° 각도로 놓인 편광판 2를 통과한 빛은 90° 회전한 편광 방향을 갖게 된다.

(2) n 개의 편광판을 생각해 보자. 첫 번째 편광판을 입사광의 편광 방향에 각도 $\frac{90}{n}$ 로 놓고 다음 번 편광판을 앞의 편광판에 대해 각도 $\frac{90}{n}$ 로 계속해서 놓는다고 하자. 이때 편광판 한 개를 통과할 때마다 투과빛의 세기 I는 $\cos^2\left(\frac{90}{n}\right)$ 배가 된다.

㉠ 편광판이 2 개일 경우 ($n = 2$) :

첫 번째 편광판(편광판 1)을 통과한 빛의 세기 $I_1 = \frac{1}{2}I_0$

두 번째 편광판을 통과한 빛의 세기 $I_2 = I_1\cos^2\left(\frac{90}{2}\right) = 0.25I_0$

㉡ 편광판이 3 개일 경우 ($n = 3$) :

첫 번째 편광판(편광판 1)을 통과한 빛의 세기 $I_1 = \frac{1}{2}I_0$

두 번째 편광판을 통과한 빛의 세기 $I_2 = I_1\cos^2\left(\frac{90}{3}\right) = 0.37I_0$

세 번째 편광판을 통과한 빛의 세기 $I_3 = I_2\cos^2\left(\frac{90}{3}\right) = 0.27\,I_0$

㉢ 편광판이 4 개일 경우 ($n = 4$) :

첫 번째 편광판(편광판 1)을 통과한 빛의 세기 $I_1 = \frac{1}{2}I_0$

두 번째 편광판을 통과한 빛의 세기 $I_2 = I_1\cos^2\left(\frac{90}{4}\right) = 0.42I_0$

세 번째 편광판을 통과한 빛의 세기 $I_3 = I_2\cos^2\left(\frac{90}{4}\right) = 0.36\,I_0$

네 번째 편광판을 통과한 빛의 세기 $I_3 = I_3\cos^2\left(\frac{90}{4}\right) = 0.30\,I_0$

따라서 편광판 1, 2 를 제외하고, 그 사이에 필요한 편광판의 수는 2 개이다.

스스로 실력 높이기 272 ~ 279 쪽

01. 50　02. 50, 볼록　03. 1.75
04. (1) O (2) O (3) X　05. ④
06. 밀도 반전　07. (1) X (2) O (3) O
08. ⑤　09. 편광면　10. ②　11. 4
12. ③　13. ②　14. ①　15. ④　16. ⑤
17. ⑤　18. ④　19. 5.2　20. ①　21. ④
22. ③　23. ③　24. ⑤　25. ②　26. 7.5
27. ㉠ 10,736 ㉡ 11
28. ㉠ 1.5×10^{-4} ㉡ 10　29. 29
30. 45　31. $0.094I_0$　32. 22.5

01. 답 50

해설 초점 거리 $f = 50$ (cm) 인 볼록 렌즈의 양쪽 구면 반지름 R 이 같고, $n = 1.5$ 이므로, 렌즈 제작자의 공식에 의한 구면 반지름 R 은 다음과 같다..

$$\frac{1}{f} = (1.5 - 1)\left(\frac{2}{R}\right) \Rightarrow f = R = 50 \text{ (cm)}$$

02. 답 50, 볼록

해설 명시 거리가 50 cm 인 사람은 안경을 이용하여 50 cm 위치에 물체의 상이 맺도록 해야 한다.

$$\frac{1}{25} - \frac{1}{50} = \pm\frac{1}{f} \Rightarrow f = 50$$

즉, 초점 거리가 50 cm 인 볼록 렌즈를 이용한 안경을 써야 한다.

03. 답 1.75

해설 눈이 렌즈와 아주 가까울 때 배율은 다음과 같다.

$$m = 1 + \frac{D}{f} = 1 + \frac{25}{f}$$

$$\therefore m = 1 + \frac{25}{10} = 3.5$$

즉, 물체 보다 3.5 배 큰 상을 관찰하게 되므로, 상의 크기는 1.75 cm 이다.

04. 답 (1) O (2) O (3) X

해설 (1) 먼 곳에 있는 인접한 두 물체는 빛의 회절 현상 때문에 상을 선명하게 구분하기 어렵다. 이때 두 물체를 구분해 내는 능력을 분해능이라고 한다.

(2) 레일리 기준이란 영국의 물리학자 레일리가 제안한 두 점광원 사이의 분해 기준으로, 한 회절 무늬의 중심이 다른 회절 무늬의 첫 번째 극소점과 일치할 때 두 점광원은 간신히 분해될 수 있음을 나타낸다.
(3) 두 광원으로부터 오는 빛이 지름 d 의 원형 구멍으로 들어온다면, 두 광원의 분리각이 θ_R 이고 파동이 λ 일 때 레일리 기준은 다음과 같다.

$$\theta_R = 1.22\frac{\lambda}{d}$$

따라서 대물렌즈의 지름이 크고, 빛의 파장이 짧을수록 회절 현상이 적기 때문에 분해능이 높다.

05. 답 ④
해설 망원경은 대물렌즈의 초점 거리가 접안렌즈의 초점 거리보다 길고, 광학 현미경은 대물렌즈의 초점 거리가 접안렌즈의 초점 거리보다 짧다.

06. 답 밀도 반전
해설 레이저 빛을 발생시키기 위해서 먼저 매질에 에너지를 공급하여 낮은 에너지 준위에 있는 전자를 높은 에너지 준위, 특히 준안정상태의 에너지 준위로 전이시킨다. 이후 전자가 자발적으로 낮은 에너지 준위로 전이하면서 빛이 자발 방출된다. 이때 밀도 반전이 일어난 상태에서는 자발 방출된 빛이 유도 방출을 이끌어 낼 가능성이 크다. 하지만 밀도 반전이 일어나지 않은 상태에서는 자발 방출된 빛이 원자에 흡수되면서 낮은 에너지 준위에 있는 전자를 높은 에너지 준위로 전이시킬 가능성이 크다. 이런 이유로 밀도 반전이 일어나지 않으면 빛이 중첩되면서 세기가 증폭되지 못하게 된다.

07. 답 (1) X (2) O (3) O
해설 (1) 레이저 빛은 거울 축 방향으로 진행하는 빛만을 계속해서 증폭한 것이기 때문에 평면파이다.
(2) 레이저 빛은 파장, 진동수가 일정하고, 위상이 동일하게 인위적으로 간추려진 빛이다.
(3) 금속 절단기로 사용할 정도로 어떤 빛보다도 단위 면적당 빛의 세기가 강하다.

08. 답 ⑤
해설 단위 면적당 에너지가 큰 레이저를 이용하여 금속, 세라믹 등을 절단하거나 구멍을 뚫기도 하고, DVD 나 CD 의 염료를 태워서 정보를 저장한다.

09. 답 편광면
해설 빛의 진행 방향과 전기장 진동 방향을 모두 포함하는 평면을 편광면이라고 한다. 전기장 진동 방향 대신 자기장 진동 방향을 포함하는 평면을 편광면으로 사용하기도 한다.

10. 답 ②
해설 자연광은 진행 방향에 수직한 모든 방향으로 전기장이 진동하는 횡파이다. 횡파인 빛은 편광면이 존재한다. 즉, 편광은 빛이 횡파임에 대한 증거이다.

11. 답 4
해설 물체의 크기를 h, 상의 크기를 h' 라고 하면, 배율 $m = \frac{h'}{h}$ 이고, 공기의 굴절률 $n_1 = 1$, 유리 막대의 굴절률 $n_2 = 1.5$ 이다.

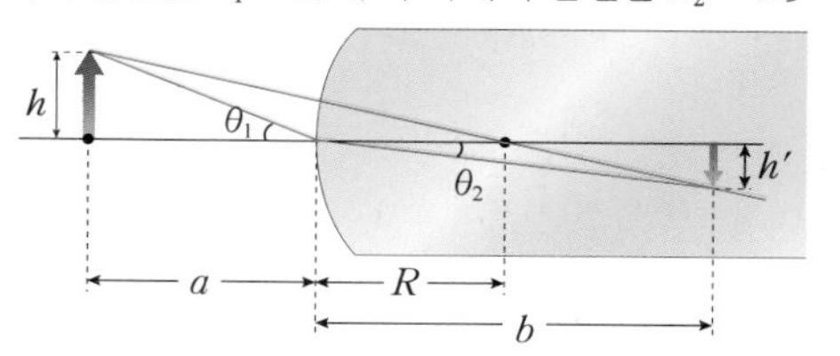

$n_1\theta_1 = n_2\theta_2$ 이고, $\tan\theta_1 = \frac{h}{a} \approx \theta_1$, $\tan\theta_2 = \frac{h'}{b} \approx \theta_2$ 라고 할 수 있으므로 배율은 다음과 같다.

$$\frac{n_1 h}{a} = \frac{n_2 h'}{b} \Rightarrow m = \left|\frac{h'}{h}\right| = \frac{n_1 b}{n_2 a}$$

물체가 생기는 상의 위치 b는 다음과 같다.

$$\frac{n_1}{a} + \frac{n_2}{b} = (n_2 - n_1)\frac{1}{R} \Rightarrow \frac{1}{10} + \frac{1.5}{b} = (1.5-1)\frac{1}{2.5}$$

$$\therefore b = 15\ (\text{cm})$$

따라서 물체의 배율 $m = \frac{n_1 b}{n_2 a} = \frac{15}{1.5 \times 10} = 1$ 이므로, 유리 막대의 구면에 의해 물체와 높이가 3 cm 로 같은 크기의 도립상이 생긴다.

12. 답 ③
해설 주어진 그림은 초점 거리가 긴 대물렌즈(렌즈 I)에 의해 생긴 먼 곳의 물체의 실상을 초점 거리가 짧은 접안렌즈(렌즈 II)로 명시 거리에 확대하여 보는 장치인 케플러식 굴절 망원경이다. 대물렌즈와 접안렌즈 사이의 거리를 조절하여 또렷한 상을 볼 수 있다.
ㄴ. 렌즈 I 초점 거리 > 렌즈 II 초점 거리
ㄷ. 대물렌즈에 의해 만들어진 도립 실상인 상 B는 접안렌즈(렌즈 II)의 초점 거리 안에 가깝게 만들어진다.

13. 답 ②
해설 볼록 렌즈 두 개를 이용한 망원경을 케플러식 굴절 망원경이라고 한다. 케플러식 굴절 망원경의 배율은 다음과 같다.

$$m = \frac{f_{대물}}{f_{접안}}$$

따라서 대물렌즈의 초점 거리를 크게 하고, 접안렌즈의 초점 거리가 짧을수록 배율을 크게 할 수 있다. 이때 배율을 크게 하면 상이 어두워지므로 많은 빛이 들어올 수 있도록 지름이 큰 대물렌즈를 사용하여 빛을 잘 모을 수 있어야 한다.
그러므로 배율이 가장 크고 선명한 상을 관찰하기 위해서는 접안렌즈로 A, 대물렌즈로 E 를 이용해야 한다.

14. 답 ①
해설 대물렌즈의 초점 거리가 접안렌즈의 초점 거리보다 짧으므로 광학 기구는 광학 현미경임을 알 수 있다.
ㄱ. 광학 현미경의 배율은 다음과 같다.

$$m = \frac{LD}{f_o f_e} = \frac{250L}{f_o f_e} = \frac{250 \times 160}{17 \times 25} = 94\ (\text{배})$$

ㄴ. 광학 현미경에서 대물렌즈의 배율은 다음과 같다.

$$m_o = \frac{L}{f_o} = \frac{160}{17} = 9.4117 ≒ 9.4 \text{ (배)}$$

ㄷ. 광학 현미경에서 접안렌즈의 배율은 다음과 같다.

$$m_e = \frac{D}{f_e} = \frac{250}{25} = 10 \text{ (배)}$$

15. 답 ④

해설 ㄱ. 지구에서 보낸 레이저 빛이 달에 설치된 거울에 반사되어 되돌아와도 지구에서 감지할 수 있을 정도로 직진성이 강하다.
ㄴ, ㄷ. 거울 축 방향으로 진행하는 빛만을 계속해서 증폭한 것이기 때문에 평면파인 빛이다. 따라서 구면파인 빛에 비하여 빛의 세기가 약해지지 않고 멀리까지 진행할 수 있다. 또한 유도 방출로 같은 진동수의 빛만을 증폭한 것이므로 순도가 높은 단색광이다.

16. 답 ⑤

해설 ㄱ. A 는 반사율이 100 % 인 완전 반사 거울을, 레이저가 방출되는 쪽(B)은 부분 반사되는 거울을 사용한다.
ㄴ. 거울 축 방향으로 자발 방출한 빛에 의해 다른 준안정 상태의 전자가 낮은 에너지 준위로 전이하여 유도 방출이 연쇄적으로 일어나면서 증폭되고, 양쪽 거울에서 거울 축 방향으로 진행하는 빛을 계속 반사하면서 빛이 증폭되다가 부분 반사 거울(B)로 레이저 빛이 방출된다.
ㄷ. 준안정 상태에 있는 전자의 수가 낮은 에너지 준위에 있는 전자의 수보다 많은 상태를 밀도 반전 상태라고 한다. 레이저는 이를 이용하여 빛을 증폭시키는 장치이다.

17. 답 ⑤

해설 ㄱ. 방해석과 같은 광물에 빛이 같은 입사각으로 입사할 경우, 광물 내부에서 진행하는 빛의 편광면의 방향에 따라서 빛이 서로 다른 각도로 굴절된다. 이를 복굴절이라고 한다.
ㄴ. 입사각이 0° ~ 90° 사이로 입사하여 반사될 때 반사광은 부분 편광된다.
ㄷ. 빛이 기체와 같은 작은 입자에 입사될 때 매질 속의 전자들은 빛을 흡수하고, 흡수한 빛의 일부를 사방으로 재방출하게 된다(산란). 이때 공기 분자 내의 입사파의 전기장 수평 성분은 전자들을 수평으로 진동시키고 수직 성분은 수직으로 진동시킨다. 이때 수평으로 진동하는 전자는 수평으로 편광된 빛을 방출하고, 수직으로 진동하는 전자는 수직으로 편광된 빛을 방출한다.

18. 답 ④

해설 굴절률이 n_1 인 매질에서 진행하던 편광되지 않은 빛이 굴절률이 n_2 인 매질로 입사하였을 때, 반사광과 굴절광이 이루는 각이 90°이면 반사광은 완전 편광된다. 이때 입사각 i를 브루스터 각이라고 한다.

$$\tan i = \frac{n_2}{n_1} = \sqrt{3}, \quad \therefore i = 60°$$

19. 답 5.2

해설 물체와 렌즈 사이의 거리가 a, 렌즈와 상 사이의 거리가 b일 때, 볼록 렌즈의 배율 $m = \frac{b}{a} = 0.25$ 이므로 $0.25a = b$ 이고, $b = 0.25 \times 20 = 5$ (cm) 가 된다.
따라서 볼록 렌즈의 공식에 의해 초점 거리는 다음과 같다.

$$\frac{1}{a} + \frac{1}{b} = \frac{1}{f} \Rightarrow \frac{1}{20} + \frac{1}{5} = \frac{5}{20}, \quad f = 4 \text{ (cm)}$$

볼록 렌즈의 양쪽 구면 반지름이 같고, $n = 1.65$ 이므로, 렌즈 제작자의 공식에 의해 구면 반지름 R 은

$$\frac{1}{4} = (1.65 - 1)\left(\frac{2}{R}\right) \Rightarrow R = 5.2 \text{ (cm)}$$

20. 답 ①

해설 렌즈 제작자의 공식에 의해 양쪽 면의 곡률 반경이 다른 굴절률이 n 인 렌즈의 초점 f는 다음의 관계식을 만족한다.

$$\frac{1}{f} = (n-1)\left(\frac{1}{R_1} + \frac{1}{R_2}\right) = (1.55 - 1)\left(\frac{1}{30} + \frac{1}{42}\right)$$

$$\therefore f = 31.8181\cdots ≒ 31.8 \text{ (cm)}$$

물체가 생기는 위치 b는 볼록 렌즈의 공식에 의해 다음과 같다.

$$\frac{1}{a} + \frac{1}{b} = \frac{1}{f} \Rightarrow \frac{1}{75} + \frac{1}{b} = \frac{1}{31.8}$$

$$\therefore b = \frac{2{,}385}{43.2} = 55.208\cdots ≒ 55.2 \text{ (cm)}$$

볼록 렌즈의 배율 $m = \frac{b}{a} = \frac{55.2}{75} = 0.736\cdots ≒ 0.74$

따라서 볼록 렌즈에 의해 물체와 반대쪽에 생기는 도립 실상의 크기는 물체의 0.74 배 크기이다.

21. 답 ④

해설 ④ 반도체 레이저는 다른 레이저에 비해서 매질로의 에너지 공급 효율이 높아서 소형으로 만들 수 있어 휴대하기 좋지만 다른 레이저에 비해 출력은 약하다.
① 색소를 일반적인 유기 용제인 에탄올, 메탄올 등에 녹여서 매질로 사용하는 액체 레이저는 대개 색소 레이저를 의미한다. 색(파장)을 변화시킬 수 있어서 의료 시술과 같이 민감한 작업에 주로 사용된다.
② 기체 레이저는 매질을 이루는 입자의 밀도가 작으므로 규모보다 출력이 작은 편이지만 균일한 매질을 만들기가 쉬워 레이저 빛의 단색성이 우수하다.
③ 방출하는 빛의 파장 대역은 기체, 반도체, 고체 순으로 넓다.
⑤ 고체 레이저는 매질을 이루는 입자의 밀도가 비교적 크고, 큰 단결정 재료로 제작할 수 있어서 다른 레이저에 비해서 큰 출력을 얻기 쉽다. 하지만 균일한 양질의 재료를 얻는 것이 매우 어려워서 기체 레이저에 비해 단색성이 부족하다.

22. 답 ③

해설 ㄱ. (가) 에서 에너지를 공급 받은 전자는 높은 에너지 준위(E_3)로 전이되고, 바로 준안정상태인 E_2 로 전이되면서 한동안 이 상태로 모여 있다.
ㄴ. 자발 방출된 빛에 의해 준안정 상태인 전자들이 자극을 받으면 E_2 에서 낮은 에너지 준위 상태인 E_1 으로 전이되면서 유도 방출이 일어난다. 따라서 유도 방출된 빛(광자)은 $E_2 - E_1$ 의 에너지를 갖게 되므로 빛의 진동수는 $E_2 - E_1$ 에 비례한다($\Delta E_{에너지 준위} = E_{광자} = hf$).
ㄷ. (나) 에서 입사된 빛은 전자가 자발 방출하면서 나온 빛이다. 이때 입사된 빛과 유도 방출된 빛의 방향, 파장, 위상은 모두 같다.

23. 답 ③

해설 이웃한 두 편광판의 편광축이 서로 수직이 아닌 경우 편광되지 않은 빛은 편광판을 통과할 수 있다.

24. 답 ⑤

해설 ㄱ. 편광판 A 와 B 의 편광축이 서로 수직하면 빛의 세기는 0 이 되고, 나란하면 최대가 된다. 따라서 회전각 ㉠ 과 ㉡ 은 90° 차이가 난다.

ㄴ, ㄷ. (가) 와 (나) 에서 모두 편광판이 회전하는 각도에 따라 빛의 세기가 변하므로 편광판 A 와 편광판 C 를 통과한 빛은 모두 편광된 빛이다. 따라서 유리에 입사한 빛은 브루스터각으로 입사한 빛이 된다. 즉, 유리에 입사한 빛의 반사광과 굴절광이 이루는 각은 90° 이다.

ㄷ. (나) 에서 측정 장치로 측정한 빛의 세기가 0 인 부분이 있는 것으로 보아 편광판 C 에 입사한 빛이 완전 편광된 빛 임을 알 수 있다.

25. 답 ②

해설 물체가 있는 쪽 매질의 굴절률이 $n_1 = 1.5$ 이고, 굴절면 반대편의 굴절률이 $n_2 = 1$(공기) 일 때, 물체가 생기는 상의 위치 b 는 다음과 같다.

$$\frac{n_1}{a} + \frac{n_2}{b} = (n_2 - n_1)\frac{1}{R} \Rightarrow \frac{1.5}{70} + \frac{1}{b} = (1 - 1.5)\frac{1}{30}$$

$$\therefore \frac{1}{b} = -\frac{8}{210}, \quad b = -26.25 \fallingdotseq -26\ (\text{cm})$$

따라서 b 가 음수이므로 허상이며, 물체와 같은 쪽으로 구면에서 26 cm 떨어진 곳에 상이 생긴다.

26. 답 7.5

해설 물체와 구면 사이의 거리 $a = 3$ cm 이므로, 구면과 상 사이의 거리 b 는 다음과 같다.

$$\frac{n_1}{a} + \frac{n_2}{b} = (n_2 - n_1)\frac{1}{R} \Rightarrow \frac{1.5}{3} + \frac{1}{b} = (1 - 1.5)\frac{1}{-5}$$

$$\therefore b = -2.5\ (\text{cm})$$

즉, 상은 물체와 같은 쪽으로 구면에서 2.5 cm 떨어져 있는 곳에 생긴다. 따라서 책상은 눈으로부터 5 + 2.5 = 7.5 cm 떨어져 있는 것으로 보인다.

27. 답 ㉠ 10,736 ㉡ 11

해설 렌즈의 직경 또는 원형 구멍의 지름을 d, 빛의 파장을 λ 라고 할 때 겨우 분해될 수 있는 각도차 $\theta_R = 1.22\frac{\lambda}{d}$이다.

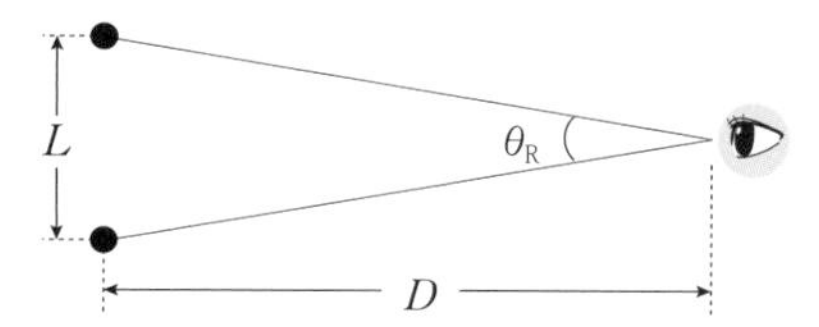

이때 다음 그림과 같이 관측자와 물체 사이의 거리를 D, 물체 사이의 거리를 L 이라고 할 때, 각 θ_R 은 매우 작으므로, $\tan\theta_R \approx \theta_R \approx \frac{L}{D}$ 라고 할 수 있다.

$$\therefore L = \frac{1.22\lambda D}{d}$$

(A) 맨눈으로 볼 때

$$L_A = \frac{1.22(550 \times 10^{-9})(8 \times 10^{10})}{5 \times 10^{-3}} = 1073.6 \times 10^4\ (\text{m})$$

$$= 10,736\ (\text{km})$$

(B) 지름이 5m인 망원경으로 볼 때

$$L_B = \frac{1.22(550 \times 10^{-9})(8 \times 10^{10})}{5} = 10,736\ (\text{m})$$

$$= 10.736\ (\text{km}) \fallingdotseq 11\ \text{km}$$

28. 답 ㉠ 1.5×10^{-4} ㉡ 10

해설 눈동자의 지름 $d = 5 \times 10^{-3}$ (m), 파장 $\lambda = 600 \times 10^{-9}$ (m) 일 때, 두 전조등을 구별할 수 있는 분리각 θ_R 은 다음과 같다.

$$\theta_R = 1.22\frac{\lambda}{d} = \frac{1.22(600 \times 10^{-9})}{5 \times 10^{-3}}$$

$$= 1.464 \times 10^{-4} \fallingdotseq 1.5 \times 10^{-4}(\text{rad})$$

이때 27 번 문제와 같이 관측자와 전조등 사이의 거리를 D, 전조등 사이의 거리를 L 이라고 할 때, 각 θ_R 은 매우 작으므로, $\tan\theta_R \approx \theta_R \approx \frac{L}{D}$ 가 된다.

$$\therefore D = \frac{L}{\theta_R} = \frac{1.5}{1.5 \times 10^{-4}} = 1 \times 10^4\ (\text{m}) = 10\ (\text{km})$$

29. 답 29

해설 렌즈의 지름 d, 파장 $\lambda = 600 \times 10^{-9}$ (m)일 때, 두 물체를 구별할 수 있는 분리각 $\theta_R = 1.22\frac{\lambda}{d}$ 이다.

이때 27 번 문제와 같이 위성과 물체 사이의 거리를 $D = 200 \times 10^3$ (m), 두 물체 사이의 거리를 $L = 0.5$ (m) 이라고 할 때, 각 θ_R 은 매우 작으므로, $\tan\theta_R \approx \theta_R \approx \frac{L}{D}$ 가 되므로 렌즈의 지름은 다음과 같다.

$$\therefore d = \frac{1.22\lambda D}{L} = \frac{1.22 \times (600 \times 10^{-9}) \times (200 \times 10^3)}{0.5}$$

$$= 0.2928\ (\text{m}) \fallingdotseq 0.29\ (\text{m}) = 29\ (\text{cm})$$

30. 답 45

해설 편광축이 각 θ 만큼 다른 두 편광판을 통과한 빛의 세기 I 는 다음과 같다.

$$I = I_0\cos^2\theta \quad \cdots ㉠$$

편광되지 않은 빛이 첫 번째 편광판 A를 통과한 후 빛은 편광되었으므로 빛의 세기인 I_0 의 절반을 잃어버린다. 따라서 $I_1 = \frac{1}{2}I_0$ 이다.

두 번째 편광판 C 를 통과한 빛은 ㉠ 공식을 이용하면 다음과 같다.

$$I_2 = I_1\cos^2\theta = \frac{1}{2}I_0\cos^2\theta$$

세 번째 편광판 B 는 두 번째 편광판 C 와 이루는 각이 $90 - \theta$ 이므로, ㉠ 공식을 이용하면 빛의 세기는 다음과 같다.

$$I_3 = I_2\cos^2(90 - \theta) = \frac{1}{2}I_0\cos^2\theta\cos^2(90 - \theta)$$

$$= \frac{1}{2}I_0(\sin\theta\cos\theta)^2 = \frac{1}{2}I_0(\frac{1}{2}\sin2\theta)^2 = \frac{1}{8}I_0$$

$$\therefore \sin2\theta = 1 \Rightarrow \theta = 45°$$

31. 답 $0.094I_0$

해설 편광축이 각 θ 만큼 다른 두 편광판을 통과한 빛의 세기 I 는 다음과 같다.

$$I = I_0\cos^2\theta \quad \cdots ㉠$$

편광되지 않은 빛이 첫 번째 편광판 1 을 통과한 후 빛은 편광(빛의 y 성분 전기장만이 편광판을 통과)되었으므로 빛의 세기인 I_0 의 절반을 잃어버린다. 따라서 $I_1 = \frac{1}{2}I_0$ 이다.

두 번째 편광판 2 를 통과한 빛은 ㉠ 공식을 이용하면 다음과 같다.

$$I_2 = I_1\cos^2 60° = \frac{1}{4}I_1$$

세 번째 편광판 3은 두 번째 편광판 2 와 이루는 각이 30° 이므로, ㉠ 공식을 이용하면 빛의 세기는 다음과 같다.

$$I_3 = I_2\cos^2 30° = \frac{3}{4}I_2 = \frac{3}{16}I_1 = \frac{3}{32}I_0 = 0.09375I_0$$

$$\therefore I_3 = 0.094I_0$$

즉, 처음 빛의 9.4 % 가 세 번째 편광판을 통과해 나온다.

32. 답 22.5

해설 편광된 빛이 편광축이 각 θ 만큼 다른 두 편광판을 통과한 후 빛의 세기 I 는 다음과 같다.

$$I = I_0\cos^2\theta \quad \cdots ㉠$$

첫 번째 편광판 A 를 통과한 빛의 세기 $I_A = I_0\cos^2\theta$ 이고, 두 번째 편광판 B 를 통과한 빛의 세기 $I_B = I_A\cos^2\theta_B = I_A\cos^2(90 - \theta)$ 가 된다.

$$\therefore I_B = I_A\cos^2(90-\theta) = I_0\cos^2\theta\cos^2(90-\theta)$$

$$= I_0(\sin\theta\cos\theta)^2 = I_0(\frac{1}{2}\sin 2\theta)^2$$

이것이 $\frac{1}{8}I_0$ 이므로,

$$I_B = \frac{1}{8}I_0 = I_0(\frac{1}{2}\sin 2\theta)^2 \Rightarrow \frac{1}{8} = \frac{1}{4}\sin^2 2\theta$$

따라서 $\sin^2 2\theta = \frac{1}{2} \Rightarrow \sin 2\theta = \frac{1}{\sqrt{2}}$ 가 되므로, $2\theta = 45°$ 이다.

$$\therefore \theta = 22.5°$$

25강. 물질의 이중성

개념확인		280 ~ 287 쪽
1. (1) X (2) X (2) O		2. 자외선파탄
3. 광전 효과		4. 광양자
5. 1 : 1		6. (1) O (2) O
7. ㉠, ㉡		8. 투과 전자 현미경

확인 +		280 ~ 287 쪽
1. 5.7×10^3	2. ③	3. 정지 전압
4. $hf - E$	5. 4.42×10^{-22}	6. $\frac{E_n - E_m}{h}$
7. (1) X (2) X	8. ㉠, ㉠	

개념확인

01. 답 (1) X (2) X (3) O

해설 (1), (2) 흑체는 모든 전자기파를 흡수하므로 반사하는 빛은 없지만 흑체 표면 온도에 따라 파장이 다른 전자기파를 방출한다. 따라서 방출하는 전자기파의 파장에 따라 다양한 색을 띤다.
(3) 흑체복사에서 에너지의 세기가 가장 큰 파장은 흑체 표면의 절대 온도에 반비례한다.

05. 답 1 : 1

해설 드브로이 파장과 입자의 파장은 반비례 관계이다. 이때 드브로이 파장이 같다면 운동량도 같다.

06. 답 (1) O (2) O

해설 (1) 원궤도의 둘레가 전자의 물질파 파장의 정수배일 때 전자는 전자기파를 방출하지 않고 안정적으로 원궤도를 운동한다.
(2) 양자수가 클수록 전자의 에너지가 크므로 양자수가 큰 궤도에서 양자수가 작은 궤도로 전이할 때, 두 궤도의 에너지 차에 해당하는 에너지를 가진 전자기파를 방출한다.

07. 답 ㉠, ㉡

해설 전자는 질량이 매우 작아 전자가 운동할 때 전자의 물질파를 확인할 수 있다. 질량이 m 인 전자를 전압 V 로 가속시킬 때 전자의 운동량 $p = \sqrt{2meV}$ 이고, 전자의 드브로이 파장 $\lambda = \frac{h}{p} = \frac{h}{\sqrt{2meV}}$ 이다. 따라서 가속 전압이 높을수록 전자의 운동량은 커지고, 드브로이 파장은 짧아진다.

확인 +

01. 답 5.7×10^3

해설 빈 변위 법칙에 따르면 흑체복사에서 에너지의 세기가 가장 큰 파장 λ_{max} 은 흑체 표면의 절대 온도 T 에 반비례한다.

$$\lambda_{max}T = 2.898 \times 10^{-3}\ \text{m·K}$$

$$\therefore T = \frac{2.898 \times 10^{-3}}{\lambda_{max}} = \frac{2.898 \times 10^{-3}}{5.1 \times 10^{-7}} = 5.7 \times 10^3 \text{(K)}$$

02. 답 ③

해설 플랑크는 진동수가 f 인 전자가 가질 수 있는 에너지는 불연속적으로 양자화되어 있으며, hf 의 정수배에 해당하는 에너지만 가질 수 있다는 양자설을 제안하였다.

03. 답 정지 전압

해설 양극과 음극에 역전압을 걸어주면 음극에서 발생한 광전자는 정지 전압 V_S 에 의해 감속되어 정지한다. 따라서 전자의 최대 운동 에너지는 eV_S 와 같으므로 정지 전압을 측정하면 광전자의 최대 운동 에너지를 알 수 있다.

04. 답 $hf - E$

해설 광양자의 에너지에 의해 금속에 구속되어 있던 광전자가 방출된다. 따라서 광양자 1 개의 에너지 hf 는 광전자의 최대 운동에너 E 와 금속판의 일함수 W 의 합($hf = E + W$)이다.

$$\therefore W = hf - E$$

05. 답 4.42×10^{-22}

해설 파장이 λ 인 광자(광양자)의 운동량은 다음과 같다.

$$p = \frac{h}{\lambda} = \frac{6.63 \times 10^{-34}}{1.5 \times 10^{-12}} = 4.42 \times 10^{-22} \text{(kg·m/s)}$$

06. 답 $\dfrac{E_n - E_m}{h}$

해설 전자가 양자 조건을 만족하는 E_n, E_m 의 원 궤도 사이를 이동할 때에는 두 궤도의 에너지 차이에 해당하는 에너지($E_n - E_m = hf$)를 갖는 전자기파를 방출하거나 흡수한다.

$$\therefore f = \frac{E_n - E_m}{h}$$

07. 답 (1) X (2) X

해설 (1) 분해 한계각이 작을수록 분해능이 크다.

(2) 분해능은 사용하는 렌즈의 지름이 클수록, 빛의 파장이 짧을수록 좋다.

08. 답 ㉠, ㉠

해설 광학 현미경의 최대 배율은 약 2,000 배이고, 전자 현미경의 최대 배율은 수백만 배이다. 전자 현미경에 주로 사용하는 전자의 드브로이 파장은 약 1.0 nm 이하로 광학 현미경에서 사용하는 가시광선의 파장보다 매우 짧다. 따라서 전자 현미경의 레일리 기준이 아주 작기 때문에 광학 현미경보다 분해능이 훨씬 크게 되고, 물체를 큰 배율로 관찰할 수 있다.

개념다지기 288 ~ 289 쪽

01. ② 02. (1) 1 : 2 (2) 16 : 1 (3) 4 : 1
03. ④ 04. ④ 05. ③ 06. 2.32×10^6
07. ① 08. ②

01. 답 ②

해설 흑체는 모든 전자기파를 흡수하는 이상적인 물체이다. 이때 흑체의 온도에 해당하는 복사 에너지를 전자피가의 형태로 계속 방출하기 때문에 모든 전자기파를 흡수한다고 해서 온도가 계속 증가하는 것은 아니다.

이상적인 흑체도 검은 색을 띠는 것은 아니다. 이는 흑체의 표면 온도에 따라 방출하는 전자기파의 파장이 다르므로 표면 온도에 따라 각각 다른색을 띤다.

02. 답 (1) 1 : 2 (2) 16 : 1 (3) 4 : 1

해설 (1) 빈 변위 법칙에 따라 흑체복사에서 에너지의 세기가 가장 큰 파장 λ_{max} 은 흑체 표면의 절대 온도 T 에 반비례한다.

($\lambda_{max} \propto \dfrac{1}{T}$).

$$\therefore \lambda_A : \lambda_B = \frac{1}{T_A} : \frac{1}{T_B} = \frac{1}{6,000} : \frac{1}{3,000} = 1 : 2$$

(2) 슈테판-볼츠만 법칙에 따라 흑체의 단위 시간당, 단위 면적당 복사하는 에너지 E 는 흑체 표면의 절대 온도 T 의 네 제곱에 비례한다($E = \sigma T^4$).

$$\therefore E_A : E_B = T_A{}^4 : T_B{}^4 = (6,000)^4 : (3,000)^4 = 16 : 1$$

(3) 1시간 동안 복사하는 총 에너지는 (단위 면적당 방출하는 에너지 E) × (총 면적 S) 이다.

$$\therefore E_A \cdot S_A : E_B \cdot S_B = T_A{}^4 \cdot (4\pi r_A{}^2) : T_B{}^4 \cdot (4\pi r_B{}^2) = 16 \times 1^2 : 1 \times 2^2 = 4 : 1$$

03. 답 ④

해설 단색광의 진동수에 따른 광전자의 최대 운동 에너지 그래프에서 x 절편은 문턱 진동수이고, y 절편의 절댓값은 일함수이다.

ㄱ, ㄴ. 일함수는 문턱 진동수 f_0 와 플랑크 상수 h 의 곱이므로, 금속 1, 2, 3 의 일함수는 각각 hf_0, $2hf_0$, $3hf_0$ 이다. 광전자의 최대 운동 에너지는 광양자의 에너지 hf 에서 일함수를 뺀 것과 같다.

$$E_k = \frac{1}{2}mv^2 = hf - W_0 = hf - hf_0 \quad \cdots ㉠$$

⇨ hf_0 는 상수이므로 그래프의 기울기는 모두 h 이다.

ㄷ. 광전자의 최대 운동 에너지와 정지 전압 사이의 관계는

$$E_{max} = \frac{1}{2}mv^2 = eV_S \quad \cdots ㉡$$

이므로 ㉠ 과 ㉡ 에 의해 일함수가 클수록 정지 전압이 작은 것을 알 수 있다. 따라서 금속 1 의 정지 전압이 가장 크게 측정된다.

04. 답 ④

해설 입자의 충돌과 같이 산란된 X 선의 경우 입사한 X 선에 비해 에너지와 운동량이 감소한다. 따라서 진동수가 감소하고, 파장은 증가한다. 이때 충돌후 산란각이 클수록 충돌 후 X 선의 파장이 길어지는 정도가 커진다.

05. 답 ③

해설 니켈 결정의 원자의 간격이 d, 파동의 파장이 λ 일 때 결정면에 대하여 θ 의 각으로 반사하는 파동의 보강 조건은 다음과 같다.

$$d\sin\theta = n\lambda \quad (\text{단, } n = 1, 2, 3, \cdots)$$

이를 드브로이 파장 $\lambda = \frac{h}{p} = \frac{h}{mv}$ 으로 나타내면,

$d\sin\theta = n\lambda = \frac{nh}{mv}$ 이다. θ 일 때 전자선의 세기가 최대가 되므로 니켈 결정의 원자 간격 d 는 다음과 같다.

$$\therefore d = \frac{h}{mv\sin\theta}$$

06. 답 2.32×10^6

해설 양자수 $n = 1$ 일 때, 전자가 에너지를 방출하지 않고 안정한 상태에 있으므로 원궤도의 둘레의 길이는 전자의 드브로이 파장과 같다.

$$\lambda = 2\pi r = 2 \times 3.14 \times \frac{10^{-10}}{2} = 3.14 \times 10^{-10}\,(\text{m})$$

드브로이 파장 $\lambda = \frac{h}{p} = \frac{h}{mv}$ 이므로, 수소 원자가 안정한 상태에 있을 때 전자의 속력 v 는 다음과 같다.

$$v = \frac{h}{m\lambda} = \frac{6.63 \times 10^{-34}}{(9.11 \times 10^{-31}) \times (3.14 \times 10^{-10})} ≒ 2.32 \times 10^6\,(\text{m/s})$$

07. 답 ①

해설 질량이 m 인 정지 상태의 전자가 전압 V 로 가속되어 속력 v 로 운동할 때, 전자의 운동 에너지는

$E_k = \frac{1}{2}mv^2 = \frac{(mv)^2}{2m} = \frac{p^2}{2m}$ 이고, 이는 전기장이 전자에 한 일 eV 와 같다.

$$\therefore eV = \frac{p^2}{2m} \Rightarrow p = \sqrt{2meV}$$

따라서 드브로이 파장 $\lambda = \frac{h}{p} = \frac{h}{\sqrt{2meV}}$ 이다.

08. 답 ②

해설 ㄱ. 전자 현미경은 전자의 파동성을 이용하여 미세 물체를 관찰한다.

ㄴ. 투과 전자 현미경은 유리 렌즈 대신 자기 렌즈를 사용하는 것 이외에는 광학 현미경과 구조가 비슷하다.

ㄷ. 투과 전자 현미경은 시료의 단면 영상을, 주사 전자 현미경은 시료 표면의 입체 영상을 관찰할 수 있다.

유형익히기 & 하브루타 290 ~ 293 쪽

[유형25-1] ①	01. ④	
	02. (1) A (2) B (3) 16	
[유형25-2] ②	03. ⑤	04. ④
[유형25-3] ④	05. ②	06. ①
[유형25-4] (1) ㉠ O ㉡ X	(2) 2.8×10^{-7}	(3) 18.2
	07. ④	08. ③

[유형25-1] 답 ①

해설 ㄱ. A 는 플랑크 곡선으로 플랑크는 에너지가 양자화되었다고 가정하여 흑체 복사 스펙트럼을 해석하였다.

ㄴ, ㄷ. 레일리-진스 공식은 고전 물리학 이론으로부터 흑체 복사 스펙트럼을 해석하였다. 이는 긴 파장에서는 실제 흑체 복사 스펙트럼과 잘 맞았지만 파장이 짧은 자외선 영역에서는 흑체 복사 스펙트럼의 에너지가 무한대가 되는 문제점이 있다 ⇨ 자외선 파탄

ㄹ. 플랑크 곡선 그래프 아래의 넓이는 복사 에너지의 양과 같다. 흑체 복사 에너지는 온도의 네 제곱에 비례하므로 표면 온도가 절반이 되면 그래프 아래의 넓이는 $\frac{1}{2^4} = \frac{1}{16}$ 배가 된다.

01. 답 ④

해설 ㄱ. 외부로 통하는 작은 구멍이 있는 속이 빈 물체는 흑체로 생각할 수 있기 때문에 작은 구멍을 통하여 외부로 방출되는 복사는 흑체복사와 비슷하다.

ㄴ. 물체 내부로 들어온 빛은 전자기파의 에너지가 모두 흡수될 때까지 내부의 벽에 흡수되거나 반사되는 것을 반복한다.

ㄷ. 물체가 붉게 보이는 것은 물체가 방출하는 전자기파 중 가시광선 영역에서 다른색보다 붉은색의 에너지가 상대적으로 세기 때문이다. 붉은 색의 빛만 방출하는 것은 아니다.

02. 답 (1) A (2) B (3) 16

해설 (1), (2) 흑체 표면의 절대 온도가 높을수록 방출되는 에너지 세기가 가장 큰 전자기파의 파장이 짧아진다. 따라서 A 가 B 보다 표면 온도가 더 높고, 표면 온도가 낮을수록 더 붉게 보이므로 B 가 A 보다 더 붉게 보인다.

(3) 방출되는 에너지 세기가 가장 큰 전자기파의 파장이 B 가 A 보다 2 배 더 길고($\lambda_{max} \propto \frac{1}{T}$), 단위 표면적에서 단위 시간당 방출되는 총 에너지는 표면 온도의 네 제곱에 비례한다. 따라서 총 에너지는 A 가 B 의 16 배이다.

[유형25-2] 답 ②

해설 금속판 A 의 일함수 $W_A = hf_0$, 금속판 B의 일함수 $W_B = 3hf_0$ 이다. 따라서 진동수가 $2f_0$ 인 빛 P 를 금속판 B에 비출 경우(B_P) 광전자가 방출되지 않으므로 광전류가 흐르지 않는다 (②, ③, ④, ⑤).

광전자의 최대 운동 에너지($E_k = hf - W_0$)는 각각 다음과 같다.

$A_P : 2hf_0 - hf_0 = hf_0$, $A_Q : 4hf_0 - hf_0 = 3hf_0$

$B_Q : 4hf_0 - 3hf_0 = hf_0$

이때 광전자의 최대 운동 에너지는 정지 전압에 비례하므로, A_P 와 B_Q 의 정지 전압은 같고(②, ④), 단색광 Q 의 세기가 P 의 2 배이므로 광전류의 세기는 A_Q, B_Q 가 A_P 의 2배가 되야 한다. 따라서 ② 이 가장 적절하다.

03. 답 ⑤

해설 ㄱ, ㄷ. 광전자의 최대 운동 에너지는 정지 전압에 비례한다. 빛 B 를 비출 때 정지 전압의 크기가 빛 A 를 비출 때보다 크므로, 방출된 광전자의 최대 운동 에너지도 빛 B 를 비출 때가 더 크다. 이때 광전자의 최대 운동 에너지는 빛의 파장에 반비례(빛의 진동수에 비례) 하므로(같은 금속에 빛을 비추었으므로 일함수는 같다.), 빛 A 의 파장이 빛 B 의 파장보다 길다.

ㄴ. 같은 시간 동안 방출된 광전자의 수는 광전류의 세기에 비례하므로 빛 A 를 비출 때가 B 를 비출 때보다 많다.

04. 답 ④

해설 ㄱ. 입사한 광자와 전자가 탄성 충돌할 경우 광자의 에너지가 감소하므로 산란된 광자의 파장이 입사한 광자의 파장보다 길어지고, 진동수는 감소한다(컴프턴 산란).

ㄴ. θ 가 증가하면 광자의 운동량의 변화량이 증가하므로 충돌 후 전자의 운동량과 운동 에너지가 증가한다. 따라서 산란된 광자의 에너지는 감소하므로 파장이 증가한다.

ㄷ. 충돌 전후 운동 에너지는 보존된다.

$$hf = hf' + \frac{1}{2}mv^2 \Rightarrow hf - hf' = \frac{1}{2}mv^2$$

[유형25-3] 답 ④

해설 ㄱ. $\theta = 50°$ 일 때, 검출된 전자의 수가 가장 많으므로 보강 간섭이 일어난 것이다. 원자 사이의 간격이 d 이므로 이웃한 원자에서 산란된 전자의 경로차는 다음 그림과 같이 $d\sin\theta$ 가 된다.

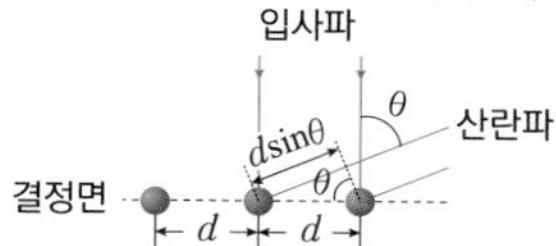

즉, 경로차가 파장의 정수배일 때 전자선이 보강되어 세기가 강해진다. 보강 간섭이 일어날 조건 $d\sin\theta = m\lambda$ 에서 $\theta = 50°$ 일 때, 처음으로($m = 1$) 보강되므로 전자선의 드브로이 파장 $\lambda = d\sin50°$ 이다.

ㄷ. (나)와 같이 입사 방향과의 각도에 따라 산란된 전자선의 세기가 다른 것은 전자가 회절하여 간섭한 결과이다.

05. 답 ②

해설 균일한 자기장 B 속에서 등속 원운동하는 전하량이 q 인 입자의 원궤도 반지름 r 은 다음과 같다.

$$r = \frac{mv}{Bq} = \frac{p}{Bq} \Rightarrow p = Bqr$$

대전 입자의 운동량 $p = Bqr$ 이므로, 드브로이 파장은 다음과 같다.

$$\lambda = \frac{h}{p} = \frac{h}{Bqr}$$

06. 답 ①

해설 ㉠ 질량 m 인 입자가 속력 v 로 움직일 때 입자의 파장(드브로이 파장) $\lambda = \frac{h}{mv}$ 이다.

㉡ 보어의 원자 모형에 의하면 양자수 n 인 궤도의 둘레 $2\pi r = n\lambda = \frac{nh}{mv}$ 이다. 따라서 양자수 $n = 2$ 인 궤도의 반지음 r 은 다음과 같다.

$$r = \frac{nh}{2\pi mv} = \frac{h}{\pi mv}$$

[유형25-4] 답 (1) ㉠ O ㉡ X (2) 2.8×10^{-7} (3) 18.2

해설 (1) 두 점광원으로부터 발생한 파장이 λ 인 빛이 지름 D 인 원형 구멍으로 각 θ 를 이루어 진행하는 경우 레일리 기준은 다음과 같다.

$$\sin\theta = 1.22\frac{\lambda}{D}$$

따라서 λ 가 작을수록 D 가 클수록 분해능이 좋다.

㉡ 레일리 기준은 두 점광원을 구별할 수 있는 최소 조건으로 각 θ 를 분해 한계각이라고 한다. 따라서 레일리 기준의 각 θ 보다 큰 각으로 입사하면 두 빛이 구별되어 보인다.

(2) $\theta = 1.22\frac{\lambda}{D} = 1.22 \times \frac{550 \times 10^{-9}}{2.4} \fallingdotseq 2.8 \times 10^{-7}$ (rad)

(3)오른쪽 그림과 같이 호의 길이 s 는 호도법에 의해 다음과 같다.

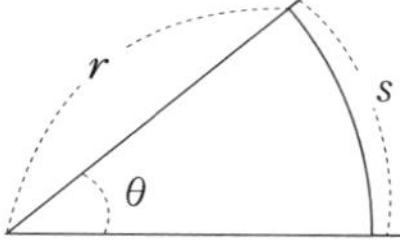

$$\theta = \frac{s}{r} \Rightarrow s = r\theta$$

$\therefore s = r\theta = (65 \times 10^3) \times (2.8 \times 10^{-7}) = 1.82 \times 10^{-2}$ (m) $= 18.2$ (mm)

07. 답 ④

해설 ㄱ, ㄷ. 전자를 전압 V 로 가속시키면 전자의 전하량 e 에 전압 V 를 곱한 만큼의 운동 에너지를 얻게 된다. 따라서 입사 전자의 운동량은 다음과 같다.

$$\frac{1}{2}mv^2 = \frac{(mv)^2}{2m} = \frac{p^2}{2m} = eV \Rightarrow p = \sqrt{2meV}$$

ㄴ. 슬릿 사이의 간격이 d, 이중 슬릿과 스크린 사이의 거리가 L, 입사한 빛의 파장이 λ 일 때, 간섭 무늬 사이의 간격 $\Delta x = \frac{L\lambda}{d}$ 이다. 따라서 파장이 짧을수록 전자가 많이 도달하는 곳 사이의 간격이 좁아진다. 가속 전압을 증가시키면 운동량이 증가하고, 드브로이 파장($\lambda = \frac{h}{p} = \frac{h}{\sqrt{2meV}}$) 이 짧아지므로 무늬 사이의 간격이 좁아진다.

08. 답 ③

해설 ㄱ. 전자의 속력이 빠를수록 물질파의 파장이 짧아지므로 분해능이 좋아진다.

ㄴ. 투과 전자 현미경으로 시료의 단면을 평면적인 영상으로 관찰할 수 있다.

ㄷ. 관찰할 시료의 두께가 두꺼울수록 시료를 투과하는 동안 에너지를 소비하기 때문에 전자의 속력이 느려지게 되어 전자의 물질파의 파장이 길어지므로 분해능이 떨어지고, 시료의 영상이 흐려지게 된다.

창의력 & 토론마당 294 ~ 297 쪽

01 2.6×10^{44} 개

해설 태양에서 단위 시간 동안 공급되는 에너지는 다음과 같다.

$P = (4\pi r^2)I = 4 \times 3.14 \times (1.48 \times 10^{11})^2 \times (1,370)$
$= 3.77 \times 10^{26}$ (W)

이중 $\frac{1}{4}$ 이 가시광선 영역에서 공급되는 에너지 이므로

$P_{가시} = \frac{1}{4} \times (3.77 \times 10^{26}) \fallingdotseq 9.42 \times 10^{25}$ (W)이다.

즉, 매초 9.42×10^{25} (J)의 에너지가 태양으로부터 가시광선으로 방출된다.

평균 파장 $\lambda_{평균} = 550$ nm 인 광자 1 개의 에너지는

$E = hf = \frac{hc}{\lambda} = \frac{(6.6 \times 10^{-34})(3 \times 10^8)}{550 \times 10^{-9}} = 3.6 \times 10^{-19}$ (J) 이므로,

매초 가시광선으로 방출되는 광자의 수 N 은 다음과 같다.

$$N = \frac{P_{가시}}{E} = \frac{9.42 \times 10^{25}}{3.6 \times 10^{-19}} \fallingdotseq 2.6 \times 10^{44} \text{ (개/초)}$$

02 7.7×10^{-12} m

해설 전자를 전압 V 로 가속시키면 전자의 전하량 e 에 전압 V 를 곱한 만큼의 운동 에너지를 얻게 된다. 따라서 입사 전자의 운동량은

$$\frac{1}{2}mv^2 = \frac{(mv)^2}{2m} = \frac{p^2}{2m} = eV \Rightarrow p = \sqrt{2meV} \text{ 이다.}$$

따라서 전자의 드브로이 파장은

$$\lambda = \frac{h}{p} = \frac{h}{\sqrt{2meV}}$$

$$= \frac{6.6 \times 10^{-34}}{\sqrt{2(9.1 \times 10^{-31})(1.6 \times 10^{-19})(25 \times 10^3)}} \fallingdotseq 7.7 \times 10^{-12} \text{ (m)}$$

03 〈해설 참조〉

해설 (1) 파장 $\lambda = 200$ nm 인 광자의 에너지 E 는

$E = hf = \frac{hc}{\lambda} = \frac{(4.14 \times 10^{-15}) \times (3 \times 10^8)}{200 \times 10^{-9}} \fallingdotseq 6.2$ (eV) 이다.

광전자의 최대 운동 에너지는 광자의 에너지에서 일함수를 뺀 것과 같다($E_k = \frac{1}{2}mv^2 = hf - W_0$).

니켈의 일함수 $W_{니} = 5$(eV), 나트륨의 일함수 $W_{나} = 2.3$(eV), 알루미늄의 일함수 $W_{알} = 4.1$(eV) 이므로, 일함수가 가장 작은 나트륨을 이용하였을 때 광전자의 최대 운동 에너지가 가장 크고, 일함수가 가장 큰 니켈에서 가장 작다.

(2) 드브로이 파장 λ 은 광자의 운동량($p = mv$)에 반비례한다($\lambda = \frac{h}{p} = \frac{h}{mv}$). 즉, 광자의 운동량이 작을수록 드브로이 파장이 길어지므로 광전자의 최대 운동 에너지가 가장 작은 니켈에서 방출되는 광전자의 드브로이 파장이 가장 길다.

(3) 파장 $\lambda = 400$nm 인 광자의 에너지 E 는

$E = hf = \frac{hc}{\lambda} = \frac{(4.14 \times 10^{-15}) \times (3 \times 10^8)}{400 \times 10^{-9}} \fallingdotseq 3.1$ (eV) 이다.

따라서 광자의 에너지보다 일함수가 큰 니켈과 알루미늄에선 광전자가 방출되지 않는다. 따라서 광전자의 최대 운동 에너지가 가장 큰 경우는 금속판이 나트륨일 때이다.

04 (1) $\frac{7h}{4\lambda}$ (2) $\frac{hc}{4\lambda}$ (3) $\frac{49h}{8\lambda c}$

해설 (1) 입사 광자의 운동량 $p = \frac{h}{\lambda}$ 이고, 산란 광자의 운동량 $p' = \frac{h}{\lambda'} = \frac{3h}{4\lambda}$ 이므로, 산란된 입자의 운동량을 p_x 라고 하면, 운동량 보존 법칙에 의해 $\frac{h}{\lambda} = p_x - \frac{3h}{4\lambda} \Rightarrow p_x = \frac{h}{\lambda} + \frac{3h}{4\lambda} = \frac{7h}{4\lambda}$ 가 된다.

(2) 입사 광자의 에너지 $E = \frac{hc}{\lambda}$ 이고, 산란 광자의 $E' = \frac{hc}{\lambda'} = \frac{3hc}{4\lambda}$ 이다. 충돌 전 후의 에너지는 보존되므로, 산란된 입자의 운동 에너지를 E_k 라고 하면,

$$\frac{hc}{\lambda} = \frac{3hc}{4\lambda} + E_k \Rightarrow E_k = \frac{hc}{\lambda} - \frac{3hc}{4\lambda} = \frac{hc}{4\lambda} \text{ 가 된다.}$$

(3) 입자의 질량을 m 이라고 하면, 산란된 입자의 운동량 p_x는

$p_x = mv = \frac{7h}{4\lambda}$ 이므로,

운동 에너지 $E_k = \frac{1}{2}mv^2 = \frac{(mv)^2}{2m} = \frac{{p_x}^2}{2m} = \frac{1}{2m}\left(\frac{7h}{4\lambda}\right)^2 = \frac{49h^2}{32\lambda^2 m}$

이고, $E_k = \frac{hc}{4\lambda}$ 이므로, $\frac{49h^2}{32\lambda^2 m} = \frac{hc}{4\lambda} \Rightarrow m = \frac{49h}{8\lambda c}$ 이다.

05 (1) $\frac{nh}{2\pi rm}$ (2) $\frac{h^2}{4\pi^2 kme^2}$ (3) $-\frac{2\pi^2 k^2 me^4}{h^2 n^2}$

해설 (1), (2) 전자가 원자핵 둘레를 원운동하고 있으므로, 전자에 작용하는 구심력이 양성자와 전자 사이에 작용하는 전기력과 같다.

$$F = k\frac{e^2}{r^2} = \frac{mv^2}{r} \Rightarrow r = \frac{ke^2}{mv^2} \quad \cdots ㉠$$

이때 전자의 궤도 반지름 r 은 양자 조건을 만족시켜야 한다.

$$2\pi rmv = nh \Rightarrow \therefore v = \frac{nh}{2\pi rm} \quad \cdots ㉡$$

㉠과 ㉡에 의해 양자수 n 일 때, 전자의 궤도 반지름 r_n은 다음과 같다.

$$r_n = \frac{n^2h^2}{4\pi^2 kme^2}$$

양자수 $n = 1$일 때, 궤도 반지름 $r_1 = \frac{h^2}{4\pi^2 kme^2}$ 이다. 이를 보어 반지름 a_0 라고 하며, 그 크기는 약 0.53×10^{-10} (m) 이다.

(3) 수소 원자에서 전자에 작용하는 힘 $F = k\frac{e^2}{r^2} = \frac{mv^2}{r}$ 이므로,

원자핵 주위를 원운동하는 전자의 운동 에너지는 다음과 같다.

$$E_k = \frac{1}{2}mv^2 = \frac{1}{2}\frac{ke^2}{r}$$

원자핵으로부터 r 만큼 떨어진 곳에 있는 양성자와 전자 사이에 작용하는 전기력에 의한 전자의 퍼텐셜 에너지 $E_p = -k\frac{e^2}{r}$ 라고 하였으므로 수소 원자에 있는 전자의 역학적 에너지는 다음과 같다.

$$E = E_k + E_p = \frac{1}{2}\frac{ke^2}{r} - \frac{ke^2}{r} = -\frac{ke^2}{2r}$$

양자수 n 일 때, 전자의 궤도 반지름 $r_n = \frac{n^2h^2}{4\pi^2kme^2}$ 이므로, 수소 원자의 에너지 준위는 다음과 같다.

$$E_n = -\frac{2\pi^2k^2me^4}{n^2h^2}$$

$$\frac{2\pi^2k^2me^4}{h^2} \fallingdotseq 13.6 \text{ 이므로,}$$

$E_n = -13.6\frac{1}{n^2}(\text{eV}) = -2.18 \times 10^{-18}\frac{1}{n^2}(\text{J})$ 로 나타낼 수 있고 ($1\text{eV} = 1.6 \times 10^{-19}$ J), 이로부터 양자수 $n = 1$ 일 때(바닥 상태), 전자의 에너지는 -13.6eV 임을 알 수 있다.

스스로 실력 높이기 298 ~ 305 쪽

01. 2 : 1	02. ③	03. ①	04. ⑤
05. 2	06. ④	07. ③	08. $\frac{h}{\pi r}$
09. ⑤	10. 주사 전자 현미경		11. ②
12. ④	13. 0.6	14. 1.6×10^{-7}	
15. ①	16. ③	17. ④	18. ⑤
19. ②	20. (1) 5 : 2	(2) $1.5W_B$	21. ⑤
22. ⑤	23. 6 : 1	24. ④	
25. (1) 1.7 (2) 375		26. (1) 5.4×10^{-7}	
(2) 0.8 (3) 0.8		27. $\sqrt{\frac{h^2d}{2eVxm}}$	
28. 150	29. ②	30. 1.91×10^{-14}	
31. (1) 4.8×10^{-12} (2) 2×10^{-17}			
32. 〈해설 참조〉			

01. 답 2 : 1

해설 빈 변위 법칙에 따라 흑체복사에서 에너지의 세기가 가장 큰 파장 λ_{max} 은 흑체 표면의 절대 온도 T 에 반비례한다.

$$\therefore T_A : T_B = \frac{1}{\lambda_A} : \frac{1}{\lambda_B} = \frac{1}{400} : \frac{1}{800} = 2 : 1$$

02. 답 ③

해설 플랑크의 양자설에 따르면 진동수가 f 인 전자가 가질 수 있는 에너지는 불연속적으로 양자화되어 있으며, 특정 에너지의 정수배이다($E = nhf$). 따라서 진동수가 $2f$ 인 전자기파의 에너지는 $2hf$ 이다.

03. 답 ①

해설 일함수가 W_0 인 금속면에 전자기파를 비추었을 때 방출되는 광전자의 최대 운동 에너지 $E_k = \frac{1}{2}mv^2 = hf - W_0$ 이다. 따라서 진동수가 가장 큰(파장이 가장 짧은) X 선을 비출 때 방출되는 광전자의 에너지가 가장 크다.

04. 답 ⑤

해설 광전자는 문턱 진동수보다 진동수가 큰 빛이 쪼일 때에만 방출된다. 아무리 빛의 세기가 약해도 문턱 진동수 이상의 빛을 쪼이면 즉시 광전자가 방출된다. 광전자의 최대 운동 에너지 $E_k = \frac{1}{2}mv^2 = hf - W_0$ 이다. 따라서 입사 광자의 에너지 hf 가 일함수 W_0 보다 클 때 광전자가 방출된다.

05. 답 2

해설 광전자의 최대 운동 에너지는 정지 전압에 의한 일과 같다 ($E_{max} = eV_S$). 따라서 정지 전압의 크기가 2 V 이므로, 광전자의 최대 운동 에너지는 2 eV 이다.

06. 답 ④

해설 ㄱ. X 선과 전자의 충돌은 탄성 충돌로 가정하므로 운동 에너지와 운동량이 보존된다. 따라서 입사된 X 선에 비해 산란된 X선의 에너지가 감소하므로 진동수는 감소하고, 파장은 길어진다 ($E = hf = \frac{hc}{\lambda}$).

ㄴ. 산란 각도가 클수록 X 선의 에너지 손실이 크므로 산란된 X 선의 파장이 더 길어진다. 따라서 파장 변화도 크다.

ㄷ. 컴프턴 산란 실험을 통해 빛과 전자의 충돌을 입자들의 충돌로 나타낼 수 있음을 입증하였다.

07. 답 ③

해설 파장이 λ 인 광자의 운동량 $p = \frac{h}{\lambda}$ 이고, 광자의 에너지 $E = hf = \frac{hc}{\lambda}$ 이다. 따라서 광자의 운동량은 다음과 같다.

$$p_{광자} = \frac{h}{\lambda} = \frac{E}{c}$$

질량이 m 인 전자의 운동 에너지 $E = \frac{1}{2}mv^2 = \frac{(mv)^2}{2m} = \frac{p^2}{2m}$ 이므로, 전자의 운동량 $p_{전자} = \sqrt{2mE}$ 이다.

$$\therefore \frac{p_{광자}}{p_{전자}} = \frac{\frac{E}{c}}{\sqrt{2mE}} = \sqrt{\frac{E}{2mc^2}}$$

08. 답 $\frac{h}{\pi r}$

해설 보어의 원자 모형에 의하면 양자수 n 인 궤도의 둘레는 $2\pi r = n\lambda$ 이다. 드브로이 파장 $\lambda = \frac{h}{p} = \frac{h}{mv}$ 이므로, 양자수 $n = 2$ 일 때, 전자의 운동량 $p = \frac{h}{\frac{2\pi r}{n}} = \frac{h}{\pi r}$ 이다.

09. 답 ⑤

해설 정지 상태에서 전압 V 로 가속된 전자의 운동 에너지 E_k 는 전기장이 전자에 한 일 $W = eV$ 와 같다. 따라서 전압 V 는 다음과 같다.

$$eV = \frac{p^2}{2m} = \frac{h^2}{2m\lambda^2} \Rightarrow V = \frac{h^2}{2me\lambda^2}$$

10. 답 주사 전자 현미경

해설 주사 전자 현미경은 가속된 전자선을 시료의 표면에 차례대로 주사하여 시료 표면에서 발생하는 2 차 전자를 검출하여 물체 표면의 입체 영상을 관찰한다.

11. 답 ②

해설 ㄱ. A 의 스펙트럼에서 에너지 세기가 최대인 파장이 가시광선 영역에 있고, 가시광선 전체 영역에서 에너지 세기가 상대적으로 비슷하므로 A 는 흰색으로 보인다.

ㄴ. 파장이 짧은 자외선 영역에서 고전 물리학의 이론에 의한 예상(B)과 실제 스펙트럼 곡선(A)가 일치하지 않는 것을 자외선 파탄이라고 한다.

ㄷ. A 보다 온도가 더 높은 흑체의 복사 스펙트럼은 에너지 세기가 최대인 파장이 더 짧아지고, 그래프가 그리는 면적은 넓어진다. 흑체의 온도가 높아도 자외선 영역에서는 고전 물리학의 레일리-진스 법칙이 성립하지 않는다.

12. 답 ④

해설 음극판 A 의 문턱 진동수는 $2f_0$, B 의 문턱 진동수는 $3f_0$ 이다.

ㄱ. 일함수는 문턱 진동수와 플랑크 상수 h 의 곱이다. 따라서 음극판 A의 일함수는 $2hf_0$, B의 일함수는 $3hf_0$ 이다(B > A).

ㄴ. 진동수가 $4f_0$ 인 광자의 에너지는 $4hf_0$ 이고, 광전자의 최대 운동 에너지는 광자의 에너지에서 일함수를 뺀 것과 같다. 따라서 A 와 B 에서 방출되는 광전자의 최대 운동 에너지는 각각 다음과 같다.

$$A : 4hf_0 - 2hf_0 = 2hf_0,\ B : 4hf_0 - 3hf_0 = hf_0$$

⇨ 광전자의 최대 운동 에너지는 A 가 B 의 2 배이다.

ㄷ. 문턱 진동수보다 진동수가 낮은 빛을 비추면 빛의 세기에 상관없이 광전자가 방출되지 않으므로 광전류가 흐르지 않는다.

13. 답 0.6

해설 파장 $\lambda = 250 \times 10^{-9}$ (m) 의 자외선 광자의 에너지 E 는

$$E = hf = \frac{hc}{\lambda} = \frac{(6.6 \times 10^{-34}) \times (3 \times 10^8)}{250 \times 10^{-9}} \fallingdotseq 7.9 \times 10^{-19}\ (\text{J})$$

$$= \frac{7.9 \times 10^{-19}}{1.6 \times 10^{-19}} \fallingdotseq 4.9\ (\text{eV})$$

$$\therefore E_k = \frac{1}{2}mv^2 = hf - W_0 = 4.9 - 4.3 = 0.6\ (\text{eV})$$

14. 답 1.6×10^{-7}

해설 광전자의 최대 운동 에너지 E_{max} 와 정지 전압 V_S 사이의 관계는 $E_{max} = \frac{1}{2}mv^2 = eV_S$ 이고, 광전자의 최대 운동 에너지는 광자의 에너지(hf)에서 일함수(W_0)를 뺀값과 같다($E_k = \frac{1}{2}mv^2 = hf - W_0 = \frac{hc}{\lambda} - W_0$).

$$\therefore eV_S = \frac{hc}{\lambda} - W_0 \ ⇨\ \lambda = \frac{hc}{eV_S + W_0}$$

$$\lambda = \frac{(6.6 \times 10^{-34}) \times (3 \times 10^8)}{(3 + 4.7) \times (1.6 \times 10^{-19})} \fallingdotseq 1.6 \times 10^{-7}\ (\text{m})$$

15. 답 ①

해설 물질파의 파장 λ 과 운동 에너지 E 의 관계는 다음과 같다.

$$\text{드브로이 파장 } \lambda = \frac{h}{p} = \frac{h}{\sqrt{2mE}}$$

입자 A의 질량 $m = \frac{h^2}{2\lambda^2 E}$ 이므로,

입자 B의 질량 $m_B = \frac{h^2}{2\lambda^2(2E)} = \frac{m}{2}$

입자 A의 물질파 파장 $\lambda = \frac{h}{\sqrt{2mE}}$ 이므로,

입자 C의 물질파 파장 $\lambda_C = \frac{h}{\sqrt{2(8m)(2E)}} = \frac{\lambda}{4}$ 이다.

16. 답 ③

해설 전자를 전압 V 로 가속시키면 전자의 전하량 e 에 전압 V 를 곱한 만큼의 운동 에너지 E 를 얻게 된다. 따라서 입사 전자의 운동량 p 는

$$E = \frac{1}{2}mv^2 = \frac{(mv)^2}{2m} = \frac{p^2}{2m} = eV \ ⇨\ p = \sqrt{2mE} \text{ 이므로,}$$

드브로이 파장 $\lambda = \frac{h}{p} = \frac{h}{\sqrt{2mE}}$ 이다.

슬릿 사이의 간격이 d, 이중 슬릿과 스크린 사이의 거리가 L, 입사한 빛의 파장이 λ 일 때, 간섭 무늬 사이의 간격 y 는

$y = \frac{L\lambda}{d} = \frac{h}{\sqrt{2mE}}\frac{L}{d}$ 이므로, 운동 에너지 $E = \frac{1}{2m}\left(\frac{Lh}{dy}\right)^2$ 이다.

17. 답 ④

해설 ㄱ. 두 점광원으로부터 발생한 파장이 λ 인 빛이 지름 D 인 원형 구멍으로 각 θ 를 이루어 진행하는 경우 레일리 기준은 다음과 같다.

$$\sin\theta = 1.22\frac{\lambda}{D}$$

ㄷ. 레일리 기준은 두 점광원을 구별할 수 있는 최소 조건으로 각 θ 를 분해 한계각이라고 한다. 분해 한계각이 작을수록 두 광원이 가까이 있어도 분리되어 보이는 것을 의미하므로 분해능이 크다.

18. 답 ⑤

해설 투과 전자 현미경은 시료를 투과한 전자선에 의한 물체의 상을 대물 렌즈와 투사 렌즈로 확대하여 필름이나 형광면에 투사시켜 물체의 평면 영상을 관찰하는 현미경이다.

ㄱ. A - ㉡ 집속 렌즈, B - ㉢ 대물 렌즈, C - ㉠ 투사 렌즈 이다.

ㄴ. 전자 현미경에서 사용하는 전자의 드브로이 파장이 가시광선의 파장보다 짧기 때문에 광학 현미경보다 레일리 기준이 매우 작아 분해능이 훨씬 크다.

광학 현미경의 최대 배율은 약 2,000 배이고, 드브로이 파장이 1 nm 이하인 전자선을 사용하는 전자 현미경의 최대 배율은 수백만 배까지 증가한다.

ㄷ. 투과 전자 현미경은 유리 렌즈 대신 자기장 렌즈를 사용하는 것을 제외하고는 광학 현미경과 비슷한 원리로 작동한다.

19. 답 ②

해설 ㄱ. 빈 변위 법칙에 따라 흑체복사에서 에너지의 세기가 가장 큰 파장 λ_{max} 은 흑체 표면의 절대 온도 T 에 반비례한다. ($\lambda_{max} \propto \frac{1}{T}$).

$$\therefore \lambda_1 : \lambda_2 = \frac{1}{T_1} : \frac{1}{T_2} = 2 : 3 \Rightarrow T_1 : T_2 = 3 : 2$$

그래프 아래의 넓이는 복사 에너지의 양과 같으므로 온도의 네 제곱에 비례한다. 따라서 그래프 넓이비는 $3^4 : 2^4 = 81 : 16$ 이다.

ㄴ. 같은 파장의 빛일 경우 빛의 세기가 더 센 것은 더 많은 광자가 발생하기 때문이다.

ㄷ. 광자 1 개의 에너지($E = hf = \frac{hc}{\lambda}$)나 운동량($p = \frac{h}{\lambda}$)은 진동수나 파장에 따라 달라지며, 그 빛을 방출한 흑체의 온도와는 무관하다.

20. 답 (1) 5 : 2 (2) $1.5W_B$

해설 (1) 금속판 A 와 B 의 한계 파장이 각각 λ_A, λ_B 이므로, 금속판 A 와 B 의 일함수 W_A, W_B 는 각각 다음과 같다.

$$W_A = hf_A = \frac{hc}{\lambda_A},\ W_B = hf_B = \frac{hc}{\lambda_B}$$

따라서 $\lambda_A : \lambda_B = 2 : 5$ 이므로, $W_A : W_B = 5 : 2$ 이다.

(2) 빛의 파장이 λ_0 일 때 A 와 B 에서 방출되는 광전자의 최대 운동에너지 E_A, E_B 는 각각 다음과 같다.

$$E_A = \frac{hc}{\lambda_0} - W_A,\ E_B = \frac{hc}{\lambda_0} - W_B$$

$$\therefore E_B - E_A = W_A - W_B = \frac{3}{2}W_B = \frac{3}{5}W_A$$

21. 답 ⑤

해설 ㄱ. 산란된 전자선이 보강 간섭을 하는 $\sin\theta$ 값이 $\sin 30°$ 일 때 최솟값이다. 경로차 $2d\sin 30° = d = n\lambda = n\frac{h}{mv}$ 이고, 경로차의 최솟값이므로 $n = 1$ 이다. 따라서 $d = \frac{h}{mv}$ 이다.

ㄴ. 전자가 결정 표면에서 반사할 때 파동과 같이 회절하는 것을 알 수 있다.

ㄷ. $2d\sin\theta = 2d\sin(90° - \frac{\phi}{2}) = n\lambda$ 이다. 따라서 결정면 사이의 간격 d 가 증가하면 θ 가 감소하므로, ϕ 는 증가한다.

22. 답 ⑤

해설 ㄱ. 물질파 파장 $\lambda = \frac{h}{p} = \frac{h}{mv}$ 이므로, 각각의 물질파 파장은 다음과 같다.

$$\lambda_P = \frac{h}{mv},\ \lambda_A = \frac{h}{2mv} = \frac{\lambda_P}{2},\ \lambda_B = \frac{h}{4mv} = \frac{\lambda_P}{4},\ \lambda_C = \frac{h}{0.5mv} = 2\lambda_P$$

따라서 물질파 파장은 A 가 B 의 2 배이다.

ㄴ, ㄷ. 슬릿 사이의 간격이 d, 이중 슬릿과 스크린 사이의 거리가 L, 입사한 빛의 파장이 λ 일 때, 간섭 무늬 사이의 간격 $\Delta x = \frac{L\lambda}{d}$ 이다.

따라서 입자 P 보다 간섭 무늬 사이의 간격이 넓은 입자는 물질파 파장이 더 긴 C 뿐이다.

입자 A 의 물질파 파장은 P 의 물질파 파장의 절반이므로 이중 슬릿과 스크린 사이의 거리를 $2L$ 로 할 경우 간섭 무늬 사이의 간격이 P로 관측했을 때와 같은 Δx 가 된다.

23. 답 6 : 1

해설 입자 A 가 h 만큼 떨어졌을 때, 물체의 속력을 v_A 라고 하면, 에너지 보존 법칙에 의해

$$\frac{1}{2}m_A v_A^2 = m_A gh \Rightarrow v_A = \sqrt{2gh} \text{ 이고,}$$

입자 B 가 $4h$ 만큼 떨어졌을 때, 물체의 속력을 v_B 라고 하면,

$$\frac{1}{2}m_B v_B^2 = m_B g(4h) \Rightarrow v_B = \sqrt{8gh} = 2v_A \text{ 이다.}$$

물질파 파장 $\lambda = \frac{h}{p} = \frac{h}{mv}$ 이므로,

$$\lambda_A : \lambda_B = \frac{1}{m_A v_A} : \frac{1}{m_B v_B} = \frac{1}{mv_A} : \frac{1}{3m(2v_A)} = 6 : 1 \text{ 이다.}$$

24. 답 ④

해설 (가)와 (나)의 양자수는 각각 2, 3 이다.

ㄱ. 양자수 n 일 때, 전자의 궤도 반지름 r_n 은 다음과 같다.

$$r_n = \frac{n^2h^2}{4\pi^2kme^2} \Rightarrow r \propto n^2$$

따라서 양자수가 클수록 궤도 반지름도 크므로 전자의 운동 궤도 반지름은 (나) 가 (가) 보다 더 크다.

ㄴ. (나) 의 에너지 준위가 (가) 보다 높다. (가) 상태에서 (나) 상태로 전이할 때 에너지가 증가하므로 전자기파를 흡수한다.

ㄷ. 보어의 양자 조건에서 전자의 드브로이 파장은 양자수에 비례한다($2\pi r = n\lambda$). 양자수 $n = 1$ 일 때, 물질파 파장의 길이가 λ_1 라면 양자수 $n = 2$, $n = 3$ 일 때 물질파 파장의 길이는 각각 $2\lambda_1$, $3\lambda_1$ 이므로 (나) 가 (가) 보다 드브로이 파장이 더 길다.

25. 답 (1) 1.7 (2) 375

해설 (1) 광전자의 최대 운동 에너지 E_k 와 정지 전압 V_S 사이의 관계는 $E_k = eV_S$ 이다.

첫 번째 실험에서 사용한 빛의 파장 $\lambda_1 = 500$ nm 이고, 정지 전압 $V_{S1} = 0.7$ (V) 이므로, 이때 광전자의 최대 운동 에너지 $E_{k1} = 0.7$ (eV) 이다. 마찬가지로 두 번째 실험에서 사용한 빛의 파장 $\lambda_2 = x$ 이고, 정지 전압 $V_{S2} = 1.5$ (V) 이므로, 이때 광전자의 최대 운동 에너지 $E_{k2} = 1.5$ (eV) 이다. 음극의 일함수를 W_0 라고 하면,

$$\frac{hc}{\lambda_1} = E_{k1} + W_0,\ \frac{hc}{\lambda_2} = E_{k2} + W_0 \text{ 식이 각각 성립한다.}$$

$$\frac{hc}{\lambda_1} = E_{k1} + W_0 \Rightarrow W_0 = \frac{hc}{\lambda_1} - E_{k1}$$

$$\therefore W_0 = \frac{(4 \times 10^{-15})(3 \times 10^8)}{(500 \times 10^{-9})} - 0.7 = 2.4 - 0.7 = 1.7 \text{ (eV)}$$

(2) $\frac{hc}{\lambda_2} = E_{k2} + W_0$ 식을 λ_2 로 정리하면 다음과 같다.

$$\lambda_2 = \frac{hc}{E_{k2} + W_0} = \frac{(4 \times 10^{-15})(3 \times 10^8)}{(1.5 + 1.7)} = 3.75 \times 10^{-7} \text{ (m)}$$

$$= 375 \text{ (nm)}$$

26. 답 (1) 5.4×10^{-7} (2) 0.8 (3) 0.8

해설 (1) 전자를 튀어나오게 할 수 있는 최대 파장을 한계 파장이라고 한다. 일함수와 같은 에너지를 가진 광자의 진동수와 파장을 각각 한계 진동수 f_0와 한계 파장 λ_0이라고 한다. 즉, 한계 진동수 이상, 한계 파장 이하의 빛을 쪼여주었을 때 광전자가 방출된다.

$$W_0 = hf_0 = \frac{hc}{\lambda_0}$$

$$\Rightarrow \lambda_0 = \frac{hc}{W_0} = \frac{(6.6 \times 10^{-34}) \times (3 \times 10^8)}{(2.3)(1.6 \times 10^{-19})} \fallingdotseq 5.4 \times 10^{-7}\,(\text{m})$$

(2) 파장 $\lambda = 400$ nm인 광자의 에너지 $E = hf = \frac{hc}{\lambda}$ 이고,

전자가 튀어나오는 데 2.3 eV의 에너지가 필요한 나트륨의 일함수 $W_0 = 2.3$ eV 이다. 따라서 이 빛을 쪼여주었을 때 나트륨에서 방출되는 광전자의 최대 운동 에너지는 다음과 같다.

$$E_k = hf - W_0 = \frac{hc}{\lambda} - W_0$$

$$= \frac{(6.6 \times 10^{-34}) \times (3 \times 10^8)}{(400 \times 10^{-9})(1.6 \times 10^{-19})} - 2.3 \fallingdotseq 3.1 - 2.3 = 0.8\,(\text{eV})$$

따라서 가장 빠른 전자의 운동 에너지는 0.8 eV 이다.

(3) 광전자의 최대 운동 에너지는 전기력이 광전자에 한 일(eV_S)과 같다. 따라서 정지 전압은 다음과 같다.

$$V_S = \frac{E_k}{e} = \frac{0.8\text{eV}}{e} = 0.8\,(\text{V})$$

27. 답 $\sqrt{\frac{h^2 d}{2eVxm}}$

해설 거리가 d 만큼 떨어져 있는 평행한 금속판에 전압 V 가 걸려 있을 때, 평행판 사이에서 전기장의 세기 $E = \frac{V}{d}$ 이다.

따라서 전기장 속에서 전하량이 e 인 전자가 받는 힘은

$F = eE = \frac{eV}{d} = ma$ 이므로, 가속도 $a = \frac{eV}{md}$ 이다.

오른쪽 금속판에서 x 만큼 떨어진 지점을 통과할 때 전자의 속도를 v 라고 하면, $v^2 = 2ax = 2\left(\frac{eV}{md}\right)x \Rightarrow v = \sqrt{\frac{2eVx}{md}}$ 가 된다.

따라서 드브로이 파장 $\lambda = \frac{h}{mv} = \frac{h}{m\sqrt{\frac{2eVx}{md}}} = \sqrt{\frac{h^2 d}{2eVxm}}$ 이다.

28. 답 150

해설 입사 X선이 갖고 있던 에너지를 $E = hf = \frac{hc}{\lambda}$, 산란된 X선이 갖고 있는 에너지를 $E' = hf' = \frac{hc}{\lambda'}$ 이라고 하면, 에너지 손실율은 다음과 같다.

$$\text{에너지 손실율} = \frac{E - E'}{E} = \frac{\frac{hc}{\lambda} - \frac{hc}{\lambda'}}{\frac{hc}{\lambda}} = \frac{\lambda' - \lambda}{\lambda'} = \frac{\Delta\lambda}{\Delta\lambda + \lambda}$$

$$\Delta\lambda(\text{에너지 손실율}) + \lambda(\text{에너지 손실율}) = \Delta\lambda$$

$$\lambda(\text{에너지 손실율}) = \Delta\lambda - \Delta\lambda(\text{에너지 손실율}) = \Delta\lambda(1 - \text{에너지 손실율})$$

$$\Rightarrow \frac{\Delta\lambda}{\lambda} = \frac{\text{에너지 손실율}}{1 - \text{에너지 손실율}} = \frac{0.6}{1 - 0.6} = 1.5$$

따라서 에너지가 60 % 감소하면, 파장은 150 % 증가한다.

29. 답 ②

해설 ㄱ, ㄴ. 입사한 X 선의 파장은 λ 이고 산란된 X 선의 파장은 각각 λ_1, λ_2 이다. 이때 λ_2 가 λ_1 보다 파장 변화($\lambda' - \lambda$)가 더 크므로 산란각 θ 가 더 크다. 따라서 스펙트럼 A 는 검출기 1, 스펙트럼 B 는 검출기 2 에서 측정한 것이다.

광자 에너지($E = hf = \frac{hc}{\lambda}$)는 파장에 반비례한다. 따라서 파장이 λ_1 인 광자 에너지는 파장이 λ_2 인 광자 에너지보다 크다.

ㄷ. $\lambda_1 - \lambda = \frac{h}{mc}(1 - \cos 45^\circ)$, $\lambda_2 - \lambda = \frac{h}{mc}(1 - \cos 90^\circ)$ 이므로, $\lambda_2 - \lambda_1 = \frac{h}{mc}(\cos 45^\circ - \cos 90^\circ)$ 이 된다. 따라서 입사 파장 λ 과는 무관하다.

30. 답 1.91×10^{-14}

해설 입사한 광자의 에너지는 다음과 같다.

$E = hf = (4 \times 10^{-15})(3 \times 10^{19}) = 1.2 \times 10^5\,(\text{eV}) = 120\,(\text{keV})$

진동수 $f = 3 \times 10^{19}$ (Hz)인 광자의 파장은

$$\lambda = \frac{c}{f} = \frac{3 \times 10^8}{3 \times 10^{19}} = 1 \times 10^{-11}\,(\text{m}) \text{ 이고,}$$

문제 29 번에서 주어진 식

$\lambda' - \lambda = \frac{h}{mc}(1 - \cos\theta) \Rightarrow \lambda' = \lambda + \frac{h}{mc}(1 - \cos\theta)$ 이므로,

충돌 후 전자에 의해 산란된 광자의 파장 λ'은 다음과 같다.

$$\lambda' = (1 \times 10^{-11}) + \frac{6.6 \times 10^{-34}}{(9 \times 10^{-31})(3 \times 10^8)}(1 - \cos 30^\circ)$$

$$= (1 \times 10^{-11}) + (0.24 \times 10^{-11})(1 - \cos 30^\circ) = 1.036 \times 10^{-11}\,(\text{m})$$

$(\because \cos 30^\circ = \frac{\sqrt{3}}{2} = \frac{1.7}{2} = 0.85)$

따라서 충돌 후 광자의 에너지는

$$E' = \frac{hc}{\lambda'} = \frac{(6.6 \times 10^{-34})(3 \times 10^8)}{1.036 \times 10^{-11}} \fallingdotseq 1.91 \times 10^{-14}\,(\text{J}) \text{ 이다.}$$

31. 답 (1) 4.8×10^{-12} (2) 2×10^{-17}

해설 질량이 m 인 정지해 있던 전자와 X 선은 완전 탄성 충돌을 한다. 충돌 후 전자의 속력을 v, 충돌 전 X 선의 파장을 λ,충돌 후 X 선의 파장을 λ'라고 하면, 다음 식이 각각 성립한다.

에너지 보존 법칙 : $h\frac{c}{\lambda} = h\frac{c}{\lambda'} + \frac{1}{2}mv^2$ … ㉠

운동량 보존 법칙 : $\frac{h}{\lambda} = mv - \frac{h}{\lambda'} \Rightarrow v = \frac{1}{m}\left(\frac{h}{\lambda} + \frac{h}{\lambda'}\right)$ … ㉡

㉡ 을 ㉠ 에 대입하면,

$$2mc\left(\frac{h}{\lambda} - \frac{h}{\lambda'}\right) = \left(\frac{h}{\lambda} + \frac{h}{\lambda'}\right)^2 \text{ 이고,}$$

충돌 후 X선 파장의 변화량은 매우 작으므로, $\lambda + \lambda' \fallingdotseq 2\lambda$, $\lambda\lambda' \fallingdotseq \lambda^2$ 이라 할 수 있다. 따라서 $\lambda' - \lambda = \frac{2h}{mc}$ 이다.

(1) 파장의 변화량은 다음과 같다.

$$\lambda' - \lambda = \frac{2h}{mc} = \frac{2(6.6 \times 10^{-34})}{(9.1 \times 10^{-31}) \times (3 \times 10^8)} \fallingdotseq 4.8 \times 10^{-12}\,(\text{m})$$

(2) 충돌 전 X 선의 에너지는

$$E = h\frac{c}{\lambda} = \frac{(6.6 \times 10^{-34})(3 \times 10^{8})}{2 \times 10^{-10}} = 9.9 \times 10^{-16}\ (\mathrm{J})$$

충돌 후 X 선의 파장은

$\lambda' = (2 \times 10^{-10}) + (4.8 \times 10^{-12}) = 2.048 \times 10^{-10}\ (\mathrm{m})$ 이므로

충돌 후 X 선의 에너지는

$$E' = h\frac{c}{\lambda'} = \frac{(6.6 \times 10^{-34})(3 \times 10^{8})}{2.048 \times 10^{-10}} \fallingdotseq 9.7 \times 10^{-16}(\mathrm{J})\text{이다.}$$

즉, 2×10^{-17} (J) 만큼 줄어든 X 선의 에너지가 전자의 운동 에너지로 전달되었다.

32. 답 〈해설 참조〉

해설 (1) 중성자의 정지 질량은 전지의 정지 질량의 약 1,800 배이다. 따라서 같은 속도일 때 드브로이 파장은 전자의 $\frac{1}{1,800}$ 배로 매우 짧기 때문에 전자 현미경보다 분해능이 높다.

원자로에서 만들어지는 열중성자를 영하 250 도(절대온도 20 K)의 액체 수소로 이뤄진 감속재에 통과시켜 차갑게 만든 중성자인 냉중성자는 약 1~100 nm 크기의 물체를 식별할 수 있다. 특히 냉중성자는 살아있는 생명체의 나노 세계를 볼 수 있다. 이는 냉중성자의 에너지는 X 선의 100 만분의 1 수준인 0.1~10 MeV에 불과해 생체에 손상을 입히지 않고도 단백질이나 세포막 등이 살아 있는 상태에서 관찰할 수 있는 것이다.

(2) 물체의 세밀한 구조를 볼 때는 분해능이 높은 현미경을 이용해야 한다. 배율이란 광학 기기로 물체를 볼 때 물체와 상과의 크기 비율이다. 즉, 작은 물체를 얼마나 크게 볼 수 있느냐를 나타낸다. 반면에 분해능은 물체를 분리하여 볼 수 있는 능력이다. 따라서 분해능이 낮으면 상을 아무리 크게 확대하여도 뚜렷한 상을 관찰하기는 어려우므로 세밀한 구조를 관찰할 수 없다.

26강. Project 4

Project 논/구술 306 ~ 309 쪽

Q1 〈예시 답안〉 특정한 색으로 보이는 것은 나노 구조에 입사한 빛들 중 특정 파장 빛들의 보강 간섭의 결과이며 보는 각도에 따라 다르게 보이는 구조색은 일정한 주기를 가지고 배열된 나노 구조에 빛이 어떻게 비치는 가에 따라 빛과의 간섭, 반사, 굴절 등이 각각 일어나 다양한 색으로 보이는 것이다.

해설 모르포 나비의 날개는 소나무 모양의 미세한 구조물인 다층의 회절 격자로 이루어져 있다. 날개에 입사한 빛은 윗면에서 아랫면으로 내려가면서 층마다 반복적으로 반사하고 다시 위로 올라가게 되며, 층에서 반사한 각각의 빛은 간섭이 일어나고, 빛의 파장, 입사각, 반사각에 따라 위상이 서로 달라진다. 따라서 중첩된 빛의 간섭 효과로 빛의 세기가 제각각 달라져서 관찰자가 보는 방향에 따라 색이 달라진다.

보석 오팔은 보는 각도에 따라 다양한 색을 낸다. 오팔의 구조는 하나의 구슬을 여섯 개 구슬이 둘러싸고, 그 위에 세 개, 다시 그 위에 한 개씩을 쌓아 올린 구조(오팔 구조)로 되어 있다. 이 구슬의 크기가 제각각 달라서 반사시키는 파장이 각각 달라지므로 다양한 색을 만드는 것이다. 특히 오팔 구조를 갖는 물체는 들어온 빛이 구슬과 빈 곳을 반복적으로 통과하면서 빛이 중첩하기 때문에(보강 간섭) 더 뚜렷한 색상을 나타내며, 중첩되는 빛의 파장이 짧을수록 파란색, 길수록 빨간색으로 우리 눈에 비친다.

공작새의 깃털을 구성하는 나노 입자도 오팔 구조를 갖는다. 이 깃털 속에 있는 공기 입자의 크기가 서로 달라서 오팔과 같이 다양한 색을 낼 수 있다.

카멜레온의 피부에는 빛을 반사하는 2 개의 층이 있다. 이 피부를 당기거나 느슨하게 하는 방법으로 나노 결정 격자 구조가 바뀌게 되고, 이러한 미세한 변화로 흡수하고 간섭하는 빛의 파장대가 바뀌면서 피부색이 바뀌는 것이다.

Q2 〈예시 답안 1〉 자동차 외부와 내부 가죽 시트를 구조색을 나타내는 페인트와 직물로 만들면 보는 각도에 따라 다양한 색으로 나타나기 때문에 싫증나지 않는 자동차가 될 수 있을 것 같다.

〈예시 답안 2〉 특정색의 빛을 비출 때만 글씨가 나타나는 잉크를 개발하여 기밀 문서 작성시 사용하면 좋을 것 같다.

해설 구조색은 각도에 따라 다양한 색을 띠기 때문에 이를 이용한 기술이 주목받고 있다. 잉크와 페인트는 물론이고 선택적 반사 특성을 이용한 태양광 전환용 소재를 비롯한 에너지와 차세대 디스플레이용 소재로 쓰일 가능성도 크다.

또한 어떠한 표면에도 인쇄할 수 있는 장점이 있어 휴대 전화,

휴대용 컴퓨터 등 소형 전자 기기에서부터 자동차, 가전 제품, 광고판, 건물 내, 외장재에 이르기까지 다양한 종류의 표면에 적용될 수 있다. 이와 같이 기존에 없는 새로운 섬유와 소재 개발에도 응용될 수 있어 다양한 산업 분야에 영향을 줄 것이라고 보고 있다.

Q3 거대 망원경에 사용되는 오목 거울의 표면은 이물질도 없이 완전 무결한 상태여야 한다. 따라서 거울을 제작하는 환경이 매우 중요하다. 하지만 제작 공간의 진공 상태와 온도와 습도가 적절한 환경을 만드는 것이 힘들 것이다. 또한 어떠한 굴곡도 없이 일정한 구면을 이루어야 하므로 커질수록 연마 작업 과정이 힘이 들 것이다.

해설 반사 망원경과 같은 기구에 사용하는 거울은 매우 정밀하여야 한다. 이와 같은 거울을 제작할 때 사용하는 방법 중의 하나가 증착식이다. 이 방법으로 진공 속에서 알루미늄과 같은 금속을 가열하여 증기로 만들어 분사하면 유리 표면에 코팅이 되어 고성능의 거울이 되는 것이다.
이때 망원경의 거울은 열팽창이 작은 특수 유리로 만들어진다. 빛을 모을 수 있도록 오목하게 제작되는데 그 표면이 거칠거나 정해진 곡면을 따르지 않으면 별빛이 한 군데로 모이지 않는다. 지름 1.8 m 의 거울면은 어디서나 수십 nm 오차 범위 내로 깎고 다듬어야 한다. 이는 서울-부산 간의 400 km 도로에 1 cm 요철도 없게 만든 정도에 해당한다.

Q4 두 개의 볼록 렌즈를 사용한 굴절 망원경의 경우 대물렌즈로 들어오는 서로 다른 색의 빛들이 정확하게 한 점으로 모이지 않아서 색이 상 주변에서 약간씩 퍼지는 색수차 현상이 일어난다. 이에 비해 반사 망원경은 렌즈 대신 오목 거울을 이용하여 상을 맺게 하므로 색수차 현상이 일어나지 않는다. 또한 한쪽 면만 가공해도 되는 오목 거울을 사용하므로 비용도 저렴한 장점 등으로 반사 망원경을 사용하는 것이다.

Project 탐구 310 ~ 311 쪽

자료 해석 및 일반화

Q1

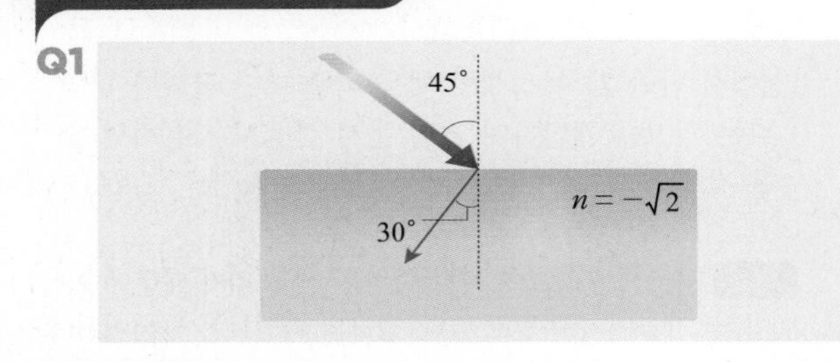

해설 굴절률이 n_1 인 물질에서 굴절률이 n_2 인 물질로 진행하는 빛이 경계면에서 굴절할 때 입사각 i 과 굴절각 r 의 사인값의 비는 항상 일정하다(스넬 법칙).

$$n_1\sin i = n_2\sin r \Rightarrow \sin45° = -\sqrt{2}\sin r,\ \frac{\sqrt{2}}{2} = -\sqrt{2}\sin r$$

$$\therefore \sin r = -\frac{1}{2},\ r = -30°$$

Q2 굴절각이 −30° 보다 점점 작아져서 반대 방향으로 더 많이 굴절한다.

해설 입사각 $i > 45°$ 일 경우, $\sin r = \frac{\sin i}{-\sqrt{2}}$ 이므로,

$$\sin i > \sin45° \Rightarrow \frac{\sin i}{-\sqrt{2}} < \frac{\sin45°}{-\sqrt{2}}$$

$$\therefore \sin r < -\frac{1}{2},\ r < -30°$$

따라서 굴절각이 −30°보다 작아지므로(예 −40°, −50°, …) 다음 그림과 같이 반대 방향으로 더 많이 굴절한다.

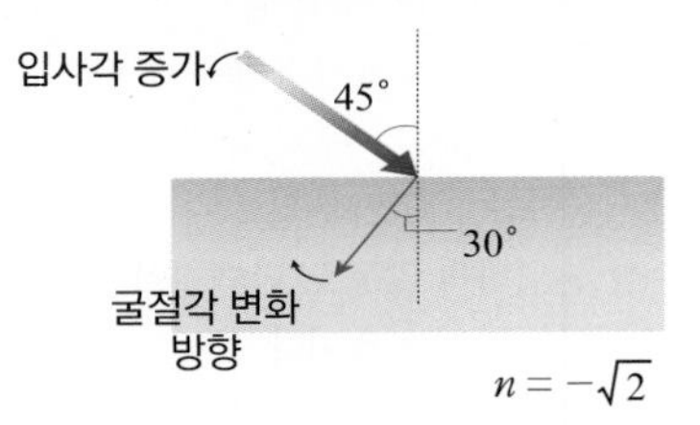

반대로 $i < 45°$ 일 경우, $\sin r > -\frac{1}{2},\ r > -30°$

따라서 굴절각이 −30° 보다 커지므로 법선 방향으로 더 많이 굴절한다.

개념 응용하기

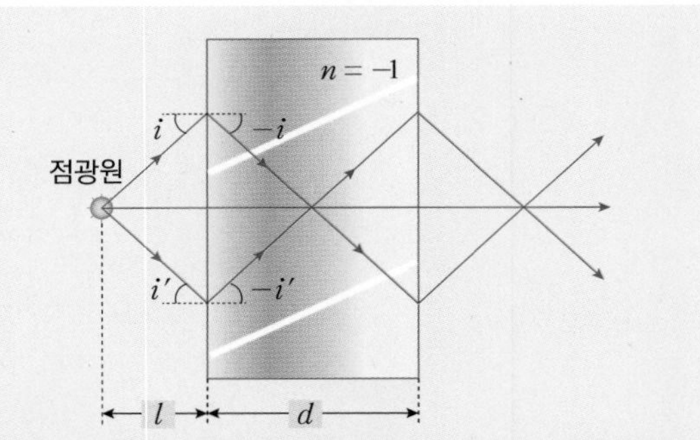

상은 투명한 직육면체 도막 내부에 1 개, 점광원과 반대편에 1 개가 생긴다.

해설 점광원에서 나온 빛이 굴절률이 −1인 직육면체 토막을 통과할 때 스넬 법칙은 다음과 같다.

$$n_1\sin i = n_2\sin r \Rightarrow \sin i = -1\sin r,\ r = -i$$

입사각과 굴절각의 크기는 같고, 방향은 반대가 되므로, 위의 그림과 같이 빛이 진행하게 된다. 따라서 세 빛이 만나는 각 지점인 직육면체 토막 내부에 상이 하나 생기고, 점광원과 반대편에 상이 하나 생긴다.

창의력과학 세페이드 시리즈 – 창의력과학의 결정판, 단계별 영재 대비서

1F 중등 기초
물리(상,하), 화학(상,하)

2F 중등 완성
물리(상,하), 화학(상,하),
생명과학(상,하), 지구과학(상,하)

3F 고등 Ⅰ 물리(상,하), 물리 영재편(상,하), 화학(상,하), 생명과학(상,하), 지구과학(상,하)

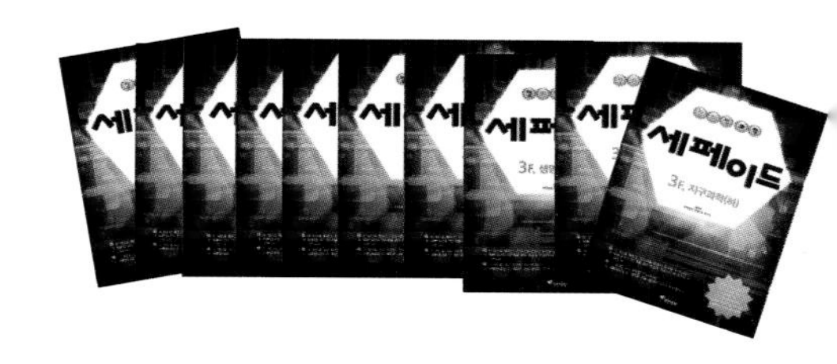

4F 고등 Ⅱ
물리(상,하), 화학(상,하), 생명과학
(영재편,심화편), 지구과학(상,하)

5F 영재과학고 대비 파이널
(물리, 화학)/
(생물, 지구과학)

세페이드 모의고사

세페이드 고등 통합과학

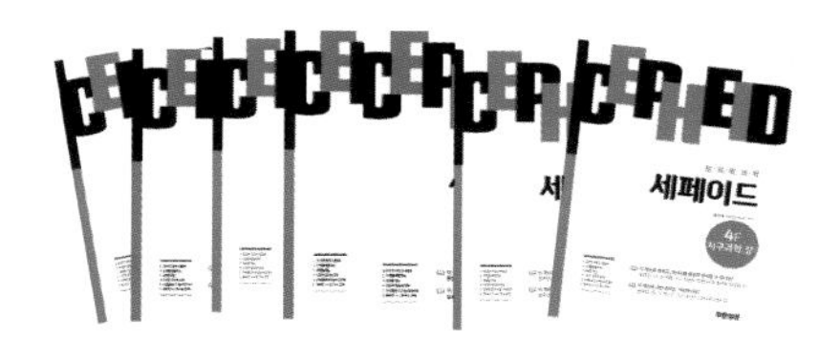

창의력 수학/과학 아이앤아이 시리즈 – 특목고, 영재교육원 대비 종합서

창의력 과학 아이앤아이 *I&I* 중등
물리(상,하)/화학(상,하)/
생명과학(상,하)/지구과학(상,하)

창의력 과학 아이앤아이
***I&I* 초등 3~6**

영재교육원 수학과학 종합대비서
아이앤아이 꾸러미

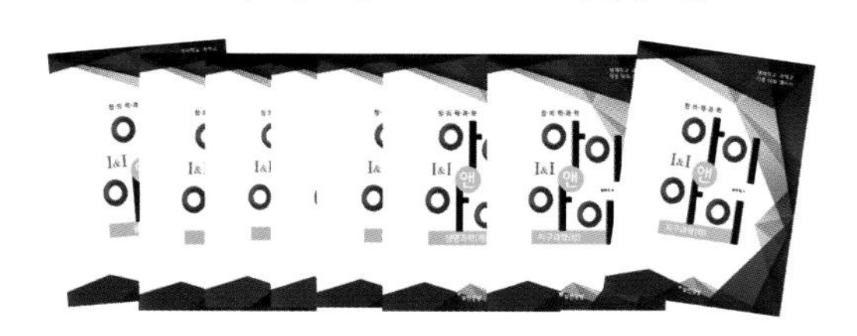

아이앤아이 영재교육원 대비
꾸러미 120제 (수학 과학)

아이앤아이 영재교육원 대비
꾸러미 48제 모의고사
(수학 과학)

아이앤아이
꾸러미 과학대회
(초등/중고등)

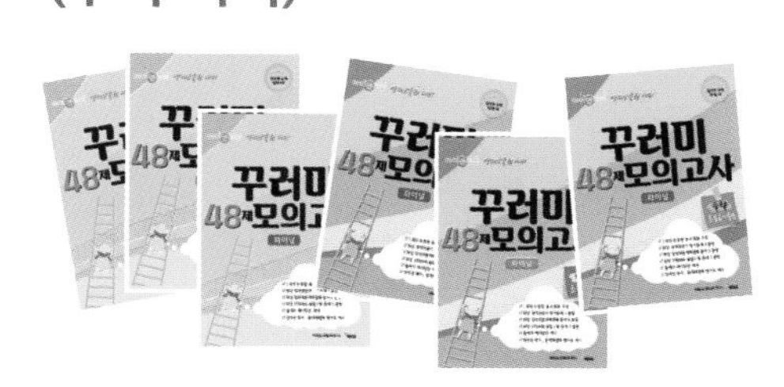

창 / 의 / 력 / 과 / 학

세페이드
시리즈

1. 창의력 과학의 결정판	기본 이론 정리, 창의력 문제를 통한 확장된 사고력, 탐구와 서술 프로젝트까지 과학적 창의력 확장 활동의 모든 것을 수록하였습니다.
2. 단계별 맞춤 학습	물리, 화학, 생명과학, 지구과학을 중등기초 부터 고등 Ⅰ,Ⅱ, 특목고, 각종 대회 준비까지 통틀어 5단계로 구성하였습니다.
3. 유형별 학습	소단원 별로 대표적인 유형의 문제와 적용 문제를 담았습니다.
4. 풍부한 창의력 문제	소단원 별로 심화 문제, 실생활 적용형, 개념 서술형 등 STEAM 형태의 창의력 향상 문제를 제시하였습니다.
5. 단원별 탐구, 서술 프로젝트	대단원 별로 서술, 논술, 탐구 활동 등의 프로젝트를 구성하였습니다.
6. 스스로 풀어 보는 문제	소단원 별로 각 유형의 풍부한 문제를 난이도 A-B-C-심화 로 구분하여 스스로 풀도록 구성하였습니다.